U0342523

热工设备环形砌砖设计计算手册

武汉威林科技股份有限公司

薛启文　莫　瑛　林先桥　刘忠江　著

北　京

冶 金 工 业 出 版 社

2015

内 容 提 要

本手册在简述了不同回转窑及钢水罐耐火内衬构造、耐火材料选择、砌筑的基本规定和使用效果的基础上，结合《回转窑用耐火砖形状尺寸》（GB/T 17912—2014）和《钢包用耐火砖形状尺寸》（YB/T 4198—2009）修订和制订过程中的有关问题，重点介绍了旋转和倾动炉窑的环形砌砖用砖形状尺寸的设计原理和环形砌砖的计算方法。为宣传贯彻实施这两项标准，本手册作为工具书优选出双楔形砖砌砖方案、导出了简易计算式、编制了砖量表、绘制了计算图和计算线。

本手册可供回转窑、钢水罐等工业炉窑热工设备耐火砖衬设计计算、砌筑、耐火材料制造和标准化管理等部门的科技人员使用，也可供大专院校相关专业师生参考。

图书在版编目（CIP）数据

热工设备环形砌砖设计计算手册/薛启文等著 . —北京：冶金工业出版社，2015.9

ISBN 978-7-5024-7018-0

Ⅰ. ①热⋯　Ⅱ. ①薛⋯　Ⅲ. ①加热设备—环形—砖衬砌—设计计算—技术手册　Ⅳ. ①TK17－62

中国版本图书馆 CIP 数据核字（2015）第 220125 号

出 版 人　谭学余

地　　　址　北京市东城区嵩祝院北巷 39 号　邮编　100009　电话　（010）64027926
网　　　址　www. cnmip. com. cn　电子信箱　yjcbs@ cnmip. com. cn
责任编辑　于昕蕾　美术编辑　吕欣童　版式设计　孙跃红
责任校对　石　静　责任印制　李玉山

ISBN 978-7-5024-7018-0

冶金工业出版社出版发行；各地新华书店经销；三河市双峰印刷装订有限公司印刷
2015 年 9 月第 1 版，2015 年 9 月第 1 次印刷

787mm × 1092mm　1/16；30.75 印张；744 千字；482 页
118.00 元

冶金工业出版社　投稿电话　（010）64027932　投稿信箱　tougao@cnmip. com. cn
冶金工业出版社营销中心　电话　（010）64044283　传真　（010）64027893
冶金书店　地址　北京市东四西大街 46 号（100010）　电话　（010）65289081（兼传真）
冶金工业出版社天猫旗舰店　yjgycbs. tmall. com
（本书如有印装质量问题，本社营销中心负责退换）

前　言

　　本手册是《炉窑环形砌砖设计计算手册》（冶金工业出版社，2010 年出版）的续编。针对回转窑和钢水罐耐火砖衬，理论与实践相结合地阐述了旋转和倾动炉窑的环形砌砖的设计计算。

　　本手册是在国家标准《回转窑用耐火砖形状尺寸》（GB/T 17912—2014）、冶金行业标准《钢包用耐火砖形状尺寸》（YB/T 4198—2009）制、修订过程中编写的。武汉威林科技股份有限公司及作者有幸参与了制、修订这两项标准的工作，并见证了解决标准关键科技难题的全过程；在制、修订这两项标准过程中，始终坚持方便制砖、方便砌筑和方便设计计算，并以使用效果好为目标的原则。

　　炉窑环形砌砖设计及计算的主要内容，包括环形砌砖用耐火砖形状尺寸设计及环形砌砖砖量计算两部分。以前的有关耐火砖形状尺寸的标准着重砖形尺寸，很少或只简单涉及环形砌砖砖量计算，往往由于尺寸设计不合理，不便于环形砌砖砖量的计算。本手册以基于耐火砖尺寸特征（楔形砖直径、每环极限砖数和单位楔差等）的双楔形砖砌砖中国简化计算式为指导，同时兼顾标准中砖形尺寸设计与环形砌砖简化计算的规则。为了从理论与实践的结合上，更好地理解与运用中国简化计算式指导下的"耐火砖尺寸学"，能够很顺利贯彻实施这两项标准，本手册分别介绍和绘制了回转窑和钢水罐环形砌砖简易计算式、砖量表、计算图和计算线。期望本手册能起到贯彻实施这两项标准的工具书作用。

　　在制、修订上述两项标准和编写本手册过程中，作者详细剖析了国际标准、英国标准、法国标准、德国标准、日本标准和前苏联标准等国外标准，从中了解到国外这方面的技术进步和尚待攻克的难关。作者把这些技术难点当作科研课题和攻关目标。随着我国这两项标准的发布实施和本手册的出版，国际上流行的等大端尺寸双楔形砖砌砖、等中间尺寸双楔形砖砌砖和等小端尺寸双楔形砖砌砖［作者将其统称为等端（间）尺寸双楔形砖砌砖］在我国也得到广泛应用，同时我国又发现并成功应用推广了等楔差尺寸双楔形砖砌砖和规范化不等端尺寸双楔形砖砌砖。而作为"耐火砖尺寸学"中核心理论内容的基于耐火砖尺寸特征的双楔形砖砌砖中国简化计算式，已经并将继续指导耐火砖尺寸设计和环形砌砖砖量计算。

各国耐火砖形状尺寸和耐火砌体的术语及其定（含）义并未统一。本手册中的相关术语和相关表述，以我国国家标准《耐火砖砖形及砌体术语》（GB/T 2992.2—2014）为依据，并对所采用的术语作了适当的探讨和解释。

标准受到标准修订日期的限制，也是随着技术进步而不断提高的，本手册中的某些表述如与正在实施的标准有不符，应以新发布实施的标准为准。

受水平所限，手册中又涉及新兴"耐火砖尺寸学"的内容，若有不妥和错误之处，诚恳欢迎批评指正。

作　者
2015 年 6 月于武汉

目　　录

1 回转窑环形砌砖设计及计算

1.1 回转窑衬构造

1.1.1 回转窑构造简述

回转窑（rotary kiln）为衬砌耐火材料的钢板圆桶（一般直径 2~6m，长 40~180m），倾斜放置并连续慢速转动，对原料或炉料连续加热煅烧、焙烧、烧结、挥发或离析的热工设备[1~4]。回转窑由筒体（rotary drum）、滚圈（tire）、托轮（roll）、传动装置、热交换装置、窑头和燃烧室、窑尾、窑头和窑尾密封装置，以及窑衬等组成。回转窑的生产能力大、机械化程度高、维护和操作简单，能适应多种工业原料或炉料的工艺过程，被广泛用于水泥、冶金、耐火材料和化工等行业。

1985 年出现的煅烧水泥熟料（cement clinker）的水泥回转窑（rotary cement kiln）可作为回转窑的代表。水泥回转窑的种类经历了一系列演变：从煅烧泵入窑内料浆的长达 145m 以上的湿法长窑（wet process long kiln）、煅烧生料成球的半干法立波窑（semi-dry Lepol kiln）、煅烧细粉生料的传统干法窑（dry process kiln）到带悬浮预热器（suspension preheater）和窑外预分解（precalcining）的新型干法窑（new dry process kiln）。传统水泥窑（湿法长窑、立波窑和老式干法窑）与新型干法水泥窑的变化，主要发生在预热器部位。所有上述水泥回转窑的主体部位，都包括回转窑筒体。本章及第 2 章所讨论的内容，主要是回转窑筒体环形砌砖的设计及计算。

传统水泥回转窑筒体的段带，按炉料走向分为进料端（feed end）、预热带（preheating zone）、分解带（calcining zone）、后过渡带（back intermediate zone）、烧成带（firing zone，calcining zone，barning zone）、前过渡带（front intermediate zone）和卸料端（discharging end）。新型干法水泥回转窑筒体的段带，从后窑口向前窑口分为预热带、分解带、后过渡带、烧成带和前过渡带。可见，新型干法水泥回转窑与传统水泥回转窑，在筒体段带区分名称上基本一致。但各段带的长度和直径并不相同。

回转窑筒体的窑形有：（1）直筒形。筒体各段带的形状和内径相同，制造和安装都方便，窑内物料的填充系数❶（filling coefficient of material in the kiln）和移动速度均匀一致。（2）窑头扩大形。窑头燃烧空间和供热能力增大，有利于提高产量。（3）窑尾扩大形。可增大物料干燥的受热面，便于安装换热器，可降低热耗和烟尘率，多用于湿法加料窑。

---

❶ 当回转窑的生产能力 $G(\text{t/h})$ 和窑筒体直径 $D_{均}$ 确定后，可根据炉料在窑内的轴向移动速度 $w_{料}(\text{m/h})$ 和炉料堆密度 $\gamma_{料}(\text{t/m}^3)$ 按下式计算物料在窑内的填充系数 φ：

$$\varphi = \frac{4G}{\pi D_{均}^2\, w_{料}\, \gamma_{料}}$$

（4）两端扩大形。兼有窑头扩大形和窑尾扩大形的优点外，窑中间部位的填充系数提高，有利于防止料层滑动，但气流速度加快，增大了烟尘率。（5）局部扩大形。窑筒体各段带能力不平衡时，在热工薄弱环节段带采取部分扩大。例如，干燥带能力富余而烧成带能力不足时，将其高温烧成带扩大成"大肚窑"便可显著提高产量，但操作难以掌握。国内外回转窑筒体窑形的发展趋势，主要为大直径的直筒形。现代回转窑筒体的规格，仅有窑壳有效直径（m）和长度（m），就是大直径直筒形回转窑筒体主要趋势的证明。

水泥回转窑筒体各段带耐火砖衬的使用条件不同，选用耐火砖的品种和质量也不相同。由于水泥熟料的烧成温度在 $1400 \sim 1500 \, ^{\circ}\!C$ 范围，火焰温度高达 $1650 \, ^{\circ}\!C$ 左右，新型干法水泥回转窑筒体的烧成带和其前后的过渡带砖衬，经受高温引起的破坏作用。氧化气氛下严重的碱侵蚀和六价铬公害，是回转窑筒体高温带砖衬损毁的特征。此外，回转窑筒体砖衬受转动时椭圆度变化和加热膨胀（或收缩）等结构应力作用下的破坏也不可忽视。筒体高温带砖衬与水泥熟料之间易形成富含 C_4AF 的窑皮保护层（clinker coating），对保护砖衬有利。考虑到耐高温、抗碱侵蚀、挂窑皮难易和节能环保等诸要求均能得到较令人满意的平衡，新型干法水泥回转窑筒体高温带砖衬必须采用碱性耐火砖（basic refractory brick）。这些碱性砖包括：普通镁铬砖（common magnesia chromite brick）、半直接结合镁铬砖（semi-directbonded magnesia chromite brick）、直接结合镁铬砖（directbonded magnesia chromite brick）、尖晶石砖（spinel brick）、白云石砖（doloma brick）、低铬镁铬砖（low-chrome magnesia chromite brick），以及含锆（zircon containing）或不含锆（zircon-free）的特种镁砖（special magnesia brick）等。水泥回转窑筒体高温带外的其他段带，由于在具有一定斜度（inclination of rotary kiln）或倾斜角❶（angle of rotary kiln inclination）和转速❷（rate-of-turn）共同条件下，炉料由高端向低端沿筒体砖衬移动，砖衬受冲击、磨损和剥落是其主要损毁特征。抗剥落、耐磨和耐碱高铝砖（high alumina brick）在这些段带得到广泛应用。水泥回转窑筒体各段带内衬采用的耐火材料，经过长期不断更新，开发出许多品种，但始终以压砖机压制的耐火砖为主。仅在回转窑筒体的进料端和卸料端应用过进料端砌块（feed-end blocks）和卸料端砌块（discharging-end blocks）。

钢铁工业用原料和炉料的加热处理，很多都采用回转窑。随着转炉炼钢工艺需要优质活性石灰（active lime，reactive lime，soft-burnt lime），以优质洁净水洗石灰石（块度 $18 \sim 50 \mathrm{mm}$）为原料，以低硫液化气或煤气为燃料、带有竖式预热器（vertical preheater，shaft preheater）和竖式冷却器（vertical cooler，shaft cooler）的活性石灰回转窑（rotary active lime kiln，rotary kiln of active lime），在国内外被广泛采用。一种活性石灰窑筒体的规格为

---

❶　回转窑筒体的斜度 i 或倾斜角 β_1，即筒体轴向中心线与水平的夹角，斜度以% 表示，倾斜角以度（°）表示。水泥回转窑冷却筒（rotary cooler）的倾斜角 $4^{\circ} \sim 7^{\circ}$，有色冶金回转窑筒体的斜度为 $2\% \sim 5\%$，耐火原料煅烧回转窑筒体的斜度为 $3\% \sim 3.5\%$。

❷　回转窑筒体转速 $n(\mathrm{r/min})$，取决于窑筒体内炉料流通能力 $G(\mathrm{t/h})$、窑内炉料自然堆角 $\alpha(^{\circ})$（angle of repose）、炉料堆密度 $\gamma_{料}(\mathrm{t/m^3})$、炉料在窑内的填充系数 φ、窑筒体平均内径 $D_{均}(\mathrm{m})$ 和斜度 $i(\%)$，可按下式计算：

$$n = \frac{G \sin \alpha}{1.48 D_{均}^3 \varphi \gamma_{料} i}$$

在回转窑实际生产过程中，为方便操作或处理故障，常用转速都有一定调节范围。有色冶金回转窑的常用转速范围在 $0.5 \sim 1.2 \mathrm{r/min}$，耐火原料煅烧回转窑的常用转速范围在 $1 \sim 2 \mathrm{r/min}$。

$\phi 4.2m \times 50m$，内衬由黏土砖（fireclay brick）、高铝砖和镁铬砖（或镁铝砖）砌筑。作为转炉炼钢的炉料，轻烧白云石（soft-burnt dolomite）也有在回转窑煅烧的。炼铁炉采用的铁矿石球团（pellet），也有在球团回转窑（rotary pellet kiln）烧结的。镍铁的生产也有采用回转窑的，例如镍铁回转窑（ferronickel rotary kiln）。

用于有色金属的挥发、氯化焙烧、离析和煅烧等工艺的有色冶金回转窑（rotary kiln for non-ferrous metallurgical）包括挥发回转窑（volatilization rotary kiln）、氯化焙烧回转窑（chlorination roasting rotary kiln, chlorination rotary roaster）等。含锌21%~23%的锌浸出渣与焦粉按一定比例（一般2:1）混合进行还原挥发的锌浸出渣挥发回转窑（rotary kiln for volatilization of zinc-slag），可将Zn含量提高到62%~68%。例如，日处理160t干锌浸出渣挥发回转窑的规格为$\phi 2.4m \times 45m$，其运转参数：斜度为5%，常用转速为0.75r/min，调速范围为0.54~1.2r/min，轴向料速为30m/h，填充系数为0.062，炉料在窑内停留时间（material resident time in the kiln, resident time of kiln feed）平均为1.51h。炉料在窑内停留时间$\tau(h)$可以由窑长$L(m)$和炉料在窑内的轴向移动速度$w_料(m/h)$求出，$\tau = L/w_料$。该窑衬高温带温度为1200℃，挥发带（volatilization zone）采用镁砖，其余段带采用高铝砖和黏土砖。

为生产金属铝，从铝矾土矿（bauxite）生产氧化铝。氧化铝的生产要经过氢氧化铝的焙烧。起初铝矾土矿的干燥和煅烧、氢氧化铝的焙烧等工艺过程在一台氧化铝回转窑（rotary alumina kiln）内完成。氧化铝回转窑内衬的工作条件恶劣苛刻，衬砖应具备以下性能：高温（1200~1300℃）抗碱侵蚀性能；高温下耐气流冲刷和炉料冲击的力学性能。因此，氧化铝回转窑烧成带应砌以SiO_2含量低的高铝砖和镁铬砖。由于在气-固传热效率和系统散热损失等方面，氧化铝回转窑比不上氢氧化铝流态化焙烧炉（fluidized roaster of aluminum hydroxide, aluminum hydroxide fluidized roasting furnace），前者已开始并将继续被后者淘汰。

煅烧黏土熟料（chamotte clay）和高铝熟料（high-alumiua chamotte）等普通耐火原料回转窑（rotary refractory raw material kiln），多以煤粉为燃料，个别采用煤气。规格较多，以$\phi 2.5m \times 50m$或接近者为主。烧结刚玉（sintered corundum）、合成莫来石（synthetic mullite）、镁铝尖晶石（magnesia-alumina spinel）、镁铬砂（magnesia-chrome spinel clinker）和镁钙砂（dead burned high-calcium magnesite）等高纯耐火原料的煅烧，在超高温回转窑（utrahigh temperature rotary kiln）内完成。为满足1850℃以上超高温要求，至少采用以下措施：（1）采用重油机械雾化烧嘴（mechanical atomizing oil burner）。（2）高温煅烧带窑衬采用镁铝尖晶石砖（magnesia-alumina spinel brick）：预热带用镁铝尖晶石砖的原料为矾土基镁铝尖晶石和MgO97高纯烧结镁砂（high-purity sintered magnesia clinker）；烧成带用镁铝尖晶石砖的原料为工业氧化铝基镁铝尖晶石、MgO97高纯烧结镁砂和MgO97电熔镁砂（fused magnesite）。（3）高温煅烧带工作衬（working lining）的背面（紧靠窑壳）采用背面隔热衬（back up insulation），控制简体表面温度在300℃左右。

1.1.2 回转窑筒体砌砖结构

回转窑筒体砖衬（brick lining）是微斜放置的空心圆柱砌体，横截面为圆环。回转窑筒体的砌砖结构属于具有半径（radius）r、中心角（central angle）θ及表面为圆弧形的辐射形砌砖（radial brickworks）范畴。由于回转窑筒体砌砖中心角 $\theta = 360°$，常称其为环形砌砖（circular brickworks，ring brickworks，annular brickworks）。环形砌砖分为水平砌体基面（horizontal base of brickwork）的环形砌砖（例如高炉炉墙、转炉炉体）和弧形砌体基面（bow-shape base of brickwork）的环形砌砖（例如管道砖衬、回转窑筒体砖衬）。

高炉和转炉水平砌体基面的环形砌砖，常采取砖大面（large face）置于水平（或稍倾斜）砌体基面的平砌（bricklaying on flat，laying brick on flat），而回转窑筒体弧形砌体基面的环形砌砖常采取砖热面（hotface）置于拱胎表面（surface of center）或作为工作面的竖砌（bricklaying on end，laying brick on end）（对于竖厚楔形砖而言）或侧砌（bricklaying on edge，laying brick on edge）（对于侧厚楔形砖而言）。与固定不动的高炉内衬环形砌砖和出钢出渣等周期性倾动的转炉内衬环形砌砖不同，回转窑筒体环形砌砖经常连续转动，环形砌砖内的每块砖都会转动到筒体的上半圆——半圆拱（semi-circular arch），特别是转动到中心角不超过120°或径跨比（inner radius-span ratio of arch）$r/s \geqslant 0.577$ 的推力拱（sprung arch）内，处于拱的推力状态。因此，随窑壳一起转动的回转窑筒体环形砌砖又兼有拱形砌砖（arch brickworks，arched brickworks）的特征。回转窑筒体环形砌砖内的衬砖，除经受高温热冲击、窑气和炉料化学侵蚀和磨损外，还经受砖间及窑壳的挤压应力。为承受这些破坏应力，回转窑筒体环形砌砖和所用耐火砖形状尺寸的设计和计算，应采取特殊的方法。

1.2 回转窑用砖形状尺寸和尺寸特征

1.2.1 回转窑用砖形状和尺寸符号

回转窑筒体环形砌砖采用两种形状的砖：扇形砖和厚楔形砖[5]，见图1-1。这两种形状砖的尺寸符号（dimension symbols），各国标准不同❶。为讨论方便，本书采用我国标准[6~8]规定的楔形砖统一尺寸符号。反应楔形砖特征尺寸（characteristic dimensions）（包括大小端距离和大小端尺寸）的对称梯形砖面（symmetrical trapezoidal face of brick）两底间的高或大端与小端间的距离称为大小端距离（distance between the backface and hotface），符号统一为 A；两底中的较大尺寸称为大端尺寸（backface dimensions；outer dimensions；coldface dimensions），符号统一为 C；两底中的较小尺寸称为小端尺寸（hotface dimensions，inner dimensions），符号统一为 D；通常以符号 C/D 共同表示大小端尺寸（backface and hotface dimensions）；大小端的平均尺寸 $(C + D)/2$ 称为中间尺寸（median dimensions），符号统一为 P；楔形砖大端尺寸 C 与小端尺寸 D 之差称为楔差（taper），符号统一为 ΔC。回转窑用砖，特别是回转窑用厚楔形砖，完全应当采用这些尺寸名称和尺寸符号，见图1-2。

---

❶ 我国回转窑用厚楔形砖的大小端距离符号 A 对应于日本的 D，英国、德国、法国、国际标准的 H（高，英语 Height 首个字母）；我国大端尺寸符号 C 对应于日本、英国、德国、国际标准的 A；我国小端尺寸符号 D 对应于日本、英国、德国、国际标准的 B，法国的 A；我国另一尺寸 B 对应于日本的 C，英国、德国、法国、国际标准的 L（长，英语 Length 首个字母）。我国的 A、C/D 和 B 分别对应于前苏联的 B、a/a_1 和 σ，PRE（欧洲耐火材料生产者联合会）的 c、a/b 和 d。

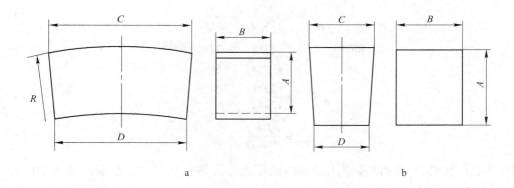

图 1-1 回转窑筒体用砖形状和尺寸符号

a—扇形砖；b—厚楔形砖

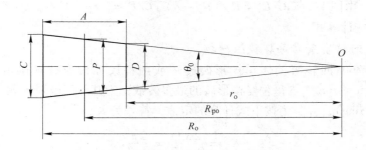

图 1-2 楔形砖对称梯形砖面

θ_0—楔形砖中心角；r_0—楔形砖内半径；R_{po}—楔形砖中间半径；R_0—楔形砖外半径；
A—大小端距离；C—大端尺寸；D—小端尺寸；P—中间尺寸

1.2.2 回转窑用砖尺寸特征

反映回转窑筒体环形砌砖设计、计算、砌筑和使用中砖尺寸性能的尺寸特征（dimension characteristics）包括：回转窑用砖单位楔差、直径、每环极限砖数和中心角等。

1.2.2.1 回转窑用砖单位楔差

回转窑筒体环形砌砖用扇形砖或厚楔形砖楔差 $\Delta C = C - D$ 对其大小端距离 A 之比称为该砖的单位楔差（specific taper），简称为大小端差距比，符号为 $\Delta C'$，即 $\Delta C' = \Delta C/A = (C-D)/A$。

1.2.2.2 回转窑用砖直径❶

全部用一种尺寸扇形砖或厚楔形砖单独砌筑的中心角 $\theta = 360°$ 回转窑筒体单楔形砖砖环（mono-taper system of ring）的外直径、内直径和中间直径分别当做该砖的外直径（outer diameter）D_o、内直径（inner diameter）d_o 和中间直径（median diameter）D_{po}，其定义计算式如下：

---

❶ 回转窑环形砌砖的计算习惯上常采取直径，回转窑用砖的尺寸特征中也随着以直径为基础。

$$D_o = \frac{2CA}{C-D} = \frac{2C}{\Delta C'} \tag{1-1a}$$

$$d_o = \frac{2DA}{C-D} = \frac{2D}{\Delta C'} \tag{1-1b}$$

$$D_{po} = \frac{2PA}{C-D} = \frac{2P}{\Delta C'} \tag{1-1c}$$

或

$$D_{po} = \frac{PA}{P-D} \tag{1-1d}$$

式中，C、D 和 P 分别为回转窑用扇形砖或厚楔形砖的大端尺寸、小端尺寸和中间尺寸，mm，计算中均需另加砌缝厚度（thickness of joints，jointing space），通常取 1mm 或 2mm；A 为砖的大小端距离，mm；$\Delta C'$ 为砖的单位楔差。

上述计算式的直径为半径的 2 倍。而这些半径计算式的推导见文献［9］的式 1-3、式 1-3a 和式 4-1d。由图 1-2 知 $C/D = R_o/(R_o - A)$、$C/D = (r_o + A)/r_o$ 或 $P/D = R_{po}/(R_{po} - A/2)$ 可导出这些计算式。

1.2.2.3 回转窑用砖每环极限砖数

中心角 $\theta = 360°$ 回转窑筒体单楔形砖砖环或两种尺寸楔形砖配砌的双楔形砖砖环（tow-taper system of ring）内每种厚楔形砖的最多砖数称为其每环极限砖数（utmost number of brick in each ring），并且为按下式计算的定值，符号为 K'_o。

$$K'_o = \frac{2\pi A}{C-D} = \frac{2\pi}{\Delta C'} \tag{1-2a}$$

$$K'_o = \frac{\pi A}{P-D} \tag{1-2b}$$

或

$$K'_o = \frac{360}{\theta_0} \tag{1-2c}$$

式中，A、C、D、P 和 $\Delta C'$ 的符号意义与 1.2.2.2 节中相同；θ_0 为楔形砖的中心角（见 1.2.2.4 节）。这些计算式的推导见文献［9］的式 1-4b、式 4-2c、式 4-2a 和式 1-4c。众所周知 $K'_o = \pi D_o/C$ 和 $K'_o = \pi D_{po}/P$，将式 1-1a 和式 1-1c 分别代入之即得式 1-2a 和式 1-2b。由式 1-3a 导出式 1-2c。

1.2.2.4 回转窑用砖中心角

回转窑筒体环形砌砖用砖对称梯形砖面（见图 1-2）两斜边延长线至交点（圆心）形成的夹角当做该砖的中心角（central angle of brick for rotary kiln），符号为 θ_0，单位为度（°），按下式计算：

$$\theta_0 = \frac{360}{K'_o} \tag{1-3a}$$

或

$$\theta_0 = \frac{180(C-D)}{\pi A} = \frac{180\Delta C'}{\pi} \tag{1-3b}$$

式中，A、C、D 和 $\Delta C'$ 的符号意义见 1.2.2.2 节和 1.2.2.3 节，其推导见文献［9］的式 1-5 和式 1-5a。将式 1-2a 代入式 1-3a 得式 1-3b。

1.3 回转窑用砖尺寸砖号和尺寸规格

1.3.1 回转窑用砖尺寸砖号

为区别不同尺寸回转窑用砖，赋予每个尺寸回转窑用砖以代号，称为砖号（brick designations）。砖号包括以数字顺序表示的顺序砖号（sequential designations）和标明形状、主要尺寸或尺寸特征的尺寸砖号（size designations）。各国回转窑用砖尺寸标准中。有单独采取顺序砖号或尺寸砖号的，也有同时对照采取顺序砖号与尺寸砖号的，它们的表示法不尽相同。

日本回转窑用扇形砖同时对照采取顺序砖号和尺寸砖号[5]，见表 1-1。尺寸砖号中 RS 表示回转窑用扇形砖，其后被半字线（"－"）隔开的三组独立数字：第一组数字为大端尺寸 C 的 1/25；第二组数字为大小端距离 A 的 1/25；第三组数字为用于回转窑筒体钢壳内直径的 1/100。例如用于筒体钢壳内直径（或砖环外直径）为 3600mm，$C = 250$mm，$A = 150$mm 的扇形砖，其顺序砖号为 B3，尺寸砖号写作 RS-10-6-36。

日本回转窑用厚楔形砖也同时采取顺序砖号和尺寸砖号[5]，见表 1-2。尺寸砖号中 RA 表示回转窑用厚楔形砖，其后被半字线（"－"）隔开的两组独立数字：第一组数字为大小端距离 A 的 1/25（取整数），其后的 a 为大端尺寸 C 的小尺寸系列（89mm），b 为 C 的中尺寸系列（100mm），c 为 C 的大尺寸系列（110mm）；第二组数字为小端尺寸 D 的由小向大的顺序号。例如 $A = 200$mm，$C = 100$mm，$D = 88$mm 回转窑用厚楔形砖顺序砖号 M1 的尺寸砖号写作 RA-8b-1。顺序砖号中 K 和 L 表示小直径回转窑用砖，M、N、P 和 R 表示大直径回转窑用砖。

表 1-1　日本回转窑用扇形砖尺寸和尺寸特征[5]

尺寸砖号	顺序砖号	尺寸/mm			单位楔差 $\Delta C' = \dfrac{C-D}{A}$	外直径/mm $D_o = \dfrac{2CA}{C-D}$	每环极限砖数/块 $K'_o = \dfrac{2\pi A}{C-D}$
		A	C/D	B			
RS-9-6-31.5	A1	150	225/203	100	0.147	3095.5	42.84
RS-9-6-34.5	A2	150	225/205	100	0.133	3405.0	47.124
RS-9-6-36	A3	150	225/206	100	0.127	3584.2	49.604
RS-9-6-37.5	A4	150	225/207	100	0.120	3783.3	52.36
RS-9-6-39	A5	150	225/208	100	0.113	4005.9	55.44
RS-10-6-31.5	B1	150	250/225	100	0.167	3024.2	37.699
RS-10-6-34.5	B2	150	250/228	100	0.147	3436.4	42.84
RS-10-6-36	B3	150	250/229	100	0.140	3600.0	44.88
RS-10-6-37.5	B4	150	250/230	100	0.133	3780.0	47.124
RS-10-6-39	B5	150	250/231	100	0.127	3978.9	49.604
RS-10-6-42	B6	150	250/232	100	0.120	4200.0	52.36
RS-10-6-46	B7	150	250/234	100	0.107	4725.0	58.905
RS-10-6-52	B8	150	250/236	100	0.093	5400.0	67.32

续表 1-1

尺寸砖号	顺序砖号	尺寸/mm			单位楔差 $\Delta C' = \dfrac{C-D}{A}$	外直径/mm $D_o = \dfrac{2CA}{C-D}$	每环极限砖数/块 $K'_o = \dfrac{2\pi A}{C-D}$
		A	C/D	B			
RS-10-8-36	C3	200	250/222	100	0.140	3600.0	44.88
RS-10-8-37.5	C4	200	250/223	100	0.135	3733.3	46.542
RS-10-8-39	C5	200	250/224	100	0.130	3876.9	48.332
RS-10-8-42	C6	200	250/225	100	0.125	4032.0	50.266
RS-10-8-46	C7	200	250/228	100	0.110	4581.8	57.12
RS-10-8-52	C8	200	250/231	100	0.095	5305.3	66.139

注: 1. 尺寸符号意义见图 1-1a（经本书统一）。

　　2. 尺寸特征（单位楔差、外直径和每环极限砖数）经本书计算。

　　3. 外直径计算中，尺寸 C 和 D 另加 2mm 砌缝。

表 1-2　日本回转窑用厚楔形砖尺寸和尺寸特征[5]

尺寸砖号	顺序砖号	尺寸/mm			单位楔差 $\Delta C' = \dfrac{C-D}{A}$	外直径/mm $D_o = \dfrac{2CA}{C-D}$	每环极限砖数/块 $K'_o = \dfrac{2\pi A}{C-D}$
		A	C/D	B			
RA-6-1	K1	150	89/80	230	0.060	3033.333	104.720
RA-6-2	K2	150	89/81	230	0.053	3412.500	117.810
RA-6-3	K3	150	89/82	230	0.047	3900.000	134.640
RA-6-4	K4	150	89/83	230	0.040	4550.000	157.080
RA-6-7	K7	150	115/106	230	0.060	3900.000	104.720
RA-6-8	K8	150	75/69	230	0.040	3850.000	157.080
RA-8a-1	L1	200	89/77	230	0.060	3033.333	104.720
RA-8a-2	L2	200	89/78	230	0.055	3309.091	114.240
RA-8a-3	L3	200	89/79	230	0.050	3640.000	125.664
RA-8a-4	L4	200	89/80	230	0.045	4044.444	139.627
RA-8a-5	L5	200	89/81	230	0.040	4550.000	157.080
RA-8a-6	L6	200	89/82	230	0.035	5200.000	179.520
RA-8a-7	L7	200	115/103	230	0.060	3900.000	104.720
RA-8a-8	L8	200	75/67	230	0.040	3850.000	157.080
RA-8b-1	M1	200	100/88	230	0.060	3400.000	104.720
RA-8b-2	M2	200	100/89	230	0.055	3709.091	114.240
RA-8b-3	M3	200	100/90	230	0.050	4080.000	125.664
RA-8b-4	M4	200	100/91	230	0.045	4533.333	139.627
RA-8b-5	M5	200	100/92	230	0.040	5100.000	157.080
RA-8b-6	M6	200	100/93	230	0.035	5828.571	179.520
RA-8b-7	M7	200	125/115	230	0.050	5080.000	125.664
RA-8b-8	M8	200	85/78	230	0.035	4971.429	179.520

续表 1-2

尺寸砖号	顺序砖号	尺寸/mm			单位楔差 $\Delta C' = \dfrac{C-D}{A}$	外直径/mm $D_o = \dfrac{2CA}{C-D}$	每环极限砖数/块 $K'_o = \dfrac{2\pi A}{C-D}$
		A	C/D	B			
RA-9b-1	N1	230	100/90	230	0.043	4692.000	144.514
RA-9b-2	N2	230	100/91	230	0.039	5213.333	160.571
RA-9b-3	N3	230	100/92	230	0.035	5865.000	180.642
RA-9b-4	N4	230	100/93	230	0.030	6702.857	206.448
RA-9b-7	N7	230	125/115	230	0.043	5842.000	144.514
RA-9b-8	N8	230	85/78	230	0.030	5717.143	206.448
RA-9c-1	P1	230	110/100	200	0.043	5152.000	144.514
RA-9c-2	P2	230	110/101	200	0.039	5724.444	160.571
RA-9c-3	P3	230	110/102	200	0.035	6440.000	180.642
RA-9c-4	P4	230	110/103	200	0.030	7360.000	206.448
RA-9c-7	P7	230	125/115	200	0.043	5842.000	144.514
RA-9c-8	P8	230	85/78	200	0.030	5717.143	206.448
RA-10c-1	R1	250	110/100	200	0.040	5600.000	157.080
RA-10c-2	R2	250	110/101	200	0.036	6222.200	174.533
RA-10c-3	R3	250	110/102	200	0.032	7000.000	196.350
RA-10c-4	R4	250	110/103	200	0.028	8000.000	224.400
RA-10c-7	R7	250	125/115	200	0.040	6350.000	157.080
RA-10c-8	R8	250	85/78	200	0.028	6214.286	224.400

注：1. 尺寸符号意义见图 1-1b（经本书统一）。

2. 尺寸特征（单位楔差、外直径和每环极限砖数）经本书计算。

3. 外直径计算中，尺寸 C 和 D 另加 2mm 砌缝。

英国早期水泥回转窑用厚楔形砖尺寸标准[10,11]中仅采取尺寸砖号，并且区分了碱性砖与非碱性砖（黏土砖和高铝砖）。在水泥回转窑用碱性砖尺寸标准[10]（见表 1-3）中，碱性砖的尺寸砖号由数字组成：左起首位数字表示该砖标称外直径（nominal outer diameter）（m），后两位数表示该砖的大小端距离 A（cm）。例如 $A = 250\text{mm}$，$B = 198\text{mm}$，C/D 为 103mm/96.5mm，外直径 $D_o = 8076.923\text{mm}$（标称外直径的米数为 8）的水泥回转窑用碱性砖，其尺寸砖号写作 825。当特征尺寸与 825 相同（$A = 250\text{mm}$，C/D 为 103mm/96.5mm），外直径也与 825 相同（$D_o = 8076.923\text{mm}$），尺寸 $B = 178\text{mm}$ 时，这种碱性砖尺寸砖号写作 825X。英国早期水泥回转窑用黏土砖和高铝砖尺寸标准[11]中尺寸砖号的数字部分表示法与碱性砖相同，但 $B = 198\text{mm}$ 时数字尾加 Y，$B = 250\text{mm}$ 时数字尾加 Z。例如 $A = 230\text{mm}$，C/D 为 103mm/97.0mm，外直径 D_o 为 8050.0mm 的水泥回转窑用黏土砖或高铝砖：$B = 198\text{mm}$ 时尺寸砖号写作 823Y；$B = 250\text{mm}$ 时尺寸砖号写作 823Z，见表 1-4。

表 1-3　英国早期（1974 年）水泥回转窑用碱性砖尺寸和尺寸特征[10]

尺寸砖号	尺寸/mm			单位楔差 $\Delta C' = \dfrac{C-D}{A}$	外直径/mm $D_o = \dfrac{2CA}{C-D}$	每环极限砖数/块 $K'_o = \dfrac{2\pi A}{C-D}$	优选配砌砖号
	A	C/D	B				
218	180	103/84.0	198	0.106	1989.474	59.525	518
318	180	103/90.5	198	0.069	3024.000	90.478	
418	180	103/93.5	198	0.053	3978.947	119.050	
518	180	103/95.5	198	0.042	5040.000	150.797	218
618	180	103/97.0	198	0.033	6300.000	188.496	
220	200	103/82.0	198	0.105	2000.000	59.840	420
320	200	103/89.0	198	0.070	3000.000	89.760	
420	200	103/92.5	198	0.053	4000.000	119.680	220，620
520	200	103/94.7	198	0.042	5060.241	151.402	
620	200	103/96.2	198	0.034	6176.471	184.800	420
720	200	103/97.0	198	0.030	7000.000	209.440	
820	200	103/97.8	198	0.026	8076.923	241.662	
322	220	103/88.0	198	0.068	3080.000	92.154	522
422	220	103/91.5	198	0.052	4017.391	120.200	
522	220	103/94.0	198	0.041	5133.333	153.589	322，822
622	220	103/95.5	198	0.034	6160.000	184.307	
722	220	103/96.5	198	0.030	7107.692	212.662	
822	220	103/97.3	198	0.026	8105.263	242.509	522
425	250	103/90.0	198	0.052	4038.462	120.831	625
525	250	103/92.7	198	0.041	5097.087	152.505	
625	250	103/94.5	198	0.034	6176.471	184.800	425，825
725	250	103/95.5	198	0.030	7000.000	209.440	
825	250	103/96.5	198	0.026	8076.923	241.662	625
323	230	103/86.9	178	0.070	3000.000	89.760	523
423	230	103/91.0	178	0.052	4025.000	120.428	
523	230	103/93.4	178	0.042	5031.250	150.535	323，823
623	230	103/95.0	178	0.035	6037.500	180.642	
723	230	103/96.1	178	0.030	7000.000	209.440	
823	230	103/97.0	178	0.026	8050.000	240.856	523
425X	250	103/90.0	178	0.052	4038.462	120.831	625X
525X	250	103/92.7	178	0.041	5097.087	152.505	
625X	250	103/94.5	178	0.034	6176.471	184.800	425X，825X
725X	250	103/95.5	178	0.030	7000.000	209.440	
825X	250	103/96.5	178	0.026	8076.923	241.662	625X

注：1. 尺寸符号意义见图 1-1b（经本书统一）。

　　2. 尺寸特征（单位楔差、外直径和每环极限砖数）经本书计算。

　　3. 外直径计算中，尺寸 C 和 D 另加 2mm 砌缝。

表1-4　英国早期（1975年）水泥回转窑用黏土砖和高铝砖尺寸和尺寸特征[11]

尺寸砖号	尺寸/mm			单位楔差 $\Delta C' = \dfrac{C-D}{A}$	外直径/mm $D_o = \dfrac{2CA}{C-D}$	每环极限砖数/块 $K'_o = \dfrac{2\pi A}{C-D}$	配砌砖号
	A	C/D	B				
211Y	114	103/91.0	198	0.105	1995.000	59.690	311Y
311Y	114	103/95.2	198	0.068	3069.231	91.831	211Y, 611Y
611Y	114	103/99.0	198	0.035	5985.000	179.071	311Y
216Y	160	103/86.0	198	0.106	1976.471	59.136	316Y
316Y	160	103/92.0	198	0.069	3054.545	91.392	216Y, 516Y
516Y	160	103/96.5	198	0.041	5169.231	154.663	316Y, 716Y
716Y	160	103/98.3	198	0.029	7148.936	213.896	516Y
218Y	180	103/84.0	198	0.106	1989.474	59.525	318Y
318Y	180	103/90.5	198	0.069	3024.000	90.478	218Y, 518Y
518Y	180	103/95.5	198	0.042	5040.000	150.797	318Y, 718Y
718Y	180	103/97.7	198	0.029	7132.075	213.392	518Y
220Y	200	103/82.0	198	0.105	2000.000	59.840	320Y
320Y	200	103/89.0	198	0.070	3000.000	89.760	220Y, 620Y
620Y	200	103/96.2	198	0.034	6176.471	184.800	320Y, 820Y
820Y	200	103/97.8	198	0.026	8076.923	241.662	620Y
323Y	230	103/86.9	198	0.070	3000.000	89.760	423Y
423Y	230	103/91.0	198	0.052	4025.000	120.428	323Y, 623Y
623Y	230	103/95.0	198	0.035	6037.500	180.642	423Y, 823Y
823Y	230	103/97.0	198	0.026	8050.000	240.856	623Y
211Z	114	103/91.0	250	0.105	1995.000	59.690	311Z
311Z	114	103/95.2	250	0.068	3069.231	91.831	211Z, 611Z
611Z	114	103/99.0	250	0.035	5985.000	179.071	311Z
216Z	160	103/86.0	250	0.106	1976.471	59.136	316Z
316Z	160	103/92.0	250	0.069	3054.545	91.392	216Z, 516Z
516Z	160	103/96.5	250	0.041	5169.231	154.663	316Z, 716Z
716Z	160	103/98.3	250	0.029	7148.936	213.896	516Z
218Z	180	103/84.0	250	0.106	1989.474	59.525	318Z
318Z	180	103/90.5	250	0.069	3024.000	90.478	218Z, 518Z
518Z	180	103/95.5	250	0.042	5040.000	150.797	318Z, 718Z
718Z	180	103/97.7	250	0.029	7132.075	213.392	518Z
220Z	200	103/82.0	250	0.105	2000.000	59.840	320Z
320Z	200	103/89.0	250	0.070	3000.000	89.760	220Z, 620Z
620Z	200	103/96.2	250	0.034	6176.471	184.800	320Z, 820Z
820Z	200	103/97.8	250	0.026	8076.923	241.662	620Z

尺寸砖号	尺寸/mm			单位楔差 $\Delta C' = \dfrac{C-D}{A}$	外直径/mm $D_o = \dfrac{2CA}{C-D}$	每环极限砖数/块 $K'_o = \dfrac{2\pi A}{C-D}$	配砌砖号
	A	C/D	B				
323Z	230	103/86.9	250	0.070	3000.000	89.760	423Z
423Z	230	103/91.0	250	0.052	4025.000	120.428	323Z, 623Z
623Z	230	103/95.0	250	0.035	6037.500	180.642	423Z, 823Z
823Z	230	103/97.0	250	0.026	8050.000	240.856	623Z

注：1. 尺寸符号意义见图 1-1b（经本书统一）。

　　2. 尺寸特征（单位楔差、外直径和每环极限砖数）经本书计算。

　　3. 外直径计算中，尺寸 C 和 D 另加 2mm 砌缝。

　　4. 配砌砖号是根据原标准配砌图编制的。

英国在 1986 年将水泥回转窑用砖尺寸标准归并到英国耐火砖尺寸系列标准内（作为第 3 部分），标准号 BS 3056-3：1986[12]。该标准的尺寸砖号按尺寸系列的种类结合耐火砖种类分为三大类：（1）等大端系列全部标准砖（all standard bricks with constant back face series），包括碱性砖、高铝砖、黏土砖、轻质砖（insulating bricks）和半轻质砖（semi-insulating bricks）。等大端尺寸（constant back face dimensions）$C = 103$mm，轴向尺寸（axial dimensions）❶ $B = 198$mm。这些砖的尺寸砖号表示法：数字组成部分与以往标准[10,11] 相同，但数字后尾标以 Y，见表 1-5。（2）等大端系列非碱性砖（non-basic products with constant back face series），包括高铝砖、黏土砖、轻质砖和半轻质砖，采用等大端尺寸 $C = 103$mm，轴向尺寸 $B = 250$mm。这些砖的尺寸砖号表示法：数字组成部分与以往标准[10,11] 相同，但数字后尾标以 Z，见表 1-6。（3）等中间系列碱性砖（basic products with constant median series），也称等体积系列碱性砖（basic products with constant volume series），仅指碱性砖，采用等中间尺寸（constant back face dimensions）$P = 71.5$mm，轴向尺寸 $B = 198$mm。这些砖的尺寸砖号表示法：数字组成部分与以往标准[10,11] 相同，但数字前标以 B，见表 1-7。

表 1-5　英国 1986 年水泥回转窑用等大端系列全标准砖尺寸和尺寸特征[12]

尺寸砖号	尺寸/mm			单位楔差 $\Delta C' = \dfrac{C-D}{A}$	外直径/mm $D_o = \dfrac{2CA}{C-D}$	每环极限砖数/块 $K'_o = \dfrac{2\pi A}{C-D}$	配砌砖号
	A	C/D	B				
216Y	160	103/86.0	198	0.106	1976.471	59.136	316Y, 416Y
316Y	160	103/92.0	198	0.069	3054.545	91.392	216Y, 416Y, 516Y
416Y	160	103/94.5	198	0.053	3952.941	118.272	216Y, 316Y, 516Y
516Y	160	103/96.5	198	0.041	5169.231	154.663	316Y, 416Y, 716Y
716Y	160	103/98.3	198	0.029	7148.936	213.896	416Y, 516Y

---

❶　以筒体环形砌砖纵轴向命名。

尺寸砖号	尺寸/mm			单位楔差 $\Delta C' = \dfrac{C-D}{A}$	外直径/mm $D_o = \dfrac{2CA}{C-D}$	每环极限砖数/块 $K'_o = \dfrac{2\pi A}{C-D}$	配砌砖号
	A	C/D	B				
218Y	180	103/84.0	198	0.106	1989.474	59.525	318Y, 418Y, 518Y
318Y	180	103/90.5	198	0.069	3024.000	90.478	218Y, 418Y, 518Y
418Y	180	103/93.5	198	0.053	3978.947	119.050	218Y, 318Y, 518Y, 618Y
518Y	180	103/95.5	198	0.042	5040.000	150.797	218Y, 318Y, 418Y, 618Y, 718Y
618Y	180	103/97.0	198	0.033	6300.000	188.496	418Y, 518Y, 718Y
718Y	180	103/97.7	198	0.029	7132.075	213.392	518Y, 618Y
220Y	200	103/82.0	198	0.105	2000.000	59.840	320Y, 420Y, 520Y
320Y	200	103/89.0	198	0.070	3000.000	89.760	220Y, 420Y, 520Y, 620Y
420Y	200	103/92.5	198	0.053	4000.000	119.680	220Y, 320Y, 520Y, 620Y, 820Y
520Y	200	103/94.7	198	0.042	5060.241	151.402	220Y,320Y,420Y,620Y,720Y,820Y
620Y	200	103/96.2	198	0.034	6176.471	184.800	320Y, 420Y, 520Y, 720Y, 820Y
720Y	200	103/97.0	198	0.030	7000.000	209.440	520Y, 620Y, 820Y
820Y	200	103/97.8	198	0.026	8076.923	241.662	420Y, 620Y, 720Y
322Y	220	103/88.0	198	0.068	3080.000	92.154	422Y, 522Y
422Y	220	103/91.5	198	0.052	4017.391	120.200	322Y, 522Y, 622Y
522Y	220	103/94.0	198	0.041	5133.333	153.589	322Y, 422Y, 622Y, 722Y, 822Y
622Y	220	103/95.5	198	0.034	6160.000	184.307	422Y, 522Y, 722Y, 822Y
722Y	220	103/96.5	198	0.030	7107.692	212.662	522Y, 622Y, 822Y
822Y	220	103/97.3	198	0.026	8105.263	242.509	522Y, 622Y, 722Y
425Y	250	103/90.0	198	0.052	4038.462	120.831	525Y, 625Y
525Y	250	103/92.7	198	0.041	5097.087	152.505	425Y, 625Y, 725Y
625Y	250	103/94.5	198	0.034	6176.471	184.800	425Y, 525Y, 725Y, 825Y
725Y	250	103/95.5	198	0.030	7000.0	209.440	525Y, 625Y, 825Y
825Y	250	103/96.5	198	0.026	8076.923	241.662	625Y, 725Y

注：1. 尺寸符号意义见图1-1b（经本书统一）。

2. 尺寸特征（单位楔差、外直径和每环极限砖数）经本书计算。

3. 外直径计算中，尺寸 C 和 D 另加2mm砌缝。

4. 全标准砖包括碱性砖、高铝砖、黏土砖、轻质砖和半轻质砖。

5. 配砌砖号方案根据英国标准[10~12]列出。

表1-6 英国1986年水泥回转窑用等大端系列非碱性砖尺寸和尺寸特征[12]

尺寸砖号	尺寸/mm			单位楔差 $\Delta C' = \dfrac{C-D}{A}$	外直径/mm $D_o = \dfrac{2CA}{C-D}$	每环极限砖数/块 $K'_o = \dfrac{2\pi A}{C-D}$	配砌砖号
	A	C/D	B				
216Z	160	103/86.0	250	0.106	1976.471	59.136	316Z, 516Z
316Z	160	103/92.0	250	0.069	3054.545	91.392	216Z, 516Z
516Z	160	103/96.5	250	0.041	5169.231	154.663	216Z, 316Z, 716Z
716Z	160	103/98.3	250	0.029	7148.936	213.896	516Z

尺寸砖号	尺寸/mm			单位楔差 $\Delta C' = \dfrac{C-D}{A}$	外直径/mm $D_o = \dfrac{2CA}{C-D}$	每环极限砖数/块 $K'_o = \dfrac{2\pi A}{C-D}$	配砌砖号
	A	C/D	B				
218Z	180	103/84.0	250	0.106	1989.474	59.525	318Z, 518Z
318Z	180	103/90.5	250	0.069	3024.000	90.478	218Z, 518Z
518Z	180	103/95.5	250	0.042	5040.000	150.797	218Z, 318Z, 718Z
718Z	180	103/97.7	250	0.029	7132.075	213.392	518Z
220Z	200	103/82.0	250	0.105	2000.000	59.840	320Z, 420Z
320Z	200	103/89.0	250	0.070	3000.000	89.760	220Z, 420Z
420Z	200	103/92.5	250	0.053	4000.000	119.680	220Z, 320Z, 620Z
620Z	200	103/96.2	250	0.034	6176.471	184.800	420Z, 820Z
820Z	200	103/97.8	250	0.026	8076.923	241.662	620Z
323Z	230	103/86.9	250	0.070	3000.000	89.760	423Z, 623Z
423Z	230	103/91.0	250	0.052	4025.000	120.428	323Z, 623Z, 823Z
623Z	230	103/95.0	250	0.035	6037.500	180.642	323Z, 423Z, 823Z
823Z	230	103/97.0	250	0.026	8050.000	240.856	423Z, 623Z

注：1. 尺寸符号意义见图 1-1b（经本书统一）。

　　2. 尺寸特征（单位楔差、外直径和每环极限砖数）经本书计算。

　　3. 外直径计算中，尺寸 C 和 D 另加 2mm 砌缝。

　　4. 等大端系列非碱性砖包括高铝砖、黏土砖、轻质砖和半轻质砖。

　　5. 配砌砖号方案根据英国标准[10~12]列出。

表 1-7　英国 1986 年水泥回转窑用等中间系列碱性砖尺寸和尺寸特征[12]

尺寸砖号	尺寸/mm			单位楔差 $\Delta C' = \dfrac{C-D}{A}$	外直径/mm $D_o = \dfrac{2CA}{C-D}$	每环极限砖数/块 $K'_o = \dfrac{2\pi A}{C-D}$	配砌砖号
	A	C/D	B				
B216	160	78.0/65.0	198	0.081	1969.231	77.332	B416, B616
B416	160	75.0/68.0	198	0.044	3520.000	143.616	B216, B616
B616	160	74.0/69.0	198	0.031	4864.000	201.062	B216, B416
B218	180	78.0/65.0	198	0.072	2215.385	86.998	B318, B418, B618
B318	180	76.5/66.5	198	0.056	2826.000	113.098	B218, B418, B618
B418	180	75.0/68.0	198	0.039	3960.000	161.568	B218, B318, B618
B618	180	74.0/69.0	198	0.028	5472.000	226.195	B218, B318, B418
B220	200	78.0/65.0	198	0.065	2461.538	96.665	B320, B420, B620
B320	200	76.5/66.5	198	0.050	3140.000	125.664	B220, B420, B620
B420	200	75.0/68.0	198	0.035	4400.000	179.520	B220, B320, B620, B820
B620	200	74.0/69.0	198	0.025	6080.000	251.328	B220, B320, B420, B820
B820	200	73.3/69.7	198	0.018	8366.667	349.067	B420, B620

尺寸砖号	尺寸/mm			单位楔差 $\Delta C' = \dfrac{C-D}{A}$	外直径/mm $D_o = \dfrac{2CA}{C-D}$	每环极限砖数/块 $K'_o = \dfrac{2\pi A}{C-D}$	配砌砖号
	A	C/D	B				
B222	220	78.0/65.0	198	0.059	2707.692	106.331	B322，B422
B322	220	76.5/66.5	198	0.045	3454.000	138.230	B222，B422，B622
B422	220	75.0/68.0	198	0.032	4840.000	197.472	B222，B322，B622，B822
B622	220	74.0/69.0	198	0.023	6688.000	276.461	B322，B422，B822
B822	220	73.5/69.5	198	0.018	8305.000	345.576	B422，B622
B325	250	78.0/65.0	198	0.052	3076.923	120.831	B425，B525
B425	250	76.5/66.5	198	0.040	3925.000	157.080	B325，B525，B625
B525	250	75.0/68.0	198	0.028	5500.000	224.400	B325，B425，B625，B725
B625	250	74.5/68.5	198	0.024	6375.000	261.800	B425，B525，B725
B725	250	74.0/69.0	198	0.020	7600.000	314.160	B525，B625

注：1. 尺寸符号意义见图1-1b（经本书统一）。

2. 尺寸特征（单位楔差、外直径和每环极限砖数）经本书计算。

3. 外直径计算中，尺寸 C 和 D 另加2mm砌缝。

4. 等中间系列碱性砖，仅指等中间尺寸 $P = (C+D)/2 = 71.5$mm 的碱性砖。

5. 配砌砖号方案根据英国标准[10~12]列出。

6. 根据原标准B616的标称外直径4750mm（本书计算 $D_o = 4864.0$mm）应为B516（本书注）。

　　法国1977年水泥及石灰回转窑用厚楔形砖❶的尺寸砖号仅采取数字组成部分[13]，表示方法与英国相同，见表1-8。法国标准[13]与英国标准[12]关于尺寸砖号的区别，在于没用符号。这是由于法国标准回避了耐火砖种类和删去 $B = 250$mm 系列砖。此外，法国标准的应用领域由单一水泥回转窑扩大到水泥回转窑和石灰回转窑。

表1-8　法国1977年水泥及石灰回转窑用厚楔形砖尺寸和尺寸特征[13]

尺寸砖号	尺寸/mm			单位楔差 $\Delta C' = \dfrac{C-D}{A}$	外直径/mm $D_o = \dfrac{2CA}{C-D}$	每环极限砖数/块 $K'_o = \dfrac{2\pi A}{C-D}$	配砌砖号
	A	C/D	B				
218	180	103/84.5	198	0.103	2043.243	61.134	318，418
318	180	103/90.5	198	0.069	3024.000	90.478	218，418，618
418	180	103/93.5	198	0.053	3978.947	119.050	218，318，618
618	180	103/97.0	198	0.033	6300.000	188.496	318，418
320	200	103/89.0	198	0.070	3000.000	89.760	420，620
420	200	103/92.5	198	0.053	4000.000	119.680	320，620，820
620	200	103/96.2	198	0.034	6176.471	184.800	320，420，820
820	200	103/97.8	198	0.026	8076.923	241.662	420，620

---

❶ 原标准[13]法文"blocs couteaux"直译为"侧厚楔形砌块"，但根据砖形尺寸图和表，其实就是厚楔形砖。

续表 1-8

尺寸砖号	尺寸/mm			单位楔差 $\Delta C' = \dfrac{C-D}{A}$	外直径/mm $D_o = \dfrac{2CA}{C-D}$	每环极限砖数/块 $K'_o = \dfrac{2\pi A}{C-D}$	配砌砖号
	A	C/D	B				
422	220	103/91.5	198	0.052	4017.391	120.200	622，822
622	220	103/95.5	198	0.034	6160.000	184.307	422，822
822	220	103/97.3	198	0.026	8105.263	242.509	422，622
425	250	103/90.0	198	0.052	4038.462	120.831	625，825
625	250	103/94.5	198	0.034	6176.471	184.800	425，825
825	250	103/96.5	198	0.026	8076.923	241.662	425，625

注：1. 尺寸符号意义见图 1-1b（经本书统一）。

　　2. 尺寸特征（单位楔差、外直径和每环极限砖数）经本书计算。

　　3. 外直径计算中，尺寸 C 和 D 另加 2mm 砌缝。

　　4. "厚楔形砖"是经本书根据原形状图和尺寸改写的，原标准法文"blocs couteaux"直译为"侧厚楔形砌块"。

　　5. 配砌砖号方案根据原标准[13]配砌图列出。

欧洲耐火材料生产者联合会（PRE），沿着法国标准[13]的方向采取：（1）标准适用于回转窑用碱性砖、黏土砖和高铝砖。（2）标准采用等大端尺寸 $C = 103$mm 和轴向尺寸 $B = 198$mm，根据用户要求可生产大尺寸 $B = 250$mm 的低铝黏土砖、黏土砖和高铝砖。（3）不仅适用于水泥和石灰回转窑，标准名称"耐火砖尺寸-回转窑"[14]，适用行业更广泛了。该标准[14]的尺寸砖号和尺寸完全被国际标准[15]采纳，限于篇幅不再单独列表（可参看表 1-9）。

表 1-9　1986 年国际标准回转窑用等大端尺寸 103mm 厚楔形砖尺寸和尺寸特征[15]

尺寸砖号	尺寸/mm			单位楔差 $\Delta C' = \dfrac{C-D}{A}$	外直径/mm $D_o = \dfrac{2(C+\delta)A}{C-D} = \dfrac{2(C+\delta)}{\Delta C'}$		每环极限砖数/块 $K'_o = \dfrac{2\pi A}{C-D} = \dfrac{2\pi}{\Delta C'}$	体积 /cm^3	配砌砖号
	A	C/D	B		$\delta=1$mm	$\delta=2$mm			
216	160	103/86.0	198	0.1063	1957.6	1976.5	59.136	2993.8	316，416，516
316	160	103/92.0	198	0.0688	3025.5	3054.5	91.392	3088.8	216，416，516，716
416	160	103/94.5	198	0.0531	3915.3	3952.9	118.272	3128.4	216，316，516，716
516	160	103/96.5	198	0.0406	5120.0	5169.2	154.663	3160.1	216，316，416，716
716	160	103/98.3	198	0.0294	7080.9	7148.9	213.896	3188.6	316，416，516
218	180	103/84.0	198	0.1056	1970.5	1989.5	59.525	3332.3	318，418，518
318	180	103/90.5	198	0.0694	2995.2	3024.5	90.478	3448.2	218，418，518，618
418	180	103/93.5	198	0.0528	3941.1	3978.9	119.050	3501.6	218，318，518，618，718
518	180	103/95.5	198	0.0417	4992.0	5040.0	150.797	3537.3	218，318，418，618，718
618	180	103/97.0	198	0.0333	6240.0	6300.0	188.496	3564.0	318，418，518，718
718	180	103/97.7	198	0.0294	7064.2	7132.1	213.391	3576.5	418，518，618

尺寸砖号	尺寸/mm			单位楔差 $\Delta C' = \dfrac{C-D}{A}$	外直径/mm $D_o = \dfrac{2(C+\delta)A}{C-D}$ $= \dfrac{2(C+\delta)}{\Delta C'}$		每环极限砖数/块 $K'_o = \dfrac{2\pi A}{C-D}$ $= \dfrac{2\pi}{\Delta C'}$	体积/cm³	配砌砖号
	A	C/D	B		$\delta=1mm$	$\delta=2mm$			
220	200	103/82.0	198	0.1050	1981.0	2000.0	59.840	3663.0	320, 420, 520
320	200	103/89.0	198	0.0700	2971.4	3000.0	89.760	3801.6	220, 420, 520, 620
420	200	103/92.5	198	0.0525	3961.9	4000.0	119.680	3870.9	220, 320, 520, 620, 720
520	200	103/94.7	198	0.0415	5012.0	5060.2	151.402	3914.5	220,320,420,620,720,820
620	200	103/96.2	198	0.0340	6117.6	6176.5	184.800	3944.2	320, 420, 520, 720, 820
720	200	103/97.0	198	0.0300	6933.3	7000.0	209.440	3960.0	420, 520, 620, 820
820	200	103/97.8	198	0.0260	8000.0	8076.9	241.662	3975.8	520, 620, 720
322	220	103/88.0	198	0.0682	3050.7	3080.0	92.154	4160.0	422, 522, 622
422	220	103/91.5	198	0.0523	3979.1	4017.4	120.200	4236.6	322, 522, 622, 722
522	220	103/94.0	198	0.0409	5084.4	5133.3	153.589	4290.7	322, 422, 622, 722, 822
622	220	103/95.5	198	0.0341	6101.3	6160.0	184.307	4323.3	322, 422, 522, 722, 822
722	220	103/96.5	198	0.0295	7040.0	7107.7	212.662	4345.1	422, 522, 622, 822
822	220	103/97.3	198	0.0259	8028.1	8105.3	242.509	4362.5	522, 622, 722
425	250	103/90.0	198	0.0520	4000.0	4038.5	120.831	4776.8	525, 625, 725
525	250	103/92.7	198	0.0412	5048.5	5097.1	152.504	4843.6	425, 625, 725, 825
625	250	103/94.5	198	0.0340	6117.6	6176.5	184.800	4888.1	425, 525, 725, 825
725	250	103/95.5	198	0.0300	6933.3	7000.0	209.440	4912.9	425, 525, 625, 825
825	250	103/96.5	198	0.0260	8000.0	8076.9	241.661	4937.6	525, 625, 725

注: 1. 尺寸符号意义见图 1-1b（经本书统一）。

2. 尺寸特征（单位楔差、外直径和每环极限砖数）经本书计算。

3. 外直径计算式中 δ 为砌缝（辐射缝）厚度，mm。

4. 配砌砖号方案根据英国标准[10~12]列出。

5. PRE/R 38—1977 耐火砖尺寸-回转窑用砖[14]的内容与本表相同。

国际标准 ISO 5417—1986（E）回转窑用耐火砖尺寸[15]沿着法国标准[13]和欧洲耐火材料生产者联合会标准[14]方向，规定了回转窑（不仅限于水泥和石灰回转窑）用碱性砖、黏土砖和高铝砖的尺寸，分为两个系列：（1）回转窑用等大端系列厚楔形砖尺寸（表 1-9）。（2）回转窑用等中间系列厚楔形砖尺寸（表 1-10）。等大端尺寸 103mm 回转窑用砖和等中间尺寸 71.5mm 回转窑用砖的尺寸砖号由字母和数字组成：末两位数表示该砖大小端距离 A(cm)，其前的数字表示该砖标称外直径 D_o(m)；数字前无字母的表示等大端尺寸 103mm 砖、数字前有字母 B 的表示等中间尺寸 71.5mm 砖。

表 1-10　1986 年国际标准回转窑用等中间尺寸 71.5mm 厚楔形砖尺寸和尺寸特征[15]

尺寸砖号	尺寸/mm			单位楔差 $\Delta C' = \dfrac{C-D}{A}$	外直径/mm $D_o = \dfrac{2(C+\delta)A}{C-D}$ $= \dfrac{2(C+\delta)}{\Delta C'}$		每环极限砖数/块 $K'_o = \dfrac{2\pi A}{C-D}$ $= \dfrac{2\pi}{\Delta C'}$	体积 /cm³	配砌砖号
	A	C/D	B		$\delta=1\,mm$	$\delta=2\,mm$			
B216	160	78.0/65.0	198	0.0813	1944.6	1969.2	77.332	2265.1	B416
B416	160	75.0/68.0	198	0.0438	3474.3	3520.0	143.616	2265.1	B216
B218	180	78.0/65.0	198	0.0722	2187.7	2215.4	86.998	2548.3	B318, B418, B518
B318	180	76.5/66.5	198	0.0556	2790.0	2826.0	113.098	2548.3	B218, B418, B518, B618
B418	180	75.0/68.0	198	0.0389	3908.6	3960.0	161.568	2548.3	B218, B318, B518, B618
B518	180	74.5/68.5	198	0.0333	4530.0	4590.0	188.496	2548.3	B218, B318, B418, B618
B618	180	74.0/69.0	198	0.0278	5400.0	5472.0	226.195	2548.3	B318, B418, B518
B220	200	78.0/65.0	198	0.0650	2430.8	2461.5	96.665	2831.4	B320, B420, B520
B320	200	76.5/66.5	198	0.0500	3100.0	3140.0	125.664	2831.4	B220, B420, B520, B620
B420	200	75.0/68.0	198	0.0350	4342.9	4400.0	179.520	2831.4	B220, B320, B520, B620
B520	200	74.5/68.5	198	0.0300	5033.3	5100.0	209.440	2831.4	B220, B320, B420, B620
B620	200	74.0/69.0	198	0.0250	6000.0	6080.0	251.328	2831.4	B320, B420, B520
B222	220	78.0/65.0	198	0.0591	2673.8	2707.7	106.331	3114.5	B322, B422, B522
B322	220	76.5/66.5	198	0.0455	3410.0	3454.0	138.230	3114.5	B322, B422, B522, B622
B422	220	75.0/68.0	198	0.0318	4777.1	4840.0	197.472	3114.5	B222, B322, B522, B622
B522	220	74.5/68.5	198	0.0273	5536.7	5610.0	230.384	3114.5	B222, B322, B422, B622
B622	220	74.0/69.0	198	0.0227	6600.0	6688.0	276.461	3114.5	B322, B422, B522
B325	250	78.0/65.0	198	0.0520	3038.5	3076.9	120.831	3539.3	B425, B525, B625
B425	250	76.5/66.5	198	0.0400	3875.0	3925.0	157.080	3539.3	B325, B525, B625, B725
B525	250	75.0/68.0	198	0.0280	5428.6	5500.0	224.400	3539.3	B325, B425, B625, B725
B625	250	74.5/68.5	198	0.0240	6291.7	6375.0	261.800	3539.3	B325, B425, B525, B725
B725	250	74.0/69.0	198	0.0200	7500.0	7600.0	314.160	3539.3	B425, B525, B625

注：1. 尺寸符号意义见图 1-1b（经本书统一）。

　　2. 尺寸特征（单位楔差、外直径和每环极限砖数）经本书计算。

　　3. 外直径计算式中 δ 为砌缝（辐射缝）厚度，mm。

　　4. 配砌砖号方案根据英国标准[10~12]列出。

前苏联回转窑（主要是水泥回转窑，水泥的俄文 цемент，代号 ц）用厚楔形砖仅采取顺序砖号[16]。硅酸铝砖（alumino-solicate bricks）的顺序砖号由俄文字母（例如莫来石砖俄文 муллитовый 的代号 млц）和 1~20 顺序号组成（表 1-11），碱性砖的顺序砖号由俄文字母（例如方镁石尖晶石砖俄文 периклазошпинелъный кирпич 的代号 пшц）和 21~39 顺序号组成（表 1-12）。

表 1-11 前苏联 1975 年水泥回转窑用硅酸铝砖尺寸和尺寸特征[16]

形状名称	顺序砖号	尺寸/mm			单位楔差 $\Delta C' = \dfrac{C-D}{A}$	外直径/mm $D_o = \dfrac{2CA}{C-D}$	每环极限砖数/块 $K'_o = \dfrac{2\pi A}{C-D}$	配砌砖号
		A	C/D	B				
侧厚楔形砖	млц-19	120	100/95	200	0.042	4896.000	150.797	млц-20
	млц-20	120	75/65	200	0.083	1848.000	75.398	млц-19
	млц-16	160	100/94	200	0.038	5440.000	167.552	млц-17
	млц-17	160	75/67	200	0.050	3080.000	125.664	млц-16，млц-18
	млц-18	160	75/60	200	0.094	1642.667	67.021	млц-17
竖厚楔形砖	млц-3	200	100/92	150	0.040	5100.000	157.080	млц-4
	млц-4	200	75/65	150	0.050	3080.000	125.664	млц-3，млц-5
	млц-5	200	75/55	150	0.100	1540.000	62.832	млц-4
	млц-14	200	100/92	200	0.040	5100.000	157.080	млц-15
	млц-15	200	75/65	200	0.050	3080.000	125.664	млц-14
	млц-6	230	100/95	150	0.022	9384.000	289.027	млц-7
	млц-7	230	100/91	150	0.039	5213.333	160.571	млц-6，млц-8
	млц-8	230	120/113	150	0.030	8017.143	206.448	млц-7
	млц-1	300	100/88	150	0.040	5100.000	157.080	млц-2，млц-9
	млц-2	300	75/55	150	0.067	2310.000	92.248	млц-1
	млц-9	300	100/93	150	0.023	8742.857	269.280	млц-1
	млц-10	300	100/93	200	0.023	8742.857	269.280	млц-11
	млц-11	300	100/88	200	0.040	5100.000	157.080	млц-10

注：1. 尺寸符号意义见图 1-1b（经本书统一）。

2. 尺寸特征（单位楔差、外直径和每环极限砖数）经本书计算。

3. 外直径计算中，尺寸 C 和 D 另加 2mm 砌缝。

表 1-12 前苏联 1975 年水泥回转窑用方镁石尖晶石砖尺寸和尺寸特征[16]

形状名称	顺序砖号	尺寸/mm			单位楔差 $\Delta C' = \dfrac{C-D}{A}$	外直径/mm $D_o = \dfrac{2CA}{C-D}$	每环极限砖数/块 $K'_o = \dfrac{2\pi A}{C-D}$	配砌砖号
		A	C/D	B				
侧厚楔形砖	пшщ-35	160	80/75	200	0.031	5248.000	201.062	пшщ-36，пшщ-37
	пшщ-36	160	65/58	200	0.044	3062.857	143.616	пшщ-35
	пшщ-37	160	120/115	200	0.031	7808.000	201.062	пшщ-35
竖厚楔形砖	пшщ-24	200	70/62	120	0.040	3600.000	157.080	пшщ-26
	пшщ-26	200	70/57	120	0.065	2215.385	96.665	пшщ-24
	пшщ-25	200	70/62	120	0.040	3600.000	157.080	пшщ-27
	пшщ-27	200	70/57	120	0.065	2215.385	96.665	пшщ-25
	пшщ-21	230	80/73	200	0.030	5388.571	206.448	пшщ-22，пшщ-23，пшщ-34
	пшщ-22	230	120/113	200	0.030	8017.143	206.448	пшщ-21，пшщ-32

续表 1-12

形状名称	顺序砖号	尺寸/mm			单位楔差 $\Delta C' = \dfrac{C-D}{A}$	外直径/mm $D_o = \dfrac{2CA}{C-D}$	每环极限砖数/块 $K'_o = \dfrac{2\pi A}{C-D}$	配砌砖号
		A	C/D	B				
竖厚楔形砖	пшц-23	230	65/55	200	0.043	3082.000	144.514	пшц-21，пшц-32
	пшц-32	230	103/92	200	0.048	4390.909	131.376	пшц-22，пшц-23，пшц-34
	пшц-34	230	103/97	200	0.026	8050.000	240.856	пшц-21，пшц-32
	пшц-28	230	65/55	150	0.043	3082.000	144.514	пшц-29，пшц-31
	пшц-29	230	80/73	150	0.030	5388.571	206.448	пшц-28，пшц-30，пшц-33
	пшц-30	230	120/113	150	0.030	8017.143	206.448	пшц-29，пшц-31
	пшц-31	230	103/92	150	0.048	4390.909	131.376	пшц-28，пшц-30，пшц-33
	пшц-33	230	103/97	150	0.026	8050.000	240.856	пшц-29，пшц-31
	пшц-38	230	65/55	115	0.043	3082.000	144.514	пшц-39
	пшц-39	230	80/73	115	0.030	5388.571	206.448	пшц-38

注：1. 尺寸符号意义见图 1-1b（经本书统一）。

　　2. 尺寸特征（单位楔差、外直径和每环极限砖数）经本书计算。

　　3. 外直径计算中，尺寸 C 和 D 另加 2mm 砌缝。

我国国家标准[6]对厚楔形砖的尺寸砖号表示法有明确的规定：由名称代号 CH（"侧厚"的汉语拼音首字母）或 SH（"竖厚"的汉语拼音首字母）、大面尺寸代号（与直形砖相同）、短横线"–"和大小端厚度尺寸（C/D）组成。根据这个规定，我国国家标准 GB/T 2992.6—2013《耐火砖形状尺寸 第 6 部分：回转窑用砖》[8]规定：等中间尺寸 75mm 回转窑用厚楔形砖（表 1-13）、等大端尺寸 100mm 回转窑用厚楔形砖（表 1-14）和回转窑专用锁砖（表 1-15）的尺寸砖号，由名称代号 H（"厚"的汉语拼音首字母）、大小端距离 A(cm)、短横线（半字线）"–"和大小端厚度尺寸 C/D(mm/mm) 组成。因为我国回转窑用厚楔形砖尺寸标准[8]中，所有砖的大面尺寸 $A \times B$ 的 B 均为相同的 198mm，所以大面代号只能以大小端距离 A(cm) 直观地表示出来。出于直观表述诸厚楔形砖尺寸的理念，尺寸砖号的最末（也是最具体）数字就选取了大小端厚度尺寸 C/D(mm/mm) 了。这样的表示法，避免了尺寸特征（例如外直径）向尺寸的换算。

表 1-13　我国国家标准等中间尺寸 75mm 回转窑用厚楔形砖尺寸和尺寸特征[8]

尺寸砖号	尺寸/mm			单位楔差 $\Delta C'$ $=\dfrac{C-D}{A}$	外直径/mm $D_o = \dfrac{2(C+\delta)A}{C-D}$ $= \dfrac{2(C+\delta)}{\Delta C'}$		每环极限砖数/块 $K'_o = \dfrac{2\pi A}{C-D}$ $= \dfrac{2\pi}{\Delta C'}$	体积/cm³	配砌砖号
	A	C/D	B		$\delta = 1$mm	$\delta = 2$mm			
H16-82.5/67.5	160	82.5/67.5	198	0.0938	1781.3	1802.7	67.021	2376.0	H16-80.0/70.0，H16-78.8/71.3
H16-80.0/70.0	160	80.0/70.0	198	0.0625	2592.0	2624.0	100.531	2376.0	H16-82.5/67.5，H16-78.8/71.3，H16-77.5/72.5
H16-78.8/71.3	160	78.8/71.3	198	0.0469	3402.7	3445.3	134.042	2376.0	H16-82.5/67.5，H16-80.0/70.0，H16-77.5/72.5

尺寸砖号	尺寸/mm			单位楔差 $\Delta C' = \dfrac{C-D}{A}$	外直径/mm $D_o = \dfrac{2(C+\delta)A}{C-D} = \dfrac{2(C+\delta)}{\Delta C'}$		每环极限砖数/块 $K'_o = \dfrac{2\pi A}{C-D} = \dfrac{2\pi}{\Delta C'}$	体积 /cm³	配砌砖号
	A	C/D	B		$\delta=1$mm	$\delta=2$mm			
H16-77.5/72.5	160	77.5/72.5	198	0.0313	5024.0	5088.0	201.062	2376.0	H16-80.0/70.0，H16-78.8/71.3
H18-82.5/67.5	180	82.5/67.5	198	0.0833	2004.0	2028.0	75.398	2673.0	H18-80.0/70.0，H18-78.8/71.3
H18-80.0/70.0	180	80.0/70.0	198	0.0556	2916.0	2952.0	113.098	2673.0	H18-82.5/67.5，H18-78.8/71.3，H18-77.5/72.5
H18-78.8/71.3	180	78.8/71.3	198	0.0417	3828.0	3876.0	150.797	2673.0	H18-82.5/67.5，H18-80.0/70.0，H18-77.5/72.5
H18-77.5/72.5	180	77.5/72.5	198	0.0278	5652.0	5724.0	226.195	2673.0	H18-80.0/70.0，H18-78.8/71.3
H20-82.5/67.5	200	82.5/67.5	198	0.0750	2226.7	2253.3	83.776	2970.0	H20-80.0/70.0，H20-78.8/71.3
H20-80.0/70.0	200	80.0/70.0	198	0.0500	3240.0	3280.0	125.664	2970.0	H20-82.5/67.5，H20-78.8/71.3，H20-77.5/72.5
H20-78.8/71.3	200	78.8/71.3	198	0.0375	4253.3	4306.7	167.552	2970.0	H20-82.5/67.5，H20-80.0/70.0，H20-77.5/72.5
H20-77.5/72.5	200	77.5/72.5	198	0.0250	6280.0	6360.0	251.328	2970.0	H20-80.0/70.0，H20-78.8/71.3
H22-82.5/67.5	220	82.5/67.5	198	0.0682	2449.3	2478.7	92.154	3267.0	H22-80.0/70.0，H22-78.8/71.3
H22-80.0/70.0	220	80.0/70.0	198	0.0455	3564.0	3608.0	138.230	3267.0	H22-82.5/67.5，H22-78.8/71.3，H22-77.5/72.5
H22-78.8/71.3	220	78.8/71.3	198	0.0341	4678.7	4737.3	184.307	3267.0	H22-82.5/67.5，H22-80.0/70.0，H22-77.5/72.5
H22-77.5/72.5	220	77.5/72.5	198	0.0227	6908.0	6996.0	276.461	3267.0	H22-80.0/70.0，H22-78.8/71.3
H25-82.5/67.5	250	82.5/67.5	198	0.0600	2783.3	2816.7	104.720	3712.5	H25-80.0/70.0，H25-78.8/71.3
H25-80.0/70.0	250	80.0/70.0	198	0.0400	4050.0	4100.0	157.080	3712.5	H25-82.5/67.5，H25-78.8/71.3，H25-77.5/72.5
H25-78.8/71.3	250	78.8/71.3	198	0.0300	5316.7	5383.3	209.440	3712.5	H25-82.5/67.5，H25-80.0/70.0，H25-77.5/72.5
H25-77.5/72.5	250	77.5/72.5	198	0.0200	7850.0	7950.0	314.160	3712.5	H25-80.0/70.0，H25-78.8/71.3

注：1. H16-78.8/71.3、H18-78.8/71.3、H20-78.8/71.3、H22-78.8/71.3、H25-78.8/71.3 的大小端尺寸 C/D（mm/mm）为 78.8/71.3，其设计尺寸为 78.75/71.25。上述砖号外直径及体积计算中采用设计尺寸 78.75/71.25。

2. δ 表示砌缝（辐射缝）厚度，mm。

表1-14 我国国家标准等大端尺寸 100mm 回转窑用厚楔形砖尺寸和尺寸特征[8]

尺寸砖号	尺寸/mm			单位楔差 $\Delta C' = \dfrac{C-D}{A}$	外直径/mm $D_o = \dfrac{2(C+\delta)A}{C-D} = \dfrac{2(C+\delta)}{\Delta C'}$		每环极限砖数/块 $K'_o = \dfrac{2\pi A}{C-D} = \dfrac{2\pi}{\Delta C'}$	体积 /cm³	配砌砖号
	A	C/D	B		$\delta=1$mm	$\delta=2$mm			
H16-100/85.0	160	100/85.0	198	0.0938	2154.7	2176.0	67.021	2930.4	H16-100/90.0，H16-100/92.5
H16-100/90.0	160	100/90.0	198	0.0625	3232.0	3264.0	100.531	3009.6	H16-100/85.0，H16-100/92.5，H16-100/95.0
H16-100/92.5	160	100/92.5	198	0.0469	4309.3	4352.0	134.042	3049.2	H16-100/85.0，H16-100/90.0，H16-100/95.0

续表1-14

尺寸砖号	尺寸/mm			单位楔差 $\Delta C' = \dfrac{C-D}{A}$	外直径/mm $D_o = \dfrac{2(C+\delta)A}{C-D}$ $= \dfrac{2(C+\delta)}{\Delta C'}$		每环极限砖数/块 $K'_o = \dfrac{2\pi A}{C-D}$ $= \dfrac{2\pi}{\Delta C'}$	体积 /cm³	配砌砖号
	A	C/D	B		$\delta=1mm$	$\delta=2mm$			
H16-100/95.0	160	100/95.0	198	0.0313	6464.0	6528.0	201.062	3088.8	H16-100/90.0, H16-100/92.5
H18-100/85.0	180	100/85.0	198	0.0833	2424.0	2448.0	75.398	3296.7	H18-100/90.0, H18-100/92.5
H18-100/90.0	180	100/90.0	198	0.0556	3636.0	3672.0	113.098	3385.8	H18-100/85.0, H18-100/92.5, H18-100/95.0
H18-100/92.5	180	100/92.5	198	0.0417	4848.0	4896.0	150.797	3430.4	H18-100/85.0, H18-100/90.0, H18-100/95.0
H18-100/95.0	180	100/95.0	198	0.0278	7272.0	7344.0	226.195	3474.9	H18-100/90.0, H18-100/92.5
H20-100/85.0	200	100/85.0	198	0.0750	2693.3	2720.0	83.776	3663.0	H20-100/90.0, H20-100/92.5
H20-100/90.0	200	100/90.0	198	0.0500	4040.0	4080.0	125.664	3762.0	H20-100/85.0, H20-100/92.5, H20-100/95.0
H20-100/92.5	200	100/92.5	198	0.0375	5386.7	5440.0	167.552	3811.5	H20-100/85.0, H20-100/90.0, H20-100/95.0
H20-100/95.0	200	100/95.0	198	0.0250	8080.0	8160.0	251.328	3861.0	H20-100/90.0, H20-100/92.5
H22-100/85.0	220	100/85.0	198	0.0682	2962.7	2992.0	92.154	4029.3	H22-100/90.0, H22-100/92.5
H22-100/90.0	220	100/90.0	198	0.0455	4444.0	4488.0	138.230	4138.2	H22-100/85.0, H22-100/92.5, H22-100/95.0
H22-100/92.5	220	100/92.5	198	0.0341	5925.3	5984.0	184.307	4192.7	H22-100/85.0, H22-100/90.0, H22-100/95.0
H22-100/95.0	220	100/95.0	198	0.0227	8888.0	8976.0	276.461	4247.1	H22-100/90.0, H22-100/92.5
H25-100/85.0	250	100/85.0	198	0.0600	3366.7	3400.0	104.720	4578.8	H25-100/90.0, H25-100/92.5
H25-100/90.0	250	100/90.0	198	0.0400	5050.0	5100.0	157.080	4702.5	H25-100/85.0, H25-100/92.5, H25-100/95.0
H25-100/92.5	250	100/92.5	198	0.0300	6733.3	6800.0	209.440	4764.4	H25-100/85.0, H25-100/90.0, H25-100/95.0
H25-100/95.0	250	100/95.0	198	0.0200	10100.0	10200.0	314.160	4826.3	H25-100/90.0, H25-100/92.5

注: δ 表示砌缝（辐射缝）厚度，mm。

表1-15 我国国家标准回转窑等楔差专用锁砖尺寸和尺寸特征[8]

尺寸砖号	尺寸/mm			单位楔差 $\Delta C' = \dfrac{C-D}{A}$	外直径/mm $D_o = \dfrac{2(C+\delta)A}{C-D}$ $= \dfrac{2(C+\delta)}{\Delta C'}$		每环极限砖数/块 $K'_o = \dfrac{2\pi A}{C-D}$ $= \dfrac{2\pi}{\Delta C'}$	体积 /cm³	等楔差砖环配砌砖号
	A	C/D	B		$\delta=1mm$	$\delta=2mm$			
H16-89.5/79.8	160	89.5/79.8	198	0.0625	2905.6	2937.6	100.531	2686.5	
H16-120.4/112.9	160	120.4/112.9	198	0.0469	5179.7	5222.4	134.042	3695.5	H16-100/92.5
H16-120.4/115.4	160	120.4/115.4	198	0.0313	7769.6	7833.6	201.062	3735.1	H16-100/95.0
H18-89.5/79.8	180	89.5/79.8	198	0.0556	3268.8	3304.8	113.098	3022.3	
H18-120.4/112.9	180	120.4/112.9	198	0.0417	5827.2	5875.2	150.797	4157.4	H18-100/92.5
H18-120.4/115.4	180	120.4/115.4	198	0.0278	8740.8	8812.8	226.195	4202.0	H18-100/95.0

续表 1-15

尺寸砖号	尺寸/mm			单位楔差 $\Delta C' = \dfrac{C-D}{A}$	外直径/mm $D_o = \dfrac{2(C+\delta)A}{C-D}$ $= \dfrac{2(C+\delta)}{\Delta C'}$		每环极限砖数/块 $K'_o = \dfrac{2\pi C}{C-D}$ $= \dfrac{2\pi}{\Delta C'}$	体积/cm³	等楔差砖环配砌砖号
	A	C/D	B		$\delta = 1\text{mm}$	$\delta = 2\text{mm}$			
H20-89.5/79.8	200	89.5/79.8	198	0.0500	3632.0	3672.0	125.664	3358.1	
H20-120.4/112.9	200	120.4/112.9	198	0.0375	6474.7	6528.0	167.552	4619.3	H20-100/92.5
H20-120.4/115.4	200	120.4/115.4	198	0.0250	9712.0	9792.0	251.328	4668.8	H20-100/95.0
H22-89.5/79.8	220	89.5/79.8	198	0.0455	3995.2	4039.2	138.230	3693.9	
H22-120.4/112.9	220	120.4/112.9	198	0.0341	7122.1	7180.8	184.307	5081.3	H22-100/92.5
H22-120.4/115.4	220	120.4/115.4	198	0.0227	10683.2	10771.2	276.461	5135.7	H22-100/95.0
H25-89.5/79.8	250	89.5/79.8	198	0.0400	4540.0	4590.0	157.080	4197.6	
H25-120.4/112.9	250	120.4/112.9	198	0.0300	8093.3	8160.0	209.440	5774.2	H25-100/92.5
H25-120.4/115.4	250	120.4/115.4	198	0.0200	12140.0	12240.0	314.160	5836.1	H25-100/95.0
H16-71.8/61.8	160	71.8/61.8	198	0.0625	2329.6	2361.6	100.531	2116.2	
H16-119.1/111.6	160	119.1/111.6	198	0.0469	5125.3	5168.0	134.042	3654.3	H16-78.8/71.3
H16-104.0/99.0	160	104.0/99.0	198	0.0313	6720.0	6784.0	201.062	3215.5	H16-77.5/72.5
H18-71.8/61.8	180	71.8/61.8	198	0.0556	2620.8	2656.8	113.098	2380.8	
H18-119.1/111.6	180	119.1/111.6	198	0.0417	5766.0	5814.0	150.797	4111.1	H18-78.8/71.3
H18-104.0/99.0	180	104.0/99.0	198	0.0278	7560.0	7632.0	226.195	3617.5	H18-77.5/72.5
H20-71.8/61.8	200	71.8/61.8	198	0.0500	2912.0	2952.0	125.664	2645.3	
H20-119.1/111.6	200	119.1/111.6	198	0.0375	6406.7	6460.0	167.552	4567.9	H20-78.8/71.3
H20-104.0/99.0	200	104.0/99.0	198	0.0250	8400.0	8480.0	251.328	4019.4	H20-77.5/72.5
H22-71.8/61.8	220	71.8/61.8	198	0.0455	3203.2	3247.2	138.230	2909.8	
H22-119.1/111.6	220	119.1/111.6	198	0.0341	7047.3	7106.0	184.307	5024.6	H22-78.8/71.3
H22-104.0/99.0	220	104.0/99.0	198	0.0227	9240.0	9328.0	276.461	4421.3	H22-77.5/72.5
H25-71.8/61.8	250	71.8/61.8	198	0.0400	3640.0	3690.0	157.080	3306.6	
H25-119.1/111.6	250	119.1/111.6	198	0.0300	8008.3	8075.0	209.440	5709.8	H25-78.8/71.3
H25-104.0/99.0	250	104.0/99.0	198	0.0200	10500.0	10600.0	314.160	5024.3	H25-77.5/72.5

注：1. δ 表示砌缝（辐射缝）厚度，mm。

2. H16-119.1/111.6、H18-119.1/111.6、H20-119.1/111.6、H22-119.1/111.6、H25-119.1/111.6 的大端尺寸 119.1mm 的设计尺寸为 119.125mm。上述尺寸砖号外直径计算中采用设计尺寸 119.125mm。

3. 大小端尺寸（mm/mm）C/D 为 120.4/112.9、120.4/115.4、119.1/111.6、104.0/99.0 的加厚锁砖，可作为大直径楔形砖配砌等楔差双楔形砖砖环。

　　德国标准 DIN 1082-4：2007—01 回转窑用厚楔形砖尺寸[17]的尺寸砖号完全采取了国际标准[15]，只是尺寸砖号数量比国际标准多些。德国回转窑用砖包括两个尺寸系列：（1）等中间尺寸 71.5mm 厚楔形砖（表 1-16）。（2）等大端尺寸 103mm 厚楔形砖（表 1-17）。

表 1-16　德国 2007 年回转窑用等中间尺寸 71.5mm 厚楔形砖尺寸和尺寸特征[17]

尺寸砖号	尺寸/mm			单位楔差 $\Delta C' = \dfrac{C-D}{A}$	外直径/mm $D_o = \dfrac{2CA}{C-D}$	每环极限砖数/块 $K'_o = \dfrac{2\pi A}{C-D}$	配砌砖号
	A	C/D	B				
B216	160	78.0/65.0	198	0.0813	1969.231	77.232	B316, B416, B616
B316	160	76.6/67.0	198	0.0563	2773.333	111.701	B216, B416, B616
B416	160	75.0/68.0	198	0.0438	3520.000	143.616	B216, B316, B616, B716
B616	160	74.0/69.0	198	0.0313	4864.000	201.062	B216, B316, B416, B716
B716	160	73.0/70.0	198	0.0188	8000.000	335.104	B416, B616
B218	180	78.0/65.0	198	0.0722	2215.385	86.998	B318, B418, B518
B318	180	76.5/66.5	198	0.0556	2826.000	113.098	B218, B418, B518, B618
B418	180	75.0/68.0	198	0.0389	3960.000	161.568	B218, B318, B518, B618
B518	180	74.5/68.5	198	0.0333	4590.000	188.496	B218, B318, B418, B618
B618	180	74.0/69.0	198	0.0278	5472.000	226.195	B318, B418, B518
B220	200	78.0/65.0	198	0.0650	2461.538	96.665	B320, B420, B520
B320	200	76.5/66.5	198	0.0500	3140.000	125.664	B220, B420, B520, B620
B420	200	75.0/68.0	198	0.0350	4400.000	179.520	B220, B320, B520, B620, B820
B520	200	74.5/68.5	198	0.0300	5100.000	209.440	B220, B320, B420, B620, B820
B620	200	74.0/69.0	198	0.0250	6080.000	251.328	B320, B420, B520, B820
B820	200	73.5/69.5	198	0.0200	7550.000	314.160	B420, B520, B620
B222	220	78.0/65.0	198	0.0591	2707.692	106.331	B322, B422, B522
B322	220	76.5/66.5	198	0.0455	3454.000	138.230	B222, B422, B522, B622
B422	220	75.0/68.0	198	0.0318	4840.000	197.472	B222, B322, B522, B622, B822
B522	220	74.5/68.5	198	0.0273	5610.000	230.384	B222, B322, B422, B622, B822
B622	220	74.0/69.0	198	0.0227	6688.000	276.461	B322, B422, B522, B822
B822	220	73.5/69.5	198	0.0182	8305.000	345.576	B422, B522, B622
B225	250	82.0/61.0	198	0.0840	2000.000	74.800	B325, B425, B525
B325	250	78.0/65.0	198	0.0520	3076.923	120.831	B225, B425, B525, B625
B425	250	76.5/66.5	198	0.0400	3925.000	157.080	B225, B325, B525, B625, B725
B525	250	75.0/68.0	198	0.0280	5500.000	224.400	B225, B325, B425, B625, B725, B825
B625	250	74.5/68.5	198	0.0240	6375.000	261.800	B325, B425, B525, B725, B825
B725	250	74.0/69.0	198	0.0200	7600.000	314.160	B425, B525, B625, B825
B825	250	73.5/69.5	198	0.0160	9437.500	392.700	B525, B625, B725
B230	300	81.0/62.0	198	0.0633	2621.053	99.208	B430
B430	300	77.0/66.0	198	0.0367	4309.091	171.360	B230, B730
B730	300	74.5/68.5	198	0.0200	7650.000	314.160	B430

注：1. 尺寸符号意义见图 1-1b（经本书统一）。

　　2. 尺寸特征（单位楔差、外直径和每环极限砖数）经本书计算。

　　3. 外直径计算中，尺寸 C 和 D 另加 2mm 砌缝。

　　4. 配砌砖号方案根据英国标准[10~12]列出。

　　5. 请注意尺寸砖号 B616、B716 和 B825 的外直径分别与其尺寸砖号的标称外直径不吻合。

表 1-17　德国 2007 年回转窑用等大端尺寸 103mm 厚楔形砖尺寸和尺寸特征[17]

尺寸砖号	尺寸/mm			单位楔差 $\Delta C' = \dfrac{C-D}{A}$	外直径/mm $D_o = \dfrac{2CA}{C-D}$	每环极限砖数/块 $K_o' = \dfrac{2\pi A}{C-D}$	配砌砖号
	A	C/D	B				
211	114	103/91.0	198	0.1053	1995.000	59.690	311, 411, 511
311	114	103/95.0	198	0.0702	2992.500	89.536	211, 411, 511, 611
411	114	103/97.0	198	0.0526	3990.000	119.381	211, 311, 511, 611, 811
511	114	103/98.0	198	0.0439	4788.000	143.257	211, 311, 411, 611, 811
611	114	103/99.0	198	0.0351	5985.000	179.071	311, 411, 511, 811
811	114	103/100.0	198	0.0263	7980.000	238.762	411, 511, 611
216	160	103/86.0	198	0.1063	1976.471	59.136	316, 416, 516
316	160	103/92.0	198	0.0688	3054.545	91.392	216, 416, 516, 616
416	160	103/94.5	198	0.0531	3952.941	118.272	216, 316, 516, 616, 716
516	160	103/96.5	198	0.0406	5169.231	154.663	216, 316, 416, 616, 716, 816
616	160	103/97.5	198	0.0344	6109.091	182.784	316, 416, 516, 716, 816, 916
716	160	103/98.2	198	0.0300	7000.000	209.440	416, 516, 616, 816, 916
816	160	103/98.5	198	0.0281	7466.667	223.403	516, 616, 716, 916
916	160	103/100.0	198	0.0188	11200.000	335.104	616, 716, 816
218	180	103/84.0	198	0.1056	1989.474	59.525	318, 418, 518
318	180	103/90.5	198	0.0694	3024.000	90.478	218, 418, 518, 618
418	180	103/93.5	198	0.0528	3978.947	119.050	218, 318, 518, 618, 718
518	180	103/95.5	198	0.0417	5040.000	150.797	218, 318, 418, 618, 718, 818
618	180	103/97.0	198	0.0333	6300.000	188.496	318, 418, 518, 718, 818
718	180	103/97.7	198	0.0294	7132.075	213.392	418, 518, 618, 818
818	180	103/98.5	198	0.0250	8400.000	251.328	518, 618, 718
220	200	103/82.0	198	0.1050	2000.000	59.840	320, 420, 520
320	200	103/89.0	198	0.0700	3000.000	89.760	220, 420, 520, 620
420	200	103/92.5	198	0.0525	4000.000	119.680	220, 320, 520, 620, 720
520	200	103/94.7	198	0.0415	5060.241	151.402	220, 320, 420, 620, 720, 820
620	200	103/96.2	198	0.0340	6176.471	184.800	320, 420, 520, 720, 820
720	200	103/97.0	198	0.0300	7000.000	209.440	420, 520, 620, 820
820	200	103/97.8	198	0.0260	8076.923	241.662	520, 620, 720
222	220	103/80.0	198	0.1045	2008.696	60.100	322, 422, 522
322	220	103/88.0	198	0.0682	3080.000	92.154	222, 422, 522, 622
422	220	103/91.5	198	0.0523	4017.391	120.200	222, 322, 522, 622, 722
522	220	103/94.0	198	0.0409	5133.333	153.589	222, 322, 422, 622, 722, 822
622	220	103/95.5	198	0.0341	6160.000	184.307	322, 422, 522, 722, 822
722	220	103/96.5	198	0.0295	7107.692	212.662	422, 522, 622, 822
822	220	103/97.3	198	0.0259	8105.263	242.509	522, 622, 722

尺寸砖号	尺寸/mm			单位楔差 $\Delta C' = \dfrac{C-D}{A}$	外直径/mm $D_o = \dfrac{2CA}{C-D}$	每环极限砖数/块 $K'_o = \dfrac{2\pi A}{C-D}$	配砌砖号
	A	C/D	B				
225	250	103/77.0	198	0.1040	2019.231	60.415	325, 425, 525
325	250	103/85.5	198	0.0700	3000.000	89.760	225, 425, 525, 625
425	250	103/90.0	198	0.0520	4038.462	120.831	225, 325, 525, 625, 725
525	250	103/92.7	198	0.0412	5097.087	152.505	225, 325, 425, 625, 725, 825
625	250	103/94.5	198	0.0340	6176.471	184.800	325, 425, 525, 725, 825
725	250	103/95.5	198	0.0300	7000.000	209.440	425, 525, 625, 825
825	250	103/96.5	198	0.0260	8076.923	241.662	525, 625, 725
230	300	103/71.6	198	0.1047	2006.369	60.031	330, 430
330	300	103/82.0	198	0.0700	3000.000	89.760	230, 430, 630
430	300	103/87.3	198	0.0523	4012.739	120.061	230, 330, 630, 830
630	300	103/92.5	198	0.0350	6000.000	179.520	330, 430, 830
830	300	103/95.0	198	0.0267	7875.000	235.620	430, 630
235	350	103/66.0	198	0.1057	1986.486	59.357	335, 435
335	350	103/78.8	198	0.0691	3037.190	90.873	235, 435, 635
435	350	103/84.5	198	0.0529	3972.973	118.871	235, 335, 635, 835
635	350	103/91.0	198	0.0343	6125.000	183.260	335, 435, 835
835	350	103/94.0	198	0.0257	8166.667	244.347	435, 635

注：1. 尺寸符号意义见图 1-1b（经本书统一）。

2. 尺寸特征（单位楔差、外直径和每环极限砖数）经本书计算。

3. 外直径计算中，尺寸 C 和 D 另加 2mm 砌缝。

4. 配砌砖号方案根据英国标准[10~12]列出。

5. 请注意尺寸砖号 916 的外直径与其尺寸砖号的标称外直径不吻合。

1.3.2 回转窑用砖尺寸规格

为书面讨论问题书写方便和供需双方签订订货合同时不用看砖形图纸就能共同表明同一砖号的形状名称和全部外形尺寸，我国长期以来常采用尺寸规格（dimension specifications, dimension standards）。国外也有采用尺寸规格的习惯。为了正确表达尺寸规格，避免书写错误，首先要明确尺寸规格的定义。我国标准[7]对耐火砖尺寸规格定义为：标明耐火砖形状名称和全部外形尺寸的表示式。同时具体规定了楔形砖尺寸规格：以大小端距离 A、大小端尺寸 C/D 和另一尺寸 B 的顺序连乘式 $A \times (C/D) \times B$ 表示，单位均为毫米（mm），可略。我国回转窑用厚楔形砖属于楔形砖的一种，当然必须采用我国楔形砖尺寸规格表示式[8]。我国楔形砖尺寸规格表示式包括（或反映）4 项内容：（1）形状名称。（2）全部 4 个外形尺寸（大小端距离 A、大端尺寸 C、小端尺寸 D 和另一尺寸 B）。

(3）突出楔形砖梯形砖面上的特征尺寸并强调 A、C/D 和 B 的顺序。（4）没离开传统的长、宽和厚观念。

有对称梯形砖面的六面长方体楔形砖，传统习惯上将最大的尺寸称为长度（length），将最小的尺寸称为厚度（depth），介于最大尺寸和最小尺寸之间的尺寸称为宽度（breadth）。赋予我国各种楔形砖一定尺寸名称和统一尺寸符号的同时，仍不离开国内外传统的长度、宽度、厚度的观念和具体尺寸。首先，楔形砖都至少有两个梯形砖面，梯形砖面上都有大小端距离 A 和大小端尺寸 C/D，进一步讲都有楔差。因此我国标准[7]将楔形砖定义为有楔差或大小端尺寸的砖，楔形砖的学术英文对应词为 bricks with taper。楔形砖按楔差或大小端尺寸 C/D 设计在厚度、宽度和长度上，分别称为厚楔形砖（arch bricks，bricks with depth taper）、宽楔形砖（bricks with breadth taper）和长楔形砖（bricks with length taper）。厚楔形砖按大小端距离 A 设计在宽度和长度上，分别称为侧厚楔形砖（side arch bricks，side bricks with depth taper）和竖厚楔形砖（end arch bricks，end bricks with depth taper）。大小端距离 A 设计在长度上的宽楔形砖称为竖宽楔形砖（crown bricks，key bricks，end bricks with breadth taper）。大小端距离 A 设计在宽度上的长楔形砖称为侧长楔形砖（side bricks with length taper）。由表 1-18 可清楚看出楔形砖名称与尺寸名称、尺寸符号和传统尺寸（长度、宽度、厚度）的关系。其次，我国各种楔形砖梯形砖面上的所有 3 个尺寸，其名称和符号都统称为大小端距离 A、大端尺寸 C 和小端尺寸 D（也可将大小端尺寸以 C/D 表示），这 3 个尺寸（A 和 C/D）为决定楔形砖尺寸特征（半径、每环极限砖数和单位楔差等）的特征尺寸。而楔形砖矩形砖面上的另一尺寸 B 为非特征尺寸（non-characteristic demensions）。各种楔形砖的尺寸规格都必须包括所有这些 4 个尺寸。第三，我国标准规定必须突出楔形砖的特征尺寸，按大小端距离 A、大小端尺寸 C/D 和另一尺寸 B 的先后顺序连乘起来，即按 $A \times (C/D) \times B$ 表示式写明楔形砖的尺寸规格。第四，虽然这个尺寸规格表示式中没有明显规定（或看出）楔形砖的长度、宽度或厚度，但只要这些尺寸名称和尺寸符号具体数字化后，我们立刻能分辨出楔形砖的长度、宽度、厚度和形状名称来。例如 $A = 114\text{mm}$，C/D 为 65mm/55mm，$B = 230\text{mm}$ 的尺寸砖号 CH1-65/55，按 $A \times (C/D) \times B$ 表示式其尺寸规格写作 114mm × （65mm/55mm）× 230mm。再例如 $A = 230\text{mm}$，C/D 为 65mm/55mm，$B = 114\text{mm}$ 的尺寸砖号 SH1-65/55，按 $A \times (C/D) \times B$ 表示式其尺寸规格写作 230mm×（65mm/55mm）×114mm。如果按传统的长度×宽度×厚度来表示同为长 230mm，宽 114mm 和厚 65mm/55mm 的两种厚楔形砖的尺寸规格，则都可写作 230mm×114mm×（65mm/55mm）。要区分这两种厚楔形砖的尺寸规格，只好在尺寸规格后补充写明侧厚楔形砖或竖厚楔形砖。按我国标准规定的 $A \times (C/D) \times B$ 尺寸规格表示式，尽管两砖长宽厚尺寸分别相同，尺寸规格 114mm×（65mm/55mm）×230mm 和尺寸规格 230mm×（65mm/55mm）×114mm 两砖的大小端尺寸 C/D 都为 65mm/55mm，都设计在厚度上同为厚楔形砖，前者尺寸规格首项大小端距离 $A = 114\text{mm}$ 设计在宽度上，则为侧厚楔形砖 CH1-65/55；后者尺寸规格首项大小端距离 $A = 230\text{mm}$ 设计在长度上，则为竖厚楔形砖 SH1-65/55。从表 1-18 看出，同一尺寸规格表示式中大小端距离 A 与另一尺寸 B 的比较也能识别侧厚楔形砖与竖厚楔形砖：$A < B$ 时为侧厚楔形砖，例如 CH1-65/55 的尺寸规格 114mm×（65mm/55mm）×230mm 中 114mm < 230mm；$A > B$ 时为竖厚楔形砖，例如 SH1-65/55 的尺寸规格 230mm×（65mm/55mm）×114mm 中 230mm > 114mm。

表 1-18　我国通用楔形砖和回转窑用厚楔形砖的尺寸符号、尺寸名称、尺寸符号和尺寸规格

尺寸名称、符号、规格	厚楔形砖		竖宽楔形砖	侧长楔形砖	回转窑用厚楔形砖
	侧厚楔形砖	竖厚楔形砖			
砖形图和尺寸符号	（砖形图）	（砖形图）	（砖形图）	（砖形图）	（砖形图）
尺寸名称和尺寸符号： 大小端距离 A 大小端尺寸 C/D 另一尺寸 B					
砖形名称：					
大小端距离 A 设计在	宽度上	长度上	长度上	宽度上	长度或宽度上
大小端尺寸 C/D 设计在	厚度上	厚度上	宽度上	长度上	厚度上
另一尺寸 B 设计在	长度上	宽度上	厚度上	厚度上	宽度或长度上
尺寸砖号表达式	CH 大面代号-C/D	SH 大面代号-C/D	SK 侧面代号-C/D	CC 端面代号-C/D	$H(A/10)$-C/D
尺寸规格表示式	$A \times (C/D) \times B$	$A \times (C/D) \times B$	$A \times (C/D) \times B$	$A \times (C/D) \times B$	$A \times (C/D) \times B$
尺寸规格中 A 与 B 比较	$A < B$	$A > B$	$2A > B$	$A > B$	不一定
示例：					
大小端距离 A/mm	114	230	230	114	180
大小端尺寸 C/D/(mm/mm)	65/55	65/55	114/104	230/220	80.0/70.0
另一尺寸 B/mm	230	114	65	65	198
尺寸砖号	CH1-65/55	SH1-65/55	SK1B-114/104	CCB-230/220	H18-80.0/70.0
尺寸规格/mm×(mm/mm)×mm	$114 \times (65/55) \times 230$	$230 \times (65/55) \times 114$	$230 \times (114/104) \times 65$	$114 \times (230/220) \times 65$	$180 \times (80.0/70.0) \times 198$

我国回转窑用砖（除扇形砖外）之所以称其为厚楔形砖，是由于大小端尺寸 C/D 与另外两个尺寸比较起来最小（属于厚度尺寸），属于大小端尺寸 C/D 设计在厚度上的厚楔形砖。我国回转窑用厚楔形砖的尺寸名称、尺寸符号和尺寸规格也应与我国通用厚楔形砖一样，其尺寸规格表示式也同样写作 $A \times (C/D) \times B$。例如我国回转窑用等中间尺寸75mm厚楔形砖尺寸砖号为 H18-80.0/70.0，$A = 180mm$，C/D 为 80.0mm/70.0mm，$B = 198mm$，其尺寸规格写作 $180mm \times (80.0mm/70.0mm) \times 198mm$，由于 $A(180mm) < B(198mm)$ 属于侧厚楔形砖。再例如我国回转窑用厚楔形砖尺寸砖号 H22-80.0/70.0，$A = 220mm$，C/D 为 80.0mm/70.0mm，$B = 198mm$，其尺寸规格写作 $220mm \times (80.0mm/70.0mm) \times 198mm$，由于 $A(220mm) > B(198mm)$ 属于竖厚楔形砖。前苏联回转窑用厚楔形砖，将大小端距离 A 为 120mm 和 160mm（B 均为 200mm）的顺序砖号 млц-19、млц-20、млц-16、млц-17、млц-18（见表1-11），пшц-35、пшц-36 和 пшц-37（见表1-12）细分为侧厚楔形砖（由于 $A < B$），其余顺序砖号 $A \geqslant 200mm$ 且 $A > B$ 的都属于竖厚楔形砖。我国与世界各国（除前苏联），考虑到大小端 $A = 200mm$ 与另一尺寸 $B = 198mm$ 接近，大尺寸回转窑用厚楔形砖的 $A = B = 250mm$，都不再区分回转窑用侧厚楔形砖或竖厚楔形砖，甚至简称为回转窑用砖。

回转窑用砖尺寸规格表示式，不仅各国标准不同，有些国家本国回转窑用厚楔形砖与通用厚楔形砖也不同（见表1-19）。英国侧厚楔形砖和竖厚楔形砖的尺寸名称和尺寸符号与直形砖同步采取长 A、宽 B 和厚 C（小端厚度尺寸 D），两种厚楔形砖的尺寸规格表示式都为 $A \times B \times C/D$。侧厚楔形砖尺寸砖号 1SA-24 的尺寸：长度 $A = 230mm$，宽度 $B = 114mm$ 和大小端厚度尺寸 C/D 为 76mm/52mm；竖厚楔形砖尺寸砖号 1EA-24 的尺寸也同为：长度 $A = 230mm$，宽度 $B = 114mm$ 和大小端厚度尺寸 C/D 为 76mm/52mm。按英国厚楔形砖尺寸规格表示式 $A \times B \times C/D$，这两种砖的尺寸规格同写为 $230mm \times 114mm \times (76mm/52mm)$，单看尺寸规格是无法区别这两种名称不同的厚楔形砖的。英国水泥回转窑用厚楔形砖尺寸标准（BS 3056-3：1986）划归英国耐火砖尺寸系列标准 BS 3056 后，并没有采用统一的尺寸规格表示式，而以 $H \times L \times A \times B$ 形式出现，其中 H 为磨损厚度（wearing thickness），L 为轴向尺寸，A 和 B 为辐射尺寸（radial dimensions）。

表1-19　国外直形砖、楔形砖和回转窑用砖尺寸名称、尺寸符号和尺寸规格

尺寸名称和尺寸规格		直形砖	厚楔形砖		竖宽楔形砖	侧长楔形砖	回转窑用厚楔形砖
			侧厚楔形砖	竖厚楔形砖			
日本[5,18]	长度尺寸	A	A	A	A		C 或 D
	宽度尺寸	B	B	B	b_1 和 b_2		D 或 C
	厚度尺寸	C	C_1 和 C_2	C_1 和 C_2	C		A 和 B
	尺寸规格	$A \times B \times C$					
前苏联[16,19]	长度尺寸	a	a	a	a	a 和 a_1	σ 或 B
	宽度尺寸	σ	σ	σ	σ 和 σ_1	σ	B 或 σ
	厚度尺寸	B	B 和 B_1	B 和 B_1	B	B	a 和 a_1
美国[20]	长度尺寸	A	A	A	A		
	宽度尺寸	B	B	B	B 和 B'		
	厚度尺寸	C	C 和 C'	C 和 C'	C		

续表 1-19

尺寸名称和尺寸规格		直形砖	厚楔形砖		竖宽楔形砖	侧长楔形砖	回转窑用厚楔形砖
			侧厚楔形砖	竖厚楔形砖			
法国[13,21~23]	长度尺寸	a	a	a			H
	宽度尺寸	b	b	b			$L=198$
	厚度尺寸	c	c/d	c/d			$103/A$
	尺寸规格		$c/d \times b \times a$	$c/d \times a \times b$			
英国[12,24,25]	长度尺寸	A	A	A	A		H 或 L
	宽度尺寸	B	B	B	B/C		L 或 H
	厚度尺寸	C	C/D	C/D	D		A/B
	尺寸规格	$A \times B \times C$	$A \times B \times C/D$	$A \times B \times C/D$	$A \times B/C \times D$		$H \times L \times A \times B$
国际 标准[15,27~29]	长度尺寸	A	A	A	A		H 或 L
	宽度尺寸	B	B	B	C/D		L 或 H
	厚度尺寸	C	C/D	C/D	B		A/B
	尺寸规格	$A \times B \times C$	$A \times B \times C/D$	$A \times B \times C/D$			
德国[17,30~32]	长度尺寸	L	L		h		H 或 L
	宽度尺寸	b		L	a/b		L 或 H
	高度尺寸	h	h	h			
	厚度尺寸		a/b	a/b	L		a/b
	尺寸规格		$a/b \times h \times L$	$a/b \times h \times L$			
PRE[14,34]	长度尺寸	a	d				
	宽度尺寸	b		d			d
	厚度尺寸	c					
	大小端尺寸		a/b	a/b			a/b
	大小端距离		c	c			c

　　楔形砖的形状名称、尺寸名称、尺寸符号、尺寸砖号和尺寸规格之间是有一定内在关系的。楔形砖的尺寸名称、尺寸符号、尺寸砖号和尺寸规格又与直形砖有一定关系。国外主要国家耐火砖形状尺寸标准中的尺寸名称、尺寸符号和尺寸规格列入表 1-19。从表 1-19看到以下几种类型：第一类，通用楔形砖的尺寸名称和尺寸符号，完全受直形砖影响。日本[5,18]、前苏联[16,19]和美国[20]等标准属于这一类。日本直形砖长度尺寸 A，宽度尺寸 B和厚度尺寸 C；侧厚楔形砖和竖厚楔形砖长度尺寸 A，宽度尺寸 B，大端厚度尺寸 C_1 和小端厚度尺寸 C_2；竖宽楔形砖长度尺寸 A，大端宽度尺寸 b_1，小端宽度尺寸 b_2 和厚度尺寸 C；日本回转窑用厚楔形砖长度尺寸 C（侧厚楔形砖）或 D（竖厚楔形砖），宽度尺寸 D（侧厚楔形砖）或 C（竖厚楔形砖），大端厚度尺寸 A 和小端厚度尺寸 B。前苏联直形砖长度尺寸 a，宽度尺寸 σ 和厚度尺寸 B；侧厚楔形砖和竖厚楔形砖长度尺寸 a，宽度尺寸 σ，大端厚度尺寸 B 和小端厚度尺寸 B_1；竖宽楔形砖长度尺寸 a，大端宽度尺寸 σ，小端宽度尺寸 σ_1，厚度尺寸 B；侧长楔形砖大端长度尺寸 a，小端长度尺寸 a_1，宽度尺寸 σ 和厚度尺寸 B；回转窑用厚楔形砖长度尺寸 σ（侧厚楔形砖）或 B（竖厚楔形砖），宽度尺寸 B

（侧厚楔形砖）或 σ（竖厚楔形砖），大端厚度尺寸 a 和小端厚度尺寸 a_1。美国直形砖长度尺寸 A，宽度尺寸 B 和厚度尺寸 C；侧厚楔形砖和竖厚楔形砖长度尺寸 A，宽度尺寸 B，大端厚度尺寸 C 和小端厚度尺寸 C'；转炉用竖宽楔形砖长度 A，大端宽度尺寸 B，小端宽度尺寸 B'，厚度尺寸 C。这一类各种楔形砖的 4 个尺寸名称和尺寸符号，有 3 个采用直形砖的，只有 1 个小端厚度尺寸、小端宽度尺寸或小端长度尺寸采用加以上标或下标的尺寸符号。第二类，通用楔形砖中厚楔形砖的尺寸名称和尺寸符号部分受直形砖影响，法国[13,21~23]和英国[12,24~26]标准属于这一类。法国直形砖长度尺寸 a，宽度尺寸 b 和厚度尺寸 c；侧厚楔形砖和竖厚楔形砖长度尺寸 a，宽度尺寸 b，大端厚度尺寸 c 和小端厚度尺寸 d，并且以 c/d 表示大小端厚度尺寸；法国回转窑用厚楔形砖长度尺寸 H，宽度尺寸 $L = 198\text{mm}$，大小端厚度尺寸 $103/A$。英国直形砖长度尺寸 A，宽度尺寸 B 和厚度尺寸 C；侧厚楔形砖和竖厚楔形砖长度尺寸 A，宽度尺寸 B，大小端厚度尺寸 C/D；竖宽楔形砖长度尺寸 A，大小端宽度尺寸 B/C，厚度尺寸 D；英国回转窑用厚楔形砖的尺寸名称、尺寸符号和尺寸规格与通用厚楔形砖完全不同。第二类各种楔形砖的 4 个尺寸名称和尺寸符号也是采用直形砖的 3 个（A、B 和 C）和另加的一个 D。英国和法国厚楔形砖都形成了大小端厚度尺寸统一为 C/D（或 c/d）观念，但英国竖宽楔形砖的大小端宽度尺寸符号 B/C 还是受直形砖宽度尺寸影响。法国侧厚楔形砖尺寸规格表示式 $c/d \times b \times a$ 和竖厚楔形砖尺寸规格表示式 $c/d \times a \times b$ 不同，已经注意（或突出）梯形砖面上的尺寸符号（按我国楔形砖尺寸名称的理解，$c/d \times b$ 为侧厚楔形砖梯形砖面上的大小端尺寸×大小端距离，$c/d \times a$ 为竖厚楔形砖梯形砖面上的大小端尺寸×大小端距离）。英国侧厚楔形砖尺寸规格表示式和竖厚楔形砖尺寸规格表示式同为 $A \times B \times C/D$，但竖宽楔形砖尺寸规格表示式为 $A \times B/C \times D$，还是受直形砖长度、宽度和厚度的影响。第三类，楔形砖的大小端尺寸和尺寸符号脱离了直形砖的影响，国际标准[15,27~29]属于这一类。国际标准直形砖长度尺寸 A，宽度尺寸 B 和厚度尺寸 C；侧厚楔形砖和竖厚楔形砖长度尺寸 A 和宽度尺寸 B，但大小端厚度尺寸继英国标准后统一为 C/D；英国炼钢炉碱性砖[29]和美国转炉碱性砖[20]都采用竖宽楔形砖，大小端尺寸符号还是受到直形砖宽度尺寸符号影响分别采用 B/C 和 B/B'；但竖宽楔形砖的国际标准氧气炼钢转炉碱性砖[29]（basic bricks for oxygen steel-converters）的大小端宽度尺寸没有采用 B/C，却出乎意料地采用 C/D。就是说国际标准竖宽楔形砖的大小端尺寸已经开始不受直形砖宽度和厚度的影响，统一采取 C/D。作为有声望和各国都应采用的国际标准，果断和大胆统一了各种楔形砖（特别是同在一个系列标准——ISO 5019 耐火砖尺寸）的大小端尺寸名称和尺寸符号 C/D，具有划时代意义。然而国际标准回转窑用厚楔形砖[15]尺寸名称和尺寸符号仍然与英国标准相同。第四类，楔形砖梯形砖面上的 3 个尺寸和符号都脱离直形砖的影响，德国[17,30~32]和 PRE[14,33]标准属于这一类。德国标准中直形砖尺寸名称和尺寸符号长度（length）L、宽度（breadth）b、和砖层高度（course height）h；侧厚楔形砖和竖厚楔形砖的大小端厚度尺寸以 a/b 表示，a 与 b 间的高度以 h 表示；侧厚楔形砖的长度和竖厚楔形砖的宽度均以 L 表示，尺寸规格表示式都为 $a/b \times h \times L$。德国氧气炼钢转炉和电弧炉用碱性竖宽楔形砖❶尺寸标准[32]中，大小端宽度尺寸为 a/b，砖衬厚度（lining thickness）为 h，L 为砖层高度。如前已述，德国回转窑用砖尺寸标

---

❶　原德文 wölbsteine 直译为厚楔形砖，其实标准原意指竖宽楔形砖。

准[17]也采用德国楔形砖一贯的尺寸和符号：a/b（大小端尺寸 Keildicke）、h（Höhe）和 L（Länge）。总之，德国楔形砖的梯形砖面都采用相同的尺寸符号：大小端尺寸 a/b 和梯形砖面的高度 h，而另一尺寸 L 并不专指长度（在直形砖和侧厚楔形砖为长度，在竖厚楔形砖为宽度，而在竖宽楔形砖为厚度）。欧洲耐火材料生产者联合会（PRE）标准[33]中直形砖长度为 a、宽度为 b 和厚度为 c；侧厚楔形砖和竖厚楔形砖大小端尺寸为 a/b、大小端间距同为 c，甚至回转窑用厚楔形砖的尺寸和尺寸符号[14]也与通用厚楔形砖相同。可见，德国和 PRE 对楔形砖梯形砖面的尺寸已经领会到要统一，虽然没有明确提出统一的大小端尺寸和大小端距离等尺寸名称，但统一的尺寸符号已经形成。

　　分析研究了以上四类楔形砖的尺寸名称和尺寸符号后，在制修订我国一系列耐火砖形状尺寸标准时，我们坚持两点。第一，坚持统一性，避免局限性。坚持我国各种楔形砖（厚楔形砖、宽楔形砖和长楔形砖）统一，通用楔形砖和专用楔形砖统一，力争我国楔形砖统一到国际标准中已经统一（且合理）的部分。第二，坚持简单化，避免复杂化。各种楔形砖梯形砖面可能发生（或设计）在大面、侧面（side face）或端面（end face）上，梯形砖面上的 3 个尺寸可能发生（或设计）在长度、宽度或厚度上，所以梯形砖面上 3 个尺寸的名称属于回避长宽厚的统称，统一为大小端距离、大端尺寸和小端尺寸。它们的尺寸符号也要避免长宽厚或在炉衬位置名称外文的字首，应在各国都采用的最简单 A、B、C 和 D 中选取。楔形砖大端尺寸和小端尺寸，各国都习惯了统一采取"大端尺寸/小端尺寸"表示法。虽然不少国家对其尺寸符号采取 A/B 或 a/b，日本标准[18]本来的 c_1/c_2 和 b_1/b_2 也随着改用 a/b[34]，但本着国际标准已经统一为 C/D 的方向，我国通用楔形砖和专用楔形砖（例如炼钢转炉用耐火砖[35]、高炉及热风炉用耐火砖[36]、钢包用耐火砖[37]和回转窑用砖[8]）的大小端尺寸符号采取了 C/D。梯形砖面上的大小端距离只有在 A 和 B 中选取 A。楔形砖梯形砖面外（非梯形砖面一般采取矩形砖面）的另一尺寸也可能发生在长度、宽度和厚度上，其尺寸符号只能采取 B 了。回转窑用砖的另一尺寸的符号选取长度（Length 或 länge）字首 L 时，因为这一尺寸不可能局限在长度上，实际上多代表宽度。回转窑用砖尺寸符号 H，解释为代表砖层高度（Height）或梯形砖面高度的外文字首，这是可以的。但从各国间和我国楔形砖尺寸符号统一和简化的观点，我国楔形砖 4 个尺寸名称和尺寸符号中不能同时混杂有简单的 A、B、C、D 和外文意义字首 L 和 H。当然，这只是我国选择楔形砖统一尺寸名称和尺寸符号的情况，并不干涉各国有权选取各自认为合适的尺寸名称和尺寸符号。同时，在这里介绍和讨论各国楔形砖尺寸名称和尺寸符号，也便于了解各国标准的内容。

1.4　回转窑用砖尺寸设计

1.4.1　回转窑用扇形砖尺寸设计

　　由于回转窑筒体环形砌砖长时间处于连续转动的工作条件，人们对其砌筑砖衬的耐火砖形状尺寸特别重视。在回转窑问世初期，人们为防止砖衬环形砌砖用砖在长期连续转动中因松动而抽沉、脱落甚至掉落，将筒体同心圆环柱体砖环分割成若干个形状尺寸相等的部分，每个部分就被称作扇形砖（circle bricks）。扇形砖早在 20 世纪 50 年代前就被应用到回转窑筒体砖衬了。日本在 1955 年前就制定了扇形砖尺寸标准。1983 年修订的 JIS

R2103—1983 回转窑用耐火砖形状尺寸标准[5]中，还保留并完善了回转窑用扇形砖的尺寸，见图 1-1a 和表 1-1。

对于扇形砖的定义，国际标准[38]、日本标准[39]、英国标准[40]和法国标准[41]都作了类似的几何学说明。其中英国和法国标准将扇形砖表述为两大面为面积相等扇形、两侧面为面积不等同心弧形和两端面为面积相等矩形的异形砖（shaped bricks），称作大面扇形砖（circle bricks on flat）；两侧面为面积相等扇形、两大面为面积不等同心弧形和两端面为面积相等矩形的异形砖称作侧面扇形砖（circle bricks on edge）。总之，国外将大或较大扇形砖面的异形砖称作扇形砖，而将小扇形砖面的竖宽扇形砖（end circle bricks with breadth taper）、竖厚扇形砖（end circle bricks with depth taper）和侧厚扇形砖（side circle bricks with depth taper）统称为辐射形砖（radial bricks）。这和我国从广义讲将辐射形砌砖所用楔形砖统称为辐射形砖，有根本区别。按我国标准[7]，首先将扇形砖面（sector-face）定义为同心圆环砖面分割成若干部分的每个部分，再定义扇形砖：有两个大面，侧面或端面为扇形砖面的楔形砖。在我国将扇形砖看作有扇形砖面（或扇形砖面代替梯形砖面）或大小端为对称同心圆弧形的楔形砖。因此，楔形砖的命名法完全适用于扇形砖。例如，国外称之为大面扇形砖，在我国对应于侧长楔形砖而称作侧长扇形砖（side circle bricks with length taper），定义为大小端距离 A 设计在宽度上、大小端尺寸 C/D 设计在长度上的扇形砖或大面为扇形砖面的侧长楔形砖。国外称之为侧面扇形砖，在我国对应于薄长楔形砖而称作薄长扇形砖（thin circle bricks with length taper），定义为大小端距离 A 设计在厚度上、大小端尺寸 C/D 设计在长度上的扇形砖或侧面为扇形砖面的薄长楔形砖（thin bricks with length taper），见图 1-3 和图 1-4。至此，不仅楔形砖的命名法，甚至楔形砖尺寸名称、尺寸符号和尺寸特征也完全适用于扇形砖。日本标准[5]所指回转窑用扇形砖（见表 1-1）为侧长扇形砖。小扇形砖面的竖宽扇形砖、竖厚扇形砖和侧厚扇形砖很少用于回转窑筒体砖衬；薄长扇形砖由于作为筒衬厚度的大小端距离 A 太小，也不适用于回转窑筒体，这里都不讨论了。

侧长扇形砖在回转窑筒体砖衬环形砌砖内为什么能作为早期首选砖形呢？以前在炼钢转炉炉衬砌砖用砖形状尺寸设计中[9]，曾以砖的大小端尺寸差 $C - D$（称为楔差 ΔC）对

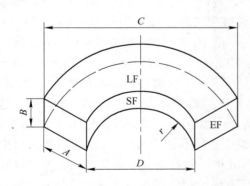

图 1-3　侧长扇形砖

LF—两面积相等、相互平行的扇形大面；

SF—两面积不等的同心弧形侧面；

EF—两面积相等、相互倾斜的矩形端面

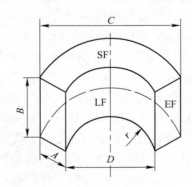

图 1-4　薄长扇形砖

LF—两面积不等的同心弧形大面；

SF—两面积相等、相互平行的扇形侧面；

EF—两面积相等、相互倾斜的矩形端面

大小端距离 A 之比（单位楔差或简称大小端差距比）$\Delta C' = (C - D)/A$ 作为转炉楔形砖的特殊尺寸特征，比较或选择转炉用侧砌竖厚楔形砖或平砌竖宽楔形砖。本书 1.2.2.1 节仍将单位楔差作为回转窑用砖的特殊尺寸特征。楔差 $\Delta C = C - D$ 并不能完全反映回转窑用砖在砖环使用中安全性的可比指标，只有楔差 ΔC 对大小端距离 A 之比的单位楔差 $\Delta C'$ 才能较真实反映它在使用中的安全性。首先用单位楔差及其变换式比较侧长扇形砖与厚楔形砖在回转窑筒体砖衬使用中的优劣。变换 $\Delta C' = (C - D)/A$，则：

$$A' = \frac{C - D}{\Delta C'} \tag{1-4}$$

此时式中 $C - D$ 等于砖环辐射缝（radial joints，环形砌砖和拱形砌砖中半径线方向的砌缝）厚度（例如 2mm）时，则回转窑用砖可能抽沉、断落或残砖脱落的计算长度 $A' = 2/\Delta C'$。例如尺寸规格 200mm × (250mm/222mm) × 100mm、外直径 $D_o = 3600mm$ 的侧长扇形砖 RS-10-8-36（见表 1-1）与尺寸规格 200mm × (89mm/79mm) × 230mm、外直径极相近 $D_o = 3640.0mm$ 的侧厚楔形砖 RA-8a-3（见表 1-2）比较，由于侧长扇形砖 RS-10-8-36 的单位楔差（$\Delta C' = 0.140$）比侧厚楔形砖 RA-8a-3 的单位楔差（$\Delta C' = 0.050$）大得多，侧长扇形砖 RS-10-8-36 可能抽沉、断落或残砖脱落的计算长度（$A' = 2/0.140 = 14.3mm$）比侧厚楔形砖 RA-8a-3（$A' = 2/0.050 = 40.0mm$）明显减短，使用安全性更大和使用寿命肯定更长。这是侧长扇形砖（和侧长楔形砖）独具的优点，是厚楔形砖无法比拟的优点。其次，侧长楔形砖的大端尺寸侧面为平直的砖面，与圆弧形筒壳或永久衬表面接触时形成超过规范定的三角缝（例如大端尺寸为 250mm、外直径 $D_o = 3600mm$ 的侧长楔形砖，三角缝的最大尺寸可达 5mm）。采用侧长扇形砖代替侧长楔形砖后，由于采用侧砌（两同心弧形侧面置于拱架或接触筒壳时），侧长扇形砖大端侧面为与筒壳同心的圆弧面，能与筒壳或永久衬表面严密紧靠，并且不会形成超过规范规定（2 ~ 3mm）的三角缝，真正实现了筒体砌砖与筒壳的同心。第三，作为筒体工作砖衬厚度的大小端距离 A，由于侧长扇形砖的对称同心弧形大小侧面，从砌筑施工完毕就能保持设计的筒体砖衬有效厚度，而且筒体砖衬工作内表面为光滑的圆弧形表面。

侧长扇形砖在制造、在回转窑筒体砖衬砌筑和使用中，也存在不少缺点。首先，用于回转窑筒体砖衬初期的黏土质和高铝质侧长扇形砖，各砖号间尺寸接近，难以区分和很难管理。日本早期标准的侧长扇形砖[5]、以美国回转窑用砖标准尺寸 9in × 6in × 4in（1in = 25.4mm）为基准，砖的大端尺寸 $C = 225mm$，大小端距离 $A = 150mm$ 和 $B = 100mm$。这一组 5 个砖号（RS-9-6-31.5 ~ RS-9-6-39）都采用等大端尺寸 $C = 225mm$、$A = 150mm$ 和 $B = 100mm$ 的相同尺寸。不同砖号的外直径 $D_o = 2CA/(C - D)$ 仅随砖的小端尺寸 D 而改变。从表 1-1 看到，小端尺寸 D 改变 1mm（最多 2mm）时其外直径 D_o 改变 150 ~ 300mm。这一组 5 个砖号的侧长扇形砖之间，仅小端尺寸相差 1mm（或最多 2mm），相邻砖号如何识别、区分和管理？其次，增加了砖号数量后仍不够用。日本在 1955 年对水泥回转窑用扇形砖使用状况调查结果反映了各厂对扇形砖大端尺寸单一的看法，普遍认为没有理由仅限制在一种大端尺寸（$C = 225mm$）上。为砌筑操作方便希望大端尺寸扩大到 190 ~ 330mm 范围，具体要求分为 220mm、225mm、250mm 和 275mm 四组大端尺寸。但是作为标准化管理部门不希望砖号增加太多，在 JIS R2013—1983 修订方案中大端尺寸 C 仅追加 250mm，砖号就增多 14 个，但仍不能满足用户需要。表 1-1 所列扇形砖仅适用于外直径 5400mm 以下回转窑筒体砖衬，若再设计增大外直径用扇形砖，砖号数量将翻倍。第三，侧长扇形砖大小端尺寸 C/D 大的特点，造成砖环砌筑中锁砖操作的困难，有时还要加工砖。第四，受砖单重和制砖条件限制，侧长扇形砖的厚度（砖环宽度）$B = 100\text{mm}$，影响砖环稳定性和增加了筒体砖环数量。第五，回转窑筒体高温带碱性砖衬的出现，碱性侧长扇形砖不仅制造上比厚楔形砖困难，受热膨胀作用和留设膨胀缝（expansion joints）都不理想，引起使用效果不好。最后，随着回转窑筒体直径的增大和砖衬碱性砖应用比例的增大，碱性厚楔形砖的使用效果越来越好和应用比例越来越大，最终完全淘汰了侧长扇形砖。

当前，在回转窑筒体砖衬上虽然厚楔形砖完全取代了侧长扇形砖，但是侧长扇形砖在回转窑筒体砖衬上突出优点的实质（例如重视单位楔差），在厚楔形砖尺寸设计中应该受到重视。

1.4.2 回转窑用厚楔形砖尺寸设计

如前已述，厚楔形砖已经在回转窑筒体砖衬环形砌砖中取代了侧长扇形砖，本书本节以后所谓回转窑用砖即专指厚楔形砖。

英国制定和实施回转窑用砖尺寸标准[10~12]较早，并明确适用范围为水泥回转窑。日本标准[5]和前苏联标准[16]的适用范围以水泥工业为主。德国回转窑用砖尺寸标准[17]已经在水泥回转窑和活性石灰回转窑上实施。法国标准的名称中就包括水泥和石灰[13]。但内容与英国标准[12]相同的国际标准[15]和 PRE 标准[14]在标准名称上删去"水泥"字样，仅提出"回转窑用砖"。可否这样理解：国际标准[15]没有冠以"水泥"回转窑，就是表面也适用于水泥和石灰工业外的其他工业领域的回转窑。目前国内外的确还有耐火原料、有色冶金和含铁球团等行业的大量回转窑筒体没有采用国际标准[15]。原因很多，至少有两个：一是国际标准[15]的适用范围没有具体明确指出哪些工业领域的回转窑；二是国际标准[15]还存在不少缺点和需要不断改善之处。我国新修订的回转窑用砖尺寸标准[8]明确范围适用于水泥、冶金石灰、轻烧白云石、耐火原料、含铁球团和有色冶金等回转窑筒体工作衬。本手册作为贯彻实施该标准的工具书，通过回转窑用砖尺寸设计计算，阐明我国回转窑用砖尺寸的合理性、应用的方便性和推广的可行性。

在讨论回转窑用砖尺寸时，考虑了回转窑衬砌砖结构、运行安全性和砌筑施工的特点。

1.4.2.1 砖环宽度尺寸 B 设计

回转窑用砖 4 个尺寸中最简单的尺寸 B 为楔形砖的非特征尺寸，在侧厚楔形砖中 B 为砖的长度尺寸，在竖厚楔形砖中 B 为砖的宽度尺寸。英国标准[12]考虑它在回转窑筒体砖衬位置，方向与筒体轴向相同称作轴向尺寸。我国为突出楔形砖特征尺寸（大小端距离 A 和大小端尺寸 C/D），常把非特征尺寸称为另一尺寸 B。考虑到回转窑筒体砌砖常采用环砌法（ringed method of brickwork），此时回转窑用砖的尺寸 B 可称为砖环宽度尺寸。

为说明回转窑筒体砌砖方法，先介绍弧形砌体基面环形砌砖中砌缝（joints of brick-works）的名称及其定义。与回转窑筒体纵轴线垂直的相邻砖环之间的砌缝称为环缝（ringed joints）。砖环单独砌筑、环缝成一直线的砌砖方法称为环砌（ringed brickwork）。前面已介绍，环形砌砖（砖环）中半径线方向的砌缝称作辐射缝。在环形砌砖（砖环）中，辐射缝与环缝垂直。与环砌法不同，回转窑筒体环形砌砖中没有直通环缝（即砌缝交错）的砌砖方法称为错缝砌筑（staggered-joint bond，bonded brickwork）。在错缝砌筑的回转窑筒体环形砌砖中，与纵向轴线平行的砖排间的辐射缝称作纵向缝（longitudinal joints），而与纵向轴线垂直或与纵向缝垂直的砌缝称作横向缝（transverse joints）。回转窑筒体环砌法砖衬中的横向缝即为环缝；而错缝砌法砖衬中垂直于纵向缝的砌缝只能称作横向缝（不能称作环缝）。因此，回转窑筒体环砌砖衬（ringed lining；ring lining）也可认为环缝（或横向缝）不交错的砌体，而回转窑筒体错缝砌筑砖衬（bonded lining）也可认为横向缝交错的砌体。

横向缝错开砌筑的工业炉窑错砌拱或拱顶（bonded arch or arch roof）的突出优点（见图1-5），在于它的纵向整体坚固性很强，局部变薄甚至掉砖时不至于引起附近砌砖立刻垮塌。对于回转窑筒体砖衬而言，交错拱的这种纵向整体坚固性的作用不突出。错缝砌筑的回转窑筒体砖衬中，要求纵向砖排内厚楔形砖大小端尺寸 C/D 的一致性很高，为此需要严格按 C/D 选砖和精细砌筑，稍不注意较薄的砖便会抽沉下来一定尺寸。对于不使用湿状泥浆的干砌（dry masonry）碱性砖砌体而言，错缝砌筑的回转窑筒体砖衬中较薄砖抽沉的概率更大。内直径4m以上的大直径回转窑筒体砌砖常采用拱胎法施工，更不便采用错缝砌筑。部分更换筒体错缝砌筑砖衬时，施工更是困难。因此，除少数筒壳不规整的小直径回转窑外，多数回转窑筒体砖衬不采用交错砌法。

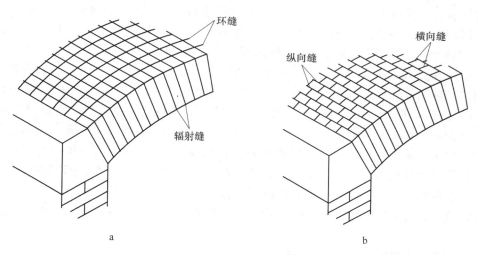

图1-5　环砌拱（或拱顶）（a）和错砌拱（或拱顶）（b）

与错缝砌筑的回转窑筒体砖衬不同，砖环独立的环砌法回转窑筒体砖衬，同环砌拱或拱顶（ringed arch or arch roof，ring arch or arch roof）一样，砖环内厚楔形砖的大面相互紧密受力接触，不容易产生局部抽沉，适宜于拱胎法施工，便于部分砖环的更换，砌筑操作比较容易。因此环砌法在回转窑筒体砖衬砌筑中得到广泛应用。当然，环砌法砌体也有不足之处，当砖环宽度尺寸 B 较小和砖环直线性偏差较大时，砖环侧向稳定性随之变坏。为增强回转窑筒体砖环稳定性，砖环宽度尺寸 B 要设计合理。实践表明，砖环宽度尺寸 B 有逐渐增大的趋势：由 115mm、120mm、150mm 和 178mm 增大到 200mm、230mm 和 250mm。最后统一到198mm，可能是考虑到另加 2mm 环缝厚度［干砌时贴以 2mm 纸板或湿砌（wet masonry）时 2mm 耐火泥浆］后，200mm 与筒体长度的整环数相适应。对于大尺寸的回转窑用砖而言，其砖环尺寸 B 设计为250mm。回转窑筒体砖环的环缝厚度，规范规定[42]不大于3mm，实际上干砌高铝砖砌体的环缝厚度不超过2mm（一般在 1～2mm 范围），碱性砖砌体的环缝内加贴2mm厚缓冲热膨胀的纸板。为保证规范规定的小环缝厚度，对回转窑用砖砖环宽度尺寸 B 的允许尺寸偏差（dimensional tolerance of bricks）应特别重视。国际标准[15]表明回转窑用砖的尺寸允许偏差由供需双方协定，但特别强调尺寸 B 允许偏差的重要性。对回转窑用砖尺寸 B 的允许偏差，以前英国标准[10,11]竟达 ±1.5%（碱性砖）～ ±2%（黏土砖和高铝砖）；前苏联标准[16]也达到 ±3%～ ±4%；后来英国标准[12]比以前从严要求：±1%（碱性砖、高铝砖和不烧砖）～ ±1.5%（黏土砖、轻质砖和半轻质砖）。不过回转窑用砖尺寸 B 的偏差可通过选砖提高该尺寸的一致性，也可满足环砌砖环缝厚度不超标（2～3mm）的要求。此外，有些筑炉施工单位还对砖环（环缝）的直线性提出严格要求[2]：每米直线性偏差不允许超过2mm，全环直线性偏差不超过8mm。达到如此严格的砖环直线性要求，往往要严格尺寸 B 允许偏差和精细选砖同时进行。施工操作措施也不能忽视，例如在筒壳或永久衬表面预先划好精确的砖环控制线，砖环侧面对筒壳垂直度的经常控制（要有专用工具）检查等。

1.4.2.2　大小端距离 A 设计

回转窑筒体环形砌砖工作衬的厚度从最初的114mm（或115mm）开始，随着回转窑筒体直径一起由小到大，当前大直径回转窑筒体工作衬厚度已达250mm，个别的达到350mm[17]。制造长达350mm的砖并不困难，没必要将回转窑筒体工作衬设计为双层。此外，回转窑筒体工作衬采用单层设计还有两点原因。首先，单层工作衬比双层工作衬减少一次多余的残砖脱落。例如筒壳内直径2500.0mm回转窑筒体环形砌砖若采用双层（2×114mm）时，热面工作层由114mm侧厚楔形砖砖号211和311配合侧砌（见表1-17）。这两个砖号的单位楔差分别为 $\Delta C'_{211}=0.1053$ 和 $\Delta C'_{311}=0.0702$，残砖可能脱落的计算长度分别为 $A'_{211}=2/0.1053=19.0\text{mm}$ 和 $A'_{311}=2/0.0702=28.5\text{mm}$。就是说仅114mm热面头一层的残砖使用中减薄到28.5mm时就可能脱落。如果改设计为220mm单层筒体工作衬，就可免去中间一次残砖尺寸为28.5mm的脱落。其次，回转窑筒体双层砖衬的砌砖操作难度很大。为防止回转窑筒体环形砌砖在高温下长期转动中因砖环松动引起砖的抽沉、掉砖甚至垮塌，要求筒衬砖环在高温运行中始终不变形，那么在冷态砌筑操作过程和砌筑完成后更不能变形。这就要求在砌筑过程中坚持：一是砖环中厚楔形砖的大端面必须坚持紧靠筒壳或永久衬，每砌完一段或一环拆出支撑或拱胎后，确保砖的大端面与筒壳或永久衬的间隙不超过3mm。二是坚持砖环本身砌紧，保证辐射缝厚度不超过规范规定，特别是锁口区要选好锁砖和做细锁缝操作。要知道筒体环形砌砖的锁砖操作是在筒壳限制下侧向插入的。可见筒体单层砖环的砌筑过程和操作是比较困难的。那双层筒衬，又要求先砌外层（靠筒壳）后砌内层（热面），砌筑操作何等困难？考虑上述原因，回转窑筒体环形砌砖一般都坚持采用单层设计。

回转窑筒体单层环形砌砖中，工作衬厚度就是回转窑用砖的大小端距离 A。各国标准和实际采用的大小端距离 A 不完全一样：日本各厂实际采用150mm、175mm、180mm、200mm、225mm、230mm和250mm 7组，但日本标准化管理部门考虑175mm和180mm相差很少和采用的不多，225mm和230mm相差无几，在修订标准[5]时规范为150mm、200mm、230mm和250mm 4组（见表1-2）；英国早期（1974～1975年）标准[10,11]有

114mm、160mm、180mm、200mm、220mm、230mm 和 250mm 7 组（见表 1-3 和表 1-4），后来（1986 年）取消 114mm（见表 1-5 和表 1-6）；法国标准[13]只有 180mm、200mm、220mm 和 250mm 4 组（见表 1-6）；前苏联标准[16]有 120mm、160mm、200mm、230mm 和 300mm 5 组（见表 1-11 和表 1-12）；德国标准[17]有 114mm、160mm、180mm、200mm、220mm、250mm、300mm 和 350mm 8 组（见表 1-16 和表 1-17）；国际标准[15]和 PRE 标准[14]规定为 160mm、180mm、200mm、220mm 和 250mm 5 组（见表 1-9 和表 1-10）。对于回转窑用砖大小端距离 A 的选择，各国标准都有特点：日本 4 组都为尺寸系列或标准尺寸；前苏联也有 3 组采用尺寸系列中标准尺寸 200mm、230mm 和 300mm；德国的多而全并加大到 350mm；英国、法国、欧洲和国际标准采用相隔 20mm 或 30mm 的单独系列。我国早在 20 世纪 80 年代初讨论国际标准草案 ISO/DIS 5417/7—1982 回转窑用耐火砖尺寸时就认为[43]，大小端距离 A 间隔 20mm 设置一组砖，共 5 组 29 个砖号，砖号多得惊人。建议将 A 分为 172mm、200mm、230mm 和 300mm 4 组，其中 230mm 和 300mm 为我国和国际上很多国家尺寸系列（dimension series）或标准尺寸（standard sizes）中的尺寸，172mm 和 200mm 分别为 230mm 的 3/4 和 300mm 的 2/3。在制定尺寸标准中尽可能选用尺寸系列中的标准尺寸。然而在制定我国国家标准 GB/T 17912—1999《回转窑用耐火砖形状尺寸》[44]时，为与国际标准接轨，还是将大小端距离 A 采用国际标准[15]的 160mm、180mm、200mm、220mm 和 250mm 5 组。新修订的标准[8]，考虑到早已经采用国际标准的国内外用户选用我国标准时不至于变更回转窑筒体工作衬厚度，仍然保留这 5 组大小端距离（见表 1-13 和表 1-14）。

　　回转窑用砖的大小端距离 A 不仅代表筒体工作衬的厚度，它作为特征尺寸决定和影响砖的单位楔差 $\Delta C'$、外直径 D_o 和每环极限砖数 K'_o 等尺寸特征。（1）根据 $\Delta C' = (C - D)/A$，当回转窑用砖的楔差 $C - D$ 选定后，单位楔差 $\Delta C'$ 随大小端距离 A 的加大而减小。而砖可能抽沉、掉落或残砖脱落的计算长度 $A' = 2/\Delta C'$ 又随单位楔差 $\Delta C'$ 的减小而增长，可见增大砖的大小端距离 A 也不一定能成比例地延长使用寿命。例如楔差 ΔC 同为 10mm 的我国等中间尺寸 75mm 回转窑用砖，大小端距离 A 分别为 200mm 和 250mm 的尺寸砖号 H20-80.0/70.0 和 H25-80.0/70.0，它们的单位楔差分别为 $\Delta C'_{H20-80.0/70.0} = 0.050$ 和 $\Delta C'_{H25-80.0/70.0} = 0.040$（见表 1-13），它们的残砖可能脱落的计算长度分别为 $A'_{H20-80.0/70.0} = 2/0.050 = 40.0\text{mm}$ 和 $A'_{H25-80.0/70.0} = 2/0.040 = 50.0\text{mm}$。就是说虽然作为筒体工作衬厚度的大小端距离 A 增长 50mm，但残砖可能脱落的计算长度却增长 10mm。（2）根据 $D_o = 2CA/(C - D)$，等中间尺寸、等楔差的回转窑用砖的外直径 D_o 随大小端距离 A 加大而增大。例如外直径 D_o 为 7500.0mm，回转窑筒体高温带碱性砖工作衬厚度设计为 200mm，查表 1-10 的 $A = 200\text{mm}$ 一组砖中最大外直径 $D_o = 6080.0\text{mm}$ 的 B620，因外直径小于筒壳内直径 7500.0mm 而无合适砖可选。可是，只要将作为工作衬厚度的大小端距离 A 由 200mm 加大到 250mm，楔差同为 5mm 但外直径增大到 7600.0mm（B725），B725 与外直径 $D_o = 5500.0\text{mm}$ 的 B525 能配砌成功所设计筒体碱性砖工作衬。可见，大小端距离 A 仅增大 50mm，在相同楔差条件下砖的适用外直径却增大 7600.0 - 6080.0 = 1520.0mm。（3）根据每环极限砖数 $K'_o = 2\pi A/(C - D)$，回转窑用砖的楔差 $C - D$ 相等时，其每环极限砖数 K'_o 只决定于大小端距离 A，并随 A 增大而增多。从表 1-14 看到：楔差同为 10mm、但大小端距离 A 为 160mm、180mm、200mm、220mm 和 250mm 尺寸砖号 H16-100/90.0、H18-100/

90.0、H20-100/90.0、H22-100/90.0 和 H25-100/90.0 的每环极限砖数分别为由少到多的 100.531 块、113.098 块、125.664 块、138.230 块和 157.080 块。更有趣的是根据 $K' = 2\pi/\Delta C'$，每环极限砖数 K'仅取决于并与其单位楔差 $\Delta C'$ 成反比。例如表 1-14 中 A 同为 250mm 的 4 个尺寸砖号，随着单位楔差有规律地由 0.060 减少到 0.040、0.030 和 0.020，则 H25-100/85.0 的每环极限砖数 $K'_{H25-100/85.0} = 2\pi/0.060 = 104.720$ 块，其余 3 尺寸砖号的每环极限砖数为 104.720 的整或半倍数：$K'_{H25-100/90.0} = 1.5 \times 104.720 = 157.080$ 块、$K'_{H25-100/92.5} = 2 \times 104.720 = 209.440$ 块和 $K'_{H25-100/95.0} = 3 \times 104.720 = 314.160$ 块。

对于回转窑用砖大小端距离 A 的尺寸允许偏差，各国标准都考虑了它不影响砌缝厚度而没作严格要求。前苏联标准[16]按一般耐火砖规定检查。英国早期标准[10,11]对回转窑用砖大小端距离 A 的尺寸允许偏差分碱性砖 ±1.5% 和黏土砖高铝砖 ±2%，后来标准[12]统一为 ±2%。虽然回转窑用砖大小端距离 A 允许偏差不影响砌缝厚度，但实际合格的正和负尺寸相差很大，例如 $A = 250mm$ 的 ±2% 可相差 10mm，紧靠筒壳或永久衬时工作热面最大错台竟达 10mm。最好在制砖厂按 A 的正或负偏差划以记号并分批供货。

1.4.2.3 大小端尺寸 C/D 设计

A 关于回转窑筒体环形砌砖与筒壳同心问题

对于回转窑筒体环形砌砖与筒壳同心的问题，文献 [1，2] 作了明确的阐述。为使破坏应力能均匀地被分散到砖衬砌体的所有部位，避免产生局部应力集中现象，要求做到以下几点：第一，尽可能将砖衬砌体砌紧，即砖环辐射缝厚度不超过规范[42]规定的 2mm。干砌高铝砖砌体辐射缝的实际厚度在 1~1.5mm，干砌碱性砖砌体的辐射缝夹垫 1mm 钢板。第二，砖环与筒壳或永久衬要充分贴紧，间隙不超过 3mm。第三，每个砖环内所有相邻两砖的大面必须完全接触，为此要求大面扭曲应不超过 1mm（实际扭曲超过 1mm 的砖面需经磨加工）。第四，砌筑操作中每块砖大端的四个角都要与筒壳或永久衬完全接触，即"四角落地"，而且工作衬内表面不出现大的错台。这四点要求都是砌筑操作问题，其中前两点要求已经讨论过。第四点要求的实质，就是砖环辐射缝与筒体半径线方向吻合程度的问题。此外，为使回转窑筒体环形砌砖与筒壳同心，砖衬设计、回转窑用砖大小端尺寸 C/D 的设计和配砌方案的选择不可忽视。

回转窑筒体砖衬环形砌砖与筒壳真正完全同心的砖衬设计，只有如前所述的扇形砖环形砌砖和完全采用一种尺寸楔形砖的单楔形砖砖环。在这些砖衬设计中，砖环所有辐射缝都与半径线相吻合。如前所述，回转窑筒体用扇形砖已被厚楔形砖所取代。单楔形砖砖环是环形砌砖中的特殊形式，不是在回转窑筒体砖环中唯一采用甚至推广的形式。过去早就公开说过，只采用一种尺寸楔形砖砌筑的单楔形砖砖环，不符合标准化管理要求。

B 回转窑筒体单楔形砖砖环

在设计回转窑用砖大小端尺寸 C/D 时，是离不开单楔形砖砖环的。因为只有在大小端距离 A 设计选定前提下，由一种厚楔形砖大小端尺寸 C/D 决定的单楔形砖砖环的外直径或中间直径代表该砖的外直径 D_o 或中间直径 D_{po}。同时，当所设计回转窑筒体内直径（即砖的外直径 D_o）、等大端尺寸 C 或等中间尺寸 P 和筒衬厚度（即大小端距离 A）给定后，砖的小端尺寸可计算出来。变换式 1-1a 和式 1-1d 得

$$D = \frac{C(D_o - 2A)}{D_o} \tag{1-5}$$

$$D = \frac{P(D_{po} - A)}{D_{po}} \tag{1-5a}$$

例如，设计国际标准[15]中等大端尺寸 $C = 103\text{mm}$，大小端距离 $A = 200\text{mm}$，外直径 D_o 分别为 2000.0mm、3000.0mm、4000.0mm 和 7000.0mm 的尺寸砖号 220、320、420 和 720 的小端尺寸 D，砌缝厚度取 2mm。根据式 1-5 尺寸砖号 220 的小端尺寸 $D_{220} + 2 = 105 \times (2000.0 - 2 \times 200)/2000.0 = 84.0\text{mm}$，则 $D_{220} = 82.0\text{mm}$。尺寸砖号 320 的小端尺寸 $D_{320} + 2 = 105 \times (3000.0 - 2 \times 200)/3000.0 = 91.0\text{mm}$，则 $D_{320} = 89.0\text{mm}$。尺寸砖号 420 的小端尺寸 $D_{420} + 2 = 105 \times (4000.0 - 2 \times 200)/4000.0 = 94.5\text{mm}$，则 $D_{420} = 92.5\text{mm}$。尺寸砖号 720 的小端尺寸 $D_{720} + 2 = 105 \times (7000.0 - 2 \times 200)/7000.0 = 99.0\text{mm}$，则 $D_{720} = 97.0\text{mm}$。这 4 个尺寸砖号小端尺寸的计算结果与表 1-9 相同。还可以根据式 1-5a 复查国际标准[15]等中间尺寸 71.5mm、$A = 200\text{mm}$ 的尺寸砖号 B420、B520 和 B620 的大小端尺寸 C/D。尺寸砖号 B420 的外直径 $D_o = 4400.0\text{mm}$（中间直径 $D_{po} = 4200.0\text{mm}$），小端尺寸 $D_{B420} + 2 = 73.5 \times (4200.0 - 200)/4200.0 = 70.0\text{mm}$，则 $D_{B420} = 68.0\text{mm}$；大端尺寸 $C_{B420} = 2 \times (71.5 - 68.0) + 68.0 = 75.0\text{mm}$。尺寸砖号 B520 的外直径 $D_o = 5100.0\text{mm}$（中间直径 $D_{po} = 4900.0\text{mm}$），小端尺寸 $D_{B520} + 2 = 73.5 \times (4900.0 - 200)/4900.0 = 70.5\text{mm}$，则 $D_{B420} = 68.5\text{mm}$；大端尺寸 $C_{B520} = 2 \times (71.5 - 68.5) + 68.5 = 74.5\text{mm}$。尺寸砖号 B620 的外直径 $D_o = 6080.0\text{mm}$（中间直径 $D_{po} = 5880.0\text{mm}$），小端尺寸 $D_{B620} + 2 = 73.5 \times (5880.0 - 200)/5880.0 = 71.0\text{mm}$，则 $D_{B620} = 69.0\text{mm}$；大端尺寸 $C_{B620} = 2 \times (71.5 - 69.0) + 69.0 = 74.0\text{mm}$。这 3 个等中间尺寸 71.5mm 尺寸砖号的大小端尺寸复查结果与表 1-10 完全相同。

单楔形砖砖环用砖尺寸的设计，起源于仅用一种大小端尺寸 C/D 楔形砖砌筑的砖环。在还没有回转窑用砖尺寸标准的当初，人们就是按回转窑筒体直径设计和使用一种大小端尺寸的楔形砖。随着回转窑规格和数量的增多，筒体用砖尺寸多样化，砖号增多了，人们不得不通过制定回转窑用砖尺寸标准，来实现标准化管理。在制定回转窑用砖尺寸标准的过程中，用户都各自希望标准中砖的外直径采用其回转窑筒体的直径，或者至少非常接近其直径。作为标准化管理部门，则希望砖号尽可能减少，不能过多。

从日本标准[5]还能看出单楔形砖砖环设计的痕迹。从表 1-2 看出日本标准[5]中每组 4~6 个砖号（不包括锁砖），采用等大端尺寸 C，相邻砖的小端尺寸 D 仅相差 1mm。例如砖号 L1~L6 等大端尺寸 C 同为 89mm，小端尺寸 D 从 77mm 起，相邻砖号递增 1mm（即 D 分别为 78mm、79mm、80mm、81mm 和 82mm）；外直径 D_o 从 3033.333mm 起，分别递增 275.8mm、331.0mm、404.4mm、505.6mm 和 650.0mm。砖号 M1~M6 等大端尺寸 C 同为 100mm，小端尺寸 D 从 88mm 起，相邻砖号递增 1mm（即 D 分别为 89mm、90mm、91mm、92mm 和 93mm）；外直径 D_o 从 3400.0mm 起，分别递增 309.1mm、370.9mm、453.3mm、566.7mm 和 728.6mm。这些砖的外直径间隔 275.8~650.0mm（L 组）和 309.1~728.6mm（M 组）。砌筑操作过程中碱性砖间辐射缝内夹垫不同数量和厚度钢板或湿砌泥浆调节砌缝厚度（但不超过规范规定），又可使每一个砖号的外直径有一定的变化（或适用）范围。例如，日本回转窑用砖砖号 M1[尺寸规格为 200 × (100/88) × 230] 的外直径 $D_o = 3400.0\text{mm}$，当工作热面处砌缝厚度比冷面处砌缝厚度增大 1mm（砌缝厚度不超过规范规定 2mm 前提）时，砖的外直径增大到 $D_o = 2 \times 100 \times 200/(100 - 89) = 3636.4\text{mm}$；当冷面处砌缝厚度比工作热面处砌缝厚度增大 1mm（前提是砌缝厚度不超过规范规定

2mm）时，砖的外直径减少到 $D_o = 2 \times 101 \times 200/(101 - 88) = 3107.7mm$。可见在规范规定砌缝厚度范围内仅有意调节 1mm 厚度砌缝，便可使该砖的标称外直径（3400.0mm）为 3107.7 ~ 3636.4mm，达 528.7mm 的变化（或适用）范围。这样，通过仅 1mm 砌缝厚度的调节，日本标准[5] 中 L1 ~ L6 外直径（2800.0 ~ 5500.0mm）或 M1 ~ M6 外直径（3100.0 ~ 6000.0mm）范围内的任一外直径，都可采用一种砖号实现单楔形砖砖环。

我国有色冶金回转窑筒体砖衬也有采用单楔形砖砖环的[4]。例如锌浸出渣挥发回转窑筒体内直径 $D = 2900.0mm$，筒体砖衬厚度即砖的大小端距离 $A = 230mm$，采用尺寸规格为 $230mm \times (95mm/80mm) \times 300mm$ 的侧厚楔形砖，砌缝厚度不超过 3mm。这种侧厚楔形砖的计算外直径 $D_o = 2 \times 98 \times 230/(95 - 80) = 3005.3mm$，每环极限砖数 $K'_o = 2\pi \times 230/(95 - 80) = 96.342$ 块。采取 3mm 砌缝时砖的外直径（$D_o = 3005.3mm$）大于筒壳内直径（$D = 2900.0mm$），只好减小工作热面处的砌缝厚度。当工作热面处辐射缝厚度减少到 2.5mm 时 $D_o = 2 \times 98 \times 230/(98 - 82.5) = 2908.4mm$，与筒壳内直径 2900.0mm 相差甚少。就是说在规定的砌缝厚度不超过 3mm 前提下，砌筑操作中有意调节工作热面处辐射缝厚度比冷面处辐射缝厚度减小 0.5mm 时，便可用该尺寸规格的一种侧厚楔形砖砌筑成该窑筒体砖衬（不包括锁砖）。

单楔形砖砖环能长期在国内外存在至今，有其优点：砖尺寸设计和砖量计算都很简单。对某一具体直径回转窑筒体砖衬而言，其设计、订货、制砖和砌筑都比较简单和容易。但对于一个国家的上千座或数十种规格各种用途回转窑筒体砖衬而言，砖号数量太多，谈不上标准化。可是在回转窑筒体用砖尺寸标准化之后，有些回转窑筒壳内直径很接近标准中某一尺寸砖号的外直径，致使一种尺寸砖数量为主，与其配砌的另一种尺寸砖号数量极少，即两种尺寸砖号数量悬殊。从前苏联标准[16] 的砖衬配砌方案表 1-20 看到，回转窑筒壳内直径 $D = 5500.0mm$，砖衬厚度即砖大小端距离 $A = 230mm$。方案 1：采用 пшц-29（$D_{29} = 5388.6mm$，$K'_{29} = 206.448$ 块）与 пшц-30（$D_{30} = 8017.1mm$，$K'_{30} = 206.448$ 块）配砌时，пшц-29 的计算数量 $K_{29} = 198$ 块，пшц-30 的计算数量 $K_{30} = 9$ 块。方案 2：若用 пшц-33 代替 пшц-30 时，即 пшц-29 与 пшц-33（$D_{33} = 8050.0mm$，$K'_{33} = 240.856$ 块）配砌时，пшц-29 的计算数量 $K_{29} = 198$ 块，пшц-33 的计算数量 $K_{33} = 10$ 块。前苏联的这两个配砌方案，两种砖量之比 1/22（方案 1）~ 1/20（方案 2），接近于仅用一种楔形砖砌筑的单楔形砖砖环，可称之为"近单楔形砖砖环"（near mono-taper system of ring）。前苏联标准[16] 的莫来石砖配砌表（表 1-21）中，筒壳内直径 $D = 5000.0mm$，砖衬厚度 300mm 的 млц-1（151 块）与 млц-2（4 块）砖环，砖衬厚度 200mm 的 млц-3（149 块）与 млц-4（6 块）砖环都是近单楔形砖砖环。总之，单楔形砖砖环和近单楔形砖砖环，特别是采用标准中尺寸砖号的砖环，还是不错的配砌方案。

表 1-20　前苏联水泥回转窑用方镁石尖晶石砖配砌砖量表

筒壳内直径 D/mm	下列砖衬厚度时的砖数/块					
	160mm		200mm		230mm	
	顺序砖号	每环砖数	顺序砖号	每环砖数	顺序砖号	每环砖数
2200.0			пшц-25	0		
			пшц-27	96		

筒壳内直径 D/mm	下列砖衬厚度时的砖数/块					
	160mm		200mm		230mm	
	顺序砖号	每环砖数	顺序砖号	每环砖数	顺序砖号	每环砖数
2500.0			пшц-25	33		
			пшц-27	76		
2700.0			пшц-25	55		
			пшц-27	63		
2800.0			пшц-25	66		
			пшц-27	56		
3000.0			пшц-25	89		
			пшц-27	42		
3300.0	пшц-35	22	пшц-25	123	пшц-29	20
	пшц-36	128	пшц-27	21	пшц-28	131
3500.0	пшц-35	40	пшц-25	146	пшц-29	37
	пшц-36	115	пшц-27	7	пшц-28	119
3600.0	пшц-35	50	пшц-25	157	пшц-29	47
	пшц-36	109	пшц-27	0	пшц-28	112
4000.0	пшц-35	86			пшц-29	82
	пшц-36	82			пшц-28	87
4500.0	пшц-35	133			пшц-29	127
	пшц-36	49			пшц-28	56
					пшц-30	6
					пшц-31	128
					пшц-33	8
					пшц-31	127
4800.0	пшц-35	160			пшц-29	154
	пшц-36	29			пшц-28	37
					пшц-30	23
					пшц-31	117
					пшц-33	27
					пшц-31	117
5000.0	пшц-35	178			пшц-29	172
	пшц-36	16			пшц-28	24
					пшц-30	35
					пшц-31	109
					пшц-33	40
					пшц-31	110

筒壳内直径 D/mm	下列砖衬厚度时的砖数/块					
	160mm		200mm		230mm	
	顺序砖号	每环砖数	顺序砖号	每环砖数	顺序砖号	每环砖数
5300.0	пшц-37	4			пшц-29	199
	пшц-35	197			пшц-28	6
					пшц-30	52
					пшц-31	98
					пшц-33	60
					пшц-31	100
5500.0	пшц-37	20			пшц-30	9
	пшц-35	181			пшц-29	198
					пшц-30	63
					пшц-31	91
					пшц-33	10
					пшц-29	198
					пшц-33	73
					пшц-31	92
5600.0	пшц-37	28			пшц-30	17
	пшц-35	173			пшц-29	190
					пшц-30	69
					пшц-31	88
					пшц-33	19
					пшц-29	190
					пшц-33	79
					пшц-31	89
6000.0	пшц-37	59			пшц-30	48
	пшц-35	142			пшц-29	158
					пшц-30	92
					пшц-31	73
					пшц-33	55
					пшц-29	159
					пшц-33	106
					пшц-31	74
6400.0	пшц-37	91			пшц-30	80
	пшц-35	110			пшц-29	127
					пшц-30	114
					пшц-31	59
					пшц-33	92
					пшц-29	128
					пшц-33	132
					пшц-31	60

筒壳内直径 D/mm	下列砖衬厚度时的砖数/块					
	160mm		200mm		230mm	
	顺序砖号	每环砖数	顺序砖号	每环砖数	顺序砖号	每环砖数
6500.0	пшц-37	98			пшц-30	87
	пшц-35	103			пшц-29	120
					пшц-30	120
					пшц-31	55
					пшц-33	100
					пшц-29	121
					пшц-33	139
					пшц-31	56
7000.0	пшц-37	137			пшц-30	127
	пшц-35	64			пшц-29	80
					пшц-30	149
					пшц-31	37
					пшц-33	146
					пшц-29	82
					пшц-33	171
					пшц-31	39

注：1. 辐射缝厚度取 2mm。

　　2. 每环砖数经本书计算作部分修订。

表 1-21　前苏联水泥回转窑用莫来石砖配砌砖量表

筒壳内直径 D/mm	下列砖衬厚度时的砖数/块							
	300mm		200mm/230mm		160mm		120mm	
	顺序砖号	每环砖数	顺序砖号	每环砖数	顺序砖号	每环砖数	顺序砖号	每环砖数
1500.0			млц-4	0				
			млц-5	62				
2000.0			млц-4	38	млц-17	31	млц-19	8
			млц-5	44	млц-18	51	млц-20	72
2200.0			млц-4	54	млц-17	49	млц-19	17
			млц-5	36	млц-18	41	млц-20	67
2500.0	млц-1	11	млц-4	78	млц-17	75	млц-19	32
	млц-2	88	млц-5	24	млц-18	27	млц-20	60
2700.0	млц-1	22	млц-4	95	млц-17	92	млц-19	43
	млц-2	81	млц-5	16	млц-18	18	млц-20	54
2800.0	млц-1	28	млц-4	103	млц-17	101	млц-19	47
	млц-2	77	млц-5	11	млц-18	14	млц-20	52

筒壳内直径 D/mm	下列砖衬厚度时的砖数/块							
	300mm		200mm/230mm		160mm		120mm	
	顺序砖号	每环砖数	顺序砖号	每环砖数	顺序砖号	每环砖数	顺序砖号	每环砖数
3000.0	млц-1	39	млц-4	119	млц-17	119	млц-19	57
	млц-2	71	млц-5	4	млц-18	4	млц-20	47
3300.0	млц-1	56	млц-3	17	млц-16	16	млц-19	72
	млц-2	61	млц-4	112	млц-17	114	млц-20	40
3500.0	млц-1	67	млц-3	33	млц-16	30	млц-19	82
	млц-2	54	млц-4	99	млц-17	103	млц-20	35
3600.0	млц-1	73	млц-3	40	млц-16	37	млц-19	87
	млц-2	51	млц-4	94	млц-17	98	млц-20	32
4000.0	млц-1	95	млц-3	72	млц-16	65	млц-19	107
	млц-2	37	млц-4	68	млц-17	77	млц-20	22
4500.0	млц-1	123	млц-3	110	млц-16	101	млц-19	131
	млц-2	20	млц-4	38	млц-17	50	млц-20	10
4800.0	млц-1	140	млц-3	134	млц-16	122	млц-19	146
	млц-2	10	млц-4	19	млц-17	34	млц-20	3
5000.0	млц-1	151	млц-3	149	млц-16	136		
	млц-2	4	млц-4	6	млц-17	24		
5300.0	млц-9	16	млц-8	6	млц-16	158		
	млц-1	148	млц-7	156	млц-17	7		
			млц-6	7				
			млц-7	156				
5500.0	млц-9	30	млц-8	21				
	млц-1	140	млц-7	144				
			млц-6	20				
			млц-7	150				
5600.0	млц-9	37	млц-8	29				
	млц-1	136	млц-7	138				
			млц-6	27				
			млц-7	146				
6000.0	млц-9	67	млц-8	58				
	млц-1	118	млц-7	116				
			млц-6	55				
			млц-7	130				
6400.0	млц-9	96	млц-8	87				
	млц-1	101	млц-7	93				
			млц-6	83				
			млц-7	114				

筒壳内直径 D/mm	下列砖衬厚度时的砖数/块							
	300mm		200mm/230mm		160mm		120mm	
	顺序砖号	每环砖数	顺序砖号	每环砖数	顺序砖号	每环砖数	顺序砖号	每环砖数
6500.0	млц-9	104	млц-8	95				
	млц-1	97	млц-7	87				
			млц-6	89				
			млц-7	111				
7000.0	млц-9	141	млц-8	132				
	млц-1	75	млц-7	58				
			млц-6	124				
			млц-7	92				

注：1. 辐射缝厚度取 2mm。

　　2. 每环砖数经本书计算作部分修订。

C　回转窑筒体双楔形砖砖环

如前所述，近单楔形砖砖环实际上已经属于用两种尺寸砖号楔形砖配合砌筑的双楔形砖砖环。满足用户需求前提下减少砖号数量实现回转窑筒体用砖尺寸标准化的必然方向是采取并完善双楔形砖砖环。满足用户需求，就是标准中所列相邻楔形砖的外直径涵盖了用户回转窑筒体的内直径，并且尽可能保证砖衬与筒壳同心。为给回转窑筒体砖衬与筒壳同心创造条件，回转窑用砖的外直径 D_o 应尽量接近回转窑筒壳内直径（rotary kiln inside shell diameter）D。回转窑筒体双楔形砖砖环内，大直径楔形砖（bricks with larger diameter, slow）与小直径楔形砖（bricks with smaller diameter, sharp）的外直径都尽量接近筒壳内直径时，筒体砖衬与筒壳才接近同心。这种近筒壳直径的双楔形砖砖环，大直径楔形砖和小直径楔形砖都为接近筒壳直径的相邻尺寸砖号。这种相邻尺寸砖号配砌的近筒壳直径双楔形砖砖环，要求回转窑用砖尺寸标准，可配砌的大小端距离 A 相同的同名称楔形砖，即同组楔形砖（bricks with constant distance between the backface and hotface）中相邻尺寸砖号的外直径间隔不能太大。英国早期水泥回转窑用黏土砖和高铝砖尺寸标准[11]就是推荐这种配砌方案的（详见表 1-4 的配砌方案）。

同组楔形砖内，相邻尺寸砖号的外直径间隔越小，尺寸砖号数量越多，相邻尺寸砖号的尺寸差别越小和识（区）别越困难。日本回转窑用砖尺寸标准[5]中，大小端距离 A = 200mm 的 M 组和 L 组楔形砖，外直径间间隔 300 ~ 700mm，砖号数量各达 6 个（不包括另外锁砖 2 个），相邻砖号小端尺寸差别仅 1mm，识（区）别困难。以英国标准[12]和国际标准[15]为代表，同组楔形砖的外直径间隔增大到 1000.0mm 左右。大小端距离 A 同为 200mm、等大端尺寸 C = 103mm 的同组楔形砖，尺寸砖号数量增加到 7 个：外直径 D_o 分别为 2000.0mm、3000.0mm、4000.0mm、5000.0mm、6176.5mm、7000.0mm 和 8076.9mm 的尺寸砖号 220、320、420、520、620、720 和 820，它们的小端尺寸 D 分别为 82.0mm、89.0mm、92.5mm、94.7mm、96.2mm、97.0mm 和 97.8mm；尺寸砖号 620 与 720、720 与 820 的小端尺寸之差仅有 0.8mm，识（区）别更困难。英国标准[12]和国际标准[15]中，等

大端尺寸 $C = 103$mm 的大小端距离 A 为 160mm、180mm、220mm 和 250mm 4 组楔形砖（见表 1-5 和表 1-9），尺寸砖号数量分别有 5 个、6 个、6 个和 5 个；相邻尺寸砖号小端尺寸 C 间的差别最小分别为 2mm、0.7mm、0.8mm 和 1.0mm，识（区）别也同样困难。

英国早期水泥回转窑用黏土砖和高铝砖砖衬采用近筒壳直径的相邻尺寸砖号双楔形砖砖环的同时，在早期水泥回转窑用碱性砖尺寸标准[10]中，推荐了用优选尺寸砖号配砌的优选配砌方案（详见表 1-3）。例如，从大小端距离 $A = 200$mm 的 7 个尺寸砖号中，挑出 220、420 和 620 3 个优选尺寸砖号，组成间隔 1 个砖号、外直径间隔 2000.0mm 的 220 与 420、420 与 620 优选双楔形砖砖环。在这两个外直径间隔 2000.0mm 的双楔形砖砖环内，不仅尺寸砖号数量减少，相配砌两砖的小端尺寸之差也扩大了。如果以外直径间隔 2000.0mm 的 620 与 820 优选砖环代替 720 与 820 砖环，两砖小端尺寸之差将由 0.8mm 增大到 1.6mm（即扩大 1 倍），识（区）别相对容易。英国 1986 年水泥回转窑用砖尺寸标准[12]中，虽然仍保留了数量很多的尺寸砖号，但注意双楔形砖砖环内小直径楔形砖（或锐楔形砖）数量与大直径楔形砖（或钝楔形砖）数量之比，即锐钝比（ratio of sharp to slow）接近 1:1 或 1:2，尽量使两砖数量接近，避免两砖数量相差很大的配砌方案。为此采用间隔 1 个、2 个甚至 3 个砖号的双楔形砖砖环，见表 1-22。从表 1-22 看到，筒壳内直径 $D = 3000.0$mm、砖衬厚度 $A = 200$mm 时，采用 220Y（每环 28 块）与 420Y（每环 64 块）的双楔形砖砖环（锐钝比 $28/64 = 1/2.3$），而没采用外半径 $D_o = 3000.0$mm 的 320Y 单楔形砖砖环。筒壳内直径 $D = 6000.0$mm、砖衬厚度 $A = 200$mm 时，采用 420Y（每环 58 块）与 820Y（每环 126 块）间隔 3 个砖号（520Y、620Y 和 720Y）的双楔形砖砖环（锐钝比 $58/126 = 1/2.17$），而没有采用外直径 $D_o = 6176.5$mm 的 620Y 单楔形砖砖环或间隔一个砖号（620Y）的 520Y 与 720Y 双楔形砖砖环。其实间隔一个砖号的 520Y（每环计算砖数为 77.2 块）与 720Y（每环计算砖数为 102.3 块）双楔形砖砖环的锐钝比 $77.2/102.3 = 1/1.325$ 更接近，只是 520Y 与 720Y 小端尺寸差 2.3mm 比 420Y 与 820Y 小端尺寸差 5.3mm 小，而不容易区别。

表 1-22　英国 1986 年回转窑砖衬配砌方案举例[12]

回转窑壳内直径/mm	碱 性 砖								高铝砖和黏土砖（包括轻质和半轻质）							
	等大端尺寸——Y 系列				等中间尺寸——B 系列				等大端尺寸——Y 系列				等大端尺寸——Z 系列			
	小直径楔形砖		大直径楔形砖		小直径楔形砖		大直径楔形砖		小直径楔形砖		大直径楔形砖		小直径楔形砖		大直径楔形砖	
	尺寸砖号	每环砖数	尺寸砖号	每环砖数	尺寸砖号	每环砖数	尺寸砖号	每环砖数	尺寸砖号	每环砖数	尺寸砖号	每环砖数	尺寸砖号	每环砖数	尺寸砖号	每环砖数
3000.0	218Y	39	518Y	53	B218	64	B618	60	218Y	39	518Y	53	218Z	39	518Z	53
	220Y	28	420Y	64	B220	81	B620	43	220Y	29	420Y	63	220Z	28	420Z	64
4000.0	318Y	44	518Y	79	B318	58	B618	109	318Y	44	518Y	79	318Z	44	518Z	79
	320Y	60	620Y	63	B320	84	B620	83	320Y	60	620Y	63	320Z	60	620Z	63
	322Y	48	522Y	75	B322	111	B622	56	322Y	48	522Y	75	323Z	48	623Z	64
5000.0	420Y	60	620Y	93	B320	40	B620	171	420Y	60	620Y	93	420Z	60	620Z	93
	422Y	60	622Y	93	B322	67	B622	144	422Y	60	622Y	93	423Z	57	623Z	96
6000.0	420Y	58	820Y	126	B420	100	B820	155	420Y	58	820Y	126	420Z	58	820Z	126
	522Y	81	822Y	103	B422	122	B822	132	522Y	81	822Y	103	423Z	58	823Z	126

注：本表砖数的计算，未考虑砌缝厚度。

　　国际标准[15]的等大端尺寸 $C = 103$mm 回转窑用砖（见表1-9），$A = 200$mm 一组 7 个砖号的小端尺寸（热面尺寸）有 7 个不同的尺寸，其余 A 为 160mm、180mm、220mm 和 250mm 4 组中每个砖号的小端尺寸很少有相同的。$C = 103$mm 5 组 29 个砖号竟有 24 个不同尺寸，仅 94.5mm、95.5mm、96.5mm 和 97.0mm 4 个尺寸重复一次到两次，有的尺寸相差 0.1mm，实在难以记忆，很不容易识别和区分。这些小端尺寸，再受尺寸允许正负偏差的影响，管理难度更大。为了在制砖、砌筑和管理中容易识（区）别不同尺寸砖号，英国标准[12]和国际标准 ISO 9205—1988 回转窑用耐火砖热面标记[45]，被迫规定了各种回转窑用砖的热面标记（hot-face identification marking），见图1-6 和图1-7。由于在不同砖号热面采用不同数量沟槽（mark），给制砖成型带来麻烦，至今未被推广。英国采用间隔砖号的优选双楔形砖砖环，实际上是减少了砖号数量，这是完善回转窑用砖尺寸标准的趋势。有些国家的回转窑用砖尺寸标准中，为了容易识（区）别相邻砖号，宁可减少砖号数量。法国标准[13]中 A 为 180mm 和 200mm 2 组各设有 4 个尺寸砖号，A 为 220mm 和 250mm 2 组各设有 3 个尺寸砖号，而且这些尺寸砖号是从国际标准[15]挑选出来的。减少砖号数量后的法国标准[13]，相邻砖号小端尺寸 D 间之差可达 1.8 ~ 6mm，很容易识（区）别，完全没必要采取热面标记。前苏联标准[16]各组一般仅设 2 ~ 3 个砖号，仅 $A = 230$mm 一组方镁石尖晶石砖设 5 个砖号（A 同为 230mm 一组莫来石砖仅设 3 个砖号），相邻砖号间大小端尺寸之差明显，识（区）别非常容易。

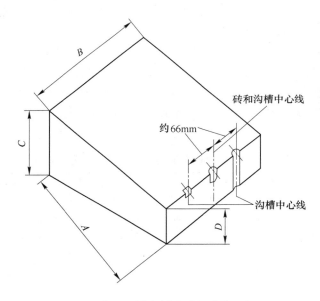

图1-6　英国回转窑用硅酸铝砖热面标记

　　我国同组楔形砖一般设 4 个砖号。按楔差的由大到小或直径的由小到大，同组楔形砖相对地分为楔差最大或直径最小的特锐楔形砖（utra-sharps，bricks with utra sharper taper）、楔差大或直径小的锐楔形砖（sharps，bricks with sharper taper）、楔差小或直径大的钝楔形砖（slows，bricks with slower taper）和楔差最小或直径最大的微楔形砖（fine-slows，bricks with fine slower taper）。我国回转窑用砖各组楔形砖也同样各设 4 个尺寸砖号（见表1-13 和表1-14）。而且在等大端尺寸 $C = 100$mm 的 A 为 160mm、180mm、200mm、220mm 和

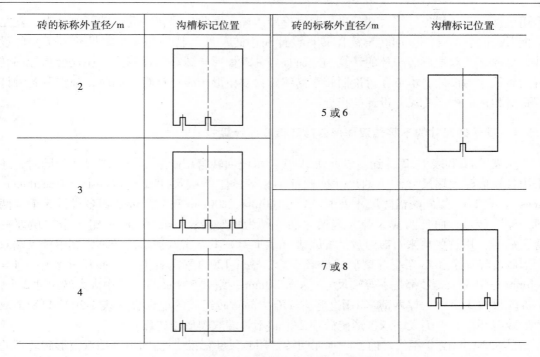

砖的标称外直径/m	沟槽标记位置	砖的标称外直径/m	沟槽标记位置
2		5 或 6	
3			
4		7 或 8	

图 1-7 英国回转窑用硅酸铝砖沟槽标记位置

250mm 5 组中（表 1-14），各 4 个砖号的小端尺寸分别同为 85.0mm、90.0mm、92.5mm 和 95.0mm，相邻砖号小端尺寸之差达 5mm 和 2.5mm，容易识（区）别。在等中间尺寸 $P = 75$mm 的 A 为 160mm、180mm、200mm、220mm 和 250mm 5 组中（表 1-13），各 4 个砖号的大小端尺寸 C/D（mm/mm）分别同为 82.5/67.5、80.0/70.0、78.8/71.3 和 77.5/72.5，相邻砖号的楔差分别为 15mm、10mm、7.5mm 和 5mm，相邻砖号楔差之差达 5mm 和 2.5mm，也容易识（区）别。我国回转窑用同组楔形砖中，楔差为 15mm、10mm、7.5mm 和 5mm 者，可分别称之为特锐楔形砖、锐楔形砖、钝楔形砖和微楔形砖。在表 1-13 和表 1-14 列出双楔形砖砖环的配砌方案。原则上为相邻砖号配砌，最多间隔 1 个砖号。这是因为我国标准中相邻砖号的外直径间隔较大（最大间隔 3m 左右）。各组有特锐楔形砖与锐楔形砖砖环、特锐楔形砖与钝楔形砖砖环、锐楔形砖与钝楔形砖砖环、锐楔形砖与微楔形砖砖环，以及钝楔形砖与微楔形砖砖环，每组有 5 个砖环。不主张间隔 2 个砖号的特锐楔形砖与微楔形砖组成"两极"砖环。

　　我国回转窑用砖大小端尺寸 C/D 的具体设计，主要根据我国楔形砖尺寸关系规律和双楔形砖砖环中国计算式指导下完成的，详细过程见 1.5 节。

1.5 回转窑砖衬双楔形砖砖环计算

　　鉴于回转窑筒体砖衬长期处于连续转动的工作条件，为防止回转窑用砖在使用中抽沉、掉砖甚至塌落，各国回转窑用砖尺寸标准中都不包括楔差 $\Delta C = 0$ 的直形砖（rectangular bricks），因此回转窑筒体环形砌砖中当然不包括由楔形砖与直形砖配合砌筑的混合砖环（mixing ring，taper-rectangular system of ring）。就是说回转窑筒体砖衬，除极少数个别采用单楔形砖砖环外，绝大部分采用双楔形砖砖环。因此，回转窑筒体砖衬的计算，就是双楔形砖砖环的计算。回转窑筒体砖衬设计和用砖尺寸（特别是大小端尺寸 C/D）的设计，是离不开双楔形砖砖环的计算的，而且各种双楔形砖砖环的计算式，往往会指导回转窑用砖尺寸的设计。本节在讨论回转窑筒体砖衬双楔形砖砖环计算的同时，都涉及各种计算式对相适应楔形砖尺寸设计的指导。

1.5.1　基于砖尺寸的不等端双楔形砖砖环俄罗斯计算式

从表 1-11 和表 1-12 看到，前苏联 1975 年水泥回转窑用砖采用等大端尺寸的同时，还采用各楔形砖大端尺寸和小端尺寸彼此都不相等的不等端尺寸（non-constant face dimensions）。表 1-11 的硅酸铝砖尺寸表中，A 为 160mm、200mm 和 230mm 3 组各设计 3 个"两薄一厚"砖号，而且两薄为等大端尺寸和一厚为加厚砖；$A = 300$mm 一组 3 个"两厚一薄"砖号。用这些莫来石砖组成的配砌表（表 1-21）共 9 个双楔形砖砖环，其中等大端双楔形砖砖环 4 个和不等端双楔形砖砖环 5 个。表 1-12 的方镁石尖晶石砖尺寸表中，$A =$ 160mm 一组 3 个砖号都是不等端尺寸；$A = 230$mm 一组共 5 个砖号，其中等大端尺寸 2 个，不等端尺寸 3 个（一厚两薄）。用这些方镁石尖晶石砖组成的配砌表（表 1-20）共 8 个双楔形砖砖环，其中等大端双楔形砖砖环 2 个和不等端双楔形砖砖环 6 个。

早在 20 世纪 70 年代，前苏联水泥回转窑用砖尺寸标准[16]明知不等端双楔形砖砖环的计算比不上等大端双楔形砖砖环简单容易，为什么在同一标准中还同时采取等大端尺寸和不等端尺寸呢？至少有两个原因：一是同组楔形砖中存在两个（或三个）大端尺寸时，即存在薄和厚的楔形砖，砖间识（区）别特别容易；二是俄罗斯科学家早在 19 世纪就推导出并发表了适用于不等端双楔形砖砖环计算的国际上著名的格罗斯（Г. О. ГРОСС）公式[46]：

$$K_x = \frac{2\pi[D_1(r+A) - C_1 r]}{D_1 C_2 - D_2 C_1} \tag{1-6}$$

$$K_d = \frac{2\pi[C_2 r - D_2(r+A)]}{D_1 C_2 - D_2 C_1} \tag{1-7}$$

式中　　K_x——小半径楔形砖（bricks with smaller radius）计算砖数，块；

K_d——大半径楔形砖（bricks with larger radius）计算砖数，块；

C_1，D_1——大半径楔形砖的大端尺寸和小端尺寸，mm；

C_2，D_2——小半径楔形砖的大端尺寸和小端尺寸，mm；

A——楔形砖大小端距离，mm；

r——所计算不等端双楔形砖砖环的内半径，mm。

式 1-6 和式 1-7 可由下列方程组解出：

$$\begin{cases} C_1 K_d + C_2 K_x = 2\pi(r+A) \\ D_1 K_d + D_2 K_x = 2\pi r \end{cases}$$

式 1-6 和式 1-7 相加，得不等端双楔形砖砖环的总砖数 K_h：

$$K_h = \frac{2\pi[(D_1 - D_2)(r+A) + (C_2 - C_1)r]}{D_1 C_2 - D_2 C_1} \tag{1-8}$$

在式 1-6～式 1-8 中，一般 $C_2 > C_1$ 和 $D_1 > D_2$。

[**示例 1**]　当不知道所计算双楔形砖砖环所配砌砖号的外直径和每环极限砖数，回转窑筒壳内直径 $D = 6000.0\text{mm}$ 和砖衬厚度（即砖的大小端距离）$A = 230\text{mm}$ 时，采用 пшщ-28（$C_2/D_2 = 65\text{mm}/55\text{mm}$）与 пшщ-29（$C_1/D_1 = 80\text{mm}/73\text{mm}$）配砌，由式 1-6 和式 1-7 计算两砖数量 $K_{\text{пшщ-28}}$ 和 $K_{\text{пшщ-29}}$，此时 $r + A = 3000.0\text{mm}$，$r = 2770.0\text{mm}$，砌缝厚度取 2mm。

$$K_{\text{пшщ-28}} = \frac{2\pi(75 \times 3000.0 - 82 \times 2770.0)}{75 \times 67 - 57 \times 82} = -38.3 \text{ 块}$$

$$K_{\text{пшщ-29}} = \frac{2\pi(67 \times 2770.0 - 57 \times 3000.0)}{75 \times 67 - 57 \times 82} = 261.2 \text{ 块}$$

计算结果出现负值和超过 пшщ-29 每环极限砖数（$K'_{\text{пшщ-29}} = 206.448$ 块）的错值，表明所选配砌方案不正确。从经本书补充计算了每个砖号外直径 $D_\circ$ 和每环极限砖数 K' 的表 1-12 直接看出，пшщ-28 和 пшщ-29 的外直径分别为 3082.0mm 和 5388.571mm，都小于所计算砖环的外直径 $D = 6000.0\text{mm}$，根本不能砌成该砖环。但是从表 1-12 看出，该不等端双楔形砖砖环可采用以下的方案：方案 1 外直径 5388.571～8017.143mm 的 пшщ-29 与 пшщ-30 砖环；方案 2 外直径 4390.909～8017.143mm 的 пшщ-31 与 пшщ-30 砖环；以及方案 3 外直径 5388.571～8050.0mm 的 пшщ-29 与 пшщ-33 砖环。

方案 1　пшщ-29 与 пшщ-30 不等端双楔形砖砖环❶

此方案中小半径楔形砖 пшщ-29 的 $C_2/D_2 = 80\text{mm}/73\text{mm}$，大半径楔形砖 пшщ-30 的 $C_1/D_1 = 120\text{mm}/113\text{mm}$。

$$K_{\text{пшщ-29}} = \frac{2\pi(115 \times 3000.0 - 122 \times 2770.0)}{115 \times 82 - 75 \times 122} = 158.4 \text{ 块}$$

$$K_{\text{пшщ-30}} = \frac{2\pi(82 \times 2770.0 - 75 \times 3000.0)}{115 \times 82 - 75 \times 122} = 48.0 \text{ 块}$$

$$K_{\text{h}} = \frac{2\pi[(113 - 73) \times 3000.0 + (80 - 120) \times 2770.0]}{115 \times 82 - 75 \times 122} = 206.4 \text{ 块}$$

每环 $K_{\text{пшщ-29}}$ 和 $K_{\text{пшщ-30}}$ 之和 $158.4 + 48.0 = 206.4$ 块，与砖环总砖数 $K_{\text{h}} = 206.4$ 块相等。

方案 2　пшщ-31 与 пшщ-30 不等端双楔形砖砖环

此方案中小半径楔形砖 пшщ-31 的 $C_2/D_2 = 103\text{mm}/92\text{mm}$，大半径楔形砖 пшщ-30 的 $C_1/D_1 = 120\text{mm}/113\text{mm}$。

$$K_{\text{пшщ-31}} = \frac{2\pi(115 \times 3000.0 - 122 \times 2770.0)}{115 \times 105 - 94 \times 122} = 73.1 \text{ 块}$$

$$K_{\text{пшщ-30}} = \frac{2\pi(105 \times 2770.0 - 94 \times 3000.0)}{115 \times 105 - 94 \times 122} = 91.6 \text{ 块}$$

$$K_{\text{h}} = \frac{2\pi[(113 - 92) \times 3000.0 + (103 - 120) \times 2770.0]}{115 \times 105 - 94 \times 122} = 164.7 \text{ 块}$$

每环 $K_{\text{пшщ-31}}$ 和 $K_{\text{пшщ-30}}$ 之和 $73.1 + 91.6 = 164.7$ 块，与砖环总砖数 $K_{\text{h}} = 164.7$ 块相等。

---

❶　пшщ-29 与 пшщ-30 砖环也为等楔差双楔形砖砖环。

方案 3　пшц-29 与 пшц-33 不等端双楔形砖砖环

此方案中小半径楔形砖 пшц-29 的 $C_2/D_2 = 80\text{mm}/73\text{mm}$，大半径楔形砖 пшц-33 的 $C_1/D_1 = 103\text{mm}/97\text{mm}$。

$$K_{\text{пшц-29}} = \frac{2\pi(99 \times 3000.0 - 105 \times 2770.0)}{99 \times 82 - 75 \times 105} = 159.0 \text{ 块}$$

$$K_{\text{пшц-33}} = \frac{2\pi(82 \times 2770.0 - 75 \times 3000.0)}{99 \times 82 - 75 \times 105} = 55.3 \text{ 块}$$

$$K_{\text{h}} = \frac{2\pi[(97 - 73) \times 3000.0 + (80 - 103) \times 2770.0]}{99 \times 82 - 75 \times 105} = 214.3 \text{ 块}$$

每环 $K_{\text{пшц-29}}$ 和 $K_{\text{пшц-33}}$ 之和 $159.0 + 55.3 = 214.3$ 块，与砖环总砖数 $K_{\text{h}} = 214.3$ 块相等。

上述不等端双楔形砖砖环方案 1、方案 2 和方案 3 的计算结果与表 1-20 极相近。但是计算过程相当繁杂，而且必须在知道所配砌砖号外直径情况下方能获得正确计算结果。前苏联标准[15] 在未提供砖的尺寸特征情况下给出每个配砌方案的砖环直径范围。

当 $C_1 = C_2 = C$ 时，即采用等大端尺寸时，代入式 1-6、式 1-7 和式 1-8，等大端双楔形砖砖环计算式便简化为：

$$K_{\text{x}} = \frac{2\pi[D_1(r + A) - Cr]}{C(D_1 - D_2)} \tag{1-6a}$$

$$K_{\text{d}} = \frac{2\pi[Cr - D_2(r + A)]}{C(D_1 - D_2)} \tag{1-7a}$$

$$K_{\text{h}} = \frac{2\pi(r + A)}{C} \tag{1-8a}$$

方案 4　示例 1 采用 пшц-31 与 пшц-33 等大端双楔形砖砖环

此方案中小半径楔形砖 пшц-31 的 $C/D_2 = 103\text{mm}/92\text{mm}$，大半径楔形砖 пшц-33 的 $C/D_1 = 103\text{mm}/97\text{mm}$。

$$K_{\text{пшц-31}} = \frac{2\pi(99 \times 3000.0 - 105 \times 2770.0)}{105 \times (97 - 92)} = 73.6 \text{ 块}$$

$$K_{\text{пшц-33}} = \frac{2\pi(105 \times 2770.0 - 94 \times 3000.0)}{105 \times (97 - 92)} = 105.9 \text{ 块}$$

$$K_{\text{h}} = \frac{2\pi \times 3000.0}{105} = 179.5 \text{ 块}$$

每环 $K_{\text{пшц-31}}$ 和 $K_{\text{пшц-33}}$ 之和 $73.6 + 105.9 = 179.5$ 块，与砖环总砖数 $K_{\text{h}} = 179.5$ 块相等，并与表 1-20 极相近。

1.5.2　基于总砖数和砖尺寸的等端（间）双楔形砖砖环英国计算式

英国回转窑筒体用楔形砖采取等端（间）尺寸 [constant face (or median) dimension]，包括等大端尺寸和等中间尺寸。

对于等大端尺寸 $C = 103\text{mm}$ 双楔形砖砖环而言，式 1-8a 中 $2(r + A) = D$，于是式 1-8a 可写作：

$$K_h = \frac{\pi D}{C} = \frac{\pi D}{105} = 0.02992D \tag{1-8b}$$

式中 D——所计算砖环的外直径或筒壳内直径，mm。

解下面的方程组并按式 1-8a 化简或由式 1-7a 并按式 1-8a 化简得：

$$\begin{cases} CK_d + CK_x = 2\pi(r + A) \\ D_1 K_d + D_2 K_x = 2\pi r \end{cases}$$

$$K_d = \frac{2\pi r - D_2 K_h}{D_1 - D_2} \tag{1-7b}$$

$$K_x = K_h - K_d \tag{1-6b}$$

对于等中间尺寸 $P = 71.5$mm 双楔形砖砖环而言，砖环总砖数 $K_h = 2\pi R_p / P$，式中，R_p 为砖环中间半径并且 $R_p = r + A/2$；P 为砖的等中间尺寸并且 $P = (C_1 + D_1)/2$。将它们代入得：

$$K_h = \frac{2\pi(2r + A)}{C_1 + D_1} = 0.04274(2r + A) \tag{1-8c}$$

解下面的方程组并按式 1-8c 化简得：

$$\begin{cases} PK_d + PK_x = 2\pi(r + A/2) \\ D_1 K_d + D_2 K_x = 2\pi r \end{cases}$$

$$K_d = \frac{2\pi r - D_2 K_h}{D_1 - D_2} \tag{1-7b}$$

$$K_x = K_h - K_d \tag{1-6b}$$

可见，对等端（间）双楔形砖砖环而言，等大端或等中间双楔形砖砖环中大半径楔形砖数量 K_d 都采取式 1-7b 计算。但砖环总砖数 K_h 计算式不同，等大端和等中间双楔形砖砖环分别采取式 1-8b 和式 1-8c。

[示例 2] 回转窑筒壳内直径 $D = 3000.0$mm 和砖衬厚度 $A = 200$mm 的砖环，由表 1-5 可能有以下英国配砌方案：方案 1，外直径 $D_o = 3000.0$mm 的 320Y 单楔形砖砖环；方案 2，外直径 $2000.0 \sim 4000.0$mm 的 220Y 与 420Y 等大端尺寸 $C = 103$mm 双楔形砖砖环；方案 3，外直径 $2000.0 \sim 5060.2$mm 的 220Y 与 520Y 等大端尺寸 $C = 103$mm 双楔形砖砖环；方案 4，外直径 $2461.5 \sim 3140.0$mm 的 B220 与 B320 等中间尺寸 $P = 71.5$mm 双楔形砖砖环；方案 5，外直径 $2461.5 \sim 4400.0$mm 的 B220 与 B420 等中间尺寸 $P = 71.5$mm 双楔形砖砖环；方案 6，外直径 $2461.5 \sim 6080.0$mm 的 B220 与 B620 等中间尺寸 $P = 71.5$mm 双楔形砖砖环。此示例中 $r + A = 1500.0$mm，$r = 1300.0$mm。

方案 1 320Y 单楔形砖砖环

大小端尺寸 $C/D = 103$mm$/89.0$mm 的 320Y 的计算外直径 $D_o = 3000.0$mm，刚好与筒壳内直径 $D = 3000.0$mm 相等，每环 320Y 砖数 K_{320Y} 按式 1-8b 计算得：

$$K_{320Y} = 0.02992 \times 3000.0 = 89.76 \text{ 块}$$

其实由表 1-5 查得 320Y 的每环极限砖数 $K'_{320Y} = 89.76$ 块，不用计算。

方案2　220Y 与 420Y 等大端尺寸双楔形砖砖环

此方案大半径楔形砖 420Y 的 $C/D_1 = 103\text{mm}/92.5\text{mm}$，小半径楔形砖 220Y 的 $C/D_2 = 103\text{mm}/82.0\text{mm}$。由式 1-8b 计算此砖环总砖数 K_h，由式 1-7b 计算大半径楔形砖 420Y 砖数 K_{420Y}：

$$K_h = 0.02992 \times 3000.0 = 89.76 \text{ 块}$$

$$K_{420Y} = \frac{2\pi \times 1300.0 - 84 \times 89.76}{92.5 - 82} = 59.84 \text{ 块}$$

$$K_{220Y} = 89.76 - 59.84 = 29.92 \text{ 块}$$

方案3　220Y 与 520Y 等大端尺寸双楔形砖砖环

此方案大半径楔形砖 520Y 的 $C/D_1 = 103\text{mm}/94.7\text{mm}$，小半径楔形砖 220Y 的 $C/D_2 = 103\text{mm}/82.0\text{mm}$。由式 1-8b 计算此砖环总砖数 K_h，由式 1-7b 计算大半径楔形砖 520Y 砖数 K_{520Y}：

$$K_h = 0.02992 \times 3000.0 = 89.76 \text{ 块}$$

$$K_{520Y} = \frac{2\pi \times 1300.0 - 84 \times 89.76}{94.7 - 82} = 49.47 \text{ 块}$$

$$K_{220Y} = 89.76 - 49.47 = 40.29 \text{ 块}$$

方案4　B220 与 B320 等中间尺寸双楔形砖砖环

此方案大半径楔形砖 B320 的 $C_1/D_1 = 76.5\text{mm}/66.5\text{mm}$，小半径楔形砖 B220 的 $C_2/D_2 = 78.0\text{mm}/65.0\text{mm}$。由式 1-8c 计算砖环总砖数 K_h，由式 1-7b 计算大半径楔形砖 B320 砖数 K_{B320}：

$$K_h = 0.04274 \times (2 \times 1300.0 + 200) = 119.67 \text{ 块}$$

$$K_{B320} = \frac{2\pi \times 1300.0 - 67.0 \times 119.67}{66.5 - 65.0} = 100.18 \text{ 块}$$

$$K_{B220} = 119.67 - 100.18 = 19.49 \text{ 块}$$

方案5　B220 与 B420 等中间尺寸双楔形砖砖环

此方案大半径楔形砖 B420 的 $C_1/D_1 = 75.0\text{mm}/68.0\text{mm}$，小半径楔形砖 B220 的 $C_2/D_2 = 78.0\text{mm}/65.0\text{mm}$。由式 1-8c 计算砖环总砖数 K_h，由式 1-7b 计算大半径楔形砖 B420 砖数 K_{B420}：

$$K_h = 0.04274 \times (2 \times 1300.0 + 200) = 119.67 \text{ 块}$$

$$K_{B420} = \frac{2\pi \times 1300.0 - 67.0 \times 119.67}{68.0 - 65.0} = 50.09 \text{ 块}$$

$$K_{B220} = 119.67 - 50.09 = 69.58 \text{ 块}$$

方案6　B220 与 B620 等中间尺寸双楔形砖砖环

此方案大半径楔形砖 B620 的 $C_1/D_1 = 74.0\text{mm}/69.0\text{mm}$，小半径楔形砖 B220 的 $C_2/D_2 = 78.0\text{mm}/65.0\text{mm}$。由式 1-8c 计算砖环总砖数 K_h，由式 1-7b 计算大半径楔形砖 B620 砖数 K_{B620}：

$$K_{h} = 0.04274 \times (2 \times 1300.0 + 200) = 119.67 \text{ 块}$$

$$K_{B620} = \frac{2\pi \times 1300.0 - 67.0 \times 119.67}{69.0 - 65.0} = 37.57 \text{ 块}$$

$$K_{B220} = 119.67 - 37.57 = 82.1 \text{ 块}$$

本示例 2 砖数计算中均考虑 2mm 砌缝厚度，与未考虑砌缝厚度的表 1-22 稍有差别。

1.5.3 基于砖尺寸特征的双楔形砖砖环中国计算式

如前已述，基于砖尺寸的双楔形砖砖环计算式的严重缺点是，计算结果常出现负值和错值。负值肯定表示所选取配砌方案为不可能实现的错误方案，这很容易发现。错值表现为所选取配砌砖号的计算数量超过其每环极限砖数，没引用每环极限砖数这个尺寸特征时很不容易发现。英国标准[12]为避免这些计算错误，引出全部用该一种尺寸楔形砖砌筑的单楔形砖砖环的内直径，并且在该砖的尺寸砖号中反映出标称外直径。在中国的耐火砖形状尺寸标准中，从 20 世纪 80 年代初期就赋予每个砖号半径（或直径）和每环极限砖数等尺寸特征。我国国家标准 GB/T 17912—1999《回转窑用耐火砖形状尺寸》[44]中采用的国际标准[15]，以及本书引用的各国标准表（见表 1-1 ~ 表 1-17）都特意补充计算了尺寸特征。既然基于砖尺寸的双楔形砖砖环计算式，必须依靠砖尺寸特征的限制条件，那么何不推导出直接基于楔形砖尺寸特征的双楔形砖砖环计算式呢？为此，我国开展了一系列研究，推导出基于楔形砖尺寸特征的双楔形砖砖环中国计算式[19]，并且被我国一系列砖尺寸标准[6,8,35~37,44]采用。以往基于砖尺寸特征的双楔形砖砖环中国计算式中采用外半径 R_x、R_d 和 R：

$$K_x = \frac{(R_d - R)K'_x}{R_d - R_x} \tag{1-9}$$

$$K_d = \frac{(R - R_x)K'_d}{R_d - R_x} \tag{1-10}$$

但回转窑筒体双楔形砖砖环的计算，各国都习惯了常用外直径 D_x、D_d 和 D，今将 $R_x = D_x/2$，$R_d = D_d/2$ 和 $R = D/2$ 代入式 1-9 和式 1-10，得

$$K_x = \frac{(D_d - D)K'_x}{D_d - D_x} \tag{1-11}$$

$$K_d = \frac{(D - D_x)K'_d}{D_d - D_x} \tag{1-12}$$

式中　　K_x，K_d——分别为所计算回转窑筒体砖衬双楔形砖砖环内，小直径楔形砖和大直径楔形砖的计算数量，块；

K'_x，K'_d——分别为所计算回转窑筒体砖衬双楔形砖砖环内，小直径楔形砖和大直径楔形砖的每环极限砖数，块；

D_x，D_d——分别为所计算回转窑筒体砖衬双楔形砖砖环内，小直径楔形砖和大直径楔形砖的外直径，mm；

D——所计算回转窑筒壳的内直径或筒体砖衬双楔形砖砖环的外直径，mm，

此时 $D_x \leq D \leq D_d$。

令式 1-11 中单位直径砖数变化量 $K'_x/(D_d - D_x) = n$ 和式 1-12 中 $K'_d/(D_d - D_x) = m$，且 $n < m$，则式 1-11 和式 1-12 可写作基于楔形砖外直径 D_x 和 D_d 的简化计算式：

$$K_x = n(D_d - D) \tag{1-13}$$

$$K_d = m(D - D_x) \tag{1-14}$$

一块楔形砖直径变化量 $(\Delta D)'_{1x} = (D_d - D_x)/K'_x$ 和 $(\Delta D)'_{1d} = (D_d - D_x)/K'_d$，可见 $n = 1/(\Delta D)'_{1x}$ 和 $m = 1/(\Delta D)'_{1d}$，则式 1-13 和式 1-14 可写作基于一块楔形砖直径变化量 $(\Delta D)'_{1x}$ 和 $(\Delta D)'_{1d}$ 的简化计算式：

$$K_x = \frac{D_d - D}{(\Delta D)'_{1x}} \tag{1-15}$$

$$K_d = \frac{D - D_x}{(\Delta D)'_{1d}} \tag{1-16}$$

变换式 1-11 和式 1-12 的形式：

$$K_x = \frac{D_d K'_x}{D_d - D_x} - \frac{K'_x D}{D_d - D_x} \tag{1-11a}$$

$$K_d = \frac{D K'_d}{D_d - D_x} - \frac{D_x K'_d}{D_d - D_x} \tag{1-12a}$$

令式 1-11a 中 K'_x 的系数 $D_d/(D_d - D_x) = T$ 和式 1-12a 中 K'_d 的系数 $D_x/(D_d - D_x) = Q$，则式 1-11a 和式 1-12a 可写作基于楔形砖每环极限砖数 K'_x 和 K'_d 的简化计算式：

$$K_x = T K'_x - nD \tag{1-17}$$

$$K_d = mD - Q K'_d \tag{1-18}$$

式 1-17 和式 1-18 中，$T - Q = D_d/(D_d - D_x) - D_x/(D_d - D_x) = (D_d - D_x)/(D_d - D_x) = 1$，表明小直径楔形砖每环极限砖数 K'_x 的系数 T 大于大直径楔形砖每环极限砖数 K'_d 的系数 Q，而且它们的差值 $T - Q = 1$。

式 1-13 与式 1-14 相加得砖环总砖数 $K_h = n(D_d - D) + m(D - D_x)$，即：

$$K_h = (m - n)D + n D_d - m D_x \tag{1-19}$$

式 1-17 与式 1-18 相加也得砖环总砖数 $K_h = T K'_x - nD + mD - Q K'_d$，即：

$$K_h = (m - n)D + T K'_x - Q K'_d \tag{1-20}$$

式 1-11～式 1-20 适用于等端（间）双楔形砖砖环（等大端和等中间双楔形砖砖环）与不等端双楔形砖砖环。

1.5.3.1　等大端尺寸 $C = 103\,\text{mm}$ 双楔形砖砖环计算和砖尺寸设计

在等大端尺寸 C 双楔形砖砖环内，小直径楔形砖的小端尺寸 D_2 和大直径楔形砖的小端尺寸 D_1，小直径楔形砖和大直径楔形砖的计算砖数 K_x 和 K_d，可由下面的方程组解得：

$$\begin{cases} C K_x + C K_d = \pi D \\ D_2 K_x + D_1 K_d = \pi(D - 2A) \end{cases}$$

$$K_x = \frac{\pi[D_1 D - C(D - A)]}{C(D_1 - D_2)} = \frac{2\pi A}{D_1 - D_2} - \frac{\pi D(C - D_1)}{C(D_1 - D_2)} \tag{1-17a}$$

$$K_d = \frac{\pi[C(D-A)-D_2 D]}{C(D_1-D_2)} = \frac{\pi D(C-D_2)}{C(D_1-D_2)} - \frac{2\pi A}{D_1-D_2} \tag{1-18a}$$

可见，在等大端尺寸 C 双楔形砖砖环的两计算式（式 1-17a 和式 1-18a）中定值项的绝对值 $[2\pi A/(D_1-D_2)]$ 相等。那么，基于楔形砖每环极限砖数 K'_x 和 K'_d 的简化计算式（式 1-17 和式 1-18）中，$TK'_x = QK'_d$。式 1-20 中 $TK'_x - QK'_d = 0$，所以：

$$K_h = (m-n)D \tag{1-20a}$$

式 1-20a 与众所周知的式 1-8b $K_h = \pi D/C$ 对照，则 $m-n = \pi/C$。

式 1-19 与式 1-20a 对照中知 $nD_d - mD_x = 0$，即 $nD_d = mD_x$，则 $n/m = D_x/D_d$。由 $TK'_x = QK'_d$ 得 $Q/T = K'_x/K'_d$。早已知[9] $D_x/D_d = K'_x/K'_d = (C-D_1)/(C-D_2)$，所以 $Q/T = n/m = D_x/D_d = K'_x/K'_d = (C-D_1)/(C-D_2)$，也就是 Q 与 T 之比最终为两砖楔差 $C-D_1$ 与 $C-D_2$ 之比，简称楔差比（ratio of taper）。

采用国际标准[15]的我国标准[8]中等大端尺寸 $C=103$mm 回转窑筒体用砖共 5 组 29 个砖号。按相邻砖号、间隔 1 个砖号和 2 个砖号（或间隔外直径 1000.0mm、2000.0mm 和 3000.0mm 左右）共砌砌成 57 个等大端双楔形砖砖环。根据每一尺寸砖号的尺寸特征（外直径 D_o 和每环极限砖数 K'_r）计算出每个相配砌双楔形砖砖环的一块楔形砖直径变化量 $(\Delta D)'_{1x}$、$(\Delta D)'_{1d}$、系数 n、m、T 和 Q，再按式 1-13～式 1-18 列出简易计算式，见表 1-23。

编制表 1-23 的实践和表中数据，使我们认识到以下问题的实质和得出一些有指导意义的结论。

首先，基于楔形砖外直径 D_x、D_d（这在标准表 1-9 已列出）和系数 n 和 m（表 1-23 计算出）的简易计算式，可称得上简单易用。例如，示例 2 方案 3 $K_{220Y} = 0.01955(5060.2 - 3000.0) = 40.28$ 块和 $K_{520Y} = 0.04947(3000.0 - 2000.0) = 49.47$ 块。在任一等大端双楔形砖砖环的两简易计算式和砖环总砖数简易计算式 $K_h = (m-n)D$ 中，$m-n = \pi/C = 3.1416/(103+5) = 0.02992$。在表 1-23 中所有任一双楔形砖砖环的 $m-n$ 都如此。例如 216 与 316 砖环的 $m-n = 0.08477 - 0.05485 = 0.02992$，218 与 318 砖环的 $m-n = 0.08746 - 0.05754 = 0.02992$，220 与 320 砖环的 $m-n = 0.08976 - 0.05984 = 0.02992$，322 与 622 砖环的 $m-n = 0.05984 - 0.02992 = 0.02992$，425 与 725 砖环的 $m-n = 0.07072 - 0.04080 = 0.02992$……这一点，不但可以简化等大端尺寸 $C=103$mm 双楔形砖砖环总砖数计算式，还可以核对基于外直径的简易计算式的正确与否。

n 和 m 分别为小直径楔形砖和大直径楔形砖的单位直径砖数变化量：$n = K'_x/(D_d - D_x)$ 和 $m = K'_d/(D_d - D_x)$。基于楔形砖外直径 D_d 的简化计算式 1-13 可以理解为，在 $D_x \sim D_d$ 范围内每 1mm 小直径楔形砖砖数变化量为 n，砖环外直径变化 $D_d - D$ 时小直径楔形砖计算数量 K_x 自然为 $n(D_d - D)$ 了。同理可以理解式 1-14，在 $D_x \sim D_d$ 范围内每 1mm 大直径楔形砖数量变化量为 m，砖环外直径变化 $D - D_x$ 时大直径楔形砖计算数量 K_d 自然为 $m(D-D_x)$ 了。在式 1-13 中，当 $D=D_d$ 时 $K_x=0$，当 $D=D_x$ 时 $K_x = n(D_d - D_x) = [K'_x/(D_d - D_x)](D_d - D_x) = K'_x$。在式 1-14 中，当 $D=D_x$ 时 $K_d=0$，当 $D=D_d$ 时 $K_d = m(D_d - D_x) = [K'_d/(D_d - D_x)](D_d - D_x) = K'_d$。从式 1-13 和式 1-14 知：（1）砖环外直径必须在 $D_x \leqslant D \leqslant D_d$ 范围内，否则计算砖量出现负值。（2）当砖环外直径 D 在 $D_x \sim D_d$ 范围内，且 m 和 n 计算正确时，计算砖量 K_x 和 K_d 都不会超过其每环极限砖数。

表 1-23　回转窑筒体砖衬等大端尺寸 $C = 103\text{mm}$ 双楔形砖砌环简易计算式

配砌尺寸砖号		外直径 D（范围）$D_x \sim D_d$ /mm	每环极限砖数 K'_o/块		一块楔形砖直径变化量/mm		简易式系数				每环砖量简易计算式	
小直径楔形砖	大直径楔形砖		K'_x	K'_d	$(\Delta D)'_{1x}$	$(\Delta D)'_{1d}$	$n = \dfrac{1}{(\Delta D)'_{1x}}$	$m = \dfrac{1}{(\Delta D)'_{1d}}$	$T = \dfrac{D_d}{D_d - D_x}$	$Q = \dfrac{D_x}{D_d - D_x}$	小直径楔形砖量 K_x	大直径楔形砖量 K_d
216	316	1976.5 ~ 3054.5	59.136	91.392	18.2304	11.7962	0.05485	0.08477	2.8335	1.8335	$K_{216} = 0.05485(3054.5 - D)$ $K_{216} = (3054.5 - D)/18.2304$ $K_{216} = 2.8335 \times 59.136 - 0.0548D$	$K_{316} = 0.08477(D - 1976.5)$ $K_{316} = (D - 1976.5)/11.7962$ $K_{316} = 0.08477D - 1.8335 \times 91.392$
216	416	1976.5 ~ 3952.9	59.136	118.272	33.4225	16.7112	0.02992	0.05984	2.0	1.0	$K_{216} = 0.02992(3952.9 - D)$ $K_{216} = (3952.9 - D)/33.4225$ $K_{216} = 2.0 \times 59.136 - 0.02992D$	$K_{416} = 0.05984(D - 1976.5)$ $K_{416} = (D - 1976.5)/16.7112$ $K_{416} = 0.05984D - 1.0 \times 118.272$
216	516	1976.5 ~ 5169.2	59.136	154.663	53.9901	20.6433	0.01852	0.04844	1.6191	0.6191	$K_{216} = 0.01852(5169.2 - D)$ $K_{216} = (5169.2 - D)/53.9901$ $K_{216} = 1.6191 \times 59.136 - 0.01852D$	$K_{516} = 0.04844(D - 1976.5)$ $K_{516} = (D - 1976.5)/20.6433$ $K_{516} = 0.01844D - 0.6191 \times 154.663$
316	416	3054.5 ~ 3952.9	91.392	118.272	9.8301	7.5960	0.10173	0.13165	4.40	3.40	$K_{316} = 0.13165(3952.9 - D)$ $K_{316} = (3952.9 - D)/9.8301$ $K_{316} = 4.40 \times 91.392 - 0.10173D$	$K_{416} = 0.13165(D - 3054.5)$ $K_{416} = (D - 3054.5)/7.5960$ $K_{416} = 0.13165D - 3.40 \times 118.272$
316	516	3054.5 ~ 5169.2	91.392	154.663	23.1386	13.6728	0.04322	0.07314	2.4444	1.4444	$K_{316} = 0.07314(5169.2 - D)$ $K_{316} = (5169.2 - D)/23.1386$ $K_{316} = 2.4444 \times 91.392 - 0.04322D$	$K_{516} = 0.07314(D - 3054.5)$ $K_{516} = (D - 3054.5)/13.6728$ $K_{516} = 0.07314D - 1.4444 \times 154.663$
316	716	3054.5 ~ 7148.9	91.392	213.896	44.8003	19.1420	0.02232	0.05224	1.7460	0.7460	$K_{316} = 0.05224(7148.9 - D)$ $K_{316} = (7148.9 - D)/44.8003$ $K_{316} = 1.7460 \times 91.392 - 0.02232D$	$K_{716} = 0.05224(D - 3054.5)$ $K_{716} = (D - 3054.5)/19.1420$ $K_{716} = 0.05224D - 0.7460 \times 213.896$
416	516	3952.9 ~ 5169.2	118.272	154.663	10.2838	7.8641	0.09724	0.12716	4.250	3.250	$K_{416} = 0.09724(5169.2 - D)$ $K_{416} = (5169.2 - D)/10.2838$ $K_{416} = 4.250 \times 118.272 - 0.09724D$	$K_{516} = 0.12716(D - 3952.9)$ $K_{516} = (D - 3952.9)/7.8641$ $K_{516} = 0.12716D - 3.250 \times 154.663$

续表 1-23

配砖尺寸砖号		外直径 D（范围）$D_x \sim D_d$ /mm	每环极限砖数 K'_o/块		一块楔形砖直径变化量/mm		简易式系数				每环砖量简易计算式/块	
小直径楔形砖	大直径楔形砖		K'_x	K'_d	$(\Delta D)'_{1x}$	$(\Delta D)'_{1d}$	$n = \dfrac{1}{(\Delta D)'_{1x}}$	$m = \dfrac{1}{(\Delta D)'_{1d}}$	$T = \dfrac{D_d}{D_d - D_x}$	$Q = \dfrac{D_x}{D_d - D_x}$	小直径楔形砖量 K_x	大直径楔形砖量 K_d
416	716	3952.9 ~ 7148.9	118.272	213.896	27.0224	14.9418	0.03701	0.06693	2.2368	1.2368	$K_{416} = 0.03701(7148.9 - D)$ $K_{416} = (7148.9 - D)/27.0224$ $K_{416} = 2.2368 \times 118.272 - 0.03701D$	$K_{716} = 0.06693(D - 3952.9)$ $K_{716} = (D - 3952.9)/14.9418$ $K_{716} = 0.06693D - 1.2368 \times 213.896$
516	716	5169.2 ~ 7148.9	154.663	213.896	12.8001	9.2555	0.07812	0.10804	3.6111	2.6111	$K_{516} = 0.07812(7148.9 - D)$ $K_{516} = (7148.9 - D)/12.8001$ $K_{516} = 3.6111 \times 154.663 - 0.07812D$	$K_{716} = 0.10804(D - 5169.2)$ $K_{716} = (D - 5169.2)/9.2555$ $K_{716} = 0.10804D - 2.6111 \times 213.896$
218	318	1989.5 ~ 3024.0	59.525	90.478	17.3797	11.4340	0.05754	0.08746	2.9231	1.9231	$K_{218} = 0.05754(3024.0 - D)$ $K_{218} = (3024.0 - D)/17.3797$ $K_{218} = 2.9231 \times 59.525 - 0.5754D$	$K_{318} = 0.08746(D - 1989.5)$ $K_{318} = (D - 1989.5)/11.4340$ $K_{318} = 0.08746D - 1.9231 \times 90.478$
218	418	1989.5 ~ 3978.9	59.525	119.050	33.4225	16.7112	0.02992	0.05984	2.0	1.0	$K_{218} = 0.02992(3978.9 - D)$ $K_{218} = (3978.9 - D)/33.4225$ $K_{218} = 2.0 \times 59.525 - 0.02992D$	$K_{418} = 0.05984(D - 1989.5)$ $K_{418} = (D - 1989.5)/16.7112$ $K_{418} = 0.05984D - 1.0 \times 119.050$
218	518	1989.5 ~ 5040.0	59.525	150.797	51.2478	20.2294	0.01951	0.04943	1.6522	0.6522	$K_{218} = 0.01951(5040.0 - D)$ $K_{218} = (5040.0 - D)/51.2478$ $K_{218} = 1.6522 \times 59.525 - 0.01951D$	$K_{518} = 0.04943(D - 1989.5)$ $K_{518} = (D - 1989.5)/20.2294$ $K_{518} = 0.04943D - 0.6522 \times 150.797$
318	418	3024.0 ~ 3978.9	90.478	119.050	10.5545	8.0214	0.09475	0.12467	4.1668	3.1668	$K_{318} = 0.09475(3978.9 - D)$ $K_{318} = (3978.9 - D)/10.5545$ $K_{318} = 4.1668 \times 90.478 - 0.09475D$	$K_{418} = 0.12467(D - 3024.0)$ $K_{418} = (D - 3024.0)/8.0214$ $K_{418} = 0.12467D - 3.1668 \times 119.050$
318	518	3024.0 ~ 5040.0	90.478	150.797	22.2816	13.3690	0.04488	0.07480	2.50	1.50	$K_{318} = 0.04488(5040.0 - D)$ $K_{318} = (5040.0 - D)/22.2816$ $K_{318} = 2.50 \times 90.478 - 0.04488D$	$K_{518} = 0.07480(D - 3024.0)$ $K_{518} = (D - 3024.0)/13.3690$ $K_{518} = 0.07480D - 1.50 \times 150.797$

续表 1-23

配砌尺寸砖号		外直径 D（范围 $D_x \sim D_d$）/mm	每环极限砖数 K'_o/块		一块楔形砖直径变化量/mm		简易式系数				每环砖量简易计算式/块	
小直径楔形砖	大直径楔形砖		K'_x	K'_d	$(\Delta D)'_{1x}$	$(\Delta D)'_{1d}$	$n=\dfrac{1}{(\Delta D)'_{1x}}$	$m=\dfrac{1}{(\Delta D)'_{1d}}$	$T=\dfrac{D_d}{D_d-D_x}$	$Q=\dfrac{D_x}{D_d-D_x}$	小直径楔形砖量 K_x	大直径楔形砖量 K_d
318	618	3024.0 ~ 6300.0	90.478	188.496	36.2077	17.3797	0.02762	0.05754	1.9231	0.9231	$K_{318}=0.02762(6300.0-D)$ $K_{318}=(6300.0-D)/36.2077$ $K_{318}=1.9231\times90.478-0.02762D$	$K_{618}=0.05754(D-3024.0)$ $K_{618}=(D-3024.0)/17.3797$ $K_{618}=0.05754D-0.9231\times188.496$
418	518	3978.9 ~ 5040.0	119.050	150.797	8.9127	7.0363	0.11220	0.14212	4.750	3.750	$K_{418}=0.11220(5040.0-D)$ $K_{418}=(5040.0-D)/8.9127$ $K_{418}=4.750\times119.050-0.11220D$	$K_{518}=0.14212(D-3978.9)$ $K_{518}=(D-3978.9)/7.0363$ $K_{518}=0.14212D-3.750\times15.0797$
418	618	3978.9 ~ 6300.0	119.050	188.496	19.4964	12.3135	0.05129	0.08121	2.7142	1.7142	$K_{418}=0.05129(6300.0-D)$ $K_{418}=(6300.0-D)/19.4964$ $K_{418}=2.7142\times119.050-0.05129D$	$K_{618}=0.08121(D-3978.9)$ $K_{618}=(D-3978.9)/12.3135$ $K_{618}=0.08121D-1.7142\times188.496$
418	718	3978.9 ~ 7132.1	119.050	213.391	26.4857	14.7762	0.03776	0.06768	2.2619	1.2619	$K_{418}=0.03776(7132.1-D)$ $K_{418}=(7132.1-D)/26.4857$ $K_{418}=2.2619\times119.050-0.03776D$	$K_{718}=0.06768(D-3978.9)$ $K_{718}=(D-3978.9)/14.7762$ $K_{718}=0.06768D-1.2619\times213.391$
518	618	5040.0 ~ 6300.0	150.797	188.496	8.3556	6.6845	0.11968	0.14960	5.0	4.0	$K_{518}=0.11968(6300.0-D)$ $K_{518}=(6300.0-D)/8.3556$ $K_{518}=5.0\times150.797-0.11968D$	$K_{618}=0.14960(D-5040.0)$ $K_{618}=(D-5040.0)/6.6845$ $K_{618}=0.14960D-4.0\times188.496$
518	718	5040.0 ~ 7132.1	150.797	213.391	13.8735	9.8039	0.07208	0.1020	3.4091	2.4091	$K_{518}=0.07208(7132.1-D)$ $K_{518}=(7132.1-D)/13.8735$ $K_{518}=3.4091\times150.799-0.07208D$	$K_{718}=0.1020(D-5040.0)$ $K_{718}=(D-5040.0)/9.8039$ $K_{718}=0.1020D-2.4091\times213.391$
618	718	6300.0 ~ 7132.1	188.496	213.391	4.4143	3.8993	0.022654	0.25646	8.5712	7.5712	$K_{618}=0.022654(7132.1-D)$ $K_{618}=(7132.1-D)/4.4143$ $K_{618}=8.5712\times188.496-0.22654D$	$K_{718}=0.25646(D-6300.0)$ $K_{718}=(D-6300.0)/3.8993$ $K_{718}=0.25646D-7.5712\times213.391$

续表 1-23

配砌尺寸砖号		外直径 D（范围 $D_x \sim D_d$）/mm	每环极限砖数 K'_o/块		一块楔形砖直径变化量/mm		简易式系数				每环砖量简易计算式	
小直径楔形砖	大直径楔形砖		K'_x	K'_d	$(\Delta D)'_{1x}$	$(\Delta D)'_{1d}$	$n = \dfrac{1}{(\Delta D)'_{1x}}$	$m = \dfrac{1}{(\Delta D)'_{1d}}$	$T = \dfrac{D_d}{D_d - D_x}$	$Q = \dfrac{D_x}{D_d - D_x}$	小直径楔形砖量 K_x	大直径楔形砖量 K_d
220	320	2000.0 ~ 3000.0	59.840	89.760	16.7112	11.1408	0.05984	0.08976	3.0	2.0	$K_{220} = 0.05984(3000.0 - D)$ $K_{220} = (3000.0 - D)/16.7112$ $K_{220} = 3.0 \times 59.840 - 0.05984D$	$K_{320} = 0.08976(D - 2000.0)$ $K_{320} = (D - 2000.0)/11.1408$ $K_{320} = 0.08976D - 2.0 \times 89.760$
220	420	2000.0 ~ 4000.0	59.840	119.680	33.4225	16.7112	0.02992	0.05984	2.0	1.0	$K_{220} = 0.02992(4000.0 - D)$ $K_{220} = (4000.0 - D)/33.4225$ $K_{220} = 2.0 \times 59.840 - 0.02992D$	$K_{420} = 0.05984(D - 2000.0)$ $K_{420} = (D - 2000.0)/16.7112$ $K_{420} = 0.05984D - 1.0 \times 119.680$
220	520	2000.0 ~ 5060.2	59.840	151.402	51.1404	20.2126	0.01955	0.04947	1.6536	0.6536	$K_{220} = 0.01955(5060.2 - D)$ $K_{220} = (5060.2 - D)/51.1404$ $K_{220} = 1.6536 \times 59.840 - 0.01955D$	$K_{520} = 0.04947(D - 2000.0)$ $K_{520} = (D - 2000.0)/20.2126$ $K_{520} = 0.04947D - 0.6536 \times 151.402$
320	420	3000.0 ~ 4000.0	89.760	119.680	11.1408	8.3556	0.08976	0.11968	4.0	3.0	$K_{320} = 0.08976(4000.0 - D)$ $K_{320} = (4000.0 - D)/11.1408$ $K_{320} = 4.0 \times 89.760 - 0.08976D$	$K_{420} = 0.11968(D - 3000.0)$ $K_{420} = (D - 3000.0)/8.3556$ $K_{420} = 0.11968D - 3.0 \times 119.680$
320	520	3000.0 ~ 5060.2	89.760	151.402	22.9528	13.6077	0.04357	0.07349	2.4562	1.4562	$K_{320} = 0.04357(5060.2 - D)$ $K_{320} = (5060.2 - D)/22.9528$ $K_{320} = 2.4562 \times 89.760 - 0.04357D$	$K_{520} = 0.07349(D - 3000.0)$ $K_{520} = (D - 3000.0)/13.6077$ $K_{520} = 0.07349D - 1.4562 \times 151.402$
320	620	3000.0 ~ 6176.5	89.760	184.80	35.3885	17.1887	0.02826	0.05818	1.9444	0.9444	$K_{320} = 0.02826(6176.5 - D)$ $K_{320} = (6176.5 - D)/35.3885$ $K_{320} = 1.9444 \times 89.760 - 0.02826D$	$K_{620} = 0.05818(D - 3000.0)$ $K_{620} = (D - 3000.0)/17.1887$ $K_{620} = 0.05818D - 0.9444 \times 184.80$
420	520	4000.0 ~ 5060.2	119.680	151.402	8.8590	7.0028	0.11288	0.14280	4.7729	3.7729	$K_{420} = 0.11288(5060.2 - D)$ $K_{420} = (5060.2 - D)/8.8590$ $K_{420} = 4.7729 \times 119.680 - 0.11288D$	$K_{520} = 0.14280(D - 4000.0)$ $K_{520} = (D - 4000.0)/7.0028$ $K_{520} = 0.14280D - 3.7729 \times 151.402$

续表 1-23

配砌尺寸砖号		外直径 D（范围 $D_x \sim D_d$）/mm	每环极限砖数 K'_o/块		一块楔形砖直径变化量/mm		简易式系数				每环砖量简易计算式/块	
小直径楔形砖	大直径楔形砖		K'_x	K'_d	$(\Delta D)'_{1x}$	$(\Delta D)'_{1d}$	$n = \dfrac{1}{(\Delta D)'_{1x}}$	$m = \dfrac{1}{(\Delta D)'_{1d}}$	$T = \dfrac{D_d}{D_d - D_x}$	$Q = \dfrac{D_x}{D_d - D_x}$	小直径楔形砖量 K_x	大直径楔形砖量 K_d
420	620	4000.0 ~ 6176.5	119.680	184.80	18.1858	11.7774	0.05499	0.08491	2.8378	1.8378	$K_{420} = 0.05499(6176.5 - D)$ $K_{420} = (6176.5 - D)/18.1858$ $K_{420} = 2.8378 \times 119.680 - 0.05499D$	$K_{620} = 0.08491(D - 4000.0)$ $K_{620} = (D - 4000.0)/11.7774$ $K_{620} = 0.08491D - 1.8378 \times 184.80$
420	720	4000.0 ~ 7000.0	119.680	209.440	25.0668	14.3239	0.03989	0.06981	2.3333	1.3333	$K_{420} = 0.03989(7000.0 - D)$ $K_{420} = (7000.0 - D)/25.0668$ $K_{420} = 2.3333 \times 119.680 - 0.03989D$	$K_{720} = 0.06981(D - 4000.0)$ $K_{720} = (D - 4000.0)/14.3239$ $K_{720} = 0.06981D - 1.3333 \times 209.440$
520	620	5060.2 ~ 6176.5	151.402	184.80	7.3726	6.0402	0.13564	0.16556	5.5330	4.5330	$K_{520} = 0.13564(6176.5 - D)$ $K_{520} = (6176.5 - D)/7.3726$ $K_{520} = 5.5330 \times 151.402 - 0.13564D$	$K_{620} = 0.16556(D - 5060.2)$ $K_{620} = (D - 5060.2)/6.0402$ $K_{620} = 0.16556D - 4.5330 \times 184.80$
520	720	5060.2 ~ 7000.0	151.402	209.440	12.8119	9.2616	0.07805	0.10797	3.6086	2.6086	$K_{520} = 0.07805(7000.0 - D)$ $K_{520} = (7000.0 - D)/12.8119$ $K_{520} = 3.6086 \times 151.402 - 0.07805D$	$K_{720} = 0.10797(D - 5060.2)$ $K_{720} = (D - 5060.2)/9.2616$ $K_{720} = 0.10797D - 2.6086 \times 209.440$
520	820	5060.2 ~ 8076.9	151.402	241.662	19.9249	12.4831	0.05019	0.08011	2.6774	1.6774	$K_{520} = 0.05019(8076.9 - D)$ $K_{520} = (8076.9 - D)/19.9249$ $K_{520} = 2.6774 \times 151.402 - 0.05019D$	$K_{820} = 0.08011(D - 5060.2)$ $K_{820} = (D - 5060.2)/12.4831$ $K_{820} = 0.08011D - 1.6774 \times 241.662$
620	720	6176.5 ~ 7000.0	184.80	209.440	4.4563	3.9321	0.22440	0.25432	8.50	7.50	$K_{620} = 0.22440(7000.0 - D)$ $K_{620} = (7000.0 - D)/4.4563$ $K_{620} = 8.50 \times 184.80 - 0.22440D$	$K_{720} = 0.25432(D - 6176.5)$ $K_{720} = (D - 6176.5)/3.9321$ $K_{720} = 0.25432D - 7.50 \times 209.440$
620	820	6176.5 ~ 8076.9	184.80	241.662	10.2838	7.8641	0.09724	0.12716	4.250	3.250	$K_{620} = 0.09724(8076.9 - D)$ $K_{620} = (8076.9 - D)/10.2838$ $K_{620} = 4.250 \times 184.80 - 0.09724D$	$K_{820} = 0.12716(D - 6176.5)$ $K_{820} = (D - 6176.5)/7.8641$ $K_{820} = 0.12716D - 3.250 \times 241.662$

| 配砌尺寸砖号 | | 外直径 D（范围 $D_x \sim D_d$）/mm | 每环极限砖数 K'_o/块 | | 一块楔形砖直径变化量/mm | | 简易式系数 | | | | 每环砖量简易式计算式/块 | |
小直径楔形砖	大直径楔形砖		K'_x	K'_d	$(\Delta D)'_{ix}$	$(\Delta D)'_{id}$	$n = \dfrac{1}{(\Delta D)'_{ix}}$	$m = \dfrac{1}{(\Delta D)'_{id}}$	$T = \dfrac{D_d}{D_d - D_x}$	$Q = \dfrac{D_x}{D_d - D_x}$	小直径楔形砖量 K_x	大直径楔形砖量 K_d
720	820	7000.0 ~ 8076.9	209.440	241.662	5.1419	4.4563	0.19448	0.22440	7.50	6.50	$K_{720} = 0.19448(8076.9 - D)$ $K_{720} = (8076.9 - D)/5.1419$ $K_{720} = 7.50 \times 209.440 - 0.19448D$	$K_{820} = 0.022440(D - 7000.0)$ $K_{820} = (D - 7000.0)/4.4563$ $K_{820} = 0.22440D - 6.50 \times 241.662$
322	422	3080.0 ~ 4017.4	92.154	120.20	10.1720	7.7986	0.09831	0.12823	4.2857	3.2857	$K_{322} = 0.09831(4017.4 - D)$ $K_{322} = (4017.4 - D)/10.1720$ $K_{322} = 4.2857 \times 92.154 - 0.09831D$	$K_{422} = 0.12823(D - 3080.0)$ $K_{422} = (D - 3080.0)/7.7986$ $K_{422} = 0.12823D - 3.2857 \times 120.20$
322	522	3080.0 ~ 5133.3	92.154	153.589	22.2816	13.3690	0.04488	0.07480	2.50	1.50	$K_{322} = 0.04488(5133.3 - D)$ $K_{322} = (5133.3 - D)/22.2816$ $K_{322} = 2.50 \times 92.154 - 0.04488D$	$K_{522} = 0.07480(D - 3080.0)$ $K_{522} = (D - 3080.0)/13.3690$ $K_{522} = 0.07480D - 1.50 \times 153.589$
322	622	3080.0 ~ 6160.0	92.154	184.307	33.4225	16.7112	0.02992	0.05984	2.0	1.0	$K_{322} = 0.02992(6160.0 - D)$ $K_{322} = (6160.0 - D)/33.4225$ $K_{322} = 2.0 \times 92.154 - 0.02992D$	$K_{622} = 0.05984(D - 3080.0)$ $K_{622} = (D - 3080.0)/16.7112$ $K_{622} = 0.05984D - 1.0 \times 184.307$
422	522	4017.4 ~ 5133.3	120.20	153.589	9.2840	7.2658	0.10771	0.13763	4.60	3.60	$K_{422} = 0.10771(5133.3 - D)$ $K_{422} = (5133.3 - D)/9.2840$ $K_{422} = 4.60 \times 120.20 - 0.10771D$	$K_{522} = 0.13763(D - 4017.4)$ $K_{522} = (D - 4017.4)/7.2658$ $K_{522} = 0.13763D - 3.60 \times 153.589$
422	622	4017.4 ~ 6160.0	120.20	184.307	17.8253	11.6252	0.05610	0.08602	2.8750	1.8750	$K_{422} = 0.05610(6160.0 - D)$ $K_{422} = (6160.0 - D)/17.8253$ $K_{422} = 2.8750 \times 120.20 - 0.05610D$	$K_{622} = 0.08602(D - 4017.4)$ $K_{622} = (D - 4017.4)/11.6252$ $K_{622} = 0.08602D - 1.8750 \times 184.307$
422	722	4017.4 ~ 7107.7	120.20	212.662	25.7096	14.5315	0.03890	0.06882	2.30	1.30	$K_{422} = 0.03890(7107.7 - D)$ $K_{422} = (7107.7 - D)/25.7096$ $K_{422} = 2.30 \times 120.20 - 0.03890D$	$K_{722} = 0.06882(7107.7 - D)$ $K_{722} = (D - 4017.4)/14.5315$ $K_{722} = 0.06882D - 1.30 \times 212.662$

续表 1-23

配砌尺寸砖号 小直径楔形砖	大直径楔形砖	外直径 D（范围 $D_x \sim D_d$）/mm	每环极限砖数 K'_o/块 K'_x	K'_d	一块楔形砖直径变化量/mm $(\Delta D)'_{1x}$	$(\Delta D)'_{1d}$	简易式系数 $n=\dfrac{1}{(\Delta D)'_{1x}}$	$m=\dfrac{1}{(\Delta D)'_{1d}}$	$T=\dfrac{D_d}{D_d-D_x}$	$Q=\dfrac{D_x}{D_d-D_x}$	每环砖量简易计算式/块 小直径楔形砖量 K_x	大直径楔形砖量 K_d
522	622	5133.3 ~ 6160.0	153.589	184.307	6.6845	5.5704	0.14960	0.17952	6.0	5.0	$K_{522}=0.14960(6160.0-D)$ $K_{522}=(6160.0-D)/6.6845$ $K_{522}=6.0\times153.589-0.14960D$	$K_{622}=0.17952(D-5133.3)$ $K_{622}=(D-5133.3)/5.5704$ $K_{622}=0.17952D-5.0\times184.307$
522	722	5133.3 ~ 7107.7	153.589	212.662	12.8848	9.2840	0.07779	0.10771	3.60	2.60	$K_{522}=0.07779(7107.7-D)$ $K_{522}=(7107.7-D)/12.8848$ $K_{522}=3.60\times153.589-0.07779D$	$K_{722}=0.10771(D-5133.3)$ $K_{722}=(D-5133.3)/9.2840$ $K_{722}=0.10771D-2.60\times212.662$
522	822	5133.3 ~ 8105.3	153.589	242.509	19.3498	12.2549	0.05168	0.08160	2.7272	1.7272	$K_{522}=0.05168(8105.3-D)$ $K_{522}=(8105.3-D)/19.3498$ $K_{522}=2.7272\times153.589-0.05168D$	$K_{822}=0.08160(D-5133.3)$ $K_{822}=(D-5133.3)/12.2549$ $K_{822}=0.08160D-1.7272\times242.509$
622	722	6160.0 ~ 7107.7	184.307	212.662	5.1419	4.4563	0.19448	0.22440	7.50	6.50	$K_{622}=0.19448(7107.7-D)$ $K_{622}=(7107.7-D)/5.1419$ $K_{622}=7.50\times184.307-0.19448D$	$K_{722}=0.22440(D-6160.0)$ $K_{722}=(D-6160.0)/4.4563$ $K_{722}=0.22440D-6.50\times212.662$
622	822	6160.0 ~ 8105.3	184.307	242.509	10.5545	8.0214	0.09475	0.12467	4.1666	3.1666	$K_{622}=0.09475(8105.3-D)$ $K_{622}=(8105.3-D)/10.5545$ $K_{622}=4.1666\times184.307-0.09475D$	$K_{822}=0.12467(D-6160.0)$ $K_{822}=(D-6160.0)/8.0214$ $K_{822}=0.12467D-3.1666\times242.509$
722	822	7107.7 ~ 8105.3	212.662	242.509	4.6909	4.1135	0.21318	0.24310	8.1248	7.1248	$K_{722}=0.21318(8105.3-D)$ $K_{722}=(8105.3-D)/4.6909$ $K_{722}=8.1248\times212.662-0.21318D$	$K_{822}=0.24310(D-7107.7)$ $K_{822}=(D-7107.7)/4.1135$ $K_{822}=0.24310D-7.1298\times242.509$
425	525	4038.5 ~ 5097.1	120.831	152.504	8.7612	6.9416	0.11414	0.14406	4.8149	3.8149	$K_{425}=0.11414(5097.1-D)$ $K_{425}=(5097.1-D)/8.7612$ $K_{425}=4.8149\times120.831-0.11414D$	$K_{525}=0.14406(D-4038.5)$ $K_{525}=(D-4038.5)/6.9416$ $K_{525}=0.14406D-3.8149\times152.504$

续表 1-23

配砌尺寸砖号		外直径 D（范围 $D_x \sim D_d$）/mm	每环极限砖数 K'_o/块		一块楔形砖直径变化量/mm		简易式系数				每环砖量简易计算式/块	
小直径楔形砖	大直径楔形砖		K'_x	K'_d	$(\Delta D)'_{1x}$	$(\Delta D)'_{1d}$	$n = \dfrac{1}{(\Delta D)'_{1x}}$	$m = \dfrac{1}{(\Delta D)'_{1d}}$	$T = \dfrac{D_d}{D_d - D_x}$	$Q = \dfrac{D_x}{D_d - D_x}$	小直径楔形砖砖量 K_x	大直径楔形砖量 K_d
425	625	4038.5 ~ 6176.5	120.831	184.80	17.6942	11.5693	0.05652	0.08644	2.8889	1.8889	$K_{425} = 0.05652(6176.5 - D)$ $K_{425} = (6176.5 - D)/17.6942$ $K_{425} = 2.8889 \times 120.831 - 0.05652D$	$K_{625} = 0.08644(D - 4038.5)$ $K_{625} = (D - 4038.5)/11.5693$ $K_{625} = 0.08644D - 1.8889 \times 184.80$
425	725	4038.5 ~ 7000.0	120.831	209.440	24.5098	14.1403	0.04080	0.07072	2.3637	1.3637	$K_{425} = 0.04080(7000.0 - D)$ $K_{425} = (7000.0 - D)/24.5098$ $K_{425} = 2.3637 \times 120.831 - 0.04080D$	$K_{725} = 0.07072(D - 4038.5)$ $K_{725} = (D - 4038.5)/14.1403$ $K_{725} = 0.07072D - 1.3637 \times 209.440$
525	625	5097.1 ~ 6176.5	152.504	184.80	7.0777	5.8408	0.14129	0.17121	5.7222	4.7222	$K_{525} = 0.14129(6176.5 - D)$ $K_{525} = (6176.5 - D)/7.0777$ $K_{525} = 5.7222 \times 152.504 - 0.14129D$	$K_{625} = 0.17121(D - 5097.1)/5.8408$ $K_{625} = (D - 5097.1)/5.8408$ $K_{625} = 0.17121D - 4.7222 \times 184.80$
525	725	5097.1 ~ 7000.0	152.504	209.440	12.4777	9.0857	0.08014	0.11006	3.6786	2.6786	$K_{525} = 0.08014(7000.0 - D)$ $K_{525} = (7000.0 - D)/12.4777$ $K_{525} = 3.6786 \times 152.504 - 0.08014D$	$K_{725} = 0.11006(D - 5097.1)/9.0857$ $K_{725} = (D - 5097.1)/9.0857$ $K_{725} = 0.11006D - 2.6986 \times 209.440$
525	825	5097.1 ~ 8076.9	152.504	241.661	19.5393	12.3306	0.05118	0.08110	2.7106	1.7106	$K_{525} = 0.05118(8076.9 - D)$ $K_{525} = (8076.9 - D)/19.5393$ $K_{525} = 2.7106 \times 152.504 - 0.05118D$	$K_{825} = 0.08110(D - 5097.1)/12.3306$ $K_{825} = (D - 5097.1)/12.3306$ $K_{825} = 0.08110D - 1.7106 \times 241.661$
625	725	6176.5 ~ 7000.0	184.80	209.440	4.4563	3.9321	0.22440	0.25432	8.50	7.50	$K_{625} = 0.22440(7000.0 - D)$ $K_{625} = (7000.0 - D)/4.4563$ $K_{625} = 8.50 \times 184.80 - 0.22440D$	$K_{725} = 0.25432(D - 6176.5)$ $K_{725} = (D - 6176.5)/3.9321$ $K_{725} = 0.25432D - 7.50 \times 209.440$
625	825	6176.5 ~ 8076.9	184.80	241.661	10.2838	7.8641	0.09724	0.12716	4.250	3.250	$K_{625} = 0.09724(8076.9 - D)$ $K_{625} = (8076.9 - D)/10.2838$ $K_{625} = 4.250 \times 184.80 - 0.09724D$	$K_{825} = 0.12716(D - 6176.5)$ $K_{825} = (D - 6176.5)/7.8641$ $K_{825} = 0.12716D - 3.250 \times 241.661$
725	825	7000.0 ~ 8076.9	209.440	241.661	5.1419	4.4563	0.19448	0.22440	7.50	6.50	$K_{725} = 0.19448(8076.9 - D)$ $K_{725} = (8076.9 - D)/5.1419$ $K_{725} = 7.50 \times 209.440 - 0.19448D$	$K_{825} = 0.22440(D - 7000.0)$ $K_{825} = (D - 7000.0)/4.4563$ $K_{825} = 0.22440D - 6.50 \times 241.661$

注：本表各砖环总砖数 K_h 的简易计算式为 $K_h = 0.02992D$。

其次，基于一块楔形砖砖直径变化量 $(\Delta D)'_{1x}$ 和 $(\Delta D)'_{1d}$ 的简化计算式 1-15 和式 1-16 是由式 1-13 和式 1-14 转换而来，也很容易理解。一块小直径楔形砖的直径变化量为 $(\Delta D)'_{1x}$，砖环直径变化 $D_d - D$ 时，小直径楔形砖计算数量 K_x 自然为 $(D_d - D)/[(\Delta D)'_{1x}]$。同理，一块大直径楔形砖的直径变化量为 $(\Delta D)'_{1d}$，砖环直径变化 $D - D_x$ 时，大直径楔形砖计算数量 K_d 自然为 $(D - D_x)/[(\Delta D)'_{1d}]$。$Q/T$ 同为 1.0/2.0 的 216 与 416 砖环、218 与 418 砖环、220 与 420 砖环、322 与 622 砖环，尽管它们的外直径 $(D_x$、$D_d)$、每环极限砖数 $(K'_x$、$K'_d)$ 彼此不同 $(D_x/D_d$ 和 K'_x/K'_d 相同)，但它们的一块楔形砖直径变化量 $(\Delta D)'_{1x}$ 和 $(\Delta D)'_{1d}$ 分别相同，都分别为 33.4225 和 16.7112。Q/T 同为 3.250/4.250 的 416 与 516 砖环、620 与 820 砖环、625 与 825 砖环的一块楔形砖直径变化量相同：$(\Delta D)'_{1x} = 10.2838$ 和 $(\Delta D)'_{1d} = 7.8641$。$Q/T$ 同为 6.50/7.50 的 720 与 820 砖环、622 与 722 砖环、725 与 825 砖环的一块楔形砖直径变化量相同：$(\Delta D)'_{1x} = 5.1419$ 和 $(\Delta D)'_{1d} = 4.4563$。$Q/T$ 同为 1.50/2.50 的 318 与 518 砖环，322 与 522 砖环的一块楔形直径变化量相同：$(\Delta D)'_{1x} = 22.2816$ 和 $(\Delta D)'_{1d} = 13.3690$。这些都表明不同大小端距离 A 的各组楔形砖，只要相配砌双楔形砖砖环简化计算式中 Q/T 相同，其一块楔形砖直径变化量 $(\Delta D)'_{1x}$ 和 $(\Delta D)'_{1d}$ 也分别相同。由一块楔形砖直径变化量计算式 $(\Delta D)'_{1x} = (D_d - D_x)/K'_x$ 和 $(\Delta D)'_{1d} = (D_d - D_x)/K'_d$ 并代入 D_d、D_x、K'_x 和 K'_d 定义式得 $(\Delta D)'_{1x} = C(D_1 - D_2)[\pi(C - D_1)]$ 和 $(\Delta D)'_{1d} = C(D_1 - D_2)[\pi(C - D_2)]$。可见在等大端 C 双楔形砖砖环内，一块楔形砖直径变化量 $(\Delta D)'_{1x}$ 和 $(\Delta D)'_{1d}$ 与楔形砖大小端距离 A（或各组楔形砖）无关。$T = D_d/(D_d - D_x)$ 和 $Q = D_x/(D_d - D_x)$，将 D_x 和 D_d 定义式代入则 $T = (C - D_2)/(D_1 - D_2)$ 和 $Q = (C - D_1)/(D_1 - D_2)$，那么 $(\Delta D)'_{1x} = C/(\pi Q) = 105/(3.1416Q) = 33.4225/Q$ 和 $(\Delta D)'_{1d} = C/(\pi T) = 105/(3.1416T) = 33.4225/T$。其实由 $n = 0.02992Q$ 和 $m = 0.02992T$ 也可得同样结果，$(\Delta D)'_{1x} = 1/n = 1/(0.02992Q) = 33.4225Q$ 和 $(\Delta D)'_{1d} = 1/m = 1/(0.02992T) = 33.4225T$。不同 A 各组砖环，只要 Q/T 对应相等，它们的基于一块楔形砖直径变化量简化计算式相同。由于 $n = 1/(\Delta D)'_{1x}$ 和 $m = 1/(\Delta D)'_{1d}$，从而对应砖环的基于楔形砖外直径 D_x、D_d 的简化计算通式，以及基于楔形砖每环极限砖数 K'_x、K'_d 的简化计算通式也相同。

例如 Q/T 同为 1.0/2.0 的 216 与 416 砖环、218 与 418 砖环、220 与 420 砖环、322 与 622 砖环，它们简化通式为：

$$K_{216} = K_{218} = K_{220} = K_{322} = 0.02992(D_d - D)$$

$$K_{416} = K_{418} = K_{420} = K_{622} = 0.05984(D - D_x)$$

$$K_{216} = K_{218} = K_{220} = K_{322} = (D_d - D)/33.4225$$

$$K_{416} = K_{418} = K_{420} = K_{622} = (D - D_x)/16.7112$$

$$K_{216} = K_{218} = K_{220} = K_{322} = 2K'_x - 0.029920$$

$$K_{416} = K_{418} = K_{420} = K_{622} = 0.05984(D - K'_d)$$

例如 Q/T 同为 3.250/4.250 的 416 与 516 砖环、620 与 820 砖环、625 与 825 砖环，它们简化通式为：

$$K_{416} = K_{620} = K_{625} = 0.09724(D_d - D)$$

$$K_{516} = K_{820} = K_{825} = 0.12716(D - D_x)$$

$$K_{416} = K_{620} = K_{625} = (D_d - D)/10.2838$$

$$K_{516} = K_{820} = K_{825} = (D - D_x)/7.8641$$

$$K_{416} = K_{620} = K_{625} = 4.250K'_x - 0.09724D$$

$$K_{516} = K_{820} = K_{825} = 0.12716D - 3.250K'_d$$

例如 Q/T 同为 6.50/7.50 的 720 与 820 砖环、622 与 822 砖环、725 与 825 砖环，它们简化通式为：

$$K_{720} = K_{622} = K_{725} = 0.19448(D_d - D)$$

$$K_{820} = K_{722} = K_{825} = 0.22440(D - D_x)$$

$$K_{720} = K_{622} = K_{725} = (D_d - D)/5.1419$$

$$K_{820} = K_{722} = K_{825} = (D - D_x)/4.4563$$

$$K_{720} = K_{622} = K_{725} = 7.50K'_x - 0.19448D$$

$$K_{820} = K_{722} = K_{825} = 0.22440D - 6.50K'_d$$

例如 Q/T 同为 1.50/2.50 的 318 与 518 砖环、322 与 522 砖环，它们简化通式为：

$$K_{318} = K_{322} = 0.04488(D_d - D)$$

$$K_{518} = K_{522} = 0.22440(D - D_x)$$

$$K_{318} = K_{322} = (D_d - D)/22.2816$$

$$K_{518} = K_{522} = (D - D_x)/13.3690$$

$$K_{318} = K_{322} = 2.50K'_x - 0.04488D$$

$$K_{518} = K_{522} = 0.07480D - 1.50K'_d$$

在不同 A 各组楔形砖配砌的等大端 $C = 103$mm 的 57 个双楔形砖砖环中，Q/T 分组相同的砖环仅有 12 个。不过仅这 12 个不同 A 组 Q/T 相同的砖环，启示我们尽量争取做到分组 Q/T 相同时，所有简化计算通式就走向规范了。

第三，在表 1-23 所有基于楔形砖每环极限转数的等大端双楔形砖砖环简易计算式中。$T - Q = 1$，Q 为整数时如此，Q 与 T 为小数时也这样。例如 216 与 416 砖环，$K_{216} = 2.0 \times 59.136 - 0.02992D$ 和 $K_{416} = 0.05984D - 1.0 \times 118.272$ 中，$T = 2.0$ 和 $Q = 1.0$，$T - Q = 2.0 - 1.0 = 1$；320 与 420 砖环，$K_{320} = 4.0 \times 89.760 - 0.08976D$ 和 $K_{420} = 0.11968D - 3.0 \times 119.680$ 中 $T = 4.0$ 和 $Q = 3.0$，$T - Q = 4.0 - 3.0 = 1$；625 与 825 砖环，$K_{625} = 4.250 \times 184.80 - 0.09724D$ 和 $K_{825} = 0.12716D - 3.250 \times 241.661$ 中，$T = 4.250$ 和 $Q = 3.250$，$T - Q = 4.250 - 3.250 = 1$。这一点告诉我们：在基于楔形砖每环极限砖数的两简易计算式中，小直径楔形砖每环极限转数 K'_x 的系数 T 大于直径楔形砖每环极限砖数 K'_d 的系数 Q，它们的差值 $T - Q = 1$。

由基于楔形砖每环极限砖数 K'_x 和 K'_d 简化计算式 1-17 和式 1-18 列出的任一双楔形砖砖环的两简易计算式中，它们的定值项绝对值彼此相等：$TK'_x = QK'_d$。例如 220 与 420 砖环

简易计算式 $K_{220} = 2.0 \times 59.840 - 0.02992D$ 和 $K_{420} = 0.05984D - 1.0 \times 119.680$ 中，定值项绝对值 $2.0 \times 59.840 = 1.0 \times 119.680$；218 与 318 砖环简易计算式 $K_{218} = 2.9231 \times 59.525 - 0.05754D$ 和 $K_{318} = 0.08746D - 1.9321 \times 90.478$ 中，定值项绝对值 $2.9231 \times 59.525 = 1.9231 \times 90.478$。表 1-23 所有等大端双楔形砖砖环基于每环极限砖数的两简易计算中，定值项绝对值相等。这在前面讨论等大端双楔形砖砖环两计算式 1-17a 和式 1-18a 中定值项绝对值都等于 $\pi A/(D_1 - D_2)$ 时，早已领会到这一点。另外，对于等大端双楔形砖砖环而言，由式 1-20 $K_h = (m - n)D + TK'_x - QK'_d$ 可知，只有当 $TK'_x - QK'_d = 0$ 即 $TK'_x = QK'_d$ 时 $K_h = (m - n)D$ 才成立。

在表 1-23 中发现极少数个别 Q/T 为 1.0/2.0、2.0/3.0 或 3.0/4.0 简单整数比的基于楔形砖每环极限砖数双楔形砖砖环简易计算式，此时 $Q/T = n/m = K'_x/K'_d = D_x/D_d = (C - D_1)/(C - D_2)$，并也保持相同比例关系，简易计算式的定值项绝对值和 D 的系数也同样规范易记。例如 220 与 420 砖环的基于每环极限砖数和简易计算式 $K_{220} = 2.0 \times 59.840 - 0.02992D$ 和 $K_{420} = 0.05984D - 1.0 \times 119.680$，由于 420 与 220 的楔差比为 $(103 - 92.5)/(103 - 82.0) = 10.5/21.0 = 1.0/2.0$，使得 $Q/T = 1.0/2.0$，再由于 $T - Q = 1$，则求得 $Q = 1.0$ 和 $T = 2.0$，定值项 $TK'_x = 2.0 \times 59.840$ 和 $QK'_d = 1.0 \times 119.680$ 简单规范且绝对值彼此相等；由 $n/m = Q/T = 1.0/2.0$ 和 $m - n = 0.02992$ 求得 $n = 0.02992$ 和 $m = 2.0 \times 0.02992 = 0.05984$，这与简易计算式中不同方法求得 n 和 m 一致。在 220 与 320 砖环，由于 320 与 220 的楔差比为 $(103 - 89.0)(103 - 82.0) = 14.0/21.0 = 2.0/3.0$，使得 $Q/T = 2.0/3.0$，再由于 $T - Q = 1$，则求得 $Q = 2.0$ 和 $T = 3.0$，两简易计算式 $K_{220} = 3.0 \times 59.840 - 0.05984D$ 和 $K_{320} = 0.08976D - 2.0 \times 89.760$ 中定值项 $TK'_x = 3.0 \times 59.840$ 和 $QK'_d = 2.0 \times 89.760$ 简单规范且绝对值彼此相等；$n/m = Q/T = 2.0/3.0$ 和 $m - n = 0.02992$，则 $n = 2.0 \times 0.02992 = 0.05984$ 和 $m = 3.0 \times 0.02992 = 0.08976$，与简易计算式中 n 和 m 一致。从 220 与 420 砖环，220 与 320 砖环已经看出 $n = 0.02992Q$ 和 $m = 0.02992T$。其实由 $Q/T = K'_x/K'_d = n/m = D_x/D_d$ 得 $TK'_x = QK'_d = nD_d/mD_x$，再由 $nD_d = QK'_d$ 和 $mD_x = TK'_x$，再将 $K'_d = 2\pi A/(C - D_1)$、$K'_x = 2\pi A/(C - D_2)$、$D_d = 2CA/(C - D_1)$ 和 $D_x = 2CA(C - D_2)$ 代入之得 $n = \pi Q/C = 0.02992Q$ 和 $m = \pi T/C = 0.02992T$。对于 320 与 420 砖环而言，由于 420 和 320 的楔形差比为 $(103 - 92.5)/(103 - 89.0) = 10.5/14.0 = 3.0/4.0$，则 $Q = 3.0$ 和 $T = 4.0$；$n = 3.0 \times 0.02992 = 0.08976$ 和 $m = 4.0 \times 0.02992 = 0.11968$，与简易计算式 $K_{320} = 4.0 \times 89.760 - 0.08976D$ 和 $K_{420} = 0.11968D - 3.0 \times 119.680$ 中 n、m 一致，定值项 4.0×89.760 与 3.0×119.860 简单规范且绝对值相等。

这样等大端 $C = 103\text{mm}$ 回转窑用砖配砌的双楔形砖砖环简化计算通式写作：

$$K_x = 0.02992Q(D_d - D)$$

$$K_d = 0.02992T(D - D_x)$$

$$K_x = Q(D_d - D)/33.4225$$

$$K_d = T(D - D_x)/33.4225$$

$$K_x = TK'_x - 0.02992QD$$

$$K_d = 0.02992TD - QK'_x$$

$$K_{\mathrm{h}} = 0.02992D$$

这些简化计算通式中 Q/T 可由表 1-23 查得。不难看到，当相配砌楔形砖的楔差比 $(C - D_1)/(C - D_2)$ 为 1.0/2.0、2.0/3.0 或 3.0/4.0 等简单整数比时，Q/T 很容易看出，即 Q 和 T 分别为 1.0、2.0 或 3.0 和 2.0、3.0 或 4.0。此时相配砌两砖号楔形砖楔差比为简单整数比的等大端双楔形砖砖环，其简易计算式简单、规范、易记。可惜，在表 1-23 中，只是偶尔遇到为数很少几个这样的砖环。表 1-23 中大量存在的 Q 和 T 不是简单整数的砖环，它们的简易计算式不规范，这是不希望的。造成这种局面，可能有以下原因：一是砖尺寸的设计在基于砖环总砖数 K_{h} 和砖尺寸的等端（间）双楔形砖砖环英国计算式 1-7b、式 1-8b 和式 1-8c 指导下进行的，只注意等大端尺寸 $C = 103\mathrm{mm}$ 和等中间尺寸 $p = 71.5\mathrm{mm}$，没有特别注意大小端尺寸 C 和 D 的关系。二是砖尺寸的设计是在先定筒壳内直径的先决条件下计算出砖的小端尺寸 D 的，小端尺寸 D 很不规范。三是当时还可能不太明确楔形砖间的尺寸关系和楔形砖楔差与尺寸特征的关系。

1.5.3.2 等中间尺寸 $p = 71.5\mathrm{mm}$ 双楔形砖砖环计算和砖尺寸设计

如前已述，基于楔形砖尺寸特征的双楔形砖砖环中国计算式 1-11 ~ 式 1-20，适用于等中间尺寸的双楔形砖砖环，当然也适用于等中间尺寸 $p = 71.5\mathrm{mm}$ 回转窑筒体用砖双楔形砖砖环的设计计算。

等中间尺寸楔形砖砖环在制砖、砌筑和管理中都有明显的优越性。回转窑筒体用碱性砖的出现，考虑到碱性砖热膨胀率较大都希望其大小端尺寸 C/D 减薄些，但不希望小端尺寸 D 减薄后太小而容易断裂。在这种情况下，便出现了等中间尺寸 $p = 71.5\mathrm{mm}$ 回转窑用碱性砖。大小端距离 A 相同的同组等中间尺寸 $p = 71.5\mathrm{mm}$ 回转窑用砖，几个砖号楔形砖的体积都相等，英国标准[12]将其称为等体积系列碱性砖。同组等中间尺寸 $p = 71.5\mathrm{mm}$（等体积系列）几个砖号楔形砖的体积相同。例如表 1-10 中 $A = 200\mathrm{mm}$ 一组 5 个砖号楔形砖的体积都等于 $2831.4\mathrm{cm}^3$。其余 A 为 $180\mathrm{mm}$、$220\mathrm{mm}$ 和 $250\mathrm{mm}$ 的每组几个砖号楔形砖的体积分别相等。单砖体积和单重相等的几个砖号楔形砖，在生产过程的计量自动化和管理中砖总量计算上都非常方便。同组等中间尺寸楔形砖的大小端尺寸 C_1/D_1 和 C_2/D_2 彼此不等，表面上看类似不等端尺寸楔形砖。由等中间尺寸楔形砖配砌的双楔形砖砖环，本来由两种不同尺寸楔形砖的 4 个不同大小端尺寸计算砖环总砖数是相当繁杂的（见式1-8），但根据 $K_{\mathrm{h}} = \pi D_{\mathrm{p}}/p$ 计算，又非常简便，这也是等中间双楔形砖砖环的主要优点。

为了解并充分发挥等中间尺寸回转窑用砖在砖量计算和砖尺寸设计方面的优越性，需要弄清楚以下关系：等中间尺寸 $P = (C_1 + D_1)/2$（对于大直径楔形砖的大端尺寸 C_1 和小端尺寸 D_1 而言），$P = (C_2 + D_2)/2$（对于小直径楔形砖的大端尺寸 C_2 和小端尺寸 D_2 而言），即 $C_1 + D_1 = C_2 + D_2$，砖环中间直径 $D_{\mathrm{p}} = D - A$（注意此处 D 为砖环外直径），小直径楔形砖的中间直径 $D_{\mathrm{px}} = D_{\mathrm{x}} - A$，大直径楔形砖的中间直径为 $D_{\mathrm{pd}} = D_{\mathrm{d}} - A$，所以 $C_1 = 2P - D_1$，$C_2 = 2P - D_2$，$D = D_{\mathrm{p}} + A$，$D_{\mathrm{x}} = D_{\mathrm{px}} + A$ 和 $D_{\mathrm{d}} = D_{\mathrm{pd}} + A$，将它们代入式 1-13 ~ 式 1-20，得：

$$K_{\mathrm{x}} = n(D_{\mathrm{pd}} - D_{\mathrm{p}}) \tag{1-21}$$

$$K_{\mathrm{d}} = m(D_{\mathrm{p}} - D_{\mathrm{px}}) \tag{1-22}$$

$$K_x = \frac{D_{pd} - D_{px}}{(\Delta D_p)'_{1x}} \tag{1-23}$$

$$K_d = \frac{D_p - D_{px}}{(\Delta D_p)'_{1d}} \tag{1-24}$$

$$K_x = TK'_x - nD_p \tag{1-25}$$

$$K_d = mD_p - QK'_d \tag{1-26}$$

$$K_h = (m - n)D_p \tag{1-27}$$

$$K_h = (m - n)D_p + nD_{pd} - mD_{px} \tag{1-27a}$$

$$K_h = (m - n)D_p + TK'_x - QK'_d \tag{1-27b}$$

式 1-21 ~ 式 1-27 这些等中间回转窑双楔形砖砖环简化计算式之所以能成立，以及与相对应的等大端双楔形砖砖环简化计算式的同一模式（D_p、D_{px} 和 D_{pd} 分别代替 D、D_x 和 D_d），一是由于采取中间直径，二是等中间双楔形砖砖环与等大端双楔形砖砖环的一块楔形砖直径变化量相等，即 $(\Delta D_p)'_{1x} = (\Delta D)'_{1x}$ 和 $(\Delta D_p)'_{1d} = (\Delta D)'_{1d}$。与等大端双楔形砖砖环简易计算式一样，等中间双楔形砖砖环简易计算式可由 $(\Delta D_p)'_{1x} = P(D_1 - D_2)/[\pi(P - D_1)]$ 和 $(\Delta D_p)'_{1d} = P(D_1 - D_2)/[\pi(P - D_2)]$、$n = 1/(\Delta D_p)'_{1x}$ 和 $m = 1/(\Delta D_p)'_{1d}$、$T = D_{pd}/(D_{pd} - D_{px})$ 和 $Q = D_{px}/(D_{pd} - D_{px})$ 分别计算后，再按式 1-21 ~ 式 1-26 列出等中间 $P = 71.5$mm 双楔形砖砖环简易计算式，见表 1-24。

表 1-24 证实，与等大端 $C = 103$mm 双楔形砖砖环简易计算式一样，在等中间 $P = 71.5$mm 双楔形砖砖环采取中间直径 D_{px}、D_{pd} 和 D_p 时 $T - Q = 1$，$TK'_x = QK'_d$，$Q/T = n/m = (\Delta D)'_{1d}/(\Delta D_p)'_{1x} = K'_x/K'_d = D_{px}/D_{pd} = (C_1 - D_1)(C_2 - D_2)$，$n = \pi Q/73.5 = 0.04274Q$，$m = \pi T/73.5 = 0.04274T$，$m - n = 0.04274$。例如 B318 与 B618 砖环、B320 与 B620 砖环、B322 与 B622 砖环，以及 B425 与 B725 砖环，在这 4 个砖环：$T - Q = 2.0 - 1.0 = 1$；$TK'_x = QK'_d$，$2.0 \times 113.098 = 1.0 \times 226.195$，$2.0 \times 125.664 = 1.0 \times 251.328$，$2.0 \times 138.230 = 1.0 \times 276.461$，$2.0 \times 157.080 = 1.0 \times 314.160$；$Q/T = (C_1 - D_1)(C_2 - D_2)$，$1.0/2.0 = (74.0 - 69.0)/(76.5 - 66.5) = 5.0/10.0$；$n = \pi Q/73.5 = 0.04274$，$m = \pi T/73.5 = 0.04274 \times 2.0 = 0.08549$；$m - n = 0.08549 - 0.04274 = 0.04274$。

从标准发布时间看，等中间尺寸 $P = 71.5$mm 回转窑用砖[12,15] 比等大端尺寸 $C = 103$mm 回转窑用砖[10,11] 晚 11 年。经过 11 年，等中间尺寸 71.5mm 回转窑用砖尺寸的设计，比等大端尺寸 103mm 回转窑用砖尺寸的设计进步了：一是每组砖号数量由过去的最多 7 个减少到 5 个；二是以往在等大端尺寸不同 A 的各组偶尔遇到个别 Q/T 相同砖环（即砖环尺寸 C/D 相同的楔形砖），在等中间尺寸各组都采取 Q/T 相同的砖环（即砖尺寸 C/D 相同的楔形砖）。在国家标准[15] 的等中间尺寸 $P = 71.5$mm 回转窑用砖尺寸表 1-10 中，大小端距离 A 为 180mm、200mm、220mm 和 250mm 4 组都设计了 C/D 同为 78.0mm/65.0mm、76.5mm/66.5mm、75.0mm/68.0mm、74.5mm/68.5mm 和 74.0mm/69.0mm 或楔差 ΔC 同为 13mm、10mm、7mm、6mm 和 5mm 的 5 个砖号楔形砖。由每组 5 个砖号，按相邻砖号、间隔 1 个砖号和 2 个砖号，配砌成 9 个双楔形砖砖环。各组间相对应砖环的一块楔形砖直径变化量 $(\Delta D_p)'_{1x}$ 和 $(\Delta D)'_{1d}$ 分别相等。例如 B218 与 B318 砖环、B220 与 B320

表 1-24 回转窑筒体砖衬等中间尺寸 $P=71.5\text{mm}$ 双楔形砖砖环简易计算式

配砌尺寸砖号		中间直径范围 $D_{px} \sim D_{pd}$ /mm	每环极限砖数 K_o'/块		一块楔形砖直径变化量/mm		简易式系数				每环砖量简易计算式	
小直径楔形砖	大直径楔形砖		K_x'	K_d'	$(\Delta D_p)'_{1x}$	$(\Delta D_p)'_{1d}$	$n = \dfrac{1}{(\Delta D_p)'_{1x}}$	$m = \dfrac{1}{(\Delta D_p)'_{1d}}$	$T = \dfrac{D_d}{D_{pd} - D_{px}}$	$Q = \dfrac{D_x}{D_{pd} - D_{px}}$	小直径楔形砖量 K_x	大直径楔形砖量 K_d
B216	B416	1809.2 ~ 3360.0	77.332	143.616	20.0535	10.7980	0.04987	0.09261	2.1667	1.1667	$K_{B216} = 0.04987(3360.0 - D_p)$ $K_{B216} = (3360.0 - D_p)/20.0535$ $K_{B216} = 2.1667 \times 72.332 - 0.04987D_p$	$K_{B416} = 0.09261(D_p - 1809.2)$ $K_{B416} = (D_p - 1809.2)/10.7980$ $K_{B416} = 0.09261D_p - 1.1667 \times 143.616$
B218	B318	2035.4 ~ 2646.0	86.998	113.098	7.0187	5.3990	0.14248	0.18522	4.3333	3.3333	$K_{B218} = 0.14248(2646.0 - D_p)$ $K_{B218} = (2646.0 - D_p)/7.0187$ $K_{B218} = 4.3333 \times 86.098 - 0.14248D_p$	$K_{B318} = 0.18522(D_p - 2035.4)$ $K_{B318} = (D_p - 2035.4)/5.3990$ $K_{B318} = 0.18522D_p - 3.3333 \times 113.098$
B218	B418	2035.4 ~ 3780.0	86.998	161.568	20.0535	10.7980	0.04987	0.09261	2.1667	1.1667	$K_{B218} = 0.04987(3780.0 - D_p)$ $K_{B218} = (3780.0 - D_p)/20.0535$ $K_{B218} = 2.1667 \times 86.998 - 0.04987D_p$	$K_{B418} = 0.09261(D_p - 2035.4)$ $K_{B418} = (D_p - 2035.4)/10.7980$ $K_{B418} = 0.09261D_p - 1.1667 \times 161.568$
B318	B518	2035.4 ~ 4410.0	86.998	188.496	27.2950	12.5977	0.03664	0.07938	1.8572	0.8572	$K_{B318} = 0.03664(4410.0 - D)$ $K_{B318} = (4410.0 - D)/27.2950$ $K_{B318} = 1.8572 \times 86.998 - 0.03664D$	$K_{B518} = 0.07938(D_p - 2035.4)$ $K_{B518} = (D_p - 2035.4)/12.5977$ $K_{B518} = 0.07938D_p - 0.8572 \times 188.998$
B318	B418	2646.0 ~ 3780.0	113.098	161.568	10.0267	7.0187	0.09973	0.14248	3.3333	2.3333	$K_{B318} = 0.09973(3780.0 - D_p)$ $K_{B318} = (3780.0 - D_p)/10.0267$ $K_{B318} = 3.3333 \times 113.098 - 0.09973D_p$	$K_{B418} = 0.14248(D_p - 2646.0)$ $K_{B418} = (D_p - 2646.0)/7.0187$ $K_{B418} = 0.14248D_p - 2.3333 \times 161.568$
B318	B518	2646.0 ~ 4410.0	113.098	188.496	15.5971	9.3583	0.06411	0.10686	2.50	1.50	$K_{B318} = 0.06411(4410.0 - D_p)$ $K_{B318} = (4410.0 - D_p)/15.5971$ $K_{B318} = 2.50 \times 113.098 - 0.06411D_p$	$K_{B518} = 0.10686(D_p - 2646.0)$ $K_{B518} = (D_p - 2646.0)/9.3583$ $K_{B518} = 0.10686D_p - 1.50 \times 188.496$
B318	B618	2646.0 ~ 5292.0	113.098	226.195	23.3957	11.6979	0.04274	0.08549	2.0	1.0	$K_{B318} = 0.04274(5292.0 - D_p)$ $K_{B318} = (5292.0 - D_p)/23.3957$ $K_{B318} = 2.0 \times 113.098 - 0.04274D_p$	$K_{B618} = 0.08549(D_p - 2646.0)$ $K_{B618} = (D_p - 2646.0)/11.6979$ $K_{B618} = 0.08549D_p - 1.0 \times 226.195$

续表1-24

| 配砌尺寸砖号 | | 中间直径范围 $D_{px} \sim D_{pd}$ /mm | 每环极限砖数 K'_o/块 | | 一块楔形砖直径变化量/mm | | 简易式系数 | | | | 每环砖量简易计算式块 | |
小直径楔形砖	大直径楔形砖		K_x	K_d	$(\Delta D_p)'_{lx}$	$(\Delta D_p)'_{ld}$	$n = \dfrac{1}{(\Delta D_p)'_{lx}}$	$m = \dfrac{1}{(\Delta D_p)'_{ld}}$	$T = \dfrac{D_d}{D_{pd} - D_{px}}$	$Q = \dfrac{D_x}{D_{pd} - D_{px}}$	小直径楔形砖量 K_x	大直径楔形砖量 K_d
B418	B518	3780.0 ~ 4410.0	161.568	188.496	3.8993	3.3422	0.25646	0.29920	7.0	6.0	$K_{B418} = 0.25646(4410.0 - D_p)$ $K_{B418} = (4410.0 - D_p)/3.8993$ $K_{B418} = 7.0 \times 161.568 - 0.25646D_p$	$K_{B518} = 0.29920(D_p - 3780.0)$ $K_{B518} = (D_p - 3780.0)/3.3422$ $K_{B518} = 0.29920D_p - 6.0 \times 188.496$
B418	B618	3780.0 ~ 5292.0	161.568	226.195	9.3583	6.6845	0.10686	0.14960	3.50	2.50	$K_{B418} = 0.10686(5292.0 - D_p)$ $K_{B418} = (5292.0 - D_p)/9.3583$ $K_{B418} = 3.50 \times 161.568 - 0.10686D_p$	$K_{B618} = 0.14960(D_p - 3780.0)$ $K_{B618} = (D_p - 3780.0)/6.6845$ $K_{B618} = 0.14960D_p - 2.50 \times 226.195$
B518	B618	4410.0 ~ 5292.0	188.496	226.195	4.6791	3.8993	0.21372	0.25646	6.0	5.0	$K_{B518} = 0.21372(5292.0 - D_p)$ $K_{B518} = (5292.0 - D_p)/4.6791$ $K_{B518} = 6.0 \times 188.496 - 0.21372D_p$	$K_{B618} = 0.25646(D_p - 4410.0)$ $K_{B618} = (D_p - 4410.0)/3.8993$ $K_{B618} = 0.25646D_p - 5.0 \times 226.195$
B220	B320	2261.5 ~ 2940.0	96.665	125.664	7.0187	5.3990	0.14248	0.18522	4.3333	3.3333	$K_{B220} = 0.14248(2940.0 - D_p)$ $K_{B220} = (2940.0 - D_p)/7.0187$ $K_{B220} = 4.3333 \times 96.665 - 0.14248D_p$	$K_{B320} = 0.18522(D_p - 2261.5)$ $K_{B320} = (D_p - 2261.5)/5.3990$ $K_{B320} = 0.18522D_p - 3.3333 \times 125.664$
B220	B420	2261.5 ~ 4200.0	96.665	179.520	20.0535	10.7980	0.04987	0.09261	2.1667	1.1667	$K_{B220} = 0.04987(4200.0 - D)$ $K_{B220} = (4200.0 - D)/20.0535$ $K_{B220} = 2.1667 \times 96.665 - 0.04987D$	$K_{B420} = 0.09261(D_p - 2261.5)$ $K_{B420} = (D_p - 2261.5)/10.7980$ $K_{B420} = 0.09261D_p - 1.1667 \times 179.520$
B220	B520	2261.5 ~ 4900.0	96.665	209.440	27.2950	12.5977	0.03664	0.07938	1.8572	0.8572	$K_{B220} = 0.03664(4900.0 - D_p)$ $K_{B220} = (4900.0 - D_p)/27.2950$ $K_{B220} = 1.8572 \times 96.665 - 0.03664D_p$	$K_{B520} = 0.07938(D_p - 2261.5)$ $K_{B520} = (D_p - 2261.5)/12.5977$ $K_{B520} = 0.07938D_p - 0.8572 \times 209.440$
B320	B420	2940.0 ~ 4200.0	125.664	179.520	10.0267	7.0187	0.09973	0.14248	3.3333	2.3333	$K_{B320} = 0.09973(4200.0 - D_p)$ $K_{B320} = (4200.0 - D_p)/10.0267$ $K_{B320} = 3.3333 \times 125.664 - 0.09973D_p$	$K_{B420} = 0.14248(D_p - 2940.0)$ $K_{B420} = (D_p - 2940.0)/7.0187$ $K_{B420} = 0.14248D_p - 2.3333 \times 179.520$

续表 1-24

配砌尺寸砖号		中间直径范围 $D_{px} \sim D_{pd}$ /mm	每环极限砖数 K'_o/块		一块楔形砖直径变化量/mm		简易式系数				每环砖量简易计算式块	
小直径楔形砖	大直径楔形砖		K'_x	K'_d	$(\Delta D_p)'_{lx}$	$(\Delta D_p)'_{ld}$	$n = \dfrac{1}{(\Delta D_p)'_{lx}}$	$m = \dfrac{1}{(\Delta D_p)'_{ld}}$	$T = \dfrac{D_d}{D_{pd} - D_{px}}$	$Q = \dfrac{D_x}{D_{pd} - D_{px}}$	小直径楔形砖量 K_x	大直径楔形砖量 K_d
B320	B520	2940.0 ~ 4900.0	125.664	209.440	15.5971	9.3583	0.06411	0.10686	2.50	1.50	$K_{B320} = 0.06411(4900.0 - D_p)$ $K_{B320} = (4900.0 - D_p)/15.5971$ $K_{B320} = 2.50 \times 125.664 - 0.06411 D_p$	$K_{B520} = 0.10686(D_p - 2940.0)$ $K_{B520} = (D_p - 2940.0)/9.3583$ $K_{B520} = 0.10686 D_p - 1.50 \times 209.440$
B320	B620	2940.0 ~ 5880.0	125.664	251.328	23.3957	11.6979	0.04274	0.08549	2.0	1.0	$K_{B320} = 0.04274(5880.0 - D_p)$ $K_{B320} = (5880.0 - D_p)/23.3957$ $K_{B320} = 2.0 \times 125.664 - 0.04274 D_p$	$K_{B620} = 0.08549(D_p - 2940.0)$ $K_{B620} = (D_p - 2940.0)/11.6979$ $K_{B620} = 0.08549 D_p - 1.0 \times 251.328$
B420	B520	4200.0 ~ 4900.0	179.520	209.440	3.8993	3.3422	0.25646	0.29920	7.0	6.0	$K_{B420} = 0.25646(4900.0 - D_p)$ $K_{B420} = (4900.0 - D_p)/3.8993$ $K_{B420} = 7.0 \times 179.520 - 0.025646 D_p$	$K_{B520} = 0.29920(D_p - 4200.0)$ $K_{B520} = (D_p - 4200.0)/3.3422$ $K_{B520} = 0.29920 D_p - 6.0 \times 209.440$
B420	B620	4200.0 ~ 5880.0	179.520	251.328	9.3583	6.6845	0.10686	0.14960	3.50	2.50	$K_{B420} = 0.10686(5880.0 - D_p)$ $K_{B420} = (5880.0 - D_p)/9.3583$ $K_{B420} = 3.50 \times 179.520 - 0.10686 D_p$	$K_{B620} = 0.14960(D_p - 4200.0)$ $K_{B620} = (D_p - 4200.0)/6.6845$ $K_{B620} = 0.14960 D_p - 2.50 \times 251.328$
B520	B620	4900.0 ~ 5880.0	209.440	251.328	4.6791	3.8993	0.21372	0.25646	6.0	5.0	$K_{B520} = 0.21372(5880.0 - D_p)$ $K_{B520} = (5880.0 - D_p)/4.6791$ $K_{B520} = 6.0 \times 209.440 - 0.21372 D_p$	$K_{B620} = 0.25646(D_p - 4900.0)$ $K_{B620} = (D_p - 4900.0)/3.8993$ $K_{B620} = 0.25646 D_p - 5.0 \times 251.328$
B222	B322	2487.7 ~ 3234.0	106.331	138.230	7.0187	5.3990	0.14248	0.18522	4.3333	3.3333	$K_{B222} = 0.14248(3234.0 - D)$ $K_{B222} = (3234.0 - D)/7.0187$ $K_{B222} = 4.3333 \times 106.331 - 0.14248 D$	$K_{B322} = 0.18522(D_p - 2487.7)$ $K_{B322} = (D_p - 2487.7)/5.3990$ $K_{B322} = 0.18522 D_p - 3.3333 \times 138.230$
B222	B422	2487.7 ~ 4620.0	106.331	197.472	20.0535	10.7980	0.04987	0.09261	2.1667	1.1667	$K_{B222} = 0.04987(4620.0 - D_p)$ $K_{B222} = (4620.0 - D_p)/20.0535$ $K_{B222} = 2.1667 \times 106.331 - 0.04987 D_p$	$K_{B422} = 0.09261(D_p - 2487.7)$ $K_{B422} = (D_p - 2487.7)/10.7980$ $K_{B422} = 0.09261 D_p - 1.1667 \times 197.472$

续表 1-24

配砌尺寸砖号 小直径楔形砖	配砌尺寸砖号 大直径楔形砖	中间直径范围 $D_{px} \sim D_{pd}$/mm	每环极限砖数 K'_o/块 K'_x	K'_d	一块楔形砖直径变化量/mm $(\Delta D_p)'_{lx}$	$(\Delta D_p)'_{ld}$	简易式系数 $n = \dfrac{1}{(\Delta D_p)'_{lx}}$	$m = \dfrac{1}{(\Delta D_p)'_{ld}}$	$T = \dfrac{D_d}{D_{pd}-D_{px}}$	$Q = \dfrac{D_x}{D_{pd}-D_{px}}$	每环砖量简易计算式 小直径楔形砖量 K_x	大直径楔形砖量 K_d
B222	B522	2487.7 ~ 5390.0	106.331	230.384	27.2950	12.5977	0.03664	0.07938	1.8572	0.8572	$K_{B222} = 0.03664(5390.0 - D_p)$ $K_{B222} = (5390.0 - D_p)/27.2950$ $K_{B222} = 1.8572 \times 106.331 - 0.03664 D_p$	$K_{B522} = 0.07938(D_p - 2487.7)$ $K_{B522} = (D_p - 2487.7)/12.5977$ $K_{B522} = 0.07938 D_p - 0.8572 \times 230.384$
B322	B422	3234.0 ~ 4620.0	138.230	197.472	10.0267	7.0187	0.09973	0.14248	3.3333	2.3333	$K_{B322} = 0.09973(4620.0 - D_p)$ $K_{B322} = (4620.0 - D_p)/10.0267$ $K_{B322} = 3.3333 \times 138.230 - 0.09973 D_p$	$K_{B422} = 0.14248(D_p - 3234.0)$ $K_{B422} = (D_p - 3234.0)/7.0187$ $K_{B422} = 0.14248 D_p - 2.3333 \times 197.472$
B322	B522	3234.0 ~ 5390.0	138.230	230.384	15.5971	9.3583	0.06411	0.10686	2.50	1.50	$K_{B322} = 0.06411(5390.0 - D_p)$ $K_{B322} = (5390.0 - D_p)/15.5971$ $K_{B322} = 2.50 \times 138.230 - 0.06411 D_p$	$K_{B522} = 0.10686(D_p - 3234.0)$ $K_{B522} = (D_p - 3234.0)/9.3583$ $K_{B522} = 0.10686 D_p - 1.50 \times 230.384$
B322	B622	3234.0 ~ 6468.0	138.230	276.461	23.3957	11.6979	0.04274	0.08549	2.0	1.0	$K_{B322} = 0.04274(6468.0 - D_p)$ $K_{B322} = (6468.0 - D_p)/23.3957$ $K_{B322} = 2.0 \times 138.230 - 0.04274 D_p$	$K_{B622} = 0.08549(D_p - 3234.0)$ $K_{B622} = (D_p - 3234.0)/11.6979$ $K_{B622} = 0.08549 D_p - 1.0 \times 276.461$
B422	B522	4620.0 ~ 5390.0	197.472	230.384	3.8993	3.3422	0.25646	0.29920	7.0	6.0	$K_{B422} = 0.25646(5390.0 - D_p)$ $K_{B422} = (5390.0 - D_p)/3.8993$ $K_{B422} = 7.0 \times 197.472 - 0.25646 D_p$	$K_{B522} = 0.29920(D_p - 4620.0)$ $K_{B522} = (D_p - 4620.0)/3.3422$ $K_{B522} = 0.29920 D_p - 6.0 \times 230.384$
B422	B622	4620.0 ~ 6468.0	197.472	276.461	9.3583	6.6845	0.10686	0.14960	3.50	2.50	$K_{B422} = 0.10686(6468.0 - D_p)$ $K_{B422} = (6468.0 - D_p)/9.3583$ $K_{B422} = 3.50 \times 197.472 - 0.10686 D_p$	$K_{B622} = 0.14960(D_p - 4620.0)$ $K_{B622} = (D_p - 4620.0)/6.6845$ $K_{B622} = 0.14960 D_p - 2.50 \times 276.461$
B522	B622	5390.0 ~ 6468.0	230.384	276.461	4.6791	3.8993	0.21372	0.25646	6.0	5.0	$K_{B522} = 0.21372(6468.0 - D)$ $K_{B522} = (6468.0 - D)/4.6791$ $K_{B522} = 6.0 \times 230.384 - 0.21372 D$	$K_{B622} = 0.25646(D_p - 5390.0)$ $K_{B622} = (D_p - 5390.0)/3.8993$ $K_{B622} = 0.25646 D_p - 5.0 \times 276.461$

续表 1-24

配砌尺寸砖号 小直径楔形砖	配砌尺寸砖号 大直径楔形砖	中间直径范围 $D_{px} \sim D_{pd}$ /mm	每环极限砖数 K'_o/块 K'_x	每环极限砖数 K'_o/块 K'_d	一块楔形砖直径变化量/mm $(\Delta D_p)'_{lx}$	一块楔形砖直径变化量/mm $(\Delta D_p)'_{ld}$	简易式系数 $n=\dfrac{1}{(\Delta D_p)'_{lx}}$	简易式系数 $m=\dfrac{1}{(\Delta D_p)'_{ld}}$	简易式系数 $T=\dfrac{D_d}{D_{pd}-D_{px}}$	简易式系数 $Q=\dfrac{D_x}{D_{pd}-D_{px}}$	每环砖量简易计算式 小直径楔形砖量 K_x	每环砖量简易计算式 大直径楔形砖量 K_d
B325	B425	2826.9 ~ 3675.0	120.831	157.080	7.0187	5.3990	0.14248	0.18522	4.3333	3.3333	$K_{B325} = 0.14248(3675.0 - D_p)$ $K_{B325} = (3675.0 - D_p)/7.0187$ $K_{B325} = 4.3333 \times 120.831 - 0.14248 D_p$	$K_{B425} = 0.18522(D_p - 2826.9)$ $K_{B425} = (D_p - 2826.9)/5.3990$ $K_{B425} = 0.18522 D_p - 3.3333 \times 157.080$
B325	B525	2826.9 ~ 5250.0	120.831	224.40	20.0535	10.7980	0.04987	0.09261	2.1667	1.1667	$K_{B325} = 0.04987(5250.0 - D_p)$ $K_{B325} = (5250.0 - D_p)/20.0535$ $K_{B325} = 2.1667 \times 120.831 - 0.04987 D_p$	$K_{B525} = 0.09261(D_p - 2826.9)$ $K_{B525} = (D_p - 2826.9)/10.7980$ $K_{B525} = 0.09261 D_p - 1.1667 \times 224.40$
B325	B625	2826.9 ~ 6125.0	120.831	261.80	27.2950	12.5977	0.03664	0.07938	1.8572	0.8572	$K_{B325} = 0.03664(6125.0 - D_p)$ $K_{B325} = (6125.0 - D_p)/27.2950$ $K_{B325} = 1.8572 \times 120.831 - 0.03664 D_p$	$K_{B625} = 0.07938(D_p - 2826.9)$ $K_{B625} = (D_p - 2826.9)/12.5977$ $K_{B625} = 0.7938 D_p - 0.8572 \times 261.80$
B425	B525	3675.0 ~ 5250.0	157.080	224.40	10.0267	7.0187	0.09973	0.14248	3.3333	2.3333	$K_{B425} = 0.09973(5250.0 - D_p)$ $K_{B425} = (5250.0 - D_p)/10.0267$ $K_{B425} = 3.3333 \times 157.080 - 0.09973 D_p$	$K_{B525} = 0.14248(D_p - 3675.0)$ $K_{B525} = (D_p - 3675.0)/7.0187$ $K_{B525} = 0.14248 D_p - 2.3333 \times 224.40$
B425	B625	3675.0 ~ 6125.0	157.080	261.80	15.5971	9.3583	0.06411	0.10686	2.50	1.50	$K_{B425} = 0.06411(6125.0 - D_p)$ $K_{B425} = (6125.0 - D_p)/15.5971$ $K_{B425} = 2.50 \times 157.080 - 0.06411 D_p$	$K_{B625} = 0.10686(D_p - 3675.0)$ $K_{B625} = (D_p - 3675.0)/9.3583$ $K_{B625} = 0.10686 D_p - 1.50 \times 261.80$
B425	B725	3675.0 ~ 7350.0	157.080	314.160	23.3957	11.6979	0.04274	0.08549	2.0	1.0	$K_{B425} = 0.04274(7350.0 - D_p)$ $K_{B425} = (7350.0 - D_p)/23.3957$ $K_{B425} = 2.0 \times 157.080 - 0.04274 D_p$	$K_{B725} = 0.08549(D_p - 3675.0)$ $K_{B725} = (D_p - 3675.0)/11.6979$ $K_{B725} = 0.08549 D_p - 1.0 \times 314.160$
B525	B625	5250.0 ~ 6125.0	224.40	261.80	3.8993	3.3422	0.25646	0.29920	7.0	6.0	$K_{B525} = 0.25646(6125.0 - D_p)$ $K_{B525} = (6125.0 - D_p)/3.8993$ $K_{B525} = 7.0 \times 224.40 - 0.25646 D_p$	$K_{B625} = 0.29920(D_p - 5250.0)$ $K_{B625} = (D_p - 5250.0)/3.3422$ $K_{B625} = 0.29920 D_p - 6.0 \times 261.80$
B525	B725	5250.0 ~ 7350.0	224.40	314.160	9.3583	6.6845	0.10686	0.14960	3.50	2.50	$K_{B525} = 0.10686(7350.0 - D_p)$ $K_{B525} = (7350.0 - D_p)/9.3583$ $K_{B525} = 3.50 \times 224.40 - 0.10686 D_p$	$K_{B725} = 0.14960(D_p - 5250.0)$ $K_{B725} = (D_p - 5250.0)/6.6845$ $K_{B725} = 0.14960 D_p - 2.50 \times 314.160$
B625	B725	6125.0 ~ 7350.0	261.80	314.160	4.6791	3.8993	0.21372	0.25646	6.0	5.0	$K_{B625} = 0.21372(7350.0 - D_p)$ $K_{B625} = (7350.0 - D_p)/4.6791$ $K_{B625} = 6.0 \times 261.80 - 0.21372 D_p$	$K_{B725} = 0.25646(D_p - 6125.0)$ $K_{B725} = (D_p - 6125.0)/3.8993$ $K_{B725} = 0.25646 D_p - 5.0 \times 314.160$

注：本表各砖环总砖数 K_h 的简易计算式为 $K_h = 0.04274 D_p$。

砖环、B222 与 B322 砖环，以及 B325 与 B425 砖环，这些各组对应砖环的一块楔形砖直径变化量，由表 1-24 查得均同为 $(\Delta D_p)'_{1x} = 7.0187\text{mm}$ 和 $(\Delta D_p)'_{1d} = 5.3990\text{mm}$。这是因为 $(\Delta D_p)'_{1x} = P(D_1 - D_2)/[\pi(P - D_1)]$ 和 $(\Delta D_p)'_{1d} = P(D_1 - D_2)/[\pi(P - D_2)]$，对应各砖环相配砌两楔形砖的 P、D_1 和 D_2 分别相等或楔差比 $(P - D_1)/(P - D_2)$ 分别相同。例如上述各对应砖环 P 同为 71.5mm，D_1 和 D_2 分别同为 66.5mm 和 65.0mm，所以这些对应砖环的一块楔形砖直径变化量同为 $(\Delta D_p)'_{1x} = 73.5(66.5 - 65.0)/[\pi(71.5 - 66.5)] = 7.0187\text{mm}$ 和 $(\Delta D_p)'_{1d} = 73.5(66.5 - 65.0)/[\pi(71.5 - 66.5)] = 5.3990\text{mm}$。一块楔形砖直径变化量计算出来后，简易计算式的系数 n 和 m 分别为 $(\Delta D_p)'_{1x}$ 和 $(\Delta D_p)'_{1d}$ 的倒数，很容易计算出：$n = 1/7.0187 = 0.14248$ 和 $m = 1/5.3990 = 0.18522$。这样，这 4 个砖环的简化计算通式可写作：

$$K_{B218} = K_{B220} = K_{B222} = K_{B325} = 0.14248(D_{pd} - D_p)$$

$$K_{B318} = K_{B320} = K_{B322} = K_{B425} = 0.18522(D_p - D_{px})$$

$$K_{B218} = K_{B220} = K_{B222} = K_{B325} = (D_{pd} - D_p)/7.0187$$

$$K_{B318} = K_{B320} = K_{B322} = K_{B425} = (D_p - D_{px})/5.3990$$

$$K_{B218} = K_{B220} = K_{B222} = K_{B325} = 4.3333K'_x - 0.14248D_p$$

$$K_{B318} = K_{B320} = K_{B322} = K_{B425} = 0.18522D_p - 3.3333K'_d$$

对于等中间尺寸 $P = 71.5\text{mm}$ 回转窑用砖双楔形砖砖环简易计算式而言，Q/T 为简单整数比的每组只有 1.0/2.0 一个砖环，其余 8 个砖环的 Q/T 分别为 3.3333/4.3333、1.1667/2.1667、0.8572/1.8572、2.3333/3.3333、1.50/2.50、6.0/7.0、2.50/3.50 和 5.0/6.0，都不是 4.0 以下的简单整数比。

对比国际标准[15]中表 1-9 和表 1-10 的 $A = 200\text{mm}$ 对应组楔形砖砖号数量和小端尺寸发现，虽然 $C = 103\text{mm}$ 一组砖的砖号数量为 7 个，$P = 71.5\text{mm}$ 一组砖的砖号数量减少到 5 个，但外直径较大的后 3 个相邻砖号楔形砖的小端尺寸之差，前者为 0.8mm（620、720 和 820 的小端尺寸分别为 96.2mm、97.0mm 和 97.8mm），后者更小到 0.5mm（B420、B520 和 B620 的小端尺寸分别为 68.0mm、68.5mm 和 69.0mm），就是说体积或单重都相等的等中间尺寸 $P = 71.5\text{mm}$ 相邻楔形砖间小端尺寸更难区分了，这是等中间尺寸回转窑用砖的不足之处。另外，等中间尺寸 $P = 71.5\text{mm}$ 楔形砖特别是大直径楔形砖的外直径普遍比等大端尺寸 $C = 103\text{mm}$ 楔形砖小些，例如 $A = 200\text{mm}$ 一组等中间尺寸 71.5mm 的最大外直径楔形砖 B620，其外直径仅为 6080mm；而 $A = 200\text{mm}$ 一组等大端尺寸 103mm 的最大外直径楔形砖 820，其外直径达 8076.9mm。就是说，等中间尺寸 71.5mm，$A = 200\text{mm}$ 的最大外直径楔形砖 B620 不能满足筒壳内直径超过 6000.0mm 的需要。这些问题，都要在回转窑用砖尺寸新标准中设法妥善解决。

1.5.3.3　等中间尺寸 $P = 75\text{mm}$ 双楔形砖砖环计算和砖尺寸设计

在等中间尺寸 $P = 71.5\text{mm}$ 回转窑用楔形砖尺寸设计进步鼓舞下，在起草我国标准 GB/T 17914—1999[44] 时，提出了等中间尺寸 $P = 75\text{mm}$ 回转窑用砖尺寸方案。对于等大端尺寸和等中间尺寸这样重要的具体尺寸，应该从每个国家和国际上通用的尺寸系列中选取。我国耐火砖尺寸系列中，等中间厚度尺寸常采取 75mm[6]。从 20 世纪 80 年代初开始，我国在制修订高炉砖尺寸标准时，就建立了楔形砖间尺寸关系规律：同组楔形砖各砖楔差（当时称大小端尺寸差）比应采取简单整数比。到 20 世纪 90 年代和 21 世纪初在制修订炼钢转炉用碱性砖尺寸标准时，将楔形砖间尺寸关系规律发展为无论同组还是各组砖的楔差都对应采取相同的简单整数[9]。特别是在基于尺寸特征的双楔形砖砖环中国计算式指导下，设计等中间尺寸 $P = 75\,\text{mm}$ 回转窑用砖尺寸时，针对并克服等中间尺寸 $P = 71.5\,\text{mm}$ 回转窑用砖楔差比不为简单整数比引起砖环简易计算式不规范等缺点，已从各组互成相等且连续的简单整数比这个根本原则着手，将 A 为 180mm、200mm、220mm 和 250mm 4 组砖，都设计了楔差 $\Delta C = C - D$ 同为 15.0mm、10.0mm、7.5mm 和 5.0mm 的 4 个尺寸砖号，即大小端尺寸 C/D 同为 82.5mm/67.5mm（特锐楔形砖）、80.0mm/70.0mm（锐楔形砖）、78.75mm/71.25mm（钝楔形砖）和 77.5mm/72.5mm（微楔形砖）。在标准[44]出版时将其中 78.75mm/71.25mm 修约为 78.8mm/71.5mm，楔差由原设计的 $\Delta C = 7.5\,\text{mm}$ 改变为 7.3mm 了。在标准[8]修订时将楔差 7.5mm 的 C/D 改为 78.8mm/71.3mm，但在外直径和体积等计算中注意按原设计尺寸 78.75mm/71.25mm 进行。此外，$A = 160\,\text{mm}$，等中间尺寸 $P = 75\,\text{mm}$ 回转窑用砖，由原标准的 2 个砖号配齐到 4 个砖号，见表 1-13。

从式 1-27 与式 1-27a 对照中知 $nD_{\text{pd}} - mD_{\text{px}} = 0$，即 $nD_{\text{pd}} = mD_{\text{px}}$，则 $n/m = D_{\text{px}}/D_{\text{pd}}$。从式 1-27 与式 1-27b 对照中知 $TK'_{\text{x}} - QK'_{\text{d}} = 0$，即 $TK'_{\text{x}} = QK'_{\text{d}}$，则 $Q/T = K'_{\text{x}}/K'_{\text{d}}$。早已知 $D_{\text{px}}/D_{\text{pd}} = K'_{\text{x}}/K'_{\text{d}}$，所以 $nD_{\text{pd}} = mD_{\text{px}} = TK'_{\text{x}} = QK'_{\text{d}}$，则 $n = QK'_{\text{d}}/D_{\text{pd}}$ 和 $m = TK'_{\text{x}}/D_{\text{px}}$，再将 K'_{x}、K'_{d}、D_{px} 和 D_{pd} 定义式代入之得 $n = \pi Q/P$，$m = \pi T/P$，$m - n = \pi(T - Q)/P = \pi/P$、$(\Delta D_{\text{p}})'_{1\text{x}} = 1/n = P/(\pi Q)$ 和 $(\Delta D_{\text{p}})'_{1\text{d}} = 1/m = P/(\pi T)$。将这些代入式 1-21 ~ 式 1-27 得：

$$K_{\text{x}} = \frac{\pi Q(D_{\text{pd}} - D_{\text{p}})}{P} \tag{1-21a}$$

$$K_{\text{d}} = \frac{\pi T(D_{\text{p}} - D_{\text{px}})}{P} \tag{1-22a}$$

$$K_{\text{x}} = \frac{Q(D_{\text{pd}} - D_{\text{p}})}{\dfrac{P}{\pi}} \tag{1-23a}$$

$$K_{\text{d}} = \frac{T(D_{\text{p}} - D_{\text{px}})}{\dfrac{P}{\pi}} \tag{1-24a}$$

或

$$K_{\text{x}} = TK'_{\text{x}} - \frac{\pi Q D_{\text{p}}}{P} \tag{1-25a}$$

$$K_{\text{d}} = \frac{\pi T D_{\text{p}}}{P} - QK'_{\text{d}} \tag{1-26a}$$

$$K_{\text{h}} = \frac{\pi D_{\text{p}}}{P} \tag{1-27c}$$

对于完善后的等中间尺寸 $P = 75\,\text{mm}$ 回转窑双楔形砖砖环而言，式 1-21a ~ 式 1-27c 中，$\pi/P = \pi/77 = 0.04080$，$P/\pi = 77/\pi = 24.5098$，则上述计算式可写作：

$$K_{\text{x}} = 0.04080Q(D_{\text{pd}} - D_{\text{p}}) \tag{1-21b}$$

$$K_d = 0.04080T(D_p - D_{px}) \tag{1-22b}$$

$$K_x = \frac{Q(D_{pd} - D_p)}{24.5098} \tag{1-23b}$$

$$K_d = \frac{T(D_p - D_{px})}{24.5098} \tag{1-24b}$$

或

$$K_x = TK'_x - 0.04080QD_p \tag{1-25b}$$

$$K_d = 0.04080TD_p - QK'_d \tag{1-26b}$$

$$K_h = 0.04080D_p \tag{1-27d}$$

式 1-21b ~ 1-26b 中，只要求计算出 T 和 Q。以前由相配砌两楔形砖的中间半径 D_{px} 和 D_{pd} 计算出 T 和 Q，现在通过 T 和 Q 计算式的变换，将其转换为砖的尺寸 P、D_1 和 D_2，直到找出与楔差的关系。由式 1-1d 知 $D_{px} = PA/(P - D_2)$ 和 $D_{pd} = PA/(P - D_1)$，将它们分别代入 $T = D_{pd}/(D_{pd} - D_{px})$ 和 $Q = D_{px}/(D_{pd} - D_{px})$ 得 $T = (P - D_2)/(D_1 - D_2)$ 和 $Q = (P - D_1)/(D_1 - D_2)$，此时 $T - Q = (P - D_2 - P + D_1)/(D_1 - D_2) = (D_1 - D_2)/(D_1 - D_2) = 1$；$Q/T = (P - D_1)/(P - D_2)$。

同组和各组楔差 $\Delta C_x = 15.0\text{mm}$ 与 $\Delta C_d = 10.0\text{mm}$ 各砖环（包括 H16-82.5/67.5 与 H16-80.0/70.0 砖环、H18-82.5/67.5 与 H18-80.0/70.0 砖环、H20-82.5/67.5 与 H20-80.0/70.0 砖环、H22-82.5/67.5 与 H22-80.0/70.0 砖环，以及 H25-82.5/67.5 与 H25-80.0/70.0 砖环）或楔差 $\Delta C_x = 7.5\text{mm}$ 与 $\Delta C_d = 5.0\text{mm}$ 各砖环（包括 H16-78.8/71.3 与 H16-77.5/72.5 砖环、H18-78.8/71.3 与 H18-77.5/72.5 砖环、H20-78.8/71.3 与 H20-77.5/72.5 砖环、H22-78.8/71.3 与 H22-77.5/72.5 砖环，以及 H25-78.8/71.3 与 H25-77.5/72.5 砖环），它们的 T 和 Q 分别相同：T 同为 $(P - D_2)/(D_1 - D_2) = (75.0 - 67.5)/(70.0 - 67.5) = 3.0$ 或 $(75.0 - 71.25)/(72.5 - 71.25) = 3.0$；$Q$ 同为 $(P - D_1)/(D_1 - D_2) = (75.0 - 70.0)/(70.0 - 67.5) = 2.0$ 或 $(75.0 - 72.5)/(72.5 - 71.25) = 2.0$；也可由楔差比 $(C_1 - D_1)/(C_2 - D_2) = 2.0/3.0 = Q/T$ 直接看出 $Q = 2.0$ 和 $T = 3.0$。

同组和各组楔差 $\Delta C_x = 15.0\text{mm}$ 与 $\Delta C_d = 7.5\text{mm}$ 各砖环（包括 H16-82.5/67.5 与 H16-78.8/71.3 砖环、H18-82.5/67.5 与 H18-78.8/71.3 砖环、H20-82.5/67.5 与 H20-78.8/71.3 砖环、H22-82.5/67.5 与 H22-78.8/71.3 砖环，以及 H25-82.5/67.5 与 H25-78.8/71.3 砖环）或 $\Delta C_x = 10.0\text{mm}$ 与 $\Delta C_d = 5.0\text{mm}$ 各砖环（包括 H16-80.0/70.0 与 H16-77.5/72.5 砖环、H18-80.0/70.0 与 H18-77.5/72.5 砖环、H20-80.0/70.0 与 H20-77.5/72.5 砖环、H22-80.0/70.0 与 H22-77.5/72.5 砖环，以及 H25-80.0/70.0 与 H25-77.5/72.5 砖环），它们的 T 和 Q 分别相同：T 同为 $(P - D_2)/(D_1 - D_2) = (75.0 - 67.5)/(71.25 - 67.5) = 2.0$ 或 $(75.0 - 70.0)/(72.5 - 70.0) = 2.0$；$Q$ 同为 $(P - D_1)/(D_1 - D_2) = (75.0 - 71.25)/(71.25 - 67.5) = 1.0$ 或 $(75.0 - 72.5)/(72.5 - 70.0) = 1.0$；也可由楔差比 $\Delta C_d/\Delta C_x = 5.0/10.0 = 1.0/2.0$ 或 $7.5/15.0 = 1.0/2.0 = Q/T$ 直接看出 $Q = 1.0$ 和 $T = 2.0$。

同组和各组楔差 $\Delta C_x = 10.0\text{mm}$ 与 $\Delta C_d = 7.5\text{mm}$ 各砖环（包括 H16-80.0/70.0 与 H16-78.8/71.3 砖环、H18-80.0/70.0 与 H18-78.8/71.3 砖环、H20-80.0/70.0 与 H20-78.8/71.3 砖环、H22-80.0/70.0 与 H22-78.8/71.3 砖环，以及 H25-80.0/70.0 与 H25-78.8/

71.3 砖环），它们的 T 和 Q 分别相同：T 同为 $(P - D_2)/(D_1 - D_2) = (75.0 - 70.0)/$ $(71.25 - 70.0) = 4.0$；Q 同为 $(P - D_1)/(D_1 - D_2) = (75.0 - 71.25)/(71.25 - 70.0) =$ 3.0；也可由楔差比 $\Delta C_d/\Delta C_x = 7.5/10.0 = 3.0/4.0$ 直接看出 $Q = 3.0$ 和 $T = 4.0$。

可见同组和各组砖环的 Q 和 T 分别为 2.0、1.0、3.0 和 3.0、2.0、4.0 的简单整数，它们的规范通式根据式 1-21b ~ 式 1-26b 并按 Q/T 为 $2.0/3.0$、$1.0/2.0$ 和 $3.0/4.0$ 划分列入表 1-25 中。再由表 1-25 的规范通式很容易写出各等中间尺寸 75mm 双楔形砖砖环的简易计算式，见表 1-26。

表 1-25　等中间尺寸 $P = 75$mm 回转窑砖衬双楔形砖砖环规范通式

配砌尺寸砖号		楔差 ΔC/mm		楔差比	规范式系数		每环砖量规范计算通式
小直径楔形砖	大直径楔形砖	ΔC_d	ΔC_x	$\Delta C_d/\Delta C_x$	Q	T	
H16-82.5/67.5	H16-80.0/70.0	10.0	15.0	2.0/3.0	2.0	3.0	
H18-82.5/67.5	H18-80.0/70.0	10.0	15.0	2.0/3.0	2.0	3.0	$K_x = 2.0 \times 0.04080(D_{pd} - D_p)$
H20-82.5/67.5	H20-80.0/70.0	10.0	15.0	2.0/3.0	2.0	3.0	$K_x = 2.0(D_{pd} - D_p)/24.5098$
H22-82.5/67.5	H22-80.0/70.0	10.0	15.0	2.0/3.0	2.0	3.0	$K_x = 3.0K'_x - 2.0 \times 0.0408D_p$
H25-82.5/67.5	H25-80.0/70.0	10.0	15.0	2.0/3.0	2.0	3.0	$K_d = 3.0 \times 0.04080(D_p - D_{px})$
H16-78.8/71.3	H16-77.5/72.5	5.0	7.5	2.0/3.0	2.0	3.0	$K_d = 3.0(D_p - D_{px})/24.5098$
H18-78.8/71.3	H18-77.5/72.5	5.0	7.5	2.0/3.0	2.0	3.0	$K_d = 3.0 \times 0.04080D_p - 2.0K'_d$
H20-78.8/71.3	H20-77.5/72.5	5.0	7.5	2.0/3.0	2.0	3.0	$K_h = 0.04080D_p$
H22-78.8/71.3	H22-77.5/72.5	5.0	7.5	2.0/3.0	2.0	3.0	
H25-78.8/71.3	H25-77.5/72.5	5.0	7.5	2.0/3.0	2.0	3.0	
H16-82.5/67.5	H16-78.8/71.3	7.5	15.0	1.0/2.0	1.0	2.0	
H18-82.5/67.5	H18-78.8/71.3	7.5	15.0	1.0/2.0	1.0	2.0	$K_x = 0.04080(D_{pd} - D_p)$
H20-82.5/67.5	H20-78.8/71.3	7.5	15.0	1.0/2.0	1.0	2.0	$K_x = (D_{pd} - D_p)/24.5098$
H22-82.5/67.5	H22-78.8/71.3	7.5	15.0	1.0/2.0	1.0	2.0	$K_x = 2.0K'_x - 0.0408D_p$
H25-82.5/67.5	H25-78.8/71.3	7.5	15.0	1.0/2.0	1.0	2.0	$K_d = 2.0 \times 0.04080(D_p - D_{px})$
H16-80.0/70.0	H16-77.5/72.5	5.0	10.0	1.0/2.0	1.0	2.0	$K_d = 2.0(D_p - D_{px})/24.5098$
H18-80.0/70.0	H18-77.5/72.5	5.0	10.0	1.0/2.0	1.0	2.0	$K_d = 2.0 \times 0.04080D_p - K'_d$
H20-80.0/70.0	H20-77.5/72.5	5.0	10.0	1.0/2.0	1.0	2.0	$K_h = 0.04080D_p$
H22-80.0/70.0	H22-77.5/72.5	5.0	10.0	1.0/2.0	1.0	2.0	
H25-80.0/70.0	H25-77.5/72.5	5.0	10.0	1.0/2.0	1.0	2.0	
H16-80.0/70.0	H16-78.8/71.3	7.5	10.0	3.0/4.0	3.0	4.0	$K_x = 3.0 \times 0.04080(D_{pd} - D_p)$
H18-80.0/70.0	H18-78.8/71.3	7.5	10.0	3.0/4.0	3.0	4.0	$K_x = 3.0(D_{pd} - D_p)/24.5098$
H20-80.0/70.0	H20-78.8/71.3	7.5	10.0	3.0/4.0	3.0	4.0	$K_x = 4.0K'_x - 3.0 \times 0.0408D_p$
H22-80.0/70.0	H22-78.8/71.3	7.5	10.0	3.0/4.0	3.0	4.0	$K_d = 4.0 \times 0.04080(D_p - D_{px})$
							$K_d = 4.0(D_p - D_{px})/24.5098$
H25-80.0/70.0	H25-78.8/71.3	7.5	10.0	3.0/4.0	3.0	4.0	$K_d = 4.0 \times 0.04080D_p - 3.0K'_d$
							$K_h = 0.04080D_p$

注：本表计算中砌缝（辐射缝）厚度取 2.0mm。

表 1-26　等中间尺寸 $P = 75\text{mm}$ 回转窑窑衬双楔形砖砖环简易计算式

| 配砌尺寸砖号 | | 砖环中间直径范围 $D_{px} \sim D_{pd}$ /mm | 每环极限砖数/块 | | 简易式系数 | | 每环砖量简易计算式 | |
小直径楔形砖	大直径楔形砖		K'_x	K'_d	Q	T	小直径楔形砖数量 K_x	大直径楔形砖砖环 K_d
H16-82.5/67.5	H16-80.0/70.0	1642.7 ~ 2464.0	67.021	100.531	2.0	3.0	$K_{H16-82.5/67.5} = 2.0 \times 0.04080(2464.0 - D_p)$ $K_{H16-82.5/67.5} = 2.0(2464.0 - D_p)/24.5098$ $K_{H16-82.5/67.5} = 3.0 \times 67.021 - 2.0 \times 0.04080 D_p$	$K_{H16-80.0/70.0} = 3.0 \times 0.04080(D_p - 1642.7)$ $K_{H16-80.0/70.0} = 3.0(D_p - 1642.7)/24.5098$ $K_{H16-80.0/70.0} = 3.0 \times 0.04080 D_p - 2.0 \times 100.531$
H16-82.5/67.5	H16-78.8/71.3	1642.7 ~ 3285.3	67.021	134.042	1.0	2.0	$K_{H16-82.5/67.5} = 0.04080(3285.3 - D_p)$ $K_{H16-82.5/67.5} = (3285.3 - D_p)/24.5098$ $K_{H16-82.5/67.5} = 2.0 \times 67.021 - 0.04080 D_p$	$K_{H16-78.8/71.3} = 2.0 \times 0.04080(D_p - 1642.7)$ $K_{H16-78.8/71.3} = 2.0(D_p - 1642.7)/24.5098$ $K_{H16-78.8/71.3} = 2.0 \times 0.04080 D_p - 134.042$
H16-80.0/70.0	H16-78.8/71.3	2464.0 ~ 3285.3	100.531	134.042	3.0	4.0	$K_{H16-80.0/70.0} = 3.0 \times 0.04080(3285.3 - D_p)$ $K_{H16-80.0/70.0} = 3.0(3285.3 - D_p)/24.5098$ $K_{H16-80.0/70.0} = 4.0 \times 100.531 - 3.0 \times 0.04080 D_p$	$K_{H16-78.8/71.3} = 4.0 \times 0.04080(D_p - 2464.0)$ $K_{H16-78.8/71.3} = 4.0(D_p - 2464.0)/24.5098$ $K_{H16-78.8/71.3} = 4.0 \times 0.04080 D_p - 3.0 \times 134.042$
H16-80.0/70.0	H16-77.5/72.5	2464.0 ~ 4928.0	100.531	201.062	1.0	2.0	$K_{H16-80.0/70.0} = 0.04080(4928.0 - D_p)$ $K_{H16-80.0/70.0} = (4928.0 - D_p)/24.5098$ $K_{H16-80.0/70.0} = 2.0 \times 100.531 - 0.04080 D_p$	$K_{H16-77.5/72.5} = 2.0 \times 0.04080(D_p - 2464.0)$ $K_{H16-77.5/72.5} = 2.0(D_p - 2464.0)/24.5098$ $K_{H16-77.5/72.5} = 2.0 \times 0.04080 D_p - 201.062$
H16-78.8/71.3	H16-77.5/72.5	3285.3 ~ 4928.0	134.042	201.062	2.0	3.0	$K_{H16-78.8/71.3} = 2.0 \times 0.04080(4928.0 - D_p)$ $K_{H16-78.8/71.3} = 2.0(4928.0 - D_p)/24.5098$ $K_{H16-78.8/71.3} = 3.0 \times 134.042 - 2.0 \times 0.04080 D_p$	$K_{H16-77.5/72.5} = 3.0 \times 0.04080(D_p - 3285.3)$ $K_{H16-77.5/72.5} = 3.0(D_p - 3285.3)/24.5098$ $K_{H16-77.5/72.5} = 3.0 \times 0.04080 D_p - 2.0 \times 201.062$
H18-82.5/67.5	H18-80.0/70.0	1848.0 ~ 2772.0	75.398	113.098	2.0	3.0	$K_{H18-82.5/67.5} = 2.0 \times 0.04080(2772.0 - D_p)$ $K_{H18-82.5/67.5} = 2.0(2772.0 - D_p)/24.5098$ $K_{H18-82.5/67.5} = 3.0 \times 75.398 - 2.0 \times 0.04080 D_p$	$K_{H18-80.0/70.0} = 3.0 \times 0.04080(D_p - 1848.0)$ $K_{H18-80.0/70.0} = 3.0(D_p - 1848.0)/24.5098$ $K_{H18-80.0/70.0} = 3.0 \times 0.04080 D_p - 2.0 \times 113.098$
H18-82.5/67.5	H18-78.8/71.3	1848.0 ~ 3696.0	75.398	150.797	1.0	2.0	$K_{H18-82.5/67.5} = 0.04080(3696.0 - D_p)$ $K_{H18-82.5/67.5} = (3696.0 - D_p)/24.5098$ $K_{H18-82.5/67.5} = 2.0 \times 75.398 - 0.04080 D_p$	$K_{H18-78.8/71.3} = 2.0 \times 0.04080(D_p - 1848.0)$ $K_{H18-78.8/71.3} = 2.0(D_p - 1848.0)/24.5098$ $K_{H18-78.8/71.3} = 2.0 \times 0.04080 D_p - 150.797$
H18-80.0/70.0	H18-78.8/71.3	2772.0 ~ 3696.0	113.098	150.797	3.0	4.0	$K_{H18-80.0/70.0} = 3.0 \times 0.04080(3696.0 - D_p)$ $K_{H18-80.0/70.0} = 3.0(3696.0 - D_p)/24.5098$ $K_{H18-80.0/70.0} = 4.0 \times 113.098 - 3.0 \times 0.04080 D_p$	$K_{H18-78.8/71.3} = 4.0 \times 0.04080(D_p - 2772.0)$ $K_{H18-78.8/71.3} = 4.0(D_p - 2772.0)/24.5098$ $K_{H18-78.8/71.3} = 4.0 \times 0.04080 D_p - 3.0 \times 150.797$

续表 1-26

| 配砌尺寸砖号 | | 砖环中间直径范围 $D_{px} \sim D_{pd}$ /mm | 每环极限砖数/块 | | 简易式系数 | | 每环砖量简易计算式/块 | |
小直径楔形砖	大直径楔形砖		K'_x	K'_d	Q	T	小直径楔形砖数量 K_x	大直径楔形砖砖环 K_d
H18-80.0/70.0	H18-77.5/72.5	2772.0 ~ 5544.0	113.098	226.195	1.0	2.0	$K_{\text{H18-80.0/70.0}} = 0.04080(5544.0 - D_p)$ $= (5544.0 - D_p)/24.5098$ $= 2.0 \times 113.098 - 0.04080 D_p$	$K_{\text{H18-77.5/72.5}} = 2.0 \times 0.04080(D_p - 2772.0)$ $= 2.0(D_p - 2772.0)/24.5098$ $= 2.0 \times 0.04080 D_p - 226.195$
H18-78.8/71.3	H18-77.5/72.5	3696.0 ~ 5544.0	150.797	226.195	2.0	3.0	$K_{\text{H18-78.8/71.3}} = 2.0 \times 0.04080(5544.0 - D_p)$ $= 2.0(5544.0 - D_p)/24.5098$ $= 3.0 \times 150.797 - 2.0 \times 0.04080 D_p$	$K_{\text{H18-77.5/72.5}} = 3.0 \times 0.04080(D_p - 3696.0)$ $= 3.0(D_p - 3696.0)/24.5098$ $= 3.0 \times 0.04080 D_p - 2.0 \times 226.195$
H20-82.5/67.5	H20-80.0/70.0	2053.3 ~ 3080.0	83.776	125.664	2.0	3.0	$K_{\text{H20-82.5/67.5}} = 2.0 \times 0.04080(3080.0 - D_p)$ $= 2.0(3080.0 - D_p)/24.5098$ $= 3.0 \times 83.776 - 2.0 \times 0.04080 D_p$	$K_{\text{H20-80.0/70.0}} = 3.0 \times 0.04080(D_p - 2053.0)$ $= 3.0(D_p - 2053.0)/24.5098$ $= 3.0 \times 0.04080 D_p - 2.0 \times 125.664$
H20-82.5/67.5	H20-78.8/71.3	2053.0 ~ 4106.7	83.776	167.552	1.0	2.0	$K_{\text{H20-82.5/67.5}} = 0.04080(4106.7 - D_p)$ $= (4106.7 - D_p)/24.5098$ $= 2.0 \times 83.776 - 0.04080 D_p$	$K_{\text{H20-78.8/71.3}} = 2.0 \times 0.04080(D_p - 2053.0)$ $= 2.0(D_p - 2053.0)/24.5098$ $= 2.0 \times 0.04080 D_p - 167.552$
H20-80.0/70.0	H20-78.8/71.3	3080.0 ~ 4106.7	125.664	167.552	3.0	4.0	$K_{\text{H20-80.0/70.0}} = 3.0 \times 0.04080(4106.7 - D_p)$ $= 3.0(4106.7 - D_p)/24.5098$ $= 4.0 \times 125.664 - 3.0 \times 0.04080 D_p$	$K_{\text{H20-78.8/71.3}} = 4.0 \times 0.04080(D_p - 3080.0)$ $= 4.0(D_p - 3080.0)/24.5098$ $= 4.0 \times 0.04080 D_p - 3.0 \times 167.552$
H20-80.0/70.0	H20-77.5/72.5	3080.0 ~ 6160.0	125.664	251.328	1.0	2.0	$K_{\text{H20-80.0/70.0}} = 0.04080(6160.0 - D_p)$ $= (6160.0 - D_p)/24.5098$ $= 2.0 \times 125.664 - 0.04080 D_p$	$K_{\text{H20-77.5/72.5}} = 2.0 \times 0.04080(D_p - 3080.0)$ $= 2.0(D_p - 3080.0)/24.5098$ $= 2.0 \times 0.04080 D_p - 251.328$
H20-78.8/71.3	H20-77.5/72.5	4106.7 ~ 6160.0	167.552	251.328	2.0	3.0	$K_{\text{H20-78.8/71.3}} = 2.0 \times 0.04080(6160.0 - D_p)$ $= 2.0(6160.0 - D_p)/24.5098$ $= 3.0 \times 167.552 - 2.0 \times 0.04080 D_p$	$K_{\text{H20-77.5/72.5}} = 3.0 \times 0.04080(D_p - 4106.7)$ $= 3.0(D_p - 4106.7)/24.5098$ $= 3.0 \times 0.04080 D_p - 2.0 \times 251.328$
H22-82.5/67.5	H22-80.0/70.0	2258.7 ~ 3388.0	92.154	138.230	2.0	3.0	$K_{\text{H22-82.5/67.5}} = 2.0 \times 0.04080(3388.0 - D_p)$ $= 2.0(3388.0 - D_p)/24.5098$ $= 3.0 \times 92.154 - 2.0 \times 0.04080 D_p$	$K_{\text{H22-80.0/70.0}} = 3.0 \times 0.04080(D_p - 2258.7)$ $= 3.0(D_p - 2258.7)/24.5098$ $= 3.0 \times 0.04080 D_p - 2.0 \times 138.230$

续表 1-26

配砌尺寸砖号		砖环环中间直径范围 $D_{px} \sim D_{pd}$ /mm	每环极限砖数/块		简易式系数		每环砖量简易计算式/块	
小直径楔形砖	大直径楔形砖		K'_x	K'_d	Q	T	小直径楔形砖数量 K_x	大直径楔形砖数 K_d
H22-82.5/67.5	H22-78.8/71.3	2258.7~4517.0	92.154	184.307	1.0	2.0	$K_{H22-82.5/67.5} = 0.04080(4517.0 - D_p)$ $K_{H22-82.5/67.5} = (4517.0 - D_p)/24.5098$ $K_{H22-82.5/67.5} = 2.0 \times 92.154 - 0.04080D_p$	$K_{H22-78.8/71.3} = 2.0 \times 0.04080(D_p - 2258.7)$ $K_{H22-78.8/71.3} = 2.0(D_p - 2258.7)/24.5098$ $K_{H22-78.8/71.3} = 2.0 \times 0.04080D_p - 184.307$
H22-80.0/70.0	H22-78.8/71.3	3388.0~4517.0	138.230	184.307	3.0	4.0	$K_{H22-80.0/70.0} = 3.0 \times 0.04080(4517.0 - D_p)$ $K_{H22-80.0/70.0} = 3.0(4517.0 - D_p)/24.5098$ $K_{H22-80.0/70.0} = 4.0 \times 138.230 - 3.0 \times 0.04080D_p$	$K_{H22-78.8/71.3} = 4.0 \times 0.04080(D_p - 3388.0)$ $K_{H22-78.8/71.3} = 4.0(D_p - 3388.0)/24.5098$ $K_{H22-78.8/71.3} = 4.0 \times 0.04080D_p - 3.0 \times 184.307$
H22-80.0/70.0	H22-77.5/72.5	3388.0~6776.0	138.230	276.461	1.0	2.0	$K_{H22-80.0/70.0} = 0.04080(6776.0 - D_p)$ $K_{H22-80.0/70.0} = (6776.0 - D_p)/24.5098$ $K_{H22-80.0/70.0} = 2.0 \times 138.230 - 0.04080D_p$	$K_{H22-77.5/72.5} = 2.0 \times 0.04080(D_p - 3388.0)$ $K_{H22-77.5/72.5} = 2.0(D_p - 3388.0)/24.5098$ $K_{H22-77.5/72.5} = 2.0 \times 0.04080D_p - 276.460$
H22-78.8/71.3	H22-77.5/72.5	4517.3~6776.0	184.307	276.461	2.0	3.0	$K_{H22-78.8/71.3} = 2.0 \times 0.04080(6776.0 - D_p)$ $K_{H22-78.8/71.3} = 2.0(6776.0 - D_p)/24.5098$ $K_{H22-78.8/71.3} = 3.0 \times 184.307 - 2.0 \times 0.03080D_p$	$K_{H22-77.5/72.5} = 3.0 \times 0.04080(D_p - 4517.3)$ $K_{H22-77.5/72.5} = 3.0(D_p - 4517.3)/24.5098$ $K_{H22-77.5/72.5} = 3.0 \times 0.04080D_p - 2.0 \times 276.461$
H25-82.5/67.5	H25-80.0/70.0	2566.7~3850.0	104.720	157.080	2.0	3.0	$K_{H25-82.5/67.5} = 2.0 \times 0.04080(3850.0 - D_p)$ $K_{H25-82.5/67.5} = 2.0(3850.0 - D_p)/24.5098$ $K_{H25-82.5/67.5} = 3.0 \times 104.720 - 2.0 \times 0.04080D_p$	$K_{H25-80.0/70.0} = 3.0 \times 0.04080(D_p - 2566.7)$ $K_{H25-80.0/70.0} = 3.0(D_p - 2566.7)/24.5098$ $K_{H25-80.0/70.0} = 3.0 \times 0.04080D_p - 2.0 \times 157.080$
H25-82.5/67.5	H25-78.8/71.3	2566.7~5133.3	104.720	209.440	1.0	2.0	$K_{H25-82.5/67.5} = 0.04080(5133.3 - D_p)$ $K_{H25-82.5/67.5} = (5133.3 - D_p)/24.5098$ $K_{H25-82.5/67.5} = 2.0 \times 104.720 - 0.04080D_p$	$K_{H25-78.8/71.3} = 2.0 \times 0.04080(D_p - 2566.7)$ $K_{H25-78.8/71.3} = 2.0(D_p - 2566.7)/24.5098$ $K_{H25-78.8/71.3} = 2.0 \times 0.04080D_p - 209.440$
H25-80.0/70.0	H25-78.8/71.3	3850.0~5133.3	157.080	209.440	3.0	4.0	$K_{H25-80.0/70.0} = 3.0 \times 0.04080(5133.3 - D_p)$ $K_{H25-80.0/70.0} = 3.0(5133.3 - D_p)/24.5098$ $K_{H25-80.0/70.0} = 4.0 \times 157.080 - 3.0 \times 0.04080D_p$	$K_{H25-78.8/71.3} = 4.0 \times 0.04080(D_p - 3388.0)$ $K_{H25-78.8/71.3} = 4.0(D_p - 3388.0)/24.5098$ $K_{H25-78.8/71.3} = 4.0 \times 0.04080D_p - 3.0 \times 209.440$
H25-80.0/70.0	H25-77.5/72.5	3850.0~7700.0	157.080	314.160	1.0	2.0	$K_{H25-80.0/70.0} = 0.04080(7700.0 - D_p)$ $K_{H25-80.0/70.0} = (7700.0 - D_p)/24.5098$ $K_{H25-80.0/70.0} = 2.0 \times 157.080 - 0.04080D_p$	$K_{H25-77.5/72.5} = 2.0 \times 0.04080(D_p - 3850.0)$ $K_{H25-77.5/72.5} = 2.0(D_p - 3850.0)/24.5098$ $K_{H25-77.5/72.5} = 2.0 \times 0.04080D_p - 314.160$
H25-78.8/71.3	H25-77.5/72.5	5133.3~7700.0	209.440	314.160	2.0	3.0	$K_{H25-78.8/71.3} = 2.0 \times 0.04080(7700.0 - D_p)$ $K_{H25-78.8/71.3} = 2.0(7700.0 - D_p)/24.5098$ $K_{H25-78.8/71.3} = 3.0 \times 209.440 - 2.0 \times 0.04080D_p$	$K_{H25-77.5/72.5} = 3.0 \times 0.04080(D_p - 5133.3)$ $K_{H25-77.5/72.5} = 3.0(D_p - 5133.3)/24.5098$ $K_{H25-77.5/72.5} = 3.0 \times 0.04080D_p - 2.0 \times 314.160$

注：1. 本表计算中砌缝（辐射缝）厚度取 2.0mm。
2. 本表所有环总砖数 $K_h = 0.04080D_p$。

由等中间尺寸 $P = 75$mm 双楔形砖砖环计算式 1-21b ~ 式 1-27d、表 1-25 和表 1-26，可进一步体会到：（1）砖环简易计算式的系数由以前的 n、m、Q 和 T 的 4 个简化为只有 Q 和 T 的 2 个；将以前不同的 4 个一块楔形砖直径变化量（6.1274、8.1699、12.2549 和 24.5098）简化为 1 个（24.5098），而且 24.5098 是由 $P/\pi = 77.0/\pi$ 计算而来的。D_p 系数都为 0.04080 与简单整数（1.0、2.0、3.0 和 4.0）之积，而且 0.04080 由 $\pi/P = \pi/77.0$ 计算而来；而这些简单整数恰为 Q 和 T。（2）每组 5 个砖环的 Q 和 T 计算值都为简单整数 1.0、2.0、3.0 或 4.0，这是由每组 4 个砖号楔形砖楔差为 15.0mm、10.0mm、7.5mm、5.0mm 互成简单整数比所决定的。Q 和 T 根据相配砌两楔形砖楔差比和 $T - Q = 1$ 决定。Q/T 为 2.0/3.0、1.0/2.0 和 3.0/4.0 分别由楔差比 10.0/15.0 或 5.0/7.5、7.5/15.0 或 5.0/10.0 和 7.5/10.0 所决定。每组 5 个砖环竟有 Q/T 同为 2.0/3.0 的 2 个砖环和同为 1.0/2.0 的 2 个砖环，以及 3.0/4.0 的 1 个砖环，而且 A 为 160mm、180mm、200mm、220mm 和 250mm 5 组对应砖环也是同样。（3）这样，等中间尺寸 $P = 75$mm 双楔形砖砖环规范通式和简易计算式很容易列出和容易记忆。这是由于同组和各组对应楔形砖都采取相等且连续成简单整数比的楔差，以及基于尺寸特征的双楔形砖砖环中国计算式中采取中间直径 D_{px}、D_{pd} 和 D_p。（4）与等中间尺寸 $P = 71.3$mm 楔形砖和双楔形砖砖环比较，等中间尺寸 $P = 75$mm 楔形砖每组减少 1 个砖号；每组减少 4 个砖环；外直径大的后 3 个砖号楔形砖小端尺寸之差由前者的 0.5mm 增大到 1.25mm，比较容易识（区）别；$A = 200$mm 的最大外直径比前者增大 280mm，但仍满足不了实际需要。

1.5.3.4　等大端尺寸 $C = 100$mm 双楔形砖环计算和砖尺寸设计

2012 年，原 GB/T 17912—1999《回转窑用耐火砖形状尺寸》[44] 划归 GB/T 2992.6《耐火砖形状尺寸第 6 部分：回转窑用砖》[8]。起草中提出了等大端尺寸 $C = 100$mm 回转窑用砖尺寸设计方案。作为尺寸系列主要尺寸的等大端尺寸 C，采取我国耐火砖厚度尺寸系列中 100mm[6]，同时也是国际标准[29] 和有关国际外标准[26,32] 公认的常用标准尺寸。

等大端尺寸 $C = 100$mm 双楔形砖砖环的计算式，采用基于砖尺寸特征的中国计算式 1-13 ~ 式 1-20。在这些计算式中，$Q/T = n/m = K'_x/K'_d = (C - D_1)(C - D_2)$，即 Q 与 T 之比最终表现为两砖楔差比。

为简化砖环计算式的系数，由 $TK'_x = QK'_d$，$nD_d = mD_x$ 之 $nD_d = QK'_d$ 和 $mD = TK'_x$ 得，$n = QK'_d/D_d$ 和 $m = TK'_x/D_x$，将 K'_x、K'_d、D_x 和 D_d 定义式代入之得 $n = \pi Q/C$ 和 $m = \pi T/C$。再将 $n = \pi Q/C$ 和 $m = \pi T/C$ 代入式 1-13 ~ 式 1-18 和式 1-20d 得：

$$K_x = \frac{\pi Q(D_d - D)}{C} \tag{1-28}$$

$$K_d = \frac{\pi T(D - D_x)}{C} \tag{1-29}$$

$$K_x = \frac{Q(D_d - D)}{\dfrac{C}{\pi}} \tag{1-30}$$

$$K_d = \frac{T(D - D_x)}{\dfrac{C}{\pi}} \tag{1-31}$$

或
$$K_x = TK'_x - \frac{\pi QD}{C} \tag{1-32}$$

$$K_d = \frac{\pi TD}{C} - QK'_d \tag{1-33}$$

$$K_h = \frac{\pi D}{C} \tag{1-34}$$

根据等中间尺寸 $P = 75\text{mm}$ 双楔形砖砖环规范通式原则，在设计等大端尺寸 $C = 100\text{mm}$ 回转窑用砖尺寸时，同组和各组楔差也同取 15.0mm（特锐楔形砖）、10.0mm（锐楔形砖）、7.5mm（钝楔形砖）和 5.0mm（微楔形砖）。它们的对应大小端尺寸 C/D 分别为 100mm/85.0mm、100mm/90.0mm、100mm/92.5mm 和 100mm/95.0mm（见表 1-14）。对于等大端尺寸 $C = 100\text{mm}$ 双楔形砖砖环而言，D 的基础系数 $\pi/C = \pi/102 = 0.03080$，其倒数 $C/\pi = 102/\pi = 32.4675$，则其规范通式可写作：

$$K_x = 0.03080Q(D_d - D) \tag{1-28a}$$

$$K_d = 0.03080T(D - D_x) \tag{1-29a}$$

$$K_x = \frac{Q(D_d - D)}{32.4675} \tag{1-30a}$$

$$K_d = \frac{T(D - D_x)}{32.4675} \tag{1-31a}$$

或
$$K_x = TK'_x - 0.03080QD \tag{1-32a}$$

$$K_d = 0.03080TD - QK'_d \tag{1-33a}$$

$$K_h = 0.03080D \tag{1-34a}$$

式 1-28a ~ 式 1-33a 中的 Q 和 T 可由 $Q = (C - D_1)(D_1 - D_2)$ 和 $T = (C - D_2)(D_1 - D_2)$ 计算出来，也可由配砌两砖楔差比 $\Delta C_d/\Delta C_x$ 和 $T - Q = 1$ 直接看出。

同组和各组楔差 $\Delta C_x = 15.0\text{mm}$ 与 $\Delta C_d = 10.0\text{mm}$ 各砖环（包括 H16-100/85.0 与 H16-100/90.0 砖环、H18-100/85.0 与 H18-100/90.0 砖环、H20-100/85.0 与 H20-100/90.0 砖环、H22-100/85.0 与 H22-100/90.0 砖环，以及 H25-100/85.0 与 H25-100/90.0 砖环）或 $\Delta C_x = 7.5\text{mm}$ 与 $\Delta C_d = 5.0\text{mm}$ 各砖环（包括 H16-100/92.5 与 H16-100/95.0 砖环、H18-100/92.5 与 H18-100/95.0 砖环、H20-100/92.5 与 H20-100/95.0 砖环、H22-100/92.5 与 H22-100/95.00 砖环，以及 H25-100/92.5 与 H25-100/95.0 砖环）。这些砖环的 Q 和 T 可由 $Q = (C - D_1)(D_1 - D_2) = (100 - 90.0)/(90.0 - 85.0) = 2.0$ 和 $T = (C - D_2)(D_1 - D_2) = (100 - 85.0)/(90 - 85.0) = 3.0$ 或 $Q = (100 - 95.0)/(95.0 - 92.5) = 2.0$ 和 $T = (100 - 92.5)/(95.0 - 92.5) = 3.0$ 计算出来，也可由砖环两砖楔差比 $\Delta C_d/\Delta C_x = 10.0/15.0 = 2.0/3.0$ 或 $5.0/7.5 = 2.0/3.0$ 直接看出 $Q = 2.0$ 和 $T = 3.0$。

同组和各组楔差 $\Delta C_x = 15.0\text{mm}$ 与 $\Delta C_d = 7.5\text{mm}$ 各砖环（包括 H16-100/85.0 与 H16-100/92.5 砖环、H18-100/85.0 与 H18-100/92.5 砖环、H20-100/85.0 与 H20-100/92.5 砖环、H22-100/85.0 与 H22-100/92.5 砖环，以及 H25-100/85.0 与 H25-100/92.5 砖环）或 $\Delta C_x = 10.0\text{mm}$ 与 $\Delta C_d = 5.0\text{mm}$ 各砖环（包括 H16-100/90.0 与 H16-100/95.0 砖环、H18-

100/90.0 与 H18-100/95.0 砖环、H20-100/90.0 与 H20-100/95.0 砖环、H22-100/90.0 与 H22-100/95.00 砖环，以及 H25-100/90.0 与 H25-100/95.0 砖环）。这些砖环的 Q 和 T 可由 $Q = (C - D_1)(D_1 - D_2) = (100 - 92.5)/(92.5 - 85.0) = 1.0$ 和 $T = (C - D_2)(D_1 - D_2) = (100 - 85.0)/(92.5 - 85.0) = 2.0$ 或 $Q = (100 - 95.0)/(95.0 - 90.0) = 1.0$ 和 $T = (100 - 90.0)/(95.0 - 90.0) = 2.0$ 计算出来，也可由砖环两砖楔差比 $\Delta C_d/\Delta C_x = 7.5/15.0 = 1.0/2.0$ 或 $5.0/10.0 = 1.0/2.0$ 直接看出 $Q = 1.0$ 和 $T = 2.0$。

同组和各组楔差 $\Delta C_x = 10.0\text{mm}$ 与 $\Delta C_d = 7.5\text{mm}$ 各砖环（包括 H16-100/90.0 与 H16-100/92.5 砖环、H18-100/90.0 与 H18-100/92.5 砖环、H20-100/90.0 与 H20-100/92.5 砖环、H22-100/90.0 与 H22-100/92.5 砖环，以及 H25-100/90.0 与 H25-100/92.5 砖环）。这些砖环的 Q 和 T 可由 $Q = (C - D_1)(D_1 - D_2) = (100 - 92.5)/(92.5 - 90.0) = 3.0$ 和 $T = (C - D_2)(D_1 - D_2) = (100 - 90.0)/(92.5 - 90.0) = 4.0$ 计算出来，也可由砖环两砖楔差比 $\Delta C_d/\Delta C_x = 7.5/10.0 = 3.0/4.0$ 直接看出 $Q = 3.0$ 和 $T = 4.0$。

可见等大端尺寸 $C = 100\text{mm}$ 同组和各组双楔形砖砖环的 Q 和 T 分别为 2.0、1.0、3.0 和 3.0、2.0、4.0 的简单整数，这些砖环规范通式根据式 1-28a ～ 式 1-33a 并按 Q/T 为 2.0/3.0、1.0/2.0 和 3.0/4.0 划分列入表 1-27 中。再由表 1-27 的规范通式很容易写出等大端尺寸 $C = 100\text{mm}$ 双楔形砖砖环简易计算式，见表 1-28。

表 1-27 等大端尺寸 $C = 100\text{mm}$ 回转窑砖衬双楔形砖砖环规范通式

配砌尺寸砖号		楔差 ΔC/mm		楔差比	规范式系数		每环砖量规范计算通式
小直径楔形砖	大直径楔形砖	ΔC_d	ΔC_x	$\Delta C_d/\Delta C_x$	Q	T	
H16-100/85.0	H16-100/90.0	10.0	15.0	2.0/3.0	2.0	3.0	
H18-100/85.0	H18-100/90.0	10.0	15.0	2.0/3.0	2.0	3.0	$K_x = 2.0 \times 0.03080(D_d - D)$
H20-100/85.0	H20-100/90.0	10.0	15.0	2.0/3.0	2.0	3.0	$K_x = 2.0(D_d - D)/32.4675$
H22-100/85.0	H22-100/90.0	10.0	15.0	2.0/3.0	2.0	3.0	$K_x = 3.0K'_x - 2.0 \times 0.03080D$
H25-100/85.0	H25-100/90.0	10.0	15.0	2.0/3.0	2.0	3.0	$K_d = 3.0 \times 0.03080(D - D_x)$
H16-100/92.5	H16-100/95.0	5.0	7.5	2.0/3.0	2.0	3.0	$K_d = 3.0(D - D_x)/32.4675$
H18-100/92.5	H18-100/95.0	5.0	7.5	2.0/3.0	2.0	3.0	$K_d = 3.0 \times 0.03080D - 2.0K'_d$
H20-100/92.5	H20-100/95.0	5.0	7.5	2.0/3.0	2.0	3.0	$K_h = 0.03080D$
H22-100/92.5	H22-100/95.0	5.0	7.5	2.0/3.0	2.0	3.0	
H25-100/92.5	H25-100/95.0	5.0	7.5	2.0/3.0	2.0	3.0	
H16-100/85.0	H16-100/92.5	7.5	15.0	1.0/2.0	1.0	2.0	
H18-100/85.0	H18-100/92.5	7.5	15.0	1.0/2.0	1.0	2.0	$K_x = 0.03080(D_d - D)$
H20-100/85.0	H20-100/92.5	7.5	15.0	1.0/2.0	1.0	2.0	$K_x = (D_d - D)/32.4675$
H22-100/85.0	H22-100/92.5	7.5	15.0	1.0/2.0	1.0	2.0	$K_x = 2.0K'_x - 0.03080D$
H25-100/85.0	H25-100/92.5	7.5	15.0	1.0/2.0	1.0	2.0	$K_d = 2.0 \times 0.03080(D - D_x)$
H16-100/90.0	H16-100/95.0	5.0	10.0	1.0/2.0	1.0	2.0	$K_d = 2.0(D - D_x)/32.4675$
H18-100/90.0	H18-100/95.0	5.0	10.0	1.0/2.0	1.0	2.0	$K_d = 2.0 \times 0.03080D_p - K'_d$
H20-100/90.0	H20-100/95.0	5.0	10.0	1.0/2.0	1.0	2.0	$K_h = 0.03080D$
H22-100/90.0	H22-100/95.0	5.0	10.0	1.0/2.0	1.0	2.0	
H25-100/90.0	H25-100/95.0	5.0	10.0	1.0/2.0	1.0	2.0	

配砌尺寸砖号		楔差 ΔC/mm		楔差比	规范式系数		每环砖量规范计算通式
小直径楔形砖	大直径楔形砖	ΔC_d	ΔC_x	$\Delta C_d / \Delta C_x$	Q	T	
H16-100/90.0	H16-100/92.5	7.5	10.0	3.0/4.0	3.0	4.0	$K_x = 3.0 \times 0.03080(D_{pd} - D_p)$
H18-100/90.0	H18-100/92.5	7.5	10.0	3.0/4.0	3.0	4.0	$K_x = 3.0(D_d - D)/32.4675$
							$K_x = 4.0K'_x - 3.0 \times 0.03080D$
H20-100/90.0	H20-100/92.5	7.5	10.0	3.0/4.0	3.0	4.0	$K_d = 4.0 \times 0.03080(D - D_x)$
H22-100/90.0	H22-100/92.5	7.5	10.0	3.0/4.0	3.0	4.0	$K_d = 4.0(D - D_x)/32.4675$
							$K_d = 4.0 \times 0.03080D - 3.0K'_d$
H25-100/90.0	H25-100/92.5	7.5	10.0	3.0/4.0	3.0	4.0	$K_h = 0.04080D$

注：本表计算中砌缝（辐射缝）厚度取 2.0mm。

回顾当初等大端尺寸 $C = 103$mm 回转窑用砖尺寸[15]并分析其没有被推广到各种回转窑衬原因之一，就是其配砌的双楔形砖砖环简易计算式数量太多，但 Q/T 成简单整数比的规范式数量太少，D 的基础系数砖环数量太少，有些砖环两砖的小端尺寸差很小，难以区（识）别。引起这样应用效果，主要是砖尺寸标准设计程序问题：先定回转窑筒壳直径再计算砖尺寸，结果砖号多但楔差成简单整数比的很少。为了克服上述缺点，达到砖环总数少，且简易式规范化程度高，先决定同组和各组 4 个砖号的楔差互成相等的简单整数比的方案（见表 1-29）。

规范化程度较高的等大端尺寸 $C = 100$mm 双楔形砖砖环简易计算式（见表 1-28）很容易记忆和便于应用。首先，记忆工程量小，全部砖环总数（由以往等大端尺寸 103mm 砖环数 57 个）减少到 25 个，其中按 Q/T 分为 2.0/3.0、1.0/2.0 和 3.0/4.0 的 3 类，每类规范通式相同（见表 1-27）。这些简易式中，所有外直径 D 的基础系数 K'_x 都为 0.03080，小直径楔形砖每环极限砖数的系数都为 T，大直径楔形砖每环极限砖数的系数 K'_d 都为 Q，且 $TK'_x = QK'_d$。其次，25 个简易计算式，按其基于砖的尺寸特征分为 3 类：基于外直径 D_x 和 D_d 的简易式，基于一块楔形砖直径变化量 $(\Delta D)'_{1x}$、$(\Delta D)'_{1d}$ 的简易式，以及基于楔形砖每环极限砖数 K'_x 和 K'_d 的简易式。这 3 类简易式是可以转换的：以基于外直径的简易式为基础，将其 D 的系数 0.03080 换以 1/32.4675 即转换为基于一块楔形砖直径变化量的简易式；解开基于外直径简易式括号即转化为基于每环极限砖数的简易式。第三，对于等大端尺寸 $C = 100$mm 砖环而言，Q 和 T 就等于相配砌两砖楔差连续整数比。在所有 3 类简易式中，QD 分布在 K_x 简易式中，TD 分布在 K_d 简易式中。第四，在所有简易式中，$Q/T = D_x/D_d = K'_x/K'_d = \Delta C_d/\Delta C_x$。这些既可以检验式中砖的尺寸特征（$D_x$、$D_d$、$K'_x$ 和 K'_d）是否正确，同时便于记忆。

1.5.3.5　回转窑专用锁砖和等楔差双楔形砖砖环设计计算

A　回转窑专用锁砖

工业炉窑环形砌砖或拱形砌砖中最后封闭砖环的楔形砖称为锁砖[7]（key-bricks, key-stone, bricks for wedge use, closure bricks）。我国习惯上将水平砌体基面的环形砌砖用锁砖称为"合门砖"。回转窑筒体砖衬砖环转动到顶部上半圆时就是半圆拱顶了。窑径大于 4m 时采用的拱胎法砌砖就是拱顶砌砖。虽然窑径小于 4m 采用转动支撑法砌砖时锁缝区处于

表1-28　等大端尺寸 $C=100\text{mm}$ 回转窑砖衬双楔形砖砖环简易计算式

配砌尺寸砖号		砖环外直径范围 $D_x \sim D_d$ /mm	每环极限砖数量/块		简易式系数		每环砖量简易计算式/块	
小直径楔形砖	大直径楔形砖		K'_x	K'_d	Q	T	小直径楔形砖数量 K_x	大直径楔形砖砖环 K_d
H16-100/85.0	H16-100/90.0	2176.0~3264.0	67.021	100.531	2.0	3.0	$K_{H16\text{-}100/85.0} = 2.0 \times 0.03080(3264.0 - D)$ $K_{H16\text{-}100/85.0} = 2.0(3264.0 - D)/32.4675$ $K_{H16\text{-}100/85.0} = 3.0 \times 67.021 - 2.0 \times 0.03080D$	$K_{H16\text{-}100/90.0} = 3.0 \times 0.03080(D - 2176.0)$ $K_{H16\text{-}100/90.0} = 3.0(D - 2176.0)/32.4675$ $K_{H16\text{-}100/90.0} = 3.0 \times 0.03080D - 2.0 \times 100.531$
H16-100/85.0	H16-100/92.5	2176.0~4352.0	67.021	134.042	1.0	2.0	$K_{H16\text{-}100/85.0} = 0.03080(4352.0 - D)$ $K_{H16\text{-}100/85.0} = (4352.0 - D)/32.4675$ $K_{H16\text{-}100/85.0} = 2.0 \times 67.021 - 0.03080D$	$K_{H16\text{-}100/92.5} = 2.0 \times 0.03080(D - 2176.0)$ $K_{H16\text{-}100/92.5} = 2.0(D - 2176.0)/32.4675$ $K_{H16\text{-}100/92.5} = 2.0 \times 0.03080D - 134.042$
H16-100/90.0	H16-100/92.5	3264.0~4352.0	100.531	134.042	3.0	4.0	$K_{H16\text{-}100/90.0} = 3.0 \times 0.03080(4352.0 - D)$ $K_{H16\text{-}100/90.0} = 3.0(4352.0 - D)/32.4675$ $K_{H16\text{-}100/90.0} = 4.0 \times 100.531 - 3.0 \times 0.03080D$	$K_{H16\text{-}100/92.5} = 4.0 \times 0.03080(D - 3264.0)$ $K_{H16\text{-}100/92.5} = 4.0(D - 3264.0)/32.4675$ $K_{H16\text{-}100/92.5} = 4.0 \times 0.03080D - 3.0 \times 134.042$
H16-100/90.0	H16-100/95.0	3264.0~6528.0	100.531	201.062	1.0	2.0	$K_{H16\text{-}100/90.0} = 0.03080(6528.0 - D)$ $K_{H16\text{-}100/90.0} = (6528.0 - D)/32.4675$ $K_{H16\text{-}100/90.0} = 2.0 \times 100.531 - 0.03080D$	$K_{H16\text{-}100/95.0} = 2.0 \times 0.03080(D - 3264.0)$ $K_{H16\text{-}100/95.0} = 2.0(D - 3264.0)/32.4675$ $K_{H16\text{-}100/95.0} = 2.0 \times 0.03080D - 201.062$
H16-100/92.5	H16-100/95.0	4352.0~6528.0	134.042	201.062	2.0	3.0	$K_{H16\text{-}100/92.5} = 2.0 \times 0.03080(6528.0 - D)$ $K_{H16\text{-}100/92.5} = 2.0(6528.0 - D)/32.4675$ $K_{H16\text{-}100/92.5} = 3.0 \times 134.042 - 2.0 \times 0.03080D$	$K_{H16\text{-}100/95.0} = 3.0 \times 0.03080(D - 4352.0)$ $K_{H16\text{-}100/95.0} = 3.0(D - 4352.0)/32.4675$ $K_{H16\text{-}100/95.0} = 3.0 \times 0.03080D - 2.0 \times 201.062$
H18-100/85.0	H18-100/90.0	2448.0~3672.0	75.398	113.098	2.0	3.0	$K_{H18\text{-}100/85.0} = 2.0 \times 0.03080(3672.0 - D)$ $K_{H18\text{-}100/85.0} = 2.0(3672.0 - D)/32.4675$ $K_{H18\text{-}100/85.0} = 3.0 \times 75.398 - 2.0 \times 0.03080D$	$K_{H18\text{-}100/90.0} = 3.0 \times 0.03080(D - 2448.0)$ $K_{H18\text{-}100/90.0} = 3.0(D - 2448.0)/32.4675$ $K_{H18\text{-}100/90.0} = 3.0 \times 0.03080D - 2.0 \times 113.098$
H18-100/85.0	H18-100/92.5	2448.0~4896.0	75.398	150.797	1.0	2.0	$K_{H18\text{-}100/85.0} = 0.03080(4896.0 - D)$ $K_{H18\text{-}100/85.0} = (4896.0 - D)/32.4675$ $K_{H18\text{-}100/85.0} = 2.0 \times 75.398 - 0.03080D$	$K_{H18\text{-}100/92.5} = 2.0 \times 0.03080(D - 2448.0)$ $K_{H18\text{-}100/92.5} = 2.0(D - 2448.0)/32.4675$ $K_{H18\text{-}100/92.5} = 2.0 \times 0.03080D - 150.797$
H18-100/90.0	H18-100/92.5	3672.0~4896.0	113.098	150.797	3.0	4.0	$K_{H18\text{-}100/90.0} = 3.0 \times 0.03080(4896.0 - D)$ $K_{H18\text{-}100/90.0} = 3.0(4896.0 - D)/32.4675$ $K_{H18\text{-}100/90.0} = 4.0 \times 113.098 - 3.0 \times 0.03080D$	$K_{H18\text{-}100/92.5} = 4.0 \times 0.03080(D - 3672.0)$ $K_{H18\text{-}100/92.5} = 4.0(D - 3672.0)/32.4675$ $K_{H18\text{-}100/92.5} = 4.0 \times 0.03080D - 3.0 \times 150.797$

续表1-28

配砌尺寸砖号		砖环外直径范围 $D_x \sim D_d$ /mm	每环极限砖数/块		简易式系数		每环砖量简易计算式/块	
小直径楔形砖	大直径楔形砖		K'_x	K'_d	Q	T	小直径楔形砖数量 K_x	大直径楔形砖环 K_d
H18-100/90.0	H18-100/95.0	3672.0~7344.0	113.098	226.195	1.0	2.0	$K_{H18-100/90.0} = 0.03080(7344.0 - D)$	$K_{H18-100/95.0} = 2.0 \times 0.03080(D - 3267.0)$
							$K_{H18-100/90.0} = (7344.0 - D)/32.4675$	$K_{H18-100/95.0} = 2.0(D - 3267.0)/32.4675$
							$K_{H18-100/90.0} = 2.0 \times 113.098 - 0.03080D$	$K_{H18-100/95.0} = 2.0 \times 0.03080D - 226.195$
H18-100/92.5	H18-100/95.0	4896.0~7344.0	150.797	226.195	2.0	3.0	$K_{H18-100/92.5} = 2.0 \times 0.03080(7344.0 - D)$	$K_{H18-100/95.0} = 3.0 \times 0.03080(D - 4896.0)$
							$K_{H18-100/92.5} = 2.0(7344.0 - D)/32.4675$	$K_{H18-100/95.0} = 3.0(D - 4896.0)/32.4675$
							$K_{H18-100/92.5} = 3.0 \times 150.797 - 2.0 \times 0.03080D$	$K_{H18-100/95.0} = 3.0 \times 0.03080D - 2.0 \times 226.195$
H20-100/85.0	H20-100/90.0	2720.0~4080.0	83.776	125.664	2.0	3.0	$K_{H20-100/85.0} = 2.0 \times 0.03080(4080.0 - D)$	$K_{H20-100/90.0} = 3.0 \times 0.03080(D - 2720.0)$
							$K_{H20-100/85.0} = 2.0(4080.0 - D)/32.4675$	$K_{H20-100/90.0} = 3.0(D - 2720.0)/32.4675$
							$K_{H20-100/85.0} = 3.0 \times 83.776 - 2.0 \times 0.03080D$	$K_{H20-100/90.0} = 3.0 \times 0.03080D - 2.0 \times 125.664$
H20-100/85.0	H20-100/92.5	2720.0~5440.0	83.776	167.552	1.0	2.0	$K_{H20-100/85.0} = 0.03080(5440.0 - D)$	$K_{H20-100/92.5} = 2.0 \times 0.03080(D - 2720.0)$
							$K_{H20-100/85.0} = (5440.0 - D)/32.4675$	$K_{H20-100/92.5} = 2.0(D - 2720.0)/32.4675$
							$K_{H20-100/85.0} = 2.0 \times 83.446 - 0.03080D$	$K_{H20-100/92.5} = 2.0 \times 0.03080D - 167.552$
H20-100/90.0	H20-100/92.5	4080.0~5440.0	125.664	167.552	3.0	4.0	$K_{H20-100/90.0} = 3.0 \times 0.03080(5440.0 - D)$	$K_{H20-100/92.5} = 4.0 \times 0.03080(D - 4080.0)$
							$K_{H20-100/90.0} = 3.0(5440.0 - D)/32.4675$	$K_{H20-100/92.5} = 4.0(D - 4080.0)/32.4675$
							$K_{H20-100/90.0} = 4.0 \times 125.664 - 3.0 \times 0.03080D$	$K_{H20-100/92.5} = 4.0 \times 0.03080D - 3.0 \times 167.552$
H20-100/90.0	H20-100/95.0	4080.0~8160.0	125.664	251.328	1.0	2.0	$K_{H20-100/90.0} = 0.03080(8160.0 - D)$	$K_{H20-100/95.0} = 2.0 \times 0.03080(D - 4080.0)$
							$K_{H20-100/90.0} = (8160.0 - D)/32.4675$	$K_{H20-100/95.0} = 2.0(D - 4080.0)/32.4675$
							$K_{H20-100/90.0} = 2.0 \times 125.664 - 0.03080D$	$K_{H20-100/95.0} = 2.0 \times 0.03080D - 251.328$
H20-100/92.5	H20-100/95.0	5440.0~8160.0	167.552	251.328	2.0	3.0	$K_{H20-100/92.5} = 2.0 \times 0.03080(8160.0 - D)$	$K_{H20-100/95.0} = 3.0 \times 0.03080(D - 5440.0)$
							$K_{H20-100/92.5} = 2.0(8160.0 - D)/32.4675$	$K_{H20-100/95.0} = 3.0(D - 5440.0)/32.4675$
							$K_{H20-100/92.5} = 3.0 \times 167.552 - 2.0 \times 0.03080D$	$K_{H20-100/95.0} = 3.0 \times 0.03080D - 2.0 \times 251.328$
H22-100/85.0	H22-100/90.0	2992.0~4488.0	92.154	138.230	2.0	3.0	$K_{H22-100/85.0} = 2.0 \times 0.03080(4488.0 - D)$	$K_{H22-100/90.0} = 3.0 \times 0.03080(D - 2992.0)$
							$K_{H22-100/85.0} = 2.0(4488.0 - D)/32.4675$	$K_{H22-100/90.0} = 3.0(D - 2992.0)/32.4675$
							$K_{H22-100/85.0} = 3.0 \times 92.154 - 2.0 \times 0.03080D$	$K_{H22-100/90.0} = 3.0 \times 0.03080D - 2.0 \times 138.230$

续表1-28

配砌尺寸符号		砖环外直径范围 $D_x \sim D_d$ /mm	每环极限砖数/块		简易式系数		每环砖量简易式计算式/块	
小直径楔形砖	大直径楔形砖		K'_x	K'_d	Q	T	小直径楔形砖数量 K_x	大直径楔形砖砖环 K_d
H25-100/85.0	H22-100/92.5	2992.0~5984.0	92.154	184.307	1.0	2.0	$K_{H22-100/85.0} = 0.03080(5984.0 - D)$ $K_{H22-100/85.0} = (5984.0 - D)/32.4675$ $K_{H22-100/85.0} = 2.0 \times 92.154 - 0.03080D$	$K_{H22-100/92.5} = 2.0 \times 0.03080(D - 2992.0)$ $K_{H22-100/92.5} = 2.0(D - 2992.0)/32.4675$ $K_{H22-100/92.5} = 2.0 \times 0.03080D - 184.307$
H22-100/90.0	H22-100/92.5	4488.0~5984.0	138.230	184.307	3.0	4.0	$K_{H22-100/90.0} = 3.0 \times 0.03080(5984.0 - D)$ $K_{H22-100/90.0} = 3.0(5984.0 - D)/32.4675$ $K_{H22-100/90.0} = 4.0 \times 138.230 - 3.0 \times 0.03080D$	$K_{H22-100/92.5} = 4.0 \times 0.03080(D - 4488.0)$ $K_{H22-100/92.5} = 4.0(D - 4488.0)/32.4675$ $K_{H22-100/92.5} = 4.0 \times 0.03080D - 3.0 \times 184.307$
H22-100/90.0	H22-100/95.0	4488.0~8976.0	138.230	276.461	1.0	2.0	$K_{H22-100/90.0} = 0.03080(8976.0 - D)$ $K_{H22-100/90.0} = (8976.0 - D)/32.4675$ $K_{H22-100/90.0} = 2.0 \times 138.230 - 0.03080D$	$K_{H22-100/95.0} = 2.0 \times 0.03080(D - 4488.0)$ $K_{H22-100/95.0} = 2.0(D - 4488.0)/32.4675$ $K_{H22-100/95.0} = 2.0 \times 0.03080D - 276.460$
H22-100/92.5	H22-100/95.0	5984.0~8976.0	184.307	276.461	2.0	3.0	$K_{H22-100/92.5} = 2.0 \times 0.03080(8970.0 - D)$ $K_{H22-100/92.5} = 2.0(8970.0 - D)/32.4675$ $K_{H22-100/92.5} = 3.0 \times 184.307 - 2.0 \times 0.03080D$	$K_{H22-100/95.0} = 3.0 \times 0.03080(D - 5984.0)$ $K_{H22-100/95.0} = 3.0(D - 5984.0)/32.4675$ $K_{H22-100/95.0} = 3.0 \times 0.03080D - 2.0 \times 276.461$
H25-100/85.0	H25-100/90.0	3400.0~5100.0	104.720	157.080	2.0	3.0	$K_{H25-100/85.0} = 2.0 \times 0.03080(5100.0 - D)$ $K_{H25-100/85.0} = 2.0(5100.0 - D)/32.4675$ $K_{H25-100/85.0} = 3.0 \times 104.720 - 2.0 \times 0.03080D$	$K_{H25-100/90.0} = 3.0 \times 0.03080(D - 3400.0)$ $K_{H25-100/90.0} = 3.0(D - 3400.0)/32.4675$ $K_{H25-100/90.0} = 3.0 \times 0.03080D - 2.0 \times 157.080$
H25-100/85.0	H25-100/92.5	3400.0~6800.0	104.720	209.440	1.0	2.0	$K_{H25-100/85.0} = 0.03080(6800.0 - D)$ $K_{H25-100/85.0} = (6800.0 - D)/32.4675$ $K_{H25-100/85.0} = 2.0 \times 104.720 - 0.03080D$	$K_{H25-100/92.5} = 2.0 \times 0.03080(D - 3400.0)$ $K_{H25-100/92.5} = 2.0(D - 3400.0)/32.4675$ $K_{H25-100/92.5} = 2.0 \times 0.03080D - 209.440$
H25-100/90.0	H25-100/92.5	5100.0~6800.0	157.080	209.440	3.0	4.0	$K_{H25-100/90.0} = 3.0 \times 0.03080(6800.0 - D)$ $K_{H25-100/90.0} = 3.0(6800.0 - D)/32.4675$ $K_{H25-100/90.0} = 4.0 \times 157.080 - 3.0 \times 0.03080D$	$K_{H25-100/92.5} = 4.0 \times 0.03080(D - 5100.0)$ $K_{H25-100/92.5} = 4.0(D - 5100.0)/32.4675$ $K_{H25-100/92.5} = 4.0 \times 0.03080D - 3.0 \times 209.440$
H25-100/90.0	H25-100/95.0	5100.0~10200.0	157.080	314.160	1.0	2.0	$K_{H25-100/90.0} = 0.03080(10200.0 - D)$ $K_{H25-100/90.0} = (10200.0 - D)/32.4675$ $K_{H25-100/90.0} = 2.0 \times 157.080 - 0.03080D$	$K_{H25-100/95.0} = 2.0 \times 0.03080(D - 5100.0)$ $K_{H25-100/95.0} = 2.0(D - 5100.0)/32.4675$ $K_{H25-100/95.0} = 2.0 \times 0.03080D - 314.160$
H25-100/92.5	H25-100/95.0	6800.0~10200.0	209.440	314.160	2.0	3.0	$K_{H25-100/92.5} = 2.0 \times 0.03080(10200.0 - D)$ $K_{H25-100/92.5} = 2.0(10200.0 - D)/32.4675$ $K_{H25-100/92.5} = 3.0 \times 209.440 - 2.0 \times 0.03080D$	$K_{H25-100/95.0} = 3.0 \times 0.03080(D - 6800.0)$ $K_{H25-100/95.0} = 3.0(D - 6800.0)/32.4675$ $K_{H25-100/95.0} = 3.0 \times 0.03080D - 2.0 \times 314.160$

注：本表计算中砌缝（辐射缝）取2.0mm。砖环总砖数 $K_h = 0.3080D$。

表 1-29　等大端尺寸 100mm 与 103mm 砖尺寸和双楔形砖砖环简易式比较

项　目	砖尺寸		双楔形砖砖环	
	$C=103\,\mathrm{mm}$	$C=100\,\mathrm{mm}$	$C=103\,\mathrm{mm}$	$C=100\,\mathrm{mm}$
砖号总数量/个	29	20		
其中不同大小端尺寸 C/D 数量/个	24	4		
其中相同大小端尺寸 C/D 数量/个	3	20		
楔差 $\Delta C=C-D$ 数量/个	24	4		
砖环楔差成简单整数比的砖号数量/个	9	20		
大小端尺寸 C/D 为 100mm/85.0mm 砖号数量/个		5		5
大小端尺寸 C/D 为 100mm/90.0mm 砖号数量/个		5		5
大小端尺寸 C/D 为 100mm/92.5mm 砖号数量/个		5		5
大小端尺寸 C/D 为 100mm/95.0mm 砖号数量/个		5		5
相邻砖号间小端尺寸最小差/mm	0.7	2.5		
最小单位楔差 $\Delta C'_x$	0.0259	0.020		
最大外直径 D_d/mm	8105.3	10200.0		
标准设计程序：				
A—根据筒壳直径计算砖尺寸	A	B		
B—根据砖尺寸计算外直径				
砖环总数/个			57	25
Q/T 成简单整数比砖环数量/个			6	25
同组 Q/T 成简单整数比砖环数量/个			0～3	5
$Q/T=2.0/3.0$ 砖环数量/个			1	10
$Q/T=1.0/2.0$ 砖环数量/个			4	10
$Q/T=3.0/4.0$ 砖环数量/个			1	5
砖环简易式 D 基础系数值			0.02992	0.03080
D 基础系数值砖环数量/个			4	25
砖环相配砌两砖最小端尺寸差/mm			0.7	2.5

筒体砖环下半圆位置，但从回转窑筒体砖环的位置整体和砌体基面来看，还是称锁砖比合门砖更合适。为封闭砖环往往经挑选由几块大小端尺寸不同的锁砖组成锁缝区。砖环锁缝区最后楔（插）入砖环的锁砖称为打入锁砖。回转窑筒体砖环的锁缝操作具有特殊性：一是砖环必须紧靠筒壳（或永久衬），砖环与筒壳（或永久衬）的间隙不能超过规范规定（一般不得超过 3mm）；二是必须锁紧砖环，砖环锁缝区的辐射缝厚度也不能超过规范规定（一般不超过 2mm）；三是受筒壳（永久衬）限制，锁缝操作只能采取侧向置入。面对要求严格和操作困难的回转窑筒体砖环的锁砖，受到人们和标准的重视，设置回转窑专用锁砖（special closure bricks for rotary kilns）。

　　为了给挑选锁砖和完成锁缝操作创造条件，各国都曾有采用薄砖的习惯。比与其配砌基本楔形砖的大小端尺寸 C/D 平行减小 10mm 左右的锁砖称作减薄锁砖（thinning closure bricks)[7]。日本回转窑用减薄锁砖的大端尺寸 C 曾减薄到 53~75mm，使用效果不好[7]，经过对使用和制作部门的调查认为最适宜的大端尺寸 C 为 75~125mm。国外设计并投产的 $\phi4.2m \times 50m$ 活性石灰回转窑筒体镁铬砖砖衬减薄锁砖，其大小端尺寸 C/D 比基本砖 B620（C/D 为 74.0mm/69.0mm）平行减薄 10mm 和 20mm。这两个减薄锁砖的 C/D 为 64.0mm/59.0mm 和 54.0mm/49.0mm，虽然给挑选锁砖提供了方便，但减薄 20mm 的锁砖在锁缝砌筑操作过程和使用中曾发生抽沉和断落。因此，人们尽量采用一种减薄 10mm 左右的减薄锁砖。为克服仅采用一种减薄 10mm 锁砖的操作困难，为方便砖环锁缝区锁砖时的挑选，我国 JC350—93 水泥回转窑用磷酸盐结合高铝质砖[47]和国外回转窑用锁砖经验一样，专用锁砖除减薄砖外，同时采用比与其配砌基本楔形砖大小端尺寸 C/D 平行增大 10~20mm 的加厚锁砖（thickening closure bricks）。标准[47]中尺寸规格（mm）$200 \times (90/81) \times 198$ 的基本砖 P_{40}，90mm/81mm 平行加厚 10mm 到 100mm/91mm 即为加厚锁砖 $PC_{4.1}$。日本标准[5]中作为加厚锁砖的有：由基本砖 K1 的大小端尺寸 C/D 89mm/80mm 平行加厚 26mm 到 115mm/106mm 的 K7、由基本砖 L1 的大小端尺寸 C/D 89mm/77mm 平行加厚 26mm 到 115mm/103mm 的 L7、由基本砖 M3 和 N1 的大小端尺寸 C/D 100mm/90mm 平行加厚 25mm 到 125mm/115mm 的 M7 和 N7、由基本砖 P1 和 R1 的大小端尺寸 C/D 110mm/100mm 平行加厚 15mm 到 125mm/115mm 的 P7 和 R7；日本标准[5]中作为减薄锁砖的有：由基本砖 K4 的大小端尺寸 C/D 89mm/83mm 平行减薄 14mm 到 75mm/69mm 的 K8、由基本砖 L5 的大小端尺寸 C/D 89mm/81mm 平行减薄 14mm 到 75mm/67mm 的 L8、由基本砖 M6 和 N4 的大小端尺寸 C/D 100mm/93mm 平行减薄 15mm 到 85mm/78mm 的 M8 和 N8、由基本砖 P4 和 R4 的大小端尺寸 C/D 110mm/103mm 平行减薄 25mm 到 85mm/78mm 的 P8 和 R8（见表 1-2）。可见，日本标准[5]对专用锁砖砖号表示法的规律性和专用锁砖尺寸设计的原则性：加厚锁砖的顺序号为 7，而减薄锁砖的顺序号为 8；外直径较小（楔差较大）的基本砖平行加厚，而外直径较大（楔差较小）的基本砖减薄，以保证减薄锁砖的小端尺寸 D 不至于过小。前苏联标准[16]采取不同的原则：外直径较大（楔差较小）的基本砖（例如大小端尺寸 C/D 80mm/73mm 的 пщ-21 和 пщ-29）平行加厚 40mm（例如加厚到 120mm/113mm 的 пщ-22 和 пщ-30），而外直径较小（楔差较大）的基本砖（例如大小端尺寸 C/D 65mm/55mm 的 пщ-23 和 пщ-28）可作为减薄锁砖（见表 1-12）。英国标准[12]对锁砖尺寸作了原则性规定：等体积系列碱性锁砖尺寸为锐楔形砖的 0.75~1.33；等大端系列黏土质和高铝质锁砖尺寸为钝楔形砖的 0.66 和 0.75。国际标准[15]申明该标准不适用于专用锁砖。在制定我国标准[44]时曾采取在尺寸表加注说明：专用锁砖的大小端尺寸 C/D 可比基本砖平行增大 20mm 和减小 10mm。这种办法，既减少了标准尺寸表中锁砖砖号数量，又没有增加制砖单位压砖模具（只是装料厚度改变）。至于哪个砖号基本砖加厚或减薄，可由用户根据经验和需要灵活掌握。

回转窑筒体砖环专用锁砖尺寸的设计，还要考虑锁缝操作。一般工业炉窑环形砌砖和拱形砌砖的锁缝操作质量低劣时，将成为整个砌砖的薄弱环节。回转窑筒体砖衬特殊的工作条件和砌筑操作环境，更要求消除锁缝操作质量低劣造成的薄弱环节。为了消除至少减轻这种薄弱环节，规范对回转窑筒体砖环锁缝区打入锁砖及其操作作了明确规定：（1）打入锁砖不得加工，锁缝区确实需要加工砖时，可将加厚锁砖或基本耐磨加工，并尽量与打入锁砖隔开。不希望减薄锁砖再经过磨加工减薄，更不希望减薄锁砖作为打入锁砖。如果经过预砌筑（pre masonry, preliminary brick laying），也可以预先磨加工好特殊尺寸的调节锁砖。（2）对每环内专用锁砖数量有所限制。日本标准[5]规定每环内加厚锁砖和减薄锁砖的数量都分别限制为不超过 2 块。锁缝区以外的砖环部分，没必要使用专用锁砖，因为在非锁缝区砌以专用锁砖时会打乱砖环基本砖原计算数量。专用锁砖的调节功能就是保证锁缝区砌缝厚度不超过规定。能达到这样目标，专用锁砖的数量没必要过严限制。其实应限制减薄锁砖的小端尺寸不得太薄（例如不得小于 55mm），以避免在锁缝操作过程和砖环使用中减薄锁砖受挤压断裂甚至断落。因此，我国和国外多数国家回转窑用砖尺寸标准一样，不主张两种尺寸（即两个砖号）的减薄锁砖，而主张"一厚一薄"的专用锁砖。但是每个锁缝区确实需要两块（甚至两块以上）同样尺寸的减薄锁砖时，减薄锁砖不要相邻砌筑，应该用基本砖隔开。（3）关于加厚锁砖和基本砖加工后的剩余厚度，多数规范都规定加工砖的剩余厚度不应小于原砖厚度的 2/3。这里所指原砖为回转窑用基本砖和加厚锁砖，但不包括减薄锁砖。因为减薄锁砖是经过一次减薄的，何况早已规定减薄锁砖不希望再加工减薄。

顺利完成回转窑筒体砖环锁缝操作，要靠专用锁砖尺寸的合理设计和锁砖的挑选，但更靠熟练筑炉工的操作技能和经验。在确保筑炉规范规定的前提下，筑炉工通过调节砌缝厚度，调节专用锁砖种类和数量，以及调节夹垫钢板数量和厚度等经验措施，一般可顺利锁紧砖环。

关于在回转窑筒体砖环锁缝区使用钢板锁片的操作方法，人们和规范都考虑受筒壳限制只能从砖环侧向打入锁砖，砖环并未真正锁紧。在这种情况下，只好无奈借助钢板销片楔紧砖环锁缝区。但对钢板锁片有严格的规定：（1）钢板锁片的厚度不得超过 3.0mm，并要求一边磨尖。（2）锁缝区每条辐射缝内只许用一块钢板销片。（3）每环锁缝区使用钢板锁片的数量不得超过 4 块，要均匀地布置在锁缝区，并尽可能避免在减薄锁砖旁的辐射缝。打入碱性砖砖环的砖间辐射缝内夹垫 1mm 的薄钢板，对缓冲碱性砖的热膨胀和铁氧化后与砖中 MgO 形成较高耐火材料并将砖间黏结起来，这是有益的。但砖间夹垫钢板应与锁缝区的钢板锁片区别开来；砖间夹垫钢板不宜过厚，因其氧化后体积明显增大可能胀坏衬砖。对于非碱性砖衬而言，铁和氧化铁是有害的杂质，钢板锁片本应禁止使用。为替代钢板锁片已经有适用于回转窑筒体砖环锁缝专用的侧向打入锁砖。这种专用的侧向打入锁砖由两块单面倾斜的竖侧厚楔形砖（annulus bricks, end-side bricks with depth taper）组成。

B　等楔差双楔形砖砖环计算和加厚锁砖尺寸设计

在评价等中间尺寸 $P = 71.5$mm 回转窑用砖时曾指出，$P = 71.5$mm、$A = 200$mm 的最大外直径楔形砖 B620（$D_o = 6080.0$mm）不能满足筒壳内直径超过 6000.0mm 的需要。我国标准[8] $P = 75$mm、$A = 200$mm 的 H20-77.5/72.5 的外直径 $D_o = 6360.0$mm，虽然增大 280mm，但仍然偏小，满足不了实际需要。从式 $D_o = 2CA/(C - D) = 2C/\Delta C'$（式 1-1a）知，大端尺寸 C 和大小端距离 A 增大时外直径 D_o 才可能增大；楔差 $C - D$ 减小时外直径 D_o 才可能增大。大小端距离 $A = 200$mm 较 $A = 220$mm 和 250mm 小，等中间尺寸楔形砖的大端尺寸 C 相对小些，而楔差 $\Delta C = C - D = 5$mm 又不能再小了，三种因素（A、C 和 ΔC）都引起等中间尺寸、$A = 200$mm 一组中最大外直径楔形砖 B620 或 H20-77.5/72.5 的外直径偏小。英国和德国增大这种回转窑楔形砖外直径采取一贯的方法：减小楔差。英国标准[12]的 B820，尺寸规格为 200mm×（73.3mm/69.7mm）×198mm，楔差 $C-D$ = 73.3 - 69.7 = 3.6mm，单位楔差 $\Delta C'$ = 0.018，外直径 $D_。$ = 8366.7mm（见表 1-7）。德国标准[17]的 B820，尺寸规格为 200mm×（73.5mm/69.5mm）×198mm，楔差 $C-D$ = 73.5 - 69.5 = 4.0mm，单位楔差 $\Delta C'$ = 0.020，外直径 $D_。$ = 7550.0mm（见表 1-16）。工业炉窑拱形砌砖用微楔形砖的楔差一般不应小于 5.0mm，单位楔差的安全界限一般为 0.040 以上。回转窑用砖理应有更大的楔差和单位楔差。楔差太小，在制砖和砌筑中不仅识（区）别困难，在楔差发生异向偏差（大端负尺寸和小端正尺寸）时，实际楔差会更小（几乎成为直形砖了），很可能在砖环内会出现"大端朝内（或朝下）"的坏结果，如果 A = 200mm 等中间尺寸回转窑用砖的楔差控制在 5.0mm，则单位楔差控制在 0.025，再低也不应低于 0.020。单位楔差 $\Delta C'$ = 0.020 时，砖可能抽沉的计算长度或剩余尺寸将达到 A' = 2.0/0.020 = 100mm；当 $\Delta C'$ = 0.018 时，A' = 2.0/0.018 = 111.1mm。在这种情况下，要另外采取一些特殊的辅助措施：（1）碱性砖砖环的辐射缝夹垫 1mm 薄钢板，经高温氧化后促进砖间黏结。（2）尽量减小碱性砖砖环辐射缝厚度不超过 1mm，此时 A' 减少到 1.0/0.020 = 50.0mm。（3）碱性砖（包括非碱性砖）距大端 40mm 中心线处穿以防止抽沉和掉落的 $\phi16mm×40mm$ 钢销（也有采用通孔的）。（4）筒体砖环采用高黏结强度耐火泥浆湿砌。例如有的活性石灰回转窑镁铬砖砖衬采用水玻璃气硬泥浆湿砌。尽管有上述措施，国际标准[15]宁可缺项也未接纳 B820。

从 1999 年我国标准[44]通过审定之日起，作为该标准起草者一直设想在不减少楔差的情况下增大回转窑用砖（特别是 A = 200mm 微楔形砖）的外直径。从砖的外直径定义式 $D_。$ = 2C/$\Delta C'$ 知，当 $\Delta C'$ 一定时只有增大砖的大端尺寸 C（或等中间尺寸 P）才能增大砖的外直径。在计算国外诸标准中各砖号的尺寸特征（特别是外直径 $D_。$）的实践也证实了这一点。日本标准[5]中 A 同为 200mm 的小直径楔形砖 L 组的等大端尺寸 C = 89mm，大直径楔形砖 M 组的等大端 C 就增大到 100mm。从表 1-2 看到，日本尺寸规格为 200mm×（89mm/92mm）×230mm 的砖号 L6 的计算外直径 $D_。$ = 5200.0mm，但楔差 ΔC 同为 7mm、单位楔差同为 0.035 和尺寸规格为 200mm×（100mm/93mm）×230mm 的方砖 M6，仅仅由于大端尺寸 C 由 89mm 增大到 100mm（小端尺寸也随着由 82mm 增大到 93mm）就使得外直径 $D_。$ 增大到 5828.6mm。同样，在日本标准[5]的 A = 230mm 两组砖中，尺寸规格为 230mm×（100mm/93mm）×230mm 的砖号 N4 的计算外直径 $D_。$ = 6702.9mm，但楔差 ΔC 同为 7mm 单位楔差 $\Delta C'$ 同为 0.030、尺寸规格为 230mm×（110mm/103mm）×200mm 的砖号 P4，由于大端尺寸 C 由 100mm 增大到 110mm（小端尺寸 D 随之由 93mm 增大到 103mm）就使得外直径 $D_。$ 增大到 7360.0mm。日本标准[5]由基本砖加厚为加厚锁砖都增大了外直径 $D_。$。由表 1-2 看到，基本砖 K1 的大小端尺寸 C/D 89mm/80mm 加厚到加厚锁砖 K7 的 115mm/106mm，楔差 ΔC 保持同为 9mm 和单位楔差 $\Delta C'$ 保持同为 0.060，但外直径 $D_。$ 由 K1 的 3033.3mm 增大到 K7 的 3900.0mm。基本砖 L1 的大小端尺寸 C/D 89mm/77mm 加厚到加厚锁砖 L7 的 115mm/103mm，楔差 ΔC 保持同为 12mm 和单位楔差 $\Delta C'$ 保持同为 0.060，但外直径 $D_。$ 由 L1 的 3033.3mm 增大到 L7 的 3900.0mm。基本砖 M3 的大小端尺寸 C/D 100mm/90mm 加厚到加厚锁砖 M7 的 125mm/115mm，楔差 ΔC 保持同为 10mm 和单位楔差 $\Delta C'$ 保持同为 0.050，但外直径 $D_。$ 由 M3 的 4080.0mm 增大到 M7 的 5080.0mm。基本砖 N1 的大小端尺寸 C/D 100mm/90mm 加厚到加厚锁砖 N7 的 125mm/115mm，楔差 ΔC 保持同为 10mm 和单位楔差 $\Delta C'$ 保持同为 0.043，但外直径 D_o 由 N1 的 4692.0mm 增大到 N7 的 5842.0mm。基本砖 P1 的大小端尺寸 C/D 110mm/100mm 加厚到加厚锁砖 P7 的 125mm/115mm，楔差 ΔC 保持同为 10mm 和单位楔差 $\Delta C'$ 保持同为 0.043，但外直径 D_o 由 P1 的 5152.0mm 增大到 P7 的 5842.0mm。基本砖 R1 的大小端尺寸 C/D 110mm/100mm 加厚到加厚锁砖 R7 的 125mm/115mm，楔差 ΔC 保持同为 10mm 和单位楔差 $\Delta C'$ 保持同为 0.040，但外直径 D_o 由 R1 的 5600.0mm 增大到 R7 的 6350.0mm。

前苏联水泥回转窑用砖尺寸标[16] 中，方镁石尖晶质基本砖 пшц-29 的尺寸规格为 230mm×（80mm/73mm）×150mm，大小端尺寸 C/D 80mm/73mm 平行加厚 40mm 后，成为规格为 230mm×（120mm/113mm）×150mm 的加厚砖 пшц-30，从表 1-12 看得出两砖号的楔差 ΔC 同为 7mm 和单位楔差 $\Delta C'$ 同为 0.030，但外直径 D_o 由基本砖 пшц-29 的 5388.6mm 增大到加厚砖 пшц-30 的 8017.1mm。加厚砖 пшц-30 不仅可以作为该组的加厚锁砖，由表 1-12 和表 1-20 看出它明明白白作为大直径楔形砖参与配砌双楔形砖砖环。在本书 1.5.1 节中作为示例 1 方案 1：пшц-29 与 пшц-30 不等端尺寸双楔形砖砖环。这里用基于尺寸特征的双楔形砖砖环中国计算式 1-11 和式 1-12 计算砖量。

经查表 1-12，пшц-29 和 пшц-30 的每环极限砖数同为 $K'_{\text{пшц-29}} = K'_{\text{пшц-30}} = 206.448$ 块。

$$K_{\text{пшц-29}} = \frac{(8017.143 - 6000.0) \times 206.448}{8017.143 - 5388.571} = 158.426 \text{ 块}$$

$$K_{\text{пшц-30}} = \frac{(6000.0 - 5388.571) \times 206.448}{8017.143 - 5388.571} = 48.022 \text{ 块}$$

$$K_h = 158.426 + 48.022 = 206.448 \text{ 块}$$

从示例 1 方案 1 这个不等端双楔形砖砖环采用基于尺寸特征的双楔形砖砖环中国计算式后，受到以下启发：

第一，小直径基本楔形砖与大小端尺寸平行加厚（楔差不变）外直径增大的大直径加厚楔形砖配砌成不等端尺寸双楔形砖砖环。这种 20 世纪 70 年代由前苏联配砌的"一薄一厚"不等端尺寸双楔形砖砖环，为后人成功地提供了不减小楔差也能增大砖的外直径的方案。

第二，20 世纪末，我们已看出小直径基本楔形砖与大直径加厚楔形砖的楔差相等。不知当年前苏联是否知道这一点。

第三，计算这两种砖的尺寸特征（见表 1-12）和采用基于尺寸特征的双楔形砖砖环中国计算式，发现小直径基本楔形砖与大直径加厚楔形砖的每环极限砖数相等，并且砖环总砖数也等于相配砌两砖的每环极限砖数，即 $K'_x = K'_d = K_h$。当然也不了解当年前苏联人是否知道这些。

在前苏联标准[16] 小直径基本楔形砖 пшц-29 与大直径加厚楔形砖 пшц-30 等楔差双楔形砖砖环成功经验鼓舞下，在基于尺寸特征的双楔形砖砖环中国计算式指导下，结合我国对等楔差双楔形砖砖环研究成果，从我国标准[44] 通过审定之日起提出了增大等中间尺寸 $P = 75$mm 最大外直径楔形砖楔差的方案，通过文献 [48] 提供给同行。以原标准[44] 等中间尺寸 $P = 75$mm 的钝楔形砖（C/D 78.8mm/71.3mm 的 C418、C420、C522、C525）为小直径基本楔形砖，设计计算与之配砌的大直径加厚楔形砖（G618、G620、G722、G825）

的尺寸。大直径加厚楔形砖的中间直径 D_{pd} 取与之配砌的同组小直径基本钝楔形砖中间直径的 1.5 倍；单位楔差 $\Delta C'$ 与同组小直径基本钝楔形砖相等，即楔差 ΔC 增大到 7.5mm。由 $D_o = 2C/\Delta C'$ 导出的 $C = D_o\Delta C'/2$ 计算大直径加厚砖的大端尺寸 C。例如 A 为 250mm 一组大直径加厚砖 G825 的中间直径取同组钝楔形砖 C525 中间直径（5383.333-250）的 1.5 倍，即 $D_{pd} = 1.5(5383.333 - 250) = 7700.0$mm，外直径 $D_o = 7700.0 + 250 = 7950.0$mm。G825 的单位楔差同取 C525 的单位楔差 0.030，$C_{G825} + 2 = 7950.0 \times 0.030/2 = 119.25$mm，则 G825 的大端尺寸 $C_{G825} = 119.25 - 2 = 117.25$mm，G825 的小端尺寸 $D_{G825} = 117.25 - 7.5 = 109.75$mm。用同样方法计算了其余 A 为 180mm、200mm 和 220mm 3 组大直径加厚砖 G618、G620 和 G722 的尺寸，见表 1-30。从表 1-30 知 G618、G620、G722 和 G825 的中间直径比同组钝楔形砖 C418、C420、C522 和 C525 分别增大 50%；看到 G618、G620、G722 和 G825 的外直径分别与被替代的 C618、C620、C722 和 C825[❶] 的外直径相等，但这些设想新设计加厚砖的楔差都增大到 7.5mm，单位楔差分别增大到 0.042、0.038、0.034 和 0.030。就是说每组最大直径回转窑用砖，由原来的微楔形砖改换为钝楔形砖。在这种情况下，可能抽沉、脱落的计算长度或残砖剩余长度由原来的 50mm 再减小到 $A' = 1/0.030 = 33.3$mm。在实际应用中，G618、G620、G722 和 G825 分别可放心代替 C618、C620、C722 和 C825。这些外直径不减小、单位楔差增大的加厚钝楔形砖的特点，就是大小端尺寸 C/D 加厚到 117.25mm/109.75mm。砖加厚后体积和单重自然增大。日本和前苏联已经有 C/D 分别大到 125mm/115mm 和 120mm/113mm（见表 1-2 和表 1-12）的实例。这种厚度砖的生产没有任何困难。体积最大（5618.3cm³）、尺寸规格 250mm × (117.25mm/109.75mm) × 198mm 的 G825 的计算单重为 16.85kg，接近日本单重 16kg 的限制[5]。至于加厚碱性砖的热膨胀不可忽视，可通过调整夹垫钢板厚度、数量和特殊膨胀缝等措施有效缓解。

　　增大大直径加厚楔形砖楔差的设想方案（表 1-30），受到不少热情同行的关注和响应。在讨论它的可行性问题中，作者受到进一步的启发。从 C418 与 G618 砖环、C420 与 G620 砖环、C522 与 G722 砖环以及 C525 与 G825 砖环这些配砌方案中直接体会到：（1）这 4 个双楔形砖砖环中每个砖环都由较薄（大小端尺寸 C/D 同为 78.8mm/71.3mm）的原基本楔形砖（C418、C420、C522、C525）与新设计的加厚（大小端尺寸 C/D 同为 117.3mm/109.8mm）的楔形砖（G618、G620、G722、G825）配砌而成。（2）这 4 个双楔形砖砖环内相配砌两砖的每环极限砖数 K'_o、单位楔差 $\Delta C'$ 和中心角 θ_o 彼此相等。这是由两砖楔差 $\Delta C = C - D$ 相等引起的。这些相配砌两砖楔差相等的双楔形砖砖环，与以往的等大端尺寸系列、等小端尺寸系列和等中间尺寸系列一起，又形成了"等楔差系列"（constant taper series）。（3）采用等楔差双楔形砖砖环（tow-taper system of ring with constant taper series），可将原楔形砖加厚（但楔差不变）增大外直径。（4）在等楔差双楔形砖砖环内，为增大每组原最大外直径微楔形砖的外半径，其加厚时应在基于尺寸特征的双楔形砖砖环中国计算式指导下，将加厚砖的外直径与相配砌原小直径基本砖（C618、C620、C722 和 C825）

---

　　❶　原标准[44] 的 C418、C420、C522、C525、C618、C620、C722 和 C825 分别与标准[8] 的 H18-78.8/71.3、H20-78.8/71.3、H22-78.8/71.3、H25-78.8/71.3、H18-77.5/72.5、H20-77.5/72.5、H22-77.5/72.5 和 H25-77.5/72.5 对应等同。

外直径成连续的简单整数比，例如 3.0/4.0。以 $A = 200\text{mm}$、外直径 $D_{C620} = 6360.0\text{mm}$ 的 C620 作为小直径楔形砖为例，与其配砌的大直径加厚砖 C820 的外直径 $D_{C820} = 6360.0 \times 4.0/3.0 = 8480.0\text{mm}$，C820 的大端尺寸 $C_{C820} = D_{C820}\Delta C'/2 - 2 = D_{C820}\Delta C/(2A) - 2 = 8480.0 \times 5.0/(2 \times 200) - 2 = 104.0\text{mm}$，小端尺寸 $D_{C820} = 104.0 - 5.0 = 99.0\text{mm}$，每环极限砖数 $K'_{C820} = 2\pi \times 200/5.0 = 251.328$ 块，单位楔差 $\Delta C'_{C820} = 5.0/200 = 0.025$。可见大直径加厚砖 C820 与小直径楔形砖 C620 的每环极限砖数、楔差和单位楔差分别相等（见表 1-31），用同样方法计算 3A 为 180mm、220mm 和 250mm 大直径加厚砖的尺寸列入表 1-31 中。

表 1-30　增大大直径加厚楔形砖楔差的设想方案（1999 年）

双楔形砖砖环内砖的名称和尺寸砖号	尺寸/mm			外直径/mm $D_o = \dfrac{2(C + \delta)A}{C - D}$		每环极限砖数/块 $K'_o = \dfrac{2\pi A}{C - D}$	单位楔差 $\Delta C' = \dfrac{C - D}{A}$	体积/cm³
	A	C/D	B	$\delta = 1\text{mm}$	$\delta = 2\text{mm}$			
小直径基本楔形砖 C418	180	78.8/71.3	198	3828.0	3876.0	150.797	0.042	2673.0
大直径加厚楔形砖 G618	180	117.3/109.8	198	5676.0	5724.0	150.797	0.042	4045.1
被代替大直径楔形砖 C618	180	77.5/72.5	198	5652.0	5724.0	226.195	0.028	2673.0
小直径基本楔形砖 C420	200	78.8/71.3	198	4253.3	4306.67	167.552	0.038	2970.0
大直径加厚楔形砖 G620	200	117.3/109.8	198	6306.67	6360.0	167.552	0.038	4494.6
被代替大直径楔形砖 C620	200	77.5/72.5	198	6280.0	6360.0	251.328	0.025	2970.0
小直径基本楔形砖 C522	220	78.8/71.3	198	4678.67	4737.33	184.307	0.034	3267.0
大直径加厚楔形砖 G722	220	117.3/109.8	198	6937.33	6990.0	184.307	0.034	4944.1
被代替大直径楔形砖 C722	220	77.5/72.5	198	6908.0	6990.0	276.461	0.023	3267.0
小直径基本楔形砖 C525	250	78.8/71.3	198	5316.67	5383.33	209.44	0.030	3712.5
大直径加厚楔形砖 G825	250	117.3/109.8	198	7883.33	7950.0	209.44	0.030	5618.3
被代替大直径楔形砖 C825	250	77.5/72.5	198	7850.0	7950.0	314.16	0.020	3712.5

表 1-31　增大大直径加厚砖外直径的设想方案（2010 年）

双楔形砖砖环内砖的名称和尺寸砖号	尺寸/mm			外直径/mm $D_o = \dfrac{2(C + \delta)A}{C - D}$		每环极限砖数/块 $K'_o = \dfrac{2\pi A}{C - D}$	单位楔差 $\Delta C' = \dfrac{C - D}{A}$	体积/cm³
	A	C/D	B	$\delta = 1\text{mm}$	$\delta = 2\text{mm}$			
小直径楔形砖 C618	180	77.5/72.5	198	5652.0	5724.0	226.195	0.028	2673.0
大直径加厚砖 C818	180	104.0/99.0	198	7560.0	7632.0	226.195	0.028	3617.5
小直径楔形砖 C620	200	77.5/72.5	198	6280.0	6360.0	251.328	0.025	2970.0
大直径加厚砖 C820	200	104.0/99.0	198	8400.0	8480.0	251.328	0.025	4019.4
小直径楔形砖 C722	220	77.5/72.5	198	6908.0	6996.0	276.461	0.023	3267.0
大直径加厚砖 C922	220	104.0/99.0	198	9240.0	9328.0	276.461	0.023	4421.3
小直径楔形砖 C825	250	77.5/72.5	198	7850.0	7950.0	314.160	0.020	3712.5
大直径加厚砖 C1025	250	104.0/99.0	198	10500.0	10600.0	314.160	0.020	5024.3

从表 1-31 看到，大直径加厚砖 C818、C820、C922 和 C1025 的外直径分别与相配砌的

小直径楔形砖 C618、C620、C722 和 C825 外直径之比都为 4.0/3.0；这些等楔差双楔形砖砖环内，相配砌两种楔形砖 C618 与 C818、C620 与 C820、C722 与 C922 以及 C825、C1025 的楔差、单位楔差和每环极限砖数分别相等；小直径楔形砖（C618、C620、C722 和 C825）的大小端尺寸 C/D 同为 77.5mm/72.5mm，大直径加厚砖（C818、C820、C922 和 C1025）的大小端尺寸 C/D 同为 104.0mm/99.0mm。增大大直径加厚砖外直径的设想方案（表 1-31）通过文献［9］提供给同行和读者。

　　表 1-30 和表 1-31 等楔差双楔形砖砖环内相配砌两楔形砖的每环极限砖数 K'_x 和 K'_d 相等，这是由两砖楔差 $\Delta C = C - D$ 或单位楔差 $\Delta C' = (C - D)/A$ 彼此相等决定的。楔形砖每环极限砖数 $K'_。$ 的定义式 $K'_。 = 2\pi A/(C - D) = 2\pi/\Delta C'$（式 1-2a），就是说同组楔形砖中只要 $\Delta C = C - D$ 相等，各楔形砖的每环极限砖数 $K'_。$ 必然相等。例如在日本标准[5]（表 1-2），A 同为 200mm 楔形砖中就有 L1、L7 和 M1 的每环极限砖数同为 104.720 块，这是由于这三个砖号的楔差分别为（89 - 77）mm、（115 - 103）mm 和（100 - 88）mm 且都等于 12mm；A 同为 230mm 楔形砖中就有 N1、N7、P1 和 P7 的每环极限砖数同为 144.514 块，这是由于这 4 个砖号的楔差分别为（100 - 90）mm、（125 - 115）mm、（110 - 100）mm 和（125 - 115）mm 且都等于 10mm。甚至不同 A 的各组楔形砖中，根据 $K'_。 = 2\pi/\Delta C'$，只要单位楔差 $\Delta C'$ 相同，它们的每环极限砖数也必然相等。例如德国标准[17] 表 1-16 中，A 为 200mm 的 B820、A 为 250mm 的 B725 和 A 为 300mm 的 B730，虽然这 3 个砖号不同组但单位楔差都等于 0.020，因此这 3 个砖号的每环极限砖数也必然都等于 314.160 块。德国标准[17] 表 1-17 中，A 为 160mm 的 716、A 为 200mm 的 720 和 A 为 250mm 的 725，虽然不同组但单位楔差都等于 0.030，因此这 3 个砖号的每环极限砖数都同等于 89.760 块。

　　回转窑筒体等楔差双楔形砖砖环，由大小端尺寸 C_2/D_2 的小直径基本砖与大小端尺寸 C_1/D_1 的大直径加厚锁砖相配砌而成（把锁缝区的加厚锁砖同时作为等楔差双楔形砖砖环的大直径加厚砖）。由于在起草我国标准[8] 中采用等楔差 5.0mm 和 7.5mm 双楔形砖砖环，所以每组都各有楔差为 5.0mm 和 7.5mm 的小直径基本砖 2 个砖号和大直径加厚砖 2 个砖号，每环极限砖数相同。由于两砖楔差相等 $\Delta C = C_1 - D_1 = C_2 - D_2$，$K'_x = 2\pi A/\Delta C = K'_d$。例如 $A = 200$mm 一组，楔差 5.0mm 的小直径基本砖 H20-77.5/72.5 和 H20-100/95.0，楔差 5.0mm 的大直径加厚砖 H20-104.0/99.0 和 H20-120.4/115.4，这 4 个砖号的每环极限砖数都同为 251.328 块。A 同为 200mm 一组楔差 7.5mm 的小直径基本砖 H20-78.8/71.3 和 H20-100/92.5，楔差 7.5mm 的大直径加厚砖 H20-119.1/111.6 和 H20-120.4/112.9，这 4 个砖号的每环极限砖数都同为 167.552 块。其余 A 为 160mm、180mm、220mm 和 250mm 各组，都分别有楔差 5.0mm 和 7.5mm 各 4 个砖号相等的每环极限砖数（见表 1-13 ~ 表 1-15）。

　　在等楔差双楔形砖砖环，由于相配砌两楔形砖的每环极限砖数 K'_x 和 K'_d 相等，即 $K'_x = K'_d$，一块楔形砖直径变化量 $(\Delta D)'_{1x}$ 和 $(\Delta D)'_{1d}$ 也随着必然相等。这是因为 $(\Delta D)'_{1x} = (D_d - D_x)/K'_x$ 和 $(\Delta D)'_{1d} = (D_d - D_x)/K'_d$ 两式中 $K'_x = K'_d$，所以 $(\Delta D)'_{1x} = (\Delta D)'_{1d}$。将 $D_x = 2C_2A/\Delta C$、$D_d = 2C_1A/\Delta C$ 和 $K'_x = 2\pi A/\Delta C$ 代入 $(\Delta D)'_{1x} = (D_d - D_x)/K'_x$ 并按 $C_1 - D_1 = C_2 - D_2$ 化简得 $(\Delta D)'_{1x} = (C_1 - C_2)/\pi$。$m = n = 1/(\Delta D)'_{1x} = \pi/(C_1 - C_2)$。对照式 1-13 ~ 式 1-18，等楔差双楔形砖砖环可采用以下计算通式：

$$K_x = m(D_d - D) \tag{1-35}$$

$$K_d = m(D - D_x) \tag{1-36}$$

$$K_x = \frac{D_d - D}{(\Delta D)'_{1x}} \tag{1-37}$$

$$K_d = \frac{D - D_x}{(\Delta D)'_{1x}} \tag{1-38}$$

或

$$K_x = TK'_x - mD \tag{1-39}$$

$$K_d = mD - QK'_x \tag{1-40}$$

式 1-35 与式 1-36 相加，得等楔差双楔形砖砖环总砖数 K_h：

$$K_h = m(D_d - D_x) \tag{1-41}$$

式 1-39 与式 1-40 相加，得等楔差双楔形砖砖环总砖数 K_h：

$$K_h = (T - Q)K'_x = K'_x = K'_d \tag{1-42}$$

式 1-41 与式 1-42 对照 $m(D_d - D_x) = K'_x$ 或将 $m = \pi/(C_1 - C_2)$、$D_d = 2C_1 A/\Delta C$ 和 $D_x = 2C_2 A/\Delta C$ 代入式 1-41 也得 $K_h = K'_x$。这是非常有趣的结果：等楔差双楔形砖砖环的总砖数 K_h 等于相配砌两楔形砖的每环极限砖数 K'_x 或 K'_d。

不要从等楔差双楔形砖砖环有个"等"字就把它归属于等端（间）尺寸双楔形砖砖环。其实，等楔差双楔形砖砖环属于不等端尺寸双楔形砖砖环，这一点将在以后的不等端尺寸双楔形砖砖环一节中说明。

在不等端尺寸双楔形砖砖环，$T - Q = 1$。等楔差双楔形砖砖环，由 T 和 Q 的定义式 $T = D_d/(D_d - D_x)$ 和 $Q = D_x/(D_d - D_x)$ 知 $T - Q = (D_d - D_x)/(D_d - D_x) = 1$。式 1-42 之所以成立，就是在 $T - Q = 1$ 的前提下形成的。

由于等楔差双楔形砖砖环内两砖楔差相等，两砖楔差比为 $1:1$。但在 $T - Q = 1$ 前提下，$T = 1 + Q$ 和 $Q = T - 1$，$Q/T = Q/(1 + Q)$，显然 $Q/T \neq 1:1$，不能用两砖楔差比直接求得 Q 和 T。另外，在等楔差双楔形砖砖环，根据 Q 和 T 的定义式，$D_x \neq D_d$，$Q \neq T$，$Q/T \neq 1$，所以 $Q/T \neq (C_1 - D_1)/(C_2 - D_2)$，也同样表明不能由两砖楔差比 $(C_1 - D_1)/(C_2 - D_2)$ 直接求得 Q 和 T 来。在等楔差双楔形砖砖环，只好按 Q 和 T 的定义式 $Q = D_x/(D_d - D_x)$ 和 $T = D_d/(D_d - D_x)$ 计算 Q 和 T，这两式中 D_x 为小直径基本砖的外直径，而 D_d 为大直径加厚砖的外直径。$Q/T = [D_x/(D_d - D_x)] : [D_d/(D_d - D_x)] = D_x/D_d$，亦即对于等楔差双楔形砖砖环而言 Q 与 T 之比等于两砖外直径之比 (D_x/D_d)，而且受 $T - Q = 1$ 限制，必须为连续的整数比。此外，大直径加厚砖的外直径 D_d 的选择，视需要比 D_x 增大倍数和由 D_d 计算出加厚砖的大端尺寸 C_1 不能太大为原则。由 $D_d = 2(C_1 + \delta)A/\Delta C$ 导出的 $C_1 = D_d \Delta C/(2A) - \delta$，计算了加厚砖的大端尺寸 C_1，再由 $D_1 = C_1 - \Delta C$ 计算了加厚砖的小端尺寸 D_1。按这一计算方法设计计算了我国标准[8]中回转窑专用锁砖（即等楔差双楔形砖砖环中大直径加厚砖）的尺寸和尺寸特征，见表 1-15。

等楔差 5.0mm 的小直径基本砖 H20-77.5/72.5 与大直径加厚砖 H20-104.0/99.0 双楔形砖砖环的外直径比 D_x/D_d 取 3.0/4.0 时，即 $Q = 3.0$ 和 $T = 4.0$，大直径加厚砖的外直径 $D_{H20-104.0/99.0} = 4.0 D_{H20-77.5/72.5}/3.0 = 4.0 \times 6360.0/3.0 = 8480.0$mm。H20-104.0/99.0 的大端

尺寸 $C_1 = 8480.0 \times 5.0/(2 \times 200) - 2 = 104.0$mm，其小端尺寸 $D_1 = 104.0 - 5.0 = 99.0$mm。
用同样的方法计算了 H16-104.0/99.0、H18-104.0/99.0、H22-104.0/99.0 和 H25-104.0/
99.0 的 C_1/D_1 均为 104.0mm/99.0mm。对于等楔差 5.0mm 的碱性砖系列双楔形砖砖环而
言，$(\Delta D)'_{1x} = (\Delta D)'_{1d} = (C_1 - C_2)/\pi = (104.0 - 77.5)/\pi = 8.4352$，$n = m = \pi/$
$(104.0 - 77.5) = 0.11855$，$Q = 3.0$ 和 $T = 4.0$，$D_d = 4.0D_x/3.0$，则这些等楔差 5.0mm 双
楔形砖砖环的规范通式可写作：

$$K_x = 0.11855(D_d - D) \tag{1-35a}$$

$$K_d = 0.11855(D - D_x) \tag{1-36a}$$

$$K_x = \frac{D_d - D}{8.4352} \tag{1-37a}$$

$$K_d = \frac{D - D_x}{8.4352} \tag{1-38a}$$

$$K_x = 4.0K'_x - 0.11855D \tag{1-39a}$$

$$K_d = 0.11855D - 3.0K'_x \tag{1-40a}$$

$$K_h = 0.11855(D_d - D_x) \tag{1-41a}$$

　　等楔差 5.0mm 的小直径基本砖 H20-100/95.0 与大直径加厚砖 H20-120.4/115.4 双楔
形砖砖环的外直径比 D_x/D_d 取 5.0/6.0 时，即 $Q = 5.0$ 和 $T = 6.0$，大直径加厚砖 H20-
120.4/115.4 的外直径 $D_{H20\text{-}120.4/115.4} = 6.0D_{H20\text{-}100/95.0}/5.0 = 6.0 \times 8160.0/5.0 = 9792.0$mm。
H20-120.4/115.4 的大端尺寸 $C_1 = 9792.0 \times 5.0/(2 \times 200) - 2 = 124.4$mm，则其小端尺寸
$D_1 = 120.4 - 5.0 = 115.4$mm。用同样方法计算了 H16-120.4/115.4、H18-120.4/115.4、
H22-120.4/115.4 和 H25-120.4/115.4 的 C_1/D_1 均为 120.4mm/115.4mm。对于等楔差
5.0mm 的非碱性砖系列双楔形砖砖环而言，$(\Delta D)'_{1x} = (\Delta D)'_{1d} = (C_1 - C_2)/\pi = (120.4 -$
$100.0)/\pi = 6.4935$，$n = m = \pi/(120.4 - 100.0) = 0.1540$，则这些等楔差双楔形砖砖环
的规范通式可写作：

$$K_x = 0.1540(D_d - D) \tag{1-35b}$$

$$K_d = 0.1540(D - D_x) \tag{1-36b}$$

$$K_x = \frac{D_d - D}{6.4935} \tag{1-37b}$$

$$K_d = \frac{D - D_x}{6.4935} \tag{1-38b}$$

$$K_x = 6.0K'_x - 0.1540D \tag{1-39b}$$

$$K_d = 0.1540D - 5.0K'_x \tag{1-40b}$$

$$K_h = 0.1540(D_d - D_x) \tag{1-41b}$$

　　等楔差 7.5mm 的小直径基本砖 H20-78.8/71.3 与大直径加厚砖 H20-119.1/111.6 双楔
形砖砖环的外直径比 D_x/D_d 取 2.0/3.0 时，即 $Q = 2.0$ 和 $T = 3.0$，大直径加厚砖 H20-
119.1/111.6 的外直径 $D_{H20\text{-}119.1/111.6} = 3.0D_{H20\text{-}78.8/71.3}/2.0 = 3.0 \times 4306.7/2.0 = 6460.0$mm。

H20-119. 1/111. 6 的大端尺寸 $C_1 = 6460. 0 \times 7. 5/(2 \times 200) - 2 = 119. 1$ mm，则其小端尺寸 $D_1 = 119. 1 - 7. 5 = 111. 6$ mm。用同样方法计算了 H16-119. 1/111. 6、H18-119. 1/111. 6、H22-119. 1/111. 6 和 H25-119. 1/111. 6 的 C_1/D_1 均为 119. 1mm/111. 6mm。对于等楔差 7. 5mm 的碱性砖系列双楔形砖砖环而言，$(\Delta D)'_{1x} = (\Delta D)'_{1d} = (C_1 - C_2)/\pi = (119. 125 - 78. 75)/\pi = 12. 8517, n = m = \pi/(119. 125 - 78. 75) = 0. 07781$，则这些等楔差双楔形砖砖环的规范通式可写作：

$$K_x = 0. 07781(D_d - D) \tag{1-35c}$$

$$K_d = 0. 07781(D - D_x) \tag{1-36c}$$

$$K_x = \frac{D_d - D}{12. 8517} \tag{1-37c}$$

$$K_d = \frac{D - D_x}{12. 8517} \tag{1-38c}$$

$$K_x = 3. 0K'_x - 0. 07781D \tag{1-39c}$$

$$K_d = 0. 07781D - 2. 0K'_x \tag{1-40c}$$

$$K_h = 0. 07781(D_d - D_x) \tag{1-41c}$$

等楔差 7. 5mm 的小直径基本砖 H20-100/92. 5 与大直径加厚砖 H20-120. 4/112. 9 双楔形砖砖环的外直径比 D_x/D_d 取 5. 0/6. 0 时，即 $Q = 5. 0$ 和 $T = 6. 0$，大直径加厚砖 H20-120. 4/112. 9 的外直径 $D_{H20-120. 4/112. 9} = 6. 0D_{H20-100/92. 5}/5. 0 = 6. 0 \times 5440. 0/5. 0 = 6528. 0$ mm。H20-120. 4/112. 9 的大端尺寸 $C_1 = 6528. 0 \times 7. 5/(2 \times 200) - 2 = 120. 4$ mm，则其小端尺寸 $D_1 = 120. 4 - 7. 5 = 112. 9$ mm。用同样方法计算了 H16-120. 4/112. 9、H18-120. 4/112. 9、H22-120. 4/112. 9 和 H25-120. 4/112. 9 的 C_1/D_1 均为 120. 4mm/112. 9mm。对于等楔差 7. 5mm 的非碱性砖系列双楔形砖砖环而言，$(\Delta D)'_{1x} = (\Delta D)'_{1d} = (C_1 - C_2)/\pi = (120. 4 - 100)/\pi = 6. 4935, n = m = \pi/(120. 4 - 100) = 0. 1540$，则这些等楔差双楔形砖砖环的规范通式可写作：

$$K_x = 0. 1540(D_d - D) \tag{1-35b}$$

$$K_d = 0. 1540(D - D_x) \tag{1-36b}$$

$$K_x = \frac{D_d - D}{6. 4935} \tag{1-37b}$$

$$K_d = \frac{D - D_x}{6. 4935} \tag{1-38b}$$

$$K_x = 6. 0K'_x - 0. 1540D \tag{1-39b}$$

$$K_d = 0. 1540D - 5. 0K'_x \tag{1-40b}$$

$$K_h = 0. 1540(D_d - D_x) \tag{1-41b}$$

等楔差 5. 0mm 和 7. 5mm 双楔形砖砖环规范通式列入表 1-32 中。

将等楔差 5. 0mm 双楔形砖砖环规范通式中每个砖环的 D_x、D_d 和 K'_x 代入之，得每个砖环的简易计算式，见表 1-33 和表 1-34。将等楔差 7. 5mm 双楔形砖砖环规范通式中每个

砖环的 D_x、D_d 和 K'_x代入之，得每个砖环的简易计算式，见表1-35和表1-36。

表1-32 等楔差5.0mm和7.5mm回转窑砖衬双楔形砖砖环规范通式

配砌尺寸砖号		外直径/mm		外直径比	规范式系数		每环砖量规范通式
小直径基本砖	大直径加厚砖	D_x	D_d	D_x/D_d	Q	T	
等楔差5.0mm双楔形砖砖环							
H16-77.5/72.5	H16-104.0/99.0	5088.0	6784.0	3.0/4.0	3.0	4.0	$K_x = 0.11855(D_d - D)$
H18-77.5/72.5	H18-104.0/99.0	5724.0	7632.0	3.0/4.0	3.0	4.0	$K_x = (D_d - D)/8.4352$
H20-77.5/72.5	H20-104.0/99.0	6360.0	8480.0	3.0/4.0	3.0	4.0	$K_x = 4.0 K'_x - 0.11855D$ $K_d = 0.11858(D - D_x)$
H22-77.5/72.5	H22-104.0/99.0	6996.0	9328.0	3.0/4.0	3.0	4.0	$K_d = (D - D_x)/8.4352$
H25-77.5/72.5	H25-104.0/99.0	7950.0	10600.0	3.0/4.0	3.0	4.0	$K_d = 0.11858D - 3.0 K'_x$ $K_h = K'_x = K'_d = 0.11855(D_d - D_x)$
H16-100/95.0	H16-120.4/115.4	6528.0	7833.6	5.0/6.0	5.0	6.0	$K_x = 0.1540(D_d - D)$
H18-100/95.0	H18-120.4/115.4	7344.0	8812.8	5.0/6.0	5.0	6.0	$K_x = (D_d - D)/6.4935$
H20-100/95.0	H20-120.4/115.4	8160.0	9792.0	5.0/6.0	5.0	6.0	$K_x = 6.0 K'_x - 0.1540D$ $K_d = 0.1540(D - D_x)$
H22-100/95.0	H22-120.4/115.4	8976.0	10771.2	5.0/6.0	5.0	6.0	$K_d = (D - D_x)/6.4935$
H25-100/95.0	H25-120.4/115.4	10200.0	12240.0	5.0/6.0	5.0	6.0	$K_d = 0.1540D - 5.0 K'_x$ $K_h = K'_x = K'_d = 0.1540(D_d - D_x)$
等楔差7.5mm双楔形砖砖环							
H16-78.8/71.3	H16-119.1/111.6	3445.3	5168.0	2.0/3.0	2.0	3.0	$K_x = 0.07781(D_d - D)$
H18-78.8/71.3	H18-119.1/111.6	3876.0	5814.0	2.0/3.0	2.0	3.0	$K_x = (D_d - D)/12.8517$
H20-78.8/71.3	H20-119.1/111.6	4306.7	6460.0	2.0/3.0	2.0	3.0	$K_x = 3.0K'_x - 0.07781D$ $K_d = 0.07781(D - D_x)$
H22-78.8/71.3	H22-119.1/111.6	4737.3	7106.0	2.0/3.0	2.0	3.0	$K_d = (D - D_x)/12.8517$
H25-78.8/71.3	H25-119.1/111.6	5383.3	8075.0	2.0/3.0	2.0	3.0	$K_d = 0.07781D - 2.0 K'_x$ $K_h = K'_x = K'_d = 0.07781(D_d - D_x)$
H16-100/92.5	H16-120.4/112.9	4352.0	5222.4	5.0/6.0	5.0	6.0	$K_x = 0.1540(D_d - D)$
H18-100/92.5	H18-120.4/112.9	4896.0	5875.2	5.0/6.0	5.0	6.0	$K_x = (D_d - D)/6.4935$
H20-100/92.5	H20-120.4/112.9	5440.0	6528.0	5.0/6.0	5.0	6.0	$K_x = 6.0K'_x - 0.1540D$ $K_d = 0.1540(D - D_x)$
H22-100/92.5	H22-120.4/112.9	5984.0	7180.8	5.0/6.0	5.0	6.0	$K_d = (D - D_x)/6.4935$
H25-100/92.5	H25-120.4/112.9	6800.0	8160.0	5.0/6.0	5.0	6.0	$K_d = 0.1540D - 5.0K'_x$ $K_h = K'_x = K'_d = 0.1540(D_d - D_x)$

由表1-32～表1-36可以看出等楔差双楔形砖砖环规范通式和简易计算式的两定值项绝对值不相等。在 TK'_x 与 QK'_d 中既然 $K'_x = K'_d$ 和 $T \neq Q$，所以 $TK'_x \neq QK'_d$。关于这一点，应注意等楔差双楔形砖砖环属于不等端尺寸双楔形砖砖环，而不等端尺寸双楔形砖砖环简易计算中两定值项绝对值是不相等的。

在表1-33和表1-34，虽然大直径加厚砖的楔差仍保持5.0mm，但其外直径却增大到10600.0mm（对碱性砖而言）和12240.0mm（对非碱性砖而言）。在表1-35和表1-36，虽然大直径加厚砖的外直径并未增大，但其楔差却由5.0mm增大到7.5mm。

表1-33　等楼差5.0mm、$Q/T=3.0/4.0$ 回转窑双楔形砖砖环简易计算式

配砌尺寸砖号 小直径基本砖	大直径加厚砖	砖环外直径范围 $D_x \sim D_d$ /mm	每环极限砖数/块 $K'_x = K'_d = K_h$	$(\Delta D)'_{1x} = (\Delta D)'_{1d}$	简易式系数 $m=n$	Q	T	每环砖量简易计算式/块 小直径基本砖数量 K_x	大直径加厚砖数量 K_d
H16-77.5/72.5	H16-104.0/99.0	5088.0 ~ 6784.0	201.062	8.4352	0.11855	3.0	4.0	$K_{\text{H16-77.5/72.5}} = 0.11855(6784.0 - D)$	$K_{\text{H16-104.0/99.0}} = 0.11855(D - 5088.0)$
								$K_{\text{H16-77.5/72.5}} = (6784.0 - D)/8.4352$	$K_{\text{H16-104.0/99.0}} = (D - 5088.0)/8.4352$
								$K_{\text{H16-77.5/72.5}} = 4.0 \times 201.062 - 0.11855D$	$K_{\text{H16-104.0/99.0}} = 0.11855D - 3.0 \times 201.062$
H18-77.5/72.5	H18-104.0/99.0	5724.0 ~ 7632.0	226.195	8.4352	0.11855	3.0	4.0	$K_{\text{H18-77.5/72.5}} = 0.11855(7632.0 - D)$	$K_{\text{H18-104.0/99.0}} = 0.11855(D - 5724.0)$
								$K_{\text{H18-77.5/72.5}} = (7632.0 - D)/8.4352$	$K_{\text{H18-104.0/99.0}} = (D - 5724.0)/8.4352$
								$K_{\text{H18-77.5/72.5}} = 4.0 \times 226.195 - 0.11855D$	$K_{\text{H18-104.0/99.0}} = 0.11855D - 3.0 \times 226.195$
H20-77.5/72.5	H20-104.0/99.0	6360.0 ~ 8480.0	251.328	8.4352	0.11855	3.0	4.0	$K_{\text{H20-77.5/72.5}} = 0.11855(8480.0 - D)$	$K_{\text{H20-104.0/99.0}} = 0.11855(D - 6360.0)$
								$K_{\text{H20-77.5/72.5}} = (8480.0 - D)/8.4352$	$K_{\text{H20-104.0/99.0}} = (D - 6360.0)/8.4352$
								$K_{\text{H20-77.5/72.5}} = 4.0 \times 251.328 - 0.11855D$	$K_{\text{H20-104.0/99.0}} = 0.11855D - 3.0 \times 251.328$
H22-77.5/72.5	H22-104.0/99.0	6996.0 ~ 9328.0	276.461	8.4352	0.11855	3.0	4.0	$K_{\text{H22-77.5/72.5}} = 0.11855(9328.0 - D)$	$K_{\text{H22-104.0/99.0}} = 0.11855(D - 6996.0)$
								$K_{\text{H22-77.5/72.5}} = (9328.0 - D)/8.4352$	$K_{\text{H22-104.0/99.0}} = (D - 6996.0)/8.4352$
								$K_{\text{H22-77.5/72.5}} = 4.0 \times 276.461 - 0.11855D$	$K_{\text{H22-104.0/99.0}} = 0.11855D - 3.0 \times 276.461$
H25-77.5/72.5	H25-104.0/99.0	7950.0 ~ 10600.0	314.160	8.4352	0.11855	3.0	4.0	$K_{\text{H25-77.5/72.5}} = 0.11855(10600.0 - D)$	$K_{\text{H25-104.0/99.0}} = 0.11855(D - 7950.0)$
								$K_{\text{H25-77.5/72.5}} = (10600.0 - D)/8.4352$	$K_{\text{H25-104.0/99.0}} = (D - 7950.0)/8.4352$
								$K_{\text{H25-77.5/72.5}} = 4.0 \times 31.160 - 0.11855D$	$K_{\text{H25-104.0/99.0}} = 0.11855D - 3.0 \times 314.160$

注:1. 本表计算中砌缝(辐射缝)厚度取2.0mm。
2. 砖环总砖数 $K_h = K'_x = K'_d = 0.11855(D_d - D_x)$。

表 1-34 等楔差 5.0mm, $Q/T=5.0/6.0$ 回转窑双楔形砖砖环简易计算式

配砌尺寸砖号		砖环外直径范围 $D_x \sim D_d$ /mm	每环极限砖数/块 $K'_x = K'_d = K_h$	简易式系数				每环砖量简易计算式/块	
小直径基本砖	大直径加厚砖			$(\Delta D)'_{1x} = (\Delta D)'_{1d}$	$m = n$	Q	T	小直径基本砖数量 K_x	大直径加厚砖数量 K_d
H16-100/95.0	H16-120.4/115.4	6528.0 ~ 7833.6	201.062	6.4935	0.1540	5.0	6.0	$K_{H16-100/95.0} = 0.1540(7833.6 - D)$	$K_{H16-120.4/115.4} = 0.1540(D - 6528.0)$
								$K_{H16-100/95.0} = (7833.6 - D)/6.4935$	$K_{H16-120.4/115.4} = (D - 6528.0)/6.4935$
								$K_{H16-100/95.0} = 6.0 \times 201.062 - 0.1540D$	$K_{H16-120.4/115.4} = 0.1540D - 5.0 \times 201.062$
H18-100/95.0	H18-120.4/115.4	7344.0 ~ 8812.8	226.195	6.4935	0.1540	5.0	6.0	$K_{H18-100/95.0} = 0.1540(8812.8 - D)$	$K_{H18-120.4/115.4} = 0.1540(D - 7344.0)$
								$K_{H18-100/95.0} = (8812.8 - D)/6.4935$	$K_{H18-120.4/115.4} = (D - 7344.0)/6.4935$
								$K_{H18-100/95.0} = 6.0 \times 226.195 - 0.1540D$	$K_{H18-120.4/115.4} = 0.1540D - 5.0 \times 226.195$
H20-100/95.0	H20-120.4/115.4	8160.0 ~ 9792.0	251.328	6.4935	0.1540	5.0	6.0	$K_{H20-100/95.0} = 0.1540(9792.0 - D)$	$K_{H20-120.4/115.4} = 0.1540(D - 8160.0)$
								$K_{H20-100/95.0} = (9792.0 - D)/6.4935$	$K_{H20-120.4/115.4} = (D - 8160.0)/6.4935$
								$K_{H20-100/95.0} = 6.0 \times 251.328 - 0.1540D$	$K_{H20-120.4/115.4} = 0.1540D - 5.0 \times 251.328$
H22-100/95.0	H22-120.4/115.4	8976.0 ~ 10771.2	276.461	6.4935	0.1540	5.0	6.0	$K_{H22-100/95.0} = 0.1540(10771.2 - D)$	$K_{H22-120.4/115.4} = 0.1540(D - 8976.0)$
								$K_{H22-100/95.0} = (10771.2 - D)/6.4935$	$K_{H22-120.4/115.4} = (D - 8976.0)/6.4935$
								$K_{H22-100/95.0} = 6.0 \times 276.461 - 0.1540D$	$K_{H22-120.4/115.4} = 0.1540D - 5.0 \times 276.461$
H25-100/95.0	H25-120.4/115.4	10200.0 ~ 12240.0	314.160	6.4935	0.1540	5.0	6.0	$K_{H25-100/95.0} = 0.1540(12240.0 - D)$	$K_{H25-120.4/115.4} = 0.1540(D - 10200.0)$
								$K_{H25-100/95.0} = (12240.0 - D)/6.4935$	$K_{H25-120.4/115.4} = (D - 10200.0)/6.4935$
								$K_{H25-100/95.0} = 6.0 \times 314.160 - 0.1540D$	$K_{H25-120.4/115.4} = 0.1540D - 5.0 \times 314.160$

注: 1. 本表计算中砌缝（辐射缝）厚度取 2.0mm。
2. 砖环总砖数 $K_h = K'_x = K'_d = 0.1540(D_d - D_x)$。

表 1-35　等楔差 7.5mm、$Q/T = 2.0/3.0$ 回转窑双楔形砌砖环简易计算式

配砌尺寸砖号		砖环外直径范围 $D_x \sim D_d$ /mm	每环极限砖数/块 $K'_x = K'_d = K_h$	$(\Delta D)'_{1x} = (\Delta D)'_{1d}$	简易式系数			每环砖量简易计算式	
小直径基本砖	大直径加厚砖				$m=n$	Q	T	小直径基本砖数量 K_x	大直径加厚砖数量 K_d
H16-78.8/71.3	H16-119.1/111.6	3445.3 ~ 5168.0	134.042	12.8517	0.07781	2.0	3.0	$K_{H16-78.8/71.3} = 0.07781(5168.0 - D)$ $= (5168.0 - D)/12.8517$ $= 3.0 \times 134.042 - 0.07781D$	$K_{H16-119.1/111.6} = 0.07781(D - 3445.3)$ $= (D - 3445.3)/12.8517$ $= 0.07781D - 2.0 \times 134.042$
H18-78.8/71.3	H18-119.1/111.6	3876.0 ~ 5814.0	150.797	12.8517	0.07781	2.0	3.0	$K_{H18-78.8/71.3} = 0.07781(5814.0 - D)$ $= (5814.0 - D)/12.8517$ $= 3.0 \times 150.797 - 0.07781D$	$K_{H18-119.1/111.6} = 0.07781(D - 3876.0)$ $= (D - 3876.0)/12.8517$ $= 0.07781D - 2.0 \times 150.797$
H20-78.8/71.3	H20-119.1/111.6	4306.7 ~ 6460.0	167.552	12.8517	0.07781	2.0	3.0	$K_{H20-78.8/71.3} = 0.07781(6460.0 - D)$ $= (6460.0 - D)/12.8517$ $= 3.0 \times 167.552 - 0.07781D$	$K_{H20-119.1/111.6} = 0.07781(D - 4306.7)$ $= (D - 4306.7)/12.8517$ $= 0.07781D - 2.0 \times 167.552$
H22-78.8/71.3	H22-119.1/111.6	4737.3 ~ 7106.0	184.307	12.8517	0.07781	2.0	3.0	$K_{H22-78.8/71.3} = 0.07781(7106.0 - D)$ $= (7106.0 - D)/12.8517$ $= 3.0 \times 184.307 - 0.07781D$	$K_{H22-119.1/111.6} = 0.07781(D - 4737.3)$ $= (D - 4737.3)/12.8517$ $= 0.07781D - 2.0 \times 184.307$
H25-78.8/71.3	H25-119.1/111.6	5383.3 ~ 8075.0	209.440	12.8517	0.07781	2.0	3.0	$K_{H25-78.8/71.3} = 0.077810(8075.0 - D)$ $= (8075.0 - D)/12.8517$ $= 3.0 \times 209.440 - 0.07781D$	$K_{H25-119.1/111.6} = 0.07781(D - 5383.3)$ $= (D - 5383.3)/12.8517$ $= 0.07781D - 2.0 \times 209.440$

注：1. 本表计算中砌缝（辐射缝）厚度取 2.0mm。
2. 砖环总砖数 $K_h = K'_x = K'_d = 0.07781(D_d - D_x)$。

表1-36 等楔差7.5mm、$Q/T=5.0/6.0$ 回转窑双楔形砖砖环简易计算式

配砌尺寸砖号		砖环外直径范围 $D_x \sim D_d$ /mm	每环极限砖数/块 $K'_x = K_h$, $K'_d = K_h$	$(\Delta D)'_{1x} = (\Delta D)'_{1d}$	简易式系数			每环砖量简易计算式/块	
小直径基本砖	大直径加厚砖				$m = n$	Q	T	小直径基本砖数量 K_x	大直径加厚砖数量 K_d
H16-100/92.5	H16-120.4/112.9	4352.0 ~ 5222.4	134.042	6.4935	0.1540	5.0	6.0	$K_{\text{H16-100/92.5}} = 0.1540(5222.4 - D)$ $K_{\text{H16-100/92.5}} = (5222.4 - D)/6.4935$ $K_{\text{H16-100/92.5}} = 6.0 \times 134.042 - 0.1540D$	$K_{\text{H16-120.4/112.9}} = 0.1540(D - 4352.0)$ $K_{\text{H16-120.4/112.9}} = (D - 4352.0)/6.4935$ $K_{\text{H16-120.4/112.9}} = 0.1540D - 5.0 \times 134.042$
H18-100/92.5	H18-120.4/112.9	4896.0 ~ 5875.2	150.797	6.4935	0.1540	5.0	6.0	$K_{\text{H18-100/92.5}} = 0.1540(5875.2 - D)$ $K_{\text{H18-100/92.5}} = (5875.2 - D)/6.4935$ $K_{\text{H18-100/92.5}} = 6.0 \times 150.797 - 0.1540D$	$K_{\text{H18-120.4/112.9}} = 0.1540(D - 4896.0)$ $K_{\text{H18-120.4/112.9}} = (D - 4896.0)/6.4935$ $K_{\text{H18-120.4/112.9}} = 0.1540D - 5.0 \times 150.797$
H20-100/92.5	H20-120.4/112.9	5440.0 ~ 6528.0	167.552	6.4935	0.1540	5.0	6.0	$K_{\text{H20-100/92.5}} = 0.1540(6528.0 - D)$ $K_{\text{H20-100/92.5}} = (6528.0 - D)/6.4935$ $K_{\text{H20-100/92.5}} = 6.0 \times 167.552 - 0.1540D$	$K_{\text{H20-120.4/112.9}} = 0.1540(D - 5440.0)$ $K_{\text{H20-120.4/112.9}} = (D - 5440.0)/6.4935$ $K_{\text{H20-120.4/112.9}} = 0.1540D - 5.0 \times 167.552$
H22-100/92.5	H22-120.4/112.9	5984.0 ~ 7180.8	184.307	6.4935	0.1540	5.0	6.0	$K_{\text{H22-100/92.5}} = 0.1540(7180.8 - D)$ $K_{\text{H22-100/92.5}} = (6360.0 - D)/6.4935$ $K_{\text{H22-100/92.5}} = 6.0 \times 184.307 - 0.1540D$	$K_{\text{H22-120.4/112.9}} = 0.1540(D - 5984.0)$ $K_{\text{H22-120.4/112.9}} = (D - 5984.0)/6.4935$ $K_{\text{H22-120.4/112.9}} = 0.1540D - 5.0 \times 184.307$
H25-100/92.5	H25-120.4/112.9	6800.0 ~ 8160.0	209.44	6.4935	0.1540	5.0	6.0	$K_{\text{H25-100/92.5}} = 0.1540(8160.0 - D)$ $K_{\text{H25-100/92.5}} = (8160.0 - D)/6.4935$ $K_{\text{H25-100/92.5}} = 6.0 \times 209.440 - 0.1540D$	$K_{\text{H25-120.4/112.9}} = 0.1540(D - 6800.0)$ $K_{\text{H25-120.4/112.9}} = (D - 6800.0)/6.4935$ $K_{\text{H25-120.4/112.9}} = 0.1540D - 5.0 \times 209.440$

注：1. 本表计算中砌缝（辐射缝）厚度取2.0mm。

2. 砖环总砖数 $K_h = K'_x = K'_d = 0.1540(D_d - D_x)$。

在设想大直径加厚砖尺寸设计和讨论等楔差双楔形砖砖环计算过程中，认识到核心问题是对回转窑用砖（特别是微楔形砖）楔差和单位楔差的认识和应用。除理论上和设计中正确对待楔差外，实践中不可忽视楔差的有效管理。关于回转窑用砖大端尺寸 C 和小端尺寸 D 的允许偏差，英国早期标准[10,11] 一般规定为 ±1.5 ~ ±2mm，最近标准[12] 规定为 ±1.5%（碱性砖、高铝砖和所有化学结合不烧砖 Chemically-bonded unburned bricks）或 ±2%（Al_2O_3 含量小于 45% 烧成黏土砖和所有烧成隔热、半隔热砖 burned insulating and semi-insulating bricks）。这对环砌的回转窑筒体砖环辐射缝厚度并无影响。重要问题在于除对砖的 C 和 D 尺寸偏差有要求外还要严格控制砖的楔差 $\Delta C = C - D$：前苏联标准[16] 规定 +1 ~ -2mm；英国早期标准[10,11] 曾规定 ±1.5mm，而且强调在需方工厂检验所取砖中应有 95% 的单个值合格，经供需双方协议还可签订高精度偏差的协议。英国最近标准[12] 称楔差为辐射尺寸差（radial dimension difference），称标准规定的楔差为标称楔差（nominal taper difference），并有严格规定：对碱性砖、高铝砖和所有化学结合（不烧）砖、大端尺寸 C 小于 80mm 时 ±0.75mm（以标称楔差计），大端尺寸 $C \geqslant 80mm$ 时 ±1mm（以标称楔差计）；对 Al_2O_3 含量少于 45% 的烧成黏土砖、烧成隔热砖和半隔热砖，大端尺寸 $C \geqslant 80mm$ 时 ±1mm（以标称楔差计）。早在 20 世纪 80 年代初，就曾分析楔形砖大小端尺寸出现异向偏差（大端尺寸 C 正偏差、小端尺寸 D 负偏差或大端尺寸 C 负偏差、小端尺寸 D 正偏差）但在合格范围时，对砖的主要尺寸特征（特别是外半径或外直径）的严重影响，曾建议对任何楔形砖的楔差 $\Delta C = C - D$ 的允许偏差不超过 1mm[49]。例如大小端尺寸 C/D 为 77.5mm/72.5mm 的尺寸砖号 H25-77.5/72.5，标称楔差 $\Delta C = C - D = 77.5 - 72.5 = 5.0mm$，当其出现异向偏差（大端尺寸 C 负 1.0mm 和小端尺寸 D 正 1.0mm）时，虽然尺寸 C 和 D 允许偏差合格，但楔差 $\Delta C = C - D = 76.5 - 73.5 = 3.0mm$，按楔差 0.75mm 考核属不合格品。而且楔差 $\Delta C = 3.0mm$ 使其单位楔差 $\Delta C'$ 本来就小得让人不放心的 0.020，又减小到 3.0/250 = 0.012，这是不希望的，也是不允许的。对楔差非常敏感并只有 5.0mm 的回转窑用砖应规定不准出现大小端尺寸 C 和 D 的异向偏差（特别是 C 负 D 正），楔差的允许偏差应控制在 ±0.75mm。为此，应在成型方法，装砖方式的烧成工艺等方面采取有针对的措施，对个别选出楔差偏大的砖可进行磨加工。

C　P-C 等楔差双楔形砖砖环计算

我国回转窑用砖尺寸标准[8] 采用等中间尺寸 $P = 75mm$ 系列砖和等大端尺寸 $C = 100mm$ 系列砖，而且两个系列分别都采用相等的楔差（15.0mm、10.0mm、7.5mm 和 5.0mm），为等中间尺寸 $P = 75mm$ 与等大端尺寸 $C = 100mm$ 同组楔形砖配砌成 A 相等和楔差 ΔC 相等的等楔差双楔形砖砖环（简称 P-C 等楔差双楔形砖砖环）提供了条件。每组有等楔差 15.0mm、10.0mm、7.5mm 和 5.0mm（即 A/10-82.5/67.5 与 A/10-100/85.0、A/10-80.0/70.0 与 A/10-100/90.0、A/10-78.8/71.3 与 A/10-100/92.5、A/10-77.5/72.5 与 A/10-100/95.0）的 4 个双楔形砖砖环。共有 A 为 160mm、180mm、200mm、220mm 和 250mm 5 组，20 个砖环。这些 P-C 等楔差双楔形砖砖环，没另外采用专门设计的砖号。$Q/T = D_x/D_d$，但不等于简单整数比。例如 H16-82.5/67.5 与 H16-100/85.0 等楔差 15.0mm 双楔形砖砖环，$D_x/D_d = 1802.7/2176.0 = 1/1.2071$。$Q = 1802.7/(2176.0 - 1802.7) = 4.8291$，$T = 2176.0/(2176.0 - 1802.7) = 5.8291$，$Q/T = 4.8291/5.8291 = 1/1.2071$。其余所有砖环，$Q/T$ 都不是简单整数比。在这种情况下，采用基于楔形砖每环极

限砖数 K'_x 和 K'_d（包括其系数 Q 和 T）的简易计算式颇为繁杂。但采用基于楔形砖外直径 D_x 和 D_d（及其系数 m 和 n）的简易计算式，由于 $n = m$ 和 $K_h = K'_x = K'_d$，P-C 等楔差双楔形砖砖环的简易计算式很简单：$K_x = m(D_d - D)$、$K_d = m(D - D_x)$ 和 $K_h = K'$。已经知道，对于等楔差双楔形砖砖环而言，$n = m = \pi/(C_1 - C_2)$，而且 $n = m$ 的计算值与正常的砌缝厚度（热面砌缝厚度与冷面砌缝厚度相等）无关。该砖环的 $n = m$ 计算值 $n = m = \pi/(100 - 82.5) = 0.17952$，而且对于不同组（$A$ 为 180mm、200mm、220mm 和 250mm）等楔差（同为 15.0mm）双楔形砖砖环而言，$n = m$ 都等于 0.17952。其他 3 种等楔差（10.0mm、7.5mm 和 5.0mm）双楔形砖砖环，$n = m$ 的计算值分别同为 0.15708、0.14787 和 0.13963（见表 1-37）。P-C 等楔差双楔形砖砖环总砖数 K_h 的计算可采用 $K_h = m(D_d - D_x)$，其实由 $K_h = K'_x = K'_d$ 不需计算，可直接查表 1-37。例如，$A = 250mm$、$D = 6500.0mm$ 砖环，由表 1-37 可采用 H25-78.8/71.3 与 H25-100/92.5 等楔差 7.5mm 双楔形砖砖环：

$$K_{\mathrm{H25-78.8/71.3}} = 0.14784 \times (6800.0 - 6500.0) = 44.35\ \text{块}$$

$$K_{\mathrm{H25-100/92.5}} = 0.14784 \times (6500.0 - 5383.3) = 165.09\ \text{块}$$

每环总砖数 44.35 块 + 165.09 块等于 209.44 块，与按式 $K_h = 0.14784 \times (6800.0 - 5383.3) = 209.44$ 块计算，结果相等。其实由 $K_h = K'_x = K'_d = 209.44$ 块，不必再计算。

1.5.3.6　回转窑不等端尺寸双楔砖砖环计算

A　外直径等中间尺寸双楔形砖砖环计算

如前所述，等楔差双楔形砖砖环是相配砌两楔形砖楔差相等、大端尺寸间和小端尺寸间互不相等的特殊不等端尺寸双楔形砖砖环。这里再讨论另一种特殊不等端尺寸双楔形砖砖环——外直径等中间尺寸双楔形砖砖环。本来，等中间尺寸双楔形砖砖环的计算采取中间直径（小直径楔砖中间直径 D_{px}、大直径楔形砖中间直径 D_{pd} 和砖环中间直径 D_p）时，砖量简化计算（见式 1-21 ~ 式 1-27d、表 1-24 和表 1-25）是非常规范和方便的。但从表面上看，相配砌两楔形砖的大端尺寸和小端尺寸（小直径楔形砖的大小端尺寸 C_2/D_2 和大直径楔形砖的大小端尺寸 C_1/D_1）彼此互不相等。根据不等端尺寸双楔形砖砖环定义，这些既不等大端也不等小端但中间尺寸相等的双楔形砖砖环，应视为特殊的不等端尺寸双楔形砖砖环。本应以中间直径表达等中间尺寸回转窑用砖的尺寸特征，但习惯上考虑两点：（1）回转窑筒壳的内直径常与筒体砖衬外直径等同对待；（2）国内外标准中的等中间尺寸砖的尺寸特征仍采用标称外直径，国外甚至在尺寸砖号表示法中都包括标称外直径。曾设想直接采取等中间尺寸 71.5mm 和 75mm 回转窑用砖的外直径 D_o 计算砖量，恰好基于尺寸特征的双楔形砖砖环中国计算式也适用不等端尺寸双楔形砖砖环的计算。为此，采取外直径 D_x、D_d 和 D 计算了各砖环简易计算式中的系数 $(\Delta D)'_{1x}$、$(\Delta D)'_{1d}$、n、m、T 和 Q，列出了国际标准[15] $A = 200mm$ 不等端尺寸双楔形砖环简易计算式之一（表 1-38）和我国国家标准[8] $A = 200mm$ 不等端尺寸双楔形砖砖环简易计算式之一（表 1-39），并对这两个简易计算式（表 1-38 和表 1-39）作了分析（表 1-40）。

表1-37　P-C等楔差双楔形砖砌环简易计算式

配砌尺寸砖号		砖环外直径范围 $D_x \sim D_d$ /mm	每环极限砖数/块 $K'_x = K'_d = K_h$	外直径差系数 $m = n = \pi/(C_1 - C_2)$	每环砖量简易计算式	
小直径楔形砖	大直径楔形砖				小直径楔形量 K_x	大直径楔形量 K_d
H16-82.5/67.5	H16-100/85.0	1802.7~2176.0	67.021	0.17952	$K_{H16-82.5/67.5} = 0.17952(2176.0 - D)$	$K_{H16-100/85.0} = 0.17952(D - 1802.7)$
H16-80.0/70.0	H16-100/90.0	2624.0~3264.0	100.531	0.15708	$K_{H16-80.0/70.0} = 0.15708(3264.0 - D)$	$K_{H16-100/90.0} = 0.15708(D - 2624.0)$
H16-78.8/71.3	H16-100/92.5	3445.3~4352.0	134.042	0.14784	$K_{H16-78.8/71.3} = 0.14784(4352.0 - D)$	$K_{H16-100/92.5} = 0.14784(D - 3445.3)$
H16-77.5/72.5	H16-100/95.0	5088.0~6528.0	201.062	0.13963	$K_{H16-77.5/72.5} = 0.13963(6528.0 - D)$	$K_{H16-100/95.0} = 0.13963(D - 5088.0)$
H18-82.5/67.5	H18-100/85.0	2028.0~2448.0	75.398	0.17952	$K_{H18-82.5/67.5} = 0.17952(2448.0 - D)$	$K_{H18-100/85.0} = 0.17952(D - 2028.0)$
H18-80.0/70.0	H18-100/90.0	2952.0~3672.0	113.098	0.15708	$K_{H18-80.0/70.0} = 0.15708(3672.0 - D)$	$K_{H18-100/90.0} = 0.15708(D - 2952.0)$
H18-78.8/71.3	H18-100/92.5	3876.0~4896.0	150.797	0.14784	$K_{H18-78.8/71.3} = 0.14784(4896.0 - D)$	$K_{H18-100/92.5} = 0.14784(D - 3876.0)$
H18-77.5/72.5	H18-100/95.0	5724.0~7344.0	226.195	0.13963	$K_{H18-77.5/72.5} = 0.13963(7344.0 - D)$	$K_{H18-100/95.0} = 0.13963(D - 5724.0)$
H20-82.5/67.5	H20-100/85.0	2253.3~2720.0	83.776	0.17952	$K_{H20-82.5/67.5} = 0.17952(2720.0 - D)$	$K_{H20-100/85.0} = 0.17952(D - 2253.3)$
H20-80.0/70.0	H20-100/90.0	3280.0~4080.0	125.664	0.15708	$K_{H20-80.0/70.0} = 0.15708(4080.0 - D)$	$K_{H20-100/90.0} = 0.15708(D - 3280.0)$
H20-78.8/71.3	H20-100/92.5	4306.7~5440.0	167.552	0.14784	$K_{H20-78.8/71.3} = 0.14784(5440.0 - D)$	$K_{H20-100/92.5} = 0.14784(D - 4306.7)$
H20-77.5/72.5	H20-100/95.0	6360.0~8160.0	251.328	0.13963	$K_{H20-77.5/72.5} = 0.13963(8160.0 - D)$	$K_{H20-100/95.0} = 0.13963(D - 6360.0)$
H22-82.5/67.5	H22-100/85.0	2478.7~2992.0	92.154	0.17952	$K_{H22-82.5/67.5} = 0.17952(2992.0 - D)$	$K_{H22-100/85.0} = 0.17952(D - 2478.7)$
H22-80.0/70.0	H22-100/90.0	3608.0~4488.0	138.230	0.15708	$K_{H22-80.0/70.0} = 0.15708(4488.0 - D)$	$K_{H22-100/90.0} = 0.15708(D - 3608.0)$
H22-78.8/71.3	H22-100/92.5	4737.3~5984.0	184.307	0.14784	$K_{H22-78.8/71.3} = 0.14784(5984.0 - D)$	$K_{H22-100/92.5} = 0.14784(D - 4737.3)$
H22-77.5/72.5	H22-100/95.0	6996.0~8976.0	276.461	0.13963	$K_{H22-77.5/72.5} = 0.13963(8976.0 - D)$	$K_{H22-100/95.0} = 0.13963(D - 6996.0)$
H25-82.5/67.5	H25-100/85.0	2816.7~3400.0	104.720	0.17952	$K_{H25-82.5/67.5} = 0.17952(3400.0 - D)$	$K_{H25-100/85.0} = 0.17952(D - 2816.7)$
H25-80.0/70.0	H25-100/90.0	4100.0~5100.0	157.080	0.15708	$K_{H25-80.0/70.0} = 0.15708(5100.0 - D)$	$K_{H25-100/90.0} = 0.15708(D - 4100.0)$
H25-78.8/71.3	H25-100/92.5	5383.3~6800.0	209.440	0.14784	$K_{H25-78.8/71.3} = 0.14784(6800.0 - D)$	$K_{H25-100/92.5} = 0.14784(D - 5383.3)$
H25-77.5/72.5	H25-100/95.0	7950.0~10200.0	314.160	0.13963	$K_{H25-77.5/72.5} = 0.13963(10200.0 - D)$	$K_{H25-100/95.0} = 0.13963(D - 7950.0)$

表 1-38　国际标准[15]　A = 200mm 不等端尺寸双楔形砖砖环的简易计算式

配砌尺寸砖砖号 小直径楔形砖	配砌尺寸砖砖号 大直径楔形砖	外直径范围 $D_x \sim D_d$ /mm	每环极限砖数/块 K_x	每环极限砖数/块 K_d	一块楔形砖直径变化量/mm $(\Delta D)'_{lx}$	一块楔形砖直径变化量/mm $(\Delta D)'_{ld}$	简易式系数 $n = \dfrac{1}{(\Delta D)'_{lx}}$	简易式系数 $m = \dfrac{1}{(\Delta D)'_{ld}}$	简易式系数 $T = \dfrac{D_d}{D_d - D_x}$	简易式系数 $Q = \dfrac{D_x}{D_d - D_x}$	小直径楔形砖砖量 K_x	大直径楔形砖砖量 K_d
B220	B320	2461.5 ~ 3140.0	96.665	125.664	7.0187	5.3990	0.14248	0.18522	4.6278	3.6278	$K_{B220} = 0.14248(3140.0 - D)$ $K_{B220} = (3140.0 - D)/7.0187$ $K_{B220} = 4.6728 \times 96.665 - 0.14248D$	$K_{B320} = 0.18522(D - 2461.5)$ $K_{B320} = (D - 2461.5)/5.3990$ $K_{B320} = 0.18522D - 3.6278 \times 125.664$
B220	B420	2461.5 ~ 4400.0	96.665	179.520	20.0535	10.7980	0.04987	0.09261	2.2698	1.2698	$K_{B220} = 0.04987(4440.0 - D)$ $K_{B220} = (4400.0 - D)/20.0535$ $K_{B220} = 2.2698 \times 96.665 - 0.04987D$	$K_{B420} = 0.09261(D - 2461.5)$ $K_{B420} = (D - 2461.5)/10.7980$ $K_{B420} = 0.09261D - 1.2698 \times 179.520$
B220	B520	2461.5 ~ 5100.0	96.665	209.440	27.2950	12.5977	0.03644	0.07938	1.9329	0.9329	$K_{B220} = 0.03664(5100.0 - D)$ $K_{B220} = (5100.0 - D)/27.2950$ $K_{B220} = 1.9329 \times 96.665 - 0.03664D$	$K_{B520} = 0.07938(D - 2461.5)$ $K_{B520} = (D - 2461.5)/12.5977$ $K_{B520} = 0.07938D - 0.9329 \times 209.440$
B320	B420	3140.0 ~ 4400.0	125.664	179.520	10.0627	7.0187	0.09973	0.14248	3.4921	2.4921	$K_{B320} = 0.09973(4400.0 - D)$ $K_{B320} = (4400.0 - D)/10.0627$ $K_{B320} = 3.4921 \times 125.664 - 0.09973D$	$K_{B420} = 0.14248(D - 3140.0)$ $K_{B420} = (D - 3140.0)/7.0187$ $K_{B420} = 0.14248D - 2.4921 \times 179.520$
B320	B520	3140.0 ~ 5100.0	125.664	209.440	15.5971	9.3583	0.06411	0.10686	2.6020	1.6020	$K_{B320} = 0.06411(5100.0 - D)$ $K_{B320} = (5100.0 - D)/15.5971$ $K_{B320} = 2.6020 \times 125.664 - 0.06411D$	$K_{B520} = 0.10686(D - 3140.0)$ $K_{B520} = (D - 3140.0)/9.3583$ $K_{B520} = 0.10686D - 1.6020 \times 209.440$
B320	B620	3140.0 ~ 6080.0	125.664	251.328	23.3957	11.6976	0.04274	0.08549	2.0680	1.0680	$K_{B320} = 0.04274(6080.0 - D)$ $K_{B320} = (6080.0 - D)/23.3957$ $K_{B320} = 2.0680 \times 125.664 - 0.04274D$	$K_{B620} = 0.08549(D - 3140.0)$ $K_{B620} = (D - 3140.0)/11.6976$ $K_{B620} = 0.08549D - 1.0680 \times 251.328$
B420	B520	4400.0 ~ 5100.0	179.520	209.440	3.8993	3.3422	0.25646	0.29920	7.2857	6.2857	$K_{B420} = 0.25646(5100.0 - D)$ $K_{B420} = (5100.0 - D)/3.8993$ $K_{B420} = 7.2857 \times 179.520 - 0.25646D$	$K_{B525} = 0.29920(D - 4440.0)$ $K_{B525} = (D - 4440.0)/3.3422$ $K_{B525} = 0.29920D - 6.2857 \times 209.440$
B420	B620	4400.0 ~ 6080.0	179.520	251.328	9.3583	6.6845	0.10686	0.14960	3.6190	2.6190	$K_{B420} = 0.10686(6080.0 - D)$ $K_{B420} = (6080.0 - D)/9.3583$ $K_{B420} = 3.6190 \times 179.520 - 0.10686D$	$K_{B620} = 0.14960(D - 4400.0)$ $K_{B620} = (D - 4400.0)/6.6845$ $K_{B620} = 0.14960D - 2.6190 \times 251.328$
B520	B620	5100.0 ~ 6080.0	209.440	251.328	4.6791	3.8993	0.21372	0.25646	6.2041	5.2041	$K_{B520} = 0.21372(6080.0 - D)$ $K_{B520} = (6080.0 - D)/4.6791$ $K_{B520} = 6.2041 \times 209.440 - 0.21372D$	$K_{B620} = 0.25646(D - 5100.0)$ $K_{B620} = (D - 5100.0)/3.8993$ $K_{B620} = 0.25646D - 5.2041 \times 251.328$

注：1. 本表计算中砌缝（辐射缝）厚度取 2.0mm。
　　2. 本表各环总砖数 $K_h = 0.04274(D - 200)$。
　　3. 本表各砖环 $m - n = 0.04274$。

表 1-39　我国国家标准[8] A = 200mm 不等端尺寸双楔形砖砖环简易计算式之一

配砌尺寸砖号		外直径范围 $D_x \sim D_d$ /mm	每环极限砖数/块		一块楔形砖直径变化量/mm		简易式系数				每环砖量简易计算式	
小直径楔形砖	大直径楔形砖		K'_x	K'_d	$(\Delta D)'_{lx}$	$(\Delta D)'_{ld}$	$n = \dfrac{1}{(\Delta D)'_{lx}}$	$m = \dfrac{1}{(\Delta D)'_{ld}}$	$T = \dfrac{D_d}{D_d - D_x}$	$Q = \dfrac{D_x}{D_d - D_x}$	小直径楔形砖量 K_x	大直径楔形砖量 K_d
H20-82.5 /67.5	H20-80.0 /70.0	2253.3 ~ 3280.0	83.776	125.664	12.2549	8.1699	0.08160	0.12240	3.1947	2.1947	$K_{H20-82.5/67.5} = 0.08160(3280.0 - D)$ $K_{H20-82.5/67.5} = (3280.0 - D)/12.2549$ $K_{H20-82.5/67.5} = 3.1947 \times 83.776 - 0.08160D$	$K_{H20-80.0/70.0} = 0.12240(D - 2253.3)$ $K_{H20-80.0/70.0} = (D - 2253.3)/8.1699$ $K_{H20-80.0/70.0} = 0.12240D - 2.1947 \times 125.664$
H20-82.5 /67.5	H20-78.8 /71.3	2253.3 ~ 4306.7	83.776	167.552	24.5098	12.2549	0.04080	0.08160	2.0974	1.0974	$K_{H20-82.5/67.5} = 0.04080(4306.7 - D)$ $K_{H20-82.5/67.5} = (4306.7 - D)/24.5098$ $K_{H20-82.5/67.5} = 2.0974 \times 83.776 - 0.04080D$	$K_{H20-78.8/71.3} = 0.08160(D - 2253.3)$ $K_{H20-78.8/71.3} = (D - 2253.3)/12.2549$ $K_{H20-78.8/71.3} = 0.08160D - 1.0974 \times 167.552$
H20-80.0 /70.0	H20-78.8 /71.3	3280.0 ~ 4306.7	125.664	167.552	8.1699	6.1274	0.12240	0.16320	4.1947	3.1947	$K_{H20-80.0/70.0} = 0.12240(4306.7 - D)$ $K_{H20-80.0/70.0} = (4306.7 - D)/8.1699$ $K_{H20-80.0/70.0} = 4.1947 \times 125.664 - 0.12240D$	$K_{H20-78.8/71.3} = 0.16320(D - 3280.0)$ $K_{H20-78.8/71.3} = (D - 3280.0)/6.1274$ $K_{H20-78.8/71.3} = 0.16320D - 3.1947 \times 167.552$
H20-80.0 /70.0	H20-77.5 /72.5	3280.0 ~ 6360.0	125.664	251.328	24.5098	12.2549	0.04080	0.08160	2.0649	1.0649	$K_{H20-80.0/70.0} = 0.04080(6360.0 - D)$ $K_{H20-80.0/70.0} = (6360.0 - D)/24.5098$ $K_{H20-80.0/70.0} = 2.0649 \times 125.664 - 0.04080D$	$K_{H20-77.5/72.5} = 0.08160(D - 3280.0)$ $K_{H20-77.5/72.5} = (D - 3280.0)/12.2549$ $K_{H20-77.5/72.5} = 0.08160D - 1.0649 \times 251.328$
H20-78.8 /71.3	H20-77.5 /72.5	4306.7 ~ 6360.0	167.552	251.328	12.2549	8.1699	0.08160	0.12240	3.0975	2.0975	$K_{H20-78.8/71.3} = 0.08160(6360.0 - D)$ $K_{H20-78.8/71.3} = (6360.0 - D)/12.2549$ $K_{H20-78.8/71.3} = 3.0975 \times 167.552 - 0.08160D$	$K_{H20-77.5/72.5} = 0.12240(D - 4306.7)$ $K_{H20-77.5/72.5} = (D - 4306.7)/8.1699$ $K_{H20-77.5/72.5} = 0.12240D - 2.0975 \times 251.328$

注：1. 本表计算中砌缝（辐射缝）厚度取 2.0mm。

　　2. 本表各砖总砖量 $K_h = (m - n)D + nD_d - mD_x$ 或 $K_h = (m - n)D + TK'_x - QK'_d$ 或 $K_h = 0.04080(D - 200)$。

　　3. 本表各砖环 $m - n = 0.04080$。

表 1-40　　A = 200mm 不等端尺寸双楔形砖砖环简易计算式分析之一

配砌尺寸砖号		外直径比 D_x/D_d	楔差比 $\Delta C_d/\Delta C_x$	Q/T	每环极限砖数比 K'_x/K'_d	一块楔形砖直径变化量比 $(\Delta D)'_{1d}/(\Delta D)'_{1x}$	n/m	$T-Q$	定值项	
小直径楔形砖	大直径楔形砖								TK'_x	QK'_d
H20-82.5/67.5	H20-80.0/70.0	2253.3/3280.0 =0.6870	10.0/15.0 =2.0/3.0	2.1947/3.1947 =0.6870	83.776/125.664 =2.0/3.0	8.1699/12.2549 =2.0/3.0	0.08160/0.12240 =2.0/3.0	3.1947-2.1947 =1	3.1947×83.776 =267.639	2.1947×125.664 =275.795
H20-82.5/67.5	H20-78.8/71.3	2253.3/4306.7 =0.5232	7.5/15.0 =1.0/2.0	1.0974/2.0974 =0.5232	83.776/167.552 =1.0/2.0	12.2549/24.4098 =1.0/2.0	0.04080/0.08160 =1.0/2.0	2.0974-1.0974 =1	2.0974×83.776 =175.712	1.0974×167.552 =186.066
H20-80.0/70.0	H20-78.8/71.3	3280.0/6360.0 =0.7616	7.5/10.0 =3.0/4.0	3.1947/4.1947 =0.7616	125.664/167.552 =3.0/4.0	6.1274/8.1699 =3.0/4.0	0.12240/0.16320 =3.0/4.0	4.1947-3.1947 =1	4.1947×125.664 =527.123	3.1947×167.552 =535.278
H20-80.0/70.0	H20-77.5/72.5	3280.0/6360.0 =0.5157	5.0/10.0 =1.0/2.0	1.0649/2.0649 =0.5157	125.664/251.328 =1.0/2.0	12.2549/24.5098 =1.0/2.0	0.04080/0.08160 =1.0/2.0	2.0649-1.0649 =1	2.0649×125.664 =259.484	1.0649×251.328 =267.639
H20-78.8/71.3	H20-77.5/72.5	4306.7/6360.0 =0.6772	5.0/7.5 =2.0/3.0	2.0975/3.0975 =0.6772	167.552/251.328 =2.0/3.0	8.1699/12.2549 =2.0/3.0	0.08160/0.12240 =2.0/3.0	3.0975-2.0975 =1	3.0975×167.552 =518.992	2.0975×251.328 =527.160
B220	B320	2461.5/3140.0 =0.7839	10.0/13.0 =0.7692	3.6278/4.6278 =0.7839	96.665/125.664 =0.7692	5.3990/7.0187 =0.7692	0.14248/0.18522 =0.7692	4.6278-3.6278 =1	4.6278×96.665 =447.346	3.6278×125.664 =455.884
B220	B420	2461.5/4400.0 =0.5594	7.0/13.0 =0.5385	1.2698/2.2698 =0.5594	96.665/179.520 =0.5385	10.7980/20.0535 =0.5385	0.04987/0.09261 =0.5385	2.2698-1.2698 =1	2.2698×96.665 =219.410	1.2698×179.520 =227.954
B220	B520	2461.5/5100.0 =0.4826	6.0/13.0 =0.4615	0.9329/1.9329 =0.4826	96.665/209.440 =0.4615	12.5977/27.2950 =0.4615	0.03664/0.07938 =0.4615	1.9329-0.9329 =1	1.9329×96.665 =186.844	0.9329×209.440 =195.387
B320	B420	3140.0/4400.0 =0.7136	7.0/10.0 =0.70	2.4921/3.4921 =0.7136	125.664/179.520 =0.70	7.0787/10.0627 =0.70	0.09973/0.14248 =0.70	3.4921-2.4921 =1	3.4921×125.664 =438.831	2.4921×179.520 =447.382
B320	B520	3140.0/5100.0 =0.6157	3.0/10.0 =0.60	1.6020/2.6020 =0.6157	125.664/209.440 =0.60	9.3582/15.5971 =0.60	0.06411/0.10686 =0.60	2.6020-1.6020 =1	2.6020×125.661 =326.978	1.6020×209.440 =335.523
B320	B620	3140.0/6080.0 =0.5164	5.0/10.0 =0.50	1.0680/2.0680 =0.5164	125.664/251.328 =0.50	11.6979/23.3959 =0.50	0.04274/0.08549 =0.50	2.0680-1.0680 =1	2.0680×125.664 =259.873	1.0680×251.328 =268.418
B420	B520	4400.0/5100.0 =0.8627	6.0/7.0 =0.8571	6.2857/7.2857 =0.8627	179.520/209.440 =0.8271	3.3422/3.8993 =0.8571	0.25646/0.29920 =0.8571	7.2857-6.2857 =1	7.2857×179.520 =1307.929	6.2857×209.440 =1316.477
B420	B620	4400.0/6080.0 =0.7237	5.0/7.0 =0.7143	2.6190/3.6190 =0.7237	179.520/251.328 =0.7143	6.6845/9.3583 =0.7143	0.10686/0.14960 =0.7143	3.6190-2.6190 =1	3.6190×179.520 =649.683	2.6190×251.328 =658.228
B520	B620	5100.0/6080.0 =0.8388	5.0/6.0 =0.8333	5.2041/6.2041 =0.8388	209.440/251.328 =0.8333	3.8993/4.6791 =0.8333	0.21372/0.25646 =0.8333	6.2041-5.2041 =1	6.2041×209.440 =1299.387	5.2041×251.328 =1307.936

注：本表所造砖环为我国国家标准[8]中 A = 200mm 的等中间尺寸砖环（表1-39）和国际标准[15]中 A = 200mm 等中间尺寸砖环（表1-38）。

从表 1-38 ~ 表 1-40 中首先看到，与等大端尺寸和等中间尺寸双楔形砖砖环一样，本节所讨论的外直径等中间尺寸双楔形砖砖环，作为特殊的不等端尺寸双楔形砖砖环，所有各砖环的简易计算式中 $T-Q=1$，这是由 Q 和 T 的定义式所决定的。无论以中间直径表示 $T=D_{pd}/(D_{pd}-D_{px})$ 和 $Q=D_{px}/(D_{pd}-D_{px})$，还是以外直径表示 $T=D_d/(D_d-D_x)$ 和 $Q=D_x/(D_d-D_x)$，$T-Q=1$ 是肯定的。

其次，采取外直径等中间尺寸双楔形砖砖环简易计算式的系数由两部分组成，一是楔差比系统，二是外直径比系统。在表 1-40 中，楔差比 $\Delta C_d/\Delta C_x$ 系统，无论楔差比不是简单整数比的国际标准[15] $A=200mm$ 等中间尺寸 71.5mm 双楔形砖砖环，还是楔差比为简单整数比的我国国家标准[8] $A=200mm$ 等中间尺寸 75mm 双楔形砖砖环，它们的简易计算式中 $n/m=(\Delta D)'_{1d}/(\Delta D)'_{1x}=\Delta C_d/\Delta C_x$，即 n/m 都等于楔差比 $\Delta C_d/\Delta C_x$。在外直径比 D_x/D_d（包括 Q/T）系统，外直径比 D_x/D_d 不等于并大于楔差比 $\Delta C_d/\Delta C_x$，但 $D_x/D_d=Q/T$，所以 $Q/T\neq\Delta C_d/\Delta C_x$ 和 $Q/T\neq n/m$，表 1-40 的数据证实了这些。就是说所有外直径等中间尺寸双楔形砖砖环简易式，Q/T 不能由楔差比直接看出，而且 Q 和 T 都不是简单整数，甚至连精心按连续简单整数楔差比设计的我国国家标准[8]，Q 和 T 都不规范了。

第三，采取外直径的等中间尺寸双楔形砖砖环，$m-n$ 仍为定值。因为 $m-n=\pi/P$，国际标准[15] $A=200mm$ 不等端尺寸双楔形砖砖环简易计算式，实际为等中间尺寸 $P=71.5mm$ 双楔形砖砖环简易计算式，在楔差比系统内 m 和 n 保持原值，$m-n=\pi/P=\pi/73.5=0.04724$（表 1-38）；我国国家标准[8] $A=200mm$ 不等端尺寸双楔形砖砖环简易计算式实际为等中间尺寸 $P=75mm$ 双楔形砖砖环简易计算式，$m-n=\pi/P=\pi/77=0.04080$（表 1-39）。由于等中间尺寸双楔形砖砖环的一块楔形砖直径变化量按外直径或中间直径计算结果相等，它们的倒数之差仍然必为定值。

第四，采取外直径的等中间尺寸双楔形砖砖环简易计算式中 $Q/T\neq\Delta C_d/\Delta C_x$ 和 $Q/T\neq K'_x/K'_d$，则 $TK'_x\neq QK'_d$，即这种特殊的不等端尺寸双楔形砖砖环两简易计算式中定值项绝对值不相等，表 1-40 所有砖环都如此。

第五，表 1-40 所有各不等尺寸双楔形砖砖环的总砖数 $K_h\neq(m-n)D$，应按 $K_h=(m-n)D+nD_d-mD_x$ 或 $K_h=(m-n)D+TK'_x-QK'_d$ 计算。但这两个计算式都比较繁杂，可按等中间尺寸双楔形砖砖环总砖数 $K_h=(m-n)D_p=(m-n)(D-A)$ 计算。例如外直径 $D=5200.0mm$ 砖环，采用 H20-78.8/71.3 与 H20-77.5/72.5 的外直径（$D_x=4306.7mm$，$D_d=6360.0mm$）等中间尺寸双楔形砖砖环，砖环总砖数 $K_h=(m-n)D+nD_d-mD_x=0.04080\times5200.0+0.08160\times6360.0-0.12240\times4306.7=204$ 块，或 $K_h=(m-n)D+TK'_x-QK'_d=0.04080\times5200.0+3.0975\times167.522-2.0975\times251.328=204$ 块，或 $K_h=(m-n)(D-A)=0.04080\times(5200.0-200)=204$ 块（数据取自表 1-39）。

B　不等端尺寸双楔形砖砖环计算

回转窑筒体砖衬双楔形砖砖环，除了既不是等楔差双楔形砖砖环和也不是外直径等中间尺寸双楔形砖砖环这两种特殊的不等端尺寸双楔形砖砖环以外，确实还存在真正的不等端尺寸双楔形砖砖环。例如前苏联标准[16] $A=230mm$ 不等端尺寸双楔形砖砖环（表 1-41）。我国国家标准存在等大端尺寸 100mm 回转窑用砖（表 1-14）和等中间尺寸 75mm 回转窑用砖（表 1-13）两个系列。受到某厂库存限制和其他目的需要，有可能将我国上述两种系列回转窑用砖相互配砌成不等端尺寸双楔形砖砖环。现以我国国家标准[8]中 $A=200mm$ 的两个系列砖配砌的不等端尺寸双楔形砖砖环为例（表1-42），并分析了它们的特点（表1-43）：（1）真正的不等端尺寸双楔形砖砖环的简易计算式，与所有等端（间）尺寸双楔形砖砖环简易计算式一样，式中 $T - Q = 1$。（2）在楔差比系统 $n/m = K'_x/K'_d = (\Delta D)'_{1d}/(\Delta D)'_{1x} = \Delta C_d/\Delta C_x$。在外直径比系统 $Q/T = D_x/D_d$。但 $n/m \neq Q/T$。（3）Q 和 T 不是简单整数，Q/T 不能由楔差比直接看出。（4）真正的不等端尺寸双楔形砖砖环，想配砌两砖既不构成等大端尺寸系列，也不构成等中间尺寸序列，$m - n$ 不等于 π/c 或 π/P 的定值。（5）两简易计算式的定值项不相等，即 $TK'_x \neq QK'_d$。（6）砖环总砖数简易计算式相当繁杂。

　　与等端（间）尺寸双楔形砖砖环简易计算式比较，不等端尺寸双楔形砖砖环简易计算式并不简单，需寻求另外的简易计算式。如前所述，双楔形砖砖环的 3 种简易计算式（基于直径，基于一块楔形砖直径变化量和基于每环极限砖数的简易计算式），一方面各有其专门用途，一方面可以相互转换并最终可进一步简化为两项式（外直径项和数字项）。为此，选择基于外直径及其系数并最终简化为两项的不等端尺寸双楔形砖砖环简易计算式：

$$K_x = nD_d + nD \tag{1-13a}$$

$$K_d = mD - mD_x \tag{1-14a}$$

$$K_h = (m - n)D + nD_d - mD_x \tag{1-19}$$

　　式 1-13a 和式 1-14a 只有两项。式 1-19 中的 $nD_d - mD_x$ 可计算成一项。m 和 n 分别为外直径 D_x 和 D_d 的系数，表明单位直径的砖数。按尺寸特征计算 $n = K'_x(D_d - D_x)$ 和 $m = K'_d(D_d - D_x)$，将 K'_x、K'_d、D_x 和 D_d 的定义式 $K'_x = 2\pi A/(C_2 - D_2)$、$K'_d = 2\pi A/(C_1 - D_1)$、$D_x = 2C_2A/(C_2 - D_2)$ 和 $D_d = 2C_1A/(C_1 - D_1)$ 代入之得基于尺寸的表达式 $n = \pi(C_1 - D_1)/(D_1C_2 - D_2C_1)$ 和 $m = \pi(C_2 - D_2)/(D_1C_2 - D_2C_1)$。按尺寸特征计算 n 和 m 很方便，按砖尺寸计算 n 和 m 很精确。两种计算结果对照。可能小数点后 4 位稍有差别。计算出我国国家标准[8]各不等尺寸双楔形砖砖环的 n 和 m 后，按式 1-13a、式 1-14a 和式 1-19，列出了它们的两项式简易计算式，见表1-44。举例比较和说明不等端尺寸双楔形砖砖环两项式简易计算式的简便性。例如外直径 $D = 7200.0$mm 的回转窑筒体砖衬，采用 $A = 200$mm 的我国国家标准[8]不等端尺寸双楔形形砖砖环，计算每环用砖量。

方法1　按格罗斯公式（式1-6、式1-7和式1-8）计算：

$$r + A = r + 200 = 7200.0/2 = 3600.0\text{mm} \quad r = 3400.0\text{mm}$$

$$K_{\text{H20-78.0/71.3}} = \frac{2\pi(97 \times 3600.0 - 102 \times 3400.0)}{97 \times 80.75 - 73.25 \times 102} = 41.74 \text{ 块}$$

$$K_{\text{H20-100/95.0}} = \frac{2\pi(80.75 \times 3400.0 - 73.25 \times 3600.0)}{97 \times 80.75 - 73.25 \times 102} = 188.71 \text{ 块}$$

$$K_h = \frac{2\pi[(95 - 71.25) \times 3600.0 + (78.75 - 100) \times 3400.0]}{97 \times 80.75 - 73.25 \times 102} = 230.46 \text{ 块}$$

表 1-41　前苏联标准[16]　$A = 230$mm 不等端尺寸双楔形砖环简易计算式

配砌顺序砖号		外直径范围 $D_x \sim D_d$ /mm	每环楔限砖数 K'_o /块		一块楔形砖直径变化量/mm		简易式系数				每环砖量简易计算式	
小直径楔形砖	大直径楔形砖		K'_x	K'_d	$(\Delta D)'_{lx}$	$(\Delta D)'_{ld}$	$n = \dfrac{1}{(\Delta D)'_{lx}}$	$m = \dfrac{1}{(\Delta D)'_{ld}}$	$T = \dfrac{D_d}{D_d - D_x}$	$Q = \dfrac{D_x}{D_d - D_x}$	小直径楔形砖量 K_x	大直径楔形砖量 K_d
ⅢⅢⅢ-28	ⅢⅢⅢ-29	3082.0 ~ 5388.6	144.514	206.448	15.9609	11.1727	0.06265	0.08950	2.3362	1.3362	$K_{\text{ⅢⅢⅢ-28}} = 0.06265(5388.6 - D)$ $K_{\text{ⅢⅢⅢ-28}} = (5388.6 - D)/15.9609$ $K_{\text{ⅢⅢⅢ-28}} = 2.3362 \times 144.514 - 0.06265D$	$K_{\text{ⅢⅢⅢ-29}} = 0.08950(D - 3082.0)$ $K_{\text{ⅢⅢⅢ-29}} = (D - 3082.0)/11.1727$ $K_{\text{ⅢⅢⅢ-29}} = 0.08950D - 1.3362 \times 206.448$
ⅢⅢⅢ-31	ⅢⅢⅢ-29	4390.9 ~ 5388.6	131.376	206.448	7.5939	4.8325	0.13168	0.20693	5.4010	4.4010	$K_{\text{ⅢⅢⅢ-31}} = 0.13168(5388.6 - D)$ $K_{\text{ⅢⅢⅢ-31}} = (5388.6 - D)/7.5939$ $K_{\text{ⅢⅢⅢ-31}} = 5.4010 \times 131.376 - 0.13168D$	$K_{\text{ⅢⅢⅢ-29}} = 0.20693(D - 4390.9)$ $K_{\text{ⅢⅢⅢ-29}} = (D - 4390.9)/4.8325$ $K_{\text{ⅢⅢⅢ-29}} = 0.20693D - 4.4010 \times 206.448$
ⅢⅢⅢ-31	ⅢⅢⅢ-30	4390.9 ~ 8017.1	131.376	206.448	27.6019	17.5649	0.03623	0.05693	2.2109	1.2109	$K_{\text{ⅢⅢⅢ-31}} = 0.03623(8017.1 - D)$ $K_{\text{ⅢⅢⅢ-31}} = (8017.1 - D)/27.6019$ $K_{\text{ⅢⅢⅢ-31}} = 2.2109 \times 131.376 - 0.03623D$	$K_{\text{ⅢⅢⅢ-30}} = 0.05693(D - 4390.9)$ $K_{\text{ⅢⅢⅢ-30}} = (D - 4390.9)/17.5649$ $K_{\text{ⅢⅢⅢ-30}} = 0.05693D - 1.2109 \times 206.448$
ⅢⅢⅢ-28	ⅢⅢⅢ-31	3082.0 ~ 4390.9	144.514	131.376	9.0573	9.9631	0.11041	0.10040	3.3546	2.3546	$K_{\text{ⅢⅢⅢ-28}} = 0.011041(4390.9 - D)$ $K_{\text{ⅢⅢⅢ-28}} = (4390.9 - D)/9.0573$ $K_{\text{ⅢⅢⅢ-28}} = 3.3546 \times 144.514 - 0.11041D$	$K_{\text{ⅢⅢⅢ-31}} = 0.10040(D - 3082.0)$ $K_{\text{ⅢⅢⅢ-31}} = (D - 3082.0)/9.9631$ $K_{\text{ⅢⅢⅢ-31}} = 0.10040D - 2.3546 \times 131.376$
ⅢⅢⅢ-33	ⅢⅢⅢ-29	5388.6 ~ 8050.0	206.448	240.856	12.8915	11.0499	0.07757	0.09050	3.0247	2.0247	$K_{\text{ⅢⅢⅢ-33}} = 0.07757(8050.0 - D)$ $K_{\text{ⅢⅢⅢ-33}} = (8050.0 - D)/12.8915$ $K_{\text{ⅢⅢⅢ-33}} = 3.0247 \times 206.448 - 0.07757D$	$K_{\text{ⅢⅢⅢ-29}} = 0.09050(D - 5388.6)$ $K_{\text{ⅢⅢⅢ-29}} = (D - 5388.6)/11.0499$ $K_{\text{ⅢⅢⅢ-29}} = 0.09050D - 2.0247 \times 240.856$
ⅢⅢⅢ-30	ⅢⅢⅢ-29	5388.6 ~ 8017.1	206.448	206.448	12.7324	12.7324	0.07854	0.07854	3.0501	2.0501	$K_{\text{ⅢⅢⅢ-29}} = 0.07854(8017.1 - D)$ $K_{\text{ⅢⅢⅢ-29}} = (8017.1 - D)/12.7324$ $K_{\text{ⅢⅢⅢ-29}} = 3.0501 \times 206.448 - 0.07854D$	$K_{\text{ⅢⅢⅢ-30}} = 0.07854(D - 5388.6)$ $K_{\text{ⅢⅢⅢ-30}} = (D - 5388.6)/12.7324$ $K_{\text{ⅢⅢⅢ-30}} = 0.07854D - 2.0501 \times 206.448$

注: 1. 本表计算中砌缝（辐射缝）厚度取 2.0mm。
2. 本表各砖环总砖数 $K_h = (m - n)D + nD_d - mD_x$ 或 $K_h = (m - n)D + TK'_x - QK'_d$。

表 1-42 我国国家标准[8] A=200mm 不等端尺寸双楔形砖砖环简易计算之二

配砌尺寸砖号		外直径范围 $D_x \sim D_d$ /mm	每环楔限砖数 K'_o /块		一块楔形砖直径变化量 /mm		简易式系数				每环砖量简易计算式	
小直径楔形砖	大直径楔形砖		K'_x	K'_d	$(\Delta D)'_{lx}$	$(\Delta D)'_{ld}$	$n=\dfrac{1}{(\Delta D)'_{lx}}$	$m=\dfrac{1}{(\Delta D)'_{ld}}$	$T=\dfrac{D_d}{D_d-D_x}$	$Q=\dfrac{D_x}{D_d-D_x}$	小直径楔形砖量 K_x	大直径楔形砖量 K_d
H20-82.5 /67.5	H20-100 /90.0	2253.3 ~ 4080.0	83.776	125.664	21.8042	14.5366	0.04586	0.06879	2.2335	1.2335	$\begin{aligned}K_{H20-82.5/67.5}&=0.04586(4080.0-D)\\&=(4080.0-D)/21.8042\\&=2.2335\times83.776-0.04586D\end{aligned}$	$\begin{aligned}K_{H20-100/90.0}&=0.06879(D-2253.3)\\&=(D-2253.3)/14.5366\\&=0.06879D-1.2335\times125.664\end{aligned}$
H20-82.5 /67.5	H20-100 /92.5	2253.3 ~ 5440.0	83.776	167.552	38.0379	19.0190	0.02629	0.05258	1.7071	0.7071	$\begin{aligned}K_{H20-82.5/67.5}&=0.02629(5440.0-D)\\&=(5440.0-D)/38.0379\\&=1.7071\times83.776-0.02629D\end{aligned}$	$\begin{aligned}K_{H20-100/92.5}&=0.05258(D-2253.3)\\&=(D-2253.3)/19.0190\\&=0.05258D-0.7071\times167.552\end{aligned}$
H20-100 /90.0	H20-78.8 /71.3	4080.0 ~ 4306.7	125.664	167.552	1.8038	1.3528	0.55440	0.73920	18.9974	17.9974	$\begin{aligned}K_{H20-100/90.0}&=0.55440(4306.7-D)\\&=(4306.7-D)/1.8038\\&=18.9974\times125.664-0.5544D\end{aligned}$	$\begin{aligned}K_{H20-78.8/71.3}&=0.73920(D-4080.0)\\&=(D-4080.0)/1.3528\\&=0.73920D-17.9974\times167.552\end{aligned}$
H20-100 /90.0	H20-77.5 /72.5	4080.0 ~ 6360.0	125.664	251.328	18.1436	9.0718	0.05512	0.11023	2.7895	1.7895	$\begin{aligned}K_{H20-100/90.0}&=0.05512(6360.0-D)\\&=(6360.0-D)/18.1436\\&=2.7895\times125.664-0.05512D\end{aligned}$	$\begin{aligned}K_{H20-77.5/72.5}&=0.11023(D-4080.0)\\&=(D-4080.0)/9.0718\\&=0.11023D-1.7895\times251.328\end{aligned}$
H20-100 /92.5	H20-77.5 /72.5	5440.0 ~ 6360.0	167.552	251.328	5.4908	3.6606	0.18212	0.27318	6.9130	5.9130	$\begin{aligned}K_{H20-100/92.5}&=0.18212(6360.0-D)\\&=(6360.0-D)/5.4908\\&=6.9130\times167.552-0.18212D\end{aligned}$	$\begin{aligned}K_{H20-77.5/72.5}&=0.27318(D-5440.0)\\&=(D-5440.0)/3.6606\\&=0.27318D-5.9130\times251.328\end{aligned}$
H20-78.8 /71.3	H20-100 /95.0	4306.7 ~ 8160.0	167.552	251.328	22.9978	15.3319	0.04348	0.06522	2.1177	1.1177	$\begin{aligned}K_{H20-78.8/71.3}&=0.04348(8160.0-D)\\&=(8160.0-D)/22.9978\\&=2.1177\times167.552-0.04348D\end{aligned}$	$\begin{aligned}K_{H20-100/95.0}&=0.06522(D-4306.7)\\&=(D-4306.7)/15.3319\\&=0.06522D-1.1177\times251.328\end{aligned}$

注:
1. 本表计算中砌缝 (辐射缝) 厚度取 2.0mm。
2. 本表各砖环总砖数 $K_h = (m-n)D+nD_d-mD_x$ 或 $K_h = (m-n)D+TK'_x-QK'_d$。

表1-43 A=200mm 不等端尺寸双楔形砖砖环简易计算式分析之二

配砌砖号 小直径楔形砖	大直径楔形砖	外直径比 D_x/D_d	Q/T	楔差比 $\Delta C_d/\Delta C_x$	每环极限砖数比 K_x/K_d	一块楔形砖直径变化量比 $(\Delta D)'_{1d}/(\Delta D)'_{1x}$	n/m	$T-Q$	定值项 TK'_x	定值项 QK'_d
H20-82.5/67.5	H20-100/90.0	2253.3/4080.0 =0.5523	1.2335/2.2335 =0.5523	10.0/15.0 =2.0/3.0	83.776/125.664 =2.0/3.0	14.5366/21.8042 =2.0/3.0	0.04586/0.06879 =2.0/3.0	2.2335−1.2335 =1	2.2335×83.776 =187.114	1.2335×125.664 =155.007
H20-82.5/67.5	H20-100/92.5	2253.3/5440.0 =0.4142	0.7071/1.7071 =0.4142	7.5/15.0 =1.0/2.0	83.776/167.552 =1.0/2.0	19.0190/38.0399 =1.0/2.0	0.02629/0.05258 =1.0/2.0	1.7071−0.7071 =1	1.7071×83.776 =143.014	0.7071×167.552 =118.476
H20-100/90.0	H20-78.8/71.3	4080.0/4306.7 =0.9474	17.9974/18.9974 =0.9474	7.5/10.0 =3.0/4.0	125.664/167.552 =3.0/4.0	1.3528/1.8038 =3.0/4.0	0.55404/0.73920 =3.0/4.0	18.9974−17.9974 =1	18.9974×125.664 =2387.289	17.9974×167.552 =3015.50
H20-100/90.0	H20-77.5/72.5	4080.0/6360.0 =0.6415	1.7895/2.7895 =0.6415	5.0/10.0 =1.0/2.0	125.664/251.328 =1.0/2.0	9.0718/18.1436 =1.0/2.0	0.05512/0.11023 =1.0/2.0	2.7895−1.7895 =1	2.7895×125.664 =350.540	1.7895×251.328 =449.751
H20-100/92.5	H20-77.5/72.5	5440.0/6360.0 =0.8553	5.9130/6.9130 =0.8553	5.0/7.5 =2.0/3.0	167.552/251.328 =2.0/3.0	3.6606/5.4908 =2.0/3.0	0.18212/0.27318 =2.0/3.0	6.9130−5.9130 =1	6.9130×167.552 =1158.287	5.9130×251.328 =1486.102
H20-78.8/71.3	H20-100/95.0	4306.7/8160.0 =0.5278	1.1177/2.1177 =0.5278	5.0/7.5 =2.0/3.0	167.552/251.328 =2.0/3.0	15.3319/22.9978 =2.0/3.0	0.04348/0.06522 =2.0/3.0	2.1177−1.1177 =1	2.1177×167.552 =354.825	1.1177×251.328 =280.909
ⅢⅢⅢ-28	ⅢⅢⅢ-29	3082.0/5388.6 =0.5720	1.3362/2.3362 =0.5720	7.0/10.0 =0.70	144.514/206.448 =0.70	11.1727/15.9609 =0.70	0.06265/0.08950 =0.70	2.3362−1.3362 =1	2.3362×144.514 =337.614	1.3362×206.448 =275.856
ⅢⅢⅢ-31	ⅢⅢⅢ-29	4390.9/5388.6 =0.8148	4.4010/5.4010 =0.8148	7.0/11.0 =0.6364	131.376/206.448 =0.6364	4.8325/7.5939 =0.6364	0.13168/0.20693 =0.6364	5.4010−4.4010 =1	5.4010×131.376 =709.562	4.4010×206.448 =908.578
ⅢⅢⅢ-31	ⅢⅢⅢ-30	4390.9/8017.1 =0.5477	1.2109/2.2109 =0.5477	7.0/11.0 =0.6364	131.376/206.448 =0.6364	17.5649/27.5649 =0.6364	0.03623/0.05693 =0.6364	2.2109−1.2109 =1	2.2109×131.376 =290.459	1.2109×206.448 =249.988
ⅢⅢⅢ-28	ⅢⅢⅢ-31	3082.0/4390.9 =0.7019	2.3546/3.3546 =0.7019	11.0/10.0 =1.10	144.514/131.376 =1.10	9.9631/9.0573 =1.10	0.11041/0.10040 =1.10	3.3546−2.3546 =1	3.3546×144.514 =484.787	2.3546×131.376 =309.338
ⅢⅢⅢ-29	ⅢⅢⅢ-33	5388.6/8050.0 =0.6694	2.0247/3.0247 =0.6694	6.0/7.0 =0.8571	206.448/240.856 =0.8571	11.0499/12.8915 =0.8571	0.07757/0.09050 =0.8571	3.0247−2.0247 =1	3.0247×206.448 =624.443	2.0247×240.856 =487.661

表 1-44　我国国家标准[8] 不等端尺寸双楔形砖砖环简易计算式

小直径楔形砖 HA/10-C_2/D_2	大直径楔形砖 HA/10-C_1/D_1	砖环外直径范围 $D_x \sim D_d$ /mm	$n = \dfrac{\pi(C_1-D_1)}{D_1C_2-D_2C_1}$	$m = \dfrac{\pi(C_2-D_2)}{D_1C_2-D_2C_1}$	nD_d	mD_x	$m-n$	小直径楔形砖量 $K_x = nD_d - nD$	大直径楔形砖量 $K_d = mD - mD_x$	砖环总砖数 $K_h = (m-n)D + nD_d - mD_x$
H16-82.5/67.5	H16-100/90.0	1802.7~3264.0	0.04586	0.06879	149.687	124.008	0.02293	149.687-0.04586D	0.06879D-124.008	0.02293D+25.679
H16-82.5/67.5	H16-100/92.5	1802.7~4352.0	0.02329	0.05258	114.414	94.786	0.02629	114.414-0.02329D	0.05258D-94.786	0.02629D+19.628
H16-80.0/70.0	H16-100/92.5	2624.0~4352.0	0.05818	0.07757	253.069	203.544	0.01939	253.069-0.05818D	0.07757D-203.544	0.01939D+49.525
H16-80.0/70.0	H16-100/95.0	2624.0~6528.0	0.02575	0.05150	168.096	135.136	0.02575	168.096-0.02575D	0.05150D-135.136	0.02575D+32.96
H16-78.8/71.3	H16-100/95.0	3445.3~6528.0	0.04348	0.06522	283.837	224.702	0.02174	283.837-0.04348D	0.06522D-224.702	0.02174D+59.135
H16-100/85.0	H16-80.0/70.0	2176.0~2624.0	0.14960	0.22440	392.550	488.294	0.07480	392.550-0.14960D	0.22440D-488.294	0.07480D-95.744
H16-100/85.0	H16-78.8/71.3	2176.0~3445.0	0.05280	0.10560	181.912	229.786	0.05280	181.912-0.05280D	0.10560D-229.786	0.05280D-47.874
H16-100/90.0	H16-78.8/71.3	3264.0~3445.0	0.55440	0.73920	1910.074	2412.749	0.18480	1910.074-0.55440D	0.73920D-2412.749	0.18480D-502.675
H16-100/90.0	H16-77.5/72.5	3264.0~5088.0	0.05512	0.11023	280.451	359.791	0.05512	280.451-0.05512D	0.11023D-359.791	0.05512D-79.340
H16-100/92.5	H16-77.5/72.5	4352.0~5088.0	0.18212	0.27318	926.627	1188.879	0.09106	926.627-0.18212D	0.27318D-1188.879	0.09106D-262.252
H18-82.5/67.5	H18-100/90.0	2028.0~3672.0	0.04586	0.06879	168.398	139.506	0.02293	168.398-0.04586D	0.06879D-139.506	0.02293D+28.892
H18-82.5/67.5	H18-100/92.5	2028.0~4896.0	0.02629	0.05258	128.716	106.632	0.02629	128.716-0.02629D	0.05258D-106.632	0.02629D+22.084
H18-80.0/70.0	H18-100/92.5	2952.0~4896.0	0.05818	0.07757	284.849	228.987	0.01939	284.849-0.05818D	0.07757D-228.987	0.01939D+55.862
H18-80.0/70.0	H18-100/95.0	2952.0~7344.0	0.02575	0.05150	189.108	152.028	0.02575	189.108-0.02575D	0.05150D-152.028	0.02575D+37.08
H18-78.8/71.3	H18-100/95.0	3876.0~7344.0	0.04348	0.06522	319.317	252.793	0.02174	319.317-0.04348D	0.06522D-252.793	0.02174D+66.524
H18-100/85.0	H18-80.0/70.0	2448.0~2952.0	0.14960	0.22440	441.619	549.331	0.07480	441.619-0.14960D	0.22440D-549.331	0.07480D-107.712
H18-100/85.0	H18-78.8/71.3	2448.0~3876.0	0.05280	0.10560	204.653	258.509	0.05280	204.653-0.05280D	0.10560D-258.509	0.05280D-53.856
H18-100/90.0	H18-78.8/71.3	3672.0~3876.0	0.55440	0.73920	2148.854	2714.342	0.18480	2148.854-0.55440D	0.73920D-2714.342	0.18480D-565.488
H18-100/90.0	H18-77.5/72.5	3672.0~5724.0	0.05512	0.11023	315.507	404.764	0.05512	315.507-0.05512D	0.11023D-404.764	0.05512D-89.257
H18-100/92.5	H18-77.5/72.5	4896.0~5724.0	0.18212	0.27318	1042.455	1337.489	0.09106	1042.455-0.18212D	0.27318D-1337.489	0.09106D-295.034
H20-82.5/67.5	H20-100/90.0	2253.3~4080.0	0.04586	0.06879	187.109	155.005	0.02293	187.109-0.04586D	0.06879D-155.005	0.02293D+32.104
H20-82.5/67.5	H20-100/92.5	2253.3~5440.0	0.02629	0.05258	143.018	118.479	0.02629	143.018-0.02629D	0.05258D-118.479	0.02629D+24.539
H20-80.0/70.0	H20-100/92.5	3280.0~5440.0	0.05818	0.07757	316.499	254.430	0.01939	316.499-0.05818D	0.07757D-254.430	0.01939D+62.069
H20-80.0/70.0	H20-100/95.0	3280.0~8160.0	0.02575	0.05150	210.120	168.920	0.02575	210.120-0.02575D	0.05150D-168.920	0.02575D+41.20
H20-78.8/71.3	H20-100/95.0	4306.7~8160.0	0.04348	0.06522	354.797	280.883	0.02174	354.797-0.04348D	0.06522D-280.883	0.02174D+73.914
H20-100/85.0	H20-80.0/70.0	2720.0~3280.0	0.14960	0.22440	490.688	610.368	0.07480	490.688-0.14960D	0.22440D-610.368	0.07480D-119.680
H20-100/85.0	H20-78.8/71.3	2720.0~4306.7	0.05280	0.10560	227.394	287.232	0.05280	227.394-0.05280D	0.10560D-287.232	0.05280D-59.838

续表 1-44

配砌尺寸砖号 小直径楔形砖 $HA/10\text{-}C_2/D_2$	配砌尺寸砖号 大直径楔形砖 $HA/10\text{-}C_1/D_1$	砖环外直径范围 $D_x \sim D_d$ /mm	外直径系数 $n=\dfrac{\pi(C_1-D_1)}{D_1C_2-D_2C_1}$	外直径系数 $m=\dfrac{\pi(C_2-D_2)}{D_1C_2-D_2C_1}$	nD_d	mD_x	$m-n$	每环砖量简易计算式块 小直径楔形砖量 $K_x=nD_d-nD$	每环砖量简易计算式块 大直径楔形砖量 $K_d=mD-mD_x$	砖环总砖数 $K_h=(m-n)D+nD_d-mD_x$
H20-100/90.0	H20-78.8/71.3	4080.0~4306.7	0.55440	0.73920	2387.634	3015.936	0.18480	2387.634 − 0.55440D	0.73920D − 3015.936	0.18480D − 628.302
H20-100/90.0	H20-77.5/72.5	4080.0~6360.0	0.05512	0.11023	350.563	449.738	0.05512	350.563 − 0.05512D	0.11023D − 449.738	0.05512D − 99.175
H20-100/92.5	H20-77.5/72.5	5440.0~6360.0	0.18212	0.27318	1158.283	1486.099	0.09106	1158.283 − 0.18212D	0.27318D − 1486.099	0.09106D − 327.816
H22-82.5/67.5	H22-100/90.0	2478.7~4488.0	0.04586	0.06879	205.820	170.510	0.02293	205.820 − 0.04586D	0.06879D − 170.510	0.02293D + 35.31
H22-82.5/67.5	H22-100/92.5	2478.7~5984.0	0.02629	0.05258	157.319	130.330	0.02629	157.319 − 0.02629D	0.05258D − 130.330	0.02629D + 26.989
H22-80.0/70.0	H22-100/92.5	3608.0~5984.0	0.05818	0.07757	348.149	279.873	0.01939	348.149 − 0.05818D	0.07757D − 279.873	0.01939D + 68.276
H22-80.0/70.0	H22-100/95.0	3608.0~8976.0	0.02575	0.05150	231.132	185.812	0.02575	231.132 − 0.02575D	0.05150D − 185.812	0.02575D + 45.320
H22-78.8/71.3	H22-100/95.0	4737.3~8976.0	0.04348	0.06522	390.276	308.967	0.02174	390.276 − 0.04348D	0.06522D − 308.967	0.02174D + 81.309
H22-100/85.0	H22-80.0/70.0	2992.0~3608.0	0.14960	0.22440	539.757	671.405	0.07480	539.757 − 0.14960D	0.22440D − 671.405	0.07480D − 131.648
H22-100/85.0	H22-78.8/71.3	2992.0~4737.3	0.05280	0.10560	250.129	315.955	0.05280	250.129 − 0.05280D	0.10560D − 315.955	0.05280D − 65.826
H22-100/90.0	H22-78.8/71.3	4488.0~4737.3	0.55440	0.73920	2626.359	3317.530	0.18480	2626.359 − 0.55440D	0.73920D − 3317.530	0.18480D − 691.171
H22-100/90.0	H22-77.5/72.5	4488.0~6996.0	0.05512	0.11023	385.620	494.712	0.05512	385.620 − 0.05512D	0.11023D − 494.712	0.05512D − 109.092
H22-100/92.5	H22-77.5/72.5	5984.0~6996.0	0.18212	0.27318	1274.112	1634.709	0.09106	1274.112 − 0.18212D	0.27318D − 1634.709	0.09106D − 360.597
H25-82.5/67.5	H25-100/90.0	2816.7~5100.0	0.04586	0.06879	233.886	193.761	0.02293	233.886 − 0.04586D	0.06879D − 193.761	0.02293D + 40.125
H25-82.5/67.5	H25-100/92.5	2816.7~6800.0	0.02629	0.05258	178.772	148.102	0.02629	178.772 − 0.02629D	0.05258D − 148.102	0.02629D + 30.67
H25-80.0/70.0	H25-100/92.5	4100.0~6800.0	0.05818	0.07757	395.624	318.037	0.01939	395.624 − 0.05818D	0.07757D − 318.037	0.01939D + 77.587
H25-80.0/70.0	H25-100/95.0	4100.0~10200.0	0.02575	0.05150	262.650	211.150	0.02575	262.650 − 0.02575D	0.05150D − 211.150	0.02575D + 51.5
H25-78.8/71.3	H25-100/95.0	5383.3~10200.0	0.04348	0.06522	443.496	351.099	0.02174	443.496 − 0.04348D	0.06522D − 351.099	0.02174D + 92.397
H25-100/85.0	H25-80.0/70.0	3400.0~4100.0	0.14960	0.22440	613.360	762.960	0.07480	613.360 − 0.14960D	0.22440D − 762.960	0.07480D − 149.60
H25-100/85.0	H25-78.8/71.3	3400.0~5383.3	0.05280	0.10560	284.238	359.040	0.05280	284.238 − 0.05280D	0.10560D − 359.040	0.05280D − 74.802
H25-100/90.0	H25-78.8/71.3	5100.0~5383.3	0.55440	0.73920	2984.502	3769.920	0.18480	2984.502 − 0.55440D	0.73920D − 3769.920	0.18480D − 785.418
H25-100/90.0	H25-77.5/72.5	5100.0~7950.0	0.05512	0.11023	438.204	562.173	0.05512	438.204 − 0.05512D	0.11023D − 562.173	0.05512D − 123.969
H25-100/92.5	H25-77.5/72.5	6800.0~7950.0	0.18212	0.27318	1447.854	1857.624	0.09106	1447.854 − 0.18212D	0.27318D − 1857.624	0.09106D − 409.770

注: 1. 本表计算中砌缝（辐射缝）厚度取 2.0mm，即尺寸 C_1、D_1、C_2、D_2 和 D_2 需另加 2.0mm。
2. 尺寸 78.8/71.3 实为 78.75/71.25，计算中取 78.75/71.25。

方法 2 按我国常用简易计算式（表 1-42 计算）：

$$K_{H20\text{-}78.8/71.3} = 0.04348 \times (8160.0 - 7200.0) = 41.74 \text{ 块}$$

$$K_{H20\text{-}78.8/71.3} = (8160.0 - 7200.0)/22.9978 = 41.74 \text{ 块}$$

或

$$K_{H20\text{-}78.8/71.3} = 2.1177 \times 167.552 - 0.04348 \times 7200.0 = 41.77 \text{ 块}$$

$$K_{H20\text{-}100/95.0} = 0.06522 \times (7200.0 - 4306.7) = 188.70 \text{ 块}$$

$$K_{H20\text{-}100/95.0} = (7200.0 - 4306.7)/15.3319 = 188.71 \text{ 块}$$

或

$$K_{H20\text{-}100/95.0} = 0.06522 \times 7200.0 - 1.1177 \times 251.328 = 188.68 \text{ 块}$$

$$K_h = (0.06522 - 0.04348) \times 7200.0 + 2.1177 \times 167.552 -$$

$$1.1177 \times 251.328 = 230.44 \text{ 块}$$

方法 3 按不等端尺寸双楔形砖砖环两项式简易计算式（表 1-44）计算：

$$K_{H20\text{-}78.8/71.3} = 354.797 - 0.04348 \times 7200.0 = 41.74 \text{ 块}$$

$$K_{H20\text{-}100/95.0} = 0.06522 \times 7200.0 - 280.883 = 188.70 \text{ 块}$$

$$K_h = 0.2174 \times 7200.0 + 73.914 = 230.44 \text{ 块}$$

1.5.3.7 回转窑砖衬双楔形砖砖环分类及其简易计算式特点

以往对工业炉窑砖衬采用的双楔形砖砖环分类，仅粗略地按大小端尺寸或中间尺寸是否相等，分为等大端尺寸双楔形砖砖环、等中间尺寸双楔形砖砖环、等小端尺寸双楔形砖砖环和不等端尺寸双楔形砖砖环。后来把等大端尺寸、等小端尺寸和等中间尺寸双楔形砖砖环统称为等端（间）尺寸双楔形砖砖环。等小端尺寸（constant hotface dimensions）双楔形砖砖环，还未见到用于回转窑砖衬，可能是其大端尺寸过大而不便于紧靠筒壳的原因。随着回转窑砖衬双楔形砖砖环简易计算式研究的深入，发现了等楔差双楔形砖砖环。不能仅看等楔差双楔形砖砖环也带有"等"字就简单地将其列入等端（间）尺寸双楔形砖砖环系列，其实它属于大端尺寸间和小端尺寸间都不相等的不等端尺寸双楔形砖砖环，但考虑到楔差相等，而列入特殊的不等端尺寸双楔形砖砖环行列。等中间尺寸双楔形砖砖环，采取中间直径计算时属于等端（间）尺寸双楔形砖砖环，但采取外直径计算时就属于不等端尺寸双楔形砖砖环。把外直径等中间尺寸双楔形砖砖环划归为特殊的不等端尺寸双楔形砖砖环行列。考虑定义尺寸特点和计算式采取直径类别，将回转窑砖衬双楔形砖砖环分类（见表 1-45）。

表 1-45　回转窑砖衬双楔形砖砖环分类及其简易计算式特点

简易计算式项目	等端（间）尺寸双楔形砖砖环		不等端尺寸双楔形砖砖环			
	等大端尺寸双楔形砖砖环	等中间尺寸双楔形砖砖环	特殊不等端尺寸双楔形砖砖环			真正不等端尺寸双楔形砖砖环
			外直径等中间尺寸双楔形砖砖环	等楔差双楔形砖砖环		
定义尺寸特点	$C_1 = C_2 = C$	$(C_1 + D_1)/2 =$ $(C_2 + D_2)/2 = P$	$(C_1 + D_1)/2 =$ $(C_2 + D_2)/2 = P$; $C_1 \neq C_2, D_1 \neq D_2$	$(C_1 - D_1) = (C_2 - D_2)$ $C_1 \neq C_2, D_1 \neq D_2$		$C_1 \neq C_2, D_1 \neq D_2$

简易计算式项目	等端(间)尺寸双楔形砖砖环		不等端尺寸双楔形砖砖环		
	等大端尺寸双楔形砖砖环	等中间尺寸双楔形砖砖环	特殊不等端尺寸双楔形砖砖环		真正不等端尺寸双楔形砖砖环
			外直径等中间尺寸双楔形砖砖环	等楔差双楔形砖砖环	
计算式中直径类别	外直径 D_x、D_d 和 D	中间直径 D_{px}、D_{pd} 和 D_p	外直径 D_x、D_d 和 D	外直径 D_x、D_d 和 D	外直径 D_x、D_d 和 D
每环极限砖数的系数差 $T-Q$	$T-Q=1$	$T-Q=1$	$T-Q=1$	$T-Q=1$	$T-Q=1$
外直径比 D_x/D_d	$D_x/D_d = \Delta C_d/\Delta C_x$	$D_{px}/D_{pd} = \Delta C_d/\Delta C_x$	$D_x/D_d = \Delta C_d/\Delta C_x$; $D_x/D_d = C_2\Delta C_d/C_1\Delta C_x$	$D_x/D_d \neq \Delta C_d/\Delta C_x$ $D_x/D_d = C_2/C_1$	$D_x/D_d \neq \Delta C_d/\Delta C_x$ $D_x/D_d = C_2\Delta C_d/C_1\Delta C_x$
每环极限砖数系数比 Q/T	$Q/T = \Delta C_d/\Delta C_x$	$Q/T = \Delta C_d/\Delta C_x$	$Q/T \neq \Delta C_d/\Delta C_x$; $Q/T = D_x/D_d = C_2\Delta C_d/C_1\Delta C_x$	$Q/T \neq \Delta C_d/\Delta C_x$; $Q/T = D_x/D_d = C_2/C_1$	$Q/T \neq \Delta C_d/\Delta C_x$; $Q/T = D_x/D_d = C_2\Delta C_d/C_1\Delta C_x$
直径系数比 n/m	$n/m = \Delta C_d/\Delta C_x$	$n/m = \Delta C_d/\Delta C_x$	$n/m = \Delta C_d/\Delta C_x$	$n/m = \Delta C_d/\Delta C_x = 1$	$n/m = \Delta C_d/\Delta C_x$
Q/T 与 n/m 的关系	$Q/T = n/m$	$Q/T = n/m$	$Q/T \neq n/m$	$Q/T \neq n/m$	$Q/T \neq n/m$
直径系数差 $m-n$	$m-n = \pi/C$	$m-n = \pi/p$	$m-n = \pi/p$	$m-n = 0$; $m = n$	$m-n = \dfrac{\pi[(C_2-D_2)-(C_1-D_1)]}{D_1C_2-D_2C_1}$
砖环总砖数 K_h	$K_h = (m-n)D$	$K_h = (m-n)D_p$	$K_h \neq (m-n)D$ $K_h = (m-n)(D-A)$	$K_h = m(D_d-D_x)$ $K'_x = K'_x = K'_d$	$K_h = (m-n)D + nD_d - mD_x$ $K_h = (m-n)D + TK'_x - QK'_d$
定值项绝对值 TK'_x 和 QK'_d	$TK'_x = QK'_d$	$TK'_x = QK'_d$	$TK'_x \neq QK'_d$	$TK'_x \neq QK'_d$	$TK'_x \neq QK'_d$
简易计算式举例	表 1-23 和表 1-28	表 1-24 和表 1-26	表 1-38 和表 1-39	表 1-33 和表 1-37	表 1- 44

关于所有各种双楔形砖砖环简易计算式中每环极限砖数系数差都等于 1，即 $T-Q=1$。这是由于在讨论基于尺寸特征的双楔形砖砖环中国计算式（式 1-11a 和式 1-12a）时令 K'_x 的系数 $D_d/(D_d-D_x) = T$ 和 K'_d 的系数 $D_x/(D_d-D_x) = Q$（对于采取外直径的砖环而言）或 $D_{pd}/(D_{pd}-D_{px}) = T$ 和 $D_{px}/(D_{pd}-D_{px}) = Q$（对于采取中间直径的砖环而言），$T-Q = D_d/(D_d-D_x) - D_x/(D_d-D_x) = (D_d-D_x)/(D_d-D_x) = 1$ 或 $T-Q = D_{pd}/(D_{pd}-D_{px}) - D_{px}/(D_{pd}-D_{px}) = (D_{pd}-D_{px})/(D_{pd}-D_{px}) = 1$。

关于外直径比。在等大端尺寸双楔形砖砖环计算中，两砖外直径比 $D_x/D_d = [2CA/(C_2-D_2)]:[2CA/(C_1-D_1)] = (C_1-D_1)/(C_2-D_2) = \Delta C_d/\Delta C_x$；在等中间尺寸双楔形砖砖环计算中，两砖中间直径比 $D_{px}/D_{pd} = [2PA/(C_2-D_2)]:[2PA/(C_1-D_1)] =$

$(C_1 - D_1)/(C_2 - D_2) = \Delta C_d/\Delta C_x$。可是当等中间尺寸双楔形砖砖环采取外直径（即外直径等中间尺寸双楔形砖砖环）时，$D_x/D_d = [2C_2A/(C_2 - D_2)] : [2C_1A/(C_1 - D_1)] = C_2(C_1 - D_1)/[C_1(C_2 - D_2)] = C_2\Delta C_d/C_1\Delta C_x$，由于 $C_2 \neq C_1$，所以 $D_x/D_d \neq \Delta C_d/\Delta C_x$；对于等楔差双楔形砖砖环而言，由于两砖楔差相等（$\Delta C_d = \Delta C_x$）和 $C_2 \neq C_1$，显然 $D_x/D_d \neq \Delta C_d/\Delta C_x$；对所有不等端尺寸双楔形砖砖环而言，$D_x/D_d = C_2\Delta C_d/(C_1\Delta C_x)$，$D_x/D_d \neq \Delta C_d/\Delta C_x$。

对于等楔差双楔形砖砖环而言 $D_x/D_d = C_2\Delta C_d/C_1\Delta C_x = C_2/C_1$（注意 C_2 和 C_1 需另加砌缝厚度 2mm），既可以检验加厚砖尺寸设计是否准确，又增加一种加厚砖尺寸设计的简便方法。在表 1-32 中，等楔差 5.0mm、$D_x/D_d = 3.0/4.0$ 双楔形砖砖环，小直径楔形砖 HA/10-77.5/72.5 的 $C_2 = 77.5 + 2 = 79.5$mm，则大直径加厚楔形砖的 $C_1 = C_2D_d/D_x = 79.5 \times 4.0/3.0 - 2 = 104.0$mm；等楔差 5.0mm、$D_x/D_d = 5.0/6.0$ 双楔形砖砖环，小直径基本砖 HA/10-100/95.0 的 $C_2 = 102$mm，则大直径加厚砖的 $C_1 = 102 \times 6.0/5.0 - 2 = 120.4$mm。等楔差 7.5mm、$D_x/D_d = 2.0/3.0$ 双楔形砖砖环，小直径基本砖 HA/10-78.8/71.3 的 $C_2 = 80.75$mm，则大直径加厚砖的 $C_1 = 80.75 \times 3.0/2.0 - 2 = 119.1$mm；等楔差 7.5mm、$D_x/D_d = 5.0/6.0$ 双楔形砖砖环，小直径基本砖 HA/10-100/92.5 的 $C_2 = 102$mm，则大直径加厚砖的 $C_1 = 102 \times 6.0/5.0 - 2 = 120.4$mm。

关于每环极限砖数的系数比 Q/T。在等大端尺寸和不等端尺寸双楔形砖砖环计算中，每环极限砖数 K'_d 和 K'_x 的系数之比 $Q/T = D_x(D_d - D_x)/[D_d(D_d - D_x)] = D_x/D_d$，在等中间尺寸双楔形砖砖环计算中，$Q/T = [D_{px}/(D_{pd} - D_{px})] : [D_{pd}/(D_{pd} - D_{px})] = D_{px}/D_{pd}$。由于 $D_x/D_d = \Delta C_d/\Delta C_x$ 和 $D_{px}/D_{pd} = \Delta C_d/\Delta C_x$，在等大端尺寸和等中间尺寸双楔形砖砖环计算中 $Q/T = \Delta C_d/\Delta C_x$，即可由简单整数的楔差比直接看出 Q 和 T 来。在不等端尺寸双楔形砖砖环计算中，虽然 $Q/T = D_x/D_d$，但 $D_x/D_d \neq \Delta C_d/\Delta C_x$，所以 $Q/T \neq \Delta C_d/\Delta C_x$，$Q$ 和 T 不能由楔差比直接看出来，需由 D_x 和 D_d 计算出来。

关于直径系数比 n/m。在基于尺寸特征的双楔形砖砖环中国计算式中，n 和 m 为外直径的系数，$n = K'_x/(D_d - D_x)$ 和 $m = K'_d/(D_d - D_x)$，$n/m = K'_x/K'_d = 2\pi A/(C_2 - D_2) : 2\pi A/(C_1 - D_1) = (C_1 - D_1)/(C_2 - D_2) = \Delta C_d/\Delta C_x$。$n/m = \Delta C_d/\Delta C_x$ 适用于等大端尺寸（$C_1 = C_2 = C$），等中间尺寸和不等端尺寸双楔形砖砖环计算，因为对于任何双楔形砖砖环而言，$n/m = K'_x/K'_d$，而 $K'_x/K'_d = \Delta C_d/\Delta C_x$。即使特殊的等楔差双楔形砖砖环计算中，由于 $\Delta C_d = \Delta C_x$，$n/m = \Delta C_d/\Delta C_x = 1$。

关于 Q/T 和 n/m 的关系。在等大端尺寸和等中间尺寸双楔形砖砖环计算中，$Q/T = \Delta C_d/\Delta C_x$ 和 $n/m = \Delta C_d/\Delta C_x$，所以 $Q/T = n/m$。虽然在不等端尺寸双楔形砖砖环计算中 $n/m = \Delta C_d/\Delta C_x$，但 $Q/T \neq \Delta C_d/\Delta C_x$，所以 $Q/T \neq n/m$。

关于直径系数差 $m - n$。对于等大端尺寸双楔形砖砖环简易式而言，$m - n = K'_d/(D_d - D_x) - K'_x/(D_d - D_x) = (K'_d - K'_x)(D_d - D_x)$，将 K'_d、K'_x、D_d 和 D_x 的等大端定义式 $K'_d = 2\pi A/(C - D_1)$、$K'_x = 2\pi A/(C - D_2)$、$D_d = 2C_1A/(C - D_1)$ 和 $D_x = 2C_2A/(C - D_2)$ 代入之得，$m - n = \pi/C$。对于等中间尺寸双楔形砖砖环简易式而言，$m = K'_d/(D_{pd} - D_{px})$，$n = K'_x/(D_{pd} - D_{px})$，$m - n = K'_d/(D_{pd} - D_{px}) - K'_x/(D_{pd} - D_{px}) = (K'_d - K'_x)/(D_{pd} - D_{px})$，将 K'_d、K'_x、D_{pd} 和 D_{px} 的等中间定义式 $K'_d = \pi A/(P - D_1)$，$K'_x = \pi A/(P - D_2)$，$D_{pd} = PA/(P - D_1)$ 和 $D_{px} = PA/(P - D_2)$ 代入之得，$m - n = \pi/P$。对于等楔差双楔形砖砖环简易式而言，$m - n = (K'_d - K'_x)/(D_d - D_x)$，由于 $K'_d = K'_x$，所以 $m - n = 0$，$m = n$。对于真

正不等端尺寸双楔形砖砖环简易式而言，$m - n = (K'_d - K'_x)/(D_d - D_x)$，此时将 K'_d、K'_x、D_d 和 D_x 的不等端尺寸定义式 $K'_d = 2\pi A/(C_1 - D_1)$，$K'_x = 2\pi A/(C_2 - D_2)$、$D_d = 2C_1 A/(C_1 - D_1)$ 和 $D_x = 2C_2 A/(C_2 - D_2)$ 代入之得，$m - n = [(C_2 - D_2) - (C_1 - D_1)]/(D_1 C_2 - D_2 C_1)$，就是说真正不等端尺寸双楔形砖砖环计算中，不像其他双楔形砖砖环那样 $m - n$ 为简单的定值。

关于砖环总砖数 K_h。众所周知，等大端尺寸双楔形砖砖环的总砖数 $K_h = \pi D/C$，式中 $\pi/C = m - n$，所以 $K_h = (m - n)D$。同样等中间尺寸双楔形砖砖环的总砖数 $K_h = \pi D_p/P$，式 $\pi/P = m - n$，所以 $K_h = (m - n)D_p$。不等端尺寸双楔形砖砖环的总砖数 $K_h = (m - n)D + nD_d - mD_x$（式1-19）。在等楔差双楔形砖砖环计算中，由于 $m - n = 0$ 即 $m = n$，$K'_x = K'_d$，$K_h = m(D_d - D_x)$，将 $m = K'_d/(D_d - D_x)$ 代入之得 $K_h = K'_d = K'_x$。

关于基于尺寸特征的双楔形砖砖环中国计算式定值项 TK'_x 和 QK'_d。在外直径为 D 的不等端尺寸双楔形砖砖环，砌以大小端尺寸 C_1/D_1 的大直径楔形砖 K_d 块和大小端尺寸 C_2/D_2 的小直径楔形砖 K_x 块，可由下面的方程组计算 K_x 和 K_d：

$$\begin{cases} C_1 K_d + C_2 K_x = \pi D \\ D_1 K_d + D_2 K_x = \pi(D - 2A) \end{cases}$$

$$K_x = \frac{\pi[(D_1 - C_1)D + 2C_1 A]}{D_1 C_2 - D_2 C_1} = \frac{2\pi C_1 A}{D_1 C_2 - D_2 C_1} - \frac{\pi(C_1 - D_1)D}{D_1 C_2 - D_2 C_1} \tag{1-17b}$$

$$K_d = \frac{\pi[(C_2 - D_2)D + 2C_2 A]}{D_1 C_2 - D_2 C_1} = \frac{\pi(C_2 - D_2)D}{D_1 C_2 - D_2 C_1} - \frac{2\pi C_2 A}{D_1 C_2 - D_2 C_1} \tag{1-18b}$$

已知式 1-17b 中 $\pi(C_1 - D_1)/(D_1 C_2 - D_2 C_1) = n$ 和式 1-18b 中 $\pi(C_2 - D_2)/(D_1 C_2 - D_2 C_1) = m$（见 1.5.3.6 节 B），则式 1-17b 中 $2\pi C_1 A/(D_1 C_2 - D_2 C_1) = TK'_x$ 和式 1-18b 中 $2\pi C_2 A/(D_1 C_2 - D_2 C_1) = QK'_d$，由于 $C_1 \neq C_2$，则 $2\pi C_1 A/(D_1 C_2 - D_2 C_1) \neq 2\pi C_2 A/(D_1 C_2 - D_2 C_1)$，所以 $TK'_x \neq QK'_d$。不等端尺寸双楔形砖砖环总砖数两个计算式 $K_h = (m - n)D + nD_d - mD_x$ 和 $K_h = (m - n)D + TK'_x - QK'_d$（式 1-20）对照可知，既然 $nD_d - mD_x \neq 0$，那么 $TK'_x - QK'_d \neq 0$，所以也表明 $TK'_x \neq QK'_d$。在等楔差双楔形砖砖环计算中，$K'_d = K'_x$ 和 $T \neq Q$，所以 $TK'_x \neq QK'_d$。对于外直径等中间尺寸双楔形砖砖环计算式而言，$Q/T \neq \Delta C_d/\Delta C_x$，但 $K'_x/K'_d = [2\pi A/(C_2 - D_2)] : [2\pi A/(C_1 - D_1)] = (C_1 - D_1)/(C_2 - D_2) = \Delta C_d/\Delta C_x$，即 $Q/T \neq K'_x/K'_d$，所以 $TK'_x \neq QK'_d$。

等大端尺寸双楔形砖砖环计算式中 $TK'_x = QK'_d$ 早已专门证明过。其实式 1-17b 和 1-18b 中的 $C_1 = C_2 = C$ 时，就转换为等大端尺寸双楔形砖砖环计算式 1-17a 和式 1-18a（该式已证明 $TK'_x = QK'_d$）。对于等中间尺寸双楔形砖砖环计算式而言，只有 $TK'_x = QK'_d$ 时，$K_h = (m - n)D_p + TK'_x - QK'_d$（式 1-27b）才成立。

1.5.4　回转窑砖衬双楔形砖砖环配砌方案优选

我国标准[8]推荐的等大端尺寸 100mm 双楔形砖砖环 25 个配砌方案（表 1-28）、等中间尺寸 75mm 双楔形砖砖环 25 个配砌方案表（表 1-26）、等楔差 5.0mm 和 7.5mm 双楔形砖砖环 20 个配砌方案（表 1-33 ~ 表 1-36）、P-C 等楔差双楔形砖砖环 20 个配砌方案（表 1-37），以及不等端尺寸双楔形砖砖环 50 个配砌方案（表 1-43）共计 120 个配砌方案，克服了国际标准[15]用砖外直径较小、单位楔差小、尺寸标准化程度低、砖间识（区）别难及计算式不规范等缺点后，初步优选出适用范围（砖的外直径）广和明确、安全可靠（单位楔差 $\Delta C' \geqslant 0.020$）、砖间识（区）别容易、尺寸标准化程度高和砖量计算简便准确快捷的配砌方案。

可能用于某个外直径 D 或中间尺寸 D_p 回转窑筒体砖衬双楔形砖砖环的配砌方案有若干个，如何比较和选择其中的最佳方案（简称配砌方案优选）呢？

首先，回转窑筒体砖衬双楔形砖砖环内大直径楔形砖的外直径 D_d 应大于并尽量接近回转窑筒壳（或永久衬）内直径 D。避免大直径楔形砖的外直径 D_d 超过筒壳内直径 D 太多，不主张最小外直径砖号与最大外直径砖号相配的所谓的"两极"砖环。从国外引进的 $\phi 4.2m \times 50m$ 活性石灰回转窑镁铬砖高温带砖衬双楔形砖砖环，就设计为 B220（楔差 $\Delta C = 13.0mm$、外直径 $D_x = 2461.5mm$）与 B620（楔差 $\Delta C = 5.0mm$、外直径 $D_d = 6080.0mm$）的两极砖环，中间间隔 B320、B420 和 B520 三个砖号，砌筑操作和使用效果并不好。如果都采用 B220 与 B620 两极砖环，那何必设置和保留中间 3 个砖号呢？其实外直径 $D = 4.1m$（减去 50.0mm 黏土砖永久衬）的活性石灰回转窑碱性砖衬的大直径楔形砖应选用外直径 $D_d = 4400.0mm$、楔差 $= 6.0mm$ 的 B420。大直径楔形砖选优的具体指标为其单位楔差 $\Delta C'$。如前已述，大直径楔形砖在使用中可能抽沉、断落或残砖长度的计算值 A' 与其单位楔差成反比，就是说大直径楔形砖的单位楔差 $\Delta C'$ 越大，使用寿命应该越长。为此，在优选配砌方案评分中，规定大直径楔形砖的单位楔差 $\Delta C' < 0.020$ 时不计分，$\Delta C' \geqslant 0.020$ 的每 0.01 计 1 分。

其次，在制砖、砌筑和管理中，砖环相配砌两楔形砖的目视识别区分很重要。在没有工作热面标记的情况下，相配砌两楔形砖的楔差之差（$\Delta C_x - \Delta C_d$）可作为它们识（区）别的指标。两砖楔差之差小于 2mm 时不计分，不小于 2mm 时差值之半计分，最多计 3.0分。一厚一薄的等楔差和不等端尺寸双楔形砖砖环计 3.0 分。

第三，双楔形砖砖环内两种楔形砖计算数量之配比，受到人们格外关注，常常作为人们评价砖环优劣的标准之一。砖环内两种砖量接近，即 K_x/K_d 或 $K_d/K_x = 1$ 最理想，一般应控制在 1/4 以内。在这种配比范围内，不仅便于施工管理，砌筑操作过程中辐射缝方向与半径线吻合程度较高，有利于砖环与筒壳同心。有的国家甚至把控制砖量配比作为选择配砌方案的首要标准。从砖环内两砖数量配比方面评价砖环配砌方案优劣，要么采取两砖数量接近的方案，要么采取两砖数量悬殊的近单楔形砖砖环的方案。配比 1/4 ~ 1/10 的中间状态，不仅不便于管理，砌筑操作过程中调节辐射缝厚度及方向的操作颇为麻烦和困难。两砖数量配比的量化计分标准：1/（1 ~ 1.99）计 3.0 分，1/（2 ~ 2.99）计 2.0 分，1/（3 ~ 3.99）计 1.0 分，1/（4 以上）不计分，但 1/（10 ~ 15）计 1.0 分，1/（15 以上）计 2.0 分。

第四，双楔形砖砖环砖量简易计算式的规范化程度，主要视反映两砖楔差比（或外径比）的 Q/T 或 n/m 是否为连续的简单整数比。Q/T 或 n/m 为简单整数 3 计 3.0 分，整数 4 计 2.0 分，整数 6 计 1.0 分，不是整数或大于 6 的不计分。

上述 4 项（大直径楔形砖单位楔差，两砖识（区）别难易，两砖量配比和计算式规范化程度）合计总分综合评价砖环配砌方案的优劣，并排列名次。不过具体情况应加以分析采取哪种配砌方案。窑衬经常抽沉、断落，甚至掉砖时应特别强调大直径楔形砖的单位楔差，如果采用特殊胶泥湿砌或砖间穿销等措施时，可适当放宽大直径楔形砖的单位楔差要求；采用相邻尺寸砖号的砖环应注意强调两砖识别区分的难易；砖的库存量不配套等特殊情况可放松砖量配比要求，但要强调砌筑过程的管理。

[示例1]　示例1原来按格罗斯公式计算过，先运用表1-41的简易计算式计算。为比较增加 $A=220\text{mm}$ 等楔差7.5mm双楔形砖砖环（方案4），并对方案1提出改进意见。原示例1：回转窑筒壳内直径 $D=6000.0\text{mm}$ 和砖衬厚度 $A=230\text{mm}$。

方案1　пшц-29 与 пшц-30 等楔差双楔形砖砖环

由表1-40，可按下列简易计算式之一计算：

$$K_{\text{пшц-29}} = 0.07854 \times (8017.1 - 6000.0) = 158.4 \text{ 块}$$

$$K_{\text{пшц-29}} = (8017.1 - 6000.0)/12.7324 = 158.4 \text{ 块}$$

或　　$$K_{\text{пшц-29}} = 3.0501 \times 206.448 - 0.07854 \times 6000.0 = 158.4 \text{ 块}$$

$$K_{\text{пшц-30}} = 0.07854 \times (6000.0 - 5388.6) = 48.0 \text{ 块}$$

$$K_{\text{пшц-30}} = (6000.0 - 5388.6)/12.7324 = 48.0 \text{ 块}$$

或　　$$K_{\text{пшц-30}} = 0.07854 \times 6000.0 - 2.0501 \times 206.448 = 48.0 \text{ 块}$$

砖环总砖数 $158.4 + 48.0 = 206.4$ 块，与 $K_{\text{h}} = K'_{\text{x}} = K'_{\text{d}} = 206.448$ 块极相近。

方案2　пшц-31 与 пшц-30 不等端尺寸双楔形砖砖环

由表1-41，可按下列简易计算式之一计算：

$$K_{\text{пшц-31}} = 0.03623 \times (8017.1 - 6000.0) = 73.1 \text{ 块}$$

$$K_{\text{пшц-31}} = (8017.1 - 6000.0)/27.6019 = 73.1 \text{ 块}$$

或　　$$K_{\text{пшц-31}} = 2.2109 \times 131.376 - 0.03623 \times 6000.0 = 73.1 \text{ 块}$$

$$K_{\text{пшц-30}} = 0.05693 \times (6000.0 - 4390.9) = 91.6 \text{ 块}$$

$$K_{\text{пшц-30}} = (6000.0 - 4390.9)/17.5649 = 91.6 \text{ 块}$$

或　　$$K_{\text{пшц-30}} = 0.05693 \times 6000.0 - 1.2109 \times 206.448 = 91.6 \text{ 块}$$

砖环总砖数 $73.1 + 91.6 = 164.7$ 块，与按式 $K_{\text{h}} = (0.05693 - 0.03623) \times 6000.0 + 2.2909 \times 131.376 - 1.2109 \times 206.448 = 164.7$ 块计算，结果相等。

方案3　пшц-29 与 пшц-33 不等端尺寸双楔形砖砖环

由表1-41，可按下列简易计算式之一计算：

$$K_{\text{пшц-29}} = 0.07757 \times (8050.0 - 6000.0) = 159.0 \text{ 块}$$

$$K_{\text{пшц-29}} = (8050.0 - 6000.0)/12.8915 = 159.0 \text{ 块}$$

或　　$$K_{\text{пшц-29}} = 3.0247 \times 206.448 - 0.07757 \times 6000.0 = 159.0 \text{ 块}$$

$$K_{\text{пшц-33}} = 0.09050 \times (6000.0 - 5388.6) = 55.3 \text{ 块}$$

$$K_{\text{пшц-33}} = (6000.0 - 5388.6)/11.0499 = 55.3 \text{ 块}$$

或　　$$K_{\text{пшц-33}} = 0.09050 \times 6000.0 - 2.0247 \times 240.856 = 55.3 \text{ 块}$$

砖环总砖数 $159.0 + 55.3 = 214.3$ 块，与按式 $K_{\text{h}} = (0.09050 - 0.07757) \times 6000.0 +$

624.443 − 487.661 = 214.4 块极相近。

方案 4　H22-78.8/71.3 与 H22-119.1/111.6 等楔差 7.5mm 双楔形砖砖环

由表 1-35，可按下列简易计算式之一计算：

$$K_{H22\text{-}78.8/71.3} = 0.07781 \times (7106.0 - 6000.0) = 86.1 \text{ 块}$$

$$K_{H22\text{-}78.8/71.3} = (7106.0 - 6000.0)/12.8517 = 86.1 \text{ 块}$$

或

$$K_{H22\text{-}78.8/71.3} = 3.0 \times 184.307 - 0.07781 \times 6000.0 = 86.1 \text{ 块}$$

$$K_{H22\text{-}119.1/111.6} = 0.07781 \times (6000.0 - 4737.3) = 98.2 \text{ 块}$$

$$K_{H22\text{-}119.1/111.6} = (6000.0 - 4737.3)/12.8517 = 98.2 \text{ 块}$$

或

$$K_{H22\text{-}119.1/111.6} = 0.07781 \times 6000.0 - 2.0 \times 184.307 = 98.2 \text{ 块}$$

砖环总砖数 86.1 + 98.2 = 184.3 块，与按式 K_h = 0.07781 × (7106.0 − 4737.3) = 184.3 块或 $K_h = K'_x = K'_d$ = 184.307 结果相同。

运用基于尺寸特征的不等端尺寸双楔形砖砖环中国简易计算式（表 1-41），计算了前苏联几个不等端尺寸双楔形砖砖环，计算结果完全相同，但比格罗斯公式简化很多。配砌方案比较（表 1-46）表明，我国楔差 7.5mm 的方案 4，由于单位楔差最大，识（区）别容易、砖量配比很好和计算式规范化程度很高，参与评比的 4 项都得满分，综合计分排名榜首。方案 1 为本书讨论介绍的最早的原始等楔差双楔形砖砖环，但估计当初前苏联标准[16]起草者并未按等楔差双楔形砖砖环设计理念对待 пшщ-30 的大小端尺寸。由 1.5.3.7 节中表 1-45 已经知道，对于等楔差双楔形砖砖环计算而言，$Q/T = D_x/D_d = C_2/C_1$，而且 C_2 和 C_1 应另加砌缝厚度（例如一般考虑 2.0mm）。原 пшщ-29 与 пшщ-30 等楔差 7.0mm 双楔形砖砖环 $(C_2 + 2)/(C_1 + 2)$ = 82/122 = 1/1.4878，致使外直径比 D_x/D_d 和 Q/T 不是简单整数比（Q/T = 2.0501/3.0501），致使方案 1 基于楔形砖每环极限砖数 K'_x 和 K'_d（此处 $K'_x = K'_d$）的简易计算式繁杂，简易计算式规范化程度项目未得分。从讨论研究等楔差双楔形砖砖环设计计算问题的观点出发，如果将大直径加厚砖 пшщ-30 的外直径 D_d 设计为小直径基本砖 пшщ-29 外直径 D_x（5388.6mm）的 3.0/2.0，则 D_d = 8082.9mm，此时 пшщ-30 的大端尺寸 C_1 = 82×3/2 − 2 = 121.0mm，D_1 = 121.0 − 7.0 = 114.0mm。经计算 $m = n$ = 0.07662，$(\Delta D)'_{1x} = (\Delta D)'_{1d}$ = 13.0507，Q = 2.0 和 T = 3.0，$K'_d = K'_x = K_h$ 仍为 203.448 块。虽然大直径加厚砖 пшщ-30 的大小端尺寸仅平行增加 1.0mm，但计算式规范化程度（Q 和 T 分别为简单整数 2.0 和 3.0）明显提高，单项计分增加 3.0 分，改进后的方案 1 排名次序跃居第 2 名。此外，改进后方案 1 的计算也随之简化。

表 1-46　示例 1 各配砌方案比较

比 较 项 目		方案 1	方案 2	方案 3	方案 4	改进方案 1
单位楔差		0.030	0.030	0.026	0.0341	0.030
计分		3.0	3.0	2.6	3.41	3.0
评价		大	大	较大	最大	大
两砖识（区）别难易	楔差之差	一薄一厚	一薄一厚	一薄一厚	一薄一厚	一薄一厚
	计分	3.0	3.0	3.0	3.0	3.0
	评价	容易	容易	容易	容易	容易

比 较 项 目		方案 1	方案 2	方案 3	方案 4	改进方案 1
两砖量配比		1/3.3	1/1.253	1/2.875	1/1.141	1/3.41
计分		1.0	3.0	2.0	3.0	1.0
评价		可	很好	好	很好	可
计算式规范化程度	Q 和 T	不是整数	不是整数	不是整数	2.0 和 3.0	2.0 和 3.0
	计分	0	0	0	3.0	3.0
	评价	很低	很低	很低	很高	很高
计分合计		7.0	9.0	7.6	12.41	10
排名次序		5	3	4	1	2

改进方案 1 пшц-29 与改进 пшц-30 等楔差 7.0mm 双楔形砖砖环

$$K_{\text{пшц-29}} = 0.7662 \times (8082.9 - 6000.0) = 159.6 \text{ 块}$$

$$K_{\text{пшц-29}} = (8082.9 - 6000.0)/13.0507 = 159.6 \text{ 块}$$

或　　　　$$K_{\text{пшц-29}} = 3.0 \times 206.448 - 0.07662 \times 6000.0 = 159.6 \text{ 块}$$

$$K_{\text{пшц-30}} = 0.7662 \times (6000.0 - 5388.6) = 46.8 \text{ 块}$$

$$K_{\text{пшц-30}} = (6000.0 - 5388.6)/13.0507 = 46.8 \text{ 块}$$

或　　　　$$K_{\text{пшц-30}} = 0.07662 \times 6000.0 - 2.0 \times 206.448 = 46.8 \text{ 块}$$

砖环总砖数 159.6 + 48.6 = 206.4 块，与 $K'_h = K'_x = K'_d = 206.448$ 块极相近。

[示例 2]　原示例 2 回转窑筒壳内直径 $D = 3000.0$mm（中间直径 $D_p = 2800.0$mm）和砖衬厚度 $A = 200$mm 的砖环有 6 个方案（按英国计算式计算），这里又补充 6 个方案：方案 7，中间直径 2261.5 ~ 4900.0mm 的 B220 与 B520 等中间尺寸 71.5mm 双楔形砖砖环；方案 8，外直径 2720.0 ~ 4080.0mm 的 H20-100/85.0 与 H20-100/90.0 等大端尺寸 100mm 双楔形砖砖环；方案 9，外直径 2720.0 ~ 5440.0mm 的 H20-100/85.0 与 H20-100/92.5 等大端尺寸 100mm 双楔形砖砖环；；方案 10，中间直径 2053.3 ~ 3080.0mm 的 H20-82.5/67.5 与 H20-80.0/70.0 等中间尺寸 75mm 双楔形砖砖环；方案 11，中间直径 2053.3 ~ 4106.7mm 的 H20-82.5/67.5 与 H20-78.8/71.3 等中间尺寸 75mm 双楔形砖砖环；方案 12，外直径 2720.0 ~ 3280.0mm 的 H20-100/85.0 与 H20-80.0/70.0 不等端尺寸双楔形砖砖环。这 12 个方案均按中国简易计算式计算。

方案 1　外直径 $D = 3000.0$mm 的 320 单楔形砖砖环

由表 1-9 直接查得 $D_o = 3000.0$mm 的尺寸砖号 320，砖数 K_{320} 等于其每环极限砖数 $K'_{320} = 89.760$ 块。

方案 2　220 与 420 等大端尺寸 103mm 双楔形砖砖环

由表 1-23，可任选下列简易计算式之一计算：

$$K_{220} = 0.02992 \times (4000.0 - 3000.0) = 29.92 \text{ 块}$$

$$K_{220} = (4000.0 - 3000.0)/33.4225 = 29.92 \text{ 块}$$

或　　　　$$K_{220} = 2.0 \times 59.840 - 0.02992 \times 3000.0 = 29.92 \text{ 块}$$

$$K_{420} = 0.05984 \times (3000.0 - 2000.0) = 59.84 \text{ 块}$$

$$K_{420} = (3000.0 - 2000.0)/16.7112 = 59.84 \text{ 块}$$

或

$$K_{420} = 0.05984 \times 3000.0 - 119.680 = 59.84 \text{ 块}$$

砖环总砖数 $29.92 + 59.84 = 89.76$ 块，与按式 $K_h = 0.02990 \times 3000.0 = 89.76$ 块计算，结果相等。

方案3 220 与 520 等大端尺寸 103mm 双楔形砖砖环

由表 1-23，可任选下列简易计算式之一计算：

$$K_{220} = 0.01955 \times (5060.2 - 3000.0) = 40.28 \text{ 块}$$

$$K_{220} = (5060.2 - 3000.0)/51.1404 = 40.29 \text{ 块}$$

或

$$K_{220} = 1.6536 \times 59.840 - 0.01955 \times 3000.0 = 40.30 \text{ 块}$$

$$K_{520} = 0.04974 \times (3000.0 - 2000.0) = 49.47 \text{ 块}$$

$$K_{520} = (3000.0 - 2000.0)/20.2126 = 49.47 \text{ 块}$$

或

$$K_{520} = 0.04974 \times 3000.0 - 0.06536 \times 151.402 = 49.45 \text{ 块}$$

砖环总砖数 $40.29 + 49.47 = 89.76$ 块，与按式 $K_h = 0.02990 \times 3000.0 = 89.76$ 块计算，结果相等。

方案4 B220 与 B320 等中间尺寸 71.5mm 双楔形砖砖环

由表 1-24，可任选下列简易计算式之一计算：

$$K_{B220} = 0.14248 \times (2940.0 - 2800.0) = 19.95 \text{ 块}$$

$$K_{B220} = (2940.0 - 2800.0)/7.0187 = 19.95 \text{ 块}$$

或

$$K_{B220} = 4.3333 \times 96.665 - 0.14248 \times 2800.0 = 19.93 \text{ 块}$$

$$K_{B320} = 0.18522 \times (2800.0 - 2261.5) = 99.74 \text{ 块}$$

$$K_{B320} = (2800.0 - 2261.5)/5.3990 = 99.74 \text{ 块}$$

或

$$K_{B320} = 0.18552 \times 2800.0 - 3.3333 \times 125.664 = 99.74 \text{ 块}$$

砖环总砖数 $19.95 + 99.74 = 119.67$ 块，与按式 $K_h = 0.04274 \times 2800.0 = 119.67$ 块计算，结果相等。

方案5 B220 与 B420 等中间尺寸 71.5mm 双楔形砖砖环

由表 1-24，可任选下列简易计算式之一计算：

$$K_{B220} = 0.04987 \times (4200.0 - 2800.0) = 69.82 \text{ 块}$$

$$K_{B220} = (4200.0 - 2800.0)/20.0535 = 69.81 \text{ 块}$$

或

$$K_{B220} = 2.1667 \times 96.665 - 0.04987 \times 2800.0 = 69.81 \text{ 块}$$

$$K_{B420} = 0.09261 \times (2800.0 - 2261.5) = 49.87 \text{ 块}$$

$$K_{B420} = (2800.0 - 2261.5)/10.7980 = 49.87 \text{ 块}$$

或

$$K_{B420} = 0.09261 \times 2800.0 - 1.1667 \times 179.520 = 49.86 \text{ 块}$$

砖环总砖数 $69.81 + 49.86 = 119.67$ 块，与按式 $K_h = 0.04274 \times 2800.0 = 119.67$ 块计

算,结果相等。

方案6　B220 与 B620 等中间尺寸 71.5mm 双楔形砖砖环

由于表 1-24 未列入该两极砖环,这里经计算 $n = \pi(74.0 - 69.0)/(71.0 \times 80.0 - 67.0 \times 76.0) = 0.02671$,$m = \pi(78.0 - 65.0)/(71.0 \times 80.0 - 67.0 \times 76.0) = 0.06946$,$(\Delta D_p)'_{1x} = 37.4332$,$(\Delta D_p)'_{1d} = 14.3974$,$D_{px} = 2261.5\text{mm}$,$D_{pd} = 5880.0\text{mm}$。$Q = 2261.5/(5880.0 - 2261.5) = 0.6250$,$T = 5880.0/(5880.0 - 2261.5) = 1.6520$。经查表 1-10,$K'_x = 96.665$ 块,$K'_d = 251.328$ 块。该砖环可任选下列简易计算式之一计算:

$$K_{B220} = 0.02671 \times (5880.0 - 2800.0) = 82.27 \text{ 块}$$

$$K_{B220} = (5880.0 - 2800.0)/37.4332 = 82.28 \text{ 块}$$

或　　　　$$K_{B220} = 1.6520 \times 96.665 - 0.02671 \times 2800.0 = 82.29 \text{ 块}$$

$$K_{B620} = 0.06946 \times (2800.0 - 2261.5) = 37.40 \text{ 块}$$

$$K_{B620} = (2800.0 - 2261.5)/14.3974 = 37.40 \text{ 块}$$

或　　　　$$K_{B620} = 0.06946 \times 2800.0 - 0.6520 \times 251.328 = 37.40 \text{ 块}$$

砖环总砖数 $82.27 + 37.40 = 119.67$ 块,与按式 $K_h = 0.04274 \times 2800.0 = 119.67$ 块计算,结果相等。

方案7　B220 与 B520 等中间尺寸 71.5mm 双楔形砖砖环

由表 1-24,可任选下列简易计算式之一计算:

$$K_{B220} = 0.03664 \times (4900.0 - 2800.0) = 76.94 \text{ 块}$$

$$K_{B220} = (4900.0 - 2800.0)/27.2950 = 76.94 \text{ 块}$$

或　　　　$$K_{B220} = 1.8572 \times 96.665 - 0.03664 \times 2800.0 = 76.93 \text{ 块}$$

$$K_{B520} = 0.07938 \times (2800.0 - 2261.5) = 42.75 \text{ 块}$$

$$K_{B520} = (2800.0 - 2261.5)/12.5977 = 42.75 \text{ 块}$$

或　　　　$$K_{B520} = 0.07938 \times 2800.0 - 0.8572 \times 209.440 = 42.73 \text{ 块}$$

砖环总砖数 $79.94 + 42.73 = 119.67$ 块,与按式 $K_h = 0.04274 \times 2800.0 = 119.67$ 块计算,结果相等。

方案8　H20-100/85.0 与 H20-100/90.0 等大端尺寸 100mm 双楔形砖砖环

由表 1-28,可任选下列简易计算式之一计算:

$$K_{H20\text{-}100/85.0} = 2.0 \times 0.03080 \times (4080.0 - 3000.0) = 66.53 \text{ 块}$$

$$K_{H20\text{-}100/85.0} = (4080.0 - 3000.0)/32.4675 = 66.53 \text{ 块}$$

或　　　　$$K_{H20\text{-}100/85.0} = 3.0 \times 83.776 - 2.0 \times 0.03080 \times 3000.0 = 66.53 \text{ 块}$$

$$K_{H20\text{-}100/90.0} = 3.0 \times 0.03080 \times (3000.0 - 2720.0) = 25.87 \text{ 块}$$

$$K_{H20\text{-}100/90.0} = (3000.0 - 2720.0)/32.4675 = 25.87 \text{ 块}$$

或　　　　$$K_{H20\text{-}100/90.0} = 3.0 \times 0.03080 \times 3000.0 - 2.0 \times 125.664 = 25.87 \text{ 块}$$

砖环总砖数 $66.53 + 25.87 = 92.4$ 块，与按式 $K_h = 0.03080 \times 3000.0 = 92.4$ 块计算，结果相等。

方案9 H20-100/85.0 与 H20-100/92.5 等大端尺寸100mm双楔形砖砖环

由表1-28，可任选下列简易计算式之一计算：

$$K_{\text{H20-100/85.0}} = 0.03080 \times (5440.0 - 3000.0) = 75.15 \text{ 块}$$

$$K_{\text{H20-100/85.0}} = (5440.0 - 3000.0)/32.4675 = 75.15 \text{ 块}$$

或 $\quad K_{\text{H20-100/85.0}} = 2.0 \times 83.776 - 0.03080 \times 3000.0 = 75.12 \text{ 块}$

$$K_{\text{H20-100/92.5}} = 2.0 \times 0.03080 \times (3000.0 - 2720.0) = 17.25 \text{ 块}$$

$$K_{\text{H20-100/92.5}} = 2.0 \times (3000.0 - 2720.0)/32.4675 = 17.25 \text{ 块}$$

或 $\quad K_{\text{H20-100/92.5}} = 2.0 \times 0.03080 \times 3000.0 - 167.552 = 17.25 \text{ 块}$

砖环总砖数 $75.15 + 17.25 = 92.4$ 块，与按式 $K_h = 0.03080 \times 3000.0 = 92.4$ 块计算，结果相等。

方案10 H20-82.5/67.5 与 H20-80.0/70.0 等中间尺寸75mm双楔形砖砖环

由表1-26，可任选下列简易计算式之一计算：

$$K_{\text{H20-82.5/67.5}} = 2.0 \times 0.04080 \times (3080.0 - 2800.0) = 22.85 \text{ 块}$$

$$K_{\text{H20-82.5/67.5}} = 2.0 \times (3080.0 - 2800.0)/24.5098 = 22.85 \text{ 块}$$

或 $\quad K_{\text{H20-82.5/67.5}} = 3.0 \times 83.776 - 2.0 \times 0.04080 \times 2800.0 = 22.85 \text{ 块}$

$$K_{\text{H20-80.0/70.0}} = 3.0 \times 0.04080(2800.0 - 2053.3) = 91.4 \text{ 块}$$

$$K_{\text{H20-80.0/70.0}} = 3.0 \times (2800.0 - 2053.0)/24.5098 = 91.4 \text{ 块}$$

或 $\quad K_{\text{H20-80.0/70.0}} = 3.0 \times 0.04080 \times 2800.0 - 2.0 \times 125.664 = 91.39 \text{ 块}$

砖环总砖数 $22.85 + 91.39 = 114.24$ 块，与按式 $K_h = 0.04080 \times 2800.0 = 114.24$ 块计算，结果相等。

方案11 H20-82.5/67.5 与 H20-78.8/71.3 等中间尺寸75mm双楔形砖砖环

由表1-26，可任选下列简易计算式之一计算：

$$K_{\text{H20-82.5/67.5}} = 0.04080 \times (4106.7 - 2800.0) = 53.31 \text{ 块}$$

$$K_{\text{H20-82.5/67.5}} = (4106.7 - 2800.0)/24.5098 = 53.31 \text{ 块}$$

或 $\quad K_{\text{H20-82.5/67.5}} = 2.0 \times 83.776 - 0.04080 \times 2800.0 = 53.31 \text{ 块}$

$$K_{\text{H20-78.8/71.3}} = 2.0 \times 4080 \times (2800.0 - 2053.3) = 60.93 \text{ 块}$$

$$K_{\text{H20-78.8/71.3}} = 2.0 \times (2800.0 - 2053.3)/24.5098 = 60.93 \text{ 块}$$

或 $\quad K_{\text{H20-78.8/71.3}} = 2.0 \times 0.04080 \times 2800.0 - 167.552 = 60.93 \text{ 块}$

砖环总砖数 $53.31 + 60.93 = 114.24$ 块，与按式 $K_h = 0.04080 \times 2800.0 = 114.24$ 块计算，结果相等。

方案12 H20-100/85.0 与 H20-80.0/70.0 不等端尺寸双楔形砖砖环

由表1-44，可按下式计算：

$$K_{H20\text{-}100/85.0} = 490.688 - 0.14960 \times 3000.0 = 41.89 \text{ 块}$$

$$K_{H20\text{-}80.0/70.0} = 0.22440 \times 3000.0 - 610.368 = 62.83 \text{ 块}$$

砖环总砖数 $41.89 + 62.83 = 104.72$ 块，与按式 $K_h = 0.07480 \times 3000.0 - 119.680 = 104.72$ 块计算，结果相等。

示例 2 中 12 个配砌方案的分项比较、综合计分和排名次序见表 1-47，现重点点评。首先，排名次序前两名的居然为两个特殊的砖环：方案 1 的单楔形砖砖环和方案 12 的不等端尺寸双楔形砖砖环。砖衬外直径 D 和被采用单一楔形砖外直径 D_o 恰巧相等（$D = D_o = 3000.0\text{mm}$）的单楔形砖环方案 1，由于其单位楔差最大而计分最高（$\Delta C' = 0.070$，计 7.0 分）；由于仅采用单一楔形砖 B320，不存在两砖识（区）别和配比问题，该两项自然获计满分（各计 3.0 分）；单楔形砖砖环的砖量，由于采用尺寸特征每环极限砖数 K'_o 而不需计算，由砖的尺寸表直接查得 $K_{B320} = K'_{B320}$（该项也获计 3.0 分）。不等端尺寸双楔形砖砖环方案 12 所配砌两砖（我国标准中的 H20-100/85.0 与 H20-80.0/70.0）的楔差分别为 15.0mm 和 10.0mm，单位楔差很大计高分（$\Delta C' = 0.050$，计 5.0 分）；楔差比 2.0/3.0 为简单整数比（计 3.0 分），加之计算式经过预先处理而非常简化；特别是不等端尺寸双楔形砖砖环两砖。一般都为一薄一厚，楔差之差达 5.0mm，很容易识（区）别（计 3.0 分）。两砖量配 1/1.5 达到理想程度（计 3.0 分），是两砖外直径（$D_x = 2720.0\text{mm}$ 和 $D_d = 3280.0\text{mm}$）距砖环外直径（$D = 3000.0\text{mm}$）分别都很小（仅 280.0mm）的结果。

表 1-47　示例 2 各配砌方案比较

比较项目		方案 1	方案 2	方案 3	方案 4	方案 5	方案 6	方案 7	方案 8	方案 9	方案 10	方案 11	方案 12
大直径楔形砖单位楔差		0.070	0.0525	0.0415	0.050	0.0350	0.0250	0.030	0.050	0.0375	0.050	0.0375	0.050
	计分	7.0	5.25	4.15	5.0	3.5	2.5	3.0	5.0	3.75	5.0	3.75	5.0
	评价	最大	最大	大	很大	大	较大	大	很大	大	很大	大	很大
两砖识（区）别难易	两砖楔差之差	单砖	10.0	12.7	3.0	6.0	8.0	7.0	5.0	7.5	5.0	7.5	一薄一厚
	计分	3.0	3.0	3.0	1.5	3.0	3.0	3.0	2.5	3.0	2.5	3.0	3.0
	评价	很容易	很容易	很容易	容易	很容易	很容易	很容易	很容易	很容易	很容易	很容易	很容易
两砖量配比		单砖	1/2.0	1/1.228	1/5.0	1/1.4	1/2.2	1/1.8	1/2.571	1/4.356	1/3.99	1/1.143	1/1.5
	计分	3.0	2.0	3.0	0	3.0	2.0	3.0	2.0	0	1.0	3.0	3.0
	评价	很好	好	很好	不好	很好	好	很好	好	不好	可	很好	很好
计算式规范化程度	楔差比、直径比或 Q/T	—	2.0 和 1.0	非整数	非整数	非整数	非整数	非整数	2.0 和 3.0	2.0 和 1.0	3.0 和 2.0	2.0 和 1.0	3.0 和 2.0
	计分	3.0	3.0	0	0	0	0	0	3.0	3.0	3.0	3.0	3.0
	评价	很高	很高	很低	很低	很低	很低	很低	很高	很高	很高	很高	很高
计分合计		16.0	13.25	10.15	6.5	9.5	7.5	9.0	12.5	9.75	11.5	12.75	14.0
排名次序		1	3	7	12	9	11	10	5	8	6	4	2

其次，排名第 3 的方案 2 和排名第 4 的方案 11，各项指标均得高分，其中计算式规范化程度都得高分（3.0 分）。采用国际标准用砖的砖环（例如本示例 2 的方案 3～方案 7），由于相配砌两砖的楔差比不是简单整数比致使计算式繁杂不规范而未得分，但少见的方案

2（也采用国际标准用砖）中两砖楔差比和 Q/T 均为 1.0/2.0，致使计算式规范而获得高分（3.0 分）。我国标准用砖的各砖环（方案 8～方案 11），相配砌两砖的楔差比和 Q/T 均为简单的整数比，致使砖环简易计算式规范化程度普遍很高（单项计分 3.0），排名均靠前（分别为第 2、4、5、6 和 8 名）。

第三，排名末两位的方案 4 和方案 6，除该两方案计算式规范化程度都很低未得单项分外，方案 4 的两砖量配比不好未得单项分。方案 6 为两极砖环，是本示例 2 的 12 个方案中单位楔差和其计分最低（$\Delta C' = 0.025$ 和计分 2.5）的。据分析英国标准推荐方案 6（见表 1-22）的原因，可能是追求两砖数量接近即配比合适。但是不主张采取两极方案的本书推荐的方案 7 和原来的方案 5，无论单位楔差或砖量配比都比方案 6 好。

[示例 3] 外直径 $D = 6500.0\text{mm}$，砖衬厚度 $A = 250\text{mm}$ 的回转窑筒体，砌缝厚度取 2.0mm 时，优选配砌方案。

砖环外直径 $D = 6500.0\text{mm}$，则砖环中间直径 $D_p = 6500.0 - 250 = 6250.0\text{mm}$。由表 1-23 知，采用等大端尺寸 103mm 砖时，可有 $D_x \sim D_d$ 为 5097.1～7000.0mm 的 525 与 725 双楔形砖砖环（方案 1）、$D_x \sim D_d$ 为 6176.5～7000.0mm 的 625 与 725 双楔形砖砖环（方案 2）、$D_x \sim D_d$ 为 6176.5～8076.9mm 的 625 与 825 双楔形砖砖环（方案 3）、$D_x \sim D_d$ 为 4038.5～7000.0mm 的 425 与 725 双楔形砖砖环（方案 4）和 $D_x \sim D_d$ 为 5097.1～8076.9mm 的 525 与 825 双楔形砖砖环（方案 5）。由表 1-24 知，采用等中间尺寸 71.5mm 砖时，可有 $D_{px} \sim D_{pd}$ 为 3675.0～7350.0mm 的 B420 与 B720 双楔形砖砖环（方案 6）、$D_{px} \sim D_{pd}$ 为 5250.0～7350.0mm 的 B525 与 B725 双楔形砖砖环（方案 7）和 $D_{px} \sim D_{pd}$ 为 6125.0～7350.0mm 的 B625 与 B725 双楔形砖砖环（方案 8）。由表 1-26 知，采用等中间尺寸 75mm 砖时，可有 $D_{px} \sim D_{pd}$ 为 3850.0～7700.0mm 的 H25-80.0/70.0 与 H25-77.5/72.5 双楔形砖砖环（方案 9）和 $D_{px} \sim D_{pd}$ 为 5133.3～7700.0mm 的 H25-78.8/71.3 与 H25-77.5/72.5 双楔形砖砖环（方案 10）。由表 1-28 知，采用等大端尺寸 100mm 砖时，可有 $D_x \sim D_d$ 为 3400.0～6800.0mm 的 H25-100/85.0 与 H25-100/92.5 双楔形砖砖环（方案 11）、$D_x \sim D_d$ 为 5100.0～6800.0mm 的 H25-100/90.0 与 H25-100/92.5 双楔形砖砖环（方案 12）和 $D_x \sim D_d$ 为 5100.0～10200.0mm 的 H25-100/90.0 与 H25-100/95.0 双楔形砖砖环（方案 13）。由表 1-35 知，采用等楔差 7.5mm 砖时，可有 $D_x \sim D_d$ 为 5383.3～8075.0mm 的 H25-78.8/71.3 与 H25-119.1/111.6 双楔形砖砖环（方案 14）。由表 1-44 知，还有 $D_x \sim D_d$ 为 4100.0～6800.0mm 的 H25-80/70.0 与 H25-100/92.5 不等端尺寸双楔形砖砖环（方案 15）。

方案 1　525 与 725 等大端尺寸 103mm 双楔形砖砖环

由表 1-23，可任选下列简易计算式之一计算：

$$K_{525} = 0.08014 \times (7000.0 - 6500.0) = 40.07 \text{ 块}$$

$$K_{525} = (7000.0 - 6500.0)/12.4777 = 40.07 \text{ 块}$$

或

$$K_{525} = 3.6786 \times 152.504 - 0.08014 \times 6500.0 = 40.09 \text{ 块}$$

$$K_{725} = 0.11006 \times (6500.0 - 5097.1) = 154.40 \text{ 块}$$

$$K_{725} = (6500.0 - 5097.1)/9.0857 = 154.41 \text{ 块}$$

或　　　　　　$K_{725} = 0.11006 \times 6500.0 - 2.6786 \times 209.440 = 154.38$ 块

每环总砖数 $40.07 + 154.41 = 194.48$ 块，与按式 $K_h = 0.02990 \times 6500.0 = 194.48$ 块计算，结果相等。

方案 2　625 与 725 等大端尺寸 103mm 双楔形砖砖环

由表 1-23，可任选下列简易计算式之一计算：

$$K_{625} = 0.22440 \times (7000.0 - 6500.0) = 112.20 \text{ 块}$$

$$K_{625} = (7000.0 - 6500.0)/4.4563 = 112.20 \text{ 块}$$

或　　　　　　$K_{625} = 8.50 \times 184.80 - 0.22440 \times 6500.0 = 112.20$ 块

$$K_{725} = 0.25432 \times (6500.0 - 6176.5) = 82.27 \text{ 块}$$

$$K_{725} = (6500.0 - 6176.5)/3.9321 = 82.27 \text{ 块}$$

或　　　　　　$K_{725} = 0.25432 \times 6500.0 - 7.50 \times 209.440 = 82.28$ 块

每环总砖数 $112.20 + 82.28 = 194.48$ 块，与按式 $K_h = 0.02990 \times 6500.0 = 194.48$ 块计算，结果相等。

方案 3　625 与 825 等大端尺寸 103mm 双楔形砖砖环

由表 1-23，可任选下列简易计算式之一计算：

$$K_{625} = 0.09724 \times (8076.9 - 6500.0) = 153.34 \text{ 块}$$

$$K_{625} = (8076.9 - 6500.0)/10.2838 = 153.34 \text{ 块}$$

或　　　　　　$K_{625} = 4.250 \times 184.80 - 0.09724 \times 6500.0 = 153.34$ 块

$$K_{825} = 0.12716 \times (6500.0 - 6176.5) = 41.14 \text{ 块}$$

$$K_{825} = (6500.0 - 6176.5)/7.8641 = 41.14 \text{ 块}$$

或　　　　　　$K_{825} = 0.12716 \times 6500.0 - 3.250 \times 241.661 = 41.14$ 块

每环总砖数 $153.34 + 41.14 = 194.48$ 块，与按式 $K_h = 0.02990 \times 6500.0 = 194.48$ 块计算，结果相等。

方案 4　425 与 725 等大端尺寸 103mm 双楔形砖砖环

由表 1-23，可任选下列简易计算式之一计算：

$$K_{425} = 0.04080 \times (7000.0 - 6500.0) = 20.40 \text{ 块}$$

$$K_{425} = (7000.0 - 6500.0)/24.5098 = 20.40 \text{ 块}$$

或　　　　　　$K_{425} = 2.3637 \times 120.831 - 0.04080 \times 6500.0 = 20.41$ 块

$$K_{725} = 0.07072 \times (6500.0 - 4038.5) = 174.08 \text{ 块}$$

$$K_{725} = (6500.0 - 4038.5)/14.1403 = 174.08 \text{ 块}$$

或　　　　　　$K_{725} = 0.07072 \times 6500.0 - 1.3637 \times 209.440 = 174.07$ 块

每环总砖数 $20.40 + 174.08 = 194.48$ 块，与按式 $K_h = 0.02990 \times 6500.0 = 194.48$ 块计算，结果相等。

方案5 **525 与 825 等大端尺寸 103mm 双楔形砖砖环**

由表 1-23，可任选下列简易计算式之一计算：

$$K_{525} = 0.05118 \times (8076.9 - 6500.0) = 80.71 \text{ 块}$$

$$K_{525} = (8076.9 - 6500.0)/19.5393 = 80.70 \text{ 块}$$

或
$$K_{525} = 2.7106 \times 152.504 - 0.05118 \times 6500.0 = 80.71 \text{ 块}$$

$$K_{825} = 0.08110 \times (6500.0 - 5097.1) = 113.78 \text{ 块}$$

$$K_{825} = (6500.0 - 5097.1)/12.3306 = 113.77 \text{ 块}$$

或
$$K_{825} = 0.08110 \times 6500.0 - 1.7106 \times 241.661 = 113.76 \text{ 块}$$

每环总砖数 $80.71 + 113.77 = 194.48$ 块，与按式 $K_h = 0.02990 \times 6500.0 = 194.48$ 块计算，结果相等。

方案6 **B425 与 B725 等中间尺寸 71.5mm 双楔形砖砖环**

由表 1-24，可任选下列简易计算式之一计算：

$$K_{B425} = 0.04274 \times (7350.0 - 6250.0) = 47.01 \text{ 块}$$

$$K_{B425} = (7350.0 - 6250.0)/23.3957 = 47.02 \text{ 块}$$

或
$$K_{B425} = 2.0 \times 157.080 - 0.04274 \times 6250.0 = 47.04 \text{ 块}$$

$$K_{B725} = 0.08549 \times (6250.0 - 3675.0) = 220.14 \text{ 块}$$

$$K_{B725} = (6250.0 - 3675.0)/11.6979 = 220.13 \text{ 块}$$

或
$$K_{B725} = 0.08549 \times 6250.0 - 314.160 = 220.15 \text{ 块}$$

每环总砖数 $47.01 + 220.13 = 267.14$ 块，与按式 $K_h = 0.04274 \times 6250.0 = 267.13$ 块计算，结果相等。

方案7 **B525 与 B725 等中间尺寸 71.5mm 双楔形砖砖环**

由表 1-24，可任选下列简易计算式之一计算：

$$K_{B525} = 0.10686 \times (7350.0 - 6250.0) = 117.55 \text{ 块}$$

$$K_{B525} = (7350.0 - 6250.0)/9.3583 = 117.54 \text{ 块}$$

或
$$K_{B525} = 3.50 \times 224.40 - 0.10686 \times 6250.0 = 117.53 \text{ 块}$$

$$K_{B725} = 0.14960 \times (6250.0 - 5250.0) = 149.60 \text{ 块}$$

$$K_{B725} = (6250.0 - 5250.0)/6.6854 = 149.60 \text{ 块}$$

或
$$K_{B725} = 0.14960 \times 6250.0 - 2.50 \times 314.16 = 149.60 \text{ 块}$$

每环总砖数 $117.54 + 149.60 = 267.13$ 块，与按式 $K_h = 0.04274 \times 6250.0 = 267.13$ 块计算，结果相等。

方案8 **B625 与 B725 等中间尺寸 71.5mm 双楔形砖砖环**

由表 1-24，可任选下列简易计算式之一计算：

$$K_{B625} = 0.21372 \times (7350.0 - 6250.0) = 235.09 \text{ 块}$$

$$K_{B625} = (7350.0 - 6250.0)/4.6791 = 235.09 \text{ 块}$$

或　　　　$$K_{B625} = 6.0 \times 261.80 - 0.21372 \times 6250.0 = 235.05 \text{ 块}$$

$$K_{B725} = 0.25646(6250.0 - 6125.0) = 32.06 \text{ 块}$$

$$K_{B725} = (6250.0 - 6125.0)/3.8993 = 32.06 \text{ 块}$$

或　　　　$$K_{B725} = 0.25646 \times 6250.0 - 5.0 \times 314.160 = 32.08 \text{ 块}$$

每环总砖数 $235.05 + 32.08 = 267.13$ 块，与按式 $K_h = 0.04274 \times 6250.0 = 267.13$ 块计算，结果相等。

方案 9　H25-80.0/70.0 与 H25-77.5/72.5 等中间尺寸 75mm 双楔形砖砖环

由表 1-26，可任选下列简易计算式之一计算：

$$K_{H25-80.0/70.0} = 0.04080 \times (7700.0 - 6250.0) = 59.16 \text{ 块}$$

$$K_{H25-80.0/70.0} = (7700.0 - 6250.0)/24.5098 = 59.16 \text{ 块}$$

或　　　　$$K_{H25-80.0/70.0} = 2.0 \times 157.080 - 0.04080 \times 6250.0 = 59.16 \text{ 块}$$

$$K_{H25-77.5/72.5} = 2.0 \times 0.04080 \times (6250.0 - 3850.0) = 195.84 \text{ 块}$$

$$K_{H25-77.5/72.5} = 2.0 \times (6250.0 - 3850.0)/24.5098 = 195.84 \text{ 块}$$

或　　　　$$K_{H25-77.5/72.5} = 2.0 \times 0.04080 \times 6250.0 - 314.160 = 195.84 \text{ 块}$$

每环总砖数 $59.16 + 195.84 = 255.0$ 块，与按式 $K_h = 0.04080 \times 6250.0 = 255.0$ 块计算，结果相等。

方案 10　H25-78.8/71.3 与 H25-77.5/72.5 等中间尺寸 75mm 双楔形砖砖环

由表 1-26，可任选下列简易计算式之一计算：

$$K_{H25-78.8/71.3} = 2.0 \times 0.04080 \times (7700.0 - 6250.0) = 118.32 \text{ 块}$$

$$K_{H25-78.8/71.3} = 2.0 \times (7700.0 - 6250.0)/24.5098 = 118.32 \text{ 块}$$

或　　　　$$K_{H25-78.8/71.3} = 3.0 \times 209.440 - 2.0 \times 0.04080 \times 6250.0 = 118.32 \text{ 块}$$

$$K_{H25-77.5/72.5} = 3.0 \times 0.04080 \times (6250.0 - 5133.3) = 136.68 \text{ 块}$$

$$K_{H25-77.5/72.5} = 3.0 \times (6250.0 - 5133.3)/24.5098 = 136.68 \text{ 块}$$

或　　　　$$K_{H25-77.5/72.5} = 3.0 \times 0.04080 \times 6250.0 - 2.0 \times 314.160 = 136.68 \text{ 块}$$

每环总砖数 $118.32 + 136.68 = 255.0$ 块，与按式 $K_h = 0.04080 \times 6250.0 = 255.0$ 块计算，结果相等。

方案 11　H25-100/85.0 与 H25-100/92.5 等大端尺寸 100mm 双楔形砖砖环

由表 1-28，可任选下列简易计算式之一计算：

$$K_{H25-100/85.0} = 0.03080 \times (6800.0 - 6500.0) = 9.24 \text{ 块}$$

$$K_{H25-100/85.0} = (6800.0 - 6500.0)/32.4675 = 9.24 \text{ 块}$$

或　　　　$$K_{H25-100/85.0} = 2.0 \times 104.720 - 0.03080 \times 6500.0 = 9.24 \text{ 块}$$

$$K_{H25-100/92.5} = 2.0 \times 0.03080 \times (6500.0 - 3400.0) = 190.96 \text{ 块}$$

$$K_{H25-100/92.5} = 2.0 \times (6500.0 - 3400.0)/32.4675 = 190.96 \text{ 块}$$

或 $K_{H25-100/92.5} = 2.0 \times 0.03080 \times 6500.0 - 209.440 = 190.96$ 块

每环总砖数 $9.24 + 190.96 = 200.2$ 块，与按式 $K_h = 0.03080 \times 6500.0 = 200.2$ 块计算，结果相等。

方案 12 H25-100/90.0 与 H25-100/92.5 等大端尺寸 100mm 双楔形砖砖环

由表 1-28，可任选下列简易计算式之一计算：

$$K_{H25-100/90.0} = 3.0 \times 0.03080 \times (6800.0 - 6500.0) = 27.72 \text{ 块}$$

$$K_{H25-100/90.0} = 3.0 \times (6800.0 - 6500.0)/32.4675 = 27.72 \text{ 块}$$

或 $K_{H25-100/90.0} = 4.0 \times 157.080 - 3.0 \times 0.03080 \times 6500.0 = 27.72$ 块

$$K_{H25-100/92.5} = 4.0 \times 0.03080 \times (6500.0 - 5100.0) = 172.48 \text{ 块}$$

$$K_{H25-100/92.5} = 4.0 \times (6500.0 - 5100.0)/32.4675 = 172.48 \text{ 块}$$

或 $K_{H25-100/92.5} = 4.0 \times 0.03080 \times 6500.0 - 3.0 \times 209.440 = 172.48$ 块

每环总砖数 $27.72 + 172.48 = 200.2$ 块，与按式 $K_h = 0.03080 \times 6500.0 = 200.2$ 块计算，结果相等。

方案 13 H25-100/90.0 与 H25-100/95.0 等大端尺寸 100mm 双楔形砖砖环

由表 1-28，可任选下列简易计算式之一计算：

$$K_{H25-100/90.0} = 0.03080 \times (10200.0 - 6500.0) = 113.96 \text{ 块}$$

$$K_{H25-100/90.0} = (10200.0 - 6500.0)/32.4675 = 113.96 \text{ 块}$$

或 $K_{H25-100/90.0} = 2.0 \times 157.080 - 0.03080 \times 6500.0 = 113.96$ 块

$$K_{H25-100/95.0} = 2.0 \times 0.03080 \times (6500.0 - 5100.0) = 86.24 \text{ 块}$$

$$K_{H25-100/95.0} = 2.0 \times (6500.0 - 5100.0)/32.4675 = 86.24 \text{ 块}$$

或 $K_{H25-100/95.0} = 2.0 \times 0.03080 \times 6500.0 - 314.160 = 86.24$ 块

每环总砖数 $113.96 + 86.24 = 200.2$ 块，与按式 $K_h = 0.03080 \times 6500.0 = 200.2$ 块计算，结果相等。

方案 14 H25-78.8/71.3 与 H25-119.1/111.6 等楔差 7.5mm 双楔形砖砖环

由表 1-35，可任选下列简易计算式之一计算：

$$K_{H25-78.8/71.3} = 0.07781 \times (8075.0 - 6500.0) = 122.55 \text{ 块}$$

$$K_{H25-78.8/71.3} = (8075.0 - 6500.0)/12.8517 = 122.55 \text{ 块}$$

或 $K_{H25-78.8/71.3} = 3.0 \times 209.440 - 0.07781 \times 6500.0 = 122.55$ 块

$$K_{H25-119.1/111.6} = 0.07781 \times (6500.0 - 5383.3) = 86.89 \text{ 块}$$

$$K_{H25-119.1/111.6} = (6500.0 - 5383.3)/12.8517 = 86.89 \text{ 块}$$

或 $K_{H25-119.1/111.6} = 0.07781 \times 6500.0 - 2.0 \times 209.440 = 86.89$ 块

每环总砖数 $122.55 + 86.89 = 209.44$ 块，与按式 $K_h = 0.07781 \times (8075.0 - 5383.3) =$

209.44 块或 $K_h = K'_x = K'_d = 209.44$ 块计算，结果相等。

方案 15　H25-80.0/70.0 与 H25-100/92.5 不等端尺寸双楔形砖砖环

由表 1-44，可由下面的简易计算式计算：

$$K_{H25-80.0/70.0} = 395.624 - 0.05818 \times 6500.0 = 17.45 \ 块$$

$$K_{H25-100/92.5} = 0.07757 \times 6500.0 - 318.037 = 186.17 \ 块$$

每环总砖数 17.45 + 186.17 = 203.62 块，与按式 $K_h = 0.01939 \times 6500.0 + 77.587 = 203.62$ 块计算，结果相等。

方案 16　H25-80.0/70.0 与 H25-100/95.0 不等端尺寸双楔形砖砖环

由表 1-44，可由下面的简易计算式计算：

$$K_{H25-80.0/70.0} = 262.65 - 0.02575 \times 6500.0 = 95.3 \ 块$$

$$K_{H25-100/95.0} = 0.05150 \times 6500.0 - 211.15 = 123.6 \ 块$$

每环总砖数 95.3 + 123.6 = 218.9 块，与按式 $K_h = 0.02575 \times 6500.0 + 51.5 = 218.9$ 块计算，结果相等。

方案 17　H25-78.8/71.3 与 H25-100/92.5 P-C 等楔差 7.5mm 双楔形砖砖环

见 1.5.3.5 C。

按回转窑砖衬双楔形砖砖环配砌方案评分标准，对示例 3 共 17 个配砌方案做了比较（见表 1-48）。从表 1-48 首先看出，计分高（8.5～12.0 分）前 5 名方案（方案 14、方案 11、方案 16、方案 13、方案 10 和方案 17）分别采用了我国国家标准[8] 中等楔差 7.5mm、等中间尺寸 75mm 和等大端尺寸 100mm 双楔形砖砖环。由于这些砖环的楔差比、直径比或 Q/T 为简单整数比，简易计算式规范化程度高而获高分。相反，计分低（3.0～6.0 分）的排名末 5 个方案（方案 8、方案 3、方案 1、方案 4、方案 7），主要是由于简易计算式规范化程度低和很低。

其次，采用我国标准[8] 中大直径加厚砖 H25-119.1/111.6 的等楔差 7.5mm 双楔形砖砖环（方案 14），由于单位楔差加大到 0.030，一厚一薄两砖容易识（区）别，砖量配比很好和简易计算式规范化程度很高而获高分（12.0 分）并居榜首。

第三，排名第二的方案 11（或 11.0 分），除单位楔差大（0.030 计 3.0 分），两砖楔差之差大（7.5mm 计 3.0 分）和简易计算式规范化程度很高（$Q/T = 1.0/2.0$，计 3.0 分）外，两砖数量悬殊（配比 1/20.667 计 2.0 分）也获较高分。这是个典型的近单楔形砖砖环，前面已经介绍过这种砖环的优越性（见 1.4.2.3 B）。

[示例 4]　若示例 3 的回转窑检修时局部更换砖衬，采用砖衬厚度 $A = 200$mm，砌缝厚度取 2.0mm，优选配砌方案。

砖衬外直径仍保持 $D = 6500.0$mm，中间直径 $D_p = 6500.0 - 200 = 6300.0$mm。由表 1-23 知，采用等大端尺寸 103mm 砖时，可有 $D_x \sim D_d$ 为 4000.0～7000.0mm 的 420 与 720 双楔形砖砖环（方案 1），$D_x \sim D_d$ 为 5060.2～7000.0mm 的 520 与 720 双楔形砖砖环（方案 2），$D_x \sim D_d$ 为 5060.2～8076.9mm 的 520 与 820 双楔形砖砖环（方案 3），$D_x \sim D_d$ 为 6176.5～7000.0mm 的 620 与 720 双楔形砖砖环（方案 4）和 $D_x \sim D_d$ 为 6176.5～8076.9mm 的 620 与 820 双楔形砖砖环（方案 5）。由表 1-24 知，等中间尺寸 71.5mm、

表1-48　示例3 各配砌方案比较

比较项目		方案1	方案2	方案3	方案4	方案5	方案6	方案7	方案8	方案9	方案10	方案11	方案12	方案13	方案14	方案15	方案16	方案17
大直径楔形砖	单位楔差	0.030	0.030	0.026	0.030	0.026	0.020	0.020	0.020	0.020	0.020	0.030	0.030	0.020	0.030	0.030	0.020	0.030
	计分	3.0	3.0	2.6	3.0	2.6	2.0	2.0	2.0	2.0	2.0	3.0	3.0	2.0	3.0	3.0	2.0	3.0
	评价	大	大	较大	大	较大	较大	较大	较大	较大	较大	大	大	较大	大	大	较大	大
两砖识(区)别难易	两砖楔差之差	2.8	1.0	2.0	5.5	3.8	5.0	2.0	1.0	5.0	2.5	7.5	2.5	5.0	一厚一薄	一薄一厚	一薄一厚	一厚一薄
	计分	1.4	0	1.0	2.75	1.9	2.5	1.0	0	2.5	1.25	3.0	1.25	2.5	3.0	3.0	3.0	3.0
	评价	容易	很难	难	很容易	容易	很容易	难	难	很容易	容易	很容易	容易	很容易	很容易	容易	很容易	很容易
	两砖量配比	1/3.851	1/3.364	1/3.727	1/8.533	1/1.420	1/4.683	1/1.273	1/7.327	1/3.310	1/1.155	1/20.667	1/6.222	1/1.321	1/1.410	1/10.664	1/1.297	1/3.722
	计分	1.0	3.0	1.0	0	3.0	0	3.0	0	1.0	3.0	2.0	0	3.0	3.0	1.0	3.0	1.0
	评价	可	很好	可	不好	很好	不好	很好	不好	可	很好	好	不好	很好	很好	可	很好	可
计算式规范化程度	楔差比、直径比或 Q/T	非整数	非整数	非整数	非整数	非整数	1.0/2.0	非整数	5.0/6.0	1.0/2.0	2.0/3.0	1.0/2.0 3.0/4.0	3.0/4.0	1.0/2.0	2.0/3.0	3.0/4.0	1.0/2.0	1.0/1.0
	计分	0	0	0	0	0	3.0	0	1.0	3.0	3.0	3.0	2.0	3.0	3.0	2.0	3.0	3.0
	评价	很低	很低	很低	很低	很低	很高	很低	低	很高	很高	很高	高	很高	很高	高	很高	很高
计分合计		5.4	6.0	4.6	5.75	7.5	7.5	6.0	3.0	8.5	9.25	11.0	6.25	10.5	12.0	9.0	11.0	10.0
排名次序		12	10	13	11	8	8	10	14	6	5	2	9	3	1	7	2	4

$A = 200\text{mm}$ 碱性砖的最大外直径为 6080.0mm（B620），不能砌筑该窑衬（这是国际标准[15]不足之处），英国标准[12]和德国标准[17]比国际标准增设了外直径分别为 8366.7mm 和 7550.0mm 的 B820（英国大小端尺寸为 73.3mm/69.7mm），楔差 3.6mm，单位楔差 0.018；德国大小端尺寸为 73.5mm/69.5mm，楔差 4.0mm，单位楔差 0.020）可分别与 B620 配砌成 $D_{px} \sim D_{pd}$ 为 5880.0 ~ 8166.7mm 的 B620 与 B820（英）等中间尺寸 71.5mm 双楔形砖砖环（方案6）。$D_{px} \sim D_{pd}$ 为 5880.0 ~ 7350.0mm 的 B620 与 B820（德）等中间尺寸 71.5mm 双楔形砖砖环（方案7）。由表 1-26 知，等中间尺寸 75mm、$A = 200\text{mm}$ 的最大外直径为 6360.0mm（H25-77.5/72.5）同样不能砌筑该窑衬。为克服这一缺点，由表 1-33 知，可采用 $D_x \sim D_d$ 为 6360.0 ~ 8480.0mm 的 H20-77.5/72.5 与 H20-104.0/99.0 等楔差 5.0mm 双楔形砖砖环（方案8）。同时列出（表 1-36）$D_x \sim D_d$ 为 5440.0 ~ 6528.0mm 的 H20-100/92.5 与 H20-120.4/112.9 等楔差 7.5mm 双楔形砖砖环（方案9）。采用等大端尺寸 100mm 砖时，由表 1-28 知可有 $D_x \sim D_d$ 为 4080.0 ~ 8160.0mm 的 H20-100/90.0 与 H20-100/95.0 双楔形砖砖环（方案10）。$D_x \sim D_d$ 为 5440 ~ 8160.0mm 的 H20-100/92.5 与 H20-100/95.0 双楔形砖砖环（方案11）。为增加碱性砖的可比性，由表 1-44 列出 $D_x \sim D_d$ 为 3280.0 ~ 8160.0mm 的 H20-80.0/70.0 与 H20-100/95.0 不等端尺寸双楔形砖砖环（方案 12）和 $D_x \sim D_d$ 为 4306.7 ~ 8160.0mm 的 H20-78.8/71.3 与 H20-100/95.0 不等端尺寸双楔形砖砖环（方案13）。

方案1　420 与 720 等大端尺寸 103mm 双楔形砖砖环

由表 1-23，可任选下列简易计算式之一计算：

$$K_{420} = 0.03989 \times (7000.0 - 6500.0) = 19.95 \text{ 块}$$

$$K_{420} = (7000.0 - 6500.0)/25.0668 = 19.95 \text{ 块}$$

或

$$K_{420} = 2.3333 \times 119.680 - 0.3989 \times 6500.0 = 19.97 \text{ 块}$$

$$K_{720} = 0.06981 \times (6500.0 - 4000.0) = 174.53 \text{ 块}$$

$$K_{720} = (6500.0 - 4000.0)/14.3239 = 174.53 \text{ 块}$$

或

$$K_{720} = 0.06981 \times 6500.0 - 1.3333 \times 209.440 = 174.52 \text{ 块}$$

每环总砖数 19.95 + 174.53 = 194.48 块，与按式 $K_h = 0.02992 \times 6500.0 = 194.48$ 块计算，结果相等。

方案2　520 与 720 等大端尺寸 103mm 双楔形砖砖环

由表 1-23，可任选下列简易计算式之一计算：

$$K_{520} = 0.07805 \times (7000.0 - 6500.0) = 39.03 \text{ 块}$$

$$K_{520} = (7000.0 - 6500.0)/12.8119 = 39.03 \text{ 块}$$

或

$$K_{520} = 3.6086 \times 151.402 - 0.07805 \times 6500.0 = 39.02 \text{ 块}$$

$$K_{720} = 0.10797 \times (6500.0 - 5060.2) = 155.46 \text{ 块}$$

$$K_{720} = (6500.0 - 5060.2)/9.2616 = 155.46 \text{ 块}$$

或

$$K_{720} = 0.10797 \times 6500.0 - 2.6086 \times 209.440 = 155.46 \text{ 块}$$

每环总砖数 $39.02 + 155.46 = 194.48$ 块，与按式 $K_h = 0.02992 \times 6500.0 = 194.48$ 块计算，结果相等。

方案3　520 与 820 等大端尺寸 103mm 双楔形砖砖环

由表 1-23，可任选下列简易计算式之一计算：

$$K_{520} = 0.05019 \times (8076.9 - 6500.0) = 79.14 \text{ 块}$$

$$K_{520} = (8076.9 - 6500.0)/19.9249 = 79.14 \text{ 块}$$

或

$$K_{520} = 2.6774 \times 151.402 - 0.05019 \times 6500.0 = 79.13 \text{ 块}$$

$$K_{820} = 0.08011 \times (6500.0 - 5060.2) = 115.34 \text{ 块}$$

$$K_{820} = (6500.0 - 5060.2)/12.4831 = 115.34 \text{ 块}$$

或

$$K_{820} = 0.08011 \times 6500.0 - 1.6774 \times 241.662 = 115.35 \text{ 块}$$

每环总砖数 $79.14 + 115.34 = 194.48$ 块，与按式 $K_h = 0.02992 \times 6500.0 = 194.48$ 块计算，结果相等。

方案4　620 与 720 等大端尺寸 103mm 双楔形砖砖环

由表 1-23，可任选下列简易计算式之一计算：

$$K_{620} = 0.22440 \times (7000.0 - 6500.0) = 112.2 \text{ 块}$$

$$K_{620} = (7000.0 - 6500.0)/4.4563 = 112.2 \text{ 块}$$

或

$$K_{620} = 8.50 \times 184.80 - 0.22440 \times 6500.0 = 112.2 \text{ 块}$$

$$K_{720} = 0.25432 \times (6500.0 - 6176.5) = 82.27 \text{ 块}$$

$$K_{720} = (6500.0 - 6176.5)/3.9321 = 82.27 \text{ 块}$$

或

$$K_{720} = 0.25432 \times 6500.0 - 7.50 \times 209.440 = 82.28 \text{ 块}$$

每环总砖数 $112.2 + 82.28 = 194.48$ 块，与按式 $K_h = 0.02992 \times 6500.0 = 194.48$ 块计算，结果相等。

方案5　620 与 820 等大端尺寸 103mm 双楔形砖砖环

由表 1-23，可任选下列简易计算式之一计算：

$$K_{620} = 0.09724 \times (8076.9 - 6500.0) = 153.34 \text{ 块}$$

$$K_{620} = (8076.9 - 6500.0)/10.2838 = 153.34 \text{ 块}$$

或

$$K_{620} = 4.250 \times 184.80 - 0.09724 \times 6500.0 = 153.34 \text{ 块}$$

$$K_{820} = 0.12716 \times (6500.0 - 6176.5) = 41.14 \text{ 块}$$

$$K_{820} = (6500.0 - 6176.5)/7.8641 = 41.14 \text{ 块}$$

或

$$K_{820} = 0.12716 \times 6500.0 - 3.250 \times 241.662 = 41.14 \text{ 块}$$

每环总砖数 $153.34 + 41.14 = 194.48$ 块，与按式 $K_h = 0.02992 \times 6500.0 = 194.48$ 块计算，结果相等。

方案6　英国 B620 与 B820 等中间尺寸 71.5mm 双楔形砖砖环

由表 1-7 知，该砖环 $D_{px} \sim D_{pd}$ 为 $5880.0 \sim 8166.7\text{mm}$，$C_1/D_1 = 73.3\text{mm}/69.7\text{mm}$，

C_2/D_2 = 74.0mm/69.0mm。经计算 n = (73.3 − 69.7)π/(71.7 × 76.0 − 71.0 × 75.3) = 0.10991，$(\Delta D_p)'_{1x}$ = 9.0983，m = (74.0 − 69.0)π/(71.7 × 76.0 − 71.0 × 75.3) = 0.15265，$(\Delta D_p)'_{1d}$ = 6.5508，Q = 5880.0/(8166.7 − 5880.0) = 2.5714，T = 8166.7/(8166.7 − 5880.0) = 3.5714。查表 1-7，K'_x = 251.328 块，K'_d = 349.067 块。根据这些数据列出该砖环的下列简易计算式，并可任选其中之一进行计算：

$$K_{620} = 0.10991 × (8166.7 − 6300.0) = 205.17 \text{ 块}$$

$$K_{620} = (8166.7 − 6300.0)/9.0983 = 205.17 \text{ 块}$$

或

$$K_{620} = 3.5714 × 251.328 − 0.10991 × 6300.0 = 205.16 \text{ 块}$$

$$K_{820} = 0.15265 × (6300.0 − 5880.0) = 64.11 \text{ 块}$$

$$K_{820} = (6300.0 − 5880.0)/6.5508 = 64.11 \text{ 块}$$

或

$$K_{820} = 0.15265 × 6300.0 − 2.5714 × 349.067 = 64.10 \text{ 块}$$

每环总砖数 205.16 + 66.10 = 269.26 块，与按式 K_h = 0.04274 × 6300.0 = 269.26 块计算，结果相等。

方案7　德国 B620 与 B820 等中间尺寸 71.5mm 双楔形砖砖环

由表 1-16 知，该砖环 $D_{px} \sim D_{pd}$ 为 5880.0 ~ 7350.0mm，C_1/D_1 = 73.5mm/69.5mm，C_2/D_2 = 74.0mm/69.0mm，经计算 n = 0.17097，$(\Delta D_p)'_{1x}$ = 5.8489，m = 0.21371，$(\Delta D_p)'_{1d}$ = 4.6791，Q = 4.0，T = 5.0。经查表 1-16，K'_x = 251.328 块，K'_d = 314.160 块。根据这些数据列出该砖环的下列简易计算式，并可任选其中之一进行计算：

$$K_{B620} = 0.17097 × (7350.0 − 6300.0) = 179.52 \text{ 块}$$

$$K_{B620} = (7350.0 − 6300.0)/5.8489 = 179.52 \text{ 块}$$

或

$$K_{B620} = 5.0 × 251.328 − 0.17097 × 6300.0 = 179.53 \text{ 块}$$

$$K_{B820} = 0.21371 × (6300.0 − 5880.0) = 89.76 \text{ 块}$$

$$K_{B820} = (6300.0 − 5880.0)/4.6791 = 89.76 \text{ 块}$$

或

$$K_{B820} = 0.21371 × 6300.0 − 4.0 × 314.16 = 89.73 \text{ 块}$$

每环总砖数 179.53 + 89.73 = 269.26 块，与按式 K_h = 0.04274 × 6300.0 = 269.26 块计算，结果相等。

方案8　H20-77.5/72.5 与 H20-104.0/99.0 等楔差 5.0mm 双楔形砖砖环

由表 1-33，可任选下列简易计算式之一计算：

$$K_{H20-77.5/72.5} = 0.11855 × (8480.0 − 6500.0) = 234.73 \text{ 块}$$

$$K_{H20-77.5/72.5} = (8480.0 − 6500.0)/8.4352 = 234.73 \text{ 块}$$

或

$$K_{H20-77.5/72.5} = 4.0 × 251.328 − 0.11855 × 6500.0 = 234.74 \text{ 块}$$

$$K_{H20-104.0/99.0} = 0.11855 × (6500.0 − 6360.0) = 16.60 \text{ 块}$$

$$K_{H20-104.0/99.0} = (6500.0 − 6360.0)/8.4352 = 16.60 \text{ 块}$$

或

$$K_{H20-104.0/99.0} = 0.11855 × 6500.0 − 3.0 × 251.328 = 16.59 \text{ 块}$$

每环总砖数 234.73 + 16.60 = 251.33 块，与按式 $K_h = K'_x = 251.328$ 块或 $K_h = 0.11855 \times (8480.0 - 6360.0) = 251.326$ 块计算，结果相等。

方案 9　H20-100/92.5 与 H20-120.4/112.9 等楔差 7.5mm 双楔形砖砖环

由表 1-36，可任选下列简易计算式之一计算：

$$K_{H20-100/92.5} = 0.1540 \times (6528.0 - 6500.0) = 4.31 \text{ 块}$$

$$K_{H20-100/92.5} = (6528.0 - 6500.0)/6.4935 = 4.31 \text{ 块}$$

或

$$K_{H20-100/92.5} = 6.0 \times 167.552 - 0.1540 \times 6500.0 = 4.31 \text{ 块}$$

$$K_{H20-120.4/112.9} = 0.1540 \times (6500.0 - 5440.0) = 163.24 \text{ 块}$$

$$K_{H20-120.4/112.9} = (6500.0 - 5440.0)/6.4935 = 163.24 \text{ 块}$$

或

$$K_{H20-120.4/112.9} = 0.1540 \times 6500.0 - 5.0 \times 167.552 = 163.24 \text{ 块}$$

每环总砖数 4.31 + 163.24 = 167.55 块，与按式 $K_h = K'_x = K'_d = 167.552$ 或 $K_h = 0.1540 \times (6528.0 - 5440.0) = 167.552$ 块计算，结果相等。

方案 10　H20-100/90.0 与 H20-100/95.0 等大端尺寸 100mm 双楔形砖砖环

由表 1-28，可任选下列简易计算式之一计算：

$$K_{H20-100/90.0} = 0.03080 \times (8160.0 - 6500.0) = 51.13 \text{ 块}$$

$$K_{H20-100/90.0} = (8160.0 - 6500.0)/32.4675 = 51.13 \text{ 块}$$

或

$$K_{H20-100/90.0} = 2.0 \times 125.664 - 0.03080 \times 6500.0 = 51.13 \text{ 块}$$

$$K_{H20-100/95.0} = 2.0 \times 0.03080 \times (6500.0 - 4080.0) = 149.07 \text{ 块}$$

$$K_{H20-100/95.0} = 2.0 \times (6500.0 - 4080.0)/32.4675 = 149.07 \text{ 块}$$

或

$$K_{H20-100/95.0} = 2.0 \times 0.03080 \times 6500.0 - 251.328 = 149.07 \text{ 块}$$

每环总砖数 51.13 + 149.07 = 206.2 块，与按式 $K_h = 0.03080 \times 6500.0 = 200.2$ 块计算，结果相等。

方案 11　H20-100/92.5 与 H20-100/95.0 等大端尺寸 100mm 双楔形砖砖环

由表 1-28，可任选下列简易计算式之一计算：

$$K_{H20-100/92.5} = 2.0 \times 0.03080 \times (8160.0 - 6500.0) = 102.26 \text{ 块}$$

$$K_{H20-100/92.5} = 2.0 \times (8160.0 - 6500.0)/32.4675 = 102.26 \text{ 块}$$

或

$$K_{H20-100/92.5} = 3.0 \times 167.552 - 2.0 \times 0.03080 \times 6500.0 = 102.26 \text{ 块}$$

$$K_{H20-100/95.0} = 3.0 \times 0.03080 \times (6500.0 - 5440.0) = 97.94 \text{ 块}$$

$$K_{H20-100/95.0} = 3.0 \times (6500.0 - 5440.0)/32.4675 = 97.94 \text{ 块}$$

或

$$K_{H20-100/95.0} = 3.0 \times 0.03080 \times 6500.0 - 2.0 \times 251.328 = 97.94 \text{ 块}$$

每环总砖数 102.26 + 97.94 = 200.2 块，与按式 $K_h = 0.03080 \times 6500.0 = 200.2$ 块计算，

结果相等。

方案 12　H20-80/70.0 与 H20-100/95.0 不等端尺寸双楔形砖砖环

由表 1-44，可按下面的简易计算式计算：

$$K_{H20-80/70.0} = 210.12 - 0.02575 \times 6500.0 = 42.75 \text{ 块}$$

$$K_{H20-100/95.0} = 0.05150 \times 6500.0 - 168.92 = 165.83 \text{ 块}$$

每环总砖数 42.75 + 165.83 = 208.58 块，与按式 $K_h = 0.02575 \times 6500.0 + 41.20 = 208.58$ 块计算，结果相等。

方案 13　H20-78.8/71.3 与 H20-100/95.0 不等端尺寸双楔形砖砖环

由表 1-44，可按下面的简易计算式计算：

$$K_{H20-78.8/71.3} = 354.797 - 0.04348 \times 6500.0 = 72.18 \text{ 块}$$

$$K_{H20-100/95.0} = 0.06522 \times 6500.0 - 280.883 = 143.05 \text{ 块}$$

每环总砖数 72.18 + 143.05 = 215.23 块，与按式 $K_h = 0.02174 \times 6500.0 + 73.914 = 215.224$ 块计算，结果相等。

从示例 4 的各方案计算和其各项比较（表 1-49）中，$A = 200$mm 等中间尺寸（无论 $P = 71.5$mm 或是 $P = 75$mm）回转窑用大直径（超过 8000.0mm）碱性砖，其楔差或单位楔差过小引起的问题有：（1）国际标准[15]和我国标准[8]中，考虑单位楔差小于 0.020 时宁可缺项而未列入标准。（2）英国标准[12]采用减小楔差到 3.6mm 和单位楔差 0.018 的 B820，致使 B620 与 B820 砖环方案 6 的单位楔差、两砖楔差之差和计算式规范化程度 3 项未获计分而排末位。（3）德国标准[17]中的 B820，由于其楔差增到 4.0mm 和单位楔差达到 0.020，B620 和 B820 砖环方案 7 的楔差比 4.0/5.0 使计算式规范化程度有所提高，但两砖楔差之差仅为 1.0mm，很难识（区）别，方案的排名也居后 3 名。我国标准[8]用于碱性砖的等楔差 5mm 双楔形砖砖环方案 8，由于单位楔差较大（0.0250），两砖一薄一厚很容易识（区）别，计算式规范化程度高和砖量配比基本合适而获较高计分，解决了 $A = 200$mm 等中间尺寸碱性砖不配套难题。此外，采用一薄一厚两砖的不等端尺寸（中间尺寸 75mm 和大端尺寸 100mm）双楔形砖砖环方案 12 和方案 13，特别是方案 13 的 H20-78.8/71.3 与 H20-100/95.0 不等端尺寸双楔形砖砖环，各项比较指标和计分都很高，名居前列，也是解决 $A = 200$mm 等中间尺寸碱性砖缺项难题的方法之一。单位楔差最大的方案 9 名居榜首。

[**示例 5**]　随着回转窑的大型化，筒壳内直径逐渐增大。日本标准[5]在 1983 年就考虑筒壳内直径 8300.0mm 的砖环。现设计计算筒壳内直径 $D = 8300.0$mm，砖衬厚度 $A = 250$mm 砖环的配砌方案。砖环外直径 $D = 8300.0$mm，则中间直径 $D_p = 8300.0 - 250 = 8050$mm。

方案 1　日本 R4 调节单楔形砖砖环

日本标准[5]中尺寸规格为 250mm × (110mm/103mm) × 200mm 的砖号 R4，按 2mm 砌缝厚度计算，外直径 $D_o = 8000.0$mm，单位楔差 $\Delta C' = 0.028$，每环极限砖数 $K'_o = 224.40$

表 1-49 示例 4 各配砌方案比较

比较项目	方案1	方案2	方案3	方案4	方案5	方案6	方案7	方案8	方案9	方案10	方案11	方案12	方案13
大直径楔形砖单位楔差	0.030	0.030	0.026	0.030	0.026	0.018	0.020	0.0250	0.0375	0.0250	0.0250	0.0250	0.0250
计分	3.0	3.1	2.6	3.0	2.6	0	2.0	2.5	3.75	2.5	2.5	2.5	2.5
评价	大	大	较大	大	较大	小	较大	较大	大	较大	较大	较大	较大
两砖楔差之差	4.5	2.3	3.1	0.8	1.6	1.4	1.0	一厚一薄	一厚一薄	5.0	2.5	一厚一薄	一厚一薄
计分	2.25	1.15	1.55	0	0	0	0	3.0	3.0	2.5	1.25	3.0	3.0
两砖识别（区别）难易 评价	很容易	容易	容易	很难	很难	很难	很难	很容易	很容易	很容易	容易	很容易	很容易
两砖量配比	1/8.748	1/3.984	1/1.457	1/1.364	1/3.727	1/3.20	1/2.01	1/14.14	1/37.874	1/2.916	1/1.044	1/3.879	1/1.982
计分	0	0	3.0	3.0	1.0	1.0	2.0	1.0	2.0	2.0	3.0	1.0	3.0
评价	不好	可	很好	很好	可	可	好	可	好	好	很好	可	很好
楔差比、直径比或 Q/T	非整数	非整数	非整数	非整数	非整数	非整数	4.0/5.0	1.0/1.0	1.0/1.0	1.0/2.0	2.0/3.0	1.0/2.0	2.0/3.0
计分	0	0	0	0	0	0	1.0	3.0	3.0	3.0	3.0	3.0	3.0
计算式规范化程度 评价	很低	很低	很低	很低	很低	很低	低	很高	很高	很高	很高	很高	很高
计分合计	5.25	5.15	7.15	6.0	3.6	1.0	5.0	9.5	11.75	10.0	9.75	9.5	11.5
排名次序	8	9	6	7	11	12	10	5	1	3	4	5	2

块（见表 1-2）。该标准称通过夹垫双层钢板（即热端折叠钢板），砖环外直径可调节增大到 8267mm。如果采用泥浆湿砌调节辐射缝厚度使砖环外直径达到 8300.0mm，则必须在保证辐射缝厚度不超过规定（一般不超过 2mm）前提下，减小冷端砌缝厚度的同时增大热端砌缝厚度。如果冷端砌缝厚度减小到 1.5mm，则楔差由原设计的 110 - 103 = 7mm，减少到 $2CA/D = 2 \times 111.5 \times 250/8300.0 = 6.7$mm，即减小 7 - 6.7 = 0.3mm。就是说热端砌缝厚度应比冷端砌缝厚度大 0.3mm，即热端砌缝为 1.5 + 0.3 = 1.8mm。这就要求湿砌过程中采取措施保证砌缝的调节。如果本方案砌筑碱性砖，每个辐射缝内夹垫 1 片 1.5mm 厚单层钢板时，则每隔 5 个辐射缝要换以 1 片垫端折叠的双层钢板（下端 3.0mm 厚，上端 1.5mm 厚）。本方案中，每环砖数 $K_{R4} = 2\pi \times 150/6.7 = 234.45$ 块❶。本书将经调节辐射缝厚度的单楔形砖砖环简称为调节单楔形砖砖环。

方案 2　825 调节单楔形砖砖环

英国标准[12]、德国标准[17] 和国际标准[15] 的砖号 825，尺寸规格 250mm × （103mm/96.5mm）× 198mm，楔差 6.5mm，单位楔差 0.026，外直径 $D_o = 8076.9$mm，$K'_o = 241.662$ 块（见表 1-5、表 1-17 和表 1-9）。如果采用泥浆湿砌调节辐射缝厚度使砖环外直径 D 到达 8300.0mm，则必须在保证辐射缝厚度不超过 2mm 前提下减小冷端辐射缝厚度的同时增大热端辐射缝厚度。如果冷端辐射缝厚度减小到 1.5mm，则楔差由原设计的 103 - 96.5 = 6.5mm 减小到 $2CA/\Delta C = 2 \times 104.5 \times 250/8300.0 = 6.3$mm，即减小 6.5 - 6.3 = 0.2mm。就是说热端辐射缝厚度比冷端大 0.2mm，即热端辐射缝厚度应为 1.7mm。此时，每环砖数 $K_{825} = 2\pi \times 250/6.3 = 249.3$ 块❶。

方案 3　德国 B725 与 B825 等中间尺寸 71.5mm 双楔形砖砖环

英国标准[12] 和国际标准[15] 中的最大外直径（$D_o = 7600.0$mm）B725 不可能单独砌筑外直径 8300.0mm 砖环，但标准中又没有更大直径用砖。德国标准[17] 中最大外直径 9437.5mm 的 B825（$C_1/D_1 = 73.5$mm/69.5mm）与最大外直径 7600.0mm 的 B725（$C_2/D_2 = 74.0$mm/69.0mm）配砌时，$n = (73.5 - 69.5)\pi/(71.5 \times 76.0 - 71.0 \times 75.5) = 0.17097$，$(\Delta D_p)'_{1x} = 5.8490$，$m = (74.0 - 69.0)\pi/(71.5 \times 76.0 - 71.0 \times 75.5) = 0.21371$，$(\Delta D_p)'_{1d} = 4.6791$，$Q = 7350.0/(9187.5 - 7350.0) = 4.0$，$T = 9187.5/(9187.5 - 7350.0) = 5.0$，$K'_{B725} = 314.160$ 块，$K'_{B825} = 392.70$ 块。

可任选下列简易计算式之一计算：

$$K_{B725} = 0.17097 \times (9187.5 - 8050.0) = 194.48 \text{ 块}$$

$$K_{B725} = (9187.5 - 8050.0)/5.8490 = 194.48 \text{ 块}$$

或

$$K_{B725} = 5.0 \times 314.160 - 0.17097 \times 8050.0 = 194.49 \text{ 块}$$

$$K_{B825} = 0.21371 \times (8050.0 - 7350.0) = 149.60 \text{ 块}$$

$$K_{B825} = (8050.0 - 7350.0)/4.6791 = 149.60 \text{ 块}$$

---

❶　方案 1 和方案 2 中，作为调节单楔形砖砖环的单一用砖数，超过了其每环极限砖数，这是由于每环极限砖数 $K'_o = 2\pi A/(C - D)$ 是在砌缝厚度正常情况（冷热端砌缝厚度相等）下与砌缝厚度无关的极限定值。工作热端与冷端砌缝厚度经调解不相等时，砖环砖数当然不等于其每环极限砖数。

或　　　　　　　$K_{B825} = 0.21371 \times 8050.0 - 4.0 \times 392.70 = 149.57$ 块

每砖环总砖数 $194.48 + 149.57 = 344.05$ 块，与按式 $K_h = 0.04274 \times 8050.0 = 344.06$ 块计算，结果相同。

方案 4　H25-77.5/72.5 与 H25-104.0/99.0 等楔差 5.0mm 双楔形砖砖环

由表 1-33，$D_x \sim D_d$ 为 7950.0 ~ 10600.0mm，可任选下列简易计算式之一计算：

$$K_{H25-77.5/72.5} = 0.11855 \times (10600.0 - 8300.0) = 272.67 \text{ 块}$$

$$K_{H25-77.5/72.5} = (10600.0 - 8300.0)/8.4352 = 272.67 \text{ 块}$$

或　　　　$K_{H25-77.5/72.5} = 4.0 \times 314.160 - 0.11855 \times 8300.0 = 272.68$ 块

$$K_{H25-104.0/99.0} = 0.11855 \times (8300.0 - 7950.0) = 41.49 \text{ 块}$$

$$K_{H25-104.0/99.0} = (8300.0 - 7950.0)/8.4352 = 41.49 \text{ 块}$$

或　　　　　$K_{H25-104.0/99.0} = 0.11855 \times 8300.0 - 3.0 \times 314.160 = 41.49$ 块

每环总砖数 $272.67 + 41.49 = 314.16$ 块，与按式 $K_h = K'_x = 314.16$ 块计算，结果相等。

方案 5　H25-100/90.0 与 H25-100/95.0 等大端尺寸 100mm 双楔形砖砖环

由表 1-28，$D_x \sim D_d$ 为 5100.0 ~ 10200.0mm，可任选下列简易计算式之一计算：

$$K_{H25-100/90.0} = 0.03080 \times (10200.0 - 8300.0) = 58.52 \text{ 块}$$

$$K_{H25-100/90.0} = (10200.0 - 8300.0)/32.4675 = 58.52 \text{ 块}$$

或　　　　$K_{H25-100/90.0} = 2.0 \times 157.080 - 0.03080 \times 8300.0 = 58.52$ 块

$$K_{H25-100/95.0} = 2.0 \times 0.03080 \times (8300.0 - 5100.0) = 197.12 \text{ 块}$$

$$K_{H25-100/95.0} = 2.0 \times (8300.0 - 5100.0)/32.4675 = 197.12 \text{ 块}$$

或　　　　$K_{H25-100/95.0} = 2.0 \times 0.03080 \times 8300.0 - 314.16 = 197.12$ 块

砖环总砖数 $58.52 + 197.12 = 255.64$ 块，与按式 $K_h = 0.03080 \times 8300.0 = 255.64$ 块计算，结果相等。

方案 6　H25-100/92.5 与 H25-100/95.0 等大端尺寸 100mm 双楔形砖砖环

由表 1-28，$D_x \sim D_d$ 为 6800.0 ~ 10200.0mm，可任选下列简易计算式之一计算：

$$K_{H25-100/92.5} = 2.0 \times 0.03080 \times (10200.0 - 8300.0) = 117.04 \text{ 块}$$

$$K_{H25-100/92.5} = 2.0 \times (10200.0 - 8300.0)/32.4675 = 117.04 \text{ 块}$$

或　　　　$K_{H25-100/92.5} = 3.0 \times 209.440 - 2.0 \times 0.03080 \times 8300.0 = 117.04$ 块

$$K_{H25-100/95.0} = 3.0 \times 0.03080 \times (8300.0 - 6800.0) = 138.6 \text{ 块}$$

$$K_{H25-100/95.0} = 3.0 \times (8300.0 - 6800.0)/32.4675 = 138.6 \text{ 块}$$

或　　　　$K_{H25-100/95.0} = 3.0 \times 0.03080 \times 8300.0 - 2.0 \times 314.160 = 138.6$ 块

每环总砖数 $117.04 + 138.6 = 255.64$ 块，与按式 $K_h = 0.03080 \times 8300.0 = 255.64$ 块计算，结果相等。

方案 7　H25-80.0/70.0 与 H25-100/95.0 不等端尺寸双楔形砖砖环

由表 1-44，$D_x \sim D_d$ 为 4100.0 ~ 10200.0mm，可由下面简易计算式计算：

$$K_{H25\text{-}80.0/70.0} = 262.65 - 0.02575 \times 8300.0 = 48.93 \text{ 块}$$

或
$$K_{H25\text{-}100/95.0} = 0.05150 \times 8300.0 - 211.15 = 216.3 \text{ 块}$$

每环总砖数 $48.93 + 216.3 = 265.23$ 块，与按式 $K_h = 0.02575 \times 8300.0 + 59.787 = 265.23$ 块计算，结果相等。

方案 8　H25-78.8/71.3 与 H25-100/95.0 不等端尺寸双楔形砖砖环

由表 1-44，$D_x \sim D_d$ 为 $5883.3 \sim 10200.0$mm，可由下面简易计算式计算：

$$K_{H25\text{-}78.8/71.3} = 443.496 - 0.04348 \times 8300.0 = 82.61 \text{ 块}$$

$$K_{H25\text{-}100/95.0} = 0.06522 \times 8300.0 - 351.099 = 190.23 \text{ 块}$$

每环总砖数 $82.61 + 190.23 = 272.84$ 块，与按式 $K_h = 0.02174 \times 8300.0 + 92.397 = 272.84$ 块计算，结果相等。

方案 9　H25-77.5/72.5 与 H25-100/95.0 P-C 等楔差 5.0mm 双楔形砖砖环

由表 1-37，可由下面简易计算式计算：

$$K_{H25\text{-}77.5/72.5} = 0.13963 \times (10200.0 - 8300.0) = 265.29 \text{ 块}$$

$$K_{H25\text{-}100/95.0} = 0.13963 \times (8300.0 - 7950.0) = 48.87 \text{ 块}$$

每环总砖数 $265.29 + 48.87 = 314.16$ 块，与 $K_h = K_x' = 314.16$ 块相等。

示例 5 的 9 个方案的可比性不太明显，见表 1-50。调节单楔形砖砖环（方案 1 和方案 2）不存在两砖量配比问题，换以砌筑操作难易（由于砌筑操作比其他方案困难很多，均计单项 0 分）。从表 1-50 看出，前 6 名都为我国国家标准[8]用砖的配砌方案（方案 8、方案 6、方案 5、方案 7、方案 9 和方案 4）。两个不等端尺寸双楔形砖砖环（方案 8 和方案 7）提供了可选择性，其中可用于碱性砖衬各项指标皆好的方案 8 得分最高（10.0 分）名居榜首。两个等大端尺寸 100mm 双楔形砖砖环（方案 6 和方案 5）的各项指标都好，排名第 2 和第 3。专用于碱性砖衬的方案 4 等楔差 5.0mm 双楔形砖砖环，只由于两砖量配比不好（该单项未得分）而排名第 4。

表 1-50　示例 5 配砌方案比较

比 较 项 目		方案 1	方案 2	方案 3	方案 4	方案 5	方案 6	方案 7	方案 8	方案 9
大直径楔形砖单位楔差		0.0280	0.0260	0.0160	0.020	0.020	0.020	0.020	0.020	0.020
计分		2.8	2.6	0	2.0	2.0	2.0	2.0	2.0	2.0
评价		较大	较大	小	较大	较大	较大	较大	较大	较大
两砖识（区）别难易	两砖楔差之差	单砖	单砖	1.0	一薄一厚	5.0	2.5	一薄一厚	一薄一厚	一薄一厚
	计分	3.0	3.0	0	3.0	2.5	1.25	3.0	3.0	3.0
	评价	很容易	很容易	很难	很容易	很容易	容易	很容易	很容易	很容易
两砖量配比或砌筑操作难易		操作	操作	1/1.30	1/6.572	1/3.368	1/1.184	1/4.421	1/2.303	1/5.428
计分		0	0	3.0	0	1.0	3.0	0	2.0	0
评价		很困难	很困难	很好	不好	可	很好	不好	好	不好

续表 1-50

比 较 项 目		方案 1	方案 2	方案 3	方案 4	方案 5	方案 6	方案 7	方案 8	方案 9
计算式规范化程度	楔差比、直径比或 Q/T			4.0/5.0	1.0/1.0	1.0/2.0	2.0/3.0	1.0/2.0	2.0/3.0	1.0/1.0
	计分	1.0	1.0	1.0	3.0	3.0	3.0	3.0	3.0	3.0
	评价	低	低	低	很高	很高	很高	很高	很高	很高
计分合计		6.8	6.6	4.0	8.0	8.5	9.25	8.0	10.0	8.0
排名次序		5	6	7	4	3	2	4	1	4

　　得分最少（仅得 4.0 分）排名最后的方案 3，大直径楔形砖 B825（德国）的单位楔差只有 0.0160，是目前回转窑用碱性砖最小单位楔差的世界纪录，小于 0.020 未计分。两砖楔差之差（5.0～4.0）只有 1.0mm，也未得分。既然，德国设计了这种砖环配砌方案，并采取相应措施：碱性砖衬的辐射缝内夹垫单层钢板、双层钢板和砖间穿销，还是可行的方案之一。

　　夹垫双层钢板或采用泥浆湿砌调节砌缝厚度的调节单楔形砖砖环方案 1 和方案 2，单位楔差较大和采用单砖，不存在两砖识（区）别问题，但计算稍复杂（得分低），砌筑操作要求较高和操作困难而未得分。对于调节单楔形砖砖环，要特别强调精细砌筑，主要措施有：（1）严格按照设计计算调节好辐射缝厚度。（2）砖环的第 1 到前 3 块砖的辐射缝方向要与半径线相吻合，砌筑操作中通过控制工作表面砖间错台或用特制工具随时检查辐射缝方向。（3）正式在筒体内施工之前，要按设计进行预砌筑。（4）选用技术熟练的筑炉工人或在其指导下完成砌筑操作。

　　为免去用户和读者分散从几个表格查找所计算双楔形砖砖环的基础部分（包括大直径楔形砖单位楔差、两砖识（区）别和简易计算式规范化程度）计分，收集了我国标准[8]中回转窑砖衬 140 个双楔形砖砖环的基础部分计分，见表 1-51。

表 1-51　我国回转窑砖衬双楔形砖砖环基础部分计分

配砌尺寸砖号		砖环外直径范围 $D_x \sim D_d/\text{mm}$	大直径楔形砖单位楔差		两砖识（区）别		简易计算式规范化程度		基础部分计分小计
小直径楔形砖	大直径楔形砖		$\Delta C'$	计分	两砖楔差之差	计分	Q/T 或 n/m	计分	
H16-100/85.0	H16-100/90.0	2176.0～3264.0	0.0625	6.25	5.0	2.5	2.0/3.0	3.0	11.75
H16-100/85.0	H16-100/92.5	2176.0～4352.0	0.0469	4.69	7.5	3.0	1.0/2.0	3.0	10.69
H16-100/90.0	H16-100/92.5	3264.0～4352.0	0.0469	4.69	2.5	1.25	3.0/4.0	3.0	7.94
H16-100/90.0	H16-100/95.0	3264.0～6528.0	0.0313	3.13	5.0	2.5	2.0/3.0	3.0	8.63
H16-100/92.5	H16-100/95.0	4352.0～6528.0	0.0313	3.13	2.5	1.25	2.0/3.0	3.0	7.38
H18-100/85.0	H18-100/90.0	2448.0～3672.0	0.0556	5.56	5.0	2.5	2.0/3.0	3.0	11.06
H18-100/85.0	H18-100/92.5	2448.0～4896.0	0.0417	4.17	7.5	3.0	1.0/2.0	3.0	10.17
H18-100/90.0	H18-100/92.5	3672.0～4896.0	0.0417	4.17	2.5	1.25	3.0/4.0	3.0	7.42
H18-100/90.0	H18-100/95.0	3672.0～7344.0	0.0278	2.78	5.0	2.5	2.0/3.0	3.0	8.28
H18-100/92.5	H18-100/95.0	4896.0～7344.0	0.0278	2.78	2.5	1.25	2.0/3.0	3.0	7.03

| 配砌尺寸砖号 | | 砖环外直径范围 $D_x \sim D_d$/mm | 大直径楔形砖单位楔差 | | 两砖识（区）别 | | | 简易计算式规范化程度 | | 基础部分计分小计 |
小直径楔形砖	大直径楔形砖		$\Delta C'$	计分	两砖楔差之差	计分	Q/T 或 n/m	计分	
H20-100/85.0	H20-100/90.0	2720.0 ~ 4080.0	0.050	5.0	5.0	2.5	2.0/3.0	3.0	10.50
H20-100/85.0	H20-100/92.5	2720.0 ~ 5440.0	0.0375	3.75	7.5	3.0	1.0/2.0	3.0	9.75
H20-100/90.0	H20-100/92.5	4080.0 ~ 5440.0	0.0375	3.75	2.5	1.25	3.0/4.0	2.0	7.0
H20-100/90.0	H20-100/95.0	4080.0 ~ 8160.0	0.0250	2.50	5.0	2.5	1.0/2.0	3.0	8.0
H20-100/92.5	H20-100/95.0	5440.0 ~ 8160.0	0.0250	2.50	2.5	1.25	2.0/3.0	3.0	6.75
H22-100/85.0	H22-100/90.0	2992.0 ~ 4488.0	0.0455	4.55	5.0	2.5	2.0/3.0	3.0	10.05
H22-100/85.0	H22-100/92.5	2992.0 ~ 5984.0	0.0341	3.41	7.5	3.0	1.0/2.0	3.0	9.41
H22-100/90.0	H22-100/92.5	4488.0 ~ 5984.0	0.0341	3.41	2.5	1.25	3.0/4.0	2.0	6.66
H22-100/90.0	H22-100/95.0	4488.0 ~ 8976.0	0.0227	2.27	5.0	2.5	1.0/2.0	3.0	7.77
H22-100/92.5	H22-100/95.0	5984.0 ~ 8976.0	0.0227	2.27	2.5	1.25	2.0/3.0	3.0	6.52
H25-100/85.0	H25-100/90.0	3400.0 ~ 5100.0	0.040	4.0	5.0	2.5	2.0/3.0	3.0	9.5
H25-100/85.0	H25-100/92.5	3400.0 ~ 6800.0	0.030	3.0	7.5	3.0	1.0/2.0	3.0	9.0
H25-100/90.0	H25-100/92.5	5100.0 ~ 6800.0	0.030	3.0	2.5	1.25	3.0/4.0	2.0	6.25
H25-100/90.0	H25-100/95.0	5100.0 ~ 10200.0	0.020	2.0	5.0	2.5	1.0/2.0	3.0	7.5
H25-100/92.5	H25-100/95.0	6800.0 ~ 10200.0	0.020	2.0	2.5	1.25	2.0/3.0	3.0	6.25
H16-82.5/67.5	H16-80.0/70.0	1802.7 ~ 2624.0	0.0625	6.25	5.0	2.5	2.0/3.0	3.0	11.75
H16-82.5/67.5	H16-78.8/71.3	1802.7 ~ 3445.3	0.0469	4.69	7.5	3.0	1.0/2.0	3.0	10.69
H16-80.0/70.0	H16-78.8/71.3	2624.0 ~ 3445.3	0.0469	4.69	2.5	1.25	3.0/4.0	2.0	7.94
H16-80.0/70.0	H16-77.5/72.5	2624.0 ~ 5088.0	0.0313	3.13	5.0	2.5	1.0/2.0	3.0	8.63
H16-78.8/71.3	H16-77.5/72.5	3445.3 ~ 5088.0	0.0313	3.13	2.5	1.25	2.0/3.0	3.0	7.38
H18-82.5/67.5	H18-80.0/70.0	2028.0 ~ 2952.0	0.0556	5.56	5.0	2.5	2.0/3.0	3.0	11.06
H18-82.5/67.5	H18-78.8/71.3	2028.0 ~ 3876.0	0.0417	4.17	7.5	3.0	1.0/2.0	3.0	10.17
H18-80.0/70.0	H18-78.8/71.3	2952.0 ~ 3876.0	0.0417	4.17	2.5	1.25	3.0/4.0	2.0	7.42
H18-80.0/70.0	H18-77.5/72.5	2952.0 ~ 5724.0	0.0278	2.78	5.0	2.5	1.0/2.0	3.0	8.28
H18-78.8/71.3	H18-77.5/72.5	3876.0 ~ 5724.0	0.0278	2.78	2.5	1.25	2.0/3.0	3.0	7.03
H20-82.5/67.5	H20-80.0/70.0	2253.3 ~ 3280.0	0.050	5.0	5.0	2.5	2.0/3.0	3.0	10.50
H20-82.5/67.5	H20-78.8/71.3	2253.3 ~ 4306.7	0.0375	3.75	7.5	3.0	1.0/2.0	3.0	9.75
H20-80.0/70.0	H20-78.8/71.3	3280.0 ~ 4306.7	0.0375	3.75	2.5	1.25	3.0/4.0	2.0	7.0
H20-80.0/70.0	H20-77.5/72.5	3280.0 ~ 6360.0	0.0250	2.50	5.0	2.5	1.0/2.0	3.0	8.0
H20-78.8/71.3	H20-77.5/72.5	4306.7 ~ 6360.0	0.0250	2.50	2.5	1.25	2.0/3.0	3.0	6.75
H22-82.5/67.5	H22-80.0/70.0	2478.7 ~ 3608.0	0.0455	4.55	5.0	2.5	2.0/3.0	3.0	10.05
H22-82.5/67.5	H22-78.8/71.3	2478.7 ~ 4737.3	0.0341	3.41	7.5	3.0	1.0/2.0	3.0	9.41
H22-80.0/70.0	H22-78.8/71.3	3608.0 ~ 4737.7	0.0341	3.41	2.5	1.25	3.0/4.0	2.0	6.66
H22-80.0/70.0	H22-77.5/72.5	3608.0 ~ 6960.0	0.0227	2.27	5.0	2.5	1.0/2.0	3.0	7.77
H22-78.8/71.3	H22-77.5/72.5	4737.3 ~ 6996.0	0.0227	2.27	2.5	1.25	2.0/3.0	3.0	6.52

配砌尺寸砖号		砖环外直径范围 $D_x \sim D_d$/mm	大直径楔形砖单位楔差		两砖识（区）别		简易计算式规范化程度		基础部分计分小计
小直径楔形砖	大直径楔形砖		$\Delta C'$	计分	两砖楔差之差	计分	Q/T 或 n/m	计分	
H25-82.5/67.5	H25-80.0/70.0	2816.7～4100.0	0.040	4.0	5.0	2.5	2.0/3.0	3.0	9.5
H25-82.5/67.5	H25-78.8/71.3	2816.7～5383.3	0.030	3.0	7.5	3.0	1.0/3.0	3.0	9.0
H25-80.0/70.0	H25-78.8/71.3	4100.0～5383.3	0.030	3.0	2.5	1.25	3.0/4.0	2.0	6.25
H25-80.0/70.0	H25-77.5/72.5	4100.0～7950.0	0.020	2.0	5.0	2.5	1.0/2.0	3.0	7.5
H25-78.8/71.3	H25-77.5/72.5	5383.3～7950.0	0.020	2.0	2.5	1.25	2.0/3.0	3.0	6.25
H16-78.8/71.3	H16-119.1/111.6	3445.3～5168.0	0.0469	4.69	一薄一厚	3.0	1.0/1.0	3.0	10.69
H16-100/92.5	H16-120.4/112.9	4352.0～5222.4	0.0469	4.69	一薄一厚	3.0	1.0/1.0	3.0	10.69
H16-77.5/72.5	H16-104.0/99.0	5088.0～6784.0	0.0313	3.13	一薄一厚	3.0	1.0/1.0	3.0	9.13
H16-100/95.0	H16-120.4/115.4	6528.0～7833.6	0.0313	3.13	一薄一厚	3.0	1.0/1.0	3.0	9.13
H18-78.8/71.3	H18-119.1/111.6	3876.0～5814.0	0.0417	4.17	一薄一厚	3.0	1.0/1.0	3.0	10.17
H18-100/92.5	H18-120.4/112.9	4896.0～5875.2	0.0417	4.17	一薄一厚	3.0	1.0/1.0	3.0	10.17
H18-77.5/72.5	H18-104.0/99.0	5724.0～7632.0	0.0278	2.78	一薄一厚	3.0	1.0/1.0	3.0	8.78
H18-100/95.0	H18-120.4/115.4	7344.0～8812.8	0.0278	2.78	一薄一厚	3.0	1.0/1.0	3.0	8.78
H20-78.8/71.3	H20-119.1/111.6	4306.7～6460.0	0.0375	3.75	一薄一厚	3.0	1.0/1.0	3.0	9.75
H20-100/92.5	H20-120.4/112.9	5440.0～6528.0	0.0375	3.75	一薄一厚	3.0	1.0/1.0	3.0	9.75
H20-77.5/72.5	H20-104.0/99.0	6360.0～8480.0	0.0250	2.50	一薄一厚	3.0	1.0/1.0	3.0	8.50
H20-100/95.0	H20-120.4/115.4	8160.0～9792.0	0.0250	2.50	一薄一厚	3.0	1.0/1.0	3.0	8.50
H22-78.8/71.3	H22-119.1/111.6	4373.3～7106.0	0.0341	3.41	一薄一厚	3.0	1.0/1.0	3.0	9.41
H22-100/92.5	H22-120.4/112.9	5984.0～7180.0	0.0341	3.41	一薄一厚	3.0	1.0/1.0	3.0	9.41
H22-77.5/72.5	H22-104.0/99.0	6996.0～9328.0	0.0227	2.27	一薄一厚	3.0	1.0/1.0	3.0	8.27
H22-100/95.0	H22-120.4/115.4	8976.0～10771.2	0.0227	2.27	一薄一厚	3.0	1.0/1.0	3.0	8.27
H25-78.8/71.3	H25-119.1/111.6	5383.3～8075.0	0.030	3.0	一薄一厚	3.0	1.0/1.0	3.0	9.0
H25-100/92.5	H25-120.4/112.9	6800.0～8160.0	0.030	3.0	一薄一厚	3.0	1.0/1.0	3.0	9.0
H25-77.5/72.5	H25-104.0/99.0	7950.0～10600.0	0.020	2.0	一薄一厚	3.0	1.0/1.0	3.0	8.0
H25-100/95.0	H25-120.4/115.4	10200.0～12240.0	0.020	2.0	一薄一厚	3.0	1.0/1.0	3.0	8.0
H16-82.5/67.5	H16-100/85.0	1802.7～2176.0	0.0938	9.38	一薄一厚	3.0	1.0/1.0	3.0	15.38
H16-80.0/70.0	H16-100/90.0	2624.0～3264.0	0.0625	6.25	一薄一厚	3.0	1.0/1.0	3.0	12.25
H16-78.8/71.3	H16-100/92.5	3445.3～4352.0	0.0469	4.69	一薄一厚	3.0	1.0/1.0	3.0	10.69
H16-77.5/72.5	H16-100/95.0	5088.0～6528.0	0.0313	3.13	一薄一厚	3.0	1.0/1.0	3.0	9.13
H18-82.5/67.5	H18-100/85.0	2028.0～2448.0	0.0833	8.33	一薄一厚	3.0	1.0/1.0	3.0	14.33
H18-80.0/70.0	H18-100/90.0	2952.0～3672.0	0.0556	5.56	一薄一厚	3.0	1.0/1.0	3.0	11.56
H18-78.8/71.3	H18-100/92.5	3876.0～4896.0	0.0417	4.17	一薄一厚	3.0	1.0/1.0	3.0	10.17
H18-77.5/72.5	H18-100/95.0	5724.0～7344.0	0.0278	2.78	一薄一厚	3.0	1.0/1.0	3.0	8.78

配砌尺寸砖号		砖环外直径范围 $D_x \sim D_d$ /mm	大直径楔形砖单位楔差		两砖识（区）别		简易计算式规范化程度		基础部分计分小计
小直径楔形砖	大直径楔形砖		$\Delta C'$	计分	两砖楔差之差	计分	Q/T 或 n/m	计分	
H20-82. 5/67. 5	H20-100/85. 0	2253. 3 ~ 2720. 0	0. 0750	7. 50	一薄一厚	3. 0	1. 0/1. 0	3. 0	13. 50
H20-80. 0/70. 0	H20-100/90. 0	3280. 0 ~ 4080. 0	0. 050	5. 0	一薄一厚	3. 0	1. 0/1. 0	3. 0	11. 0
H20-78. 8/71. 3	H20-100/92. 5	4306. 7 ~ 5440. 0	0. 0375	3. 75	一薄一厚	3. 0	1. 0/1. 0	3. 0	9. 75
H20-77. 5/72. 5	H20-100/95. 0	6360. 0 ~ 8160. 0	0. 0250	2. 50	一薄一厚	3. 0	1. 0/1. 0	3. 0	8. 50
H22-82. 5/67. 5	H22-100/85. 0	2478. 7 ~ 2992. 0	0. 0682	6. 82	一薄一厚	3. 0	1. 0/1. 0	3. 0	12. 82
H22-80. 0/70. 0	H22-100/90. 0	3608. 0 ~ 4488. 0	0. 0455	4. 55	一薄一厚	3. 0	1. 0/1. 0	3. 0	10. 55
H22-78. 8/71. 3	H22-100/92. 5	4737. 3 ~ 5984. 0	0. 0341	3. 41	一薄一厚	3. 0	1. 0/1. 0	3. 0	9. 41
H22-77. 5/72. 5	H22-100/95. 0	6996. 0 ~ 8976. 0	0. 0227	2. 27	一薄一厚	3. 0	1. 0/1. 0	3. 0	8. 27
H25-82. 5/67. 5	H25-100/85. 0	2816. 7 ~ 3400. 0	0. 060	6. 0	一薄一厚	3. 0	1. 0/1. 0	3. 0	12. 0
H25-80. 0/70. 0	H25-100/90. 0	4100. 0 ~ 5100. 0	0. 040	4. 0	一薄一厚	3. 0	1. 0/1. 0	3. 0	10. 0
H25-78. 8/71. 3	H25-100/92. 5	5383. 3 ~ 6800. 0	0. 030	3. 0	一薄一厚	3. 0	1. 0/1. 0	3. 0	9. 0
H25-77. 5/72. 5	H25-100/95. 0	7950. 0 ~ 10200. 0	0. 020	2. 0	一薄一厚	3. 0	1. 0/1. 0	3. 0	8. 0
H16-82. 5/67. 5	H16-100/90. 0	1802. 7 ~ 3264. 0	0. 0625	6. 25	一薄一厚	3. 0	2. 0/3. 0	3. 0	12. 25
H16-82. 5/67. 5	H16-100/92. 5	1802. 7 ~ 4352. 0	0. 0469	4. 69	一薄一厚	3. 0	1. 0/2. 0	3. 0	10. 69
H16-80. 0/70. 0	H16-100/92. 5	2624. 0 ~ 4352. 0	0. 0469	4. 69	一薄一厚	3. 0	3. 0/4. 0	2. 0	9. 69
H16-80. 0/70. 0	H16-100/95. 0	2624. 0 ~ 6528. 0	0. 0313	3. 13	一薄一厚	3. 0	1. 0/2. 0	3. 0	9. 13
H16-78. 8/71. 3	H16-100/95. 0	3445. 3 ~ 6528. 0	0. 0313	3. 13	一薄一厚	3. 0	3. 0/3. 0	3. 0	9. 13
H18-82. 5/67. 5	H18-100/90. 0	2028. 0 ~ 3672. 0	0. 0566	5. 56	一薄一厚	3. 0	2. 0/3. 0	3. 0	11. 56
H18-82. 5/67. 5	H18-100/92. 5	2028. 0 ~ 4896. 0	0. 0417	4. 17	一薄一厚	3. 0	1. 0/2. 0	3. 0	10. 17
H18-80. 0/70. 0	H18-100/92. 5	2952. 0 ~ 4896. 0	0. 0417	4. 17	一薄一厚	3. 0	3. 0/4. 0	2. 0	9. 17
H18-80. 0/70. 0	H18-100/95. 0	2952. 0 ~ 7344. 0	0. 0278	2. 78	一薄一厚	3. 0	1. 0/2. 0	3. 0	8. 78
H18-78. 8/71. 3	H18-100/95. 0	3876. 0 ~ 7344. 0	0. 0278	2. 78	一薄一厚	3. 0	2. 0/3. 0	3. 0	8. 78
H20-82. 5/67. 5	H20-100/90. 0	2253. 3 ~ 4080. 0	0. 050	5. 0	一薄一厚	3. 0	2. 0/3. 0	3. 0	11. 0
H20-82. 5/67. 5	H20-100/92. 5	2253. 3 ~ 5440. 0	0. 0375	3. 75	一薄一厚	3. 0	1. 0/2. 0	3. 0	9. 75
H20-80. 0/70. 0	H20-100/92. 5	3280. 0 ~ 5440. 0	0. 0375	3. 75	一薄一厚	3. 0	3. 0/4. 0	2. 0	8. 75
H20-80. 0/70. 0	H20-100/95. 0	3280. 0 ~ 8160. 0	0. 0250	2. 50	一薄一厚	3. 0	1. 0/2. 0	3. 0	8. 50
H20-78. 8/71. 3	H20-100/95. 0	4306. 7 ~ 8160. 0	0. 0250	2. 50	一薄一厚	3. 0	2. 0/3. 0	3. 0	8. 50
H22-82. 5/67. 5	H22-100/90. 0	2478. 7 ~ 4488. 0	0. 0455	4. 55	一薄一厚	3. 0	2. 0/3. 0	3. 0	10. 55
H22-82. 5/67. 5	H22-100/92. 5	2478. 7 ~ 5984. 0	0. 0341	3. 41	一薄一厚	3. 0	1. 0/2. 0	3. 0	9. 41
H22-80. 0/70. 0	H22-100/92. 5	3608. 0 ~ 5984. 0	0. 0341	3. 41	一薄一厚	3. 0	3. 0/4. 0	2. 0	8. 41
H22-80. 0/70. 0	H22-100/95. 0	3608. 0 ~ 8976. 0	0. 0227	2. 27	一薄一厚	3. 0	1. 0/2. 0	3. 0	8. 27
H22-78. 8/71. 3	H22-100/95. 0	4737. 3 ~ 8976. 0	0. 0227	2. 27	一薄一厚	3. 0	2. 0/3. 0	3. 0	8. 27
H25-82. 5/67. 5	H25-100/90. 0	2816. 7 ~ 5100. 0	0. 040	4. 0	一薄一厚	3. 0	2. 0/3. 0	3. 0	10. 0
H25-82. 5/67. 5	H25-100/92. 5	2816. 7 ~ 6800. 0	0. 030	3. 0	一薄一厚	3. 0	1. 0/2. 0	3. 0	9. 0

配砌尺寸砖号		砖环外直径范围 $D_x \sim D_d$/mm	大直径楔形砖单位楔差		两砖识（区）别		简易计算式规范化程度		基础部分计分小计
小直径楔形砖	大直径楔形砖		$\Delta C'$	计分	两砖楔差之差	计分	Q/T 或 n/m	计分	
H25-80.0/70.0	H25-100/92.5	4100.0 ~ 6800.0	0.030	3.0	一薄一厚	3.0	3.0/4.0	2.0	8.0
H25-80.0/70.0	H25-100/95.0	4100.0 ~ 10200.0	0.020	2.0	一薄一厚	3.0	1.0/2.0	3.0	8.0
H25-78.8/71.3	H25-100/95.0	5383.3 ~ 10200.0	0.020	2.0	一薄一厚	3.0	2.0/3.0	3.0	8.0
H16-100/85.0	H16-80.0/70.0	2176.0 ~ 2624.0	0.0625	6.25	一薄一厚	3.0	2.0/3.0	3.0	12.25
H16-100/85.0	H16-78.8/71.3	2176.0 ~ 3445.3	0.0469	4.69	一薄一厚	3.0	1.0/2.0	3.0	10.69
H16-100/90.0	H16-78.8/71.3	3264.0 ~ 3445.3	0.0469	4.69	一薄一厚	3.0	3.0/4.0	2.0	9.69
H16-100/90.0	H16-77.5/72.5	3264.0 ~ 5088.0	0.0313	3.13	一薄一厚	3.0	1.0/2.0	3.0	9.13
H16-100/92.5	H16-77.5/72.5	4352.0 ~ 5088.0	0.0313	3.13	一薄一厚	3.0	2.0/3.0	3.0	9.13
H18-100/85.0	H18-80.0/70.0	2448.0 ~ 2952.0	0.0556	5.56	一薄一厚	3.0	2.0/3.0	3.0	11.56
H18-100/85.0	H18-78.8/71.3	2448.0 ~ 3876.0	0.0417	4.17	一薄一厚	3.0	1.0/2.0	3.0	10.17
H18-100/90.0	H18-78.8/71.3	3672.0 ~ 3876.0	0.0417	4.17	一薄一厚	3.0	3.0/4.0	2.0	9.17
H18-100/90.0	H18-77.5/72.5	3672.0 ~ 5724.0	0.0278	2.78	一薄一厚	3.0	1.0/2.0	3.0	8.78
H18-100/92.5	H18-77.5/72.5	4896.0 ~ 5724.0	0.0278	2.78	一薄一厚	3.0	2.0/3.0	3.0	8.78
H20-100/85.0	H20-80.0/70.0	2720.0 ~ 3280.0	0.050	5.0	一薄一厚	3.0	2.0/3.0	3.0	11.0
H20-100/85.0	H20-78.8/71.3	2720.0 ~ 4306.7	0.0375	3.75	一薄一厚	3.0	1.0/2.0	3.0	9.75
H20-100/90.0	H20-78.8/71.3	4080.0 ~ 4306.7	0.0375	3.75	一薄一厚	3.0	3.0/4.0	2.0	8.75
H20-100/90.0	H20-77.5/72.5	4080.0 ~ 6360.0	0.0250	2.50	一薄一厚	3.0	1.0/2.0	3.0	8.50
H20-100/92.5	H20-77.5/72.5	5440.0 ~ 6360.0	0.0250	2.50	一薄一厚	3.0	2.0/3.0	3.0	8.50
H22-100/85.0	H22-80.0/70.0	2992.0 ~ 3608.0	0.0455	4.55	一薄一厚	3.0	2.0/3.0	3.0	10.55
H22-100/85.0	H22-78.8/71.3	2992.0 ~ 4737.3	0.0341	3.41	一薄一厚	3.0	1.0/2.0	3.0	9.41
H22-100/90.0	H22-78.8/71.3	4488.0 ~ 4737.3	0.0341	3.41	一薄一厚	3.0	3.0/4.0	2.0	8.41
H22-100/90.0	H22-77.5/72.5	4488.0 ~ 6996.0	0.0227	2.27	一薄一厚	3.0	1.0/2.0	3.0	8.27
H22-100/92.5	H22-77.5/72.5	5984.0 ~ 6996.0	0.0227	2.27	一薄一厚	3.0	2.0/3.0	3.0	8.27
H25-100/85.0	H25-80.0/70.0	3400.0 ~ 4100.0	0.040	4.0	一薄一厚	3.0	2.0/3.0	3.0	10.0
H25-100/85.0	H25-78.8/71.3	3400.0 ~ 5383.3	0.030	3.0	一薄一厚	3.0	1.0/2.0	3.0	9.0
H25-100/90.0	H25-78.8/71.3	5100.0 ~ 5383.3	0.030	3.0	一薄一厚	3.0	3.0/4.0	2.0	8.0
H25-100/90.0	H25-77.5/72.5	5100.0 ~ 7950.0	0.020	2.0	一薄一厚	3.0	1.0/2.0	3.0	8.0
H25-100/92.5	H25-77.5/72.5	6800.0 ~ 7950.0	0.020	2.0	一薄一厚	3.0	2.0/3.0	3.0	8.0

[**示例 6**]　$A = 160$mm、$D = 3000.0$mm（$D_p = 2840.0$mm）双楔形砖砖环，计算并优选配砌方案。

由表 1-51 的 $A = 160$mm 的 28 个双楔形砖砖环中，挑选出外直径适宜（可砌筑 $D = 3000.0$mm 砖环）的配砌方案 11 个。

方案 1　**H16-80.0/70.0 与 H16-78.8/71.3 等中间尺寸 75mm 双楔形砖砖环**

由表 1-26，可任选下列简易计算式之一计算：

$$K_{H16\text{-}80.0/70.0} = 3.0 \times 0.04080 \times (3285.3 - 2840.0) = 54.50 \text{ 块}$$

$$K_{H16\text{-}80.0/70.0} = 3.0 \times (3285.3 - 2840.0)/24.5098 = 54.50 \text{ 块}$$

或　　　$$K_{H16\text{-}80.0/70.0} = 4.0 \times 100.531 - 3.0 \times 0.04080 \times 2840.0 = 54.51 \text{ 块}$$

$$K_{H16\text{-}78.8/71.3} = 4.0 \times 0.04080 \times (2840.0 - 2464.0) = 61.36 \text{ 块}$$

$$K_{H16\text{-}78.8/71.3} = 4.0 \times (2840.0 - 2464.0)/24.5098 = 61.36 \text{ 块}$$

或　　　$$K_{H16\text{-}78.8/71.3} = 4.0 \times 0.04080 \times 2840.0 - 3.0 \times 134.042 = 61.36 \text{ 块}$$

每环总砖数 54.51 + 61.36 = 115.87 块，与按式 0.04080 × 2840.0 = 115.87 块计算，结果相等。由表 1-51 查得本方案基础部分计分 7.94 分。砖量配比 1/1.126 计 3.0 分，总计 10.94 分。

方案 2　H16-80.0/70.0 与 H16-100/90.0P-C 等楔差 10.0mm 双楔形砖砖环

由表 1-37，按下列简易计算式计算：

$$K_{H16\text{-}80.0/70.0} = 0.15708 \times (3264.0 - 3000.0) = 41.47 \text{ 块}$$

$$K_{H16\text{-}100/90.0} = 0.15708 \times (3000.0 - 2624) = 59.06 \text{ 块}$$

每环总砖数 41.47 + 59.06 = 100.53 块，与每环极限砖数 $K'_x = K'_d = K_h = 100.531$ 块相等。由表 1-51 查得本方案基础部分计分 12.25 分。砖量配比 1/1.424 计 3.0 分，总计 15.25 分。

方案 3　H16-100/85.0 与 H16-100/92.5 等大端尺寸 100mm 双楔形砖砖环

由表 1-28，任选下列简易计算式之一计算：

$$K_{H16\text{-}100/85.0} = 0.03080 \times (4352.0 - 3000.0) = 41.64 \text{ 块}$$

$$K_{H16\text{-}100/85.0} = (4352.0 - 3000.0)/32.4675 = 41.64 \text{ 块}$$

或　　　$$K_{H16\text{-}100/85.0} = 2.0 \times 67.021 - 0.03080 \times 3000.0 = 41.64 \text{ 块}$$

$$K_{H16\text{-}100/92.5} = 2.0 \times 0.03080 \times (3000.0 - 2176.0) = 50.76 \text{ 块}$$

$$K_{H16\text{-}100/92.5} = 2.0 \times (3000.0 - 2176.0)/32.4675 = 50.76 \text{ 块}$$

或　　　$$K_{H16\text{-}100/92.5} = 2.0 \times 0.03080 \times 3000.0 - 134.042 = 50.76 \text{ 块}$$

每环总砖数 41.64 + 50.76 = 92.4 块，与按式 0.03080 × 3000.0 = 92.4 块计算，结果相等。由表 1-51 查得本方案基础部分计分 10.69 分。砖量配比 1/1.215 计 3.0 分，总计 13.69 分。

方案 4　H16-82.5/67.5 与 H16-100/92.5 不等端尺寸双楔形砖砖环

由表 1-44，按下列简易计算式计算：

$$K_{H16\text{-}82.5/67.5} = 114.414 - 0.02629 \times 3000.0 = 35.54 \text{ 块}$$

$$K_{H16\text{-}100/92.5} = 0.05258 \times 3000.0 - 94.786 = 62.95 \text{ 块}$$

每环总砖数 35.54 + 62.95 = 98.49 块，与按式 $K_h = 0.02629 \times 3000.0 + 19.628 = 98.49$ 块计算，结果相等。由表 1-51 查得本方案基础部分计分 10.69 分。砖量配比 1/1.771 计 3.0 分，总计 13.69 分。

方案5　H16-80.0/70.0 与 H16-100/92.5 不等端尺寸双楔形砖砖环

由表1-44，按下列简易计算式计算：

$$K_{H16-80.0/70.0} = 253.069 - 0.05818 \times 3000.0 = 78.53 \text{ 块}$$

$$K_{H16-100/92.5} = 0.07757 \times 3000.0 - 203.544 = 29.17 \text{ 块}$$

每环总砖数 78.53 + 29.17 = 107.70 块，与按式 K_h = 0.01939 × 3000.0 + 49.525 = 107.70 块计算，结果相等。由表1-51 查得本方案基础部分计分 9.69 分。砖量配比 1/2.692 计 2.0 分，总计 11.69 分。

方案6　H16-80.0/70.0 与 H16-77.5/72.5 等中间尺寸 75mm 双楔形砖砖环

由表1-26，可任选下列简易计算式之一计算：

$$K_{H16-80.0/70.0} = 0.04080 \times (4928.0 - 2840.0) = 85.19 \text{ 块}$$

$$K_{H16-80.0/70.0} = (4928.0 - 2840.0)/24.5098 = 85.19 \text{ 块}$$

或

$$K_{H16-80.0/70.0} = 2.0 \times 100.531 - 0.04080 \times 2840.0 = 85.19 \text{ 块}$$

$$K_{H16-77.5/72.5} = 2.0 \times 0.04080 \times (2840.0 - 2464.0) = 30.68 \text{ 块}$$

$$K_{H16-77.5/72.5} = 2.0 \times (2840.0 - 2464.0)/24.5098 = 30.68 \text{ 块}$$

或

$$K_{H16-77.5/72.5} = 2.0 \times 0.04080 \times 2840.0 - 201.062 = 30.68 \text{ 块}$$

每环总砖数 85.19 + 30.68 = 115.87 块，与按式 K_h = 0.04080 × 2840.0 = 115.87 块计算，结果相等。由表1-51 查得本方案基础部分计分 8.63 分。砖量配比 1/2.777 计 2.0 分，总计 10.63 分。

方案7　H16-100/85.0 与 H16-78.8/71.3 不等端尺寸双楔形砖砖环

由表1-44，按下列简易计算式计算：

$$K_{H16-100/85.0} = 181.912 - 0.05280 \times 3000.0 = 23.51 \text{ 块}$$

$$K_{H16-78.8/71.3} = 0.10560 \times 3000.0 - 229.786 = 87.01 \text{ 块}$$

每环总砖数 23.51 + 87.01 = 110.52 块，与按式 K_h = 0.05280 × 3000.0 - 47.874 = 110.52 块计算，结果相等。由表1-51 查得本方案基础部分记分 10.69 分。砖量配砌比 1/3.701 计 1.0 分，总计 11.69 分。

方案8　H16-100/85.0 与 H16-100/90.0 等大端尺寸 100mm 双楔形砖砖环

由表1-28，可任选下列简易计算式之一计算：

$$K_{H16-100/85.0} = 2.0 \times 0.03080 \times (3264.0 - 3000.0) = 16.26 \text{ 块}$$

$$K_{H16-100/85.0} = 2.0 \times (3264.0 - 3000.0)/32.4675 = 16.26 \text{ 块}$$

或

$$K_{H16-100/85.0} = 3.0 \times 67.021 - 2.0 \times 0.03080 \times 3000.0 = 16.26 \text{ 块}$$

$$K_{H16-100/90.0} = 3.0 \times 0.03080 \times (3000.0 - 2176.0) = 76.14 \text{ 块}$$

$$K_{H16-100/90.0} = 3.0 \times (3000.0 - 2176.0)/32.4675 = 76.14 \text{ 块}$$

或 $K_{H16\text{-}100/90.0} = 3.0 \times 0.03080 \times 3000.0 - 2.0 \times 100.531 = 76.14$ 块

每环总砖数 $16.26 + 76.14 = 92.4$ 块，与按式 $K_h = 0.03080 \times 3000.0 = 92.4$ 块计算，结果相等。由表 1-51 查得本方案基础部分计分 11.75 分。砖量配比 1/4.683 未得分，总计 11.75 分。

方案 9   H16-82.5/67.5 与 H16-100/90.0 不等端尺寸双楔形砖砖环

由表 1-44，可按下列简易计算式之一计算：

$$K_{H16\text{-}82.5/67.5} = 149.687 - 0.04586 \times 3000.0 = 12.11 \text{ 块}$$

$$K_{H16\text{-}100/90.0} = 0.06879 \times 3000.0 - 124.008 = 82.36 \text{ 块}$$

每环总砖数 $12.11 + 82.36 = 94.47$ 块，与按式 $K_h = 0.02293 \times 3000.0 + 25.679 = 94.47$ 块计算，结果相等。由表 1-51 查得本方案基础部分计分 12.25 分。砖量配比 1/6.801 未得分，总计 12.25 分。

方案 10   H16-80.0/70.0 与 H16-100/95.0 不等端尺寸双楔形砖砖环

由表 1-44，可按下列简易计算式计算：

$$K_{H16\text{-}80.0/70.0} = 168.096 - 0.02575 \times 3000.0 = 90.85 \text{ 块}$$

$$K_{H16\text{-}100/95.0} = 0.05150 \times 3000.0 - 135.136 = 19.36 \text{ 块}$$

每环总砖数 $90.85 + 19.36 = 110.21$ 块，与按式 $K_h = 0.02575 \times 3000.0 + 32.96 = 110.21$ 块计算，结果相等。由表 1-51 查得本方案基础部分计分 9.13 分。砖量配比 1/4.693 未得分，总计 9.13 分。

方案 11   H16-82.5/67.5 与 H16-78.8/71.3 等中间尺寸 75mm 双楔形砖砖环

由表 1-26，可任选下列简易计算式之一计算：

$$K_{H16\text{-}82.5/67.5} = 0.04080 \times (3285.3 - 2840.0) = 18.17 \text{ 块}$$

$$K_{H16\text{-}82.5/67.5} = (3285.3 - 2840.0)/24.5098 = 18.17 \text{ 块}$$

或 $K_{H16\text{-}82.5/67.5} = 2.0 \times 67.021 - 0.04080 \times 2840.0 = 18.17$ 块

$$K_{H16\text{-}78.8/71.3} = 2.0 \times 0.04080 \times (2840.0 - 1642.7) = 97.70 \text{ 块}$$

$$K_{H16\text{-}78.8/71.3} = 2.0 \times (2840.0 - 1642.7)/24.5098 = 97.70 \text{ 块}$$

或 $K_{H16\text{-}78.8/71.3} = 2.0 \times 0.04080 \times 2840.0 - 134.042 = 97.70$ 块

每环总砖数 $18.17 + 97.70 = 115.87$ 块，与按式 $K_h = 0.04080 \times 2840.0 = 115.87$ 块计算，结果相等。由表 1-51 查得本方案基础部分计分 10.69 分。砖量配比 1/5.377 未得分，总计 10.69 分。

对示例 6 的 11 个配砌方案评价如下。首先，按总分排名：第 1 名为方案 2（总分 15.25），并列第 2 名为方案 3 和方案 4（13.69 分），第 3 名为方案 9（12.25 分），第 4 名为方案 8（11.75 分），并列第 5 名为方案 5 和方案 7（11.69 分），第 6 名为方案 1（10.94 分），第 7 名为方案 11（10.69 分），第 8 名为方案 6（10.63 分），第 9 名为方案 10

（9.13 分）。

其次，可挑选砖环很多，要挑选出各项指标都好的砖环，就要淘汰那些砖量配比不好的砖环（该项未得分的方案 8 ～方案 11）。排名靠前的第 3 名方案 9 和第 4 名方案 8，也由于砖量比不好均被淘汰。

第三，从两砖用于碱性砖衬的方案 1 和方案 6 优选时，自然要选取总分较高、单位楔差较大和砖量配比得满分的方案 1。

第四，两个并列第 5 名的方案 5 和方案 7 都为不等端尺寸双楔形砖砖环。强调砖量配比时选择该项得分 2.0 分的方案 5，强调简易计算式规范化程度则选择该项得分 3.0 的方案 7。

第五，两个并列第 2 名的方案 3 和方案 4，分别为等大端尺寸 100mm 双楔形砖砖环和不等端尺寸双楔形砖砖环的优秀代表，都应当分别被优选。

最后，获得最高总分（15.25 分）、名居榜首的竟是 P-C 等楔形 10.0mm 双楔形砖砖环方案 2，可见这种新型双楔形砖砖环一旦被发现就显出强大的生命力。

收集和编写表 1-51，使我们对我国回转窑砖衬各类双楔形砖砖环有了进一步的认识，对它们的合理应用有指导作用。首先，表 1-51 反映了我国回转窑砖衬双楔形砖砖环的全貌和发展过程。从双楔形砖砖环的类别看，由原来的等端（间）双楔形砖砖环（包括等大端尺寸和等中间尺寸双楔形砖砖环），到等楔差双楔形砖砖环（特别是 P-C 等楔差双楔形砖砖环）和规范化不等端尺寸双楔形砖砖环。从砖环数量（总共 140 个砖环）上看，由原来 50 个等端（间）双楔形砖砖环（等大端尺寸双楔形砖砖环 25 个和等中间尺寸双楔形砖砖环 25 个），发展到 20 个加厚等楔差双楔形砖砖环、20 个 P-C 等楔差双楔形砖砖环和 50 个规范化不等端尺寸双楔形砖砖环。从应用范围（砖环外直径 D）上看，由大端尺寸 100mm 双楔形砖砖环的 2176.0 ～10200.0mm、等中间尺寸 75mm 双楔形砖砖环的 1802.7 ～7950.0mm、P-C 等楔差双楔形砖砖环的 1802.7 ～10200.0mm、规范化不等端尺寸双楔形砖砖环的 1802.7 ～10200.0mm，到加厚等楔差双楔形砖砖环的 3445.3 ～12240.0mm。

其次，反映使用安全性和使用寿命的我国回转窑砖衬所有各类双楔形砖砖环大直径楔形砖的最小单位楔差都不小于 0.020。大直径楔形砖的最大单位楔差：等大端尺寸 100mm 双楔形砖砖环、等中间尺寸 75mm 双楔形砖砖环和规范化不等端尺寸双楔形砖砖环都达到 6.25，加厚等楔差双楔形砖砖环达 4.69，而 P-C 等楔差双楔形砖砖环高达 9.38。

再次，相配砌两砖识（区）别难易主要针对等大端尺寸 100mm 双楔形砖砖环和等中间尺寸 75mm 双楔形砖砖环。特别是等中间尺寸双楔形砖砖环中两砖识（区）别难易受到格外关注。一般以两砖楔差之差的大小表示两砖识（区）别难易的量化指标。等大端尺寸双楔形砖砖环中两砖楔差之差就是两砖小端尺寸之差 $D_1 - D_2$，例如楔差为 7.5mm 的 H16-100/92.5 与楔差为 5.0mm 的 H16-100/95.0 的等大端尺寸 100mm 双楔形砖砖环，相配砌两砖楔差之差 7.5 － 5.0 ＝ 2.5mm，表现为两砖小端尺寸差 95 － 92.5 ＝ 2.5mm。无论用尺量两砖小端尺寸，或两砖平放比较小端尺寸，甚至目视都容易识（区）别两砖。受到格外关注的等中间尺寸双楔形砖砖环中相配砌两砖楔差之差，同时表现两砖大端尺寸和小端尺寸（两中间尺寸相等）上，两砖大端尺寸差 $C_2 - C_1$ 或小端尺寸 $D_2 - D_1$ 都等于两砖楔差之差的一半。例如楔差为 7.5mm 的 H16-78.8/71.3 与楔差为 5.0mm 的 H16-77.5/72.5 等中间尺寸 75mm 双楔形砖砖环，两砖楔差之差 7.5 – 5.0 = 2.5mm 同时分别表现在两砖大端尺寸差和小端尺寸差之和 (78.75 – 77.5) + (72.5 – 71.25) = 2.5mm 上。就是说两砖大端尺寸差 78.75 – 77.5 = 1.25mm 或小端尺寸差 72.5 – 71.25 = 1.25mm 仅为两砖楔差之差的一半。在这种情况下，无论用尺量，或是两砖平放目视比较，都很难相互识（区）别。更何况等中间尺寸系列同组楔形砖的单重（体积）都相等，再受到厚度尺寸允许偏差因素的影响，相互识（区）别很困难。专用于碱性砖衬的等中间尺寸用砖有很多优点（以前说明过），但同时也有相互识（区）别困难的严重缺点。为克服等中间尺寸用砖的这一缺点应采取以下对策：（1）如果同时有其他的配砌方案，尽可能避免采取楔差为 7.5mm、大小端尺寸 C/D 为 78.8mm/71.3mm 与楔差为 10.0mm、大小端尺寸 C/D 为 80.0mm/70.0 双楔形砖砖环（HA/10-80.0/70.0 与 HA/10-78.8/71.3 双楔形砖砖环）或楔差 7.5mm、大小端尺寸 C/D 为 78.8mm/71.3mm 砖与楔差为 5.0mm、大小端尺寸 C/D 为 77.5mm/75.0mm 双楔形砖砖环（HA/10-78.8/71.3 与 HA/10-77.5/75.0 双楔形砖砖环）。（2）必须采用以上两类双楔形砖砖环时，建议仅对大小端尺寸 C/D 为 78.8mm/71.3mm 的 HA/10-78.8/71.3 砖面上作标记：成型时大面模板刻号或在成品小端面上写号。加厚等楔差双楔形砖砖环、P-C 等楔差双楔形砖砖环和规范化不等端尺寸双楔形砖砖环都分别采用一薄一厚或一厚一薄的两砖，这些砖环中两砖的识（区）别自然非常容易。

第四，表 1-51 中简易计算式的规范化程度以 Q/T 或 n/m 的简单整数比表示和计分。对于等大端尺寸 100mm 双楔形砖砖环和等中间尺寸 75mm 双楔形砖砖环而言，都由于各组楔差采取相等简单整数比，Q/T 和 n/m 同时为简单整数比，保证了简易计算式的规范化程度很高。等楔差双楔形砖砖环的简易计算式中，由于 $n = m$ 和 $n/m = 1$，获得简易计算式规范化程度的满分。对于我国回转窑砖衬规范化不等端尺寸双楔形砖砖环简易计算式规范化程度的评价，需要详细说明。

我国回转窑用砖可配砌成两类不等端尺寸双楔形砖砖环：一类是等中间尺寸 75mm 砖作为小直径楔形砖与等大端尺寸 100mm 砖作为大直径楔形砖配砌而成的"薄与厚"不等端尺寸双楔形砖砖环，另一类是等大端尺寸 100mm 砖作为小直径楔形砖与等中间尺寸 75mm 砖配砌而成的"厚与薄"不等端尺寸双楔形砖砖环。

我国回转窑用砖尺寸标准[8]中没有特意设计不等端尺寸双楔形砖砖环用砖，只是在特殊情况下由等中间尺寸 75mm 系列砖与等大端尺寸 100mm 系列砖两个跨系列砖号配砌而成的不等端尺寸双楔形砖砖环。本来国外不等端尺寸双楔形砖砖环的计算，比等端（间）尺寸双楔形砖砖环复杂得多（其中特别是砖环总砖数 K_h 的计算）。但由于我国标准[8] 两个系列砖组均采取相同成简单整数比的楔差（同为 15.0mm、10.0mm、7.5mm 和 5.0mm），两个系列砖相互配砌成不等端尺寸双楔形砖砖环简易计算式（见表 1-44）中，不同 A 各组间的外直径系列 n、m 和 $m – n$ 分别对应相等。例如在 A 为 160mm、180mm、200mm、220mm 和 250mm 5 组由等中间尺寸 75mm 砖（作为小直径楔形砖）与等大端尺寸 100mm 砖（作为大直径楔形砖）配砌成的不等端尺寸双楔形砖砖环。特锐楔形砖（82.5mm/67.5mm）与锐楔形砖（100mm/90.0mm）砖环、特锐楔形砖（82.5mm/67.5mm）与钝楔形砖（100mm/92.5mm）砖环、锐楔形砖（80.0mm/70.0mm）与微楔形砖（100mm/

95.0mm）砖环，以及钝楔形砖（78.8mm/71.3mm）与微楔形砖（100mm/95.0mm）砖环，它们的 n 值分别同为 0.04586、0.02629、0.05818、0.02575 和 0.04348，它们的 m 值分别同为 0.06879、0.05258、0.07757、0.05150 和 0.06522，它们的 $m-n$ 值分别同为 0.02293、0.02629、0.01939、0.02575 和 0.02174，而且 $n/m=\Delta C_d/\Delta C_x$。在另外 5 组由等大端尺寸 100mm 砖（作为小直径楔形砖）与等中间尺寸 75mm 砖（作为大直径楔形砖）配砌成的不等端尺寸双楔形砖砖环：特锐楔形砖（100mm/85.0mm）与锐楔形砖（80.0mm/70.0mm）砖环、特锐楔形砖（100mm/85.0mm）与钝楔形砖（78.8mm/71.3mm）砖环、锐楔形砖（100mm/90.0mm）与钝楔形砖（78.8mm/71.3mm）砖环、锐楔形砖（100mm/90.0mm）与微楔形砖（77.5mm/72.5mm）砖环，以及钝楔形砖（100mm/92.5mm）与微楔形砖（77.5mm/72.5mm）砖环，它们的 n 值分别同为 0.14960、0.05280、0.55440、0.05512 和 0.18212，它们的 m 值分别同为 0.22440、0.10560、0.73920、0.11023 和 0.27318，它们的 $m-n$ 值分别同为 0.07480、0.05280、0.18480、0.05512 和 0.09106，而且 $n/m=\Delta C_d/\Delta C_x$。砖环总砖数简易计算式 $K_h=(m-n)D+nD_d-mD_x$ 中外直径的系数 $m-n$ 计算值，与小直径楔形砖数量简易计算式 $K_x=mD_d-nD$ 中外直径 D 的系数计算值成整倍数关系 $n=Q'(m-n)$，也与大直径楔形砖数量简易计算式 $K_d=mD-mD_x$ 中外直径 D 系数计算值成整倍数关系 $m=T'(m-n)$。Q' 和 T' 分别为相配砌两类楔形砖楔差比 $\Delta C_d/\Delta C_x$ 的简单整数（见表 1-52）。例如 A 为 160mm、180mm、200mm、220mm 和 250mm 的特锐楔形砖 HA/10-82.5/67.5 与锐楔形砖 HA/10-100/90.0 "薄与厚"不等端尺寸双楔形砖砖环，$m-n$ 计算值 $m-n=\pi(\Delta C_x-\Delta C_d)/(D_1C_2-D_2C_1)=\pi(15.0-10.0)/(92.0\times84.5-69.5\times102.0)=0.02293$，楔差比 10.0/15.0 的简单整数 20.0/3.0 中 $Q'=2.0$ 和 $T'=3.0$，则 $n=Q'(m-n)=2.0\times0.02293=0.04586$，$m=T'(m-n)=3.0\times0.02293=0.06879$。再例如锐楔形砖 H$A$/10-100/90.0 与微楔形砖 H$A$/10-77.5/72.5 "厚与薄"不等端尺寸双楔形砖砖环，$m-n=\pi(10.0-5.0)/(74.5\times102.0-92.0\times79.5)=0.05512$，楔差比 5.0/10.0 的简单整数 $Q'=1.0$ 和 $T'=2.0$，则 $n=1.0\times0.05512=0.05512$，$m=2.0\times0.05512=0.11023$，在我国等端（间）双楔形砖砖环简易计算式中 $m-n$ 分别为 0.03080 和 0.04080 的定值；我国规范化不等端尺寸双楔形砖砖环，相同楔差比每组（A 不同）的 $m-n$ 相等。可见，在楔差系统中，我国规范化不等端尺寸双楔形砖砖环简易计算式的规范化程度也是很高的。基于楔形砖外直径 D_x、D_d、砖环外直径 D 的规范化系数 $m-n$、n 和 m 的我国规范化不等端尺寸双楔形砖砖环简易计算式，经过优化和简化成两项式（见表 1-44）后，参与双楔形砖砖环示例的计算和配砌方案的优选，都取得可喜的成果。例如示例 1 的方案 12、示例 4 的方案 13、示例 5 的方案 8 和示例 6 的方案 4，这些我国规范化不等端尺寸双楔形砖砖环，在配砌方案优选中分别取得前两名的优秀成果。

我国回转窑用砖尺寸标准[8]中的规范化不等端尺寸双楔形砖砖环，共有 50 个配砌方案（占砖环总数 140 个的 35.7%），而且是不用另外增加砖号配砌成的 50 个砖环，是不同于国外的规范化 50 个砖环，是优点诸多（例如单位楔差普遍较大、一厚一薄容易识别、简易计算式规范化程度很高和有时砖量配比非常好）的 50 个砖环。这是一笔不需要投资的资源，应该充分开发和合理利用。

表1-52 我国回转窑窑衬砖砌规范化不等端尺寸双楦形砖砖环简易计算式中外直径系数间的关系

配砌尺寸砖号		楦差 $\dfrac{C_1-D_1}{C_2-D_2}$	楦差比 $\dfrac{\Delta C_d}{\Delta C_x}$	$\dfrac{Q'}{T'}$	$m-n=$ $\dfrac{\pi[(C_2-D_2)-(C_1-D_1)]}{D_1C_2-D_2C_1}$	$n=$ $Q'(m-n)$	$m=$ $T'(m-n)$	$\dfrac{n}{m}$	每环砖量简易计算式/块		
小直径楦形砖 $HA/10-C_2/D_2$	大直径楦形砖 $HA/10-C_1/D_1$								$K_x=$ nD_d-nD	$K_d=$ $mD-nD_x$	$K_h=$ $(m-n)D+nD_d-mD_x$
HA/10-82.5/67.5	HA/10-100/90.0	$\dfrac{10.0}{15.0}$	$\dfrac{2.0}{3.0}$	$\dfrac{2.0}{3.0}$	0.02293	$\dfrac{2.0\times0.02293=0.04586}{3.0\times0.02293=0.06879}$		$\dfrac{2.0}{3.0}$	$\dfrac{0.04586D_d-0.04586D}{}$	$\dfrac{0.06879D-0.06879D_x}{}$	$\dfrac{0.02293D+0.04586D_d-0.06879D_x}{}$
HA/10-82.5/67.5	HA/10-100/92.5	$\dfrac{7.5}{15.0}$	$\dfrac{1.0}{2.0}$	$\dfrac{1.0}{2.0}$	0.02629	$\dfrac{1.0\times0.02629=0.02629}{2.0\times0.02629=0.05258}$		$\dfrac{1.0}{2.0}$	$\dfrac{0.02629D_d-0.02629D}{}$	$\dfrac{0.05258D-0.05258D_x}{}$	$\dfrac{0.02629D+0.02629D_d-0.05258D_x}{}$
HA/10-80.0/70.0	HA/10-100/92.5	$\dfrac{7.5}{10.0}$	$\dfrac{3.0}{4.0}$	$\dfrac{3.0}{4.0}$	0.01939	$\dfrac{3.0\times0.01939=0.05818}{4.0\times0.01939=0.07757}$		$\dfrac{3.0}{4.0}$	$\dfrac{0.05818D_d-0.05818D}{}$	$\dfrac{0.07757D-0.07757D_x}{}$	$\dfrac{0.01939D+0.05818D_d-0.07757D_x}{}$
HA/10-80.0/70.0	HA/10-100/95.0	$\dfrac{5.0}{10.0}$	$\dfrac{1.0}{2.0}$	$\dfrac{1.0}{2.0}$	0.02575	$\dfrac{1.0\times0.02575=0.02575}{2.0\times0.02575=0.05150}$		$\dfrac{1.0}{2.0}$	$\dfrac{0.02575D_d-0.02575D}{}$	$\dfrac{0.05150D-0.05150D_x}{}$	$\dfrac{0.02575D+0.02575D_d-0.05150D_x}{}$
HA/10-78.8/71.3	HA/10-100/95.0	$\dfrac{5.0}{7.5}$	$\dfrac{2.0}{3.0}$	$\dfrac{2.0}{3.0}$	0.02174	$\dfrac{2.0\times0.02174=0.04348}{3.0\times0.02174=0.06522}$		$\dfrac{2.0}{3.0}$	$\dfrac{0.04348D_d-0.04348D}{}$	$\dfrac{0.06522D-0.06522D_x}{}$	$\dfrac{0.02174D+0.04348D_d-0.06522D_x}{}$
HA/10-100/85.0	HA/10-80.0/70.0	$\dfrac{10.0}{15.0}$	$\dfrac{2.0}{3.0}$	$\dfrac{2.0}{3.0}$	0.07480	$\dfrac{2.0\times0.07480=0.14960}{3.0\times0.07480=0.22440}$		$\dfrac{2.0}{3.0}$	$\dfrac{0.14960D_d-0.14960}{}$	$\dfrac{0.22440D-0.22440D_x}{}$	$\dfrac{0.07480D+0.14960D_d-0.22440D_x}{}$
HA/10-100/85.0	HA/10-78.8/71.3	$\dfrac{7.5}{15.0}$	$\dfrac{1.0}{2.0}$	$\dfrac{1.0}{2.0}$	0.05280	$\dfrac{1.0\times0.05280=0.05280}{2.0\times0.05280=0.10560}$		$\dfrac{1.0}{2.0}$	$\dfrac{0.05280D_d-0.05280D}{}$	$\dfrac{0.10560D-0.10560D_x}{}$	$\dfrac{0.05280D+0.05280D_d-0.10560D_x}{}$
HA/10-100/90.0	HA/10-78.8/71.3	$\dfrac{7.5}{10.0}$	$\dfrac{3.0}{4.0}$	$\dfrac{3.0}{4.0}$	0.18480	$\dfrac{3.0\times0.18480=0.55440}{4.0\times0.18480=0.73920}$		$\dfrac{3.0}{4.0}$	$\dfrac{0.55440D_d-0.55440D}{}$	$\dfrac{0.73920D-0.73920D_x}{}$	$\dfrac{0.18480D+0.55440D_d-0.73920D_x}{}$
HA/10-100/90.0	HA/10-77.5/72.5	$\dfrac{5.0}{10.0}$	$\dfrac{1.0}{2.0}$	$\dfrac{1.0}{2.0}$	0.05512	$\dfrac{1.0\times0.05512=0.05512}{2.0\times0.05512=0.11023}$		$\dfrac{1.0}{2.0}$	$\dfrac{0.05512D_d-0.05512D}{}$	$\dfrac{0.11023D-0.11023D_x}{}$	$\dfrac{0.05512D+0.05512D_d-0.11023D_x}{}$
HA/10-100/92.5	HA/10-77.5/72.5	$\dfrac{5.0}{7.5}$	$\dfrac{2.0}{3.0}$	$\dfrac{2.0}{3.0}$	0.09106	$\dfrac{2.0\times0.09106=0.18212}{3.0\times0.09106=0.27318}$		$\dfrac{2.0}{3.0}$	$\dfrac{0.18212D_d-0.18212D}{}$	$\dfrac{0.27318D-0.27318D_x}{}$	$\dfrac{0.09106D+0.18212D_d-0.27318D_x}{}$

2 回转窑环形砌砖砖量表及计算图

2.1 回转窑双楔形砖砖环砖量表

运用基于尺寸特征的双楔形砖砖环中国简易计算式计算回转窑砖衬的砖量，运算速度快和结果准确。但是还存在运算过程，有可能产生错误的结果。人们长期运用查砖量表的方法，可直接在表中查出砖数来，可免去计算过程，不仅节省计算时间，产生计算错误的概率大为减少。国外不少国家都习惯采用回转窑砖衬砖量表。英国从 20 世纪 70 年代广泛应用直角坐标图[10,11]，但在 10 年后的标准[12]中就改用砖量表（见表 1-22）了。前苏联也习惯采用回转窑砖衬砖量表（见表 1-20 和表 1-21）。不过国外这些砖量表的特点反映了典型的配砌方案，对回转窑筒壳内直径粗略地选取 0.5m 或 1m 的整倍数，只能对举例配砌方案的选择性计算起到参考作用，未能提供全面的精确的砖量表来。本书为起到手册的作用，考虑到回转窑筒壳内直径的设计比较规范，一般采取整百倍毫米数值，为简化砖量表的编制和节省版面提供了条件。本书提供筒壳内直径间隔 100mm 的我国各种配砌方案的砖量表和其编制方法。

2.1.1 回转窑双楔形砖砖环砖量表编制原理和编制方法

回转窑环形砌砖采用的基于尺寸特征双楔形砖砖环中国计算式（式 1-11 和式 1-12）和由其导出的简化计算式（式 1-13、式 1-14、式 1-17 和式 1-18）表明，这些计算式都是直线方程。在小直径楔形砖外直径 D_x（或中间直径 D_{px}）和大直径楔形砖外直径 D_d（或中间直径 D_{pd}）范围内，即 $D_x \leq D \leq D_d$（或 $D_{px} \leq D_p \leq D_{pd}$）范围内，双楔形砖砖环内小直径楔形砖数量 K_x 的减少和大直径楔形砖数量 K_d 的增多，都分别同时与砖环外直径 D（或中间直径 D_p）的增大呈直线关系。这就决定了双楔形砖砖环砖量表范围的封闭性和可均分性。另外，在式 1-13 的 $K_x = n(D_d - D)$ 中当 $D > D_d$ 时 K_x 为负值，无意义。在式 1-14 的 $K_d = m(D - D_x)$ 中 $D < D_x$ 时 K_d 为负值，无意义。因此双楔形砖砖环砖量表的外直径 D（或中间直径 D_p）只能限制在 $D_x \leq D \leq D_d$ 或 $D_{px} \leq D_p \leq D_{pd}$ 范围内。

当 $D = D_x$ 时，由式 1-11 的 $K_x = (D_d - D)K'_x/(D_d - D_x)$ 知 $K_x = K'_x$，由式 1-12 的 $K_d = (D - D_x)K'_d/(D_d - D_x)$ 知 $K_d = 0$。当 $D = D_d$ 时，由式 1-11 知 $K_x = 0$，由式 1-12 知 $K_d = K'_d$。当砖量表的砖环外直径 D（或中间直径 D_p）纵列栏自上而下逐行递增时，K_x 由 K'_x 减少到 0，K_d 由 0 增多到 K'_d。另外，在 K_x 计算式 1-17 的 $K_x = TK'_x - nD$ 中，砖环外直径 D 的系数为负值（$-n$），表明 K_x 随 D 的增大而减少。在 K_d 计算式 1-18 的 $K_d = mD - QK'_d$ 中，砖环外直径 D 的系数 m 为正值，表明 K_d 随 D 的增大而增多。

每一配砌方案砖环外直径（或中间直径）纵列栏起点（第一行），采取接近并大于小直径楔形砖外直径 D_x（或中间直径 D_{px}）的整百倍数。起点砖环两砖数和砖环总砖数可按不同的简易计算式计算出来。第二行和以后各行的砖数，小直径楔形砖数量纵列栏以 $100n$

逐行递减，因为 $n = K'_x/(D_d - D_x)$，即单位直径小直径楔形砖减少量，砖环直径增大 100mm 时的小直径楔形砖减少量为 $100n$。大直径楔形砖数量纵列栏以 $100m$ 逐行递增，因为 $m = K'_d/(D_d - D_x)$，即单位直径大直径楔形砖增多量，砖环直径增大 100mm 时的大直径楔形砖增多量为 $100m$。n 和 m 值已在本书各种双楔形砖砖环简易计算式相应表中列出。

2.1.2　等大端尺寸 100mm 双楔形砖砖环砖量表

现以 $A = 200mm$，等大端尺寸 100mm 一组 5 个双楔形砖砖环为例，编写砖量表。砖环外直径起点（砖量表头一行）取特锐楔形砖与锐楔形砖砖环（例如 H20-100/85.0 与 H20-100/90.0 砖环序号 1）、特锐楔形砖与钝楔形砖砖环（例如 H20-100/85.0 与 H20-100/92.5 砖环序号 2）中接近并大于特锐楔形砖 H20-100/85.0 外直径 $D_{H20-100/85.0} = 2720.0mm$ 的整百倍毫米数值，即 $D_1 = 2800.0mm$；由表 1-28 知，锐楔形砖 H20-100/90.0 与钝楔形砖 H20-100/92.5 砖环序号 3、锐楔形砖 H20-100/90.0 与微楔形砖 H20-100/95.0 砖环序号 4 的锐楔形砖 H20-100/90.0 的外直径 $D_{H20-100/90.0} = 4080.0mm$，砖环起点外直径 $D_1 = 4100.0mm$；钝楔形砖 H20-100/92.5 与微楔形砖 H20-100/95.0 砖环序号 5 的钝楔形砖 H20-100/92.5 的外直径 $D_{H20-100/92.5} = 5440.0mm$，砖环起点外直径 $D_1 = 5500.0mm$。每一配砌方案序号外直径终点（末行）取接近并小于大直径楔形砖外直径 D_d 的整百倍毫米数值。砖环序号 1 大直径锐楔形砖 H20-100/90.0 的外直径 $D_{H20-100/90.0} = 4080.0mm$，该砖环序号 1 外直径终点 $D_m = 4000.0mm$；砖环序号 2 和砖环序号 3 大直径钝楔形砖 H20-100/92.5 的外直径 $D_{H20-100/92.5} = 5440.0mm$，该两砖环序号 2 和序号 3 外直径终点 $D_m = 5400.0mm$；砖环序号 4 和砖环序号 5 大直径微楔形砖 H20-100/95.0 的外直径 $D_{H20-100/95.0} = 8160.0mm$，该两砖环序号 4 和序号 5 外直径终点 $D_m = 8100.0mm$。各序号砖环外直径 D 纵列栏各行间隔 100mm。

每一序号起点的砖数，按表 1-28 简易计算式 $K_x = 0.03080Q(D_d - D_1)$（式 1-28a）、$K_d = 0.03080T(D_1 - D_x)$（式 1-29a）和 $K_h = 0.03080D_1$（式 1-34a）计算。砖环序号 1 起点的计算砖数：$K_{H20-100/85.0} = 2.0 \times 0.03080(4080.0 - 2800.0) = 78.848$ 块，$K_{H20-100/90.0} = 3.0 \times 0.03080 \times (2800.0 - 2720.0) = 7.392$ 块，$K_{h1} = 0.03080D_1 = 0.03080 \times 2800.0 = 86.24$ 块；砖环序号 2 起点的计算砖数：$K_{H20-100/85.0} = 0.03080 \times (5440.0 - 2800.0) = 81.312$ 块，$K_{H20-100/92.5} = 2.0 \times 0.03080 \times (2800.0 - 2720.0) = 4.928$ 块，$K_{h1} = 0.03080 \times 2800.0 = 86.24$ 块；砖环序号 3 起点的计算砖数：$K_{H20-100/90.0} = 3.0 \times 0.03080 \times (5440.0 - 4100.0) = 123.816$ 块，$K_{H20-100/92.5} = 4.0 \times 0.03080 \times (4100.0 - 4080.0) = 2.464$ 块，$K_{h1} = 0.03080 \times 4100.0 = 126.28$ 块；砖环序号 4 起点的计算砖数：$K_{H20-100/90.0} = 0.03080 \times (8160.0 - 4100.0) = 125.048$ 块，$K_{H20-100/95.0} = 2.0 \times 0.03080 \times (4100.0 - 4080.0) = 1.232$ 块，$K_{h1} = 0.03080 \times 4100.0 = 126.28$ 块；砖环序号 5 起点的计算砖数：$K_{H20-100/92.5} = 2.0 \times 0.03080 \times (8160.0 - 5500.0) = 163.856$ 块，$K_{H20-100/95.0} = 3.0 \times 0.03080 \times (5500.0 - 5440.0) = 5.544$ 块，$K_{h1} = 0.03080 \times 5500.0 = 169.40$ 块。

每一砖环序号终点的计算砖数，也按上述同样方法计算出来。砖环序号 1 终点的计算砖数：$K_{H20-100/85.0} = 2.0 \times 0.03080 \times (4080.0 - 4000.0) = 4.928$ 块，$K_{H20-100/90.0} = 3.0 \times 0.03080 \times (4000.0 - 2720.0) = 118.272$ 块，$K_{hm} = 0.03080 \times 4000.0 = 123.20$ 块；砖环序号 2 终点的计算砖数：$K_{H20-100/85.0} = 0.03080 \times (5440.0 - 5400.0) = 1.232$ 块，$K_{H20-100/92.5} = 2.0 \times 0.03080 \times (5440.0 - 2720.0) = 165.088$ 块，$K_{hm} = 0.03080 \times 5400.0 = 166.32$ 块；砖环序号

3 终点的计算砖数：$K_{H20\text{-}100/90.0} = 3.0 \times 0.03080 \times (5440.0 - 5400.0) = 3.696$ 块，$K_{H20\text{-}100/92.5} = 4.0 \times 0.03080 \times (5400.0 - 4080.0) = 162.624$ 块，$K_{hm} = 0.03080 \times 5400.0 = 166.32$ 块；砖环序号 4 终点的计算砖数：$K_{H20\text{-}100/90.0} = 0.03080 \times (8160.0 - 8100.0) = 1.848$ 块，$K_{H20\text{-}100/95.0} = 2.0 \times 0.03080 \times (8100.0 - 4080.0) = 247.632$ 块，$K_{hm} = 0.03080 \times 8100.0 = 249.48$ 块；砖环序号 5 终点的计算砖数：$K_{H20\text{-}100/92.5} = 2.0 \times 0.03080 \times (8160.0 - 8100.0) = 3.696$ 块，$K_{H20\text{-}100/95.0} = 3.0 \times 0.03080 \times (8100.0 - 5440.0) = 245.784$ 块，$K_{hm} = 0.03080 \times 8100.0 = 249.48$ 块。

每一砖环序号第 2 行和以后各行的砖数，小直径楔形砖数量 K_x 纵列栏以 $100n$ 逐行递减，大直径楔形砖数量 K_d 纵列栏以 $100m$ 逐行递增。对于等大端尺寸 100mm 双楔形砖砖环而言，n 值可由表 1-28 的各配砌方案中 $n = 0.03080Q$ 查得，$m = 0.03080T$ 查得。序号 1 和序号 5 的 $100n = 100 \times 2.0 \times 0.03080 = 6.16$ 块，序号 2 和序号 4 的 $100n = 100 \times 0.03080 = 3.08$ 块，序号 3 的 $100n = 100 \times 3.0 \times 0.03080 = 9.24$ 块。序号 1 和序号 5 的 $100m = 100 \times 3.0 \times 0.03080 = 9.24$ 块，序号 2 和序号 4 的 $100m = 100 \times 2.0 \times 0.03080 = 6.16$ 块，序号 3 的 $100m = 100 \times 4.0 \times 0.03080 = 12.32$ 块。每环（每行）总砖数 K_h 纵列栏以 $100 \times 0.03080 = 3.08$ 块逐行递增。

各砖环序号起点和终点计算值（含小数点后 3 位数）写在 $A = 200$mm、等大端尺寸 100mm 双楔形砖砖环砖量表 2-1 各相应行中，各空白纵列栏按 $100n$ 计算值（小直径楔形砖数纵列栏）逐行递减或按 $100m$ 计算值（大直径楔形砖数纵列栏）逐行递增，每环总砖数 K_h 纵列栏逐行递增 3.08 块。各序号终点计算值与纵列栏逐行递减或递增值相遇时进行核对，应该相等。表 2-1 中的砖数值，取小数点后 1 位。

表 2-1　$A = 200$mm 等大端尺寸 100mm 双楔形砖砖环砖量表　　（块）

砖环外直径 D/mm	序号 1		序号 2		序号 3		序号 4		序号 5		每环总砖数 K_h
	H20-100/85.0	H20-100/90.0	H20-100/85.0	H20-100/92.5	H20-100/90.0	H20-100/92.5	H20-100/90.0	H20-100/95.0	H20-100/92.5	H20-100/95.0	
2800	78.8	7.4	81.3	4.9							86.2
2900	72.7	16.6	78.2	11.1							89.3
3000	66.5	25.9	75.2	17.2							92.4
3100	60.4	35.1	72.1	23.4							95.5
3200	54.2	44.4	69.0	29.6							98.6
3300	48.0	53.6	65.9	35.7							101.6
3400	41.9	62.8	62.8	41.9							104.7
3500	35.7	72.1	59.8	48.0							107.8
3600	29.6	81.3	56.7	54.2							110.9
3700	23.4	90.6	53.6	60.4							114.0
3800	17.2	99.8	50.5	66.5							117.0
3900	11.1	109.0	47.4	72.7							120.1
4000	4.9	118.3	44.4	78.8							123.2
4100			41.3	85.0	123.8	2.5	125.0	1.2			126.3
4200			38.2	91.2	114.6	14.8	122.0	7.4			129.4
4300			35.1	97.3	105.3	27.1	118.9	13.6			132.4

续表2-1

砖环外直径 D/mm	序号1		序号2		序号3		序号4		序号5		每环总砖数 K_h
	H20-100/85.0	H20-100/90.0	H20-100/85.0	H20-100/92.5	H20-100/90.0	H20-100/92.5	H20-100/90.0	H20-100/95.0	H20-100/92.5	H20-100/95.0	
4400			32.0	103.5	96.1	39.4	115.8	19.7			135.5
4500			29.0	109.6	86.9	51.7	112.7	25.9			138.6
4600			25.9	115.8	77.6	64.1	109.6	32.0			141.7
4700			22.8	122.0	68.4	76.4	106.6	38.2			144.8
4800			19.7	128.1	59.1	88.7	103.5	44.4			147.8
4900			16.6	134.3	49.9	101.0	100.4	50.5			150.9
5000			13.6	140.4	40.7	113.3	97.3	56.7			154.0
5100			10.5	146.6	31.4	125.7	94.2	62.8			157.1
5200			7.4	152.8	22.2	138.0	91.2	69.0			160.2
5300			4.3	158.9	12.9	150.3	88.1	75.2			163.2
5400			1.2	165.1	3.7	162.6	85.0	81.3			166.3
5500							81.9	87.5	163.9	5.5	169.4
5600							78.8	93.6	157.7	14.8	172.5
5700							75.8	99.8	151.5	24.0	175.6
5800							72.7	106.0	145.4	33.3	178.6
5900							69.6	112.1	139.2	42.5	181.7
6000							66.5	118.3	133.0	51.7	184.8
6100							63.4	124.4	126.9	61.0	187.9
6200							60.4	130.6	120.7	70.2	191.0
6300							57.3	136.8	114.6	79.5	194.0
6400							54.2	142.9	108.4	88.7	197.1
6500							51.1	149.1	102.3	97.9	200.2
6600							48.0	155.2	96.1	107.2	203.3
6700							45.0	161.4	89.9	116.4	206.4
6800							41.9	167.6	83.8	125.7	209.4
6900							38.8	173.7	77.6	134.9	212.5
7000							35.7	179.9	71.5	144.1	215.6
7100							32.6	186.0	65.3	153.4	218.7
7200							29.6	192.2	59.1	162.6	221.8
7300							26.5	198.4	53.0	171.9	224.8
7400							23.4	204.5	46.8	181.1	227.9
7500							20.3	210.7	40.7	190.3	231.0
7600							17.2	216.8	34.5	199.6	234.1
7700							14.2	223.0	28.3	208.8	237.2
7800							11.1	229.2	22.2	218.1	240.2
7900							8.0	236.3	16.0	227.3	243.3
8000							4.9	241.5	9.9	236.5	246.4
8100							1.8	247.6	3.7	245.8	249.5

示例：$A=200mm$、$D=5000.0mm$ 砖环。查本表 $D=5000.0mm$ 行之序号2：$K_{H20-100/85.0}=13.6$ 块，$K_{H20-100/92.5}=140.4$ 块，$K_h=154.0$ 块。计算值 $K_{H20-100/85.0}=0.03080\times(5440.0-5000.0)=13.6$ 块，$K_{H20-100/92.5}=2.0\times0.03080\times(5000.0-2720.0)=140.4$ 块，$K_h=0.03080\times5000.0=154.0$ 块。序号3：$K_{H20-100/90.0}=40.7$ 块，$K_{H20-100/92.5}=113.3$ 块，$K_h=154.0$ 块。计算值 $K_{H20-100/90.0}=3.0\times0.03080\times(5440.0-5000.0)=40.7$ 块，$K_{H20-100/92.5}=4.0\times0.03080\times(5000.0-4080.0)=113.3$ 块，K_h 计算值仍为 154.0 块。序号4：$K_{H20-100/90.0}=97.3$ 块，$K_{H20-100/95.0}=56.7$ 块，$K_h=154.0$ 块。计算值 $K_{H20-100/90.0}=0.03080\times(8160.0-5000.0)=97.3$ 块，$K_{H20-100/95.0}=2.0\times0.03080\times(5000.0-4080.0)=56.7$ 块，K_h 计算值为 154.0 块。查表砖数与计算值完全相等。

示例：$A=200mm$、$D=7000.0mm$ 砖环。查本表 $D=7000.0mm$ 行之序号5：$K_{H20-100/92.5}=71.5$ 块，$K_{H20-100/95.0}=144.1$ 块，$K_h=215.6$ 块。计算值 $K_{H20-100/92.5}=2.0\times0.03080\times(8160.0-7000.0)=71.5$ 块，$K_{H20-100/95.0}=3.0\times0.03080\times(7000.0-5440.0)=144.1$ 块，$K_h=0.03080\times7000.0=215.6$ 块。查表砖数与计算值完全相等

　　编制表 2-1 的实践中体会和认识到以下问题。首先，纵向加减编表（表 2-2）加深了对双楔形砖砖环计算规律的认识。其实直接运用简易计算式 1-28a、式 1-29a 和式 1-34a，像砖环起点和终点那样，砖量表每行都按简易计算式直接进行乘法计算出来（称为横向乘法编表），也可完成砖量表的编制工作。横向乘法编表要用到电脑才能保证编表速度，否则仅用计算器还是比较费时的。重要的是横向编表不能立刻看出纵向行与行间的关系。纵向加减法编表可直观发现和理解行间加减定值的关系，而且用计算器或电脑都可快速编表。表 2-2 的等大端尺寸 100mm 双楔形砖砖环砖量模式表（纵向加减法编表）可清楚看到这些规律来。

表 2-2　等大端尺寸 100mm 双楔形砖砖环砖量模式表

砖环外直径 D/mm	小直径楔形砖数量 K_x/块	大直径楔形砖数量 K_d/块	每环总砖数 K_h/块
$D_1 =$ 接近并大于 D_x 整百倍毫米数值	$K_{x1} = 0.03080Q(D_d - D_1)$	$K_{d1} = 0.03080T(D_1 - D_x)$	$K_{h1} = 0.03080D_1$
$D_2 = D_1 + 100$	$K_{x2} = K_{x1} - 100 \times 0.03080Q$	$K_{d2} = K_{d1} + 100 \times 0.03080T$	$K_{h2} = K_{h1} + 100 \times 0.03080$
$D_3 = D_2 + 100$	$K_{x3} = K_{x2} - 3.08Q$	$K_{d3} = K_{d2} + 3.08T$	$K_{h3} = K_{h2} + 3.08$
$D_4 = D_3 + 100$	$K_{x4} = K_{x3} - 3.08Q$	$K_{d4} = K_{d3} + 3.08T$	$K_{h4} = K_{h3} + 3.08$
$\vdots$	$\vdots$	$\vdots$	$\vdots$
逐行递增 100	逐行递减 3.08Q	逐行递增 3.08T	逐行递增 3.08
末行 D_m 接近并小于 D_d 整百倍毫米数值	$K_{xm} = 0.03080Q(D_d - D_m)$	$K_{dm} = 0.03080T(D_m - D_x)$	$K_{hm} = 0.03080D_m$

　　其次，以往的砖量表仅提供一个砖环序号内两砖量（相配砌两砖的小直径楔形砖数量 K_x 和大直径楔形砖数量 K_d）。现在本书制的一个砖量表包括同组 5 个砖环序号内的 3 个砖量（除 K_x 和 K_d 外，还有每环总砖数 K_h）。本书所有砖环内砖数的计算，一般都包括相配砌两砖数量 K_x、K_d 和每环总砖数 K_h，并且经常用两砖量 K_x 和 K_d 计算值相加之和，与每环总砖数 K_h 的计算值相互核对计算的正确性，避免计算错误。现在编制的砖量表，提供了每环总砖数计算值，而且提供了同一外直径的两个甚至 3 个序号砖环的相等的总砖数计算值。此外，一张表同时提供同组 5 个序号砖环的用砖量，反映了同组 5 个砖环的全貌。如前所述，我国标准[8]用砖尺寸的设计，是在基于砖尺寸特征的双楔形砖砖环中国计算式指导下，各组采用相等连续简单整数的楔差比，单位楔差均不小于 0.020，相配砌两砖的识（区）别容易和砖量计算式规范化程度高这 3 项比较指标都满足了要求。配砌方案的优选，实际上就只是砖量配比的比较。表 2-1 这种同组等大端尺寸双楔形砖砖环砖量表，直观地反映了 5 个砖环序号砖量配比的全貌，并且提供序号 1 与序号 2、序号 2 与序号 3、序号 3 与序号 4，以及序号 4 与序号 5 砖量配比的可选择性。按两砖量配比 1/10.0 和 1/4.0 作为优选界限，在表上用粗实线框圈定，直观地表示出砖量配比的优劣来。例如外直径 $D = 3500.0$mm 砖环，在表 2-1 上立刻看到可采取序号 1 和序号 2，而且两个配砌方案的砖数都在粗实线框内，表明两砖量配比很好。这里顺便将摆在我们面前的表查砖数，用表 1-28 的简易计算式验算。序号 1：$K_{H20-100/85.0} = 2.0 \times 0.03080 \times (4080.0 - 3500.0) = 35.73$ 块，$K_{H20-100/90.0} = 3.0 \times 0.03080 \times (3500.0 - 2720.0) = 72.07$ 块；序号 2：$K_{H20-100/85.0} = 0.03080 \times (5440.0 - 3500.0) = 59.75$ 块，$K_{H20-100/92.5} = 2.0 \times 0.03080 \times (3500.0 - 2720.0) = 48.05$ 块；$K_h = 0.03080 \times 3500.0 = 107.8$ 块。表明表查砖数与计算结果相同。外直径 $D =$

5000.0mm 砖环，表上粗实线框内可选砖环有序号 2、序号 3 和序号 4。序号 2 表查砖数 $K_{\text{H20-100/85.0}} = 13.6$ 块，$K_{\text{H20-100/92.5}} = 140.4$ 块，为近单楔形砖砖环，用简易计算式校验：$K_{\text{H20-100/85.0}} = 0.03080 \times (5440.0 - 5000.0) = 13.55$ 块，$K_{\text{H20-100/92.5}} = 2.0 \times 0.03080 \times (5000.0 - 2720.0) = 140.45$ 块；序号 3 表查砖数 $K_{\text{H20-100/90.0}} = 40.7$ 块，$K_{\text{H20-100/92.5}} = 113.3$ 块，用简易计算式校验：$K_{\text{H20-100/90.0}} = 3.0 \times 0.03080 \times (5440.0 - 5000.0) = 40.66$ 块，$K_{\text{H20-100/92.5}} = 4.0 \times 0.03080 \times (5000.0 - 4080.0) = 113.34$ 块；序号 4 表查砖数 $K_{\text{H20-100/90.0}} = 97.3$ 块，$K_{\text{H20-100/95.0}} = 56.7$ 块，用简易计算式校验：$K_{\text{H20-100/90.0}} = 0.03080 \times (8160.0 - 5000.0) = 97.33$ 块，$K_{\text{H20-100/95.0}} = 2.0 \times 0.03080 \times (5000.0 - 4080.0) = 56.67$ 块；序号 2、序号 3 和序号 4 的表查总砖数为 154.0 块，计算值 $K_h = 0.03080 \times 5000.0 = 154.0$ 块。所有计算值均与表查砖数相同。再例如外直径 $D = 7000.0$mm 砖环，表上序号 4 在粗实线框外，为非优选砖环（两砖量配比 35.7/179.9 = 1/5.039）；序号 5 在粗实线框内，表查砖数 $K_{\text{H20-100/92.5}} = 71.5$ 块，$K_{\text{H20-100/95.0}} = 144.1$ 块，$K_h = 215.6$ 块。用表 1-28 简易计算式校验：$K_{\text{H20-100/92.5}} = 2.0 \times 0.03080 \times (8160.0 - 7000.0) = 71.46$ 块，$K_{\text{H20-100/95.0}} = 3.0 \times 0.03080 \times (7000.0 - 5440.0) = 144.14$ 块，$K_h = 0.03080 \times 7000.0 = 216.5$ 块，表明表查砖数与计算值结果相同。举例证实，表查配砌方案的优选和砖数，完全与计算值相同。

第三，本表反映砖数的精度达 0.1 块，实际上砖数只能用整数表示，这已经足够了。砖环外直径间隔 100mm，在标准设计情况下能满足需要。如果再细分到间隔 50mm、20mm 或 10mm，那时逐行递减或递增值分别为 $50n$、$20n$、$10n$、$50m$、$20m$ 或 $10m$，编表方法仍采用模式表 2-2，只是篇幅增大而已。例如将表 2-1 序号 1 砖环外直径间隔细分到 10mm 时，$D_1 = 2720.0$mm，$D_m = 4080.0$mm，$K'_{\text{H20-100/85.0}} = 83.776$ 块，$K'_{\text{H20-100/90.0}} = 125.664$ 块，$10n = 10 \times 2.0 \times 0.03080 = 0.616$ 块，$10m = 10 \times 3.0 \times 0.03080 = 0.924$ 块，$K_{h1} = 0.03080 \times 2720.0 = 83.776$ 块，逐行递增 $10 \times 0.03080 = 0.308$ 块。根据这些数据编制了砖环外直径间隔 10mm 的 H20-100/85.0 与 H20-100/90.0 双楔形砖砖环砖量表（表 2-3）。从表 2-3 可查到外直径间隔 10mm 砖环的砖数来。例如，查外直径 $D = 3880.0$mm 砖环的砖数，从表 2-3 的外直径 $D = 3880.0$mm 行，立刻查到 $K_{\text{H20-100/85.0}} = 12.3$ 块，$K_{\text{H20-100/90.0}} = 107.2$ 块，$K_h = 119.5$ 块。顺便用表 1-28 中的简易计算式校验：$K_{\text{H20-100/85.0}} = 2.0 \times 0.03080 \times (4080.0 - 3880.0) = 12.32$ 块，$K_{\text{H20-100/90.0}} = 3.0 \times 0.03080 \times (3880.0 - 2720.0) = 107.18$ 块和 $K_h = 0.03080 \times 3880.0 = 119.50$ 块，表明表查砖数与计算值结果相同。

从外直径间隔细分到 10mm 的表 2-3 可看到，相配砌两砖数量为 $K_{\text{H20-100/85.0}}$ 为 49.9 ~ 50.5 块与 $K_{\text{H20-100/90.0}}$ 为 49.9 ~ 50.8 块最接近（两砖量配比接近 1：1）时，砌筑操作和管理最容易和理想，此时砖环的外半径 3260.0 ~ 3270.0mm 应视为理想外直径 D_L。双楔形砖砖环理想外直径 D_L 可由式 1-28a 与式 1-29a 相等导出。由 $0.03080Q(D_d - D_L) = 0.03080T(D_L - D_x)$ 可导出：

$$D_L = \frac{QD_d + TD_x}{T + Q} \tag{2-1}$$

式中，D_d、D_x、Q 和 T 意义见表 1-28。

由式 2-1 算出表 2-3 砖环的理想外直径 $D_L = (2.0 \times 4080.0 + 3.0 \times 2720.0)/(2.0 + 3.0) = 3264.0$mm，与查表 2-3 相同并比其精确。理想外直径 D_L 砖环内两相等的砖数 K_L 应视为理想砖数，可由 $2.0 \times 0.03080 \times (4080.0 - 3264.0) = 50.27$ 块或由 $3.0 \times 0.03080 \times$

（3264.0 - 2720.0）= 50.27 块，也可由理想砖环总砖数的一半按下式计算：

$$K_L = \frac{K_h}{2} = \frac{0.03080 D_L}{2} \tag{2-2}$$

按式 2-2，所计算理想砖环的理想砖数 K_L = 0.03080 × 3264.0/2 = 50.27 块，与查表 2-3 的 100.4/2 = 50.2 块 ~ 100.7/2 = 50.35 块相同并比其精确。

　　外直径间隔 10mm 的砖量表数量多和篇幅大，本书不能一一提供。如果某用户确实需要其中某部分砖量表，可按表 2-3 编制方法自行编制。不过外直径间隔 100mm、A 为 160mm、180mm、220mm 和 250mm 的等大端尺寸 100mm 双楔形砖砖环砖量表，按模式表 2-2 和表 2-4 编制资料，本书还是编制并提供给用户，见表 2-5 ~ 表 2-8。

表 2-3　H20-100/85.0 与 H20-100/90.0 双楔形砖砖环砖量表　　　　（块）

砖环外直径 D/mm	H20-100/85.0	H20-100/90.0	每环总砖数	砖环外直径 D/mm	H20-100/85.0	H20-100/90.0	每环总砖数	砖环外直径 D/mm	H20-100/85.0	H20-100/90.0	每环总砖数
2720	83.776	0	83.776	2980	67.8	24.0	91.8	3240	51.7	48.0	99.8
2730	83.2	0.924	84.1	2990	67.1	24.9	92.1	3250	51.1	49.0	100.1
2740	82.5	1.8	84.4	3000	66.5	25.9	92.4	3260	50.5	49.9	100.4
2750	81.9	2.8	84.7	3010	65.9	26.8	92.7	3270	49.9	50.8	100.7
2760	81.3	3.7	85.0	3020	65.3	27.7	93.0	3280	49.3	51.7	101.0
2770	80.7	4.6	85.3	3030	64.7	28.6	93.3	3290	48.7	52.7	101.3
2780	80.1	5.5	85.6	3040	64.1	29.6	93.6	3300	48.0	53.6	101.6
2790	79.5	6.5	85.9	3050	63.4	30.5	93.9	3310	47.4	54.5	101.9
2800	78.8	7.4	86.2	3060	62.8	31.4	94.2	3320	46.8	55.4	102.3
2810	78.2	8.3	86.5	3070	62.2	32.3	94.6	3330	46.2	56.4	102.6
2820	77.6	9.2	86.9	3080	61.6	33.3	94.9	3340	45.6	57.3	102.9
2830	77.0	10.2	87.2	3090	61.0	34.2	95.2	3350	45.0	58.2	103.2
2840	76.4	11.1	87.5	3100	60.4	35.1	95.5	3360	44.4	59.1	103.5
2850	75.8	12.0	87.8	3110	59.8	36.0	95.8	3370	43.7	60.1	103.8
2860	75.2	12.9	88.1	3120	59.1	37.0	96.1	3380	43.1	61.0	104.1
2870	74.5	13.9	88.4	3130	58.5	37.9	96.4	3390	42.5	61.9	104.4
2880	73.9	14.8	88.7	3140	57.9	38.8	96.7	3400	41.9	62.8	104.7
2890	73.3	15.7	89.0	3150	57.3	39.7	97.0	3410	41.3	63.8	105.0
2900	72.7	16.6	89.3	3160	56.7	40.7	97.3	3420	40.7	64.7	105.3
2910	72.1	17.6	89.6	3170	56.1	41.6	97.6	3430	40.0	65.6	105.6
2920	71.5	18.5	89.9	3180	55.4	42.5	97.9	3440	39.4	66.5	106.0
2930	70.8	19.4	90.2	3190	54.8	43.4	98.3	3450	38.8	67.5	106.3
2940	70.2	20.3	90.6	3200	54.2	44.4	98.6	3460	38.2	68.4	106.6
2950	69.6	21.3	90.9	3210	53.6	45.3	98.9	3470	37.6	69.3	106.9
2960	69.0	22.2	91.2	3220	53.0	46.2	99.2	3480	37.0	70.2	107.2
2970	68.4	23.1	91.5	3230	52.4	47.1	99.5	3490	36.3	71.1	107.5

砖环外直径 D/mm	H20-100/85.0	H20-100/90.0	每环总砖数	砖环外直径 D/mm	H20-100/85.0	H20-100/90.0	每环总砖数	砖环外直径 D/mm	H20-100/85.0	H20-100/90.0	每环总砖数
3500	35.7	72.1	107.8	3700	23.4	90.6	114.0	3900	11.1	109.0	120.1
3510	35.1	73.0	108.1	3710	22.8	91.5	114.3	3910	10.5	110.0	120.4
3520	34.5	73.9	108.4	3720	22.2	92.4	114.6	3920	9.9	110.9	120.7
3530	33.9	74.8	108.7	3730	21.6	93.3	114.9	3930	9.2	111.8	121.0
3540	33.3	75.8	109.0	3740	20.9	94.2	115.2	3940	8.6	112.7	121.4
3550	32.6	76.7	109.3	3750	20.3	95.2	115.5	3950	8.0	113.7	121.7
3560	32.0	77.6	109.6	3760	19.7	96.1	115.8	3960	7.4	114.6	122.0
3570	31.4	78.5	110.0	3770	19.1	97.0	116.1	3970	6.8	115.5	122.3
3580	30.8	79.5	110.3	3780	18.5	97.9	116.4	3980	6.2	116.4	122.6
3590	30.2	80.4	110.6	3790	17.9	98.9	116.7	3990	5.5	117.3	122.9
3600	29.6	81.3	110.9	3800	17.2	99.8	117.0	4000	4.9	118.3	123.2
3610	29.0	82.2	111.2	3810	16.6	100.7	117.3	4010	4.3	119.2	123.5
3620	28.3	83.2	111.5	3820	16.0	101.6	117.7	4020	3.7	120.1	123.8
3630	27.7	84.1	111.8	3830	15.4	102.6	118.0	4030	3.1	121.0	124.1
3640	27.1	85.0	112.1	3840	14.8	103.5	118.3	4040	2.5	122.0	124.4
3650	26.5	85.9	112.4	3850	14.2	104.4	118.6	4050	1.8	122.9	124.7
3660	25.9	86.9	112.7	3860	13.6	105.3	118.9	4060	1.2	123.8	125.0
3670	25.3	87.8	113.0	3870	12.9	106.3	119.2	4070	0.6	124.7	125.4
3680	24.6	88.7	113.3	3880	12.3	107.2	119.5	4080	0.0	125.664	125.664
3690	24.0	89.6	113.7	3890	11.7	108.1	119.8				

2.1.3　等中间尺寸 75mm 双楔形砖砖环砖量表

　　等中间尺寸 75mm 双楔形砖砖环砖量表的编制原理，与等大端尺寸 100mm 双楔形砖砖环相同。但编制方法有些区别：主要是处理好外直径 D_x、D_d、D 与中间直径 D_{px}、D_{pd}、D_p 的关系。按应用习惯，等中间尺寸双楔形砖砖环常采用外直径，但计算中采用中间直径更方便。为此，在砖量表砖环直径纵列栏同时列出外直径 D 和中间直径 D_p，并将外直径 D 取整百倍毫米数，按 $D_p = D - A$ 换算为中间直径。砖环外直径 D 和中间直径 D_p 纵列栏自上而下逐行递增 100mm。起点第 1 行砖数的计算，采用表 1-26 的等中间尺寸 75mm 双楔形砖砖环简易计算式 $K_{x1} = 0.04080Q(D_{pd} - D_{p1})$（式 1-21b）、$K_{d1} = 0.04080T(D_{p1} - D_{px})$（式1-22b）和 $K_{h1} = 0.04080D_{p1}$（式 1-27d）。小直径楔形砖数量 K_x 纵列栏逐行递减 $100n = 100 \times 0.04080Q = 4.08Q$，大直径楔形砖数量纵列栏逐行递增 $100m = 100 \times 0.04080T = 4.08T$，每环总砖数纵列栏逐行递增 $100 \times 0.04080 = 4.08$ 块。终点末行砖数（K_{xm}、K_{dm} 和 K_{hm}）的计算采用首行计算式，但 D_{p1} 换以末行中间直径 D_{pm}。等中间尺寸 75mm 双楔形砖砖环砖量模式表见表 2-9。

表 2-4 等大端尺寸 100mm 双楔形砖砖环砖量表编制资料

| 序号 | 配砌尺寸砖号 | | 砖环外直径范围 /mm | | 第1行(起点) | | | | $100n = 100 \times$ | $100m = 100 \times$ | 末行(终点) | | | |
| | 小直径楔形砖 | 大直径楔形砖 | D_x | D_d | 外直径 D_l/mm | 一环砖数/块 | | | $0.03080Q$ | $0.03080T$ | 外直径 D_m | 一环砖数/块 | | |
						K_{xl}	K_{dl}	K_{hl}				K_{xm}	K_{dm}	K_{hm}
160-1	H16-100/85.0	H16-100/90.0	2176.0	3264.0	2200.0	65.542	2.218	67.760	6.16	9.24	3200.0	3.942	94.618	98.560
160-2	H16-100/85.0	H16-100/92.5	2176.0	4352.0	2200.0	66.282	1.478	67.760	3.08	6.16	4300.0	1.602	130.838	132.440
160-3	H16-100/90.0	H16-100/92.5	3264.0	4352.0	3300.0	97.205	4.435	101.640	9.24	12.32	4300.0	4.805	127.635	132.440
160-4	H16-100/90.0	H16-100/95.0	3264.0	6528.0	3300.0	99.422	2.218	101.640	3.08	6.16	6500.0	0.862	199.338	200.20
160-5	H16-100/92.5	H16-100/95.0	4352.0	6528.0	4400.0	131.085	4.435	135.52	6.16	9.24	6500.0	1.725	198.475	200.20
180-1	H18-100/85.0	H18-100/90.0	2448.0	3672.0	2500.0	72.195	4.805	77.0	6.16	9.24	3600.0	4.435	106.445	110.880
180-2	H18-100/85.0	H18-100/92.5	2448.0	4896.0	2500.0	73.797	3.203	77.0	3.08	6.16	4800.0	2.957	144.883	147.840
180-3	H18-100/90.0	H18-100/92.5	3672.0	4896.0	3700.0	110.510	3.450	113.960	9.24	12.32	4800.0	8.870	138.970	147.840
180-4	H18-100/90.0	H18-100/95.0	3672.0	7344.0	3700.0	112.235	1.725	113.960	3.08	6.16	7300.0	1.355	223.485	224.840
180-5	H18-100/92.5	H18-100/95.0	4896.0	7344.0	4900.0	150.550	0.370	150.920	6.16	9.24	7300.0	2.710	222.130	224.840
200-1	H20-100/85.0	H20-100/90.0	2720.0	4080.0	2800.0	78.484	7.392	86.240	6.16	9.24	4000.0	4.928	118.272	123.20
200-2	H20-100/85.0	H20-100/92.5	2720.0	5440.0	2800.0	81.312	4.928	86.240	3.08	6.16	5400.0	1.232	165.088	166.320
200-3	H20-100/90.0	H20-100/92.5	4080.0	5440.0	4100.0	123.816	2.464	126.280	9.24	12.32	5400.0	3.696	162.624	166.320
200-4	H20-100/90.0	H20-100/95.0	4080.0	8160.0	4100.0	125.048	1.232	126.280	3.08	6.16	8100.0	1.848	247.632	249.480
200-5	H20-100/92.5	H20-100/95.0	5440.0	8160.0	5500.0	163.856	5.544	169.40	6.16	9.24	8100.0	3.696	245.784	249.480
220-1	H22-100/85.0	H22-100/90.0	2992.0	4488.0	3000.0	91.661	0.739	92.40	6.16	9.24	4400.0	5.421	130.099	135.520
220-2	H22-100/85.0	H22-100/92.5	2992.0	5984.0	3000.0	91.907	0.493	92.40	3.08	6.16	5900.0	2.587	179.133	181.720
220-3	H22-100/90.0	H22-100/92.5	4488.0	5984.0	4500.0	137.122	1.478	138.60	9.24	12.32	5900.0	7.762	173.958	181.720
220-4	H22-100/90.0	H22-100/95.0	4488.0	8976.0	4500.0	137.861	0.739	138.60	3.08	6.16	8900.0	2.341	271.779	274.120
220-5	H22-100/92.5	H22-100/95.0	5984.0	8976.0	6000.0	183.322	1.478	184.80	6.16	9.24	8900.0	4.682	269.438	274.120
250-1	H25-100/85.0	H25-100/90.0	3400.0	5100.0	3400.0	104.720	0	104.720	6.16	9.24	5100.0	0	157.080	157.080
250-2	H25-100/85.0	H25-100/92.5	3400.0	6800.0	3400.0	104.720	0	104.720	3.08	6.16	6800.0	0	209.440	209.440
250-3	H25-100/90.0	H25-100/92.5	5100.0	6800.0	5100.0	157.080	0	157.080	9.24	12.32	6800.0	0	209.440	209.440
250-4	H25-100/90.0	H25-100/95.0	5100.0	10200.0	5100.0	157.080	0	157.080	3.08	6.16	10200.0	0	314.160	314.160
250-5	H25-100/92.5	H25-100/95.0	6800.0	10200.0	6800.0	209.440	0	209.440	6.16	9.24	10200.0	0	314.160	314.160

表 2-5　$A=160mm$ 等大端尺寸 100mm 双楔形砖砖环砖量表　　　（块）

砖环外直径 D/mm	序号 1		序号 2		序号 3		序号 4		序号 5		每环总砖数 K_h
	H16-100/85.0	H16-100/90.0	H16-100/85.0	H16-100/92.5	H16-100/90.0	H16-100/92.5	H16-100/90.0	H16-100/95.0	H16-100/92.5	H16-100/95.0	
2200	65.542	2.218	66.282	1.478							67.760
2300	59.4	11.5	63.2	7.6							70.8
2400	53.2	20.7	60.1	13.8							73.9
2500	47.1	29.9	57.0	20.0							77.0
2600	40.9	39.2	54.0	26.1							80.1
2700	34.7	48.4	50.9	32.3							83.2
2800	28.6	57.7	47.8	38.4							86.2
2900	22.4	66.9	44.7	44.6							89.3
3000	16.3	76.1	41.6	50.8							92.4
3100	10.1	85.4	38.6	56.9							95.5
3200	3.9	94.6	35.5	63.1							98.6
3300			32.4	69.2	97.205	4.435	99.422	2.218			101.6
3400			29.3	75.4	88.0	16.8	96.3	8.4			104.7
3500			26.2	81.6	78.7	29.1	93.3	14.5			107.8
3600			23.2	87.7	69.5	41.4	90.2	20.7			110.9
3700			20.1	93.9	60.2	53.7	87.1	26.9			114.0
3800			17.0	100.0	51.0	66.0	84.0	33.0			117.0
3900			13.9	106.2	41.8	78.4	80.9	39.2			120.1
4000			10.8	112.4	32.5	90.7	77.9	45.3			123.2
4100			7.8	118.5	23.3	103.0	74.8	51.5			126.3
4200			4.7	124.7	14.0	115.3	71.7	57.7			129.4
4300			1.6	130.8	4.8	127.6	68.6	63.8			132.4
4400							65.5	70.0	131.085	4.435	135.5
4500							62.5	76.1	124.9	13.7	138.6
4600							59.4	82.3	118.8	22.9	141.7
4700							56.3	88.5	112.6	32.2	144.8
4800							53.2	94.6	106.4	41.4	147.8
4900							50.1	100.8	100.3	50.6	150.9
5000							47.1	106.9	94.1	59.9	154.0
5100							44.0	113.1	88.0	69.1	157.1
5200							40.9	119.3	81.8	78.4	160.2
5300							37.7	125.4	75.6	87.6	163.2
5400							34.7	131.6	69.5	96.8	166.3
5500							31.7	137.7	63.3	106.1	169.4
5600							28.6	143.9	57.2	115.3	172.5
5700							25.5	150.1	51.0	124.6	175.6
5800							22.4	156.2	44.8	133.8	178.6
5900							19.3	162.4	38.7	143.0	181.7
6000							16.3	168.5	32.5	152.3	184.8
6100							13.2	174.7	26.4	161.5	187.9
6200							10.1	180.9	20.2	170.8	191.0
6300							7.0	187.0	14.0	180.0	194.0
6400							3.9	193.2	7.9	189.2	197.1
6500							0.9	199.3	1.7	198.5	200.2

示例：$A=160mm$、$D=2500.0mm$ 砖环。查本表 $D=2500.0mm$ 行之序号 1：$K_{H16-100/85.0}=47.1$ 块，$K_{H16-100/90.0}=29.9$ 块，$K_h=77.0$ 块。计算值 $K_{H16-100/85.0}=2.0\times0.03080\times(3264.0-2500.0)=47.1$ 块，$K_{H16-100/90.0}=3.0\times0.03080\times(2500.0-2176.0)=29.9$ 块，$K_h=0.03080\times2500.0=77.0$ 块。

序号 2：$K_{H16-100/85.0}=57.0$ 块，$K_{H16-100/92.5}=19.9$ 块，$K_h=77.0$ 块。计算值 $K_{H16-100/85.0}=0.03080\times(4352.0-2500.0)57.0$ 块，$K_{H16-100/92.5}=2.0\times0.03080\times(2500.0-2176.0)=19.9$ 块，$K_h=57.0$ 块。查表砖数与计算值相等。

示例：$A=160mm$、$D=3800.0mm$ 砖环。查本表 $D=3800.0mm$ 行之序号 3：$K_{H16-100/90.0}=51.0$ 块，$K_{H16-100/92.5}=66.0$ 块，$K_h=177.0$ 块。计算值 $K_{H16-100/90.0}=3.0\times0.03080\times(4352.0-3800.0)=51.0$ 块，$K_{H16-100/92.5}=4.0\times0.03080\times(3800.0-3264.0)=66.0$ 块，$K_h=117.0$ 块。序号 4：$K_{H16-100/90.0}=84.0$ 块，$K_{H16-100/95.0}=33.0$ 块，计算值 $K_{H16-100/90.0}=0.03080\times(6528.0-3800.0)=84.0$ 块，$K_{H16-100/95.0}=2.0\times0.03080\times(3800.0-3260.0)=33.0$ 块，$K_h=0.03080\times3800.0=117.0$ 块。查表砖数与计算值完全相等

表2-6　A=180mm 等大端尺寸100mm 双楔形砖砖环砖量表　　（块）

砖环外直径 D/mm	序号1		序号2		序号3		序号4		序号5		每环总砖数 K_h
	H18-100/85.0	H18-100/90.0	H18-100/85.0	H18-100/92.5	H18-100/90.0	H18-100/92.5	H18-100/90.0	H18-100/95.0	H18-100/92.5	H18-100/95.0	
2500	72.195	4.805	73.797	3.203							77.0
2600	66.0	14.0	70.7	9.4							80.1
2700	59.9	23.3	67.6	15.5							83.2
2800	53.7	32.5	64.6	21.7							86.2
2900	47.6	41.8	61.5	27.8							89.3
3000	41.4	51.0	58.4	34.0							92.4
3100	35.2	60.2	55.3	40.2							95.5
3200	29.1	69.5	52.2	46.3							98.6
3300	22.9	78.7	49.2	52.5							101.6
3400	16.8	88.0	46.1	58.6							104.7
3500	10.6	97.2	43.0	64.8							107.8
3600	4.4	106.4	39.9	71.0							110.9
3700			36.8	77.1	110.510	3.450	112.235	1.725			114.0
3800			33.8	83.3	101.3	15.8	109.2	7.9			117.0
3900			30.7	89.4	92.0	28.1	106.1	14.0			120.1
4000			27.6	95.6	82.8	40.4	103.0	20.2			123.2
4100			24.5	101.8	73.6	52.7	99.9	26.4			126.3
4200			21.4	107.9	64.3	65.1	96.8	32.5			129.4
4300			18.4	114.1	55.1	77.4	93.8	38.7			132.4
4400			15.3	120.2	45.8	89.7	90.7	44.8			135.5
4500			12.2	126.4	36.6	102.0	87.6	51.0			138.6
4600			9.1	132.6	27.4	114.3	84.5	57.2			141.7
4700			6.0	138.7	18.1	126.7	81.4	63.3			144.8
4800			3.0	144.9	8.9	139.0	78.4	69.5			147.8
4900							75.3	75.6	150.550	0.370	150.9
5000							72.2	81.8	144.4	9.6	154.0
5100							69.1	88.0	138.2	18.9	157.1
5200							66.0	94.1	132.1	28.1	160.2
5300							63.0	100.3	125.9	37.3	163.2
5400							59.9	106.4	119.8	46.6	166.3
5500							56.8	112.6	113.6	55.8	169.4
5600							53.7	118.8	107.4	65.1	172.5
5700							50.6	124.9	101.3	74.3	175.6
5800							47.6	131.1	95.1	83.5	178.6
5900							44.5	137.2	89.0	92.8	181.7
6000							41.4	143.4	82.8	102.0	184.8
6100							38.3	149.6	76.6	111.3	187.9
6200							35.2	155.7	70.5	120.5	191.0
6300							32.2	161.9	64.3	129.7	194.0
6400							29.1	168.0	58.2	139.0	197.1
6500							26.0	174.2	52.0	148.2	200.2
6600							22.9	180.4	45.8	157.5	203.3
6700							19.8	186.5	39.7	166.7	206.4
6800							16.8	192.7	33.5	175.9	209.4
6900							13.7	198.8	27.4	185.2	212.5
7000							10.6	205.0	21.2	194.4	215.6
7100							7.5	211.2	15.0	203.7	218.7
7200							4.4	217.3	8.9	212.9	221.8
7300							1.4	223.5	2.7	222.1	224.8

示例：A=180mm、D=3500.0mm 砖环。查本表 D=3500.0mm 行之序号2：$K_{H18-100/85.0}$=43.0 块，$K_{H18-100/92.5}$=64.8 块，K_h=107.8 块。计算值 $K_{H18-100/85.0}$=0.03080×(4896.0-3500.0)=43.0 块，$K_{H18-100/92.5}$=2.0×0.03080×(3500.0-2448.0)=64.8 块，K_h=0.03080×3500.0=107.8 块。查表砖数与计算值相等。

示例：A=180mm、D=5500.0mm 砖环。查本表 D=5500.0mm 行之序号4：$K_{H18-100/90.0}$=56.8 块，$K_{H18-100/95.0}$=112.6 块，K_h=169.4 块。计算值 $K_{H18-100/90.0}$=0.03080×(7344.0-5500.0)=56.8 块，$K_{H18-100/95.0}$=2.0×0.03080×(5500.0-3672.0)=112.6 块，K_h=0.03080×5500.0=169.4 块。序号5：$K_{H18-100/92.5}$=113.6 块，$K_{H18-100/95.0}$=55.8 块，K_h=169.4 块。计算值 $K_{H18-100/92.5}$=2.0×0.03080×(7344.0-5500.0)=113.6 块，$K_{H18-100/95.0}$=3.0×0.03080×(5500.0-4896.0)=55.8 块，K_h 计算值=169.4 块。查表砖数与计算值完全相等。

示例：A=180mm、D=6500.0mm 砖环。查本表 D=6500.0mm 行之序号5：$K_{H18-100/92.5}$=52.0 块，$K_{H18-100/95.0}$=148.2 块，K_h=200.2 块。计算值 $K_{H18-100/92.5}$=2.0×0.03080×(7344.0-6500.0)=52.0 块，$K_{H18-100/95.0}$=3.0×0.03080×(6500.0-4896.0)=148.2 块，K_h=0.03080×6500.0=200.8 块。查表砖数与计算值相等

表2-7　A＝220mm 等大端尺寸100mm 双楔形砖砖环砖量表　　　　（块）

砖环外直径 D/mm	序号1		序号2		序号3		序号4		序号5		每环总砖数 K_h
	H22-100/85.0	H22-100/90.0	H22-100/85.0	H22-100/92.5	H22-100/90.0	H22-100/92.5	H22-100/90.0	H22-100/95.0	H22-100/92.5	H22-100/95.0	
3000	91.661	0.739	91.907	0.493							92.40
3100	85.5	10.0	88.8	6.7							95.5
3200	79.3	19.2	85.7	12.8							98.6
3300	73.2	28.5	82.7	19.0							101.6
3400	67.0	37.7	79.6	25.1							104.7
3500	60.9	46.9	76.5	31.3							107.8
3600	54.7	56.2	73.4	37.5							110.9
3700	48.5	65.4	70.3	43.6							114.0
3800	42.4	74.7	67.3	49.8							117.0
3900	36.2	83.9	64.2	55.9							120.1
4000	30.1	93.1	61.1	62.1							123.2
4100	23.9	102.4	58.0	68.3							126.3
4200	17.7	111.6	54.9	74.4							129.4
4300	11.6	120.9	51.9	80.6							132.4
4400	5.4	130.1	48.8	86.7							135.5
4500			45.7	92.9	137.122	1.478	137.861	0.739			138.6
4600			42.6	99.1	127.9	13.8	134.8	6.9			141.7
4700			39.5	105.2	118.6	26.1	131.7	13.1			144.8
4800			36.5	111.4	109.4	38.4	128.6	19.2			147.8
4900			33.4	117.5	100.2	50.8	125.5	25.4			150.9
5000			30.3	123.7	90.9	63.1	122.5	31.5			154.0
5100			27.2	129.9	81.7	75.4	119.4	37.7			157.1
5200			24.1	136.0	72.4	87.7	116.3	43.9			160.2
5300			21.1	142.2	63.2	100.0	113.2	50.0			163.2
5400			18.0	148.3	54.0	112.4	110.1	56.2			166.3
5500			14.9	154.5	44.7	124.7	107.1	62.3			169.4
5600			11.8	160.7	35.5	137.0	104.0	68.5			172.5
5700			8.7	166.8	26.2	149.3	100.9	74.7			175.6
5800			5.7	173.0	17.0	161.6	97.8	80.8			178.6
5900			2.6	179.1	7.8	174.0	94.7	87.0			181.7
6000							91.7	93.1	183.322	1.478	184.8
6100							88.6	99.3	177.2	10.7	187.9
6200							85.5	105.5	171.0	20.0	191.0
6300							82.4	111.6	164.8	29.2	194.0
6400							79.3	117.8	158.7	38.4	197.1
6500							76.3	123.9	152.5	47.7	200.2
6600							73.2	130.1	146.4	56.9	203.3
6700							70.1	136.3	140.2	66.2	206.4
6800							67.0	142.4	134.0	75.4	209.4
6900							63.9	148.6	127.9	84.6	212.5
7000							60.9	154.7	121.7	93.9	215.6
7100							57.8	160.9	115.6	103.1	218.7
7200							54.7	167.1	109.4	112.4	221.8
7300							51.6	173.2	103.2	121.6	224.8
7400							48.5	179.4	97.1	130.8	227.9
7500							45.5	185.5	90.9	140.1	231.0
7600							42.4	191.7	84.8	149.3	234.1
7700							39.3	197.9	78.6	158.6	237.2
7800							36.2	204.0	72.4	167.8	240.2
7900							33.1	210.2	66.3	177.0	243.3
8000							30.1	216.3	60.1	186.3	246.4
8100							27.0	222.5	54.0	195.5	249.5
8200							23.9	228.7	47.8	204.8	252.6
8300							20.8	234.8	41.6	214.0	255.6
8400							17.7	241.0	35.5	223.2	258.7
8500							14.7	247.1	29.3	232.5	261.8
8600							11.6	253.3	23.2	241.7	264.9
8700							8.5	259.5	17.0	251.0	268.0
8800							5.4	265.6	10.8	260.2	271.0
8900							2.3	271.8	4.7	269.4	274.1

示例：$A = 220mm$、$D = 6000.0mm$ 砖环。查本表 $D = 6000.0mm$ 行之序号4：$K_{H22-100/90.0} = 91.7$ 块，$K_{H22-100/95.0} = 93.1$ 块，$K_h = 184.8$ 块。计算值 $K_{H22-100/90.0} = 0.03080 \times (8976.0 - 6000.0) = 91.7$ 块，$K_{H22-100/95.0} = 2.0 \times 0.03080 \times (6000.0 - 4488.0) = 93.1$ 块，$K_h = 0.03080 \times 6000.0 = 184.8$ 块。序号5：$K_{H22-100/92.5} = 183.3$ 块，$K_{H22-100/95.0} = 1.5$ 块，$K_h = 184.8$ 块。计算值 $K_{H22-100/92.5} = 2.0 \times 0.03080 \times (8976.0 - 6000.0) = 183.3$ 块，$K_{H22-100/95.0} = 3.0 \times 0.03080 \times (6000.0 - 5984.0) = 1.5$ 块，$K_h = 0.03080 \times 6000.0 = 184.8$ 块。查表砖数与计算值完全相等。

示例：$A = 220mm$、$D = 7000.0mm$ 砖环。查本表 $D = 7000.0mm$ 行之序号4：$K_{H22-100/90.0} = 60.9$ 块，$K_{H22-100/95.0} = 154.7$ 块，$K_h = 215.6$ 块。计算值 $K_{H22-100/90.0} = 0.03080 \times (8976.0 - 7000.0) = 60.9$ 块，$K_{H22-100/95.0} = 2.0 \times 0.03080 \times (7000.0 - 4488.0) = 154.7$ 块，$K_h = 0.03080 \times 7000.0 = 215.6$ 块。序号5：$K_{H22-100/92.5} = 121.7$ 块，$K_{H22-100/95.0} = 93.9$ 块，$K_h = 215.6$ 块。计算值 $K_{H22-100/92.5} = 2.0 \times 0.03080 \times (8976.0 - 7000.0) = 121.7$ 块，$K_{H22-100/95.0} = 3.0 \times 0.03080 \times (7000.0 - 5984.0) = 93.9$ 块，$K_h = 0.03080 \times 7000.0 = 215.6$ 块。查表砖数与计算值完全相等

表 2-8 A＝250mm 等大端尺寸 100mm 双楔形砖砖环砖量表　　　　　（块）

砖环外直径 D/mm	序号1		序号2		序号3		序号4		序号5		每环总砖数 K_h
	H25-100/85.0	H25-100/90.0	H25-100/85.0	H25-100/92.5	H25-100/90.0	H25-100/92.5	H25-100/90.0	H25-100/95.0	H25-100/92.5	H25-100/95.0	
3400	104.720	0	104.720	0							104.72
3500	98.6	9.24	101.6	6.2							107.8
3600	92.4	18.5	98.6	12.3							110.9
3700	86.2	27.7	95.5	18.5							114.0
3800	80.1	37.0	92.4	24.6							117.0
3900	73.9	46.2	89.3	30.8							120.1
4000	67.8	55.4	86.2	37.0							123.2
4100	61.6	64.7	83.2	43.1							126.3
4200	55.4	73.9	80.1	49.3							129.4
4300	49.3	83.2	77.0	55.4							132.4
4400	43.1	92.4	73.9	61.6							135.5
4500	37.0	101.6	70.8	67.8							138.6
4600	30.8	110.9	67.8	73.9							141.7
4700	24.6	120.1	64.7	80.1							144.8
4800	18.5	129.4	61.6	86.2							147.8
4900	12.3	138.6	58.5	92.4							150.9
5000	6.2	147.8	55.4	98.6							154.0
5100	0	157.08	52.4	104.7	157.08	0	157.08	0			157.1
5200			49.3	110.9	147.8	12.3	154.0	6.2			160.2
5300			46.2	117.0	138.6	24.6	150.9	12.3			163.2
5400			43.1	123.2	129.4	37.0	147.8	18.5			166.3
5500			40.0	129.4	120.1	49.3	144.8	24.6			169.4
5600			37.0	135.5	110.9	61.6	141.7	30.8			172.5
5700			33.9	141.7	101.6	73.9	138.6	37.0			175.6
5800			30.8	147.8	92.4	86.2	135.5	43.1			178.6
5900			27.7	154.0	83.2	98.6	132.4	49.3			181.7
6000			24.6	160.2	73.9	110.9	129.4	55.4			184.8
6100			21.6	166.3	64.7	123.2	126.3	61.6			187.9
6200			18.5	172.5	55.4	135.5	123.2	67.8			191.0
6300			15.4	178.6	46.2	147.8	120.1	73.9			194.0
6400			12.3	184.8	37.0	160.2	117.0	80.1			197.1
6500			9.2	191.0	27.7	172.5	114.0	86.2			200.2
6600			6.2	197.1	18.5	184.8	110.9	92.4			203.3
6700			3.1	203.3	9.2	197.1	107.8	98.6			206.4
6800			0	209.44	0	209.44	104.7	104.7	209.44	0	209.4

砖环外直径 D/mm	序号1		序号2		序号3		序号4		序号5		每环总砖数 K_h
	H25-100/85.0	H25-100/90.0	H25-100/85.0	H25-100/92.5	H25-100/90.0	H25-100/92.5	H25-100/90.0	H25-100/95.0	H25-100/92.5	H25-100/95.0	
6900							101.6	110.9	203.3	9.2	212.5
7000							98.6	117.0	197.1	18.5	215.6
7100							95.5	123.2	191.0	27.7	218.7
7200							92.4	129.4	184.8	37.0	221.8
7300							89.3	135.5	178.6	46.2	224.8
7400							86.2	141.7	172.5	55.4	227.9
7500	示例：$A=250$mm、$D=7000.0$mm 砖环。查本表 $D=$						83.2	147.8	166.3	64.7	231.0
7600	7000.0mm 行之序号4：$K_{H25-100/90.0}=98.6$ 块，						80.1	154.0	160.2	73.9	234.1
7700	$K_{H25-100/95.0}=117.0$ 块，$K_h=215.6$ 块。计算值						77.0	160.2	154.0	83.2	237.2
7800	$K_{H25-100/90.0}=0.03080\times(10200.0-7000.0)=98.6$ 块，						73.9	166.3	147.8	92.4	240.2
7900	$K_{H25-100/95.0}=2.0\times0.03080\times(7000.0-5100.0)=117.0$						70.8	172.5	141.7	101.6	243.3
8000	块，$K_h=0.03080\times7000.0=215.6$ 块。序号5：						67.8	178.6	135.5	110.9	246.4
8100	$K_{H25-100/92.5}=197.1$ 块，$K_{H25-100/95.0}=18.5$ 块，$K_h=$						64.7	184.8	129.4	120.1	249.5
8200	215.6 块。计算值 $K_{H25-100/92.5}=2.0\times0.03080\times(10200.0-$						61.6	191.0	123.2	129.4	252.6
8300	7000.0）$=197.1$ 块，$K_{H25-100/95.0}=3.0\times0.03080\times$						58.5	197.1	117.0	138.6	255.6
8400	（7000.0-6800.0）$=18.5$ 块；$K_h=0.03080\times7000.0=$						55.4	203.3	110.9	147.8	258.7
8500	215.6 块。查表与计算值完全相等，两方案均在粗实线						52.4	209.4	104.7	157.1	261.8
8600	框内，表明砖量配比合适。						49.3	215.6	98.6	166.3	264.9
8700	示例：$A=250$mm、$D=9000.0$mm 砖环。查本表 $D=$						46.2	221.8	92.4	175.6	268.0
8800	9000.0mm 行之序号4：砖数不在粗实线框内，砖量配比						43.1	227.9	86.2	184.8	271.0
8900	不好。序号5：$K_{H25-100/92.5}=73.9$ 块，$K_{H25-100/95.0}=$						40.0	234.1	80.1	194.0	274.1
9000	203.3 块，$K_h=277.2$ 块。计算值 $K_{H25-100/92.5}=2.0\times$						37.0	240.2	73.9	203.3	277.2
9100	$0.03080\times(10200.0-9000.0)=73.9$ 块，$K_{H25-100/95.0}=$						33.9	246.4	67.8	212.5	280.3
9200	$3.0\times0.03080\times(9000.0-6800.0)=203.3$ 块，$K_h=$						30.8	252.6	61.6	221.8	283.4
9300	$0.03080\times9000.0=277.2$ 块。查表砖数与计算值完全						27.7	258.7	55.4	231.0	286.4
9400	相等						24.6	264.9	49.3	240.2	289.5
9500							21.6	271.0	43.1	249.5	292.6
9600							18.5	277.2	37.0	258.7	295.7
9700							15.4	283.4	30.8	268.0	298.8
9800							12.3	289.5	24.6	277.2	301.8
9900							9.2	295.7	18.5	286.4	304.9
10000							6.2	301.8	12.3	295.7	308.0
10100							3.1	308.0	6.2	304.9	311.1
10200							0	314.16	0	314.16	314.16

表2-9   等中间尺寸75mm双楔形砖砖环砖量模式表

砖环直径/mm		小直径楔形砖	大直径楔形砖	每环总砖数 K_h/块
外直径 D	中间直径 D_p	数量 K_x/块	数量 K_d/块	
$D_1=$ 接近并大于 D_x 整百倍毫米数值	$D_{p1}=D_1-A$	$K_{x1}=0.04080Q(D_{pd}-D_{p1})$	$K_{d1}=0.04080T(D_{p1}-D_{px})$	$K_{h1}=0.04080D_{p1}$
$D_2=D_1+100$	$D_{p2}=D_2-A$	$K_{x2}=K_{x1}-100\times0.04080Q$	$K_{d2}=K_{d1}+100\times0.04080T$	$K_{h2}=K_{h1}+100\times0.04080$
$D_3=D_2+100$	$D_{p3}=D_3-A$	$K_{x3}=K_{x2}-4.08Q$	$K_{d3}=K_{d2}+4.08T$	$K_{h3}=K_{h2}+4.08$
$D_4=D_3+100$	$D_{p4}=D_4-A$	$K_{x4}=K_{x3}-4.08Q$	$K_{d4}=K_{d3}+4.08T$	$K_{h4}=K_{h3}+4.08$
$\vdots$	$\vdots$	$\vdots$	$\vdots$	$\vdots$
逐行递增100 末行 D_m 接近并小于 D_d 整百倍毫米数值	逐行递增100 $D_{pm}=D_m-A$	逐行递减4.08Q $K_{xm}=0.04080Q(D_{pd}-D_{pm})$	逐行递增4.08T $K_{dm}=0.04080T(D_{pm}-D_{px})$	逐行递增4.08 $K_{hm}=0.04080D_{pm}$

现以 $A=200$ mm 等中间尺寸 75mm 一组 5 个砖环为例，计算编表资料（表 2-10）和砖量表 2-11。每一配砌序号砖环的外直径起点 D_1，采取接近并大于小直径楔形砖外直径 D_x 的整百倍，同时换算为中间直径 D_{p1}。序号 1 和序号 2 小直径楔形砖 H20-82.5/67.5 的外直径 $D_{H20-82.5/67.5}=2253.3$ mm（中间直径 $D_{pH20-82.5/67.5}=2053.3$ mm），砖环外直径起点 $D_1=$ 2300.0mm（中间直径 $D_{p1}=2100.0$ mm）；序号 3 和序号 4 小直径楔形砖 H20-80.0/70.0 的外直径 $D_{H20-80.0/70.0}=3280.0$ mm（中间直径 $D_{pH20-80/70.0}=3080.0$ mm），砖环外直径起点 $D_1=$ 3300.0mm（中间直径 $D_{p1}=3100.0$ mm）；序号 5 小直径楔形砖 H20-78.8/71.3 的外直径 $D_{H20-78.8/71.3}=4306.7$ mm（中间直径 $D_{pH20-78.8/71.3}=4106.7$ mm），砖环外直径起点 $D_1=$ 4400.0mm（中间直径 $D_{p1}=4200.0$ mm）。每一配砌序号砖环的外直径终点 D_m，采取接近并小于大直径楔形砖外直径 D_d 的整百倍。序号 1 大直径楔形砖 H20-80.0/70.0 的外直径 $D_{H20-80.0/70.0}=3280.0$ mm（中间直径 $D_{H20-80.0/70.0}=3080.0$ mm），砖环外直径终点 $D_m=$ 3200.0mm（中间直径 $D_{pm}=3000.0$）；序号 2 和序号 3 大直径楔形砖 H20-78.8/71.3 的外直径 $D_{H20-78.8/71.3}=4306.7$ mm（中间直径 $D_{H20-78.8/71.3}=4106.7$），砖环外直径终点 $D_m=4300.0$（中间直径 $D_{pm}=4100.0$ mm）；序号 4 和序号 5 大直径楔形砖 H20-77.5/72.5 的外直径 $D_{H20-77.5/72.5}=6360.0$ mm（中间直径 $D_{H20-77.5/72.5}=6160.0$ mm），砖环外直径终点 $D_m=$ 6300.0mm（中间直径 $D_{pm}=6100.0$ mm）。

每一配砌序号砖环起点的计算砖数：序号 1 起点计算砖数 $K_{H20-82.5/67.5}=2.0\times0.04080\times$ $(3080.0-2100.0)=79.968$ 块，$K_{H20-80.0/70.0}=3.0\times0.04080\times(2100.0-2053.3)=5.716$ 块，$K_{hl}=0.04080\times2100.0=85.68$ 块；序号 2 起点计算砖数 $K_{H20-82.5/67.5}=0.04080\times$ $(4106.7-2100.0)=81.873$ 块，$K_{H20-78.8/71.3}=2.0\times0.04080\times(2100.0-2053.3)=3.811$ 块，$K_{hl}=0.048080\times2100.0=85.68$ 块；序号 3 起点计算砖数 $K_{H20-80.0/70.0}=3.0\times0.04080\times$ $(4106.7-3100.0)=123.220$ 块，$K_{H20-78.8/71.3}=4.0\times0.04080\times(3100.0-3080.0)=3.264$ 块，$K_{hl}=0.04080\times3100.0=126.48$ 块；序号 4 起点计算砖数 $K_{H20-80.0/70.0}=0.04080\times$ $(6160.0-3100.0)=124.848$ 块，$K_{H20-77.5/72.5}=2.0\times0.04080\times(3100.0-3080.0)=1.632$ 块，$K_{hl}=0.04080\times3100.0=126.48$ 块；序号 5 起点计算砖数 $K_{H20-78.8/71.3}=2.0\times0.04080\times$ $(6160.0-4200.0)=159.936$ 块，$K_{H20-77.5/72.5}=3.0\times0.04080\times(4200.0-4106.7)=$ 11.420 块，$K_{hl}=0.04080\times4200.0=171.36$ 块。

每一配砌序号砖环终点的计算砖数：序号 1 终点计算砖数 $K_{H20-82.5/67.5}=2.0\times$ $0.04080\times(3080.0-3000.0)=6.528$ 块，$K_{H20-80.0/70.0}=3.0\times0.04080\times(3000.0-$ 2053.3）$=115.876$ 块，$K_{hm}=0.04080\times3000.0=122.40$ 块；序号 2 终点计算砖数 $K_{H20-82.5/67.5}=0.04080\times(4106.7-4100.0)=0.273$ 块，$K_{H20-78.8/71.3}=2.0\times0.04080\times$ $(4100.0-2053.3)=167.011$ 块，$K_{hm}=0.04080\times4100.0=167.28$ 块；序号 3 终点计算砖数 $K_{H20-80.0/70.0}=3.0\times0.04080\times(4106.7-4100.0)=0.820$ 块，$K_{H20-78.8/71.3}=4.0$ $\times0.04080\times(4100.0-3080.0)=166.464$ 块，$K_{hm}=0.04080\times4100.0=167.28$ 块；序号 4 终点计算砖数 $K_{H20-80.0/70.0}=0.04080(6160.0-6100.0)=2.448$ 块，$K_{H20-77.5/72.5}=$ $2.0\times0.04080\times(6100.0-3080.0)=246.432$ 块，$K_{hm}=0.04080\times6100.0=248.88$ 块；序号 5 终点计算砖数 $K_{H20-78.8/71.3}=2.0\times0.04080\times(6160.0-6100.0)=4.896$ 块，$K_{H20-77.5/72.5}=3.0\times0.04080\times(6100.0-4106.7)=243.980$ 块，$K_{hm}=0.04080\times6100.0=$ 248.88 块。

表 2-10　等中间尺寸 75mm 双楔形砖砖环砖量表编制资料

| 序号 | 配砌尺寸砖号 | | 砖环外直径范围 $D_x \sim D_d$/mm | 砖环中间直径范围 $D_{px} \sim D_{pd}$/mm | 第1行(起点) | | | | | | $100n=100\times$ $0.0480Q$ | $100m=100\times$ $0.0480T$ | 末行(终点) | | | | |
| | 小直径楔形砖 | 大直径楔形砖 | | | 外直径 D_1/mm | 中间直径 D_{p1}/mm | 一环砖数/块 | | K_{h1} | K_{h1} | | | 外直径 D_m/mm | 中间直径 D_{pm}/mm | 一环砖数/块 | | K_{hm} |
							K_{x1}	K_{d1}							K_{xm}	K_{dm}	
160-1	H16-82.5/67.5	H16-80.0/70.0	1802.7~2624.0	1642.7~2464.0	1900.0	1740.0	59.078	11.910	70.992	70.992	8.16	12.24	2600.0	2440.0	1.958	97.590	99.552
160-2	H16-82.5/67.5	H16-78.8/71.3	1802.7~3445.3	1642.7~3285.3	1900.0	1740.0	63.048	7.940	70.992	70.992	4.08	8.16	3400.0	3240.0	1.848	130.340	132.192
160-3	H16-80.0/70.0	H16-78.8/71.3	2624.0~3445.3	2464.0~3285.3	2700.0	2540.0	91.225	12.403	103.632	103.632	12.24	16.32	3400.0	3240.0	5.545	126.643	132.192
160-4	H16-80.0/70.0	H16-77.5/72.5	2624.0~5088.0	2464.0~4928.0	2700.0	2540.0	97.430	6.202	103.632	103.632	4.08	8.16	5000.0	4840.0	3.590	193.882	197.472
160-5	H16-77.5/72.5	H16-78.8/71.3	3445.3~5088.0	3285.3~4928.0	3500.0	3340.0	129.581	6.695	136.272	136.272	8.16	12.24	5000.0	4840.0	7.181	190.295	197.472
180-1	H18-82.5/67.5	H18-80.0/70.0	2028.0~2952.0	1848.0~2772.0	2100.0	1920.0	69.523	8.813	78.336	78.336	8.16	12.24	2900.0	2720.0	4.243	106.733	110.976
180-2	H18-82.5/67.5	H18-78.8/71.3	2028.0~3876.0	1848.0~3696.0	2100.0	1920.0	72.461	5.875	78.336	78.336	4.08	8.16	3800.0	3620.0	3.101	144.595	147.696
180-3	H18-80.0/70.0	H18-78.8/71.3	2952.0~3876.0	2772.0~3696.0	3000.0	2820.0	107.222	7.834	115.056	115.056	12.24	16.32	3800.0	3620.0	9.302	138.394	147.696
180-4	H18-80.0/70.0	H18-77.5/72.5	2952.0~5724.0	2772.0~5544.0	3000.0	2820.0	111.139	3.917	115.056	115.056	4.08	8.16	5700.0	5520.0	0.979	224.237	225.216
180-5	H18-77.5/72.5	H18-78.8/71.3	3876.0~5724.0	3696.0~5544.0	3900.0	3720.0	148.838	2.938	151.776	151.776	8.16	12.24	5700.0	5520.0	1.958	223.258	225.216
200-1	H20-82.5/67.5	H20-80.0/70.0	2253.3~3280.0	2053.3~3080.0	2300.0	2100.0	79.968	5.716	85.680	85.680	8.16	12.24	3200.0	3000.0	6.528	115.876	122.40
200-2	H20-82.5/67.5	H20-78.8/71.3	2253.3~4306.7	2053.3~4106.7	2300.0	2100.0	81.873	3.811	85.680	85.680	4.08	8.16	4300.0	4100.0	0.273	167.011	167.280
200-3	H20-80.0/70.0	H20-78.8/71.3	3280.0~4306.7	3080.0~4106.7	3300.0	3100.0	123.220	3.264	126.48	126.48	12.24	16.32	4300.0	4100.0	0.820	166.464	167.280
200-4	H20-80.0/70.0	H20-77.5/72.5	3280.0~6360.0	3080.0~6160.0	3300.0	3100.0	124.848	1.632	126.48	126.48	4.08	8.16	6300.0	6100.0	2.448	246.432	248.88
200-5	H20-77.5/72.5	H20-78.8/71.3	4306.7~6360.0	4106.7~6160.0	4400.0	4200.0	159.936	11.420	171.36	171.36	8.16	12.24	6300.0	6100.0	4.896	243.980	248.88
220-1	H22-82.5/67.5	H22-80.0/70.0	2478.7~3608.0	2258.7~3388.0	2500.0	2280.0	90.413	2.607	93.024	93.024	8.16	12.24	3600.0	3380.0	0.653	137.247	137.904
220-2	H22-82.5/67.5	H22-78.8/71.3	2478.7~4737.3	2258.7~4517.3	2500.0	2280.0	91.282	1.738	93.024	93.024	4.08	8.16	4700.0	4480.0	1.522	181.258	182.784
220-3	H22-80.0/70.0	H22-78.8/71.3	3608.0~4737.3	3388.0~4517.3	3700.0	3480.0	126.966	15.014	141.984	141.984	12.24	16.32	4700.0	4480.0	4.566	178.214	182.784
220-4	H22-80.0/70.0	H22-77.5/72.5	3608.0~6996.0	3388.0~6776.0	3700.0	3480.0	134.477	7.507	141.984	141.984	4.08	8.16	6900.0	6680.0	3.917	268.627	272.544
220-5	H22-77.5/72.5	H22-78.8/71.3	4737.3~6996.0	4517.3~6776.0	4800.0	4580.0	179.194	7.674	186.864	186.864	8.16	12.24	6900.0	6680.0	7.834	264.714	272.544
250-1	H25-82.56/67.5	H25-80.0/70.0	2816.7~4100.0	2566.7~3850.0	2900.0	2650.0	97.92	10.196	108.12	108.12	8.16	12.24	4100.0	3850.0	0	157.080	157.080
250-2	H25-82.56/67.5	H25-78.8/71.3	2816.7~5383.3	2566.7~5133.3	2900.0	2650.0	101.319	6.797	108.12	108.12	4.08	8.16	5300.0	5050.0	3.399	202.637	206.04
250-3	H25-80.0/70.0	H25-78.8/71.3	4100.0~5383.3	3850.0~5133.3	4100.0	3850.0	157.080	0	157.080	157.080	12.24	16.32	5300.0	5050.0	10.196	195.84	206.04
250-4	H25-80.0/70.0	H25-77.5/72.5	4100.0~7950.0	3850.0~7700.0	4100.0	3850.0	157.080	0	157.080	157.080	4.08	8.16	7900.0	7650.0	2.04	310.08	312.12
250-5	H25-78.8/71.3	H25-77.5/72.5	5383.3~7950.0	5133.3~7700.0	5400.0	5150.0	208.08	2.044	210.12	210.12	8.16	12.24	7900.0	7650.0	4.08	308.044	312.12

对于等中间尺寸 75mm 双楔形砖砖环而言，$n = 0.04080Q$ 和 $m = 0.04080T$ 的计算值，可由表 1-26 查得。序号 1 和序号 5，$100n = 100 \times 2.0 \times 0.04080 = 8.16$ 块；序号 2 和序号 4，$100n = 100 \times 0.04080 = 4.08$ 块；序号 3，$100n = 100 \times 3.0 \times 0.04080 = 12.24$ 块。序号 1 和序号 5，$100m = 100 \times 3.0 \times 0.04080 = 12.24$ 块；序号 2 和序号 4，$100m = 100 \times 2.0 \times 0.04080 = 8.16$ 块；序号 3，$100m = 100 \times 4.0 \times 0.04080 = 16.32$ 块。

用同样方法计算出 A 为 160mm、180mm、220mm 和 250mm 的编表资料，列入表 2-10 中，并根据编表资料和模式表 2-9，分别编制出 A 为 160mm、180mm、220mm 和 250mm 等中间尺寸 75mm 双楔形砖砖环砖量表，见表 2-12 ~ 表 2-15。

表 2-11　$A = 200mm$ 等中间尺寸 75mm 双楔形砖砖环砖量表　　　（块）

| 砖环直径/mm | | 序号1 | | 序号2 | | 序号3 | | 序号4 | | 序号5 | | 每环总砖数 K_h |
外直径 D	中间直径 D_p	H20-82.5/67.5	H20-80.0/70.0	H20-82.5/67.5	H20-78.8/71.3	H20-80.0/70.0	H20-78.8/71.3	H20-80.0/70.0	H20-77.5/72.5	H20-78.8/71.3	H20-77.5/72.5	
2300	2100	80.0	5.7	81.9	3.8							85.7
2400	2200	71.8	18	77.8	12.0							89.8
2500	2300	63.6	30.2	73.7	20.1							93.8
2600	2400	55.5	42.4	69.6	28.3							97.9
2700	2500	47.3	54.7	65.6	36.5							102.0
2800	2600	39.2	66.9	61.5	44.4							106.1
2900	2700	31.0	79.2	57.4	52.8							110.2
3000	2800	22.8	91.4	53.3	60.9							114.2
3100	2900	14.7	103.6	49.2	69.1							118.3
3200	3000	6.5	115.9	45.2	77.3							122.4
3300	3100			41.1	85.4	123.2	3.3	124.8	1.6			126.5
3400	3200			37.0	93.6	111.0	19.6	120.8	9.8			130.6
3500	3300			32.9	101.7	98.7	35.9	116.7	18.0			134.6
3600	3400			28.8	109.9	86.5	52.2	112.6	26.1			138.7
3700	3500			24.8	118.1	74.3	68.5	108.5	34.3			142.8
3800	3600			20.7	126.2	62.0	84.9	104.4	42.4			146.9
3900	3700			16.6	134.4	49.8	101.2	100.4	50.6			151.0
4000	3800			12.5	142.5	37.5	117.5	96.3	58.8			155.0
4100	3900			8.4	150.7	25.3	133.8	92.2	66.9			159.1
4200	4000			4.4	158.9	13.1	150.1	88.1	75.1			163.2
4300	4100			0.3	167.0	0.8	166.5	84.0	83.2			167.3

砖环直径/mm		序号1		序号2		序号3		序号4		序号5		每环总砖数 K_h
外直径 D	中间直径 D_p	H20-82.5/67.5	H20-80.0/70.0	H20-82.5/67.5	H20-78.8/71.3	H20-80.0/70.0	H20-78.8/71.3	H20-80.0/70.0	H20-77.5/72.5	H20-78.8/71.3	H20-77.5/72.5	
4400	4200							80.0	91.4	159.9	11.4	171.4
4500	4300							75.9	99.6	151.8	23.7	175.4
4600	4400							71.8	107.7	143.6	35.9	179.5
4700	4500							67.7	115.9	135.5	48.1	183.6
4800	4600							63.6	124.0	127.3	60.4	187.7
4900	4700							59.6	132.2	119.1	72.6	191.8
5000	4800							55.5	140.4	111.0	84.9	195.8
5100	4900							51.4	148.5	102.8	97.1	199.9
5200	5000							47.3	156.7	94.7	109.3	204.0
5300	5100							43.2	164.8	86.5	121.6	208.1
5400	5200							39.2	173.0	78.3	133.8	212.2
5500	5300							35.1	181.2	70.2	146.1	216.2
5600	5400							31.0	189.3	62.0	158.3	220.3
5700	5500							26.9	197.5	53.9	170.5	224.4
5800	5600							22.8	205.6	45.7	182.8	228.5
5900	5700							18.8	213.8	37.5	195.0	232.6
6000	5800							14.7	222.0	29.4	207.3	236.6
6100	5900							10.6	230.1	21.2	219.5	240.7
6200	6000							6.5	238.3	13.1	231.7	244.8
6300	6100							2.4	246.4	4.9	244.0	248.9

示例：$A=200\text{mm}$、$D=5000.0\text{mm}$ 砖环。查本表 $D=5000.0\text{mm}$（$D_p=4800.0\text{mm}$）行之序号4：$K_{\text{H20-80.0/70.0}}=55.5$ 块，$K_{\text{H20-77.5/72.5}}=140.4$ 块，$K_h=195.8$ 块。计算值 $K_{\text{H20-80.0/70.0}}=0.04080\times(6160.0-4800.0)=55.5$ 块，$K_{\text{H20-77.5/72.5}}=2.0\times(4800.0-3080.0)=140.3$ 块，$K_h=0.04080\times4800=195.8$ 块。序号5：$K_{\text{H20-78.8/71.3}}=111.0$ 块，$K_{\text{H20-77.5/72.5}}=84.9$ 块，$K_h=195.8$ 块。计算值 $K_{\text{H20-78.8/71.3}}=2.0\times0.04080\times(6160.0-4800.0)=111.0$ 块，$K_{\text{H20-77.5/72.5}}=3.0\times0.04080\times(4800.0-4106.7)=84.8$ 块，$K_h=195.8$ 块。查表砖数与计算值相等

表 2-12　$A=160\text{mm}$ 等中间尺寸 75mm 双楔形砖砖环砖量表　　（块）

砖环直径/mm		序号1		序号2		序号3		序号4		序号5		每环总砖数 K_h
外直径 D	中间直径 D_p	H16-82.5/67.5	H16-80.0/70.0	H16-82.5/67.5	H16-78.8/71.3	H16-80.0/70.0	H16-78.8/71.3	H16-80.0/70.0	H16-77.5/72.5	H16-78.8/71.3	H16-77.5/72.5	
1900	1740	59.078	11.910	63.048	7.940							70.992
2000	1840	50.9	24.2	59.0	16.1							75.1
2100	1940	42.8	36.4	54.9	24.3							79.2
2200	2040	34.6	48.6	50.8	32.4							83.2
2300	2140	26.4	60.9	46.7	40.6							87.3
2400	2240	18.3	73.1	42.6	48.7							91.4

| 砖环直径/mm | | 序号1 | | 序号2 | | 序号3 | | 序号4 | | 序号5 | | 每环总砖数 K_h |
外直径 D	中间直径 D_p	H16-82.5/67.5	H16-80.0/70.0	H16-82.5/67.5	H16-78.8/71.3	H16-80.0/70.0	H16-78.8/71.3	H16-80.0/70.0	H16-77.5/72.5	H16-78.8/71.3	H16-77.5/72.5	
2500	2340	10.1	85.4	38.6	56.9							95.5
2600	2440	2.0	97.6	34.5	65.1							99.6
2700	2540			30.4	73.2	91.225	12.403	97.430	6.202			103.6
2800	2640			26.3	81.4	79.0	28.7	93.4	14.4			107.7
2900	2740			22.2	89.5	66.7	45.0	89.3	22.5			111.8
3000	2840			18.2	97.7	54.5	61.4	85.2	30.7			115.9
3100	2940			14.1	105.9	42.3	77.7	81.1	38.8			120.0
3200	3040			10.0	114.0	30.0	94.0	77.0	47.0			124.0
3300	3140			5.9	122.2	17.8	110.5	73.0	55.2			128.1
3400	3240			1.8	130.3	5.5	126.6	68.9	63.3			132.2
3500	3340							64.8	71.5	129.581	6.695	136.3
3600	3440							60.7	79.6	121.4	18.9	140.4
3700	3540							56.6	87.8	113.3	31.2	144.4
3800	3640							52.6	96.0	105.1	43.4	148.5
3900	3740							48.5	104.1	96.9	55.7	152.6
4000	3840							44.4	112.3	88.8	67.9	156.7
4100	3940							40.3	120.4	80.6	80.1	160.8
4200	4040							36.2	128.6	72.5	92.4	164.8
4300	4140							32.2	136.8	64.3	104.6	168.9
4400	4240							28.1	144.9	56.1	116.9	173.0
4500	4340							24.0	153.1	48.0	129.1	177.1
4600	4440							19.9	161.2	39.8	141.3	181.2
4700	4540							15.8	169.4	31.7	153.6	185.2
4800	4640							11.8	177.6	23.5	165.8	189.3
4900	4740							7.7	185.7	15.3	178.1	193.4
5000	4840							3.6	193.9	7.2	190.3	197.5

示例：A = 1600mm、D = 3000.0 砖环。查本表 D = 3000.0mm 行之序号 3：$K_{H16-80.0/70.0}$ = 54.5 块，$K_{H16-78.8/71.3}$ = 61.4 块，K_h = 115.9 块。计算值 $K_{H16-80.0/70.0}$ = 3.0 × 0.04080 × (3285.3 − 2840.0) = 54.5 块，$K_{H16-78.8/71.3}$ = 4.0 × 0.04080 × (2840.0 − 2464.0) = 61.4 块，K_h = 0.04080 × 2840.0 = 115.9 块。序号 4：$K_{H16-80.0/70.0}$ = 85.2 块，$K_{H16-77.5/72.5}$ = 30.7 块，K_h = 115.9 块。计算值 $K_{H16-80.0/70.0}$ = 0.04080 × (429280.0 − 2840.0) = 85.2 块，$K_{H16-77.5/72.5}$ = 2.0 × 0.04080 × (2840.0 − 2464.0) = 30.7 块，K_h = 0.04080 × 2840.0 = 115.9 块。查表砖数与计算值完全相等。序号 2 砖数在粗实线框外，表明砖量配比不好

表 2-13　A = 180mm 等中间尺寸 75mm 双楔形砖砖环砖量表　　　（块）

砖环直径/mm		序号1		序号2		序号3		序号4		序号5		每环总砖数 K_h
外直径 D	中间直径 D_p	H18-82.5/67.5	H18-80.0/70.0	H18-82.5/67.5	H18-78.8/71.3	H18-80.0/70.0	H18-78.8/71.3	H18-80.0/70.0	H18-77.5/72.5	H18-78.8/71.3	H18-77.5/72.5	
2100	1920	69.523	8.813	72.461	5.875							78.3
2200	2020	61.4	21.0	68.4	14.0							82.4
2300	2120	53.2	33.3	64.3	22.2							86.5
2400	2220	45.0	45.5	60.2	30.4							90.6
2500	2320	36.9	57.8	56.1	38.5							94.7
2600	2420	28.7	70.0	52.1	46.7							98.7
2700	2520	20.6	82.2	48.0	54.8							102.8
2800	2620	12.4	94.5	43.9	63.0							106.9
2900	2720	4.2	106.7	39.8	71.2							111.0
3000	2820			35.7	79.3	107.222	7.834	111.1	3.917			115.1
3100	2920			31.7	87.5	95.0	24.2	107.1	12.1			119.1
3200	3020			27.6	95.6	82.7	40.5	103.0	20.2			123.2
3300	3120			23.5	103.8	70.5	56.8	98.9	28.4			127.3
3400	3220			19.4	112.0	58.3	73.1	94.8	36.6			131.4
3500	3320			15.3	120.1	46.0	89.4	90.7	44.7			135.5
3600	3420			11.3	128.3	33.8	105.8	86.7	52.9			139.5
3700	3520			7.2	136.4	21.5	122.1	82.6	61.0			143.6
3800	3620			3.1	144.6	9.3	138.4	78.5	69.2			147.7
3900	3720							74.4	77.4	148.838	2.938	151.8
4000	3820							70.3	85.5	140.7	15.2	155.9
4100	3920							66.3	93.7	132.5	27.4	159.9
4200	4020							62.2	101.8	124.4	39.7	164.0
4300	4120							58.1	110.0	116.2	51.9	168.1
4400	4220							54.0	118.2	108.0	64.1	172.2
4500	4320							49.9	126.3	99.9	76.4	176.3
4600	4420							45.9	134.5	91.7	88.6	180.3
4700	4520							41.8	142.6	83.6	100.9	184.4
4800	4620							37.7	150.8	75.4	113.1	188.5
4900	4720							33.6	159.0	67.2	125.3	192.6
5000	4820							29.5	167.1	59.1	137.6	196.7
5100	4920							25.5	175.3	50.9	149.8	200.7
5200	5020							21.4	183.4	42.8	162.1	204.8
5300	5120							17.3	191.6	34.6	174.3	208.9
5400	5220							13.2	199.8	26.4	186.5	213.0
5500	5320							9.1	207.9	18.3	198.8	217.1
5600	5420							5.1	216.1	10.1	211.0	221.1
5700	5520							1.0	224.2	2.0	223.3	225.2

示例：$A = 180mm$、$D = 4000.0mm$ 砖环。查本表 $D = 4000.0mm$ 行之序号4：$K_{H18\text{-}80.0/70.0} = 70.3$ 块，$K_{H18\text{-}77.5/72.5} = 85.5$ 块，$K_h = 155.9$ 块。计算值 $K_{H18\text{-}80.0/70.0} = 0.04080 \times (5544.0 - 3820.0) = 70.3$ 块，$K_{H18\text{-}77.5/72.5} = 2.0 \times 0.04080 \times (3820.0 - 2772.0) = 85.5$ 块，$K_h = 0.04080 \times 3820.0 = 155.9$ 块。查表砖数与计算值完全相等。

示例：$A = 180mm$，$D = 5000.0mm$ 砖环。查本表 $D = 5000.0mm$ 行之序号5：$K_{H18\text{-}78.8/71.3} = 59.1$ 块，$K_{H18\text{-}77.5/72.5} = 137.6$ 块，$K_h = 196.7$ 块。计算值 $K_{H18\text{-}78.8/71.3} = 2.0 \times 0.04080 \times (5544.0 - 4820.0) = 59.1$ 块，$K_{H18\text{-}77.5/72.5} = 3.0 \times 0.04080 \times (4820.0 - 3696.0) = 137.6$ 块，$K_h = 0.04080 \times 4820.0 = 196.7$ 块。查表砖数与计算值完全相等

表 2-14 A=220mm 等中间尺寸 75mm 双楔形砖砖环砖量表 （块）

砖环直径/mm		序号1		序号2		序号3		序号4		序号5		每环总砖数 K_h
外直径 D	中间直径 D_p	H22-82.5/67.5	H22-80.0/70.0	H22-82.5/67.5	H22-78.8/71.3	H22-80.0/70.0	H22-78.8/71.3	H22-80.0/70.0	H22-77.5/72.5	H22-78.8/71.3	H22-77.5/72.5	
2500	2280	90.413	2.607	91.282	1.738							93.024
2600	2380	82.3	14.8	87.2	9.9							97.1
2700	2480	74.1	27.1	83.1	18.1							101.2
2800	2580	65.9	39.3	79.0	26.2							105.3
2900	2680	57.8	51.6	75.0	34.4							109.3
3000	2780	49.6	63.8	70.9	42.5							113.4
3100	2880	41.5	76.0	66.8	50.7							117.5
3200	2980	33.3	88.3	62.7	58.9							121.6
3300	3080	25.1	100.5	58.6	67.0							125.7
3400	3180	17.0	112.8	54.6	75.2							129.7
3500	3280	8.8	125.0	50.5	83.3							133.8
3600	3380	0.7	137.2	46.4	91.5							137.9
3700	3480			42.3	99.7	126.966	15.014	134.477	7.507			142.0
3800	3580			38.2	107.8	114.7	31.3	130.4	15.7			146.1
3900	3680			34.2	116.0	102.5	47.7	126.3	23.8			150.1
4000	3780			30.1	124.1	90.2	64.0	122.2	32.0			154.2
4100	3880			26.0	132.3	78.0	80.3	118.2	40.1			158.3
4200	3980			21.9	140.5	65.5	96.6	114.1	48.3			162.4
4300	4080			17.8	148.6	53.5	112.9	110.0	56.5			166.5
4400	4180			13.8	156.8	41.3	129.3	105.9	64.6			170.5
4500	4280			9.7	164.9	29.0	145.6	101.8	72.8			174.6
4600	4380			5.6	173.1	16.8	161.9	97.8	80.9			178.7
4700	4480			1.5	181.3	4.6	178.2	93.7	89.1			182.8
4800	4580							89.6	97.3	179.194	7.674	186.9
4900	4680							85.5	105.4	171.0	19.9	190.9
5000	4780							81.4	113.6	162.9	32.2	195.0
5100	4880							77.4	121.7	154.7	44.4	199.1
5200	4980							73.3	129.9	146.6	56.6	203.2
5300	5080							69.2	138.1	138.4	68.9	207.3
5400	5180							65.1	146.2	130.2	81.1	211.3
5500	5280							61.0	154.4	122.1	93.4	215.4
5600	5380							57.0	162.5	113.9	105.6	219.5
5700	5480							52.9	170.7	105.8	117.8	223.6
5800	5580							48.8	178.9	97.6	130.1	227.7
5900	5680							44.7	187.0	89.4	142.3	231.7
6000	5780							40.6	195.2	81.3	154.6	235.8
6100	5880							36.6	203.3	73.1	166.8	239.9
6200	5980							32.5	211.5	65.0	179.0	244.0
6300	6080							28.4	219.7	56.8	191.3	248.1
6400	6180							24.3	227.8	48.6	203.5	252.1
6500	6280							20.2	236.0	40.5	215.8	256.2
6600	6380							16.2	244.1	32.3	228.0	260.3
6700	6480							12.1	252.3	24.2	240.2	264.4
6800	6580							8.0	260.5	16.0	252.5	268.5
6900	6680							3.9	268.6	7.8	264.7	272.5

示例：$A=220mm$、$D=5000.0mm$ 砖环。查本表 $D=5000.0mm$ 行之序号 4：$K_{H22-80.0/70.0}=81.4$ 块，$K_{H22-77.5/72.5}=113.6$ 块，$K_h=195.0$ 块。计算值 $K_{H22-80.0/70.0}=0.04080\times(6776.0-4780.0)=81.4$ 块，$K_{H22-77.5/72.5}=2.0\times0.04080\times(4780.0-3388.0)=113.6$ 块，$K_h=0.04080\times4780.0=195.0$ 块。查表砖数与计算值完全相等。

示例：$A=220mm$、$D=6000.0mm$ 砖环。查本表 $D=6000.0mm$ 行之序号 5：$K_{H22-78.8/71.3}=81.3$ 块，$K_{H22-77.5/72.5}=154.6$ 块，$K_h=235.8$ 块。计算值 $K_{H22-78.8/71.3}=2.0\times0.04080\times(6776.0-5780.0)=81.3$ 块，$K_{H18-77.5/72.5}=3.0\times0.04080\times(5780.0-4517.3)=154.5$ 块，$K_h=0.04080\times5780.0=235.8$ 块。查表砖数与计算值完全相等

表 2-15　$A=250$mm 等中间尺寸 75mm 双楔形砖砖环砖量表　　　　（块）

| 砖环直径/mm | | 序号1 | | 序号2 | | 序号3 | | 序号4 | | 序号5 | | 每环总砖数 K_h |
外直径 D	中间直径 D_p	H25-82.5/67.5	H25-80.0/70.0	H25-82.5/67.5	H25-78.8/71.3	H25-80.0/70.0	H25-78.8/71.3	H25-80.0/70.0	H25-77.5/72.5	H25-78.8/71.3	H25-77.5/72.5	
2900	2650	97.92	10.196	101.319	6.797							108.12
3000	2750	89.8	22.4	97.239	14.957							112.2
3100	2850	81.6	34.7	93.2	23.1							116.3
3200	2950	73.4	46.9	89.1	31.3							120.4
3300	3050	65.3	59.2	85.0	39.4							124.4
3400	3150	57.1	71.4	80.9	47.6							128.5
3500	3250	49.0	83.6	76.8	55.8							132.6
3600	3350	40.8	95.9	72.8	63.9							136.7
3700	3450	32.6	108.1	68.7	72.1							140.8
3800	3550	24.5	120.4	64.6	80.2							144.8
3900	3650	16.3	132.6	60.5	88.4							148.9
4000	3750	8.2	144.8	56.4	96.6							153.0
4100	3850	0.0	157.1	52.4	104.7	157.080	0	157.080	0			157.1
4200	3950			48.3	112.9	144.8	16.3	153.0	8.2			161.2
4300	4050			44.2	121.0	132.6	32.6	148.9	16.3			165.2
4400	4150			40.1	129.2	120.4	49.0	144.8	24.5			169.3
4500	4250			36.0	137.4	108.1	65.3	140.8	32.6			173.4
4600	4350			32.0	145.5	95.9	81.6	136.7	40.8			177.5
4700	4450			27.9	153.7	83.6	97.9	132.6	49.0			181.6
4800	4550			23.8	161.8	71.4	114.2	128.5	57.1			185.6
4900	4650			19.7	170.0	59.2	130.6	124.4	65.3			189.7
5000	4750			15.6	178.2	46.9	146.9	120.4	73.4			193.8
5100	4850			11.6	186.3	34.7	163.2	116.3	81.6			197.9
5200	4950			7.5	194.5	22.4	179.5	112.2	89.8			202.0
5300	5050			3.4	202.6	10.2	195.8	108.1	97.9			206.0
5400	5150							104.0	106.1	208.08	2.044	210.1
5500	5250							100.0	114.2	199.9	14.3	214.2
5600	5350							95.9	122.4	191.8	26.5	218.3
5700	5450							91.8	130.6	183.6	38.8	222.4
5800	5550							87.7	138.7	175.4	51.0	226.4
5900	5650							83.6	146.9	167.3	63.2	230.5
6000	5750							79.6	155.0	159.1	75.5	234.6
6100	5850							75.5	163.2	151.0	87.7	238.7
6200	5950							71.4	171.4	142.8	100.0	242.8
6300	6050							67.3	179.5	134.6	112.2	246.8
6400	6150							63.2	187.7	126.5	124.4	250.9
6500	6250							59.2	195.8	118.3	136.7	255.0
6600	6350							55.1	204.0	110.2	148.9	259.1
6700	6450							51.0	212.2	102.0	161.2	263.2
6800	6550							46.9	220.3	93.8	173.4	267.2
6900	6650							42.8	228.5	85.7	185.6	271.3
7000	6750							38.8	236.6	77.5	197.9	275.4
7100	6850							34.7	244.8	69.4	210.1	279.5
7200	6950							30.6	253.0	61.2	222.4	283.6
7300	7050							26.5	261.1	53.0	234.6	287.6
7400	7150							22.4	269.3	44.9	246.8	291.7
7500	7250							18.4	277.4	36.7	259.1	295.8
7600	7350							14.3	285.6	28.6	271.3	299.9
7700	7450							10.2	293.8	20.4	283.6	304.0
7800	7550							6.1	301.9	12.2	295.8	308.0
7900	7650							2.0	310.1	4.1	308.0	312.1

示例：$A=250$mm、$D=7000.0$mm 砖环。查本表 $D=7000.0$mm 行之序号4 砖数在粗实线框外，砖量配比不合适。序号5：$K_{H25-78.8/71.3}=77.5$ 块，$K_{H25-77.5/72.5}=197.9$ 块，$K_h=275.4$ 块。计算值 $K_{H25-78.8/71.3}=2.0 \times 0.04080 \times (7700.0-6750.0)=77.5$ 块，$K_{H25-77.5/72.5}=3.0 \times 0.04080 \times (6750.0-5133.3)=197.9$ 块，$K_h=0.04080 \times 6750.0=275.4$ 块。查表砖数与计算值完全相等。注意计算式采取中间直径 D_p、D_{px} 和 D_{pd}，见表 1-26。

示例：$A=250$mm、$D=9000.0$mm 砖环。查本表最大 $D=7900.0$mm，无法砌筑改砖环。请查等楔差双楔形砖环和不等端尺寸双楔形砖砖环砖量表

2.1.4 等楔差双楔形砖砖环砖量表

等楔差双楔形砖砖环砖量计算的特点：一是相配砌两砖的楔差 ΔC 彼此相等，因之两砖每环极限砖数 $2\pi A/\Delta C = K'_x = K'_d$，并且已证明都等于砖环总砖数 $K'_x = K'_d = K_h$；二是单位直径对应的砖数变化量 $m = n$，就是说小直径楔形砖逐行递减砖量 $100n$ 等于大直径楔形砖逐行递加砖量 $100m$。利用这些特点设计了我国等楔差双楔形砖砖环砖量模式表 2-16。表 2-16 和编表资料（表 2-17）中第一行起点和末行终点砖量的计算，可利用最简化的 $K_x = m(D_d - D)$（式 1-35）和 $K_d = m(D - D_x)$（式 1-36），但考虑我国等楔形差双楔形砖环计算 $K_h = K'_x = K'_d$ 和 Q/T 为简单整数比 2.0/3.0、3.0/4.0 或 5.0/6.0 的特点，运用基于砖环总砖数的简易计算式 $K_x = TK_h - mD$ 和 $K_d = mD - QK_h$ 更能加深对我国等楔差双楔形砖砖环的理解和便于记忆。至于各砖环中的 m 值和 Q/T 可由表 1-33 ~ 表 1-36 查得。

表 2-16 等楔差双楔形砖砖环砖量模式表

砖环外直径/mm	小直径楔形砖量 K_x/块	大直径楔形砖量 K_d/块	每环总砖数 K_h/块
$D_1 = $ 接近并大于 D_x 整百倍毫米数值	$K_{x1} = TK_h - mD_1$	$K_{d1} = mD_1 - QK_h$	$K_h = K'_x = K'_d$
$D_2 = D_1 + 100$	$K_{x2} = K_x - 100m$	$K_{d2} = K_{d1} + 100m$	K_h
$D_3 = D_2 + 100$	$K_{x3} = K_{x2} - 100m$	$K_{d3} = K_{d2} + 100m$	K_h
$D_4 = D_3 + 100$	$K_{x4} = K_{x3} - 100m$	$K_{d4} = K_{d3} + 100m$	K_h
⋮	⋮	⋮	⋮
逐行递增 100	逐行递减 $100m$	逐行递增 $100m$	K_h
$D_m = $ 接近并小于 D_d 整百倍毫米数值	$K_{xm} = TK_h - mD_m$	$K_{dm} = mD_m - QK_h$	K_h

现以 H16-77.5/72.5 与 H16-104.0/99.0 等楔差 5.0mm、$Q/T = 3.0/4.0$ 双楔形砖砖环为例，计算编制资料（表 2-17 序号 160-3）和编制该砖环砖量表（表 2-18）。该砖环小直径楔形砖 H16-77.5/72.5 和大直径楔形砖 H16-104.0/99.0 的外直径分别为 $D_x = 5088.0$mm 和 $D_d = 6784.0$mm，每环极限砖数 $K'_x = K'_d = K_h = 201.062$ 块。第 1 行起点的外直径取接近并大于 5088.0mm 的整百倍毫米数值 $D_1 = 5100.0$mm，末行终点的外直径取接近并小于 6784.0mm 的整百倍毫米数值 $D_m = 6700.0$mm。第 1 行计算砖数 $K_{\text{H16-77.5/72.5}} = 4.0 \times 201.062 - 0.11855 \times 5100 = 199.643$ 块，$K_{\text{H16-104.0/99.0}} = 0.11855 \times 5100.0 - 3.0 \times 201.062 = 1.419$ 块，$K_h = 201.062$ 块。末行计算砖数 $K_{\text{H16-77.5/72.5}} = 4.0 \times 201.062 - 0.11855 \times 6700.0 = 9.963$ 块，$K_{\text{H16-104.0/99.0}} = 0.11855 \times 6700.0 - 3.0 \times 201.062 = 191.099$ 块，$K_h = 201.062$ 块。$K_{\text{H16-77.5/72.5}}$ 纵列栏逐行递减 $100n = 100 \times 0.11855 = 11.855$ 块，$K_{\text{H16-104.0/99.0}}$ 纵列栏逐行递增 $100m = 100 \times 0.11855 = 11.855$ 块，$K_h = 201.062$ 块。

按等楔差双楔形砖砖环砖量模式表 2-16 和等楔形差双楔形砖砖环砖量表编制资料表 2-17，编制了 A 为 180mm、200mm、220mm 和 250mm 等楔差双楔形砖砖环砖量表 2-19 ~ 表 2-22。

P-C 等楔差双楔形砖砖环砖量表，按模式表 2-23 和其编制资料表 2-24 编制。

现以 P-C 等楔差 15.0mm 双楔形砖砖环砖量表（表 2-25）为例，计算编制资料（见表 2-24）和编制表 2-25。该砖环由 H20-82.5/67.5 与 H20-100/85.0 配砌而成。砖量表第 1 行（起点）外直径 D_1 取接近并大于 D_x（2253.3mm）整百倍毫米数值 2300.0mm，小直径楔形砖数量 $K_{X1} = 0.17952 \times (2720.0 - 2300.0) = 75.398$ 块，大直径楔形砖数量 $K_{d1} = 0.17952 \times$

表2-17 等楔差双楔形砖砖环砖量表编制资料

序号	配砌尺寸砖号		砖环外直径范围 $D_x \sim D_d$/mm	每环极限砖数/块 $K'_x = K'_d = K_h$	第1行(起点)			$100n = 100m$	Q/T	等楔差/mm	末行(终点)		
	小直径楔形砖	大直径楔形砖			外直径 D_1/mm	一环砖数/块 K_{x1}	K_{d1}				外直径 D_m/mm	一环砖数/块 K_{xm}	K_{dm}
160-1	H16-78.8/71.3	H16-119.1/111.6	3445.3~5168.0	134.042	3500.0	129.791	4.251	7.781	2.0/3.0	7.5	5100.0	5.295	128.747
160-2	H16-100/92.5	H16-120.4/112.9	4352.0~5222.4	134.042	4400.0	126.652	7.390	15.40	5.0/6.0	7.5	5200.0	3.452	130.59
160-3	H16-77.5/72.5	H16-104.0/99.0	5088.0~6784.0	201.062	5100.0	199.643	1.419	11.855	3.0/4.0	5.0	6700.0	9.963	191.099
160-4	H16-100/95.0	H16-120.4/115.4	6258.0~7833.6	201.062	6600.0	189.972	11.090	15.40	5.0/6.0	5.0	7800.0	5.172	195.890
180-1	H18-78.8/71.3	H18-119.1/111.6	3876.0~5814.0	150.797	3900.0	148.932	1.865	7.781	2.0/3.0	7.5	5800.0	1.093	149.704
180-2	H18-100/92.5	H18-120.4/112.9	4896.0~5875.2	150.797	4900.0	150.182	0.615	15.40	5.0/6.0	7.5	5800.0	11.582	139.215
180-3	H18-77.5/72.5	H18-104.0/99.0	5724.0~7632.0	226.195	5800.0	217.190	9.005	11.855	3.0/4.0	5.0	7600.0	3.80	222.395
180-4	H18-100/95.0	H18-120.4/115.4	7344.0~8812.8	226.195	7400.0	217.520	8.625	15.40	5.0/6.0	5.0	8800.0	1.970	224.225
200-1	H20-78.8/71.3	H20-119.1/111.6	4306.7~6460.0	167.552	4400.0	160.292	7.260	7.781	2.0/3.0	7.5	6400.0	4.672	162.880
200-2	H20-100/92.5	H20-120.4/112.9	5440.0~6528.0	167.552	5500.0	158.312	9.240	15.40	5.0/6.0	7.5	6500.0	4.312	163.240
200-3	H20-77.5/72.5	H20-104.0/99.0	6360.0~8480.0	251.328	6400.0	246.592	4.736	11.855	3.0/4.0	5.0	8400.0	9.492	241.836
200-4	H20-100/95.0	H20-120.4/115.4	8160.0~9792.0	251.328	8200.0	245.168	6.16	15.40	5.0/6.0	5.0	9700.0	14.168	237.16
220-1	H22-78.8/71.3	H22-119.1/111.6	4737.3~7106.0	184.307	4800.0	179.433	4.874	7.781	2.0/3.0	7.5	7100.0	0.470	183.837
220-2	H22-100/92.5	H22-120.4/112.9	5984.0~7180.8	184.307	6000.0	181.842	2.465	15.40	5.0/6.0	7.5	7100.0	12.442	171.865
220-3	H22-77.5/72.5	H22-104.0/99.0	6996.0~9328.0	276.461	7000.0	275.994	0.467	11.855	3.0/4.0	5.0	9300.0	3.329	273.132
220-4	H22-100/95.0	H22-120.4/115.4	8976.0~10771.2	276.461	9000.0	272.776	3.695	15.40	5.0/6.0	5.0	10700.0	10.966	265.495
250-1	H25-78.8/71.3	H25-119.1/111.6	5383.3~8075.0	209.440	5400.0	208.146	1.294	7.781	2.0/3.0	7.5	8000.0	5.840	203.60
250-2	H25-100/92.5	H25-120.4/112.9	6800.0~8160.0	209.440	6800.0	209.44	0	15.40	5.0/6.0	7.5	8100.0	9.240	200.20
250-3	H25-77.5/72.5	H25-104.0/99.0	7950.0~10600.0	314.160	8000.0	308.240	5.920	11.855	3.0/4.0	5.0	10600.0	0	314.160
250-4	H25-100/95.0	H25-120.4/115.4	10200.0~12240.0	314.160	102000.0	314.160	0	15.40	5.0/6.0	5.0	12200.0	6.160	308.0

（2300.0 − 2253.3）= 8.383 块，$K_h = K_x' = K_d' = 83.776$，这些简易计算式由表 1-37 查得。末行（终点）的外直径 D_m 取接近并小于 D_d（2720.0mm）整百位毫米数值 2700.0mm，小直径楔形砖数量 $K_{xm} = 0.17952 \times (2720.0 − 2700.0) = 3.590$ 块，大直径楔形砖数量 $K_{dm} = 0.17952 \times (2700.0 − 2253.3) = 80.191$ 块，K_{hm} 仍为 83.776 块。$100m = 100 \times 0.17952 = 17.952$ 块，即小直径楔形砖数量 $K_{H20-82.5/67.5}$ 纵列栏逐行递减 17.952 块，大直径楔形砖数量 $K_{H20-100/85.0}$ 纵列栏逐行递增 17.952 块。其余序号 P-C160-1、P-C180-1、P-C220-1 和 P-C250-1 的等楔差 15.0mm 双楔形砖砖环砖量编在同一表中。按此方法编制了 P-C 等楔差 10.0mm、7.5mm 和 5.0mm 双楔形砖砖环砖量表（表 2-26 ~ 表 2-28）。

表 2-18　$A = 160mm$ 等楔差双楔形砖砖环砖量表　　　　　　　　（块）

砖环外直径 D/mm	序号 1			序号 2			序号 3			序号 4		
	H16-78.8/71.3	H16-119.1/111.6	K_h	H16-100/92.5	H16-120.4/112.9	K_h	H16-77.5/72.5	H16-104.0/99.0	K_h	H16-100/95.0	H16-120.4/115.4	K_h
3500	129.791	4.251	134.042									
3600	122.0	12.0	134.042									
3700	114.2	19.8	134.042									
3800	106.4	27.6	134.042									
3900	98.7	35.4	134.042									
4000	90.9	43.2	134.042									
4100	83.1	50.9	134.042									
4200	75.3	58.7	134.042									
4300	67.5	66.5	134.042									
4400	59.8	74.3	134.042	126.652	7.39	134.042						
4500	52.0	82.1	134.042	111.2	22.8	134.042						
4600	44.2	89.8	134.042	95.9	38.2	134.042						
4700	36.4	97.6	134.042	80.4	53.6	134.042						
4800	28.6	105.4	134.042	65.0	69.0	134.042						
4900	20.9	113.2	134.042	49.6	84.4	134.042						
5000	13.1	121.0	134.042	34.2	99.8	134.042						
5100	5.3	128.7	134.042	18.8	115.2	134.042	199.643	1.4	201.062			
5200				3.4	130.6	134.042	187.8	13.3	201.062			
5300							175.9	25.1	201.062			
5400							164.1	37.0	201.062			
5500							152.2	48.8	201.062			
5600							140.4	60.7	201.062			
5700							128.5	72.5	201.062			
5800							116.7	84.4	201.062			
5900							104.8	96.3	201.062			
6000							92.9	108.1	201.062			
6100							81.1	120.0	201.062			
6200							69.2	131.8	201.062			
6300							57.4	143.7	201.062			
6400							45.5	155.5	201.062			
6500							33.7	167.4	201.062			
6600							21.8	179.2	201.062	189.972	11.09	201.062
6700							10.0	191.1	201.062	174.6	26.5	201.062
6800										159.2	41.9	201.062
6900										143.8	57.3	201.062
7000										128.4	72.7	201.062
7100										113.0	88.1	201.062
7200										97.6	103.5	201.062
7300										82.2	118.9	201.062
7400										66.8	134.3	201.062
7500										51.4	149.7	201.062
7600										36.0	165.1	201.062
7700										20.6	180.5	201.062
7800										5.2	195.9	201.062

示例：$A = 160mm$、$D = 4000.0mm$ 砖环。查本表 $D = 4000.0mm$ 行之序号 1：$K_{H16-78.8/71.3} = 90.9$ 块，$K_{H16-119.1/111.6} = 43.1$ 块，$K_h = 134.0$ 块。计算值 $K_{H16-78.8/71.3} = 3.0 \times 134.042 − 0.07781 \times 4000.0 = 90.9$ 块，$K_{H16-119.1/111.6} = 0.07781 \times 4000.0 − 2.0 \times 134.042 = 43.1$ 块，$K_h = 134.0$ 块。查表砖数与计算值完全相等。

示例：$A = 160mm$、$D = 5000.0mm$ 砖环。查本表 $D = 5000.0mm$ 行之序号 2：$K_{H16-100/92.5} = 34.2$ 块，$K_{H16-120.4/112.9} = 99.8$ 块，$K_h = 134.0$ 块。计算值 $K_{H16-100/92.5} = 6.0 \times 134.042 − 0.1540 \times 5000.0 = 34.2$ 块，$K_{H16-120.4/112.9} = 0.1540 \times 5000.0 − 5.0 \times 134.042 = 99.8$ 块，$K_h = 134.0$ 块。查表砖数与计算值完全相等。

示例：$A = 160mm$、$D = 5500.0mm$ 砖环。查本表 $D = 5500.0mm$ 行之序号 3：$K_{H16-77.5/72.5} = 152.2$ 块，$K_{H16-104.0/99.0} = 48.8$ 块，$K_h = 201.1$ 块。计算值 $K_{H16-77.5/72.5} = 4.0 \times 201.062 − 0.11855 \times 5500.0 = 152.2$ 块，$K_{H16-104.0/99.0} = 0.11855 \times 5500.0 − 3.0 \times 201.062 = 48.8$ 块，$K_h = 201.1$ 块。查表砖数与计算值完全相等

表 2-19　A = 180mm 等楔差双楔形砖砖环砖量表　　　　　（块）

砖环外直径 D/mm	序号1			序号2			序号3			序号4		
	H18-78.8/71.3	H18-119.1/111.6	K_h	H18-100/92.5	H18-120.4/112.9	K_h	H18-77.5/72.5	H18-104.0/99.0	K_h	H18-100/95.0	H18-120.4/115.4	K_h
3900	148.932	1.865	150.797									
4000	141.2	9.6	150.797									
4100	133.4	17.4	150.797									
4200	125.6	25.2	150.797									
4300	117.8	33.0	150.797									
4400	110.0	40.8	150.797									
4500	102.2	48.6	150.797									
4600	94.5	56.3	150.797									
4700	86.7	64.1	150.797									
4800	78.9	71.9	150.797									
4900	71.1	79.7	150.797	150.182	0.615	150.797						
5000	63.3	87.5	150.797	134.8	16.0	150.797						
5100	55.6	95.2	150.797	119.4	31.4	150.797						
5200	47.8	103.0	150.797	104.0	46.8	150.797						
5300	40.0	110.8	150.797	88.6	62.2	150.797						
5400	32.2	118.6	150.797	73.2	77.6	150.797						
5500	24.4	126.4	150.797	57.8	93.0	150.797						
5600	16.7	134.1	150.797	42.4	108.4	150.797						
5700	8.9	141.9	150.797	27.0	123.8	150.797						
5800	1.1	149.7	150.797	11.6	139.2	150.797	217.190	9.005	226.195			
5900							205.3	20.9	226.195			
6000							193.5	32.7	226.195			
6100							181.6	44.6	226.195			
6200							169.8	56.4	226.195			
6300							157.9	68.3	226.195			
6400							146.1	80.1	226.195			
6500							134.2	92.0	226.195			
6600							122.4	103.8	226.195			
6700							110.5	115.7	226.195			
6800							98.6	127.6	226.195			
6900							86.8	139.4	226.195			
7000							74.9	151.3	226.195			
7100							63.1	163.1	226.195			
7200							51.2	175.0	226.195			
7300							39.4	186.8	226.195			
7400							27.5	198.7	226.195	217.57	8.625	226.195
7500							15.7	210.5	226.195	202.2	24.0	226.195
7600							3.8	222.4	226.195	186.8	39.4	226.195
7700										171.4	54.8	226.195
7800										156.0	70.2	226.195
7900										140.6	85.6	226.195
8000										125.2	101.0	226.195
8100										109.8	116.4	226.195
8200										94.4	131.8	226.195
8300										79.0	147.2	226.195
8400										63.6	162.6	226.195
8500										48.2	178.0	226.195
8600										32.8	193.4	226.195
8700										17.4	208.8	226.195
8800										2.0	224.2	226.195

示例：$A = 180$mm、$D = 5000.0$mm 砖环。查本表 $D = 5000.0$mm 行之序号 1：$K_{H18-78.8/71.3} = 63.3$ 块，$K_{H18-119.1/111.6} = 87.5$ 块，$K_h = 150.8$ 块。计算值 $K_{H18-78.8/71.3} = 3.0 \times 150.797 - 0.07781 \times 5000.0 = 63.3$ 块，$K_{H18-119.1/111.6} = 0.07781 \times 5000.0 - 2.0 \times 150.797 = 87.5$ 块，$K_h = 150.8$ 块。查表砖数与计算值完全相等。

示例：$A = 180$mm、$D = 5500.0$mm 砖环。查本表 $D = 5500.0$mm 行之序号 2：$K_{H18-100/92.5} = 57.8$ 块，$K_{H18-120.4/112.9} = 93.0$ 块，$K_h = 150.8$ 块。计算值 $K_{H18-100/92.5} = 6.0 \times 150.797 - 0.1540 \times 5500.0 = 57.8$ 块，$K_{H18-120.4/112.9} = 0.1540 \times 5500.0 - 5.0 \times 150.797 = 93.0$ 块，$K_h = 150.8$ 块。查表砖数与计算值完全相等。

示例：$A = 180$mm、$D = 6500.0$mm 砖环。查本表 $D = 6500.0$mm 行之序号 3：$K_{H18-77.5/72.5} = 134.2$ 块，$K_{H18-104.0/99.0} = 92.0$ 块，$K_h = 226.2$ 块。计算值 $K_{H18-77.5/72.5} = 4.0 \times 226.195 - 0.11855 \times 6500.0 = 134.2$ 块，$K_{H18-104.0/99.0} = 0.11855 \times 6500.0 - 3.0 \times 226.195 = 92.0$ 块，$K_h = 226.2$ 块。查表砖数与计算值完全相等。

示例：$A = 180$mm、$D = 8000.0$mm 砖环。查本表 $D = 8000.0$mm 行之序号 4：$K_{H18-100/95.0} = 125.2$ 块，$K_{H18-120.4/115.4} = 101.0$ 块，$K_h = 226.2$ 块。计算值 $K_{H18-100/95.0} = 6.0 \times 226.195 - 0.1540 \times 8000.0 = 125.2$ 块，$K_{H18-120.4/115.4} = 0.1540 \times 8000.0 - 5.0 \times 226.195 = 101.0$ 块，$K_h = 226.2$ 块。查表砖数与计算值完全相等。

表2-20 A=200mm 等楔差双楔形砖砖环砖量表 （块）

砖环外直径 D/mm	序号1			序号2			序号3			序号4		
	H20-78.8/71.3	H20-119.1/111.6	K_h	H20-100/92.5	H20-120.4/112.9	K_h	H20-77.5/72.5	H20-104.0/99.0	K_h	H20-100/95.0	H20-120.4/115.4	K_h
4400	160.292	7.260	167.552									
4500	152.5	15.0	167.552									
4600	144.7	22.8	167.552									
4700	136.9	30.6	167.552									
4800	129.2	38.4	167.552									
4900	121.4	46.2	167.552									
5000	113.6	53.9	167.552									
5100	105.8	61.7	167.552									
5200	98.0	69.5	167.552									
5300	90.3	77.3	167.552									
5400	82.5	85.1	167.552									
5500	74.7	92.9	167.552	158.312	9.240	167.552						
5600	66.9	100.6	167.552	142.9	24.6	167.552						
5700	59.1	108.4	167.552	127.5	40.0	167.552						
5800	51.4	116.2	167.552	112.1	55.4	167.552						
5900	43.6	124.0	167.552	96.7	70.8	167.552						
6000	35.8	131.8	167.552	81.3	86.2	167.552						
6100	28.0	139.5	167.552	65.9	101.6	167.552						
6200	20.2	147.3	167.552	50.5	117.0	167.552						
6300	12.5	155.1	167.552	35.1	132.4	167.552						
6400	4.7	162.9	167.552	19.7	147.8	167.552	246.592	4.736	251.33			
6500				4.3	163.2	167.552	234.7	16.6	251.33			
6600							222.9	28.4	251.33			
6700							211.0	40.3	251.33			
6800							199.2	52.2	251.33			
6900							187.3	64.0	251.33			
7000							175.5	75.9	251.33			
7100							163.6	87.7	251.33			
7200							151.8	99.6	251.33			
7300							139.9	111.4	251.33			
7400							128.0	123.3	251.33			
7500							116.2	135.1	251.33			
7600							104.3	147.0	251.33			
7700							92.5	158.9	251.33			
7800							80.6	170.7	251.33			
7900							68.8	182.6	251.33			
8000							56.9	194.4	251.33			
8100							45.1	206.3	251.33			
8200							33.2	218.1	251.33	245.168	6.16	251.328
8300							21.3	230.0	251.33	229.8	21.6	251.328
8400							9.5	241.8	251.33	214.4	37.0	251.328
8500										199.0	52.4	251.328
8600										183.6	67.8	251.328
8700										168.2	83.2	251.328
8800										152.8	98.6	251.328
8900										137.4	114.0	251.328
9000										122.0	129.4	251.328
9100										106.6	144.8	251.328
9200										91.2	160.2	251.328
9300										75.8	175.6	251.328
9400										60.4	191.0	251.328
9500										45.0	206.4	251.328
9600										29.6	221.8	251.328
9700										14.2	237.2	251.328

示例：$A=200$mm、$D=6000.0$mm砖环。查本表$D=6000.0$mm行之序号1：$K_{H20-78.8/71.3}=35.8$块，$K_{H20-119.1/111.6}=131.8$块，$K_h=167.5$块。计算值$K_{H20-78.8/71.3}=0.07781×(6460.0-6000.0)=35.8$块，$K_{H20-119.1/111.6}=0.07781×(6000.0-4306.7)=131.7$块，$K_h=167.5$块。序号2：$K_{H20-100/92.5}=81.3$块，$K_{H20-120.4/112.9}=86.2$块，$K_h=167.5$块。计算值$K_{H20-100/92.5}=0.1540×(6528.0-6000.0)=81.3$块，$K_{H20-120.4/112.9}=0.1540×(6000.0-5440.0)=86.2$块，$K_h=167.5$块。查表砖数与计算值完全相等。

示例：$A=200$mm、$D=7000.0$mm砖环。查本表$D=7000.0$mm行之序号3：$K_{H20-77.5/72.5}=175.5$块，$K_{H20-104.0/99.0}=75.9$块，$K_h=251.3$块。计算值$K_{H20-77.5/72.5}=0.11855×(8480.0-7000.0)=175.4$块，$K_{H20-104.0/99.0}=0.11855×(7000.0-6360.0)=75.9$块，$K_h=251.3$块。查表砖数与计算值完全相等。

示例：$A=200$mm、$D=8300.0$mm砖环。查本表$D=8300.0$mm行之序号3：$K_{H20-77.5/72.5}=21.3$块，$K_{H20-104.0/99.0}=230.0$块，$K_h=251.3$块。计算值$K_{H20-77.5/72.5}=0.11855×(8480.0-8300.0)=21.3$块，$K_{H20-104.0/99.0}=0.11855×(8300.0-6360.0)=230.0$块，$K_h=251.3$块。序号4：$K_{H20-100/95.0}=229.8$块，$K_{H20-120.4/115.4}=21.6$块，$K_h=251.3$块。计算值$K_{H20-100/95.0}=229.8$块，$K_{H20-120.4/115.4}=21.6$块，$K_h=251.3$块。计算值$K_{H20-100/95.0}=6.0×251.328-0.1540×8300.0=229.8$块，$K_{H20-120.4/115.4}=0.1540×8300.0-5.0×251.328=21.6$块，$K_h=251.3$块。查表砖数与计算值完全相等

表 2-21　A = 220mm 等楔差双楔形砖砖环砖量表　　　（块）

砖环外直径 D/mm	序号1			序号2			序号3			序号4		
	H22-78.8/71.3	H22-119.1/111.6	K_h	H22-100/92.5	H22-120.4/112.9	K_h	H22-77.5/72.5	H22-104.0/99.0	K_h	H22-100/95.0	H22-120.4/115.4	K_h
4800	179.433	4.874	184.307									
4900	171.7	12.7	184.307									
5000	163.9	20.4	184.307									
5100	156.1	28.2	184.307									
5200	148.3	36.0	184.307									
5300	140.5	43.8	184.307									
5400	132.7	51.6	184.307									
5500	125.0	59.3	184.307									
5600	117.2	67.1	184.307									
5700	109.4	74.9	184.307									
5800	101.6	82.7	184.307									
5900	93.8	90.5	184.307									
6000	86.1	98.2	184.307	181.842	2.465	184.307						
6100	78.3	106.0	184.307	166.4	17.9	184.307						
6200	70.5	113.8	184.307	151.0	33.3	184.307						
6300	62.7	121.6	184.307	135.6	48.7	184.307						
6400	54.9	129.4	184.307	120.2	64.1	184.307						
6500	47.2	137.2	184.307	104.8	79.5	184.307						
6600	39.4	144.9	184.307	89.4	94.9	184.307						
6700	31.6	152.7	184.307	74.0	110.3	184.307						
6800	23.8	160.5	184.307	58.6	125.7	184.307						
6900	16.0	168.3	184.307	43.2	141.1	184.307						
7000	8.3	176.1	184.307	27.8	156.5	184.307	275.994	0.467	276.461			
7100	0.5	183.8	184.307	12.4	171.9	184.307	264.1	12.3	276.461			
7200							252.3	24.2	276.461			
7300							240.4	36.0	276.461			
7400							228.6	47.9	276.461			
7500							216.7	59.7	276.461			
7600							204.9	71.6	276.461			
7700							193.0	83.5	276.461			
7800							181.2	95.3	276.461			
7900							169.3	107.2	276.461			
8000							157.4	119.0	276.461			
8100							145.6	130.9	276.461			
8200							133.7	142.7	276.461			
8300							121.9	154.6	276.461			
8400							110.0	166.4	276.461			
8500							98.2	178.3	276.461			
8600							86.3	190.1	276.461			
8700							74.5	202.0	276.461			
8800							62.6	213.9	276.461			
8900							50.7	225.7	276.461			
9000							38.9	237.6	276.461	272.766	3.695	276.461
9100							27.0	249.4	276.461	257.4	19.1	276.461
9200							15.2	261.3	276.461	242.0	34.5	276.461
9300							3.3	273.1	276.461	226.6	49.9	276.461
9400										211.2	65.3	276.461
9500										195.8	80.7	276.461
9600										180.4	96.1	276.461
9700										165.0	111.5	276.461
9800										149.6	126.9	276.461
9900										134.2	142.3	276.461
10000										118.8	157.7	276.461
10100										103.4	173.1	276.461
10200										88.0	188.5	276.461
10300										72.6	203.9	276.461
10400										57.2	219.3	276.461
10500										41.8	234.7	276.461
10600										26.4	250.1	276.461
10700										11.0	265.5	276.461

示例：$A=220$mm、$D=6500.0$mm 砖环。查本表 $D=6500.0$mm 行之序号1：$K_{H22-78.8/71.3}=47.2$ 块，$K_{H22-119.1/111.6}=137.2$ 块，$K_h=184.3$ 块。计算值 $K_{H22-78.8/71.3}=0.07781×(7106.0-6500.0)=47.2$ 块，$K_{H22-119.1/111.6}=0.07781×(6500.0-4737.3)=137.2$ 块，$K_h=0.07781×(7106.0-4737.3)=184.3$ 块。序号2：计算值 $K_{H22-100/92.5}=104.8$ 块，$K_{H22-120.4/112.9}=79.5$ 块，$K_h=184.3$ 块。计算值 $K_{H22-100/92.5}=6.0×184.307-0.1540×6500.0=104.8$ 块，$K_{H22-120.4/112.9}=0.1540×6500.0-5.0×184.307=79.5$ 块，$K_h=0.1540×(7180.8-5984.0)=184.3$ 块。查表砖数与计算值完全相等。

示例：$A=220$mm、$D=8000.0$mm 砖环。查本表 $D=8000.0$mm 行之序号3：$K_{H22-77.5/72.5}=157.4$ 块，$K_{H25-104.0/99.0}=119.0$ 块，$K_h=276.5$ 块。计算值 $K_{H22-77.5/72.5}=4.0×276.461-0.11855×8000.0=157.4$ 块，$K_{H22-104.0/99.0}=0.1185×8000.0-3.0×276.461=119.0$ 块，$K_h=276.5$ 块。查表砖数与计算值完全相等。

示例：$A=220$mm、$D=9000.0$mm 砖环。查本表 $D=9000.0$mm 行之序号4：$K_{H22-100/95.0}=272.8$ 块，$K_{H25-120.4/115.4}=3.7$ 块，$K_h=276.5$ 块。计算值 $K_{H22-100/95.0}=6.0×276.461-0.1540×9000.0=272.8$ 块，$K_{H22-120.4/115.4}=0.1540×9000.0-5.0×276.461=3.7$ 块，$K_h=276.5$ 块。查表砖数与计算值完全相等

表 2-22　A = 250mm 等楔差双楔形砖砖环砖量表　　　（块）

砖环外直径 D/mm	序号1			序号2			序号3			序号4		
	H25-78.8/71.3	H25-119.1/111.6	K_h	H25-100/92.5	H25-120.4/112.9	K_h	H25-77.5/72.5	H25-104.0/99.0	K_h	H25-100/95.0	H25-120.4/115.4	K_h
5400	208.146	1.294	209.440									
5500	200.4	9.1	209.440									
5600	192.6	16.9	209.440									
5700	184.8	24.6	209.440									
5800	177.0	32.4	209.440									
5900	169.2	40.2	209.440									
6000	161.5	48.0	209.440									
6100	153.7	55.8	209.440									
6200	145.9	63.5	209.440									
6300	138.1	71.3	209.440									
6400	130.3	79.1	209.440									
6500	122.6	86.9	209.440									
6600	114.8	94.7	209.440									
6700	107.0	102.4	209.440									
6800	99.2	110.2	209.440	209.440	0	209.440						
6900	91.4	118.0	209.440	194.0	15.4	209.440						
7000	83.7	125.8	209.440	178.6	30.8	209.440						
7100	75.9	133.6	209.440	163.2	46.2	209.440						
7200	68.1	141.4	209.440	147.8	61.6	209.440						
7300	60.3	149.1	209.440	132.4	77.0	209.440						
7400	52.5	156.9	209.440	117.0	92.4	209.440						
7500	44.7	164.7	209.440	101.6	107.8	209.440						
7600	37.0	172.5	209.440	86.2	123.2	209.440						
7700	29.2	180.3	209.440	70.8	138.6	209.440						
7800	21.4	188.0	209.440	55.4	154.0	209.440						
7900	13.6	195.8	209.440	40.0	169.4	209.440						
8000	5.8	203.6	209.440	24.6	184.8	209.440	308.240	5.920	314.160			
8100				9.2	200.2	209.440	296.4	17.8	314.160			
8200							284.5	29.6	314.160			
8300							272.7	41.5	314.160			
8400							260.8	53.3	314.160			
8500							249.0	65.2	314.160			
8600							237.1	77.1	314.160			
8700							225.3	88.9	314.160			
8800							213.4	100.8	314.160			

示例：$A = 250$mm、$D = 7000.0$mm 砖环。查本表 $D = 7000.0$mm 行之序号 1：$K_{H25-78.8/71.3} = 83.7$ 块，$K_{H25-119.1/111.6} = 125.8$ 块，$K_h = 209.440$ 块。计算值 $K_{H25-78.8/71.3} = 3.0 \times 209.440 - 0.07781 \times 7000.0 = 83.7$ 块，$K_{H25-119.1/111.6} = 0.07781 \times 7000 - 2.0 \times 209.440 = 125.8$ 块，$K_h = 0.07781 \times (8075.0 - 5383.3) = 209.44$ 块。查表砖数与计算值完全相等。序号 2 的砖数，在粗实线框外，表明砖量配比不合适。

砖环外直径 D/mm	序号1			序号2			序号3			序号4		
	H25-78.8/71.3	H25-119.1/111.6	K_h	H25-100/92.5	H25-120.4/112.9	K_h	H25-77.5/72.5	H25-104.0/99.0	K_h	H25-100/95.0	H25-120.4/115.4	K_h
8900							201.5	112.6	314.160			
9000							189.7	124.5	314.160			
9100							177.8	136.3	314.160			
9200							166.0	148.2	314.160			
9300							154.1	160.0	314.160			
9400							142.3	171.9	314.160			
9500							130.4	183.7	314.160			
9600							118.6	195.6	314.160			
9700							106.7	207.5	314.160			
9800							94.9	219.3	314.160			
9900							83.0	231.2	314.160			
10000							71.1	243.0	314.160			
10100							59.3	254.9	314.160			
10200							47.4	266.7	314.160	314.160	0	314.160
10300							35.6	278.6	314.160	298.8	15.4	314.160
10400							23.7	290.4	314.160	283.4	30.8	314.160
10500							11.9	302.3	314.160	268.0	46.2	314.160
10600							0.0	314.2	314.160	252.6	61.6	314.160
10700										237.2	77.0	314.160
10800										221.8	92.4	314.160
10900										206.4	107.8	314.160
11000										191.0	123.2	314.160
11100										175.6	138.6	314.160
11200										160.2	154.0	314.160
11300										144.8	169.4	314.160
11400										129.4	184.8	314.160
11500										114.0	200.2	314.160
11600										98.6	215.6	314.160
11700										83.2	231.0	314.160
11800										67.8	246.4	314.160
11900										52.4	261.8	314.160
12000										37.0	277.2	314.160
12100										21.6	292.6	314.160
12200										6.2	308.0	314.160

示例：$A=250$mm、$D=9000.0$mm砖环。查本表$D=9000.0$mm行之序号3：$K_{H25\text{-}77.5/72.5}=189.7$块，$K_{H25\text{-}104.0/99.0}=124.5$块，$K_h=314.16$块。计算值$K_{H25\text{-}77.5/72.5}=4.0\times314.160-0.11855\times9000.0=189.7$块，$K_{H25\text{-}104.0/99.0}=0.11855\times9000-3.0\times314.160=124.5$块，$K_h=0.11855\times(10600.0-7950.0)=314.16$块。查表砖数与计算值完全相等。

示例：$A=250$mm、$D=8000.0$mm砖环。查本表$D=8000.0$mm行之序号1：$K_{H25\text{-}78.8/71.3}=5.8$块，$K_{H25\text{-}119.1/111.6}=203.6$块，$K_h=209.440$块。计算值$K_{H25\text{-}78.8/71.3}=3.0\times209.440-0.07781\times8000.0=5.8$块，$K_{H25\text{-}119.1/111.6}=0.07781\times8000-2.0\times209.440=203.6$块，$K_h=209.44$块。序号3：$K_{H25\text{-}77.5/72.5}=308.2$块，$K_{H25\text{-}104.0/99.0}=5.9$块，$K_h=314.16$块。计算值$K_{H25\text{-}77.5/72.5}=4.0\times314.16-0.11855\times8000.0=308.2$块，$K_{H25\text{-}104.0/99.0}=0.11855\times8000.0-3.0\times314.160=5.9$块，$K_h=314.16$块。查表砖数与计算值完全相等

表2-23 P-C等楔差双楔形砖砖环砖量模式表

砖环外直径/mm	小直径楔形砖量 K_x/块	大直径楔形砖量 K_d/块	每环总砖数 K_h/块
$D_1=$接近并大于D_x整百倍毫米数值	$K_{x1}=m(D_d-D_1)$	$K_{d1}=m(D_1-D_x)$	$K_{h1}=K'_x=K'_d=K_h$
$D_2=D_1+100$	$K_{x2}=K_{x1}-100m$	$K_{d2}=K_{d1}+100m$	$K_{h2}=K_h$
$D_3=D_2+100$	$K_{x3}=K_{x2}-100m$	$K_{d3}=K_{d2}+100m$	$K_{h3}=K_h$
⋮	⋮	⋮	⋮
逐行递增100	逐行递减$100m$	逐行递增$100m$	K_h 不变
$D_m=$接近并小于D_d整百倍毫米数值	$K_{xm}=m(D_d-D_m)$	$K_{dm}=(D_m-D_x)$	$K_{hm}=K_h$

表2-24　P-C等楔差双楔形砖砖环砖量表编制资料

序号	配砌尺寸砖号		砖环外直径范围 $D_x \sim D_d$/mm	每环砖数/块 砖数/块 $K'_x = K'_d = K_h$	第1行(起点) 外直径 D_t/mm	第1行(起点) 一环砖数/块 K_{xt}	第1行(起点) 一环砖数/块 K_{dt}	$100m$	等楔差 /mm	末行(终点) 外直径 D_m/mm	末行(终点) 一环砖数/块 K_{xm}	末行(终点) 一环砖数/块 K_{dm}
	大直径楔形砖	小直径楔形砖										
P-C160-1	H16-100/85.0	H16-82.5/67.5	1802.7~2176.0	67.021	1900.0	49.547	17.467	17.952	15.0	2100.0	13.643	53.371
P-C160-2	H16-100/90.0	H16-80.0/70.0	2624.0~3264.0	100.531	2700.0	88.593	11.938	15.708	10.0	3200.0	10.053	90.478
P-C160-3	H16-100/92.5	H16-78.8/71.3	3445.3~4352.0	134.042	3500.0	125.960	8.087	14.784	7.5	4300.0	7.688	126.359
P-C160-4	H16-100/95.0	H16-77.5/72.5	5088.0~6528.0	201.062	5100.0	199.392	1.675	13.963	5.0	6500.0	3.910	197.157
P-C180-1	H18-100/85.0	H18-82.5/67.5	2028.0~2448.0	75.398	2100.0	62.473	12.925	17.952	15.0	2400.0	8.617	66.781
P-C180-2	H18-100/90.0	H18-80.0/70.0	2952.0~3672.0	113.098	3000.0	105.558	7.54	15.708	10.0	3600.0	11.310	101.788
P-C180-3	H18-100/92.5	H18-78.8/71.3	3876.0~4896.0	150.797	3900.0	147.249	3.548	14.784	7.5	4800.0	14.193	136.604
P-C180-4	H18-100/95.0	H18-77.5/72.5	5724.0~7344.0	226.195	5800.0	215.589	10.612	13.963	5.0	7300.0	6.144	220.057
P-C200-1	H20-100/85.0	H20-82.5/67.5	2253.3~2720.0	83.776	2300.0	75.398	8.383	17.952	15.0	2700.0	3.590	80.191
P-C200-2	H20-100/90.0	H20-80.0/70.0	3280.0~4080.0	125.664	3300.0	122.522	3.142	15.708	10.0	4000.0	12.566	113.098
P-C200-3	H20-100/92.5	H20-78.8/71.3	4306.7~5440.0	167.552	4400.0	153.754	13.793	14.784	7.5	5400.0	5.914	161.633
P-C200-4	H20-100/95.0	H20-77.5/72.5	6360.0~8160.0	251.328	6400.0	245.749	5.585	13.963	5.0	8100.0	8.378	242.956
P-C220-1	H22-100/85.0	H22-82.5/67.5	2478.7~2992.0	92.154	2500.0	88.324	3.824	17.952	15.0	2900.0	16.516	75.632
P-C220-2	H22-100/90.0	H22-80.0/70.0	3608.0~4488.0	138.230	3700.0	123.779	14.451	15.708	10.0	4400.0	13.823	124.407
P-C220-3	H22-100/92.5	H22-78.8/71.3	4737.3~5984.0	184.307	4800.0	175.042	9.269	14.784	7.5	5900.0	12.418	171.893
P-C220-4	H22-100/95.0	H22-77.5/72.5	6996.0~8976.0	276.461	7000.0	275.909	0.558	13.963	5.0	8900.0	10.612	265.855
P-C250-1	H25-100/85.0	H25-82.5/67.5	2816.7~3400.0	104.720	2900.0	89.760	14.954	17.952	15.0	3400.0	0	104.720
P-C250-2	H25-100/90.0	H25-80.0/70.0	4100~5100.0	157.080	4100.0	157.080	0	15.708	10.0	5100.0	0	157.080
P-C250-3	H25-100/92.5	H25-78.8/71.3	5383.3~6800.0	209.440	5400.0	206.976	2.469	14.784	7.5	6800.0	0	209.440
P-C250-4	H25-100/95.0	H25-77.5/72.5	7950.0~10200.0	314.160	8000.0	307.186	6.981	13.963	5.0	10200.0	0	314.160

表 2-25　P-C 等楔差 15.0mm 双楔形砖砖环砖量表　　　　　　　　　　　　　　　　　　　（块）

砖环外直径 D/mm	P-C160-1 H16-82.5/67.5	P-C160-1 H16-100/85.0	K_h	P-C180-1 H18-82.5/67.5	P-C180-1 H18-100/85.0	K_h	P-C200-1 H20-82.5/67.5	P-C200-1 H20-100/85.0	K_h	P-C220-1 H22-82.5/67.5	P-C220-1 H22-100/85.0	K_h	P-C250-1 H25-82.5/67.5	P-C250-1 H25-100/85.0	K_h
1900	49.547	17.467	67.021												
2000	31.6	35.4	67.0	62.473	12.925	75.398									
2100	13.6	53.4	67.0	44.5	30.9	75.4									
2200				26.6	48.8	75.4	75.398	8.383	83.776						
2300				8.6	66.8	75.4	57.4	26.3	83.8						
2400							39.5	44.3	83.8	88.324	3.824	92.154			
2500							21.5	62.2	83.8	70.4	21.8	92.1			
2600							3.6	80.2	83.8	52.4	39.7	92.1			
2700										34.5	57.7	92.1			
2800										16.5	75.6	92.1			
2900													89.760	14.954	104.72
3000													71.8	32.9	104.7
3100													53.8	50.8	104.7
3200													35.9	68.8	104.7
3300													17.9	86.8	104.7
3400													0	104.7	104.7

示例:$D=2000.0$mm,$A=160$mm 砖环。查本表 $D=2000.0$mm 行之序号 P-C160-1:$K_{H16\text{-}82.5/67.5}=31.6$ 块,计算值 $0.17952×(2176.0-2000.0)=31.6$ 块;$K_{H16\text{-}100/85.0}=35.4$ 块,计算值 $0.17952×(2000.0-1802.7)=35.4$ 块。查表砖数与计算值完全相等。

示例:$D=2500.0$mm,$A=200$mm 砖环。查本表 $D=2500.0$mm 行之序号 P-C200-1;$K_{H20\text{-}82.5/67.5}=39.5$ 块,计算值 $0.17952×(2720.0-2500.0)=39.5$ 块;$K_{H20\text{-}100/85.0}=44.3$ 块,计算值 $0.17952×(2500.0-2253.3)=44.3$ 块。查表砖数与计算值完全相等

表 2-26　P-C 等楔差 10.0mm 双楔形砖砖环砖量表　　　　　　　　　　　　　　　　　　　（块）

砖环外直径 D/mm	P-C160-2 H16-80.0/70.0	P-C160-2 H16-100/90.0	K_h	P-C180-2 H18-80.0/70.0	P-C180-2 H18-100/90.0	K_h	P-C200-2 H20-80.0/70.0	P-C200-2 H20-100/90.0	K_h	P-C220-2 H22-80.0/70.0	P-C220-2 H22-100/90.0	K_h	P-C250-2 H25-80.0/70.0	P-C250-2 H25-100/90.0	K_h
2700	88.593	11.938	100.531												
2800	72.9	27.6	100.5												
2900	57.2	43.3	100.5												
3000	41.5	59.1	100.5	100.558	7.540	113.098									
3100	25.8	74.8	100.5	89.9	23.2	113.1									
3200	10.0	90.5	100.5	74.1	38.9	113.1									
3300				58.4	54.7	113.1	122.522	3.142	125.664						
3400				42.7	70.4	113.1	106.8	18.8	125.7						

续表 2-26

砖环外直径 D/mm	P-C160-2 H16-80.0/70.0	P-C160-2 H16-100/90.0	P-C160-2 K_h	P-C180-2 H18-80.0/70.0	P-C180-2 H18-100/90.0	P-C180-2 K_h	P-C200-2 H20-80.0/70.0	P-C200-2 H20-100/90.0	P-C200-2 K_h	P-C220-2 H22-80.0/70.0	P-C220-2 H22-100/90.0	P-C220-2 K_h	P-C250-2 H25-80.0/70.0	P-C250-2 H25-100/90.0	P-C250-2 K_h
3500				27.0	86.1	113.1	91.1	34.5	125.7						
3600				11.3	101.8	113.1	75.4	50.3	125.7						
3700							59.7	66.0	125.7	123.779	14.451	138.230			
3800							44.0	81.7	125.7	108.1	30.1	138.2			
3900							28.3	97.4	125.7	92.4	45.9	138.2			
4000							12.6	113.1	125.7	76.6	61.6	138.2			
4100										60.9	77.3	138.2	157.080	0	157.080
4200										45.2	93.0	138.2	141.4	15.7	157.1
4300										29.5	108.7	138.2	125.7	31.4	157.1
4400										13.8	124.4	138.2	109.9	47.1	157.1
4500													94.2	62.8	157.1
4600													78.5	78.5	157.1
4700													62.8	94.2	157.1
4800													47.1	109.9	157.1
4900													31.4	125.7	157.1
5000													15.7	141.4	157.1
5100													0	157.1	157.1

示例：$D = 3000.0$mm，$A = 160$mm 砖环，查本表 $D = 3000.0$mm 砖环之序号 P-C160-2；$K_{H16-80.0/70.0} = 41.5$ 块，$K_{H16-100/90.0} = 59.1$ 块，计算值 $0.15708(3000.0 - 2624.0) = 41.5$ 块，计算值 $0.15708 \times (3264.0 - 3000.0) = 59.1$ 块。查表砖数与计算值完全相等。

示例：$D = 4000.0$mm，$A = 220$mm 砖环，查本表 $D = 4000.0$mm 砖环之序号 P-C200-2；$K_{H22-80.0/70.0} = 76.6$ 块，$K_{H22-100/90.0} = 61.6$ 块，计算值 $0.15708 \times (4488.0 - 4000.0) = 76.6$ 块，计算值 $0.15708 \times (4000.0 - 3608.0) = 61.6$ 块。查表砖数与计算值完全相等。

示例：$D = 4500.0$mm，$A = 250$mm 砖环，查本表 $D = 4500.0$mm 砖环之序号 P-C250-2；$K_{H25-80.0/70.0} = 94.2$ 块，$K_{H25-100/90.0} = 62.8$ 块，计算值 $0.15708 \times (5100.0 - 4500.0) = 94.2$ 块，计算值 $0.15708 \times (4500.0 - 4100.0) = 62.8$ 块。查表砖数与计算值完全相等。

表 2-27　P-C 等楔差 7.5mm 双楔形砖砖环砖量表

(块)

砖环外直径 D/mm	P-C160-3 H16-78.8/71.3	P-C160-3 H16-100/92.5	P-C160-3 K_h	P-C180-3 H18-78.8/71.3	P-C180-3 H18-100/92.5	P-C180-3 K_h	P-C200-3 H20-78.8/71.3	P-C200-3 H20-100/92.5	P-C200-3 K_h	P-C220-3 H22-78.8/71.3	P-C220-3 H22-100/92.5	P-C220-3 K_h	P-C250-3 H25-78.8/71.3	P-C250-3 H25-100/92.5	P-C250-3 K_h
3500	125.960	8.087	134.04												
3600	111.2	22.9	134.0												
3700	96.4	37.6	134.0												
3800	81.6	52.4	134.0												
3900	66.8	67.2	134.0	147.249	3.548	150.797									
4000	52.0	82.0	134.0	132.5	18.3	150.8									
4100	37.2	96.8	134.0	117.7	33.1	150.8									

续表 2-27

砖环外直径 D/mm	P-C160-3			P-C180-3			P-C200-3			P-C220-3			P-C250-3		
	H16-78.8/71.3	H16-100/92.5	K_h	H18-78.8/71.3	H18-100/92.5	K_h	H20-78.8/71.3	H20-100/92.5	K_h	H22-78.8/71.3	H22-100/92.5	K_h	H25-78.8/71.3	H25-100/92.5	K_h
4200	22.5	111.6	134.0	102.9	47.9	150.8									
4300	7.7	126.3	134.0	88.1	62.7	150.8									
4400				73.3	77.5	150.8	153.754	13.793	167.552						
4500				58.5	92.2	150.8	139.0	28.6	167.5						
4600				43.8	107.0	150.8	124.2	43.4	167.5						
4700				29.0	121.8	150.8	109.4	58.1	167.5						
4800				14.2	136.6	150.8	94.6	72.9	167.5	175.042	9.269	184.307			
4900							79.8	87.7	167.5	160.2	24.0	184.3			
5000							65.0	102.5	167.5	145.5	38.8	184.3			
5100							50.3	117.3	167.5	130.7	53.6	184.3			
5200							35.5	132.1	167.5	115.9	68.4	184.3			
5300							20.7	146.8	167.5	101.1	83.2	184.3			
5400							5.9	161.6	167.5	86.3	98.0	184.3	206.976	2.469	209.440
5500										71.5	112.8	184.3	192.2	17.2	209.4
5600										56.8	127.5	184.3	177.4	32.0	209.4
5700										42.0	142.3	184.3	162.6	46.8	209.4
5800										27.2	157.1	184.3	147.8	61.6	209.4
5900										12.4	171.9	184.3	133.0	76.4	209.4
6000													118.3	91.2	209.4
6100													103.5	105.9	209.4
6200													88.7	120.7	209.4
6300													73.9	135.5	209.4
6400													59.1	150.3	209.4
6500													44.3	165.1	209.4
6600													29.6	179.9	209.4
6700													14.8	194.7	209.4
6800													0	209.4	209.4

示例: $D=4200.0$mm, $A=180$mm 砖环。查本表 $D=4200.0$mm 行之序号 P-C180-3: $K_{H18-78.8/71.3}=0.14784×(4896.0-4200.0)=102.9$ 块, $K_{H18-100/92.5}=0.14784×(4200.0-3876.0)=47.9$ 块; $K_h=150.8$ 块。查表砖数与计算值完全相等。

示例: $D=5500.0$mm, $A=220$mm 砖环。查本表 $D=5500.0$mm 行之序号 P-C220-3: $K_{H22-78.8/71.3}=0.14784×(5984.0-5500.0)=71.5$ 块, $K_{H22-100/92.5}=0.14784×(5500.0-4737.3)=112.8$ 块; $K_h=184.3$ 块。查表砖数与计算值完全相等。

示例: $D=6000.0$mm, $A=250$mm 砖环。查本表 $D=6000.0$mm 行之序号 P-C250-3: $K_{H25-78.8/71.3}=0.14784×(6800.0-6000.0)=118.3$ 块, $K_{H25-100/92.5}=0.14784×(6000.0-5383.3)=91.2$ 块; $K_h=209.4$ 块。查表砖数与计算值完全相等。

示例: $D=6700.0$mm, $A=250$mm 砖环。查本表 $D=6700.0$mm 行之序号 P-C250-3: $K_{H25-78.8/71.3}=0.14784×(6800.0-6700.0)=14.8$ 块, $K_{H25-100/92.5}=0.14784×(6700.0-5383.3)=194.7$ 块; $K_h=209.4$ 块。查表砖数与计算值完全相等。

表 2-28　P-C 等楔差 5.0mm 双楔形砖砖环砖量表

（块）

砖环外直径 D/mm	P-C160-4			P-C180-4			P-C200-4			P-C220-4			P-C250-4		
	H16- 77.5/72.5	H16- 100/95.0	K_h	H18- 77.5/72.5	H18- 100/95.0	K_h	H20- 77.5/72.5	H20- 100/95.0	K_h	H22- 77.5/72.5	H22- 100/95.0	K_h	H25- 77.5/72.5	H25- 100/95.0	K_h
5100	199.392	1.675	201.062												
5200	185.4	15.6	201.1												
5300	171.5	29.6	201.1												
5400	157.5	43.6	201.1												
5500	143.5	57.5	201.1												
5600	129.6	71.5	201.1												
5700	115.6	85.4	201.1												
5800	101.6	99.4	201.1	215.589	10.612	226.195									
5900	87.7	113.4	201.1	201.6	24.6	226.2									
6000	73.7	127.3	201.1	187.7	38.5	226.2									
6100	59.8	141.3	201.1	173.7	52.5	226.2									
6200	45.8	155.3	201.1	159.7	66.5	226.2									
6300	31.8	169.2	201.1	145.8	80.4	226.2									
6400	17.9	183.2	201.1	131.8	94.4	226.2	245.749	5.585	251.328						
6500	3.9	197.1	201.1	117.8	108.3	226.2	231.8	19.5	251.3						
6600				103.9	122.3	226.2	217.8	33.5	251.3						
6700				89.9	136.3	226.2	203.9	47.5	251.3						
6800				75.9	150.2	226.2	189.9	61.4	251.3						
6900				62.0	164.2	226.2	175.9	75.4	251.3						
7000				48.0	178.2	226.2	162.0	89.4	251.3	275.909	0.558	276.461			
7100				34.1	192.1	226.2	148.0	103.3	251.3	261.9	14.5	276.5			
7200				20.1	206.1	226.2	134.0	117.3	251.3	248.0	28.5	276.5			
7300				6.1	220.0	226.2	120.1	131.2	251.3	234.0	42.4	276.5			
7400							106.1	145.2	251.3	220.0	56.4	276.5			
7500							92.1	159.2	251.3	206.1	70.4	276.5			
7600							78.2	173.1	251.3	192.1	84.3	276.5			

续表 2-28

砖环外直径 D/mm	P-C160-4			P-C180-4			P-C200-4			P-C220-4			P-C250-4		
	H16-77.5/72.5	H16-100/95.0	K_h	H18-77.5/72.5	H18-100/95.0	K_h	H20-77.5/72.5	H20-100/95.0	K_h	H22-77.5/72.5	H22-100/95.0	K_h	H25-77.5/72.5	H25-100/95.0	K_h
7700							64.2	187.1	251.3	178.2	98.3	276.5			
7800							50.3	201.1	251.3	164.2	112.3	276.5			
7900							36.3	215.0	251.3	150.2	126.2	276.5			
8000							22.3	229.0	251.3	136.3	140.2	276.5	307.186	6.981	314.160
8100							8.4	242.9	251.3	122.3	154.1	276.5	293.2	20.9	314.2
8200										108.3	168.1	276.5	279.3	34.9	314.2
8300										94.4	182.1	276.5	265.3	48.9	314.2
8400										80.4	196.0	276.5	251.3	62.8	314.2
8500										66.5	210.0	276.5	237.4	76.8	314.2
8600										52.5	224.0	276.5	223.4	90.7	314.2
8700										38.5	237.9	276.5	209.4	104.7	314.2
8800										24.6	251.9	276.5	195.5	118.7	314.2
8900										10.6	265.8	276.5	181.5	132.6	314.2
9000													167.5	146.6	314.2
9100													153.6	160.6	314.2
9200													139.6	174.5	314.2
9300													125.7	188.5	314.2
9400													111.7	202.5	314.2
9500													97.7	216.4	314.2
9600													83.8	230.4	314.2
9700													69.8	244.3	314.2
9800													55.8	258.3	314.2
9900													41.9	272.3	314.2
10000													27.9	286.2	314.2
10100													14.0	300.2	314.2
10200													0	314.2	314.2

示例: $D = 5500.0$mm、$A = 160$mm 砖环，查本表 $D = 5500.0$mm 行之序号 P-C160-4: $K_{H16-77.5/72.5} = 143.5$ 块，计算值 $0.13963 \times (6528.0 - 5500.0) = 143.5$ 块；$K_{H16-100/95.0} = 57.5$ 块，计算值 $0.13963 \times (5500.0 - 5088.0) = 57.5$ 块；$K_h = 201.1$ 块。查表砖数与计算值完全相等。

示例: $D = 6000.0$mm、$A = 180$mm 砖环。查本表 $D = 6000.0$mm 行之序号 P-C160-4: $K_{H16-77.5/72.5} = 73.7$ 块，计算值 $0.13963 \times (6528.0 - 6000.0) = 73.7$ 块；$K_{H16-100/95.0} = 127.3$ 块，计算值 $0.13963 \times (6000.0 - 5088.0) = 127.3$ 块，计算值完全相等。

示例: $D = 6000.0$mm、$A = 160$mm 和 $A = 180$mm 砖环。查本表 $D = 6000.0$mm 行之序号 P-C180-4: $K_{H18-77.5/72.5} = 187.7$ 块，计算值 $0.13963 \times (7344.0 - 6000.0) = 187.7$ 块；$K_{H18-100/95.0} = 38.5$ 块，计算值 $0.13963 \times (6000.0 - 5724.0) = 38.5$ 块；$K_h = 226.2$ 块。查表砖数与计算值完全相等，但此方案在粗实线框外，表明砖量配比不好。

示例: $D = 8000.0$mm、$A = 200$mm，220mm 和 250mm 砖环。查本表 $D = 8000.0$mm 行之序号 P-C200-4: $K_{H20-77.5/72.5} = 22.3$ 块，计算值 $0.13963 \times (8160.0 - 8000.0) = 22.3$ 块；$K_{H20-100/95.0} = 229.0$ 块，计算值 $0.13963 \times (8000.0 - 6360.0) = 229.0$ 块；$K_h = 251.3$ 块。查表砖数与计算值完全相等。序号 P-C220-4: $K_{H22-77.5/72.5} = 136.3$ 块，计算值 $0.13963 \times (8976.0 - 8000.0) = 136.3$ 块；$K_{H22-100/95.0} = 140.2$ 块，计算值 $0.13963 \times (8000.0 - 6996.0) = 140.2$ 块；$K_h = 276.5$ 块。查表砖数与计算值完全相等。序号 P-C250-4: $K_{H25-77.5/72.5} = 307.186$ 块，计算值 $0.13963 \times (8000.0 - 6000.0) = 307.186$ 块；$K_{H25-100/95.0} = 6.981$ 块，计算值 $0.13963 \times (8000.0 - 7950.0) = 6.981$ 块；$K_h = 314.160$ 块。查表砖数与计算值完全相等。

示例: $D = 10000.0$mm、$A = 250$mm 砖环。查本表 $D = 10000.0$mm 行之序号 P-C250-4: $K_{H25-77.5/72.5} = 27.9$ 块，计算值 $0.13963 \times (10200.0 - 10000.0) = 27.9$ 块；$K_{H25-100/95.0} = 286.2$ 块，计算值 $0.13963 \times (10000.0 - 7950.0) = 286.2$ 块；$K_h = 314.2$ 块。查表砖数与计算值完全相等。

2.1.5 我国规范化不等端尺寸双楔形砖砖环砖量表

国外很少编制不等端尺寸双楔形砖砖环砖量表。这是由于国外的不等端尺寸双楔形砖砖环用砖尺寸不规范，砖量计算都很困难，编表工作也不容易，采用不等端尺寸双楔形砖砖环的设计都很少。我国回转窑用砖尺寸标准[8]中的等中间尺寸 75mm 系列砖和等大端尺寸 100mm 系列砖采用规范化的尺寸（两系列的楔差都为 15.0mm、10.0mm、7.5mm 和 5.0mm），由这两个系列配砌成的我国不等端尺寸双楔形砖砖环，已经不同于国外的不等端尺寸双楔形砖砖环。由于我国不等端尺寸双楔形砖砖环的简易计算式很规范，砖环数量多，并且有诸多优点，我们称之为规范化不等端尺寸双楔形砖砖环。为了充分利用我国规范化不等端尺寸双楔形砖砖环，需要并可能编制其砖量表。

我国回转窑规范化不等端尺寸双楔形砖砖环砖量表分为两类：一类是等中间尺寸 75mm 砖作为小直径楔形砖与等大端尺寸 100mm 砖作为大直径楔形砖配砌成的"薄与厚"不等端尺寸双楔形砖砖环砖量表；另一类是等大端尺寸 100mm 砖作为小直径楔形砖与等中间尺寸 75mm 砖作为大直径楔形砖配砌成的"厚与薄"不等端尺寸双楔形砖砖环砖量表。这两类不等端尺寸双楔形砖砖环砖量表的特点和应用范围，可在编制它们的过程和示例的优选中表现出来。

我国回转窑规范化不等端尺寸双楔形砖砖环砖量表的编制，是在基于尺寸特征的双楔形砖砖环中国计算式也适用于不等端尺寸双楔形砖砖环计算的基础上进行的。我国规范化不等端尺寸双楔形砖砖环砖量表的编制，同其计算一样，充分利用其楔差系统的规范性（例如楔差比 $\Delta C_d / \Delta C_x$ 与外直径系数比 n/m 相等）和避免外直径系统的复杂性（例如砖环外直径系统中 $Q/T \neq n/m$），采用已经规范成两项简易计算式成果（见表1-44）。

我国回转窑规范化不等端尺寸双楔形砖砖环砖量表的编制，同前面几种砖量表的编制一样，需要在模式表指导下和要准备充分的编表资料。

我国回转窑规范化不等端尺寸双楔形砖砖环砖量模式表见表2-29。砖环外直径 D 纵列栏第 1 行（起点）的 D_1，取接近并大于小直径楔形砖外直径 D_x 的整百倍毫米数值；小直径楔形砖量纵列栏第 1 行计算砖数 $K_{x1} = nD_d - nD_1$；大直径楔形砖量纵列栏第 1 行计算转数 $K_{d1} = mD_1 - mD_x$；总砖数纵列栏第 1 行计算砖数 $K_{h1} = (m-n)D_1 + nD_d - mD_x$。现以 H16-82.5/67.5 与 H16-100/90.0 "薄-厚"类不等端尺寸双楔形砖砖环为例，计算砖量表第 1 行的外直径和砖数：从表 1-44 知，D_1 取接近并大于小直径楔形砖外直径 D_x（1802.7mm）的整百倍毫米数值 1900.0mm，$K_{x1} = 149.687 - 0.04586 \times 1900.0 = 62.553$ 块，$K_{d1} = 0.06879 \times 1900.0 - 124.008 = 6.693$ 块，$K_{h1} = 0.02293 \times 1900.0 + 25.679 = 69.246$ 块。末行（终点）的外直径和计算砖数：D_m 取接近并小于大直径楔形砖外直径 D_d（3264.0mm）的整百倍毫米数 3200.0mm，$K_{xm} = 149.687 - 0.04586 \times 3200.0 = 2.935$ 块，$K_{dm} = 0.06879 \times 3200.0 - 124.008 = 96.12$ 块，$K_{hm} = 0.02293 \times 3200.0 + 25.679 = 99.055$ 块。这里特别指出，砖环总砖数 K_{h1} 和 K_{hm} 是由其简易计算式计算出来的，并检验 $K_{x1} + K_{d1}$ 是否等于 K_{h1}，$K_{xm} + K_{dm}$ 是否等于 K_{hm}。本举例中 62.553 + 6.693 = 69.246 块和 2.935 + 96.120 = 99.055 块，刚好分别与 K_{h1} 和 K_{hm} 计算值相等，表明计算正确。砖环外直径纵列栏逐行递加 100mm，小直径楔形砖数量 K_x 纵列栏逐行递减以 $100n = 100 \times 0.04586 = 4.586$ 块，大直径楔形砖数量纵列栏逐行递加以 $100m = 100 \times 0.06879 = 6.879$ 块，每环总砖数 K_h 纵列栏逐行递加以 $100(m-n) = 100 \times 0.02293 = 2.293$ 块。n、m 和 $m-n$ 值可由表1-44

查得。用同样方法计算了我国回转窑不等端尺寸双楔形砖砖环砖量表编制资料（见表2-30），并根据不等端尺寸双楔形砖砖环砖量模式表2-29，编制了我国回转窑不等端尺寸双楔形砖砖环砖量表2-31～表2-40。

表 2-29　不等端尺寸双楔形砖砖环砖量模式表

砖环外直径 D/mm	小直径楔形砖量 K_x/块	大直径楔形砖量 K_d/块	每环总砖量 K_h/块
$D_1 =$ 接近并大于 D_x 整百倍毫米数值	$K_{x1} = nD_d - nD_1$	$K_{d1} = mD_1 - mD_x$	$K_{h1} = (m-n)D_1 + nD_d - mD_x$
$D_2 = D_1 + 100$	$K_{x2} = K_{x1} - 100n$	$K_{d2} = K_{d1} + 100m$	$K_{h2} = K_{h1} + 100(m-n)$
$D_3 = D_2 + 100$	$K_{x3} = K_{x2} - 100n$	$K_{d3} = K_{d2} + 100m$	$K_{h3} = K_{h2} + 101(m-n)$
⋮	⋮	⋮	⋮
逐行递增 100	逐行递减 $100n$	逐行递增 $100m$	逐行递增 $100(m-n)$
$D_m =$ 接近并小于 D_d 整百倍毫米数值	$K_{xm} = nD_d - nD_m$	$K_{dm} = mD_m - mD_x$	$K_{hm} = (m-n)D_m + nD_d - mD_x$

2.1.6　回转窑双楔形砖砖环砖量表的使用

我国回转窑筒体砖衬双楔形砖砖环砖量表的使用，砖数量可以由表中砖环外直径 D 所在横行分别与小直径楔形砖量 K_x、大直径楔形砖数量 K_d 和砖环总砖数 K_h 纵列栏交点直接查出。现将第 1 章各示例的我国配砌方案中的砖数计算值，用查表法核验。

[**示例 1**]　$A = 220\text{mm}$、$D = 6000.0\text{mm}$ 砖环

方案 4　等楔差 7.5mm 双楔形砖砖环

由表 2-21 之 $D = 6000.0\text{mm}$ 行之序号 1 查得，$K_{H22\text{-}78.8/71.3} = 86.1$ 块，$K_{H22\text{-}119.1/111.6} = 98.2$ 块和 $K_h = 184.3$ 块，分别与计算值相等。

[**示例 2**]　$A = 200\text{mm}$、$D = 3000.0\text{mm}$ 砖环

方案 8　等大端尺寸 100mm 双楔形砖砖环

由表 2-1 之 $D = 3000.0\text{mm}$ 行之序号 1 查得，$K_{H20\text{-}100/85.0} = 66.5$ 块，$K_{H20\text{-}100/90.0} = 25.9$ 块和 $K_h = 92.4$ 块，分别与计算值相等。

方案 9　等大端尺寸 100mm 双楔形砖砖环

由表 2-1 之 $D = 3000.0\text{mm}$ 行之序号 2 查得，$K_{H20\text{-}100/85.0} = 75.2$ 块，$K_{H20\text{-}100/92.5} = 17.2$ 块和 $K_h = 92.4$ 块，分别与计算值相等。

方案 10　等中间尺寸 75mm 双楔形砖砖环

由表 2-11 之 $D = 3000.0\text{mm}(D_p = 2800.0\text{mm})$ 行之序号 1 查得，$K_{H20\text{-}82.5/67.5} = 22.8$ 块，$K_{H20\text{-}80.0/70.0} = 91.4$ 块和 $K_h = 114.2$ 块，分别与计算值相等。

方案 11　等中间尺寸 75mm 双楔形砖砖环

由表 2-11 之 $D = 3000.0\text{mm}(D_p = 2800.0\text{mm})$ 行之序号 2 查得，$K_{H20\text{-}82.5/67.5} = 53.3$ 块，$K_{H20\text{-}78.8/71.3} = 60.9$ 块和 $K_h = 114.2$ 块，分别与计算值相等。

方案 12　不等端尺寸双楔形砖砖环

由表 2-36 之 $D = 3000.0\text{mm}$ 行之序号 6 查得，$K_{H20\text{-}100/85.0} = 41.9$ 块，$K_{H20\text{-}80.0/70.0} = 62.8$ 块和 $K_h = 104.7$ 块，分别与计算值相等。

[**示例 3**]　$A = 250\text{mm}$、$D = 6500.0\text{mm}$ 砖环

方案 9　等中间尺寸 75mm 双楔形砖砖环

由表 2-15 之 $D = 6500.0\text{mm}(D_p = 6250.0\text{mm})$ 行之序号 4 查得，$K_{H25\text{-}80.0/70.0} = 59.2$ 块，$K_{H25\text{-}77.5/72.5} = 195.8$ 块和 $K_h = 255.0$ 块，分别与计算值相等。

方案 10 等中间尺寸 75mm 双楔形砖砖环

由表 2-15 之 $D = 6500.0$mm($D_p = 6250.0$mm)行之序号 5 查得，$K_{H25-78.8/71.3} = 118.3$ 块，$K_{H25-77.5/72.5} = 136.7$ 块和 $K_h = 255.0$ 块，分别与计算值相等。

方案 11 等大端尺寸 100mm 双楔形砖砖环

由表 2-8 之 $D = 6500.0$mm 行之序号 2 查得，$K_{H25-100/85.0} = 9.2$ 块，$K_{H25-100/92.5} = 191.0$ 块和 $K_h = 200.2$ 块，分别与计算值相等。

方案 12 等大端尺寸 100mm 双楔形砖砖环

由表 2-8 之 $D = 6500.0$mm 行之序号 3 查得，$K_{H25-100/90.0} = 27.7$ 块，$K_{H25-100/92.5} = 172.5$ 块和 $K_h = 200.2$ 块，分别与计算值相等，并且表中砖数在粗实线框外，表明砖量配比不好。

方案 13 等大端尺寸 100mm 双楔形砖砖环

由表 2-8 之 $D = 6500.0$mm 行查得，$K_{H25-100/90.0} = 114.0$ 块，$K_{H25-100/95.0} = 86.2$ 块和 $K_h = 200.2$ 块，分别与计算值相等。

方案 14 等楔差 7.5mm 双楔形砖砖环

由表 2-22 之 $D = 6500.0$mm 行之序号 1 查得，$K_{H25-78.8/71.3} = 122.5$ 块，$K_{H25-119.1/111.6} = 86.9$ 块和 $K_h = 209.4$ 块，分别与计算值相等。

方案 15 不等端尺寸双楔形砖砖环

由表 2-39 之 $D = 6500.0$mm 行之序号 3 查得，$K_{H25-80.0/70.0} = 17.4$ 块，$K_{H25-100/92.5} = 186.2$ 块和 $K_h = 203.6$ 块，分别与计算值相等。

方案 16 不等端尺寸双楔形砖砖环

由表 2-39 之 $D = 6500.0$mm 行之序号 4 查得，$K_{H25-80.0/70.0} = 95.3$ 块，$K_{H25-100/95.0} = 123.6$ 块和 $K_h = 218.9$ 块，分别与计算值相等。

方案 17 P-C 等楔差 7.5mm 双楔形砖砖环

由表 2-27 之 $D = 6500.0$mm 行之序号 P-C-C250-3 查得，$K_{H25-78.8/71.3} = 44.3$ 块，$K_{H25-100/92.5} = 165.1$ 块和 $K_h = 209.4$ 块，分别与计算值相等。

[**示例 4**] $A = 200$mm、$D = 6500.0$mm 砖环

方案 8 等楔差 5.0mm 双楔形砖砖环

由表 2-20 之 $D = 6500.0$mm 行之序号 3 查得，$K_{H20-77.5/72.5} = 234.7$ 块，$K_{H20-104.0/99.0} = 16.6$ 块和 $K_h = 251.3$ 块，分别与计算值相等。

方案 9 等楔差 7.5mm 双楔形砖砖环

由表 2-20 之 $D = 6500.0$mm 行之序号 2 查得，$K_{H20-100/92.5} = 4.3$ 块，$K_{H20-120.4/112.9} = 163.2$ 块和 $K_h = 169.5$ 块，分别与计算值相等。

方案 10 等大端尺寸 100mm 双楔形砖砖环

由表 2-1 之 $D = 6500.0$mm 行之序号 4 查得，$K_{H20-100/90.0} = 51.1$ 块，$K_{H20-100/95.0} = 149.1$ 块和 $K_h = 200.2$ 块，分别与计算值相等。

方案 11 等大端尺寸 100mm 双楔形砖砖环

由表 2-1 之 $D = 6500.0$mm 行之序号 5 查得，$K_{H20-100/92.5} = 102.3$ 块，$K_{H20-100/95.0} = 97.9$ 块和 $K_h = 200.2$ 块，分别与计算值相等。

方案 12 不等端尺寸双楔形砖砖环

由表 2-35 之 $D = 6500.0$mm 行之序号 4 查得，$K_{H20-80.0/70.0} = 42.7$ 块，$K_{H20-100/95.0} = 165.8$

块和 $K_h = 208.6$ 块，分别与计算值相等。

方案 13　不等端尺寸双楔形砖砖环

由表 2-35 之 $D = 6500.0$ mm 行之序号 5 查得，$K_{H20-78.8/71.3} = 72.2$ 块，$K_{H25-100/95.0} = 143.0$ 块和 $K_h = 215.2$ 块，分别与计算值相等。

［示例 5］　$A = 250$ mm、$D = 8300.0$ mm 砖环

方案 4　等楔差 5.0mm 双楔形砖砖环

由表 2-22 之 $D = 8300.0$ mm 行之序号 3 查得，$K_{H25-77.5/72.5} = 272.7$ 块，$K_{H25-104.0/99.0} = 41.5$ 块和 $K_h = 314.2$ 块，分别与计算值相等。

方案 5　等大端尺寸 100mm 双楔形砖砖环

由表 2-8 之 $D = 8300.0$ mm 行之序号 4 查得，$K_{H25-100/90.0} = 58.5$ 块，$K_{H25-100/95.0} = 197.1$ 块和 $K_h = 255.6$ 块，分别与计算值相等。

方案 6　等大端尺寸 100mm 双楔形砖砖环

由表 2-8 之 $D = 8300.0$ mm 行之序号 5 查得，$K_{H25-100/92.5} = 117.0$ 块，$K_{H25-100/95.0} = 138.6$ 块和 $K_h = 255.6$ 块，分别与计算值相等。

方案 7　不等端尺寸双楔形砖砖环

由表 2-39 之 $D = 8300.0$ mm 行之序号 4 查得，$K_{H25-80.0/70.0} = 48.9$ 块，$K_{H25-100/95.0} = 216.3$ 块和 $K_h = 265.2$ 块，分别与计算值相等。两砖数在表中粗实线框外，表明砖量配比不好。

方案 8　不等端尺寸双楔形砖砖环

由表 2-39 之 $D = 8300.0$ mm 行之序号 5 查得，$K_{H25-78.8/71.3} = 82.6$ 块，$K_{H25-100/95.0} = 190.2$ 块和 $K_h = 272.8$ 块，分别与计算值相等。

方案 9　P-C 等楔差 5.0mm 双楔形砖砖环

由表 2-28 之 $D = 8300.0$ mm 行之序号 P-C250-4 查得，$K_{H25-77.5/72.5} = 265.3$ 块，$K_{H25-100/95.0} = 48.9$ 块和 $K_h = 314.2$ 块，分别与计算值相等。但两砖数在表中粗实线框外，表明砖量配比不好。

通过在砖量表上查找示例 1 ~ 示例 5 中有关配砌方案的砖量，除明显体会到查找速度之快和砖数之准确之外，还能体会到两点。首先本书所列回转窑砖衬各种双楔形砖砖环（等大端尺寸 100mm、等中间尺寸 75mm、等楔差 5.0mm 和 7.5mm、P-C 等楔差和不等端尺寸）的组合砖量表，不同于以往单一砖环（仅两砖配砌成的一个双楔形砖砖环）砖量表，能反映同组几对楔形砖组合的数个砖环的全貌，便于从中优选合适的砖环配砌方案。为此还对每个配砌方案（序号）都按两砖量配比，划出近单楔形砖砖环［砖量配比在 1/（10.0 以上）］和优秀配比［1/（4.0 以下）］砖环的粗实线框。但这种组合表内存在一定面积的空白，为节约版面，在每个组合表的空白处举出该表示例的说明。

其次，在组合砖量表上可直接看出每个配砌序号的理想砖数范围和理想外直径，而且组合表反映的范围距计算值较近（见表 2-41）。

等大端尺寸 $C = 100$ mm 双楔形砖砖环的理想外直径 D_L 按式 2-1 计算，理想砖数 K_L 按式 2-2 计算。例如表 2-5 序号 1 的 H16-100/85.0 与 H16-100/90.0 等大端尺寸 $C = 100$ mm 双楔形砖砖环，查表看到两砖数量最接近（表 2-41 的查表范围）的为 39.2 块和 40.9 块，此时砖环总砖量之半 $K_h/2 = 40.0$ 块，查表理想外直径为 2600.0mm。按式 2-1 计算理想外直径 $D_L = (QD_d + TD_x)/(Q + T) = (2.0 × 3264.0 + 3.0 × 2176.0)/(2.0 + 3.0) =$

2611. 2mm。按式 2-2 计算理想砖数 $K_L = 0.03080 D_L/2 = 0.03080 \times 2611.2/2 = 40.0$ 块。

等中间尺寸 $P = 75$mm 双楔形砖砖环的理想外直径 D_L 按式 2-1a 计算，理想砖数按式 2-2a 计算：

$$D_L = \frac{Q D_{pd} + T D_{px}}{Q + T} + A \tag{2-1a}$$

$$K_L = \frac{0.04080(D_L - A)}{2} \tag{2-2a}$$

例如表 2-12 序号 1 的 H16-82.5/67.5 与 H16-80.0/70.0 等中间尺寸 $P = 75$mm 双楔形砖砖环，查表看到两砖量最接近（查表范围）为 36.4 块和 42.8 块，此时表中砖环总砖数的一半为 39.6 块，查表理想外直径为 2100.0mm。按式 2-1a 计算理想砖数 $D_L = (Q D_{pd} + T D_{px})/(Q + T) + A = (2.0 \times 2464.0 + 3.0 \times 1642.7)/(2.0 + 3.0) + 160 = 2131.2$mm。按式 2-2a 计算理想砖数 $K_L = 0.04080(D_L - A)/2 = 0.04080 \times (2131.2 - 160)/2 = 40.2$ 块。

等楔差双楔形砖砖环的理想外直径 D_L 按式 2-1b 计算，理想砖数 K_L 按式 2-2b 计算：

$$D_L = \frac{D_x + D_d}{2} \tag{2-1b}$$

$$K_L = \frac{K_h}{2} = \frac{K_x + K_d}{2} \tag{2-2b}$$

例如表 2-18 序号 1 的 H16-78.8/71.3 与 H16-119.1/111.6 等楔差 7.5mm 双楔形砖砖环，查表看到最接近两砖数量（查表范围）为 66.5 块和 67.5 块，此时总砖数的一半 $K_h/2 = 67.0$ 块，查表理想外直径为 4300.0mm。按式 2-16 计算理想外直径 $D_L = (5168.0 + 3445.3)/2 = 4306.6$mm，理想砖数计算值与查表数相等。

不等端尺寸双楔形砖砖环的理想外直径 D_L 由 $n D_d - n D_L = m D_L - m D_x$ 导出：

$$D_L = \frac{n D_d + m D_x}{m + n} \tag{2-1c}$$

不等端尺寸双楔形砖砖环的理想砖数 K_L 为砖环总砖数 K_h（由表 1-44 查出其简易计算式）的一半：

$$K_L = \frac{(m - n) D_L + n D_d - m D_x}{2} \tag{2-2c}$$

例如表 2-31 序号 1 的 H16-82.5/67.5 与 H16-100/90.0 不等端尺寸双楔形砖砖环，查表看到最接近两砖数量（查表范围）为 39.6 块和 41.1 块，此时总砖数的一半为 80.7/2 = 40.3 块，查表理想外直径为 2400.0mm。按式 2-1c 和查表 1-44 计算理想外直径 $D_L = (149.687 + 124.008)/(0.04586 + 0.06879) = 2387.2$mm，计算理想砖数 $K_L = (0.02293 \times 2387.2 + 25.679)/2 = 40.2$ 块。

表 2-41 列入我国回转窑砖衬 140 个双楔形砖砖环的理想外直径和理想砖数。从表 2-41 看到查表理想砖数和查表外直径接近他们的计算值。如果砖量表砖环外直径再细分（例如再细分到 10.0mm）时，查表数几乎等于计算值。这一点，早在表 2-3 中已体现。

理想外直径可指导回转窑筒体双楔形砖砖环配砌方案的优选或筒体砖衬的设计计算。运用理想外直径的一般程序要经过：（1）当窑衬厚度 A 和筒体内直径（砖环外直径）D 设定后，再由砖环外直径范围（$D_x \sim D_d$）找出可能砌成所设计计算砖环若干个（可由简易计算式表、砖环砖量表编制资料表或表 1-51 查出）作为预选砖环。（2）再由表 2-41 查出各预选砖环的理想外直径计算值 D_L，计算理想外直径与所设计砖环外直径 D 的差值 $D - D_L$ 或 $D_L - D$。这个差值越小，表明该砖环的砖量配比越好。一般选用 $D - D_L$ 或 $D_L - D$ 小的前几名砖环，并与其砖量表核实。现通过示例 6 说明这一方法。

[**示例 6**] $A = 160\text{mm}$、$D = 3000.0\text{mm}$ 双楔形砖砖环，用理想外直径和查砖量表法优选配砌方案。

由表 2-41 的 $A = 160\text{mm}$ 28 个双楔形砖砖环，经过查找表 1-51 或编表资料表 2-24 等大端尺寸 100mm 2 个砖环、表 2-10 等中间尺寸 75mm 3 个砖环、表 2-24P-C 等楔差 1 个砖环和表 2-30 不等端尺寸 5 个砖环共 11 个砖环，可能配砌成 $D = 3000.0\text{mm}$、$A = 160\text{mm}$ 双楔形砖砖环，作为预选砖环。在表 2-41 中，分别查找这 11 个预选砖环的理想外直径计算值，按接近 $D = 3000.0\text{mm}$（即 $D - D_L$ 或 $D_L - D$ 差值小）排名，并分别查其砖量表的砖数，计算砖量配比，再加上表 1-51 的基础部分计分，对其作出综合评价。

方案 1　H16-80.0/70.0 与 H16-78.8/71.3 等中间尺寸 75mm 双楔形砖砖环

由表 2-41 查得理想外直径计算值 $D_L = 2976.0\text{mm}$，$D - D_L = 4.0\text{mm}$。由表 2-12 序号 3 的 $D = 3000.0\text{mm}$ 行查得 $K_{H16-80.0/70.0} = 54.5$ 块，$K_{H16-78.8/71.3} = 61.4$ 块和 $K_h = 115.9$ 块，两砖数在粗实线框内，砖量配比 1/1.127，属于计 3.0 分的很好砖环，基础部分记分 7.94 分，总计 10.94 分。

方案 2　H16-80.0/70.0 与 H16-100/90.0P-C 等楔差 10.0mm 双楔形砖砖环

由表 2-41 查得理想外直径计算值 $D_L = 2944.0\text{mm}$，$D - D_L = 56.0\text{mm}$。由表 2-26 P-C160-2 的 $D = 3000.0\text{mm}$ 行查得 $K_{H16-80.0/70.0} = 41.5$ 块，$K_{H16-100/90.0} = 59.1$ 块和 $K_h = 100.5$ 块，两砖数在粗实线框内，砖量配比 1/1.424，属于计 3.0 分的很好砖环，基础部分记分 12.25 分，总计 15.25 分。

方案 3　H16-100/85.0 与 H16-100/92.5 等大端尺寸 100mm 双楔形砖砖环

由表 2-41 查得理想外直径计算值 $D_L = 2901.3\text{mm}$，$D - D_L = 98.7\text{mm}$。由表 2-5 序号 2 的 $D = 3000.0\text{mm}$ 行查得 $K_{H16-100/85.0} = 41.6$ 块，$K_{H16-100/92.5} = 50.8$ 块和 $K_h = 92.4$ 块，两砖数在粗实线框内，砖量配比 1/1.221，属于计 3.0 分的很好砖环，基础部分记分 10.69 分，总计 13.69 分。

方案 4　H16-82.5/67.5 与 H16-100/92.5 不等端尺寸双楔形砖砖环

由表 2-41 查得理想外直径计算值 $D_L = 2652.5\text{mm}$，$D - D_L = 347.5\text{mm}$。由表 2-31 序号 2 的 $D = 3000.0\text{mm}$ 行查得 $K_{H16-82.5/67.5} = 35.5$ 块，$K_{H16-100/92.5} = 63.0$ 块和 $K_h = 98.5$ 块，两砖数在粗实线框内，砖量配比 1/1.775，属于计 3.0 分的很好砖环，基础部分记分 10.69 分，总计 13.69 分。

方案 5　H16-80.0/70.0 与 H16-100/92.5 不等端尺寸双楔形砖砖环

由表 2-41 查得理想外直径计算值 $D_L = 3363.7\text{mm}$，$D_L - D = 363.7\text{mm}$。由表 2-31 序号 3 的 $D = 3000.0\text{mm}$ 行查得 $K_{H16-80.0/70.0} = 78.5$ 块，$K_{H16-100/92.5} = 29.2$ 块和 $K_h = 107.7$ 块，两砖数在粗实线框内，砖量配比 1/2.688，属于计 2.0 分的好砖环，基础部分记分 9.69 分，总计 11.69 分。

方案 6　H16-80.0/70.0 与 H16-77.5/72.5 等中间尺寸 75mm 双楔形砖砖环

由表 2-41 查得理想外直径计算值 $D_L = 3445.3\text{mm}$，$D - D_L = 445.3\text{mm}$。由表 2-12 序号 4 的 $D = 3000.0\text{mm}$ 行查得 $K_{H16-80.0/70.0} = 85.2$ 块，$K_{H16-77.5/72.5} = 30.7$ 块和 $K_h = 115.9$ 块，两砖数在粗实线框内，砖量配比 1/2.775，属于计 2.0 分的好砖环，基础部分记分 8.63 分，总计 10.63 分。

方案 7　H16-100/85.0 与 H16-78.8/71.3 不等端尺寸双楔形砖砖环

由表 2-41 查得理想外直径计算值 $D_L = 2599.1$mm，$D - D_L = 400.9$mm。由表 2-32 序号 7 的 $D = 3000.0$mm 行查得 $K_{H16-100/85.0} = 23.5$ 块，$K_{H16-78.8/71.3} = 87.0$ 块和 $K_h = 110.5$ 块，两砖数在粗实线框内，砖量配比 1/3.702，属于计 1.0 分的可用砖环，基础部分记分 10.69 分，总计 11.69 分。

方案 8　H16-100/85.0 与 H16-100/90.0 等大端尺寸双楔形砖砖环

由表 2-41 查得理想外直径计算值 $D_L = 2611.2$mm，$D - D_L = 388.8$mm。由表 2-5 序号 1 的 $D = 3000.0$mm 行查得 $K_{H16-100/85.0} = 16.3$ 块，$K_{H16-100/90.0} = 76.1$ 块和 $K_h = 92.4$ 块，两砖数在粗实线框外，砖量配比 1/4.669，属于不计分的不好砖环，基础部分记分 11.75 分，总计 11.75 分。

方案 9　H16-82.5/67.5 与 H16-100/90.0 不等端尺寸双楔形砖砖环

由表 2-41 查得理想外直径计算值 $D_L = 2387.2$mm，$D - D_L = 612.8$mm。由表 2-31 序号 1 的 $D = 3000.0$mm 行查得 $K_{H16-82.5/67.5} = 12.1$ 块，$K_{H16-100/90.0} = 82.4$ 块和 $K_h = 94.5$ 块，两砖数在粗实线框外，砖量配比 1/6.810，属于不计分的不好砖环，基础部分记分 12.25 分，总计 12.25 分。

方案 10　H16-80.0/70.0 与 H16-100/95.0 不等端尺寸双楔形砖砖环

由表 2-41 查得理想外直径计算值 $D_L = 3925.3$mm，$D - D_L = 925.3$mm。由表 2-31 序号 4 的 $D = 3000.0$mm 行查得 $K_{H16-80.0/70.0} = 90.8$ 块，$K_{H16-100/95.0} = 19.4$ 块和 $K_h = 110.2$ 块，两砖数在粗实线框外，砖量配比 1/4.680，属于不计分的不好砖环，基础部分记分 9.13 分，总计 9.13 分。

方案 11　H16-82.5/67.5 与 H16-78.8/71.3 等中间尺寸 75mm 双楔形砖砖环

由表 2-41 查得理想外直径计算值 $D_L = 2350.3$mm，$D - D_L = 649.7$mm。由表 2-12 序号 2 的 $D = 3000.0$mm 行查得 $K_{H16-82.5/67.5} = 18.2$ 块，$K_{H16-78.8/71.3} = 97.7$ 块和 $K_h = 115.9$ 块，两砖数在粗实线框外，砖量配比 1/5.386，属于不计分的不好砖环，基础部分记分 10.69 分，总计 10.69 分。

可见，11 个预选砖环中，$D - D_L$ 或 $D_L - D$ 较小的 4 个方案（方案 1～方案 4）排名前 4，都属于砖量配比很好的砖环。$D - D_L$ 或 $D_L - D$ 较大的 4 个方案（方案 8～方案 11）排名后 4，都属于砖量配比不好的砖环。$D - D_L$ 或 $D_L - D$ 处于中间状态的 3 个方案（方案 5～方案 7）排名居中，分别属于砖量配比好和可用的砖环。预选过程中，未经过砖量简易计算式的运算，只是经过砖量表的查找。经过表 1-51 和表 2-41 的查找，按总分排名次序：方案 2(15.25 分)、方案 3(13.96 分)、方案 4(13.96 分)、方案 9(12.25 分)、方案 8(11.75 分)、方案 5(11.69 分)、方案 7(11.69 分)、方案 1(10.94 分)、方案 11(10.69 分)、方案 6(10.63 分)和方案 10(9.13 分)。但淘汰砖量配比不好（$D - D_L$ 或 $D_L - D$ 较大）的方案 8～方案 11，从各类双楔形砖砖环（等中间尺寸 75mm 砖环、等大端尺寸 100mm 砖环、规范化不等端尺寸砖和 P-C 等楔差砖环）分别优选出方案 1、方案 3、方案 4 和方案 2。其中 H16-80.0/70.0 与 H16-100/90.0P-C 等楔差 10.0mm 双楔形砖砖环（方案 2，总计分 15.25 分）领先名居榜首，H16-100/85.0 与 H16-100/92.5 等大端尺寸 100mm 双楔形砖砖环（方案 3，总计分 13.96 分）和 H16-82.5/67.5 与 H16-100/92.5 规范化不等端尺寸双楔形砖砖环（方案 4，总计分 13.96 分）并列第 2 名。

表2-30　我国回转窑不等端尺寸双楔形砖砖环砖量表编制资料

序号	配砌尺寸砖号 小直径楔形砖	配砌尺寸砖号 大直径楔形砖	砖环外直径范围 $D_x \sim D_d$/mm	第1行（起点） 外直径 D_1	K_{x1}	K_{d1}	K_{h1}	$100n$	$100m$	$100(m-n)$	末行（终点） 外直径 D_m	K_{xm}	K_{dm}	K_{hm}
160-1	H16-82.5/67.5	H16-100/90.0	1802.7~3264.0	1900.0	62.553	6.693	69.249	4.586	6.879	2.293	3200.0	2.935	96.12	99.055
160-2	H16-82.5/67.5	H16-100/92.5	1802.7~4352.0	1900.0	64.463	5.116	69.579	2.629	5.258	2.629	4300.0	1.367	131.308	132.675
160-3	H16-100/70.0	H16-100/92.5	2624.0~4352.0	2700.0	95.983	5.895	101.878	5.818	7.757	1.939	4300.0	2.895	130.007	132.902
160-4	H16-80.0/70.0	H16-100/95.0	2624.0~6528.0	2700.0	98.571	3.914	102.485	2.575	5.150	2.575	6500.0	0.721	199.614	200.335
160-5	H16-78.8/71.3	H16-100/95.0	3445.3~6528.0	3500.0	131.657	3.568	135.225	4.348	6.522	2.174	6500.0	1.217	199.228	200.445
160-6	H16-100/85.0	H18-80.0/70.0	2176.0~2624.0	2200.0	63.430	5.386	68.816	14.960	22.440	7.480	2600.0	3.59	95.146	98.736
160-7	H16-100/85.0	H16-78.8/71.3	2176.0~3445.3	2200.0	65.752	2.534	68.286	5.280	10.560	5.280	3400.0	2.392	129.254	131.646
160-8	H16-78.8/71.3	H16-78.8/71.3	3264.0~3445.3	3300.0	80.554	26.611	107.165	55.440	73.920	18.480	3400.0	25.114	100.531	125.645
160-9	H16-100/90.0	H16-77.5/72.5	3264.0~5088.0	3300.0	98.555	3.968	102.556	5.512	11.023	5.512	5000.0	4.851	191.359	196.260
160-10	H16-100/90.0	H16-77.5/72.5	4352.0~5088.0	4400.0	125.299	13.113	138.412	18.212	27.318	9.106	5000.0	16.027	177.021	193.048
180-1	H18-82.5/67.5	H18-100/90.0	2028.0~3672.0	2100.0	72.092	4.953	77.045	4.586	6.879	2.293	3600.0	3.302	108.138	111.440
180-2	H18-82.5/67.5	H18-100/92.5	2028.0~4896.0	2100.0	73.507	3.786	77.293	2.629	5.258	2.629	4800.0	2.524	145.752	148.276
180-3	H18-80.0/70.0	H18-100/92.5	2952.0~4896.0	3000.0	110.309	3.723	114.032	5.818	7.757	1.939	4800.0	5.585	143.349	148.934
180-4	H18-80.0/70.0	H18-100/95.0	2952.0~7344.0	3000.0	111.858	2.472	114.330	2.575	5.150	2.575	7300.0	1.133	223.922	225.055
180-5	H18-78.8/71.3	H18-100/95.0	3876.0~7344.0	3900.0	149.745	1.565	151.310	4.348	6.522	2.174	7300.0	1.913	223.313	225.226
180-6	H18-80.0/85.0	H18-80.0/70.0	2448.0~2952.0	2500.0	67.619	11.669	79.288	14.960	22.440	7.480	2900.0	7.779	101.429	109.208
180-7	H18-100/85.0	H18-78.8/71.3	2448.0~3876.0	2500.0	72.653	5.491	78.144	5.280	10.560	5.280	3800.0	4.013	142.771	146.784
180-8	H18-100/90.0	H18-78.8/71.3	3672.0~3876.0	3700.0	97.574	20.698	118.272	55.440	73.920	18.480	3800.0	42.134	94.618	136.752
180-9	H18-100/90.0	H18-77.5/72.5	3672.0~5724.0	3700.0	111.563	3.087	114.687	5.512	11.023	5.512	5700.0	1.323	223.547	224.927
180-10	H18-100/92.5	H18-77.5/72.5	4896.0~5724.0	4900.0	150.067	1.093	151.160	18.212	27.318	9.106	5700.0	4.371	219.637	224.008
200-1	H20-82.5/67.5	H20-100/90.0	2253.3~4080.0	2300.0	81.631	3.212	84.843	4.586	6.879	2.293	4000.0	3.669	120.155	123.824
200-2	H20-82.5/67.5	H20-100/92.5	2253.3~5440.0	2300.0	82.551	2.455	85.006	2.629	5.258	2.629	5400.0	1.052	165.453	166.505
200-3	H20-80.0/70.0	H20-100/92.5	3280.0~5440.0	3300.0	124.505	1.551	126.056	5.818	7.575	1.939	5400.0	2.327	164.448	166.775
200-4	H20-80.0/70.0	H20-100/95.0	3280.0~8160.0	3300.0	125.145	1.030	126.175	2.575	5.150	2.575	8100.0	1.545	248.230	249.775
200-5	H20-78.8/71.3	H20-100/95.0	4306.7~8160.0	4400.0	163.485	6.085	169.570	4.348	6.522	2.174	8100.0	2.609	247.399	250.008

续表 2-30

序号	配砌尺寸砖号 小直径楔形砖	配砌尺寸砖号 大直径楔形砖	砖环外直径范围 $D_x \sim D_d$/mm	第1行(起点) 外直径 D_1	一环砖数/块 K_{x1}	一环砖数/块 K_{d1}	K_{h1}	$100n$	$100m$	$100(m-n)$	末行(终点) 外直径 D_m	K_{xm}	一环砖数/块 K_{dm}	K_{hm}
200-6	H20-100/85.0	H20-80.0/70.0	2720.0~3280.0	2800.0	71.808	17.952	89.760	14.960	22.440	7.480	3200.0	11.968	107.712	119.68
200-7	H20-100/85.0	H20-78.8/71.3	2720.0~4306.7	2800.0	79.554	8.448	88.002	5.280	10.560	5.280	4300.0	0.354	166.848	167.202
200-8	H20-100/90.0	H20-78.8/71.3	4080.0~4306.7	4100.0	114.594	14.784	129.378	55.440	93.920	18.480	4300.0	3.714	162.624	166.338
200-9	H20-100/90.0	H20-77.5/72.5	4080.0~6360.0	4100.0	124.571	2.205	126.817	5.512	11.023	5.512	6300.0	3.307	244.711	248.081
200-10	H20-100/92.5	H20-77.5/72.5	5440.0~6360.0	5500.0	156.623	16.391	173.014	18.212	27.318	9.106	6300.0	10.927	234.935	245.862
220-1	H22-82.5/67.5	H22-100/90.0	2478.7~4488.0	2500.0	9.170	1.465	92.635	4.586	6.879	2.293	4400.0	4.036	132.166	136.202
220-2	H22-82.5/67.5	H22-100/92.5	2478.7~5984.0	2500.0	91.594	1.120	92.714	2.629	5.258	2.629	5900.0	2.208	179.892	182.1
220-3	H22-80.0/70.0	H22-100/92.5	3608.0~5984.0	3700.0	132.883	7.136	140.019	5.818	7.757	1.939	5900.0	4.887	177.790	182.677
220-4	H22-80.0/70.0	H22-100/95.0	3608.0~8976.0	3700.0	135.857	4.738	140.595	2.575	5.150	2.575	8900.0	1.957	272.538	274.495
220-5	H22-78.8/71.3	H22-100/95.0	4737.3~8976.0	4800.0	181.572	4.089	185.661	4.348	6.522	2.174	8900.0	3.304	271.491	274.795
220-6	H22-100/85.0	H22-80.0/70.0	2992.0~3608.0	3000.0	90.957	1.795	92.752	14.960	22.440	7.480	3600.0	1.197	136.435	137.632
220-7	H22-100/85.0	H22-78.8/71.3	2882.0~4737.3	3000.0	91.729	0.845	92.574	5.280	10.560	5.280	4700.0	1.969	180.365	182.334
220-8	H22-100/90.0	H22-78.8/71.3	4488.0~4737.3	4500.0	131.559	8.870	140.429	55.440	73.920	18.480	4700.0	20.679	156.710	177.389
220-9	H22-100/90.0	H22-77.5/72.5	4488.0~6996.0	4500.0	137.580	1.323	138.948	5.512	11.023	5.512	6900.0	5.292	265.875	271.236
220-10	H22-100/92.5	H22-77.5/72.5	5984.0~6996.0	6000.0	181.392	4.371	185.763	18.212	27.318	9.106	6900.0	17.484	250.233	267.717
250-1	H25-82.5/67.5	H25-100/90.0	2816.7~5100.0	2900.0	100.892	5.730	106.622	4.586	6.879	2.293	5100.0	0	157.080	157.080
250-2	H25-82.5/67.5	H25-100/92.5	2816.7~6800.0	2900.0	102.531	4.380	106.911	2.629	5.258	2.629	6800.0	0	209.440	209.440
250-3	H25-80.0/70.0	H25-100/92.5	4100.0~6800.0	4100.0	157.080	0	157.080	5.818	7.757	1.939	6800.0	0	209.440	209.440
250-4	H25-80.0/70.0	H25-100/95.0	4100.0~10200.0	4100.0	157.080	0	157.080	2.575	5.150	2.575	10200.0	0	314.160	314.160
250-5	H25-78.8/71.3	H25-100/95.0	5383.3~10200.0	5400.0	208.704	1.089	209.793	4.348	6.522	2.174	10200.0	0	314.160	314.160
250-6	H25-100/85.0	H25-80.0/70.0	3400.0~4100.0	3400.0	104.720	0	104.720	14.960	22.440	7.480	4100.0	0	157.080	157.080
250-7	H25-100/85.0	H25-78.8/71.3	3400.0~5383.3	3400.0	104.720	0	104.720	5.280	10.560	5.280	5300.0	4.398	200.64	205.038
250-8	H25-100/90.0	H25-78.8/71.3	5100.0~5383.3	5100.0	157.080	0	157.080	55.440	73.920	18.480	5300.0	46.182	147.84	194.022
250-9	H25-100/90.0	H25-77.5/72.5	5100.0~7950.0	5100.0	157.080	0	157.080	5.512	11.023	5.512	7900.0	2.756	308.644	311.479
250-10	H25-100/92.5	H25-77.5/72.5	6800.0~7950.0	6800.0	209.440	0	209.440	18.212	27.318	9.106	7900.0	9.106	300.498	309.604

表2-31　我国回转窑 $A=160mm$ 不等端尺寸双楔形砖砖环砖量表之一

（块）

砖环外直径 D/mm	序号1			序号2			序号3			序号4			序号5		
	H16-82.5/67.5	H16-100/90.0	K_h	H16-82.5/67.5	H16-100/92.5	K_h	H16-80.0/70.0	H16-100/92.5	K_h	H16-80.0/70.0	H16-100/95.0	K_h	H16-78.8/71.3	H16-100/95.0	K_h
1900	62.553	6.693	69.246	64.463	5.116	69.579									
2000	58.0	13.6	71.5	61.8	10.4	72.2									
2100	53.4	20.5	73.8	59.2	15.6	74.8									
2200	48.8	27.3	76.1	56.6	20.9	77.5									
2300	44.2	34.2	78.4	53.9	26.1	80.1									
2400	39.6	41.1	80.7	51.3	31.4	82.7									
2500	35.0	48.0	83.0	48.7	36.7	85.4									
2600	30.5	54.9	85.3	46.1	41.9	88.0									
2700	25.9	61.7	87.6	43.4	47.2	90.6	95.983	5.895	101.878	98.571	3.914	102.485			
2800	21.3	68.6	89.9	40.8	52.4	93.2	90.2	13.7	103.8	96.0	9.1	105.1			
2900	16.7	75.5	92.2	38.2	57.7	95.9	84.3	21.4	105.8	93.4	14.2	107.6			
3000	12.1	82.4	94.5	35.5	63.0	98.5	78.5	29.2	107.7	90.8	19.4	110.2			
3100	7.5	89.2	96.8	32.9	68.2	101.1	72.7	36.9	109.6	88.3	24.5	112.8			
3200	2.9	96.1	99.1	30.3	73.5	103.8	66.9	44.7	111.6	85.7	29.7	115.4			
3300				27.7	78.7	106.4	61.1	52.4	113.5	83.1	34.8	117.9			
3400				25.0	84.0	109.0	55.3	60.2	115.5	80.5	40.0	120.5			
3500				22.4	89.2	111.6	49.4	68.0	117.4	78.0	45.1	123.1	131.657	3.568	135.225
3600				19.8	94.5	114.3	43.6	75.7	119.3	75.4	50.3	125.7	127.3	10.1	137.4
3700				17.1	99.8	116.9	37.8	83.5	121.3	72.8	55.4	128.2	123.0	16.6	139.6
3800				14.5	105.0	119.5	32.0	91.2	123.2	70.2	60.6	130.8	118.6	23.1	141.7
3900				11.9	110.3	122.2	26.2	99.0	125.1	67.7	65.7	133.4	114.3	29.7	143.9
4000				9.3	115.5	124.8	20.3	106.7	127.1	65.1	70.9	136.0	109.9	36.2	146.1
4100				6.6	120.8	127.4	14.5	114.5	129.0	62.5	76.0	138.5	105.6	42.7	148.3
4200				4.0	126.1	130.0	8.7	122.3	131.0	59.9	81.2	141.1	101.2	49.2	150.4
4300				1.4	131.3	132.7	2.9	130.0	132.9	57.4	86.3	143.7	96.9	55.7	152.6

续表 2-31

砖环外直径 D/mm	序号1			序号2			序号3			序号4			序号5		
	H16-82.5/67.5	H16-100/90.0	K_h	H16-82.5/67.5	H16-100/92.5	K_h	H16-80.0/70.0	H16-100/92.5	K_h	H16-80.0/70.0	H16-100/95.0	K_h	H16-78.8/71.3	H16-100/95.0	K_h
4400										54.8	91.5	146.3	92.5	62.3	154.8
4500										52.2	96.6	148.8	88.2	68.8	157.0
4600										49.6	101.8	151.4	83.8	75.3	159.1
4700										47.1	106.9	154.0	79.5	81.8	161.3
4800										44.5	112.1	156.6	75.1	88.4	163.5
4900										41.9	117.2	159.1	70.8	94.9	165.7
5000										39.3	122.4	161.7	66.4	101.4	167.8
5100										36.8	127.5	164.3	62.1	107.9	170.0
5200										34.2	132.7	166.9	57.7	114.4	172.2
5300										31.6	137.8	169.4	53.4	121.0	174.4
5400										29.0	143.0	172.0	49.0	127.5	176.5
5500										26.5	148.1	174.6	44.7	134.0	178.7
5600										23.9	153.3	177.2	40.3	140.5	180.9
5700										21.3	158.4	179.7	36.0	147.1	183.1
5800										18.7	163.6	182.3	31.7	153.6	185.2
5900										16.2	168.7	184.9	27.3	160.1	187.4
6000										13.6	173.9	187.5	23.0	166.6	189.6
6100										11.0	179.0	190.0	18.6	173.1	191.7
6200										8.4	184.2	192.6	14.3	179.7	193.9
6300										5.9	189.3	195.2	9.9	186.2	196.1
6400										3.3	194.5	197.8	5.6	192.7	198.3
6500										0.7	199.6	200.3	1.2	199.2	200.4

示例：$A = 160$mm，$D = 2500.0$mm 砖环。查本表 $D = 2500.0$mm 行之序号1：$K_{H16-82.5/67.5} = 35.0$ 块，$K_{H16-100/90.0} = 48.0$ 块，$K_h = 83.0$ 块。计算值 $K_{H16-82.5/67.5} = 149.687 - 0.04586 \times 2500.0 = 35.0$ 块，$K_{H16-100/90.0} = 0.06879 \times 2500.0 - 124.008 = 48.0$ 块，$K_h = 83.0$ 块。序号2：$K_{H16-82.5/67.5} = 48.7$ 块，$K_{H16-100/92.5} = 36.7$ 块，$K_h = 85.4$ 块。计算值 $K_{H16-82.5/67.5} = 114.414 - 0.02629 \times 2500.0 = 48.7$ 块，$K_{H16-100/92.5} = 0.05258 \times 2500.0 - 94.786 = 36.7$ 块，$K_h = 0.02629 \times 2500.0 + 19.628 = 85.4$ 块。查表砖数与计算值完全相等。

示例：$A = 160$mm，$D = 3800.0$mm 砖环。查本表 $D = 3800.0$mm 行之序号3：$K_{H16-80.0/70.0} = 32.0$ 块，$K_{H16-100/92.5} = 91.2$ 块，$K_h = 123.2$ 块。计算值 $K_{H16-80.0/70.0} = 253.069 - 0.05818 \times 3800.0 = 32.0$ 块，$K_{H16-100/92.5} = 0.07757 \times 3800.0 - 203.544 = 91.2$ 块，$K_h = 0.01939 \times 3800.0 + 49.525 = 123.2$ 块。序号4：$K_{H16-80.0/70.0} = 70.2$ 块，$K_{H16-100/95.0} = 60.6$ 块，$K_h = 130.8$ 块。计算值 $K_{H16-80.0/70.0} = 168.096 - 0.02575 \times 3800.0 = 70.2$ 块，$K_{H16-100/95.0} = 0.05150 \times 3800.0 - 135.136 = 60.6$ 块，$K_h = 0.02575 \times 3800.0 + 32.96 = 130.8$ 块。查表砖数与计算值完全相等。

示例：$A = 160$mm，$D = 5300.0$mm 砖环。查本表 $D = 5300.0$mm 行之序号5：$K_{H16-78.8/71.3} = 53.4$ 块，$K_{H16-100/95.0} = 121.0$ 块，$K_h = 174.4$ 块。计算值 $K_{H16-78.8/71.3} = 283.387 - 0.04348 \times 5300.0 = 53.4$ 块，$K_{H16-100/95.0} = 0.06522 \times 5300.0 - 224.702 = 121.0$ 块，$K_h = 0.02174 \times 5300.0 + 59.135 = 174.4$ 块。查表砖数与计算值完全相等。

表2-32　我国回转窑 A=160mm 不等端尺寸双楔形砖砖环砖量表之二

（块）

砖环外直径 D/mm	序号6 H16-100/85.0	序号6 H16-80.0/70.0	序号6 K_h	序号7 H16-100/85.0	序号7 H16-78.8/71.3	序号7 K_h	序号8 H16-100/90.0	序号8 H16-78.8/71.3	序号8 K_h	序号9 H16-100/90.0	序号9 H16-77.5/72.5	序号9 K_h	序号10 H16-100/92.5	序号10 H16-77.5/72.5	序号10 K_h
2200	63.430	5.386	68.816	65.752	2.534	68.286									
2300	48.5	27.8	76.3	60.5	13.1	73.6									
2400	33.5	50.3	83.8	55.2	23.6	78.8									
2500	18.5	72.7	91.2	49.9	34.2	84.1									
2600	3.6	95.1	98.7	44.6	44.8	89.4									
2700				39.4	55.3	94.7									
2800				34.1	65.9	100.0									
2900				28.8	76.5	105.2									
3000				23.5	87.0	110.5									
3100				18.2	97.6	115.8									
3200				13.0	108.1	121.1									
3300				7.7	118.7	126.4	80.554	26.611	107.165	98.555	3.968	102.556			
3400				2.4	129.3	131.6	25.1	100.5	125.6	93.0	15.0	108.1			
3500										87.5	26.0	113.6			
3600										82.0	37.0	119.1			
3700										76.5	48.1	124.6			
3800										71.0	59.1	130.1			
3900										65.5	70.1	135.6			
4000										60.0	81.1	141.1			
4100										54.5	92.2	146.7			
4200										48.9	103.2	152.2			
4300										43.4	114.2	157.7			
4400										37.9	125.2	163.2	125.299	13.113	138.412
4500										32.4	136.2	168.7	107.1	40.4	147.5
4600										26.9	147.3	174.2	88.9	67.7	156.6
4700										21.4	158.3	179.7	70.7	95.1	165.7
4800										15.9	169.3	185.2	52.5	122.4	174.8
4900										10.4	180.3	190.7	34.2	149.7	183.9
5000										4.9	191.4	196.3	16.0	177.0	193.0

示例：$A=160mm$，$D=2500.0mm$ 砖环。查本表 $D=2500.0mm$ 砖环。查本表 $D=2500.0mm$ 行之序号6：$K_{H16-100/85.0}=18.5$ 块，$K_{H16-80.0/70.0}=72.7$ 块，$K_h=91.2$ 块。计算值 $K_{H16-100/85.0}=18.5$ 块，$K_{H16-80.0/70.0}=0.022440×2500.0-488.294=72.7$ 块，$K_h=0.07480×2500.0-95.744=91.2$ 块。序号7：$K_{H16-100/85.0}=49.9$ 块，$K_{H16-78.8/71.3}=34.2$ 块，$K_h=84.1$ 块。计算值 $K_{H16-100/85.0}=181.912-0.05280×2500.0=49.9$ 块，$K_{H16-78.8/71.3}=0.10560×2500.0-229.786=34.2$ 块，$K_h=0.05280×2500.0-47.874=84.1$ 块。查表砖数与计算值完全相等。

示例：$A=160mm$，$D=4000.0mm$ 砖环。查本表 $D=4000.0mm$ 行之序号9：$K_{H16-100/90.0}=60.0$ 块，$K_{H16-77.5/72.5}=81.1$ 块，$K_h=141.1$ 块。计算值 $K_{H16-100/90.0}=280.451-0.05512×4000.0=60.0$ 块，$K_{H16-77.5/72.5}=0.11023×4000.0-359.791=81.1$ 块，$K_h=0.05512×4000.0-79.340=141.1$ 块。查表砖数与计算值完全相等

表2-33　我国回转窑 $A=180mm$ 不等端尺寸双楔形砖砖环砖量表之一

（块）

砖环外直径 D/mm	序号1			序号2			序号3			序号4			序号5		
	H18-82.5/67.5	H18-100/90.0	K_h	H18-82.5/67.5	H18-100/92.5	K_h	H18-80.0/70.0	H18-100/92.5	K_h	H18-80.0/70.0	H18-100/95.0	K_h	H18-78.8/71.3	H18-100/95.0	K_h
2100	72.092	4.953	77.045	73.507	3.786	77.293									
2200	67.5	11.8	79.3	70.9	9.0	79.9									
2300	62.9	18.7	81.6	68.2	14.3	82.6									
2400	58.3	25.6	83.9	65.6	19.6	85.2									
2500	53.7	32.5	86.2	63.0	24.8	87.8									
2600	49.2	39.3	88.5	60.4	30.1	90.4									
2700	44.6	46.2	90.8	57.7	35.3	93.1									
2800	40.0	53.1	93.1	55.1	40.6	95.7									
2900	35.4	60.0	95.4	52.5	45.9	98.3									
3000	30.8	66.9	97.7	49.8	51.1	101.0	110.309	3.723	114.032	111.858	2.472	114.330			
3100	26.2	73.7	100.0	47.2	56.4	103.6	104.5	11.5	116.0	109.3	7.6	116.9			
3200	21.6	80.6	102.3	44.6	61.6	106.2	98.7	19.2	117.9	106.7	12.8	119.5			
3300	17.1	87.5	104.6	42.0	66.9	108.8	92.9	27.0	119.8	104.1	17.9	122.1			
3400	12.5	94.4	106.8	39.3	72.1	111.5	87.0	34.8	121.8	101.6	23.1	124.6			
3500	7.9	101.2	109.1	36.7	77.4	114.1	81.2	42.5	123.7	99.0	28.2	127.2			
3600	3.3	108.1	111.4	34.1	82.7	116.7	75.4	50.3	125.7	96.4	33.4	129.8			
3700				31.4	87.9	119.4	69.6	58.0	127.6	93.8	38.5	132.4			
3800				28.8	93.2	122.0	63.8	65.8	129.5	91.3	43.7	134.9			
3900				26.2	98.4	124.6	57.9	73.5	131.5	88.7	48.8	137.5	149.745	1.565	151.310
4000				23.5	103.7	127.2	52.1	81.3	133.4	86.1	54.0	140.1	145.4	8.1	153.5
4100				20.9	108.9	129.9	46.3	89.1	135.4	83.5	59.1	142.7	141.0	14.6	155.6
4200				18.3	114.2	132.5	40.5	96.8	137.3	81.0	64.3	145.2	136.7	21.1	157.8
4300				15.7	119.5	135.1	34.7	104.6	139.2	78.4	69.4	147.8	132.3	27.6	160.0
4400				13.0	124.7	137.8	28.9	112.3	141.2	75.8	74.6	150.4	128.0	34.2	162.2
4500				10.4	130.0	140.4	23.0	120.1	143.1	73.2	79.7	153.0	123.6	40.7	164.3
4600				7.8	135.2	143.0	17.2	127.8	145.1	70.7	84.9	155.5	119.3	47.2	166.5
4700				5.1	140.5	145.6	11.4	135.6	147.0	68.1	90.0	158.1	115.0	53.7	168.7
4800				2.5	145.8	148.3	5.6	143.3	148.9	65.5	95.2	160.7	110.6	60.3	170.9

砖环外直径 D/mm	序号 1			序号 2			序号 3			序号 4			序号 5		
	H18-82.5/67.5	H18-100/90.0	K_h	H18-82.5/67.5	H18-100/92.5	K_h	H18-80.0/70.0	H18-100/92.5	K_h	H18-80.0/70.0	H18-100/95.0	K_h	H18-78.8/71.3	H18-100/95.0	K_h
4900										62.9	100.3	163.3	106.3	66.8	173.0
5000										60.4	105.5	165.8	101.9	73.3	175.2
5100										57.8	110.6	168.4	97.6	79.8	177.4
5200										55.2	115.8	171.0	93.2	86.3	179.6
5300										52.6	120.9	173.6	88.9	92.9	181.7
5400										50.1	126.1	176.1	84.5	99.4	183.9
5500										47.5	131.2	178.7	80.2	105.9	186.1
5600										44.9	136.4	181.3	75.8	112.4	188.3
5700										42.3	141.5	183.9	71.5	119.0	190.4
5800										39.8	146.7	186.4	67.1	125.5	192.6
5900										37.2	151.8	189.0	62.8	132.0	194.8
6000										34.6	157.0	191.6	58.4	138.5	197.0
6100										32.0	162.1	194.2	54.1	145.0	199.1
6200										29.5	167.3	196.7	49.7	151.6	201.3
6300										26.9	172.4	199.3	45.4	158.1	203.5
6400										24.3	177.6	201.9	41.0	164.6	205.7
6500										21.7	182.7	204.5	36.7	171.1	207.8
6600										19.2	187.9	207.0	32.3	177.6	210.0
6700										16.6	193.0	209.6	28.0	184.2	212.2
6800										14.0	198.2	212.2	23.6	190.7	214.3
6900										11.4	203.3	214.8	19.3	197.2	216.5
7000										8.9	208.5	217.3	14.9	203.7	218.7
7100										6.3	213.6	219.9	10.6	210.3	220.9
7200										3.7	218.8	222.5	6.3	216.8	223.0
7300										1.1	223.9	225.1	1.9	223.3	225.2

示例：$A = 180$mm，$D = 3500.0$mm 砖环。查本表 $D = 3500.0$mm 行序号 1：$K_{H18-82.5/67.5} = 7.9$ 块，$K_{H18-100/90.0} = 101.2$ 块。计算值 $K_{H18-82.5/67.5} = 168.398 - 0.04586 \times 3500.0 = 7.9$ 块，$K_h = 0.06879 \times 3500.0 - 139.506 = 101.2$ 块，$K_{H18-100/90.0} = 0.02293 \times 3500.0 + 28.892 = 101.1$ 块。序号 2：$K_{H18-82.5/67.5} = 36.7$ 块，$K_{H18-100/92.5} = 77.4$ 块，$K_h = 114.1$ 块。计算值 $K_{H18-82.5/67.5} = 128.716 - 0.02629 \times 3500.0 = 36.7$ 块，$K_{H18-100/92.5} = 0.05258 \times 3500.0 - 106.632 = 77.4$ 块，$K_h = 0.02629 \times 3500.0 + 22.084 = 114.1$ 块。序号 3：$K_{H18-80.0/70.0} = 81.2$ 块，$K_{H18-100/92.5} = 42.5$ 块，$K_h = 123.7$ 块。计算值 $K_{H18-80.0/70.0} = 284.849 - 0.05818 \times 3500.0 = 81.2$ 块，$K_{H18-100/92.5} = 0.07757 \times 3500.0 - 228.987 = 42.5$ 块，$K_h = 0.01939 \times 3500.0 + 55.862 = 123.7$ 块。序号 4：$K_{H18-80.0/70.0} = 99.0$ 块，$K_{H18-100/95.0} = 28.2$ 块，$K_h = 127.2$ 块。计算值 $K_{H18-80.0/70.0} = 189.108 - 0.02575 \times 3500.0 = 99.0$ 块，$K_{H18-100/95.0} = 0.05150 \times 3500.0 - 152.028 = 28.2$ 块，$K_h = 0.02575 \times 3500.0 + 37.08 = 127.2$ 块。查表砖数与计算值完全相等。

示例：$A = 180$mm，$D = 6000.0$mm 砖环。查本表 $D = 6000.0$mm 行之序号 5：$K_{H18-78.8/71.3} = 58.4$ 块，$K_{H18-100/95.0} = 138.5$ 块，$K_h = 197.0$ 块。计算值 $K_{H18-78.8/71.3} = 319.317 - 0.04348 \times 6000.0 = 58.4$ 块，$K_{H18-100/95.0} = 0.06522 \times 6000.0 - 252.793 = 138.5$ 块，$K_h = 0.02174 \times 6000.0 + 66.524 = 197.0$ 块。查表砖数与计算值完全相等。序号 4 砖数与计算值完全相等，表明砖量配比不好。

表2-34　我国回转窑 $A=180$mm 不等端端尺寸双楔形砖砖环砖量表之二

（块）

砖环外直径 D/mm	序号6			序号7			序号8			序号9			序号10		
	H18-100/85.0	H18-80.0/70.0	K_h	H18-100/85.0	H18-78.8/71.3	K_h	H18-100/90.0	H18-78.8/71.3	K_h	H18-100/90.0	H18-77.5/72.5	K_h	H18-100/92.5	H18-77.5/72.5	K_h
2500	67.619	11.669	79.288	72.653	5.491	78.144									
2600	52.6	34.1	86.8	67.4	16.0	83.4									
2700	37.7	56.5	94.2	62.1	26.6	88.7									
2800	22.7	79.0	101.7	56.8	37.2	94.0									
2900	7.8	101.4	109.2	51.5	47.7	99.3									
3000				46.2	58.3	104.5									
3100				41.0	68.8	109.8									
3200				35.7	79.4	115.1									
3300				30.4	90.0	120.4									
3400				25.1	100.5	125.7									
3500				19.8	111.1	130.9									
3600				14.6	121.7	136.2									
3700				9.3	132.2	141.5	97.574	20.698	118.272	111.563	3.087	114.687			
3800				4.0	142.8	146.8	42.134	94.618	136.752	106.0	14.1	120.2			
3900										100.5	25.1	125.7			
4000										95.0	36.1	131.2			
4100										89.5	47.2	136.7			
4200										84.0	58.2	142.2			
4300										78.5	69.2	147.7			
4400										73.0	80.2	153.3			
4500										67.5	91.3	158.8			
4600										61.9	102.3	164.3			
4700										56.4	113.3	169.8			
4800										50.9	124.3	175.3	150.067	1.093	151.160
4900										45.4	135.4	180.8	131.8	28.4	160.3
5000										39.9	146.4	186.3	113.6	55.7	169.4
5100										34.4	157.4	191.8	95.4	83.0	178.5
5200										28.9	168.4	197.4	77.2	110.4	187.6
5300										23.4	179.4	202.9	59.0	137.7	196.7
5400										17.8	190.5	208.4	40.8	165.0	205.8
5500										12.3	201.5	213.9	22.6	192.3	214.9
5600										6.8	212.5	219.4	4.4	219.6	224.0
5700										1.3	223.5	224.9			

示例：$A=180$mm，$D=3000.0$mm 砖环。查本表 $D=3000.0$mm 行之序号7：$K_{H18-100/85.0}=46.2$ 块，$K_{H18-78.8/71.3}=58.3$ 块，$K_h=104.5$ 块，计算值 $K_{H18-100/85.0}=204.653-0.05280\times3000.0=46.2$ 块，$K_{H18-78.8/71.3}=0.10560\times3000.0-258.509=58.3$ 块，$K_h=0.05280\times3000.0-53.856=104.5$ 块。查表砖数与计算值完全相等。

示例：$A=180$mm，$D=4000.0$mm 砖环。查本表 $D=4000.0$mm 行之序号9：$K_{H18-100/90.0}=95.0$ 块，$K_{H18-77.5/72.5}=36.1$ 块，$K_h=131.2$ 块，计算值 $K_{H18-100/90.0}=315.507-0.05512\times4000.0=95.0$ 块，$K_{H18-77.5/72.5}=0.11023\times4000.0-404.764=36.1$ 块，$K_h=0.05512\times4000.0-89.257=131.2$ 块。查表砖数与计算值完全相等。

示例：$A=180$mm，$D=5200.0$mm 砖环。查本表 $D=5200.0$mm 行之序号10：$K_{H18-100/92.5}=95.4$ 块，$K_{H18-77.5/72.5}=83.0$ 块，$K_h=178.5$ 块，计算值 $K_{H18-100/92.5}=1042.455-0.18212\times5200.0=95.4$ 块，$K_{H18-77.5/72.5}=0.27318\times5200.0-1337.489=83.0$ 块，$K_h=0.09106\times5200.0-295.034=178.5$ 块。查表砖数与计算值完全相等。序号9 砖数在相实线框之外，表明砖量配比不好。

表2-35　我国回转窑 A＝200mm 不等端尺寸双楔形砖砖环砖量表之一

（续）

砖环外直径 D/mm	序号1			序号2			序号3			序号4			序号5		
	H20-82.5/67.5	H20-100/90.0	K_h	H20-82.5/67.5	H20-100/92.5	K_h	H20-80.0/70.0	H20-100/92.5	K_h	H20-80.0/70.0	H20-100/95.0	K_h	H20-78.8/71.3	H20-100/95.0	K_h
2300	81.631	3.212	84.843	82.551	2.455	85.006									
2400	77.0	10.1	87.1	79.9	7.7	87.6									
2500	72.4	17.0	89.4	77.3	13.0	90.3									
2600	67.9	23.8	91.7	74.7	18.2	92.9									
2700	63.3	30.7	94.0	72.0	23.5	95.5									
2800	58.7	37.6	96.3	69.4	28.7	98.1									
2900	54.1	44.5	98.6	66.8	34.0	100.8									
3000	49.5	51.4	100.9	64.1	39.3	103.4									
3100	44.9	58.2	103.2	61.5	44.5	106.0									
3200	40.3	65.1	105.5	58.9	49.8	108.7									
3300	35.8	72.0	107.8	56.3	55.0	111.3	124.505	1.551	126.056	125.145	1.030	126.175			
3400	31.2	78.9	110.1	53.6	60.3	113.9	118.7	9.3	128.0	122.6	6.2	128.7			
3500	26.6	85.8	112.3	51.0	65.5	116.5	112.9	17.1	129.9	120.0	11.3	131.3			
3600	22.0	92.6	114.6	48.4	70.8	119.2	107.0	24.8	131.9	117.4	16.5	133.9			
3700	17.4	99.5	116.9	45.7	76.1	121.8	101.2	32.6	133.8	114.8	21.6	136.5			
3800	12.8	106.4	119.2	43.1	81.3	124.4	95.4	40.3	135.7	112.3	26.8	139.0			
3900	8.3	113.3	121.5	40.5	86.6	127.1	89.6	48.1	137.7	109.7	31.9	141.6			
4000	3.7	120.1	123.8	37.8	91.8	129.7	83.8	55.8	139.6	107.1	37.1	144.2			
4100				35.2	97.1	132.3	78.0	63.6	141.6	104.5	42.2	146.8			
4200				32.6	102.3	135.9	72.1	71.4	143.5	102.0	47.4	149.3			
4300				30.0	107.6	137.6	66.3	79.1	145.4	99.4	52.5	151.9			
4400				27.3	112.9	140.2	60.5	86.9	147.4	96.8	57.7	154.5	163.485	6.085	169.570
4500				24.7	118.1	142.8	54.7	94.6	149.3	94.2	62.8	157.1	159.1	12.6	171.7
4600				22.1	123.4	145.5	48.9	102.4	151.3	91.7	68.0	159.6	154.8	19.1	173.9
4700				19.4	128.6	148.1	43.0	110.1	153.2	89.1	73.1	162.2	150.4	25.6	176.1
4800				16.8	133.9	150.7	37.2	117.9	155.1	86.5	78.3	164.8	146.1	32.2	178.3
4900				14.2	139.2	153.4	31.4	125.7	157.1	83.9	83.4	167.4	141.7	38.7	180.4
5000				11.6	144.4	156.0	25.6	133.4	159.0	81.4	88.6	170.0	137.4	45.2	182.6
5100				8.9	149.7	158.6	19.8	141.2	161.0	78.8	93.7	172.5	133.0	51.7	184.8
5200				6.3	154.9	161.2	14.0	148.9	162.9	76.2	98.9	175.1	128.7	58.3	187.0
5300				3.7	160.2	163.9	8.1	156.7	164.8	73.6	104.0	177.7	124.3	64.8	189.1
5400				1.0	165.4	166.5	2.3	164.4	166.8	71.1	109.2	180.2	120.0	71.3	191.3

（块）

续表 2-35

砖环外直径 D/mm	序号4			序号5		
	H20-80.0/70.0	H20-100/95.0	K_h	H20-78.8/71.3	H20-100/95.0	K_h
5500	68.5	114.3	182.8	115.6	77.8	193.5
5600	65.9	119.5	185.4	111.3	84.3	195.6
5700	63.3	124.6	188.0	107.0	90.9	197.8
5800	60.8	129.8	190.5	102.6	97.4	200.0
5900	58.2	134.9	193.1	98.3	103.9	202.2
6000	55.6	140.1	195.7	93.9	110.4	204.3
6100	53.0	145.2	198.3	89.6	116.9	206.5
6200	50.5	150.4	200.9	85.2	123.5	208.7
6300	47.9	155.5	203.4	80.9	130.0	210.9
6400	45.3	160.7	206.0	76.5	136.5	213.0
6500	42.7	165.8	208.6	72.2	143.0	215.2
6600	40.2	171.0	211.1	67.8	149.6	217.4
6700	37.6	176.1	213.7	63.5	156.1	219.6
6800	35.0	181.3	216.3	59.1	162.6	221.7
6900	32.4	186.4	218.9	54.8	169.1	223.9
7000	29.9	191.6	221.4	50.4	175.6	226.1
7100	27.3	196.7	224.0	46.1	182.2	228.3
7200	24.7	201.9	226.6	41.7	188.7	230.4
7300	22.1	207.0	229.2	37.4	195.2	232.6
7400	19.6	212.2	231.7	33.0	201.7	234.8
7500	17.0	217.3	234.3	28.7	208.3	237.0
7600	14.4	222.5	236.9	24.3	214.8	239.1
7700	11.8	227.6	239.5	20.0	221.3	241.3
7800	9.3	232.8	242.0	15.6	227.8	243.5
7900	6.7	237.9	244.6	11.3	234.3	245.7
8000	4.1	243.1	247.2	6.9	240.9	247.8
8100	1.5	248.2	249.8	2.6	247.4	250.0

表中序号1、序号2、序号3栏分别列有 H20-82.5/67.5、H20-100/90.0；H20-82.5/67.5、H20-100/92.5；H20-80.0/70.0、H20-100/92.5 及各 K_h 栏。

示例: $A = 200$mm, $D = 3000.0$mm 砖环。查本表 $D = 3000.0$mm 行之序号1: $K_{H20-82.5/67.5} = 187.109 - 0.04586 \times 3000.0 = 49.5$ 块, $K_{H20-100/90.0} = 51.4$ 块, $K_h = 100.9$ 块。计算值 $K_{H20-82.5/67.5} = 187.109 - 0.04586 \times 3000.0 = 49.5$ 块, $K_{H20-100/90.0} = 210.12 - 0.06879 \times 3000.0 - 155.005 = 51.4$ 块, $K_h = 0.02293 \times 3000.0 + 32.104 = 100.9$ 块。查表砖数与计算值完全相等，而且该砖环接近理想砖环。

示例: $A = 200$mm, $D = 5000.0$mm 砖环。查本表 $D = 5000.0$mm 行之序号2: $K_{H20-82.5/67.5} = 143.018 - 0.02629 \times 5000.0 = 11.6$ 块, $K_{H20-100/92.5} = 144.4$ 块, $K_h = 156.0$ 块。计算值 $K_{H20-82.5/67.5} = 143.018 - 0.02629 \times 5000.0 = 11.6$ 块; $K_{H20-100/92.5} = 0.05258 \times 5000.0 - 118.479 = 144.4$ 块, $K_h = 0.02629 \times 5000.0 + 24.539 = 156.0$ 块。查表砖数与计算值完全相等。

示例: $A = 200$mm, $D = 5000.0$mm 砖环。查本表 $D = 5000.0$mm 行之序号4: $K_{H20-80.0/70.0} = 210.12 - 0.02575 \times 5000.0 = 81.4$ 块, $K_{H20-100/95.0} = 88.6$ 块, $K_h = 170.0$ 块。计算值 $K_{H20-80.0/70.0} = 210.12 - 0.02575 \times 5000.0 = 81.4$ 块, $K_{H20-100/95.0} = 0.05150 \times 5000.0 - 168.92 = 88.6$ 块, $K_h = 0.02575 \times 5000.0 + 41.20 = 170.0$ 块。查表砖数与计算值完全相等。

示例: $A = 200$mm, $D = 5000.0$mm 砖环。查本表 $D = 5000.0$mm 行之序号5: $K_{H20-78.8/71.3} = 354.797 - 0.04348 \times 5000.0 = 137.4$ 块, $K_{H20-100/95.0} = 45.2$ 块, $K_h = 182.6$ 块; $K_{H20-100/95.0} = 0.06522 \times 5000.0 - 280.883 = 45.2$ 块, $K_h = 0.02174 \times 5000.0 + 73.914 = 182.6$ 块。查表砖数与计算值完全相等。

示例: $A = 200$mm, $D = 7000.0$mm 砖环。查本表 $D = 7000.0$mm 行之序号5: $K_{H20-78.8/71.3} = 354.797 - 0.04348 \times 7000.0 = 50.4$ 块, $K_{H20-100/95.0} = 175.6$ 块, $K_h = 226.1$ 块。计算值 $K_{H20-78.8/71.3} = 354.797 - 0.04348 \times 7000.0 = 50.4$ 块, $K_{H20-100/95.0} = 0.06522 \times 7000.0 - 280.883 = 175.6$ 块, $K_h = 0.02174 \times 7000.0 + 73.914 = 226.1$ 块。查表砖数与计算值完全相等。

表 2-36 我国回转窑 A = 200mm 不等端尺寸双楔形砖环砖量表之二

(块)

砖环外直径 D/mm	序号 6			序号 7			序号 8			序号 9			序号 10		
	H20-100/85.0	H20-80.0/70.0	K_h	H20-100/85.0	H20-78.8/71.3	K_h	H20-100/90.0	H20-78.8/71.3	K_h	H20-100/90.0	H20-77.5/72.5	K_h	H20-100/92.5	H20-77.5/72.5	K_h
2800	71.808	17.952	89.760	79.554	8.448	88.002									
2900	56.8	40.4	97.2	74.3	19.0	93.3									
3000	41.9	62.8	104.7	69.0	29.6	98.6									
3100	26.9	85.3	112.2	63.7	40.1	103.8									
3200	12.0	107.7	119.7	58.4	50.7	109.1									
3300				53.1	61.2	114.4									
3400				47.9	71.8	119.7									
3500				42.6	82.4	125.0									
3600				37.3	92.9	130.2									
3700				32.0	103.5	135.5									
3800				26.7	114.0	140.8									
3900				21.5	124.6	146.1									
4000				16.2	135.2	151.4									
4100				10.9	145.7	156.6	114.594	14.784	129.378	124.571	2.205	126.817			
4200				5.6	156.3	161.9	59.1	88.7	147.8	119.0	13.2	132.3			
4300				0.3	166.8	167.2	3.7	162.6	166.3	113.5	24.2	137.8			
4400										108.0	35.3	143.3			
4500										102.5	46.3	148.9			
4600										97.0	57.3	154.4			
4700										91.5	68.3	159.9			
4800										86.0	79.4	165.4			
4900										80.5	90.4	170.9			
5000										75.0	101.4	176.4			
5100										69.4	112.4	181.9			
5200										63.9	123.4	187.4			
5300										58.4	134.5	193.0			
5400										52.9	145.5	198.5			
5500										47.4	156.5	204.0	156.632	16.391	173.014
5600										41.9	167.5	209.5	138.4	43.7	182.1
5700										36.4	178.6	215.0	120.2	71.0	191.2
5800										30.9	189.6	220.5	102.0	98.3	200.3
5900										25.3	200.6	226.0	83.8	125.7	209.4
6000										19.8	211.6	231.5	65.6	153.0	218.5
6100										14.3	222.7	237.0	47.3	180.3	227.6
6200										8.8	233.7	242.6	29.1	207.6	236.7
6300										3.3	244.7	248.1	10.9	234.9	245.9

示例：$A=200\text{mm}$，$D=3000.0\text{mm}$ 砖环。查本表 行序号 6：$K_{H20-100/85.0}=41.9$ 块，$K_{H20-80.0/70.0}=62.8$ 块，$K_h=104.7$ 块。计算值 $K_{H20-100/85.0}=490.688-0.14960\times3000.0=41.9$ 块；$K_{H20-80.0/70.0}=0.22440\times3000.0-610.368=62.8$ 块，$K_h=0.07480\times3000.0-119.680=41.9$ 块；序号 7：$K_{H20-100/85.0}=69.0$ 块，$K_{H20-78.8/71.3}=29.6$ 块，$K_h=98.6$ 块。计算值 $K_{H20-100/85.0}=227.394-0.05280\times3000.0=69.0$ 块，$K_{H20-78.8/71.3}=0.10560\times3000.0-287.232=29.6$ 块，$K_h=0.05280\times3000.0-59.838=98.6$ 块。查表砖数与计算值完全相等。

示例：$A=200\text{mm}$，$D=6000.0\text{mm}$ 砖环。查本表 行序号 9：$K_{H20-100/90.0}=19.8$ 块，$K_{H20-77.5/72.5}=211.6$ 块，$K_h=231.5$ 块。计算值 $K_{H20-100/90.0}=350.563-0.05512\times6000.0=19.8$ 块，$K_{H20-77.5/72.5}=0.05512\times6000.0-99.175=211.6$ 块，$K_h=218.5$ 块。序号 10：$K_{H20-100/92.5}=65.6$ 块，$K_{H20-77.5/72.5}=153.0$ 块，$K_h=218.5$ 块。计算值 $K_{H20-100/92.5}=1158.283-0.18212\times6000.0=65.6$ 块，$K_{H20-77.5/72.5}=0.27318\times6000.0-1486.099=153.0$ 块，$K_h=0.09106\times6000.0-327.816=218.5$ 块。查表砖数与计算值完全相等。

表2-37 我国回转窑 A=220mm 不等端尺寸双楔形砖转砖量表之一

（块）

砖环外直径 D/mm	序号1			序号2			序号3			序号4			序号5		
	H22-82.5/67.5	H22-100/90.0	K_h	H22-82.5/67.5	H22-100/92.5	K_h	H22-80.0/70.0	H22-100/92.5	K_h	H22-80.0/70.0	H22-100/95.0	K_h	H22-78.8/71.3	H22-100/95.0	K_h
2500	91.170	1.465	92.635	91.594	1.120	92.714									
2600	86.6	8.3	94.9	89.0	6.4	95.3									
2700	82.0	15.2	97.2	86.3	11.6	98.0									
2800	77.4	22.1	99.5	83.7	16.9	100.6									
2900	72.8	29.0	101.8	81.1	22.1	103.2									
3000	68.2	35.9	104.1	78.4	27.4	105.8									
3100	63.6	42.7	106.4	75.8	32.7	108.5									
3200	59.1	49.6	108.7	73.2	37.9	111.1									
3300	54.5	56.5	111.0	70.6	43.2	113.7									
3400	49.9	63.4	113.3	67.9	48.4	116.4									
3500	45.3	70.2	115.5	65.3	53.7	119.0									
3600	40.7	77.1	117.8	62.7	58.9	121.6									
3700	36.1	84.0	120.1	60.0	64.2	124.3	132.883	7.136	140.019	135.857	4.738	140.595			
3800	31.5	90.9	122.4	57.4	69.5	126.9	127.1	14.9	141.9	133.3	9.9	143.2			
3900	27.0	97.8	124.7	54.8	74.7	129.5	121.2	22.6	143.9	130.7	15.0	145.7			
4000	22.4	104.6	127.0	52.1	80.0	132.1	115.4	30.4	145.8	128.1	20.2	148.3			
4100	17.8	111.5	129.3	49.5	85.2	134.8	109.6	38.2	147.8	125.5	25.3	150.9			
4200	13.2	118.4	131.6	46.9	90.5	137.4	103.8	45.9	149.7	123.0	30.5	153.5			
4300	8.6	125.3	133.9	44.3	95.8	140.0	98.0	53.7	151.6	120.4	35.6	156.0			
4400	4.0	132.2	136.2	41.6	101.0	142.7	92.1	61.4	153.6	117.8	40.8	158.6			
4500				39.0	106.3	145.3	86.3	69.2	155.5	115.2	45.9	161.2			
4600				36.4	111.5	147.9	80.5	76.9	157.5	112.7	51.1	163.8			
4700				33.7	116.8	150.5	74.7	84.7	159.4	110.1	56.2	166.3			
4800				31.1	122.0	153.2	68.9	92.5	161.3	107.5	61.4	168.9	181.572	4.089	185.661
4900				28.5	127.3	155.8	63.1	100.2	163.3	104.9	66.5	171.5	177.2	10.6	187.8
5000				25.9	132.6	158.4	57.2	108.0	165.2	102.4	71.7	174.1	172.9	17.1	190.0
5100				23.2	137.8	161.1	51.4	115.7	167.2	99.8	76.8	176.6	168.5	23.6	192.2
5200				20.6	143.1	163.7	45.6	123.5	169.1	97.2	82.0	179.2	164.2	30.2	194.3
5300				18.0	148.3	166.3	39.8	131.2	171.0	94.6	87.1	181.8	159.8	36.7	196.5
5400				15.3	153.6	168.9	34.0	139.0	173.0	92.1	92.3	184.4	155.5	43.2	198.7
5500				12.8	158.9	171.6	28.1	146.8	174.9	89.5	97.4	186.9	151.1	49.7	200.9
5600				10.1	164.1	174.2	22.3	154.5	176.9	86.9	102.6	189.5	146.8	56.3	203.0
5700				7.5	169.4	176.8	16.5	162.3	178.8	84.3	107.7	192.1	142.4	62.8	205.2
5800				4.8	174.6	179.5	10.7	170.0	180.7	81.8	112.9	194.7	138.1	69.3	207.4
5900				2.2	179.9	182.1	4.9	177.8	182.7	79.2	118.0	197.2	133.7	75.8	209.6

续表 2-37

砖环外直径 D/mm	序号1			序号2			序号3			序号4			序号5		
	H22-82.5/67.5	H22-100/90.0	K_h	H22-82.5/67.5	H22-100/92.5	K_h	H22-80.0/70.0	H22-100/92.5	K_h	H22-80.0/70.0	H22-100/95.0	K_h	H22-78.8/71.3	H22-100/95.0	K_h
6000										76.6	123.2	199.8	129.4	82.3	211.7
6100										74.0	128.3	202.4	125.0	88.9	213.9
6200										71.5	133.5	205.0	120.7	95.4	216.1
6300										68.9	138.6	207.5	116.3	101.9	218.3
6400										66.3	143.8	210.1	112.0	108.4	220.4
6500										63.7	148.9	212.7	107.6	115.0	222.6
6600										61.2	154.1	215.3	103.3	121.5	224.8
6700										58.6	159.2	217.8	99.0	128.0	227.0
6800										56.0	164.4	220.4	94.6	134.5	229.1
6900										53.4	169.5	223.0	90.3	141.0	231.3
7000										50.9	174.7	225.6	85.9	147.6	233.5
7100										48.3	179.8	228.1	81.6	154.1	235.7
7200										45.7	185.0	230.7	77.2	160.6	237.8
7300										43.1	190.1	233.3	72.9	167.1	240.0
7400										40.6	195.3	235.9	68.5	173.7	242.2
7500										38.0	200.4	238.4	64.2	180.2	244.3
7600										35.4	205.6	241.0	59.8	186.7	246.5
7700										32.8	210.7	243.6	55.5	193.2	248.7
7800										30.3	215.9	246.2	51.1	199.7	250.9
7900										27.7	221.0	248.7	46.8	206.3	253.0
8000										25.1	226.2	251.3	42.4	212.8	255.2
8100										22.5	231.3	253.9	38.1	219.3	257.4
8200										20.0	236.5	256.5	33.7	225.8	259.6
8300										17.4	241.6	259.0	29.4	232.3	261.7
8400										14.8	246.8	261.6	25.0	238.9	263.9
8500										12.2	251.9	264.2	20.7	245.4	266.1
8600										9.7	257.1	266.8	16.3	251.9	268.3
8700										7.1	262.2	269.3	12.0	258.4	270.4
8800										4.5	267.4	271.9	7.6	265.0	272.6
8900										1.9	272.5	274.5	3.3	271.5	274.8

示例：$A = 220$mm，$D = 5500$mm 砖环。查本表 $D = 5500$mm 行之序号2：$K_{H22-82.5/67.5} = 12.7$ 块，$K_{H22-100/92.5} = 158.9$ 块，$K_h = 171.6$ 块。计算值 $K_{H22-82.5/67.5} = 157.319 - 0.02629 \times 5500.0 = 12.7$ 块，$K_{H22-100/92.5} = 0.05258 \times 5500.0 - 130.330 = 158.9$ 块，$K_h = 0.02629 \times 5500.0 + 26.989 = 171.6$ 块。序号4：$K_{H22-80.0/70.0} = 89.5$ 块，$K_{H22-100/95.0} = 97.4$ 块，$K_h = 186.9$ 块。计算值 $K_{H22-80.0/70.0} = 231.132 - 0.02575 \times 5500.0 = 89.5$ 块，$K_{H22-100/95.0} = 0.05150 \times 5500.0 - 185.812 = 97.4$ 块，$K_h = 0.02575 \times 5500.0 + 45.320 = 186.9$ 块。序号5：$K_{H22-78.8/71.3} = 151.1$ 块，$K_{H22-100/95.0} = 49.7$ 块，$K_h = 200.9$ 块。计算值 $K_{H22-82.5/67.5} = 390.276 - 0.04348 \times 5500.0 = 151.1$ 块，$K_{H22-100/95.0} = 0.06522 \times 5500.0 - 308.967 = 49.7$ 块，$K_h = 0.02174 \times 5500.0 + 81.309 = 200.9$ 块。查表砖数与计算值完全相等。

示例：$A = 220$mm，$D = 7000$mm 砖环。查本表 $D = 7000$mm 砖环，$K_h = 174.7$ 块，$K_{H22-100/95.0} = 174.7$ 块，$K_{H22-80.0/70.0} = 50.9$ 块。计算值 $K_{H22-80.0/70.0} = 231.132 - 0.02575 \times 7000.0 = 50.9$ 块，$K_{H22-100/95.0} = 0.05150 \times 7000.0 - 185.812 = 174.7$ 块，$K_h = 0.02575 \times 7000.0 + 45.320 = 225.6$ 块。序号5：$K_{H22-78.8/71.3} = 85.9$ 块，$K_{H22-100/95.0} = 147.6$ 块。计算值 $K_{H22-78.8/71.3} = 390.276 - 0.04348 \times 7000.0 = 85.9$ 块，$K_{H22-100/95.0} = 0.06522 \times 7000.0 - 308.967 = 147.6$ 块，$K_h = 0.02174 \times 7000.0 + 81.309 = 233.5$ 块。查表砖数与计算值完全相等。

表2-38　我国回转窑 $A=220\text{mm}$ 不等端尺寸双楔形砖砖环砖量表之二

（块）

砖环外直径 D/mm	序号6			序号7			序号8			序号9			序号10		
	H22-100/85.0	H22-80.0/70.0	K_h	H22-100/85.0	H22-78.8/71.3	K_h	H22-100/90.0	H22-78.8/71.3	K_h	H22-100/90.0	H22-77.5/72.5	K_h	H22-100/92.5	H22-77.5/72.5	K_h
3000	90.957	1.795	92.752	91.729	0.845	92.574									
3100	76.0	24.2	100.2	86.4	11.4	97.8									
3200	61.0	46.7	107.7	81.2	22.0	103.1									
3300	46.1	69.1	115.2	75.9	32.5	108.4									
3400	31.0	91.5	122.7	70.6	43.1	113.7									
3500	16.1	114.0	130.1	65.3	53.6	119.0									
3600	1.2	136.4	137.6	60.0	64.2	124.2									
3700				54.8	74.8	129.5									
3800				49.5	85.3	134.8									
3900				44.2	95.9	140.1									
4000				38.9	106.4	145.4									
4100				33.6	117.0	150.6									
4200				28.4	127.6	155.9									
4300				23.1	138.1	161.2									
4400				17.8	148.7	166.5									
4500				12.5	159.2	171.8	131.6	8.9	140.4	137.580	1.323	138.948			
4600				7.2	169.8	177.0	76.1	82.8	158.9	132.1	12.3	144.5			
4700				2.0	180.4	182.3	20.7	156.7	177.4	126.5	23.4	150.0			
4800										121.0	34.4	155.5			
4900										115.5	45.4	161.0			
5000										110.0	56.4	166.5			
5100										104.5	67.5	172.0			
5200										99.0	78.5	177.5			
5300										93.5	89.5	183.0			
5400										88.0	100.5	188.5			
5500										82.5	111.5	194.1			
5600										76.9	122.6	199.6			
5700										71.4	133.6	205.1			
5800										65.9	144.6	210.6			
5900										60.4	155.6	216.1			
6000										54.9	166.7	221.6	181.392	4.371	185.763
6100										49.4	177.7	227.1	163.2	31.7	194.9
6200										43.9	188.7	232.6	145.0	59.0	204.0
6300										38.4	199.7	238.2	126.7	86.3	213.1
6400										32.9	210.8	243.7	108.5	113.6	222.2
6500										27.3	221.8	249.2	90.3	141.0	231.3
6600										21.8	232.8	254.7	72.1	168.3	240.1
6700										16.3	243.8	260.2	53.9	195.6	249.5
6800										10.8	254.9	265.7	35.7	222.9	258.6
6900										5.3	265.9	271.2	17.5	250.2	267.7

示例：$A=220\text{mm}$，$D=4500.0\text{mm}$ 砖环。由本表查得 $D=4500.0\text{mm}$ 行之序号7：$K_{\text{H22-100/85.0}}=12.5$ 块，$K_{\text{H22-78.8/71.3}}=159.2$ 块，$K_h=171.8$ 块。计算值 $K_{\text{H22-100/85.0}}=250.129-0.05280\times4500.0=12.5$ 块，$K_{\text{H22-78.8/71.3}}=0.10560\times4500.0-315.995=159.2$ 块，$K_h=0.05280\times4500.0=65.826=171.8$ 块。序号8：$K_{\text{H22-100/90.0}}=2626.359-0.55440\times4500=131.5$ 块，$K_{\text{H22-78.8/71.3}}=8.9$ 块，$K_h=140.4$ 块。计算值 $K_{\text{H22-100/90.0}}=2626.359-0.55440\times4500.0=131.5$ 块，$K_{\text{H22-78.8/71.3}}=0.73920\times4500.0-3317.530=8.9$ 块，$K_h=140.4$ 块。序号9：$K_{\text{H22-100/90.0}}=137.6$ 块，$K_{\text{H22-77.5/72.5}}=1.3$ 块，$K_h=138.9$ 块。计算值 $K_{\text{H22-100/90.0}}=385.620-0.05512\times4500.0=137.6$ 块，$K_{\text{H22-77.5/72.5}}=0.11023\times4500.0-494.712=1.3$ 块，$K_h=0.05512\times4500.0-109.092=138.9$ 块。查表砖数与计算值完全相等。

示例：$A=220\text{mm}$，$D=6500.0\text{mm}$ 砖环。查本表，序号9：$K_{\text{H22-100/90.0}}=90.3$ 块，$K_{\text{H22-77.5/72.5}}=141.0$ 块，$K_h=231.3$ 块，砖数在组头组框线框外，表明砖量配比不合适。序号10：$K_{\text{H22-100/92.5}}=90.3$ 块，$K_{\text{H22-77.5/72.5}}=141.0$ 块，$K_h=231.3$ 块。计算值 $K_{\text{H22-100/92.5}}=1274.112-0.18212\times6500=90.3$ 块，$K_{\text{H22-77.5/72.5}}=0.27318\times6500.0-1634.709=141.0$ 块，$K_h=0.09106\times6500.0-360.597=231.3$ 块。查表砖数与计算值完全相等。

表2-39 我国回转窑 A=250mm 不等端尺寸双楔形砖砖量表之一

(块)

砖环外直径 D/mm	序号1			序号2			序号3			序号4			序号5		
	H25-82.5/67.5	H25-100/90.0	K_h	H25-82.5/67.5	H25-100/92.5	K_h	H25-80.0/70.0	H25-100/92.5	K_h	H25-80.0/70.0	H25-100/95.0	K_h	H25-78.8/71.3	H25-100/95.0	K_h
2900	100.892	5.730	106.622	102.531	4.380	106.911									
3000	96.3	12.6	108.9	99.9	9.6	109.5									
3100	91.7	19.5	111.2	97.3	14.9	112.2									
3200	87.1	26.4	113.5	94.6	20.2	114.8									
3300	82.5	33.2	115.8	92.0	25.4	117.4									
3400	78.0	40.1	118.1	89.4	30.7	120.1									
3500	73.4	47.0	120.4	86.8	35.9	122.7									
3600	68.8	53.9	122.7	84.1	41.2	125.3									
3700	64.2	60.8	125.0	81.5	46.4	127.9									
3800	59.6	67.6	127.3	78.9	51.7	130.6									
3900	55.0	74.5	129.6	76.2	57.0	133.2									
4000	50.4	81.4	131.8	73.6	62.2	135.8									
4100	45.9	88.3	134.1	71.0	67.5	138.4	157.080	0	157.080	157.080	0	157.080			
4200	41.3	95.2	136.4	68.4	72.7	141.0	151.3	7.7	159.0	154.5	5.1	159.6			
4300	36.7	102.0	138.7	65.7	78.0	143.7	145.4	15.5	160.9	151.9	10.3	162.2			
4400	32.1	108.9	141.0	63.1	83.3	146.3	139.6	23.2	162.8	149.4	15.4	164.8			
4500	27.5	115.8	143.3	60.5	88.5	148.9	133.8	31.0	164.8	146.8	20.6	167.3			
4600	22.9	122.7	145.6	57.8	93.8	151.5	128.0	38.7	166.7	144.2	25.7	169.9			
4700	18.3	129.5	147.9	55.2	99.0	154.2	122.2	46.5	168.7	141.6	30.9	172.5			
4800	13.7	136.4	150.2	52.6	104.3	156.8	116.4	54.2	170.6	139.0	36.0	175.1			
4900	9.2	143.3	152.5	50.0	109.5	159.4	110.5	62.0	172.5	136.4	41.2	177.6			
5000	4.6	150.1	154.8	47.3	114.8	162.1	104.7	69.8	174.5	133.9	46.3	180.2			
5100	0	157.1	157.1	44.7	120.1	164.7	98.9	77.5	176.4	131.3	51.5	182.8			
5200				42.1	125.3	167.3	93.1	85.3	178.4	128.7	56.6	185.4			

续表 2-39

砖环外直径 D/mm	序号1 H25-82.5/67.5	序号1 H25-100/90.0	序号1 K_h	序号2 H25-82.5/67.5	序号2 H25-100/92.5	序号2 K_h	序号3 H25-80.0/70.0	序号3 H25-100/92.5	序号3 K_h	序号4 H25-80.0/70.0	序号4 H25-100/95.0	序号4 K_h	序号5 H25-78.8/71.3	序号5 H25-100/95.0	序号5 K_h
5300				39.4	130.6	169.9	87.3	93.0	180.3	126.1	61.8	187.9			
5400				36.8	135.8	172.6	81.4	100.8	182.2	123.6	66.9	190.5	208.704	1.089	209.793
5500				34.2	141.1	175.2	75.6	108.5	184.2	121.0	72.1	193.1	204.3	7.6	212.0
5600				31.5	146.3	177.8	69.8	116.3	186.1	118.4	77.2	195.7	200.0	14.1	214.1
5700				28.9	151.6	180.5	64.0	124.1	188.0	115.8	82.4	198.2	195.6	20.7	216.3
5800				26.3	156.9	183.1	58.2	131.8	190.0	113.3	87.5	200.8	191.3	27.2	218.5
5900				23.7	162.1	185.7	52.4	139.6	191.9	110.7	92.7	203.4	186.9	33.7	220.7
6000				21.0	167.4	188.4	46.5	147.3	193.9	108.1	97.8	206.0	182.6	40.2	222.8
6100				18.4	172.6	191.0	40.7	155.1	195.8	105.5	103.0	208.5	178.2	46.7	225.0
6200				15.8	177.9	193.6	34.9	162.8	197.7	103.0	108.1	211.1	173.9	53.3	227.2
6300				13.1	183.2	196.2	29.1	170.6	199.7	100.4	113.3	213.7	169.5	59.8	229.4
6400				10.5	188.4	198.9	23.3	178.4	201.6	97.8	118.4	216.3	165.2	66.3	231.5
6500				7.9	193.7	201.5	17.4	186.1	203.6	95.2	123.6	218.8	160.8	72.8	233.7
6600				5.3	198.9	204.1	11.6	193.9	205.5	92.7	128.7	221.4	156.5	79.4	235.9
6700				2.6	204.2	206.8	5.8	201.7	207.4	90.1	133.9	224.0	152.1	85.9	238.1
6800				0	209.4	209.4	0	209.4	209.4	87.5	139.0	226.6	147.8	92.4	240.2
6900										84.9	144.2	229.1	143.4	98.9	242.4
7000										82.4	149.3	231.7	139.1	105.4	244.6
7100										79.8	154.5	234.3	134.7	112.0	246.8
7200										77.2	159.6	236.9	130.4	118.5	248.9
7300										74.6	164.8	239.4	126.0	125.0	251.1
7400										72.1	169.9	242.0	121.7	131.5	253.3
7500										69.5	175.1	244.6	117.3	138.1	255.4
7600										66.9	180.2	247.2	113.0	144.6	257.6
7700										64.3	185.4	249.7	108.6	151.1	259.8

示例: $A=250\,mm$, $D=7000.0\,mm$ 砖环。查本表 $D=7000.0\,mm$ 行之序号4: $K_{H25-80.0/70.0}=82.4$ 块, $K_h=231.7$ 块, $K_h=231.7$ 块。计算值 $K_{H25-80.0/70.0}=262.65-0.02575\times7000.0=82.4$ 块, $K_{H25-100/95.0}=0.02575\times7000.0-211.15=149.3$ 块, $K_h=0.05150\times7000.0-211.15=149.3$ 块。序号5: $K_{H25-100/95.0}=139.1$ 块, $K_{H25-100/95.0}=105.4$ 块, $K_h=244.6$ 块。计算值 $K_{H25-78.8/71.3}=443.496-0.04348\times7000.0=139.1$ 块, $K_{H25-100/95.0}=0.06522\times7000.0-351.099=105.4$ 块, $K_h=0.02174\times7000.0+92.397=244.6$ 块。序号4和序号5查表砖数与计算值完全相等。

续表 2-39

砖环外直径 D/mm	序号1 H25-82.5/67.5	序号1 H25-100/90.0	序号2 H25-82.5/67.5	序号2 H25-100/92.5	序号2 K_h	序号3 H25-80.0/70.0	序号3 H25-100/92.5	序号3 K_h	序号4 H25-80.0/70.0	序号4 H25-100/95.0	序号4 K_h	序号5 H25-78.8/71.3	序号5 H25-100/95.0	序号5 K_h
7800									61.8	190.5	252.3	104.3	157.6	262.0
7900									59.2	195.7	254.9	99.9	164.1	264.1
8000									56.6	200.8	257.5	95.6	170.7	266.3
8100									54.0	206.0	260.0	91.3	177.2	268.5
8200									51.5	211.1	262.6	86.9	183.7	270.7
8300									48.9	216.3	265.2	82.6	190.2	272.8
8400									46.3	221.4	267.8	78.2	196.7	275.0
8500									43.7	226.6	270.3	73.9	203.3	277.2
8600									41.1	231.7	272.9	69.5	209.8	279.4
8700									38.6	236.9	275.5	65.2	216.3	281.5
8800									36.0	242.0	278.0	60.9	222.8	283.7
8900									33.4	247.2	280.6	56.6	229.4	285.9
9000									30.8	252.3	283.2	52.2	235.9	288.1
9100									28.3	257.5	285.8	47.9	242.4	290.2
9200									25.7	262.6	288.3	43.5	248.9	292.4
9300									23.1	267.8	290.9	39.2	255.4	294.6
9400									20.5	272.9	293.5	34.8	262.0	296.8
9500									18.0	278.1	296.1	30.5	268.5	298.9
9600									15.4	283.2	298.6	26.1	275.0	301.1
9700									12.8	288.4	301.2	21.8	281.5	303.3
9800									10.2	293.5	303.8	17.4	288.1	305.4
9900									7.7	298.7	306.4	13.1	294.6	307.6
10000									5.1	303.8	308.9	8.7	301.1	309.8
10100									2.5	309.0	311.6	4.3	307.6	312.0
10200									0	314.2	314.2	0	314.2	314.2

示例：$A = 250$mm，$D = 8000.0$mm 砖环。查本表 $D = 8000.0$mm 行之序号 4：$K_{H25-80.0/70.0} = 56.6$ 块，$K_{H25-100/95.0} = 200.8$ 块。计算值 $K_{H25-80.0/70.0} = 262.65 - 0.02575 \times 8000.0 = 56.6$ 块，$K_{H25-100/95.0} = 0.05150 \times 8000.0 - 211.15 = 200.8$ 块，$K_h = 0.02575 \times 8000.0 + 51.5 = 257.5$ 块。序号 5：$K_{H25-78.8/71.3} = 95.6$ 块，$K_{H25-100/95.0} = 170.7$ 块，$K_h = 266.3$ 块。计算值 $K_{H25-78.8/71.3} = 443.496 - 0.04348 \times 8000.0 = 95.6$ 块，$K_{H25-100/95.0} = 0.06522 \times 8000.0 - 351.099 = 170.7$ 块，$K_h = 0.02174 \times 8000.0 + 92.397 = 266.3$ 块。序号 4 和序号 5 查表砖数与计算值完全相等。

示例：$A = 250$mm，$D = 9000.0$mm 砖环。查本表 $D = 9000.0$mm 行之序号 4：$K_{H25-80.0/70.0} = 30.9$ 块，$K_{H25-100/95.0} = 252.3$ 块。计算值 $K_{H25-80.0/70.0} = 262.65 - 0.02575 \times 9000.0 = 30.9$ 块，$K_{H22-100/95.0} = 0.05150 \times 9000.0 - 211.15 = 252.3$ 块，$K_h = 0.02575 \times 9000.0 + 51.5 = 283.2$ 块。序号 5：$K_{H25-78.8/71.3} = 52.2$ 块，$K_{H25-100/95.0} = 235.9$ 块，$K_h = 288.0$ 块，计算值 $K_{H25-78.8/71.3} = 443.496 - 0.04348 \times 7000.0 = 52.2$ 块，$K_{H25-100/95.0} = 0.06522 \times 7000.0 - 351.099 = 235.9$ 块，$K_h = 0.02174 \times 9000.0 + 92.397 = 288.0$ 块。查表砖数与计算值完全相等。但此两方案均在粗实线框外，砖量配比不太好，砌筑中加强管理

表2-40　我国回转窑 $A=250\text{mm}$ 不等端尺寸双楔形砖砖量表之一

（块）

砖环外直径 D/mm	序号6			序号7			序号8			序号9			序号10		
	H25-100/85.0	H25-80.0/70.0	K_h	H25-100/85.0	H25-78.8/71.3	K_h	H25-100/90.5	H25-78.8/71.3	K_h	H25-100/90.0	H25-77.5/72.5	K_h	H25-100/92.5	H25-77.5/72.5	K_h
3400	104.720	0	104.720	104.720	0	104.720									
3500	89.8	22.4	112.2	99.4	10.6	110.0									
3600	74.8	44.9	119.7	94.2	21.1	115.3									
3700	59.8	67.3	127.2	88.9	31.7	120.6									
3800	44.9	89.8	134.6	83.6	42.2	125.8									
3900	29.9	112.2	142.1	78.3	52.8	131.1									
4000	15.0	134.6	149.6	73.0	63.4	136.4									
4100	0	157.1	157.1	67.8	73.9	141.7									
4200				62.5	84.5	147.0									
4300				57.2	95.0	152.2									
4400				51.9	105.6	157.5									
4500				46.6	116.2	162.8									
4600				41.4	126.7	168.1									
4700				36.1	137.3	173.4									
4800				30.8	147.8	178.6									
4900				25.5	158.4	183.9									
5000				20.2	169.0	189.2									
5100				15.0	179.5	194.5	157.080	0.0	157.080	157.080	0.0	157.080			
5200				9.7	190.1	199.8	101.6	73.9	175.5	151.6	11.0	162.6			
5300				4.4	200.6	205.0	46.2	147.8	194.0	146.1	22.0	168.1			

续表 2-40

砖环外直径 D/mm	序号6 H25-100/85.0	序号6 H25-80.0/70.0	序号6 K_h	序号7 H25-100/85.0	序号7 H25-78.8/71.3	序号7 K_h	序号8 H25-100/90.0	序号8 H25-78.8/71.3	序号8 K_h	序号9 H25-100/90.0	序号9 H25-77.5/72.5	序号9 K_h	序号10 H25-100/92.5	序号10 H25-77.5/72.5	序号10 K_h
5400										140.5	33.1	173.6			
5500										135.0	44.1	179.1			
5600										129.5	55.1	184.6			
5700										124.0	66.1	190.2			
5800										118.5	77.2	195.7			
5900										113.0	88.2	201.2			
6000										107.5	99.2	206.7			
6100										102.0	110.2	212.2			
6200										96.4	121.3	217.7			
6300										90.9	132.3	223.2			
6400										85.4	143.3	228.7			
6500										79.9	154.3	234.2			
6600										74.4	165.3	239.8			
6700										68.9	176.4	245.3			
6800										63.4	187.4	250.8	209.440	0.0	209.440
6900										57.9	198.4	256.3	191.2	27.3	218.5
7000										52.4	209.4	261.8	173.0	54.6	227.7
7100										46.8	220.5	267.3	154.8	82.0	236.8
7200										41.3	231.5	272.8	136.6	109.3	245.9
7300										35.8	242.5	278.3	118.4	136.6	255.0
7400										30.3	253.5	283.9	100.2	163.9	264.1
7500										24.8	264.6	289.4	82.0	191.2	273.2
7600										19.3	275.6	294.9	63.7	218.5	282.3
7700										13.8	286.6	300.4	45.5	245.9	291.4
7800										8.2	297.6	305.9	27.3	273.2	300.5
7900										2.7	308.6	311.4	9.1	300.5	309.6

示例: $A = 250\text{mm}$, $D = 5200.0\text{mm}$ 砖环。查本表 $D = 5200.0\text{mm}$ 行之序号7: $K_{H25\text{-}100/85.0} = 9.7$ 块, $K_{H25\text{-}78.8/71.3} = 199.8$ 块, $K_h = 199.1$ 块。计算值 $K_{H25\text{-}100/85.0} = 284.238 - 0.05280 \times 5200.0 = 9.7$ 块, $K_{H25\text{-}78.8/71.3} = 0.10560 \times 5200.0 - 359.040 = 190.1$ 块, $K_h = 199.8$ 块。序号8: $K_{H25\text{-}100/90.0} = 101.6$ 块, $K_{H25\text{-}78.8/71.3} = 73.9$ 块, $K_h = 175.6$ 块。计算值 $K_{H25\text{-}100/90.0} = 2984.502 - 0.55440 \times 5200.0 = 101.6$ 块, $K_{H25\text{-}78.8/71.3} = 0.18480 \times 5200.0 - 785.418 = 175.6$ 块。序号9: $K_{H25\text{-}100/90.0} = 151.6$ 块, $K_{H25\text{-}77.5/72.5} = 11.0$ 块, $K_h = 162.6$ 块。计算值 $K_{H25\text{-}100/90.0} = 438.204 - 0.05512 \times 5200.0 = 151.6$ 块, $K_{H25\text{-}77.5/72.5} = 0.11023 \times 5200.0 - 562.173 = 11.0$ 块, $K_h = 123.969 = 162.6$ 块。查表砖数与计算值完全相等。

示例: $A = 250\text{mm}$, $D = 7000.0\text{mm}$ 砖环。查本表 $D = 7000.0\text{mm}$ 行之序号9: $K_{H25\text{-}100/90.0} = 52.4$ 块, $K_{H25\text{-}77.5/72.5} = 209.4$ 块, $K_h = 261.8$ 块。计算值 $K_{H25\text{-}100/90.0} = 438.204 - 0.05512 \times 7000.0 = 52.4$ 块, $K_{H25\text{-}77.5/72.5} = 0.11023 \times 7000.0 - 562.173 = 209.4$ 块。序号10: $K_{H25\text{-}100/92.5} = 173.0$ 块, $K_{H25\text{-}77.5/72.5} = 54.6$ 块, $K_h = 227.6$ 块。计算值 $K_{H25\text{-}100/92.5} = 1447.854 - 0.18212 \times 7000.0 = 173.0$ 块, $K_{H25\text{-}77.5/72.5} = 0.27318 \times 7000.0 - 1857.624 = 54.6$ 块, $K_{H25\text{-}100/92.5} = 0.09106 \times 7000.0 - 409.770 = 227.6$ 块。查表砖数与计算值完全相等。

表 2-41　我国回转窑砖衬双楔形砖砖环理想外直径和理想砖数

表序号	配砌尺寸砖号		理想外直径 D_L/mm		理想砖数 K_L/块		
	小直径楔形砖	大直径楔形砖	查表数	计算值	查表范围	$K_h/2$	计算值
表 2-5 序号 1	H16-100/85.0	H16-100/90.0	2600.0	2611.2	39.2～40.9	40.0	40.2
表 2-5 序号 2	H16-100/85.0	H16-100/92.5	2900.0	2901.3	44.6～44.7	44.6	44.7
表 2-5 序号 3	H16-100/90.0	H16-100/92.5	3700.0	3730.3	53.7～60.2	57.0	57.4
表 2-5 序号 4	H16-100/90.0	H16-100/95.0	4300.0	4352.0	63.8～68.6	66.2	67.0
表 2-5 序号 5	H16-100/92.5	H16-100/95.0	5200.0	5222.4	78.4～81.8	80.1	80.4
表 2-6 序号 1	H18-100/85.0	H18-100/90.0	2900.0	2937.6	41.8～47.6	44.6	45.2
表 2-6 序号 2	H18-100/85.0	H18-100/92.5	3300.0	3264.0	49.2～52.5	50.8	50.3
表 2-6 序号 3	H18-100/90.0	H18-100/92.5	4200.0	4196.0	64.3～65.1	64.7	64.6
表 2-6 序号 4	H18-100/90.0	H18-100/95.0	4896.0	4896.0	75.3～75.6	75.4	75.4
表 2-6 序号 5	H18-100/92.5	H18-100/95.0	5900.0	5875.2	89.0～92.8	90.8	90.5
表 2-1 序号 1	H20-100/85.0	H20-100/85.0	3300.0	3264.0	48.0～53.6	50.8	50.3
表 2-1 序号 2	H20-100/85.0	H20-100/92.5	3600.0	3626.7	54.2～56.7	55.4	55.8
表 2-1 序号 3	H20-100/90.0	H20-100/92.5	4700.0	4662.8	68.4～76.4	72.4	71.8
表 2-1 序号 4	H20-100/90.0	H20-100/95.0	5400.0	5440.0	81.3～85.0	83.1	83.8
表 2-1 序号 5	H20-100/92.5	H20-100/95.0	6500.0	6528.0	97.9～102.3	100.1	100.5
表 2-7 序号 1	H22-100/85.0	H22-100/90.0	3600.0	3590.4	54.7～56.2	55.4	55.3
表 2-7 序号 2	H22-100/85.0	H22-100/92.5	4000.0	3989.3	61.1～62.1	61.6	61.4
表 2-7 序号 3	H22-100/90.0	H22-100/92.5	5100.0	5129.1	75.4～81.7	78.5	79.0
表 2-7 序号 4	H22-100/90.0	H22-100/95.0	6100.0	5984.0	91.7～93.1	92.4	92.1
表 2-7 序号 5	H22-100/92.5	H22-100/95.0	7200.0	7180.8	109.1～112.4	110.9	110.6
表 2-8 序号 1	H25-100/85.0	H25-100/90.0	4100.0	4080.0	61.6～64.7	63.1	62.8
表 2-8 序号 2	H25-100/85.0	H25-100/92.5	4500.0	4533.3	67.8～70.8	69.3	69.8
表 2-8 序号 3	H25-100/90.0	H25-100/92.5	5800.0	5828.6	86.2～92.4	89.3	89.8
表 2-8 序号 4	H25-100/90.0	H25-100/95.0	6800.0	6800.0	104.7	104.7	104.7
表 2-8 序号 5	H25-100/92.5	H25-100/95.0	8200.0	8160.0	123.2～129.4	126.3	125.7
表 2-12 序号 1	H16-82.5/67.5	H16-80.0/70.0	2100.0	2131.2	36.4～42.8	39.6	40.2
表 2-12 序号 2	H16-82.5/67.5	H16-78.8/71.3	2300.0	2350.3	40.6～46.7	43.6	44.7
表 2-12 序号 3	H16-80.0/70.0	H16-78.8/71.3	3000.0	2976.0	54.5～61.4	57.9	57.4
表 2-12 序号 4	H16-80.0/70.0	H16-77.5/72.5	3400.0	3445.3	63.3～68.9	66.1	67.0
表 2-12 序号 5	H16-78.8/71.3	H16-77.5/72.5	4100.0	4102.4	80.1～80.6	80.4	80.4
表 2-13 序号 1	H18-82.5/67.5	H18-80.0/70.0	2400.0	2397.6	45.0～45.5	45.3	45.2
表 2-13 序号 2	H18-82.5/67.5	H18-78.8/71.3	2600.0	2644.0	46.7～52.1	49.3	50.3
表 2-13 序号 3	H18-80.0/70.0	H18-78.8/71.3	3300.0	3348.0	56.8～70.5	63.6	64.6
表 2-13 序号 4	H18-80.0/70.0	H18-77.5/72.5	3900.0	3876.0	74.4～77.4	75.9	75.4
表 2-13 序号 5	H18-78.8/71.3	H18-77.5/72.5	4600.0	4615.2	88.6～91.7	90.1	90.5

表序号	配砌尺寸砖号		理想外直径 D_L/mm		理想砖数 K_L/块		
	小直径楔形砖	大直径楔形砖	查表数	计算值	查表范围	$K_h/2$	计算值
表 2-11 序号 1	H20-82.5/67.5	H20-80.0/70.0	2700.0	2664.0	47.3 ~ 54.7	51.0	50.3
表 2-11 序号 2	H20-82.5/67.5	H20-78.8/71.3	2900.0	2937.7	52.5 ~ 57.4	55.1	55.8
表 2-11 序号 3	H20-80.0/70.0	H20-78.8/71.3	3700.0	3720.0	68.5 ~ 74.3	71.4	71.8
表 2-11 序号 4	H20-80.0/70.0	H20-77.5/72.5	4300.0	4306.7	83.2 ~ 84.0	83.7	83.8
表 2-11 序号 5	H20-78.8/71.3	H20-77.5/72.5	5100.0	5128.0	97.1 ~ 102.8	99.9	100.5
表 2-14 序号 1	H22-82.5/67.5	H22-80.0/70.0	2900.0	2910.4	51.6 ~ 57.8	54.6	55.3
表 2-14 序号 2	H22-82.5/67.5	H22-78.8/71.3	3200.0	3231.6	58.9 ~ 62.7	60.8	61.4
表 2-14 序号 3	H22-80.0/70.0	H22-78.8/71.3	4100.0	4092.0	78.0 ~ 80.3	79.1	79.0
表 2-14 序号 4	H22-80.0/70.0	H22-77.5/72.5	4700.0	4737.3	89.1 ~ 93.7	91.4	92.1
表 2-14 序号 5	H22-78.8/71.3	H22-77.5/72.5	5600.0	5640.8	105.6 ~ 113.9	109.7	110.6
表 2-15 序号 1	H25-82.5/67.5	H25-80.0/70.0	3300.0	3330.0	59.2 ~ 65.3	62.2	62.2
表 2-15 序号 2	H25-82.5/67.5	H25-78.8/71.3	3700.0	3672.3	68.7 ~ 72.1	70.4	69.8
表 2-15 序号 3	H25-80.0/70.0	H25-78.8/71.3	4600.0	4650.0	81.6 ~ 95.9	88.7	89.8
表 2-15 序号 4	H25-80.0/70.0	H25-77.5/72.5	5400.0	5383.3	104.0 ~ 106.1	105.0	104.7
表 2-15 序号 5	H25-78.8/71.3	H25-77.5/72.5	6400.0	6410.0	124.4 ~ 126.5	125.4	125.7
表 2-18 序号 1	H16-78.8/71.3	H16-119.1/111.6	4300.0	4306.6	66.5 ~ 67.5	67.0	67.0
表 2-18 序号 2	H16-100/92.5	H16-120.4/112.9	4800.0	4787.2	65.0 ~ 69.0	67.0	67.0
表 2-18 序号 3	H16-77.5/72.5	H16-104.0/99.0	5900.0	5936.0	96.3 ~ 104.8	100.5	100.5
表 2-18 序号 4	H16-100/95.0	H16-120.4/115.4	7200.0	7180.8	97.6 ~ 103.5	100.5	100.5
表 2-19 序号 1	H18-78.8/71.3	H18-119.1/111.6	4800.0	4845.0	71.9 ~ 78.9	75.4	75.4
表 2-19 序号 2	H18-100/92.5	H18-120.4/112.9	5400.0	5385.6	73.2 ~ 77.6	75.4	75.4
表 2-19 序号 3	H18-77.5/72.5	H18-104.0/99.0	6700.0	6678.0	110.5 ~ 115.7	113.1	113.1
表 2-19 序号 4	H18-100/95.0	H18-120.4/115.4	8100.0	8078.4	109.8 ~ 116.4	113.1	113.1
表 2-20 序号 1	H20-78.8/71.3	H20-119.1/111.6	5400.0	5383.3	82.5 ~ 85.1	83.8	83.8
表 2-20 序号 2	H20-100/92.5	H20-120.4/112.9	6000.0	5984.0	81.3 ~ 86.2	83.8	83.8
表 2-20 序号 3	H20-77.5/72.5	H20-104.0/99.0	7400.0	7420.0	123.3 ~ 128.0	125.7	125.7
表 2-20 序号 4	H20-100/95.0	H20-120.4/115.4	9000.0	8976.0	122.0 ~ 129.4	125.7	125.7
表 2-21 序号 1	H22-78.8/71.3	H22-119.1/111.6	5900.0	5921.6	90.5 ~ 93.8	92.1	92.1
表 2-21 序号 2	H22-100/92.5	H22-120.4/112.9	6600.0	6582.4	89.4 ~ 94.9	92.1	92.1
表 2-21 序号 3	H22-77.5/72.5	H22-104.0/99.0	8200.0	8162.0	133.7 ~ 142.7	138.2	138.2
表 2-21 序号 4	H22-100/95.0	H22-120.4/115.4	9900.0	9873.6	134.2 ~ 142.3	138.2	138.2
表 2-22 序号 1	H25-78.8/71.3	H25-119.1/111.6	6700.0	6729.1	102.4 ~ 107.0	104.7	104.7
表 2-22 序号 2	H25-100/92.5	H25-120.4/112.9	7500.0	7480.0	101.6 ~ 107.8	104.7	104.7
表 2-22 序号 3	H25-77.5/72.5	H25-104.0/99.0	9300.0	9275.0	154.1 ~ 160.0	157.1	157.1
表 2-22 序号 4	H25-100/95.0	H25-120.4/115.4	11200.0	11220.0	154.0 ~ 160.2	157.1	157.1

表序号	配砌尺寸砖号		理想外直径 D_L/mm		理想砖数 K_L/块		
	小直径楔形砖	大直径楔形砖	查表数	计算值	查表范围	$K_h/2$	计算值
表 2-31 序号 1	H16-82.5/67.5	H16-100/90.0	2400.0	2387.2	39.6 ~ 41.1	40.3	40.2
表 2-31 序号 2	H16-82.5/67.5	H16-100/92.5	2700.0	2652.5	43.4 ~ 47.2	45.3	44.7
表 2-31 序号 3	H16-80.0/70.0	H16-100/92.5	3400.0	3363.7	55.3 ~ 60.2	57.7	57.4
表 2-31 序号 4	H16-80.0/70.0	H16-100/95.0	3900.0	3925.3	65.7 ~ 67.7	66.7	67.0
表 2-31 序号 5	H16-78.8/71.3	H16-100/95.0	4700.0	4678.4	79.5 ~ 81.8	80.6	80.4
表 2-32 序号 6	H16-100/85.0	H16-80.0/70.0	2400.0	2355.2	33.5 ~ 50.3	41.9	40.2
表 2-32 序号 7	H16-100/85.0	H16-78.8/71.3	2600.0	2599.1	44.6 ~ 44.8	44.7	44.7
表 2-32 序号 8	H16-100/90.0	H16-78.8/71.3	3300.0	3341.7	26.6 ~ 80.5	53.6	57.4
表 2-32 序号 9	H16-100/90.0	H16-77.5/72.5	3900.0	3872.0	65.5 ~ 70.1	67.8	67.0
表 2-32 序号 10	H16-100/92.5	H16-77.5/72.5	4600.0	4646.4	67.7 ~ 88.9	78.3	80.4
表 2-33 序号 1	H18-82.5/67.5	H18-100/90.0	2700.0	2685.6	44.6 ~ 46.2	45.4	45.2
表 2-33 序号 2	H18-82.5/67.5	H18-100/92.5	3000.0	2984.0	49.8 ~ 51.1	50.5	50.3
表 2-33 序号 3	H18-80.0/70.0	H18-100/92.5	3800.0	3785.1	63.8 ~ 65.8	64.7	64.6
表 2-33 序号 4	H18-80.0/70.0	H18-100/95.0	4400.0	4416.0	74.6 ~ 75.8	75.2	75.4
表 2-33 序号 5	H18-78.8/71.3	H18-100/95.0	5300.0	5263.2	88.9 ~ 92.9	90.8	90.5
表 2-34 序号 6	H18-100/85.0	H18-80.0/70.0	2600.0	2649.6	34.1 ~ 52.6	43.4	45.2
表 2-34 序号 7	H18-100/85.0	H18-78.8/71.3	2900.0	2924.0	47.7 ~ 51.5	49.6	50.3
表 2-34 序号 8	H18-100/90.0	H18-78.8/71.3	3800.0	3759.4	42.1 ~ 94.6	68.3	64.6
表 2-34 序号 9	H18-100/90.0	H18-77.5/72.5	4400.0	4356.0	73.0 ~ 80.2	76.6	75.4
表 2-34 序号 10	H18-100/92.5	H18-77.5/72.5	5200.0	5227.1	83.0 ~ 95.4	89.2	90.5
表 2-35 序号 1	H20-82.5/67.5	H20-100/90.0	3000.0	2984.0	49.5 ~ 51.4	50.4	50.3
表 2-35 序号 2	H20-82.5/67.5	H20-100/92.5	3300.0	3315.5	55.0 ~ 56.3	55.6	55.8
表 2-35 序号 3	H20-80.0/70.0	H20-100/92.5	4200.0	4205.4	71.4 ~ 72.1	71.7	71.8
表 2-35 序号 4	H20-80.0/70.0	H20-100/95.0	4900.0	4906.7	83.4 ~ 83.9	83.7	83.8
表 2-35 序号 5	H20-78.8/71.3	H20-100/95.0	5800.0	5848.0	97.4 ~ 102.6	100.0	100.5
表 2-36 序号 6	H20-100/85.0	H20-80.0/70.0	2900.0	2944.0	40.4 ~ 56.8	48.6	50.3
表 2-36 序号 7	H20-100/85.0	H20-78.8/71.3	3200.0	3248.9	50.7 ~ 58.4	54.5	55.8
表 2-36 序号 8	H20-100/90.0	H20-78.8/71.3	4200.0	4177.2	59.1 ~ 88.7	73.9	71.8
表 2-36 序号 9	H20-100/90.0	H20-77.5/72.5	4800.0	4840.0	79.4 ~ 86.0	82.7	83.8
表 2-36 序号 10	H20-100/92.5	H20-77.5/72.5	5800.0	5808.0	98.3 ~ 102.0	100.1	100.5
表 2-37 序号 1	H22-82.5/67.5	H22-100/90.0	3300.0	3282.4	54.5 ~ 56.5	55.5	55.3
表 2-37 序号 2	H22-82.5/67.5	H22-100/92.5	3600.0	3647.1	58.9 ~ 62.7	60.8	61.4
表 2-37 序号 3	H22-80.0/70.0	H22-100/92.5	4600.0	4626.3	76.9 ~ 80.5	78.7	79.0
表 2-37 序号 4	H22-80.0/70.0	H22-100/95.0	5400.0	5397.3	92.1 ~ 92.3	92.2	92.1
表 2-37 序号 5	H22-78.8/71.3	H22-100/95.0	6400.0	6432.8	108.4 ~ 112.0	110.2	110.6

表序号	配砌尺寸砖号		理想外直径 D_L/mm		理想砖数 K_L/块		
	小直径楔形砖	大直径楔形砖	查表数	计算值	查表范围	$K_h/2$	计算值
表 2-38 序号 6	H22-100/85.0	H22-80.0/70.0	3200.0	3238.4	46.7~61.0	53.8	55.3
表 2-38 序号 7	H22-100/85.0	H22-78.8/71.3	3600.0	3573.8	60.0~64.2	62.1	61.4
表 2-38 序号 8	H22-100/90.0	H22-78.8/71.3	4600.0	4594.8	76.1~82.8	79.4	79.0
表 2-38 序号 9	H22-100/90.0	H22-77.5/72.5	5300.0	5324.0	89.5~93.5	91.5	92.1
表 2-38 序号 10	H22-100/92.5	H22-77.5/72.5	6400.0	6388.8	108.5~113.6	111.1	110.6
表 2-39 序号 1	H25-82.5/67.5	H25-100/90.0	3700.0	3730.0	60.8~64.2	62.5	62.8
表 2-39 序号 2	H25-82.5/67.5	H25-100/92.5	4100.0	4144.5	67.5~71.0	69.2	69.8
表 2-39 序号 3	H25-80.0/70.0	H25-100/92.5	5300.0	5257.2	87.3~93.1	90.1	89.8
表 2-39 序号 4	H25-80.0/70.0	H25-100/95.0	6100.0	6133.3	103.0~105.6	104.3	104.7
表 2-39 序号 5	H25-78.8/71.3	H25-100/95.0	7300.0	7310.0	125.0~126.1	125.5	125.6
表 2-40 序号 6	H25-100/85.0	H25-80.0/70.0	3700.0	3680.0	59.8~67.3	63.6	62.8
表 2-40 序号 7	H25-100/85.0	H25-78.8/71.3	4100.0	4061.1	67.8~73.9	70.8	69.8
表 2-40 序号 8	H25-100/90.0	H25-78.8/71.3	5200.0	5221.4	73.9~101.6	87.7	89.7
表 2-40 序号 9	H25-100/90.0	H25-77.5/72.5	6100.0	6050.0	102.0~110.2	106.1	104.7
表 2-40 序号 10	H25-100/92.5	H25-77.5/72.5	7300.0	7260.0	118.4~136.6	127.5	125.7
表 2-25P-C160-1	H16-82.5/67.5	H16-100/85.0	2000.0	1989.4	31.6~35.4	33.5	33.5
表 2-26P-C160-2	H16-80.0/70.0	H16-100/90.0	2900.0	2944.0	43.3~57.2	50.3	50.3
表 2-27P-C160-3	H16-78.8/71.3	H16-100/92.5	3900.0	3898.6	66.8~67.2	76.0	76.0
表 2-28P-C160-4	H16-77.5/72.5	H16-100/95.0	5800.0	5808.0	99.4~101.6	100.5	100.5
表 2-25P-C180-1	H18-82.5/67.5	H18-100/85.0	2200.0	2238.0	30.9~44.5	67.0	67.0
表 2-26P-C180-2	H18-80.0/70.0	H18-100/90.0	3300.0	3312.0	54.7~58.4	56.5	56.5
表 2-27P-C180-3	H18-78.8/71.3	H18-100/92.5	4400.0	4386.0	73.3~77.5	75.4	75.4
表 2-28P-C180-4	H18-77.5/72.5	H18-100/95.0	6500.0	6534.0	108.3~117.8	113.1	113.1
表 2-25P-C200-1	H20-82.5/67.5	H20-100/85.0	2500.0	2486.6	39.5~44.3	41.9	41.9
表 2-26P-C200-2	H20-80.0/70.0	H20-100/90.0	3700.0	3680.0	59.7~66.0	62.8	62.8
表 2-27P-C200-3	H20-78.8/71.3	H20-100/92.5	4900.0	4873.3	79.8~87.7	83.7	83.7
表 2-28P-C200-4	H20-77.5/72.5	H20-100/95.0	7300.0	7260.0	120.1~131.2	125.6	125.6
表 2-25P-C220-1	H22-82.5/67.5	H22-100/85.0	2700.0	2735.3	39.7~52.4	46.0	46.0
表 2-26P-C220-2	H22-80.0/70.0	H22-100/90.0	4000.0	4048.0	61.6~76.6	69.1	69.1
表 2-27P-C220-3	H22-78.8/71.3	H22-100/92.5	5400.0	5360.6	86.3~98.0	92.1	92.1
表 2-28P-C220-4	H22-77.5/72.5	H22-100/95.0	8000.0	7986.0	136.3~140.2	138.2	138.2
表 2-25P-C250-1	H25-82.5/67.5	H25-100/85.0	3100.0	3108.0	50.8~53.8	52.3	52.3
表 2-26P-C250-2	H25-80.0/70.0	H25-100/90.0	4600.0	4600.0	78.5~78.5	78.8	78.8
表 2-27P-C250-3	H25-78.8/71.3	H25-100/92.5	6100.0	6091.6	103.5~105.9	104.7	104.7
表 2-28P-C250-4	H25-77.5/72.5	H25-100/95.0	9100.0	9075.0	153.6~165.6	157.1	157.1

2.2　回转窑双楔形砖砖环计算图

2.2.1　回转窑双楔形砖砖环直角坐标计算图

双楔形砖砖环直角坐标计算图，首先在国外回转窑筒体砖衬双楔形砖砖环计算上开始应用[10,11,13]。我国对回转窑双楔形砖砖环直角坐标图进行了深入的研究[43,50]。在起草 GB/T 17912—1999[44] 时，将"窑衬砌砖计算图"作为标准的附录提供给用户。限于篇幅和版心尺寸，在该标准附录中仅以 $A = 180\text{mm}$ 的等大端尺寸 $C = 100\text{mm}$ 双楔形砖砖环为例，介绍了回转窑直角坐标计算图的绘制方法和应用。该标准[44] 发布实施后，也曾较详细地介绍了回转窑双楔形砖砖环直角坐标计算图[51]。无论在标准[44] 的附录或在期刊论文[51] 上，原文都将直角坐标计算图绘制成超过版心尺寸的插页，可在出版后发现这些插页都被取消了，缩小为难以保证计算精度的普通计算图。考虑到回转窑双楔形砖砖环直角坐标计算图在砖量计算上的历史地位，回转窑筒壳直径的规范性和对双楔形砖砖环的理解，这里介绍了回转窑双楔形砖砖环直角坐标计算图的原理、绘制方法、应用和其发展。

2.2.1.1　回转窑双楔形砖砖环直角坐标计算图原理和绘制方法

在讨论回转窑双楔形砖砖环砖量表时，已经确认了基于尺寸特征的双楔形砖砖环中国计算式 1-11 和式 1-12，以及由其导出的一系列简化计算式 1-13 ~ 式 1-20 都为直线方程。就是说双楔形砖砖环的小直径楔形砖数量 K_x、大直径楔形砖数量 K_d 和砖环总砖数 K_h 都可以用直线表示。每个双楔形砖砖环计算式的外直径 D（或中间直径 D_p）和砖数，都有一定的范围。砖环外直径 D（或中间直径 D_p）从小直径楔形砖外直径 D_x（或中间直径 D_{px}）到大直径楔形砖外直径 D_d（或中间直径 D_{pd}），即 $D_x \leq D \leq D_d$（或 $D_{px} \leq D_p \leq D_{pd}$）。砖环砖数 K 从小直径楔形砖每环极限砖数 K'_x 到大直径楔形砖每环极限砖数 K'_d，即 $K'_x \leq K \leq K'_d$。分析讨论基于尺寸特征的双楔形砖砖环中国计算式 $K_x = (D_d - D)K'_x/(D_d - D_x)$（式 1-11）和 $K_d = (D - D_x)K'_d/(D_d - D_x)$（式 1-12）也证明了双楔形砖砖环的直径和砖数都有一定的范围和限制。在 $D = D_x$ 的小直径单楔形砖砖环：将 $D = D_x$ 代入式 1-11 得 $K_x = K'_x$，代入式 1-12 得 $K_d = 0$；在 $D = D_d$ 的大直径单楔形砖砖环：将 $D = D_d$ 代入式 1-11 得 $K_x = 0$，代入式 1-12 得 $K_d = K'_d$。所有这些，都表明在 $D_x \leq D \leq D_d$ 的范围内，回转窑双楔形砖砖环内小直径楔形砖数量 K_x 从 D_x 的 K'_x 减少到 D_d 的 0，大直径楔形砖数量 K_d 从 D_x 的 0 增大到 D_d 的 K'_d，并分别同时都与砖环外直径 D 成直线关系，即可用直线段表示。

在双楔形砖砖环直角坐标模式图 2-1 中，如果横轴坐标表示双楔形砖砖环的外直径 D（或中间直径 D_p），则纵轴坐标表示砖环内的砖数 K。小直径楔形砖数量 K_x 线段 MN 和大直径楔形砖数量 K_d 线段 PQ 的起点 M 和 P 为小直径楔形砖单楔形砖砖环，它们横坐标为小直径楔形砖的外直径 D_x，纵坐标分别为小直径楔形砖的每环极限砖数 K'_x 和大直径楔形砖的每环极限砖数 $K'_d = 0$，即 $M(D_x, K'_x)$ 和 $P(D_x, 0)$。MN 和 PQ 线段的终点 N 和 Q 为大直径楔形砖的单楔形砖砖环，它们的横坐标为大直径楔形砖的外直径 D_d，纵坐标分别为小直径楔形砖的每环极限砖数 $K'_x = 0$ 和大直径楔形砖的每环极限砖数 K'_d，即 $N(D_d, 0)$ 和 $Q(D_d, K'_d)$。

线段 MN，从小直径楔形砖外直径 D_x 处的每环极限砖数 K'_x 开始，随着砖环外直径 D 的增大，砖数 K_x 按直线关系减少，直到大直径楔形砖外直径 D_d 处减少到 0，所以线段

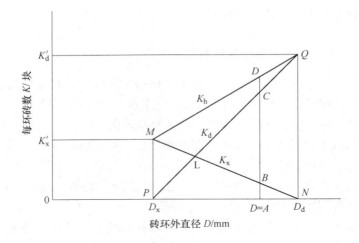

图 2-1 回转窑双楔形砖砖环直角坐标模式图

MN 表示 K_x 线段。线段 PQ，从小直径楔形砖外直径 D_x 处的大直径楔形砖每环极限砖数 $K'_d = 0$ 开始，随着砖环外直径 D 的增大，砖数 K_d 按直线关系增多，直到大直径楔形砖外直径 D_d 处增多到其每环极限砖数 K'_d，所以线段 PQ 表示 K_d 线段。图中 4 个端点 M、P、Q 和 N 连接为线段 MN 和线段 PQ 外，还有代表砖环总砖数 K_h 的第 3 条线段 MQ。线段 MQ 的起点 M 和终点 Q 分别代表小直径楔形砖外直径 D_x 处砖环总砖数 K_{hx} 和大直径楔形砖外直径 D_d 处砖环总砖数 K_{hd}，那么连接这两点的线段 MQ 必然为 $D_x \leqslant D \leqslant D_d$ 范围内该小直径楔形砖与大直径楔形砖配砌的双楔形砖砖环总砖数 K_h 线段。这是概念决定的，也可以经过证明：（1）在等大端尺寸 C 双楔形砖砖环 $K_h = \pi D/C$，这是斜率为 π/C 的线段 MQ 的直线方程；在等中间尺寸 P 双楔形砖砖环 $K_h = \pi D_p/P$，这是斜率 π/P 的线段 MQ 的直线方程；在不等端尺寸双楔形砖砖环 $K_h = (m-n)D + nD_d - mD_x$，这是斜率为 $m-n$ 的线段 MQ 的直线方程。（2）在等端（间）尺寸 C 或 P 双楔形砖砖环，当 D 或 D_p 为 0 时（处于坐标原点 O 时），$K_h = 0$，表明砖环总砖数 K_h 线段的延长线通过原点。图 2-1 线段 MQ 向下延长确实通过原点 O，证实该线段 MQ 为代表砖环总砖数 K_h 的线段。（3）在外直径 $D = A$ 砖环，纵线段 AB 的长度（或 B 点的纵坐标）和纵线段 AC 的长度（或 C 点的纵坐标），分别表示 K_x 和 K_d。可以用几何法证明 $CD = AB$，则 $AD = AC + CD = AC + AB = K_h$，证明纵线段 AD 的长度（或 D 点的纵坐标）表示砖环 A 的总砖数。

双楔形砖砖环直角坐标计算图不仅可以直接用于查找砖量，更可以用于理解很多问题和推导一些重要公式。本书多次提到基于尺寸特征的双楔形砖砖环中国计算式（式 1-11 和式 1-12）已经用于回转窑双楔形砖砖环的计算、砖尺寸的设计和砖量表的编制，但还未说明这个重要公式的证明和推导。作者在文献 [9] 中虽已详尽地说明了这个问题，这里利用图 2-1 简要补充回转窑双楔形砖砖环中国计算式的推导。在双楔形砖砖环直角坐标计算图起点 M：小直径楔形砖外直径为 D_x、砖数 K_x 为其每环极限砖数 K'_x，MN 线段（K_x 线段）向下倾斜表明随着砖环外直径增大砖数 K_x 减少，当砖环外直径增大到 D 时共增大了 $D - D_x$。每减少 1 块小直径楔形砖时砖环外直径增大量为 $(\Delta D)'_{1x}$，砖环外直径增大了 $D - D_x$ 就减少了小直径楔形砖量 $(D - D_x)/(\Delta D)'_{1x}$。从砖环起点 M 小直径楔形砖量（为其每环极限砖数)K'_x，减去由于砖环外直径增大了 $D - D_x$ 而减少的砖量 $(D - D_x)/(\Delta D)'_{1x}$，当然等于砖环外直径为 D 时的小直径楔形砖数量 K_x，即：

$$K_x = K'_x - \frac{D - D_x}{(\Delta D)'_{1x}} \tag{2-3}$$

同理，在双楔形砖砖环直角坐标计算图终点 Q：大直径楔形砖外直径为 D_d、砖数 K_d 为其每环极限砖数 K'_d，QP 线段（K_d 线段）从 Q 点向下倾斜表明随着砖环外直径减小砖数 K_d 减少，当砖环外直径减小到 D 时共减小了 $D_d - D$。每减少 1 块大直径楔形砖时砖环外直径减小量为 $(\Delta D)'_{1d}$，砖环外直径减小了 $D_d - D$ 就减少大直径楔形砖量 $(D_d - D)/(\Delta D)'_{1d}$。从砖环终点 Q 大直径楔形砖量（为其每环极限砖数）K'_d，减去由于砖环外直径减小了 $D_d - D$ 而减少的砖量 $(D_d - D)/(\Delta D)'_{1d}$，当然等于砖环外直径为 D 时的大直径楔形砖数量 K_d，即：

$$K_d = K'_d - \frac{D_d - D}{(\Delta D)'_{1d}} \tag{2-4}$$

将一块楔形砖直径变化量的定义式 $(\Delta D)'_{1x} = (D_d - D_x)/K'_x$ 和 $(\Delta D)'_{1d} = (D_d - D_x)/K'_d$ 代入式 2-3 和式 2-4，即得基于尺寸特征的双楔形砖砖环中国计算式：

$$K_x = K'_x - \frac{D - D_x}{\dfrac{D_d - D_x}{K'_x}} = \frac{(D_d - D_x)K'_x}{D_d - D_x} - \frac{(D - D_x)K'_x}{D_d - D_x} = \frac{(D_d - D)K'_x}{D_d - D_x} \tag{1-11}$$

$$K_d = K'_d - \frac{D_d - D}{\dfrac{D_d - D_x}{K'_d}} = \frac{(D_d - D_x)K'_d}{D_d - D_x} - \frac{(D_d - D)K'_d}{D_d - D_x} = \frac{(D - D_x)K'_d}{D_d - D_x} \tag{1-12}$$

用图 2-1 很容易理解基于尺寸特征的双楔形砖砖环中国计算式 1-11、式 1-12 和其简化计算式 1-13、式 1-14。式 1-11 中 $K'_x/(D_d - D_x) = n$ 为小直径楔形砖的单位直径砖数变化量，式 1-12 中 $K'_d/(D_d - D_x) = m$ 为大直径楔形砖的单位直径砖数变化量。在双楔形砖砖环内小直径楔形砖数量 K_x 和大直径楔形砖数量 K_d 肯定都为正值，按 K_x 和 K_d 增多（即 MN 线段和 PQ 线段由低点 N 或 P 向高点 M 或 Q）方向来理解式 1-11 和式 1-12。式 1-11 中 D 的系数为负值，表明从 N 点的 $K_x = 0$ 开始，随着砖环外直径从 D_d 开始减小而砖量 K_x 增多，砖环外直径每减少 1mm 时 K_x 增多 $n = K'_x/(D_d - D_x)$ 块，当砖环外直径减小到 D（共减小 $D_d - D$）时 K_x 当然增多为 $K_x = (D_d - D)K'_x/(D_d - D_x)$（式 1-11）或 $K_x = n(D_d - D)$（式 1-13）了。式 1-12 中 D 的系数 m 为正值，表明从 P 点的 $K_d = 0$ 开始，随着砖环外直径从 D_x 开始增大而砖量 K_d 增多，砖环外直径每增大 1mm 时 K_d 增多 $m = K'_d/(D_d - D_x)$ 块，砖环外直径增大到 D（共增大 $D - D_x$）时 K_d 当然增多为 $K_d = (D - D_x)K'_d/(D_d - D_x)$（式 1-12）或 $K_d = m(D - D_x)$（式 1-14）了。

讨论双楔形砖砖环中两砖量配比时，提出两砖相等（$K_x = K_d$）时的砖量为理想砖数 K_L，此时的砖环外直径为理想外直径 D_L，并导出它们的计算式（见式 2-1 ~ 式 2-2c）。由砖量表也能查出理想砖数 K_L 和理想外直径的接近值（见表 2-41）。双楔形砖砖环直角坐标计算图中 MN 线段与 PQ 线段交点 L 的砖环为砖量配比最好的理想砖环。L 点的坐标 (D_L, K_L) 中

横坐标 D_L 为理想外直径，纵坐标 K_L 为 $K_x = K_d$ 的理想砖数。由图中直接查出交点 L 的坐标 D_L 和 K_L 很接近由公式计算得出的计算值。

回转窑双楔形砖砖环直角坐标计算图问世初期，人们称赞其计算之方便，研究其绘制方法时，正值我国对楔形砖尺寸特征研究取得进展并赋予楔形砖外半径（或外直径）和每环极限砖数这两个尺寸特征的时期。用楔形砖的外直径 D_x、D_d 和每环极限砖数 K'_x、K'_d 这两个尺寸特征，立刻分析出并找到了回转窑双楔形砖砖环直角坐标图的原理和绘制方法[50]。图 2-1 回转窑双楔形砖砖环直角坐标计算图绘制的实质，就是求得 K_x、K_d 和 K_h 线段各端点的坐标，而这些端点的坐标就是两楔形砖的外直径（或中间）D_x、D_d（或 D_{px}、D_{pd}）和每环极限砖数 K'_x、K'_d。

2.2.1.2　回转窑等端（间）双楔形砖砖环直角坐标计算图

本书的回转窑等端（间）尺寸双楔形砖砖环直角坐标计算图，包括等大端尺寸 103mm、等中间尺寸 71.5mm、等中间尺寸 75mm 和等大端尺寸 100mm 回转窑双楔形砖砖环直角坐标计算图。

按图 2-1 模式和表 1-23 提供的资料（相配砌双楔形砖砖环名称和数量、小直径楔形砖和大直径楔形砖的外直径和每环极限砖数），等大端尺寸 103mm 双楔形砖砖环的每组（大小端距离 A 为 160mm、180mm、200mm、220mm 和 250mm）各绘制 1 幅图，见图 2-2 ~ 图 2-6。

按图 2-1 模式，根据表 1-24 提供的资料，等中间尺寸 71.5mm 回转窑双楔形砖砖环的每组各绘制 1 幅直角坐标计算图，见图 2-7 ~ 图 2-10。

按图 2-1 模式，根据表 1-26 提供的资料，等中间尺寸 75mm 回转窑双楔形砖砖环的每组各绘制 1 幅直角坐标计算图，见图 2-11 ~ 图 2-15。

按图 2-1 模式，根据表 1-28 提供的资料，等大端尺寸 100mm 回转窑双楔形砖砖环的每组各绘制 1 幅直角坐标计算图，见图 2-16 ~ 图 2-20。

从回转窑等端（间）双楔形砖砖环直角坐标计算图 2-2 ~ 图 2-20 可看出：

首先，每个双楔形砖砖环内的小直径楔形砖数量 K_x、大直径楔形砖数量 K_d 和砖环总砖数 K_h，都可分别由 3 条不平行线段表示，K_x 线段与 K_d 线段相互交叉，K_h 线段位于 K_x 线段和 K_d 线段之上。这是因为 3 条线段的斜率或 K_x、K_d 和 K_h 3 直线方程中外直径 D（或中间直径 D_p）的系数 n、m 和 $m - n$ 不同。

其次，所有双楔形砖砖环内，所有小直径楔形砖数量 K_x 线段都从起点开始随砖环直径增大向下倾斜，因为所有 K_x 计算式中 D（或 D_p）的系数都为负值，表明在 D_x ~ D_d（或 D_{px} ~ D_{pd}）范围内 K_x 随 D（或 D_p）的增大而减少。所有大直径楔形砖数量 K_d 线段都从起点开始随砖环直径增大向上倾斜，因为所有 K_d 计算式中 D（或 D_p）的系数 m 都为正值，表明在 D_x ~ D_d（或 D_{px} ~ D_{pd}）范围内 K_d 随 D（或 D_p）增大而增多。所有砖环总砖数 K_h 线段都从砖环起点向上倾斜，因为所有 K_h 计算式 D（或 D_p）系数 $m - n$ 都为正值，表明砖环总砖数 K_h 随 D（或 D_p）增大而增多。由于 $|m| > |n|$，所以 $m - n < m$，所以 K_h 线段向上倾斜的程度（或 K_h 线段的斜率）小于 K_d 线段。

第三，所有等端（间）双楔形砖砖环，从图 2-2 到图 2-20，每幅直角坐标计算图的总砖数 K_h 直线，都是一条延长线通过原点、向上倾斜和共用的直线。每种等端（间）双楔形砖砖环各直角坐标计算图的总砖数 K_h 直线彼此平行。例如图 2-2 ~ 图 2-6 这 5 幅等大端尺寸 103mm 双楔形砖砖环直角坐标计算图，每条 K_h 直线相互平行，因为这些 K_h 计算式 $K_h =$

$0.02992D$ 中 D 的系数 $m-n$ 都等于 0.02992。图 2-7～图 2-10 的 4 幅等中间尺寸 71.5mm 双楔形砖砖环直角坐标计算图中，各 K_h 直线相互平行，因为这些 K_h 计算式 $K_h=0.04274D_p$ 中系数 $m-n$ 都等于 0.04274。图 2-11～图 2-15 的 5 幅等中间尺寸 75mm 双楔形砖砖环直角坐标计算图中，K_h 直线相互平行，因为这些 K_h 计算式 $K_h=0.04080D_p$ 中系数 $m-n$ 都等于 0.04080。图 2-16～图 2～20 的 5 幅等大端尺寸 100mm 双楔形砖砖环直角坐标计算图中，K_h 直线相互平行，因为这些 K_h 计算式 $K_h=0.03080D$ 中系数 $m-n$ 都等于 0.03080。

　　第四，等大端尺寸 103mm 双楔形砖砖环直角坐标计算图（图 2-2～图 2-6）和等中间尺寸 71.5mm 双楔形砖砖环直角坐标计算图（图 2-7～图 2-10）的每幅图中，尽管 1 幅图中最多有 15 个砖环的 K_x 和 K_d 各 15 条线段（例如图 2-4），却没有相互平行的线段。因为这些 K_x 或 K_d 简化计算式中 D 或 D_p 的系数 n 间或 m 间均不相同。但等中间尺寸 75mm 双楔形砖砖环直角坐标计算图（图 2-11～图 2-15）和等大端尺寸 100mm 双楔形砖砖环直角坐标计算图（图 2-16～图 2-20）的每幅图中，尽管都仅有 5 个砖环、K_x 和 K_d 各 5 条线段，却各有两对 4 条线段分别平行。在等中间尺寸 75mm 双楔形砖砖环直角坐标计算图的每幅图中，各有两对砖环的简化计算式 $K_x=0.04080(D_{pd}-D_p)$、$K_d=2.0\times0.0408(D_p-D_{px})$（这两对砖环 $n=0.04080$、$m=2.0\times0.04080$）和 $K_x=2.0\times0.0408(D_{pd}-D_p)$、$K_d=3.0\times0.4080(D_p-D_{px})$（这两对砖环 $n=2.0\times0.04080$、$m=3.0\times0.04080$）相同。例如每幅图中，特锐楔形砖 $HA/10$-$82.5/67.5$ 与锐楔形砖 $HA/10$-$80.0/70.0$ 等中间尺寸 75mm 双楔形砖砖环、钝楔形砖 $HA/10$-$78.8/71.3$ 与微楔形砖 $HA/10$-$77.5/72.5$ 等中间尺寸 75mm 双楔形砖砖环，这两个砖环中 $K_{HA/10\text{-}82.5/67.5}$ 线段与 $K_{HA/10\text{-}78.8/71.3}$ 线段平行，$K_{HA/10\text{-}80.0/70.0}$ 线段与 $K_{HA/10\text{-}77.5/72.5}$ 线段平行；每幅图中，特锐楔形砖 $HA/10$-$82.5/67.5$ 与钝楔形砖 $HA/10$-$78.8/71.3$ 等中间尺寸双楔形砖砖环、锐楔形砖 $HA/10$-$80.0/70.0$ 与微楔形砖 $HA/10$-$77.5/72.5$ 等中间尺寸 75mm 双楔形砖砖环，这两个砖环中 $K_{HA/10\text{-}82.5/67.5}$ 线段与 $K_{HA/10\text{-}80.0/70.0}$ 线段平行，$K_{HA/10\text{-}78.8/71.3}$ 线段与 $K_{HA/10\text{-}77.5/72.5}$ 线段平行。再例如每幅图中，特锐楔形砖 $HA/10$-$100/85.0$ 与锐楔形砖 $HA/10$-$100/90.0$ 等大端尺寸 100mm 双楔形砖砖环、钝楔形砖 $HA/10$-$100/92.5$ 与微楔形砖 $HA/10$-$100/95.0$ 等大端尺寸 100mm 双楔形砖砖环，这两个砖环的简化计算式同为 $K_x=2.0\times0.03080(D_d-D)$、$K_d=3.0\times0.03080(D-D_x)$（这两砖环 $n=2.0\times0.03080$，$m=3.0\times0.03080$），$K_{HA/10\text{-}100/85.0}$ 线段与 $K_{HA/10\text{-}100/92.5}$ 线段平行，$K_{HA/10\text{-}100/90.0}$ 线段与 $K_{HA/10\text{-}100/95.0}$ 线段平行；特锐楔形砖 $HA/10$-$100/85.0$ 与钝楔形砖 $HA/10$-$100/92.5$ 等大端尺寸 100mm 双楔形砖砖环、锐楔形砖 $HA/10$-$100/90.0$ 与微楔形砖 $HA/10$-$100/95.0$ 等大端尺寸 100mm 双楔形砖砖环，这两个砖环的简化计算同为 $K_x=0.03080(D_d-D)$、$K_d=2.0\times0.03080(D-D_x)$（这两砖环 $n=0.03080$，$m=2.0\times0.03080$），$K_{HA/10\text{-}100/85.0}$ 线段与 $K_{HA/10\text{-}100/90.0}$ 线段平行，$K_{HA/10\text{-}100/92.5}$ 线段与 $K_{HA/10\text{-}100/95.0}$ 线段平行。

　　最后，等端（间）回转窑双楔形砖砖环直角坐标图中的各砖环，具有不间断的连续性。前一砖环的终点为后一砖环的起点。例如在等大端尺寸 100mm 双楔形砖砖环各直角坐标系计算图，M_2 和 P_2 既是特锐楔形砖 $HA/10$-$100/85.0$ 与锐楔形砖 $HA/10$-$100/90.0$ 双楔形砖砖环的终点，也是锐楔形砖 $HA/10$-$100/90.0$ 与钝楔形砖 $HA/10$-$100/92.5$ 双楔形砖砖环的起点，也是锐楔形砖 $HA/10$-$100/90.0$ 与微楔形砖 $HA/10$-$100/95.0$ 双楔形砖砖环的起点。

2.2.1.3　回转窑等楔差双楔形砖砖环直角坐标计算图

回转窑等楔差双楔形砖砖环直角坐标计算图包括两类：（1）由小直径基本楔形砖与大直径加厚楔形砖配砌的等楔差 5.0mm 和 7.5mm 双楔形砖砖环直角坐标计算图；（2）由等中间尺寸 75mm 小直径楔形砖与等大端尺寸 100mm 大直径楔形砖配砌的 P-C 等楔差双楔形砖砖环直角坐标计算图。

A　基本砖与加厚砖等楔差 5.0mm 和 7.5mm 双楔形砖砖环直角坐标计算图

等楔差 5.0mm、$Q/T = 3.0/4.0$ 回转窑双楔形砖砖环直角坐标计算图，根据表 1-33 提供的资料绘制，见图 2-21。图内包括不同 A（160mm、180mm、200mm、220mm 和 250mm）的砖环。按同样方法，根据表 1-34、表 1-35 和表 1-36 提供的资料，分别绘制了等楔差 5.0mm、$Q/T = 5.0/6.0$ 回转窑双楔形砖砖环直角坐标计算图（图 2-22）、等楔差 7.5mm、$Q/T = 2.0/3.0$ 回转窑双楔形砖砖环直角坐标计算图（图 2-23）和等楔差 7.5mm、$Q/T = 5.0/6.0$ 回转窑双楔形砖砖环直角坐标计算图（图 2-24）。现以图 2-21 为例，分析这些等楔差 5.0mm 和 7.5mm 双楔形砖砖环直角坐标计算图的特点：（1）每个等楔差双楔形砖砖环都由小直径基本楔形砖单楔形砖砖环的坐标点 $M(D_x, K'_x)$、$P(D_x, 0)$ 和大直径加厚楔形砖单楔形砖砖环的坐标点 $M_{+1}(D_d, K'_d = K'_x)$、$P_{+1}(D_d, 0)$ 4 点连接为 3 个线段，包括小直径基本砖数 $K_{HA/10-77.5/72.5}$ 线段、大直径加厚楔形砖数 $K_{HA/10-104.0/99.0}$ 线段和砖环总砖数 $K_h = K'_x = K'_d$ 线段。两交叉 $K_{HA/10-77.5/72.5}$ 线段和 $K_{HA/10-104.0/99.0}$ 线段的长度相等，各砖环总砖数 K_h 线段为与横轴平行的水平线段。因为 $\Delta M_1 L M_2$ 与 $\Delta P_1 L P_2$ 为对顶的全等三角形，$M_1 L = M_2 L = P_1 L = P_2 L$。（2）每幅直角坐标计算图中，各砖环的小直径基本楔形砖砖数线段 $K_{HA/10-77.5/72.5}$ 彼此平行但不相等，因为 $K_{HA/10-77.5/72.5} = 0.11855（D_d - D)$ 中 D 系数都为 -0.11855 但 D_d 不同；各砖环的大直径加厚楔形砖数线段 $K_{HA/10-104.0/99.0}$ 彼此平行但不相等，因为 $K_{HA/10-104.0/99.0} = 0.11855（D - D_x)$ 中 D 系数都为 0.11855，但 D_x 不同；各砖环的总砖数 K_h 线段彼此平行（并平行于横轴），因为 $K_h = K'_x = K'_d$，$K'_x = 2\pi A/(C_2 - D_2)$ 和 $K'_d = 2\pi A/(C_1 - D_1)$ 中，虽然 $C_2 - D_2 = C_1 - D_1$，但 A 不同，所以各砖环 K_h 不同。另外，从 $K_h = 0.11855（D_d - D_x)$ 中看出，等楔差双楔形砖砖环的总砖数 K_h 线段与砖环外直径 D 和 $m - n$ 无关并永远不与坐标原点和横轴相交的水平线段，因为 $K_h = 0.11855（D_d - D_x)$ 是由 $K_h = (m - n) D + n D_d - m D_x$、式中 $m = n = 0.11855$ 化简而成 $K_h = 0D + n（D_d - D_x) = 0.11855（D_d - D_x)$。各砖环的 $D_d - D_x$ 不同也是 K_h 不等的原因。（3）每幅直角坐标计算图中，各砖环之间都不具有连续性。

如果将相同大小端距离 A 的等楔差 5.0mm 和 7.5mm 双楔形砖砖环绘制在一幅直角坐标计算图内，如 $A = 160$mm 的图 2-25 所示。该图包括两组各两个砖环：一组为等楔差 7.5mm、Q/T 分别为 2.0/3.0（见表 1-35）和 5.0/6.0（见表 1-36）的 H16-78.8/71.3 与 H16-119.1/111.6 砖环、H16-100/92.5 与 H16-120.4/112.9 砖环；另一组为等楔差 5.0mm、Q/T 分别为 3.0/4.0（见表 1-33）和 5.0/6.0（见表 1-34）的 H16-77.5/72.5 与 H16-104.0/99.0 砖环、H16-100/95.0 与 H16-120.4/115.4 砖环。按同样方法，根据表 1-33～表 1-36 提供的资料，绘制了 $A = 180$mm 回转窑等楔差 7.5mm 和 5.0mm 双楔形砖砖环直角坐标计算图（图 2-26）、$A = 200$mm 回转窑等楔差 7.5mm 和 5.0mm 双楔形砖砖环直角坐标计算图（图 2-27）、$A = 220$mm 回转窑等楔差 7.5mm 和 5.0mm 双楔形砖砖环直角坐标计算图（图 2-28），以及 $A = 250$mm 回转窑等楔差 7.5mm 和 5.0mm 双楔形砖砖环直角坐标计算图（图

2-29)。

从图 2-25～图 2-29 看到：（1）每个等楔差双楔形砖砖环，两砖量 K_x 和 K_d 线段相互等分交叉，砖环总砖数 K_h 线段平行于横轴。（2）等楔差 7.5mm 的两个砖环（HA/10-78.8/71.3 与 HA/10-119.1/111.6 砖环、HA/10-100/92.5 与 HA/10-120.4/112.9 砖环）总砖数 K_h 线段重合，因为这两个砖环的 4 个楔形砖的单位楔差和每环极限砖数分别相同，根据 $K_h = K'_x = K'_d$，总砖数 K_h 当然相同。同样，等楔差 5.0mm 的两个砖环（HA/10-77.5/72.5 与 HA/10-104.0/99.0 砖环、HA/10-100/95.0 与 HA/10-120.4/115.4 砖环）总砖数 K_h 线段重合，也因为这两个砖环的 4 个楔形砖的单位楔差和每环极限砖数分别相同，总砖数 K_h 当然相同。等楔差 7.5mm 两砖环一组的总砖数与等楔差 5.0mm 两砖环另一组的总砖数不等，因为两组楔形砖的单位楔差和每环极限砖数都不相同，但两组砖环总砖数 K_h 线段平行。（3）等楔差 7.5mm 或 5.0mm 的每组内，K_x 线段间、K_d 线段间都不平行，因为等楔差 7.5mm 两砖环 K_x 和 K_d 的计算式中系数不同（分别为 0.07781 和 0.1540）；等楔差 5.0mm 的两砖环 K_x 和 K_d 的计算式中系数不同（分别为 0.11855 和 0.1540）。但等楔差 7.5mm 的 HA/10-100/92.5 与 HA/10-120.4/112.9 砖环、等楔差 5.0mm 的 HA/10-100/95.0 与 HA/10-120.4/115.4 砖环，K_x 线段间、K_d 线段间分别平行，因为这两个砖环计算式中系数都等于 0.1540。

B P-C 等楔差双楔形砖砖环直角坐标计算图

P-C 等楔差双楔形砖砖环直角坐标计算图的绘制方法也有两种：一种绘制方法是在 1 幅图内包括楔差相同但大小端距离 A 不同的砖环；另一种绘制方法是在 1 幅图内包括大小端距离 A 相同但楔差不同的砖环。

相同楔差不同 A 的 P-C 等楔差双楔形砖砖环直角坐标计算图（图 2-30～图 2-33）根据表 1-37 提供的资料绘制，它们的特点有：（1）虽然各砖环楔差相同，但大小端距离 A 不同，导致单位楔差不同和总砖数 K_h 不同。在 1 幅坐标计算图内表现出平行的几条总砖数 K_h 线段。（2）由于各 P-C 等楔差双楔形砖砖环中大直径楔形砖大端尺寸 C_1 都为 100mm，小直径楔形砖大端尺寸 C_2 分别为 82.5mm、80.0mm、78.8mm 或 77.5mm，所以对于每幅等楔差 15.0mm、10.0mm、7.5mm 或 5.0mm 砖环直角坐标计算图而言，外直径系数 $n = m = \pi/(C_1 - C_2)$ 相同，表现为各砖环 K_x 线段间平行和 K_d 线段间平行。（3）各砖环的线段，有部分重合交叉。

同组（A 相同）P-C 等楔差双楔形砖砖环直角坐标计算图（图 2-34～图 2-38），也是根据表 1-37 提供的资料绘制的，它们的特点有：（1）虽然每幅图中各砖环的大小端距离 A 相同，但楔差不同，导致各砖环内砖的每环极限砖数不同，各砖环的总砖数 K_h 不同，表现为各砖环总砖数 K_h 为平行的线段。（2）虽然每幅图中各砖环大直径楔形砖大端尺寸 C_1 都为 100mm，但小直径楔形砖大端尺寸 C_2 不相同，各砖环计算式中 $n = m = \pi/(C_1 - C_2)$ 不同，表现为同一幅图中 K_x 线段不平行，K_d 线段也不平行。（3）各砖环的线段间隔离散且不交叉。

无论同楔差、A 不同的 P-C 等楔差双楔形砖砖环直角坐标计算图（图 2-30～图 2-33），还是同组 P-C 等楔差双楔形砖砖环直角坐标计算图（图 2-34～图 2-38），所有各砖环的外直径范围 $D_x \leqslant D \leqslant D_d$ 都比较小。如果所设计和计算砖环的外直径 D 在 P-C 等楔差双楔形砖砖环外直径范围内，并且接近理想交叉点 L 时，是优秀的砖环。因为这种砖环同心程度高、砖量配比好、两砖容易识（区）别且计算式规范化程度高。

　　2.2.1.4　回转窑规范化不等端尺寸双楔形砖砖环直角坐标计算图

　　我国回转窑规范化不等端尺寸双楔形砖砖环的数量共有 50 个，本书以等中间尺寸 75mm 砖与等大端尺寸 100mm 砖配砌的 25 个不等端尺寸双楔形砖砖环为对象，讨论并绘制其直角坐标计算图。现以 $A = 160$mm 同组 5 个砖环为例，根据表 1-44、表 1-13 和表 1-14 提供的资料，绘制了 $A = 160$mm 回转窑不等端尺寸的双楔形砖砖环直角坐标计算图（图 2-39）。从图 2-39 看到：（1）5 个砖环中，K_x 线段间、K_d 线段间和 K_h 线段间，彼此都不平行，因为它们的计算式中 n、m 和 $m - n$ 彼此都不同。其中各砖环总砖数 K_h 线段，延长线既不通过原点，斜率也互不相同，为 5 条各自独立的线段。（2）5 个砖环的线段不连续，但交叉重合。这样的绘制方法，不便应用。

　　考虑到我国回转窑规范化不等端尺寸双楔形砖砖环计算式的特点：（1）不同 A 的各组都有同名称不等端尺寸双楔形砖砖环，例如各组都有特锐楔形砖 HA/10-82.5/67.5 与锐楔形砖 HA/10-100/90.0 砖环、特锐楔形砖 HA/10-82.5/67.5 与钝楔形砖 HA/10-100/92.5 砖环、锐楔形砖 HA/10-80.0/70.0 与钝楔形砖 HA/10-100/92.5 砖环、锐楔形砖 HA/10-80.0/70.0 与微楔形砖 HA/10-100/95.0 砖环，以及钝楔形砖 HA/10-78.8/71.3 与微楔形砖 HA/10-100/95.0 砖环。（2）各组同名称不等端尺寸双楔形砖砖环计算式中，n、m 和 $m - n$ 分别相同，决定了各砖环中 K_x 线段间、K_d 线段间和 K_h 线段间分别平行。现以 A 为 160mm、180mm、200mm、220mm 和 250mm 各组的特锐楔形砖 HA/10-82.5/67.5 与锐楔形砖 HA/10-100/90.0 回转窑不等端尺寸双楔形砖砖环为例，绘制其直角坐标计算图（图 2-40）。图 2-40 的清晰程度和线段的平行性比图 2-39 好得多。按图 2-40 模式，绘制了各组同名称不等端尺寸双楔形砖砖环直角坐标计算图（图 2-41～图 2-44）。

　　与等端（间）双楔形砖砖环直角坐标计算图比较，不等端尺寸双楔形砖砖环直角坐标计算图中各砖环线段的连续性较差，特别是各砖环总砖数 K_h 线段多为分割的线段。

　　[示例 2] 用回转窑双楔形砖砖环直角坐标计算图查找示例 2 $D = 3000.0$mm（$D_p = 2800.0$mm）、$A = 200$mm 各方案砖数。

　　方案 1　320 单楔形砖砖环

　　由图 2-4 中 $D = 3000.0$mm 的点 M_2 查得 $K_{320} = 90.0$ 块，与 M_2 纵坐标 89.760 块极相近。

　　方案 2　220 与 420 等大端尺寸 103mm 双楔形砖砖环

　　由图 2-4 中 $D = 3000.0$mm 垂直线与 K_{220} 线段交点的纵坐标即 K_{220} 约为 30 块（计算值 29.92 块），$D = 3000.0$mm 垂直线与 K_{420} 线段交点的纵坐标即 K_{420} 约为 60 块（计算值 59.84 块），$D = 3000.0$mm 垂直线与 M_1M_3 线段交点 M_2 的纵坐标即砖环总砖数 K_h 约为 90 块（计算值 89.76 块）。

　　方案 3　220 与 520 等大端尺寸 103mm 双楔形砖砖环

　　由图 2-4 中 $D = 3000.0$mm 垂直线与 K_{220} 线段交点的纵坐标即 K_{220} 约为 40 块（计算值 40.3 块），$D = 3000.0$mm 垂直线与 K_{520} 线段交点的纵坐标即 K_{520} 约为 50 块（计算值 49.47 块），$D = 3000.0$mm 垂直线与 M_1M_4 线段交点 M_2 的纵坐标即 K_h 约为 90 块（计算值 89.76 块）。

　　方案 4　B220 与 B320 等中间尺寸 71.5mm 双楔形砖砖环

　　由图 2-8 中 $D_p = 2800.0$mm 垂直线与 K_{B220} 线段交点的纵坐标即 K_{B220} 约为 20 块（计算值

19. 95 块), D_p = 2800. 0mm 垂直线与 K_{B320} 线段交点的纵坐标即 K_{B320} 约为 100 块(计算值 99. 74 块), D_p = 2800. 0mm 垂直线与 M_1M_2 线段交点的纵坐标即 K_h 约为 120 块(计算值 119. 67 块)。

方案 5　B220 与 B420 等中间尺寸 71.5mm 双楔形砖砖环

由图 2-8 中 D_p = 2800. 0mm 垂直线与 K_{B220} 线段交点的纵坐标即 K_{B220} 约为 70 块(计算值 69. 82 块), D_p = 2800. 0mm 垂直线与 K_{B420} 线段交点的纵坐标即 K_{B420} 约为 50 块(计算值 49. 87 块), D_p = 2800. 0mm 垂直线与 M_1M_2 线段交点的纵坐标即 K_h 约为 120 块(计算值 119. 67 块)。

方案 7　B220 与 B520 等中间尺寸 71.5mm 双楔形砖砖环

由图 2-8 中 D_p = 2800. 0mm 垂直线与 K_{B220} 线段交点的纵坐标即 K_{B220} 约为 77 块(计算值 76. 94 块), D_p = 2800. 0mm 垂直线与 K_{B520} 线段交点的纵坐标即 K_{B520} 约为 43 块(计算值 42. 75 块), D_p = 2800. 0mm 垂直线与 M_1M_2 线段交点的纵坐标即 K_h 为 120 块(计算值 119. 67 块)。

方案 8　H20-100⁄85. 0 与 H20-100⁄90. 0 等大端尺寸 100mm 双楔形砖砖环

由图 2 − 18 中 D = 3000. 0mm 垂直线与 $K_{H20-100⁄85.0}$ 线段交点的纵坐标即 $K_{H20-100⁄85.0}$ 约为 66 块(计算值 66. 53 块), D = 3000. 0mm 垂直线与 $K_{H20-100⁄90.0}$ 线段交点的纵坐标即 $K_{H20-100⁄90.0}$ 约为 26 块(计算值 25. 85 块), D = 3000. 0mm 垂直线与 M_1M_2 线段交点的纵坐标即 K_h 约为 92 块(计算值 92. 4 块)。

方案 9　H20-100⁄85. 0 与 H20-100⁄92. 5 等大端尺寸 100mm 双楔形砖砖环

由图 2-18 中 D = 3000. 0mm 垂直线与 $K_{H20-100⁄85.0}$ 线段交点的纵坐标即 $K_{H20-100⁄85.0}$ 约为 75 块(计算值 75. 2 块), D = 3000. 0mm 垂直线与 $K_{H20-100⁄92.5}$ 线段交点的纵坐标即 $K_{H20-100⁄92.5}$ 约为 17 块(计算值 17. 25 块), D = 3000. 0mm 垂直线与 M_1M_2 线段交点的纵坐标即 K_h 约为 92 块(计算值 92. 4 块)。

方案 10　H20-82. 5⁄67. 5 与 H20-80. 0⁄70. 0 等中间尺寸 75mm 双楔形砖砖环

由图 2-13 中 D_p = 2800. 0mm 垂直线与 $K_{H20-82.5⁄67.5}$ 线段交点的纵坐标即 $K_{H20-82.5⁄67.5}$ 约为 23 块(计算值 22. 85 块), D_p = 2800. 0mm 垂直线与 $K_{H20-80.0⁄70.0}$ 线段交点的纵坐标即 $K_{H20-80.0⁄70.0}$ 约为 91 块(计算值 91. 4 块), D_p = 2800. 0mm 垂直线与 M_1M_2 线段交点的纵坐标即 K_h 约为 114 块(计算值 114. 24 块)。

方案 11　H20-82. 5⁄67. 5 与 H20-78. 8⁄71. 3 等中间尺寸 75mm 双楔形砖砖环

由图 2-13 中 D_p = 2800. 0mm 垂直线与 $K_{H20-82.5⁄67.5}$ 线段交点的纵坐标即 $K_{H20-82.5⁄67.5}$ 约为 53 块(计算值 53. 31 块), D_p = 2800. 0mm 垂直线与 $K_{H20-78.8⁄71.3}$ 线段交点的纵坐标即 $K_{H20-78.8⁄71.3}$ 约为 61 块(计算值 60. 93 块), D_p = 2800. 0mm 垂直线与 M_1M_2 线段交点的纵坐标即 K_h 约为 114 块(计算值 114. 24 块)。

[**示例 3**]用双楔形砖砖环直角坐标计算图查找示例 3 的 A = 250mm、D = 6500. 0mm(D_p = 6250. 0mm)有关方案的砖量。

方案 1　525 与 725 等大端尺寸 103mm 双楔形砖砖环

由图 2-6 中 D = 6500. 0mm 垂直线与 K_{525} 线段交点的纵坐标即 K_{525} 约为 40 块(计算值 40. 07 块), D = 6500. 0mm 垂直线与 K_{725} 线段交点的纵坐标即 K_{725} 约为 154 块(计算值 154. 40 块), D = 6500. 0mm 垂直线与 M_3M_4 线段交点的纵坐标即 K_h 约为 194 块(计算值

194.48 块)。

方案 2　625 与 725 等大端尺寸 103mm 双楔形砖砖环

由图 2-6 中 $D = 6500.0$mm 垂直线与 K_{625} 线段交点的纵坐标即 K_{625} 约为 112 块(计算值 112.20 块),$D = 6500.0$mm 垂直线与 K_{725} 线段交点的纵坐标即 K_{725} 约为 82 块(计算值 82.27 块),$D = 6500.0$mm 垂直线与 M_3M_4 线段交点的纵坐标即 K_h 约为 194 块(计算值 194.48 块)。

方案 3　625 与 825 等大端尺寸 103mm 双楔形砖砖环

由图 2-6 中 $D = 6500.0$mm 垂直线与 K_{625} 线段交点的纵坐标即 K_{625} 约为 153 块(计算值 153.34 块),$D = 6500.0$mm 垂直线与 K_{825} 线段交点的纵坐标即 K_{825} 约为 41 块(计算值 41.14 块),$D = 6500.0$mm 垂直线与 M_3M_4 线段交点的纵坐标即 K_h 约为 194 块(计算值 194.48 块)。

方案 4　425 与 725 等大端尺寸 103mm 双楔形砖砖环

由图 2-16 中 $D = 6500.0$mm 垂直线与 K_{425} 线段交点的纵坐标即 K_{425} 约为 20 块(计算值 20.40 块),$D = 6500.0$mm 垂直线与 K_{725} 线段交点的纵坐标即 K_{725} 约为 174 块(计算值 174.08 块),$D = 6500.0$mm 垂直线与 M_3M_4 线段交点的纵坐标即 K_h 约为 194 块(计算值 194.48 块)。

方案 5　525 与 825 等大端尺寸 103mm 双楔形砖砖环

由图 2-6 中 $D = 6500.0$mm 垂直线与 K_{525} 线段交点的纵坐标即 K_{525} 约为 80.5 块(计算值 80.71 块),$D = 6500.0$mm 垂直线与 K_{825} 线段交点的纵坐标即 K_{825} 约为 113.5 块(计算值 113.76 块),$D = 6500.0$mm 垂直线与 M_3M_4 线段交点的纵坐标即 K_h 约为 194 块(计算值 194.48 块)。

方案 6　B425 与 B725 等中间尺寸 71.5mm 双楔形砖砖环

由图 2-10 中 $D_p = 6250.0$mm 垂直线与 K_{B425} 线段交点的纵坐标即 K_{B425} 约为 47 块(计算值 47.01 块),$D_p = 6250.0$mm 垂直线与 K_{B725} 线段交点的纵坐标即 K_{B725} 约为 220 块(计算值 220.15 块),$D_p = 6250.0$mm 垂直线与 M_4M_5 线段交点的纵坐标即 K_h 约为 267 块(计算值 267.13 块)。

方案 7　B525 与 B725 等中间尺寸 71.5mm 双楔形砖砖环

由图 2-10 中 $D_p = 6250.0$mm 垂直线与 K_{B525} 线段交点的纵坐标即 K_{B525} 约为 117 块(计算值 117.54 块),$D_p = 6250.0$mm 垂直线与 K_{B725} 线段交点的纵坐标即 K_{B725} 约为 150 块(计算值 149.6 块),$D_p = 6250.0$mm 垂直线与 M_4M_5 线段交点的纵坐标即 K_h 约为 267 块(计算值 267.13 块)。

方案 8　B625 与 B725 等中间尺寸 71.5mm 双楔形砖砖环

由图 2-10 中 $D_p = 6250.0$mm 垂直线与 K_{B625} 线段交点的纵坐标即 K_{B625} 约为 235 块(计算值 235.09 块),$D_p = 6250.0$mm 垂直线与 K_{B725} 线段交点的纵坐标即 K_{B725} 约为 32 块(计算值 32.06 块),$D_p = 6250.0$mm 垂直线与 M_4M_5 线段交点的纵坐标即 K_h 约为 267 块(计算值 267.13 块)。

方案 9　H25-80.0/70.0 与 H25-77.5/72.5 等中间尺寸 75mm 双楔形砖砖环

由图 2-15 中 $D_p = 6250.0$mm 垂直线与 $K_{H25-80.0/70.0}$ 线段交点的纵坐标即 $K_{H25-80.0/70.0}$ 约为 59 块(计算值 59.16 块),$D_p = 6250.0$mm 垂直线与 $K_{H25-77.5/72.5}$ 线段交点的纵坐标即 $K_{H25-77.5/72.5}$ 约为 196 块(计算值 195.84 块),$D_p = 6250.0$mm 垂直线与 M_3M_4 线段交点的纵坐标即 K_h 为 255 块(计算值 255.0 块)。

方案 10　H25-78.8/71.3 与 H25-77.5/72.5 等中间尺寸 75mm 双楔形砖砖环

由图 2-15 中 $D_p = 6250.0$mm 垂直线与 $K_{H25-78.8/71.3}$ 线段交点的纵坐标即 $K_{H25-78.8/71.3}$ 约为 118 块（计算值 118.32 块），$D_p = 6250.0$mm 垂直线与 $K_{H25-77.5/72.5}$ 线段交点的纵坐标即 $K_{H25-77.5/72.5}$ 约为 137 块（计算值 136.68 块），$D_p = 6250.0$mm 垂直线与 M_3M_4 线段交点的纵坐标即 K_h 为 225 块（计算值 225.0 块）。

方案 11　H25-100/85.0 与 H25-100/92.5 等大端尺寸 100mm 双楔形砖砖环

由图 2-20 中 $D = 6500.0$mm 垂直线与 $K_{H25-100/85.0}$ 线段交点的纵坐标即 $K_{H25-100/85.0}$ 约为 9 块（计算值 9.24 块），$D = 6500.0$mm 垂直线与 $K_{H25-100/92.5}$ 线段交点的纵坐标即 $K_{H25-100/92.5}$ 约为 191 块（计算值 190.96 块），$D = 6500.0$mm 垂直线与 M_2M_3 线段交点的纵坐标即 K_h 约为 200 块（计算值 200.2 块）。

方案 12　H25-100/90.0 与 H25-100/92.5 等大端尺寸 100mm 双楔形砖砖环

由图 2-20 中 $D = 6500.0$mm 垂直线与 $K_{H25-100/90.0}$ 线段交点的纵坐标即 $K_{H25-100/90.0}$ 约为 28 块（计算值 27.72 块），$D = 6500.0$mm 垂直线与 $K_{H25-100/92.5}$ 线段交点的纵坐标即 $K_{H25-100/92.5}$ 约为 172 块（计算值 172.48 块），$D = 6500.0$mm 垂直线与 M_2M_3 线段交点的纵坐标即 K_h 约为 200 块（计算值 200.2 块）。

方案 13　H25-100/90.0 与 H25-100/95.0 等大端尺寸双楔形砖砖环

由图 2-20 中 $D = 6500.0$mm 垂直线与 $K_{H25-100/90.0}$ 线段交点的纵坐标即 $K_{H25-100/90.0}$ 约为 114 块（计算值 113.96 块），$D = 6500.0$mm 垂直线与 $K_{H25-100/95.0}$ 线段交点的纵坐标即 $K_{H25-100/95.0}$ 约为 86 块（计算值 86.24 块），$D = 6500.0$mm 垂直线与 M_2M_3 线段交点的纵坐标即 K_h 约为 200 块（计算值 200.2 块）。

方案 14　H25-78.8/71.3 与 H25-119.1/111.6 等楔差 7.5mm 双楔形砖砖环

由图 2-29 中 $D = 6500.0$mm 垂直线与 $K_{H25-78.8/71.3}$ 线段交点的纵坐标即 $K_{H25-78.8/71.3}$ 约为 122 块（计算值 122.55 块），$D = 6500.0$mm 垂直线与 $K_{H25-119.1/111.6}$ 线段交点的纵坐标即 $K_{H25-119.1/111.6}$ 约为 87 块（计算值 86.89 块），$D = 6500.0$mm 垂直线与 M_1M_2 水平线段交点的纵坐标即 $K_h = 209.44$ 块。

方案 15　H25-80.0/70.0 与 H25-100/92.5 不等端尺寸双楔形砖砖环

由图 2-42 中 $D = 6500.0$mm 垂直线与 $K_{H25-80.0/70.0}$ 线段交点的纵坐标即 $K_{H25-80.0/70.0}$ 约为 17 块（计算值 17.45），$D = 6500.0$mm 垂直线与 $K_{H25-100/92.5}$ 线段交点的纵坐标即 $K_{H25-100/92.5}$ 约为 186 块（计算值 186.17 块），$D = 6500.0$mm 垂直线与 M_9M_{10} 线段交点的纵坐标 K_h 约为 203 块（计算值 203.62 块）。

方案 16　H25-80.0/70.0 与 H25-100/95.0 不等端尺寸双楔形砖砖环

由图 2-43 中 $D = 6500.0$mm 垂直线与 $K_{H25-80.0/70.0}$ 线段交点的纵坐标即 $K_{H25-80.0/70.0}$ 约为 95 块（计算值 95.3 块），$D = 6500.0$mm 垂直线与 $K_{H25-100/95.0}$ 线段交点的纵坐标即 $K_{H25-100/95.0}$ 约为 124 块（计算值 123.6 块），$D = 6500.0$mm 垂直线与 M_9M_{10} 线段交点的纵坐标即 K_h 约为 219 块（计算值 218.9 块）。

方案 17　H25-78.8/71.3 与 H25-100/92.5P-C 等楔差 7.5mm 双楔形砖砖环

由图 2-38 中 $D = 6500.0$mm 垂直线与 $K_{H25-78.8/71.3}$ 线段交点的纵坐标即 $K_{H25-78.8/71.3}$ 约为 44 块（计算值 44.35 块），$D = 6500.0$mm 垂直线与 $K_{H25-100/92.5}$ 线段交点的纵坐标即 $K_{H25-100/92.5}$ 约为 165 块（计算值 165.09 块），$D = 6500.0$mm 垂直线与 M_5M_6 水平线段交点的纵坐标即 $K_h = 209.44$ 块。

利用双楔形砖砖环直角坐标计算图查找示例中的用砖量，已显示出很多优点：（1）能在反映全貌的诸多配砌方案中选择优秀的配砌方案，例如砖环外直径接近 K_x 线段与 K_d 线段交点（即理想砖环坐标点）的优秀砖环。（2）通过查找砖环直径与砖数（K_x、K_d 和 K_h）线段交点的纵坐标的方法，免除了计算式的计算过程，可快速查出砖环砖量来。（3）本手册直角坐标计算图的查找精度可在砖环直径 10mm 和砖数 1 块范围内。但是，作为双楔形砖砖环计算图，直角坐标计算图仍然表现出有待改进的不足之处：（1）限于本手册版心尺寸和绘图线条的粗细，反映砖环直径和砖量的精度仍然不够理想。有些用户为提高常用配砌方案查找精度，按本手册绘制方法扩大版面绘制了高精度的施工图，也可通过电脑局部放大的方法。（2）每幅双楔形砖砖环直角坐标计算图中，有多个配砌方案线段的交叉，稍不注意有可能查错线段而导致错误的结果。为避免查错线段，本手册的每幅直角坐标计算图中，不同配砌方案采用不同线段表示法。（3）由于直角坐标计算图本身的特点，需要由砖环直径横坐标的垂直线与砖量线段交点，再转查纵坐标的砖数表，经过视线转换，稍不注意有可能产生不精确甚至错误的结果来。（4）直角坐标计算图是线段交叉的计算图，占用面积大，空白的浪费面积大。可见，双楔形砖砖环直角坐标计算图，有待改进和发展。

2.2.2　回转窑双楔形砖砖环计算线

为了克服回转窑双楔形砖砖环直角坐标计算图的大小版面精度不够、多方案砖量线段交叉、坐标转换和占用面积较大等缺点，多年来不断寻求改进的计算图——不交叉的计算线。

2.2.2.1　回转窑双楔形砖砖环计算线的原理和绘制方法

回转窑双楔形砖砖环计算线的原理和绘制方法，是在直角坐标计算图基础上发展起来的，仍然以直角坐标计算图的概念为依据。但将直角坐标计算图每个双楔形砖砖环的小直径楔形砖数量 K_x 线段、大直径楔形砖数量 K_d 线段和砖环总砖数 K_h 线段（一般为交叉线段），投影到表示砖环直径 D 的水平横轴的平行线上，见回转窑双楔形砖砖环计算线的模式图 2-45。首先，画出两条等长的水平线段，上水平线段的上方刻度和下方刻度分别表示小直径楔形砖数量 K_x 和大直径楔形砖数量 K_d；下水平线段的上方刻度表示砖环总砖数 K_h，下水平线段的下方刻度表示砖环外直径 D。其次，下水平线段下方标出砖环外直径 $D(\text{mm})$ 的刻度：左端起点为小直径楔形砖外直径 D_x，右端终点为大直径楔形砖的外直径 D_d，线段中间刻度均匀等分。第三，表示小直径楔形砖数量 K_x 的水平线段上方刻度：左端起点（对准 D_x）为小直径楔形砖的每环极限砖数 K'_x，右端终点（对准 D_d）$K_x = 0$ 块。表示大直径楔形砖数量 K_d 的上水平线段下方刻度：左端起点（对准 D_x）$K_d = 0$ 块，右端终点（对准 D_d）为大直径楔形砖的每环极限砖数 K'_d。表示砖环总砖数 K_h 的下水平线段上方刻度：左端起点（对准 D_x）为小直径楔形砖的每环极限砖数 K'_x，右端终点（对准 D_d）为大直径楔形砖的每环极限砖数 K'_d。第四，表示 K_x 的上水平线段上方刻度，从右端终点 $K_x = 0$ 块开始，向左每 10 块小直径楔形砖的砖环外直径减小量为 $10(\Delta D)'_{1x}$，依次 K_x 等于 10 块、20 块和 30 块……，对应的砖环外直径为 $D_{x10} = D_d - 10(\Delta D)'_{1x}$、$D_{x20} = D_{x10} - 10(\Delta D)'_{1x}$ 和 $D_{x30} = D_{x20} - 10(\Delta D)'_{1x}$……。表示 K_d 的上水平线段下方刻度，从左端起点 $K_d = 0$ 块开始，向右每 10 块大直径楔形砖的砖环外直径增大量为 $10(\Delta D)'_{1d}$，依次 K_d 等于 10 块、20 块和 30 块……，对应的砖环外直径为 $D_{d10} = D_x + 10(\Delta D)'_{1d}$、$D_{d20} = D_{d10} + 10(\Delta D)'_{1d}$ 和 $D_{d30} = D_{d20} + 10(\Delta D)'_{1d}$……。

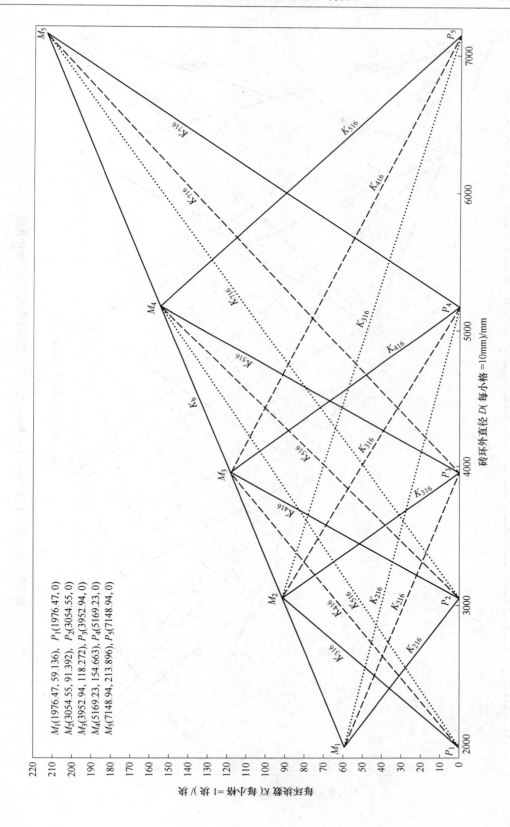

$M_1(1976.47, 59.136)$, $P_1(1976.47, 0)$
$M_2(3054.55, 91.392)$, $P_2(3054.55, 0)$
$M_3(3952.94, 118.272)$, $P_3(3952.94, 0)$
$M_4(5169.23, 154.663)$, $P_4(5169.23, 0)$
$M_5(7148.94, 213.896)$, $P_5(7148.94, 0)$

砖环外直径 D(每小格 =10mm)/mm

每环砖数 K(每小格 =1 环)/环

图 2-2　等大端尺寸 103mm，A =160mm 回转窑双楔形砖砖环直角坐标计算图

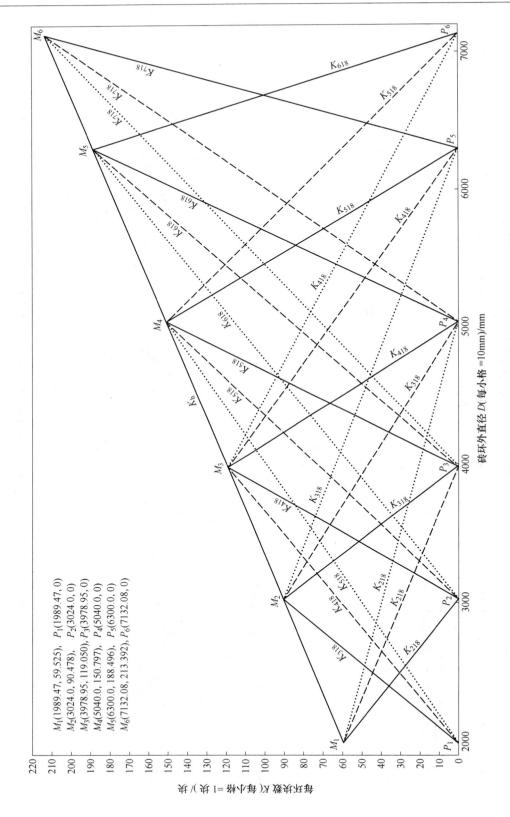

$M_1(1989.47, 59.525)$, $P_1(1989.47, 0)$
$M_2(3024.0, 90.478)$, $P_2(3024.0, 0)$
$M_3(3978.95, 119.050)$, $P_3(3978.95, 0)$
$M_4(5040.0, 150.797)$, $P_4(5040.0, 0)$
$M_5(6300.0, 188.496)$, $P_5(6300.0, 0)$
$M_6(7132.08, 213.392)$, $P_6(7132.08, 0)$

图 2-3   等大端尺寸 103mm、$A = 180$mm 回转窑双楔形砖砖环直角坐标计算图

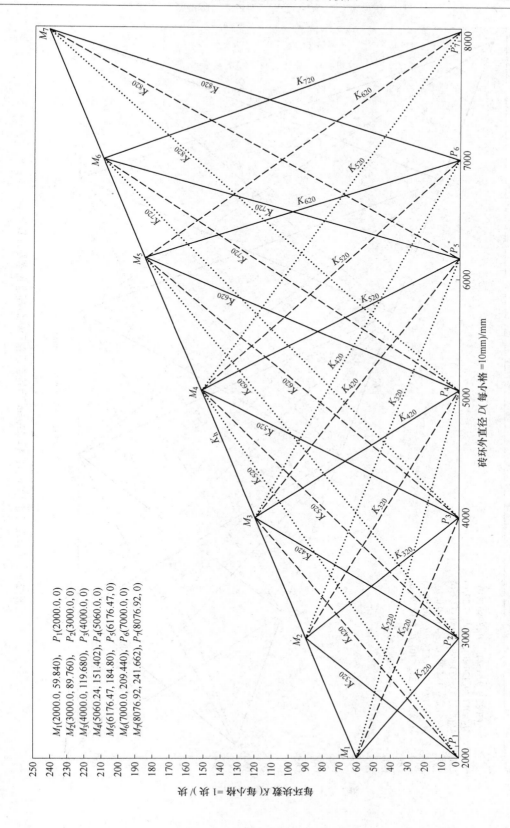

M_1(2000.0, 59.840), P_1(2000.0, 0)
M_2(3000.0, 89.760), P_2(3000.0, 0)
M_3(4000.0, 119.680), P_3(4000.0, 0)
M_4(5060.24, 151.402), P_4(5060.0, 0)
M_5(6176.47, 184.80), P_5(6176.47, 0)
M_6(7000.0, 209.440), P_6(7000.0, 0)
M_7(8076.92, 241.662), P_7(8076.92, 0)

砖环外直径 D(每小格 =10mm)/mm

等大端尺寸 103mm，A = 200mm 回转窑双楔形砖砖环直角坐标计算图

图 2-4 等大端尺寸 103mm，A = 200mm 回转窑双楔形砖砖环直角坐标计算图

每段块数 K(每小格 =1 块)/块

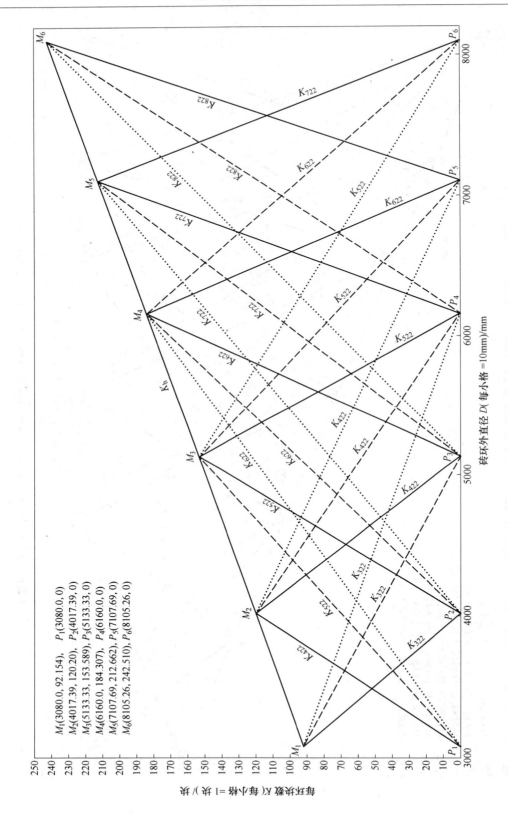

$M_1(3080.0, 92.154)$, 　　$P_1(3080.0, 0)$
$M_2(4017.39, 120.20)$, 　$P_2(4017.39, 0)$
$M_3(5133.33, 153.589)$, $P_3(5133.33, 0)$
$M_4(6160.0, 184.307)$, 　$P_4(6160.0, 0)$
$M_5(7107.69, 212.662)$, $P_5(7107.69, 0)$
$M_6(8105.26, 242.510)$, $P_6(8105.26, 0)$

图 2-5　等大端尺寸 103mm，$A = 220$mm 回转窑双楔形砖砖环直角坐标计算图

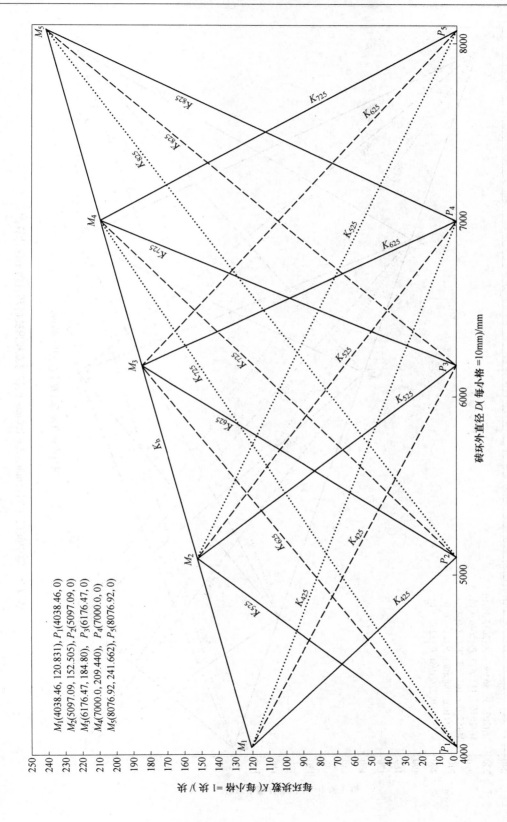

M_1(4038.46, 120.831), P_1(4038.46, 0)
M_2(5097.09, 152.505), P_2(5097.09, 0)
M_3(6176.47, 184.80), P_3(6176.47, 0)
M_4(7000.0, 209.440), P_4(7000.0, 0)
M_5(8076.92, 241.662), P_5(8076.92, 0)

砖环外直径 D(每小格 =10mm)/mm

每环匝数 K(每小格 =1 匝)/匝

图 2-6 等大端尺寸 103mm, A =250mm 回转窑双楔形砖砖环直角坐标计算图

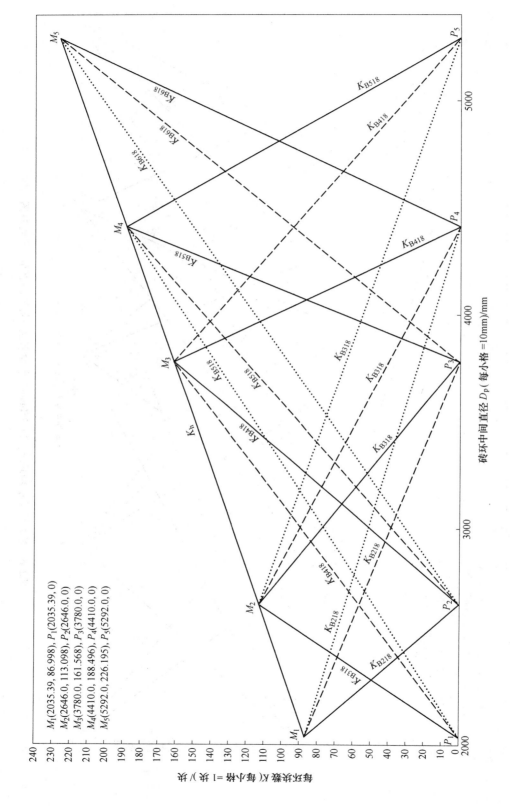

M_1(2035.39, 86.998), P_1(2035.39, 0)
M_2(2646.0, 113.098), P_2(2646.0, 0)
M_3(3780.0, 161.568), P_3(3780.0, 0)
M_4(4410.0, 188.496), P_4(4410.0, 0)
M_5(5292.0, 226.195), P_5(5292.0, 0)

图 2-7　等中间尺寸 71.5mm，A = 180mm 回转窑双楔形砖砖环直角坐标计算图

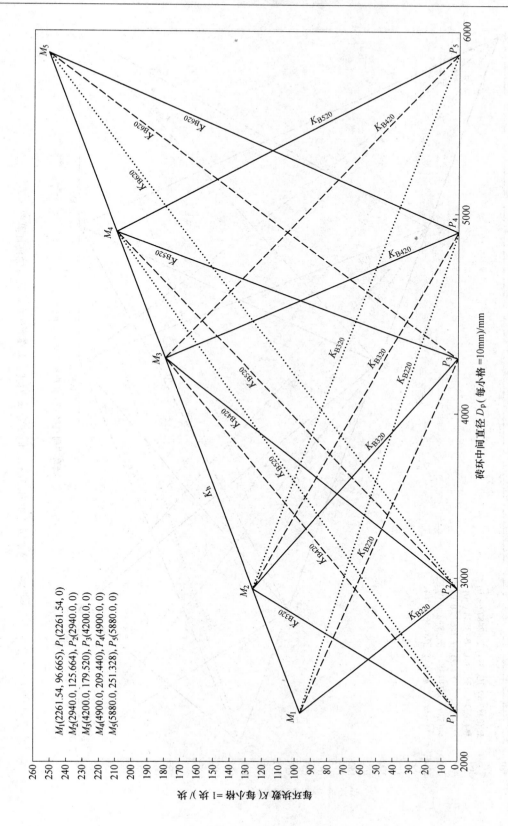

图 2-8 等中间尺寸 71.5mm、$A = 200$mm 回转窑双楔形砖砖环直角坐标计算图

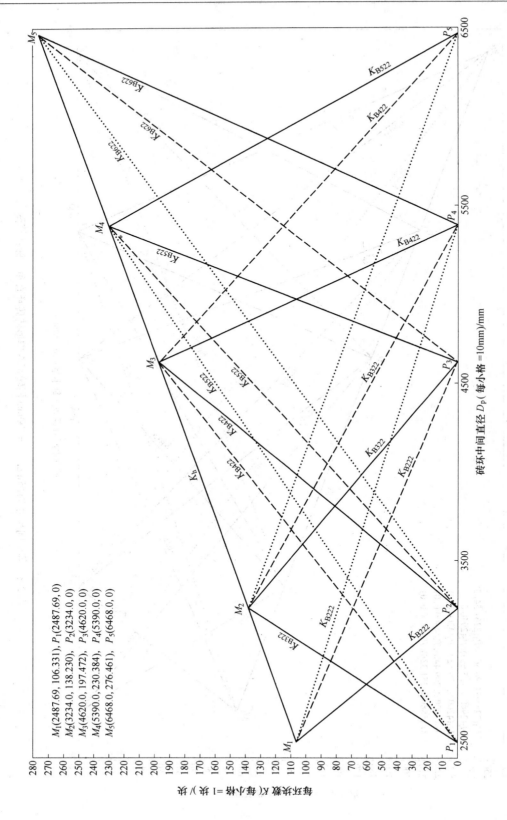

$M_1(2487.69, 106.331),\ P_1(2487.69, 0)$
$M_2(3234.0, 138.230),\ \ P_2(3234.0, 0)$
$M_3(4620.0, 197.472),\ \ P_3(4620.0, 0)$
$M_4(5390.0, 230.384),\ \ P_4(5390.0, 0)$
$M_5(6468.0, 276.461),\ \ P_5(6468.0, 0)$

砖环中间直径 D_p（每小格 $=10$mm）/mm

每压块数 K（每小格 $=1$ 压）/压

图 2-9　等中间尺寸 71.5mm，$A=220$mm 回转窑双楔形砖砖环直角坐标计算图

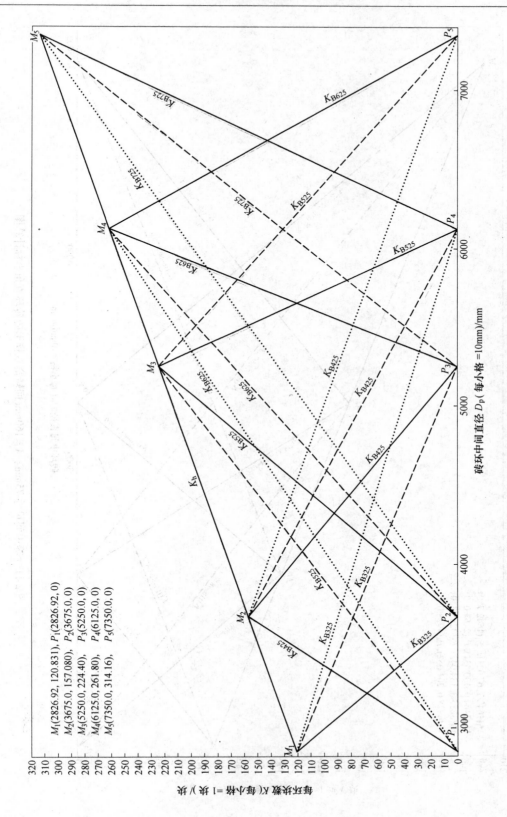

$M_1(2826.92, 120.831), P_1(2826.92, 0)$
$M_2(3675.0, 157.080), P_2(3675.0, 0)$
$M_3(5250.0, 224.40), P_3(5250.0, 0)$
$M_4(6125.0, 261.80), P_4(6125.0, 0)$
$M_5(7350.0, 314.16), P_5(7350.0, 0)$

砖环中间直径 D_p（每小格 =10mm）/mm

每匹环砖数 K（每小格 =1 匹）/匹

图 2-10　等中间尺寸 71.5mm、$A = 250$mm 回转窑双楔形砖砖环直角坐标计算图

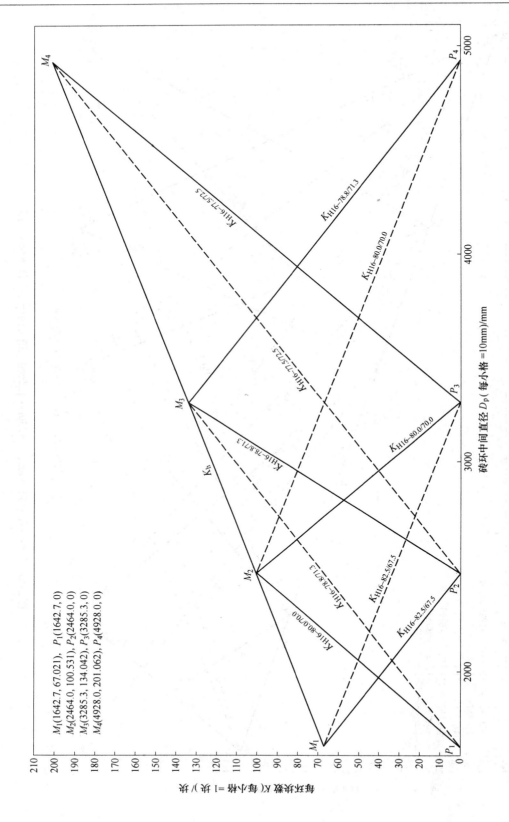

图 2-11　等中间尺寸 75mm，$A = 160$mm 回转窑双楔形砖砖环直角坐标计算图

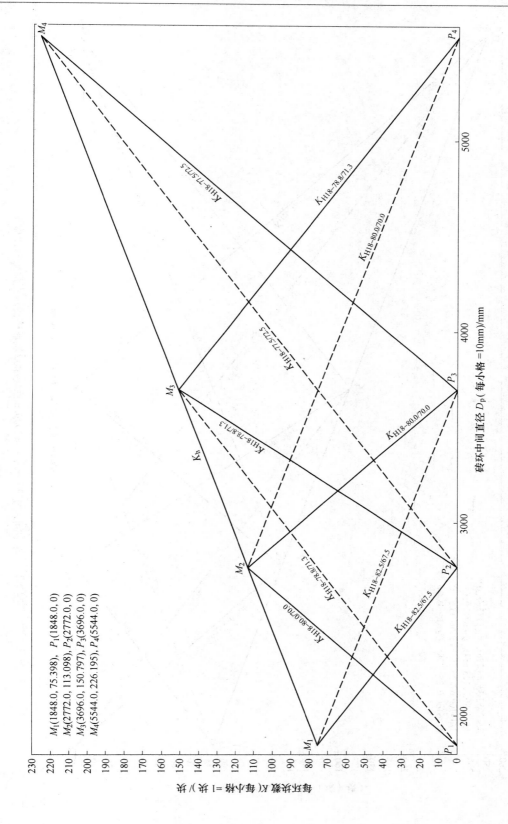

图 2-12　等中间尺寸 75mm、A = 180mm 回转窑双楔形砖砖环直角坐标计算图

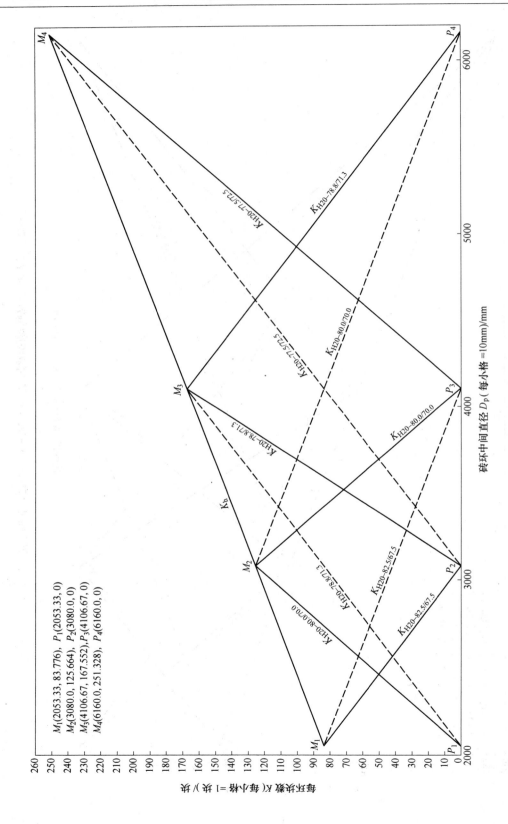

图 2-13　等中间尺寸 75mm，$A = 200$mm 回转窑双楔形砖砖环直角坐标计算图

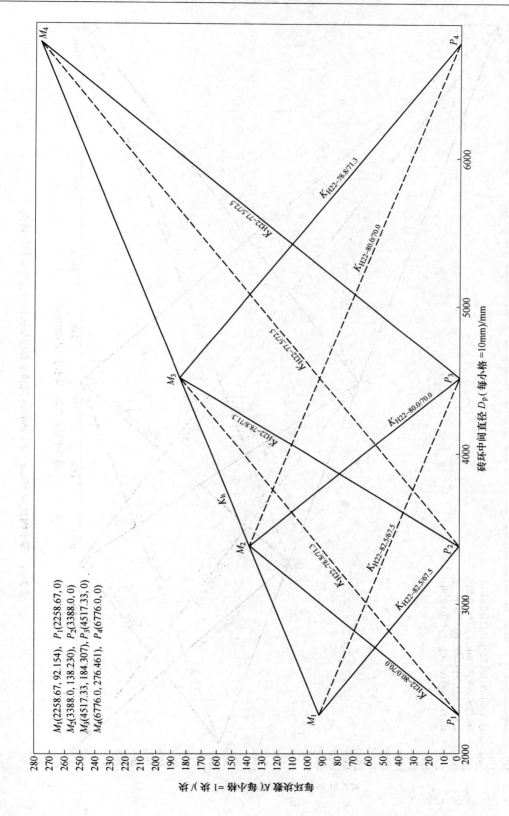

图 2-14　等中间尺寸 75mm，$A = 220$mm 回转窑双楔形砖砖环直角坐标计算图

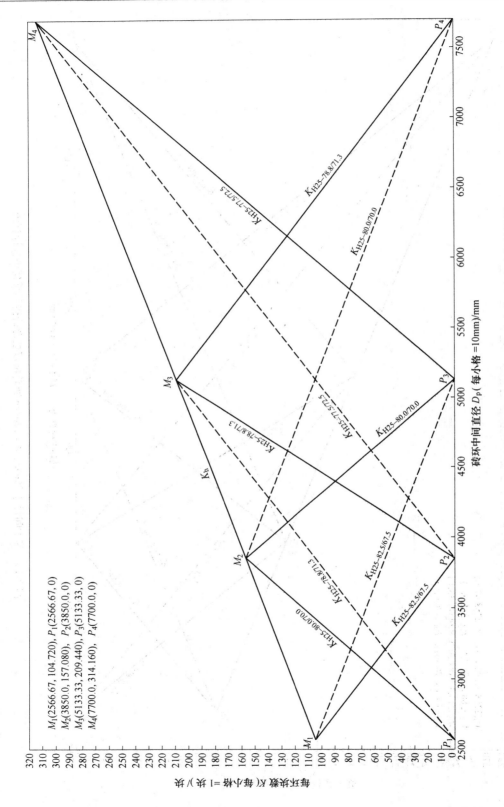

M_1(2566.67, 104.720), P_1(2566.67, 0)
M_2(3850.0, 157.080), P_2(3850.0, 0)
M_3(5133.33, 209.440), P_3(5133.33, 0)
M_4(7700.0, 314.160), P_4(7700.0, 0)

图 2-15　等中间尺寸 75mm，A = 250mm 回转窑双楔形砖砖环直角坐标计算图

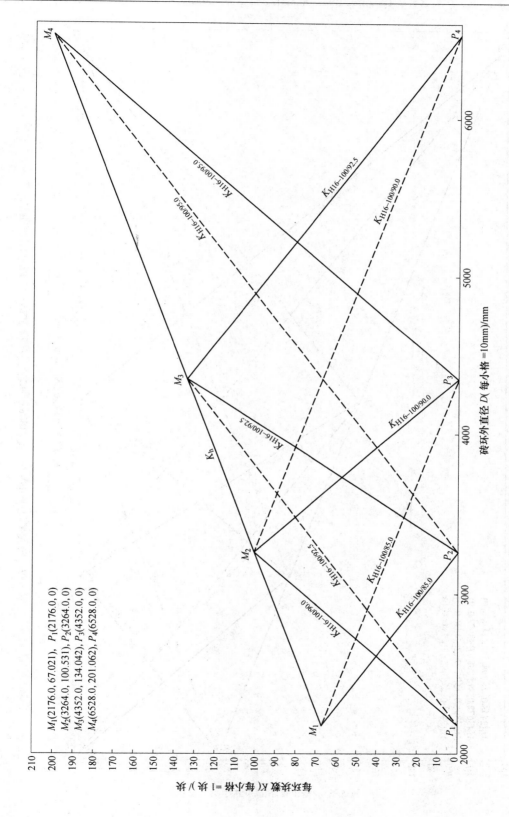

图2-16 等大端尺寸100mm，A=160mm回转窑双楔形砖砖环直角坐标计算图

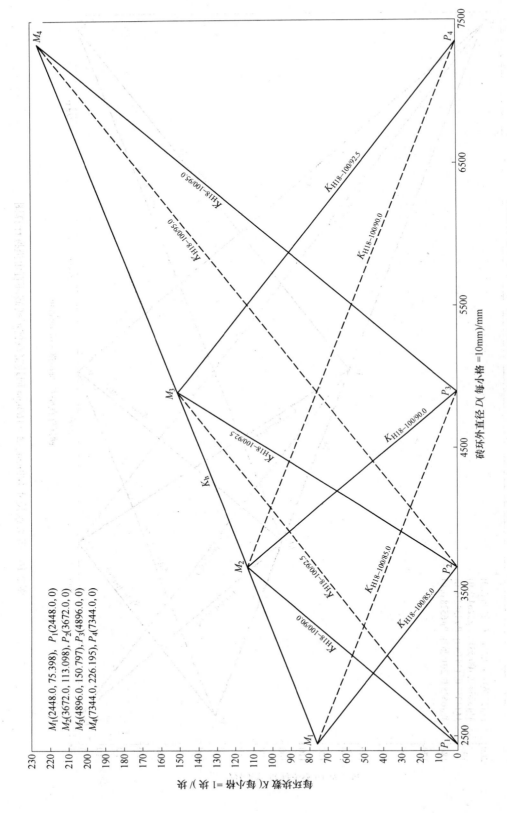

图 2-17　等大端尺寸 100mm，$A = 180$mm 回转窑双楔形砖砖环直角坐标计算图

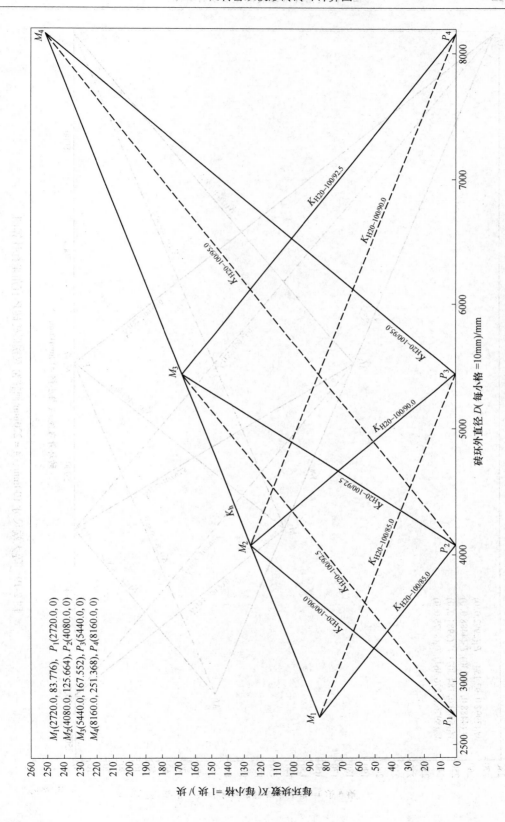

$M_1(2720.0, 83.776)$, $P_1(2720.0, 0)$
$M_2(4080.0, 125.664)$, $P_2(4080.0, 0)$
$M_3(5440.0, 167.552)$, $P_3(5440.0, 0)$
$M_4(8160.0, 251.368)$, $P_4(8160.0, 0)$

砖环外直径 D（每小格 =10mm）/mm

每环砖数 K（每小格 =1 片）/片

图 2-18 等大端尺寸 100mm，$A = 200$mm 回转窑双楔形砖砖环直角坐标计算图

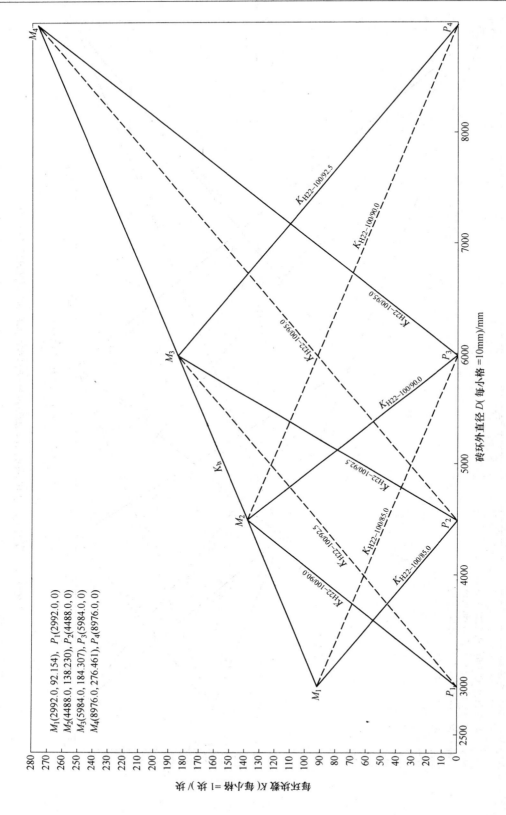

图 2-19　等大端尺寸 100mm，A = 220mm 回转窑双楔形砖砖环直角坐标计算图

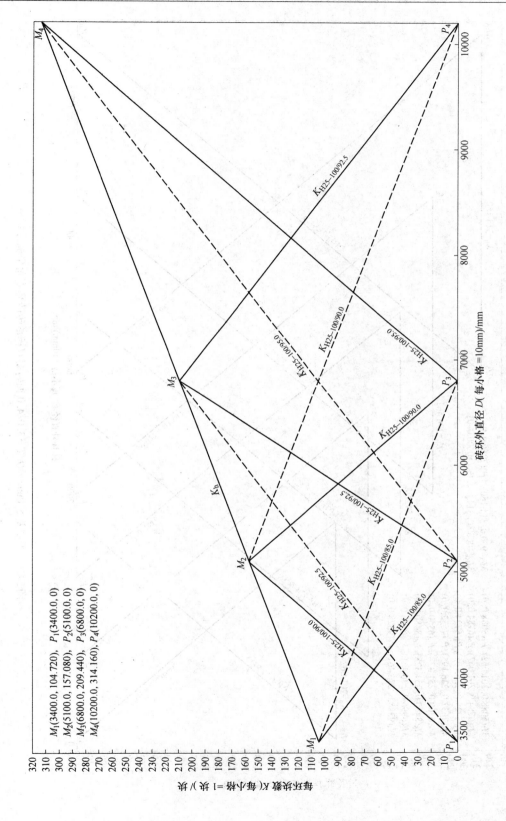

图 2-20 等大端尺寸 100mm、$A = 250$mm 回转窑双楔形砖砖环直角坐标计算图

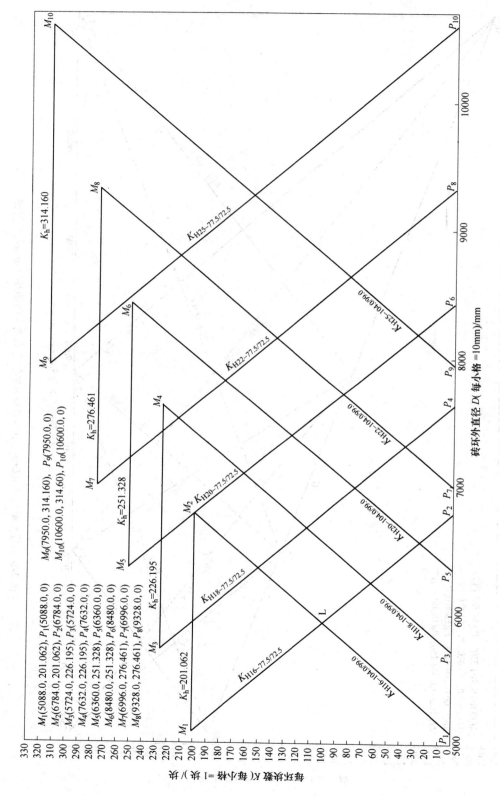

图 2-21   等楔差 5.0mm，$Q/T = 3.0/4.0$ 回转窑双楔形砖砖环直角坐标计算图

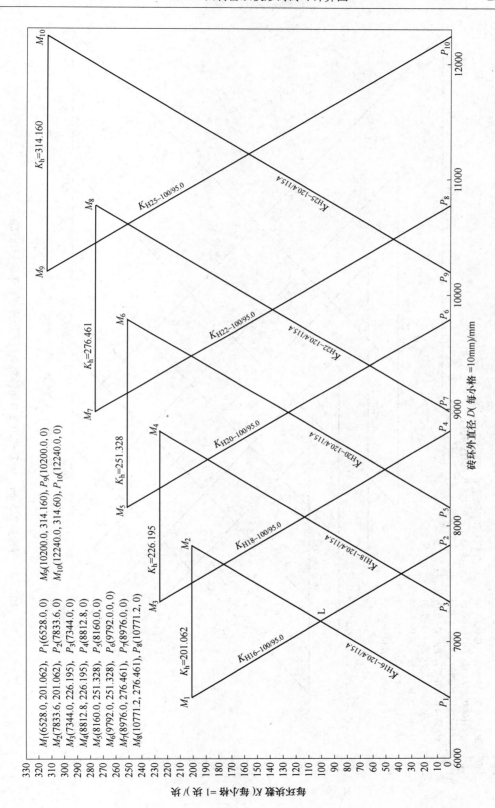

$M_1(6528.0,\ 201.062),\ P_1(6528.0,\ 0)$ $M_9(10200.0,\ 0,\ 0)$
$M_2(7833.6,\ 201.062),\ P_2(7833.6,\ 0)$ $M_{10}(12240.0,\ 0,\ 0)$
$M_3(7344.0,\ 226.195),\ P_3(7344.0,\ 0)$
$M_4(8812.8,\ 226.195),\ P_4(8812.8,\ 0)$
$M_5(8160.0,\ 251.328),\ P_5(8160.0,\ 0)$
$M_6(9792.0,\ 251.328),\ P_6(9792.0,0.0,\ 0)$
$M_7(8976.0,\ 276.461),\ P_7(8976.0,\ 0)$
$M_8(10771.2,\ 276.461),\ P_8(10771.2,\ 0)$

$M_9(10200.0,\ 314.160),\ P_9(10200.0,\ 0)$
$M_{10}(12240.0,\ 314.60),\ P_{10}(12240.0,\ 0)$

图 2-22 等楔差 5.0mm, $Q/T=5.0/6.0$ 回转窑双楔形砖砖环直角坐标计算图

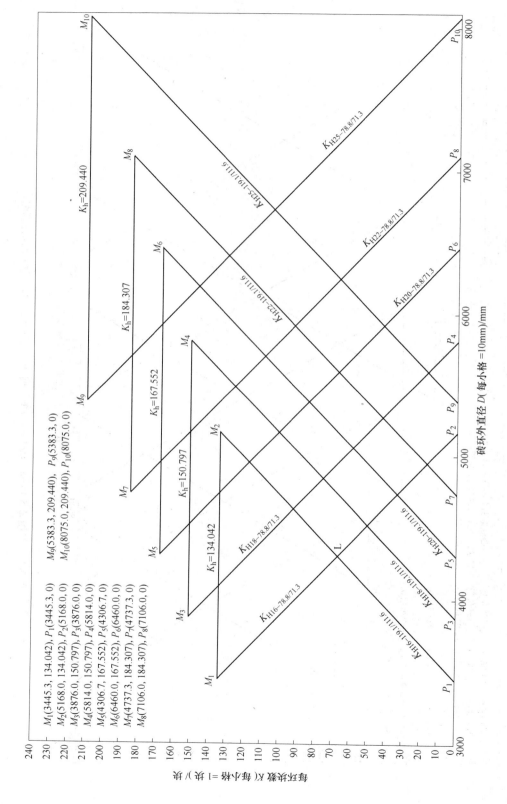

图 2-23　等楔差 7.5mm，$Q/T = 2.0/3.0$ 回转窑双楔形砖砖环直角坐标计算图

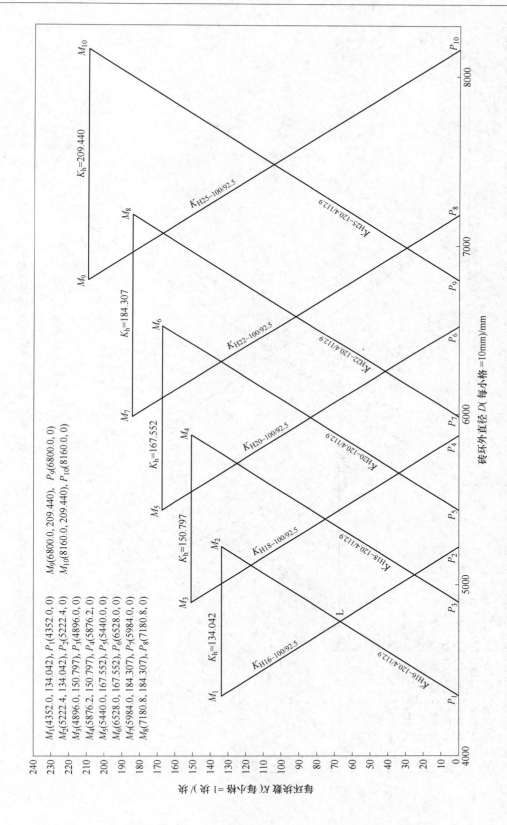

图 2-24 等楔差 7.5mm，$Q/T = 5.0/6.0$ 回转窑双楔形砖砖环直角坐标计算图

$M_1(4352.0, 134.042)$, $P_1(4352.0, 0)$
$M_2(5222.4, 134.042)$, $P_2(5222.4, 0)$
$M_3(4896.0, 150.797)$, $P_3(4896.0, 0)$
$M_4(5876.2, 150.797)$, $P_4(5876.2, 0)$
$M_5(5440.0, 167.552)$, $P_5(5440.0, 0)$
$M_6(6528.0, 167.552)$, $P_6(6528.0, 0)$
$M_7(5984.0, 184.307)$, $P_7(5984.0, 0)$
$M_8(7180.8, 184.307)$, $P_8(7180.8, 0)$
$M_9(6800.0, 209.440)$, $P_9(6800.0, 0)$
$M_{10}(8160.0, 209.440)$, $P_{10}(8160.0, 0)$

砖环外直径 D(每小格 $=10$mm)/mm

每环块数 K(每小格 $=1$ 块)/块

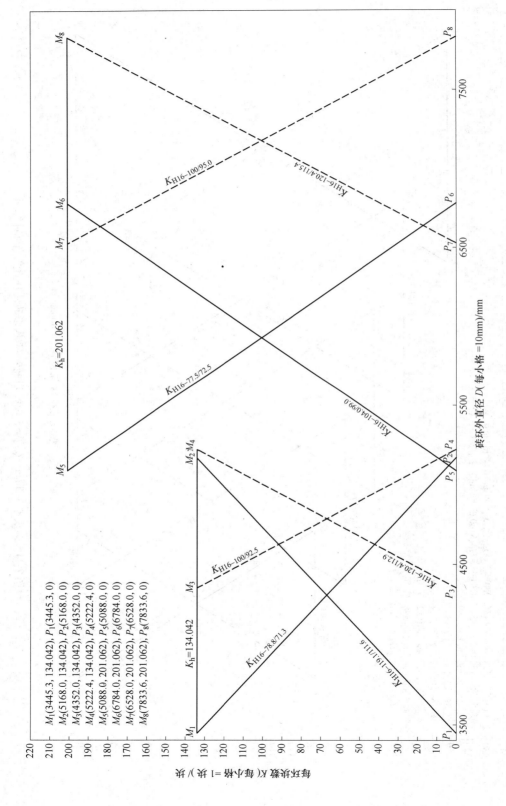

图 2-25 $A = 160$mm 回转窑等楔差 7.5mm 和 5.0mm 双楔形砖砖环直角坐标计算图

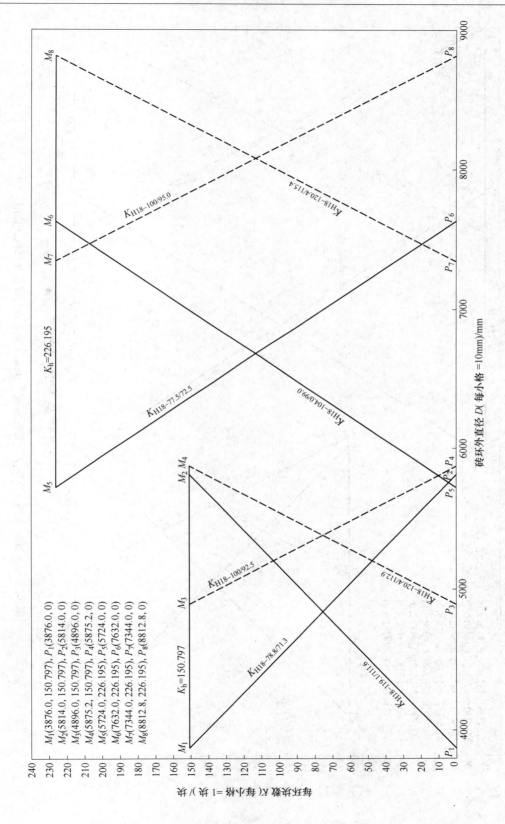

图 2-26 $A=180$mm 回转窑等楔差 7.5mm 和 5.0mm 双楔形砖砖环直角坐标计算图

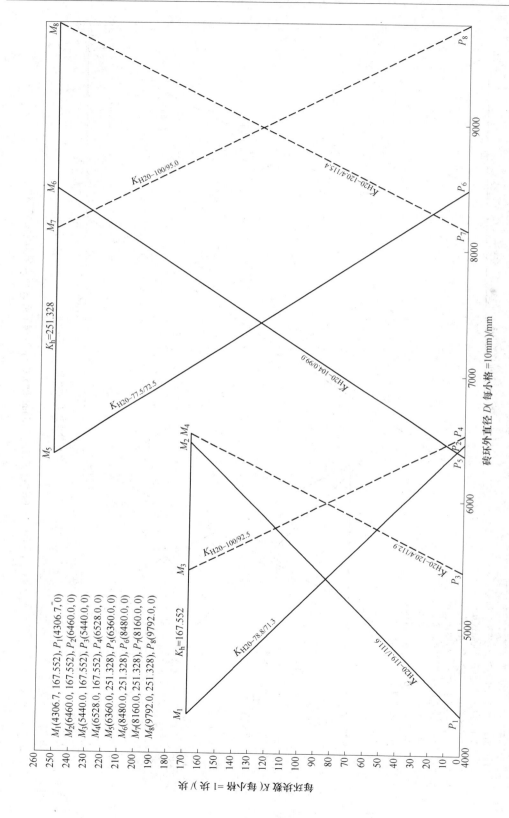

图 2-27　A = 200mm 回转窑等楔差 7.5mm 和 5.0mm 双楔形砖砖环直角坐标计算图

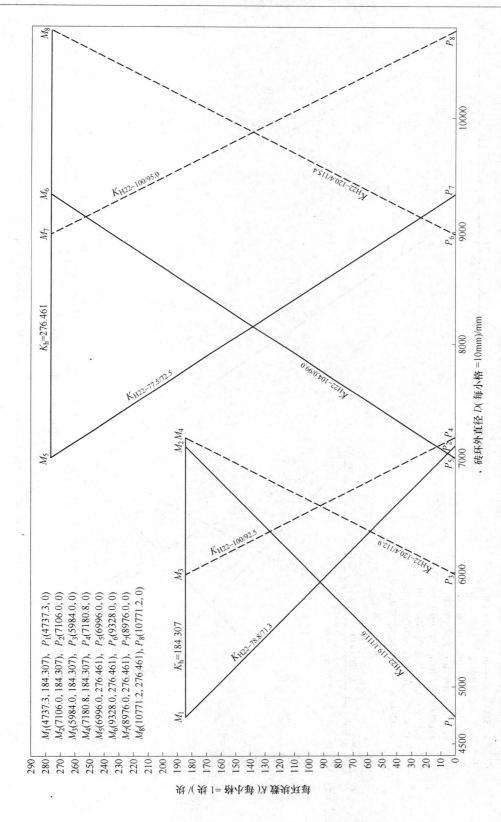

图 2-28 *A* = 220mm 回转窑等楔差 7.5mm 和 5.0mm 双楔形砖砖环直角坐标计算图

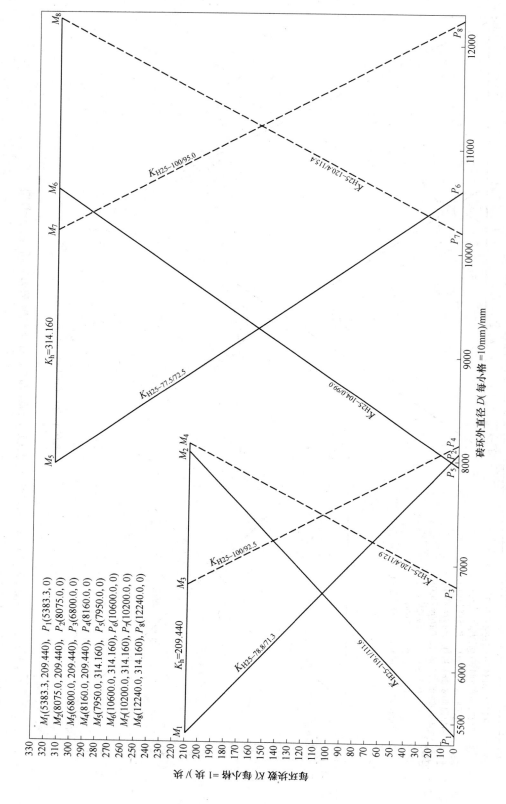

图 2-29 $A = 250\text{mm}$ 回转窑等楔形砖环砖环直角坐标计算图

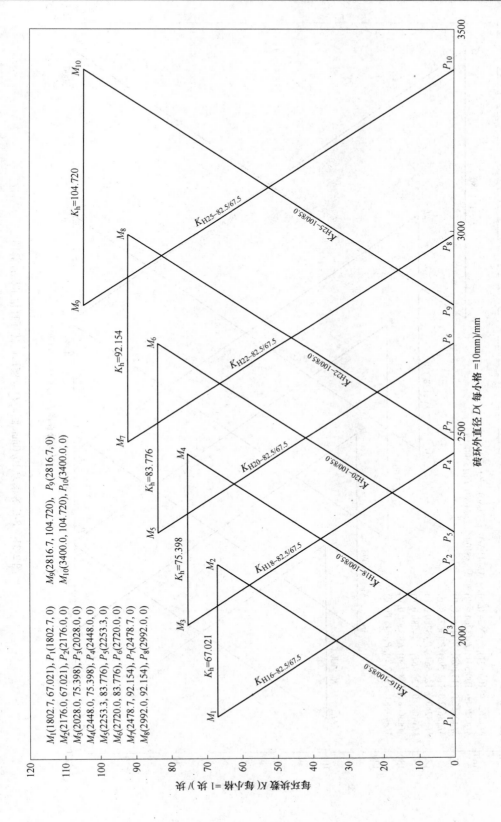

图 2-30 P-C 等楔差 15.0mm 回转窑双楔形砖砖环直角坐标计算图

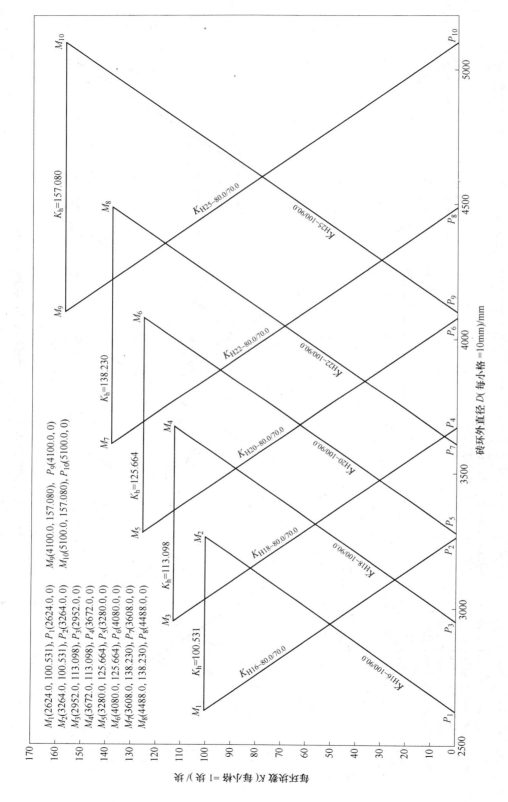

图 2-31 P-C 等楔差 10.0mm 回转窑双楔形砖砖环直角坐标计算图

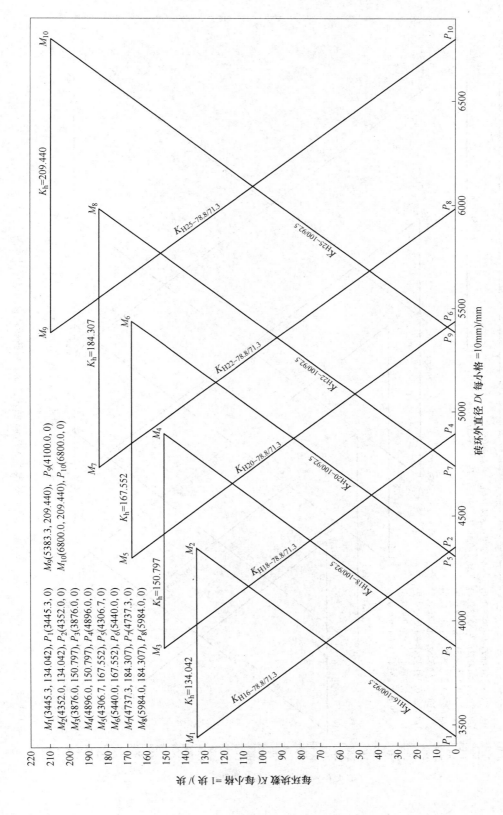

图 2-32 P-C 等楔差 7.5mm 回转窑双楔形砖砖环直角坐标计算图

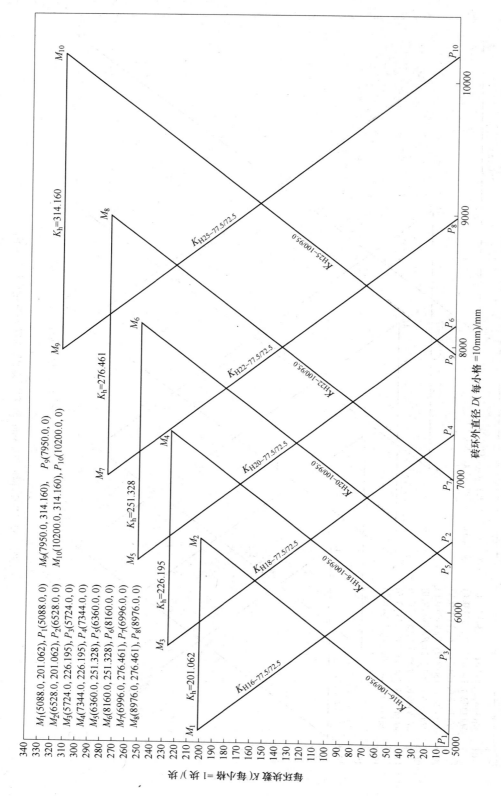

图 2-33　P-C 等砌缝差 5.0mm 回转窑双楔形砖砖环直角坐标计算图

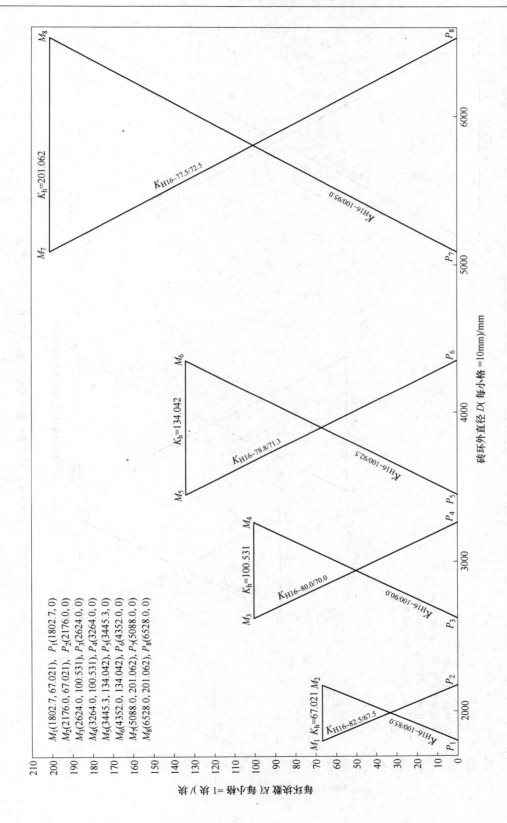

图 2-34 A = 160mm 回转窑 P-C 等楔差双楔形砖砖环直角坐标计算图

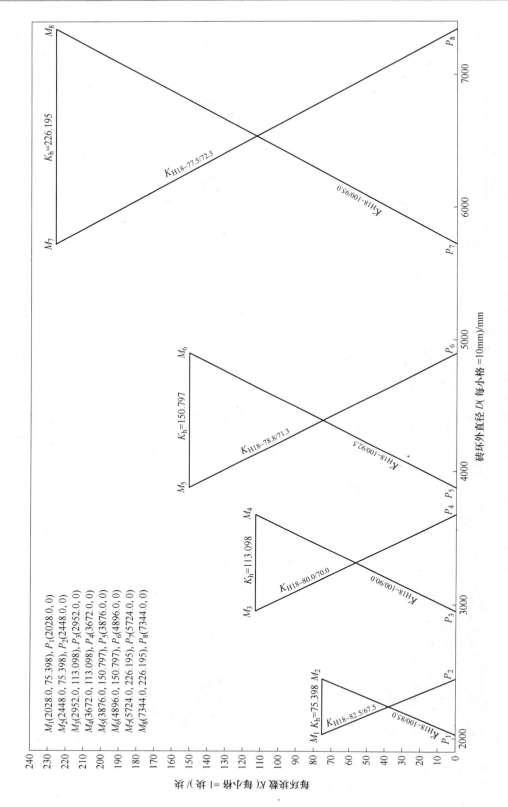

图 2-35　$A = 180$mm 回转窑 P-C 等楔差双楔形砖砖环直角坐标计算图

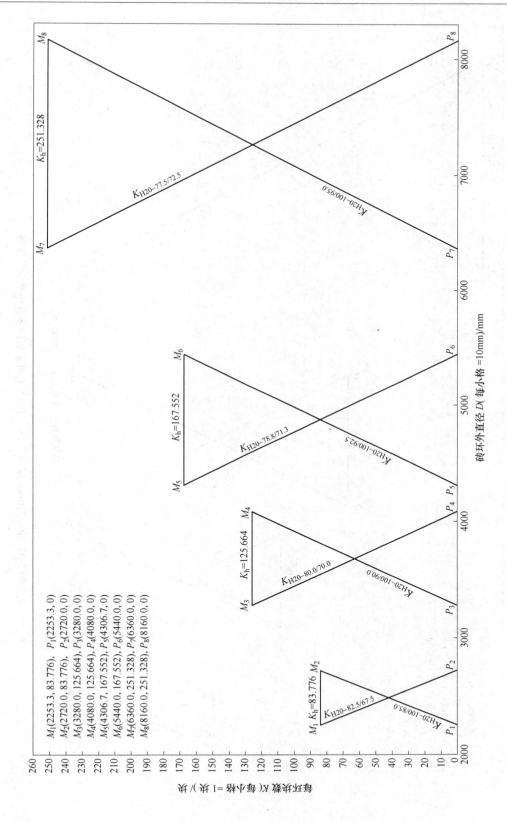

图 2-36 $A = 200$mm 回转窑 P-C 等楔差双楔形砖砖环直角坐标计算图

$M_1(2253.3, 83.776)$, $P_1(2253.3, 0)$
$M_2(2720.0, 83.776)$, $P_2(2720.0, 0)$
$M_3(3280.0, 125.664)$, $P_3(3280.0, 0)$
$M_4(4080.0, 125.664)$, $P_4(4080.0, 0)$
$M_5(4306.7, 167.552)$, $P_5(4306.7, 0)$
$M_6(5440.0, 167.552)$, $P_6(5440.0, 0)$
$M_7(6360.0, 251.328)$, $P_7(6360.0, 0)$
$M_8(8160.0, 251.328)$, $P_8(8160.0, 0)$

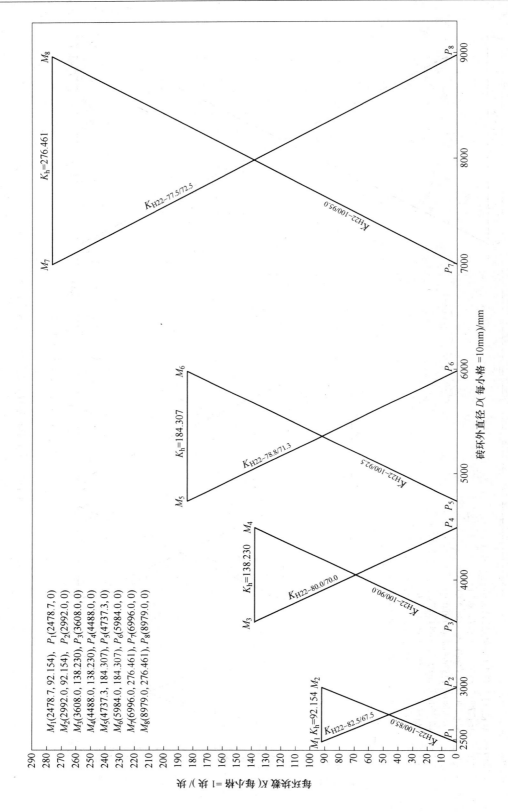

图 2-37　$A = 220$mm 回转窑 P-C 等楔差双楔形砖砖环直角坐标计算图

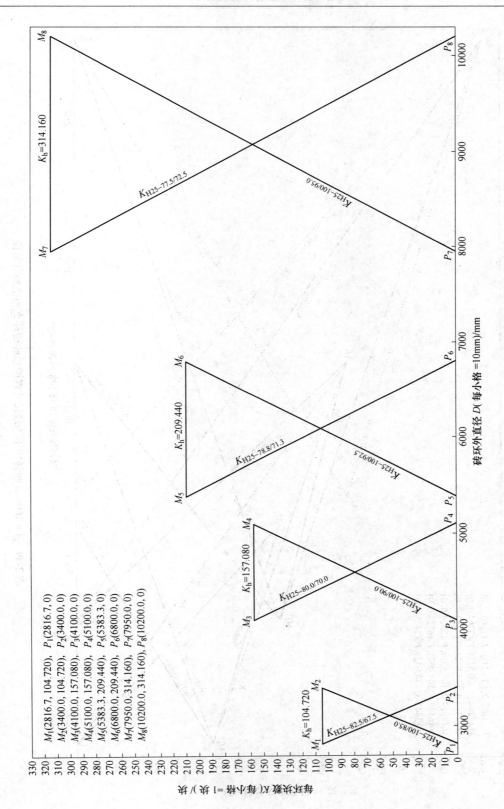

图 2-38 $A=250$mm 回转窑 P-C 等楔差双楔形砖砖环直角坐标计算图

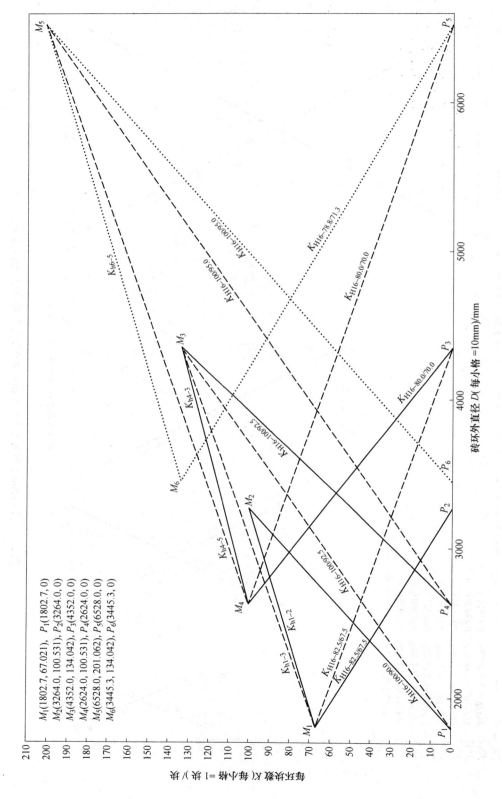

图 2-39　$A = 160\text{mm}$ 回转窑备不等端尺寸双楔形砖砖环直角坐标计算图

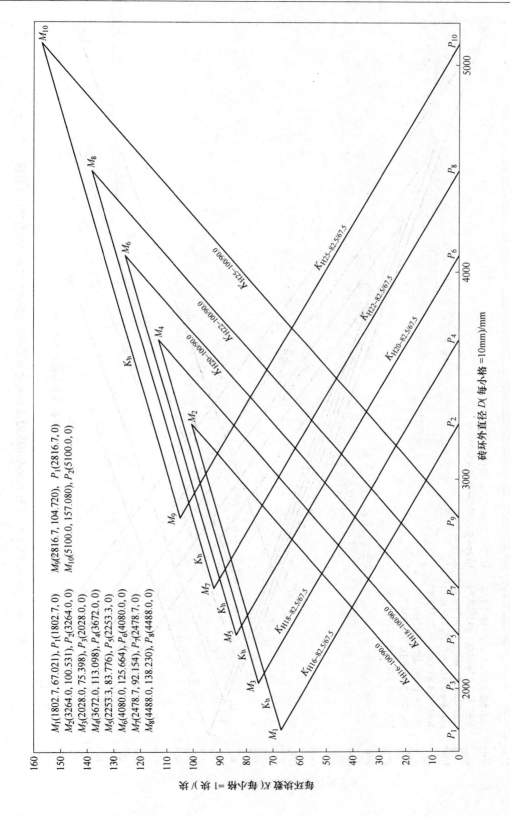

图2-40 HA/10-82.5/67.5 与 HA/10-100/90.0 回转窑不等端尺寸双楔形砖砖环直角坐标计算图

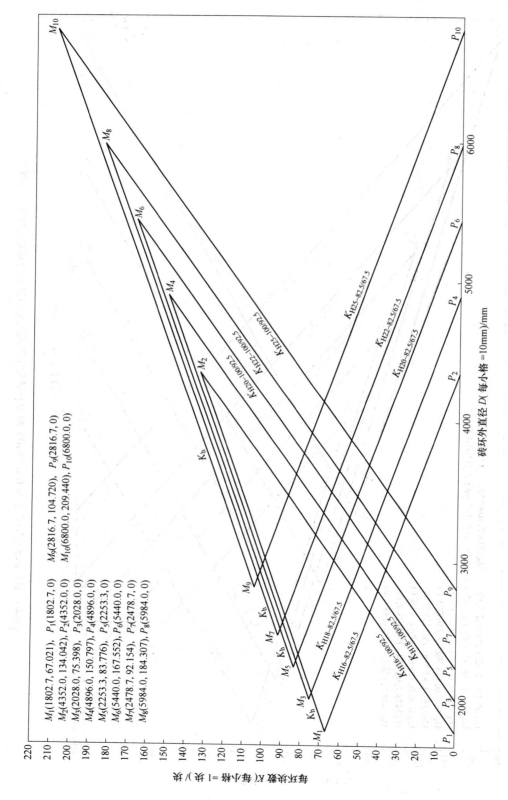

M_1(1802.7, 67.021),　P_1(1802.7, 0)
M_2(4352.0, 134.042),　P_2(4352.0, 0)
M_3(2028.0, 75.398),　P_3(2028.0, 0)
M_4(4896.0, 150.797),　P_4(4896.0, 0)
M_5(2253.3, 83.776),　P_5(2253.3, 0)
M_6(5440.0, 167.552),　P_6(5440.0, 0)
M_7(2478.7, 92.154),　P_7(2478.7, 0)
M_8(5984.0, 184.307),　P_8(5984.0, 0)
M_9(2816.7, 104.720),　P_9(2816.7, 0)
M_{10}(6800.0, 209.440),　P_{10}(6800.0, 0)

图 2-41　HA/10-82.5/67.5 与 HA/10-100/92.5 回转窑不等端尺寸双楔形砖砖环直角坐标计算图

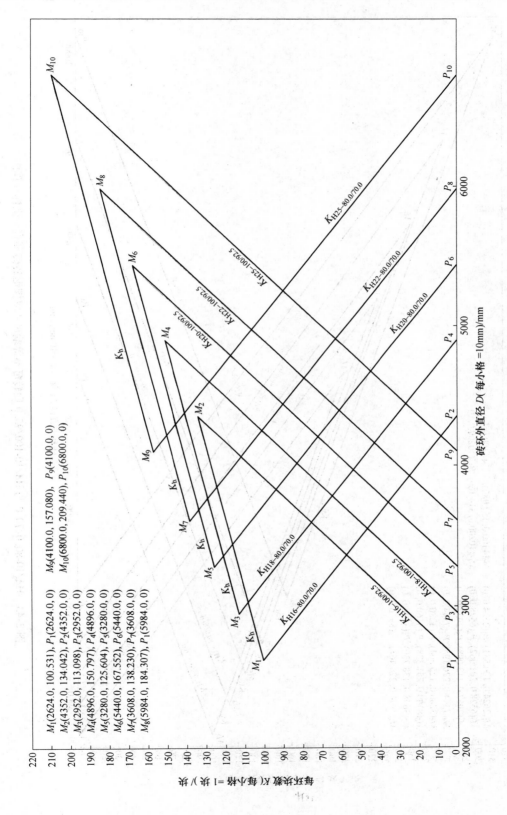

图 2-42 HA/10-80.0/70.0 与 HA/10-100/92.5 回转窑不等端尺寸双楔形砖砖环直角坐标计算图

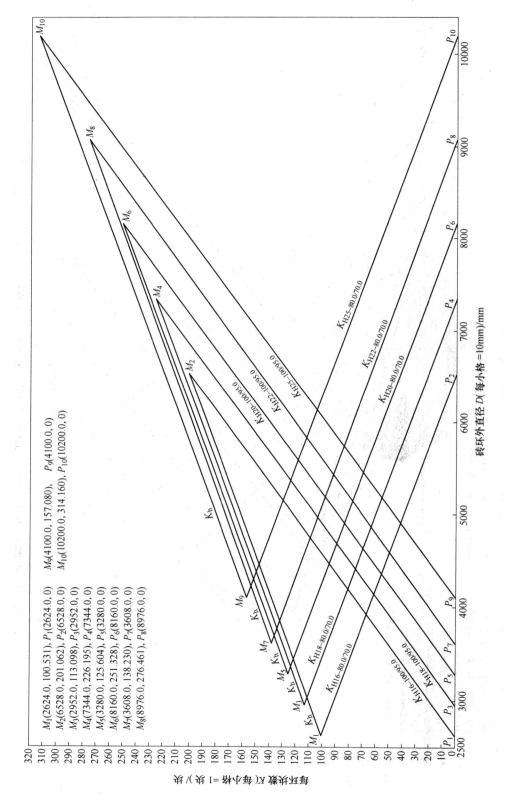

图 2-43　HA/10-80.0/70.0 与 HA/10-100/95.0 回转窑不等端尺寸双楔形砖砖环直角坐标计算图

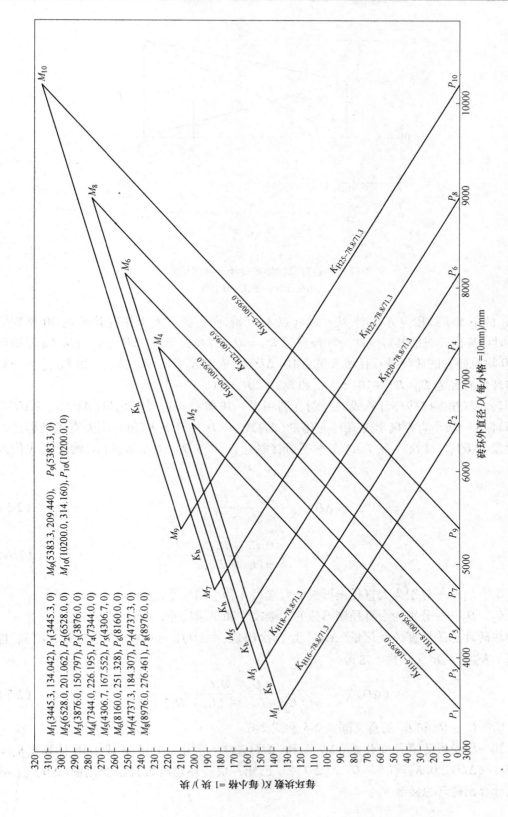

图 2-44 HA/10-78.8/71.3 与 HA/10-100/95.0 回转窑不等端尺寸双楔形砖砖环直角坐标计算图

$M_1(3445.3, 134.042)$, $P_1(3445.3, 0)$　　$M_9(5383.3, 209.440)$, 　　$P_9(5383.3, 0)$
$M_2(6528.0, 201.062)$, $P_2(6528.0, 0)$　　$M_{10}(10200.0, 314.160)$, $P_{10}(10200.0, 0)$
$M_3(3876.0, 150.797)$, $P_3(3876.0, 0)$
$M_4(7344.0, 226.195)$, $P_4(7344.0, 0)$
$M_5(4306.7, 167.552)$, $P_5(4306.7, 0)$
$M_6(8160.0, 251.328)$, $P_6(8160.0, 0)$
$M_7(4737.3, 184.307)$, $P_7(4737.3, 0)$
$M_8(8976.0, 276.461)$, $P_8(8976.0, 0)$

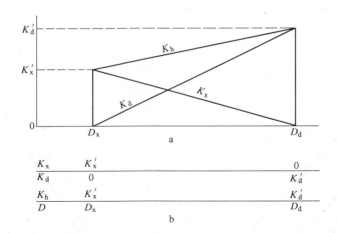

图 2-45 回转窑双楔形砖砖环计算线模式图
a—直角坐标计算图；b—计算线

表示 K_h 的下水平线段上方刻度，从左端起点 K'_x 开始，向右找出大于并接近 K'_x 的 10 整数倍 K_{h0}，同时计算出并对准其对应的砖环外直径 $D_{h0} = D_x + (K_{h0} - K'_x)(\Delta D)'_{1h}$；再从 K_{h0} 开始向右每 10 块总砖数的砖环外直径增大量为 $10(\Delta D)'_{1h}$，依次 K_h 等于 K_{h0}、K_{h0+10} 和 K_{h0+20}……对应的砖环外直径为 D_{h0}、$D_{h0} + 10(\Delta D)'_{1h}$ 和 $D_{h0} + 20(\Delta D)'_{1h}$……。

回转窑双楔形砖砖环计算线的绘制，利用了一块楔形砖直径变化量 $(\Delta D)'_{1x}$、$(\Delta D)'_{1d}$ 和 $(\Delta D)'_{1h}$。一块小直径楔形砖直径变化量 $(\Delta D)'_{1x} = (D_d - D_x)/K'_x$ 和一块大直径楔形砖直径变化量 $(\Delta D)'_{1d} = (D_d - D_x)/K'_d$ 在本手册接触过，并将 D_d、D_x、K'_d 和 K'_x 的定义式代入之得：

$$(\Delta D)'_{1x} = \frac{D_1 C_2 - D_2 C_1}{\pi(C_1 - D_1)} \tag{2-5}$$

$$(\Delta D)'_{1d} = \frac{D_1 C_2 - D_2 C_1}{\pi(C_2 - D_2)} \tag{2-6}$$

式中 C_1，D_1——分别为大直径楔形砖的大端尺寸和小端尺寸，mm；

C_2，D_2——分别为小直径楔形砖的大端尺寸和小端尺寸，mm。

一块砖环总砖数直径变化量 $(\Delta D)'_{1h}$ 是首次出现，$(\Delta D)'_{1h} = (D_d - D_x)/(K'_d - K'_x)$，将 D_d、D_x、K'_d 和 K'_x 定义式代入之得：

$$(\Delta D)'_{1h} = \frac{D_1 C_2 - D_2 C_1}{\pi[(C_2 - D_2) - (C_1 - D_1)]} \tag{2-7}$$

式中，C_1、C_2、D_1 和 D_2 的意义同式 2-5 和式 2-6。

已知一块楔形砖直径变化量 $(\Delta D)'_{1x}$ 和 $(\Delta D)'_{1d}$ 时，可由式 1-15 和式 1-16 计算出 $K_x = (D_d - D)/(\Delta D)'_{1x}$ 和 $K_d = (D - D_x)/(\Delta D)'_{1d}$。已知一块砖环总砖数直径变化量 $(\Delta D)'_{1h}$，可由下式计算出砖环总砖数 K_h：

$$K_{h} = K'_{x} + \frac{D - D_{x}}{(\Delta D)'_{1h}} \tag{2-8}$$

或

$$K_{h} = K'_{d} - \frac{D_{d} - D}{(\Delta D)'_{1h}} \tag{2-9}$$

其实在表 1-44 中，$n = \pi(C_1 - D_1)/(D_1 C_2 - D_2 C_1)$ 和 $m = \pi(C_2 - D_2)/(D_1 C_2 - D_2 C_1)$，与式 2-5 和式 2-6 对照，仍然保持 $(\Delta D)'_{1x} = 1/n$ 和 $(\Delta D)'_{1d} = 1/m$。在表 1-52 中 $m - n = \pi[(C_2 - D_2) - (C_1 - D_1)]/(D_1 C_2 - D_2 C_1)$，与式 2-7 对照，可发现 $(\Delta D)'_{1h} = 1/(m - n)$。式 1-15 的 $K_x = (D_d - D)/(\Delta D)'_{1x} = D_d/(\Delta D)'_{1x} - D/(\Delta D)'_{1x} = nD_d - nD$（式 1-13a），式 1-16 的 $K_d = (D - D_x)/(\Delta D)'_{1d} = D/(\Delta D)'_{1d} - D_x/(\Delta D)'_{1d} = mD - mD_x$（式 1-14a），式 2-8 的 $K_h = K'_x + (D - D_x)/(\Delta D)'_{1h}$ 也可转换为 $K_h = (m - n)D + nD_d - mD_x$（式 1-19）。这些计算式，对于绘制双楔形砖砖环计算线和检验其正确性提供了方便条件。

2.2.2.2 我国规范化不等端尺寸双楔形砖砖环计算线

如前所述，我国回转窑规范化不等端尺寸双楔形砖砖环的两个特点：一是砖环间的连续性不强；二是砖环总砖数 K_h 的计算复杂。这两个特点非常适合采用单独的并包括砖环总砖数的计算线。现以 $A = 160\text{mm}$ "薄与厚" 类不等端尺寸双楔形砖砖环为例，说明这些计算线的绘制方法。

特锐楔形砖 H16-82.5/67.5（小直径楔形砖）与锐楔形砖 H16-100/90.0（大直径楔形砖）不等端尺寸双楔形砖砖环计算线 [图 2-46(1)] 的绘制。绘制过程中参看表 2-42 的资料。首先，画出两条等长的水平线段，上水平线段上方刻度表示小直径楔形砖数量 $K_{\text{H16-82.5/67.5}}$，上水平线段下方刻度表示大直径楔形砖数量 $K_{\text{H16-100/90.0}}$；下水平线段上方刻度表示砖环总砖数 K_h，下水平线段下方刻度表示砖环外直径 $D(\text{mm})$。其次，下水平线段下方的砖环外直径 $D(\text{mm})$ 刻度：左端起点为小直径楔形砖的外直径 $D_{\text{H16-82.5/67.5}} = 1802.7\text{mm}$，右端终点为大直径楔形砖的外直径 $D_{\text{H16-100/90.0}} = 3264.0\text{mm}$，线段中间刻度均匀等分，至少每小格代表 10mm。第三，表示小直径楔形砖数量 $K_{\text{H16-82.5/67.5}}$ 的上水平线段上方刻度：左端起点（对准 $D_{\text{H16-82.5/67.5}} = 1802.7\text{mm}$）为小直径楔形砖的每环极限砖数 $K'_{\text{H16-82.5/67.5}} = 67.021$ 块，右端终点（对准 $D_{\text{H16-100/90.0}} = 3264.0\text{mm}$）的小直径楔形砖数量 $K_{\text{H16-82.5/67.5}} = 0$ 块。表示大直径楔形砖数量 $K_{\text{H16-100/90.0}}$ 的上水平线段下方刻度：左端起点（对准 $D_{\text{H16-82.5/67.5}} = 1802.7\text{mm}$）$K_{\text{H16-100/90.0}} = 0$ 块，右端终点（对准 $D_{\text{H16-100/90.0}} = 3264.0\text{mm}$）为大直径楔形砖的每环极限砖数 $K'_{\text{H16-100/90.0}} = 100.531$ 块。表示砖环总数 K_h 的下水平线段上方刻度：左端起点（对准 $D_{\text{H16-82.5/67.5}} = 1802.7\text{mm}$）为小直径楔形砖的每环极限砖数 $K'_{\text{H16-82.5/67.5}} = 67.021$ 块，右端终点（对准 $D_{\text{H16-100/90.0}} = 3264.0\text{mm}$）为大直径楔形砖的每环极限砖数 $K'_{\text{H16-100/90.0}} = 100.531$ 块。第四，表示 $K_{\text{H16-82.5/67.5}}$ 的上水平线段上方刻度，从右端终点 $K_{\text{H16-82.5/67.5}} = 0$ 块开始，向左每 10 块 H16-82.5/67.5 的砖环外直径减小量为 $10(\Delta D)'_{1x} = 10 \times 21.8042 = 218.042\text{mm}$，依次 $K_{\text{H16-82.5/67.5}}$ 等于 10 块、20 块和 30 块……，对应的砖环外直径 $D_{\text{H16-82.5/67.5-10}} = D_{\text{H16-100/90.0}} - 10(\Delta D)'_{1x} = 3264.0 - 218.042 = 3045.958\text{mm}$、$D_{\text{H16-82.5/67.5-20}} = 3045.958 - 218.042 = 2827.916\text{mm}$ 和 $D_{\text{H16-82.5/67.5-30}} = 2827.916 - 218.042 = 2609.874\text{mm}$……表示 $K_{\text{H16-100/90.0}}$ 的上水平线段下方刻度，从左端起点 $K_{\text{H16-100/90.0}} = 0$ 块开始，向右每 10 块 H16-100/90.0 的砖环外直径增大量为 $10(\Delta D)'_{1d} = 10 \times 14.5361 = 145.361\text{mm}$，依次 $K_{\text{H16-100/90.0}}$ 等于 10 块、20 块和

表2-42 我国规范化不等端尺寸双楔形砖砖环计算线绘制资料

| 配砌尺寸砖号 | | 砖环外直径范围 $D_x \sim D_d$/mm | 每环极限砖数/块 | | 一块楔形砖砖环直径变化量 | | | 大于并接近 K'_x 的10整倍数总砖数和外直径 | | 图号 |
小直径楔形砖 HA/10-C_2/D_2	大直径楔形砖 HA/10-C_1/D_1		K'_x	K'_d	$(\Delta D)'_{ix} = \dfrac{D_1C_2-D_2C_1}{p(C_1-D_1)}$	$(\Delta D)'_{id} = \dfrac{D_1C_2-D_2C_1}{p(C_2-D_2)}$	$(\Delta D)'_{ih} = \dfrac{D_1C_2-D_2C_1}{p[(C_2-D_2)-(C_1-D_1)]}$	K_{b0}/块	D_{b0}/mm	
特锐楔形砖 HA/10-82.5/67.5 与锐楔形砖 HA/10-100/90.0 不等端尺寸双楔形砖砖环计算线										图2-46
H16-82.5/67.5	H16-100/90.0	1802.7~3264.0	67.021	100.531	21.8042	14.5361	43.6083	70.0	1932.609	图2-46 (1)
H18-82.5/67.5	H18-100/90.0	2028.0~3672.0	75.398	113.098	21.8042	14.5361	43.6083	80.0	2228.685	图2-46 (2)
H20-82.5/67.5	H20-100/90.0	2253.3~4080.0	83.776	125.664	21.8042	14.5361	43.6083	90.0	2524.718	图2-46 (3)
H22-82.5/67.5	H22-100/90.0	2478.7~4488.0	92.154	138.230	21.8042	14.5361	43.6083	100.0	2820.851	图2-46 (4)
H25-82.5/67.5	H25-100/90.0	2816.7~5100.0	104.720	157.080	21.8042	14.5361	43.6083	110.0	3046.952	图2-46 (5)
特锐楔形砖 HA/10-82.5/67.5 与钝楔形砖 HA/10-100/92.5 不等端尺寸双楔形砖砖环计算线										图2-47
H16-82.5/67.5	H16-100/92.5	1802.7~4352.0	67.021	134.042	38.0379	19.019	38.0379	70.0	1916.015	图2-47 (1)
H18-82.5/67.5	H18-100/92.5	2028.0~4896.0	75.398	150.797	38.0379	19.019	38.0379	80.0	2203.05	图2-47 (2)
H20-82.5/67.5	H20-100/92.5	2253.3~5440.0	83.776	167.552	38.0379	19.019	38.0379	90.0	2490.048	图2-47 (3)
H22-82.5/67.5	H22-100/92.5	2478.7~5984.0	92.154	184.307	38.0379	19.019	38.0379	100.0	2777.145	图2-47 (4)
H25-82.5/67.5	H25-100/92.5	2816.7~6800.0	104.720	209.440	38.0379	19.019	38.0379	110.0	3017.54	图2-47 (5)
锐楔形砖 HA/10-80.0/70.0 与钝楔形砖 HA/10-100/92.5 不等端尺寸双楔形砖砖环计算线										图2-48
H16-80.0/70.0	H16-100/92.5	2624.0~4352.0	100.531	134.042	17.1887	12.8915	51.5661	110.0	3112.283	图2-48 (1)
H18-80.0/70.0	H18-100/92.5	2952.0~4896.0	113.098	150.797	17.1887	12.8915	51.5661	120.0	3307.909	图2-48 (2)
H20-80.0/70.0	H20-100/92.5	3280.0~5440.0	125.664	167.552	17.1887	12.8915	51.5661	130.0	3503.591	图2-48 (3)
H22-80.0/70.0	H22-100/92.5	3608.0~5984.0	138.230	184.307	17.1887	12.8915	51.5661	140.0	3699.272	图2-48 (4)
H25-80.0/70.0	H25-100/92.5	4100.0~6800.0	157.080	209.440	17.1887	12.8915	51.5661	160.0	4250.573	图2-48 (5)
锐楔形砖 HA/10-80.0/70.0 与微楔形砖 HA/10-100/95.0 不等端尺寸双楔形砖砖环计算线										图2-49
H16-80.0/70.0	H16-100/95.0	2624.0~6528.0	100.531	201.062	38.8337	19.4169	38.8337	110.0	2991.716	图2-49 (1)
H18-80.0/70.0	H18-100/95.0	2952.0~7344.0	113.098	226.195	38.8337	19.4169	38.8337	120.0	3220.03	图2-49 (2)

续表 2-42

| 配砌尺寸砖号 | | 砖环外直径范围 $D_x \sim D_d$/mm | 每环极限 砖数/块 | | 一块楔形砖直径变化量 | | | 大于并接近 K'_x 的 10 整倍数总砖数和外直径 | | 图 号 |
小直径楔形砖 HA/10-C_2/D_2	大直径楔形砖 HA/10-C_1/D_1		K'_x	K'_d	$(\Delta D)'_{1x} = \dfrac{D_1C_2-D_2C_1}{p(C_1-D_1)}$	$(\Delta D)'_{1d} = \dfrac{D_1C_2-D_2C_1}{p(C_2-D_2)}$	$(\Delta D)'_{1h} = \dfrac{D_1C_2-D_2C_1}{p[(C_2-D_2)-(C_1-D_1)]}$	K_{h0}/块	D_{h0}/mm	
H20-80.0/70.0	H20-100/95.0	3282.0~8160.0	125.664	251.328	38.8337	19.4169	38.8337	130.0	3448.383	图 2-49 (3)
H22-80.0/70.0	H22-100/95.0	3608.0~8976.0	138.230	276.461	38.8337	19.4169	38.8337	140.0	3676.736	图 2-49 (4)
H25-80.0/70.0	H25-100/95.0*	4100.0~10200.0	157.080	314.160	38.8337	19.4169	38.8337	160.0	4213.394	图 2-49 (5)
钝形楔形砖 HA/10-78.8/71.3 与微楔形砖 HA/10-100/95.0 不等端尺寸双楔形砖砖环计算线										图 2-50
H16-78.8/71.3	H16-100/95.0	3445.3~6528.0	134.042	201.062	22.9978	15.3319	45.9957	140.0	3719.342	图 2-50 (1)
H18-78.8/71.3	H18-100/95.0	3876.0~7344.0	150.797	226.195	22.9978	15.3319	45.9957	160.0	4299.298	图 2-50 (2)
H20-78.8/71.3	H20-100/95.0	4306.7~8160.0	167.552	251.328	22.9978	15.3319	45.9957	170.0	4419.297	图 2-50 (3)
H22-78.8/71.3	H22-100/95.0	4737.3~8976.0	184.307	276.461	22.9978	15.3319	45.9957	190.0	4999.153	图 2-50 (4)
H25-78.8/71.3	H25-100/95.0	5383.3~10200.0	209.440	314.160	22.9978	15.3319	45.9957	210.0	5409.057	图 2-50 (5)
特锐楔形砖 HA/10-100/85.0 与钝楔形砖 HA/10-80.0/70.0 不等端尺寸双楔形砖砖环计算线										图 2-51
H16-100/85.0	H16-80.0/70.0	2176.0~2624.0	67.021	100.531	6.6845	4.4563	13.369	70.0	2215.826	图 2-51 (1)
H18-100/85.0	H18-80.0/70.0	2448.0~2952.0	75.398	113.098	6.6845	4.4563	13.369	80.0	2509.524	图 2-51 (2)
H20-100/85.0	H20-80.0/70.0	2720.0~3280.0	83.776	125.664	6.6845	4.4563	13.369	90.0	2803.209	图 2-51 (3)
H22-100/85.0	H22-80.0/70.0	2992.0~3608.0	92.154	138.230	6.6845	4.4563	13.369	100.0	3096.893	图 2-51 (4)
H25-100/85.0	H25-80.0/70.0	3400.0~4100.0	104.720	157.080	6.6845	4.4563	13.369	110.0	3470.588	图 2-51 (5)
特锐楔形砖 HA/10-100/85.0 与钝楔形砖 HA/10-78.8/71.3 不等端尺寸双楔形砖砖环计算线										图 2-52
H16-100/85.0	H16-78.8/71.3	2176.0~3445.3	67.021	134.042	18.9394	9.4697	18.9394	70.0	2232.42	图 2-52 (1)
H18-100/85.0	H18-78.8/71.3	2448.0~3876.0	75.398	150.797	18.9394	9.4697	18.9394	80.0	2535.159	图 2-52 (2)
H20-100/85.0	H20-78.8/71.3	2720.0~4306.7	83.776	167.552	18.9394	9.4697	18.9394	90.0	2837.879	图 2-52 (3)
H22-100/85.0	H22-78.8/71.3	2992.0~4737.3	92.154	184.307	18.9394	9.4697	18.9394	100.0	3140.598	图 2-52 (4)
H25-100/85.0	H25-78.8/71.3	3400.0~5383.3	104.720	209.440	18.9394	9.4697	18.9394	110.0	3500.0	图 2-52 (5)

续表 2-42

配砌尺寸砖号		每环极限			一块楔形砖直径变化量			大于并接近 K'_x 的 10 整倍数总砖数和外直径		图号
小直径楔形砖 HA/10-C_2/D_2	大直径楔形砖 HA/10-C_1/D_1	砖环外直径范围 $D_x \sim D_d$/mm	砖数/块 K'_x	砖数/块 K'_d	$(\Delta D)'_{1x} = \dfrac{D_1C_2 - D_2C_1}{p(C_1 - D_1)}$	$(\Delta D)'_{1d} = \dfrac{D_1C_2 - D_2C_1}{p(C_2 - D_2)}$	$(\Delta D)'_{1h} = \dfrac{D_1C_2 - D_2C_1}{p[(C_2 - D_2) - (C_1 - D_1)]}$	K_{h0}/块	D_{h0}/mm	
锐楔形砖 HA/10-100/90.0 与钝楔形砖 HA/10-78.8/71.3 不等端尺寸双楔形砖环计算线										图 2-53
H16-100/90.0	H16-78.8/71.3	3264.0～3445.3	100.531	134.042	1.8037	1.3528	5.4112	110.0	3315.239	图 2-53 (1)
H18-100/90.0	H18-78.8/71.3	3672.0～3876.0	113.098	150.797	1.8037	1.3528	5.4112	120.0	3709.348	图 2-53 (2)
H20-100/90.0	H20-78.8/71.3	4080.0～4306.7	125.664	167.552	1.8037	1.3528	5.4112	130.0	4103.346	图 2-53 (3)
H22-100/90.0	H22-78.8/71.3	4488.0～4737.3	138.230	184.307	1.8037	1.3528	5.4112	140.0	4497.578	图 2-53 (4)
H25-100/90.0	H25-78.8/71.3	5100.0～5383.3	157.080	209.440	1.8037	1.3528	5.4112	160.0	5115.801	图 2-53 (5)
锐楔形砖 HA/10-100/90.0 与微楔形砖 HA/10-77.5/72.5 不等端尺寸双楔形砖环计算线										图 2-54
H16-100/90.0	H16-77.5/72.5	3264.0～5088.0	100.531	201.062	18.1436	9.0718	18.1436	110.0	3435.802	图 2-54 (1)
H18-100/90.0	H18-77.5/72.5	3672.0～5724.0	113.098	226.195	18.1436	9.0718	18.1436	120.0	3797.227	图 2-54 (2)
H20-100/90.0	H20-77.5/72.5	4080.0～6360.0	125.664	251.328	18.1436	9.0718	18.1436	130.0	4158.671	图 2-54 (3)
H22-100/90.0	H22-77.5/72.5	4488.0～6996.0	138.230	276.461	18.1436	9.0718	18.1436	140.0	4520.114	图 2-54 (4)
H25-100/90.0	H25-77.5/72.5	5100.0～7950.0	157.080	314.160	18.1436	9.0718	18.1436	160.0	5152.979	图 2-54 (5)
钝楔形砖 HA/10-100/92.5 与微楔形砖 HA/10-77.5/72.5 不等端尺寸双楔形砖环计算线										图 2-55
H16-100/92.5	H16-77.5/72.5	4352.0～5088.0	134.042	201.062	5.4908	3.6606	10.9817	140.0	4417.429	图 2-55 (1)
H18-100/92.5	H18-77.5/72.5	4896.0～5724.0	150.797	226.195	5.4908	3.6606	10.9817	160.0	4997.064	图 2-55- (2)
H20-100/92.5	H20-77.5/72.5	5440.0～6360.0	167.552	251.328	5.4908	3.6606	10.9817	170.0	5446.883	图 2-55 (3)
H22-100/92.5	H22-77.5/72.5	5984.0～6996.0	184.307	276.461	5.4908	3.6606	10.9817	190.0	6046.519	图 2-55 (4)
H25-100/92.5	H25-77.5/72.5	6800.0～7950.0	209.440	314.160	5.4908	3.6606	10.9817	210.0	6806.15	图 2-55 (5)

注：1. 本表计算中砌缝（辐射缝）厚度取 2.0mm，即尺寸 C_1、D_1、C_2 和 D_2 需另加 2.0mm。
　　2. 尺寸 78.8mm/71.3mm 实为 78.75mm/71.25mm，计算中取 78.75mm/71.25mm。
　　3. 大于并接近 K'_x 的 10 整倍数总砖数 K_{h0} 对应的砖环外直径 $D_{h0} = D_x + (K_{h0} - K'_x)(\Delta D)'_{1h}$。

30 块……，对应的砖环外直径为 $D_{H16-100/90.0-10} = D_{H16-82.5/67.5} + 10(\Delta D)'_{1d} = 1802.7 + 145.361$ $= 1948.061$mm、$D_{H16-100/90.0-20} = 1948.061 + 145.361 = 2093.422$mm 和 $D_{H16-100/90.0-30} = 2093.422 + 145.361 = 2238.783$mm……表示砖环总砖数 K_h 的下水平线段上方刻度，从左端起点 $K'_{H16-82.5/67.5} = 67.021$ 块开始，向右找出大于并接近于 67.021 块的 10 整数倍 $K_{h0} = 70.0$ 块，同时计算出并对准其对应的砖环外直径 $D_{h0} = D_x + (70.0 - 67.021)(\Delta D)'_{1h} = 1802.7 + 43.6083(70.0 - 67.021) = 1932.609$mm；再从 $K_{h0} = 70.0$ 块开始，向右每 10 块总砖数的砖环外直径增大量为 $10(\Delta D)'_{1h} = 10 \times 43.6083 = 436.083$mm，依次 K_h 等于 70.0 块、80.0 块和 90.0 块……，对应的砖环外直径为 1932.609mm、1932.609 + 436.083 = 2368.692mm 和 2368.692 + 436.083 = 2804.775mm……A 为 180mm、200mm、220mm 和 250mm 的特锐楔形砖 HA/10-82.5/67.5 与锐楔形砖 HA/10-100/90.0 不等端尺寸双楔形砖砖环计算线也按同样方法绘制。

　　特锐楔形砖 H16-82.5/67.5（小直径楔形砖）与钝楔形砖 H16-100/92.5（大直径楔形砖）不等端尺寸双楔形砖砖环计算线［图 2-47（1）］的绘制过程中参看表 2-42 的资料。首先，画出两条等长的水平线段，上水平线段上方刻度表示小直径楔形砖数量 $K_{H16-82.5/67.5}$，上水平线段下方刻度表示大直径楔形砖数量 $K_{H16-100/92.5}$；下水平线段上方刻度表示砖环总砖数 K_h，下水平线段下方刻度表示砖环外直径 D（mm）。其次，下水平线段下方的砖环外直径 D（mm）刻度：左端起点为小直径楔形砖的外直径 $D_{H16-82.5/67.5} = 1802.7$mm，右端终点为大直径楔形砖的外直径 $D_{H16-100/92.5} = 4352.0$mm，线段的中间刻度均匀等分，至少每小格代表 10mm。第三，表示小直径楔形砖数量 $K_{H16-82.5/67.5}$ 的上水平线段上方刻度：左端起点（对准 $D_{H16-82.5/67.5} = 1802.7$mm）为小直径楔形砖的每环极限砖数 $K'_{H16-82.5/67.5} = 67.021$ 块，右端终点（对准 $D_{H16-100/92.5} = 4352.0$mm）的小直径楔形砖数量 $K_{H16-82.5/67.5} = 0$ 块。表示大直径楔形砖数量 $K_{H16-100/92.5}$ 的上水平线段下方刻度：左端起点（对准 $D_{H16-82.5/67.5} = 1802.7$mm）$K_{H16-100/92.5} = 0$ 块，右端终点（对准 $D_{H16-100/92.5} = 4352.0$mm）为大直径楔形砖的每环极限砖数 $K'_{H16-100/92.5} = 134.042$ 块。表示砖环总砖数 K_h 的下水平线段上方刻度：左端起点（对准 $D_{H16-82.5/67.5} = 1802.7$mm）为小直径楔形砖的每环极限砖数 $K'_{H16-82.5/67.5} = 67.021$ 块，右端终点（对准 $D_{H16-100/92.5} = 4352.0$mm）为大直径楔形砖的每环极限砖数 $K'_{H16-100/92.5} = 134.042$ 块。第四，表示 $K_{H16-82.5/67.5}$ 的上水平线段上方刻度，从右端终点 $K_{H16-82.5/67.5} = 0$ 块开始，向左每 10 块 H16-82.5/67.5 的砖环外直径减小量为 $10(\Delta D)'_{1x} = 10 \times 38.0379 = 380.379$mm，依次 $K_{H16-82.5/67.5}$ 等于 10 块、20 块和 30 块……，对应的砖环外直径 $D_{H16-82.5/67.5-10} = D_{H16-100/92.5}-10(\Delta D)'_{1x} = 4352.0 - 380.379 = 3971.621$mm、$D_{H16-82.5/67.5-20} = 3971.621-380.379 = 3591.242$mm 和 $D_{H16-82.5/67.5-30} = 3591.242-380.379 = 3210.863$mm……。表示 $K_{H16-100/92.5}$ 的上水平线段下方刻度，从左端起点 $K_{H16-100/92.5} = 0$ 块开始，向右每 10 块 H16-100/92.5 的砖环外直径增大量为 $10(\Delta D)'_{1d} = 10 \times 19.0190 = 190.190$mm，依次 $K_{H16-100/92.5}$ 等于 10 块、20 块和 30 块……，对应的砖环外直径 $D_{H16-100/92.5-10} = D_{H16-82.5/67.5} + 10(\Delta D)'_{1d} = 1802.7 + 190.190 = 1992.89$mm、$D_{H16-100/92.5-20} = 1992.89 + 190.190 = 2183.08$mm 和 $D_{H16-100/92.5-30} = 2183.08 + 190.190 = 2373.27$mm……表示砖环总砖数 K_h 的下水平线段上方刻度，从左端起点 $K'_{H16-82.5/67.5} = 67.021$ 块开始，向右找出大于并接近 67.021 块的 10 整倍数 $K_{h0} = 70.0$ 块，同时计算出并对准对应的砖环外直径 $D_{h0} = D_x + (70.0 - 67.021)(\Delta D)'_{1h} = 1802.7 + 38.0379(70.0 - 67.021) = 1916.015$mm；再从 $K_{h0} = 70.0$ 块开始，向右每 10 块总砖数的砖

环外直径增大量为 $10(\Delta D)'_{1h} = 10 \times 38.0379 = 380.379\text{mm}$，依次 K_h 等于 70.0 块、80.0 块和 90.0 块……，对应的砖环外直径为 1916.015mm、1916.015 + 380.379 = 2296.394mm 和 2296.394 + 380.379 = 2676.773mm……。A 为 180mm、200mm、220mm 和 250mm 的特锐楔形砖 HA/10-82.5/67.5 与钝楔形砖 HA/10-100/92.5 不等端尺寸双楔形砖砖环计算线也按同样方法绘制。

　　锐楔形砖 H16-80.0/70.0（小直径楔形砖）与钝楔形砖 H16-100/92.5（大直径楔形砖）不等端尺寸双楔形砖砖环计算线［图 2-48(1)］的绘制过程中参看表 2-42 的资料。首先，画出两条等长的水平线段，上水平线段上方刻度表示小直径楔形砖数量 $K_{\text{H16-80.0/70.0}}$，上水平线段下方刻度表示大直径楔形砖数量 $K_{\text{H16-100.0/92.5}}$；下水平线段上方刻度表示砖环总砖数 K_h，下水平线段下方刻度表示砖环外直径 $D(\text{mm})$。其次，下水平线段下方的砖环外直径 $D(\text{mm})$ 刻度：左端起点为小直径楔形砖的外直径 $D_{\text{H16-80.0/70.0}} = 2624.0\text{mm}$，右端终点为大直径楔形砖的外直径 $D_{\text{H16-100/92.5}} = 4352.0\text{mm}$，线段的中间刻度均匀等分，至少每小格代表 10mm。第三，表示小直径楔形砖数量 $K_{\text{H16-80.0/70.0}}$ 的上水平线段上方刻度：左端起点（对准 $D_{\text{H16-80.0/70.0}} = 2624.0$）为小直径楔形砖的每环极限砖数 $K'_{\text{H16-80.0/70.0}} = 100.531$，右端终点（对准 $D_{\text{H16-100/92.5}} = 4352.0\text{mm}$）的小直径楔形砖数量 $K_{\text{H16-80.0/70.0}} = 0$ 块。表示大直径楔形砖数量 $K_{\text{H16-100/92.5}}$ 的上水平线段下方刻度：左端起点（对准 $D_{\text{H16-80.0/70.0}} = 2624.0$）$K_{\text{H16-100/92.5}} = 0$ 块，右端终点（对准 $D_{\text{H16-100/92.5}} = 4352.0\text{mm}$）为大直径楔形砖的每环极限砖数 $K'_{\text{H16-100/92.5}} = 134.042$ 块。表示砖环总砖数 K_h 的下水平线段上方刻度：左端起点（对准 $D_{\text{H16-80.0/70.0}} = 2624.0\text{mm}$）为小直径楔形砖的每环极限砖数 $K'_{\text{H16-80.0/70.0}} = 100.531$ 块，右端终点（对准 $D_{\text{H16-100/92.5}} = 4352.0\text{mm}$）为大直径楔形砖的每环极限砖数 $K'_{\text{H16-100/92.5}} = 134.042$ 块。第四，表示 $K_{\text{H16-80.0/70.0}}$ 的上水平线段上方刻度，从右端终点 $K_{\text{H16-80.0/70.0}} = 0$ 块开始，向左每 10 块 H16-80.0/70.0 的砖环外直径减小量为 $10(\Delta D)'_{1x} = 10 \times 17.1887 = 171.887\text{mm}$，依次 $K_{\text{H16-80.0/70.0}}$ 等于 10 块、20 块和 30 块……，对应的砖环外直径 $D_{\text{H16-80.0/70.0-10}} = D_{\text{H16-100/92.5}} - 10(\Delta D)'_{1x} = 4352.0 - 171.887 = 4180.113\text{mm}$、$D_{\text{H16-80.0/70.0-20}} = 4180.113\text{-}171.887 = 4008.226\text{mm}$ 和 $D_{\text{H16-80.0/70.0-30}} = 4008.226 - 171.887 = 3836.339\text{mm}$……表示 $K_{\text{H16-100/92.5}}$ 的上水平线段下方刻度，从左端起点 $K_{\text{H16-100/92.5}} = 0$ 开始，向右每 10 块 H10-100/92.5 的砖环外直径增大量为 $10(\Delta D)'_{1d} = 10 \times 12.8915 = 128.915\text{mm}$，依次 $K_{\text{H16-100/92.5}}$ 等于 10 块、20 块和 30 块……，对应的砖环外直径为 $D_{\text{H16-100/92.5-10}} = D_{\text{H16-80.0/70.0}} + 10(\Delta D)'_{1d} = 2624.0 + 128.915 = 2752.915\text{mm}$、$D_{\text{H16-100/92.5-20}} = 2752.915 + 128.915 = 2881.83\text{mm}$ 和 $D_{\text{H16-100/92.5-30}} = 2881.83 + 128.915 = 3010.745\text{mm}$……表示砖环总砖数 K_h 的下水平线段上方刻度，从左端起点 $K'_{\text{H16-80.0/70.0}} = 100.531$ 块开始，向右找出大于并接近 100.531 块的 10 整倍数 $K_{h0} = 110.0$ 块，同时计算出并对准对应的砖环外直径 $D_{h0} = D_{\text{H16-80.0/70.0}} + (110.0 - 100.531)(\Delta D)'_{1h} = 2624.0 + 51.5661(110.0 - 100.531) = 2624.0 + 488.283 = 3112.283\text{mm}$；再从 $K_{h0} = 110.0$ 块，向右每 10 块总砖数的砖环外直径增大量为 $10(\Delta D)'_{1h} = 10 \times 51.5661 = 515.661\text{mm}$，依次 K_h 等于 110.0 块、120.0 块和 130.0 块……，对应的砖环外直径为 3112.283mm、3112.283 + 515.661 = 3627.944mm 和 3627.994 + 515.661 = 4143.605m m……A 为 180mm、200mm、220mm 和 250mm 的锐楔形砖 HA/10-80.0/70.0 与钝楔形砖 HA/10-100/92.5 不等端尺寸双楔形砖砖环计算线也按同样方法绘制。

　　锐楔形砖 H16-80.0/70.0（小直径楔形砖）与微楔形砖 H16-100/95.0（大直径楔形

砖）不等端尺寸双楔形砖砖环计算线［图-2-49（1）］的绘制。绘制过程中参看表2-42的资料。首先画出两条等长的水平线段，上水平线段上方刻度表示小直径楔形砖数量 $K_{H16-80.0/70.0}$，上水平线段下方刻度表示大直径楔形砖数量 $K_{H16-100/95.0}$；下水平线段上方刻度表示砖环总砖数 K_h，下水平线段下方刻度表示砖环外直径 $D(mm)$。其次，下水平线段下方的砖环外直径 $D(mm)$ 刻度：左端起点为小直径楔形砖的外直径 $D_{H16-80.0/70.0} = 2624.0mm$，右端终点为大直径楔形砖的外直径 $D_{H16-100/95.0} = 6528.0mm$，线段中间刻度均匀等分，至少每小格代表10mm。第三，表示小直径楔形砖数量 $K_{H16-80.0/70.0}$ 的上水平线段上方刻度：左端起点（对准 $D_{H16-80.0/70.0} = 2624.0mm$）为小直径楔形砖的每环极限砖数 $K'_{H16-80.0/70.0} = 100.531$ 块，右端终点（对准 $D_{H16-100/95.0} = 6528.0mm$）的小直径楔形砖数量 $K_{H16-80.0/70.0} = 0$ 块。表示大直径楔形砖数量 $K_{H16-100/95.0}$ 的上水平线段下方刻度：左端起点（对准 $D_{H16-80.0/70.0} = 2624.0mm$）$K_{H16-100/95.0} = 0$ 块，右端终点（对准 $D_{H16-100/95.0} = 6528.0mm$）为大直径楔形砖每环极限砖数 $K'_{H16-100/95.0} = 201.062$ 块。表示砖环总砖数 K_h 的下水平线段上方刻度：左端起点（对准 $D_{H16-80.0/70.0} = 2624.0mm$）为小直径楔形砖的每环极限砖数 $K'_{H16-80.0/70.0} = 100.531$ 块，右端终点（对准 $D_{H16-100/95.0} = 6528.0mm$）的大直径楔形砖的每环极限砖数 $K'_{H16-100/95.0} = 201.062$ 块。第四，表示 $K_{H16-80.0/70.0}$ 的上水平线段上方刻度，从右端终点 $K_{H16-80.0/70.0} = 0$ 开始，向左每 10 块 H10-80.0/70.0 的砖环外直径减小量为 $10(\Delta D)'_{1x} = 10 \times 38.8337 = 388.337mm$，依次 $K_{H16-8.0/70.0}$ 等于 10 块、20 块和 30 块……，对应的砖环外直径为 $D_{H16-80.0/70.0-10} = D_{H16-100/95.0} - 10(\Delta D)'_{1x} = 6528.0 - 388.337 = 6139.663mm$、$D_{H16-80.0/70.0-20} = 6139.663 - 388.337 = 5751.326mm$ 和 $D_{H16-80.0/70.0-30} = 5751.326 - 388.337 = 5362.989mm$……表示 $K_{H16-100/95.0}$ 的上水平线段下方刻度，从左端起点 $K_{H16-100/95.0} = 0$ 块开始，向右每 10 块 $K_{H16-100/95.0}$ 的砖环外直径增大量为 $10(\Delta D)'_{1d} = 10 \times 19.4169 = 194.169mm$，依次 $K_{H16-100/95.0}$ 等于 10.0 块、20.0 块和 30.0 块……，对应的砖环外直径为 $D_{H16-100/95.0-10} = D_{H16-80.0/70.0} + 10(\Delta D)'_{1d} = 2624.0 + 194.169 = 2818.169mm$，$D_{H16-100/95.0-20} = 2818.169 + 194.169 = 3012.338mm$ 和 $D_{H16-100/95.0-30} = 3012.338 + 194.169 = 3206.507mm$……表示砖环总砖数 K_h 的下水平线段上方刻度，从左端起点 $K'_{H16-80.0/70.0} = 100.531$ 块开始，向右找出大于并接近 100.531 块的 10 整倍数 $K_{h0} = 110.0$ 块，同时计算出并对准对应的砖环外直径 $D_{h0} = D_{H16-80.0/70.0} + (110.0 - 100.531)(\Delta D)'_{1h} = 2624.0 + 38.8337(110.0 - 100.531) = 2991.716$；再从 $K_{h0} = 110.0$ 块，向右每 10 块总砖数的砖环外直径增大量为 $10(\Delta D)'_{1h} = 10 \times 38.8337 = 388.337mm$，依次 K_h 等于 110.0 块、120.0 块和 130.0 块……，对应的砖环外直径为 2991.716mm、$2991.716 + 388.337 = 3380.053mm$ 和 $3380.053 + 388.337 = 3768.39mm$……$A$ 为 180mm、200mm、220mm 和 250mm 的锐楔形砖 HA/10-80.0/70.0 与微楔形砖 HA/10-100/95.0 不等端尺寸双楔形砖计算线，也按同样方法绘制。

　　钝楔形砖 H16-78.8/71.3（小直径楔形砖）与微楔形砖 H16-100/95.0（大直径楔形砖）不等端尺寸双楔形砖砖环计算线［图2-50（1）］的绘制。绘制过程中参看表2-42的资料。首先，画出两条等长的水平线段，上水平线段上方刻度表示小直径楔形砖数量 $K_{H16-78.8/71.3}$，上水平线段下方刻度表示大直径楔形砖数量 $K_{H16-100/95.0}$；下水平线段上方刻度表示砖环总砖数 K_h，下水平线段下方刻度表示砖环外直径 $D(mm)$。其次，下水平线段下方的砖环外直径 $D(mm)$ 刻度：左端起点为小直径楔形砖的外直径 $D_{H16-78.8/71.3} = 3445.3mm$，右端终点为大直径楔形砖的外直径 $D_{H16-100/95.0} = 6528.0mm$，线段中间刻度均匀等分，至少每小格代表 10mm。第三，表示小直径楔形砖数量 $K_{H16-78.8/71.3}$ 的上水平线段上方刻度：左端起点（对准 $D_{H16-78.8/71.3}=3445.3mm$）为小直径楔形砖的每环极限砖数 $K'_{H16-78.7/71.3}=134.042$ 块，右端终点（对准 $D_{H16-100/95.0}=6528.0mm$）的小直径楔形砖数量 $K_{H16-78.8/71.3}=0$ 块。表示大直径楔形砖数量 $K_{H16-100/95.0}$ 的上水平线段下方刻度：左端起点（对准 $D_{H16-78.8/71.3}=3445.3mm$）$K_{H16-78.8/71.3}=0$ 块，右端终点（对准 $D_{H16-100/95.0}=6528.0mm$）为大直径楔形砖的每环极限砖数 $K'_{H16-100/95.0}=201.062$ 块。表示砖环总砖数 K_h 的下水平线段上方刻度：左端起点（对准 $D_{H16-78.8/71.3}=3445.3mm$）为小直径楔形砖的每环极限砖数 $K'_{H16-78.8/71.3}=134.042$ 块，右端终点（对准 $D_{H16-100/95.0}=6528.0mm$）为大直径楔形砖极限砖数 $K'_{H16-100/95.0}=201.062$ 块。第四，表示 $K_{H16-78.8/71.3}$ 的上水平线段上方刻度，从右端终点 $K_{H16-78.8/71.3}=0$ 块开始，向左每 10 块 H16-78.8/71.3 的砖环外直径减小量为 $10(\Delta D)'_{1x}=10\times22.9978=229.778mm$，依次 $K_{H16-78.8/71.3}$ 等于 10 块、20 块和 30 块……，对应的砖环外直径 $D_{H16-78.8/71.3-10}=D_{H16-100/95.0}-10(\Delta D)'_{1x}=6528.0-229.778=6298.022mm$、$D_{H16-78.8/71.3-20}=6298.022-229.778=6068.044mm$ 和 $D_{H16-78.8/71.3-30}=6068.044-229.778=5838.066mm$……表示 $K_{H16-100/95.0}$ 的上水平线段下方刻度，从左端起点 $K_{H16-100/95.0}=0$ 块开始，向右每 10 块 H16-100/95.0 的砖环外直径增大量为 $10(\Delta D)'_{1d}=10\times15.3319=153.3319mm$，依次 $K_{H16-100/95.0}$ 等于 10 块、20 块和 30 块……，对应的砖环外直径 $D_{H16-100/95.0-10}=D_{H16-78.8/71.3}+10(\Delta D)'_{1d}=3445.3+153.319=3598.619mm$、$D_{H16-100/95.0-20}=3598.619+153.319=3751.938mm$ 和 $D_{H16-100/95.0-30}=3751.938mm+153.319=3905.257mm$……表示砖环总砖数 K_h 的下水平线段上方刻度，从左端起点 $K'_{H16-78.8/71.3}=134.042$ 块开始，向右找出大于并接近 134.042 块的 10 整倍数 $K_{h0}=140.0$ 块，同时计算出并对准对应的砖环外直径 $D_{h0}=D_{H16-78.8/71.3}+45.9957(140.0-134.042)=3719.342mm$；再从 $K_{h0}=140.0$ 块开始，向右每 10 块总砖数的外直径增大量为 $10(\Delta D)'_{1h}=10\times45.9957=459.957mm$，依次 K_h 等于 140.0 块、150.0 块和 160.0 块……，对应的砖环外直径为 3719.342mm、3719.342＋459.957＝4179.299mm 和 4179.299＋459.957＝4639.256mm……A 为 180mm、200mm、220mm 和 250mm 的钝楔形砖 HA/10-78.8/71.3 与微楔形砖 HA/10-100/95.0 不等端尺寸双楔形砖砖环计算线，也按同样方法绘制。

"厚与薄"类不等端尺寸双楔形砖砖环计算线，根据表 2-42 的资料和按上述同样方法绘制，见图 2-51～图 2-55。

2.2.2.3　回转窑等楔差双楔形砖砖环计算线

与我国回转窑规范化不等端尺寸双楔形砖砖环计算线一样，同属于不等端尺寸双楔形砖砖环的等楔差双楔形砖砖环计算线也具有独特性，每个砖环也适合采用一个计算线，但由于等楔差双楔形砖砖环总砖数 $K_h=K'_x=K'_d$ 的特点，其计算线的形式和绘制方法与我国规范化不等端尺寸双楔形砖砖环相比大为简化，首先，等楔差双楔形砖砖环的总砖数 K_h 为不必计算的已知数（等于小直径楔形砖的每环极限砖数 K'_x 或大直径楔形砖的每环极限砖数 K'_d，并可由标准尺寸表或砖量简易计算式表直接查得），没必要再画出砖环总砖数 K_h 线段。其次，根据 $K_h=K_x+K_d$ 和 $K_d=K_h-K_x$，在已知 K_h 和查出 K_x 的情况下，很容易经简单运算出 K_d 来，因此 K_d 线段也可省略。可见，等楔差双楔形砖砖环计算线，实际上仅用一条水平线段便可完成。为了与我国回转窑规范化不等端尺寸双楔形砖砖环计算线绘制方法保持一致，将一条水平线段的上方刻度表示小直径楔形砖的数量 K_x，水平线段下方刻

度表示砖环外直径 $D(\text{mm})$。水平线段下方的砖环外直径 D 刻度：左端起点为小直径楔形砖的外直径 D_x，右端终点为大直径楔形的外直径 D_d，线段中间刻度均匀等分，至少每小格代表 10mm。水平线段上方的小直径楔形砖数量 K_x 刻度：左端起点（对准 D_x）为小直径楔形砖的每环极限砖数 K'_x，右端终点（对准 D_d）$K_x = 0$ 块。从右端 $K_x = 0$ 块开始，向左每 10 块 K_x 的砖环外直径减小量为 $10(\Delta D)'_{1x}$，依次 K_x 等于 10 块、20 块和 30 块……，对应的砖环外直径 $D_{x10} = D_d - 10(\Delta D)'_{1x}$、$D_{x20} = D_{x10} - 10(\Delta D)'_{1x}$ 和 $D_{x30} = D_{x20} - 10(\Delta D)'_{1x}$……

本手册等楔差双楔形砖砖环计算线，包括：（1）基本砖与加厚砖等楔差 5.0mm 和 7.5mm 双楔形砖砖环计算线；（2）P-C 等楔差 15.0mm、10.0mm、7.5mm 和 5.0mm 双楔形砖砖环计算线。

A 基本砖与加厚砖等楔差 5.0mm 和 7.5mm 双楔形砖砖环计算线

现以 H16-77.5/72.5 与 H16-104.0/99.0 等楔差 5.0mm、$Q/T = 3.0/4.0$ 回转窑双楔形砖砖环计算线［图 2-56（1）］为例，介绍小直径基本楔形砖 HA/10-77.5/72.5 与大直径加厚楔形砖 HA/10-104.0/99.0 的等楔差 5.0mm 双楔形砖砖环计算线的绘制方法。绘制过程中参看表 1-33 的资料。首先，画出一条水平线段，表示砖环外直径 $D(\text{mm})$ 的下方刻度：左端起点为小直径基本楔形砖的外直径 $D_{\text{H16-77.5/72.5}} = 5088.0\text{mm}$，右端终点为大直径加厚楔形砖的外直径 $D_{\text{H16-104.0/99.0}} = 6784.0\text{mm}$，线段中间刻度均匀等分，每小格代表 10mm。其次表示小直径基本楔形砖数量的上方刻度：左端起点（对准 $D_{\text{H16-77.5/72.5}} = 5088.0\text{mm}$）为小直径基本楔形砖数量的每环极限砖数 $K'_{\text{H16-77.5/72.5}} = 201.062$ 块，右端终点（对准 $D_{\text{H16-77.5/72.5}} = 6784.0\text{mm}$）的 $K'_{\text{H16-77.5/72.5}} = 0$ 块。向左每 10 块 H16-77.5/72.5 砖环外直径减小量为 $10(\Delta D)'_{1x} = 10 \times 8.4352 = 84.352$，依次 $K_{\text{H16-77.5/72.5}}$ 等于 10 块、20 块和 30 块……，对应的砖环外直径 $D_{\text{H16-77.5/72.5-10}} = 6784.0 - 84.352 = 6699.648\text{mm}$、$D_{\text{H16-77.5/72.5-20}} = 6699.648 - 84.352 = 6615.296\text{mm}$ 和 $D_{\text{H16-77.5/72.5-30}} = 6615.296 - 84.352 = 6530.944\text{mm}$……按同样方法绘制了 $A = 180\text{mm}$、200mm、220mm 和 250mm 的 HA/10-77.5/72.5 与 HA/10-104.0/99.0 等楔差 5.0mm 双楔形砖砖环计算线（图 2-56）。

根据表 1-34、表 1-35 和表 1-36 的资料，按图 2-56 模式，分别绘制了 HA/10-100/95.0 与 HA/10-120.4/115.4 等楔差 5.0mm 双楔形砖砖环计算线（图 2-57）、HA/10-78.8/71.3 与 HA/10-119.1/111.6 等楔差 7.5mm 双楔形砖砖环计算线（图 2-58），以及 HA/10-100/92.5 与 HA/10-120.4/112.9 等楔差 7.5mm 双楔形砖砖环计算线（图 2-59）。

在图 2-56 ~ 图 2-59 中，虽然未明确表明砖环总砖数 K_h，但根据 $K_h = K'_x = K'_d$，每条水平线段上方左端起点的小直径基本楔形砖每环极限 K'_x 的具体数值，就等于砖环总砖数 K_h 的具体数值。

B P-C 等楔差双楔形砖砖环计算线

我国 P-C 等楔形双楔形砖砖环共有 20 个砖环。按等楔差可分为 15.0mm、10.0mm、7.5mm 和 5.0mm 4 组。每组 5 个砖环中，A 不同（分别为 160mm、180mm、200mm、220mm 和 250mm），外直径范围 $D_x \sim D_d$ 不同，每环极限砖数不同，但楔差相同和 $m = n = \pi/(C_1-C_2)$ 相同（参看表 1-37）。绘制计算线时，要用到一块楔形砖外直径变化量 $(\Delta D)'_{1x} = (C_1-C_2)/\pi$，可根据表 1-37 提供的 $m = n$ 的倒数计算出来。

现以 H16-82.5/67.5 与 H16-100/85.0 P-C 等楔差 15.0mm 双楔形砖砖环计算线为例，绘制图 2-60（1）。绘制过程中参看表 1-37 的资料。首先，表示砖环外直径 $D(\text{mm})$ 的一条水平线段下方刻度：左端起点为小直径楔形砖的外直径 $D_{\text{H16-82.5/67.5}} = 1802.7\text{mm}$，右端终点为大直径楔形砖的外直径 $D_{\text{H16-100/85.0}} = 2176.0\text{mm}$，线段中间刻度均匀等分，每小格代表 10mm。其次，表示小直径楔形砖数量的水平线段上方刻度：左端起点（对准 $D_{\text{H16-82.5/67.5}} = 1802.7\text{mm}$）为小直径楔形砖的每环极限砖数 $K'_{\text{H16-82.5/67.5}} = 67.021$ 块（也是砖环总砖数 K_{h}），右端终点（对准 $D_{\text{H16-100/85.0}} = 2176.0\text{mm}$）$K_{\text{H16-82.5/67.5}} = 0$ 块。从右端终点 $K_{\text{H16-82.5/67.5}} = 0$ 块开始，向左每 10 块 H16-82.5/67.5 的砖环外直径减小量为 $10(\Delta D)'_{1x} = 10/m = 10/0.17952 = 55.704\text{mm}$，依次 $K_{\text{H16-82.5/67.5}}$ 等于 10 块、20 块和 30 块……，对应的砖环外直径 $D_{\text{H16-82.5/67.5-10}} = D_{\text{H16-100/85.0}} - 10/0.17952 = 2176.0 - 55.704 = 2120.296\text{mm}$、$D_{\text{H16-82.5/67.5-20}} = 2120.296 - 55.704 = 2064.592\text{mm}$ 和 $D_{\text{H16-82.5/67.5-30}} = 2064.592 - 55.704 = 2008.888\text{mm}$……$A$ 为 180mm、200mm、220mm 和 250mm 的 $HA/10\text{-}82.5/67.5$ 与 $HA/10\text{-}100/85.0\text{P-C}$ 等楔差 15.0mm 双楔形砖砖环计算线（图 2-60），也按同样方法绘制。

按图 2-60 模式，参看表 1-37 资料，绘制了 $HA/10\text{-}80.0/70.0$ 与 $HA/10\text{-}100/90.0\text{P-C}$ 等楔差 10.0mm 双楔形砖砖环计算线（图 2-61）、$HA/10\text{-}78.8/71.3$ 与 $HA/10\text{-}100/92.5\text{P-C}$ 等楔差 7.5mm 双楔形砖砖环计算线（图 2-62），以及 $HA/10\text{-}77.5/72.5$ 与 $HA/10\text{-}100/95.0\text{P-C}$ 等楔差 5.0mm 双楔形砖砖环计算线（图 2-63）❶。

2.2.2.4　回转窑等端（间）尺寸双楔形砖砖环组合计算线

回转窑规范化不等端尺寸双楔形砖砖环计算线和等楔差双楔形砖砖环计算线，都为表示一个砖环的单体计算线。这些单体计算线，克服了双楔形砖砖环直角坐标计算图（小版面）精度不够、查找砖数需转换视线和占用空白版面大等缺点。可见从直角坐标计算图到单体计算线是砖环砖数计算图的一次改进。但单体计算线没能表现出同组几个砖环相互关系的全貌。为使回转窑双楔形砖砖环计算线，既能较精确且快速查出砖数和占用版面不能太大，又要表现出可优选配砌方案的全貌，作者曾将大小端距离 A 相同的每组 5 个配砌砖环方案单体计算线绘制在同一页内[9] 即组合计算线。

A　等中间尺寸 75mm 双楔形砖砖环组合计算线

现以等中间尺寸 75mm、$A = 160\text{mm}$ 回转窑双楔形砖砖环的 5 个配砌方案为例（图 2-64），说明该组合计算线的绘制方法。绘制过程中参看表 1-26 和表 2-43 的资料。

首先，在能容纳 5 条水平线段（代表 5 个配砌砖环方案）一页画面的上下外框画出两条水平直线，标以相同的砖环中间直径 $D_{\text{p}}(\text{mm})$ 刻度：左端稍小于最小直径楔形砖（特锐楔形砖）的中间直径 $D_{\text{pH16-82.5/67.5}} = 1642.7\text{mm}$，右端终点等于最大直径楔形砖（微楔形砖）的中间直径 $D_{\text{pH16-77.5/72.5}} = 4928.0\text{mm}$。由于本手册一页长度不能容纳每组 5 个配砌方案，将一组计算线裁成两段（但仍在一页内）。上下外框采取相同的砖环中间直径 $D_{\text{p}}(\text{mm})$ 刻度有两个目的：一是作为同组 5 个砖环配砌方案的公共砖环中间直径，省去每个配砌方案砖环中间直径 D_{p} 的线段；二是只要用直尺对准上下外框相同的砖环中间直径，便可快速准确地查出砖数来。

其次，每条水平线段代表一个砖环配砌方案。虽然每条线段上没直接表示出砖环中间直径，但每条线段必须在画面上精确地找出位置：左端起点和右端终点必须分别精确对准其在上下框的 D_{px} 和 D_{pd}。例如方案（1）～方案（5）的左端起点分别对准 H16-82.5/67.5、

❶ 根据表 1-37 的 $m = n$ 数值，图 2-60、图 2-61、图 2-62 和图 2-63 中每 10 块砖的砖环外直径减小量 $10(\Delta D)'_{1x} = 10/m$，分别为 $10/0.17952 = 55.704\text{mm}$、$10/0.15708 = 63.662\text{mm}$、$10/0.14784 = 67.641\text{mm}$ 和 $10/1013963 = 71.619\text{mm}$。

H16-82.5/67.5、H16-80.0/70.0、H16-80.0/70.0 和 H16-78.8/71.3 的 中 间 直 径 D_{px} 1642.7mm、1642.7mm、2464.0mm、2464.0mm 和 3285.3mm。方案(1)~方案(5)的右端终点分别对准 H16-80.0/70.0、H16-78.8/71.3、H16-78.8/71.3、H16-77.5/72.5 和 H16-77.5/72.5 的中间直径 D_{pd} 2464.0mm、3285.3mm、3285.3mm、4928.0mm 和 4928.0mm。

第三，每一配砌方案用一条水平线段上方刻度和下方刻度分别表示小直径楔形砖数量 K_x 和大直径楔形砖数量 K_d。由于我国回转窑等端(间)尺寸双楔形砖砖环的总砖数 K_h 很容易按式 $K_h = 0.04080 D_p$ 或 $K_h = 0.03080 D$ 计算，没必要反映在组合计算线上。表示小直径楔形砖数量的线段上方刻度：以线段右端终点 $K_x = 0$ 块，线段左端起点为其每环极限砖数，即 $K_x = K_x'$。例如线段(1)~线段(5)上方刻度的右端都为小直径楔形砖的 0 块点，而左端起点分别为 5 个砖环小直径楔形砖 H16-82.5/67.5、H16-82.5/67.5、H16-80.0/70.0、H16-80.0/70.0 和 H16-78.8/71.3 的每环极限砖数 67.021 块、67.021 块、100.531 块、100.531 块和 134.042 块。表示大直径楔形砖数量的线段下方刻度：线段左端起点 K_d 都为 0 块，而线段右端终点分别为大直径楔形砖 H16-80.0/70.0、H16-78.8/71.3、H16-78.8/71.3、H16-77.5/72.5 和 H16-77.5/72.5 的每环极限砖数 100.531 块、134.042 块、134.042 块、201.062 块和 201.062 块。

第四，线段上下方砖数刻度可应用电脑均匀等分，也可运用一块楔形砖直径变化量 $(\Delta D_p)'_{1x}$ 和 $(\Delta D_p)'_{1d}$ 均分。虽然在表 1-26 中没有 $(\Delta D_p)'_{1x}$ 和 $(\Delta D_p)'_{1d}$ 的数值，但从 $(\Delta D_p)'_{1x} = 24.5098/Q$ 和 $(\Delta D_p)'_{1d} = 24.5098/T$ 可计算出来(见表 2-43)。对于线段(1)~线段(5)而言，$(\Delta D_p)'_{1x}$ 分别有 24.5098/2.0 = 12.2549、24.5098/3.0 = 8.1699 和 24.5098/1.0 = 24.5098；$(\Delta D_p)'_{1d}$ 分别有 24.5098/3.0 = 8.1699、24.5098/2.0 = 12.2549 和 24.5098/4.0 = 6.1275。线段(1)~线段(5)的上方刻度，从右端 $K_x = 0$ 块开始，向左每 10 块砖的砖环中间直径 D_p 减小量 $10(\Delta D_p)'_{1x}$ 分别为 10 × 12.2549 = 122.549mm、10 × 24.5098 = 245.098mm、10 × 8.1699 = 81.699mm、10 × 24.5098 = 245.098mm 和 10 × 12.2549 = 122.549mm；砖数递增 10 块，砖环中间直径 D_p 递减 10 $(\Delta D_p)'_{1x}$ 的计算值。线段(1)~线段(5)的下方刻度，从左端起点 $K_d = 0$ 块开始，向右每 10 块砖的砖环中间直径 D_p 增大量 $10(\Delta D_p)'_{1d}$ 分别为 10 × 8.11699 = 81.699mm、10 × 12.2549 = 122.549mm、10 × 6.1275 = 61.275mm、10 × 12.2549 = 122.549mm 和 10 × 8.1699 = 81.699mm；砖数递增 10 块，砖环中间直径 D_p 递增 $10(\Delta D_p)'_{1d}$ 的计算值。

按图 2-64 模式和等中间尺寸 75mm 回转窑双楔形砖砖环组合计算线绘制资料(表 2-43)，绘制了 A 为 180mm、200mm、220mm 和 250mm 等中间尺寸 75mm 双楔形砖砖环组合计算线(图 2-65~图 2-68)。

B　等大端尺寸 100mm 双楔形砖砖环组合计算线

我国等大端尺寸 100mm 回转窑双楔形砖砖环组合计算线的绘制方法与等中间尺寸 75mm 双楔形砖砖环组合计算线相同。但在画面上和绘制资料中，等大端尺寸 100mm 双楔形砖砖环按习惯采取外直径 D_x、D_d 和 D，一块楔形砖直径变化量根据表 1-28 按 $(\Delta D)'_{1x} = 32.4675/Q$ 和 $(\Delta D)'_{1d} = 32.4675/T$ 计算出来，列入等大端尺寸 100mm 回转窑双楔形砖砖环组合计算线绘制资料表 2-44 中。按图 2-64 绘制方法和表 2-44 绘制资料，绘制了我国等大端尺寸 100mm 回转窑双楔形砖砖环组合计算线(图 2-69~图 2-73)。

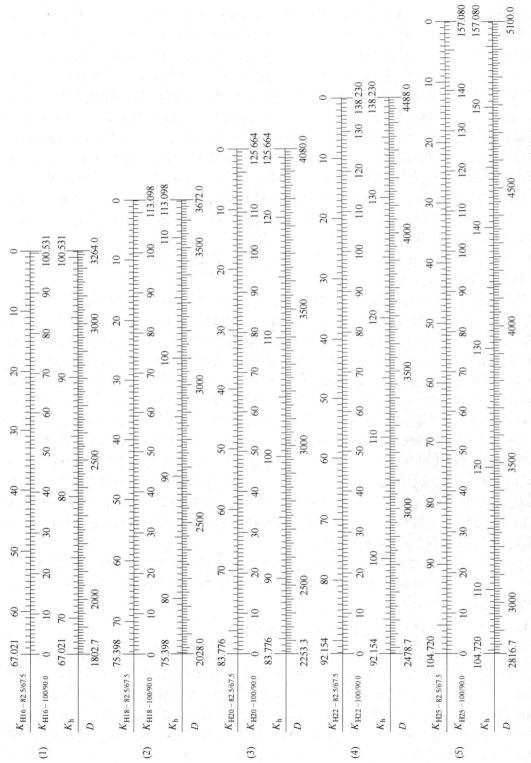

图 2-46　特锐楔形砖 HA/10-82.5/67.5 与锐楔形砖 HA/10-100/90.0 不等端尺寸双楔形砖砖环计算线

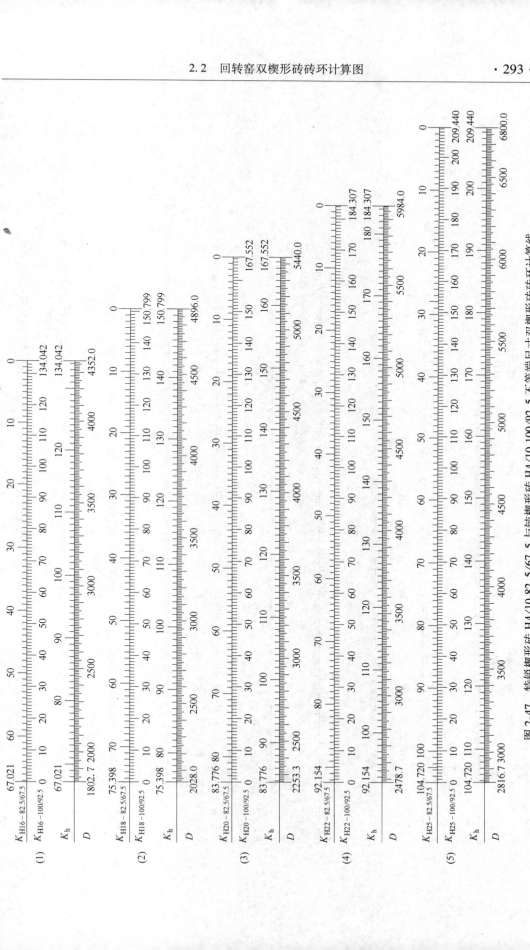

图 2-47　特锐楔形砖 HA/10-82.5/67.5 与钝楔形砖 HA/10-100/92.5 不等端尺寸双楔形砖砖环计算线

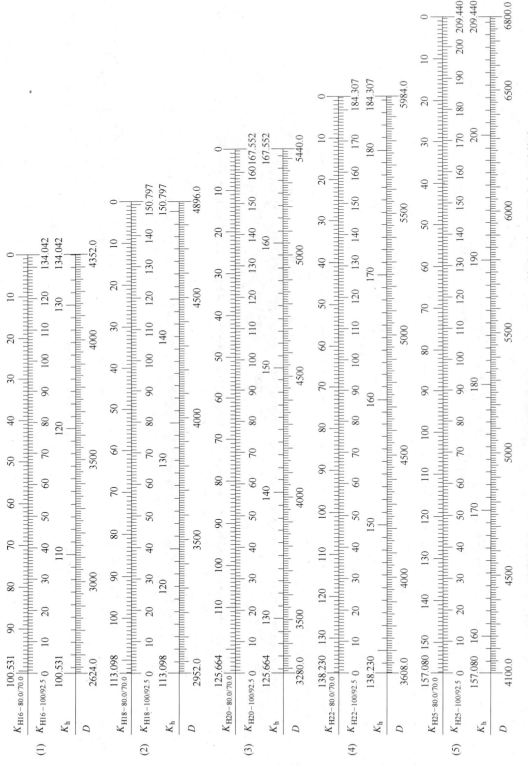

图 2-48　锐楔形砖 HA/10-80.0/70.0 与钝楔形砖 HA/10-100/92.5 不等端尺寸双楔形砖砖环计算线

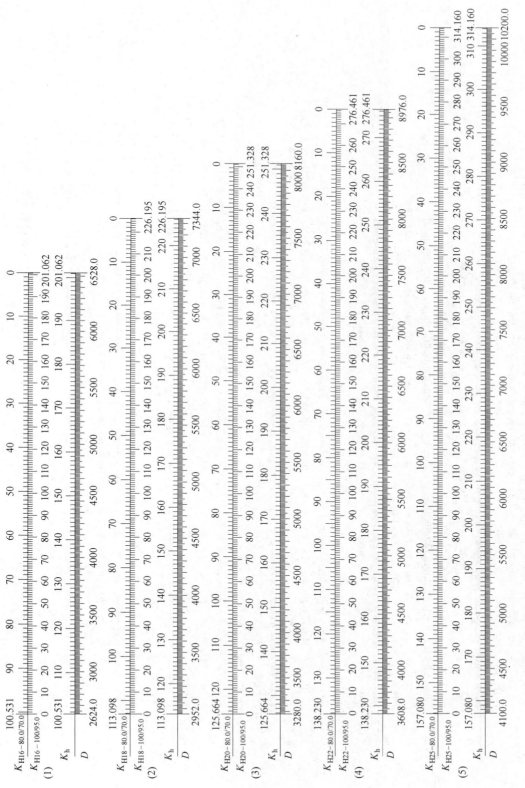

图 2-49 锐楔形砖 HA/10-80.0/70.0 与微形砖 HA/10-100/95.0 不等端端尺寸双楔形砖砖环计算线

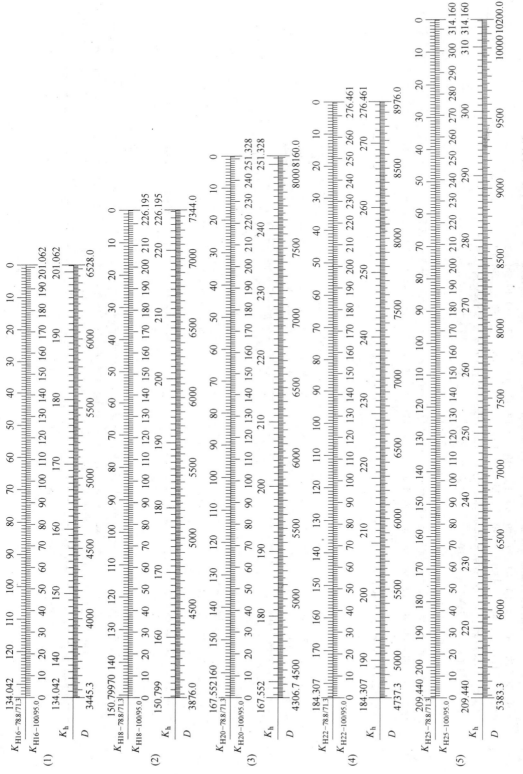

图 2-50　钝楔形砖 HA/10-78.8/71.3 与微楔形砖 HA/10-100/95.0 不等端尺寸双楔形砖砖环计算线

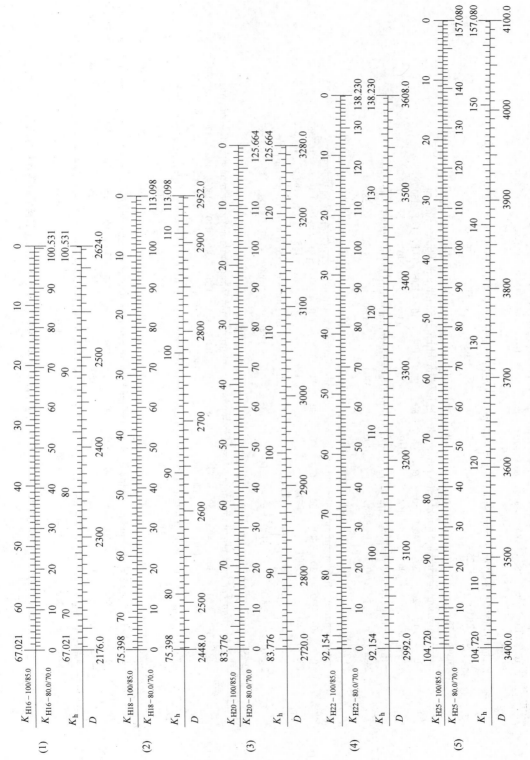

图 2-51 特锐楔形砖 HA/10-100/85.0 与锐形砖 HA/10-80.0/70.0 不等端尺寸双楔形砖砖环计算线

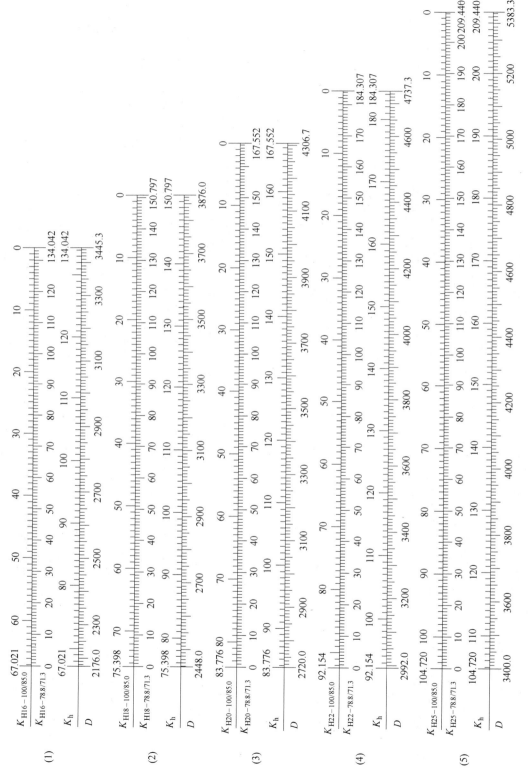

图 2-52　特锐楔形砖 HA/10-100/85.0 与钝楔形砖 HA/10-78.8/71.3 不等端尺寸双楔形砖环计算线

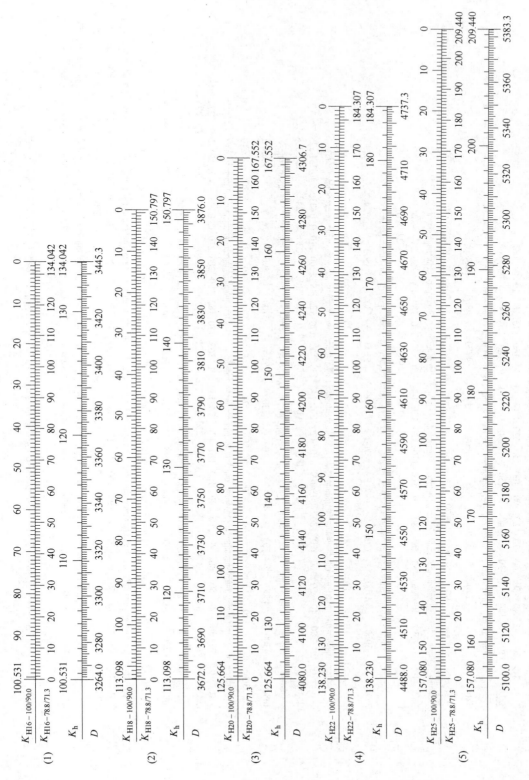

图 2-53 锐楔形砖 HA/10-100/90.0 与钝楔形砖 HA/10-78.8/71.3 不等端尺寸双楔形砖砖环计算线

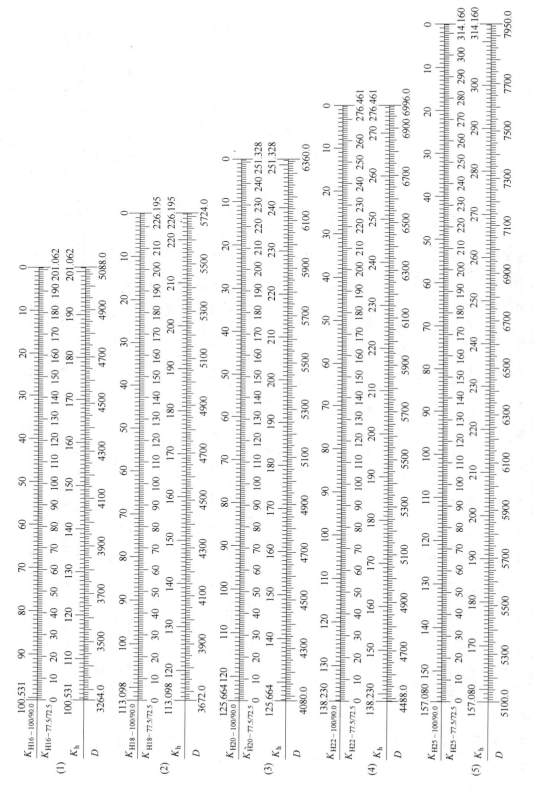

图 2-54　锐楔形砖 HA/10-100/90.0 与钝楔形砖 HA/10-77.5/72.5 不等端尺寸双楔形砖砖环计算线

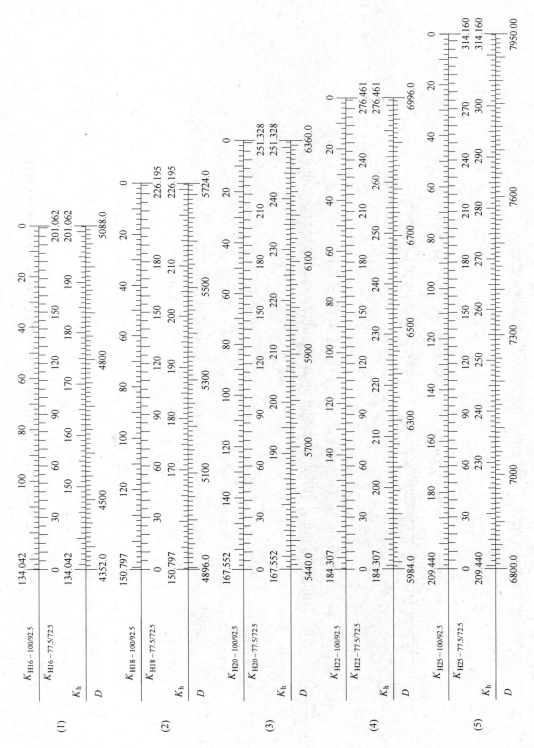

图 2-55　钝楔形砖 HA/10-100/92.5 与微楔形砖 HA/10-77.5/72.5 不等端尺寸双楔形砖砖环计算线

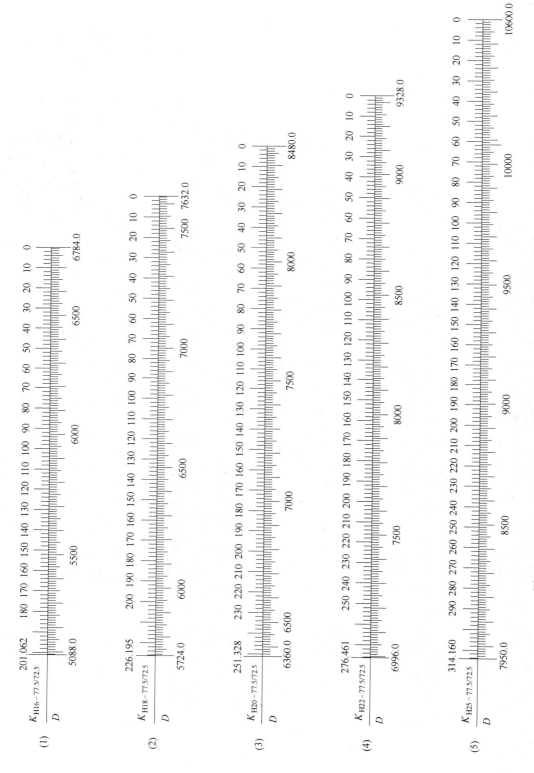

图 2-56　HA/10-77.5/72.5 与 HA/10-104.0/99.0 等楔差 5.0mm 双楔形砖砖环计算线

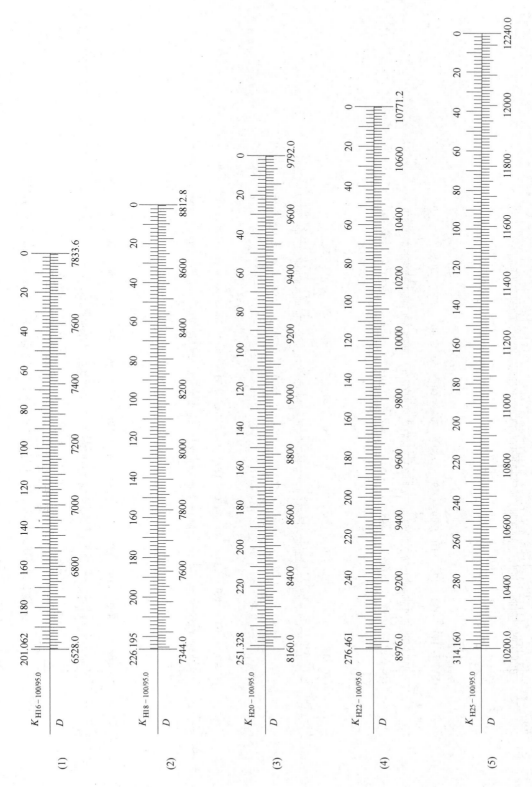

图 2-57 HA/10-10-100/95.0 与 HA/10-120.4/115.4 等楔差 5.0mm 双楔形砖砖环计算线

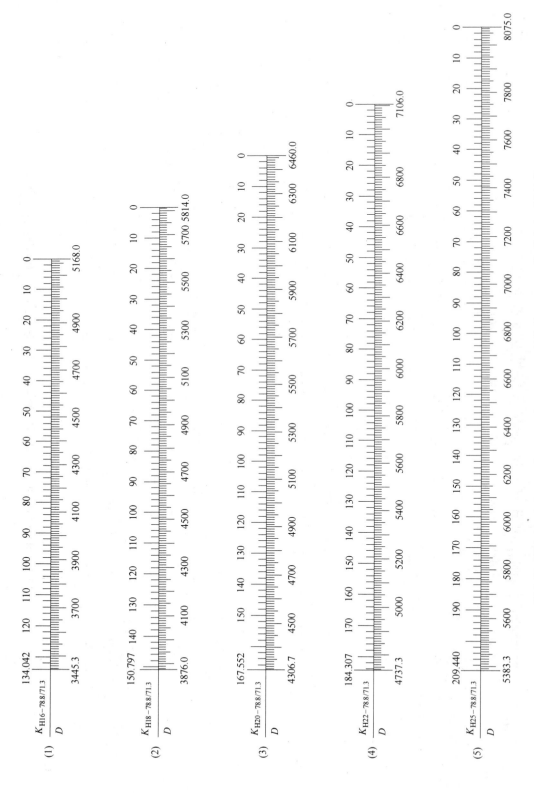

图 2-58   HA/10-78.8/71.3 与 HA/10-119.1/111.6 等楔差 7.5mm 双楔形砖环计算线

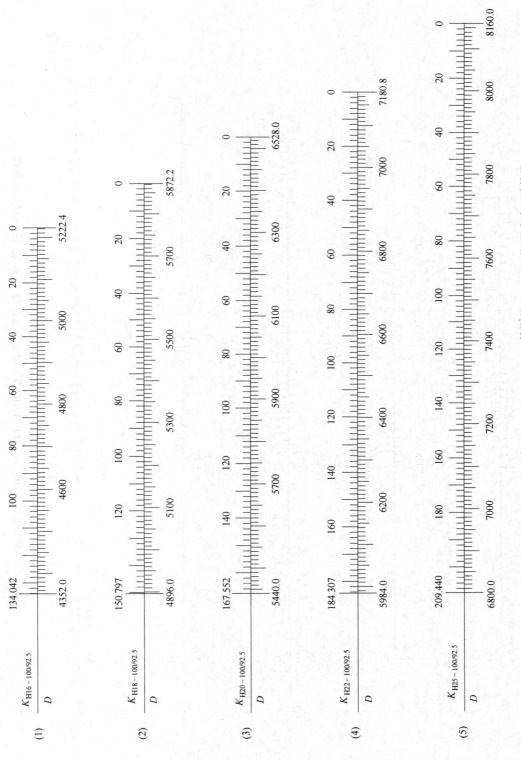

图 2-59 HA/10-100/92.5 与 HA/10-120.4/112.9 等楔差 7.5mm 双楔形砖砖环计算线

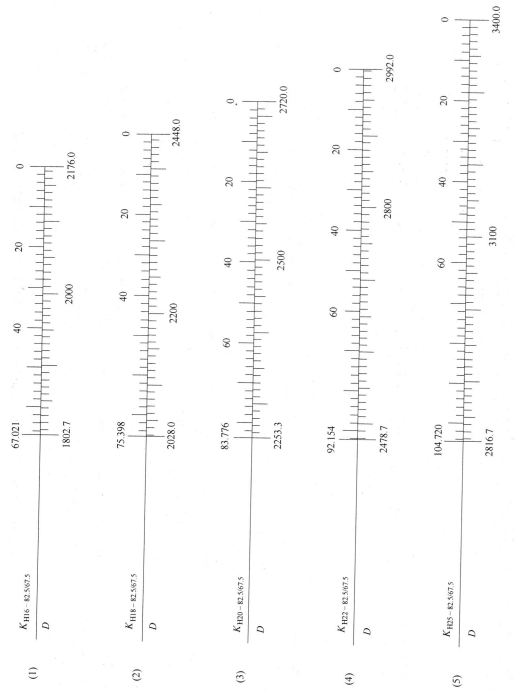

图 2-60　HA/10-82.5/67.5 与 HA/10-100/85.0P-C 等楔差 15.0mm 双楔形砖砌环计算线

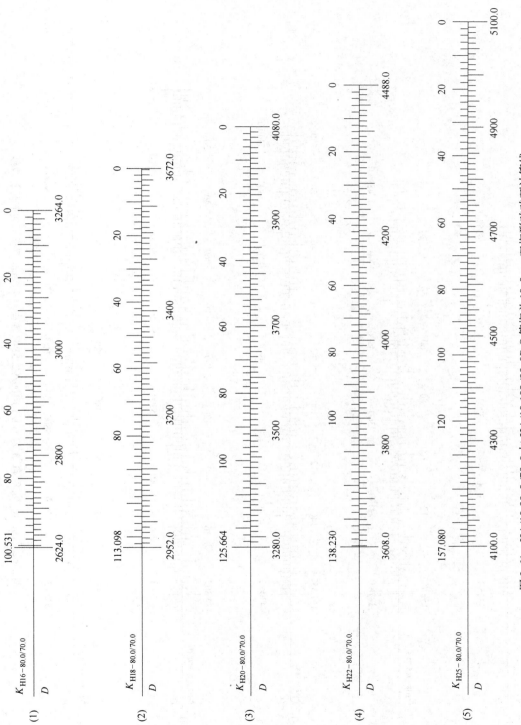

图 2-61 HA/10-80.0/70.0 与 HA/10-100/90.0P-C 等楔差 10.0mm 双楔形砖砖环计算线

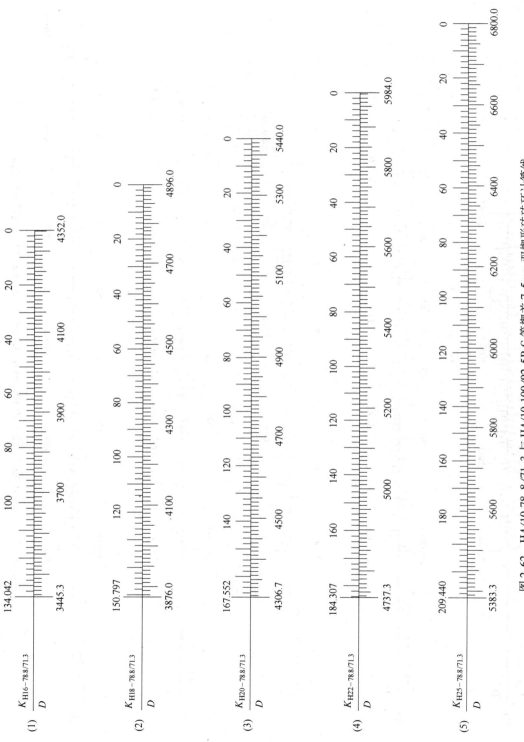

图 2-62　HA/10-78.8/71.3 与 HA/10-100/92.5P-C 等楔差 7.5mm 双楔形砖砖环计算线

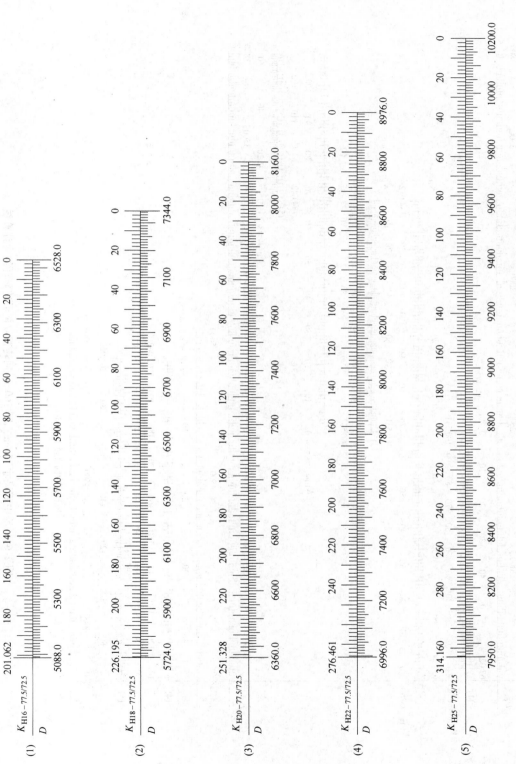

图 2-63　HA/10-77.5/72.5 与 HA/10-100/95.0P-C 等楔差 5.0mm 双楔形砖砖环计算线

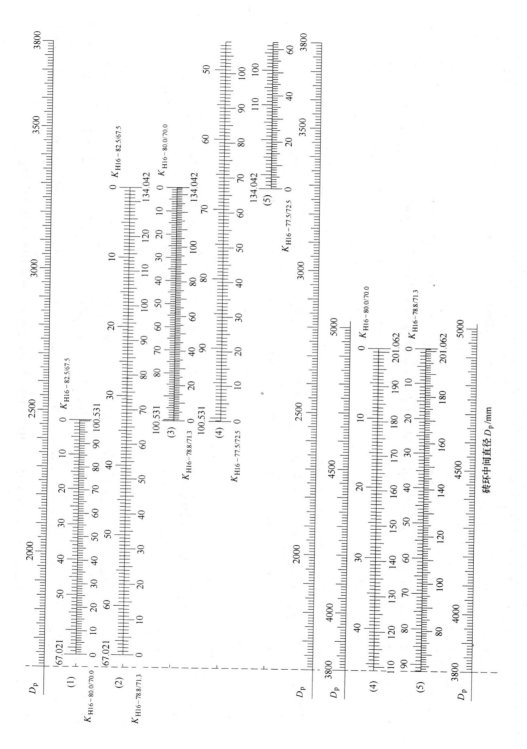

图2-64　等中间尺寸75mm、$A=160$mm 回转窑双楔形砖砖环组合计算线

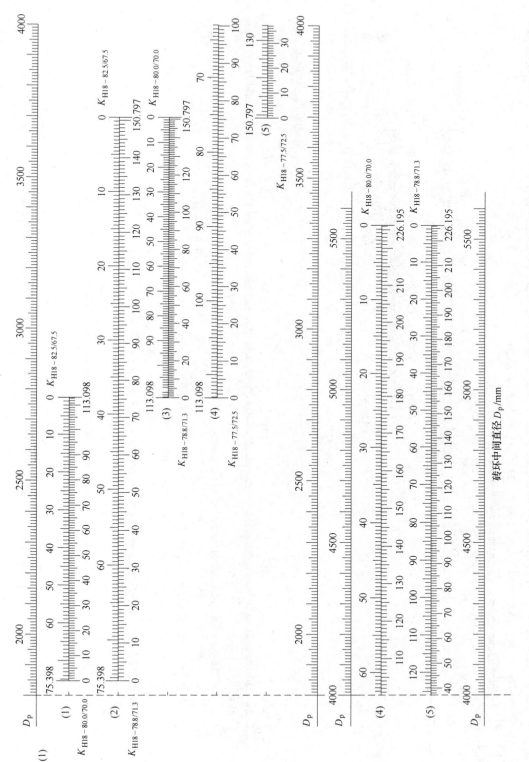

图 2-65 等中间尺寸 75mm, $A = 180$mm 回转窑双楔形砖砖环组合计算线

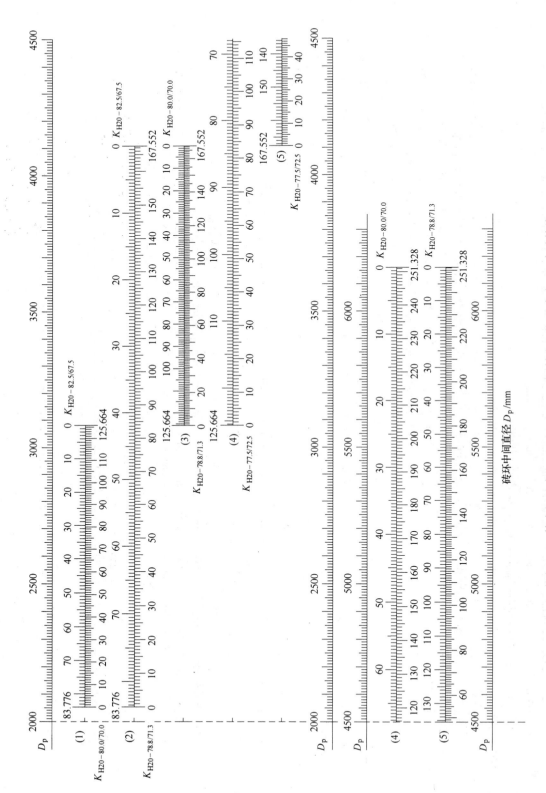

图 2-66　等中间尺寸 75mm，A = 200mm 回转窑双楔形砖砖环组合计算线

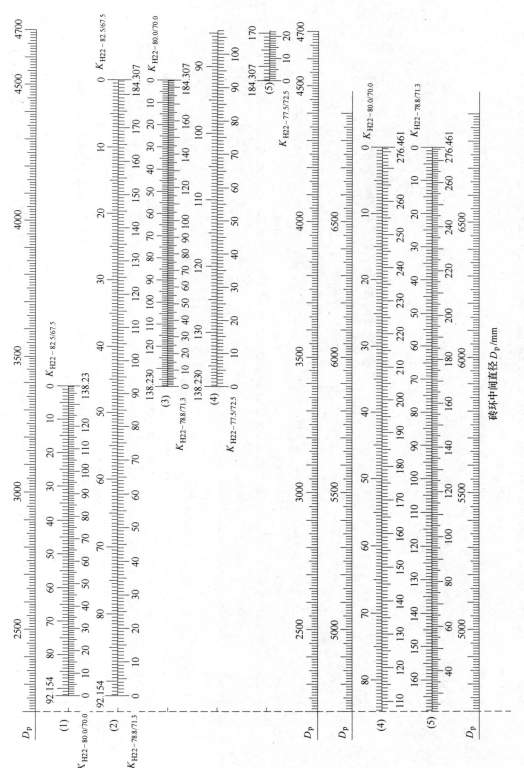

图 2-67 等中间尺寸 75mm、A = 220mm 回转窑双楔形砖砖环组合计算线

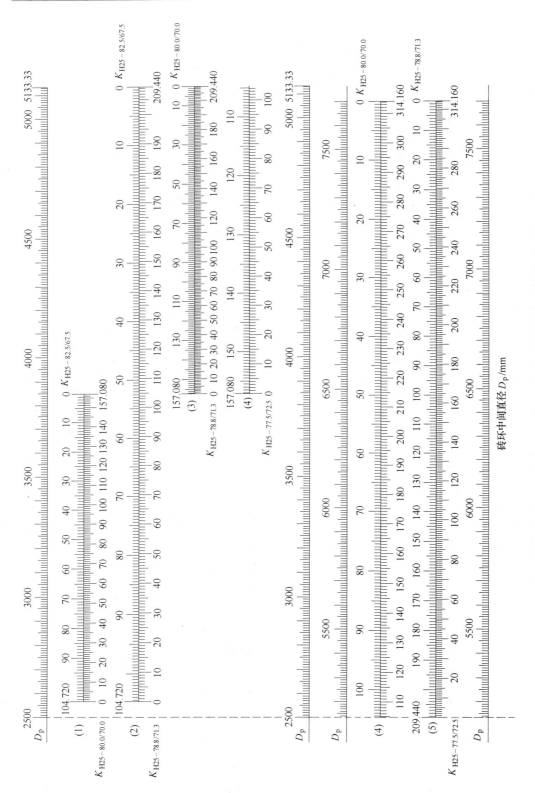

图 2-68　等中间尺寸 75mm，A = 250mm 回转窑双楔形砖砖环组合计算线

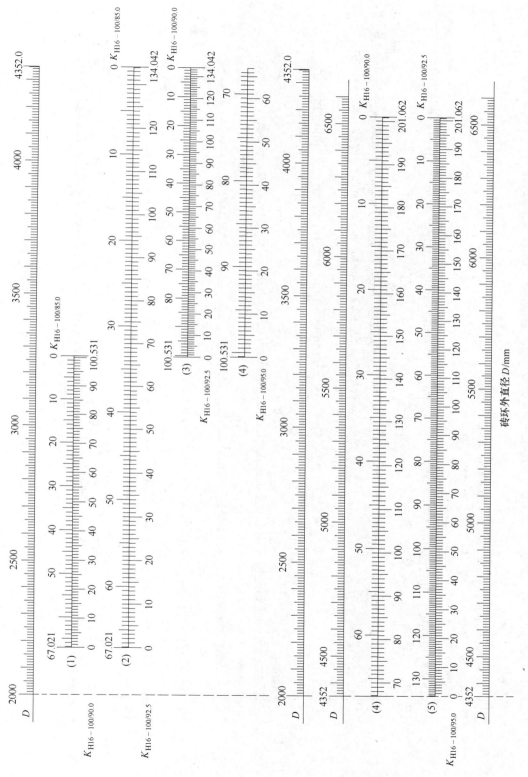

砖环外直径 D/mm

图 2-69　等大端尺寸 100mm，A = 160mm 回转窑双楔形砖砖环组合计算线

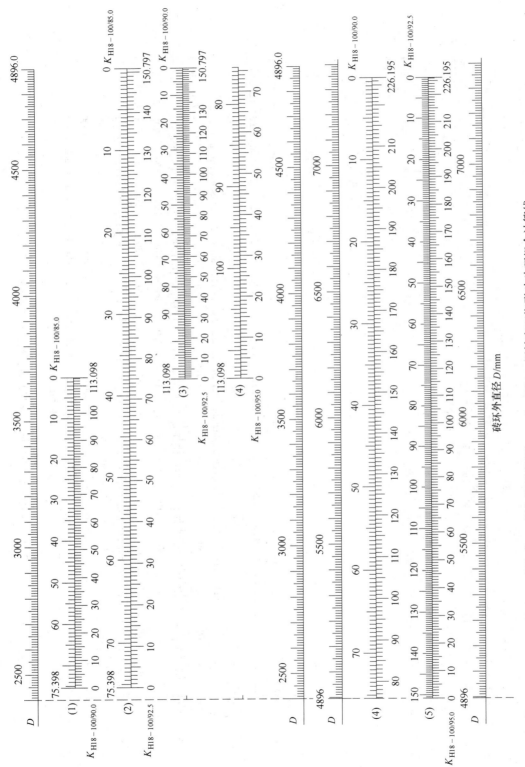

图 2-70　等大端尺寸 100mm，$A = 180$mm 回转窑双楔形砖砖环组合计算线

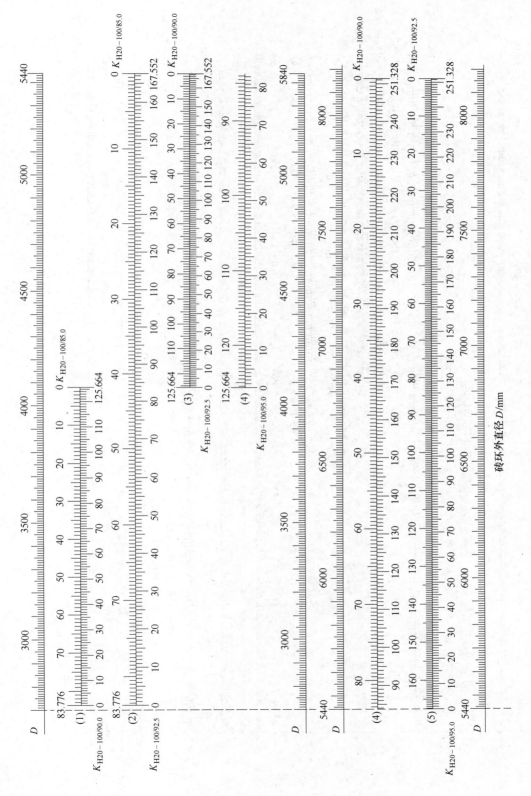

砖环外直径 D/mm

图 2-71 等大端尺寸 100mm，$A = 200$mm 回转窑双楔形砖砖环组合计算线

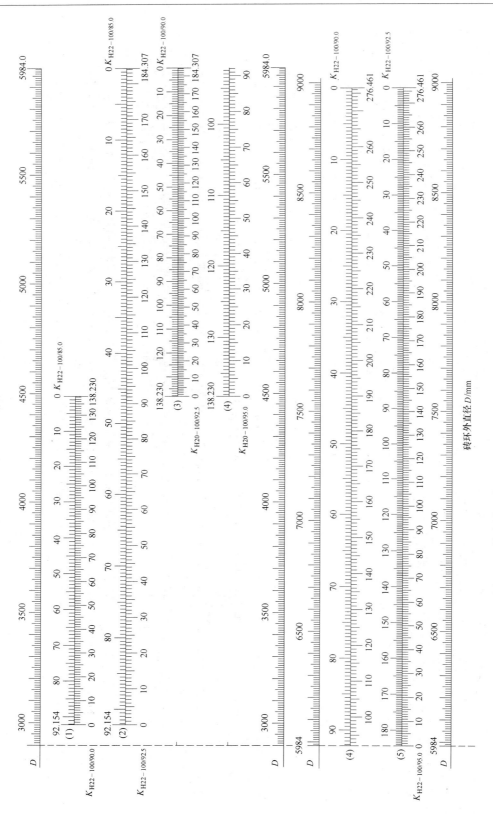

图 2-72　等大端尺寸 100mm，A = 220mm 回转窑双楔形砖砖环组合计算线

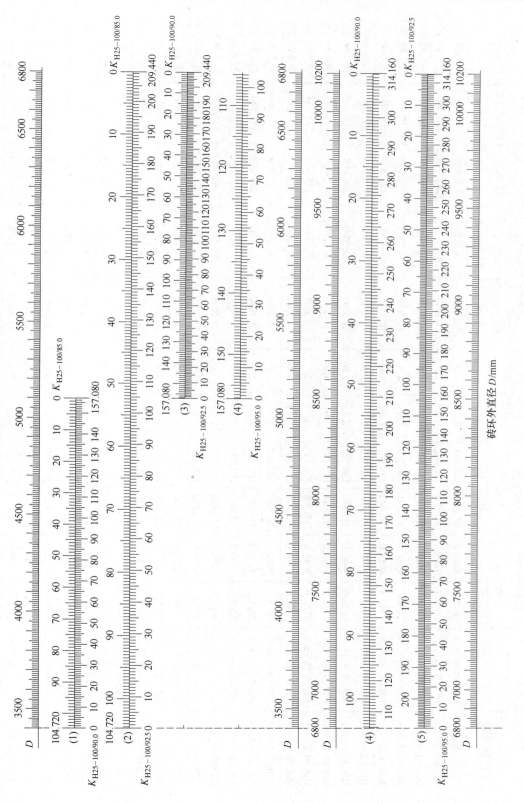

图 2-73　等大端尺寸 100mm、$A = 250$mm 回转窑双楔形砖砖环组合计算线

表2-43　等中间尺寸75mm回转窑窑衬双楔形砖砖环组合计算线绘制资料

配砌尺寸砖号		砖环中间直径 D_p/mm		每环极限砖数/块		简易式系数		一块楔形砖直径变化量		$10(\Delta D_p)'_{lx}$	$10(\Delta D_p)'_{ld}$	图号
小直径楔形砖	大直径楔形砖	D_{px}	D_{pd}	K'_x	K'_d	Q	T	$(\Delta D_p)'_{lx} = 24.5098/Q$	$(\Delta D_p)'_{ld} = 24.5098/T$			
H16-82.5/67.5	H16-80.0/70.0	1642.7	2464.0	67.021	100.531	2.0	3.0	12.2549	8.1699	122.549	81.699	图2-64 (1)
H16-82.5/67.5	H16-78.8/71.3	1642.7	3285.3	67.021	134.042	1.0	2.0	24.5098	12.2549	245.098	122.549	图2-64 (2)
H16-80.0/70.0	H16-78.8/71.3	2464.0	3285.3	100.531	134.042	3.0	4.0	8.1699	6.1275	81.699	61.275	图2-64 (3)
H16-80.0/70.0	H16-77.5/72.5	2464.0	4928.0	100.531	201.062	1.0	2.0	24.5098	12.2549	245.098	122.549	图2-64 (4)
H16-78.8/71.3	H16-77.5/72.5	3285.3	4928.0	134.042	201.062	2.0	3.0	12.2549	8.1699	122.549	81.699	图2-64 (5)
H18-82.5/67.5	H18-80.0/70.0	1848.0	3772.0	75.398	113.098	2.0	3.0	12.2549	8.1699	122.549	81.699	图2-65 (1)
H18-82.5/67.5	H18-78.8/71.3	1848.0	3696.0	75.398	150.797	1.0	2.0	24.5098	12.2549	245.098	122.549	图2-65 (2)
H18-80.0/70.0	H18-78.8/71.3	2772.0	3696.0	113.098	150.797	3.0	4.0	8.1699	6.1275	81.699	61.275	图2-65 (3)
H18-80.0/70.0	H18-77.5/72.5	2772.0	5544.0	113.098	226.195	1.0	2.0	24.5098	12.2549	245.098	122.549	图2-65 (4)
H18-78.8/71.3	H18-77.5/72.5	3696.0	5544.0	150.797	226.195	2.0	3.0	12.2549	8.1699	122.549	81.699	图2-65 (5)
H20-82.5/67.5	H20-80.0/70.0	2053.3	3080.0	83.776	125.664	2.0	3.0	12.2549	8.1699	122.549	81.699	图2-66 (1)
H20-82.5/67.5	H20-78.8/71.3	2053.3	4106.7	83.776	167.552	1.0	2.0	24.5098	12.2549	245.098	122.549	图2-66 (2)
H20-80.0/70.0	H20-78.8/71.3	3080.0	4106.7	125.664	167.552	3.0	4.0	8.1699	6.1275	81.699	61.275	图2-66 (3)
H20-80.0/70.0	H20-77.5/72.5	3080.0	6160.0	125.664	251.328	1.0	2.0	24.5098	12.2549	245.098	122.549	图2-66 (4)
H20-78.8/71.3	H20-77.5/72.5	4106.7	6160.0	167.552	251.328	2.0	3.0	12.2549	8.1699	122.549	81.699	图2-66 (5)
H22-82.5/67.5	H22-80.0/70.0	2258.7	3388.0	92.154	138.230	2.0	3.0	12.2549	8.1699	122.549	81.699	图2-67 (1)
H22-82.5/67.5	H22-78.8/71.3	2258.7	4517.3	92.154	184.307	1.0	2.0	24.5098	12.2549	245.098	122.549	图2-67 (2)
H22-80.0/70.0	H22-78.8/71.3	3388.0	4517.3	138.230	184.307	3.0	4.0	8.1699	6.1275	81.699	61.275	图2-67 (3)
H22-80.0/70.0	H22-77.5/72.5	3388.0	6776.0	138.230	276.461	1.0	2.0	24.5098	12.2549	245.098	122.549	图2-67 (4)
H22-78.8/71.3	H22-77.5/72.5	4517.3	6776.0	184.307	276.461	2.0	3.0	12.2549	8.1699	122.549	81.699	图2-67 (5)
H25-82.5/67.5	H25-80.0/70.0	2566.7	3850.0	104.720	157.080	2.0	3.0	12.2549	8.1699	122.549	81.699	图2-68 (1)
H25-82.5/67.5	H25-78.8/71.3	2566.7	5133.3	104.720	209.440	1.0	2.0	24.5098	12.2549	245.098	122.549	图2-68 (2)
H25-80.0/70.0	H25-78.8/71.3	3850.0	5133.3	157.080	209.440	3.0	4.0	8.1699	6.1275	81.699	61.275	图2-68 (3)
H25-80.0/70.0	H25-77.5/72.5	3850.0	7700.0	157.080	314.160	1.0	2.0	24.5098	12.2549	245.098	122.549	图2-68 (4)
H25-78.8/71.3	H25-77.5/72.5	5133.3	7700.0	209.440	314.160	2.0	3.0	12.2549	8.1699	122.549	81.699	图2-68 (5)

表 2-44 等大端尺寸 100mm 回转窑衬双楔形砖砖环组合计算线绘制资料

配砌尺寸砖号		砖环外直径 D/mm		每环极限砖数/块		简易式系数		一块楔形砖直径变化量		$10(\Delta D)'_{1x}$	$10(\Delta D)'_{1d}$	图 号
小直径楔形砖	大直径楔形砖	D_x	D_d	K'_x	K'_d	Q	T	$(\Delta D)'_{1x} = 32.4675/Q$	$(\Delta D)'_{1d} = 32.4675/T$			
H16-100/85.0	H16-100/90.0	2176.0	3264.0	67.021	100.531	2.0	3.0	16.2238	10.8225	162.338	108.225	图 2-69 (1)
H16-100/85.0	H16-100/92.5	2176.0	4352.0	67.021	134.042	1.0	2.0	32.4675	16.2338	324.675	162.338	图 2-69 (2)
H16-100/90.0	H16-100/92.5	3264.0	4352.0	100.531	134.042	3.0	4.0	10.8225	8.1169	108.225	81.169	图 2-69 (3)
H16-100/90.0	H16-100/95.0	3264.0	6528.0	100.531	201.062	1.0	2.0	32.4675	16.2338	324.675	162.338	图 2-69 (4)
H16-100/92.5	H16-100/95.0	4352.0	6528.0	134.042	201.062	2.0	3.0	16.2238	10.8225	162.338	108.225	图 2-69 (5)
H18-100/85.0	H18-100/90.0	2448.0	3672.0	75.398	113.098	2.0	3.0	16.2238	10.8225	162.338	108.225	图 2-70 (1)
H18-100/85.0	H18-100/92.5	2448.0	4896.0	75.398	150.797	1.0	2.0	32.4675	16.2338	324.675	162.338	图 2-70 (2)
H18-100/90.0	H18-100/92.5	3672.0	4896.0	113.098	150.797	3.0	4.0	10.8225	8.1169	108.225	81.169	图 2-70 (3)
H18-100/90.0	H18-100/95.0	3672.0	7344.0	113.098	226.195	1.0	2.0	32.4675	16.2338	324.675	162.338	图 2-70 (4)
H18-100/92.5	H18-100/95.0	4896.0	7344.0	150.797	226.195	2.0	3.0	16.2238	10.8225	162.338	108.225	图 2-70 (5)
H20-100/85.0	H20-100/90.0	2720.0	4080.0	83.776	125.664	2.0	3.0	16.2238	10.8225	162.338	108.225	图 2-71 (1)
H20-100/85.0	H20-100/92.5	2720.0	5440.0	83.776	167.552	1.0	2.0	32.4675	16.2338	324.675	162.338	图 2-71 (2)
H20-100/90.0	H20-100/92.5	4080.0	5440.0	125.664	167.552	3.0	4.0	10.8225	8.1169	108.225	81.169	图 2-71 (3)
H20-100/90.0	H20-100/95.0	4080.0	8160.0	125.664	251.328	1.0	2.0	32.4675	16.2338	324.675	162.338	图 2-71 (4)
H20-100/92.5	H20-100/95.0	5440.0	8160.0	167.552	251.328	2.0	3.0	16.2238	10.8225	162.338	108.225	图 2-71 (5)
H22-100/85.0	H22-100/90.0	2992.0	4488.0	92.154	138.230	2.0	3.0	16.2238	10.8225	162.338	108.225	图 2-72 (1)
H22-100/85.0	H22-100/92.5	2992.0	5984.0	92.154	184.307	1.0	2.0	32.4675	16.2338	324.675	162.338	图 2-72 (2)
H22-100/90.0	H22-100/92.5	4488.0	5984.0	138.230	184.307	3.0	4.0	10.8225	8.1169	108.225	81.169	图 2-72 (3)
H22-100/90.0	H22-100/95.0	4488.0	8976.0	138.230	276.461	1.0	2.0	32.4675	16.2338	324.675	162.338	图 2-72 (4)
H22-100/92.5	H22-100/95.0	5984.0	8976.0	184.307	276.461	2.0	3.0	16.2238	10.8225	162.338	108.225	图 2-72 (5)
H25-100/85.0	H25-100/90.0	3400.0	5100.0	104.720	157.080	2.0	3.0	16.2238	10.8225	162.338	108.225	图 2-73 (1)
H25-100/85.0	H25-100/92.5	3400.0	6800.0	104.720	209.440	1.0	2.0	32.4675	16.2338	324.675	162.338	图 2-73 (2)
H25-100/90.0	H25-100/92.5	5100.0	6800.0	157.080	209.440	3.0	4.0	10.8225	8.1169	108.225	81.169	图 2-73 (3)
H25-100/90.0	H25-100/95.0	5100.0	10200.0	157.080	314.160	1.0	2.0	32.4675	16.2338	324.675	162.338	图 2-73 (4)
H25-100/92.5	H25-100/95.0	6800.0	10200.0	209.440	314.160	2.0	3.0	16.2238	10.8225	162.338	108.225	图 2-73 (5)

C　回转窑双楔形砖砖环计算线和组合计算线的使用

现用本手册回转窑双楔形砖砖环计算线和组合计算线，查找示例中我国配砌方案的用砖量，同时说明计算线和组合线的使用。

[**示例 2**]　$D = 3000.0$mm（$D_p = 2800.0$mm）、$A = 200$mm 双楔形砖砖环

方案 8　H20-100/85.0 与 H20-100/90.0 等大端尺寸 100mm 双楔形砖砖环

由表 2-44 知可查图 2-71（1），在外框上下 $D = 3000.0$mm 处用直尺交于线段（1）上方刻度，查得 $K_{\text{H20-100/85.0}}$ 约为 66.5 块（计算值 66.53 块）；交于线段（1）下方刻度，查得 $K_{\text{H20-100/90.0}}$ 约为 25.5 块（计算值 25.87 块）。

方案 9　H20-100/85.0 与 H20-100/92.5 等大端尺寸 100mm 双楔形砖砖环

由表 2-44 知可查图 2-71（2），在外框上下 $D = 3000.0$mm 处用直尺交于线段（2）上方刻度，查得 $K_{\text{H20-100/85.0}}$ 约为 75 块（计算值 75.15 块）；交于线段（2）下方刻度，查得 $K_{\text{H20-100/92.5}}$ 约为 17 块（计算值 17.25 块）。

方案 10　H20-82.5/67.5 与 H20-80.0/70.0 等中间尺寸 75mm 双楔形砖砖环

由表 2-43 知可查图 2-66（1），在外框上下 $D_p = 2800.0$mm 处用直尺交于线段（1）上方刻度，查得 $K_{\text{H20-82.5/67.5}}$ 约为 23 块（计算值 22.85 块）；交于线段（1）下方刻度，查得 $K_{\text{H20-80.0/70.0}}$ 约为 91 块（计算值 91.4 块）。

方案 11　H20-82.5/67.5 与 H20-78.8/71.3 等中间尺寸 75mm 双楔形砖砖环

由表 2-43 知可查图 2-66（2），在外框上下 $D_p = 2800.0$mm 处用直尺交于线段（2）上方刻度，查得 $K_{\text{H20-82.5/67.5}}$ 约为 53.5 块（计算值 53.31 块）；交于线段（2）下方刻度，查得 $K_{\text{H20-78.8/71.3}}$ 约为 61 块（计算值 60.93 块）。

方案 12　H20-100/85.0 与 H20-80.0/70.0 不等端尺寸双楔形砖砖环

由表 2-42 知可查图 2-51（3），在下水平线段下方刻度 $D = 3000.0$mm 处，用直角三角尺底边与下水平线段重合，查得垂直边与水平线段上方刻度交点的 $K_{\text{H20-100/85.0}}$ 约为 42 块（计算值 41.89 块）；垂直边与上水平线段下方刻度交点的 $K_{\text{H20-80.0/70.0}}$ 约为 63 块（计算值 62.83 块）；垂直边与下水平线段上方刻度交点的 K_h 约为 105 块（计算值 104.72 块）。

[**示例 3**]　$D = 6500.0$mm（$D_p = 6250.0$mm）、$A = 250$mm 双楔形砖砖环

方案 9　H25-80.0/70.0 与 H25-77.5/72.5 等中间尺寸 75mm 双楔形砖砖环

由表 2-43 知可查图 2-68（4），在外框上下 $D_p = 6250.0$mm 处用直尺交于线段（4）上方刻度，查得 $K_{\text{H25-80.0/70.0}}$ 约为 59 块（计算值 59.16 块）；交于线段（4）下方刻度，查得 $K_{\text{H25-77.5/72.5}}$ 约为 196 块（计算值 195.84 块）。

方案 10　H25-78.8/71.3 与 H25-77.5/72.5 等中间尺寸 75mm 双楔形砖砖环

由表 2-43 知可查图 2-68（5），在外框上下 $D_p = 6250.0$mm 处用直尺交于线段（5）上方刻度，查得 $K_{\text{H25-78.8/71.3}}$ 约为 118 块（计算值 118.32 块）；交于线段（5）下方刻度，查得 $K_{\text{H25-77.5/72.5}}$ 约为 136.5 块（计算值 136.68 块）。

方案 11　H25-100/85.0 与 H25-100/92.5 等大端尺寸 100mm 双楔形砖砖环

由表 2-44 知可查图 2-73（2），在外框上下 $D_p = 6500.0$mm 处用直尺交于线段（2）上方刻度，查得 $K_{\text{H25-100/85.0}}$ 约为 9 块（计算值 9.24 块）；交于线段（2）下方刻度，查得 $K_{\text{H25-100/92.5}}$ 约为 191 块（计算值 190.96 块）。

方案 12　H25-100/90.0 与 H25-100/92.5 等大端尺寸 100mm 双楔形砖砖环

由表 2-44 知可查图 2-73（3），在外框上下 $D_p = 6500.0mm$ 处用直尺交于线段（3）上方刻度，查得 $K_{H25-100/90.0}$ 约为 28 块（计算值 27.72 块）；交于线段（3）下方刻度，查得 $K_{H25-100/92.5}$ 约为 172.5 块（计算值 172.48 块）。

方案 13　H25-100/90.0 与 H25-100/95.0 等大端尺寸 100mm 双楔形砖砖环

由表 2-44 知可查图 2-73（4），在外框上下 $D = 6500.0mm$ 处用直尺交于线段（4）上方刻度，查得 $K_{H25-100/90.0}$ 约为 114 块（计算值 113.96 块）；交于线段（4）下方刻度，查得 $K_{H25-100/95.0}$ 约为 86 块（计算值 86.24 块）。

方案 14　H25-78.8/71.3 与 H25-119.1/111.6 等楔差 7.5mm 双楔形砖砖环

在图 2-58（5），对准线段下方刻度 $D = 6500.0$，查得线段上方刻度的 $K_{H25-78.8/71.3}$ 约为 122.5 块（计算值 122.55 块）；砖环总砖数 $K_h = K'_{H16-78.8/71.3} = 209.44$ 块；$K_{H25-119.1/111.6} = K_h - K_{H25-78.8/71.3} = 209.44 - 122.5 = 88.94$ 块。

方案 15　H25-80.0/70.0 与 H25-100/92.5 不等端尺寸双楔形砖砖环

由表 2-42 知可查图 2-48（5），在下水平线段下方刻度 $D = 6500.0mm$ 处，直角三角尺底边与下水平线段重合，查得垂直边与上水平线段下方刻度交点的 $K_{H25-80.0/70.0}$ 约为 17.5 块（计算值 17.48 块）；垂直边与上水平线段下方刻度交点的 $K_{H25-100/92.5}$ 约为 186 块（计算值 186.17 块）；垂直边与下水平线段上方刻度交点的 K_h 约为 203.5 块（计算值 203.62 块）。

方案 16　H25-80.0/70.0 与 H25-100/95.0 不等端尺寸双楔形砖砖环

由表 2-42 知可查图 2-49（5），在下水平线段下方刻度 $D = 6500.0mm$ 处，直角三角尺底边与下水平线段重合，查得垂直边与上水平线段下方刻度交点的 $K_{H25-80.0/70.0}$ 约为 95 块（计算值 95.3 块）；垂直边与上水平线段下方刻度交点的 $K_{H25-100/95.0}$ 约为 123.5 块（计算值 123.6 块）；垂直边与下水平线段上方刻度交点的 K_h 约为 219 块（计算值 218.9 块）。

方案 17　H25-78.8/71.3 与 H25-100/92.5P-C 等楔差 7.5mm 双楔形砖砖环

在图 2-62（5），对准线段下方刻度 $D = 6500mm$，查得线段上方刻度的 $K_{H25-78.8/71.3}$ 约为 44.5 块（计算值 44.3 块）；砖环总砖数 $K_h = K'_{H25-78.8/71.3} = 209.44$ 块；$K_{H25-100/92.5} = 209.44 - 44.5 = 169.94$ 块。

[示例 4]　$D = 6500.0mm（D_p = 6300.0mm）$、$A = 200mm$ 双楔形砖砖环

方案 8　H20-77.5/72.5 与 H20-104.0/99.0 等楔差 5.0mm 双楔形砖砖环

在图 2-56（3），对准线段下方刻度 $D = 6500mm$，查得线段上方刻度的 $K_{H20-77.5/72.5}$ 约为 234.5 块（计算值 234.73 块）；砖环总砖数 $K_h = K'_{H20-77.5/72.5} = 251.328$ 块；$K_{H20-104.0/99.0} = K_h - K_{H20-77.5/72.5} = 251.328 - 234.5 = 16.8$ 块。

方案 9　H20-100/92.5 与 H20-120.4/112.9 等楔差 7.5mm 双楔形砖砖环

在图 2-59（3），对准线段下方刻度 $D = 6500mm$，查得线段上方刻度的 $K_{H20-100/92.5}$ 约为 4.5 块（计算值 4.31 块）；砖环总砖数 $K_h = K'_{H20-100/92.5} = 167.552$ 块；$K_{H20-120.4/112.9} = K_h - K_{H20-100/92.5} = 167.552 - 4.5 = 163.1$ 块。

方案 10　H20-100/90.0 与 H20-100/95.0 等大端尺寸 100mm 双楔形砖砖环

由表 2-44 知可查图 2-71（4），在外框上下 $D = 6500.0mm$ 处用直尺交于线段（4）上方刻度，查得 $K_{H20-100/90.0}$ 约为 51 块（计算值 51.13 块）；交于线段（4）下方刻度，查得 $K_{H20-100/95.0}$ 约为 149 块（计算值 149.07 块）。

方案 11　H20-100/92.5 与 H20-100/95.0 等大端尺寸 100mm 双楔形砖砖环

由表 2-44 知可查图 2-71 (5)，在外框上下 $D = 6500.0$mm 处用直尺交于线段 (5) 上方刻度，查得 $K_{H25-100/92.5}$ 约为 102 块（计算值 102.26 块）；交于线段 (5) 下方刻度，查得 $K_{H20-100/95.0}$ 约为 98 块（计算值 97.94 块）。

方案 12　H20-80.0/70.0 与 H20-100/95.0 不等端尺寸双楔形砖砖环

由表 2-42 知可查图 2-49 (3)，在下水平线段下方刻度 $D = 6500.0$mm 处，直角三角尺底边与下水平线段重合，查得垂直边与上水平线段下方刻度交点的 $K_{H20-80.0/70.0}$ 约为 42.5 块（计算值 42.75 块）；垂直边与上水平线段下方刻度交点的 $K_{H20-100/95.0}$ 约为 166 块（计算值 165.83 块）；垂直边与下水平线段上方刻度交点的 K_h 约为 208.5 块（计算值 208.58 块）。

方案 13　H20-78.8/71.3 与 H20-100/95.0 不等端尺寸双楔形砖砖环

由表 2-42 知可查图 2-50 (3)，在下水平线段下方刻度 $D = 6500.0$mm 处，直角三角尺底边与下水平线段重合，查得垂直边与上水平线段下方刻度交点的 $K_{H20-78.8/71.3}$ 约为 72 块（计算值 72.18 块）；垂直边与上水平线段下方刻度交点的 $K_{H20-100/95.0}$ 约为 143 块（计算值 143.05 块）；垂直边与下水平线段上方刻度交点的 K_h 约为 215 块（计算值 215.224 块）。

[示例 5]　$D = 8300.0$mm（$D_p = 8050.0$mm）、$A = 250$mm 双楔形砖砖环

方案 4　H25-77.5/72.5 与 H25-104.0/99.0 等楔差 5.0mm 双楔形砖砖环

在图 2-56 (5)，对准线段下方刻度 $D = 8300.0$mm，查得线段上方刻度的 $K_{H25-77.5/72.5}$ 为 272.5 块（计算值 272.67 块）；砖环总砖数 $K_h = K'_{H25-77.5/72.5} = 314.160$ 块；$K_{H25-107.0/99.0} = K_h - K_{H25-77.5/72.5} = 314.160 - 272.5 = 41.66$ 块。

方案 5　H25-100/90.0 与 H25-100/95.0 等大端尺寸 100mm 双楔形砖砖环

由表 2-44 知可查图 2-73 (4)，在外框上下 $D = 8300.0$mm 处用直尺交于线段 (4) 上方刻度，查得 $K_{H25-100/90.0}$ 约为 58.5 块（计算值 58.52 块）；交于线段 (4) 下方刻度，查得 $K_{H25-100/95.0}$ 约为 197 块（计算值 197.12 块）。

方案 6　H25-100/92.5 与 H25-100/95.0 等大端尺寸 100mm 双楔形砖砖环

由表 2-44 知可查图 2-73 (5)，在外框上下 $D = 8300.0$mm 处用直尺交于线段 (5) 上方刻度，查得 $K_{H25-100/92.5}$ 约为 117 块（计算值 117.04 块）；交于线段 (5) 下方刻度，查得 $K_{H25-100/95.0}$ 约为 138.5 块（计算值 138.6 块）。

方案 7　H25-80.0/70.0 与 H25-100/95.0 不等端尺寸双楔形砖砖环

由表 2-42 知可查图 2-49 (5)，在下水平线段下方刻度 $D = 8300.0$mm 处，直角三角尺底边与下水平线段重合，查得垂直边与上水平线段上方刻度交点的 $K_{H25-80.0/70.0}$ 约为 49 块（计算值 48.93 块）；垂直边与上水平线段下方刻度交点的 $K_{H25-100/95.0}$ 约为 216 块（计算值 216.3 块）；垂直边与下水平线段上方刻度交点的 K_h 约为 265 块（计算值 265.23 块）。

方案 8　H25-78.8/71.3 与 H25-100/95.0 不等端尺寸双楔形砖砖环

由表 2-42 知可查图 2-50 (5)，在下水平线段下方刻度 $D = 8300.0$mm 处，直角三角尺底边与下水平线段重合，查得垂直边与上水平线段上方刻度交点的 $K_{H25-78.8/71.3}$ 约为 82.5 块（计算值 82.61 块）；垂直边与上水平线段下方刻度交点的 $K_{H25-100/95.0}$ 约为 190 块（计算值 190.23 块）；垂直边与下水平线段上方刻度交点的 K_h 约为 272.5 块（计算值 272.84 块）。

方案 9　H25-77.5/72.5 与 H25-100/95.0P-C 等楔差 5.0mm 双楔形砖砖环

在图 2-63 (5)，对准水平线段下方刻度 $D = 8300.0$mm，查得线段上方刻度的

$K_{H25\text{-}77.5/72.5}$ 为 265 块（计算值 265.29 块）；砖环总砖数 $K_h = K'_{H25\text{-}77.5/72.5} = 314.160$ 块；$K_{H25\text{-}100.0/95.0} = K_h - K_{H25\text{-}77.5/72.5} = 314.160 - 265 = 49.16$ 块。

[示例 6]　　$D = 3000.0mm(D_p = 2840.0mm)$、$A = 160mm$ 双楔形砖砖环

方案 1　H16-80.0/70.0 与 H16-78.8/71.3 等中间尺寸 75mm 双楔形砖砖环

由表 2-43 知可查图 2-64（3），在外框上下 $D_p = 2840.0mm$ 处用直尺交于线段（3）上方刻度，查得 $K_{H16\text{-}80.0/70.0}$ 约为 54.5 块（计算值 54.50 块）；交于线段（3）下方刻度，查得 $K_{H16\text{-}78.8/71.3}$ 约为 61 块（计算值 61.36 块）。

方案 2　H16-80.0/70.0 与 H16-100/90.0P-C 等楔差 10.0mm 双楔形砖砖环

在图 2-61（1），对准水平线段下方刻度 $D = 3000.0mm$，查得线段上方刻度的 $K_{H16\text{-}80.0/70.0}$ 为 41.5 块（计算值 41.47 块）；砖环总砖数 $K_h = K'_{H16\text{-}80.0/70.0} = 100.531$ 块；$K_{H16\text{-}100/90.0} = K_h - K_{H16\text{-}80.0/70.0} = 100.531 - 41.5 = 59.031$ 块。

方案 3　H16-100/85.0 与 H16-100/92.5 等大端尺寸 100mm 双楔形砖砖环

由表 2-44 知可查图 2-69（2），在外框上下 $D = 3000.0mm$ 处用直尺交于线段（2）上方刻度，查得 $K_{H16\text{-}100/85.0}$ 约为 41.5 块（计算值 41.64 块）；交于线段（2）下方刻度，查得 $K_{H16\text{-}100/92.5}$ 约为 51 块（计算值 50.76 块）。

方案 4　H16-82.5/67.5 与 H16-100/92.5 不等端尺寸双楔形砖砖环

由表 2-42 知可查图 2-47（1），在下水平线段下方刻度 $D = 3000.0mm$ 处，直角三角尺底边与下水平线段重合，查得垂直边与上水平线段上方刻度交点的 $K_{H16\text{-}82.5/67.5}$ 约为 35.5 块（计算值 35.54 块）；垂直边与上水平线段下方刻度交点的 $K_{H16\text{-}100/92.5}$ 约为 63 块（计算值 62.95 块）；垂直边与下水平线段上方刻度交点的 K_h 约为 98.5 块（计算值 98.49 块）。

方案 5　H16-80.0/70.0 与 H16-100/92.5 不等端尺寸双楔形砖砖环

由表 2-42 知可查图 2-48（1），在下水平线段上方刻度 $D = 3000.0mm$ 处，直角三角尺底边与下水平线段重合，查得垂直边与上水平线段上方刻度交点的 $K_{H16\text{-}80.0/70.0}$ 约为 78.5 块（计算值 78.53 块）；垂直边与上水平线段下方刻度交点的 $K_{H16\text{-}100/92.5}$ 约为 29 块（计算值 29.17 块）；垂直边与下水平线段上方刻度交点的 K_h 约为 107.5 块（计算值 107.70 块）。

方案 6　H16-80.0/70.0 与 H16-77.5/72.5 等中间尺寸 75mm 双楔形砖砖环

由表 2-43 知可查图 2-64（4），在外框上下 $D_p = 2840.0mm$ 处用直尺交于线段（4）上方刻度，查得 $K_{H16\text{-}80.0/70.0}$ 约为 85 块（计算值 85.19 块）；交于线段（4）下方刻度，查得 $K_{H16\text{-}77.5/72.5}$ 约为 31 块（计算值 30.68 块）。

方案 7　H16-100/85.0 与 H16-78.8/71.3 不等端尺寸双楔形砖砖环

由表 2-42 知可查图 2-52（1），在下水平线段下方刻度 $D = 3000.0mm$ 处，直角三角尺底边与下水平线段重合，查得垂直边与上水平线段上方刻度交点的 $K_{H16\text{-}100/85.0}$ 约为 23.5 块（计算值 23.51 块）；垂直边与上水平线段下方刻度交点的 $K_{H16\text{-}78.8/71.3}$ 约为 87 块（计算值 87.01 块）；垂直边与下水平线段上方刻度交点的 K_h 约为 110.5 块（计算值 110.52 块）。

方案 8　H16-100/85.0 与 H16-100/90.0 等大端尺寸 100mm 双楔形砖砖环

由表 2-44 知可查图 2-69（1），在外框上下 $D = 3000.0mm$ 处用直尺交于线段（1）上方刻度，查得 $K_{H16\text{-}100/85.0}$ 约为 16（计算值 16.26 块）；交于线段（1）下方刻度，查得

$K_{\text{H16-100/90.0}}$ 约为 76 块（计算值 76.14 块）。

方案 9　H16-82.5/67.5 与 H16-100/90.0 不等端尺寸双楔形砖砖环

由表 2-42 知可查图 2-46（1），在下水平线段下方刻度 $D = 3000.0$mm 处，直角三角尺底边与下水平线段重合，查得垂直边与上水平线段上方刻度交点的 $K_{\text{H16-82.5/67.5}}$ 约为 12 块（计算值 12.11 块）；垂直边与上水平线段下方刻度交点的 $K_{\text{H16-100/90.0}}$ 约为 82.5 块（计算值 82.36 块）；垂直边与下水平线段上方刻度交点的 K_{h} 约为 94.5 块（计算值 94.47 块）。

方案 10　H16-80.0/70.0 与 H16-100/95.0 不等端尺寸双楔形砖砖环

由表 2-42 知可查图 2-49（1），在下水平线段下方刻度 $D = 3000.0$mm 处，直角三角尺底边与下水平线段重合，查得垂直边与上水平线段上方刻度交点的 $K_{\text{H16-80.0/70.0}}$ 约为 91 块（计算值 90.85 块）；垂直边与上水平线段下方刻度交点的 $K_{\text{H16-100/95.0}}$ 约为 19 块（计算值 19.36 块）；垂直边与下水平线段上方刻度交点的 K_{h} 约为 110 块（计算值 110.21 块）。

方案 11　H16-82.5/67.5 与 H16-78.8/71.3 等中间尺寸 100mm 双楔形砖砖环

由表 2-43 知可查图 2-64（2），在外框上下 $D_{\text{p}} = 2840.0$mm 处用直尺交于线段（2）上方刻度，查得 $K_{\text{H16-82.5/67.5}}$ 约为 18（计算值 18.17 块）；交于线段（2）下方刻度，查得 $K_{\text{H16-78.8/71.3}}$ 约为 97.5 块（计算值 97.70 块）。

2.3　回转窑双楔形砖砖环计算式、砖量表、坐标图和计算线的选用

求得回转窑双楔形砖砖环小直径楔形砖数量 K_{x}、大直径楔形砖数量 K_{d} 和砖环总砖数 K_{h} 具体数值的方法，本手册介绍了公式计算法、查砖量表法、查直角坐标计算图法、查计算线和查组合计算线法。实践中选用哪种方法呢？通过这些方法特点的比较（见表 2-45）和各种方法间的关系，回答这个问题。

首先，回转窑双楔形砖砖环砖量的公式计算法，就是运用基于尺寸特征（楔形砖的直径和每环极限砖数）的双楔形砖砖环中国计算式（式 1-11、式 1-12）和简化成一系列简易计算式计算 K_{x}、K_{d} 和 K_{h} 的过程。与国外公式计算法比较，中国计算式的计算过程简化、快捷和结果精确。公式计算法仍需进行运算，过程和结果仍有可能出现错误。基于尺寸特征的双楔形砖砖环中国计算式的组成和特性，指导了双楔形砖砖环非计算砖量查找法的编制和绘制。中国计算式明显表现出直线方程的特性，砖环直径 D（或 D_{p}）在一定的 $D_{\text{x}} \sim D_{\text{d}}$ 范围内，砖量的变化与砖环直径成直线关系，砖环直径和砖量都具有可均分性。这是没有计算过程的砖量表、直角坐标计算图、计算线和组合计算线编制或绘制原理的基础。中国计算式组成之一的砖环直径 D 或 D_{p} 的系数 n 和 m（称为单位直径对应的砖数）是砖量表编制方法的重要手段。中国计算式组成之一的楔形砖尺寸特征（直径 D_{x}、D_{d}，每环极限砖数 K'_{x} 和 K'_{d}），可直接作为绘制直角坐标计算图线段端点的坐标。中国计算式组成之一的直径系数 n 和 m 的倒数——一块楔形砖直径变化量 $(\Delta D)'_{\text{1x}}$、$(\Delta D)'_{\text{1d}}$ 和 $(\Delta D)'_{\text{1h}}$ 是绘制计算线和组合计算线的有效方法。非公式计算查找砖量法的编制或绘制，不仅离不开中国计算式，而且还加深了对中国计算式的理解和应用。因此，不管绘（编）制和应用哪种非公式计算查找砖量法，都应该熟悉基于尺寸特征的双楔形砖砖环中国计算式。

其次，从公式计算法到砖量表、直角坐标计算图、计算线和组合计算线，这是从计算砖量过程到不用计算砖量过程的发展，向查找砖量过程越来越简化方向的发展，更是基于尺寸特征的双楔形砖砖环中国计算式发展和应用的过程。可以认为，砖量表比公式计算法简化，组合计算线比直角坐标计算图简化。特别是组合计算线，是绘制简单容易、精度高，查找块、包括全貌的不需计算过程的查找方法。

第三，关于砖环直径和砖量精度、占用版面大小。公式计算法的精度可以达到最高：砖环直径可小到小数，砖环砖数可小到 0.01 块，而占用版面却最小。非公式计算法的砖环直径和砖数精度都受到占用版面大小的影响：要求精度高，占用版面大。如果砖环直径的精度在 10mm，砖环砖数的精度在 0.1（砖量表）～0.5 块（直角坐标计算图、计算线和组合计算线），在这种情况下占用版面大小的次序为砖量表（最大）、直角坐标计算图（大）、计算线（较小）和组合计算线（最小）。一般情况下，砖环直径精度 10mm 和砖量精度 0.5 块，直角坐标计算图、计算线和组合计算线，在本手册的一页版面都可实现。但反映全貌的砖量表满足上述同样精度时却需要几页版面，本手册为节省版面和限于篇幅只好将砖环直径扩大到 100mm。

第四，关于计算或查找速度。除公式计算法的计算速度最慢外，非公式计算法得出砖数的快慢顺序为：查找砖量表法最快、计算线和组合计算线次之（快）、直角坐标计算图较快。

第五，关于出砖数的范围（K_x、K_d 和 K_h）。本手册所有砖量计算法或查找法，本来都可求得 K_x、K_d 和 K_h 来，只是根据每种方法、双楔形砖砖环种类和尽量节省版面的需要，对个别方法的个别砖量作了删减。例如等楔差双楔形砖砖环，考虑其 $K_h = K'_x = K'_d$ 和 $K'_d = K'_x - K_x$ 特点，仅用一条 K_x 水平线段，而省去 K_h 和 K_d 线段。再例如反映全貌并节省版面的等端（间）双楔形砖砖环组合计算线，考虑这些砖环总砖数非常容易计算和节省版面而删除砖环总砖数 K_h 线段。

第六，充分发挥每种非公式计算方法的特殊功能。每种非公式计算方法都有自身的特殊功能或最适用于何种双楔形砖砖环砖量的查找。砖量表的粗实线框画出了优秀砖量配比的界限，适用于砖量配比的优选。直角坐标计算图直观地反映了砖量随砖环直径的变化趋势，K_x 与 K_d 线段交点代表理想砖环的坐标，适用于对基于尺寸特征的双楔形砖砖环中国计算式的推导、理解和应用，适用于直接查出理想砖环的理想直径和理想砖数。单体计算线中线段数量的灵活性，可用于包括 K_x、K_d 和计算困难的 K_h 的不等端尺寸双楔形砖砖环计算线，也可用于仅有 K_x 和砖环外直径 D 的等楔差双楔形砖砖环计算线。占用版面小又能反映全貌的组合计算线，最适用于等端（间）尺寸双楔形砖砖环。

第七，究竟选择哪种砖量计算或查找方法呢？应该掌握公式计算法，在这个基础上会使用所有非公式计算的查找方法。然后根据个人兴趣、对各种方法特殊功能的理解和使用这些方法的熟练程度，选用其中某两种方法，以便相互校对计算或查找结果的正确（一致）性。

最后，无论公式计算法还是非公式计算的查找法，都要不断发展和更新。计算公式输入电脑就会形成非常快捷而准确的计算软件。计算线和组合计算线稍加改进（例如配以游标）就会成为计算尺。采用粗细相间线段，计算线和组合计算线也可像砖量表那样直接反映和优选砖量配比……

表 2-45 回转窑双楔形砖砖环量计算或查找方法比较

比较项目	计算或查找双楔形砖砖环用砖数量方法种类（查表或查图法）				
	公式计算法	非公式计算法			
		查砖量表法	直角坐标计算图法	等楔形砖砖环量最简单计算（查计算线法）	查组合计算线法
公式推导、表或图编绘制易	推导难	编制容易	绘制最容易	绘制容易	绘制容易
应用公式或基本原理	基于尺寸特征的中国计算式	直径系数 m 和 n	楔形砖尺寸特征	一块楔形砖直径变化量	一块楔形砖直径变化量
是否需要计算过程	需要	不需要	不需要	等楔差砖砖环最简单计算	不需要
精度 砖环直径/mm	0.1	10	10	10	10
精度 砖数/块	0.01	0.1	0.5	0.5	0.5
占用版面大小	最小	最大	大	较小	小
出砖数结果快慢	最慢	最快	较快	快	快
出砖结果（可查出/计算出的砖环系数）	可计算出特殊砖环的 K_x、K_d 和 K_h	可查出砖环的 K_d 和 K_h	可查出砖环的 K_x、K_d 和 K_h	可查出不等端砖环的 K_x、K_d 和 K_h；可查出等楔差砖环的 K_x、K_d 和 K_h，需简单计算	可查出端等（同）砖环的 K_x、K_d 和 K_h
是否包括同组或同类砖环全貌	包括	包括	包括	不包括	包括
可否查出理想砖环的理想直径和理想砖环	可精确计算出	可查出范围	可准确和快速查出	可查出近似值	可查出近似值
有何特殊功能或最适用于何种双楔形砖砖环	指导砖形尺寸标准化设计、砖环量简易计算、砖量表的编制、直角坐标计算图。计算线和组合计算线图的绘制	优选砖环量配比	推导和加深理解基于尺寸特征的中国计算式	能明确表述并适用于等楔差砖砖环和规范化不等端双楔形砖砖环	最适用于小版面等端双楔形砖砖环的全貌

3 钢水罐环形砌砖设计及计算

3.1 钢水罐和罐衬构造概述

3.1.1 钢水罐构造概述

钢水罐(ladle；steel ladle)，简称钢罐，也称钢包和盛钢桶（译自俄文 сталеразлцвочные ковщи），是盛接、转运、炉外处理并浇铸炼钢炉钢水的高温容器。钢罐的罐壳由厚钢板焊接，内部衬以耐火材料。

钢罐是炼钢炉的相伴配套设备。随着不同炼钢炉的出现和发展，就有分别用于平炉、电炉和转炉的平炉钢罐（ladle of open hearth furnace)、电炉钢罐（ladle of electric furnace)和转炉钢罐（ladle of converter)。平炉钢罐和平炉一起已被淘汰。按钢水浇铸方式和工艺的不同，有盛接炼钢炉出钢钢水直接浇铸到钢锭模的模铸钢罐（ingot teeming ladle；ingot mould casting ladle）和盛接炼钢炉钢水不经铸锭、直接经连铸机浇成钢坯的连铸钢罐（conticasting ladle；continuous casting ladle)。按钢水排出方式，有上注式钢罐（top pouring ladle）和通过水口（nozzle）的下注式钢罐（bottom pouring ladle)。小容量钢罐多为上注式，而大容量钢罐多采用塞棒（stop）或滑动水口（sliding gate nozzle）的下注式。随着二次炼钢和钢罐冶金（ladle metallurgy）的发展，钢罐作为精炼炉出现了炉外精炼钢罐（secondary refining ladle）和炉外真空脱气钢罐（secondary degassing ladle)。

钢罐的容量（在规定的每罐熔渣质量的前提下，钢水和熔渣装入罐内时的钢水质量)，小到 1t 以下，大到 300t 以上。电炉钢罐和转炉钢罐的容量，一般与炉子容量相同，即一炉一罐。只是以往的大容量固定式平炉（例如前苏联的 500t、600t 和 900t 固定式平炉)，每次（炉）出钢同时采用两个钢罐（容量分别为 250t、300t 和 480t)。

钢罐的罐壳（ladle shell)，作为钢罐的主要部分，一方面它是砖砌钢罐（bricked ladle）砌筑的导面或整体内衬钢罐（monolithic lining ladle）浇注施工的基面；另一方面它要在长期使用中不变形，保证耐火内衬的结构稳定。因此，无论从保证内衬施工质量方面，还是从保证内衬使用寿命方面，都要求钢罐罐壳具有正确的外形尺寸和足以保证长期使用不变形的坚固性。

大容量钢罐罐壳（见图 3-1）包括上、中、下三段罐身壳和罐底壳，由钢板焊接而成，要求采用坡口精加工对头焊接。罐身壳上、下段的焊接竖缝错开 200～300mm。在罐身壳上端焊以刚性环，使罐身壳有必要的刚性和防止钢罐翻倾时罐衬（ladle lining）的脱落。罐身壳和罐壁（ladle wall）的形状是具有一定锥度的截头圆锥形。这种形状既便于罐衬上残渣、残钢和结瘤的拆除，也减轻这些拆除时罐衬的损坏，从而有利于罐衬使用寿命的延长。当然锥形罐衬也便于残衬的拆除。设置罐身中段和耳轴带（trunnion area)，用以减轻吊车在吊运盛满钢水的重罐时耳轴产生的弯曲。耳轴带是罐身壳负荷最大和产生应力最大

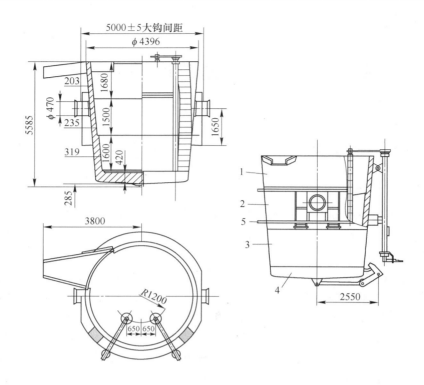

图 3-1　300t 钢罐的罐壳

1—罐身壳上段；2—罐身壳中段；3—罐身壳下段；4—罐底壳；5—刚性环

的部位。为保证钢罐长时间可靠工作，应正确选择耳轴带构造和尺寸。在减轻罐壳质量的前提下，罐身壳各段钢板可采取不同的厚度，布置有耳轴带，负荷最大的中段罐身壳采取较厚的钢板（例如某 300t 钢水罐罐身壳下段钢板厚度 26mm，罐身壳上段钢板厚度 22mm，而布置耳轴带的罐身壳中段钢板厚度加厚到 30mm）。

钢罐底壳的形状采取平形和各种倒球形。罐底壳向罐身壳的过渡带，在钢水和罐衬质量作用下产生局部应力。此罐壳过渡带过渡得越平滑，产生的局部应力就越小。平底壳与罐身壳的直角连接或不大的弯曲面连接，这种过渡带的局部应力相当大。小容量钢罐可采用有卷边的平底壳，而大容量钢罐底壳应制成外凸形、倒三心球底形或椭圆形。虽然椭圆形底壳的应力分布比倒三心球底壳均匀合理，但椭圆形底壳的冲压比较复杂。实践中常采用带有圆筒部分的倒三心球底壳（例如某 300t 钢罐底壳采用 34mm 厚钢板，倒三心球底半径 $R = 7000mm$，转折半径 $r = 300mm$ 并带圆桶部分，见图 3-2）。

在整个钢罐壳钢板上均匀地钻以间距 300～400mm、直径 10～12mm 的排气孔。在钢罐内衬烘烤期间，水蒸气等气体从这些排气孔排出，以防止内衬的局部膨胀或破坏。

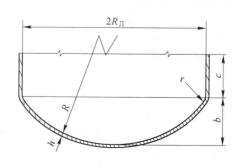

图 3-2　带圆桶部分的倒三心球底壳

3.1.2 钢罐脱气精炼装置简述

钢罐脱气精炼法（ladle degassing refining process）是炉外精炼（secondary refining）（又称二次炼钢）的主要方法。炉外精炼即将粗炼炉（电炉和转炉）熔炼的钢水转移到另一个高温容器（主要是钢罐）中进行精炼的过程。精炼是根据冶炼钢种采取不同的炉外冶金处理方法和装置。一种方法分类为：（1）钢罐处理型，如钢罐吹氩、钢罐喷粉和真空循环脱气（RH）；（2）钢罐精炼型，如真空吹氧脱碳（VOD）、氩氧脱碳（AOD）、钢水罐精炼（LF、ASEA-CKF、VAD 等）。为了解有关耐火材料在这些钢水罐脱气精炼装置中的使用，这些装置的砌筑和用砖形状尺寸的设计计算，这里重点简要介绍这些装置。

3.1.2.1　RH 装置（Rheinstahl Hüttenwerke u Leybold-Heraeus equipment）

RH 法是一种上吸式真空脱气精炼法，也称循环法真空脱气装置（circulating vacuum degassing equipment），见图 3-3。该方法由德国的 Rheinstahl 公司和 Heraeus 公司在 1985 年开发。该方法和装置适用于大容器真空处理，在特殊钢、普通钢和不锈钢等生产中被广泛采用。这种方法的主要功能有：（1）脱氢、脱氧和脱氮等脱气功能；（2）真空脱碳功能；（3）通过搅拌达到成分和温度的均匀化，实现非金属夹杂的上浮分离功能。该装置由真空脱气室、Ar 气吹入装置、浸渍管、排气系统和合金料仓等组成。真空脱气室下边设置两个浸渍管，在一个浸渍管（上升管）吹入高速 Ar 气，按照气泵原理，将钢罐中钢水带入到真空脱气室的下部，又从另一个浸渍管（下降管）回流到钢罐中，实现环流循环脱气。循环速度由吹入的 Ar 气量控制。高速吹氩和钢水在钢罐中的流动，必将加剧罐衬耐火材料的损毁。

3.1.2.2　AOD 装置（argon oxygen decarburization equipment）

AOD 是氩氧脱碳的英文缩写。该装置是 Union Carbid 公司在 1967 年开发的不锈钢炉外精炼装置，并于同年 10 月在美国乔斯林不锈钢公司建成世界第一座 AOD 炉。由于该装置设备成本较低和操作问题很少，在世界很快得到普及。世界上 75% 的不锈钢是由 AOD 精炼的。AOD 装置示意图见图 3-4。外形与转炉相似，实际上仍然是精炼钢水罐。主要作用将初炼炉（例如电弧炉）熔化的钢水，在 AOD 中吹氩气和吹氧气使钢水进一步脱碳，再经还原、脱硫进行精炼，完成调节成分的目的。在靠近炉底的熔池侧壁上有 2～4 个双

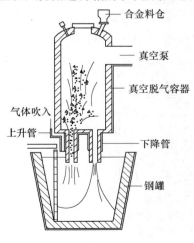

图 3-3　RH 装置示意图

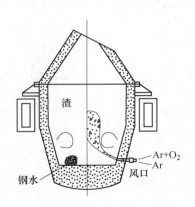

图 3-4　AOD 装置示意图

重套管风口，由内管向钢水吹入（O₂ + Ar）混合气体，从内管和外管的间隙吹入保护风口的 Ar 气。产生的 CO 气体被 Ar 气体稀释并降低其分压，在抑制了 Cr 的氧化损失的同时进行脱碳。在 AOD 脱碳前钢水碳含量为 1% ~ 2.5%，温度为 1550℃ 左右。改变 Ar/O₂ 比，以便在抑制 Cr 氧化的同时高效率地逐步从高碳区向低碳区脱碳。当降低到所设定的碳含量后停止吹氧，利用 Ar 气进行搅拌。

开始吹氧氧化脱碳期间，渣的氧化性增强，温度升高到 1700℃ 以上。进入还原期，加入硅铁或铝使渣中铬还原，提高合金收得率，这期间渣的碱度虽然很低，但最后加石灰脱硫期间需要高碱度渣。在整个精炼过程中，熔渣从酸性到碱性，气氛由氧化气氛到还原气氛，加之间歇操作，炉衬温度高且波动很大。AOD 炉衬一般采用镁铬砖，逐渐被镁钙砖取代。

3.1.2.3　VOD 装置（vacuum oxygen decarburization equipment）

VOD 是真空吹氧脱碳的英文缩写，又称真空氧气脱碳法。这种炉外精炼设备（见图 3-5）中，盛装转炉或电炉钢水的钢罐置于真空室内，从罐底透气砖吹氩气搅拌，同时抽真空脱气，再从上部向钢水吹氧脱碳和加入铁合金。这种生产含氢、氧和非金属夹杂少的低碳不锈钢方法，是西德 Witten 公司在 Standard-Messo 公司协作下于 1965 年开发的技术，所以又称为 Witten 法。

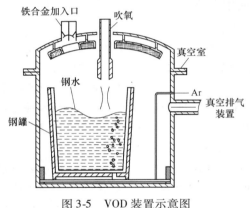

图 3-5　VOD 装置示意图

吹氧高温（1700℃ 以上）、渣侵和真空条件，导致 VOD 钢水罐罐衬耐火材料经受苛刻的使用条件。渣线和熔池罐壁分别采用再结合镁铬砖和直接结合镁铬砖。为消除 6 价铬对人体健康的危害，镁铬砖正在被超高温烧成的直接结合镁白云石砖逐步取代。近来已开发应用低碳镁碳砖、低碳镁白云石砖或铝镁预制件。

3.1.2.4　LF 装置[ladle(refining) furnace]

LF 装置又称钢罐精炼炉。该方法由日本在 1971 年开发。把电弧炉的还原精炼工序转移到具有加热精炼功能的钢罐精炼装置上，尽可能减少电弧炉的熔化氧化精炼工序对还原精炼工序的影响，以确保该装置的还原精炼效果。LF 装置（见图 3-6）结构简单，基本上

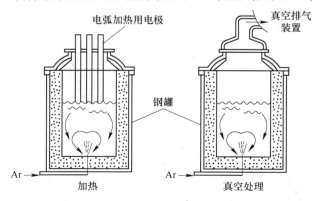

图 3-6　LF 装置示意图

就是在钢水浇铸钢罐加上一个能插入 3 根石墨电极的顶盖（电极用途是进行三相交流加热）。通过安装在钢罐底的透气砖，能把惰性气体（例如 Ar 气）吹入到钢水中的同时，在还原性渣下对钢水进行加热搅拌，在脱氧、脱硫和减少非金属等方面发挥优良的效果。有的 LF 炉与 VD（vacuum degassing 真空脱气）配合使用。

3.1.2.5　ASEA-SKF 装置（Allmänna Svenska Elektriska Aktiebolaget and SKF Stäl equipment）

由 ASEA 公司和 SKF 公司共同开发的一种钢罐精炼设备，如图 3-7 所示。该设备主要包括电弧加热装置、真空脱气装置、电磁感应搅拌装置、罐壳采用非磁性钢板的专用钢罐、合金等辅助原料投入装置和能倾动除渣的钢罐移动台车。该设备突出的特点：卸下钢罐真空脱气盖，换上电极加热盖，会像电炉那样进行电弧加热和精炼。该装置是兼有多种功能的设备，能保证钢水脱气安全、加进罐内的脱氧剂和合金分布均匀、可调节钢水温度，还能将炼钢炉钢水的精炼部分地转移到本装置上，缩短炼钢炉的精炼时间。本方法又称为电弧加热电磁搅拌精炼法或电磁搅拌真空脱气法。

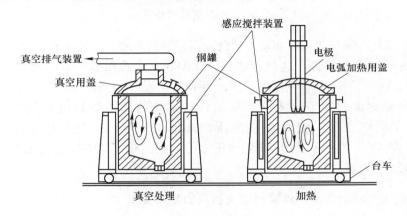

图 3-7　ASEA-SKF 装置示意图

ASEA-SKF 钢罐耐火内衬的使用条件比普通钢罐苛刻得多。罐内钢水温度提高了 50 ~ 100℃，钢水在罐内停留时间几乎延长一倍。温度升高 30 ~ 50℃ 时耐火材料在氧化气氛下的抗渣性降低一半。在真空条件下，熔渣沿结合剂气孔向砖内渗透并破坏其结构。当钢水温度从 1650℃ 升高到 1700℃ 时，所有耐火材料（熔铸砖除外）的腐蚀增大 1.5 ~ 2 倍。ASEA-SKF 钢罐处于温度剧烈波动的使用条件，含有复杂尖晶石的国标名牌 Radex-DB605 再结合镁铬砖（MgO 57.3%，Al_2O_3 7.7%，Cr_2O_3 20.2%，Fe_2O_3 12.7%，SiO_2 0.6%，体积密度为 3.3g/cm³，显气孔率为 13.5%，耐压强度为 35 ~ 45MPa，荷重软化温度高于 1750℃，1550℃ 加热后 4h 膨胀 0.1%，1300℃ 水冷失重 20% 的抗热震性 10 次）曾被多数国家推荐用于温度剧烈波动的 ASEA-SKF 钢罐工作衬。最接近电极的渣线部位最好采用熔铸镁铬砖。近年来，这些镁铬砖逐步被直接结合镁白云石砖或镁碳砖所代替。

3.1.2.6　VAD 装置（vacuum arc degassing equipment）

VAD 是真空电弧脱气的英文缩写。真空电弧脱气装置是钢罐脱气精炼方法的一种装置（见图 3-8）。VAD 是 1968 年由美国 Finkl 公司在西德 Standard-Messo 公司协作下开发的

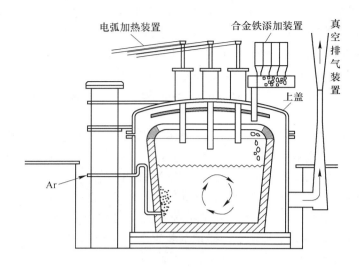

图 3-8　VAD 装置示意图

技术，是生产含氢、氧和非金属夹杂少的低碳不锈钢的方法。该装置在接受转炉或电炉钢水的钢罐内进行特殊的精炼。这种方法与 ASEA-SKF 非常相似，不同之处有以下两处：（1）其搅拌与 VOD 一样用 Ar 气进行；（2）能在真空（150~300Torr❶）下进行加热。将接受转炉或电炉钢水的钢罐装入真空室内，在排气的同时进行电弧加热。为避免在 100Torr 以下的放电危险，把真空室的压力降到 200Torr 时中止电弧加热。排气在 1Torr 以下时吹 Ar 气搅拌 6~10min 后将压力提升到 100~200Torr 进行电弧加热，通 Ar 气搅拌 30~45min 脱氧处理。

3.1.3　钢罐耐火内衬的使用条件和对耐火材料的基本要求

钢罐壳衬以耐火内衬，是为了保护罐壳金属结构免受钢水和熔渣的高温作用，并能保证钢水在罐内停留所需要的时间。钢罐耐火内衬在受到高温作用的同时，自然还要受到钢水和熔渣的蚀损作用。为保证一定高温钢水在罐内停留所需时间，即保证罐内钢水和熔渣具有适宜的冷却速度，在顺利按浇钢制度完成浇钢过程的同时，不至于凝结成很大的残钢罐底。

正由于钢罐耐火内衬在使用中受到钢水和熔渣的高温、蚀损和冲蚀等有害作用，其使用寿命并不是理想的。罐衬的修理和更换所需要的时间，有时甚至超过其工作时间，导致耐火材料单耗的增高和生产管理的复杂化。罐衬耐火材料单耗的增高，不仅增加了钢成本，而且影响了钢质量。因为随着耐火内衬蚀损量的增多，钢中非金属夹杂也相应增多。加之精炼钢罐的出现，各国的研究人员都重视钢罐耐火内衬使用条件和选用合适耐火内衬的研究。

钢罐内钢水的高温是加剧所有损毁的根源性因素。根据炼钢钢种、生产方法、炉外处理和浇钢工艺等因素，钢罐内钢水温度由 1530~1550℃ 波动到 1680~1700℃，

---

❶　1Torr = 133.3224Pa。

在某些特殊情况下可能更高。日本某冶金厂80t碱性耐火内衬钢罐中钢水的平均温度为1655℃，最高达1740℃。前苏联某钢厂两个130t砌以方镁石铬质不烧砖的真空钢罐，在浇铸低碳不锈钢时罐内钢水在真空下经过三次深脱碳出钢，温度高达1720～1790℃。浇铸无碳铬铁的20m³钢罐，罐内温度高达2200℃。真空处理钢罐内钢水温度比普通钢罐内钢水温度高50～100℃。真空吹氧脱碳并吹氩时，罐内钢水温度高达1650～1850℃。

钢罐内钢水的高温往往又与钢水在罐内停留时间相联系。钢水在罐内停留时间越长，越需要高温，则长时间高温对罐衬的破坏作用越大。高温钢水在罐内的停留时间，一般在30～150min（见表3-1）。从表3-1可看出：（1）同样条件下（氧气转炉）模铸钢罐内钢水温度相对较低和钢水在罐内停留时间较短；而连铸钢罐内钢水停留时间几乎延长一倍，因而出钢温度也高。（2）氧气转炉炼钢、连铸和真空处理时，真空钢罐内钢水停留时间从80～90min延长到100～150min，出钢温度当然要提高50℃以上。（3）采用真空吹氧脱碳并吹氩时，钢水在罐内停留时间长达110～180min（其中仅真空处理需60min），钢水温度自然需要很高。此外，大容量钢罐的盛接出钢和浇钢时间都很长，尽管钢水罐浇钢出口增大，钢水在罐内停留时间比中小容量钢水罐更长。

表3-1　各种条件下钢罐内钢水温度和停留时间[52]

生产及处理条件	炉子出钢温度/℃	钢罐烘烤温度/℃	钢水在钢罐内停留时间/min
平炉	1565～1600	200～300	30～45
平炉，真空处理，模铸	1600～1650	815～930	70～80
氧气转炉，模铸	1600	200～370	30～45
氧气转炉，连铸	1600～1620	260～425	80～90
氧气转炉，真空处理，连铸	1620～1650	260～425	100～150
电炉，真空处理，模铸	1615～1655	260～480	50～75
钢罐内氩气搅拌	1650～1680	315～540	90～150
真空吹氧脱碳，连铸	1720～1790		110～180

钢罐内长时间停留高温钢水，会导致罐衬衬砖的体积显著变化。钢罐衬砖在高温下发生的重烧收缩（after-contraction；after-shrinkage）或重烧膨胀（after-expansion），引起罐衬砌缝厚度发生变化。这在很大程度上影响罐衬的使用安全性和使用寿命。重烧收缩很大的衬砖（例如黏土砖）是完全不适用于高温钢罐罐衬的，因为它在长时间高温使用中随着严重收缩，砌缝厚度增大，渗进钢水和熔渣，结成残钢甚至结瘤，在清除这些残钢和结瘤时经常会破坏罐衬。重烧膨胀稍大的衬砖（例如铝镁尖晶石砖和高铝砖），保证衬砖在使用中砌缝厚度减小和相互紧靠，从而减轻了钢水和熔渣的渗透。但是砖的重烧膨胀过大（例如镁砖或镁碳砖），在使用中便产生过大的膨胀应力，有时（当膨胀缝留设不足或留设不合理）甚至会胀坏罐衬砌砖。有些国家根据加热中线尺寸变化的特性，将钢水罐衬砖分为恒体积钢罐衬砖（ladle brick with constant volume，1400℃重烧收缩率为0.2%～0.3%）、微膨胀钢罐衬砖（ladle brick with low expansion，1450～1550℃时线膨胀率为0～1%）和膨胀钢罐衬砖（expanded ladle brick，1450～1550℃的线膨胀率达1%～2%）。不少国家为突出钢罐衬砖的重烧膨胀，都在衬砖名称上冠以恒体积多熟料黏土砖（1400℃的重烧线收

缩率不超过 0.2%）、微膨胀叶蜡石砖（1400℃的重烧膨胀率不超过 1%）、膨胀高铝砖（1500℃重烧线收缩率不超过 0.3%）、膨胀镁铬砖（MgO 73.8%，Cr_2O_3 15.0%，1000℃线膨胀率小于 1%）、膨胀镁白云石砖（MgO 84.7%，CaO 14.1%，1000℃线膨胀率为1.25%）、聚磷酸钠结合方镁石质膨胀砖（MgO 76.4%，Cr_2O_3 8.9%，1720℃烧成后的线收缩率为 0.2%）和用于钢罐精炼炉工作衬的微膨胀复合尖晶石砖（MgO 57.3%，$Al_2O_3$7.7%，Cr_2O_3 20.2%，Fe_2O_3 12.7%，1550℃加热 4h 的线膨胀率仅为 0.1%）。

钢罐衬遭受高温钢水和随同钢水一起进入的熔渣的化学侵蚀作用，即外来组分对耐火内衬组分的作用。钢水罐衬遭受外来组分的侵蚀作用，主要来自熔渣。为防止普通钢罐内钢水的迅速冷却和被空气氧化，有意在熔池钢水上面积存一定量的熔渣是必要的。在精炼钢罐内要完成二次炼钢，钢水上面的熔渣是必然存在的。关于熔渣对各种钢罐内衬的侵蚀机理，王诚训等运用多元相图作了详尽的解释[53]，从中可体会到：（1）无论被现代大容量精炼钢罐淘汰的 SiO_2-Al_2O_3 系耐火内衬，还是含尖晶石的耐火内衬，甚至含碳的 MgO-C砖和 MgO-CaO-C 砖，都因熔渣反应而被侵蚀。（2）熔渣经受长时间高温作用，其黏度减小、活度增大、扩散速度加快，对罐衬的侵蚀加剧。（3）普通钢罐和精炼钢罐的渣线（slag line）部位内衬，经受高温熔渣最剧烈的侵蚀作用。（4）在真空脱氧和炉外精炼条件下，熔渣对罐衬的侵蚀加剧。

钢罐周期性的操作，决定了罐衬不断交替地受热和冷却。热的作用在每次浇铸中都发生变化。钢罐接受头批高温钢水的最初阶段，钢水与罐衬的温差可高达 800 ~ 1350℃，此时罐衬（特别是罐底冲击区）经受相当大的冲击热。烘烤到 400 ~ 500℃的罐衬，接触并急速升温 1600℃左右的钢水，罐衬将出现相当大的热应力。每罐钢水浇完后，等待下一炉出钢或更换滑板等，罐衬又要经受冷却。有时为加速罐衬的冷却，往往采取通风等强制冷却，这些都会恶化罐衬的使用条件。由于电炉产量低，电炉钢罐周转慢和周期性操作明显（钢罐用用停停），罐衬温度波动大。由于转炉产量大，转炉钢罐周转快和周期性操作不太明显（经常红罐操作），罐衬温度下降不多和波动不大。

高温熔渣对罐衬化学作用的侵蚀（corrosion）是罐衬（特别是渣线部位）损毁的主要因素。而高温钢水对罐衬机械作用的冲蚀（erosion）也是不可忽视的因素。首先，具有相当大静压力的钢水不断地向罐衬（特别是熔池）材料的气孔、裂纹或砌缝渗透。其次，钢罐底冲击区（impact zone of ladle bottom）和对着炉子出钢口的罐壁迎钢面遭受出钢钢水的剧烈热冲击和机械冲击。第三，浇钢过程中罐内钢水自上而下和不停地作垂直方向的流动。甚至镇静状态的钢水，其实也在不停地流动，接触罐壁部分钢水的冷却比罐中央迅速，导致罐壁附近的钢水向下沉降。为搅拌钢水向罐内吹氩、电磁搅拌、电弧加热和真空脱气等更加剧了钢水的流动。钢水在罐内的剧烈流动，必然加剧罐衬的损毁。此外，在清理和拆除钢水罐的残渣、残钢和结瘤时，对罐衬不可避免地产生机械破坏。

遭受高温、渣侵、钢水冲蚀、热冲击和周期性操作等破坏因素作用后，钢罐内衬的损毁是不均匀的。除滑动水口系统外，按损毁程度罐衬可分为三部分：（1）渣线强蚀区。虽然位于钢水罐上部，烘烤不充分和接触钢水的时间比其他部位短，但经受流动性和侵蚀性最强的高温熔渣的破坏作用最大。渣线部位的使用条件最苛刻，因而损毁最严重。（2）罐底（ladle bottom）中（等程度）蚀区。钢罐底衬承受全部钢水和熔渣的静压力，经受高温作用比其他部位大和时间长，经受热负荷最大。当接受头批钢水时常常受到剧烈热冲击作用。（3）罐壁低蚀区。罐壁内衬受熔渣侵蚀作用比渣线部位轻微得多，接触高温钢水的时间（特别是罐壁上部）比罐底短得多。此外罐壁在整个浇钢过程中都能经罐壳散热冷却而减轻损毁。每个部位内的损毁程度也是不均匀的。LF 精炼钢罐渣线的底吹氩搅拌侧 MgO-C 砖的损毁速度比渣线其余部位高得多。当采用轻烧白云石造渣时（熔渣中 MgO 浓度从 3% 增大到 12%），底吹搅拌侧渣线的损毁速度降低 60%[53]。罐底衬的钢水落点冲击区的损毁，比罐底其余部位严重得多，不得不采取特殊的加长罐底砖（ladle bottom brick）或耐冲击砌块（impact block）。罐壁高度方向（上、中和下层）的使用条件也有区别。罐壁下层经受高温作用时间长，遭受钢水冲蚀作用较剧烈，使用条件较坏。国外某厂的研究表明，罐壁上层、中层和下层内衬的蚀损比例大致为 1∶1.6∶2.95[52]。当然各个钢罐的尺寸、罐衬种类、冶炼钢种和操作条件等因素不同，这个蚀损比例会有所改变，但仍然遵循罐壁蚀损不均匀并沿着上层、中层和下层方向损毁逐渐加剧的总规律。

考虑到钢水罐耐火内衬的上述使用条件，用作罐衬的耐火材料的综合性能应包括：抵抗高温（高于 1600℃）作用的性能，非常好的抗熔渣侵蚀和抗渗透性能，好的抗钢水冲蚀性能、良好的抗热震性能和使用温度下良好的体积稳定性，以及不降低钢的质量。

3.2 钢罐内衬耐火材料的选择

随着冶炼钢种、炼钢方法和炉外精炼技术的发展，钢水罐及其内衬所用耐火材料的品种质量也在不断发展。考虑到钢罐各部位使用条件的不同、罐衬损毁的不均匀性和耐火材料有限的品质质量，现根据有关文献 [1，52~54]，分用途、分部位和分品种简略介绍钢罐内衬耐火材料的选择。

3.2.1 钢罐渣线部位用耐火材料

3.2.1.1 SiO_2-Al_2O_3 质耐火材料

很早以前，仅作为运输和模铸钢水容器的普通钢罐，对于操作温度不太高，CaO/SiO_2 比低且氧化铁含量极低的熔渣，其罐衬多采用 SiO_2-Al_2O_3 质耐火材料（例如半硅砖、叶蜡石砖和黏土砖等）。在这种情况下，钢罐渣线部位采用 Al_2O_3 含量为 72%~85% 的高铝砖即可满足需要。但是任何 CaO/SiO_2 比值和含有氧化铁的 CaO-SiO_2 系熔渣对 Al_2O_3 低于 70% 的 SiO_2-Al_2O_3 质耐火材料都会有严重的侵蚀，迫使其退出现代大容量钢罐的渣线部位。

3.2.1.2 MgO-Cr_2O_3 质耐火材料

直接结合镁铬砖（direct-bonded periclase-chrome brick）是采用杂质含量少的高纯镁砂和铬精矿经共同粉磨和高温（1700℃以上）烧成的 MgO-Cr_2O_3 质耐火制品，由于高温矿物相直接结合率高，具有抗渣性强、高温强度和优良的抗热震性。再结合镁铬砖（rebonded periclase-chrome brick）是采用电熔镁铬砂（fused magnesite chrome siter）为原料，经高压成型和 1800℃高温烧成的 MgO-Cr_2O_3 质耐火制品。由于直接结合率更高、显气孔率低、体积密度很高，再结合镁铬砖比直接结合镁铬砖的高温强度和抗渣侵蚀性更高。但是再结合镁铬砖的抗热震性较差。精炼钢罐渣线部位采用 MgO-Cr_2O_3 质耐火材料损毁的主要特征：熔渣的化学侵蚀、熔渣渗透引起的结构剥落（ctructural spalling）和高温钢水熔渣的冲蚀。MgO-Cr_2O_3 质耐火材料对于低 CaO/SiO_2 比（小于 2）的 CaO-SiO_2 系熔渣具有一定的抗侵蚀能力，但对于高温下高 CaO/SiO_2 比的 $CaO\text{-}SiO_2$ 系熔渣，特别是含 Fe_2O_3 高时，低共熔点温度迅速下降，抗侵蚀能力非常差。提高精炼钢罐渣线部位用 $MgO\text{-}Cr_2O_3$ 砖耐用性（抗热震性、抗渣性和抗冲蚀性），都与砖内二次尖晶石（secondary spinellide）的性状（生成量、尺寸和分布）有关。国内外多数研究者证实，砖内二次尖晶石的生成和制砖原料、外加剂和制砖工艺相关：（1）直接结合镁铬砖的二次尖晶石数量随配料中铬矿比例（或 Cr_2O_3 含量）增加而增多；再结合/半再结合镁铬砖的二次尖晶石的数量随电熔镁铬砂 R_2O_3（Cr_2O_3、Al_2O_3 和 Fe_2O_3）总量增加、R_2O_3 中 Fe_2O_3 含量减少和 Al_2O_3 含量增加而增多。（2）再结合镁铬砖配料中细粉比表面积（specific surface area）达 $5\sim6m^2/g$ 时，二次尖晶石生成量最大。（3）直接结合镁铬砖的烧成温度在 1700℃ 以上时，可观察有自行结晶特征的二次尖晶石；二次尖晶石的大小和数量都随烧成温度的进一步提高而增加，当烧成温度提高到 1800℃ 时二次尖晶石生成量达到 6%（体积分数）。大量研究结果证实：（1）随着砖中二次尖晶石生成量增加和尺寸增大，例如直接结合镁铬砖中二次尖晶石体积分数达到 6% 和再结合镁铬砖中二次尖晶石体积分数达到 8% 时高温抗折强度达到最高值。高温抗折强度是衡量 $MgO\text{-}Cr_2O_3$ 砖高温耐磨性的重要指标，而高温耐磨性可反映抗高温钢水和熔渣冲蚀的重要指标，因而二次尖晶石生成量多的直接结合、再结合（半再结合）镁铬砖的抗高温钢水和熔渣冲蚀性能也必然提高。（2）再结合镁铬砖中存在大量阻止熔渣侵蚀的二次尖晶石，因此抗渣性能最高。（3）提高配料中细粉的细度（例如当细粉比表面积达到 $5m^2/g$ 时），再结合镁铬砖的抗热震性显著改善。总之，采用优选原料、超高温烧成等制砖工艺，增加砖内二次尖晶石生成量，可制得综合性能高的精炼钢罐渣线用直接结合、再结合（半再结合）镁铬砖。国内某公司的几种直接结合镁铬砖的典型性能见表 3-2。国内外再结合（半再结合）镁铬砖的典型性能见表 3-3。

表 3-2　国内某公司几种直接结合镁铬砖的典型性能[1]

项　目	性 能 指 标				
	DMC-12	DMC-9B	DMC-9A	DMC-6	DMC-4
$w(MgO)/\%$	60	70	70	75	80
$w(Cr_2O_3)/\%$	12	9	9	6	4
$w(SiO_2)/\%$	3.2	3.0	2.8	2.8	2.5
显气孔率/%	19	19	19	18	18
体积密度/g·cm⁻³	3.0	2.98	2.98	2.95	2.93
常温耐压强度/MPa	35	40	40	40	40
0.2MPa 荷重软化开始温度/℃	1580	1580	1600	1600	1600
抗热震性（1100℃⇌水冷）/次	4	4	4	4	4

有些国家曾用氧化铝代替铬铁矿，制造热震稳定性好的 $MgO\text{-}MgO\cdot Al_2O_3$ 砖（Al_2O_3 30%~40%，MgO 60%~70%）。但含有铬尖晶石的砖的抗渣性强，因为铬尖晶石在硅酸盐溶液中的溶解度比铝尖晶石低。最初在温度剧烈波动的 ASEA-SKF150t 钢罐渣线部位试用 Radex-DB605 砖（其理化性能见 3.1.2.5），使用寿命只有 8 次。为延长该 ASEA-SKF 钢罐

渣线（特别是最接近电极部位）寿命，曾试用过熔铸镁铬砖（fusion-cast periclase-chrome brick）。以"corhart 104"为代表的熔铸镁铬砖，由55%镁砂和45%铬铁矿混合原料经电弧炉在2500℃的共晶溶液浇铸而成，经过释放热应力，最后用金刚石切磨加工。这种熔铸镁铬砖的相组成：方镁石及其固熔体50%，尖晶石39%，硅酸盐不超过10%；结构致密（总气孔率<12.0%），耐压强度高达140~165MPa，荷重0.18MPa变形5%的温度高达2050℃，但热震稳定性差和价格昂贵，被优质再结合镁铬砖取代。

表3-3　国内外再结合（半再结合）镁铬砖的典型性能[1]

性能 牌号	$w(MgO)$ /%	$w(Cr_2O_3)$ /%	$w(CaO)$ /%	$w(SiO_2)$ /%	$w(Al_2O_3)$ /%	$w(Fe_2O_3)$ /%	显气孔率 /%	体积密度 /g·cm⁻³	耐压强度 /MPa	荷重软化温度 /℃	线膨胀率/%	
											800℃	1400℃
QBDMGe12	75	15	1.3	1.5	3	4	16	3.18	50	1700	0.7	1.4
QBDMGe18	68	19	1.3	1.5	4	5.5	15	3.23	60	1750	0.7	1.4
QBDMGe20	65	20.5	1.3	1.7	4.2	7	15	3.26	60	1750	0.7	1.4
QDMGe20	66	20.5	1.2	1.4	4	6.5	14	3.28	65	1750	0.7	1.4
QDMGe22	63	22.5	1.2	1.4	4.5	7.5	14	3.23	65	1750	0.7	1.4
QDMGe28	53	28	1.2	1.4	4	10	14	3.35	65	1750	0.7	1.4
Radex-DB60	62	21.5	0.5	1	6	9	18	3.2		1750		
Radex-BCF-F-11	57	26	0.6	1.2	5.7	9	<16	3.3		1750		
ANKROMS52	75.2	11.5	1.2	1.3	6.4	4.2	17	3.38	90	1750	0.95	1.47
ANKROMS56	60	18.5	1.3	0.5	6	13.5	12	3.28	90	1750	0.95	1.47
RS-5	70	20	<1	4	5	13.5	3.28				0.95	1

注：加入部分电熔镁铬砂的镁铬砖称为半再结合镁铬砖（semi-rebonded periclase-chrome brick）。

　　直接结合、再结合（半再结合）镁铬砖占据精炼钢罐渣线部位的时间最长，当今也仍然是精炼钢罐渣线部位可选用的一种重要耐火材料。不过这些镁铬砖生产复杂、价格问题和六价铬对人身健康的危害，迫使人们开发其代用品。

3.2.1.3　镁钙质耐火材料

　　精炼钢罐渣线部位用直接结合、再结合（半再结合）镁铬砖的代用品，国内外选择了超高温烧成的高纯镁白云砖（utra-high temperature burned high purity magnesite-dolomite brick），其制砖工艺特点主要有：合成镁白云石砂（synthetic dead magnesio-dolomite；synthetic magnesio-dolomite clinker）和高纯镁砂为原料，无水结合剂，高压成型，超高温（1700℃或更高）烧成和制品采取防水化措施。这种砖的性能特点主要有：（1）良好的耐高温性能。主要成分MgO和CaO的熔点分别高达2800℃和2600℃，两者共熔温度也在2370℃。显微结构由MgO/CaO决定，但两者直接结合是显微结构的主要特点。由于杂质（SiO₂、Fe₂O₃和Al₂O₃）总量一般不超过3%，有时不超过2.5%，荷重软化开始温度超过1700℃。（2）热力学稳定性高。由于CaO的自由能最负（最稳定），在真空下镁白云石砖比镁铬砖稳定，对钢水再供氧的可能性最小。只要砖中有10%~20%的CaO，就会使MgO的相对挥发量明显下降（由于CaO少量固溶于MgO和MgO优先挥发，在MgO-CaO材料形成富CaO层）。烧成镁白云石砖这一热力学稳定性，决定了其在高温真空下工作的炉外精炼钢罐使用中的适用性。(3) 净化钢水能力。洁净钢要求钢罐内衬不污染钢水和最好能净化钢水。含有游离 CaO 20% 的烧成镁白云石砖就有明显的脱硫效果,它可作为脱硫钢罐 (desulphurization ladle) 的内衬。(4) 优良的抗渣性。含有游离 CaO 的镁白云石砖对熔渣适应性较强:它对高碱性(高 CaO/SiO$_2$ 比)熔渣有较强的耐侵蚀性;对于低碱度熔渣,由于砖中高活性游离 CaO 会优先与渣中 SiO$_2$ 迅速反应生成高熔点和高黏度的 2CaO·SiO$_2$ (dicalcium silicate) 和 3CaO·SiO$_2$ (tricalcium silicate) 保护层,附着在砖的工作表面,堵塞气孔并阻止熔渣对衬砖的进一步侵蚀。然而 MgO-CaO 质耐火材料在 CaO-Al$_2$O$_3$ 系熔渣中的损耗相当严重,并随砖中的 CaO/MgO 比值的提高而增大,因为砖中游离 CaO 立即溶于 CaO-Al$_2$O$_3$ 系熔渣并生成 12CaO·7Al$_2$O$_3$ 等低熔点物质,以熔融状态从砖表面排出,砖面不能形成保护层而加快损毁。虽然 MgO-CaO 质耐火材料难以被高 CaO/SiO$_2$ 比熔渣侵蚀,但当这类熔渣还含有 Fe$_2$O$_3$ 和 Al$_2$O$_3$ 时,很容易被侵蚀。MgO-CaO 质耐火材料抗 CaO-Al$_2$O$_3$ 系熔渣侵蚀能力随其 MgO/CaO 比值的增高而上升,MgO 质耐火材料对这种渣的抗侵蚀能力最强,可以推论含 MgO 80% 左右的烧成镁白云石砖对这种熔渣有较高的抗侵蚀性。

当原料杂质(SiO$_2$ + Al$_2$O$_3$ + Fe$_2$O$_3$)总量小于 2%,合成镁白云石砂的体积密度大于 3.2g/cm^3 和砖的烧成温度比镁白云石砖更高时,这种砖(有人称为直接结合镁白云石砖 direct-bonded magnesite-dolomite brick)在精炼钢罐渣线部位的使用效果明显比直接结合镁铬砖好。

考虑到高温烧成工艺复杂、投资高和能耗高,代替污染环境沥青的无水酚醛树脂结合的机压不烧镁白云石砖,在钢水罐渣线部位也取得与烧成镁白云石砖相近的使用效果。

镁白云石砖有两个缺点:(1) 烧成砖的线膨胀率大(1600℃达 1.8%~2.0%)的同时重烧收缩率达 0.35%~0.61%。树脂结合的不烧镁白云石砖也具有较高的热膨胀,在高温使用后冷却时又产生收缩。在这种情况下,砖衬砌缝裂开,有时会出现集中的大裂缝。这种钢罐继续使用时,高温钢水和熔渣会通过大裂缝漏出造成漏钢事故。(2) MgO-CaO 系耐火材料容易水化。除在制砖过程中采取防水化措施外,在制品运输、存放、砌筑和使用中都应采取避免接触水、水蒸气甚至空气的措施。例如制品表面的热塑包装或制品在密封集装箱(抽真空)内存放。从密封集装箱中取出的镁钙制品,必须立即用于砌筑等施工过程、尽快烘烤和投入使用,在使用过程中避免制品的温度下降到 600℃以下。

国内青花公司生产的镁白云石烧成砖的典型性能见表 3-4。AOD 装置和 VOD 装置渣线部位用镁白云石烧成砖的性能见表 3-5。

表 3-4　青花公司镁白云石烧成砖的典型性能[1]

性　能	QMG15	QMG20	QMG25	QMG30	QMG40	QMG50
$w(MgO)/\%$	80.3	76.3	70.3	66.3	56.3	43.3
$w(CaO)/\%$	17	21	27	31	41	54
$w(Al_2O_3)/\%$	0.5	0.5	0.5	0.5	0.5	0.5
$w(Fe_2O_3)/\%$	0.7	0.7	0.7	0.7	0.7	0.7
$w(SiO_2)/\%$	1.3	1.3	1.3	1.3	1.2	1.3
体积密度/g·cm^{-3}	3.03	3.03	3.03	3.03	3.0	2.93
显气孔率/%	13	12	12	13	13	12
耐压强度/MPa	80	90	80	80	80	70

续表 3-4

性　能		QMG15	QMG20	QMG25	QMG30	QMG40	QMG50
荷重软化温度/℃		1700	1700	1700	1700	1700	1700
高温抗折强度/MPa		2.5~4.5	2.5~4.5	2.5~4.5	2.5~4.5	2.5~4.5	2.5~4.5
重烧线变化/%			−0.35		−0.61		
热导率/W·(m·K)$^{-1}$		3~4	3~4	3~4	3~4	3~4	3~4
热膨胀率/%	800℃	0.8~1.0	0.8~1.0	0.8~1.0	0.8~1.0	0.8~1.0	0.8~1.0
	1200℃	1.35~1.6	1.35~1.6	1.35~1.6	1.35~1.6	1.35~1.6	1.35~1.6
	1600℃	1.8~2.0	1.8~2.0	1.8~2.0	1.8~2.0	1.8~2.0	1.8~2.0

表 3-5　AOD 装置和 VOD 装置渣线部位用镁白云石烧成砖的性能[1]

指　标	AOD 装置				VOD 装置渣线直接结合镁白云石砖
	渣线、耳轴 sindoform K11121	渣线 sindoform K11123	渣线、耳轴 sindoform K11133	渣线、耳轴 sindoform K11124	
$w(MgO)/\%$	44.5	55.3	53.6	60.1	59
$w(CaO)/\%$	53.1	43.5	43.3	38.0	39
$w(ZrO_2)/\%$	—	—	1	—	—
$w(SiO_2)/\%$	0.8	0.8	0.6	0.7	—
$w(Al_2O_3)/\%$	0.5	0.4	0.5	0.4	—
$w(Fe_2O_3)/\%$	0.7	0.6	0.6	0.6	—
体积密度/g·cm^{-3}	2.94	2.88	2.95	2.95	3.0
显气孔率/%	13	16	14	14	<13
常温耐压强度/MPa	90	55	65	63	60

3.2.1.4　MgO-C 质耐火材料

A　MgO-C 砖的基本性能

钢罐和精炼钢罐渣线部位特别苛刻的使用条件和严重的损毁，使人们想到并引入碱性耐火材料（特别是 MgO）和碳（例如石墨），成功开发应用了 MgO-C 砖这种氧化物-碳复合耐火制品（oxide-carbon composite refractory product）。

镁碳（MgO-C）砖（magnesia carbon brick）是由高熔点（2825℃）的氧化镁和难以被熔渣浸润的高熔点（高于 3000℃）、低膨胀性、高导热性的石墨为主要原料，添加不同的添加剂，用碳质结合剂结合，经高压成型的不烧碳复合耐火制品。镁碳砖是向镁砖引入石墨，除发挥它们各自优越性能外，明显克服镁砖抗热震性差和耐剥落性差等缺点，使其具有以下优异性能：（1）很好的耐高温性能。MgO 与 C 都具有较高的熔化温度，而且它们之间在高温下无共熔关系（但高温下相互反应），因此 MgO-C 砖具有很好的高温性能。（2）抗渣能力强。MgO 对碱性渣和高铁渣具有很强的抗侵蚀能力，加上石墨对熔渣润湿角（wetting angle）大，与熔渣的润湿性差，MgO-C 砖具有优良的抗渣性能。（3）抗热震稳定性好。材料的抗热震指数：

$$R \propto P_m\lambda/(E\alpha)$$

式中，P_m 为材料的机械强度；λ 为材料的热导率；E 为材料的弹性模量；α 为材料的线膨胀系数。

虽然 MgO 的抗热震性差，但由于石墨具有比 MgO 高得多的热导率 [$\lambda_{石墨}^{1000℃}$ = 229W/(m·K), $\lambda_{MgO}^{1000℃}$ = 24.08W/(m·K)]，低得多的线膨胀系数（$\alpha_{石墨}^{1000℃}$ = 1.4×10^{-6} ~ 1.5×10^{-6}℃$^{-1}$, $\alpha_{MgO}^{1000℃}$ = 14×10^{-6} ~ 15×10^{-6}℃$^{-1}$），小的弹性模量（E = 8.82×10^{10}Pa），且石墨的机械强度随温度升高而提高，因此 MgO-C 砖具有良好的抗热震性（thermal shock resistance）。（4）高温蠕变（high temperature creep）低。C 与 MgO 无共熔关系。MgO-C 砖的基值由高熔点石墨与镁砂细粉组成，液相量少，不易产生滑移，与其他陶瓷结合（ceramic bond）耐火制品比较，颗粒间形成牢固的碳化结合（carbonized bond），显示出高的抗蠕变性能。

B　提高 MgO-C 砖的抗氧化性

钢罐渣线部位特别是精炼钢罐渣线部位一直普遍采用 MgO-C 砖。碳被引入后提高了 MgO-C 砖的抗渣性和抗热震性等使用性能，但碳有自身的弱点：一是碳易被氧化使砖的抗氧化性差。碳在空气中加热到500℃左右便开始氧化（生成 CO(g) 和 CO$_2$(g)），石墨高于700℃会迅速氧化。碳氧化后使 MgO-C 砖失去很多优异性能。氧化后砖中形成熔渣渗入的气孔，可降低抗渣渗透性。MgO-C 砖随着碳氧化和碳含量的明显减少，其抗热震性和抗剥落性都会明显变坏。此外，根据钢水罐周期性操作的使用条件，渣线 MgO-C 砖要适应预热罐衬期间长期存在的氧化环境。因此钢罐渣线部位用 MgO-C 砖首先必须具有很好的抗氧化性（resistance oxidation）。二是 MgO-C 砖与钢水接触过程中，砖中碳比氧化物更容易溶入钢水中，引起钢水增碳。这对低碳钢和超低钢是有害的。砖中碳向钢水中的溶解，相当于砖中碳含量的减少，也会削弱或降低 MgO-C 砖的优异性能。因此，提高 MgO-C 砖的抗氧化性和减少砖中碳向钢水中的溶解这两个主要研究课题，可同时进行，至少不应相互抵消有益的作用。

在钢罐渣线 MgO-C 砖的熔渣-钢水界面处，使用初期浮渣下面的钢水与 MgO-C 砖接触，砖中碳不断溶解到钢水中或被氧化，这是 MgO-C 砖与钢水接触的碳损失阶段（见图3-9a）。随着砖面碳的损失，砖面 MgO 等氧化物的含量相对增多，对这些氧化物润湿性好的熔渣，进入到砖面与钢水之间并形成熔渣薄膜。MgO 等氧化物不断溶解到熔渣薄膜中，这是 MgO-C 砖与熔渣接触的 MgO 熔损阶段（见图3-9b）。随着砖面 MgO 等氧化物熔损，

图 3-9　钢水罐渣线 MgO-C 砖蚀损的马恩果尼（Marangoni）效应

a—MgO-C 砖与钢水接触；b—MgO-C 砖与渣接触

砖面上的石墨含量相对增多，很难润湿石墨的熔渣薄膜被排斥而上浮，MgO-C 砖又与钢水接触，重复碳损失阶段。如此钢水和熔渣反复交替地与钢罐渣线的渣-钢界面上 MgO-C 砖的接触和剧烈局部蚀损，是由李楠等人介绍的马恩果尼（Marangoni）效应[54]。除了马恩果尼效应外，李楠等人[54]认为由于温度的差异也会引发局部对流而加剧耐火材料的蚀损。在熔渣-耐火材料-金属熔体交界处（见图 3-10），由于它们导热系数不同，在金属熔体和熔渣中形成局部温度差，导致小范围内的对流，加剧了渣-金属熔体交界处耐火砌体的局部蚀损。

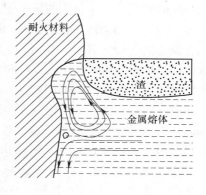

图 3-10 渣-耐火材料-金属熔体交界处的微域循环

很多研究者的实践证实，向 MgO-C 砖配料添加抗氧化剂（anti-oxidant）是抑制其氧化的根本措施。MgO-C 砖抗氧化机理：考虑在工作温度下添加剂或添加剂同碳反应生成物与氧的亲和力，比碳与氧的亲和力大，优先于碳被氧化而起到保护碳的作用。同时反应产物改善了 MgO-C 砖显微结构（提高致密度和堵塞气孔等）。

金属 Al 粉曾用作转炉等炼钢炉 MgO-C 砖的抗氧化添加剂，在 1650℃前 Al 对氧的亲和力大于碳，优先于碳被氧化，起到抑制碳氧化的作用。

另一种解释，石墨在 700℃以上被氧化为 $CO(g)$ 和 $CO_2(g)$，有固定碳存在和一定条件（>1000℃）下，抗氧化添加剂 Al 粉与 $CO(g)$ 按 $2Al(s,l) + 3CO(g) \rightleftharpoons Al_2O_3(s) + 3C(s)$ 反应生成稳定的 Al_2O_3 和碳，还伴随着 149% 的体积膨胀（此结果由 Al、Al_2O_3 和无定形炭的密度分别为 2.70g/cm³、3.98g/cm³ 和 1.60g/cm³ 计算而得），可以起到封闭气孔的作用，导致加有 Al 的 MgO-C 砖的显气孔率下降，可提高其抗氧化性（见图 3-11）。由图 3-11 可看出，没加抗氧化添加剂的 MgO-C 砖，其显气孔率随温度升高而增大，升至 800℃时结合剂的挥发物已挥发完毕，显气孔率达到最大值（8% 左右），再升高处理温度时，显气孔率不再随温度升高而变化。

金属 Al 粉作为抗氧化添加剂加入 MgO-C 砖后，会影响到铝镇静钢的增碳。由图 3-12 可见，加入金属 Al 粉经低温处理的 MgO-C 砖向钢中的增碳量最大，经过 1500℃碳化处理

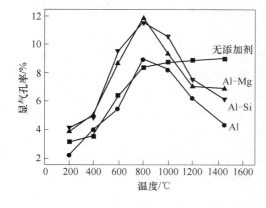

图 3-11 有机添加剂 MgO-C 砖的显气孔率与处理温度的关系[54]

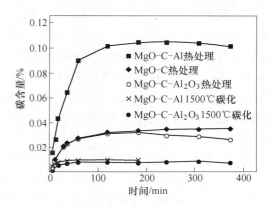

图 3-12 MgO-C 砖与铝镇静钢接触时间和增碳量的关系（1600℃）[54]

后它向钢中的增碳量大幅度下降。对此现象产生原因有不同的解释：可能与 $MgO \cdot Al_2O_3$ 尖晶石的生成和在钢水或碳之间的界面产生某种"气垫"所形成的隔离层有关。

MgO-C 砖生产中常用的抗氧化添加剂有多种：Al 粉、Si 粉、Mg 粉、Al-Mg 合金粉和含硼物质（BN、B_4C）等。不少研究者都认为：多种添加剂联合加入，可取得最佳的抗氧化效果。有人在 MgO-C 砖中加入 Al-Mg 合金粉，MgO-C 砖的抗氧化性（氧化层厚度/mm）随 Al-Mg 合金粉加入量（质量分数）的增多而提高，并且在 Al-Mg 粉达 4% 时效果最好（见图 3-13）。李楠[54] 解释为，在一定条件（系统压力不断降低，反应温度为 1500～1600℃）下 MgO 与 C 按 $MgO(s) + C(s) \rightleftharpoons Mg(g) + CO(g)$ 反应生成的金属镁蒸气在向工作面扩散过程中靠近工作面时，在

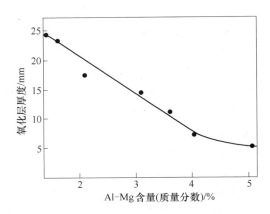

图 3-13　Al-Mg 合金加入量与氧化层厚度的关系[53]
（18%，$D_{max} = 3mm$）

氧分压相对较高的区域又被氧化沉积 $2Mg(p(Mg)) + O_2(p^{\ominus}) \rightleftharpoons 2MgO(s)$，形成 MgO 致密层。当加入 Al-Mg 合金粉时，Al 与 Mg 金属共存，Al 可以按 $2Al(s,l) + 3CO(g) \rightleftharpoons Al_2O_3(s) + 3C(s)$ 反应，降低砖气孔中 CO 分压，增大 Mg(g) 分压，促进 MgO 致密层的生成，提高了 MgO-C 砖的抗氧化能力（和抗侵蚀能力）。当 MgO 致密层与含有 Fe_2O_3 的熔渣接触时 MgO 与 Fe_2O_3 反应形成 $MgFe_2O_4$，进而铁离子扩散进入此层生成 $(Mg、Fe)O$（wustite，方铁矿），再与 $Mg(g)$ 按 $(Mg、Fe)O + Mg(g) \rightleftharpoons MgO(s) + Fe$ 形成 $MgO(s)$ 的致密层。

Al-Mg 合金粉或 Mg 粉同含硼物质（BN、B_4N 等）联合加入 MgO-C 砖时，可明显提高其抗氧化性。因为 B_4C 同 CO 按 $\frac{1}{2}B_4C(s) + 3CO(g) \rightleftharpoons B_2O_3 + \frac{7}{2}C(s)$ 反应生成 B_2O_3 并沉积 C。这种沉积 C 非常均匀地分布在 MgO-C 砖的基质中，孔隙被填充，降低了渗透能力。从 B_4C 产生的 B_2O_3 很容易与 MgO 反应生成 $Mg_3B_2O_6$（共熔温度 1407℃）等液相，在 MgO-C 砖表面形成（$MgO + M_3B_2O_6$）致密层，可阻止氧气扩散进入砖内部，提高了抗氧化性。

采用树脂结合（resin bonding）的 MgO-C 砖的残碳率较低，在相同热处理温度下树脂碳（resin carbon）的氧化开始温度和氧化峰值温度低于沥青碳（pitch carbon），这是由树脂碳的石墨化程度低引起的。添加金属抗氧化剂与 CO 反应生成的沉积碳都为无定形炭（amorphous carbon），结合剂的树脂碳和砖中形成的沉积无定形炭，它们的抗氧化能力显然比不上石墨。有人认为这些无定形炭的先行氧化对 MgO-C 砖抗氧化能力和使用效果的影响很大。市场上有的抗氧化树脂，就是将有机金属化合物结合到酚醛树脂中的产品。添加 5% B_4C 的树脂碳的结晶化程度明显提高。除 B_4C 外，其他一些物质，甚至 MgO 本身都在一定程度上促进无定形炭结晶化（石墨化）程度的提高，增强抗氧化能力。

为防止钢罐渣线部位 MgO-C 砖砌体在烘烤和预热过程中石墨被烧掉或少被氧化，将渣线 MgO-C 砖砌体工作表面涂覆防氧化涂料。

C　提高 MgO-C 砖的抗折强度

为抵抗高温钢水和熔渣对钢罐渣线部位 MgO-C 砖的冲蚀，MgO-C 砖应具有高的常温

抗折强度（modulus of rupture）和高温抗折强度（hot-temperature modulus of rupture，Hot MOR）。提高 MgO-C 砖的高温抗折强度的技术措施，同提高其抗氧化性能一样，添加金属或合金粉是最有效的措施。从图 3-14 看出，随热处理温度的提高，无添加剂 MgO-C 砖的常温抗折强度下降。有添加剂 MgO-C 砖的常温抗折强度在 600℃ 前都随温度升高而下降，当从 600℃ 升高至 1000℃ 时抗折强度普遍提高；当然热处理温度从 1000℃ 升到 1400℃ 时抗折强度虽略有下降，但远比无添加剂砖高得多。这是由于添加剂与 C、CO 形成的板状或纤维状碳化物，沉积在气孔内，提高了强度。同时添加剂也可能与材料反应形成新的物相，强化了颗粒间的结合，提高了强度。添加 4% Al-Mg 合金粉的 MgO-C 砖，在 1400℃ 时高温抗折强度比不加合金粉时高得多（由图 3-15 和图 3-16 对比）。

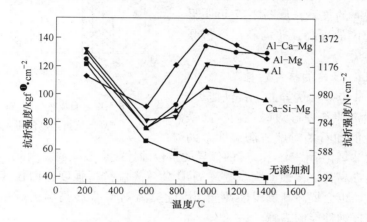

图 3-14 有无添加剂 MgO-C 砖常温抗折强度与热处理温度的关系[54]

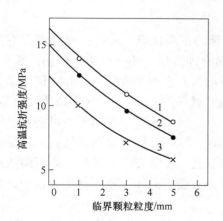

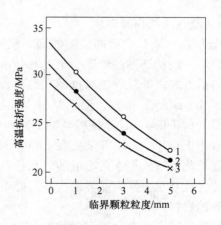

图 3-15 无添加剂 MgO-C 砖（18%C）的
高温抗折强度（1400℃时）[53]
1—$n=0.4$；2—$n=0.5$；
3—$n=0.6$（n 为镁砂颗粒配比系数）

图 3-16 添加 Al-Mg 粉 MgO-C 砖（18%C）的
高温抗折强度（1400℃时）[53]
1—$n=0.4$；2—$n=0.5$；
3—$n=0.6$（n 为镁砂颗粒配比系数）

❶ 1kgf = 9.80665N。

生产 MgO-C 砖的鳞片石墨（flake graphite）的纯度（固定碳 fix carbon 含量）对制品高温抗折强度有明显的影响。石墨的固定碳含量越高，即灰分（ash）和挥发分（volatile content）越少，用其生产的 MgO-C 砖的高温抗折强度越高。用不同纯度石墨生产的 MgO-C 砖的结构存在明显差异：用低碳石墨（固定碳含量 <80%）生产的 MgO-C 砖，经高温处理后，石墨伴生矿物熔化为玻璃相，并与镁砂或碳反应，产生内部结构缺陷，制品结构局部劣化，降低了高温抗折强度。图 3-17 示出的石墨纯度与用三种工艺（残碳 10%、残碳 15% 和残碳 15% 改进）生产的 MgO-C 砖的高温抗折强度间的关系。从图 3-17 可明显看出，随石墨纯度的提高，砖的高温抗折强度提高。

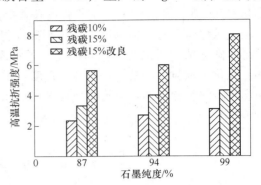

图 3-17　石墨纯度对 MgO-C 砖
高温抗折强度的影响[1]

D　提高 MgO-C 砖的抗侵蚀性

如前已述，MgO-C 砖优异的抗侵蚀能力，得益于其主要生产原料镁砂对碱性渣、高铁渣很强的抗渣性能和石墨对熔渣润湿性差的优点。但是石墨被氧化后，MgO-C 砖的优异的抗侵蚀性能会被减弱。因此，MgO-C 砖的抗氧化措施同样会提高其抗侵蚀能力。提高 MgO-C 砖高温抗折强度会增强其抗高温钢水和熔渣冲蚀的能力，也会提高其抗侵蚀性能。因此提高 MgO-C 砖高温抗折强度的措施，通常也是提高其抗侵蚀性能的措施。

MgO-C 砖优异的抗侵蚀性（resistance to corrosion），取决于主要原料镁砂和石墨品种质量的选择。

a　镁砂及其临界粒度

作为生产 MgO-C 砖的主要原料，镁砂品种和质量的正确选择，对砖抗侵蚀能力有重要影响。一般从镁砂的纯度、密度和结晶尺寸等方面合理选用。MgO-C 砖在使用过程中，镁砂熔损方式之一是熔渣通过原有气孔、石墨氧化或溶入钢水后形成的气孔和方镁石晶界（crystal boundary）渗入，促使 MgO 与熔渣反应。熔渣与镁砂中 SiO_2、CaO 等杂质反应后，方镁石（periclase）甚至镁砂颗粒不断剥落进入熔渣中。镁砂或砖的熔损通道可能有：一是镁砂中 Fe_2O_3、SiO_2 等杂质在 1500℃ 以上，先于 MgO 与 C 反应，留下的气孔；二是砖中石墨氧化或溶入钢水后形成的气孔；三是砖的原有气孔；四是方镁石晶界。高温熔渣通过上述气孔甚至方镁石晶界渗入并与砖中杂质反应后，方镁石晶体不断剥落进入渣中，促使镁砂的熔损。

降低镁砂杂质总量即相对提高镁砂纯度（MgO 含量）从减轻高温熔渣的渗透和减少 MgO 的熔损方面可显著提高 MgO-C 砖的抗渣性。生产高质量的 MgO-C 砖，要求采用高纯度镁砂（MgO 含量不小于 97%）。镁砂杂质的种类和含量也影响其使用性能。MgO-C 砖采用低硅镁砂时可减少 MgO 与 C 的高温反应[1]。SiO_2 含量一定时，希望 $CaO/SiO_2 \geqslant 2$，使结合相的熔点提高（形成 $2CaO \cdot SiO_2$ 高温相）。CaO/SiO_2 比高的镁砂，在高温下与石墨共存的稳定性好。

体积密度高、气孔率低的镁砂可降低熔渣的渗透速度，从而提高抗侵蚀能力。因此要求生产 MgO-C 砖的镁砂的体积密度不小于 $3.34g/cm^3$，最好大于 $3.35g/cm^3$。气孔率不大于3%，最好小于1%。

镁砂中方镁石的晶粒尺寸（grain size）对抗渣性有重要影响。如前已述，由于方镁石晶界集中 SiO_2、CaO 和 Fe_2O_3 等杂质，成为熔渣等侵蚀介质入侵的通道。在这种情况下，方镁石晶粒尺寸越大，晶界数目越少，晶粒的比表面积越小，熔渣向晶界处的渗透越难，从而抗侵蚀能力越强。所以优质 MgO-C 砖希望采用大晶粒镁砂（magnesia clinker with large grain size）。直接结合程度高的镁砂也是大晶粒镁砂，同样具有优异的抗渣性。一般情况下，电熔镁砂（fused magnesia）的抗侵蚀性比烧结镁砂（sintered magnesia clinker）好，主要原因在于电熔镁砂的晶粒尺寸大（一般为 $200 \sim 400\mu m$，大晶粒可达 $700 \sim 1500\mu m$），而烧结镁砂的晶粒尺寸小（一般为 $0 \sim 60\mu m$，大晶粒烧结镁砂的平均晶粒尺寸为 $60 \sim 200\mu m$）；电熔镁砂晶粒间的直接结合程度比烧结镁砂要高。

MgO-C 砖生产工艺中对镁砂临界粒度（critical size of grain 即最大颗粒尺寸 D_{max}）要作出合理的选择。MgO-C 砖的熔损过程中熔渣通过气孔和方镁石晶界渗透和侵蚀前，首先对砖工作面上的镁砂开始反应。镁砂熔损速度除与本身的性质有关外，还取决于其临界粒度。临界粒度较大的大颗粒镁砂本应具有较强的耐蚀性能，但它一旦脱离砖面浮游到熔渣中后，就将加快砖的损毁速度。大颗粒镁砂的热膨胀绝对值比小颗粒镁砂要大，产生的裂纹也大。镁砂的线膨胀系数比石墨大得多，所以在 MgO-C 砖中大颗粒镁砂/石墨界面产生的应力比小颗粒镁砂/石墨界面要大，当临界粒度增大时这种情况更为严重，大颗粒镁砂更容易脱离砖面而落入熔渣中。试验研究结果也证明，镁砂的临界粒度增大时 MgO-C 砖的抗侵蚀性下降（但当 $D_{max} \approx 2.5mm$ 时 MgO-C 砖的蚀损率变化开始平缓，见图 3-18）。文献［53］解释为：镁砂临界粒度 D_{max} 增大，镁砂颗粒数量和镁砂颗粒的接触都减少，在石墨含量相等的情况下，石墨分布更为集中，当石墨氧化后，镁砂大颗粒容易脱离 MgO-C 砖而游离并进入熔渣中，因而蚀损率增大。另外，为减轻镁砂大颗粒向熔渣的游离，提高 MgO-C 砖高温（1440℃）抗折强

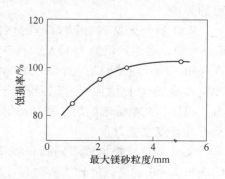

图 3-18　镁砂临界粒度对 MgO-C 砖
抗蚀性能的影响[53]

度（同时提高了抗侵蚀性）也是必要的措施。如前所述，研究表明（见图 3-15 和图 3-16）：镁砂临界粒度（D_{max}）对 MgO-C 砖高温（1400℃）抗折强度有强烈的影响，随 D_{max} 值下降，MgO-C 砖高温强度明显提高，并且加入 Al-Mg 合金粉者，高温抗折强度提高得更多。

从减轻 MgO-C 砖被熔渣熔损方面看，减小镁砂临界粒度会提高砖的高温抗折强度和抗侵蚀性。但镁砂临界粒度的减小会引起 MgO-C 砖最大热应力和裂纹破损指数增大，从而砖的抗热震性降低[53]。要提高 MgO-C 砖的抗热震性，就要增大镁砂的临界粒度。因为镁砂的临界粒度增大时，镁砂总表面积减少，石墨堆积增大，砖中每个镁砂的膨胀被富集的石墨所缓冲，这就提高了 MgO-C 砖的抗热震性。另外，镁砂临界粒度减小，泥料间的内摩擦力增大，砖坯压制困难，特别是压砖机吨位较小时压制更困难。要概括地确定

MgO-C 砖生产中镁砂的临界粒度是非常困难的。通常需要根据 MgO-C 砖的特定使用条件和成型设备来确定镁砂的临界粒度。对于温度梯度大、热冲击激烈、周期性操作和熔渣熔损很大的钢罐和精炼钢罐的渣线部位 MgO-C 砖而言，减少镁砂临界粒度是必然趋势，但减到 1mm 时成型很困难，可减少到 2.5 ~ 3.0mm。

　　b　石墨及其配入量

　　生产 MgO-C 砖的石墨采用鳞片石墨。鳞片石墨的纯度（固定碳）越高，灰分含量越低，则用其生产的 MgO-C 砖的抗侵蚀性越好。因为灰分是石墨经过氧化处理后的产物。鳞片石墨灰分的主要成分为 SiO_2、Al_2O_3 和 Fe_2O_3，这三种成分约占灰分的 82.9% ~ 88.6%，其中 SiO_2 占灰分的 33% ~ 59% 之多。因此生产 MgO-C 砖主要采用高碳石墨（high carbon graphite）（$94.0 \leqslant w(C) \leqslant 99.9$）LG 中的 - 198、- 197、- 195、- 194、- 192 和 +196（粒径，μm）的几个牌号。

　　关于 MgO-C 砖中石墨配入量，应与其使用部位、钢罐操作条件和熔渣情况（碱度和 FeO 含量等）结合一起考虑。一般情况下，若石墨配入量小于 10%，则传统 MgO-C 砖中难以形成连续的碳网，不能有效地发挥碳的优势；石墨配入量大于 20% 时，压制成型困难并容易产生裂纹，在使用中石墨易氧化；所以传统 MgO-C 砖的石墨配入量根据不同使用部位和熔渣类型一般控制在 10% ~ 20% 范围。MgO-C 砖的熔损受石墨的氧化和 MgO 向熔渣的溶解这两个过程所支配，增加石墨配入量虽然能减轻熔渣的侵蚀程度，但却增大了氧化引起的损毁。选择石墨配入量，应权衡这两个方面的影响。

　　MgO 质耐火材料在硅镁静钢熔渣（即 $CaO\text{-}SiO_2$ 系溶液）中，当 $CaO/SiO_2 = 1$ 时，$CaO \cdot SiO_2$ 的熔点仅为 1540℃，且在 1430℃ 时出现液相（SiO_2 过剩时）或在 1460℃ 时出现液相（CaO 过量时）。当 CaO/SiO_2 增加到 1.2，熔点温度低于 1460℃，且黏度相当低，即使 CaO/SiO_2 比增加到 1.5，也属于低碱性渣，对于 MgO 质耐火材料具有极强的侵蚀能力。相反，在精炼末期熔渣和加热钢罐熔渣都具有高 CaO/SiO_2 比，对 MgO 质耐火材料几乎不具有侵蚀能力。

　　文献 [53] 提供了不同碳含量 MgO-C 砖在高碱度和低碱度熔渣中的熔损量。对于 $CaO/SiO_2 \approx 3$ 的高碱度转炉渣而言，MgO 砖在使用中随 C 含量增加其熔损量下降，C 含量可高达 20% 左右；熔渣中 FeO、MnO 等含量的提高和温度的上升，MgO-C 砖的熔损量也随之增加。对于低碱度（$CaO/SiO_2 \approx 1$）熔渣（见表 3-6），不同 C 含量 MgO-C 砖的耐蚀性存在不同的情况。

表 3-6　低碱度（$CaO/SiO_2 \approx 1$）熔渣化学成分　　　　　　（%）

熔　渣	A	B	C	D
CaO	44	42	35	31
SiO_2	44	42	35	31
Al_2O_3	12	11	10	8
FeO	0	5	20	30

　　（1）树脂结合（resin bonding）的镁砖（没配入石墨），能被 $CaO/SiO_2 \approx 1$ 的低碱度熔渣迅速侵蚀，而且渣中 FeO 含量越高砖的侵蚀越快。因为在低 CaO/SiO_2 比熔渣中 FeO

活度大和扩散速度快，MgO 的溶解度随熔渣 FeO 浓度增加而增大。

（2）FeO 含量不超过 5%、CaO/SiO₂ = 1 的低碱度熔渣，不配入石墨时 MgO 的溶解度高达 17% 左右（见图 3-19）；当加入石墨时，不管在何种温度下，由 C 含量引起的 MgO-C 砖的耐蚀性都相差很小，但侵蚀速度都很大，表明 MgO-C 砖很难与这种低碱度低 FeO 熔渣相适应。

（3）FeO 含量大于 20%、CaO/SiO₂ ≈ 1 的低碱度熔渣中，不配加石墨的无碳砖中 MgO 的溶解度降到 15% 以下（见图 3-19）；配入 C 含量 5% ~ 10% 的 MgO-C 砖，在同样熔渣中使用时熔损量最小，表明 C 含量为 5% ~ 10% 的 MgO-C 砖在 FeO 含量大于 20% 的低碱度（CaO/SiO₂ ≈ 1）熔渣中使用显示稳定的耐用性。

（4）当温度由 1550℃ 分别升高至 1600℃ 和 1750℃ 时，C 含量 15% ~ 20% 的 MgO-C 砖的熔损明显加大（见图 3-20），表明 C 含量高的 MgO-C 砖与高 FeO 含量低碱度熔渣不相适应。因为 MgO-C 砖中的 C 含量高和熔渣中 FeO 含量也高，Fe 在渣/砖界面析出也越多，基质由于液相氧化而受到破坏，MgO 颗粒因脱落显著而严重损毁。相反，MgO-C 砖 C 含量减少时，即使发生液相氧化，但由于形成了 MgO 颗粒密集度较大的反应层抑制了熔损，延长了使用寿命。

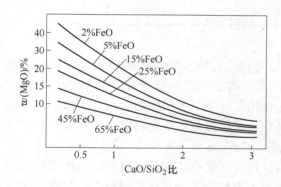

图 3-19　MgO 溶解极限与溶渣 CaO/SiO₂ 比和
FeO 含量的关系[53]

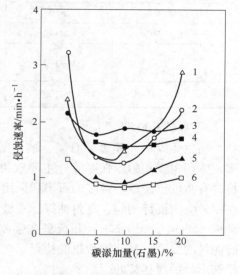

图 3-20　MgO-C 砖对低碱性渣的耐蚀性[53]
1 ~ 3—1750℃；4，5—1600℃；6—1550℃

　　MgO 质耐火材料在 CaO-Al₂O₃ 系熔渣中（铝镇静钢熔渣属于 CaO-Al₂O₃ 系熔渣）其熔化温度完全取决于 CaO/Al₂O₃ 比，当 CaO/Al₂O₃ = 12/7 时就会生成低熔点（低于 1400℃）的 12CaO·7Al₂O₃。铝镇静钢熔渣的 CaO/Al₂O₃（质量比），由小于 1 逐渐增高到大于 1。对于脱硫末期熔渣中 Al₂O₃ 不超过 25% ~ 30%，以获得最佳脱硫率。这种熔渣的黏度很低，侵蚀能力特别强。本来石墨加入量 10% 的 MgO-CaO-C 砖能适合脱硫操作。但 MgO-CaO-C 砖难与脱硫操作所生成 CaO-Al₂O₃ 系熔渣或 CaO-CaF₂-Al₂O₃ 系熔渣相适应。特别是在转炉或电炉出钢时加入 Al，熔渣中 Al₂O₃ 浓度会短暂增高（达 38% 左右），熔渣变为酸性，加速了渣线砖衬的蚀损。因为高 Al₂O₃ 含量（而又未用 CaO 饱和）的熔渣，对富含游离 CaO 的 MgO-CaO-C 砖的渗透性强并大量溶解砖中 CaO，加剧了砖的侵蚀。经试验研究证实[53]，MgO 质耐火材料对 CaO-Al₂O₃ 系熔渣具有较高的抗侵蚀能力和具有仅次于白云石砖的脱硫效果，因此 MgO-C 砖是脱硫钢水罐渣线部位的首选耐火材料。

综上所述，钢罐渣线部位用 MgO-C 砖的碳含量，应根据钢罐类型、操作条件和所炼钢种确定。通常钢罐渣线部位用传统 MgO-C 砖的碳含量在 10% ～ 14% 范围。我国电炉连铸钢罐和转炉连铸钢罐渣线部位用 MgO-C 砖的碳含量和性能见表 3-7。

表 3-7　我国电炉连铸钢罐和转炉连铸钢罐渣线部位用 MgO-C 砖[1]

材　　质	MgO-C 砖（1）	MgO-C 砖（2）	MgO-C 砖（1）	MgO-C 砖（2）
使用部位	电炉连铸 钢罐渣线	电炉连铸钢罐 渣线、罐壁、罐底	大中容量转炉 连铸钢罐渣线	大中容量转炉 连铸钢罐渣线
$w(MgO)/\%$	≥78	≥85	≥78	80 ～ 88
$w(F.C)/\%$	≥14	≥10	≥14	10 ～ 12
显气孔率/%	≤4	≤4	≤4	≤4
体积密度/g·cm⁻³	≥2.90	≥2.95	≥2.95	≥3.05
耐压强度/MPa	≥40	≥40	≥40	≥40
抗折强度/MPa	≥14	≥14	≥14	≥7
重烧线变化 （1600℃,3h）/%	0 ～ 1.0	0 ～ 1.0	—	0 ～ 1.0
荷重软化温度 T_1/℃	≥1700	≥1700	≥1700	—

c　混练和成型

当主要原料（镁砂、石墨、结合剂和添加剂）选定后，MgO-C 砖理化指标（显气孔率、体积密度和耐压强度等）主要取决于生产工艺的混练和成型设备。由于 MgO-C 砖泥料含有密度比镁砂轻得多的石墨和采用有一定使用温度范围的树脂结合剂，要求混练设备在短时间内混练均匀、密封性好、不破碎泥料颗粒和能控制调节泥料温度。当前，高速混合机（high speed mixer）和行星式强制混合机（planet type counter mixer）适用于 MgO-C 砖泥料的混练。高速混合机的特点：在固定混合槽内安装有高速旋转（60 ～ 120r/min）的特殊形状的搅拌桨叶，形成旋流运动，对于不同密度的物料（如含石墨泥料）易于在短时间内混练均匀，且混合效率比一般混合机提高一倍。混合盘结构为夹套式，可以通入冷却水或热水，适宜于某些泥料的冷却、加热或保温。行星式强制混合机的特点：通过在固定碾盘内的悬挂蹑轮、行星搅拌铲和侧刮板三者之间的相对逆流运动，使泥料得到均匀混合，具有设备轻、能耗小、密封性好和适应性强等特点[3]。采用这些混合设备的同时，要按工艺制度执行规定的加料次序和混练时间。

MgO-C 砖是仅经过低温（200 ～ 250℃）硬化处理的不烧砖，未经过高温烧成便用于砌筑。MgO-C 砖在未形成致密层前的使用初期，提高砖工作表面的抗侵蚀性，主要靠砖的高体积密度、低气孔率和小尺寸孔径，而这些指标的改善，主要在成型工序完成。MgO-C 砖的单位成型压力应不低于烧成镁砖，可按 200MPa 考虑，因此应采用高压成型。

钢罐渣线用 MgO-C 砖的外形尺寸比转炉衬砖小得多。当前，钢罐渣线用 MgO-C 砖的受压面尺寸最大仅为 230mm × 230mm，砖最大厚度为 100 ～ 150mm。因此压砖机的公称压力（单位 kN）也不必像压制转炉衬砖那样高，一般采用 6300kN 的摩擦压砖机（friction press）就足够了。至于液压机（hydraulic press）压制 MgO-C 砖的优点，除可压制受压面尺寸很大外，主要还有液压机采用双面加压、真空排气、外形尺寸精度控制、自动化操作，操作安全和操作环境好（操作工人劳动强度低、噪声低）。但液压压砖机设备复杂、维护水平要求高和投资大。国产的公称压力 6300kN 以上摩擦压砖机，吸收了液压压砖机抽真空等优点，采用抽真空、自动打击、机外出砖等，更有名的为液压摩擦压砖机（hydraulic and friction press）的复合式 7500kN 摩擦压砖机。钢罐渣线用 MgO-C 砖，应采用抽真空的摩擦压砖机成型，为减小镁砂临界粒度创造条件。

E　MgO-C 砖的热膨胀和残余膨胀

了解 MgO-C 砖的热膨胀和烧成线变化，对其砌筑中膨胀缝的留设和使用安全有重要意义。

提起 MgO-C 砖的热膨胀，人们自然会与高纯镁砖（high purity magnesia brick）[w(MgO) = 97%] 比较。国产高纯镁砖 QMZ [w(MgO) = 97%，体积密度为 2.96g/cm³] 的线膨胀率为 1.1%（1000℃时）~ 1.6%（1400℃时）；国外高纯镁砖 AT17 [w(MgO) = 97%，体积密度为 2.96g/cm³] 的线膨胀率为 1.34%（1000℃时）~ 1.95%（1400℃时）。由《耐火材料手册》[1] 中典型耐火材料的线膨胀曲线查得镁砖线膨胀率为 1.35%（1000℃时）~ 1.95%（1400℃时）。在 1600℃ 前，高纯镁砖的线膨胀率与温度接近线性关系。由同一图中线膨胀曲线查得碳含量 20% MgO-C 砖的线膨胀率为 1.0%（1000℃时）~ 1.6%（1400℃时）。与高纯镁砖比较起来，MgO-C 砖的线膨胀率随石墨含量的增加成比例地下降。MgO-C 砖和高纯镁砖的线膨胀率都随温度升高而增大。

国标 GB/T 2275—2001 规定 w(MgO)≥97% 的高纯镁砖的重烧（1650℃，2h）线变化率为 0 ~ 0.2%；w(MgO) 为 95%、93% ~ 91% 和 89% ~ 87% 镁砖的重烧线变化率（1650℃，2h）分别为 0 ~ -0.3%、0 ~ -0.4% 和 0 ~ -0.6%。就是说，镁砖的重烧线变化率为负值，在高温使用中发生残余收缩。山东耐火材料厂生产的氧化镁砖 [w(MgO)≥97%] 的理化性能（SB 18—1988）明确规定重烧收缩（1600℃,3h）≤0.5%。MgO-C 砖是不烧砖，一般的不烧砖不测定重烧线变化率。但电弧炉渣线和热点（hot spot）用树脂结合的 MgO-C 砖 [w(MgO) = 80%，w(C) = 14%，体积密度为 3.0g/cm³，显气孔率 <3% 和耐压强度 >40MPa] 的线变化率（1500℃，3h）为 0 ~ 1.0%。中大容量转炉连铸钢罐渣线用 MgO-C 砖 [w(MgO) = 80% ~ 88%，w(F.C) = 10% ~ 12%，体积密度≥3.05g/cm³，显气孔率≤4%，耐压强度≥40MPa] 的 1600℃（3h）线变化率为 0 ~ 1.0%。MgO-C 砖加热线变化率为正值，属于残余膨胀。文献 [53] 介绍了碳含量 20% 的 MgO-C 砖经 1500℃烧成后的残余膨胀，见图 3-21，表明 MgO-C 砖经高温处理或高温使用后会产生较大的残余膨胀。MgO-C 砖产生残余膨胀的主要原因：一是粗颗粒镁砂与基质（镁砂细粉和石墨等）的线膨胀系数不匹配（前者线膨胀系数大于后者），经受高温产生壳状气孔，致使 MgO-C 砖组织结构中的相对部位在冷却过程中不能复原，导致 MgO-C 砖发生不可逆的膨胀。二

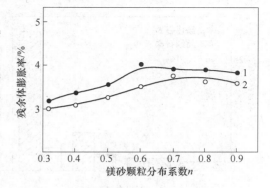

图 3-21　镁砂颗粒分布对 1500℃烧成
MgO-C 砖（20% C）残余膨胀的影响
1—试样 B；2—试样 A

是 MgO-C 砖中配入较多数量具有挠性可变形的石墨片，在压制成型中产生较大的变形，以便可紧密地填充到镁砂颗粒间的间隙内。在加热过程中，砖中弯曲的石墨片倾向于要伸直硬化，造成热处理错位，也是 MgO-C 砖经过高温后产生残余膨胀的重要原因。对于钢水罐渣线用 MgO-C 砖而言，虽然由于受到圆环形罐壳的限制，渣线环形砌砖不可能产生自由膨胀。但对于钢罐渣线用 MgO-C 砖的这种过大的残余膨胀，会由于过大的热应力降低砖的抗热震性和使用中砖热端发生被挤碎的危险。MgO-C 砖残余膨胀不过大（例如残余膨胀率不超过 1.0%）时，可防止钢罐渣线砌体冷却后产生过大的集中裂缝和避免盛接钢水后的漏钢事故。如果 MgO-C 砖烧后残余膨胀过大，可采取以下措施适当降低渣线用 MgO-C 砖和砌体的残余膨胀：（1）选择适当类型镁砂和降低配比系数 n；（2）添加含硼物质使其在高温下产生液相缓冲膨胀；（3）减少石墨配入量；（4）留设合理的砌体膨胀缝。

F　低碳 MgO-C 砖

在生产某些特定钢种（例如低碳钢和超低碳钢）过程中，除要求炼钢炉钢水要达到规定的低碳含量，而且在进一步加工过程（精炼和脱气等炉外处理）中也必须保持这种低碳含量。钢罐渣线和罐壁采用传统 MgO-C 砖（C 含量为 10% ~ 20%）时会增加钢中的碳含量，不利于低碳钢和超低碳钢的生产。降低 MgO-C 砖的碳含量可减少钢中的增碳。另外，纯固态 MgO 与纯石墨反应生成 Mg 蒸气和 CO（分压都是标准压力）的开始反应温度为 1860℃，由于反应产物都是气体，在 RH/RH-OB、LF 等减压操作或抽真空时都会使 MgO 与 C 反应的气体生成物容易扩散，会使 MgO 与 C 的开始反应温度大大下降，破坏 MgO-C 砖结构，加速蚀损。因此，在减压或真空冶炼设备中，传统 MgO-C 砖砖衬是不理想的。为满足低碳钢和超低碳钢生产和减压操作条件的需要，开发应用了低碳 MgO-C 砖（lower carbon containing magnesia carbon brick）。

低碳 MgO-C 砖是相对于传统 MgO-C 砖而言的。如前已述，传统 MgO-C 砖的碳含量在 10% ~ 20% 范围，而低碳 MgO-C 砖的碳含量一般不超过 8%。

随着碳含量的减少（特别是减少到 8% 以下），MgO-C 砖中碳颗粒不能形成连续相或连续相程度低，则砖的抗热震性和抗侵蚀性都受到影响。MgO-C 砖碳含量减少时，由于镁砂颗粒紧密填充和相互接触率提高，在高温烧成或使用后，其弹性模量显著增大，引起抗热震性变差。可见低碳 MgO-C 砖的工艺重点，首先就在于从提高石墨分散度方面采取措施，以提高抗热震性。为在碳含量少的情况下仍能形成碳连续相结构，选用超细石墨代替鳞片石墨。当质量相同时，石墨粒度越小体积越大。采用超细石墨的低碳 MgO-C 砖，可在石墨质量含量较少的情况下仍能保持其在砖中占有足够的体积分数，从而提高其抗热震性等性能。图 3-22 给出鳞片石墨和超细石墨含量与 MgO-C 砖 1000℃ 热处理后抗剥落性的关系。由图3-22 可见，当石墨含量超过 6% 后，加入超细石墨的低碳 MgO-C 砖，其抗剥落性明显提高（并保持良好的抗渣性）。原因可能是抑制

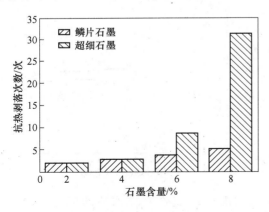

图 3-22　MgO-C 砖 1000℃
热处理后的抗剥落性

砖的过烧和降低砖的弹性模量。

除石墨细化外，低碳 MgO-C 砖的结合剂也与传统 MgO-C 砖不同。传统 MgO-C 砖采用的酚醛树脂结合剂，其碳化组织为玻璃态结构。而低碳 MgO-C 砖采用不含酚醛树脂、残碳率大于 40%（质量分数）的有机树脂结合剂，改善了砖的性能。典型的低碳 MgO-C 砖（新型）与传统的 MgO-C 砖（普通）的性能对比见表 3-8。

表 3-8 两种 MgO-C 砖性能对比[54]

性　　能		新型 MgO-C 砖	普通 MgO-C 砖
化学成分/%	MgO	86	78
	固定碳	7	15
干燥后	显气孔率/%	4.5	2.5
	体积密度/g·cm⁻³	3.31	3.30
	常温耐压/MPa	30	40
	常温抗折/MPa	10	17
于焦炭中 1000℃加热后	显气孔率/%	8.5	9.0
	常温耐压强度/MPa	25	35
	抗折强度/MPa	6	8
	耐剥落性	好	好
	耐侵蚀性	优良	好
	抗氧化性	优良	好

研究早已确定[53]，MgO-C 砖或 MgO-CaO-C 砖的碳含量（质量分数）达到 2% 就能防止（至少明显减轻）熔渣向砖内的渗透（见图 3-23）。采用残碳率（质量分数）大于40% 的有机树脂作为结合剂生产碳含量 2% 的 MgO-C 砖时，砖的显微结构特征为：镁砂骨料紧密填充，来自有机树脂结合剂的碳则将镁砂骨料完全包覆，阻隔骨料直接接触。预料具有这种显微结构特征的低碳 MgO-C 砖在高温下很难烧结，可抑制其弹性模量增大，因而可提高抗剥落性。如果生产碳含量（质量分数）高于 2%，例如碳含量 3% 左右的 MgO-C 砖，还需配加少量的超细石墨。图 3-24 示出石墨比表面积与该 MgO-C 砖抗剥落性的关系。图 3-24 表明，石墨比表面积大于 4m²/g 时，便可提高含碳 3% MgO-C 砖的抗剥落性。

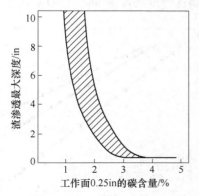

图 3-23　碳含量与渣渗透深度

（1in = 0.0254m）

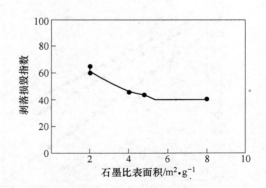

图 3-24　石墨比表面积与 MgO-C 砖
抗剥落性的关系

（侵入铁水中 1580℃，60s，然后水冷，15s）

这种低碳 MgO-C 砖实际使用后残砖表面形成的脱碳层，几乎不被熔渣渗透，即使在高氧化铁熔渣中，也不存在砖中碳被氧化所引起的熔渣渗透。

碳含量 5% ~8%，甚至更低到 2% ~4% 的低碳 MgO-C 砖的开发应用，不仅完全适用于超低碳钢和减压操作钢水罐渣线，还可节约石墨这个重要资源和减少 CO_2 的排放。

VOD 渣线和熔池用低碳 MgO-C 砖的性能为：$w(MgO) > 90\%$，$w(C) < 5\%$，体积密度 $> 3.05 g/cm^3$，显气孔率 $< 5\%$，耐压强度 $> 80MPa$。

RH 真空室下部和浸渍管用低碳 MgO-C 砖的性能为：$w(MgO) \geqslant 85\%$，$w(F.C) \leqslant 5\%$，显气孔率 $\leqslant 4\%$，体积密度 $\geqslant 3.10 g/cm^3$，耐压强度 $\geqslant 30MPa$。

3.2.1.5　MgO-CaO-C 砖

虽然 MgO-CaO 质耐火材料难以被高 CaO/SiO_2 比熔渣侵蚀，但这类熔渣中还含有氧化铁和 Al_2O_3 时，特别是由于不同原因使氧化程度提高（即有 Fe_2O_3 存在），MgO-CaO 质耐火材料的熔蚀加剧。因为含氧化铁熔渣对 MgO-CaO 质耐火材料的熔蚀程度与铁的氧化程度密切相关。在还原气氛中烧结白云石（sinted dolomite）1550℃ 出现液相前能溶解 20% 的 FeO；而在同样条件下，氧化气氛中烧结白云石仅能溶解 3% 的 Fe_2O_3。这种情况就是 MgO-CaO 质耐火材料要有碳存在的原因之一[53]，同时强调精炼钢罐渣线部位必须选用含碳耐火材料，因为高温并往往延长电弧预热周期和搅拌周期，只有 MgO-CaO-C 砖才能与这种恶劣的操作条件相适应。另外，在 3.2.1.3 节说到树脂结合 MgO-CaO 砖具有较高的热膨胀性，使用冷却后又产生收缩，表现为砌缝增大和裂开，再次投入使用时会导致钢水和熔渣漏出事故。为了杜绝钢水罐和精炼钢罐漏钢事故的发生，一个重要技术措施就是向砖中添加碳，生产 MgO-CaO-C 砖。可见，MgO-CaO 砖引入碳后的 MgO-CaO-C 砖，克服了原有部分缺点，使用效果比以前更好了。

镁钙碳（MgO-CaO-C）砖（magnesia-calcium carbon brick）是由氧化镁、氧化钙（熔点分别为 2800℃、2570℃）和难以被熔渣浸润的高熔点（>3000℃）石墨原料，添加各种添加剂，以无水碳结合剂结合的不烧碳复合耐火制品。

A　MgO-CaO-C 砖与 MgO-C 砖的比较

理论上讲，CaO + C 反应比 MgO + C 反应更难进行，在相同真空度下，前者比后者的理论反应温度高 200℃ 以上（见图 3-25），表明在相同真空度条件下 MgO-CaO-C 砖比 MgO-

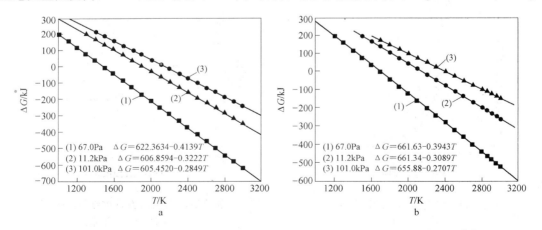

图 3-25　不同真空度下 MgO + C(a) 和 CaO + C(b) 反应的自由焓与温度关系[54]

C 砖更稳定。

如前已述，砖中游离 CaO 具有独特的化学稳定性和净化钢水的作用，在冶炼和精炼纯净钢、不锈钢和低硫钢等优质钢种时，MgO-CaO-C 砖受到人们重视。李楠[54] 举出生产 IF（interstitial atom free steel 无间隙原子）钢高档轿车板时对钢水杂质含量的严格要求（见表 3-9）。

表 3-9　IF 钢高档汽车板杂质含量要求[54]　（μg/g）

时　间	钢 中 杂 质						
	[C]	[N]	[S]	[P]	[H]	[O]	杂质总含量/%
20 世纪 90 年代初	30	30	10	20	1.5	5	<0.01
20 世纪 90 年代末	10	15	4	15	1	5	<0.005
21 世纪初（日本）	6	14	1	2	0.2	5	<0.00282

根据图 3-25，虽然在一个大气压（101.0kPa）下，MgO-C 砖中 MgO 自耗反应 $MgO + C \rightarrow Mg(g) + CO(g)$ 的 $\Delta G = 605.4520 - 0.2849T$，计算反应温度下 $T = 2125.1K$（即 1852.1℃），远远高于炼钢和精炼温度（一般在 1700℃ 以下），该自耗反应不应发生。但是上述 IF 钢要求的高纯净度，冶炼和精炼必须在真空度达 11.2kPa 甚至高度真空度（67Pa）条件下才能实现。在真空度达 11.2kPa（84Torr）时，MgO 自耗反应的温度由 $\Delta G = 606.8594 - 0.3222T$ 计算，$T = 1883.5K$（即 1610.5℃），在精炼温度范围内就可发生。在高真空度条件下（67.0Pa），MgO 自耗反应温度由 $\Delta G = 622.3634 - 0.4139T$ 计算，$T = 1503.6K$（即 1230.6℃），远远低于精炼温度，MgO 与 C 自耗反应会剧烈进行。在这种情况下，传统 MgO-C 砖是不适宜作为精炼钢罐内衬的。而在相同的真空度下，例如在真空度 11.2kPa 下，CaO + C 的反应温度由 $\Delta G = 661.34 - 0.3089T$ 计算，$T = 2141K$（即 1868℃）；在高真空度 67.0Pa 下，CaO + C 的反应温度由 $\Delta G = 661.63 - 0.3943$ 计算，$T = 1678K$（即 1405℃）；分别比 MgO + C 反应温度提高 257.5℃ 和 174.4℃。可见，在抽真空操作条件下，单纯的传统 MgO-C 砖显然不适用，而含 CaO 的 MgO-CaO-C 砖可望被采用。

在不锈钢生产中，耐火砖衬长期与低碱度熔渣接触。低碱度熔渣能加剧 MgO 的溶解，浸润方镁石晶界，促使晶粒的分离和溶出，迫使 MgO-C 砖中镁砂剧烈损毁。如果操作温度高，熔渣的碱度 CaO/SiO_2 低和总铁含量少，在砖工作面附近很难形成 MgO 致密层，砖内容易进行 MgO 与 C 的自耗反应，造成组织劣化。总之，可以认为生产不锈钢时 MgO-C 砖的严重损毁是熔渣引起的镁砂溶解和溶出以及 MgO + C 反应造成的碳氧化产生的组织劣化两者综合作用的结果。在这种情况下，用 MgO-CaO-C 砖代替传统 MgO-C 砖，砖中 CaO 溶解到熔渣中，在工作面附近形成高熔点和高黏度的 $2CaO \cdot SiO_2$ 保护层，减轻镁砂的溶解和溶出；CaO 比 MgO 更稳定地与 C 共存，砖内部反应引起的组织劣化减轻。精炼不锈钢的 AOD 炉，初期吹氧氧化脱碳，温度升高；然后进入还原期，加硅铁或 Al，熔渣碱度很低；最后加石灰在高碱度熔渣下脱硫；在整个精炼过程中熔渣从长时间酸性变到碱性。CaO 抗酸性渣的能力比 MgO 强，所以 MgO-CaO-C 砖对精炼不锈钢熔渣的适应性比 MgO-C 砖强得多。

在 Ar 气气氛中热处理（1700℃，1h）后，CaO-C（20%）砖的失重率比 MgO-C 砖（20%）

小；MgO-CaO-C 砖的失重率比 MgO-C 砖小[53]，说明在吹氩条件下 MgO-CaO-C 砖比 MgO-C 砖稳定。

文献［53］报道了 MgO-CaO-C 砖力学性能和热力学性能的研究结果，并与 MgO-C 砖作了比较：(1) 在 800 ~ 1400℃ 范围，MgO-CaO-C 砖的高温抗折强度比 MgO-C 砖低，MgO-CaO-C 砖的高温弹性系数也比 MgO-C 砖低。由高温抗折强度和高温弹性系数计算出的高温刚性，MgO-C 砖比 MgO-CaO-C 砖要高，说明在机械压力下的耐久性 MgO-CaO-C 砖低于 MgO-C 砖。提高 MgO-CaO-C 砖在机械压力下耐久性的一个重要途径，就要降低其 CaO 含量。(2) 在恒定压力下，MgO-CaO-C 砖的变形比 MgO-C 砖大。(3) 在加热过程中，所产生的热应力，当温度高于 700℃ 时 MgO-C 砖比 MgO-CaO-C 砖大，而在低于 700℃ 时两者热应力几乎接近。(4) 在 600℃ 以下 MgO-C 砖和 MgO-CaO-C 砖的常温抗折强度都稳定不变；而当温度超过 600℃ 两者常温抗折强度都下降，只是 MgO-CaO-C 砖下降幅度比 MgO-C 砖小而已。根据断裂力学理论估计，MgO-CaO-C 砖的裂纹以稳定方式扩展，而 MgO-C 砖的裂纹则可能以不稳定方式传播。

B　MgO/CaO 比例的最佳选择

生产 MgO-CaO-C 砖的主要耐火原料，除石墨外就是含游离 CaO 的烧结白云石、合成镁白云石（包括烧结 MgO-CaO 砂和电熔 MgO-CaO 砂）等。MgO-CaO-C 砖生产和应用的重要课题之一，就是在不同的使用条件下选择最佳的 MgO/CaO 比例。在合理选择 MgO/CaO 之前，人们首先关心镁钙原料显微结构的特点。这些原料的显微结构随其游离 CaO 含量不同而异[54]。CaO 含量（质量分数）小于 10% 时，在显微镜下不能明确找到 CaO 聚集部分（即 CaO 晶簇 crystal druse）；当 10% ≤ w(CaO) ≤ 30% 时 CaO 晶相被连续的方镁石晶相所包围，CaO 呈孤岛状分布于方镁石晶相之中，能明确找到 CaO 的聚集部分；w(CaO) > 30% 时，CaO（方钙石）成为连续晶相，方镁石则被方钙石晶相所包围。同时观察到电熔 MgO-CaO 砂比烧结 MgO-CaO 砂有更大的晶体尺寸。

钢罐和精炼钢罐用 MgO-CaO-C 砖中最佳的 MgO/CaO 比例，取决于熔渣的类型和所精炼的钢种。

如前所述，选择 MgO/CaO 摩尔比不大于 1 和配入 10% 左右石墨的 MgO-CaO-C 砖，是能适合脱硫钢罐操作工艺的，然而 MgO-CaO-C 砖难与脱硫操作所生成的 CaO-Al$_2$O$_3$ 系熔渣相适应，加速渣线部位的蚀损。曾研究 MgO-CaO-C (8%) 砖对 CaO-Al$_2$O$_3$ 系熔渣和 CaO-SiO$_2$ 系熔渣的抗侵蚀性试验（图 3-26）[53]。从图 3-26 中曲线 1（CaO-Al$_2$O$_3$ 系熔渣）可见，MgO-CaO-C 砖抵抗 CaO-Al$_2$O$_3$ 系熔渣侵蚀能力随 MgO/CaO 比值增大而提高。在同一文献中，对 C 含量 16% 的 MgO-CaO-C 砖中 CaO 含量与侵蚀指数的关系进行了研究（图 3-27）。

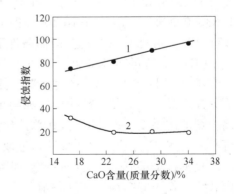

图 3-26　MgO-CaO-C(8%) 砖抗侵蚀性试验[53]

（1750℃，4h 回转侵蚀试验）

1—CaO-Al$_2$O$_3$ 系熔渣；2—CaO-SiO$_2$ 系熔渣

熔渣组成

（质量分数） /%	CaO	SiO$_2$	Al$_2$O$_3$	MgO	Cr$_2$O$_3$	CaF$_2$
CaO-SiO$_2$ 系	51	40	3	4	2	
CaO-Al$_2$O$_3$ 系	40	5	35			20

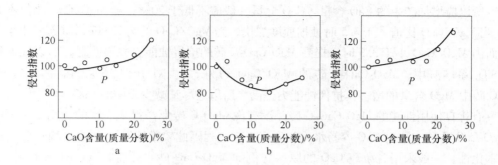

图 3-27　MgO-CaO-C（16%）砖中 CaO 含量与侵蚀指数的关系[53]

a—渣：C/S = 3.7，13TFe，2A，8M，9CaF₂；b—渣：C/S = 1.2，2A，2Cr₂O₃；

c—渣：C/S = 1.2，15A，20M

从图 3-27c 看出，在 CaO-Al₂O₃ 系熔渣中，MgO-CaO-C 砖的蚀损很严重，并随 CaO 含量增加而加剧，这与图3-26的结果一致。其原因是砖中游离 CaO 立即溶于 CaO-Al₂O₃ 系熔渣，生成 12CaO·7Al₂O₃ 等低熔点物质，以熔融状从砖表面排出到熔渣中，使砖面不能形成保护层而加快侵蚀。

图 3-27b 表明，CaO 含量高的 MgO-CaO-C 砖对 CaO-SiO₂ 系熔渣具有较高的抗侵蚀能力，原因是 MgO-CaO 砂颗粒接触这种熔渣时，从其中熔出的游离 CaO 立刻与熔渣中 SiO₂ 反应生成高熔点和高黏度的 2CaO·SiO₂ 和 3CaO·SiO₂，并固化密积在砖表面形成保护层。

从图 3-27a 看出，对于抗含铁氧化物的高碱度熔渣，MgO-CaO-C 砖几乎不具有优越性，特别是当砖中 CaO 含量超过 20% 时，CaO 在砖中密集度增大，导致砖中粗粒和微粒都提高了与铁氧化物的反应性，耐蚀性下降。而在 CaO 含量低于 20%～15% 时，CaO 在大结晶中呈孤立状态，粗颗粒部分对铁氧化物的侵蚀有 CaO 的保护，一部分在颗粒表面露出的 CaO 与铁氧化物反应，铁氧化物又与砖中碳反应，引起熔渣熔点和黏度均提高，控制了颗粒的熔流。

图 3-27b 还表明，CaO 含量 10%～20% 的 MgO-CaO-C 砖对低碱度 CaO-SiO₂ 系熔渣具有优良的耐蚀性能。如前已述，对于低碱度 CaO-SiO₂ 系熔渣，MgO 具有形成低熔点组成（如 CaO·MgO·SiO₂ 和 3CaO·MgO·2SiO₂ 的熔点分别为 1498℃ 和 1575℃）的性质，使基质生成低熔点物相，粗颗粒还未完全溶解就被渣流冲蚀掉了。而 CaO 在低碱度 CaO-SiO₂ 系熔渣中反应性大但可形成高熔点和高黏度保护层，从而导致砖与熔渣按基质→粗颗粒顺序反应，使熔渣熔点提高，形成整体后才被熔蚀掉，结果表现出抗低碱度 CaO-SiO₂ 系熔渣侵蚀能力高的特点。可见 MgO-CaO-C 砖抵抗低碱度 CaO-SiO₂ 系熔渣的侵蚀具有上述两方面的特点，就存在最佳 CaO 含量范围选择的问题。

图 3-27c 表明，MgO-CaO-C 砖对于 Al₂O₃ 含量较高的熔渣的侵蚀，也具有同较高铁氧化物熔渣一样的弊病（见图 3-27a）。在这种情况下，MgO-CaO-C 砖的 CaO 含量应选择图 3-27c 中 P 点的数值。而且从图 3-27a、b、c 还可发现，采用 P 点 CaO 含量的 MgO-CaO-C 砖，不管熔渣类型如何，都具有良好的耐蚀性。

由于回转侵蚀试验的结果（图 3-26）很接近实际的使用结果，可根据该图设计二次精炼用 MgO-CaO-C 砖。对于 Si 还原熔渣而言，随 MgO-CaO-C 砖中 CaO 含量的增多其抗侵蚀能力提高，所以应增加砖中的 CaO 含量。CaO 含量一般应不低于 20%，即 MgO/CaO 比值不大于 3.5。当 MgO/CaO 比值大于 3.5 时蚀损速度加快，当 MgO/CaO 约为 72/17 砖局部发生熔损现象；而当 MgO/CaO 小于 3.5 时，提高 MgO-CaO-C 砖的抗侵蚀能力并不明显，所以在低碱度 $CaO-SiO_2$ 系熔渣中，MgO-CaO-C 砖的 MgO/CaO 约为 3.5。对于 Al 还原的熔渣，随 MgO-CaO-C 砖中 MgO 含量的增多其抗侵蚀能力提高，所以应尽量减少砖中的 CaO 含量。

具有优良使用性能的 MgO-CaO-C 砖并没有像 MgO-C 砖那样得到广泛的应用，主要原因是 MgO-CaO-C 砖中游离 CaO 容易水化和生产工艺过程因此较难控制。为提高 MgO-CaO-C 砖的抗水化性，一般采用含游离 CaO 的原料（例如 MgO-CaO 砂）作骨料（ +1mm 颗粒），微粒（基质部分）采用电熔镁砂和石墨。试验研究证实，在 CaO 含量相同的条件下，电熔 MgO-CaO 砂在 Ar 气气氛中的失重率比烧结 MgO-CaO 砂小，表明电熔 MgO-CaO 砂更难被 C 还原，所以在抽真空条件中使用的 MgO-CaO-C 砖应选用电熔 MgO-CaO 砂作为 CaO 源。

C 碳含量的选择

MgO-CaO-C 砖中石墨加入量应根据冶炼钢种和钢罐衬的操作条件确定，并可参考 MgO-C 砖的石墨加入量。不少研究者对于 MgO-CaO-C 砖中石墨加入量，提出以下选定原则：（1）对于低 CaO/SiO_2 比、高总铁熔渣，石墨加入量不宜太多，因为除 CaO 与铁氧化物反应生成低熔物外，渣中铁氧化物与石墨反应使砖的损毁增大。（2）对于低 CaO/SiO_2 比、低总铁熔渣，石墨加入量越多，MgO-CaO-C 砖的抗渣性越好，但这种砖的耐磨性变差，不适于钢水流动剧烈的部位。（3）对于高 CaO/SiO_2 比、高总铁熔渣，石墨加入量增大有利于 MgO-CaO-C 砖熔损量的降低。

利用图 3-20 设计钢罐和精炼钢罐渣线部位用 MgO-CaO-C 砖时，其碳含量上限取 14%。在实际应用中，具体的碳含量则取决于熔渣碱度和冶炼钢种。在通常的操作条件下，用于钢罐和精炼钢罐渣线部位的 MgO-CaO-C 砖的碳含量为 12% ~ 14%，但在脱碳炉冶炼不锈钢时，MgO-CaO-C 砖的碳含量不超过 5%，当精炼超低碳钢时应设计更低碳含量（不超过 2%）的 MgO-CaO-C 砖。国内外在 AOD 装置和 VOD 装置渣线部位采用了树脂结合富镁白云石砖，见表 3-10。法国在精炼不锈钢和硅钢的 90t AOD 装置渣线部位成功采用了树脂结合（残碳量为 1.8%）富镁白云石砖（寿命为 25 ~ 200 次）。

表 3-10 AOD 装置和 VOD 装置用树脂结合镁钙砖的性能[1]

性　能	RO4	BX-7	RO6	BX-6	BX-8	白云石碳砖	白云石碳砖
类　型	树脂结合	树脂结合	树脂结合	树脂结合	树脂结合	树脂结合	树脂结合
使用部位	AOD 底部	AOD 渣线	AOD 渣线	AOD 底部	AOD 渣线	VOD 渣线，熔池	VOD 渣线，熔池
$w(MgO)/\%$	38.5	60 ~ 70	66.0	50 ~ 60	70 ~ 80	43	65
$w(CaO)/\%$	58.9	30 ~ 40	32.1	40 ~ 50	20 ~ 30	55	33
体积密度/g·cm⁻³	2.90	2.97	2.97	2.90	2.97	2.94	2.92
显气孔率/%	5	6	6	5	6	<5	<5
耐压强度/MPa	110	>80	130	>80	>80	>60	>60
残碳量/%	3.8	1.8	1.8	3.8	1.8	<3	<5

MgO-CaO-C 砖的结合剂，除沥青外主要是树脂，为防止 CaO 水化，采用无水树脂。成型后的砖坯，为防止水化和防滑，用稀释后的无水树脂、石蜡或沥青浸渍。

3.2.2 钢罐熔池用耐火材料

3.2.2.1 铝-镁质耐火浇注料

铝-镁质耐火浇注料是以氧化铝和氧化镁为主要成分的耐火浇注料的总称。广义上称作氧化铝-氧化镁质耐火浇注料（alumina-magnesia refractory castables），一般简称作铝-镁质浇注料。铝-镁质浇注料中氧化镁在配料时加入形式（MgO 源）不同。当基质料中的镁铝尖晶石（$MgO \cdot Al_2O_3$，代号 SP）以预反应尖晶石（prereacted spinel）形式加入时，称作氧化铝-尖晶石质浇注料，简称作铝-尖晶石质浇注料，写作 Al_2O_3-SP 质浇注料。当基质中引入 MgO 细粉和 Al_2O_3 细粉通过在使用中进行原位反应（in-situ reaction）（MgO + Al_2O_3→ SP）形成 SP（称为原位 SP）的浇注料，称作并写作 Al_2O_3-MgO 质浇注料。表 3-11 列出 Al_2O_3-SP 质浇注料和 Al_2O_3-MgO 质浇注料常规理化性能和使用性能的差异。

表 3-11 Al_2O_3-SP 质浇注料和 Al_2O_3-MgO 质浇注料性能比较[53]

性 能		Al_2O_3-SP 质浇注料	Al_2O_3-MgO 质浇注料
化学成分/%	$w(Al_2O_3)$	91.6	90.5
	$w(MgO)$	5.9	6.7
	$w(SiO_2)$	0.1	0.6
永久线变化(1500℃,3h)/%		0.02	1.79
抗折强度(1500℃,3h)/MPa		17.1	29.3
高温抗折强度(1400℃)/MPa		7.8	2.8
显气孔率/%	110℃，24h	18.3	18.2
	1500℃，3h	21.4	24.8
体积密度/g·cm^{-3}	110℃，24h	3.00	2.94
	1500℃，3h	2.93	2.79
抗侵蚀性		△	◎
抗渣渗透性		△	◎
热膨胀性能		◎	△
高温抗折强度		○	△
抗热震性		○	△

注：◎ > ○ > △。

由表 3-11 看到，Al_2O_3-SP 质浇注料和 Al_2O_3-MgO 质浇注料在 1500℃（3h）烧后线变化（PLC，permanent linear change）差异之大：Al_2O_3-SP 质浇注料仅为 0.02%，几乎不存在残余膨胀，体积稳定性非常好；而 Al_2O_3-MgO 质浇注料的永久线变化高达 1.79%，残余膨胀非常大。Al_2O_3-MgO 质浇注料从 1200℃开始，由于 Al_2O_3 + MgO→SP 反应发生急剧膨胀，会导致该浇注料体的高气孔率、低强度和产生剥落。

对于 SP 化反应伴随膨胀的机理，文献［53，54］作了详细描述。高活性 MgO 和 Al_2O_3 微粒反应生成 SP 的过程：400℃时已开始有 SP 形成，900℃时已有效形成 SP，1200℃（6h）

即可完成 SP 化反应。MgO 和 Al_2O_3 反应生成 SP 时伴随较大的体积膨胀，来源于：（1）化学反应的摩尔体积增加。从反应物和产物的摩尔体积（Al_2O_3 25.55cm^3/mol，MgO 11.26cm^3/mol 和 SP 39.52cm^3/mol）计算知，反应过程体积增加了 2.71cm^3/mol，相当于固态反应（solid state reaction）期间体积膨胀 7.36%。这是全致密 Al_2O_3（3.99g/cm^3）与全致密 MgO（3.58g/cm^3）反应后产生的理论膨胀。（2）根据几何颗粒包裹理论，在 MgO 和 Al_2O_3 反应烧结（reaction sintering）期间，MgO/Al_2O_3 界面上形成厚度不等（在 MgO 一侧和 Al_2O_3 一侧形成 SP 层厚度不等）的反应层，反应使颗粒互相推开，增大了膨胀。（3）根据克肯达尔效应，两金属离子（Mg^{2+} 和 Al^{3+}）越过晶界的不等速相向扩散，使扩散较快的离子所占据晶界那一边形成气孔，产生了额外的体积膨胀。由于后两种原因，SP 化固相反应烧结期间，存在颗粒尺寸效应和克肯达尔效应，产生了额外过量的膨胀。MgO 和 Al_2O_3 的颗粒尺寸为微米级时，SP 化伴有 14.7% 的体积膨胀，是摩尔体积膨胀的 2 倍；亚微米级 MgO 和 Al_2O_3 细粉 SP 化则伴有 20.7% 的体积膨胀，是摩尔体积膨胀的 3 倍。

Al_2O_3-MgO 质浇注料的抗侵蚀性和抗渗透性（resistance to molten slag permedtion）都比 Al_2O_3-SP 质浇注料好，而且前者比后者对于大范围熔渣（CaO/SiO_2 由 1~8）具有更高的抗侵蚀能力。

对于 1200℃ 和 1400℃ 的高温抗折强度而言，Al_2O_3-SP 质浇注料（分别为 11.0MPa 和 9.0MPa）比 Al_2O_3-MgO 质浇注料（分别为 6.0MPa 和 3.0MPa）高得多。Al_2O_3-MgO 质浇注料的高温抗折强度低的原因是，为防止 MgO 水化和减轻热膨胀添加 SiO_2 微粉，在热态下生成液相。

综上所述，可以认为：（1）Al_2O_3-SP 质浇注料的抗侵蚀性和抗渗透性较差，但其热膨胀小和高温抗折强度高，所以其抗热震性好和结构稳定。在实际使用中的损毁形式常表现为轻度剥落和熔损。（2）Al_2O_3-MgO 质浇注料的抗侵蚀性和抗渗透性好。但使用中伴随 SP 化反应产生较大的膨胀，含有 SiO_2 导致高温抗折强度和抗热震性下降。在实际使用中的损毁形式常表现为剥落。认识到这些，一方面对于不同的使用条件选择 Al_2O_3-SP 质浇注料或 Al_2O_3-MgO 质浇注料；另一方面有针对性地采取一些措施，改善各自性能。

铝-镁质浇注料的主原料有铝氧、镁砂和 SP 砂。按主原料的纯度可分为普通铝-镁质浇注料和纯铝-镁质浇注料。普通铝-镁质浇注料主要以烧结矾土（sintered bauxite）或棕刚玉（brown fused alumina）为骨料（aggregate），以矾土基 SP、镁砂、少量氧化铝和 SiO_2 等为基质（matrix）（基质料 MgO/Al_2O_3 比值高于 0.4），也称为矾土基铝-镁质浇注料。纯铝-镁质浇注料以白刚玉（white fused alumina）、板状氧化铝（tabular alumina）和亚白刚玉为骨料（有时也引入 10% 左右 3mm 以下 SP 颗粒），以高纯 SP、Al_2O_3 和高纯镁砂为基质（基质料 MgO/Al_2O_3 比值低于 0.4），也称刚玉-镁质浇注料（corundum-magnesia costables）。

按结合体系（即结合剂种类），目前铝-镁质浇注料采用纯铝酸钙水泥（pure calcium aluminate cement）、SiO_2 微粉 + MgO 和（或）水化氧化铝结合体系。纯铝-镁质浇注料开发初期，都选用纯铝酸钙水泥（通常含 Al_2O_3 70%，简写 CA-70C）作结合剂。铝酸钙水泥结合的浇注料稳定性好。选用纯铝酸钙水泥作结合剂，主要考虑到这种水泥中 CaO 与纯铝-镁质浇注料基质内 Al_2O_3 细粉在使用过程中反应生成 CaO·6Al_2O_3：CaO + 6Al_2O_3 → CaO·6Al_2O_3。对 CaO·6Al_2O_3（简写 CA_6），一方面要认识到其优点：它是高耐火相（熔点 1830℃），膨胀系数与 Al_2O_3 接近，碱性环境中有足够的抗化学侵蚀性，还原气氛中稳定性高，同氧化铁熔渣可形成大范围固溶体（solid solution），结晶粗大（柱状晶形），可赋予材料高强度。另一方面要认识到 CA_6 的生成反应伴随较大的体积膨胀，而且 CA-70C 用量越多体积膨胀越大，过大的体积膨胀会对浇注体的结构产生负作用。另外，为改善浇注料的抗渣性应减少 CA_6 的生成量。含水泥的铝-镁质浇注料，减少其 CA_6 生成量的措施有二：（1）向配料添加 SiO_2 微粉（microsilica），而且随着 SiO_2 微粉添加量的增多，抑制使用过程中伴随 CA_6 生成所产生的膨胀效应的作用越大。因为 SiO_2 微粉添加量的增多，高温中生成 Al_2O_3- CaO- SiO_2 系低熔物而抑制并减少了浇注料中 CaO-Al_2O_3 系矿物（CA_6 和 CA_2）生成量。试验表明，添加 SiO_2 微粉会使铝-镁质浇注料荷重软化开始温度下降，变形量增加，赋予其高温热塑性，因而具有较高的抗热剥落性能。（2）减少浇注料中水泥用量，开发采用低水泥浇注料（LCC，low cement castable）、超低水泥浇注料（ULCC，utra low cement castable）到无水泥浇注料（NCC，no cement castable）。通常采用 CA-70C（或 CA-80C）与活性 Al_2O_3 作结合剂生产低水泥浇注料和超低水泥浇注料。单纯以活性 Al_2O_3（activated alumina，例如水化 Al_2O_3——ρ-Al_2O_3）作结合剂，生产不引入 CaO 的无水泥浇注料。

铝-镁质浇注料的另一种结合体系，SiO_2 微粉和 MgO 细粉作结合剂，依靠凝聚结合。SiO_2 微粉和 MgO 细粉凝聚结合的机理[1]：SiO_2 微粉和 MgO 细粉在水中形成溶胶，SiO_2 胶粒带负电，MgO 粒子在水化过程中缓慢释放出 Mg^{2+} 离子。当 Mg^{2+} 离子被带负电的胶体 SiO_2 粒子吸附并使 SiO_2 胶体粒子表面达到等电点时，SiO_2 粒子便发生凝聚结合作用。李楠等的研究证实[54]，SiO_2 微粉-MgO 细粉结合浇注料中，发现有镁硅氧化物水化物 $Mg_3Si_4O_{10}(OH)_2$ 生成，可能是获得高强度的原因。

A 中小容量连铸钢罐整体内衬普通 Al_2O_3-MgO 质浇注料

普通 Al_2O_3-MgO 质浇注料由特级或一级矾土（Al_2O_3 含量不小于85%）骨料、特级或一级矾土细粉（fines）和烧结镁砂（MgO 含量不小于92%）细粉构成，也称为矾土基 Al_2O_3-MgO 质浇注料。早期（20 世纪 80 年代），这种浇注料曾以水玻璃（soluble glass）溶液作结合剂，由于有较好的抗熔渣渗透性，曾用于中小容量模铸钢罐整体内衬。但由于水玻璃带入一定量的 Na_2O，这种浇注料的荷重软化温度较低和抗熔渣侵蚀性较差，不适用于连铸钢罐。改为 SiO_2 微粉和 MgO 细粉凝聚结合的普通 Al_2O_3-MgO 质浇注料，可用作中小容量钢罐的整体内衬。

凝聚结合普通 Al_2O_3-MgO 质浇注料配料中，骨料/粉料为（65～70）/（35～30）。骨料的临界粒度较大，最大可达 20～50mm。配料组成：骨料为 20～10mm，50%；10～5mm，10%；小于5mm，40% 的矾土熟料颗粒。粉料由特级高铝矾土熟料粉（小于 0.074mm）、烧结镁砂粉（小于 0.074mm）和 SiO_2 微粉（烟尘硅灰 silica fume，小于 1μm）组成。基质粉料中的镁砂粉和氧化硅微粉加入量，应根据使用条件和使用性能要求通过试验确定。

凝聚结合普通 Al_2O_3-MgO 质浇注料的一般理化性能：化学成分 $w(Al_2O_3)$ 为 68% ～76%，$w(MgO)$ 为 6%～8%；110℃，24h 烘干后体积密度为 2.80～2.95g/cm³，耐压强度为 30～50MPa，抗折强度为 5～10MPa；1500℃，3h 烧后体积密度为 2.70～2.90g/cm³，耐压强度为 40～80MPa，抗折强度为 8～12MPa，线变化率为 ±0.5%。这类浇注料适用于中小容量连铸钢罐整体内衬。

B　中小容量连铸钢罐整体内衬普通 Al_2O_3-SP 质浇注料

普通 Al_2O_3-SP 质浇注料也称作普通高铝-尖晶石质浇注料，是由特级（或一级）高铝矾土骨料和粉料、矾土基烧结尖晶石骨料和粉料配制。采用两种结合体系：水化（纯铝酸钙水泥）结合体系和凝聚结合体系。水化结合的这种浇注料，其基质由矾土基烧结尖晶石粉、特级高铝矾土熟料粉（或棕刚玉粉）、纯铝酸钙水泥和微量的分散剂（dispersant）组成。其中纯铝酸钙水泥加入量要严格控制在 5%～8%（避免因加入量过多降低浇注料高温使用性能）。凝聚结合的这种浇注料，其基质由矾土基烧结尖晶石粉（或棕刚玉粉）、烧结镁砂粉、SiO_2 微粉和微量的分散剂组成。其中烧结镁砂粉的加入量为 6%～8%，SiO_2 微粉加入量为 2%～3%。

普通 Al_2O_3-SP 质浇注料的粒度组成，按 Andreassen 粒度分布方程调配时，粒度分配系数 q 值控制在 0.26～0.35 之间。SP 加入量在 10%～15%，其中部分以 3～1mm 颗粒加入和部分以小于 0.074mm 粉料加入。

凝聚结合普通 Al_2O_3-SP 质浇注料的一般理化指标：化学成分 $w(Al_2O_3)>72\%$，$w(MgO)>11\%$ 和 $w(SiO_2)<9.5\%$。110℃ 24h 烘干、1100℃ 3h 烧后和 1550℃ 3h 烧后的体积密度分别为大于 2.90g/cm³、大于 2.88g/cm³ 和大于 2.80g/cm³；110℃ 24h 烘干、1100℃ 3h 烧后和 1550℃ 3h 烧后的显气孔率分别为小于 16%、小于 19% 和小于 12%；110℃ 24h 烘干、1100℃ 3h 烧后和 1550℃ 3h 烧后的耐压强度分别为大于 60MPa、大于 70MPa 和大于 60MPa；110℃ 24h 烘干、1100℃ 3h 烧后和 1550℃ 3h 烧后的抗折强度分别为大于 9.0MPa、大于 8.0MPa 和大于 8.0MPa；110℃ 24h 烘干、1100℃ 3h 烧后和 1550℃ 3h 烧后的永久线变化率分别为 0～0.1%、0～0.2% 和 0.8%～1.7%。荷重软化温度（0.2MPa，0.6%）大于 1410℃。抗爆裂温度大于 450℃，加水量为 5%～6%。这类浇注料由于加入预反应尖晶石，永久线变化率不大，中温（1000℃）与高温（1550℃）强度的差别很小，抗热应力引起结构剥落的能力，比普通 Al_2O_3-MgO 质浇注料强些。适用于中小容量连铸钢罐整体内衬。

C　大容量钢罐整体内衬纯 Al_2O_3-SP 质浇注料

纯 Al_2O_3-SP 质浇注料的骨料选用电熔刚玉（electro-tused corundum）、烧结刚玉（sintered corundum）或板状氧化铝；细粉（基质）由合成尖晶石（synthesized spinel）（包括烧结尖晶石 sintered spinel 或电熔尖晶石 electro-fused spinel）粉、α-Al_2O_3 微粉、反应性 Al_2O_3 粉、纯铝酸钙水泥和分散剂组成。这种浇注料可配成低水泥、超低水泥或无水泥浇注料❶。当选用低水泥浇注料时，纯铝酸钙水泥的加入量为 3%～8%。

纯 Al_2O_3-SP 质浇注料，在 20 世纪 80 年代后期，由日本率先开发并应用到大容量钢罐熔池。当时，Al_2O_3 含量 80% 以上的高铝质浇注料，由于侵蚀率比高铝砖低和罐衬施工机械化（减轻体力劳动），已占据钢罐内衬一定比例。但是高铝质浇注料的抗渣渗透性和抗侵蚀性并不能满足钢罐内衬的要求。为提高高铝质浇注料的抗渣渗透性和抗侵蚀性，向浇注料配入 SP，即研发出纯 Al_2O_3-SP 质浇注料。配入 SP 可限制熔渣渗透的机理：（1）如前

---

❶　低水泥浇注料和超低水泥浇注料，由水泥带入的 CaO 含量（质量分数）分别为 1.0%～2.5% 和 0.2%～1.0%，而无水泥浇注料不含水硬性水泥。这些浇注料都是反絮凝浇注料（deflocculated castable），即至少加入一种反絮凝剂（deflocculant）并含有 2% 以上超细粉（小于 1μm）的水化结合（hydraulic bond）耐火浇注料。

已述，CaO 与 Al_2O_3 反应生成高熔点的 CA_6；（2）渣中 FeO 和 MnO 与 SP 形成（Fe，Mn，Mg）O·（Fe，Al）$_2O_3$ 固溶体，使熔渣 SiO_2 富化而提高黏度。熔渣渗透深度 L 与熔渣渗透黏度 η 的关系可由 $L \propto \eta^{-2}$ 表示，表明配入 SP 的高铝质浇注料（即 Al_2O_3-SP 浇注料），由于渗透熔渣黏度 η 提高而限制了渗透深度 L。为改善高铝质浇注料抗渣渗透性配入 SP 时应注意：（1）SP 越细在基质中的分布越均匀，限制熔渣渗透的作用越大，这就是浇注料配料中主要以细粉形式加入 SP 的原因。（2）在浇注料中配入接近理论组成 SP，即 SP 配入量在 10%～30%（质量分数）范围，限制熔渣渗透的作用最大（20% 为最佳配入量）。SP 配入量低于 10% 时，限制了熔渣中 FeO 和 MnO 在 SP 间隙空位的集留，形成固溶体的作用下降。SP 配入量超过 30% 时，不利于 SiO_2 的集留，限制了渗透熔渣黏度的提高，抑制熔渣渗透的作用下降。（3）SP 的类型（即 MgO/Al_2O_3 比值）也影响抑制熔渣渗透作用。采用 90%（质量分数）Al_2O_3 的富铝 SP（rich-alumina spinel）（化学成分（质量分数）：Al_2O_3 89.6%，MgO 10.1% 和 $SiO_2 < 0.1\%$；矿物相尖晶石；$MgO/Al_2O_3 = 0.11$）有利于阻止熔渣渗透。

关于纯 Al_2O_3-SP 质浇注料中 SP 的 MgO 含量（即 MgO/Al_2O_3 比值）的选择，应考虑：（1）SP 中 MgO/Al_2O_3 比值越大，纯 Al_2O_3-SP 质浇注料的抗侵蚀性越高。（2）SP 中 MgO/Al_2O_3 比值越小，纯 Al_2O_3-SP 质浇注料的线膨胀率越小。采用 70% Al_2O_3 组成的 SP（化学成分（质量分数）：Al_2O_3 70.2%，MgO 28.6%，$SiO_2 < 0.1\%$；矿物相尖晶石；$MgO/Al_2O_3 = 0.41$）生产的纯 Al_2O_3-SP 质浇注料，其热膨胀比采用 90% Al_2O_3SP 生产的浇注料高。即选用富铝 SP 可减少纯 Al_2O_3-SP 质浇注料的热膨胀。

纯 Al_2O_3-SP 质浇注料的粒度组成（particle size composition），根据施工性能（振动型或自流型）要求不同，选取粒度分布系数（coefficient of grain size distribution）q：振动浇注料（vibrating castable）q 值为 0.26～0.35；自流浇注料（self-flow castable）q 值为 0.21～0.26；也可按以下范围配制：$>1mm$ 为 35%～50%，1～0.045mm 为 15%～30%，$<0.045mm$ 为 35%～40%。按此范围可获得自流值大于 180mm 的自流浇注料。典型的纯 Al_2O_3-SP 质自流浇注料的理化性能见表 3-12。

表 3-12　典型的纯 Al_2O_3-SP 质自流浇注料的理化性能[1]

特　　性		烧结白刚玉	电熔白刚玉	电熔棕刚玉
$w(Al_2O_3)/\%$		91～92	91～92	89～90
$w(MgO)/\%$		6～7	6～7	6～7
烧后线变化率/%	110℃，24h	−0.03	−0.00	−0.00
	1000℃，3h	−0.03	−0.03	−0.03
	1500℃，3h	+0.06	+0.05	+0.25
抗折强度/MPa	110℃，24h	8.0	6.0	7.0
	1000℃，3h	11.0	8.0	8.0
	1500℃，3h	24.0	20.0	13.0
显气孔率/%	110℃，24h	16.0	17.0	16.0
	1000℃，3h	21.0	21.0	21.0
	1500℃，3h	23.5	24.0	21.5

特　性		烧结白刚玉	电熔白刚玉	电熔棕刚玉
体积密度/g·cm⁻³	110℃，24h	2.90	3.00	2.99
	1000℃，3h	2.85	2.90	2.97
	1500℃，3h	2.83	2.85	2.92
加水量/%		6.5~7	6.5~7	6~6.5

D　大容量钢罐罐底纯 Al_2O_3-ufSP 质浇注料

就浇注料的抗熔渣渗透性和抗侵蚀性而言，纯 Al_2O_3-SP 质浇注料比高铝质浇注料高很多，但比纯 Al_2O_3-MgO 质浇注料低得多，仍然满足不了钢罐内衬使用要求。为提高纯 Al_2O_3-SP 质浇注料的抗侵蚀性和抗熔渣渗透性，根据 SP 颗粒越细在基质中分布越均匀和限制熔渣渗透作用越大的道理，将基质中的 SP 用 SP 超细粉（ufSP，ultrafine powder of spinel，尖晶石超细粉的平均颗粒尺寸为 1.1μm，化学成分（质量分数）：Al_2O_3 73.47%，MgO 25.74%，SiO_2 0.24%，Fe_2O_3 0.14%，矿物组成尖晶石）替换，生产一种能有效发挥结构稳定性、抗侵蚀性和抗熔渣渗透性良好的纯 Al_2O_3-ufSP 质浇注料。如果 ufSP 配入量过高或纯铝酸钙水泥的粒径（particle diameter）过小时，纯 Al_2O_3-ufSP 质浇注料在使用过程中由于过烧结（super sintering）而引起抗热震性能下降，产生剥落损毁。通过控制 ufSP 配入量和正确选择纯铝酸钙水泥粒径来抑制该浇注料使用中过烧结所引起弹性率上升：（1）浇注料中 ufSP 配入量（质量分数）为 12%~16% 时，在基质中充填均匀和组织致密而提高了抗侵蚀性。（2）纯铝酸钙水泥结合剂的粒径由 1.6μm 增大到 11.2μm 时，便可控制因过烧结所产生的高强度和高弹性率，提高其抗剥落性。（3）再用 -1mm 颗粒 SP 4%~6%（质量分数）置换同等 Al_2O_3 颗粒，由于 Al_2O_3 颗粒能捕捉熔渣中 CaO，而 SP 颗粒能固溶熔渣中 FeO 和 Mn，可提高熔渣黏度和熔点，抑制熔渣渗透。采取以上措施后，就能获得抗侵蚀性和抗渗透性比纯 Al_2O_3-MgO 质浇注料更高的纯 Al_2O_3-ufSP 质浇注料。在大容量钢罐熔池的使用结果表明，纯 Al_2O_3-MgO 质浇注料的剥落厚度为 20~30mm，而这种纯 Al_2O_3-ufSP 质浇注料的剥落厚度仅为 10mm。由于剥落扩展速度减慢了，耐用性提高了。

在铝-镁质浇注料开发应用初期，钢罐罐壁内衬先采用纯 Al_2O_3-SP 质浇注料，因为：（1）纯 Al_2O_3-SP 质浇注料的开发应用先于纯 Al_2O_3-MgO 质浇注料。（2）纯 Al_2O_3-SP 质浇注料的膨胀性和结构稳定性非常好，没有发现较多的剥落现象。为进一步延长钢罐寿命，纯 Al_2O_3-SP 质浇注料便被抗侵蚀性和抗熔渣渗透性都优越的纯 Al_2O_3-MgO 质浇注料所取代。

罐底的结构与罐壁不同，即便是大容量钢罐的罐底，多数采用约束力较小的平直结构。高膨胀的耐火材料可能引起罐底内衬拱起上胀。为防止罐底内衬上胀拱起，体积稳定性高的纯 Al_2O_3-ufSP 质浇注料便成为大容量钢罐罐底的首选材料。罐底内衬经受周期性操作和熔渣作用，罐底浇注料应具备良好的抗热震性和抗熔渣渗透性。罐底内衬的损毁形式主要是结构剥落。人们对罐底浇注料的抗渣渗透性进行了研究。采用尖晶超细粉的纯 Al_2O_3-ufSP 质浇注料的物理性能与采用氧化铝超细粉的纯 Al_2O_3-SP 质浇注料的几乎相同（见表 3-13），但改进后的纯 Al_2O_3-ufSP 质浇注料的抗熔渣渗透性提高了，有助于罐底寿命的延长。

表 3-13　罐底浇注料的性能[53]

性　能		纯 Al_2O_3-ufSP 质浇注料	纯 Al_2O_3-SP 质浇注料
化学成分（质量分数）/%	Al_2O_3	93	93
	MgO	6	5
	SiO_2	0.1	0.1
显气孔率/%	110℃，24h	17.3	17.7
	1500℃，3h	20.6	21.2
体积密度/g·cm⁻³	110℃，24h	3.07	3.08
	1500℃，3h	3.02	3.01
耐压强度/MPa	110℃，24h	24.8	25.8
	1500℃，3h	57.6	55.4
高温抗折强度/MPa	1400℃	7.0	6.9
线变化率/%	110℃，24h	+0.08	+0.07
侵蚀实验（CaO/SiO_2=3.7）	侵蚀指数	98	100
	渗透指数	90	100

E　大容量钢罐熔池纯 Al_2O_3-MgO 质浇注料[53]

纯 Al_2O_3-MgO 质浇注料的开发应用，是在纯 Al_2O_3-SP 质浇注料之后，比纯 Al_2O_3-SP 质浇注料具有更高的抗侵蚀性和抗熔渣渗透性。对于钢罐熔池整体内衬而言，当熔渣渗透进入整体内衬并与之反应时形成渗透层，在热循环过程和温度梯度作用下，渗透层会从未渗透层（原浇注体未变层）剥落下来，即发生结构剥落。众所周知，减轻或限制结构剥落的主要措施，就是限制熔渣渗透深度，"极小的渗透深度等于极小的结构剥落"[53]。改善铝-镁质浇注料的抗渣渗透性能，主要从基质组成着手，即将基质中 SP 细粉由 MgO 细粉代替，获得纯 Al_2O_3-MgO 质浇注料。纯 Al_2O_3-MgO 质浇注料的骨料与纯 Al_2O_3-SP 质浇注料相同，主要有电熔白刚玉或板状氧化铝等。结合体系可采用纯铝酸钙水泥结合、凝聚结合或无水泥结合。

以 MgO 细粉形式加入基质的纯 Al_2O_3-MgO 质浇注料，在钢罐使用过程中，MgO 细粉与 Al_2O_3 细粉就地反应生成所谓的"原位 SP"。这种原位 SP 非常细小，并具有较高活性，在基质中分布极为均匀，能有效阻止渣中 FeO 和 MnO 的渗透。生成原位 SP 产生的膨胀，只要采取控制措施，有利于减小气孔孔径，有利于阻止熔渣的渗透。

纯 Al_2O_3-MgO 质浇注料抗渣试验表明：（1）随 MgO 细粉含量的增加，纯 Al_2O_3-MgO 质浇注料抗侵蚀性能提高，但如果浇注料中存在大量的 MgO 细粉，会使热面在使用中形成过多的 SP，引起剧烈的膨胀而加剧损毁。（2）MgO 细粉含量处于 5%~10% 时，熔渣渗透量最小。MgO 细粉含量超过 10% 时，虽然抗侵蚀性能有所提高，但过量的 MgO 细粉含量使浇注料失去控制熔渣渗透的作用。（3）向配料加入粗颗粒 MgO 可降低该浇注料的热应力，但 MgO 粗颗粒加入量不能过多（通常限制在 2% 左右），因为过多的 MgO 粗颗粒会引起裂纹增大，加速熔渣向受热面的渗透，降低使用性能。

纯 Al_2O_3-MgO 质浇注料一个突出的弱点，是在高温使用中由于 SP 化所带来的残余线膨胀（PLC）过大而导致施工体气孔率高、强度低和抗热震性低，产生断裂和剥落。而且这种残余线膨胀量几乎与 MgO 成正比。减轻或控制纯 Al_2O_3-MgO 质浇注料使用中过大残余线膨胀的主要技术措施是，向浇注料添加适量的 SiO_2 微粉，在高温下形成低熔的 Al_2O_3-CaO-MgO-SiO_2 系液相。根据自动应力张弛原理，这些液相填充一些孔隙，并补偿 SP 生成时的膨胀。

所谓适量的 SiO_2 微粉，首先注意纯 Al_2O_3-MgO 质浇注料细粉中 MgO/SiO_2 质量比与永久线变化（PLC）的关系。1500℃ 3h 烧后试验表明，当 MgO/SiO_2 比大于 12 时，PLC 高达 2% 以上，很容易引起剥落；而当 MgO/SiO_2 比小于 3 时，会产生收缩，加速裂纹形成。可见，纯 Al_2O_3-MgO 质浇注料细粉中 MgO/SiO_2 比值在 4～8 范围比较适宜。

在纯 Al_2O_3-MgO 质浇注料基质中添加 SiO_2 微粉的另一个好处是，增加原位 SP 的生成量。当 MgO 含量一定时，较多的原位 SP 生成量表明 SP 结构中 MgO/Al_2O_3 比值较低，形成了 Al_2O_3 含量高的富铝 SP。研究表明，加入适量的 SiO_2 微粉（例如 1%～2%），所生成液相有利于加快 SP 形成反应。同时，提高处理温度和延长保温时间，都能有效地促使原位 SP 含量的稳定增加。

研究还表明，纯 Al_2O_3-MgO 质浇注料的热膨胀不仅受 SiO_2 微粉加入量的影响，还与配料中所加入的 Al_2O_3 超细粉有关。当纯 Al_2O_3-MgO 质浇注料中添加 7% Al_2O_3 超细粉和 1% SiO_2 微粉时，就可以将其热膨胀控制在很低的范围之内，将其用于像钢罐罐底那样约束力很小的使用条件也可获得很长的使用寿命。如果调节纯 Al_2O_3-MgO 质浇注料基质中 $MgO/SiO_2 \approx 4$ 时，即可获得 PLC 为 +0.1%～+0.3% 的微膨胀纯 Al_2O_3-MgO 质浇注料（化学成分（质量分数）：Al_2O_3 83.9%，MgO 12.6%，SiO_2 2.5%，CaO 0.6%；体积密度：3.05g/cm³（110℃，12h），3.07g/cm³（1500℃，3h）；耐压强度：23.5MPa（110℃，12h），156.3MPa（1500℃，3h）；1500℃ 3h 线变化率为 +0.19%，镁砂粗颗粒添加量 6%；细粉中 $MgO/SiO_2 = 4.7$），用于罐底可以获得很长的使用寿命。因为这些浇注料在使用中不会产生内部裂纹和剥落损毁。

加入 SiO_2 微粉的纯 Al_2O_3-MgO 质浇注料，由于基质中液相量相对较多，具有一定的蠕变性能。适当的蠕变性能对于应力吸收和组织致密化是有效的。但过大的蠕变量会导致浇注体过烧结、膨胀消失甚至烧结收缩（sitering shrinkage），引起龟裂和剥落。1450℃，0.5MPa 蠕变试验表明：（1）随 SiO_2 微粉添加量减少，纯 Al_2O_3-MgO 质浇注料的蠕变量变小，因为 SiO_2 微粉添加量的减少使液相生成量减少。（2）MgO 细粉减少时，纯 Al_2O_3-MgO 质浇注料的蠕变量变大，可能是由 SP 生产量减少所致。（3）当 MgO 细粉配入量为 7%、SiO_2 微粉添加量约 0.4% 时，纯 Al_2O_3-MgO 质浇注料的蠕变量就可调整到纯 Al_2O_3-SP 质浇注料水平，就能大幅度地减少纯 Al_2O_3-MgO 质浇注料在实际使用中所产生的龟裂和剥落，获得高耐用性。

如果 SiO_2 微粉添加量适宜，就会获得综合性能都较好的钢罐低蚀区用纯 Al_2O_3-MgO 质浇注料。不过不同性能所要求的 SiO_2 微粉添加量并不是相等的。在设计钢罐用纯 Al_2O_3-MgO 质浇注料时，要根据不同部位使用条件选择合适的 SiO_2 微粉添加量：（1）由于罐壁用纯 Al_2O_3-MgO 质浇注料在使用中存在剥落损毁，为提高抗剥落性能需将 SiO_2 微粉添加量控制在 0.5% 左右。（2）罐底用纯 Al_2O_3-MgO 质浇注料应控制膨胀以防止拱起，SiO_2 微粉添加量一般为 1% 左右。（3）为提高冲击板的抗冲击能力，需要获得较高烧结性能，冲击板用纯 Al_2O_3-MgO 质浇注料的 SiO_2 微粉添加量应提高到 1.5% 左右。

为防止纯 Al_2O_3-MgO 质浇注料在大容量钢罐罐壁使用中产生内部裂纹和剥落，可根据浇注料频繁使用的抗断裂系数 R'，来确定纯 Al_2O_3-MgO 质浇注料的 MgO 含量、水泥用量和 SiO_2 微粉添加量，结果表明：最大 R' 值时的 MgO 含量为 5%，水泥用量为 8% 和 SiO_2 微粉添加量为 0.5%，并且找出水泥用量 8% 的纯 Al_2O_3-MgO 质浇注料具有抗侵蚀性和抗渣渗透性的最佳平衡。日本曾将水泥用量 8%、MgO 配入量 5% 和 SiO_2 微粉添加量 0.5% 的纯 Al_2O_3-MgO 质浇注料作为大容量钢罐罐壁整体内衬的标准浇注料推广应用，获得了长寿命。但对于减薄罐壁的使用中，出现裂纹和膨胀。在这种情况下，把降低膨胀应力作为纯 Al_2O_3-MgO 质浇注料的改进方向：正确选择基质中 MgO/SiO_2 比值（不超过 7），设计罐壁用低膨胀纯 Al_2O_3-MgO 质浇注料，见表 3-14。使用结果表明，这种低膨胀纯 Al_2O_3-MgO 质浇注料，经高温（1500℃，3h）处理后的永久线变化率（膨胀率）不高（PLC ≈ 1.0%），因而不剥落、耐侵蚀和使用寿命长（在大容量钢罐的使用寿命达 160 次以上）。

表 3-14　大容量钢罐罐壁用纯铝-镁质浇注料特性[53]

特　　性		纯 Al_2O_3-SP 质	纯 Al_2O_3-MgO 质	
		改进前	第一次改进	第二次改进
化学成分/%	Al_2O_3	92.7	89.9	91.6
	MgO	4.9	6.7	4.8
	SiO_2	0.1	0.5	0.5
体积密度/g·cm⁻³	110℃，24h	3.03	3.01	3.02
	1500℃，3h	2.91	2.90	2.83
显气孔率/%	110℃，24h	16.4	18.1	17.9
	1500℃，3h	20.9	22.7	24.2
耐压强度/MPa	110℃，24h	11.9	21.8	22.0
	1500℃，3h	46.6	71.6	59.3
抗折强度/MPa	110℃，24h	7.9	10.7	8.1
	1500℃，3h	30.2	29.9	36.3
重烧线变化率/%	1500℃，3h	-0.34	0.87	1.16
蚀损指数		100	68	70

F　钢罐冲击板纯 Al_2O_3-MgO 质浇注料[53]

钢罐罐底冲击区遭受高温钢水和熔渣的冲击，预制冲击板的浇注料理应具有高的抗热震性和耐冲击能力。冲击板用浇注料，以往选用纯 Al_2O_3-SP 质浇注料，后来主要被纯 Al_2O_3-MgO 质浇注料所替代。因为纯 Al_2O_3-MgO 质浇注料具有较高的吸收热应力的能力，因而抗热震性能较高。人们传统经验认为，冲击板遭受高温钢水强烈的热机械冲击，其高温抗折强度应是关键性能。对由电熔 Al_2O_3 基和原位 SP 浇注料预制的冲击板 A 进行物理性能测定（见表 3-15）表明，其物理性能都很好，特别是 1370℃ 高温抗折强度高达 21.0MPa。但在苛刻的现场使用条件（出钢温度高达 1670℃，钢水在钢罐中停留时间过长等）下使用结果并不理想。但以电熔白刚玉为主原料，外加镁砂细粉，采用水化 Al_2O_3（HAB）结合剂，并添加 SiO_2 微粉控制膨胀的纯 Al_2O_3-MgO 质浇注料 B 预制的冲击板，虽然其物理性能不能令人满意（见表 3-15，其中 1370℃ 高温抗折强度仅为 1.96MPa），但其对钢罐渣表现出很好的抗渣性，使用效果很好，在不修补的情况下使用寿命由 70 次延长到 130 次。

表 3-15　罐底冲击板性能[53]

性　　　能		A	B
典型化学成分/%	Al_2O_3	91	92.7
	MgO	6	5.9
	CaO	2.25	1.1
	其他	余量	余量
120℃，24h 烘干后	体积密度/$g \cdot cm^{-3}$	2.95	3.17
	常温耐压强度/MPa	41.9	35.7
	开口气孔率/%	16.3	18.7
1093℃，5h 烧后	体积密度/$g \cdot cm^{-3}$	2.85	3.14
	常温耐压强度/MPa	53.4	8.0①
	体积变化率/%	+1.3	0.0②
	开口气孔率/%	20.4	18.3
1600℃，5h 烧后	体积密度/$g \cdot cm^{-3}$	2.95	3.16
	常温耐压强度/MPa	116.0	28.5①
	体积变化率/%	-2.7	-0.07②
	开口气孔率/%	18.6	16.0
1370℃高温抗折强度/MPa		21.0	1.96

①常温抗折强度，lbf/in^2，$1 lbf/in^2 = 6894.757Pa$；
②线变化率。

对使用 100 次的冲击板 B 进行化学分析，结果说明，附于板面的渣与富铝尖晶石固溶在一起时结构致密，有效地阻止了 FeO 的渗透。用高 CaO/SiO_2 比的 CaO-Al_2O_3 系渣做坩埚抗渣试验，并对试样进行显微结构分析发现，CaO-Al_2O_3 相（即 $CaO \cdot 6Al_2O_3$ 和 $CaO \cdot 2Al_2O_3$）和致密的富铝 SP 相发育良好，CaO-Al_2O_3 相关闭气孔，有助于热面致密化，阻止了熔渣的渗透。HAB 结合原位 SP 浇注料，在开发前期一直被大尺寸预制件（冲击板等厚度 400mm 左右的预制件）的炸裂问题所困扰。但通过降低烘干加热速率、添加适当分散剂、添加剂和调整 MgO 含量等措施，防炸裂问题已经解决。

G　铝-镁质浇注料在钢罐应用中的问题讨论

a　关于铝-镁质浇注料在钢罐应用范围的问题

铝-镁质浇注料在中小容量钢罐整体内衬上使用，已完全取得成功。在大容量钢罐上，由于钢质量要求和炼钢过程不同，钢罐熔渣的组成和碱度也不一样。不同类别的钢罐应选用不同的耐火内衬。大容量钢罐选用纯铝-镁质浇注料内衬时，应根据不同类别的钢罐或同一钢罐的不同部位的使用条件，选择与之适应的纯铝-镁质浇注料的种类。

对于大容量连铸钢罐而言，采用纯铝-镁质浇注料整体内衬时，在技术上应认为是成熟的。不过要特别注意在渣线部位选用抗侵蚀性、抗渣渗透性和永久线变化率均能满足要求的纯 Al_2O_3-MgO 质浇注料。对于主要精炼洁净钢的精炼钢罐而言，由于使用条件更加苛刻，只能在低蚀区的熔池（罐壁和罐底）采用纯铝-镁质浇注料。有文献[53]报道将纯 Al_2O_3-MgO 质浇注料与 MgO-C 砖在中等碱性渣（CaO 35%，MgO 5%，SiO_2 10%，Al_2O_3 15%，Fe_2O_3 25%，MnO 10%，CaO/SiO_2 = 3.5，（C + M）/（S + A）= 1.6）中进行渣蚀试验，结果表明由于原位形成 SP，该浇注料的抗侵蚀性相当于 MgO-C 砖水平。据此可以认为纯 Al_2O_3-MgO 质浇注料可以用于低碱性渣甚至中等碱性渣钢罐的渣线部位。可是，这种浇注料接触到高碱性渣（CaO 63%，MgO 1%，SiO_2 12%，Al_2O_3 10%，Fe_2O_3 14%，CaO/SiO_2 = 5.3，（C + M）/（S + A）= 2.9）时，抗渣性能却难以达到 MgO-C 砖的水平，因为 SP 遇到高 CaO 含量熔渣时，会按 CaO + SP→MgO + L 反应生成 MgO 和液相，SP 被 CaO 熔渣熔蚀，耐火性能下降。因此，目前纯铝-镁质浇注料仅用于精炼钢罐的低蚀区（熔池）。

b 精炼钢罐渣线用浇注料的开发应用

多年以来砖砌钢罐实践证明，虽然使用寿命和使用安全等方面是完全可靠的，但砌筑操作的笨重体力劳动始终未被减轻。钢罐整体内衬的成功推广应用，使人们看到罐衬机械化施工的前景。整体罐衬普及率的提高是大趋势。目前，仅剩下精炼钢罐渣线部位的整体内衬尚未完全成功和推广。国内外，对于精炼钢罐渣线部位的碱性浇注料（例如纯镁-铝质浇注料、镁-硅质浇注料等）正在作大量的研发工作，但都未达到 MgO-C 砖的使用水平。钢罐渣线用 MgO-C 质浇注料的研发，由于流动性和 C 的抗氧化性等没有完美解决，其使用效果还达不到 MgO-C 砖的水平。不过，精炼钢罐的全整体内衬，是钢罐内衬机械化施工的方向，相信这一目标会完全实现。

c 纯铝-镁质浇注料类型的选择

钢罐用纯铝-镁质浇注料类型中纯 Al_2O_3-SP 质浇注料和纯 Al_2O_3-MgO 质浇注料的选择，应从各类型特点、研发历史和使用效果等方面考虑。首先，一定要了解纯 Al_2O_3-SP 质浇注料和纯 Al_2O_3-MgO 质浇注料各自的优缺点，以便在不同钢罐和同一钢罐不同部位合理选用。当然，为保持纯 Al_2O_3-SP 质浇注料和纯 Al_2O_3-MgO 质浇注料的优点和克服各自的缺点，根据基质搭配原则，基质组成选用 Al_2O_3-SP-MgO 系统和 SP/MgO 比值合适时，可获得同时具有两类型浇注料优点并克服各自缺点、综合性能较好的纯 Al_2O_3-SP-MgO 质浇注料[53]，它在钢罐低蚀区会获得较好的使用结果。其次，按开发应用先后看，纯 Al_2O_3-SP 质浇注料先于纯 Al_2O_3-MgO 质浇注料，表明后者的优点多于前者，而且后者的适用性更广泛。从纯 Al_2O_3-MgO 质浇注料的适用性看，不同组成和特点的纯 Al_2O_3-MgO 质浇注料可用于精炼钢罐低蚀区的任何部位（熔池罐壁、罐底和冲击区）。尤其是用量很大的罐壁采用纯 Al_2O_3-MgO 质浇注料时，使用过程中 MgO 与 Al_2O_3 反应生成的原位 SP 伴有可控制和调节的体积膨胀，对减少或限制熔渣渗透有益。更何况用于罐壁的纯 Al_2O_3-MgO 质浇注料，由于环形浇注体的辐射状膨胀特点和受圆形钢壳的限制，环形浇注体不会发生所谓的"自由膨胀"。第三，钢罐纯铝-镁质浇注料的蚀损机理研究指出[53]，浇注体工作衬与熔渣反应后形成一个保护层带，渣中大部分氧化铁和氧化锰嵌入晶格结构形成尖晶石。熔渣中氧化铁同 Al_2O_3 反应生成 $FeO·Al_2O_3$ 所引起的膨胀不大；渣中 CaO 同 Al_2O_3 反应生成 CA_6 产生较大的膨胀，但却被熔渣中 CaO 和 SiO_2 同 Al_2O_3 反应生成钙铝黄长石和（或）钙长石（取决于渣中 SiO_2 含量）等熔点温度低于 1600℃（钢罐操作温度）的矿物反应均衡了。纯铝-镁质浇注料钢罐工作衬同熔渣反应生成高熔点和低熔点矿物的这种结合，为钢罐工作衬提供了一个热面保护层带，使工作衬的进一步蚀损减至最少。最终表现为不同熔渣组成对纯铝-镁质浇注料的两种类型钢罐工作衬使用寿命的影响差别并不十分明显。这样，制作工艺相对简单和成本较低的纯 Al_2O_3-MgO 质浇注料（尤其是凝聚结合的）更具推广价值。

　　d　关于大容量钢罐整体内衬和"套浇"的推广

　　我国中小容量钢罐和部分大容量钢罐整体内衬成功应用后，又采用了"套浇"技术：整体内衬局部蚀损到一定厚度，冷却并经人工或机械清除残渣和工作衬渗透层，安装模具补浇新的整体衬，经烘烤加热后再投入使用。还可以多次"套浇"，避免了残衬的废弃，显著降低了耐材的单耗。整体衬和套浇共同采用，才能表现出钢罐浇注料的优越性来。国外大容量钢罐多数采用整体衬和套浇。我国大容量钢罐采用整体衬和套浇的较少，可创造条件推广这些技术。

　　大容量钢罐整体内衬必须在技术上和施工方面保证不发生高温钢水渗漏事故。为此在多方面采取安全措施。例如，以往紧靠罐壳（或隔热层）的永久衬（permanent lining），现在称为安全衬（safety lining），定义为"炉壳与工作衬间的防渗漏耐火砖砌体或耐火整体衬。当工作衬被高温熔体和熔渣侵蚀变薄时，安全衬应能抵挡渗透和侵蚀"[7]。以往砖砌钢罐采用高铝质浇注料安全衬后，不仅寿命延长（可以经过数个罐役不换安全衬），而且杜绝了漏钢事故，表明无砌缝的整体安全衬也是安全可靠的，进而改用无砌缝的普通铝-镁质浇注料整体安全衬和纯铝-镁质浇注料整体工作衬，也不应发生漏钢事故。纯铝-镁质浇注料研发技术和应用技术早已被证实非常成熟，早已被证实安全上是可靠的。现阶段未在大容量钢罐上全面推广纯铝-镁质浇注料整体内衬的原因可能有：（1）砖砌钢罐用耐火砖在耐火材料制造厂经过质量检查合格后，运往钢厂又经过筑炉工人目视挑选出外观废品，多年习惯认为砖的质量是可靠的。砌筑质量按规范检查可以看得见是否合格。而浇注质量的检查，无论代表性或及时性都不容易全面适时地反映浇注体的施工质量。（2）钢罐整体内衬的浇注施工由谁来完成。钢罐砖砌工程由专门的筑（修）炉队伍完成。多年来，钢厂和炉窑公司建立了专业筑（修）炉队伍，近年来一些耐火材料厂也组织起来专业筑炉队伍。有了专业筑炉队伍，保证了钢罐砖衬的砌筑质量。钢罐整体内衬的浇注施工，是技术要求高、确保施工质量和必须有操作熟练的专门队伍来完成的工程。钢罐整体内衬的浇注施工，从试验到推广（特别是试验阶段）应由浇注料的制造单位负责完成。只有这样，浇注料的制造单位通过现场浇注施工和对钢罐的使用状况的研究，才能了解浇注料制造、施工和使用中的问题，不断改进浇注料的性能、作业性能（workability）和使用效果。当然，在钢罐整体衬试验成功后，可转交给专业筑（修）炉单位的队伍承担钢罐整体内衬的施工，但必须经过严格培训，确实能承担并按施工标准高质量和熟练地完成这个任务。（3）浇注施工场地在钢厂占有一定的平面存放浇注机具和浇注料。特别是试验阶段，浇注场地与砖砌钢罐在同一相互干扰的平面，当这一场地面积本来就不够时，试验困难不小。（4）钢罐整体内衬的养护、烘干和加热的时间，比砖砌钢罐长得多。

　　具备钢罐整体内衬施工条件的钢厂，应积极试验和推广，并不断延长使用寿命。近期不具备整体内衬施工条件的钢厂，采用浇注料预制件（cast per-formed shape）也不失为一种很好的过渡方案。实际上预制件是在耐火材料厂精心制造（经质检合格）的耐火制品，只是不采用压砖机和烧成设备（但养护和烘干在制造厂完成）。钢厂可把预制件当作不烧砖，砌筑工程和烘干加热基本上与砖砌钢罐相同。只要耐火材料单耗和费用不增加，而且延长了使用寿命，这是对耐火材料厂和钢厂都有好处的方案。钢罐预制件的形状尺寸，可保持与原有耐火砖相同，也可稍大些。如果有条件实现钢罐内衬的吊装机械化，可采用大尺寸预制块（per-formed block）。这些预制砌块的单重应超过100kg（人工搬不起来），在耐火材料厂完成浇注、养护、干燥和预砌筑和编号。这些预砌筑并编号的预制砌块的运输、装卸和砌筑都实现了机械化。如果钢厂吊车紧张，可采用小型吊装设备，这是容易办到的。国内大中容量钢罐已采用预制件的理化性能见表3-16。

表3-16 钢罐熔池预制件的理化性能[1]

项 目		中大容量钢罐罐壁铝-镁质预制件	VOD装置熔池铝-镁质预制件	LF装置冲击板刚玉-尖晶石质	150t LF-VD装置冲击板刚玉预制件
化学成分/%	$w(Al_2O_3)$	≥90	≥90	>90	97
	$w(MgO)$	≥2	4~8	>4	—
	$w(CaO)$	—	<2	—	—
体积密度/g·cm^{-3}	110℃，24h	≥3.05	3.00	≥3.05	2.98
	1600℃，3h	≥3.00	—	—	—
显气孔率/%		—	<15	≤17	—
耐压强度/MPa	110℃，24h	≥50	>30	≥40	80
	1600℃，3h	≥40	—	—	100（1000℃碳化）
抗折强度/MPa		≥8（1600℃，3h）	—	≥7（110℃，24h）	—
荷重软化温度 T_2/℃		>1700	—	—	—
重烧线变化/%		±1.0	—	—	—
耐火度/℃		>1790	—	—	—
热态抗折强度/MPa		—	—	>7	—
颗粒组成/mm		—	—	—	0~6.3

3.2.2.2 不烧铝镁砖和铝镁碳砖

随着吹氧转炉和连铸的出现，钢罐内衬黏土砖（甚至高铝砖）已不适用了。在钢罐内衬高铝化和碱性化的初期，不烧铝镁砖的研制成功和后来铝镁碳砖的成功开发应用，占据相当长的时间，甚至在纯铝-镁质浇注料整体罐衬推广期间，铝镁碳砖仍然不失为罐衬的重要材料。

A 钢罐不烧铝镁砖[3]

钢罐不烧铝镁砖（unburned alumina-magnesia brick for ladle）是以高铝矾土熟料和镁砂为原料制成的钢罐内衬用不烧耐火制品。随着钢罐内钢水温度的提高和停留时间的延长，黏土砖罐衬侵蚀严重。在采用高铝砖的同时，铝镁质不烧砖可代替黏土砖和低档高铝砖。这种不烧铝镁砖以特级或一级高铝矾土和一级制砖镁砂为原料，以水玻璃为结合剂，按一定比例配料，其中镁砂细粉和矾土细粉共同混合细磨，经混练和压砖机成型，干燥到

200℃并经质检合格后即为成品。这种砖的典型理化性能：Al_2O_3 72%，MgO 9.8%，体积密度为 2.63 ~ 2.85g/cm³，显气孔率为 20% ~ 21%，常温耐压强度为 52.2 ~ 117MPa，荷重软化开始温度为 1420℃。由于在配料中 MgO 加入量按全部基质具有 SP 组成计算，不烧铝镁砖具有良好的抗热震性能和抗碱性渣侵蚀的性能。但由于水玻璃结合剂引入 Na_2O 等低熔点物质，其高温强度和荷重软化温度较低。另外，由于这种砖的导热性比黏土砖高，致使罐内易结冷钢和粘渣，在使用中应采取预热和隔热措施。

B　钢罐铝镁碳砖[1,54]

广义讲，以氧化铝、氧化镁和碳为主要成分的耐火材料可统称为铝镁碳系耐火材料（refractories of Al_2O_3-MgO-C system）。铝镁碳砖（alumina-magnesia-carbon brick）是以高铝矾土熟料（或刚玉）、镁砂（或镁铝尖晶石 SP）和石墨为主要原料，用沥青或树脂结合的不烧定形耐火制品。铝镁碳系耐火制品按氧化铝或氧化镁含量不同可分为两类：一类是以氧化铝为主成分的铝镁碳砖，常用 AMC 或 LMC 表示；另一类是以氧化镁为主成分的镁铝碳砖，常用 MAC 或 MLC 表示。

随着连铸钢罐和炉外精炼钢罐的出现，罐中钢水温度的提高和停留时间的延长，原用罐衬黏土砖、高铝砖和铝镁不烧砖已不能满足使用要求。铝镁碳砖是在 20 世纪 80 年代后期开发的不烧砖。为提高中小容量钢罐用水玻璃结合的不烧铝镁砖的使用性能，曾加入石墨，使用寿命有所提高，但很快就被树脂结合的铝镁碳砖所取代。

铝镁碳砖是在镁碳砖和铝碳砖等含碳砖的基础上，吸收铝镁系耐火材料的特点开发出来的，兼有含碳耐火材料和铝镁系耐火材料的优点。这种碳复合不烧砖，不仅具有优良的化学和热力学稳定性，而且具有优异的热学和力学性能：（1）高的抗钢水和熔渣渗透能力。由于在高温使用过程中基质内 MgO 细粉与氧化铝细粉发生反应，原位生成 SP 伴随可控制的体积膨胀，有利于砖的致密化，阻止钢水和熔渣从砖的工作面和砌缝处的渗透。（2）优良的抗渣侵蚀性能。除石墨的抗侵蚀作用外，使用过程中原位生成 SP 能吸收熔渣中 FeO 并形成固溶体；Al_2O_3 则与熔渣中 CaO 反应形成高熔点 CaO-Al_2O_3 系化合物，起到堵塞砖气孔和增大熔体黏度的作用，达到抑制熔渣渗透和抗渣侵蚀的目的。（3）高的机械强度。与 MgO-C 砖和 Al_2O_3-C 砖比较，铝镁碳砖的石墨加入量较少，一般在 6% ~ 12%，因此具有体积密度大、气孔率低和强度高的特点。

铝镁碳砖的生产工艺与 MgO-C 砖相同。采用措施使混练均匀和提高成型压力是工艺上保证铝镁碳砖优异使用性能的基础条件。铝镁碳砖主要原料的纯度存在很大的波动范围。含氧化铝原料可采用一级高铝矾土熟料、特级高铝矾土熟料、棕刚玉、烧结刚玉和电熔刚玉。含氧化镁原料可采用烧结镁砂和电熔镁砂。碳素原料主要是天然鳞片石墨。结合剂常用合成酚醛树脂（synthetic phenolic-formaldehyde resin）。防氧化剂采用 SiC 和 Al 粉。

含氧化铝原料一般占铝镁碳砖配料总组分的 80% ~ 85%，配料中可以颗粒状和细粉加入。含氧化铝原料的种类很多，但高铝矾土中含有较高的 SiO_2 等杂质，可降低砖的抗渣性。烧结刚玉与电熔刚玉比较，前者结晶细小，晶界较多，用其制造的铝镁碳砖的抗渣性比不上相同条件下用电熔刚玉制造的铝镁碳砖。

含氧化镁原料中，与烧结镁砂相比，电熔镁砂的晶粒尺寸粗大、体积密度大和 MgO 含量高，因此抗渣侵蚀能力强。在不烧铝镁碳砖配料中一般加入电熔镁砂，而且主要以细粉形式加入，加入量一般控制在 15% 以内。适当的镁砂细粉加入量，使用过程中原位 SP

产生的体积膨胀效应有利于堵塞砖的气孔。但氧化镁细粉加入量过多时，过多 SP 生成量引起过大的体积膨胀，砖内部会产生过大的热应力和裂纹，降低砖的强度。

铝镁碳砖的碳素原料一般以天然鳞片石墨为主。为避免实际使用中石墨的低温氧化和因石墨热导率大引起钢罐中钢水温降过大，石墨加入量一般控制在 10% 以内。

铝镁碳砖采用的结合剂与其他含碳耐火材料一样，主要为合成酚醛树脂，其加入量视成型设备不同，一般在 4% ~ 5%。

树脂结合铝镁碳砖，不仅在电炉连铸钢罐和转炉连铸钢罐熔池获得应用，而且在大容量砖砌精炼钢罐的熔池占据相当比例。一些钢罐熔池用铝镁碳砖理化指标见表 3-17。

表 3-17　钢罐熔池用铝镁碳砖理化指标[1]

性　能	典型理化性能		电炉连铸钢罐				VOD 熔池不烧刚玉尖晶石砖	LF 熔池、底		
			罐壁			罐底				
	LMC-65	LMC-70	铝镁碳砖 1	铝镁碳砖 2	铝镁碳砖 3	铝镁尖晶石碳砖		LMT-1	LMT-2	LMT-3
$w(Al_2O_3)/\%$	≥65	≥70	≥65	≥70	≥60	70	>90	≥65	≥50	<20
$w(MgO)/\%$	≥10	≥10	≥12	≥12	≥20	>12	6 ~ 12	≥12	≥30	>60
$w(C)/\%$	≥7	≥7	5 ~ 7	7 ~ 10	7 ~ 10	>5	—	≥8	≥8	>8
体积密度 /g·cm^{-3}	≥2.95	≥3.00	≥2.75	≥2.95	≥2.95	>2.90	3.05	≥2.95	≥3.00	>2.95
显气孔率/%	≤8	≤8	≤10	≤5	≤5	<7	<15	≤8	≤5	<6
常温耐压强度 /MPa	≥40	≥45	≥25	≥50	≥50	>30	>40	≥40	≥40	>35
抗折强度 /MPa	—	—	≥7	≥15	≥15	>10	—	—	—	—
荷重软化温度 /℃	—	—	$T_1 > 1600$	$T_1 > 1700$	$T_1 > 1700$	$T_2 > 1700$	—	—	—	$T_2 > 1700$
重烧线变化 (1600℃,3h)/%	—	—	<2	<2	<2	0 ~ 1	—	—	—	—
热态抗折强度 /MPa	—	—	—	—	—	—	≥6	≥6	>6	

3.3　砖砌钢罐砌筑

3.3.1　砌缝

砖砌钢罐的特点，必然存在砌缝。有无砌缝，是砖砌钢罐和整体钢罐的区别之一。钢罐无砌缝整体内衬之所以在砖砌钢罐之后开发出来并正在取代后者，主要原因除了前者可施工机械化外，使用寿命长因而耐火材料单耗低。在同样原料材质条件下，耐火砖的理化指标一般都会比耐火浇注料强些，但浇注整体内衬的使用寿命却要长很多，其主要原因是钢罐砖衬存在很多砌缝。如前已述，高温钢水和熔渣通过耐火砖或浇注体的晶界、气孔或（和）裂纹都能发生渗透并侵蚀作用，尺寸比晶界、气孔和裂纹大得太多的砌缝，显然更是高温熔体渗透和侵蚀的通道。不少砖砌钢罐每块砖蚀损形状呈"馒头状",表明砌缝处的蚀损比砖工作表面严重,而且辐射竖缝的蚀损比水平缝严重。同时发现,以剥落损毁为主时"馒头状"程度比熔蚀损毁为主时轻微。这些都表明,砌缝是砖砌钢罐的薄弱环节。围绕砌缝可从多方面采取措施,提高砌砖质量和延长使用寿命。

3.3.1.1　砌缝厚度

砖砌钢罐砌体中砖与砖之间的缝隙称为钢罐砌缝。罐底砌体中有砖层间的水平缝和与水平缝垂直的垂直竖缝。罐壁环形砌体中有砖层水平缝和与之垂直的辐射方向的垂直缝——辐射竖缝。

钢罐砖衬砌缝厚度,根据中国工程建设标准化协会标准《钢水罐砌筑工程施工及验收规程》[55]规定:工作衬砌体采用Ⅱ类砌体,砖层水平缝、竖缝和辐射竖缝的厚度均不大于2mm;安全衬砌体的竖缝和水平缝厚度分别不大于2mm和3mm。检查数量:罐底砌体应逐层检查,每层抽查2~4处;罐壁砌体每1.25m高检查1次,每次抽查2~4处。检查方法:每处砌体的5m² 表面上用塞尺检查10点,比规定砌缝厚度大50%以上的砌缝,Ⅱ类砌体(砌缝厚度不大于2mm)不应超过4点,Ⅲ类砌体(砌缝厚度不大于3mm)不应超过5点。在工业炉砌筑工程及验收规范[42]和《筑炉工程手册》[2]中没有明确规定钢罐砖衬的砌缝厚度,只是对于一般工业炉的"高温或有炉渣作用的底、墙"砌缝厚度规定不大于2mm(采用Ⅱ类砌体)。钢罐砖衬的砌缝厚度很可能就是比照这一条规定的。根据钢铁工业热工设备砖衬习惯,直接接触高温熔体(钢水、铁水和熔渣)的砌砖,一般都至少采取Ⅰ类砌体(砌缝厚度不大于1mm)。例如直接接触铁水的混铁炉(mixer)工作衬采用Ⅰ类砌体(砌缝厚度不大于1mm),RH装置工作衬采用Ⅰ类砌体(砌缝厚度不超过1mm),电炉炉底和炉墙镁砖工作衬采用Ⅰ类砌体(砌缝厚度不超过1mm)。同时直接接触高温熔渣和钢水的钢罐工作衬为什么规定采用Ⅱ类砌体(砌缝厚度不大于2mm)呢?更何况比规定砌缝厚度大50%以内的砌缝实际上已达3mm。如此不严格的砌体类别(等级),如此大的砌缝厚度为什么会延续至今呢?可能有以下原因:(1)衬砌黏土砖和普通高铝砖的模铸钢罐内,钢水温度不高和钢水在罐内停留时间不长,虽然使用寿命不长,但还能周转得开。(2)黏土砖和高铝砖的尺寸允许偏差本来就较大(例如YB 5020—2002规定厚度尺寸≤100mm的允许偏差达±1.5mm),不选砖时难以达到Ⅰ类砌体(砌缝厚度不大于1mm)要求,选砖时工程量大。(3)钢罐 SiO_2-Al_2O_3 系耐火砖衬采用高强耐火泥浆后抗渗透性和抗侵蚀性明显提高,更放宽了对砌缝厚度的严格要求。

随着连铸钢罐和精炼钢罐的出现,罐内钢水温度提高和罐内钢水停留时间延长,罐衬改用了碱性砖和含碳砖。在普通钢罐已升级为精炼钢罐的情况下,罐衬砌体本应升级为Ⅰ类砌体。国外多数精炼钢罐砖衬都改用了Ⅰ类砌体[52],例如国外 ASEA-SKF 钢罐铬镁砖工作衬,其砌缝厚度不超过1mm。而我国的精炼钢罐砖衬的砌缝厚度并没有减少为不大于1mm,仍然采用以往普通钢罐的不大于2mm的砌缝。我国精炼钢罐砖衬的砌缝厚度,可以从目前的不大于2mm过渡到不大于1.5mm,争取不大于1mm,这是完全可以办得到的。

精炼钢罐工作衬升级为Ⅰ类砌体,砌缝厚度不大于1mm时在砖尺寸方面(例如选砖和成型)的措施:(1)对罐底直形砖而言,在耐火砖制造厂按厚度选分,分正号和负号标记并分批供货。(2)对于罐壁平砌侧长楔形砖(包括万用砖或半万用砖)而言,在耐火砖制造厂按厚度选砖,分正号和负号标记并分批供货。(3)对于竖砌侧厚楔形砖而言,在耐火砖制造厂按砖层高度（砖尺寸 B）选砖，分正号和负号标记并分批供货。（4）对于平砌竖宽楔形砖而言，在耐火砖制造厂按砖厚度（砖尺寸 B）选砖，分正号和负号标记并分批供货。（5）对于竖宽楔形砖和侧厚楔形砖而言，砖层高度方向尺寸的成型锥度均不希望超过 0.5%，并在受压上砖面或下砖面（相当于模上盖板或下底板）标记，以便砌筑操作中容易识别和调面。当前，精炼钢罐砖衬用砖多为不烧砖，其尺寸偏差比烧成砖小得多，通过选砖达到上述要求是容易办到的。

3.3.1.2 砌缝交错

砌缝交错或称错缝砌筑是对工业炉窑砌体的基本要求。砌缝交错不仅可以提高砌体的整体性和结构强度，对于直接接触高温钢水和熔渣的钢罐和精炼钢罐砖衬而言，还可减轻、阻挡甚至避免高温熔体对砌缝的穿透。为此规定：（1）罐底平砌上下砖层间的垂直竖缝必须错开，砌筑方向的旋转角度大于 45°，采用外方形座砖时可相互垂直（旋转 90°）。（2）罐壁安全衬一般采取两圈（或两圈以上）的半厚薄砖（semi-square splits）竖砌，每圈各砖层垂直竖缝错开；两圈各砖层水平缝和垂直竖缝均需错开。（3）罐底工作衬的侧砌层和竖砌层，砖层砌筑方向相互垂直，砖排之间的垂直竖缝交错。（4）罐壁工作衬的辐射竖缝不得 3 层重缝。

3.3.1.3 减少辐射竖缝

如前已述，钢罐内高温钢水和熔渣在工作期间作如下流动：（1）浇钢过程中自上而下流动。（2）静止时由于温差作用作上下流动。（3）吹氩，真空脱气和电磁搅拌过程作上下（甚至各方向）流动（见 3.1.3 节）。总之，高温熔体作上下垂直方向的剧烈流动，对罐壁砖衬的辐射竖缝形成剧烈的冲蚀，致使辐射竖缝的冲蚀深度大于砖层水平缝。当辐射竖缝的冲蚀深度达到一定程度时，往往引起砖的剥片甚至剥落。为减缓辐射竖缝早期剧烈损毁，希望减少罐衬辐射竖缝的数量和单位面积辐射竖缝的总长度。经计算每平方米砌体工作表面辐射竖缝的总长度：YB/T 4198—2009[61] 中半万用砖 BW23/20、竖宽楔形砖 SK23/20 和侧厚楔形砖 CH23/20 分别为 6000mm、8000mm 和 13800mm。单独对单位砌体表面辐射竖缝总长度这项比较，平砌的半万用砖和平砌的竖宽楔形砖表现出非常优异的抗损毁能力，而竖砌侧厚楔形砖的单位面积辐射竖缝总长度比平砌砖几乎多 1 倍。

3.3.1.4 采用特制耐火泥浆

为提高钢罐和精炼钢罐砖衬砌缝的抗渗透性和抗侵蚀性，除减少砌缝厚度和采用错缝砌筑外，填充砌缝的耐火泥浆应具有良好的砌筑作业性能（如黏结时间、稠度等）、砌缝的泥浆饱满度应不低于 95%，以及耐火泥浆的理化性能（化学成分、耐火度、黏结强度、烧结程度和烧后线变化等）应同衬砖相适应。为保证实现这些要求，推荐采用特制的成品泥浆。

砖砌精炼钢罐的安全衬一般采用高铝砖，所用耐火泥浆的 Al_2O_3 含量应比高铝砖高 5% ~ 10%。工作衬采用铝镁碳砖时，所用耐火泥浆也应为铝镁碳质泥浆，其 Al_2O_3 含量应比铝镁碳砖提高 3% ~ 5%。这些耐火泥浆都应该是微膨胀泥浆，在 1500℃、3h 烧后的线膨胀率应大于 0.5%，不应产生收缩，以保证砌缝在使用中不扩大。微膨胀泥浆的烧结不依靠低熔点液相的产生，高铝泥浆的烧结应依靠适量的莫来石化，铝镁碳质泥浆的烧结应依靠适量的尖晶石化。渣线部位 MgO-C 砖可采用干砌，砌缝内夹垫弹性垫板。这种弹性垫板比耐火泥浆方便得多，并可保证砌缝厚度不超过 1mm（国外报道可保证砌缝厚度小于 0.5mm[55]）。国外在真空处理装置砖衬砌筑中采用的弹性垫板已投入工业生产：由耐火粉料乳化的热塑性塑料制成，耐火粉量的含量达90%。这种弹性垫板在高温时形成含碳陶瓷，具有砖衬在正常使用中所具有的综合性能。

3.3.2　膨胀缝

钢罐和精炼钢罐砖衬中的高铝砖、不烧铝镁砖和铝镁碳砖的热膨胀不大，可不必在砌体中留设分散膨胀缝（dispersive expansion joints），因为即使有较小的热膨胀，也可能被砌缝所吸收或缓冲。为了留有缓冲膨胀的防线，一般在砌体的端部留设填有填料的集中膨胀缝（concentrated expansion joints）。钢罐和精炼钢罐砌体的端部留有不同尺寸的集中膨胀缝：（1）罐底安全衬和工作衬砌体与周边钢壳之间留有 30 ~ 50mm 粗加工间隙，用规定材质的填料填充密实。（2）罐壁安全衬和工作衬砌体与罐沿（ladle tip）板之间留设 30 ~ 65mm 间隙，并用规定材质的填料填充密实。

钢罐和精炼钢罐罐壁 MgO-C 砖砌体应留设分散膨胀缝，并应考虑以下几点：（1）MgO-C 砖为不烧砖，使用中经受 1500 ~ 1600℃高温烧成伴随热膨胀，冷却后再投入高温使用又发生残余膨胀（产生原因见 3.2.1.4E），以往认为 MgO-C 砖的线膨胀率按碳含量比烧成镁砖减去同样碳含量百分比的看法[9]不全面。实际上 MgO-C 砖的线膨胀率（加上残余膨胀）不应比烧成镁砖低。（2）环形砌砖的热膨胀，由于砌体受热膨胀后圆周长度增加带来辐射方向的膨胀，这与罐壁砌筑操作中紧靠安全衬但仍保留的一定缝隙相缓冲。（3）经验表明，环形砌体分散膨胀缝的设计计算，还不可忽视实际操作中的砌缝厚度。在规定的砌缝厚度条件下，砌筑操作习惯上砌缝偏小或偏大，各筑炉单位不一样。一般情况下规定砌缝厚度的一半，就能起到分散膨胀缝的作用。（4）罐壁工作衬与安全衬之间设计有捣打填充层，虽然捣打密实，仍起到集中膨胀缝的作用，这种条件下 MgO-C 砖砌体的分散膨胀缝可适当少留。上述这些原则，对于不同钢罐、不同制砖厂的产品和不同砌筑单位而言，分散膨胀缝的设计计算应该不一样。一般可通过理论计算与实际试验结合考虑。总之，MgO-C 砖砌体的分散膨胀缝，应通过设计、砌筑操作与使用三者结合确定。

3.3.3　罐壁环形砌体的合门砖

环形砌砖或拱形砌砖中最后封闭砖环的楔形砖称为锁砖。习惯上将水平砌体基面（horizontal base of brickwork）的环形砌砖用锁砖称为"合门砖"（closure brick）。对于罐壁安全衬和工作衬环形砌砖而言，最后封闭砖环的楔形砖应称做合门砖。钢罐罐壁砌砖的合门是环形砌砖的薄弱环节，规范都对其作了严格规定：（1）合门操作应锁紧，即合门区的砌缝厚度不能放宽规定。（2）采用比与其配砌楔形砖大小端尺寸 C/D 平行增大 10 ~ 20mm 左右的加厚合门砖（thickening closure brick）（对于竖砌侧厚楔形砖砖环）或加宽合门砖（widened closure brick）（对于平砌竖宽楔形砖砖环）；采用比与其配砌楔形砖大小端尺寸 C/D 平行减小 10mm 左右的减薄合门砖（thinning closure brick）（对于竖砌侧厚楔形砖砖环）或减宽合门砖（narrow closure brick）（对于平砌竖宽楔形砖砖环）。（3）需要加工砖时，应采用切砖机（或磨砖机）精细加工。竖宽楔形砖加工后的剩余宽度不得小于原砖宽的 1/2，侧厚楔形砖加工后的剩余厚度不得小于原砖厚的 2/3。上下砖层的合门砖应错开 3 ~ 5 块砖。（4）合门砖的位置应避开罐壁迎钢面，常选在耳轴侧。

3.3.4 罐壁螺旋砌砖

钢罐罐壁环形砌砖的合门操作，既费工时又要求高质量。实际上往往由于合门砖的挑选和加工，影响砌砖质量和砌筑工期。为了加快罐壁砌筑进度和提高砌砖质量，20 世纪 50 年代由前苏联首先采用了无合门砖的螺旋砌砖法（lining by spiral method；spiral brickwork），即用起坡组合砖（starter-inclined combined brick）或不定形耐火材料形成起坡砖层，之后采用螺旋上升的砌砖方法，见图 3-28。

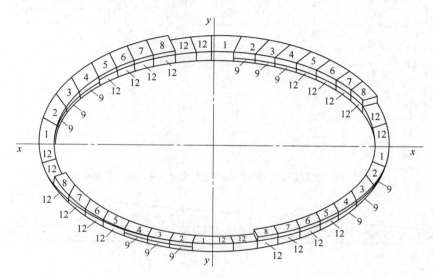

图 3-28　钢罐罐壁四头螺旋砌砖

螺旋砌砖法的实质有以下特点：（1）砖层已经不是水平面，砌砖砖层基面向螺旋砌砖方向倾斜，每个工作面倾斜一个砖层高度。（2）根据需要在一个圆环（360°）内可采取数个螺旋台阶，每个台阶是一个砌筑工作面，可安排一名筑炉工人。（3）每个螺旋台阶由数块起坡组合砖构成。

前苏联某厂钢罐罐壁（砖层高度 80mm）螺旋砌砖起坡组合砖的构造见图 3-29，所用砖的形状尺寸见图 3-30。我国某厂螺旋砌砖砖层高度为 90mm，其起坡组合砖形状尺寸见图 3-31。

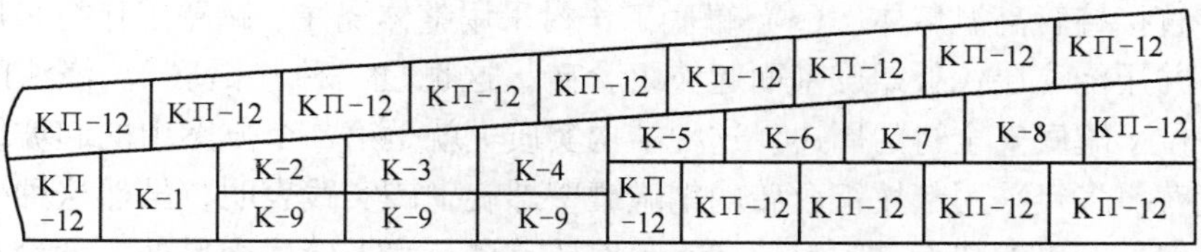

КП-12	КП-12	КП-12	КП-12	КП-12	КП-12	КП-12	КП-12	КП-12	
КП -12	К-1	К-2	К-3	К-4	К-5	К-6	К-7	К-8	КП-12
		К-9	К-9	К-9	КП -12	КП-12	КП-12	КП-12	КП-12

图 3-29　螺旋砌砖起坡组合砖构造（砖层高度 80mm）

螺旋砌砖起坡基面的位置与罐底-罐壁接合部的构造有关，一般可能有以下几种：（1）罐底和罐壁均采用砌砖结构时，采用"死底"砌砖，即先砌罐底工作衬到罐壁安全

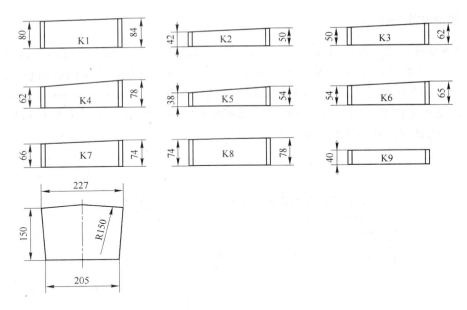

图 3-30　螺旋砌砖起坡组合砖砖形尺寸（砖层高度80mm）

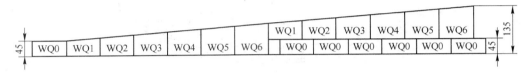

图 3-31　我国某厂螺旋砌砖起坡组合砖形状尺寸（砖层高度90mm）

衬（留有一定间隙并填实捣打料），再在罐底工作衬周边砌体基面上砌罐壁工作衬。在这种情况下采用螺旋砌砖法时，螺旋起坡组合砖就砌在罐底工作衬上表面的罐壁工作衬的最下层。这种死底结构，罐壁砖层能将罐底周边工作砖衬压住，同时实现了螺旋砌砖，罐底、罐壁和起坡组合砖的接合部结构牢固。（2）罐底工作衬采用整体浇注、罐壁工作衬采用砌砖时，可采用"活底"，罐壁工作衬砌砖先从罐底安全衬周边上开始，并且在罐底安全衬周边直接砌筑螺旋基面起坡组合砖和罐壁工作衬砌体。罐底整体浇注工作衬的施工，可在罐壁工作衬砌砖高度超过罐底工作衬表面标高后的适当时间安排。这种结构既有利于罐底浇注料与罐壁砌砖的结合，也将起坡组合砖下移深埋到罐底，可避免作为薄弱环节的起坡组合砖直接接触高温熔体。（3）罐底工作衬采用整体浇注、罐壁工作衬采用砌砖和螺旋砌砖时，并用浇注层代替螺旋基面起坡组合砖，这也是一种"活底"。浇注的螺旋基面起坡结构，位于罐底安全衬的周边。这种结构实质上就是第二个方案中的起坡组合砖被浇注料层所代替。多年采用起坡组合砖的钢罐罐壁螺旋砌砖实践表明，虽然这种砌砖方法有很多优点，但其突出的缺点是倾料的螺旋起坡砖首尾与水平砖层交界处，无论水平缝或辐射竖缝都难以控制在规范规定的范围内，常常不可避免地引起加工砍砖。对此砌筑规范规定：起坡组合砖设计应合理（过渡应平缓）；起坡砖转折点接合处一般应采用机械加工砖[55]。合理的起坡螺旋基面应满足的条件是：砖层高度（螺旋起坡台阶高度）应小（不超过100mm的平砌砖层最好）、坡度越小越好（最好不超过2/100）和螺旋砌筑方向砖的尺寸越小越好。满足这些条件的只有竖宽楔形砖平砌罐壁，侧长楔形砖和半万用砖平砌罐壁也勉强可以。在罐底安全衬周边表面采用浇注整体起坡层，完全可以满足上述条件。特别是坡度很小的浇注起坡层，不仅取消了起坡组合砖，还可保证起坡浇注层首尾接点砌缝的厚度。

考虑罐底-罐壁接合部的结构、砖衬和整体衬的特点，以及螺旋砌砖的优点，采用整体浇注活底、浇注螺旋起坡层和螺旋砌砖罐壁，应当被认为是比较合理的罐衬结构。这种结构的施工质量和施工进度都容易保证。

3.3.5　综合罐衬

如前所述，钢罐内衬各部位，其至同一部位的损毁是不均匀的。为达到均衡蚀损和各部位平衡长寿命，常采用不同材质、性能和厚度的耐火砖或不定形耐火材料内衬，即综合砌砖（zebra bricklaying）或综合内衬（composite lining; zoned lining）。

罐底采用复杂的综合罐衬。即有蚀损最严重的水口及其座砖，需采用耐用性最强但仍需经常更换的优异材质，也有冲蚀区（包括冲击预制块）和非冲蚀区。水口部位的砌砖类别应采取 I 类砌体，砌缝厚度不超过 1mm（也有规定 1.5mm 的），为此规范规定：（1）水口基准板上表面作为罐底和整个罐衬垂直尺寸的基准，罐底标高误差不应超过 0 ～ +10mm。（2）水口上下座砖与水口基准板必须同心，偏心误差不应超过 2mm。（3）水口座砖和水口应进行预砌筑。（4）水口座砖和透气砖外预留比本身大 50mm 的方孔，便于安装水口座砖、透气砖和其四周捣打料的施工。座砖四周的捣打料应分层均匀和对称捣打，并防止座砖移动。

冲击预制块的材质优越于非冲击区材料。罐底最上层竖砌砖的高度尺寸由非冲击区向冲击区逐渐加大。为此罐底直形砖（ladle bottom rectangular brick）的长度 A 设计有 230mm、250mm、300mm、345mm 和 380mm。

关于钢罐罐壁工作衬砌砖厚度的设计，必须保证罐壁砖衬整个高度在修理换衬之前的剩余厚度大体相同。但如前所述，罐壁砖衬的蚀损，沿高度方向自上而下越来越严重。两次冷修间罐壁的使用寿命并不取决于整个罐壁砖衬，往往取决于蚀损最严重的局部罐壁。罐壁局部过早严重损毁，不仅明显缩短使用寿命，同时还会因局部补修时拆换扩大的范围或提前换衬大修而增加耐火材料单耗。

整个高度都设计同样厚度的内表面光滑罐壁，只有在沿罐壁不同高度选用不同材质的中小容量钢罐上被采用。不断改进钢罐罐壁砌砖构造，是多年来和当前延长使用寿命中最容易实现的途径之一。多年来国内外的工作经验完全证实了这个结论。根据钢罐罐壁工作衬实际蚀损调查图，在中等和大容量钢罐罐壁砌砖厚度设计中，沿高度采用多台阶（或称多段）的阶梯式罐壁砖衬（step brick lining of ladle well）可显著延长使用寿命。在这种阶梯式罐壁砌砖中，自下而上逐段减薄罐壁砌砖厚度，达到罐壁整个高度上的均匀蚀损（即大致相同的剩余厚度），见图 3-32。20 世纪国内外钢罐阶梯式罐壁，经常采用三台阶甚至四台阶，罐壁使用寿命普遍延长 30% ～50%，耐火材料单耗降低了 10% ～30%。

对着炉子出钢口的罐壁迎钢面，经受头批钢水的冲击，钢罐翻倾出渣时迎钢面处于拱顶状态，罐壁迎钢面的损毁比钢壁其余部位严重得多。为均衡罐壁蚀损，不少钢罐罐壁迎钢面砌砖加厚。

对于罐壁的特殊部位，例如渣线与熔池交界处，即钢水与熔渣交界处，由于马恩果尼

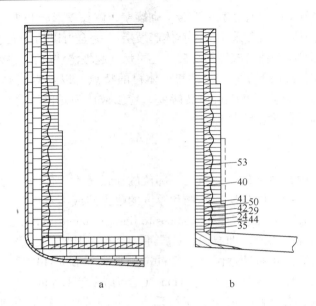

图 3-32　国外大容量钢罐阶梯式罐壁

a—480t 钢罐罐壁蚀损图；b—300t 钢罐罐壁蚀损图

效应，此处罐壁的损毁特别严重（见 3.1.3 节）。此部位综合罐衬方案主要依靠材质优势的选择：（1）渣线用 MgO-C 砖层数增多并下移，但并未躲开钢水和熔渣的交替作用。（2）熔池罐壁铝镁碳砖层数增多并上移，但进入渣线部位的铝镁碳砖的抗渣性比不上 MgO-C 砖。（3）设想在罐壁渣线与熔池交界处，砌以 3~5 层低碳 MgO-C 砖，可能会增强耐用性，不过这要通过实践考验。

3.3.6　罐壁砖环的平砌与竖砌

钢罐罐壁环形砌体的砌砖结构可能有以下几种：（1）竖宽楔形砖的对称梯形大面（symmetrical trapezoidal large face of crown brick）置于水平（或因螺旋砌砖稍倾斜）砌体基面（horizontal base of brickwork）的竖宽楔形砖平砌（bricklaying on flat of crown brick）。（2）侧长楔形砖的对称梯形大面置于水平（或稍倾斜）砌体基面上的侧长楔形砖平砌（bricklaying on flat of side brick with length taper）。（3）半万用钢罐砖的凹凸大面（concave-convex large face of semi-universal ladle brick）置于水平（或稍倾斜）砌体基面的半万用钢罐砖平砌。（4）侧厚楔形砖的对称梯形端面（symmetrical trapezoidal end face of side arch brick）置于水平（或稍倾斜）砌体基面的侧厚楔形砖竖砌（bricklaying on end of side arch brick）。（5）薄宽楔形砖的对称梯形端面置于水平基面的薄宽楔形砖竖砌（bricklaying on end of thin brick with breadth taper）。（6）竖厚楔形砖的对称梯形侧面（symmetrical trapezoidal side face）置于水平砌体基面的竖厚楔形砖侧砌（bricklaying on edge of end arch brick）。其中薄宽楔形砖竖砌专用于特小容量钢罐罐壁工作衬和小容量钢罐罐壁工作衬上部；竖厚楔形砖侧砌的优点很少和受到罐壁厚度（竖厚楔形砖的大小端距离）限制，几乎不被采用。当今钢罐罐壁工作衬砌砖方法，实际上只有平砌与竖砌之分，这些砌砖方法的特点比较列入表 3-18。

表 3-18 钢罐罐壁工作衬平砌、侧砌和竖砌特点的比较

比较项目	竖宽楔形砖平砌	侧长楔形砖平砌	半万用镶罐砖平砌	侧厚楔形砖竖砌	薄宽楔形砖竖砌	竖厚楔形砖侧砌
图形（阴影面为砌体基面）						
单位面积上辐射竖缝的总长度	少	最少	最少	最多	多	最多
环形砌砖合门操作难易	容易	难	最难	最容易	容易	最容易
采用螺旋砌砖可能性	可能	可能	可能	不可能	不可能	难
砖层高度 mm	100	100	100	230	230	114, 115
砖的基准位置	对称梯形大面	对称梯形大面	凹凸大面	对称梯形端面	对称梯形端面	对称梯形侧面
砖基面翻转可能性	可	可	不可	可	可	可
造砖方式	按厚度	按厚度	按厚度	按长度	按宽度	按宽度
上下层辐射竖缝错开尺寸	大	最大	最大	最小	大	最小
运输、砌筑中破损率	小	小	最大	大	小	大
适用范围					特小容量钢罐	
三角缝厚度	小	最大	最大	最小	小	最小

　　罐壁钢壳对垂线形成的夹角，即倾斜的罐壁钢壳有很多优点，但也给罐壁砌砖（特别是砖层不退台的光滑工作表面罐壁）带来麻烦。工作表面光滑的罐壁砌砖砖层，砌体基面稍稍倾斜并垂直于罐身壳和安全衬。在这种情况下，罐壁下数头一层竖砌侧厚楔形砖的下端面，需加工成"翻角砖"。翻角砖的上端面应与罐壁安全衬表面垂直，为后续同壁厚各砖层不退台砌砖创造条件。这种工作表面光滑的罐壁能有效地保持罐壁厚度。

　　砌体基面采取水平（或由于螺旋砌砖稍倾斜）的平砌钢罐罐壁，不需要加工头一层砖，砖层可紧靠安全衬，逐层自然退台。虽然工作衬有效厚度会因退台而稍有减薄，但砌筑操作方便，还有利于在使用过程中的倒渣和钩渣操作。

3.4　钢罐砖衬用砖形状尺寸设计

3.4.1　罐壁侧厚楔形砖尺寸设计

3.4.1.1　国外罐壁侧厚楔形尺寸设计

　　国外钢罐罐壁环形砌砖早期多数采用通用的侧厚楔形砖竖砌。例如日本在 1975 年的钢罐用黏土砖标准[56]中明确规定：钢罐用黏土砖的形状和尺寸应符合 JIS R2101 耐火砖形状及尺寸[57]的规定。标准[57]中只有砖号为 Y1、Y2 和 Y3 的 3 个侧厚楔形砖，其规格（mm×mm×mm）分别为 $114 \times 65/59 \times 230$、$114 \times 65/50 \times 230$ 和 $114 \times 65/32 \times 230$，也只能满足罐壁厚度为 114mm 的中小容量钢罐罐壁。后来我国用过日本罐壁厚度为 230mm 的侧厚楔形砖。英国标准 BS 3056—1987 耐火砖尺寸——第 8 部分钢罐用砖[58]中也曾采用罐壁厚度 114mm 和 150mm 的竖砌侧厚楔形砖，见表 3-19。这两组（114mm 和 150mm）侧厚楔形砖均采取等大端尺寸 $C = 76$mm，而且两组的楔差（大小端尺寸差 $C - D$）分别同为 3mm、6mm 和 12mm，互成 1:2:4 的简单整数比。每组设置楔差为 3mm 的微楔形砖（尺寸砖号 ISA-3 和 ISAL-3），表明罐壁环形砌砖采用双楔形砖砖环，不采用楔形砖与直形砖配合砌筑的混合砖环。从英国标准 BS 3056—1985 耐火砖尺寸——第 1 部分通用砖[59]的侧厚楔形砖砖量表（见表 3-20）也可证明这一推测。

表 3-19　英国钢罐罐壁竖砌侧厚楔形砖尺寸和尺寸特征（等大端尺寸）[58]

尺寸砖号	尺寸/mm			单位楔差 $\Delta C' = \dfrac{C-D}{A}$	外半径/mm $R_o = \dfrac{CA}{C-D}$	每环极限砖数/块 $K'_0 = \dfrac{2\pi A}{C-D}$	体积/dm³
	A	C/D	B				
	76	76/73	230	0.039	1950.7	159.174	1.30
ISA-12	114	76/64	230	0.105	731.5	59.690	1.84
ISA-6	114	76/70	230	0.053	1463.0	119.381	1.91
ISA-3	114	76/73	230	0.026	2926.0	238.762	1.95
ISAL-12	150	76/64	230	0.080	962.5	78.540	2.42
ISAL-6	150	76/70	230	0.040	1925.0	157.080	2.52
ISAL-3	150	76/73	230	0.020	3850.0	314.160	2.57

　　注：1. 尺寸符号经本书统一。

　　　　2. 尺寸特征经本书计算；外半径 R_o 计算中，砌缝厚度取 1mm。

　　　　3. 尺寸砖号 ISA 为大面尺寸 230mm×114mm 代号"I"的侧厚楔形砖代号，其中 SA 为侧厚楔形砖英文 side arch 的缩写，而 ISAL 为大面尺寸 230mm×150mm 的侧厚楔形砖代号；短横线"-"后数字表示楔差 $C - D$ 的毫米数值（mm）。

表 3-20　英国侧厚楔形砖（$114 \times 76D \times B$）每环砖量表[59]

砖环内直径/mm	每环（$\theta = 360°$）砖数/块			
	$114 \times 76/52 \times B$	$114 \times 76/64 \times B$	$114 \times 76/70 \times B$	$114 \times 76/73 \times B$
500	30	1		
600	26	9		
800	17	26		
1000	9	42		
1200	1	59		
1216		60		
1400		52	16	
1600		44	32	
1800		36	48	
2000		28	65	
2200		19	82	
2400		11	98	
2600		3	114	
2660			120	
2800			114	12
3000			106	28
3200			97	45
3400			89	61
3600			81	78
3800			73	94
4000			64	111
4200			56	28
4400			48	144
4600			39	161
4800			31	177
5000			23	194
5200			15	210
5400			6	227
5500				239

注：1. 尺寸符号经本书统一。

　　2. B 代表砖的长度尺寸，D 代表砖的小端尺寸。

　　随着钢罐容量和罐壁厚度的增大，标准尺寸（即大小端尺寸 A）仅 114mm 和 150mm 显然不够。英国钢罐侧厚楔形砖的大小端距离（及罐壁厚度 A）的尺寸系列[58]有 124mm、155mm、187mm、220mm 和 250mm。这些尺寸来源于一些国家大尺寸标准砖（large-sized standard square）的尺寸规格（mm）：$250 \times 124 \times 64$（或 76）。例如德国的标准砖[30]（见

表 3-21）和前苏联的大尺寸标准砖[19]（见表 3-22）的尺寸。187mm 为 250mm 的错缝尺寸（3/4），即 $250 \times 3/4$ 近似等于 187mm 或 124mm 的倍半宽（1.5 倍），即 124×1.5 近似等于 187mm。$124 \sim 187mm$、$187 \sim 250mm$ 之间，再分别等分取整数 155mm 和 220mm。

表 3-21　德国优先采用的直形砖尺寸（DIN 1081-2：1988）[30]

尺寸砖号	砖形名称	尺寸/mm			体积/dm³	名称对照英文
		长 A	宽 B	厚 C		
2	标准砖	250	124	64	1.98	standard brick
2-32	半厚砖	250	124	32	0.99	bat
2B	错缝砖	250	187	64	2.99	bonder brick
2D	双倍标准砖	250	250	64	4.00	double standard
2L	倍半长砖	375	124	64	2.98	stretcher

注：1. 尺寸符号经本书统一。原标准长（length）、宽（width）、高（height）或厚的尺寸符号分别为 l、b、h。

2. 经本书剖析，尺寸砖号"2"为大面尺寸 250mm × 124mm 代号，因为小尺寸标准砖的大面尺寸 230mm × 114mm 代号为"1"。尺寸砖号 2-32 为厚度等于 32mm 的半厚大尺寸薄砖。2B 的 B 为错缝砖英文 Bonder 的缩写。2D 的 D 为双倍标准砖英文 Double 的缩写。

3. 德国将大尺寸（250mm × 124mm）标准砖定为本国首选，而将小尺寸（230mm × 114mm）标准列为其他国家标准砖。

表 3-22　前苏联大尺寸直形砖尺寸（ГОСТ 8691—1973）[19]

顺序砖号	砖形名称	尺寸/mm			体积/cm³
		A	B	C	
7	大尺寸标准砖	250	124	75	2325
8	大尺寸标准砖	250	124	65	2015
13	倍半宽大尺寸标准砖	250	187	75	3506
14	倍半宽大尺寸标准砖	250	187	65	3039
18	3/4 长大尺寸标准砖	187	124	75	1739
19	3/4 长大尺寸标准砖	187	124	65	1507

注：1. 尺寸符号经本书统一。

2. 前苏联小尺寸标准砖的尺寸规格（mm × mm × mm）为 230 × 114 × 65 和 230 × 114 × 75。

英国和法国钢罐罐壁大尺寸竖砌侧厚楔形砖的尺寸和尺寸特征分别见表 3-23 和表 3-24。

表 3-23　英国钢罐罐壁大尺寸竖砌侧厚楔形砖尺寸和尺寸特征（中间尺寸）[58]

尺寸砖号	尺寸/mm			单位楔差 $\Delta C' = \dfrac{C-D}{A}$	中间半径/mm $R_{po} = \dfrac{PA}{C-D}$	每环极限砖数/块 $K_0' = \dfrac{2\pi A}{C-D}$	体积/dm³
	A	C/D	B				
2P24	124	137/113	250	0.1935	651.0	32.463	3.88
2P10	124	130/120	250	0.0806	1562.4	77.912	3.88
2/3-2P10	124	87/77	250	0.0806	1029.2	77.912	2.54
3/4-2P10	124	98/88	250	0.0806	1165.6	77.912	2.88
3P20	155	110/90	250	0.1290	782.8	48.695	3.88
3P10	155	105/95	250	0.0645	1565.5	97.390	3.88
2/3-3P10	155	70/60	250	0.0645	1023.0	97.390	2.52

尺寸砖号	尺寸/mm			单位楔差 $\Delta C' = \dfrac{C-D}{A}$	中间半径/mm $R_{po} = \dfrac{PA}{C-D}$	每环极限砖数/块 $K'_0 = \dfrac{2\pi A}{C-D}$	体积/dm³
	A	C/D	B				
3/4-3P10	155	79/69	250	0.0645	1162.5	97.390	2.87
4P22	187	111/89	250	0.1176	858.5	53.407	4.68
4P12	187	106/94	250	0.0642	1573.9	97.913	4.68
2/3-4P12	187	71/59	250	0.0642	1028.5	97.913	3.04
3/4-4P12	187	80/68	250	0.0642	1168.8	97.913	3.46
6P26	250	113/87	250	0.1040	971.2	60.415	6.25
6P18	250	109/91	250	0.0720	1402.8	87.267	6.25
6P10	250	105/95	250	0.0400	2525.0	157.080	6.25

注：1. 尺寸符号经本书统一；

2. 尺寸特征经本书计算；式中 P 为中间尺寸，mm；计算中砌缝厚度取 1mm。

3. 尺寸砖号经本书剖析：2P、3P、4P 和 6P 分别为 A 等于 124mm、155mm、187mm 和 250mm 的代号；末两位数代表 $C-D$ 的毫米数值（mm）；最前面的分数 2/3 和 3/4 代表减薄砖 C 的分数。

表 3-24　法国钢罐罐壁大尺寸竖砌侧厚楔形砖尺寸和尺寸特征（中间尺寸）[60]

尺寸砖号	尺寸/mm			单位楔差 $\Delta C' = \dfrac{C-D}{A}$	中间半径/mm $R_{po} = \dfrac{PA}{C-D}$	每环极限砖数/块 $K'_0 = \dfrac{2\pi A}{C-D}$	体积/dm³
	A	C/D	B				
1P37	90	143/106	250	0.4111	306.5	15.283	2801.3
1P26	90	138/112	250	0.2889	436.2	21.749	2812.5
1P18	90	134/116	250	0.20	630	31.416	2812.5
1P8	90	129/121	250	0.0889	1417.5	70.686	2812.5
2P35	123	143/107	250	0.2927	430.5	21.468	3843.8
2P24	123	137/113	250	0.1951	645.8	32.201	3843.8
2P10	123	130/120	250	0.0813	1549.8	77.283	3843.8
3P26	155	113/87	250	0.1677	602.1	37.458	3875.0
3P20	155	110/90	250	0.1290	782.8	48.695	3875.0
3P10	155	105/95	250	0.0645	1565.5	97.39	3875.0
4P22	187	111/89	250	0.1176	858.5	53.407	4675.0
4P12	187	106/94	250	0.0642	1573.9	97.913	4675.0
5P22	220	111/89	250	0.10	1010	62.832	5500.0
5P16	220	108/92	250	0.0727	1388.8	86.394	5500.0
6P26	250	113/87	250	0.1040	971.2	60.415	6250.0
6P18	250	108/91	250	0.0720	1402.8	87.267	6250.0

注：1. 尺寸符号经本书统一。

2. 尺寸特征经本书计算；式中 P 为中间尺寸，mm；计算中砌缝厚度取 1mm。

3. 尺寸砖号经本书剖析：1P、2P、3P、4P、5P 和 6P 分别为 A 等于 90mm、123mm、155mm、187mm、220mm 和 250mm 的代号；这些代号后的数字代表楔差 $C-D$ 的毫米数值（mm）。

英国钢罐罐壁竖砌大尺寸侧厚楔形砖的砖层高度 B 均为 250mm。这些砖的大小端尺寸 C/D 采取不同的等中间尺寸 P：大小端距离 A（罐壁厚度）= 124mm 的一组两个砖号（2P24 和 2P10）的等中间尺寸 $P = (137 + 113)/2 = 125$mm 或 $P = (130 + 120)/2 = 125$mm；其余 A 为 155mm、187mm、和 250mm 三组各两个砖号的等中间尺寸 P 都等于 100mm，例如 3P20 和 3P10 的等中间尺寸 $P = (110 + 90)/2 = (105 + 95)/2 = 100$mm；4P22 和 4P12 的等中间尺寸 $P = (111 + 89)/2 = (106 + 94)/2 = 100$mm；6P26、6P18 和 6P10 的等中间尺寸 $P = (113 + 87)/2 = (109 + 91)/2 = (105 + 95)/2 = 100$mm。每组的大半径侧厚楔形砖（$C - D = 10$mm 或 12mm）还设计有原基本砖砖厚的 2/3 和 3/4 的减薄合门砖，为封闭砖环的调节操作提供了方便。此外，每组的减薄合门砖（两个砖号）和未被减薄的基本砖（大半径楔形砖），三个砖号的楔差、单位楔差和每环极限砖数分别彼此相等。例如楔差 $C - D$ 同为 10mm、单位楔差 $\Delta C'$ 同为 0.0806 和每环极限砖数 K'。同为 77.912 块的尺寸砖号 2P10、2/3-2P10 和 3/4-2P10；楔差同为 10mm、单位楔差 $\Delta C'$ 同为 0.0645 和每环极限砖数 K'。同为 97.390 块的尺寸砖号 3P10、2/3-3P10 和 3/4-3P10；楔差同为 12mm、单位楔差 $\Delta C'$ 同为 0.0642 和每环极限砖数 K'。同为 97.913 块的尺寸砖号 4P12、2/3-4P12 和 3/4-4P12。每组楔差相等的三个砖号可组成 3 个等楔差双楔形砖砖环。例如 2/3-4P12 与 4P12 等楔差双楔形砖砖环、3/4-4P12 与 4P12 等楔差双楔形砖砖环，以及 2/3-4P12 与 3/4-4P12 等楔差双楔形砖砖环。这些等楔差双楔形砖砖环的计算式非常简化，在后面的等楔差双楔形砖砖环计算相关章节再详述。不过，也发现英国钢罐罐壁大尺寸侧厚楔形砖尺寸设计的不足之处：（1）罐壁厚度（大小端距离 A）不配套，在 187mm 与 250mm 之间缺少 220mm 一档。（2）除 3P20 和 3P10 一组两砖楔差比为 2：1 简单整数外，其余各组砖间楔差不成简单整数比，给计算式规范化带来麻烦。

法国标准 NFB40-104：1977 耐火制品——炼钢和铸钢钢罐用砖尺寸[60] 也采用大尺寸侧厚楔形砖，其尺寸基本上与英国相同。法国标准虽然比英国标准早发布实施 10 年，但罐壁厚度 A 配套，有 A 为 90mm、123mm、155mm、187mm、220mm 和 250mm。法国标准比英国标准多了 90mm 和 220mm 两组，见表 3-24。$A = 90$mm 和 $A = 123$mm 两组采取等中间尺寸 $P = 125$mm，其余各组采取 $P = 100$mm 等中间尺寸。$A = 90$mm 一组配备 4 个砖号，$A = 123$mm 和 $A = 155$mm 一组各配备 3 个砖号，其余 A 为 187mm、220mm 和 250mm 三组各仅配两个砖号。整个标准没有配备减薄合门砖，特别是 4P、5P 和 6P 各组仅两个砖号，给砖环合门操作带来困难。法国钢罐罐壁竖砌大尺寸侧厚楔形砖的砖层高度 $B = 250$mm，与英国标准相同。同为 2P，但法国标准中 $A = 123$mm（而英国 $A = 124$mm）。相同尺寸砖号的大小端尺寸 C/D，两国标准相同，例如 2P24、2P10、3P20、3P10、4P22、4P12、6P26 和 6P18 的大小端尺寸 C/D（mm/mm）分别同为 137/113、130/120、110/90、105/95、111/89、106/94、113/87 和 109/91。法国钢罐罐壁竖砌大尺寸侧厚楔形砖砖环采用双楔形砖砖环，见表 3-25。

表 3-25　法国钢罐罐壁大尺寸侧厚楔形砖砖环砖量表[60]

砖环外直径 D /mm	每环（$\theta = 360°$）砖数/块														
	$A = 90$mm				$A = 123$mm			$A = 155$mm			$A = 187$mm		$A = 220$mm		$A = 250$mm	
	1P37	1P26	1P18	1P8	2P35	2P24	2P10	3P26	3P20	3P10	4P22	4P12	5P22	5P16	6P26	6P18
700	15															

续表 3-25

砖环外直径 D /mm	每环（θ=360°）砖数/块															
	A=90mm				A=123mm			A=155mm			A=187mm		A=220mm		A=250mm	
	1P37	1P26	1P18	1P8	2P35	2P24	2P10	3P26	3P20	3P10	4P22	4P12	5P22	5P16	6P26	6P18
800	9	9														
900		20														
1000		23			22											
1100		13	12		13	12										
1200		9	18		13	14										
1300			30			30		36								
1400			32			32		39								
1500			28	7		28	6	20	22							
1600			28	9		27	10		45							
1700			24	16		26	13		48							
1800			25	17		24	17		51		50					
1900			22	23		21	23		43	11	53					
2000			17	30		19	27		39	17	56					
2100			19	31		17	32		35	24	47	12	59		57	
2200			19	33		17	34		31	32	43	19	61		60	
2300			13	41		13	41		27	39	39	26	64		48	15
2400			14	43		13	43		27	42	34	34	45	22	40	26
2500				60		10	49		22	50	28	43	35	35	34	35
2600				62		10	51		22	53	23	51	25	48	28	44
2700				64		10	54		16	62	23	54	25	51	20	55
2800				67			66		16	65	16	64		80	20	58
2900				69			69			85	16	67		83		82
3000				72			71			88		87		85		85
3100				74			74			91		90		88		88

注：A 为大小端距离（罐壁工作衬厚度）。

3.4.1.2　我国钢罐罐壁侧厚楔形砖尺寸设计

在制定我国行业标准 YB/T 4198—2009 钢包用耐火砖形状尺寸[61]中，对竖砌侧厚楔形砖（图 3-33）尺寸的设计，既吸收了国外的先进技术，也更注意推广我国在砖形尺寸设计计算方面的科研成果。

设计某种楔形砖的尺寸，应遵循国家楔形砖尺寸系列（dimension series of brick with taper）。而楔形砖的尺寸系列为标准规定由直形砖尺寸系列（dimension series of rectangular brick）、楔形砖大小端距离、楔差和等端（间）尺寸组合的尺寸系列。可见，楔形砖的尺寸系列首先取决于直形砖的尺寸系列，就是说所设计的楔形砖应以哪个直形砖为基础尺寸（base dimension）。考虑到尽可能减少辐射竖缝数量，我国钢罐罐壁竖砌侧厚楔形砖的尺寸以我国加厚标准砖（thickening standard square）（尺寸砖号为

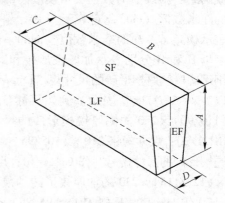

图 3-33　钢罐罐壁侧厚楔形砖
LF—两面积相等、相互倾斜的矩形大面；
SF—两面积不等、相互平行的矩形侧面；
EF—两面积相等、相互平行的对称梯形端面

1-100、尺寸规格为 230mm × 114mm × 100mm）[6]为基础尺寸，即砖层高度 B 为 230mm，大小端尺寸 C/D 由等中间尺寸 $P = 100mm$ 决定。至于侧厚楔形砖的大小端距离 A（即罐壁工作衬厚度），考虑同一罐壁都可能采取三阶段或四阶段砌砖，加之适应不同容量钢罐，必然需要多种尺寸。我国耐火砖宽度尺寸系列中 150mm、172mm 和 230mm 均在可选范围内，在间隔 20mm 基础上，选定 130mm、150mm、170mm、190mm、210mm 和 230mm。

罐壁竖砌侧厚楔形砖楔差 $C - D$ 的设计，根据我国各组（不同 A）对应砖号楔差均采取相等的成简单整数比的原则经验，每组的楔差分别都为 20mm（锐楔形砖）和 10mm（钝楔形砖）。在等中间尺寸 $P = 100mm$ 前提下，各组锐楔形砖和钝楔形砖的大小端尺寸 C/D 分别为 110mm/90mm 和 105mm/95mm。为了挑选合门砖操作的方便和尽可能减少上下砖层重缝，每组各设计有楔差均为 10mm、加厚 20mm 的加厚合门砖和减薄 10mm 的减薄合门砖。这些合门砖同时采取等楔差双楔形砖砖环打下基础。减薄合门砖的大小端尺寸 C/D 为 95mm/85mm。加厚合门砖的大小端尺寸 C/D 为 125mm/115mm。

每组除了侧厚锐楔形砖、侧厚钝楔形砖、加厚合门砖和减薄合门砖外，还设计有一个直形砖。本书不主张在钢罐罐壁环形砌砖中采取楔形砖与直形砖配合砌筑的混合砌砖（mixing brickwork；taper- rectangular system of brick construction）。设置直形砖考虑三点：一是本标准可用于铁水罐椭圆形罐壁的直形砌砖部分，二是用于罐身钢壳局部变形处，三是大直径钢罐的直径超过侧厚钝楔形砖直径时备用。

竖砌侧厚楔形砖的砖层高度高达 230mm，一般不便采取退台砌筑，而采取砖的侧面上下均紧靠安全衬、砖工作表面光滑的砌法。这样砌法每层砖上端的直径必然大于砖的下端。国内外对此考虑到每层砖的倾斜不大，可用砌缝调节。理论上除侧厚楔形砖外应需要竖侧厚楔形砖（annulus brick；end-side brick with depth taper），即大小端距离 A 和 B 分别设计在宽度和长度上的厚楔形砖，见图 3-34。

我国钢罐罐壁侧厚楔形砖的尺寸砖号中，字母 CH 是侧厚楔形砖的"侧厚"两字汉语拼音首个字母。字母 CH 后的数字用分隔斜线"/"分成两组：斜线前的数字表示楔形砖的大小端距离的厘米数值（cm），它等于 $A/10$；斜线后的数字表示楔差 $C - D$ 的毫米数值（mm）。数字最后的字母 H 和 B 分别表示加厚楔形砖和减薄楔形砖。钢罐罐壁侧厚楔形砖的尺寸规格（mm × mm × mm）以 $A × (C/D) × B$ 表示。例如尺寸规格为 210 × (110/90) × 230 的侧厚锐楔形砖的尺寸砖号写作 CH21/20；尺寸规格 210 × (105/95) × 230 的侧厚钝楔形砖的尺寸砖号写作 CH21/10；尺寸规格 210 × (125/115) × 230 的加厚楔形砖的尺寸砖号写作 CH21/10H；尺寸规格 210 × (95/85) × 230 的减薄侧厚楔形砖的尺寸砖号写作 CH21/10B；尺寸规格 210 × (105/95) × (95/85) × 230 的竖侧厚楔形砖的尺寸砖号写作 SCH21/10（见表 3-26）。

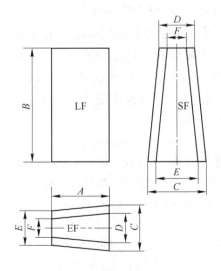

图 3-34　竖侧厚楔形砖

LF—两面积相等、沿长向和宽向倾斜的矩形大面；
SF—两面积不等、相互平行的对称梯形侧面；
EF—两面积不等、相互平行的对称梯形端面

表3-26　我国钢罐罐壁竖砌侧厚楔形砖尺寸和尺寸特征[61]

尺寸砖号	尺寸/mm（见图3-33）				尺寸规格 $A \times (C/D) \times (E/F) \times B$ /mm×mm×mm×mm	单位楔差 $\Delta C' = \dfrac{C-D}{A}$	中间直径/mm $D_{po} = \dfrac{2PA}{C-D}$		每环极限砖/块 $K'_0 = \dfrac{2\pi A}{C-D}$	中心角/(°) $\theta_0 = \dfrac{180(C-D)}{\pi A}$	体积V/cm³
	A	C/D	E/F	B			砌缝1mm	砌缝2mm			
CH13/20	130	110/90	—	230	130×(110/90)×230	0.1538	1313.0	1326.0	40.841	8.815	2990.0
CH13/10	130	105/95	—	230	130×(105/95)×230	0.0769	2626.0	2652.0	81.682	4.407	2990.0
CH13/10H	130	125/115	—	230	130×(125/115)×230	0.0769	3146.0	3172.0	81.682	4.407	3588.0
CH13/10B	130	95/85	—	230	130×(95/85)×230	0.0769	2366.0	2392.0	81.682	4.407	2691.0
SCH13/10	130	105/95	95/85	230	130×(105/95)×(95/85)×230	0.0769	2626.0	2652.0	81.682	4.407	2840.5
13/0	130	100	—	230	130×100×230	—	—	—	—	—	2990.0
CH15/20	150	100/90	—	230	150×(110/90)×230	0.1333	1515.0	1530.0	47.124	7.639	3450.0
CH15/10	150	105/95	—	230	150×(105/95)×230	0.0667	3030.0	3060.0	94.248	3.820	3450.0
CH15/10H	150	125/115	—	230	150×(125/115)×230	0.0667	3630.0	3660.0	94.248	3.820	4140.0
CH15/10B	150	95/85	—	230	150×(95/85)×230	0.0667	2730.0	2760.0	94.248	3.820	3105.0
SCH15/10	150	105/95	95/85	230	150×(105/95)×(95/85)×230	0.0667	3030.0	3060.0	94.248	3.820	3277.5
15/0	150	100	—	230	150×100×230	—	—	—	—	—	3450.0
CH17/20	170	110/90	—	230	170×(110/90)×230	0.1176	1717.0	1734.0	53.407	6.741	3910.0
CH17/10	170	105/95	—	230	170×(105/95)×230	0.0588	3434.0	3468.0	106.814	3.370	3910.0
CH17/10H	170	125/115	—	230	170×(125/115)×230	0.0588	4114.0	4148.0	106.814	3.370	4692.0
CH17/10B	170	95/85	—	230	170×(95/85)×230	0.0588	3094.0	3128.0	106.814	3.370	3519.0
SCH17/10	170	105/95	95/85	230	170×(105/95)×(95/85)×230	0.0588	3434.0	3468.0	106.814	3.370	3714.5
17/0	170	100	—	230	170×100×230	—	—	—	—	—	3910.0

续表 3-26

尺寸砖号	尺寸/mm (见图 3-33)				尺寸规格 A×(C/D)×(E/F)×B /mm×mm×mm×mm	单位楔差 $\Delta C' = \dfrac{C-D}{A}$	中间直径/mm $D_{po} = \dfrac{2PA}{C-D}$		每环极限砖块 $K'_0 = \dfrac{2\pi A}{C-D}$	中心角/(°) $\theta_0 = \dfrac{180(C-D)}{\pi A}$	体积/cm³
	A	C/D	E/F	B			砌缝 1mm	砌缝 2mm			
CH19/20	190	110/90	—	230	190×(110/90)×230	0.1053	1919.0	1938.0	59.690	6.031	4370.0
CH19/10	190	105/95	—	230	190×(105/95)×230	0.0526	3838.0	3876.0	119.381	3.016	4370.0
CH19/10H	190	125/115	—	230	190×(125/115)×230	0.0526	4598.0	4636.0	119.381	3.016	5244.0
CH19/10B	190	95/85	—	230	190×(95/85)×230	0.0526	3458.0	3496.0	119.381	3.016	3933.0
SCH19/10	190	105/95	95/85	230	190×(105/95)×(95/85)×230	0.0526	3838.0	3876.0	119.381	3.016	4151.5
19/0	190	100	—	230	190×100×230	—	—	—	—	—	4370.0
CH21/20	210	110/90	—	230	210×(110/90)×230	0.0952	2121.0	2142.0	65.974	5.457	4830.0
CH21/10	210	105/95	—	230	210×(105/95)×230	0.0476	4242.0	4284.0	131.947	2.728	4830.0
CH21/10H	210	125/115	—	230	210×(125/115)×230	0.0476	5082.0	5124.0	131.947	2.728	5796.0
CH21/10B	210	95/85	—	230	210×(95/85)×230	0.0476	3822.0	3864.0	131.947	2.728	4347.0
SCH21/10	210	105/95	95/85	230	210×(105/95)×(95/85)×230	0.0476	4242.0	4284.0	131.947	2.728	4588.5
21/0	210	100	—	230	210×100×230	—	—	—	—	—	4830.0
CH23/20	230	110/90	—	230	230×(110/90)×230	0.0870	2323.0	2346.0	72.257	4.982	5290.0
CH23/10	230	105/95	—	230	230×(105/95)×230	0.0435	4646.0	4692.0	144.514	2.491	5290.0
CH23/10H	230	125/115	—	230	230×(125/115)×230	0.0435	5566.0	5612.0	144.514	2.491	6348.0
CH23/10B	230	95/85	—	230	230×(95/85)×230	0.0435	4186.0	4232.0	144.514	2.491	4761.0
23/0	230	100	—	230	230×100×230	—	—	—	—	—	5290.0

注:1. 本书标准[61]增加单位楔差 $\Delta C' = (C-D)/A$;将标准[61]的中间半径 R_{po} 换算为中间直径 $D_{po} = 2PA/(C-D)$,式中 P—中间尺寸,包括砌缝厚度 1mm 和 2mm。

2. 本表比标准[61]增设竖侧厚楔形砖 SCH0.1A/10,表中尺寸特征以上端侧向 (C/D 向) 尺寸计算。但双倍宽砖 (A 和 B 均为 230mm) 由于可同时作为侧厚楔形砖或竖厚楔形砖,砌筑中可灵活旋转 90°,没必要再增设竖侧厚楔形砖了。

钢罐罐壁侧厚楔形砖的尺寸特征，包括单位楔差、中心角、中间直径和和每环极限砖数等。我国钢罐罐壁侧厚楔形砖的名称、尺寸砖号、尺寸、尺寸规格和尺寸特征见表3-26。

罐壁楔形砖的单位楔差 $\Delta C' = (C - D)/A$，既可比较其使用中残砖的剩余尺寸，同时可由其计算出中间直径 D_{po}、每环极限砖数 K'_0 和中心角 θ_0：$D_{po} = 2P/\Delta C'$、$K'_0 = 2\pi/\Delta C'$ 和 $\theta_0 = 180\Delta C'/\pi$。

罐壁楔形砖选用中间直径 D_{po} 的理由：（1）罐壁侧厚楔形砖的大小端尺寸 C/D 采用了等中间尺寸。等中间尺寸又称为等体积尺寸，有很多优点，这在以前有关章节已详细介绍过。从表3-26的各组（不同 A），首先看到 CH0.1A/20、CH0.1A/10 和 0.1A/0 的体积是相等的。（2）罐壁常采用不同厚度（大小端距离 A）的阶梯式砌砖，内直径变化大，而紧靠安全衬的外直径和中间直径的变化相对均匀。（3）计算砖量的公式或砖量表常以外直径 D 表示，即 $D = D_{po} + A$。中间直径定义计算式 $D_{po} = 2(P + \delta)/(C - D)$，式中，$P$ 为中间尺寸，mm；δ 为砌缝厚度，mm，选取 1mm 或 2mm。对于以往普通钢罐而言 δ 习惯上取 2mm；但对于精炼钢罐而言 δ 应取 1mm。表3-26中，δ 分别取 1mm 和 2mm。

每个尺寸砖号罐壁楔形砖的每环极限砖数 K'_0，在不调节砌缝厚度（工作衬热端和冷端砌缝厚度相等）的正常条件下，应是与砌缝厚度无关的定值，这一定值应被经常应用的钢罐设计人员和砌筑人员记住。楔形砖的中心角 θ_0 与每环极限砖数有直接关系 $\theta_0 = 360°/K'_0$，例如 CH21/20 的每环极限砖数 $K'_0 = 65.974$ 块，则 $\theta_0 = 360°/65.974 = 5.457°$，与按 $\theta_0 = 180(C - D)/(\pi A)$ 计算值相同（见表3-26）。

从表3-26看到并证实：各组中单位楔差之比为 2：1 的侧厚楔形砖 CH0.1A/20 与 CH0.1A/10，它们的中间直径、每环极限砖数之比为 1：2，它们的中心角之比为 2：1；单位楔差相同的 CH0.1A/10、CH0.1A/10H、CH0.1A/10B 和 SCH0.1A/10，它们的每环极限砖数、中心角分别相同。从表3-26还看到并证实同一组中：C/D 相同的 CH0.1A/10 与 SCH0.1A/10 的中间直径相同；C/D 尺寸不同的 CH0.1A/20、CH0.1A/10、CH0.1A/10H 和 CH0.1A/10B，它们的中间直径不同。从表3-26各组还看到：楔差 $C - D$ 同为 10mm，平行加厚 20mm 时中间直径增大 520 ~ 920mm，平行减薄 10mm 时中间直径减小 260 ~ 460mm；楔差同为 10mm 的减薄楔形砖与加厚楔形砖配合砌筑时，比不减薄又不加厚的基本楔形砖（CH0.1A/10）扩大中间直径范围 780 ~ 1380mm；而且各组楔差同为 10mm 的三种砖，可组成 CH0.1A/10 与 CH0.1A/10H、CH0.1A/10 与 CH0.1A/10B 以及 CH0.1A/10B 与 CH0.1A/10H 的等楔差 10mm 的双楔形砖砖环。

我国钢罐罐壁厚度小于 130mm 的侧厚楔形砖砖环，可采用我国大小端距离 $A = 114$mm 的通用侧厚楔形砖[6]，见表3-27。为了减少罐壁环形砌砖中辐射竖缝数量，推荐采用等小端尺寸 $D = 55$mm、楔差 $C - D$ 分别 10mm、20mm 和 30mm 的 CH1-65/55、CH1-75/55 和 CH1-85/55。当外半径 R 超过 763.8mm 时，可采用 CH1-65/55 与侧厚微楔形砖 CH1-65/60 的等大端尺寸 65mm 双楔形砖砖环。表3-27中其余 $D \geq 45$mm 的 CH1-65/45、CH1-55/45、CH1-75/45、CH1-75/65、CH1-70/60 或 CH1-80/50 均可作为调节合门砖。竖厚微楔形砖 SH1-65/60 可用以补偿每层竖砌侧厚楔形砖砖环上端直径的增大。

表 3-27　我国大小端距离 $A = 114\text{mm}$ 通用侧厚楔形砖尺寸和尺寸特征[6]

尺寸砖号	名　称	尺寸/mm （见图 3-33）			尺寸规格 $A \times (C/D) \times B$	半径/mm			每环极限砖数 K'_0/块	中心角 $\theta_0/(\circ)$	体积 /cm³
		A	C/D	B	/mm × mm × mm	r_0	R_{po}	R_0			
CH1-65/35	特锐楔形砖	114	65/35	230	114 × (65/35) × 230	—	197.6	254.6	23.876	15.078	1311.0
CH1-65/45	锐楔形砖	114	65/45	230	114 × (65/45) × 230	267.9	—	381.9	35.814	10.052	1442.1
CH1-65/55	钝楔形砖	114	65/55	230	114 × (65/55) × 230	649.8	706.8	763.8	71.628	5.026	1573.2
CH1-65/60	微楔形砖	114	65/60	230	114 × (65/60) × 230	—	—	1527.6	143.257	2.513	1638.8
CH1-55/45	减薄钝楔形砖	114	55/45	230	114 × (55/45) × 230	535.8	592.8	—	71.628	5.026	1311.0
CH1-75/45	特锐楔形砖	114	75/45	230	114 × (75/45) × 230	178.6	235.6	292.6	23.876	15.078	1573.2
CH1-75/55	锐楔形砖	114	75/55	230	114 × (75/55) × 230	324.9	381.9	438.9	35.814	10.052	1704.3
CH1-75/**65**	钝楔形砖	114	75/65	230	114 × (75/65) × 230	763.8	820.8	877.8	71.628	5.026	1835.4
CH1-70/60	减薄钝楔形砖	114	70/60	230	114 × (70/60) × 230		763.8		71.628	5.026	1704.3
CH1-85/55	特锐楔形砖	114	85/55	230	114 × (85/55) × 230	216.6	273.6		23.876	15.078	1835.4
CH1-80/50	特锐楔形砖	114	80/50	230	114 × (80/50) × 230	—	254.6		23.876	15.078	1704.3

注：1. 我国通用砖标准[6]中规定：CH1 为大面尺寸为 230mm × 114mm 的侧厚楔形砖代号，短横线后为大小端厚度尺寸（mm）。

　　2. 我国通用砖标准[6]中，将相同大小端距离 A 的同组楔形砖间，按楔差 $C - D$ 由小到大，将它们相对地分为微楔形砖、钝楔形砖、锐楔形砖和特锐楔形砖；对于侧厚楔形砖而言，它们的楔差分别为 5mm、10mm、20mm 和 30mm。

　　3. 本表计算砖的内半径 r_0、中间半径 R_{po} 和外半径 R_0 中，砌缝厚度取 2mm。

3.4.2　罐壁平砌长楔形砖形状尺寸设计

　　钢罐罐壁平砌的长楔形砖（ladle bricks with length taper），即两端面（end face）相互倾斜、楔差 $C - D$ 或大小端尺寸 C/D 设计在长度上的楔形砖。大小端距离 A 设计在宽度上的长楔形砖称为侧长楔形砖，见图 3-35。

　　大面（large face）为扇形砖面（sectar-face）或两侧面（side face）为同心弧形的侧长楔形砖称为侧长扇形砖（见图 3-36）。两弧形凸凹端面接近半圆（中心角 ≥ 120°）的钢罐罐壁用侧长楔形砖称为万用钢罐砖（universal ladle brick）（见图 3-37）。两弧形凸凹端面接近弓形（中心角约 60°）的钢罐罐壁用侧长楔形砖称为半万用钢罐砖（semin-universal ladle brick）（见图 3-38）。钢罐罐壁用平砌侧长楔形砖的应用与发展，主要以英国为代表的侧长扇形砖和

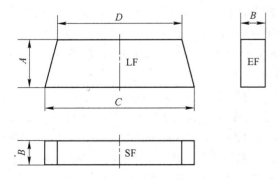

图 3-35　罐壁用侧长楔形砖

LF—两面积相等、相互平行的对称梯形大面；

SF—两面积不等、相互平行的矩形侧面；

EF—两面积相等、相互倾斜的矩形端面

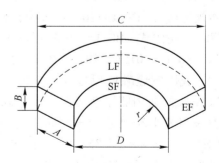

图 3-36　罐壁用侧长扇形砖

LF—两面积相等、相互平行的扇形大面；

SF—两面积不等的同心圆侧面；

EF—两面积相等、相互倾斜的矩形端面

以前苏联为代表的侧长楔形砖，经过各国长期应用实践，最后都发展为半万用钢罐砖。我国钢罐罐壁平砌的长楔形砖，很少采用侧长扇形砖和侧长楔形砖，但采用万用钢罐砖的时间较长，我国钢罐用砖尺寸行业标准[61]中没有采用万用钢罐砖，但推荐半万用钢罐砖。

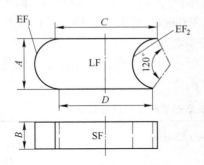 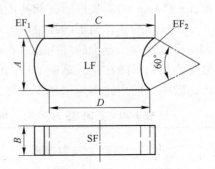

图 3-37　万用钢罐砖　　　　　　　　　　　图 3-38　半万用钢罐砖

LF—两面积相等、相互平行、形状（具有大小端　　　　LF—两面积相等、相互平行、形状（具有大小端
距离 A 和大小端尺寸 C/D）相同的凸凹大面；　　　　距离 A 和大小端尺寸 C/D）相同的凸凹大面；
SF—两面积不等、相互平行的矩形侧面；　　　　　　SF—两面积不等、相互平行的矩形侧面；
EF1 和 EF2—两面积相近、　　　　　　　　　　　　EF1 和 EF2—两面积相近、
分别为凸弧形和凹弧形端面　　　　　　　　　　　分别为凸弧形和凹弧形端面

3.4.2.1　英国罐壁平砌侧长扇形砖

英国工业炉窑环形砌砖有采用侧长扇形砖的传统，早在 1973 年的英国标准 BS 3056—1973 黏土砖、高铝砖和碱性砖标准尺寸[62]中，就介绍了砖环厚度 $A = 114\text{mm}$、砖层高度 $B = 76\text{mm}$ 的 8 种尺寸砖号侧长扇形砖，见表 3-28。从表 3-28 中看到：这些侧长扇形砖采用等大端尺寸 $C = 230\text{mm}$。用一种尺寸砖号或相邻两个尺寸砖号砌筑的环形砌砖，砖环内外表面均为弧形，没有多边形的感觉。侧长扇形砖的单位楔差很大，使用后的剩余厚度必然很小，使用寿命将会很长。砖的弧形外侧面会紧靠安全衬或钢壳，几乎不存在三角缝。使用中的有效砖环厚度能得到保证。但侧长扇形砖也有不足之处：制砖困难（模具复杂），成本高。砌筑操作中每环的合门砖至少需加工 1 块砖，有时甚至 2 块。与其他形状楔形砖比较起来，砖号太多。

表 3-28　英国 BS 3056—1973 中扇形砖尺寸和尺寸特征[62]

尺寸砖号	尺寸/mm			单位楔差 $\Delta C' = \dfrac{C-D}{A}$	内直径/mm $d_o = \dfrac{2A(D+1)}{C-D}$	每环极限砖数/块 $K_0' = \dfrac{2\pi A}{C-D}$
	A	C/D	B			
CIR-4	114	230/152	76	0.6842	447.2	9.183
CIR-6	114	230/167	76	0.5526	608.0	11.370
CIR-9	114	230/183	76	0.4123	892.6	15.240
CIR-12	114	230/193	76	0.3246	1195.5	19.359
CIR-15	114	230/200	76	0.2632	1527.6	23.876
CIR-18	114	230/204	76	0.2281	1797.7	27.549
CIR-25	114	230/211	76	0.1667	2544.0	37.699
CIR-40	114	230/218	76	0.1053	4161.0	59.690

注：1. 尺寸符号经本书统一。
　　2. 尺寸特征经本书计算。
　　3. 尺寸砖号 CIR 代表扇形砖，短横线"-"后的数字为内直径 d_o 除以 100mm 后的近似数值。

英国在 1987 年的钢罐用砖标准[58]中还保留了罐壁侧长扇形砖，其尺寸和尺寸特征见表 3-29。从表 3-29 中可看出，英国钢罐罐壁用侧长扇形砖，按罐壁砖环厚度（即砖的大小端距离 A）包括 114mm 和 150mm 两组；按平砌砖层高度 B 分为 76mm 和 100mm。大小端距离 $A = 114$mm 的侧长扇形砖保持以往在标准[59]中的等大端尺寸 $C = 230$mm。但大小端距离 $A = 150$mm 的侧长扇形砖却采用等小端尺寸 $D = 200$mm。看来等小端尺寸侧长扇形砖比等大端尺寸优越，至少砖环内表面垂直缝交错整齐美观。

尽管侧长扇形砖在钢罐罐壁上应用的效果很好，但在简化砖形、尺寸标准化和与其他钢罐砖比较中，使用比例越来越少，终究避免不了被淘汰。

表 3-29　英国 BS 3056-8：1987 钢罐罐壁侧长扇形砖尺寸和尺寸特征[58]

尺寸 砖号	尺寸/mm			单位楔差 $\Delta C' = \dfrac{C-D}{A}$	内半径/mm			每环极限砖数/块 $K'_0 = \dfrac{2\pi A}{C-D}$
	A	C/D	B		$r_o = \dfrac{(D+1)A}{C-D}$	$r_{omin} = \dfrac{DA}{C-D+2}$	$r_{omax} = \dfrac{(D+2)A}{C-D-2}$	
POS87	150	240/200	100	0.2667	753.8	714.3	797.4	23.562
POS88	150	225/200	100	0.1667	1206.0	1111.1	1317.4	37.699
POS89	150	213/200	100	0.0867	2319.2	2000.0	2754.5	72.498
—	150	229/211	100	0.1200	1766.7	1582.5	1996.9	52.360
POS18	114	230/204	100	0.2281	898.8	830.6	978.5	27.549
POS40	114	230/220	100	0.0877	2519.4	2090.0	3163.5	71.628
—	114	229/216	100	0.1140	1902.9	1641.6	2259.3	55.099
	150	240/200	76	0.2667	753.8	714.3	797.4	23.562
	150	225/200	76	0.1667	1206.0	1111.1	1317.4	37.699
	150	213/200	76	0.0867	2319.2	2000.0	2754.5	72.498
	114	230/204	76	0.2281	898.8	830.6	978.5	27.549
	114	230/220	76	0.0877	2519.4	2090.0	3163.5	71.628

注：1. 尺寸符号经本书统一。

　　2. 尺寸特征经本书计算。

　　3. 侧长扇形砖的内半径 r_o、最小内半径 r_{omin} 和最大内半径 r_{omax} 的计算，考虑砌缝的允许偏差 ±1mm。

3.4.2.2　前苏联罐壁侧长楔形砖尺寸设计

前苏联钢罐罐壁不主张采用扇形砖[52]。他们认为不同容量钢罐，甚至同一钢罐的罐壁厚度有多种，采用扇形砖时砖号太多，而且扇形砖制造复杂。但前苏联主张将侧长扇形砖的大小弧形侧面拉直，即将大小端弧形表面变为平面。这就是他们长期以来广为采用的平砌侧长楔形砖。早在 20 世纪 50 年代末，前苏联就将侧长楔形砖纳入国家标准 ГОСТ 5341—1958 盛钢桶用黏土质耐火制品[63]中，直到 1969 年该标准修订版还保留并完善了侧长楔形砖的尺寸[64]，见表 3-30。前苏联标准中很少看到侧长扇形砖，但侧长楔形砖被广泛列入 ГОСТ 15635—1970 铁水包衬用黏土质耐火制品[65]、ГОСТ 3272—1971 化铁炉内衬用黏土质和半硅质耐火制品[68]、ГОСТ 8691—1973 一般用途普通和高级耐火制品[67]等标准中，见表 3-31。

表 3-30　前苏联标准 ΓOCT 5341—1969 中钢罐侧用长楔形砖形状尺寸及尺寸特征[64]

| 顺序砖号 | 尺寸/mm（见图3-35） | | | 内半径/mm | | | 配砌砖号 | 砌体内半径范围/mm | | 每环极限砖数/块 $K'_0=\dfrac{2\pi A}{C-D}$ | 体积/cm³ |
	A	C/D	B	$r_o=\dfrac{(D+1)A}{C-D}$	$r_{omin}=\dfrac{DA}{C-D+2}$	$r_{omax}=\dfrac{(D+2)A}{C-D-2}$		一种砖	两种砖		
5	80	230/200	80	536.0	500.0	577.1	—	500.0~577.1	—	16.755	1376.0
6	80	250/239	80	1745.5	1470.8	2142.2	5	1470.8~2142.2	577.1~1470.8	45.696	1564.8
7	100	210/181	80	627.6	538.9	677.8	—	583.9~677.8	—	21.666	1564.0
8	100	230/209	80	1000.0	908.7	1110.5	7	908.7~1110.5	677.8~908.7	29.920	1756.0
9	100	250/236	80	1692.9	1475.0	1983.3	8	1475.0~1983.3	1110.5~1475.0	44.880	1944.0
10	120	210/176	80	624.7	586.7	667.5	—	586.7~677.5	—	22.176	1852.8
11	120	230/206	80	1035.0	950.8	1134.5	10	950.8~1134.5	677.5~950.8	31.416	2092.8
12	120	230/212	80	1420.0	1272.0	1605.0	11	1272.0~1605.0	1134.5~1272.0	41.888	2121.6
13	120	250/235	80	1888.0	1658.8	2187.7	—	1658.8~2187.7	—	50.266	2328.0
14	150	210/178	80	839.1	785.3	900.0	—	785.3~900.0	—	29.453	2328.0
15	150	230/205	80	1236.0	1138.9	1350.0	14	1138.9~1350.0	900.0~1138.9	37.699	2610.0
16	150	250/232	80	1941.7	1740.0	2193.8	15	1740.0~2193.8	1350.0~1740.0	52.360	2892.0
17	150	250/235	80	2360.0	2073.5	2734.6	—	2073.5~2734	—	62.832	2910.0
18	200	220/192	80	1378.6	1280.0	1492.3	—	1280.0~1492.3	—	44.880	3344.0
19	200	240/216	80	1808.3	1661.5	1981.8	18	1661.5~1981.8	1492.3~1661.5	52.360	3648.0
20	250	230/200	80	1675.0	1562.5	1803.6	—	1562.5~1803.6	—	52.360	4300.0
21	250	250/221	80	1913.8	1782.3	2064.8	—	1782.3~2064.8	—	54.166	4710.0

注：1. 尺寸符号经本书统一。
2. 表内半径和体积经本书计算。

表 3-31　前苏联标准铁水罐、化铁炉和一般工业用侧长楔形砖尺寸和尺寸特征[65~67]

| 顺序砖号 | 尺寸/mm (见图3-35) | | | 内半径/mm | | | 配砌砖号 | 砌体内半径范围/mm | | 每环极限砖数/块 $K'_0 = \dfrac{2\pi A}{C-D}$ | 体积 /cm³ |
	A	C/D	B	$r_o = \dfrac{(D+1)A}{C-D}$	$r_{omin} = \dfrac{DA}{C-D+2}$	$r_{omax} = \dfrac{(D+2)A}{C-D-2}$		一种砖	两种砖		
						铁水罐壁用砖 ГОСТ 15635—1970[65]					
铁1	230	210/176	80	1197.4	1124.4	1279.4	—	1124.4~1279.4	—	42.504	3551.2
铁2	230	230/198	80	1430.3	1339.4	1533.3	铁1	1339.4~1533.3	1279.4~1339.4	45.161	3937.6
						一般工业炉用砖 ГОСТ 8691—1973[67]					
55	114	230/180	65	412.7	394.6	432.3	—	394.6~432.3	—	14.326	1519.0
56	114	230/190	65	544.4	515.7	576.0	55	515.7~576.0	432.3~515.7	17.907	1556.0
57	114	230/200	65	763.8	712.5	822.4	56	712.5~822.4	576.0~712.5	23.876	1593.1
58	114	230/210	65	1202.7	1088.2	1342.7	57	1088.2~1342.7	822.4~1088.2	35.814	1630.2
59	114	230/220	65	2519.4	2090.0	3163.5	58	2090.0~3163.5	1342.7~2090.0	71.628	1667.3
						化铁炉内衬用砖 ГОСТ 3273—1971[66]					
化4	125	230/195	75	700.0	658.8	746.2	化5	658.8~746.2	565.8~658.8	22.440	1992.2
化5	125	210/170	75	534.4	506.0	565.8	—	506.0~565.8	—	19.635	1781.3
化6	150	230/205	80	1236.0	1138.9	1350.0	化7	1138.9~1350.0	954.2~1138.9	37.699	2610.0
化7	150	265/227	80	900.0	851.3	954.2	—	851.3~954.2	—	24.802	2952.0

注：1. 尺寸符号经本书统一。
　　2. 尺寸特征由本书计算。

侧长楔形砖与侧长扇形砖比较起来，砌筑中砖环外端（冷面）与罐壁安全之间的三角缝厚度不一样：侧长扇形砖的弧形外侧面基本上能全部紧靠安全衬，而侧长楔形砖的直形外侧面与安全衬之间形成三角缝，此三角缝厚度有时相当大（见表 3-32）。从表 3-32 看到，5 号砖、7 号砖和 11 号砖的三角缝计算厚度分别达到 10.8mm、7.6mm 和 5.7mm，所有砖号的三角缝计算厚度都超过 3.4mm。这些三角缝内，既无法捣打也不容易填紧，只能用砌筑火泥粉或耐火泥浆自然填充。虽然砌筑规范没有对三角缝厚度作出具体规定，但超过 5mm 不应认为合适。根据三角缝厚度计算式，侧长楔形砖的三角缝计算厚度 h 随其外半径 R 的减小和大端尺寸 S（等于 C）的增大而增大。如果侧长楔形砖三角缝厚度以 5mm 为界限，从表 3-32 计算结果可看出：罐壁工作衬外直径 D 在 2300mm 以上的环形砌砖可采取 $C = 230$mm 的侧长楔形砖，而 D 小于 2300mm 的环形砌砖为避免过大的三角缝宜采用侧长扇形砖。

表 3-32　罐壁平砌侧长楔形砖的三角缝计算厚度

顺序砖号	外半径/mm $R = r_o + A$	跨距/mm $S = C$	三角缝 h/mm	顺序砖号	外半径/mm $R = r_o + A$	跨距/mm $S = C$	三角缝 h/mm
5	536.0 + 80 = 616.0	230	10.8	15	1236.0 + 150 = 1386.0	230	4.8
6	1745.5 + 80 = 1825.5	250	4.3	16	1941.7 + 150 = 2091.7	250	3.7
7	627.6 + 100 = 727.6	210	7.6	18	1378.6 + 200 = 1578.6	220	3.8
9	1692.9 + 100 = 1792.9	250	4.4	19	1808.3 + 200 = 2008.3	240	3.6
11	1035.0 + 120 = 1155.0	230	5.7	20	1675.0 + 250 = 1925.0	230	3.4
13	1888.0 + 120 = 2008.0	250	3.9	21	1913.8 + 250 = 2163.8	250	3.6

注：1. 本表符号意义与表 3-30 相同。

2. 三角缝厚度 h 即按外半径 R、跨距 S（等于砖的大端尺寸 C）计算的矢高 $h = R - (\sqrt{4R^2 - S^2})/2$。

前苏联钢罐罐壁平砌侧长楔形砖的大小端距离 A（罐壁厚度）有 80mm、100mm、120mm、150mm、200mm 和 250mm，可以说配套基本齐全，仅缺少常用的 $A = 230$mm。前苏联铁水罐用砖尺寸标准[65]明确申明：铁水罐罐壁可采用罐壁厚度小于 230mm 的钢罐侧长楔形砖，同时补充设计了罐壁厚度 $A = 230$mm 的侧长楔形砖（铁 1 和铁 2，见表 3-31）。钢罐和铁罐罐壁平砌砖层高度统一为 80mm。各组（不同 A）的大端尺寸 C 一般采取 210mm、230mm 和 250mm。同组或各组几种砖号的楔差 $C - D$ 基本上不成简单整数比。

用侧长楔形砖砌筑的罐壁环形砌砖中，由于砖的大小端尺寸 C/D 很大，难以避免在合门操作时加工砖。但前苏联标准[64]中同时介绍了平砌螺旋砌砖配套用的起坡组合砖（见表 3-33），为无合门砖操作的罐壁螺旋砌砖法创造了条件。

表 3-33　前苏联标准[64]中罐壁螺旋砌砖用起坡组合砖尺寸

顺序砖号	形状	尺寸/mm				体积/cm³
		A	C/D	B	B_1	

顺序砖号	形　状	尺寸/mm				体积/cm³
		A	C/D	B	B_1	
22	罐壁厚度 150mm 螺旋砌砖起坡组合砖	150	230/205	40	40	1350.0
23		150	230/205	40	50	1468.1
24		150	230/205	50	60	1794.4
25		150	230/205	60	70	2120.6
26		150	230/205	70	80	2446.9
27	罐壁厚度 200mm 螺旋砌砖起坡组合砖	200	220/192	40	40	1648.0
28		200	220/192	40	50	1854.0
29		200	220/192	50	60	2266.0
30		200	220/192	60	70	2678.0
31		200	220/192	70	80	3090.0
32	罐壁厚度 250mm 螺旋砌砖起坡组合砖	250	250/221	40	40	2355.0
33		250	250/221	40	50	2649.0
34		250	250/221	50	60	3328.1
35		250	250/221	60	70	3826.9
36		250	250/221	70	80	4415.6

注：尺寸符号经本书统一。

前苏联标准[64]中，对每个砖号侧长楔形砖的内半径 r_o 都列出采用一种砖（即单楔形砖砖环）时的范围，本书认为即最小内半径 r_{omin} 到最大内半径 r_{omax} 范围；同时列出两种砖号相配砌（双楔形砖砖环）时内半径范围，即小半径楔形砖的最大内半径到大半径楔形砖的最小内半径范围。本书分析，当砌缝厚度取 1mm 时，正常（即工作热面和背面砌缝厚都等于 1mm 时）内半径 $r_o = (D+1)A/(C-D)$；在砌缝厚度 ±1mm 偏差内调节。最小内半径 r_{omin} 时，小端尺寸 $(D+1)$ 减 1，即 $(D+1)-1 = D$，而大端尺寸 $(C+1)$ 加 1，即 $(C+1)+1 = C+2$，则 $r_{omin} = DA/(C-D+2)$；最大内半径 r_{omax} 时，小端尺寸 $(D+1)$ 加 1，即 $(D+1)+1 = D+2$，而大端尺寸 $(C+1)$ 减 1，即 $(C+1)-1 = C$，则 $r_{omax} = (D+2)A/[C-(D+2)] = (D+2)A/(C-D-2)$。按这三个计算式计算 5 号砖的 $r_o = (200+1)\times 80/(230-200) = 536.0$mm；$r_{omin} = 200\times 80/(230-200+2) = 500.0$mm；$r_{omax} = (200+2)\times 80/(230-200-2) = 577.1$mm；5 号一种砖砌筑时砌体内半径范围为 $r_{omin} \sim r_{omax}$，即 500.0～577.1mm（原标准[64]为 500～580mm）。按以上三式计算 6 号砖的 $r_o = (239+1)\times 80/(250-239) = 1745.5$mm；$r_{omin} = 239\times 80/(250-239+2) = 1470.8$mm；$r_{omax} = (239+2)\times 80/(250-239-2) = 2142.2$mm；仅 6 号砖单独砌筑时砌体内半径范围为 $r_{omin} \sim r_{omax}$，即 1470.8～2142.2mm（原标准[64]为 1480～2150mm）。当小半径楔形砖 5 号砖与大半径楔形砖 6 号砖相配砌成双楔形砖砖环时，砌体内半径范围为小半径楔形砖 5 号砖的 r_{omax}（577.1mm）～大半径楔形砖 6 号砖的 r_{omin}（1470.8mm），即 577.1～1470.8mm（原标准[64]为 580～1480mm）。其他砖号配砌的砖环的半径范围也按上述方法核算，结果与原标准[64]基本一致。

3.4.2.3 罐壁万用砖和半万用砖尺寸设计

前苏联多年来采用罐壁平砌侧长楔形砖的实践表明，尽管同时采用螺旋砌砖法，但侧长楔形砖的砖号较多。为了进一步减少砖号，甚至设想同一厚度罐壁仅用一种砖号。在侧长楔形砖的两端面分别设计成凸弧形和凹弧形，如图 3-37 所示。由于两弧形凸凹端面接近半圆（中心角 ≥120°），砌筑中这种砖可移动而改变方向，一般一定范围直径的砖仅用一个砖号砖就能砌成，人们将这种砖称为万用砖。万用砖配合螺旋砌砖法，受到人们欢迎，在普通钢罐罐壁砌砖中长期被采用。万用砖在长期制砖和使用中，也暴露出明显的缺点。万用砖凹弧形端面的两锐角，本来成型压砖中密度就比砖中间的部位小得多，使用中破损率很大。后来虽然将砖的两锐角切断 10mm，破损率减小了，但形成缺口砌缝，成为钢水和熔渣侵蚀的缺口，缩短了使用寿命。精炼钢罐内衬，一般都不愿意采用万用砖。

欧洲不少国家，将万用钢罐砖两弧形端面由接近半圆形改变为弓形（中心角约为 60°），凹端面两角变钝，他们称为半万用钢罐砖，见图 3-38。这种半万用钢罐砖，使用中不仅破损率减少，而且使用寿命比万用砖延长很多。

英国标准[58]列入了钢罐罐壁半万用砖的尺寸，见表 3-34。英国钢罐罐壁半万用砖的砖层高度 B 均采取加厚尺寸 100mm。罐壁厚度（即大小端距离 A）取 102mm、127mm、152mm、178mm 和 229mm。大端尺寸 C 均采取 210mm 的等大端尺寸系列。这在长楔形砖中，大端尺寸是比较小的，可能考虑减小工作衬与安全衬间的三角缝厚度。尺寸砖号表示法很特殊，SU 为"半万用"英文 semi-universal 的缩写；百位数字 4、5、6、7 和 9 可能分别为罐壁工作衬厚度 102mm、127mm、152mm、178mm 和 229mm 的代号；至于末两位数 45 和 60，分别与其每环极限砖数相近。

表 3-34 英国钢罐罐壁半万用砖尺寸和尺寸砖号[58]

尺寸砖号	尺寸/mm（见图 3-38）			单位楔差 $\Delta C' = \dfrac{C-D}{A}$	内直径/mm $d_o = \dfrac{2DA}{C-D}$	每环极限砖数/块 $K_0' = \dfrac{2\pi A}{C-D}$
	A	C/D	B			
SU445	102	210/196	100	0.1373	2870.6	45.778
SU545	127	210/192	100	0.1417	2723.4	44.331
SU560	127	210/197	100	0.1024	3868.6	61.382
SU645	152	210/189	100	0.1382	2750.5	45.478
SU660	152	210/194	100	0.1053	3705.0	59.690
SU745	178	210/185	100	0.1404	2649.0	44.736
SU760	178	210/192	100	0.1011	3817.1	62.134
SU945	229	210/178	100	0.1397	2561.9	44.964
SU960	229	210/186	100	0.1048	3568.6	59.952

注：1. 尺寸符号经本书统一。

2. 尺寸特征由本书计算，内直径 d_o 计算中砌缝厚度取 1mm。

3. 弧形凸凹端面的半径，原标准[58]取 178mm。

我国多数钢罐罐壁长期采用万用砖。进入精炼钢罐阶段，一部分大容量钢罐采用竖砌侧厚楔形砖，其余钢罐的万用砖可过渡到半万用砖。为此，我国行业标准[61]中列入了半万用砖，见表 3-35。从表 3-35 看到，我国钢罐罐壁平砌半万用砖的罐壁厚度（大小端距离 A）与竖砌侧厚楔形砖相同（见表 3-26），分别采取 130mm、150mm、170mm、190mm、210mm 和 230mm。砖层高度 B 取 100mm。采取等大端尺寸 $C = 210mm$。每组楔差设计有

表 3-35　我国标准[61]中的半万用钢罐砖的尺寸和尺寸特征

尺寸砖号	尺寸/mm A	尺寸/mm C/D	尺寸/mm B	单位楔差 $\Delta C' = \dfrac{C-D}{A}$	外直径/mm $D_o = \dfrac{2CA}{C-D}$	最小外直径/mm D_{min}	最大外直径/mm D_{max}	尺寸规格 $A \times (C/D) \times B$ /mm×mm×mm	每环极限砖数/块 $K'_0 = \dfrac{2\pi A}{C-D}$	体积/cm³
BW13/30	130	210/180	100	0.2308	1828.7	1620.0	1880.0	130×(210/180)×100	27.227	2535.0
BW13/20	130	210/190	100	0.1538	2743.0	2260.0	2820.0	130×(210/190)×100	40.841	2600.0
BW15/30	150	210/180	100	0.20	2110.0	1820.0	2160.0	150×(210/180)×100	31.416	2925.0
BW15/20	150	210/190	100	0.1333	3165.0	2540.0	3280.0	150×(210/190)×100	47.124	3000.0
BW17/30	170	210/180	100	0.1765	2391.3	2020.0	2460.0	170×(210/180)×100	35.605	3315.0
BW17/20	170	210/190	100	0.1176	3587.0	2780.0	3740.0	170×(210/190)×100	53.407	3400.0
BW19/30	190	210/180	100	0.1579	2672.7	2200.0	2760.0	190×(210/180)×100	39.794	3705.0
BW19/20	190	210/190	100	0.1053	4009.0	3020.0	4220.0	190×(210/190)×100	59.690	3800.0
BW21/30	210	210/180	100	0.1428	2954.0	2360.0	3080.0	210×(210/180)×100	43.982	4095.0
BW21/20	210	210/190	100	0.0952	4431.0	3220.0	4720.0	210×(210/190)×100	65.974	4200.0
BW23/30	230	210/180	100	0.1304	3235.3	2520.0	3420.0	230×(210/180)×100	48.171	4485.0
BW23/20	230	210/190	100	0.0869	4853.0	3420.0	5280.0	230×(210/190)×100	72.257	4600.0

注：1. 外直径 D_o 计算中砌缝厚度取 1mm。
2. 最小外直径 D_{min} 和最大外直径 D_{max} 根据两块相同半万用砖弧形面错合 3mm 时的外直径。
3. 我国半外万用钢罐砖的凸凹弧形端面的半径 $R=178$mm，其实取 $R=210$mm 更合适。

表 3-36　我国钢罐罐壁用平砌竖宽楔形砖的尺寸和尺寸特征[61]

尺寸砖号	尺寸/mm A	尺寸/mm C/D	尺寸/mm B	尺寸规格 $A \times (C/D) \times B$ /mm × mm × mm	单位楔差 $\Delta C' = \dfrac{C-D}{A}$	中间直径/mm $D_{po} = \dfrac{2PA}{C-D}$ 砌缝 1mm	砌缝 2mm	每环极限砖数/块 $K'_0 = \dfrac{2\pi A}{C-D}$	中心角/(°) $\theta_0 = \dfrac{180(C-D)}{\pi A}$	体积/cm³
SK15/30		165/135		150 × (165/135) × 100	0.20	1510.0	1520.0	31.416	11.459	
SK15/20	150	160/140	100	150 × (160/140) × 100	0.1333	2265.0	2280.0	47.124	7.639	2250.0
SK15/10		155/145		150 × (155/145) × 100	0.0667	4530.0	4560.0	94.248	3.820	
SK15/0		150		150 × 150 × 100	—	—	—	—	—	
SK17/30		165/135		170 × (165/135) × 100	0.1765	1711.3	1722.7	35.605	10.111	
SK17/20	170	160/140	100	170 × (160/140) × 100	0.1176	2567.0	2584.0	53.407	6.741	2550.0
SK17/10		155/145		170 × (155/145) × 100	0.0588	5134.0	5168.0	106.814	3.370	
SK17/0		150		170 × 150 × 100	—	—	—	—	—	
SK19/30		165/135		190 × (165/135) × 100	0.1579	1912.7	1925.3	39.794	9.047	
SK19/20	190	160/140	100	190 × (160/140) × 100	0.1053	2869.0	2888.0	59.690	6.031	2850.0
SK19/10		155/145		190 × (155/145) × 100	0.0526	5738.0	5776.0	119.381	3.016	
SK19/0		150		190 × 150 × 100	—	—	—	—	—	
SK21/30		165/135		210 × (165/135) × 100	0.149	2114.0	2128.0	43.982	8.185	
SK21/20	210	160/140	100	210 × (160/140) × 100	0.0952	3171.0	3192.0	65.974	5.457	3150.0
SK21/10		155/145		210 × (155/145) × 100	0.0476	6342.0	6384.0	131.947	2.728	
SK21/0		150		210 × 150 × 100	—	—	—	—	—	
SK23/30		165/135		230 × (165/135) × 100	0.1304	2315.0	2330.7	48.171	7.473	
SK23/20	230	160/140	100	230 × (160/140) × 100	0.0870	3473.0	3496.0	72.257	4.982	3450.0
SK23/10		155/145		230 × (155/145) × 100	0.0435	6946.0	6992.0	144.514	2.491	

注：尺寸砖号表示法：SK 为 "竖宽" 汉语拼音；分隔斜线 "/" 前数字表示大小端距离 A 的厘米数值（cm），分隔斜线后的数字表示楔差 C - D 的毫米数值（mm）。

30mm 和 20mm 两个尺寸砖号。尺寸砖号表示法：BW 为"半万"两汉字拼音字首，数字部分用分隔斜线"/"分开，斜线前的数字表示大小端距离 A 的厘米数值（cm），斜线后的数字表示楔差 $C-D$ 的毫米数值（mm）。半万用砖与螺旋砌砖法相结合，是优点诸多的钢罐罐壁砌砖设计。

3.4.3　罐壁平砌竖宽楔形砖尺寸设计

我国中小容量钢罐罐壁的外直径较小，采用万用砖时罐壁工作衬与安全衬之间的三角缝厚度很大。为减小三角缝厚度不得不将万用砖的大小端尺寸 C/D 侧面也设计成弧形面，其实这种砖应称为弧形万用砖或万用扇形砖。每块万用扇形砖有四个弯曲弧面，不仅制砖困难，运输、存放和砌筑操作中破损率太大。后来，人们将平砌侧长楔形砖的大小端尺寸 C/D 逐渐减小，最后就过渡到并发展为平砌的竖宽楔形砖了。罐壁平砌竖宽楔形砖与长楔形砖（侧长楔形砖、万用砖或半万用砖）比较起来，最大的优点就是三角缝厚度小，这在以后的计算中可看到。

我国钢罐罐壁平砌竖宽楔形砖，尽管目前应用在少数钢罐上，但是当人们认识到它的很多优点后，将会逐步推广。作为我国行业标准[61]起草人，在研究各种钢罐罐壁砌砖方法过程中，比较各种砌砖设计的优缺点发现：平砌比竖砌好，竖宽楔形砖比长楔形砖好，平砌的竖宽楔形砖更适用于大容量钢罐罐壁。为此将平砌竖宽楔形砖纳入我国行业标准[61]，其尺寸和尺寸特征见表 3-36。从表 3-36 中看到，我国钢罐罐壁用平砌竖宽楔形砖的大小端距离 A（即罐壁厚度）取 150mm、170mm、190mm、210mm 和 230mm。砖层高度 B 取 100mm。各组的大小端尺寸 C/D 都由楔差 $C-D$ 分别为 30mm、20mm 和 10mm 的等中间尺寸 $P=150$mm 计算出，即 C/D 分别为 165mm/135mm、160mm/140mm 和 155mm/145mm。当然，我国罐壁平砌竖宽楔形砖尺寸设计中，坚持各组采取相同的成简单整数比（3∶2∶1）的楔差。

如前所述，罐壁平砌竖宽楔形砖与安全衬间的三角缝厚度较小，见表 3-37。仅外半径较小的 SK15/30、SK17/30 和 SK19/30 的三角缝厚度超过 3.0mm，最大的三角缝厚度仅为 4.11mm（SK15/30），其余砖号的三角缝厚度均小于 3.0mm。

表 3-37　我国钢罐罐壁平砌竖宽楔形砖的三角缝计算厚度

尺寸砖号	外半径/mm $R = \dfrac{D_{po} + A}{2}$	跨距/mm $S = C$	三角缝厚度 h /mm	尺寸砖号	外半径/mm $R = \dfrac{D_{po} + A}{2}$	跨距/mm $S = C$	三角缝厚度 h /mm
SK15/30	830.0	165.0	4.11	SK19/10	2964.0	155.0	1.01
SK15/20	1207.5	160.0	2.56	SK21/30	1162.0	165.0	2.93
SK15/10	2340.0	155.0	1.28	SK21/20	1690.5	160.0	1.89
SK17/30	940.7	165.0	3.62	SK21/10	3276.0	155.0	0.92
SK17/20	1368.5	160.0	2.34	SK23/30	1272.7	165.0	2.68
SK17/10	2652.0	155.0	1.13	SK23/20	1851.5	160.0	1.73
SK19/30	1051.4	165.0	3.24	SK23/10	3588.0	155.0	0.84
SK19/20	1529.5	160.0	2.09				

注：1. 本表符号意义与表 3-36 相同。

　　2. 三角缝厚度 h，即按外半径 R、跨距 S（等于砖大端尺寸 C）计算的矢高 $h = R - (\sqrt{4R^2 - S^2})/2$。

竖宽楔形砖平砌的罐壁，由于砖层高度 B 仅为100mm，比竖砌侧厚楔形砖的砖层高度（B 为230~250mm）小得多，平砌砖层可采取紧靠罐壁安全衬的逐层退台（退台尺寸很小）砌法，罐壁头一层不必加工成翻角砖。

如前已述，平砌的竖宽楔形砖采用封闭的环形砌砖时，合门砖的加工很容易，而且加工质量好，因为只需要用切砖机直线切割砖的宽度。采用螺旋砌砖时，由于竖宽楔形砖砌砖方向的宽度尺寸比侧长楔形砖砌砖方向的长度尺寸小得多，起坡处和退坡处的水平缝厚度更容易达到规范要求。显然，竖宽楔形砖同时配合采用螺旋砌法时，更能表现出相比其他砌法的优越性来。此外，竖宽楔形砖本身容易成型，并能保证成型质量的特点，平压时内在质量均匀，侧压时厚度一致性强，对保证砌体质量非常有利。此外对照表3-18的各项比较内容，更能深刻体会到平砌竖宽楔形砖罐壁的诸多优越性来。

3.4.4 罐壁竖砌薄宽楔形砖尺寸设计

国外对于小容量钢罐罐壁和中等容量钢罐罐壁上部，由于罐壁厚度小于114mm，不便采用侧厚楔形砖，往往采用竖砌（端面作为砌体基面）的大小端距离 A 设计在厚度上的宽楔形砖（大小端尺寸 C/D 设计在宽度上）即薄宽楔形砖（见图3-39）。

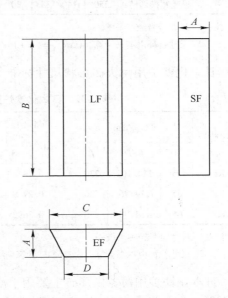

图3-39 薄宽楔形砖
LF—两面积不等、相互平行的矩形大面；
SF—两面积相等、相互倾斜的矩形侧面；
EF—两面积相等、相互平行的对称梯形端面

前苏联中小容量钢罐罐壁用竖砌薄宽楔形砖[64]有两个砖号：罐壁厚度 $A = 65$mm 的砖号1，尺寸规格（mm × mm × mm）为 65 × （140/120）× 250；罐壁厚度 $A = 80$mm 的砖号2，尺寸规格（mm × mm × mm）为 80 × （140/125）× 250。竖砌砖层高度均为250mm。这两个砖号的内半径 r_o 均较小，分别为 393.3mm 和 672.0mm。罐壁内半径增大时需配加直形砖。同时考虑到补偿罐壁砖层高度方向的倾斜和砖环半径的增大，分别配加竖宽楔形砖砖号3 [尺寸规格为 250 × （140/135）× 65] 和砖号4 [尺寸规格为 250 × （140/135）× 80]。砖号3 和砖号4 这两个竖宽楔形砖的大小端距离 $A =$ 250mm，采用小端面65mm × 135mm 和80mm × 135mm 置水平砌体基面的竖砌，分别与 A 同为250mm、端面（分别为140mm × 120mm 和140mm × 125mm）置水平砌体基面的砖号1 和砖号2 竖砌。这种竖宽楔形砖和薄宽楔形砖配合竖砌中"身兼二职"：一方面在辐射方面起到直形砖增大砖环半径的作用；另一方面在高度方面起到竖楔形砖补偿罐壁倾斜的作用。前苏联中小容量钢罐罐壁上部用砖的尺寸和尺寸特征见表3-38。前苏联化铁炉内衬用的 8 号砖也采用了尺寸规格（mm × mm × mm）为 65 × （140/120）× 230 的薄宽楔形砖[66]。

表 3-38　前苏联中小容量钢罐罐壁上部用砖尺寸和尺寸特征[64]

顺序砖号	砖形名称	尺寸/mm			内半径/mm $r_o = \dfrac{(D+1)A}{C-D}$	每环极限砖数/块 $K_0' = \dfrac{2\pi A}{C-D}$	体积 /cm³	配砌 砖号
		A	C/D	B				
1	薄宽楔形砖	65	140/120	250	393.3	20.420	2112.5	3
2	薄宽楔形砖	80	140/125	250	672.0	33.510	2650.0	4
3	竖宽楔形砖	250	140/135	65	$(\Delta R)_1 = 22.44$	—	2234.4	1
4	竖宽楔形砖	250	140/135	80	$(\Delta R)_1 = 22.44$	—	2750.0	2

注：1. 尺寸符号经本书统一。

　　2. 尺寸特征由本书计算。$(\Delta R)_1 = (C+1)/(2\pi)$ 为一块直形砖半径增大量。

日本化铁炉用耐火砖形状尺寸标准[68]中，专门介绍了薄宽楔形砖的尺寸，见表 3-39。

表 3-39　日本化铁炉用薄宽楔形砖尺寸和尺寸特征[68]

顺序砖号	尺寸/mm			单位楔差 $\Delta C' = \dfrac{C-D}{A}$	内直径/mm $d_o = \dfrac{2DA}{C-D}$	每环极限砖数/块 $K_0' = \dfrac{2\pi A}{C-D}$	体积/cm³
	A	C/D	B				
K1	65	114/102	230	0.1846	1126.7	34.034	1614.6
K2	65	114/96	230	0.2769	707.8	22.689	1569.8
K3	65	114/90	230	0.3692	498.3	17.017	1524.9

注：1. 尺寸符号经本书统一。

　　2. 尺寸特征由本书计算，内直径 d_o 计算砌缝厚度取 2mm。

日本化铁炉用薄宽楔形砖主要用于薄壁环形砌砖，它是以尺寸规格（mm × mm × mm）为 230 × 114 × 65 的标准砖为基础尺寸的。竖砌砖层高度 B 取 230mm，环形砌砖壁厚 A 取 65mm。采取等大端尺寸 C = 114mm，楔差 C − D 取 12mm、18mm 和 24mm，楔差比为 12：18：24 = 2：3：4 的简单整数比，尺寸设计合理。在砖号配砌中，既可以采用相邻楔形砖的双楔形砖砖环（例如 K3 与 K2 砖环、K2 与 K1 砖环），也可以采用 K1 与标准砖的混合砖环，日本化铁炉用薄宽楔形砖砖量见表 3-40。

表 3-40　日本化铁炉用薄宽楔形砖砖量表[68]

砖环内直径 d/mm	每环（A = 360°）砖数 K/块					备 注
	标准砖	K1	K2	K3	合计	
500				17	17	$d_o = 498.3$mm, $K_0' = 17.017$
530			4	14	18	
570			8	11	19	
610			12	8	20	
650			16	5	21	
680			20	2	22	
720		1	22		23	$d_o = 707.8$mm, $K_0' = 22.687$
760		4	20		24	
790		7	18		25	
830		10	16		26	

砖环内直径 d/mm	每环（$A = 360°$）砖数 K/块					备 注
	标准砖	K1	K2	K3	合计	
870		13	14		27	
900		16	12		28	
940		19	10		29	
980		22	8		30	
1010		25	6		31	
1050		28	4		32	
1090		31	2		33	
1130		34			34	$d_o = 1126.7mm$，$K'_0 = 34.034$
1160	1	34			35	
1310	5	34			39	
1490	10	34			44	

注：1. 备注中 d_o 和 K'_0 为本书所加。

　　2. 日本标准直形砖的尺寸规格为 230mm×114mm×65mm。

　　我国薄宽楔形砖的尺寸未实现标准化，未纳入国家标准和行业标准。如果在标准中设计薄宽楔形砖，建议以标准砖的尺寸为基础尺寸：砖层高度 B 取 230mm，壁厚 A 取 65mm、75mm 和 100mm，采取等大端尺寸 $C = 114mm$，各组采取我国罐壁竖宽楔形砖的楔差（$C - D$），即各组对应相等，成简单整数比 6∶4∶2∶1 的楔差，分别为 30mm、20mm、10mm 和 5mm。C/D 分别为 114mm/84mm、114mm/94mm、114mm/104mm 和 114mm/109mm，见表 3-41。

　　如果不采取楔差 $C - D = 5mm$ 的薄宽楔形砖 BK1B-114/109、BK1P-114/109 和 BK1H-114/109，在外直径分别超过 1508.0mm、1740.0mm 和 2320.0mm 的壁厚 65mm、75mm 和 100mm 环形砌体，可分别配砌尺寸规格为 230mm×114mm×65mm、230mm×114mm×75mm 和 230mm×114mm×100mm 的直形砖 1-65、1-75 和 1-100。

3.4.5 钢罐用直形砖尺寸设计

　　钢罐砌体用直形砖的使用部位主要有：罐底工作衬和安全衬、罐壁安全衬，以及罐壁环形砌砖中与楔形砖配砌的混合砖环。

　　如前已述，直形砖（特别是标准砖）是钢罐用各种楔形砖尺寸设计的基础，钢罐用直形砖理所当然首先要选用标准中已列入的直形砖，实在不够用或不能用时再补充设计所需要增加的新砖号直形砖。

　　罐壁混合环形砌砖中与各种楔形砖配砌的直形砖的尺寸繁多。例如英国标准[58]中，等大端尺寸 $C = 76mm$ 侧厚楔形砖设计了楔差 $C - D$ 为 3mm 的侧厚微楔形砖（见表 3-19 的 ISA-3 和 ISAL-3），本来不需要再与直形砖配合砌筑，但也列出了几种直形砖的尺寸（见表 3-42）。在英国标准[58]中与大尺寸侧厚楔形砖（见表 3-23）配砌的加长直形砖的尺寸见表 3-43。当然，英国的标准砖和大尺寸直形砖可用于罐底。

表 3-41　我国薄宽楔形砖尺寸和尺寸特征建议方案

尺寸砖号	尺寸/mm（见图3-39）			尺寸规格 $A \times (C/D) \times B$ /mm×mm×mm	单位楔差 $\Delta C' = \dfrac{C-D}{A}$	外直径/mm $D_0 = \dfrac{2A(C+2)}{C-D}$	每环极限砖数/块 $K_0' = \dfrac{2\pi A}{C-D}$	体积/cm³
	A	C/D	B					
BKIB-114/84	65	114/84	230	65×(114/84)×230	0.4615	502.7	13.614	1480.1
BKIB-114/94	65	114/94	230	65×(114/94)×230	0.3077	745.0	20.420	1554.8
BKIB-114/104	65	114/104	230	65×(114/104)×230	0.1538	1508.0	40.841	1629.6
BKIB-114/109	65	114/109	230	65×(114/109)×230	0.0769	3016.0	81.682	1666.9
BKIP-114/84	75	114/84	230	75×(114/84)×230	0.40	580.0	15.708	1709.8
BKIP-114/94	75	114/94	230	75×(114/94)×230	0.2667	870.0	23.562	1794.0
BKIP-114/104	75	114/104	230	75×(114/104)×230	0.1333	1740.0	47.124	1880.3
BKIP-114/109	75	114/109	230	75×(114/109)×230	0.0667	3480.0	94.248	1923.4
BKIH-114/84	100	114/84	230	100×(114/84)×230	0.30	773.3	20.944	2277.0
BKIH-114/94	100	114/94	230	100×(114/94)×230	0.20	1160.0	31.416	2392.0
BKIH-114/104	100	114/104	230	100×(114/104)×230	0.10	2320.0	62.832	2507.0
BKIH-114/109	100	114/109	230	100×(114/109)×230	0.050	4640.0	125.664	2564.5

注：1. 尺寸砖号表示法：根据我国通用砖尺寸表示规则[6]，薄宽楔形砖尺寸砖号由名称代号 BK（"薄宽"的汉语拼音首音字母）、侧面尺寸代号（即长×厚）、短横线 "—"和大小端尺寸（C/D）组成。侧面尺寸代号为代表砖长和代表砖厚的数字与代表长的字母组合。砖长230mm的代表数字为"1"，砖厚65mm、75mm 和100mm 的代表字母分别取 B、P 和 H。

2. 外直径计算中砌缝厚度取 2mm。

表 3-42 英国标准[58]中标准砖尺寸

尺寸砖号	尺寸/mm		
	A	B	C
1-64	230	114	64
1-76	230	114	76
ILBQ-52	230	150	52
ILBQ-64	230	150	64
ILBQ-76	230	150	76

表 3-43 英国标准[58]中大尺寸直形砖尺寸

尺寸砖号	尺寸/mm		
	A	B	C
2PO	250	125	124
25/O	250	150	100
3PO	250	155	100
4PO	250	187	100
5PO	250	220	100

前苏联钢罐标准[64]中的直形砖尺寸与罐壁砖配合使用，砖层高度 $B = 80$mm，罐壁厚度仅取 100mm、120mm 和 150mm，可用部分罐壁砖号配砌。这些直形砖同时可铺砌罐底工作衬。钢罐直形砖尺寸见表 3-44。

表 3-44 前苏联钢罐用砖标准[64]中直形砖尺寸

顺序砖号	尺寸/mm			体积/cm³	用 途
	A	C	B		
37	250	100	80	2000.0	与 7 号、8 号和 9 号砖配砌，增大砖环半径；砌罐底
38	250	120	80	2400.0	与 10 号、11 号、12 号和 13 号砖配砌，增大砖环半径；砌罐底
39	250	150	80	3000.0	与 14 号、15 号、16 号和 17 号砖配砌，增大砖环半径；砌罐底

我国钢罐砖尺寸标准[61]中，与楔形砖配砌的直形砖尺寸以加厚标准砖的厚度 100mm 为基础尺寸。与钢罐竖宽楔形砖配砌的直形砖以加宽（150mm）和加厚（100mm）的标准砖（widened and thickening standard square）1W-100（尺寸规格 230mm×150mm×100mm）为基础尺寸，再与竖宽楔形砖大小端距离 A（即罐壁厚度）配砌，分别取 150mm、170mm、190mm、210mm 和 230mm。与钢罐侧厚楔形砖配砌的直形砖以加厚双倍宽砖（thickening double standard square）（尺寸规格 230mm×230mm×100mm）为基础尺寸，再与罐壁侧厚楔形砖的大小端距离 A（即罐壁厚度）配砌，分别取 130mm、150mm、170mm、190mm、210mm 和 230mm。当然从这些直形砖中也可选作不同砖层高度的罐底砖。

钢罐罐底安全衬和工作衬的平砌层（course on flat），一般都采用标准砖。但侧砌层（course on edge）除采用标准砖外，为减少垂直竖缝数量不少国家采用加厚标准砖（thickening standard square）。有些大容量钢罐罐底工作衬最上层（特别是冲击区）还采用了竖砌层（course on end；soldier course），竖砌层可采用加厚标准砖。

我国钢罐罐底用直形砖，采用符合我国耐火砖长度系列的加宽加厚的加长砖（widened and thickening straight），即宽度为150mm，厚度为100mm，长度分别由230mm分别加长到250mm、300mm、345mm和380mm。为适应错缝砌筑，配备了上述诸砖号的倍半宽砖（225mm）。我国钢罐罐底直形砖的尺寸和尺寸特征见表3-45。

表3-45 我国钢罐罐底直形砖尺寸和尺寸特征[61]

尺寸砖号	尺寸/mm			尺寸规格 $A \times B \times C$ /mm × mm × mm	体积/dm³
	A	B	C		
23/0	230	150	100	230 × 150 × 100	3.45
25/0	250	150	100	250 × 150 × 100	3.75
30/0	300	150	100	300 × 150 × 100	4.50
34.5/0	345	150	100	345 × 150 × 100	5.18
38/0	380	150	100	380 × 150 × 100	5.70
23/0K	230	225	100	230 × 225 × 100	5.18
25/0K	250	225	100	250 × 225 × 100	5.63
30/0K	300	225	100	300 × 225 × 100	6.75
34.5/0K	345	225	100	345 × 225 × 100	7.76
38/0K	380	225	100	380 × 225 × 100	8.55

注：尺寸砖号23/0可用于竖砌侧厚楔形砖罐壁和平砌竖宽楔形砖罐壁。

表3-45中，我国钢罐罐底砖采用尺寸砖号，其表示法：数字用分隔斜线"/"分成两组，斜线前的数字表示砖长的厘米数值（cm），它等于$A/10$；斜线后的数字0表示该砖为直形砖（即楔差为0）。数字0后的字母K表示加宽砖。罐底直形砖的尺寸规格（mm × mm × mm）以$A \times B \times C$表示。

法国钢罐罐底直形砖只设计两个砖号[60]：B1（尺寸规格为187mm × 155mm × 123mm）和B2（尺寸规格为210mm × 187mm × 155mm），见表3-46。这种设计很巧妙，使用起来非常灵活。本书猜想：当砖排宽度为123mm，采用B1一种砖时砖层高度有155mm和187mm，见图3-40a；当砖排宽度为155mm，采用B1和B2两种砖时砖层高度有123mm和187mm，见图3-40b；当砖排宽度为187mm，采用B1和B2两种砖时砖层高度有123mm、155mm和210mm，见图3-40c。如果再增设砖号（B3），当砖排宽度尺寸为187mm时，采用B2和（B3）两种砖时砖层高度有155mm、210mm和250mm，见图3-40d。

表3-46 法国钢罐用直形砖尺寸[60]

性状	尺寸砖号	尺寸/mm			体积/cm³	备注
		A	B	C		
	B1	187	155	123	3570	罐底用
	B2	210	187	155	6090	罐底用
	P40	250	123	40	1230	安全衬用
	（B3）	250	187	155	7246	本书设想

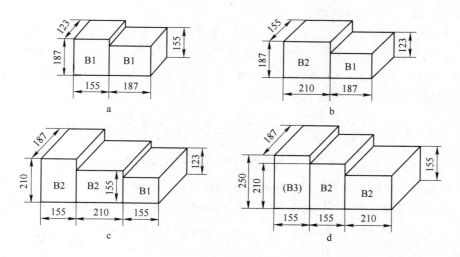

图 3-40　法国钢罐罐底直形砖铺砌方案

为防止钢水和熔渣从罐壁安全衬砌缝的渗漏，这个部位经常采用多层竖砌。为此用到厚度小于标准砖、长和宽分别与标准砖相同的薄砖（splits）。显然，薄砖也是一种直形砖。英国标准[58]采用多种厚度（25mm、38mm 和 52mm）的薄砖，见表 3-47。

表 3-47　英国标准[58]中薄砖尺寸

尺 寸 砖 号	尺寸/mm		
	A	B	C
1-25	230	114	25
1-38	230	114	38
1-52	230	114	52

我国标准[6]采用厚度为标准砖之一半的半厚薄砖（semi-square splits），仅有两个尺寸砖号：1-32（尺寸规格为 230mm × 114mm × 32mm）和 1-37（尺寸规格为 230mm × 114mm × 37mm）。

3.5　钢罐环形砌砖计算

3.5.1　国外钢罐环形砌砖计算

国外钢罐罐壁环形砌砖的计算都与其用砖形状尺寸的设计相匹配。英国和法国钢罐罐壁工作衬环形砌砖的计算，适应等大端尺寸和等中间尺寸双楔形砖砖环，在首先容易计算出砖环总砖数 K_h 的基础上，计算出大半径楔形砖数量 K_d，再由总砖数 K_h 减去大半径楔形砖 K_d 计算出小半径楔形砖数量 K_x。前苏联钢罐罐壁用侧长楔形砖的大小端尺寸 C/D 采用不等端尺寸，这与他们经常运用不等端尺寸双楔形砖砖环计算式（格罗斯公式）相配套。这里通过示例介绍他们的计算方法，并用基于尺寸特征的双楔形砖砖环中国简化计算式验算。

[**示例 7**]　外半径 $R = 1200.0$mm、工作衬厚度 $A = 114$mm 的罐壁，采用英国尺寸砖号

ISA-12 和 ISA-6，计算一环砖量。

方法 1 采用英国计算式，由表 3-19 知，ISA-12 和 ISA-6 为等大端尺寸 $C = 76\text{mm}$ 的侧厚楔形砖，砖环总砖数 $K_h = 2\pi R/C = 2 \times 1200.0\pi/(76 + 1) = 97.92$ 块。由式 1-7b 和表 3-19 知，砖环内半径 $r = R - A = 1200.0 - 114 = 1086.0\text{mm}$，$D_1 = 70\text{mm}$，$D_2 = 64\text{mm}$，则大半径侧厚楔形砖数量 $K_{\text{ISA-6}}$ 按式 1-7b 计算：

$$K_{\text{ISA-6}} = \frac{2\pi r - D_2 K_h}{D_1 - D_2} = \frac{2 \times 1086.0\pi - 65 \times 97.92}{70 - 64} = 76.46 \text{ 块}$$

$$K_{\text{ISA-12}} = K_h - K_{\text{ISA-6}} = 97.92 - 76.46 = 21.46 \text{ 块}$$

方法 2 按基于尺寸特征的双楔形砖砖环中国简化计算式验算。

中国简化计算式 1-11 和式 1-12，与表 3-19 相结合，式中外直径均换以外半径。

$$K_{\text{ISA-12}} = \frac{(R_d - R)K'_x}{R_d - R_x} = \frac{(1463.0 - 1200.0) \times 59.690}{1463.0 - 731.5} = 21.46 \text{ 块}$$

$$K_{\text{ISA-6}} = \frac{(R - R_x)K'_d}{R_d - R_x} = \frac{(1200.0 - 731.5) \times 119.381}{1463.0 - 731.5} = 71.46 \text{ 块}$$

砖环总砖数 $K_{\text{ISA-12}} + K_{\text{ISA-6}} = 21.46 + 76.46 = 97.92$ 块，与按 $K_h = 2 \times 1200.0\pi/77 = 97.92$ 块计算结果相等。两种方法计算结果相等。

[示例 8] 砖环外直径 $D = 2500.0\text{mm}$、罐壁工作衬厚度 $A = 187\text{mm}$，采用英国尺寸砖号为 4P22 和 4P12，计算一环砖量。

方法 1 采用英国计算式。

砖环外直径 $D = 2500.0\text{mm}$，内半径 $r = 2500.0/2 - 187 = 1063.0\text{mm}$，中间直径 $D_p = 2500.0 - 187 = 2313.0\text{mm}$。由表 3-23 知，4P22 和 4P12 的等中间尺寸 $P = 100\text{mm}$，砖环总砖数 $K_h = \pi D_p/P = 2313.0\pi/(100 + 1) = 71.95$ 块。按式 1-7b：

$$K_{\text{4P12}} = \frac{2\pi r - D_2 K_h}{D_1 - D_2} = \frac{2 \times 1086.0\pi - 90 \times 71.95}{94 - 89} = 40.7 \text{ 块}$$

$$K_{\text{4P-22}} = K_h - K_{\text{4P12}} = 71.95 - 40.7 = 31.2 \text{ 块}$$

方法 2 按基于尺寸特征的双楔形砖砖环中国简化计算式验算。

中国简化式 1-11 和式 1-12，与表 3-23 相结合，式中外直径换以中间直径。$D_{pd} = 2 \times 1573.9\text{mm}$，$D_{px} = 2 \times 858.5\text{mm}$，$K'_x = 53.407$ 块，$K'_d = 97.913$ 块。

$$K_{\text{4P22}} = \frac{(D_{pd} - D_p)K'_x}{D_{pd} - D_{px}} = \frac{(2 \times 1573.9 - 2313.0) \times 53.407}{2 \times 1573.9 - 2 \times 858.5} = 31.2 \text{ 块}$$

$$K_{\text{4P12}} = \frac{(D_p - D_{px})K'_d}{D_{pd} - D_{px}} = \frac{(2313.0 - 2 \times 858.5) \times 97.913}{2 \times 1573.9 - 2 \times 858.5} = 40.8 \text{ 块}$$

两种计算方法的总砖数极相近。

[示例 9] 外直径 $D = 3400.0\text{mm}$ 的钢罐罐壁工作衬，采用壁厚 $A = 200\text{mm}$ 的前苏联 18 号砖和 19 号砖，计算一环用砖量。

方法 1 按格罗斯公式计算。

由表 3-30 查得，大半径楔形砖 19 号砖的大小端尺寸 $C_1/D_1 = 240\text{mm}/216\text{mm}$，小半径

楔形砖 18 号砖的大小端尺寸 $C_2/D_2 = 220mm/192mm$，4 个尺寸互不相等，该砖环属于不等端尺寸双楔形砖砖环。工作衬砖环的内半径 $r = (D - 2 \times 200)/2 = (3400.0 - 400)/2 = 1500.0mm$。在 18 号砖与 19 号砖内半径（分别为 1378.6mm 和 1808.3mm）范围内，由式 1-6 ~ 式 1-8 计算出：

$$K_{18} = \frac{2\pi[D_1(r+A) - C_1 r]}{D_1 C_2 - D_2 C_1} = \frac{2\pi[217(1500.0 + 200) - 241 \times 1500.0]}{217 \times 221 - 193 \times 241} = 32.2 \text{ 块}$$

$$K_{19} = \frac{2\pi[C_2 r - D_2(r+A)]}{D_1 C_2 - D_2 C_1} = \frac{2\pi[221 \times 1500.0 - 193(1500.0 + 200)]}{217 \times 221 - 193 \times 241} = 14.8 \text{ 块}$$

$$K_h = \frac{2\pi[(D_1 - D_2)(r + A) + (C_2 - C_1)r]}{D_1 C_2 - D_2 C_1}$$

$$= \frac{2\pi[(216 - 192) \times (1500.0 + 200) + (200 - 240) \times 1500.0]}{217 \times 221 - 193 \times 241} = 47.0 \text{ 块}$$

$K_{18} + K_{19} = 32.2 + 14.8 = 47.0$ 块，与按式 1-8 计算 $K_h = 47.0$ 块，结果相等。

方法 2　按基于尺寸特征的双楔形砖砖环中国简化式验算。

由表 3-30 查得经本书计算出的尺寸特征：18 号砖的外直径 $D_{18} = 2(1378.6 + 200) = 3157.2mm$，$K'_{18} = 44.880$ 块；19 号砖的外直径 $D_{19} = 2(1808.3 + 200) = 4016.6mm$，$K'_{19} = 52.360$ 块。由式 1-11、式 1-12 和式 1-19 计算 $D = 3400.0mm$ 一环砖用砖量。$n = 44.880/(4016.6 - 3157.2) = 0.05222$，$m = 52.360/(4016.6 - 3157.2) = 0.06093$。

$$K_{18} = \frac{(D_d - D)K'_x}{D_d - D_x} = \frac{(4016.6 - 3400.0) \times 44.880}{4016.6 - 3157.2} = 32.2 \text{ 块}$$

$$K_{19} = \frac{(D - D_x)K'_d}{D_d - D_x} = \frac{(3400.0 - 3157.2) \times 52.360}{4016.6 - 3157.2} = 14.8 \text{ 块}$$

$$K_h = (m - n)D + nD_d - mD_x$$

$$= (0.06093 - 0.05222) \times 3400.0 + 0.05222 \times 4016.6 - 0.06093 \times 3157.2$$

$$= 47.0 \text{ 块}$$

由示例 7 ~ 示例 9 的计算可证实，基于尺寸特征的双楔形砖砖环中国简化计算式，完全可代替基于砖尺寸、砖环总砖数的英国计算式和不等端尺寸双楔形砖砖环的前苏联格罗斯公式。

3.5.2　我国钢罐罐壁侧厚楔形砖砖环计算

3.5.2.1　等中间尺寸侧厚楔形砖双楔形砖砖环计算

如表 3-26 所示，我国钢罐罐壁竖砌侧厚楔形砖砖环为等中间尺寸 $P = 100mm$ 的双楔形砖砖环，其计算可采取以下简化计算式（它们的推导详见 1.5.3.2 节和 1.5.3.3 节）：

$$K_x = \frac{\pi Q(D_{pd} - D_p)}{P} \tag{1-21a}$$

$$K_d = \frac{\pi T(D_p - D_{px})}{P} \tag{1-22a}$$

$$K_x = \frac{Q(D_{pd} - D_p)}{\dfrac{P}{\pi}} \tag{1-23a}$$

$$K_d = \frac{T(D_p - D_{px})}{\dfrac{P}{\pi}} \tag{1-24a}$$

或

$$K_x = TK'_x - \frac{\pi Q D_p}{P} \tag{1-25a}$$

$$K_d = \frac{\pi T D_p}{P} - Q K'_d \tag{1-26a}$$

$$K_h = \frac{\pi D_p}{P} \tag{1-27c}$$

这些简化计算式中都包括有共同的 π/P 或 P/π。从式 1-27c 知等中间尺寸 P 双楔形砖砖环的总砖数 $K_h = \pi D_p/P$ 中 π/P 为砖环中间直径 D_p 的系数。从式 1-21a、式 1-22a、式 1-25a 和式 1-26a 中知砖环中间直径 D_p 的系数也都为 π/P。砖环总砖数计算式中 D_p 系数很容易记住,其余各式中 D_p 的系数均同为 π/P。对于我国钢罐罐壁等中间尺寸 $P = 100\text{mm}$ 侧厚楔形砖而言,砖环中间直径 D_p 的系数同为 $\pi/(100 + 1) = 0.03110$(砌缝厚度取 1mm 时)。式 1-23a 和式 1-24a 中 P/π,此时为 $101/\pi = 32.1492$。

从式 1-25a 和式 1-26a 直接看出,T 为小直径楔形砖每环极限砖数 K'_x 的系数,Q 为大直径楔形砖每环极限砖数 K'_d 的系数。对于等中间尺寸双楔形砖砖环而言,Q 和 T 可直接由两砖的楔差比看出来,但必须注意 $T - Q = 1$ 和 $Q/T = (P - D_1)/(P - D_2)$($D_1$ 和 D_2 分别为大直径楔形砖和小直径楔形砖的小端尺寸)。由于我国钢罐罐壁侧厚楔形砖在设计尺寸时就注意各组采取相等且成简单整数比的楔差(由表 3-26 可见,各组 CH0.1A/20 与 CH0.1A/10 的楔差比 20/10 = 2/1),各组对应的 Q 和 T 可由楔差比直接看出,即 $Q = 1$ 和 $T = 2$。这样,我国钢罐罐壁等中间尺寸 $P = 100\text{mm}$ 侧厚锐楔形砖 CH0.1A/20 与侧厚钝楔形砖 CH0.1A/10 双楔形砖砖环的简易计算通式可写作:

$$K_{\text{CH0.1}A/20} = 0.03110(D_{pd} - D_p) \tag{1-21c}$$

$$K_{\text{CH0.1}A/10} = 2 \times 0.03110(D_p - D_{px}) \tag{1-22c}$$

$$K_{\text{CH0.1}A/20} = (D_{pd} - D_p)/32.1492 \tag{1-23c}$$

$$K_{\text{CH0.1}A/10} = 2(D_p - D_{px})/32.1492 \tag{1-24c}$$

或

$$K_{\text{CH0.1}A/20} = 2K'_x - 0.03110D_p \tag{1-25c}$$

$$K_{\text{CH0.1}A/10} = 2 \times 0.03110D_p - K'_d \tag{1-26c}$$

$$K_h = 0.03110D_p \tag{1-27d}$$

将不同大小端距离 A(即钢罐罐壁厚度)侧厚楔形砖的尺寸特征(中间直径 D_{px}、D_{pd}、每环极限砖数 K'_x 和 K'_d)分别代入之,写出我国钢罐罐壁等中间尺寸 $P = 100\text{mm}$ 侧厚楔形砖双楔形砖砖环简易计算式(见表 3-48)。从表 3-48 可证实我国等中间尺寸 $P =$

100mm 钢罐罐壁侧厚楔形砖双楔形砖砖环简易计算式的规律性： （1） $D_{px}/D_{pd} = K'_x/K'_d = Q/T = (P - D_1)/(P - D_2) = 1/2$。（2） $TK'_x = QK'_d$。（3） D_p 系数都同为 $\pi/P = 0.03110$。

如果遇有采用阶梯式罐壁，例如普通钢罐熔池罐壁，罐壁厚度自下向上逐渐减薄，此时大小端距离 A 减小的侧厚楔形砖的直径也减小，罐壁向外倾斜而增大直径。在这种情况下可采取措施满足罐壁直径增大的要求。这里介绍侧厚微楔形砖与侧厚钝楔形砖双楔形砖砖环。

[**示例 10**]　钢罐熔池罐壁工作衬采用三段阶梯式砌砖。下段下端外直径 $D = 4080.0$mm，上段外直径 $D = 4184.4$mm，下段高度为 5 层竖砌侧厚楔形砖（5×232mm），壁厚 $A = 210$mm。中段下端外直径 $D = 4184.4$mm，上端外直径 $D = 4288.8$mm，高度为 5×232mm，壁厚 $A = 190$mm。上段下端外直径 $D = 4288.8$mm，上端外直径 $D = 4393.2$mm，高度为 5×232mm，壁厚 $A = 170$mm。计算各段一层平均用砖量。

下数第一段（下段）平均外直径 $(4080.0 + 4184.4)/2 = 4132.2$mm。平均中间直径 $D_p = D - A = 4132.2 - 210 = 3922.2$mm，砌以 CH21/20 和 CH21/10，它们的数量 $K_{CH21/20}$ 和 $K_{CH21/10}$ 由表 3-48 序号 5 计算：

$$K_{CH21/20} = 0.03110(4242.0 - 3922.2) = 9.95 \text{ 块}$$

$$K_{CH21/20} = (4242.0 - 3922.2)/32.1492 = 9.95 \text{ 块}$$

或

$$K_{CH21/20} = 2 \times 65.974 - 0.03110 \times 3922.2 = 9.96 \text{ 块}$$

$$K_{CH21/10} = 2 \times 0.03110(3922.2 - 2121.0) = 112.03 \text{ 块}$$

$$K_{CH21/10} = 2(3922.2 - 2121.0)/32.1492 = 112.05 \text{ 块}$$

或

$$K_{CH21/10} = 2 \times 0.03110 \times 3922.2 - 131.947 = 112.01 \text{ 块}$$

每环两砖数之和 $9.95 + 112.03 = 121.98$ 块，与按式 $K_h = 0.03110 \times 3922.2 = 121.98$ 块计算，结果相等。

下数第二阶段（中段）5 层侧厚楔形砖的平均外直径 $(4184.4 + 4288.8)/2 = 4236.4$mm，设计砌以 $A = 190$mm 的 CH19/20 与 CH19/10，该中段平均中间直径 $D_p = D - A = 4236.4 - 190 = 4046.4$mm。由表 3-48 序号 4 知，CH19/20 与 CH19/10 砖环的中间直径范围为 $1919.0 \sim 3838.0$mm，已不适宜中段砌砖。

下数第三段（上段）5 层侧厚楔形砖的平均外直径 $(4288.8 + 4392.2)/2 = 4341.0$mm，设计砌以 $A = 170$mm 的 CH17/20 与 CH17/10，该上段平均中间直径 $D_p = D - A = 4341.0 - 170 = 4171.0$mm。已超出表 3-48 序号 3 的中间直径范围 $1717.0 \sim 3434.0$mm，该两砖已不能砌筑该上段砖环。

为了完成示例 10 熔池中段和上段罐壁的砌砖设计，需要增设中间直径更大的侧厚微楔形 CH0.1A/5。为计算方便即采用规范化简易计算式，新增设的侧厚微楔形砖的等中间尺寸 $P = 100$mm，与侧厚钝楔形砖 CH0.1A/10 的楔差比例仍为 2∶1。这样，侧厚微楔形砖的尺寸砖号为 CH0.1A/5，大小端尺寸 C/D 必定为 102.5mm/97.5mm，其尺寸和尺寸特征见表 3-49。我国等中间尺寸 $P = 100$mm 钢罐罐壁侧厚钝楔形砖 CH0.1A/10 与侧厚微楔形砖 CH0.1A/5 双楔形砖砖环的简易计算式见表 3-50。现用表 3-50 的简易计算式计算示例 10 的中段和上段用砖量。

表 3-48　我国等中间尺寸 $P = 100\text{mm}$ 钢罐侧厚钝楔形砖锐形砖与侧厚钝楔形砖双楔形砖环简易计算式

序号	配砌尺寸砖号 小直径楔形砖	大直径楔形砖	中间直径范围 $D_{px} \sim D_{pd}$ /mm	每环极限砖数 K'_x	K'_d /块	每环极限砖数系数 K'_x 系数 T	K'_d 系数 Q	每环砖数计算式 小直径楔形砖数量 K_x	大直径楔形砖量 K_d
0	CH0.1A/20	CH0.1A/10					1	$K_{\text{CH0.1A/20}} = 0.03110(D_{pd} - D_p)$ $K_{\text{CH0.1A/20}} = (D_{pd} - D_p)/32.1492$ $K_{\text{CH0.1A/20}} = 2K'_x - 0.03110D_p$	$K_{\text{CH0.1A/10}} = 2 \times 0.03110(D_p - D_{px})$ $K_{\text{CH0.1A/10}} = 2(D_p - D_{px})/32.1492$ $K_{\text{CH0.1A/10}} = 0.03110D_p - K'_d$
1	CH13/20	CH13/10	1313.0 ~ 2626.0	40.814	81.682	2	1	$K_{\text{CH13/20}} = 0.03110(2626.0 - D_p)$ $K_{\text{CH13/20}} = (2626.0 - D_p)/32.1492$ $K_{\text{CH13/20}} = 2 \times 40.841 - 0.03110D_p$	$K_{\text{CH13/10}} = 2 \times 0.03110(D_p - 1313.0)$ $K_{\text{CH13/10}} = 2(D_p - 1313.0)/32.1492$ $K_{\text{CH13/10}} = 2 \times 0.03110D_p - 81.682$
2	CH15/20	CH15/10	1515.0 ~ 3030.0	47.124	94.248	2	1	$K_{\text{CH15/20}} = 0.03110(3030.0 - D_p)$ $K_{\text{CH15/20}} = (3030.0 - D_p)/32.1492$ $K_{\text{CH15/20}} = 2 \times 47.124 - 0.03110D_p$	$K_{\text{CH15/10}} = 2 \times 0.03110(D_p - 1515.0)$ $K_{\text{CH15/10}} = 2(D_p - 1515.0)/32.1492$ $K_{\text{CH15/10}} = 2 \times 0.03110D_p - 94.248$
3	CH17/20	CH17/10	1717.0 ~ 3434.0	53.407	106.814	2	1	$K_{\text{CH17/20}} = 0.03110(3434.0 - D_p)$ $K_{\text{CH17/20}} = (3434.0 - D_p)/32.1492$ $K_{\text{CH17/20}} = 2 \times 53.407 - 0.03110D_p$	$K_{\text{CH17/10}} = 2 \times 0.03110(D_p - 1717.0)$ $K_{\text{CH17/10}} = 2(D_p - 1717.0)/32.1492$ $K_{\text{CH17/10}} = 2 \times 0.03110D_p - 106.814$
4	CH19/20	CH19/10	1919.0 ~ 3838.0	59.690	119.381	2	1	$K_{\text{CH19/20}} = 0.03110(3838.0 - D_p)$ $K_{\text{CH19/20}} = (3838.0 - D_p)/32.1492$ $K_{\text{CH19/20}} = 2 \times 59.690 - 0.03110D_p$	$K_{\text{CH19/10}} = 2 \times 0.03110(D_p - 1919.0)$ $K_{\text{CH19/10}} = 2(D_p - 1919.0)/32.1492$ $K_{\text{CH19/10}} = 2 \times 0.03110D_p - 119.381$
5	CH21/20	CH21/10	2121.0 ~ 4242.0	65.974	131.947	2	1	$K_{\text{CH21/20}} = 0.03110(4242.0 - D_p)$ $K_{\text{CH21/20}} = (4242.0 - D_p)/32.1492$ $K_{\text{CH21/20}} = 2 \times 65.974 - 0.03110D_p$	$K_{\text{CH21/10}} = 2 \times 0.03110(D_p - 2121.0)$ $K_{\text{CH21/10}} = 2(D_p - 2121.0)/32.1492$ $K_{\text{CH21/10}} = 2 \times 0.03110D_p - 131.947$
6	CH23/20	CH23/10	2323.0 ~ 4646.0	72.257	144.514	2	1	$K_{\text{CH23/20}} = 0.03110(4646.0 - D_p)$ $K_{\text{CH23/20}} = (4646.0 - D_p)/32.1492$ $K_{\text{CH23/20}} = 2 \times 72.257 - 0.03110D_p$	$K_{\text{CH23/10}} = 2 \times 0.03110(D_p - 2323.0)$ $K_{\text{CH23/10}} = 2(D_p - 2323.0)/32.1492$ $K_{\text{CH23/10}} = 2 \times 0.03110D_p - 144.514$

注: 1. 本表计算中砌缝厚度取 1mm。
2. 各环砖总环砖数 $K_h = 0.03110D_p$。

表 3-49 我国等中间尺寸 $P=100$mm 钢罐侧厚微楔形砖建议尺寸和尺寸特征

尺寸砖号	尺寸/mm (参看图 3-33)			尺寸规格 $A \times (C/D) \times B$ /mm×mm×mm	单位楔差 $\Delta C' = \dfrac{C-D}{A}$	中间直径/mm $D_{po} = \dfrac{2PA}{C-D}$		每环极限砖数 /块 $K'_0 = \dfrac{2\pi A}{C-D}$	中心角/(°) $\theta_0 = \dfrac{180(C-D)}{\pi A}$	体积 /cm³
	A	C/D	B			砌缝 1mm	砌缝 2mm			
CH13/5	130	102.5/97.5	230	130×(102.5/97.5)×230	0.0385	5252.0	5304.0	163.363	2.204	2990.0
CH15/5	150	102.5/97.5	230	150×(102.5/97.5)×230	0.0333	6060.0	6120.0	188.496	1.910	3450.0
CH17/5	170	102.5/97.5	230	170×(102.5/97.5)×230	0.0294	6868.0	6936.0	213.629	1.685	3910.0
CH19/5	190	102.5/97.5	230	190×(102.5/97.5)×230	0.0263	7676.0	7752.0	238.762	1.508	4370.0
CH21/5	210	102.5/97.5	230	210×(102.5/97.5)×230	0.0238	8484.0	8568.0	263.894	1.364	4830.0
CH23/5	230	102.5/97.5	230	230×(102.5/97.5)×230	0.0217	9292.0	9384.0	289.027	1.245	5290.0

［示例 10 中段和上段双楔形砖砖环］

中段平均 $D_p = 4046.4$mm，由表 3-50 序号 4 计算得：

$$K_{CH19/10} = 0.03110(7676.0 - 4046.4) = 112.88 \text{ 块}$$

$$K_{CH19/10} = (7676.0 - 4046.4)/32.1492 = 112.88 \text{ 块}$$

或
$$K_{CH19/10} = 2 \times 119.381 - 0.03110 \times 4046.4 = 112.92 \text{ 块}$$

$$K_{CH19/5} = 2 \times 0.03110(4046.4 - 3838.0) = 12.96 \text{ 块}$$

$$K_{CH19/5} = 2(4046.4 - 3838.0)/32.1492 = 12.96 \text{ 块}$$

或
$$K_{CH19/5} = 2 \times 0.03110 \times 4046.4 - 238.762 = 12.92 \text{ 块}$$

两砖量之和 112.88 + 12.96 = 125.84 块，与按式 $K_h = 0.03110 \times 4046.4 = 125.84$ 块计算，结果相等。

上段平均 $D_p = 4171.0$mm，由表 3-50 序号 3 计算得：

$$K_{CH17/10} = 0.03110(6868.0 - 4171.0) = 83.88 \text{ 块}$$

$$K_{CH17/10} = (6868.0 - 4171.0)/32.1492 = 83.89 \text{ 块}$$

或
$$K_{CH17/10} = 2 \times 106.814 - 0.03110 \times 4171.0 = 83.90 \text{ 块}$$

$$K_{CH17/5} = 2 \times 0.03110(4171.0 - 3434.0) = 45.84 \text{ 块}$$

$$K_{CH17/5} = 2(4171.0 - 3434.0)/32.1492 = 45.84 \text{ 块}$$

或
$$K_{CH17/5} = 2 \times 0.03110 \times 4171.0 - 213.629 = 45.81 \text{ 块}$$

表 3-50　我国等中间尺寸 $P = 100\text{mm}$ 钢罐侧厚钝楔形砖双楔形砖与侧厚微楔形砖环砖砖环简易计算式

序号	配砌尺寸砖号 小直径楔形砖	配砌尺寸砖号 大直径楔形砖	中间直径范围 $D_{px} \sim D_{pd}$/mm	每环极限砖数 K'_0/块 K'_x	每环极限砖数 K'_0/块 K'_d	每环极限砖数系数 K'_x 系数 T	每环极限砖数系数 K'_d 系数 Q	每环砖形数计算易计算式 小直径楔形砖量 K_x	每环砖形数计算易计算式 大直径楔形砖 K_d/块
0	CH0.1A/10	CH0.1A/5				2	1	$K_{\text{CH0.1A}/10} = 0.03110(D_{pd} - D_p)$ $K_{\text{CH0.1A}/10} = (D_{pd} - D_p)/32.1492$ $K_{\text{CH0.1A}/10} = 2K'_x - 0.03110D_p$	$K_{\text{CH0.1A}/5} = 2 \times 0.03110(D_p - D_{px})$ $K_{\text{CH0.1A}/5} = 2(D_p - D_{px})/32.1492$ $K_{\text{CH0.1A}/5} = 2 \times 0.03110D_p - K'_d$
1	CH13/10	CH13/5	2626.0 ~ 5252.0	81.682	163.363	2	1	$K_{\text{CH13}/10} = 0.03110(5252.0 - D_p)$ $K_{\text{CH13}/10} = (5252.0 - D_p)/32.1492$ $K_{\text{CH13}/10} = 2 \times 81.682 - 0.03110D_p$	$K_{\text{CH13}/5} = 2 \times 0.03110(D_p - 2626.0)$ $K_{\text{CH13}/5} = 2(D_p - 2626.0)/32.1492$ $K_{\text{CH13}/5} = 2 \times 0.03110D_p - 163.363$
2	CH15/10	CH15/5	3030.0 ~ 6060.0	94.248	188.496	2	1	$K_{\text{CH15}/10} = 0.03110(6060.0 - D_p)$ $K_{\text{CH15}/10} = (6060.0 - D_p)/32.1492$ $K_{\text{CH15}/10} = 2 \times 94.248 - 0.03110D_p$	$K_{\text{CH15}/5} = 2 \times 0.03110(D_p - 3030.0)$ $K_{\text{CH15}/5} = 2(D_p - 3030.0)/32.1492$ $K_{\text{CH15}/5} = 2 \times 0.03110D_p - 188.496$
3	CH17/10	CH17/5	3434.0 ~ 6868.0	106.814	213.629	2	1	$K_{\text{CH17}/10} = 0.03110(6868.0 - D_p)$ $K_{\text{CH17}/10} = (6868.0 - D_p)/32.1492$ $K_{\text{CH17}/10} = 2 \times 106.814 - 0.03110D_p$	$K_{\text{CH17}/5} = 2 \times 0.03110(D_p - 3434.0)$ $K_{\text{CH17}/5} = 2(D_p - 3434.0)/32.1492$ $K_{\text{CH17}/5} = 2 \times 0.03110D_p - 213.629$
4	CH19/10	CH19/5	3838.0 ~ 7676.0	119.381	238.762	2	1	$K_{\text{CH19}/10} = 0.03110(7676.0 - D_p)$ $K_{\text{CH19}/10} = (7676.0 - D_p)/32.1492$ $K_{\text{CH19}/10} = 2 \times 119.381 - 0.03110D_p$	$K_{\text{CH19}/5} = 2 \times 0.03110(D_p - 3838.0)$ $K_{\text{CH19}/5} = 2(D_p - 3838.0)/32.1492$ $K_{\text{CH19}/5} = 2 \times 0.03110D_p - 238.762$
5	CH21/10	CH21/5	4242.0 ~ 8484.0	131.947	263.894	2	1	$K_{\text{CH21}/10} = 0.03110(8484.0 - D_p)$ $K_{\text{CH21}/10} = (8484.0 - D_p)/32.1492$ $K_{\text{CH21}/10} = 2 \times 131.947 - 0.03110D_p$	$K_{\text{CH21}/5} = 2 \times 0.03110(D_p - 4242.0)$ $K_{\text{CH21}/5} = 2(D_p - 4242.0)/32.1492$ $K_{\text{CH21}/5} = 2 \times 0.03110D_p - 263.894$
6	CH23/10	CH23/5	4646.0 ~ 9292.0	144.514	289.027	2	1	$K_{\text{CH23}/10} = 0.03110(9292.0 - D_p)$ $K_{\text{CH23}/10} = (9292.0 - D_p)/32.1492$ $K_{\text{CH23}/10} = 2 \times 144.514 - 0.03110D_p$	$K_{\text{CH23}/5} = 2 \times 0.03110(D_p - 4646.0)$ $K_{\text{CH23}/5} = 2(D_p - 4646.0)/32.1492$ $K_{\text{CH23}/5} = 2 \times 0.03110D_p - 289.027$

注：本表计算中砌缝厚度取 1mm。

两砖之和 $83.88 + 45.84 = 129.72$ 块，与按式 $K_h = 0.03110 \times 4171.0 = 129.72$ 块计算，结果相等。

3.5.2.2 等中间尺寸侧厚楔形砖与直形砖混合砖环计算

我国钢罐罐壁竖砌侧厚楔形砖尺寸表 3-26 中，每组还列有直形砖，可以把这些直形砖利用起来。

在侧厚楔形砖的中间尺寸 $P = (C+D)/2$ 与直形砖的配砌尺寸 P 都采用 100mm 时，即等中间尺寸混合砖环（中心角 $\theta = 360°$），当砖环中间直径 D_p 大于相配砌侧厚钝楔形砖中间直径 D_{po} 时，侧厚钝楔形砖数量 K_0 和直形砖数量 K_z，可由下面的方程组求得：

$$\begin{cases} CK_0 + PK_z = \pi(D_p + A) \\ DK_0 + PK_z = \pi(D_p - A) \end{cases}$$

$$K_0 = \frac{2\pi A}{C - D} = K_0' \tag{3-1}$$

$$K_z = \frac{\pi D_p}{P} - K_0 = K_h - K_0' \tag{3-2}$$

式 3-1 和式 3-2 表明，在等中间尺寸 P 混合砖环，侧厚钝楔形砖数量 K_0 仍等于其每环极限砖数 K_0'，直形砖数量 K_z 为砖环总砖数 $K_h = \pi D_p/P$ 与侧厚钝楔形砖每环极限砖数 K_0' 之差。

有了侧厚钝楔形砖每环极限砖数概念及其在标准表中的计算值，混合砖环的计算实质上仅为砖环内直形砖量的计算。混合砖环内直形砖量 K_z 计算式 3-2：$K_z = K_h - K_0'$，对于等中间尺寸混合砖环而言，$K_h = \pi D_p/P$，$K_0 = \pi A/(C-P)$，则 $K_z = \pi D_p/P - \pi A/(C-P) = \pi D_p/P - \pi PA/[P(C-P)] = \pi D_p/P - \pi/P \cdot PA/(C-P)$，由于 $PA/(C-P) = D_{po}$，基于侧厚钝楔形砖中间直径 D_o 的直形砖量计算式可写作：

$$K_z = \frac{\pi(D_p - D_{po})}{P} \tag{3-3}$$

式 3-3 中 $D_p - D_{po} = \Delta D_p = PK_z/\pi$，为配砌 K_z 块直形砖后混合砖环中间直径增大量。当仅配砌一块直形砖即 $K_z = 1$ 时，一块直形砖直径增大量（diameter added value of a rectangular brick）$(\Delta D_p)_1$：

$$(\Delta D_p)_1 = \frac{P}{\pi} \tag{3-4}$$

式中，P 为等中间尺寸，计算中需考虑砌缝厚度。对于我国钢罐竖砌侧厚楔形砖与直形砖混合砖环而言，砌缝厚度取 1mm 和 2mm 时，$(\Delta D_p)_1$ 分别为 $(100+1)/\pi = 32.1492$mm 和 $(100+2)/\pi = 32.4675$mm。

式 3-3 中 $\pi/P = 1/(\Delta D_p)_1$，则：

$$K_2 = \frac{D_p - D_{po}}{(\Delta D_p)_1} \tag{3-5}$$

对于我国钢罐罐壁侧厚楔形砖与直形砖的等中间尺寸 $P = 100$mm 和砌缝厚度取 1mm

混合砖环而言，$\pi/P = 1/(101) = 0.03110$，直形砖量的简易计算通式有：

$$K_z = 0.03110D_p - K'_0 \tag{3-2a}$$

$$K_z = 0.03110(D_p - D_{po}) \tag{3-3a}$$

或
$$K_z = \frac{D_p - D_{po}}{32.1492} \tag{3-5a}$$

将各侧厚钝楔形砖的尺寸特征（中间直径 D_{po} 和每环极限砖数 K'_0）代入之，得我国钢罐罐壁等中间尺寸 $P = 100$mm 侧厚钝楔形砖与直形砖混合砖环简易计算式（见表3-51）。

[示例10 中段和上段混合砖环]

中段平均 $D_p = 4046.4$mm，由表3-51序号4计算得：

$$K_{CH19/10} = 119.381 \text{ 块}$$

$$K_{19/0} = 0.03110 \times 4046.4 - 119.381 = 6.46 \text{ 块}$$

$$K_{19/0} = 0.03110(4046.4 - 3838.0) = 6.48 \text{ 块}$$

或
$$K_{19/0} = (4046.4 - 3838.0)/32.1492 = 6.48 \text{ 块}$$

每环 $K_{CH19/10}$ 和 $K_{CH19/0}$ 之和 $119.38 + 6.46 = 125.84$ 块，与按式 $K_h = 0.03110 \times 4046.4 = 125.84$ 块计算，结果相等。

上段平均 $D_p = 4171.0$mm，由表3-51序号3计算得：

$$K_{CH17/10} = 106.814 \text{ 块}$$

$$K_{17/0} = 0.03110 \times 4171.0 - 106.814 = 22.90 \text{ 块}$$

$$K_{17/0} = 0.03110(4171.0 - 3434.0) = 22.92 \text{ 块}$$

或
$$K_{17/0} = (4171.0 - 34348.0)/32.1492 = 22.92 \text{ 块}$$

每环 $K_{CH17/10}$ 和 $K_{CH17/0}$ 之和 $106.814 + 22.92 = 129.73$ 块，与按式 $K_h = 0.03110 \times 4171.0 = 129.72$ 块计算，结果相同。

3.5.2.3　侧厚楔形砖与加厚合门砖等楔差砖环计算

我国钢罐每组侧厚楔形砖中都包括加厚合门砖 CH0.1A/10H，其中间尺寸 P 增大到 120mm，比基本楔形砖 CH0.1A/10 的中间尺寸 $P = 100$mm 增大20%，因而中间 D_{po} 也随着增大20%左右，但两者楔差 $\Delta C = C - D$ 相等，都等于10mm。可以利用这些基本楔形砖与加厚砖配砌的等楔差双楔形砖砖环。在侧厚钝楔形砖 CH0.1A/10 与加厚钝楔形砖 CH0.1A/10H 配砌的等楔差 10mm 双楔形砖砖环中，两砖的每环极限砖数相等而且等于砖环总砖数即 $K'_x = K'_d = K_h$。一块楔形砖直径变化量相等 $(\Delta D)'_{1x} = (\Delta D)'_{1d} = (C_1 - C_2)/\pi$，它们单位直径砖量相等 $m = n = \pi/(C_1 - C_2)$。等楔差双楔形砖砖环的计算可按以下通式进行：

表 3-51　我国钢罐罐壁等中间尺寸 $P=100\text{mm}$ 侧厚钝楔形砖与直形砖混合砖环简易计算式

序号	配砌尺寸砖号		中间直径范围($>D_{po}$)/mm	每环极限砖数 K'_0/块	一块直形砖直径增大量 $(\Delta D_p)_1 = \dfrac{P}{\pi}$	中间直径系数 $D_p = \dfrac{\pi}{P}$	每环砖数简易计算式	
	侧厚钝楔形砖	直形砖					砖环总砖数 K_h	直形砖数 K_z
0	CH0.1A/10	0.1A/0	$>D_{po}$		32.1492	0.03110	$0.03110D_p$	$K_{0.1A/0}=0.03110D_p - K'_0$ $K_{0.1A/0}=0.03110(D_p - D_{po})$ $K_{0.1A/0}=(D_p - D_{po})/32.1492$
1	CH13/10	13/0	>2626.0	81.682	32.1492	0.03110	$0.03110D_p$	$K_{13/0}=0.03110D_p - 81.682$ $K_{13/0}=0.03110(D_p - 2626.0)$ $K_{13/0}=(D_p - 2626.0)/32.1492$
2	CH15/10	15/0	>3030.0	94.248	32.1492	0.03110	$0.03110D_p$	$K_{15/0}=0.03110D_p - 94.248$ $K_{15/0}=0.03110(D_p - 3030.0)$ $K_{15/0}=(D_p - 3030.0)/32.1492$
3	CH17/10	17/0	>3434.0	106.814	32.1492	0.03110	$0.03110D_p$	$K_{17/0}=0.03110D_p - 106.814$ $K_{17/0}=0.03110(D_p - 3434.0)$ $K_{17/0}=(D_p - 3434.0)/32.1492$
4	CH19/10	19/0	>3838.0	119.381	32.1492	0.03110	$0.03110D_p$	$K_{19/0}=0.03110D_p - 119.381$ $K_{19/0}=0.03110(D_p - 3838.0)$ $K_{19/0}=(D_p - 3838.0)/32.1492$
5	CH21/10	21/0	>4242.0	131.947	32.1492	0.03110	$0.03110D_p$	$K_{21/0}=0.03110D_p - 131.947$ $K_{21/0}=0.03110(D_p - 4242.0)$ $K_{21/0}=(D_p - 4242.0)/32.1492$
6	CH23/10	23/0	>4646.0	144.514	32.1492	0.03110	$0.03110D_p$	$K_{23/0}=0.03110D_p - 144.514$ $K_{23/0}=0.03110(D_p - 4646.0)$ $K_{23/0}=(D_p - 4646.0)/32.1492$

注：本表计算中砌缝厚度取 1.0mm。

$$K_x = m(D_d - D) \tag{1-35}$$

$$K_d = m(D - D_x) \tag{1-36}$$

$$K_x = \frac{D_d - D}{(\Delta D)'_{1x}} \tag{1-37}$$

$$K_d = \frac{D - D_x}{(\Delta D)'_{1x}} \tag{1-38}$$

或

$$K_x = TK'_x - mD \tag{1-39}$$

$$K_d = mD - QK'_x \tag{1-40}$$

$$K_h = m(D_d - D_x) = K'_x = K'_d \tag{1-42}$$

用于等中间尺寸等楔差双楔形砖砖环时，可将 D_x、D_d 和 D 分别换以 D_{px}、D_{pd} 和 D_p。

对于我国钢罐侧厚钝楔形砖 CH0.1A/10 与加厚侧厚钝楔形砖 CH0.1A/10H 等楔差双楔形砖砖环而言，$C_1 = 125$mm，$C_2 = 105$mm，一块楔形砖直径变化量 $(\Delta D)'_{1x} = (\Delta D)'_{1d} = (C_1 - C_2)/\pi = (125 - 105)/\pi = 6.36618$，单位直径砖量 $m = n = \pi/(C_1 - C_2) = \pi/(125 - 105) = 0.15708$。如 1.5.3.5 节所述，等楔差双楔形砖砖环属于不等端尺寸双楔形砖砖环，K'_x 系数 T 和 K'_d 系数 Q 不能由楔差比直接看出，必须由 T 和 Q 的定义式 $T = D_{pd}/(D_{pd} - D_{px})$ 或 $T = D_d/(D_d - D_x)$ 和 $Q = D_{px}/(D_{pd} - D_{px})$ 或 $Q = D_x/(D_d - D_x)$ 计算。对于 CH0.1A/10 与 CH0.1A/10H 等楔差双楔形砖而言已按定义式计算出 $T = 6.05$ 和 $Q = 5.05$。虽然 $T - Q = 6.05 - 5.05 = 1$，但它们不是简单整数。

我国钢罐侧厚钝楔形砖 CH0.1A/10 与加厚侧厚钝楔形砖 CH0.1A/10H 等楔差 10mm 双楔形砖砖环的简易计算通式写作：

$$K_{\text{CH0.1}A/10} = 0.15708(D_{pd} - D_p) \tag{1-35d}$$

$$K_{\text{CH0.1}A/10H} = 0.15708(D_p - D_{px}) \tag{1-36d}$$

$$K_{\text{CH0.1}A/10} = \frac{D_{pd} - D_p}{6.36618} \tag{1-37d}$$

$$K_{\text{CH0.1}A/10H} = \frac{D_p - D_{px}}{6.36618} \tag{1-38d}$$

或

$$K_{\text{CH0.1}A/10} = 6.05K'_x - 0.15708D_p \tag{1-39d}$$

$$K_{\text{CH0.1}A/10} = 0.15708D_p - 5.05K'_x \tag{1-40d}$$

将不同 A 各组的 CH0.1A/10 与 CH0.1A/10H 的尺寸特征代入上式，得我国钢罐 CH0.1A/10 与 CH0.1A/10H 等楔差双楔形砖砖环简易计算式，见表 3-52。

如果将减薄侧厚钝楔形砖 CH0.1A/10B 与加厚侧厚钝楔形砖 CH0.1A/10H 配砌成等楔差双楔形砖砖环，$C_1 = 125$mm，$C_2 = 95$mm，$(\Delta D)'_{1x} = (\Delta D)'_{1d} = (C_1 - C_2)/\pi = (125 - 95)/\pi = 9.54927$，$m = n = \pi/(C_1 - C_2) = \pi/(125 - 95) = 0.10472$。按 T 和 Q 的定义式，由

表 3-52　我国钢罐 CH0.1A/10 与 CH0.1A/10H 等楔差双楔形砖砖环简易计算式

序号	配砌尺寸砖号 小直径楔形砖	配砌尺寸砖号 大直径楔形砖	中间直径范围 $D_{px} \sim D_{pd}$ /mm	每环极限砖数/块 $K_h = K'_x = K'_d$	一块砖直径变化量 $(D)'_{lx} = (D)'_{ld} = \dfrac{C_1 - C_2}{\pi}$	单位直径砖量/块 $m = n = \dfrac{\pi}{(\Delta D)'_Q} = \dfrac{\pi}{C_1 - C_2}$	K'_x 系数 $T = \dfrac{D_{pd}}{D_{pd} - D_{px}}$	K'_d 系数 $Q = \dfrac{D_{px}}{D_{pd} - D_{px}}$	每环砖数简易计算式/块 小直径楔形砖量 K_x	每环砖数简易计算式/块 大直径楔形砖量 K_d
0	CH0.1A/10	CH0.1A/10H	$D_{px} \sim D_{pd}$	$K_h = K'_x = K'_d$	$(125-105)/\pi = 6.36618$	$(125-105)/\pi/(125-105) = 0.15708$			$K_{CH0.1A/10} = 0.15708(D_{pd} - D_p)$ $K_{CH0.1A/10} = (D_{pd} - D_p)/6.36618$ $K_{CH0.1A/10} = 6.05K'_x - 0.15708D_p$	$K_{CH0.1A/10H} = 0.15708(D_p - D_{px})$ $K_{CH0.1A/10H} = (D_p - D_{px})/6.36618$ $K_{CH0.1A/10H} = 0.15708D_p - 5.05K'_d$
1	CH13/10	CH13/10H	2626.0 ~ 3146.0	81.682	6.36618	0.15708	6.05	5.05	$K_{CH13/10} = 0.15708(3146.0 - D_p)$ $K_{CH13/10} = (3146.0 - D_p)/6.36618$ $K_{CH13/10} = 6.05 \times 81.682 - 0.15708D_p$	$K_{CH13/10H} = 0.15708(D_p - 2626.0)$ $K_{CH13/10H} = (D_p - 2626.0)/6.36618$ $K_{CH13/10H} = 0.15708D_p - 5.05 \times 81.682$
2	CH15/10	CH15/10H	3030.0 ~ 3630.0	94.248	6.36618	0.15708	6.05	5.05	$K_{CH15/10} = 0.15708(3630.0 - D_p)$ $K_{CH15/10} = (3630.0 - D_p)/6.36618$ $K_{CH15/10} = 6.05 \times 94.248 - 0.15708D_p$	$K_{CH15/10H} = 0.15708(D_p - 3030.0)$ $K_{CH15/10H} = (D_p - 3030.0)/6.36618$ $K_{CH15/10H} = 0.15708D_p - 5.05 \times 94.248$
3	CH17/10	CH17/10H	3434.0 ~ 4114.0	106.814	6.36618	0.15708	6.05	5.05	$K_{CH17/10} = 0.15708(4114.0 - D_p)$ $K_{CH17/10} = (4114.0 - D_p)/6.36618$ $K_{CH17/10} = 6.05 \times 106.814 - 0.15708D_p$	$K_{CH17/10H} = 0.15708(D_p - 3434.0)$ $K_{CH17/10H} = (D_p - 3434.0)/6.36618$ $K_{CH17/10H} = 0.15708D_p - 5.05 \times 106.814$
4	CH19/10	CH19/10H	3838.0 ~ 4598.0	119.381	6.36618	0.15708	6.05	5.05	$K_{CH19/10} = 0.15708(4598.0 - D_p)$ $K_{CH19/10} = (4598.0 - D_p)/6.36618$ $K_{CH19/10} = 6.05 \times 119.381 - 0.15708D_p$	$K_{CH19/10H} = 0.15708(D_p - 3838.0)$ $K_{CH19/10H} = (D_p - 3838.0)/6.36618$ $K_{CH19/10H} = 0.15708D_p - 5.05 \times 119.381$
5	CH21/10	CH21/10H	4242.0 ~ 5082.0	131.947	6.36618	0.15708	6.05	5.05	$K_{CH21/10} = 0.15708(5082.0 - D_p)$ $K_{CH21/10} = (5082.0 - D_p)/6.36618$ $K_{CH21/10} = 6.05 \times 131.947 - 0.15708D_p$	$K_{CH21/10H} = 0.15708(D_p - 4242.0)$ $K_{CH21/10H} = (D_p - 4242.0)/6.36618$ $K_{CH21/10H} = 0.15708D_p - 5.05 \times 131.947$
6	CH23/10	CH23/10H	4646.0 ~ 5566.0	144.514	6.36618	0.15708	6.05	5.05	$K_{CH23/10} = 0.15708(5566.0 - D_p)$ $K_{CH23/10} = (5566.0 - D_p)/6.36618$ $K_{CH23/10} = 6.05 \times 144.514 - 0.15708D_p$	$K_{CH23/10H} = 0.15708(D_p - 4646.0)$ $K_{CH23/10H} = (D_p - 4646.0)/6.36618$ $K_{CH23/10H} = 0.15708D_p - 5.05 \times 144.514$

注: 本表计算中砌缝厚度取 1.0mm。

D_{px}和D_{px}计算出$T = 4.033$和$Q = 3.033$。虽然$T - Q = 1$，但此处它们不是简单整数。我国钢罐 CH0.1A/10B 和 CH0.1A/10H 等楔差 10mm 双楔形砖砖环简易计算通式写作：

$$K_{\text{CH0.1}A/10B} = 0.10472(D_{pd} - D_p) \tag{1-35e}$$

$$K_{\text{CH0.1}A/10H} = 0.10472(D_p - D_{px}) \tag{1-36e}$$

$$K_{\text{CH0.1}A/10B} = \frac{D_{pd} - D_p}{9.54237} \tag{1-37e}$$

$$K_{\text{CH0.1}A/10H} = \frac{D_p - D_{px}}{9.54237} \tag{1-38e}$$

或

$$K_{\text{CH0.1}A/10B} = 4.033K'_x - 0.10472D_p \tag{1-39e}$$

$$K_{\text{CH0.1}A/10H} = 0.10472D_p - 3.033K'_x \tag{1-40e}$$

将不同A的各组 CH0.1A/10B 和 CH0.1A/10H 的尺寸特征代入上式，得我国钢罐 CH0.1A/10B 和 CH0.1A/10H 等楔差 10mm 双楔形砖砖环简易计算式，见表 3-53。

[示例 10 中段和上段等楔差双楔形砖砖环]

中段平均$D_p = 4046.4$mm，由表 3-52 序号 4 的 CH19/10 与 CH19/10H 等楔差双楔形砖砖环：

$$K_{\text{CH19/10}} = 0.15708(4598.0 - 4046.4) = 86.64 \text{ 块}$$

$$K_{\text{CH19/10}} = (4598.0 - 4046.4)/6.36618 = 86.64 \text{ 块}$$

或

$$K_{\text{CH19/10}} = 6.05 \times 119.381 - 0.15708 \times 4046.4 = 86.65 \text{ 块}$$

$$K_{\text{CH19/10H}} = 0.15708(4046.4 - 3838.0) = 32.73 \text{ 块}$$

$$K_{\text{CH19/10H}} = (4046.4 - 3838.0)/6.36618 = 32.73 \text{ 块}$$

或

$$K_{\text{CH19/10H}} = 0.15708 \times 4046.4 - 5.05 \times 119.381 = 32.73 \text{ 块}$$

每环两砖之和 $86.65 + 32.73 = 119.38$ 块，与$K_h = K'_x = 119.381$ 块相等。

由表 3-53 序号 4 的 CH19/10B 与 CH19/10H 等楔差双楔形砖砖环：

$$K_{\text{CH19/10B}} = 0.10472(4598.0 - 4046.4) = 57.76 \text{ 块}$$

$$K_{\text{CH19/10B}} = (4598.0 - 4046.4)/9.54927 = 57.76 \text{ 块}$$

或

$$K_{\text{CH19/10B}} = 4.033 \times 119.381 - 0.10472 \times 4046.4 = 57.76 \text{ 块}$$

$$K_{\text{CH19/10H}} = 0.10472(4046.4 - 3838.0) = 61.62 \text{ 块}$$

$$K_{\text{CH19/10H}} = (4046.4 - 3458.0)/9.54927 = 61.62 \text{ 块}$$

或

$$K_{\text{CH19/10H}} = 0.10472 \times 4046.4 - 3.033 \times 119.381 = 61.62 \text{ 块}$$

每环两砖之和 $57.76 + 61.62 = 119.38$ 块，与$K_h = K'_x = 119.381$ 块相等。

表 3-53　我国钢罐 CH0.1A/10B 与 CH0.1A/10H 等楔差双楔形砖砖环简易计算式

序号	配砌尺寸砖号 小直径楔形砖	配砌尺寸砖号 大直径楔形砖	中间直径范围 $D_{px} \sim D_{pd}$ /mm	每环极限砖数/块 $K_h = K'_x = K'_d$	一块砖直径变化量/mm $(D)'_{lx} = (D)'_{ld} = \dfrac{C_1 - C_2}{\pi}$	单位直径砖量/块 $m = n = \dfrac{1}{(\Delta D)'_{lx}} = \dfrac{\pi}{C_1 - C_2}$	K'_x 系数 $T = \dfrac{D_{pd}}{D_{pd} - D_{px}}$	K'_d 系数 $Q = \dfrac{D_{px}}{D_{pd} - D_{px}}$	每环砖数简易计算式/块 小直径楔形砖量 K_x	每环砖数简易计算式/块 大直径楔形砖量 K_d
0	CH0.1A/10B	CH0.1A/10H			9.54927	0.10472		3.033	$K_{CH0.1A/10B} = 0.10472(D_{pd} - D_p)$ $K_{CH0.1A/10B} = (D_{pd} - D_p)/9.54927$ $K_{CH0.1A/10B} = 4.033K'_x - 0.10472D_p$	$K_{CH0.1A/10H} = 0.10472(D_p - D_{px})$ $K_{CH0.1A/10H} = (D_p - D_{px})/9.54927$ $K_{CH0.1A/10H} = 0.10472D_p - 3.033K'_d$
1	CH13/10B	CH13/10H	2366.0 ~ 3146.0	81.682	9.54927	0.10472	4.033	3.033	$K_{CH13/10B} = 0.10472(3146.0 - D_p)/9.54927$ $K_{CH13/10B} = (3146.0 - D_p)/9.54927$ $K_{CH13/10B} = 4.033 \times 81.682 - 0.10472D_p$	$K_{CH13/10H} = 0.10472(D_p - 2366.0)$ $K_{CH13/10H} = (D_p - 2366.0)/9.54927$ $K_{CH13/10H} = 0.10472D_p - 3.033 \times 81.682$
2	CH15/10B	CH15/10H	2730.0 ~ 3630.0	94.248	9.54927	0.10472	4.033	3.033	$K_{CH15/10B} = 0.10472(3630.0 - D_p)$ $K_{CH15/10B} = (3630.0 - D_p)/9.54927$ $K_{CH15/10B} = 4.033 \times 94.248 - 0.10472D_p$	$K_{CH15/10H} = 0.10472(D_p - 2730.0)$ $K_{CH15/10H} = (D_p - 2730.0)/9.54927$ $K_{CH15/10H} = 0.10472D_p - 3.033 \times 94.248$
3	CH17/10B	CH17/10H	3094.0 ~ 4114.0	106.814	9.54927	0.10472	4.033	3.033	$K_{CH17/10B} = 0.10472(4114.0 - D_p)$ $K_{CH17/10B} = (4114.0 - D_p)/9.54927$ $K_{CH17/10B} = 4.033 \times 106.814 - 0.10472D_p$	$K_{CH17/10H} = 0.10472(D_p - 3094.0)$ $K_{CH17/10H} = (D_p - 3094.0)/9.54927$ $K_{CH17/10H} = 0.10472D_p - 3.033 \times 106.814$
4	CH19/10B	CH19/10H	3458.0 ~ 4598.0	119.381	9.54927	0.10472	4.033	3.033	$K_{CH19/10B} = 0.10472(4598.0 - D_p)$ $K_{CH19/10B} = (4598.0 - D_p)/9.54927$ $K_{CH19/10B} = 4.033 \times 119.381 - 0.10472D_p$	$K_{CH19/10H} = 0.10472(D_p - 3458.0)$ $K_{CH19/10H} = (D_p - 3458.0)/9.54927$ $K_{CH19/10H} = 0.10472D_p - 3.033 \times 119.381$
5	CH21/10B	CH21/10H	3822.0 ~ 5082.0	131.947	9.54927	0.10472	4.033	3.033	$K_{CH21/10B} = 0.10472(5082.0 - D_p)$ $K_{CH21/10B} = (5082.0 - D_p)/9.54927$ $K_{CH21/10B} = 4.033 \times 131.947 - 0.10472D_p$	$K_{CH21/10H} = 0.10472(D_p - 3822.0)$ $K_{CH21/10H} = (D_p - 3822.0)/9.54927$ $K_{CH21/10H} = 0.10472D_p - 3.033 \times 131.947$
6	CH23/10B	CH23/10H	4186.0 ~ 5566.0	144.514	9.54927	0.10472	4.033	3.033	$K_{CH23/10B} = 0.10472(5566.0 - D_p)$ $K_{CH23/10B} = (5566.0 - D_p)/9.54927$ $K_{CH23/10B} = 4.033 \times 144.514 - 0.10472D_p$	$K_{CH23/10H} = 0.10472(D_p - 4186.0)$ $K_{CH23/10H} = (D_p - 4186.0)/9.54927$ $K_{CH23/10H} = 0.10472D_p - 3.033 \times 144.514$

注：本表计算中砌缝厚度取 1.0mm。

上段平均 $D_p = 4171.0\text{mm}$，大于表 3-52 序号 3 或表 3-53 序号 3 的砖环中间直径范围的 D_{pd}（4114.0mm），不能运用该简易计算式。

作为侧厚楔形砖的加厚合门砖，考虑到侧厚楔形砖大小端尺寸 C/D 设计在较小尺寸的厚度上，其尺寸设计须注意四点：（1）完成砖环合门操作（挑选合门砖）。（2）起到错缝砖作用，错开垂直缝。（3）通过加厚 C/D 尺寸，达到增大其直径的目的，并配砌成等楔差双楔形砖砖环，扩大砖环使用范围。（4）加厚砖尺寸的设计，应尽可能保证 Q 和 T 为连续的简单整数，使基于楔形砖每环极限砖数的等楔差双楔形砖砖环的简易计算式更加规范化。

我国钢罐加厚侧厚楔形砖 $CH0.1A/10H$ 的中间尺寸 120mm，比基本侧厚楔形砖的中间尺寸 100mm 增大了 20mm。一方面增大后的尺寸不够，致使加厚砖的中间直径仍不能满足需要；另一方面没考虑加厚砖外直径与基本砖外直径之比为连续的简单整数比，造成 Q 和 T 不是连续的简单整数。为了直接求出加厚楔形砖的大端尺寸 C_1，以砖的外直径 D_d、D_x 和砖环外直径 D 进行设计计算。现以 $A = 170\text{mm}$ 的侧厚基本楔形砖 CH17/10 为例，设计与其配砌的新加厚侧厚楔形砖新 CH17/10 的大小端尺寸 C_1/D_1。在考虑砌缝厚度为 1mm 条件下，小直径基本楔形砖 CH17/10 的外直径 $D_x = D_{CH17/10} = D_{poCH17/10} + A = 3434.0 + 170 = 3604.0\text{mm}$，若该等楔差 10mm 双楔形砖砖环的大直径加厚楔形砖的外直径 $D_{新CH17/10H}$ 与小直径基本楔形砖的外直径 $D_{CH17/10}$ 之比 $D_{新CH17/10H}/D_{CH17/10} = 5/4$，则 $D_{新CH17/10H} = 5D_{CH17/10}/4 = 5 \times 3604 \div 4 = 4505.0\text{mm}$；可直接看出 $T = 5$ 和 $Q = 4$。由 $D_d = 2(C_1 + 1)A/\Delta C$ 导出的 $C_1 = D_d \Delta C/(2A) - 1 = 4505.0 \times 10 \div (2 \times 170) - 1 = 131.5\text{mm}$，则 $D_1 = C_1 - 10 = 131.5 - 10 = 121.5\text{mm}$。按同样方法计算出其余各组（不同 A）加厚侧厚楔形砖的大小端尺寸 C_1/D_1 同为 131.5mm/121.5mm，见表 3-54。

表 3-54　我国钢罐加厚侧厚楔形砖的修改尺寸和尺寸特征

尺寸砖号	尺寸/mm（参看图 3-33）			尺寸规格 $A \times (C/D) \times B$ /mm×mm×mm	单位楔差 $\Delta C' = \dfrac{C-D}{A}$	外直径/mm $D_o = \dfrac{2CA}{C-D}$		每环极限砖数/块 $K_0' = \dfrac{2\pi A}{C-D}$	中心角/(°) $\theta_0 = \dfrac{180(C-D)}{\pi A}$	体积 /cm³
	A	C/D	B			砌缝 1mm	砌缝 2mm			
新 CH13/10H	130	131.5 /121.5	230	130×(131.5/121.5) ×230	0.0769	3445.0	3471.0	81.682	4.407	3782.3
新 CH15/10H	150	131.5 /121.5	230	150×(131.5/121.5) ×230	0.0667	3975.0	4005.0	94.248	3.820	4364.3
新 CH17/10H	170	131.5 /121.5	230	170×(131.5/121.5) ×230	0.0588	4505.0	4539.0	106.814	3.370	4946.1
新 CH19/10H	190	131.5 /121.5	230	190×(131.5/121.5) ×230	0.0526	5035.0	5073.0	119.381	3.016	5528.0
新 CH21/10H	210	131.5 /121.5	230	210×(131.5/121.5) ×230	0.0476	5565.0	5607.0	131.947	2.728	6109.9
新 CH23/10H	230	131.5 /121.5	230	230×(131.5/121.5) ×230	0.0435	6095.0	6141.0	144.514	2.491	6691.8

我国钢罐侧厚楔形砖 CH0.1A/10 与新设计加厚侧厚楔形砖新 CH0.1A/10H 等楔差双楔形砖砖环中，一块楔形砖直径变化量 $(\Delta D)'_{1x} = (\Delta D)'_{1d} = (C_1 - C_2)/\pi = (131.5 - 105)/\pi = 8.4352$，单位直径砖量 $m = n = \pi/(C_1 - C_2) = \pi/(131.5 - 105) = 0.11855$，按 T 和 Q 定义式计算 $T = D_d/(D_d - D_x) = 4505.0/(4505.0 - 3604.0) = 5$ 和 $Q = 3604.0/(4505.0 - 3604.0) = 4$。CH0.1$A$/10 与新 CH0.1$A$/10H 等楔差双楔形砖砖环的简易通式写作：

$$K_{\text{CH0.1}A/10} = 0.11855(D_d - D) \tag{1-35f}$$

$$K_{\text{新CH0.1}A/10H} = 0.11855(D - D_x) \tag{1-36f}$$

$$K_{\text{CH0.1}A/10} = \frac{D_d - D}{8.4352} \tag{1-37f}$$

$$K_{\text{新CH0.1}A/10H} = \frac{D - D_x}{8.4352} \tag{1-38f}$$

或

$$K_{\text{CH0.1}A/10} = 5K'_x - 0.11855D \tag{1-39f}$$

$$K_{\text{新CH0.1}A/10H} = 0.11855D - 4K'_x \tag{1-40f}$$

将 CH0.1A/10 与新 CH0.1A/10H 的尺寸特征代入上式，得我国钢罐 CH0.1A/10 与新 CH0.1A/10H 等楔差双楔形砖砖环简易计算式，见表 3-55。

根据同一设计理念，这里改变了原减薄侧厚楔形砖的尺寸，以便使新 CH0.1A/10B 与新 CH0.1A/10 等楔差双楔形砖砖环、新 CH0.1A/10B 与新 CH0.1A/10H 等楔差双楔形砖砖环计算中，T 与 Q 形成连续的简单整数比，使它们的简易计算式全面规范化。现仍以 $A = 170$mm 的 CH17/10 为例设计新 CH17/10B 的尺寸 C/D。大直径侧厚楔形砖 CH17/10 的外直径 $D_d = D_{\text{CH17/10}}3434.0 + 170 = 3604.0$mm，设想小直径的减薄侧厚楔形砖新 CH17/10B 的外直径 $D_x = D_{\text{新CH17/10B}} = 5D_{\text{CH17/10}}/6 = 5 \times 3604.0/6 = 3003.3$mm，可见 $T = 6$ 和 $Q = 5$。新 CH17/10B 的大端尺寸 $C_2 = D_x\Delta C/(2A) - 1 = 3003.3 \times 10/(2 \times 170) - 1 = 87.3$mm，新 CH17/10B 的小端尺寸 $D_2 = 87.3 - 10 = 77.3$mm。用同样方法计算其他各组（不同 A）新 CH0.1A/10B 的 C_2/D_2 同为 87.3mm/77.3mm，见表 3-56。我国钢罐新 CH0.1A/10B 与 CH0.1A/10 等楔差双楔形砖砖环，一块楔形砖直径变化量 $(\Delta D)'_{1x} = (\Delta D)'_{1d} = (C_1 - C_2)/\pi = (105 - 87.3)/\pi = 5.6235$，单位直径砖量 $m = n = \pi/(C_1 - C_2) = \pi/(105 - 87.3) = 0.17782$，$T = 3604.0/(3604.0 - 3003.3) = 6$ 和 $Q = 3003.3/(3604.0 - 3003.3) = 5$。我国钢罐新 CH0.1$A$/10B 与 CH0.1$A$/10 等楔差双楔形砖砖环的简易通式写作：

$$K_{\text{新CH0.1}A/10B} = 0.17782(D_d - D) \tag{1-35g}$$

$$K_{\text{CH0.1}A/10} = 0.17782(D - D_x) \tag{1-36g}$$

$$K_{\text{新CH0.1}A/10} = \frac{D_d - D}{5.6235} \tag{1-37g}$$

$$K_{\text{CH0.1}A/10} = \frac{D - D_x}{5.6235} \tag{1-38g}$$

或

$$K_{\text{新CH0.1}A/10B} = 6K'_x - 0.17782D \tag{1-39g}$$

$$K_{\text{CH0.1}A/10} = 0.17782D - 5K'_x \tag{1-40g}$$

表 3-55　我国钢罐 CH0.1A/10 与新 CH0.1A/10H 等楔差双楔形砖环筒简易计算式

序号	配砌尺寸砖号 小直径楔形砖	大直径楔形砖	外直径范围 $D_x \sim D_d$ /mm	每环极限砖数/块 $K_h = K'_x = K'_d$	一块砖直径变化量/mm $(D)'_{lx} = \dfrac{C_1 - C_2}{\pi}$	单位直径砖量/块 $m = n = \dfrac{\pi}{C_1 - C_2}$	K'_x 系数 $T = \dfrac{D_d}{D_d - D_x}$	K'_d 系数 $Q = \dfrac{D_x}{D_d - D_x}$	每环砖数简易计算式/块　小直径楔形砖量 K_x	大直径楔形砖量 K_d
0	CH0.1A/10	新 CH0.1A/10H			8.4352	0.11855	5	4	$K_{\mathrm{CH0.1A/10}} = 0.11855(D_d - D)$ $K_{\mathrm{CH0.1A/10}} = (D_d - D)/8.4352$ $K_{\mathrm{CH0.1A/10}} = 5K'_x - 0.11855D$	$K_{\text{新CH0.1A/10H}} = 0.11855(D - D_x)$ $K_{\text{新CH0.1A/10H}} = (D - D_x)/8.4352$ $K_{\text{新CH0.1A/10H}} = 0.11855D - 4K'_x$
1	CH13/10	新 CH13/10H	2756.0~3445.0	81.682	8.4352	0.11855	5	4	$K_{\mathrm{CH13/10}} = 0.11855(3445.0 - D)$ $K_{\mathrm{CH13/10}} = (3445.0 - D)/8.4352$ $K_{\mathrm{CH13/10}} = 5 \times 81.682 - 0.11855D$	$K_{\text{新CH13/10H}} = 0.11855(D - 2765.0)$ $K_{\text{新CH13/10H}} = (D - 2765.0)/8.4352$ $K_{\text{新CH13/10H}} = 0.11855D - 4 \times 81.682$
2	CH15/10	新 CH15/10H	3180.0~3975.0	94.248	8.4352	0.11855	5	4	$K_{\mathrm{CH15/10}} = 0.11855(3975.0 - D)$ $K_{\mathrm{CH15/10}} = (3975.0 - D)/8.4352$ $K_{\mathrm{CH15/10}} = 5 \times 94.248 - 0.11855D$	$K_{\text{新CH15/10H}} = 0.11855(D - 3180.0)$ $K_{\text{新CH15/10H}} = (D - 3180.0)/8.4352$ $K_{\text{新CH15/10H}} = 0.11855D - 4 \times 94.248$
3	CH17/10	新 CH17/10H	3604.0~4505.0	106.814	8.4352	0.11855	5	4	$K_{\mathrm{CH17/10}} = 0.11855(4505.0 - D)$ $K_{\mathrm{CH17/10}} = (4505.0 - D)/8.4352$ $K_{\mathrm{CH17/10}} = 5 \times 106.814 - 0.11855D$	$K_{\text{新CH17/10H}} = 0.11855(D - 3604.0)$ $K_{\text{新CH17/10H}} = (D - 3604.0)/8.4352$ $K_{\text{新CH17/10H}} = 0.11855D - 4 \times 106.814$
4	CH19/10	新 CH19/10H	4028.0~5035.0	119.381	8.4352	0.11855	5	4	$K_{\mathrm{CH19/10}} = 0.11855(5035.0 - D)$ $K_{\mathrm{CH19/10}} = (5035.0 - D)/8.4352$ $K_{\mathrm{CH19/10}} = 5 \times 119.381 - 0.11855D$	$K_{\text{新CH19/10H}} = 0.11855(D - 4028.0)$ $K_{\text{新CH19/10H}} = (D - 4028.0)/8.4352$ $K_{\text{新CH19/10H}} = 0.11855D - 4 \times 119.381$
5	CH21/10	新 CH21/10H	4452.0~5565.0	131.947	8.4352	0.11855	5	4	$K_{\mathrm{CH21/10}} = 0.11855(5565.0 - D)$ $K_{\mathrm{CH21/10}} = (5565.0 - D)/8.4352$ $K_{\mathrm{CH21/10}} = 5 \times 131.947 - 0.11855D$	$K_{\text{新CH21/10H}} = 0.11855(D - 4452.0)$ $K_{\text{新CH21/10H}} = (D - 4452.0)/8.4352$ $K_{\text{新CH21/10H}} = 0.11855D - 4 \times 131.947$
6	CH23/10	新 CH23/10H	4876.0~6095.0	144.514	8.4352	0.11855	5	4	$K_{\mathrm{CH23/10}} = 0.11855(6095.0 - D)$ $K_{\mathrm{CH23/10}} = (6095.0 - D)/8.4352$ $K_{\mathrm{CH23/10}} = 5 \times 144.514 - 0.11855D$	$K_{\text{新CH23/10H}} = 0.11855(D - 4876.0)$ $K_{\text{新CH23/10H}} = (D - 4876.0)/8.4352$ $K_{\text{新CH23/10H}} = 0.11855D - 4 \times 144.514$

注：本表计算中砌缝厚度取 1.0mm。

表 3-56 我国钢罐减薄侧厚楔形砖的修改尺寸和尺寸特征

尺寸砖号	尺寸/mm (参看图3-33)			尺寸规格 $A \times (C/D) \times B$ /mm × mm × mm	单位楔差 $\Delta C' = \dfrac{C-D}{A}$	外直径/mm $D_o = \dfrac{2CA}{C-D}$		每环极限砖数 /块 $K_0' = \dfrac{2\pi A}{C-D}$	中心角/(°) $\theta_0 = \dfrac{180(C-D)}{\pi A}$	体积 /cm³
	A	C/D	B			砌缝1mm	砌缝2mm			
新 CH13/10B	130	87.3 /77.3	230	130 × (87.3/77.3) × 230	0.0769	2296.7	2322.6	81.682	4.407	2461.7
新 CH15/10B	150	87.3 /77.3	230	150 × (87.3/77.3) × 230	0.0667	2650.0	2680.0	94.248	3.820	2840.4
新 CH17/10B	170	87.3 /77.3	230	170 × (87.3/77.3) × 230	0.0588	3003.3	3037.3	106.814	3.370	3219.1
新 CH19/10B	190	87.3 /77.3	230	190 × (87.3/77.3) × 230	0.0526	3356.6	3394.6	119.381	3.016	3597.8
新 CH21/10B	210	87.3 /77.3	230	210 × (87.3/77.3) × 230	0.0476	3710.0	3752.0	131.947	2.728	3976.5
新 CH23/10B	230	87.3 /77.3	230	230 × (87.3/77.3) × 230	0.0435	4063.3	4109.2	144.514	2.491	4355.3

注：C/D 的计算尺寸为 87.3mm/77.3mm。

将不同 A 的新 CH0.1A/10B 与 CH0.1A/10 的尺寸特征代入上式，得我国钢罐新 CH0.1A/10B 与 CH0.1A/10 等楔差双楔形砖砖环简易计算式，见表 3-57。

新减薄侧厚楔形砖新 CH0.1A/10B 与新加厚侧厚楔形砖新 CH0.1A/10H 配砌成等楔差双楔形砖砖环时，一块楔形砖直径变化量$(\Delta D)'_{1x} = (\Delta D)'_{1d} = (C_1 - C_2)/\pi = (131.5 - 87.3)/\pi = 14.0587$，单位直径砖量 $m = n = \pi/(C_1 - C_2) = \pi/(131.5 - 87.3) = 0.07113$。由于在新 CH0.1$A$/10B 与 CH0.1$A$/10 等楔差双楔形砖砖环外直径设计中 $D_{新CH0.1A/10B}/D_{CH0.1A/10} = 5/6$，则 $D_{新CH0.1A/10B} = 5D_{CH0.1A/10}/6$；由于在 CH0.1$A$/10 与新 CH0.1$A$/10H 等楔差双楔形砖砖环外直径设计中 $D_{CH0.1A/10}/D_{新CH0.1A/10H} = 4/5$，则 $D_{新CH0.1A/10H} = 5D_{CH0.1A/10}/4$；$D_{新CH0.1A/10B}/D_{新CH0.1A/10H} = 5D_{CH0.1A/10}/6 : 5D_{CH0.1A/10}/4 = 4/6 = 2/3$，可直接看出 $T = 3$ 和 $Q = 2$。新减薄侧厚楔形砖新 CH0.1A/10B 与新加厚侧厚楔形砖新 CH0.1A/10H 等楔差双楔形砖砖环的简易通式写作：

$$K_{新CH0.1A/10B} = 0.07113(D_d - D) \tag{1-35h}$$

$$K_{新CH0.1A/10H} = 0.07112(D - D_x) \tag{1-36h}$$

$$K_{新CH0.1A/10B} = \frac{D_d - D}{14.0587} \tag{1-37h}$$

$$K_{新CH0.1A/10} = \frac{D - D_x}{14.0587} \tag{1-38h}$$

或

$$K_{新CH0.1A/10B} = 3K'_x - 0.07113D \tag{1-39h}$$

$$K_{新CH0.1A/10H} = 0.07113D - 2K'_x \tag{1-40h}$$

不同 A 的新 CH0.1A/10B 和新 CH0.1A/10H 的尺寸特征代入上式，得我国钢罐新 CH0.1A/10B 与新 CH0.1A/10H 等楔差双楔形砖砖环简易计算式，见表 3-58。

表 3-57　我国钢罐新 CH0.1A/10B 与 CH0.1A/10 等楔差双楔形砖砌环简易计算式

序号	配砌尺寸砖号 小直径楔形砖	配砌尺寸砖号 大直径楔形砖	外直径范围 $D_x \sim D_d$/mm	每环极限砖数/块 $K_h = K'_x = K'_d$	一块砖直径变化量 $(D)'_{lx} = \dfrac{C_1-C_2}{\pi} = K'_d$	单位直径砖量/块 $m=n = \dfrac{\pi}{C_1-C_2}$	K'_x系数 $T=\dfrac{D_d}{D_d-D_x}$	K'_d系数 $Q=\dfrac{D_x}{D_d-D_x}$	每环砖数简易计算式/块 小直径楔形砖量 K_x	每环砖数简易计算式/块 大直径楔形砖量 K_d
0	新 CH0.1A/10B	CH0.1A/10			5.6235	0.17782	6	5	$K_{新CH0.1A/10B} = 0.17782(D_d - D)$ $K_{新CH0.1A/10B} = (D_d - D)/5.6235$ $K_{新CH0.1A/10B} = 6K'_x - 0.17782D$	$K_{CH0.1A/10} = 0.17782(D - D_x)$ $K_{CH0.1A/10} = (D - D_x)/5.6235$ $K_{CH0.1A/10} = 0.17782D - 5K'_x$
1	新 CH13/10B	CH13/10	2296.7 ~ 2756.0	81.682	5.6235	0.17782	6	5	$K_{新CH13/10B} = 0.17782(2756.0 - D)$ $K_{新CH13/10B} = (2756.0 - D)/5.6235$ $K_{新CH13/10B} = 6 \times 81.682 - 0.17782D$	$K_{CH13/10} = 0.17782(D - 2296.7)$ $K_{CH13/10} = (D - 2296.7)/5.6235$ $K_{CH13/10} = 0.17782D - 5 \times 81.682$
2	新 CH15/10B	CH15/10	2650.0 ~ 3180.0	94.248	5.6235	0.17782	6	5	$K_{新CH15/10B} = 0.17782(3180.0 - D)$ $K_{新CH15/10B} = (3180.0 - D)/5.6235$ $K_{新CH15/10B} = 6 \times 94.248 - 0.17782D$	$K_{CH15/10} = 0.17782(D - 2650.0)$ $K_{CH15/10} = (D - 2650.0)/5.6235$ $K_{CH15/10} = 0.17782D - 5 \times 94.248$
3	新 CH17/10B	CH17/10	3003.3 ~ 3604.0	106.814	5.6235	0.17782	6	5	$K_{新CH17/10B} = 0.17782(3604.0 - D)$ $K_{新CH17/10B} = (3604.0 - D)/5.6235$ $K_{新CH17/10B} = 6 \times 106.814 - 0.17782D$	$K_{CH17/10} = 0.17782(D - 3003.3)$ $K_{CH17/10} = (D - 3003.3)/5.6235$ $K_{CH17/10} = 0.17782D - 5 \times 106.814$
4	新 CH19/10B	CH19/10	3356.6 ~ 4028.0	119.381	5.6235	0.17782	6	5	$K_{新CH19/10B} = 0.17782(4028.0 - D)$ $K_{新CH19/10B} = (4028.0 - D)/5.6235$ $K_{新CH19/10B} = 6 \times 119.381 - 0.17782D$	$K_{CH19/10} = 0.17782(D - 3356.6)$ $K_{CH19/10} = (D - 3356.6)/5.6235$ $K_{CH19/10} = 0.17782D - 5 \times 119.381$
5	新 CH21/10B	CH21/10	3710.0 ~ 4452.0	131.947	5.6235	0.17782	6	5	$K_{新CH21/10B} = 0.17782(4452.0 - D)$ $K_{新CH21/10B} = (4452.0 - D)/5.6235$ $K_{新CH21/10B} = 6 \times 131.947 - 0.17782D$	$K_{CH21/10} = 0.17782(D - 3710.0)$ $K_{CH21/10} = (D - 3710.0)/5.6235$ $K_{CH21/10} = 0.17782D - 5 \times 131.947$
6	新 CH23/10B	CH23/10	4063.3 ~ 4876.0	144.514	5.6235	0.17782	6	5	$K_{新CH23/10B} = 0.17782(4876.0 - D)$ $K_{新CH23/10B} = (4876.0 - D)/5.6235$ $K_{新CH23/10B} = 6 \times 144.514 - 0.17782D$	$K_{CH23/10} = 0.17782(D - 4063.3)$ $K_{CH23/10} = (D - 4063.3)/5.6235$ $K_{CH23/10} = 0.17782D - 5 \times 144.514$

注：本表计算中砌缝厚度取 1.0mm。

表 3-58 我国钢罐新 CH0.1A/10B 与新 CH0.1A/10H 等楔差双楔形砖砖环简易计算式

序号	配砌尺寸砖号 小直径楔形砖	配砌尺寸砖号 大直径楔形砖	外直径范围 $D_x \sim D_d$ /mm	每环极限砖数/块 $K_h = K'_x = K'_d$	一块直径变化量/mm $(D)'_{lx} = \dfrac{C_1-C_2}{\pi}$	单位直径砖量/块 $m=n = \dfrac{\pi}{C_1-C_2}$	K'_x 系数 $T = \dfrac{D_d}{D_d - D_x}$	K'_d 系数 $Q = \dfrac{D_x}{D_d - D_x}$	每环砖数简易计算式/块 小直径楔形砖量 K_x	每环砖数简易计算式/块 大直径楔形砖量 K_d
0	新 CH0.1A/10B	新 CH0.1A/10H			14.0587	0.07113	3	2	$K_{新CH0.1A/10B} = 0.07113(D_d - D)$ $K_{新CH0.1A/10B} = (D_d - D)/14.0587$ $K_{新CH0.1A/10B} = 3K'_x - 0.07113D$	$K_{新CH0.1A/10H} = 0.07113(D - D_x)$ $K_{新CH0.1A/10H} = (D - D_x)/14.0587$ $K_{新CH0.1A/10H} = 0.07113D - 2K'_x$
1	新 CH13/10B	新 CH13/10H	2296.7 ~ 3445.0	81.682	14.0587	0.07113	3	2	$K_{新CH13/10B} = 0.07113(3445.0 - D)$ $K_{新CH13/10B} = (3445.0 - D)/14.0587$ $K_{新CH13/10B} = 3 \times 81.682 - 0.07113D$	$K_{新CH13/10H} = 0.07113(D - 2296.7)$ $K_{新CH13/10H} = (D - 2296.7)/14.0587$ $K_{新CH13/10H} = 0.07113D - 2 \times 81.682$
2	新 CH15/10B	新 CH15/10H	2650.0 ~ 3975.0	94.248	14.0587	0.07113	3	2	$K_{新CH15/10B} = 0.07113(3975.0 - D)$ $K_{新CH15/10B} = (3975.0 - D)/14.0587$ $K_{新CH15/10B} = 3 \times 94.248 - 0.07113D$	$K_{新CH15/10H} = 0.07113(D - 2650.0)$ $K_{新CH15/10H} = (D - 2650.0)/14.0587$ $K_{新CH15/10H} = 0.07113D - 2 \times 94.248$
3	新 CH17/10B	新 CH17/10H	3003.3 ~ 4505.0	106.814	14.0587	0.07113	3	2	$K_{新CH17/10B} = 0.07113(4505.0 - D)$ $K_{新CH17/10B} = (4505.0 - D)/14.0587$ $K_{新CH17/10B} = 3 \times 106.814 - 0.07113D$	$K_{新CH17/10H} = 0.07113(D - 3003.3)$ $K_{新CH17/10H} = (D - 3003.3)/14.0587$ $K_{新CH17/10H} = 0.07113D - 2 \times 106.814$
4	新 CH19/10B	新 CH19/10H	3356.6 ~ 5035.0	119.381	14.0587	0.07113	3	2	$K_{新CH19/10B} = 0.07113(5035.0 - D)$ $K_{新CH19/10B} = (5035.0 - D)/14.0587$ $K_{新CH19/10B} = 3 \times 119.381 - 0.07113D$	$K_{新CH19/10H} = 0.07113(D - 3356.6)$ $K_{新CH19/10H} = (D - 3356.6)/14.0587$ $K_{新CH19/10H} = 0.07113D - 2 \times 119.381$
5	新 CH21/10B	新 CH21/10H	3710.0 ~ 5565.0	131.947	14.0587	0.07113	3	2	$K_{新CH21/10B} = 0.07113(5565.0 - D)$ $K_{新CH21/10B} = (5565.0 - D)/14.0587$ $K_{新CH21/10B} = 3 \times 131.947 - 0.07113D$	$K_{新CH21/10H} = 0.07113(D - 3710.0)$ $K_{新CH21/10H} = (D - 3710.0)/14.0587$ $K_{新CH21/10H} = 0.07113D - 2 \times 131.947$
6	新 CH23/10B	新 CH23/10H	4063.3 ~ 6095.0	144.514	14.0587	0.07113	3	2	$K_{新CH23/10B} = 0.07113(6095.0 - D)$ $K_{新CH23/10B} = (6095.0 - D)/14.0587$ $K_{新CH23/10B} = 3 \times 144.514 - 0.07113D$	$K_{新CH23/10H} = 0.07113(D - 4063.3)$ $K_{新CH23/10H} = (D - 4063.3)/14.0587$ $K_{新CH23/10H} = 0.07113D - 2 \times 144.514$

注：本表计算中砌缝厚度取 1.0mm。

［示例 10　上段等楔差双楔形砖砖环］

上段平均 $D_p = 4171.0$mm，相当于 $D = D_p + A = 4170.0 + 170 = 4341.0$mm。虽然原有等楔差双楔形砖砖环（见表 3-52 序号 3 或表 3-53 序号 3）不能满足上段需要，但加厚的新 CH17/10H 的外直径 $D_{新CH17/10H} = 4505.0$mm，可满足上段砖环需要，而且基于楔形砖每环极限砖数的简易计算式由于 T 和 Q 的简单整数而规范化了。

方案 1　由表 3-55 序号 3，CH17/10 与新 CH17/10H 等楔差双楔形砖砖环

$$K_{CH17/10} = 0.11855(4505.0 - 4341.0) = 19.44 \text{ 块}$$

$$K_{CH17/10} = (4505.0 - 4341.0)/8.4352 = 19.44 \text{ 块}$$

或

$$K_{CH17/10} = 5 \times 106.814 - 0.11855 \times 4341.0 = 19.44 \text{ 块}$$

$$K_{新CH17/10H} = 0.11855(4341.0 - 3604.0) = 87.37 \text{ 块}$$

$$K_{新CH17/10H} = (4341.0 - 3604.0)/8.4352 = 87.37 \text{ 块}$$

或

$$K_{新CH17/10H} = 0.11855 \times 4341.0 - 4 \times 106.814 = 87.37 \text{ 块}$$

每环两砖量之和 $19.44 + 87.37 = 106.81$ 块，与 $K_h = K'_x = 106.814$ 块相等。

方案 2　由表 3-58 序号 3，新 CH17/10B 与新 CH17/10H 等楔差双楔形砖砖环

$$K_{新CH17/10B} = 0.07113(4505.0 - 4341.0) = 11.66 \text{ 块}$$

$$K_{新CH17/10B} = (4505.0 - 4341.0)/14.0587 = 11.66 \text{ 块}$$

或

$$K_{新CH17/10B} = 3 \times 106.814 - 0.07113 \times 4341.0 = 11.67 \text{ 块}$$

$$K_{新CH17/10H} = 0.07113(4341.0 - 3003.3) = 95.15 \text{ 块}$$

$$K_{新CH17/10H} = (4341.0 - 3003.3)/14.0587 = 95.15 \text{ 块}$$

或

$$K_{新CH17/10H} = 0.07113 \times 4341.0 - 2 \times 106..814 = 95.15 \text{ 块}$$

每环两砖量之和 $11.66 + 95.15 = 106.81$ 块，与 $K_h = K'_x = 106.814$ 块相等。

3.5.2.4　侧厚楔形砖不等端尺寸双楔形砖砖环计算

我国钢罐罐壁减薄侧厚楔形砖 CH0.1A/10B 或加厚侧厚楔形砖 CH0.1A/10H 除与侧厚钝楔形砖 CH0.1A/10 配砌成等楔差双楔形砖砖环外，还能与楔差 $\Delta C = 20$mm 的侧厚锐楔形砖 CH0.1A/20 配砌成大端尺寸 C_1 和 C_2 间、小端尺寸 D_1 和 D_2 间均不相等的不等端尺寸双楔形砖砖环。例如 CH0.1A/20 与 CH0.1A/10H 配砌成 6 个不等端尺寸双楔形砖砖环，CH0.1A/20 与 CH0.1A/10B 也能配砌成 6 个不等端尺寸双楔形砖砖环（见表 3-59）。采用新设计的减薄侧厚楔形砖新 CH0.1A/10B 和加厚侧厚楔形砖新 CH0.1A/10H 后，可代替原有减薄侧厚楔形砖和加厚楔形砖，同样可配砌成 12 个不等端尺寸双楔形砖砖环（见表 3-60）。

不等端尺寸双楔形砖砖环的计算采取以下简易计算通式：

$$K_x = nD_d - nD \tag{1-13a}$$

$$K_d = mD - mD_x \tag{1-14a}$$

$$K_h = (m - n)D + nD_d - mD_x \tag{1-19}$$

表 3-59 我国钢罐不等端尺寸侧厚楔形砖 CH0.1A/20 与 CH0.1A/10H 或 CH0.1A/10B 双楔形砖环简易计算式

序号	配砌尺寸符号 小直径楔形砖	配砌尺寸符号 大直径楔形砖	外直径范围 $D_x \sim D_d$ /mm	外直径系数 $n = \dfrac{\pi(C_1-D_1)}{D_1C_2-D_2C_1}$	外直径系数 $m = \dfrac{\pi(C_2-D_2)}{D_1C_2-D_2C_1}$	nD_d	mD_x	$m-n$	每环砖量简易计算式/块 小直径楔形砖量 $K_x = nD_d - nD$	每环砖量简易计算式/块 大直径楔形砖量 $K_d = mD - mD_x$	总砖数 $K_h = (m-n)D + nD_d - mD_x$
1	CH13/20	CH13/10H	1443.0~3276.0	0.02228	0.04456	72.989	64.30	0.02228	$72.989 - 0.02228D$	$0.04456D - 64.30$	$0.02228D + 8.689$
2	CH15/20	CH15/10H	1665.0~3780.0	0.02228	0.04456	84.218	74.192	0.02228	$84.218 - 0.02228D$	$0.04456D - 74.192$	$0.02228D + 10.026$
3	CH17/20	CH17/10H	1887.0~4284.0	0.02228	0.04456	95.447	84.085	0.02228	$95.447 - 0.02228D$	$0.04456D - 84.085$	$0.02228D + 11.362$
4	CH19/20	CH19/10H	2109.0~4788.0	0.02228	0.04456	106.677	93.977	0.02228	$106.677 - 0.02228D$	$0.04456D - 93.977$	$0.02228D + 12.70$
5	CH21/20	CH21/10H	2331.0~5292.0	0.02228	0.04456	117.906	103.869	0.02228	$117.906 - 0.02228D$	$0.04456D - 103.869$	$0.02228D + 14.037$
6	CH23/20	CH23/10H	2553.0~5796.0	0.02228	0.04456	129.135	113.762	0.02228	$129.135 - 0.02228D$	$0.04456D - 113.762$	$0.02228D + 15.373$
7	CH13/20	CH13/10B	1443.0~2496.0	0.03878	0.07757	96.807	111.933	0.03878	$96.807 - 0.03878D$	$0.07757D - 111.933$	$0.03878D - 15.126$
8	CH15/20	CH15/10B	1665.0~2880.0	0.03878	0.07757	111.701	129.154	0.03878	$111.701 - 0.03878D$	$0.07757D - 129.154$	$0.03878D - 17.453$
9	CH17/20	CH17/10B	1887.0~3264.0	0.03878	0.07757	126.594	146.374	0.03878	$126.594 - 0.03878D$	$0.07757D - 146.374$	$0.03878D - 19.780$
10	CH19/20	CH19/10B	2109.0~3648.0	0.03878	0.07757	141.488	163.595	0.03878	$141.488 - 0.03878D$	$0.07757D - 163.595$	$0.03878D - 22.107$
11	CH21/20	CH21/10B	2331.0~4032.0	0.03878	0.07757	156.381	180.816	0.03878	$156.381 - 0.03878D$	$0.07757D - 180.816$	$0.03878D - 24.435$
12	CH23/20	CH23/10B	2553.0~4416.0	0.03878	0.07757	171.274	198.036	0.03878	$171.274 - 0.03878D$	$0.07757D - 198.036$	$0.03878D - 26.762$

注: 1. 本表计算中砌缝厚度取 1mm。

2. 序号 1~6 的 $C_1/D_1 = 125mm/115mm$, $C_2/D_2 = 110mm/90mm$, 序号 7~12 的 $C_1/D_1 = 95mm/85mm$, $C_2/D_2 = 110mm/90mm$。

表 3-60 我国钢罐不等端尺寸侧厚楔形砖 CH0.1A/20 与新 CH0.1A/10H 或新 CH0.1A/10B 双楔形砖砖环简易计算式

序号	配砌尺寸砖号 小直径楔形砖	配砌尺寸砖号 大直径楔形砖	外直径范围 $D_x \sim D_d$ /mm	外直径系数 $n = \dfrac{\pi(C_1-D_1)}{D_1C_2-D_2C_1}$	外直径系数 $m = \dfrac{\pi(C_2-D_2)}{D_1C_2-D_2C_1}$	nD_d	mD_x	$m-n$	每环砖量简易计算式/块 小直径楔形砖量 $K_x = nD_d - nD$	每环砖量简易计算式/块 大直径楔形砖量 $K_d = mD - mD_x$	每环砖量简易计算式/块 总砖数 $K_h = (m-n)D + nD_d - mD_x$
1	CH13/20	新 CH13/10H	1443.0~3445.0	0.02040	0.04080	70.278	58.874	0.02040	$70.278 - 0.02040D$	$0.04080D - 58.874$	$0.02040D + 11.404$
2	CH15/20	新 CH15/10H	1665.0~3975.0	0.02040	0.04080	81.09	67.932	0.02040	$81.09 - 0.02040D$	$0.04080D - 67.932$	$0.02040D + 13.158$
3	CH17/20	新 CH17/10H	1887.0~4505.0	0.02040	0.04080	91.902	76.99	0.02040	$91.902 - 0.02040D$	$0.04080D - 76.99$	$0.02040D + 14.912$
4	CH19/20	新 CH19/10H	2109.0~5035.0	0.02040	0.04080	102.714	86.047	0.02040	$102.714 - 0.02040D$	$0.04080D - 86.047$	$0.02040D + 16.667$
5	CH21/20	新 CH21/10H	2331.0~5565.0	0.02040	0.04080	113.526	95.105	0.02040	$113.526 - 0.02040D$	$0.04080D - 95.105$	$0.02040D + 18.421$
6	CH23/20	新 CH23/10H	2553.0~6095.0	0.02040	0.04080	124.338	104.162	0.02040	$124.338 - 0.02040D$	$0.04080D - 104.162$	$0.02040D + 20.176$
7	CH13/20	新 CH13/10B	1443.0~2296.7	0.04784	0.09568	109.872	138.066	0.04784	$109.872 - 0.04784D$	$0.09568D - 138.066$	$0.04784D - 28.194$
8	CH15/20	新 CH15/10B	1665.0~2650.0	0.04784	0.09568	126.776	159.307	0.04784	$126.776 - 0.04784D$	$0.09568D - 159.307$	$0.04784D - 32.531$
9	CH17/20	新 CH17/10B	1887.0~3003.3	0.04784	0.09568	143.678	180.548	0.04784	$143.678 - 0.04784D$	$0.09568D - 180.548$	$0.04784D - 36.87$
10	CH19/20	新 CH19/10B	2109.0~3356.6	0.04784	0.09568	160.580	201.789	0.04784	$160.580 - 0.04784D$	$0.09568D - 201.789$	$0.04784D - 41.209$
11	CH21/20	新 CH21/10B	2331.0~3710.0	0.04784	0.09568	177.486	223.03	0.04784	$177.486 - 0.04784D$	$0.09568D - 223.03$	$0.04784D - 45.544$
12	CH23/20	新 CH23/10B	2553.0~4063.3	0.04784	0.09568	194.388	244.271	0.04784	$194.388 - 0.04784D$	$0.09568D - 244.271$	$0.04784D - 49.883$

注: 1. 本表计算中砌缝厚度取 1mm。

2. 序号 1~6 的 $C_1/D_1 = 131.5mm/121.5mm$, $C_2/D_2 = 110mm/90mm$。序号 7~12 的 $C_1/D_1 = 87.3mm/77.3mm$, $C_2/D_2 = 110mm/90mm$。

上面各式中 n 和 m 分别为外直径 D_d 和 D_x 的系数，其实 $n = K'_x/(D_d - D_x)$ 和 $m = K'_d/(D_d - D_x)$，表明单位直径对应的砖数。如 1.5.3.6B 节所述，将 K'_x、K'_d、D_x 和 D_d 的定义式代入之，得基于砖尺寸的表达式 $n = \pi(C_1 - D_1)/(D_1C_2 - D_2C_1)$ 和 $m = \pi(C_2 - D_2)/(D_1C_2 - D_2C_1)$。在表 3-59 的序号 1~6 中，不同 A 的 CH0.1A/20 的 C_2/D_2 同为 110mm/90mm，不同 A 的 CH0.1A/10H 的 C_1/D_1 同为 125mm/115mm，因此各组 n 同为 0.02228 和 m 同为 0.04456，而且由于楔差比 $(C_1 - D_1)/(C_2 - D_2) = (125 - 115)/(110 - 90) = 1/2$，$n/m = 0.02228/0.04456 = 1/2$；在表 3-59 序号 7~12 中，不同 A 的 CH0.1A/20 的 C_2/D_2 同为 110mm/90mm，不同 A 的 CH0.1A/10B 的 C_1/D_1 同为 95mm/85mm，因此各组 n 同为 0.03878 和 m 同为 0.07757，而且由于楔差比 $(C_1 - D_1)/(C_2 - D_2) = (95 - 85)/(110 - 90) = 1/2$，$n/m = 0.03878/0.07757 = 1/2$。在表 3-60 的序号 1~6 中，不同 A 的 CH0.1A/20 的 C_2/D_2 同为 110mm/90mm，不同 A 的新 CH0.1A/10H 的 C_1/D_1 同为 131.5mm/121.5mm，因此各组 n 同为 0.02040 和 m 同为 0.04080，而且由于楔差比 $(C_1 - D_1)/(C_2 - D_2) = (131.5 - 121.5)/(110 - 90) = 1/2$，$n/m = 0.02040/0.04080 = 1/2$；在表 3-60 的序号 7~12 中，不同 A 的 CH0.1A/20 的 C_2/D_2 同为 110mm/90mm 和不同 A 的新 CH0.1A/10B 的 C_1/D_1 同为 87.3mm/77.3mm，因此各组 n 同为 0.04784 和 m 同为 0.09568，而且由于楔差比 $(C_1 - D_1)/(C_2 - D_2) = (87.3 - 77.3)/(110 - 90) = 1/2$，$n/m = 0.04784/0.09568 = 1/2$。正是由于表 3-59 和表 3-60 中 $n/m = 1/2$，所以 $m - n = n$，即表 3-59 序号 1~6 中 $m - n = n = 0.04456 - 0.02228 = 0.02228$，序号 7~12 中 $m - n = n = 0.07757 - 0.03878 = 0.03878$；即表 3-60 序号 1~6 中，$m - n = n = 0.04080 - 0.02040 = 0.02040$，序号 7~12 中 $m - n = n = 0.09568 - 0.04784 = 0.04784$。可见，我国钢罐侧厚楔形砖不等端尺寸双楔形砖砖环，由于相配砌的小直径楔形砖与大直径楔形砖（减薄或加厚的）的楔差比采取相同且连续的简单整数，它们的简易计算式仍然比较规范。但是，正如 1.5.3.7 节所讨论的，不等端尺寸双楔形砖砖环中外直径比 $D_x/D_d \neq n/m$，$Q/T \neq n/m$ 和 $Q/T = D_x/D_d$，表 3-59 和表 3-60 中 Q 和 T 不会为简单整数，不便运用基于楔形砖每环极限砖数 K'_x、K'_d 及其系数 Q 和 T 的不等端尺寸双楔形砖砖环简易计算式。

表 3-59 和表 3-60 中的不等端尺寸双楔形砖砖环所用的小直径楔形砖和大直径楔形砖，都不是为其特意设计的专用砖，而是基本楔形砖与合门砖。当等中间尺寸 $p = 100mm$ 基本砖砖环中，有时库存缺少钝楔形砖 CH0.1A/10，改用不等端尺寸双楔形砖砖环，可由合门砖代替 CH0.1A/10。

［示例 11］ 罐壁工作衬外直径 $D = 3000mm$，壁厚 $A = 170mm$，计算该环用砖量。

方案 1　CH17/20 与 CH17/10 等中间尺寸 $p = 100mm$ 双楔形砖砖环

砖环中间直径 $D_p = 3000 - 170 = 2830mm$，由表 3-48 序号 3：

$$K_{CH17/20} = 0.03110(3434.0 - 2830) = 18.78 \text{ 块}$$

$$K_{CH17/20} = (3434.0 - 2830)/32.1492 = 18.79 \text{ 块}$$

或

$$K_{CH17/20} = 2 \times 53.407 - 0.03110 \times 2830 = 18.80 \text{ 块}$$

$$K_{CH17/10} = 2 \times 0.03110(2830 - 1717.0) = 69.23 \text{ 块}$$

$$K_{CH17/10} = 2(2830 - 1717.0)/32.1492 = 69.24 \text{ 块}$$

或　　　　$$K_{CH17/10} = 2 \times 0.03110 \times 2830 - 106.814 = 69.21 \text{ 块}$$

砖环总砖数 $18.80 + 69.21 = 88.01$ 块，与按式 $K_h = 0.03110 \times 2830 = 88.01$ 块计算，结果相等。两砖数配比 $K_{CH17/20}/K_{CH17/10} = 18.8/69.21 = 1/3.68$。

方案 2　CH17/20 与 CH17/10H 不等端尺寸双楔形砖砖环

由表 3-59 序号 3：

$$K_{CH17/20} = 95.447 - 0.02228 \times 3000 = 28.61 \text{ 块}$$

$$K_{CH17/10H} = 0.04456 \times 3000 - 84.085 = 49.59 \text{ 块}$$

$$K_h = 0.02228 \times 3000 + 11.362 = 78.20 \text{ 块}$$

砖环总砖数 $28.61 + 49.59 = 78.20$ 块，与按式 $K_h = 0.02228 \times 3000 + 11.362 = 78.20$ 块计算，结果相等。砖量配比 $28.61/49.59 = 1/1.734$。

方案 3　CH17/20 与 CH17/10B 不等端尺寸双楔形砖砖环

由表 3-59 序号 9：

$$K_{CH17/20} = 126.594 - 0.03878 \times 3000 = 10.25 \text{ 块}$$

$$K_{CH17/10B} = 0.07757 \times 3000 - 146.374 = 86.34 \text{ 块}$$

$$K_h = 0.03878 \times 3000 - 19.780 = 96.56 \text{ 块}$$

砖环总砖数 $10.25 + 86.34 = 96.59$ 块，与按式 $K_h = 0.03878 \times 3000 - 19.780 = 96.56$ 块计算，结果相同。砖量配比 $10.25/86.34 = 1/8.423$。

方案 4　CH17/20 与新 CH17/10H 不等端尺寸双楔形砖砖环

由表 3-60 序号 3：

$$K_{CH17/20} = 91.902 - 0.02040 \times 3000 = 30.7 \text{ 块}$$

$$K_{新CH17/10H} = 0.04080 \times 3000 - 76.99 = 45.41 \text{ 块}$$

$$K_h = 0.02040 \times 3000 + 14.912 = 76.11 \text{ 块}$$

砖环总砖数 $30.7 + 45.41 = 76.11$ 块，与按式 $K_h = 0.02040 \times 3000 + 14.912 = 76.11$ 块计算，结果相等。砖量配比 $30.7/45.41 = 1/1.479$。

方案 5　CH17/20 与新 CH17/10B 不等端尺寸双楔形砖砖环

由表 3-60 序号 9 看到该砖环外直径范围为 1887.0 ~ 3003.3mm，新 CH17/10B 的外直径 $D_{新CH17/10B} = 3003.3$mm，非常接近所计算砖环的外直径 $D = 3000$mm。实际上所计算砖环为新 CH17/10B 的单楔形砖砖环，由表 3-56 直接查出新 CH17/10B 的每环极限砖数 $K'_{新CH17/10B} = 106.814$ 块。就是说由新 CH17/10B 一种砖就完全可以砌好外直径 $D = 3000$mm 的单楔形砖砖环，其一环用砖量约为 107 块。

在评价我国钢罐罐壁侧厚楔形砖双楔形砖砖环优劣时，可参考回转窑砖环优选标准（见 1.5.4 节）。由于在设计罐壁用侧厚楔形砖尺寸时，注意了单位楔差、砖间识（区）别和计算式规范化等问题，实际上罐壁侧厚楔形砖砖环优劣仅表现在砖量配比的比较上。

示例 11 各方案砖量配比的优劣（除方案 5 为单楔形砖砖环外）排名顺序，最好的为方案 4（砖量配比 1/1.479），其次为方案 2（砖量配比 1/1.734）。

3.5.3 我国钢罐罐壁竖宽楔形砖双楔形砖砖环计算

3.5.3.1 等中间尺寸竖宽楔形砖双楔形砖砖环计算

我国钢罐罐壁平砌竖宽楔形砖双楔形砖砖环为等中间尺寸 $P = 150\text{mm}$ 的双楔形砖砖环，其计算同样可以采取式 1-21a ~ 式 1-26a 和式 1-27c（见 3.5.2 节）。这里由于 $P = 150\text{mm}$，中间直径 D_p 的系数 $\pi/P = \pi/(150 + 1) = 0.02080$，$P/\pi = 151/\pi = 48.06468$。由于基本竖宽楔形砖包括楔差 $\Delta C = 10\text{mm}$ 的竖宽钝楔形砖 SK0.1A/10、楔差 $\Delta C = 20\text{mm}$ 的竖宽锐楔形砖 SK0.1A/20 和楔差 $\Delta C = 30\text{mm}$ 的竖宽特锐楔形砖 SK0.1A/30，可配砌成竖宽特锐楔形砖与竖宽锐楔形砖（SK0.1A/30 与 SK0.1A/20）双楔形砖砖环、竖宽特锐楔形砖与竖宽钝楔形砖（SK0.1A/30 与 SK0.1A/10）双楔形砖砖环，以及竖宽锐楔形砖与竖宽钝楔形砖（SK0.1A/20 与 SK0.1A/10）双楔形砖砖环。对于这三种等中间尺寸双楔形砖砖环而言，D_p 系数及其倒数都分别相同。

等中间尺寸双楔形砖砖环的每环极限砖数的系数 Q 和 T，可由相配砌两砖的楔差比直接看出。例如 SK0.1A/30 与 SK0.1A/20 双楔形砖砖环的 $Q = 2$ 和 $T = 3$，SK0.1A/20 与 SK0.1A/10 双楔形砖砖环的 $Q = 1$ 和 $T = 2$。但 SK0.1A/30 与 SK0.1A/10 双楔形砖砖环的楔差为 1/3，由于受到 $T - Q = 1$ 的限制，$Q = 1/2$ 和 $T = 3/2$（$T - Q = 3/2 - 1/2 = 1$）。

SK0.1A/30 与 SK0.1A/20 等中间尺寸双楔形砖砖环的简易计算通式写作：

$$K_{\text{SK0.1}A/30} = 2 \times 0.02080(D_{pd} - D_p) \tag{1-21d}$$

$$K_{\text{SK0.1}A/20} = 3 \times 0.02080(D_p - D_{px}) \tag{1-22d}$$

$$K_{\text{SK0.1}A/30} = 2(D_{pd} - D_p)/48.06468 \tag{1-23d}$$

$$K_{\text{SK0.1}A/20} = 3(D_p - D_{px})/48.06468 \tag{1-24d}$$

或

$$K_{\text{SK0.1}A/30} = 3K'_x - 2 \times 0.02080D_p \tag{1-25d}$$

$$K_{\text{SK0.1}A/20} = 3 \times 0.02080D_p - 2K'_d \tag{1-26d}$$

将不同 A 的 SK0.1A/30 和 SK0.1A/20 的尺寸特征代入之，得我国钢罐等中间尺寸 $P = 150\text{mm}$ 竖宽特锐楔形砖与竖宽锐楔形砖双楔形砖砖环简易计算式，见表 3-61。

SK0.1A/20 与 SK0.1A/10 等中间尺寸双楔形砖砖环的简易计算通式写作：

$$K_{\text{SK0.1}A/20} = 0.02080(D_{pd} - D_p) \tag{1-21e}$$

$$K_{\text{SK0.1}A/10} = 2 \times 0.02080(D_p - D_{px}) \tag{1-22e}$$

$$K_{\text{SK0.1}A/20} = (D_{pd} - D_p)/48.06468 \tag{1-23e}$$

$$K_{\text{SK0.1}A/10} = 2(D_p - D_{px})/48.06468 \tag{1-24e}$$

或

$$K_{\text{SK0.1}A/20} = 2K'_x - 0.02080D_p \tag{1-25e}$$

$$K_{\text{SK0.1}A/10} = 2 \times 0.02080D_p - K'_d \tag{1-26e}$$

将不同 A 的 SK0.1A/20 和 SK0.1A/10 的尺寸特征代入之，得我国钢罐等中间尺寸 $P = 150\text{mm}$ 竖宽锐楔形砖与竖宽钝楔形砖双楔形砖砖环简易计算式，见表 3-62。

表 3-61 我国钢罐等中间尺寸 P=150mm 竖宽特锐楔形砖与竖宽锐楔形砖双楔形砖砖环简易计算式

序号	配砌尺寸砖号 小直径楔形砖	配砌尺寸砖号 大直径楔形砖	中间直径范围 $D_{px} \sim D_{pd}$/mm	每环极限砖数 K_0/块 K'_x	每环极限砖数 K_0/块 K'_d	每环极限砖数系数 K'_x 系数 T	每环极限砖数系数 K'_d 系数 Q	每环砖数计算式/块 小直径楔形砖量 K_x	每环砖数计算式/块 大直径楔形砖量 K_d
0	SK0.1A/30	SK0.1A/20				3	2	$K_{SK0.1A/30} = 2 \times 0.02080(D_{pd} - D_p)$ $K_{SK0.1A/30} = 2(D_{pd} - D_p)/48.06468$ $K_{SK0.1A/30} = 3K'_x - 2 \times 0.02080 D_p$	$K_{SK0.1A/20} = 3 \times 0.02080(D_p - D_{px})$ $K_{SK0.1A/20} = 3(D_p - D_{px})/48.06468$ $K_{SK0.1A/20} = 3 \times 0.02080 D_p - 2K'_d$
1	SK15/30	SK15/20	1510.0 ~ 2265.0	31.416	47.124	3	2	$K_{SK15/30} = 2 \times 0.02080(2265.0 - D_p)$ $K_{SK15/30} = 2(2265.0 - D_p)/48.06468$ $K_{SK15/30} = 3 \times 31.416 - 2 \times 0.02080 D_p$	$K_{SK15/20} = 3 \times 0.02080(D_p - 1510.0)$ $K_{SK15/20} = 3(D_p - 1510.0)/48.06468$ $K_{SK15/20} = 3 \times 0.02080 D_p - 2 \times 47.124$
2	SK17/30	SK17/20	1711.3 ~ 2567.0	35.605	53.407	3	2	$K_{SK17/30} = 2 \times 0.02080(2567.0 - D_p)$ $K_{SK17/30} = 2(2567.0 - D_p)/48.06468$ $K_{SK17/30} = 3 \times 35.605 - 2 \times 0.02080 D_p$	$K_{SK17/20} = 3 \times 0.02080(D_p - 1711.3)$ $K_{SK17/20} = 3(D_p - 1711.3)/48.06468$ $K_{SK17/20} = 3 \times 0.02080 D_p - 2 \times 53.047$
3	SK19/30	SK19/20	1912.7 ~ 2869.0	39.794	59.690	3	2	$K_{SK19/30} = 2 \times 0.02080(2869.0 - D_p)$ $K_{SK19/30} = 2(2869.0 - D_p)/48.06468$ $K_{SK19/30} = 3 \times 39.794 - 2 \times 0.02080 D_p$	$K_{SK19/20} = 3 \times 0.02080(D_p - 1912.7)$ $K_{SK19/20} = 3(D_p - 1912.7)/48.06468$ $K_{SK19/20} = 3 \times 0.02080 D_p - 2 \times 59.690$
4	SK21/30	SK21/20	2114.0 ~ 3171.0	43.982	65.974	3	2	$K_{SK21/30} = 2 \times 0.02080(3171.0 - D_p)$ $K_{SK21/30} = 2(3171.0 - D_p)/48.06468$ $K_{SK21/30} = 3 \times 43.982 - 2 \times 0.02080 D_p$	$K_{SK21/20} = 3 \times 0.02080(D_p - 2114.0)$ $K_{SK21/20} = 3(D_p - 2114.0)/48.06468$ $K_{SK21/20} = 3 \times 0.02080 D_p - 2 \times 65.974$
5	SK23/30	SK23/20	2315.3 ~ 3473.0	48.171	72.257	3	2	$K_{SK23/30} = 2 \times 0.02080(3473.0 - D_p)$ $K_{SK23/30} = 2(3473.0 - D_p)/48.06468$ $K_{SK23/30} = 3 \times 48.171 - 2 \times 0.02080 D_p$	$K_{SK23/20} = 3 \times 0.02080(D_p - 2315.3)$ $K_{SK23/20} = 3(D_p - 2315.3)/48.06468$ $K_{SK23/20} = 3 \times 0.02080 D_p - 2 \times 72.257$

注: 1. 本表计算中砌缝厚度取 1mm。

2. 本表各砖环总砖数 $K_h = 0.02080 D_p$。

表 3-62　我国钢罐等中间尺寸 $P=150\text{mm}$ 竖宽锐楔形砖与竖宽钝楔形砖双楔形砖砖环简易计算式

序号	配砌尺寸砖号 小直径楔形砖	配砌尺寸砖号 大直径楔形砖	中间直径范围 $D_{px} \sim D_{pd}$ /mm	每环极限砖数 K'_0/块 K'_x	每环极限砖数 K'_0/块 K'_d	每环板限砖数系数 K'_x 系数 T	每环板限砖数系数 K'_d 系数 Q	每环砖数计算式/块 小直径楔形砖数量 K_x	每环砖数计算式/块 大直径楔形砖数量 K_d
0	SK0.1A/20	SK0.1A/10				2	1	$K_{SK0.1A/20} = 0.02080(D_{pd} - D_p)$ $K_{SK0.1A/20} = (D_{pd} - D_p)/48.06468$ $K_{SK0.1A/20} = 2K'_x - 0.02080 D_p$	$K_{SK0.1A/10} = 2 \times 0.02080(D_p - D_{px})$ $K_{SK0.1A/10} = 2(D_p - D_{px})/48.06468$ $K_{SK0.1A/10} = 2 \times 0.02080 D_p - K'_d$
1	SK15/20	SK15/10	2265.0 ~ 4530.0	47.124	94.248	2	1	$K_{SK15/20} = 0.02080(4530.0 - D_p)$ $K_{SK15/20} = (4530.0 - D_p)/48.06468$ $K_{SK15/20} = 2 \times 47.124 - 0.02080 D_p$	$K_{SK15/10} = 2 \times 0.02080(D_p - 2265.0)$ $K_{SK15/10} = 2(D_p - 2265.0)/48.06468$ $K_{SK15/10} = 2 \times 0.02080 D_p - 94.248$
2	SK17/20	SK17/10	2567.0 ~ 5134.0	53.407	106.814	2	1	$K_{SK17/20} = 0.02080(5134.0 - D_p)$ $K_{SK17/20} = (5134.0 - D_p)/48.06468$ $K_{SK17/20} = 2 \times 53.047 - 0.02080 D_p$	$K_{SK17/10} = 2 \times 0.02080(D_p - 2567.0)$ $K_{SK17/10} = 2(D_p - 2567.0)/48.06468$ $K_{SK17/10} = 2 \times 0.02080 D_p - 106.814$
3	SK19/20	SK19/10	2869.0 ~ 5738.0	59.690	119.381	2	1	$K_{SK19/20} = 0.02080(5738.0 - D_p)$ $K_{SK19/20} = (5738.0 - D_p)/48.06468$ $K_{SK19/20} = 2 \times 59.690 - 0.02080 D_p$	$K_{SK19/10} = 2 \times 0.02080(D_p - 2869.0)$ $K_{SK19/10} = 2(D_p - 2869.0)/48.06468$ $K_{SK19/10} = 2 \times 0.02080 D_p - 119.381$
4	SK21/20	SK21/10	3171.0 ~ 6342.0	65.974	131.947	2	1	$K_{SK21/20} = 0.02080(6342.0 - D_p)$ $K_{SK21/20} = (6342.0 - D_p)/48.06468$ $K_{SK21/20} = 2 \times 65.974 - 0.02080 D_p$	$K_{SK21/10} = 2 \times 0.02080(D_p - 3171.0)$ $K_{SK21/10} = 2(D_p - 3171.0)/48.06468$ $K_{SK21/10} = 2 \times 0.02080 D_p - 131.947$
5	SK23/20	SK23/10	3473.0 ~ 6946.0	72.257	144.514	2	1	$K_{SK23/20} = 0.02080(6946.0 - D_p)$ $K_{SK23/20} = (6946.0 - D_p)/48.06468$ $K_{SK23/20} = 2 \times 72.257 - 0.02080 D_p$	$K_{SK23/10} = 2 \times 0.02080(D_p - 3473.0)$ $K_{SK23/10} = 2(D_p - 3473.0)/48.06468$ $K_{SK23/10} = 2 \times 0.02080 D_p - 144.514$

注：1. 本表计算中砌缝厚度取 1mm。

2. 本表各砖总环砖数 $K_h = 0.02080 D_p$。

SK0.1A/30 与 SK0.1A/10 等中间尺寸双楔形砖砖环的简易计算通式写作：

$$K_{SK0.1A/30} = 0.02080(D_{pd} - D_p)/2 \tag{1-21f}$$

$$K_{SK0.1A/10} = 3 \times 0.02080(D_p - D_{px})/2 \tag{1-22f}$$

$$K_{SK0.1A/30} = (D_{pd} - D_p)/(2 \times 48.06468) \tag{1-23f}$$

$$K_{SK0.1A/10} = 3(D_p - D_{px})/(2 \times 48.06468) \tag{1-24f}$$

或

$$K_{SK0.1A/30} = 3K'_x/2 - 0.02080D_p/2 \tag{1-25f}$$

$$K_{SK0.1A/10} = 3 \times 0.02080D_p/2 - K'_d/2 \tag{1-26f}$$

我国钢罐等中间尺寸 $P = 150$mm 的上述三种竖宽楔形砖双楔形砖砖环，其砖环总砖数 K_h 的简易计算式都为 $K_h = 0.02080D_p$。

将不同 A 的 SK0.1A/30 和 SK0.1A/10 的尺寸特征代入之，得我国钢罐等中间尺寸 $P = 150$mm 竖宽特锐楔形砖与竖宽钝楔形砖双楔形砖砖环简易计算式，见表 3-63。

[示例 12] 3.5.2 节的示例 10 改砌竖宽楔形砖。每段高度为 11 层 × 102mm = 1122mm。砌以 $A = 210$mm 竖宽楔形砖的下段下端外直径 4080.0mm，下段上端外直径 4181.0mm，平均外直径 (4080.0 + 4181.0)/2 = 4130.5mm，平均中间直径 $D_p = 4130.5 - 210 = 3920.5$mm。中段上端外直径 4282.0mm，砌以 $A = 190$mm 竖宽楔形砖，平均外直径 (4181.0 + 4282.0)/2 = 4231.5mm，平均中间直径 $D_p = 4231.5 - 190 = 4041.5$mm。上段上端外直径为 4383.0mm，砌以 $A = 170$mm 竖宽楔形砖，平均外直径 (4282.0 + 4383.0)/2 = 4332.5mm，平均中间直径 $D_p = 4332.5 - 170 = 4162.5$。计算每一段一层平均用砖量。

下段平均中间直径 $D_p = 3920.5$mm，由表 3-62 序号 4（方案 1）和表 3-63 序号 4（方案 2）可以算出。

方案 1　SK21/20 与 SK21/10 等中间尺寸 $P = 150$mm 双楔形砖砖环

$$K_{SK21/20} = 0.02080(6342.0 - 3920.5) = 50.37 \text{ 块}$$

$$K_{SK21/20} = (6342.0 - 3920.5)/48.06468 = 50.38 \text{ 块}$$

或

$$K_{SK21/20} = 2 \times 65.974 - 0.02080 \times 3920.5 = 50.40 \text{ 块}$$

$$K_{SK21/10} = 2 \times 0.02080(3920.5 - 3171.0) = 31.18 \text{ 块}$$

$$K_{SK21/10} = 2(3920.5 - 3171.0)/48.06468 = 31.19 \text{ 块}$$

或

$$K_{SK21/10} = 2 \times 0.02080 \times 3920.5 - 131.947 = 31.15 \text{ 块}$$

砖环总砖数 50.40 + 31.15 = 81.55 块，与按式 $K_h = 0.02080 \times 3920.5 = 81.55$ 块计算，结果相等。砖量配比 31.15/50.40 = 1/1.618。

方案 2　SK21/30 与 SK21/10 等中间尺寸 $P = 150$mm 双楔形砖砖环

$$K_{SK21/30} = 0.02080(6342.0 - 3920.5)/2 = 25.18 \text{ 块}$$

$$K_{SK21/30} = (6342.0 - 3920.5)/(2 \times 48.06468) = 25.19 \text{ 块}$$

或

$$K_{SK21/30} = 3 \times 43.982/2 - 0.02080 \times 3920.5/2 = 25.20 \text{ 块}$$

$$K_{SK21/10} = 3 \times 0.02080(3920.5 - 2114.0)/2 = 56.36 \text{ 块}$$

表3-63　我国钢罐等中间尺寸 $P=150\text{mm}$ 竖宽特锐楔形砖与竖宽钝楔形砖双楔形砖环简易计算式

序号	配砌尺寸砖号 小直径楔形砖	配砌尺寸砖号 大直径楔形砖	中间直径范围 $D_{px} \sim D_{pd}$ /mm	每环极限砖数 K'_0/块 K'_x	每环极限砖数 K'_0/块 K'_d	每环极限砖数系数 K'_x 系数 T	每环极限砖数系数 K'_d 系数 Q	每环砖数计算式/块 小直径楔形砖量 K_x	每环砖数计算式/块 大直径楔形砖量 K_d
0	SK0.1A/30	SK0.1A/10				3/2	1/2	$K_{SK0.1A/30}=0.02080(D_{pd}-D_p)/2$ $K_{SK0.1A/30}=(D_{pd}-D_p)/(2\times48.0468)$ $K_{SK0.1A/30}=3K'_x/2-0.02080D_p/2$	$K_{SK0.1A/10}=3\times0.02080(D_p-D_{px})/2$ $K_{SK0.1A/10}=3(D_p-D_{px})/(2\times48.0468)$ $K_{SK0.1A/10}=3\times0.02080D_p/2-K'_d/2$
1	SK15/30	SK15/10	1510.0~4530.0	31.416	94.248	3/2	1/2	$K_{SK15/30}=0.02080(4530.0-D_p)/2$ $K_{SK15/30}=(4530.0-D_p)/(2\times48.0468)$ $K_{SK15/30}=3\times31.416/2-0.02080D_p/2$	$K_{SK15/10}=3\times0.02080(D_p-1510.0)/2$ $K_{SK15/10}=3(D_p-1510.0)/(2\times48.0468)$ $K_{SK15/10}=3\times0.02080D_p/2-94.248/2$
2	SK17/30	SK17/10	1711.3~5134.0	35.605	106.814	3/2	1/2	$K_{SK17/30}=0.02080(5134.0-D_p)/2$ $K_{SK17/30}=(5134.0-D_p)/(2\times48.0468)$ $K_{SK17/30}=3\times35.605/2-0.02080D_p/2$	$K_{SK17/10}=3\times0.02080(D_p-1711.3)/2$ $K_{SK17/10}=3(D_p-1711.3)/(2\times48.0468)$ $K_{SK17/10}=3\times0.02080D_p/2-106.814/2$
3	SK19/30	SK19/10	1912.7~5738.0	39.794	119.381	3/2	1/2	$K_{SK19/30}=0.02080(5738.0-D_p)/2$ $K_{SK19/30}=(5738.0-D_p)/(2\times48.0468)$ $K_{SK19/30}=3\times39.794/2-0.02080D_p/2$	$K_{SK19/10}=3\times0.02080(D_p-1912.7)/2$ $K_{SK19/10}=3(D_p-1912.7)/(2\times48.0468)$ $K_{SK19/10}=3\times0.02080D_p/2-119.381/2$
4	SK21/30	SK21/10	2114.0~6342.0	43.982	131.947	3/2	1/2	$K_{SK21/30}=0.02080(6342.0-D_p)/2$ $K_{SK21/30}=(6342.0-D_p)/(2\times48.0468)$ $K_{SK21/30}=3\times43.982/2-0.02080D_p/2$	$K_{SK21/10}=3\times0.02080(D_p-2114.0)/2$ $K_{SK21/10}=3(D_p-2114.0)/(2\times48.0468)$ $K_{SK21/10}=3\times0.02080D_p/2-131.947/2$
5	SK23/30	SK23/10	2315.3~6946.0	48.171	144.514	3/2	1/2	$K_{SK23/30}=0.02080(6946.0-D_p)/2$ $K_{SK23/30}=(6946.0-D_p)/(2\times48.0468)$ $K_{SK23/30}=3\times48.171/2-0.02080D_p/2$	$K_{SK23/10}=3\times0.02080(D_p-2315.3)/2$ $K_{SK23/10}=3(D_p-2315.3)/(2\times48.0468)$ $K_{SK23/10}=3\times0.02080D_p/2-144.514/2$

注：1. 本表计算中砌缝厚度取 1mm。
2. 本表各环总砖数 $K_h=0.02080D_p$。

$$K_{SK21/10} = 3(3920.5 - 2114.0)/(2 \times 48.06468) = 56.38 \text{ 块}$$

或　　　　$$K_{SK21/10} = 3 \times 0.02080 \times 3920.5/2 - 131.947/2 = 56.35 \text{ 块}$$

砖环总砖数 $25.20 + 56.35 = 81.55$ 块，与按式 $K_h = 0.02080 \times 3920.5 = 81.55$ 块计算，结果相等。砖量配比 $25.20/56.35 = 1/2.236$。

中段平均中间直径 $D_p = 4041.5mm$，由表 3-62 序号 3（方案 1）和表 3-63 序号 3（方案 2）可以算出。

方案 1　SK19/20 与 SK19/10 等中间尺寸 $P = 150mm$ 双楔形砖砖环

$$K_{SK19/20} = 0.02080(5738.0 - 4041.5) = 35.29 \text{ 块}$$

$$K_{SK19/20} = (5738.0 - 4041.5)/48.06468 = 35.30 \text{ 块}$$

或　　　　$$K_{SK19/20} = 2 \times 59.690 - 0.02080 \times 4041.5 = 35.32 \text{ 块}$$

$$K_{SK19/10} = 2 \times 0.02080(4041.5 - 2869.0) = 48.78 \text{ 块}$$

$$K_{SK19/10} = 2(4041.5 - 2869.0)/48.06468 = 48.79 \text{ 块}$$

或　　　　$$K_{SK19/10} = 2 \times 0.02080 \times 4041.5 - 119.381 = 48.75 \text{ 块}$$

砖环总砖数 $35.30 + 48.75 = 84.05$ 块，与按式 $K_h = 0.02080 \times 4041.5 = 84.06$ 块计算，结果相等。砖量配比 $35.30/48.75 = 1/1.381$。

方案 2　SK19/30 与 SK19/10 等中间尺寸 $P = 150mm$ 双楔形砖砖环

$$K_{SK19/30} = 0.02080(5738.0 - 4041.5)/2 = 17.64 \text{ 块}$$

$$K_{SK19/30} = (5738.0 - 4041.5)/(2 \times 48.06468) = 17.65 \text{ 块}$$

或　　　　$$K_{SK19/30} = 3 \times 39.794/2 - 0.02080 \times 4041.5/2 = 17.66 \text{ 块}$$

$$K_{SK19/10} = 3 \times 0.02080(4041.5 - 1912.7)/2 = 66.42 \text{ 块}$$

$$K_{SK19/10} = 3(4041.5 - 1912.7)/(2 \times 48.06468) = 66.43 \text{ 块}$$

或　　　　$$K_{SK19/10} = 3 \times 0.02080 \times 4041.5/2 - 119.381/2 = 66.40 \text{ 块}$$

砖环总砖数 $17.66 + 66.40 = 84.06$ 块，与按式 $K_h = 0.02080 \times 4041.5 = 84.06$ 块计算，结果相等。砖量配比 $17.66/66.40 = 1/3.76$。

上段平均中间直径 $D_p = 4162.5mm$，由表 3-62 序号 2（方案 1）和表 3-63 序号 2（方案 2）可以算出。

方案 1　SK17/20 与 SK17/10 等中间尺寸 $P = 150mm$ 双楔形砖砖环

$$K_{SK17/20} = 0.02080(5134.0 - 4162.5) = 20.21 \text{ 块}$$

$$K_{SK17/20} = (5134.0 - 4162.5)/48.06468 = 20.21 \text{ 块}$$

或　　　　$$K_{SK17/20} = 2 \times 53.407 - 0.02080 \times 4162.5 = 20.23 \text{ 块}$$

$$K_{SK17/10} = 2 \times 0.02080(4162.5 - 2567.0) = 66.37 \text{ 块}$$

$$K_{SK17/10} = 2(4162.5 - 2567.0)/48.06468 = 66.39 \text{ 块}$$

或 $$K_{SK17/10} = 2 \times 0.02080 \times 4162.5 - 106.814 = 66.35 \text{ 块}$$

砖环总砖数 $20.23 + 66.35 = 86.58$ 块，与按式 $K_h = 0.02080 \times 4162.5 = 86.58$ 块计算，结果相等。砖量配比 $20.23/66.35 = 1/3.28$。

方案 2　SK17/30 与 SK17/10 等中间尺寸 $P = 150\text{mm}$ 双楔形砖砖环

$$K_{SK17/30} = 0.02080(5134.0 - 4162.5)/2 = 10.10 \text{ 块}$$

$$K_{SK17/30} = (5134.0 - 4162.5)/(2 \times 48.06468) = 10.11 \text{ 块}$$

或 $$K_{SK17/30} = 3 \times 35.605/2 - 0.02080 \times 4162.5/2 = 10.12 \text{ 块}$$

$$K_{SK17/10} = 3 \times 0.02080(4162.5 - 1711.3)/2 = 76.48 \text{ 块}$$

$$K_{SK17/10} = 3(4162.5 - 1711.3)/(2 \times 48.06468) = 76.50 \text{ 块}$$

或 $$K_{SK17/10} = 3 \times 0.02080 \times 4162.5/2 - 106.814/2 = 76.46 \text{ 块}$$

砖环总砖数 $10.12 + 76.46 = 86.58$ 块，与按式 $K_h = 0.02080 \times 4162.5 = 86.58$ 块计算，结果相等。砖量配比 $10.12/76.46 = 1/7.555$。

示例 12 计算结果表明，由于竖宽钝楔形砖 SK0.1A/10 的中间尺寸 150mm 比侧厚钝楔形砖 CH0.1A/10 的中间尺寸 100mm 大 50%，$A = 170\text{mm}$ 以上的竖宽钝楔形砖的中间直径都高达 4530.0mm，能满足钢罐阶梯式罐壁的要求。另外，无论下段、中段或上段砖环，SK0.1A/20 与 SK0.1A/10 双楔形砖砖环的砖量配比都比 SK0.1A/30 与 SK0.1A/10 双楔形砖砖环要好。

3.5.3.2　竖宽楔形砖等楔差双楔形砖砖环计算

如前已述，我国钢罐罐壁用竖宽楔形砖的中间尺寸比罐壁用侧厚楔形砖的中间尺寸大很多，竖宽楔形砖的中间直径 D_p 比较大，没必要通过加宽合门砖再增大中间直径。加宽竖宽楔形砖合门砖的作用主要是作为错缝砖和合门砖。由于标准中设置的特锐竖宽楔形砖的中间直径很小，也没必要通过减窄竖宽楔形合门砖再减小中间直径。减窄竖宽楔形合门砖的作用主要是便于挑选合门调节砖。既然加宽和减窄竖宽楔形砖主要用于合门和错缝，在每组特锐楔形砖、锐楔形砖和钝楔形砖中选择楔差为 20mm 的锐楔形砖加宽和减窄，以便于用在各种双楔形砖砖环。加宽合门砖和减窄合门砖的尺寸设计，应同时考虑在等楔差双楔形砖砖环计算中的规范性。下面介绍两种设计计算方法。

A　注意合门砖尺寸规范化

加宽竖宽锐楔形砖 SK0.1A/20K 和减窄竖宽锐楔形砖 SK0.1A/20Z 的中间尺寸 P_1 和 P_2 分别比基本竖宽锐楔形砖 SK0.1A/20 的中间尺寸 P（150mm）增大 20mm 和减小 10mm，即 $P_1 = 170\text{mm}$ 和 $P_2 = 140\text{mm}$。SK0.1A/20K 的 $C_1/D_1 = 180\text{mm}/160\text{mm}$，SK0.1A/20Z 的 $C_2/D_2 = 150\text{mm}/130\text{mm}$。这样，钢罐竖宽合门砖的建议尺寸和尺寸特征之一见表 3-64。

表 3-64　钢罐竖宽楔形合门砖建议尺寸和尺寸特征之一

尺寸砖号	尺寸/mm			尺寸规格 $A \times (C/D) \times B$ /mm × mm × mm	单位楔差 $\Delta C' = \dfrac{C-D}{A}$	中间直径/mm $D_{po} = \dfrac{2PA}{C-D}$		每环极限砖数/块 $K'_0 = \dfrac{2\pi A}{C-D}$	中心角/(°) $\theta_0 = \dfrac{180(C-D)}{\pi A}$	体积 /cm³
	A	C/D	B			砌缝1mm	砌缝2mm			
SK15/20K	150	180/160	100	150 × (180/160) × 100	0.1333	2565.0	2580.0	47.124	7.639	2550.0
SK15/20Z	150	150/130	100	150 × (150/130) × 100	0.1333	2115.0	2130.0	47.124	7.639	2100.0
SK17/20K	170	180/160	100	170 × (180/160) × 100	0.1176	2907.0	2924.0	53.407	6.741	2890.0
SK17/20Z	170	150/130	100	170 × (150/130) × 100	0.1176	2397.0	2414.0	53.407	6.741	2380.0
SK19/20K	190	180/160	100	190 × (180/160) × 100	0.1053	3249.0	3268.0	59.690	6.031	3230.0
SK19/20Z	190	150/130	100	190 × (150/130) × 100	0.1053	2679.0	2698.0	59.690	6.031	2660.0
SK21/20K	210	180/160	100	210 × (180/160) × 100	0.0952	3591.0	3612.0	65.974	5.457	3570.0
SK21/20Z	210	150/130	100	210 × (150/130) × 100	0.0952	2961.0	2982.0	65.974	5.457	2940.0
SK23/20K	230	180/160	100	230 × (180/160) × 100	0.0870	3933.0	3956.0	72.257	4.982	3910.0
SK23/20Z	230	150/130	100	230 × (150/130) × 100	0.0870	3243.0	3266.0	72.257	4.982	3220.0

注：尺寸砖号表示法同表 3-36，数字 20 后的 K 和 Z 分别表示加宽和减窄合门砖。

　　相同 A 每组中 SK0.1A/20Z 与 SK0.1A/20K 可配砌成等楔差 20mm 双楔形砖砖环。一块楔形砖中间直径变化量 $(\Delta D_p)'_{1x} = (\Delta D_p)'_{1d} = (D_{pd} - D_{px})/K'_0$，将 D_{px}、D_{pd} 和 K'_0 定义式代入之，得 $(\Delta D_p)'_{1x} = (P_1 - P_2)/\pi$，由于 $P_1 - P_2 = C_1 - C_2$，所以 $(\Delta D_p)'_{1x} = (C_1 - C_2)/\pi$ 仍适用。钢罐减窄竖宽楔形砖 SK0.1A/20Z 与加宽竖宽楔形砖 SK0.1A/20K 等楔差 20mm 双楔形砖砖环的简易计算式见表 3-65。由表 3-65 看出，每个等楔差双楔形砖砖环的中间直径范围本来就很小，没必要再配砌加宽竖宽楔形砖或减窄竖宽楔形砖与竖宽锐楔形砖 SK0.1A/20 的等楔差双楔形砖砖环。

　　从表 3-64 和表 3-65 看到，钢罐新 SK0.1A/20Z 与新 SK0.1A/20K 等楔差 20mm 双楔形砖砖环简易计算式中的中间直径和 Q/T 并不规范，虽然砖尺寸和楔差比都比较规范。

　　B　注意合门砖外直径比和 Q/T 规范化

　　为使 Q/T 成连续的简单整数比，例如 $Q/T = 7/8$，则 SK15/20（已计算出 SK15/20 的外直径 $D_x = 2 \times 161 \times 150/20 = 2415.0$mm）与新 SK15/20K 的外直径比 $D_x/D_d = 7/8$，新 SK15/20K 的外直径 $D_d = 2415.0 \times 8/7 = 2760.0$mm。新 SK15/20K 的大端尺寸 $C_1 = 2760.0 \times 20/(2 \times 150) - 1 = 183$mm，小端尺寸 $D_1 = 183 - 20 = 163$mm，即新 SK0.1A/20K 的大小端尺寸 $C_1/D_1 = 183$mm/163mm。

　　按上述同样方法，使新 SK15/20Z 与 SK15/20 的外直径比为 6/7，新 SK15/20Z 的外直径 $D_x = 2415.0 \times 6/7 = 2070.0$mm，则新 SK15/20Z 的大端尺寸 $C_2 = 2070.0 \times 20/(2 \times 150) - 1 = 137$mm，小端尺寸 $D_2 = 137 - 20 = 117$mm。此时，$Q = 2070.0/(2415.0 - 2070.0) = 6$，$T = 2415.0/(2415.0 - 2070.0) = 7$。新 SK0.1A/20Z 与新 SK0.1A/20K 的尺寸和尺寸特征建议方案见表 3-66。

表3-65　钢罐新 SK0.1A/20Z 与新 SK0.1A/20K 等楔差 20mm 双楔形砖砖环简易计算式之一

序号	配砌尺寸砖号 小直径楝形砖	配砌尺寸砖号 大直径楝形砖	中间直径范围 $D_{px} \sim D_{pd}$ /mm	每环极限砖数/块 $K_h = K'_x = K'_d$	一块砖直径变化量 $(D)'_{ix} = (D)'_{ld} = \dfrac{C_1-C_2}{\pi}$	单位直径砖量/块 $m = n = \dfrac{\pi}{(\Delta D)'_Q} = \dfrac{\pi}{C_1-C_2}$	K'_x系数 $T = \dfrac{D_{pd}}{D_{pd}-D_{px}}$	K'_d系数 $Q = \dfrac{D_{px}}{D_{pd}-D_{px}}$	每环砖数简易计算式/块 小直径楝形砖量 K_x	每环砖数简易计算式/块 大直径楔形砖量 K_d
0	新 SK0.1A/20Z	新 SK0.1A/20K			9.54927	0.10472			$K_{新SK0.1A/20Z} = 0.10472(D_{pd}-D_p)$ $K_{新SK0.1A/20Z} = (D_{pd}-D_p)/9.54927$ $K_{新SK0.1A/20Z} = 5.7K'_x - 0.10472D$	$K_{新SK0.1A/20K} = 0.10472(D_p-D_{px})$ $K_{新SK0.1A/20K} = (D_p-D_{px})/9.54927$ $K_{新SK0.1A/20K} = 0.10472D_p - 4.7K'_x$
1	新 SK15/20Z	新 SK15/20K	2115.0 ~ 2565.0	47.124	9.54927	0.10472	5.7	4.7	$K_{新SK15/20Z} = 0.10472(2565.0-D_p)$ $K_{新SK15/20Z} = (2565.0-D_p)/9.54927$ $K_{新SK15/20Z} = 5.7×47.124-0.10472D_p$	$K_{新SK15/20K} = 0.10472(D_p-2115.0)$ $K_{新SK15/20K} = (D_p-2115.0)/9.54927$ $K_{新SK15/20K} = 0.10472D_p - 4.7×47.124$
2	新 SK17/20Z	新 SK17/20K	2397.0 ~ 2907.0	53.407	9.54927	0.10472	5.7	4.7	$K_{新SK17/20Z} = 0.10472(2907.0-D_p)$ $K_{新SK17/20Z} = (2907.0-D_p)/9.54927$ $K_{新SK17/20Z} = 5.7×53.407-0.10472D_p$	$K_{新SK17/20K} = 0.10472(D_p-2397.0)$ $K_{新SK17/20K} = (D_p-2397.0)/9.54927$ $K_{新SK17/20K} = 0.10472D_p - 4.7×53.407$
3	新 SK19/20Z	新 SK19/20K	2679.0 ~ 3249.0	59.690	9.54927	0.10472	5.7	4.7	$K_{新SK19/20Z} = 0.10472(3249.0-D_p)$ $K_{新SK19/20Z} = (3249.0-D_p)/9.54927$ $K_{新SK19/20Z} = 5.7×59.690-0.10472D_p$	$K_{新SK19/20K} = 0.10472(D_p-2679.0)$ $K_{新SK19/20K} = (D_p-2679.0)/9.54927$ $K_{新SK19/20K} = 0.10472D_p - 4.7×59.690$
4	新 SK21/20Z	新 SK21/20K	2961.0 ~ 3591.0	65.974	9.54927	0.10472	5.7	4.7	$K_{新SK21/20Z} = 0.10472(3591.0-D_p)$ $K_{新SK21/20Z} = (3591.0-D_p)/9.54927$ $K_{新SK21/20Z} = 5.7×65.974-0.10472D_p$	$K_{新SK21/20K} = 0.10472(D_p-2961.0)$ $K_{新SK21/20K} = (D_p-2961.0)/9.54927$ $K_{新SK21/20K} = 0.10472D_p - 4.7×65.974$
5	新 SK23/20Z	新 SK23/20K	3243.0 ~ 3933.0	72.257	9.54927	0.10472	5.7	4.7	$K_{新SK23/20Z} = 0.10472(3933.0-D_p)$ $K_{新SK23/20Z} = (3933.0-D_p)/9.54927$ $K_{新SK23/20Z} = 5.7×72.257-0.10472D_p$	$K_{新SK23/20K} = 0.10472(D_p-3933.0)$ $K_{新SK23/20K} = (D_p-3933.0)/9.54927$ $K_{新SK23/20K} = 0.10472D_p - 4.7×72.257$

注：本表计算中砌缝厚度取 1mm。

表 3-66 钢罐竖宽楔形合门砖建议尺寸和尺寸特征之二

尺寸砖号	尺寸/mm			尺寸规格 $A \times (C/D) \times B$ /mm × mm × mm	单位楔差 $\Delta C' = \dfrac{C-D}{A}$	外直径/mm $D_o = \dfrac{2CA}{C-D}$		每环极限砖数/块 $K'_0 = \dfrac{2\pi A}{C-D}$	中心角/(°) $\theta_0 = \dfrac{180(C-D)}{\pi A}$	体积 /cm³
	A	C/D	B			砌缝 1mm	砌缝 2mm			
新 SK15/20K	150	183/163	100	150 × (183/163) × 100	0.1333	2760.0	2775.0	47.124	7.639	2595.0
新 SK15/20Z	150	137/117	100	150 × (137/117) × 100	0.1333	2070.0	2085.0	47.124	7.639	1905.0
新 SK17/20K	170	183/163	100	170 × (183/163) × 100	0.1176	3128.0	3145.0	53.407	6.741	2941.0
新 SK17/20Z	170	137/117	100	170 × (137/117) × 100	0.1176	2346.0	2363.0	53.407	6.741	2159.0
新 SK19/20K	190	183/163	100	190 × (183/163) × 100	0.1053	3496.0	3515.0	59.690	6.031	3287.0
新 SK19/20Z	190	137/117	100	190 × (137/117) × 100	0.1053	2622.0	2641.0	59.690	6.031	2413.0
新 SK21/20K	210	183/163	100	210 × (183/163) × 100	0.0952	3864.0	3885.0	65.974	5.457	3633.0
新 SK21/20Z	210	137/117	100	210 × (137/117) × 100	0.0952	2898.0	2919.0	65.974	5.457	2667.0
新 SK23/20K	230	183/163	100	230 × (183/163) × 100	0.0870	4232.0	4255.0	72.257	4.982	3979.0
新 SK23/20Z	230	137/117	100	230 × (137/117) × 100	0.0870	3174.0	3197.0	72.257	4.982	2921.0

注：尺寸砖号表示法同表 3-36，数字 20 后的 K 和 Z 分别表示加宽和减窄合门砖。

新 SK0.1A/20Z 与新 SK0.1A/20K 等楔差 20mm 双楔形砖砖环，一块楔形砖直径变化量 $(\Delta D)'_{1x} = (\Delta D)'_{1d} = (C_1 - C_2)/\pi = (183 - 137)/\pi = 14.64222$，单位直径砖量 $m = n = \pi/(C_1 - C_2) = \pi/(183 - 137) = 0.06829$，$Q = 2070.0/(2760.0 - 2070.0) = 3$，$T = 2760.0/(2760.0 - 2070.0) = 4$。新 SK0.1A/20Z 与新 SK0.1A/20K 等楔差 20mm 双楔形砖砖环简易计算式见表 3-67。从中可见简易计算式非常规范，虽然砖尺寸不太规范。

3.5.3.3 竖宽楔形砖不等端尺寸双楔形砖砖环计算

竖宽楔形合门砖，不仅能配砌成等楔差双楔形砖砖环，还能与竖宽特锐楔形砖和竖宽钝楔形砖配砌成不等端尺寸双楔形砖砖环，见表 3-68。例如竖宽特锐楔形砖 SK0.1A/30 与加宽竖宽锐楔形砖 SK0.1A/20K 不等端尺寸双楔形砖砖环（表 3-68 序号 1~5）、竖宽特锐楔形砖 SK0.1A/30 与减窄竖宽锐楔形砖 SK0.1A/20Z 不等端尺寸双楔形砖砖环（表 3-68 序号 6~10）、加宽竖宽锐楔形砖 SK0.1A/20K 与竖宽钝楔形砖 SK0.1A/10 不等端尺寸双楔形砖砖环（表 3-68 序号 11~15），以及减窄竖宽锐楔形砖 SK0.1A/20Z 与竖宽钝楔形砖 SK0.1A/10 不等端尺寸双楔形砖砖环（表 3-68 序号 16~20）。

表 3-67　钢罐新 SK0.1A/20Z 与新 SK0.1A/20K 等楔差 20mm 双楔形砖砖环形简易计算式之二

序号	配砌尺寸砖号 小直径楔形砖	配砌尺寸砖号 大直径楔形砖	外直径范围 $D_x \sim D_d$ /mm	每环极限砖数/块 $K_h = K'_x = K'_d$	一块砖直径变化量/mm $(D)'_{lx} = (D)'_{ld} = \dfrac{C_1 - C_2}{\pi}$	单位直径砖量/块 $m = n = \dfrac{\pi}{(\Delta D)'_Q} = \dfrac{\pi}{C_1 - C_2}$	K'_x 系数 $T = \dfrac{D_d}{D_d - D_x}$	K'_d 系数 $Q = \dfrac{D_x}{D_d - D_x}$	每环砖数简易计算式之二 小直径楔形砖量 K_x	每环砖数简易计算式之二 大直径楔形砖量 K_d
0	新 SK0.1A/20Z	新 SK0.1A/20K			14.64222	0.06829	4	3	$K_{新SK0.1A/20Z} = 0.06829(D_d - D)$ $K_{新SK0.1A/20Z} = (D_d - D)/14.64222$ $K_{新SK0.1A/20Z} = 4K'_x - 0.06829D$	$K_{新SK0.1A/20K} = 0.06829(D - D_x)$ $K_{新SK0.1A/20K} = (D - D_x)/14.64222$ $K_{新SK0.1A/20K} = 0.06829D - 3K'_x$
1	新 SK15/20Z	新 SK15/20K	2070.0 ~ 2760.0	47.124	14.64222	0.06829	4	3	$K_{新SK15/20Z} = 0.06829(2760.0 - D)$ $K_{新SK15/20Z} = (2760.0 - D)/14.64222$ $K_{新SK15/20Z} = 4 \times 47.124 - 0.06829D$	$K_{新SK15/20K} = 0.06829(D - 2070.0)$ $K_{新SK15/20K} = (D - 2070.0)/14.64222$ $K_{新SK15/20K} = 0.06829D - 3 \times 47.124$
2	新 SK17/20Z	新 SK17/20K	2346.0 ~ 3128.0	53.407	14.64222	0.06829	4	3	$K_{新SK17/20Z} = 0.06829(3128.0 - D)$ $K_{新SK17/20Z} = (3128.0 - D)/14.64222$ $K_{新SK17/20Z} = 4 \times 53.407 - 0.06829D$	$K_{新SK17/20K} = 0.06829(D - 2346.0)$ $K_{新SK17/20K} = (D - 2346.0)/14.64222$ $K_{新SK17/20K} = 0.06829D - 3 \times 53.407$
3	新 SK19/20Z	新 SK19/20K	2622.0 ~ 3496.0	59.690	14.64222	0.06829	4	3	$K_{新SK19/20Z} = 0.06829(3496.0 - D)$ $K_{新SK19/20Z} = (3496.0 - D)/14.64222$ $K_{新SK19/20Z} = 4 \times 59.690 - 0.06829D$	$K_{新SK19/20K} = 0.06829(D - 2622.0)$ $K_{新SK19/20K} = (D - 2622.0)/14.64222$ $K_{新SK19/20K} = 0.06829D - 3 \times 59.690$
4	新 SK21/20Z	新 SK21/20K	2898.0 ~ 3864.0	65.974	14.64222	0.06829	4	3	$K_{新SK21/20Z} = 0.06829(3864.0 - D)$ $K_{新SK21/20Z} = (3864.0 - D)/14.64222$ $K_{新SK21/20Z} = 4 \times 65.974 - 0.06829D$	$K_{新SK21/20K} = 0.06829(D - 2898.0)$ $K_{新SK21/20K} = (D - 2898.0)/14.64222$ $K_{新SK21/20K} = 0.06829D - 3 \times 65.974$
5	新 SK23/20Z	新 SK23/20K	3174.0 ~ 4232.0	72.257	14.64222	0.06829	4	3	$K_{新SK23/20Z} = 0.06829(4232.0 - D)$ $K_{新SK23/20Z} = (4232.0 - D)/14.64222$ $K_{新SK23/20Z} = 4 \times 72.257 - 0.06829D$	$K_{新SK23/20K} = 0.06829(D - 3174.0)$ $K_{新SK23/20K} = (D - 3174.0)/14.64222$ $K_{新SK23/20K} = 0.06829D - 3 \times 72.257$

注：本表计算中砌缝厚度取 1mm。

表 3-68 钢罐不等端尺寸竖宽楔形砖双楔形砖砖环简易计算式之一

| 序号 | 配砌尺寸砖号 | | 外直径范围 $D_x \sim D_d$ /mm | 外直径系数 | | nD_d | mD_x | $m-n$ | 每环砖量简易计算式/块 | | 总砖块数 |
	小直径楔形砖	大直径楔形砖		$n=\dfrac{\pi(C_1-D_1)}{D_1C_2-D_2C_1}$	$m=\dfrac{\pi(C_2-D_2)}{D_1C_2-D_2C_1}$				小直径楔形砖量 $K_x=nD_d-nD$	大直径楔形砖量 $K_d=mD-mD_x$	$K_h=(m-n)D+nD_d-mD_x$
1	SK15/30	SK15/20K	1660.0~2715.0	0.02978	0.04467	80.853	74.152	0.01489	$80.853-0.02978D$	$0.04467D-74.152$	$0.01489D+6.701$
2	SK17/30	SK17/20K	1881.3~3077.0	0.02978	0.04467	91.633	84.038	0.01489	$91.633-0.02978D$	$0.04467D-84.038$	$0.01489D+7.595$
3	SK19/30	SK19/20K	2102.7~3439.0	0.02978	0.04467	102.413	93.928	0.01489	$102.413-0.02978D$	$0.04467D-93.928$	$0.01489D+8.485$
4	SK21/30	SK21/20K	2324.0~3801.0	0.02978	0.04467	113.194	103.813	0.01489	$113.194-0.02978D$	$0.04467D-103.813$	$0.01489D+9.381$
5	SK23/30	SK23/20K	2545.3~4163.0	0.02978	0.04467	123.974	113.698	0.01489	$123.974-0.02978D$	$0.04467D-113.698$	$0.01489D+10.276$
6	SK15/30	SK15/20Z	1660.0~2265.0	0.05193	0.07789	117.615	129.297	0.02596	$117.615-0.05193D$	$0.07789D-129.297$	$0.02596D-11.682$
7	SK17/30	SK17/20Z	1881.3~2567.0	0.05193	0.07789	133.297	146.534	0.02596	$133.297-0.05193D$	$0.07789D-146.534$	$0.02596D-13.237$
8	SK19/30	SK19/20Z	2102.7~2869.0	0.05193	0.07789	148.987	163.779	0.02596	$148.987-0.05193D$	$0.07789D-163.779$	$0.02596D-14.792$
9	SK21/30	SK21/20Z	2324.0~3171.0	0.05193	0.07789	164.670	181.016	0.02596	$164.670-0.05193D$	$0.07789D-181.016$	$0.02596D-16.346$
10	SK23/30	SK23/20Z	2545.3~3473.0	0.05193	0.07789	180.353	198.253	0.02596	$180.353-0.05193D$	$0.07789D-198.253$	$0.02596D-17.900$
11	SK15/20K	SK15/10	2715.0~4680.0	0.02398	0.04796	112.226	130.211	0.02398	$112.226-0.02398D$	$0.04796D-130.211$	$0.02398D-17.985$
12	SK17/20K	SK17/10	3077.0~5304.0	0.02398	0.04796	127.190	147.573	0.02398	$127.190-0.02398D$	$0.04796D-147.573$	$0.02398D-20.383$
13	SK19/20K	SK19/10	3439.0~5928.0	0.02398	0.04796	142.153	164.934	0.02398	$142.153-0.02398D$	$0.04796D-164.934$	$0.02398D-22.781$
14	SK21/20K	SK21/10	3801.0~6552.0	0.02398	0.04796	157.117	182.296	0.02398	$157.117-0.02398D$	$0.04796D-182.296$	$0.02398D-25.179$
15	SK23/20K	SK23/10	4163.0~7176.0	0.02398	0.04796	172.080	199.657	0.02398	$172.080-0.02398D$	$0.04796D-199.657$	$0.02398D-27.577$
16	SK15/20Z	SK15/10	2265.0~4680.0	0.01951	0.03903	91.307	88.403	0.01952	$91.307-0.01951D$	$0.03903D-88.403$	$0.01952D+2.904$
17	SK17/20Z	SK17/10	2567.0~5304.0	0.01951	0.03903	103.481	100.190	0.01952	$103.481-0.01951D$	$0.03903D-100.190$	$0.01952D+3.291$
18	SK19/20Z	SK19/10	2869.0~5928.0	0.01951	0.03903	115.655	111.977	0.01952	$115.655-0.01951D$	$0.03903D-111.977$	$0.01952D+3.678$
19	SK21/20Z	SK21/10	3171.0~6552.0	0.01951	0.03903	127.829	123.764	0.01952	$127.829-0.01951D$	$0.03903D-123.764$	$0.01952D+4.065$
20	SK23/20Z	SK23/10	3473.0~7176.0	0.01951	0.03903	140.004	135.551	0.01952	$140.004-0.01951D$	$0.03903D-135.551$	$0.01952D+4.453$

注：本表计算中砖缝厚度取 1mm。

如前已述，虽为不等端尺寸双楔形砖砖环，但相配砌两砖的楔差比为 1/2 或 2/3，致使外直径系数 n 和 m 也成相同的简单整数比，而且同组不同 A 的各砖环中 n 或 m 均分别相同。例如表 3-68 序号 1~5 的 SK0.1A/30 与 SK0.1A/20K 不等端尺寸双楔形砖砖环，小直径楔形砖 SK0.1A/30 的大小端尺寸 $C_2/D_2 = 165mm/135mm$，大直径楔形砖 SK0.1A/20K 的大小端尺寸 $C_1/D_1 = 180mm/160mm$，外直径系数 $n = \pi(C_1 - D_1)/(D_1 C_2 - D_2 C_1) = \pi(180 - 160)/(161 \times 166 - 136 \times 181) = 0.02978$，$m = \pi(C_2 - D_2)/(D_1 C_2 - D_2 C_1) = \pi(165 - 135)/(161 \times 166 - 136 \times 181) = 0.04467$。由于该两砖楔差比 $(C_1 - D_1)/(C_2 - D_2) = (180 - 160)/(165 - 135) = 2/3$，所以 $n/m = (C_1 - D_1)/(C_2 - D_2) = 0.02978/0.04467 = 2/3$，$3n = 2m$，$n = 2m/3$，$0.02978 = 2 \times 0.04467/3$，$m - n = m - 2m/3 = m/3$，$m - n = 0.04467/3 = 0.01489$。

新设计的新 SK0.1A/20K 和新 SK0.1A/20Z（见表 3-66）也可以与 SK0.1A/30 和 SK0.1A/10 配砌成不等端尺寸双楔形砖砖环，见表 3-69。例如竖宽特锐楔形砖 SK0.1A/30 与加宽竖宽锐楔形砖新 SK0.1/20K 不等端尺寸双楔形砖砖环（表 3-69 序号 1~5）、竖宽特锐楔形砖 SK0.1A/30 与减窄竖宽锐楔形砖新 SK0.1A/20Z 不等端尺寸双楔形砖砖环（表 3-69 序号 6~10）、加宽竖宽锐楔形砖新 SK0.1A/20K 与竖宽钝楔形砖 SK0.1A/10 不等端尺寸双楔形砖砖环（表 3-69 序号 11~15），以及减窄竖宽锐楔形砖新 SK0.1A/20Z 与竖宽钝楔形砖 SK0.1A/10 不等端尺寸双楔形砖砖环（表 3-69 序号 16~20）。这些不等端尺寸双楔形砖砖环，虽然由不规范大小端尺寸合门砖配砌而成，但相配砌两砖的楔差比为连续的简单整数比，致使 $n/m = (C_1 - D_1)/(C_2 - D_2)$。例如表 3-69 序号 11~15，新 SK0.1A/20K 与 SK0.1A/10 不等端尺寸双楔形砖砖环，$C_2/D_2 = 183mm/163mm$，$C_1/D_1 = 155mm/145mm$，$n = \pi(C_1 - D_1)/(D_1 C_2 - D_2 C_1) = \pi(155 - 145)/(146 \times 184 - 164 \times 156) = 0.02454$，$m = \pi(C_2 - D_2)/(D_1 C_2 - D_2 C_1) = \pi(183 - 163)/(146 \times 184 - 164 \times 156) = 0.04909$。由该两砖楔差比 $(C_1 - D_1)/(C_2 - D_2) = (155 - 145)/(183 - 163) = 1/2$，$n/m = (C_1 - D_1)/(C_2 - D_2) = 0.02454/0.04909 = 1/2$。$n = m/2$，$0.02454 = 0.04909/2$，$m - n = m - m/2 = m/2 = 0.04909 - 0.02454 = 0.04909/2 = 0.02454$。

[**示例 13**] 示例 12 的各段采用竖宽楔形砖等楔差或不等端尺寸双楔形砖砖环。

下段平均外直径为 4130.5mm，由表 3-67 序号 4 查得新 SK21/20Z 与新 SK21/20K 等楔差砖环的外直径范围为 2898.0~3864.0mm，不能采用。由表 3-69 序号 14（方案 1）和序号 19（方案 2），可采用不等端尺寸双楔形砖砖环。

方案 1 新 SK21/20K 与 SK21/10 不等端尺寸双楔形砖砖环

$$K_{新SK21/20K} = 160.786 - 0.02454 \times 4130.5 = 59.42 \text{ 块}$$

$$K_{SK21/10} = 0.04909 \times 4130.5 - 189.684 = 13.08 \text{ 块}$$

$$K_h = 0.02454 \times 4130.5 - 28.898 = 72.46 \text{ 块}$$

两砖之和 $59.42 + 13.08 = 72.5$ 块，与按式 $K_h = 0.02454 \times 4130.5 - 28.898 = 72.5$ 块计算，结果相等。砖量配比 $13.08/59.42 = 1/4.543$。

方案 2 新 SK21/20Z 与 SK21/10 不等端尺寸双楔形砖砖环

$$K_{新SK21/20Z} = 118.264 - 0.01805 \times 4130.5 = 43.71 \text{ 块}$$

$$K_{SK21/10} = 0.03611 \times 4130.5 - 104.647 = 44.50 \text{ 块}$$

$$K_h = 0.01805 \times 4130.5 + 16.617 = 88.17 \text{ 块}$$

表3-69　钢罐不等端尺寸竖宽楔形砖双楔形砖砖环简易计算式之二

序号	配砌尺寸砖号 小直径楔形砖	配砌尺寸砖号 大直径楔形砖	外直径范围 $D_x \sim D_d$ /mm	外直径系数 $n=\dfrac{\pi(C_1-D_1)}{D_1C_2-D_2C_1}$	外直径系数 $m=\dfrac{\pi(C_2-D_2)}{D_1C_2-D_2C_1}$	nD_d	mD_x	$m-n$	每环砖量简易计算式之二 小径楔形砖量 $K_x=nD_d-nD$	每环砖量简易计算式之二 大直径楔形砖量 $K_d=mD-mD_x$	每环砖量简易计算式之二 总砖数 $K_h=(m-n)D+nD_d-mD_x$
1	新SK15/30	新SK15/20K	1660.0~2760.0	0.02856	0.04284	78.826	71.114	0.01428	$78.826-0.02856D$	$0.04284D-71.114$	$0.01428D+7.712$
2	新SK17/30	新SK17/20K	1881.3~3128.0	0.02856	0.04284	89.336	80.595	0.01428	$89.336-0.02856D$	$0.04284D-80.595$	$0.01428D+8.741$
3	新SK19/30	新SK19/20K	2102.7~3496.0	0.02856	0.04284	99.846	90.080	0.01428	$99.846-0.02856D$	$0.04284D-90.080$	$0.01428D+9.766$
4	新SK21/30	新SK21/20K	2324.0~3864.0	0.02856	0.04284	110.356	99.560	0.01428	$110.356-0.02856D$	$0.04284D-99.560$	$0.01428D+10.796$
5	新SK23/30	新SK23/20K	2545.3~4232.0	0.02856	0.04284	120.866	109.041	0.01428	$120.866-0.02856D$	$0.04284D-109.041$	$0.01428D+11.825$
6	新SK15/30	新SK15/20Z	1660.0~2070.0	0.07662	0.11493	158.603	190.800	0.03831	$158.603-0.07662D$	$0.11493D-190.800$	$0.03831D-32.197$
7	新SK17/30	新SK17/20Z	1881.3~2346.0	0.07662	0.11493	179.750	216.218	0.03831	$179.75-0.07662D$	$0.11493D-216.218$	$0.03831D-36.468$
8	新SK19/30	新SK19/20Z	2102.7~2622.0	0.07662	0.11493	200.898	241.663	0.03831	$200.898-0.07662D$	$0.11493D-241.663$	$0.03831D-40.765$
9	新SK21/30	新SK21/20Z	2324.0~2898.0	0.07662	0.11493	222.045	267.097	0.03831	$222.045-0.07662D$	$0.11493D-267.097$	$0.03831D-45.052$
10	新SK23/30	新SK23/20Z	2545.3~3174.0	0.07662	0.11493	243.192	292.531	0.03831	$243.192-0.07662D$	$0.11493D-292.531$	$0.03831D-49.339$
11	SK15/20K	SK15/10	2760.0~4680.0	0.02454	0.04909	114.847	135.488	0.02454	$114.847-0.02454D$	$0.04909D-135.488$	$0.02454D-20.641$
12	SK17/20K	SK17/10	3128.0~5304.0	0.02454	0.04909	130.160	153.553	0.02454	$130.160-0.02454D$	$0.04909D-153.553$	$0.02454D-23.393$
13	SK19/20K	SK19/10	3496.0~5928.0	0.02454	0.04909	145.473	171.619	0.02454	$145.473-0.02454D$	$0.04909D-171.619$	$0.02454D-26.146$
14	SK21/20K	SK21/10	3864.0~6552.0	0.02454	0.04909	160.786	189.684	0.02454	$160.786-0.02454D$	$0.04909D-189.684$	$0.02454D-28.898$
15	SK23/20K	SK23/10	4232.0~7176.0	0.02454	0.04909	176.099	207.749	0.02454	$176.099-0.02454D$	$0.04909D-207.749$	$0.02454D-31.650$
16	新SK15/20Z	SK15/10	2070.0~4680.0	0.01805	0.03611	84.474	74.748	0.01805	$84.474-0.1805D$	$0.03611D-74.748$	$0.01805D+9.726$
17	新SK17/20Z	SK17/10	2346.0~5304.0	0.01805	0.03611	95.737	84.714	0.01805	$95.737-0.1805D$	$0.03611D-84.714$	$0.01805D+11.023$
18	新SK19/20Z	SK19/10	2622.0~5928.0	0.01805	0.03611	107.000	94.680	0.01805	$107.000-0.1805D$	$0.03611D-94.680$	$0.01805D+12.32$
19	新SK21/20Z	SK21/10	2898.0~6552.0	0.01805	0.03611	118.264	104.647	0.01805	$118.264-0.1805D$	$0.03611D-104.647$	$0.01805D+13.617$
20	新SK23/20Z	SK23/10	3174.0~7176.0	0.01805	0.03611	129.527	114.613	0.01805	$129.527-0.1805D$	$0.03611D-114.613$	$0.01805D+14.914$

注：本表计算中砖缝厚度取1mm。

两砖之和 43.71 + 44.50 = 88.2 块，与按式 $K_h = 0.01805 \times 4130.5 + 13.617 = 88.2$ 块计算，结果相等。砖量配比 43.71/44.50 = 1/1.018，非常好。

中段平均外直径为 4231.5mm，由表 3-67 序号 3 查得新 SK19/20Z 与新 SK19/20K 等楔差砖环的外直径范围为 2622.0～3496.0mm，不能采用。由表 3-69 序号 13（方案 1）和序号 18（方案 2），可采用不等端尺寸双楔形砖砖环。

方案 1　新 SK19/20K 与 SK19/10 不等端尺寸双楔形砖砖环

$$K_{\text{新SK19/20K}} = 145.473 - 0.02454 \times 4231.5 = 41.63 \text{ 块}$$

$$K_{\text{SK19/10}} = 0.04909 \times 4231.5 - 171.619 = 36.10 \text{ 块}$$

$$K_h = 0.02454 \times 4231.5 - 26.146 = 77.69 \text{ 块}$$

两砖之和 41.63 + 36.10 = 77.7 块，与按式 $K_h = 0.02454 \times 4231.5 - 26.146 = 77.7$ 块计算，结果相等。砖量配比 36.1/41.63 = 1/1.153，非常好。

方案 2　新 SK19/20Z 与 SK19/10 不等端尺寸双楔形砖砖环

$$K_{\text{新SK19/20Z}} = 107.0 - 0.01805 \times 4231.5 = 30.62 \text{ 块}$$

$$K_{\text{SK19/10}} = 0.03611 \times 4231.5 - 94.680 = 58.12 \text{ 块}$$

$$K_h = 0.01805 \times 4231.5 + 12.320 = 88.70 \text{ 块}$$

两砖之和 30.62 + 58.12 = 88.7 块，与按式 $K_h = 0.01805 \times 4231.5 + 12.320 = 88.7$ 块计算，结果相等。砖量配比 30.62/58.12 = 1/1.898。

上段平均外直径为 4332.5mm，由表 3-67 序号 2 查得新 SK17/20Z 与新 SK17/20K 等楔差砖环的外直径范围为 2346.0～3128.0mm，不能采用。由表 3-69 序号 12（方案 1）和序号 17（方案 2），可采用不等端尺寸双楔形砖砖环。

方案 1　新 SK17/20K 与 SK17/10 不等端尺寸双楔形砖砖环

$$K_{\text{新SK17/20K}} = 130.160 - 0.02454 \times 4332.5 = 23.84 \text{ 块}$$

$$K_{\text{SK17/10}} = 0.04909 \times 4332.5 - 153.553 = 59.13 \text{ 块}$$

$$K_h = 0.02454 \times 4332.5 - 23.393 = 82.93 \text{ 块}$$

两砖之和 23.84 + 59.13 = 83 块，与按式 $K_h = 0.02454 \times 4332.5 - 23.393 = 82.93$ 块计算，结果相等。砖量配比 23.94/59.13 = 1/2.48。

方案 2　新 SK17/20Z 与 SK17/10 不等端尺寸双楔形砖砖环

$$K_{\text{新SK17/20Z}} = 95.737 - 0.01805 \times 4332.5 = 17.53 \text{ 块}$$

$$K_{\text{SK17/10}} = 0.03611 \times 4332.5 - 84.714 = 71.73 \text{ 块}$$

$$K_h = 0.01805 \times 4332.5 + 11.023 = 89.22 \text{ 块}$$

两砖之和 17.53 + 71.73 = 89.26 块，与按式 $K_h = 0.01805 \times 4332.5 + 11.023 = 89.22$ 块计算，结果相等。砖量配比 17.53/71.73 = 1/4.092。

［示例 14］　示例 11（工作衬厚度 $A = 170$mm，砖环外直径 $D = 3000.0$mm，中间直径 $D_p = 2830.0$mm）改砌竖宽楔形砖，计算用砖量。

方案 1　SK17/20 与 SK17/10 等中间尺寸 150mm 双楔形砖砖环

由表 3-62 序号 2：

$$K_{SK17/20} = 0.02080(5134.0 - 2830.0) = 47.92 \text{ 块}$$

$$K_{SK17/20} = (5134.0 - 2830.0)/48.06468 = 47.93 \text{ 块}$$

或

$$K_{SK17/20} = 2 \times 53.407 - 0.02080 \times 2830.0 = 47.95 \text{ 块}$$

$$K_{SK17/10} = 2 \times 0.02080(2830.0 - 2567.0) = 10.94 \text{ 块}$$

$$K_{SK17/10} = 2(2830.0 - 2567.0)/48.06468 = 10.94 \text{ 块}$$

或

$$K_{SK17/20} = 2 \times 0.02080 \times 2830.0 - 106.814 = 10.91 \text{ 块}$$

砖环总砖数 47.95 + 10.91 = 58.86 块，与按式 $K_h = 0.02080 \times 2380.0 = 58.86$ 块计算，结果相等。砖量配比 10.91/47.95 = 1/4.395。

方案 2　SK17/30 与 SK17/10 等中间尺寸 150mm 双楔形砖砖环

由表 3-63 序号 2：

$$K_{SK17/30} = 0.02080(5134.0 - 2830.0)/2 = 23.96 \text{ 块}$$

$$K_{SK17/30} = (5134.0 - 2830.0)/(2 \times 48.06468) = 23.97 \text{ 块}$$

或

$$K_{SK17/30} = 3 \times 35.605/2 - 0.02080 \times 2830.0/2 = 23.97 \text{ 块}$$

$$K_{SK17/10} = 3 \times 0.02080(2830.0 - 1711.3)/2 = 34.90 \text{ 块}$$

$$K_{SK17/10} = 3(2830.0 - 1711.3)/(2 \times 48.06468) = 34.90 \text{ 块}$$

或

$$K_{SK17/20} = 3 \times 0.02080 \times 2830.0/2 - 106.814/2 = 34.89 \text{ 块}$$

砖环总砖数 23.96 + 34.90 = 58.86 块，与按式 $K_h = 0.02080 \times 2380.0 = 58.86$ 块计算，结果相等。砖量配比 23.96/34.90 = 1/1.456。

方案 3　新 SK17/20Z 与新 SK17/20K 等楔差 20mm 双楔形砖砖环

由表 3-67 序号 2：

$$K_{新SK17/20Z} = 0.06829(3128.0 - 3000.0) = 8.74 \text{ 块}$$

$$K_{新SK17/20Z} = (3128.0 - 3000.0)/14.64222 = 8.73 \text{ 块}$$

或

$$K_{新SK17/20Z} = 4 \times 53.407 - 0.06829 \times 3000.0 = 8.76 \text{ 块}$$

$$K_{新SK17/20K} = 0.06829(3000.0 - 2346.0) = 44.66 \text{ 块}$$

$$K_{新SK17/20K} = (3000.0 - 2346.0)/14.64222 = 44.66 \text{ 块}$$

或

$$K_{新SK17/20K} = 0.06829 \times 3000.0 - 3 \times 153.407 = 44.65 \text{ 块}$$

砖环总砖数 8.76 + 44.65 = 53.41 块，与按式 $K_h = K'_x = 53.407$ 块相同。砖量配比 8.76/44.65 = 1/5.097。

方案 4　SK17/30 与新 SK17/20K 不等端尺寸双楔形砖砖环

由表 3-69 序号 2：

$$K_{SK17/30} = 89.336 - 0.02856 \times 3000.0 = 3.66 \text{ 块}$$

$$K_{新SK17/20K} = 0.04284 \times 3000.0 - 80.595 = 47.92 \text{ 块}$$

$$K_h = 0.01428 \times 3000.0 + 8.741 = 51.58 \text{ 块}$$

砖环总砖数 3.66 + 47.92 = 51.58 块，与按式 $K_h = 0.01428 \times 3000.0 + 8.741 = 51.58$ 块计算，结果相等。砖量配比 3.66/47.92 = 1/13.093，为近单楔形砖砖环。

方案5　新 SK17/20Z 与 SK17/10 不等端尺寸双楔形砖砖环

由表 3-69 序号 17：

$$K_{新SK17/20Z} = 95.737 - 0.01805 \times 3000.0 = 41.59 \text{ 块}$$

$$K_{SK17/10} = 0.03611 \times 3000.0 - 84.714 = 23.62 \text{ 块}$$

$$K_h = 0.01805 \times 3000.0 + 11.023 = 65.17 \text{ 块}$$

砖环总砖数 41.59 + 23.62 = 65.2 块，与按式 $K_h = 0.01805 \times 3000.0 + 11.023 = 65.2$ 块计算，结果相等。砖量配比 23.62/41.59 = 1/1.176。

4 钢水罐环形砌砖砖量表及计算图

4.1 钢水罐环形砌砖砖量表

在国外钢罐罐壁环形砌砖砖量表已被普遍采用，但那些砖量表的直径间隔太大，只能作为参考，不能起到查找砖量的作用。考虑到钢罐罐壁上下砖层直径逐层变化，本手册将砖环直径间隔缩小到 50mm。现以钢罐侧厚楔形砖砖环为例介绍并编制砖量表。

4.1.1 钢罐侧厚楔形砖双楔形砖砖环砖量表

我国钢罐罐壁侧厚楔形砖双楔形砖砖环，采用等中间尺寸 $P = 100mm$ 的 CH0.1A/20 与 CH0.1A/10 双楔形砖砖环和 CH0.1A/10 与 CH0.1A/5 双楔形砖砖环。此两种双楔形砖砖环的简化计算通式完全相同，它们的砖量模式表也完全相同，见表 4-1。

表 4-1 我国钢罐侧厚楔形砖双楔形砖砖环砖量模式表

砖环直径/mm		小直径楔形砖量 K_x/块	大直径楔形砖量 K_d/块	每环总砖量 K_h/块
外直径 D	中间直径 D_p			
首行 D_1	$D_{p1} = D_1 - A$	$K_{x1} = 2K'_x - 0.03110 D_{p1}$	$K_{d1} = 2 \times 0.03110 D_{p1} - K'_d$	$K_{h1} = 0.03110 D_{p1}$
$D_2 = D_1 + 50$	$D_{p2} = D_2 - A$	$K_{x2} = K_{x1} - 50 \times 0.03110$	$K_{d2} = K_{d1} + 2 \times 50 \times 0.03110$	$K_{h2} = K_{h1} + 50 \times 0.03110$
$D_3 = D_2 + 50$	$D_{p3} = D_3 - A$	$K_{x3} = K_{x2} - 1.555$	$K_{d3} = K_{d2} + 3.110$	$K_{h3} = K_{h2} + 1.555$
$D_4 = D_3 + 50$	$D_{p4} = D_4 - A$	$K_{x4} = K_{x3} - 1.555$	$K_{d4} = K_{d3} + 3.110$	$K_{h4} = K_{h3} + 1.555$
⋮	⋮	⋮	⋮	⋮
逐行递加 50	逐行递加 50	逐行递减 1.555	逐行递加 3.110	逐行递加 1.555
末行 D_m	$D_{pm} = D_m - A$	$K_{xm} = 2K'_x - 0.03110 D_{pm}$	$K_{dm} = 2 \times 0.03110 D_{pm} - K'_d$	$K_{hm} = 0.03110 D_{pm}$

对表 4-1 作如下说明，并可看出：（1）虽然等中间尺寸侧厚楔形砖双楔形砖砖环砖量计算，仍采用中间尺寸特征，但为查找方便对照了砖环外直径 D。（2）首行砖环外直径 D_1 应取最接近并大于小直径楔形砖外直径 D_x 的 50 整倍数，中间直径按 $D_{p1} = D_1 - A$ 换算。（3）首行砖量 K_{x1}、K_{d1} 和 K_{h1} 分别按取自表 4-48 和表 4-50 的 $K_{x1} = 2K'_x - 0.03110 D_{p1}$、$K_{d1} = 2 \times 0.03110 D_{p1} - K'_d$ 和 $K_{h1} = 0.03110 D_{p1}$ 计算。（4）砖环外直径 D 和中间直径 D_p 纵列栏逐行递加 50mm，小直径楔形砖量纵列栏逐行递减 $50 \times 0.03110 = 1.555$ 块，大直径楔形砖量纵列栏逐行递加 $2 \times 50 \times 0.03110 = 3.11$ 块，砖环总砖数纵列栏逐行递加 $50 \times 0.03110 = 1.555$ 块。（5）砖环终点末行的外直径 D_m 和中间直径 D_{pm} 为最接近并小于大直径楔形砖外直径 D_d 的 50mm 整倍数，末行中间直径 $D_{pm} = D_m - A$；末行砖数 K_{xm}、K_{dm} 和 K_{hm} 的计算式分别与首行形式相同，只是 D_{p1} 换以末行中间直径 D_{pm}。

以 CH13/20 与 CH13/10 等中间尺寸 $P = 100mm$ 双楔形砖砖环为例，计算了编表资料（表 4-2）并根据编表资料编制砖量表（表 4-3）。小直径楔形砖 CH13/20 的中间直径 $D_{px} = 1313.0mm$，外直径 $D_x = 1313.0 + 130 = 1443.0mm$，起点首行砖环外直径 D_1 取最接近并大

表4-2　我国钢罐侧厚楔形砖双楔形砖砌砖环砖量表编制资料

| 配砌尺寸砖号 | | 外直径范围 $D_x \sim D_d$/mm | 中间直径范围 $D_{px} \sim D_{pd}$/mm | 首行（起点） | | | | | | 外直径 D_m/mm | 中间直径 D_{pm}/mm | 末行（终点） | | | | 表号 |
| 小直径楔形砖 | 大直径楔形砖 | | | 外直径 D_l/mm | 中间直径 D_{pl}/mm | 一环砖量/块 | | | | | 一环砖量/块 | | | |
						K_{xl}	K_{dl}	K_{hl}			K_{xm}	K_{dm}	K_{hm}	
CH13/20	CH13/10	1443.0~2756.0	1313.0-2626.0	1450	1320	40.630	0.422	41.052	2750	2620	0.200	81.282	81.482	表4-3
CH15/20	CH15/10	1665.0~3180.0	1515.0-3030.0	1700	1550	46.043	2.162	48.205	3150	3000	0.948	92.352	93.300	表4-4
CH17/20	CH17/10	1887.0~3604.0	1717.0-3434.0	1900	1730	53.011	0.792	53.803	3600	3430	0.141	106.532	106.673	表4-5
CH19/20	CH19/10	2109.0~4028.0	1919.0-3838.0	2150	1960	58.425	2.531	60.956	4000	3810	0.890	117.601	118.491	表4-6
CH21/20	CH21/10	2331.0~4452.0	2121.0-4242.0	2350	2140	65.393	1.161	66.554	4450	4240	0.083	131.781	131.864	表4-7
CH23/20	CH23/10	2553.0~4876.0	2323.0-4646.0	2600	2370	70.807	2.900	73.707	4850	4620	0.832	142.850	143.682	表4-8
CH13/10	CH13/5	2756.0~5382.0	2626.0-5252.0	2800	2670	80.326	2.711	83.037	5350	5220	1.021	161.321	162.342	表4-9
CH15/10	CH15/5	3180.0~6210.0	3030.0-6060.0	3200	3050	93.641	1.214	94.855	6200	6050	0.341	187.814	188.155	表4-10
CH17/10	CH17/5	3604.0~7038.0	3434.0-6868.0	3650	3480	105.401	2.827	108.228	7000	6830	1.216	211.197	212.413	表4-11
CH19/10	CH19/5	4028.0~7866.0	3838.0-7676.0	4050	3860	118.716	1.330	120.046	7850	7660	0.536	237.690	238.226	表4-12
CH21/10	CH21/5	4452.0~8694.0	4242.0-8484.0	4500	4290	130.475	2.944	133.419	8650	8440	1.410	261.074	262.484	表4-13
CH23/10	CH23/5	4876.0~9522.0	4646.0-9292.0	4900	4670	143.790	1.447	145.237	9500	9270	0.730	287.567	288.297	表4-14

注：1. 本表计算中砌缝厚度取1mm。

2. 本表各砖环计算中，$m=0.03110$，$50m=1.555$，$2\times50m=3.11$。

表 4-3　我国钢罐侧厚楔形砖 CH13/20 与 CH13/10 砖环砖量表

砖环直径/mm		每环砖数/块			砖环直径/mm		每环砖数/块		
外直径 D	中间直径 D_p	$K_{CH13/20}$	$K_{CH13/10}$	K_h	外直径 D	中间直径 D_p	$K_{CH13/20}$	$K_{CH13/10}$	K_h
1450	1320	40.63	0.422	41.052	2150	2020.0	18.9	44.0	62.8
1500	1370	39.1	3.5	42.6	2200	2070	17.3	47.1	64.4
1550	1420	37.5	6.6	44.2	2250	2120	15.7	50.2	65.9
1600	1470	36	9.7	45.7	2300	2170	14.2	53.3	67.5
1650	1520	34.4	12.9	47.3	2350	2220	12.6	56.4	69
1700	1570	32.8	16	48.8	2400	2270	11.1	59.5	70.6
1750	1620	31.3	19.1	50.4	2450	2320	9.5	62.6	72.1
1800	1670	29.7	22.2	51.9	2500	2370	8	65.7	73.7
1850	1720	28.2	25.3	53.5	2550	2420	6.4	68.8	75.3
1900	1770	26.6	28.4	55	2600	2470	4.9	71.9	76.8
1950	1820	25.1	31.5	56.6	2650	2520	3.3	75.1	78.4
2000	1870	23.5	34.6	58.1	2700	2570	1.7	78.2	79.9
2050	1920	22	37.7	59.7	2750	2620	0.2	81.3	81.5
2100	1970	20.4	40.8	61.3					

于 D_x（1443.0mm）的 50mm 整倍数 1450mm，换算为中间直径 $D_{p1} = 1450 - 130 = 1320$mm。首行砖量 $K_{x1} = 2 \times 40.841 - 0.03110 \times 1320 = 40.63$ 块，$K_{d1} = 2 \times 0.03110 \times 1320 - 81.682 = 0.422$ 块，$K_{h1} = 0.03110 \times 1320 = 41.052$ 块。大直径楔形砖 CH13/10 的中间直径 $D_{pd} = 2626.0$mm，外直径 $D_d = 2626.0 + 130 = 2756.0$mm，终点末行砖环外直径 D_m 取最接近并小于大直径楔形砖外直径 D_d（2756.0mm）的 50mm 整倍数 $D_m = 2750$mm，中间直径 $D_{pm} = 2750 - 130 = 2620$mm。末行砖数 $K_{xm} = 2 \times 40.841 - 0.03110 \times 2620 = 0.2$ 块，$K_{dm} = 2 \times 0.03110 \times 2620 - 810682 = 81.282$ 块，$K_{hm} = 0.03110 \times 2620 = 81.482$ 块。首行与末行间的外直径 D 和中间直径 D_p 均间隔 50mm。$K_{CH13/20}$ 纵列栏逐行递减 1.555 块，到末行的 0.2 块为止（再减下去出现负数）。$K_{CH13/10}$ 纵列栏逐行递加以 3.11 块，到末行的 81.282 块为止（再加下去出现超过大直径楔形砖 CH13/10 每环极限砖数 81.682 块）。砖环总砖数纵列栏逐行递加以 1.555 块，到末行的 81.482 块止（再加下去出现超过大直径楔形砖 CH13/10 每环极限砖数 81.682 块）。这和编制砖量表的经验一致：当小直径楔形砖递减后的砖数出现负数，或大直径楔形砖或砖环总砖数递加后的砖数超过大直径楔形砖的每环极限砖数 K_d' 时，应立即停止递减或递加的编表操作。这种砖量表的精度，通过计算检验：外直径 $D = 2000$mm 砖环，中间直径 $D_p = 2000 - 130 = 1870$mm，按简易计算式计算砖量：$K_{CH13/20} = 2 \times 40.841 - 0.03110 \times 1870 = 23.53$ 块，$K_{CH13/10} = 2 \times 0.03110 \times 1870 - 81.682 = 34.63$ 块，$K_h = 0.03110 \times 1870 = 58.16$ 块。与查表 4-3 的 $D = 2000$mm 行的砖数，结果一致。

　　按我国钢罐侧厚楔形砖双楔形砖砖环砖量模式表 4-1 和编制资料表 4-2，编制了我国钢罐侧厚楔形砖双楔形砖砖环砖量表（表 4-3 ~ 表 4-14）。

4.1.2　钢罐侧厚楔形砖等楔差砖环砖量表

　　钢罐侧厚楔形砖等楔差双楔形砖砖环砖量表编制原理见 2.1.4 节，并可进一步简化。

由于等楔差双楔形砖砖环内，小直径楔形砖和大直径楔形砖的每环极限砖数 K'_x 和 K'_d 都分别等于砖环总砖数 K_h，即 $K'_x = K'_d = K_h$，其砖量模式表（表4-15）中可省略 K_x、K_d 或 K_h 中之一。在表4-15中省略了砖环总砖数 K_h 纵列栏。

表 4-4　我国钢罐侧厚楔形砖 CH15/20 与 CH15/10 砖环砖量表

砖环直径/mm		每环砖数/块			砖环直径/mm		每环砖数/块		
外直径 D	中间直径 D_p	$K_{CH15/20}$	$K_{CH15/10}$	K_h	外直径 D	中间直径 D_p	$K_{CH15/20}$	$K_{CH15/10}$	K_h
1700	1550	46.043	2.162	48.205	2450	2300	22.7	48.8	71.5
1750	1600	44.5	5.3	49.8	2500	2350	21.2	51.9	73.1
1800	1650	42.9	8.4	51.3	2550	2400	19.6	55.0	74.6
1850	1700	41.4	11.5	52.9	2600	2450	18.1	58.1	76.2
1900	1750	39.8	14.6	54.4	2650	2500	16.5	61.3	77.8
1950	1800	38.3	17.7	56.0	2700	2550	14.9	64.4	79.3
2000	1850	36.7	20.8	57.5	2750	2600	13.4	67.5	80.9
2050	1900	35.2	23.9	59.1	2800	2650	11.8	70.6	82.4
2100	1950	33.6	27.0	60.6	2850	2700	10.3	73.7	84.0
2150	2000	32.0	30.2	62.2	2900	2750	8.7	76.8	85.5
2200	2050	30.5	33.3	63.8	2950	2800	7.2	79.9	87.1
2250	2100	28.9	36.4	65.3	3000	2850	5.6	83.0	88.6
2300	2150	27.4	39.5	66.9	3050	2900	4.1	86.1	90.2
2350	2200	25.8	42.6	68.4	3100	2950	2.5	89.2	91.7
2400	2250	24.3	45.7	70.0	3150	3000	0.9	92.4	93.3

表 4-5　我国钢罐侧厚楔形砖 CH17/20 与 CH17/10 砖环砖量表

砖环直径/mm		每环砖数/块			砖环直径/mm		每环砖数/块		
外直径 D	中间直径 D_p	$K_{CH17/20}$	$K_{CH17/10}$	K_h	外直径 D	中间直径 D_p	$K_{CH17/20}$	$K_{CH17/10}$	K_h
1900	1730	53.011	0.792	53.803	2800	2630	25.0	56.8	81.8
1950	1780	51.5	3.9	55.4	2850	2680	23.5	59.9	83.3
2000	1830	49.9	7.0	56.9	2900	2730	21.9	63.0	84.9
2050	1880	48.3	10.1	58.5	2950	2780	20.4	66.1	86.5
2100	1930	46.8	13.2	60.0	3000	2830	18.8	69.2	88.0
2150	1980	45.2	16.3	61.6	3050	2880	17.2	72.3	89.6
2200	2030	43.7	19.5	63.1	3100	2930	15.7	75.4	91.1
2250	2080	42.1	22.6	64.7	3150	2980	14.1	78.5	92.7
2300	2130	40.6	25.7	66.2	3200	3030	12.6	81.7	94.2
2350	2180	39.0	28.8	67.8	3250	3080	11.0	84.8	95.8
2400	2230	37.5	31.9	69.4	3300	3130	9.5	87.9	97.3
2450	2280	35.9	35.0	70.9	3350	3180	7.9	91.0	98.9
2500	2330	34.4	38.1	72.5	3400	3230	6.4	94.1	100.5
2550	2380	32.8	41.2	74.0	3450	3280	4.8	97.2	102.0
2600	2430	31.2	44.3	75.6	3500	3330	3.3	100.3	103.6
2650	2480	29.7	47.4	77.1	3550	3380	1.7	103.4	105.1
2700	2530	28.1	50.6	78.7	3600	3430	0.1	106.5	106.7
2750	2580	26.6	53.7	80.2					

表 4-6　我国钢罐侧厚楔形砖 CH19/20 与 CH19/10 砖环砖量表

砖环直径/mm		每环砖数/块			砖环直径/mm		每环砖数/块		
外直径 D	中间直径 D_p	$K_{CH19/20}$	$K_{CH19/10}$	K_h	外直径 D	中间直径 D_p	$K_{CH19/20}$	$K_{CH19/10}$	K_h
2150	1960	58.425	2.531	60.956	3100	2910	28.9	61.6	90.5
2200	2010	56.9	5.6	62.5	3150	2960	27.3	64.7	92.1
2250	2060	55.3	8.8	64.1	3200	3010	25.8	67.8	93.6
2300	2110	53.8	11.9	65.6	3250	3060	24.2	71.0	95.2
2350	2160	52.2	15.0	67.2	3300	3110	22.7	74.1	96.7
2400	2210	50.7	18.1	68.7	3350	3160	21.1	77.2	98.3
2450	2260	49.1	21.2	70.3	3400	3210	19.6	80.3	99.8
2500	2310	47.5	24.3	71.8	3450	3260	18.0	83.4	101.4
2550	2360	46.0	27.4	73.4	3500	3310	16.4	86.5	102.9
2600	2410	44.4	30.5	75.0	3550	3360	14.9	89.6	104.5
2650	2460	42.9	33.6	76.5	3600	3410	13.3	92.7	106.1
2700	2510	41.3	36.7	78.1	3650	3460	11.8	95.8	107.6
2750	2560	39.8	39.9	79.6	3700	3510	10.2	98.9	109.2
2800	2610	38.2	43.0	81.2	3750	3560	8.7	102.1	110.7
2850	2660	36.7	46.1	82.7	3800	3610	7.1	105.2	112.3
2900	2710	35.1	49.2	84.3	3850	3660	5.6	108.3	113.8
2950	2760	33.5	52.3	85.8	3900	3710	4.0	111.4	115.4
3000	2810	32.0	55.4	87.4	3950	3760	2.4	114.5	116.9
3050	2860	30.4	58.5	88.9	4000	3810	0.9	117.6	118.5

表 4-7　我国钢罐侧厚楔形砖 CH21/20 与 CH21/10 砖环砖量表

砖环直径/mm		每环砖数/块			砖环直径/mm		每环砖数/块		
外直径 D	中间直径 D_p	$K_{CH21/20}$	$K_{CH21/10}$	K_h	外直径 D	中间直径 D_p	$K_{CH21/20}$	$K_{CH21/10}$	K_h
2350	2140	65.393	1.161	66.554	3450	3240	31.2	69.6	100.8
2400	2190	63.8	4.3	68.1	3500	3290	29.6	72.7	102.3
2450	2240	62.3	7.4	69.7	3550	3340	28.1	75.8	103.9
2500	2290	60.7	10.5	71.2	3600	3390	26.5	78.9	105.4
2550	2340	59.2	13.6	72.8	3650	3440	25.0	82.0	107.0
2600	2390	57.6	16.7	74.3	3700	3490	23.4	85.1	108.5
2650	2440	56.1	19.8	75.9	3750	3540	21.9	88.2	110.1
2700	2490	54.5	22.9	77.4	3800	3590	20.3	91.4	111.6
2750	2540	53.0	26.0	79.0	3850	3640	18.7	94.5	113.2
2800	2590	51.4	29.2	80.5	3900	3690	17.2	97.6	114.8
2850	2640	49.8	32.3	82.1	3950	3740	15.6	100.7	116.3
2900	2690	48.3	35.4	83.7	4000	3790	14.1	103.8	117.9
2950	2740	46.7	38.5	85.2	4050	3840	12.5	106.9	119.4
3000	2790	45.2	41.6	86.8	4100	3890	11.0	110.0	121.0
3050	2840	43.6	44.7	88.3	4150	3940	9.4	113.1	122.5
3100	2890	42.1	47.8	89.9	4200	3990	7.9	116.2	124.1
3150	2940	40.5	50.9	91.4	4250	4040	6.3	119.3	125.6
3200	2990	39.0	54.0	93.0	4300	4090	4.7	122.5	127.2
3250	3040	37.4	57.1	94.5	4350	4140	3.2	125.6	128.8
3300	3090	35.8	60.3	96.1	4400	4190	1.6	128.7	130.3
3350	3140	34.3	63.4	97.7	4450	4240	0.1	131.8	131.9
3400	3190	32.7	66.5	99.2					

表 4-8　我国钢罐侧厚楔形砖 CH23/20 与 CH23/10 砖环砖量表

砖环直径/mm		每环砖数/块			砖环直径/mm		每环砖数/块		
外直径 D	中间直径 D_p	$K_{CH23/20}$	$K_{CH23/10}$	K_h	外直径 D	中间直径 D_p	$K_{CH23/20}$	$K_{CH23/10}$	K_h
2600	2370	70.807	2.9	73.707	3750	3520	35.0	74.4	109.5
2650	2420	69.3	6.0	75.3	3800	3570	33.5	77.5	111.0
2700	2470	67.7	9.1	76.8	3850	3620	31.9	80.7	112.6
2750	2520	66.1	12.2	78.4	3900	3670	30.4	83.8	114.1
2800	2570	64.6	15.3	79.9	3950	3720	28.8	86.9	115.7
2850	2620	63.0	18.5	81.5	4000	3770	27.3	90.0	117.2
2900	2670	61.5	21.6	83.0	4050	3820	25.7	93.1	118.8
2950	2720	59.9	24.7	84.6	4100	3870	24.2	96.2	120.4
3000	2770	58.4	27.8	86.1	4150	3920	22.6	99.3	121.9
3050	2820	56.8	30.9	87.7	4200	3970	21.0	102.4	123.5
3100	2870	55.3	34.0	89.3	4250	4020	19.5	105.5	125.0
3150	2920	53.7	37.1	90.8	4300	4070	17.9	108.6	126.6
3200	2970	52.1	40.2	92.4	4350	4120	16.4	111.8	128.1
3250	3020	50.6	43.3	93.9	4400	4170	14.8	114.9	129.7
3300	3070	49.0	46.4	95.5	4450	4220	13.3	118.0	131.2
3350	3120	47.5	49.6	97.0	4500	4270	11.7	121.1	132.8
3400	3170	45.9	52.7	98.6	4550	4320	10.2	124.2	134.4
3450	3220	44.4	55.8	100.1	4600	4370	8.6	127.3	135.9
3500	3270	42.8	58.9	101.7	4650	4420	7.1	130.4	137.5
3550	3320	41.3	62.0	103.3	4700	4470	5.5	133.5	139.0
3600	3370	39.7	65.1	104.8	4750	4520	3.9	136.6	140.6
3650	3420	38.2	68.2	106.4	4800	4570	2.4	139.7	142.1
3700	3470	36.6	71.3	107.9	4850	4620	0.8	142.9	143.7

表 4-9　我国钢罐侧厚楔形砖 CH13/10 与 CH13/5 砖环砖量表

砖环直径/mm		每环砖数/块			砖环直径/mm		每环砖数/块		
外直径 D	中间直径 D_p	$K_{CH13/10}$	$K_{CH13/5}$	K_h	外直径 D	中间直径 D_p	$K_{CH13/10}$	$K_{CH13/5}$	K_h
2800	2670	80.326	2.711	83.037	4200	4070	36.8	89.8	126.6
2900	2770	77.2	8.9	86.1	4300	4170	33.7	96.0	129.7
3000	2870	74.1	15.2	89.3	4400	4270	30.6	102.2	132.8
3100	2970	71.0	21.4	92.4	4500	4370	27.5	108.5	135.9
3200	3070	67.9	27.6	95.5	4600	4470	24.3	114.7	139.0
3300	3170	64.8	33.8	98.6	4700	4570	21.2	120.9	142.1
3400	3270	61.7	40.0	101.7	4800	4670	18.1	127.1	145.2
3500	3370	58.6	46.3	104.8	4900	4770	15.0	133.3	148.3
3600	3470	55.4	52.5	107.9	5000	4870	11.9	139.6	151.5
3700	3570	52.3	58.7	111.0	5100	4970	8.8	145.8	154.6
3800	3670	49.2	64.9	114.1	5200	5070	5.7	152.0	157.7
3900	3770	46.1	71.1	117.2	5300	5170	2.6	158.2	160.8
4000	3870	43.0	77.4	120.4	5350	5220	1.0	161.3	162.3
4100	3970	39.9	83.6	123.5					

表 4-10　我国钢罐侧厚楔形砖 CH15/10 与 CH15/5 砖环砖量表

砖环直径/mm		每环砖数/块			砖环直径/mm		每环砖数/块		
外直径 D	中间直径 D_p	$K_{CH15/10}$	$K_{CH15/5}$	K_h	外直径 D	中间直径 D_p	$K_{CH15/10}$	$K_{CH15/5}$	K_h
3200	3050	93.641	1.214	94.855	4800	4650	43.9	100.7	144.6
3300	3150	90.5	7.4	98.0	4900	4750	40.8	107.0	147.7
3400	3250	87.4	13.7	101.1	5000	4850	37.7	113.2	150.8
3500	3350	84.3	19.9	104.2	5100	4950	34.6	119.4	153.9
3600	3450	81.2	26.1	107.3	5200	5050	31.4	125.6	157.1
3700	3550	78.1	32.3	110.4	5300	5150	28.3	131.8	160.2
3800	3650	75.0	38.5	113.5	5400	5250	25.2	138.1	163.3
3900	3750	71.9	44.6	116.6	5500	5350	22.1	144.3	166.4
4000	3850	68.8	51.0	119.7	5600	5450	19.0	150.5	169.5
4100	3950	65.7	57.2	122.8	5700	5550	15.9	156.7	172.6
4200	4050	62.5	63.4	126.0	5800	5650	12.8	162.9	175.7
4300	4150	59.4	69.6	129.1	5900	5750	9.7	169.2	178.8
4400	4250	56.3	75.9	132.2	6000	5850	6.6	175.4	181.9
4500	4350	53.2	82.1	135.3	6100	5950	3.5	181.6	185.0
4600	4450	50.1	88.3	138.4	6200	6050	0.3	187.8	188.2
4700	4550	47.0	94.5	141.5					

表 4-11　我国钢罐侧厚楔形砖 CH17/10 与 CH17/5 砖环砖量表

砖环直径/mm		每环砖数/块			砖环直径/mm		每环砖数/块		
外直径 D	中间直径 D_p	$K_{CH17/10}$	$K_{CH17/5}$	K_h	外直径 D	中间直径 D_p	$K_{CH17/10}$	$K_{CH17/5}$	K_h
3650	3480	105.4	2.827	108.228	5450	5280	49.4	114.8	164.2
3750	3580	102.3	9.0	111.3	5550	5380	46.3	121.0	167.3
3850	3680	99.2	15.3	114.4	5650	5480	43.2	127.2	170.4
3950	3780	96.1	21.5	117.6	5750	5580	40.1	133.4	173.5
4050	3880	93.0	27.7	120.7	5850	5680	37.0	139.7	176.6
4150	3980	89.9	33.9	123.8	5950	5780	33.9	145.9	179.8
4250	4080	86.7	40.1	126.9	6050	5880	30.8	152.1	182.9
4350	4180	83.6	46.4	130.0	6150	5980	27.7	158.3	186.0
4450	4280	80.5	52.6	133.1	6250	6080	24.5	164.5	189.1
4550	4380	77.4	58.8	136.2	6350	6180	21.4	170.8	192.2
4650	4480	74.3	65.0	139.3	6450	6280	18.3	177.0	195.3
4750	4580	71.2	71.2	142.4	6550	6380	15.2	183.2	198.4
4850	4680	68.1	77.5	145.5	6650	6480	12.1	189.4	201.5
4950	4780	65.0	83.7	148.7	6750	6580	9.0	195.6	204.6
5050	4880	61.9	89.9	151.8	6850	6680	5.9	201.9	207.7
5150	4980	58.8	96.1	154.9	6950	6780	2.8	208.1	210.9
5250	5080	55.6	102.3	158.0	7000	6830	1.2	211.2	212.4
5350	5180	52.5	108.6	161.1					

表 4-12　我国钢罐侧厚楔形砖 CH19/10 与 CH19/5 砖环砖量表

砖环直径/mm		每环砖数/块			砖环直径/mm		每环砖数/块		
外直径 D	中间直径 D_p	$K_{CH19/10}$	$K_{CH19/5}$	K_h	外直径 D	中间直径 D_p	$K_{CH19/10}$	$K_{CH19/5}$	K_h
4050	3860	118.72	1.33	120.046	6050	5860	56.5	125.7	182.2
4150	3960	115.6	7.6	123.2	6150	5960	53.4	132.0	185.4
4250	4060	112.5	13.8	126.3	6250	6060	50.3	138.2	188.5
4350	4160	109.4	20.0	129.4	6350	6160	47.2	144.4	191.6
4450	4260	106.3	26.2	132.5	6450	6260	44.1	150.6	194.7
4550	4360	103.2	32.4	135.6	6550	6360	41.0	156.8	197.8
4650	4460	100.1	38.7	138.7	6650	6460	37.9	163.1	200.9
4750	4560	96.9	44.9	141.8	6750	6560	34.7	169.3	204.0
4850	4660	93.8	51.1	144.9	6850	6660	31.6	175.5	207.1
4950	4760	90.7	57.3	148.0	6950	6760	28.5	181.7	210.2
5050	4860	87.6	63.5	151.1	7050	6860	25.4	187.9	213.3
5150	4960	84.5	69.8	154.3	7150	6960	22.3	194.2	216.5
5250	5060	81.4	76.0	157.5	7250	7060	19.2	200.4	219.6
5350	5160	78.3	82.2	160.5	7350	7160	16.1	206.6	222.7
5450	5260	75.2	88.4	163.6	7450	7260	13.0	212.8	225.8
5550	5360	72.1	94.6	166.7	7550	7360	9.9	219.0	228.9
5650	5460	69.0	100.9	169.8	7650	7460	6.8	225.3	232.0
5750	5560	65.8	107.1	172.9	7750	7560	3.6	231.5	235.1
5850	5660	62.7	113.3	176.0	7850	7660	0.5	237.7	238.2
5950	5760	59.6	119.5	179.1					

表 4-13　我国钢罐侧厚楔形砖 CH21/10 与 CH21/5 砖环砖量表

砖环直径/mm		每环砖数/块			砖环直径/mm		每环砖数/块		
外直径 D	中间直径 D_p	$K_{CH21/10}$	$K_{CH21/5}$	K_h	外直径 D	中间直径 D_p	$K_{CH21/10}$	$K_{CH21/5}$	K_h
4500	4290	130.48	2.944	133.419	6700	6490	62.1	139.8	201.8
4600	4390	127.4	9.2	136.5	6800	6590	58.9	146.0	204.9
4700	4490	124.3	15.4	139.6	6900	6690	55.8	152.2	208.1
4800	4590	121.1	21.6	142.7	7000	6790	52.7	158.4	211.2
4900	4690	118.0	27.8	145.9	7100	6890	49.6	164.7	214.3
5000	4790	114.9	34.0	149.0	7200	6990	46.5	170.9	217.4
5100	4890	111.8	40.3	152.1	7300	7090	43.4	177.1	220.5
5200	4990	108.7	46.5	155.2	7400	7190	40.3	183.3	223.6
5300	5090	105.6	52.7	158.3	7500	7290	37.2	189.5	226.7
5400	5190	102.5	58.9	161.4	7600	7390	34.1	195.8	229.8
5500	5290	99.4	65.1	164.5	7700	7490	31.0	202.0	232.9
5600	5390	96.3	71.4	167.6	7800	7590	27.8	208.2	236.0
5700	5490	93.2	77.6	170.7	7900	7690	24.7	214.4	239.2
5800	5590	90.0	83.8	173.8	8000	7790	21.6	220.6	242.3
5900	5690	86.9	90.0	177.0	8100	7890	18.5	226.9	245.4
6000	5790	83.8	96.2	180.1	8200	7990	15.4	233.1	248.5
6100	5890	80.7	102.5	183.2	8300	8090	12.3	239.3	251.6
6200	5990	77.6	108.7	186.3	8400	8190	9.2	245.5	254.7
6300	6090	74.5	114.9	189.4	8500	8290	6.1	251.7	257.8
6400	6190	71.4	121.1	192.5	8600	8390	3.0	258.0	260.9
6500	6290	68.3	127.3	195.6	8650	8440	1.4	261.1	262.5
6600	6390	65.2	133.6	198.7					

表 4-14　我国钢罐侧厚楔形砖 CH23/10 与 CH23/5 砖环砖量表

砖环直径/mm		每环砖数/块			砖环直径/mm		每环砖数/块		
外直径 D	中间直径 D_p	$K_{CH23/10}$	$K_{CH23/5}$	K_h	外直径 D	中间直径 D_p	$K_{CH23/10}$	$K_{CH23/5}$	K_h
4900	4670	143.79	1.447	145.237	7300	7070	69.1	150.7	219.9
5000	4770	140.7	7.7	148.3	7400	7170	66.0	156.9	223.0
5100	4870	137.6	13.9	151.5	7500	7270	62.9	163.2	226.1
5200	4970	134.5	20.1	154.6	7600	7370	59.8	169.4	229.2
5300	5070	131.4	26.3	157.7	7700	7470	56.7	175.6	232.3
5400	5170	128.2	32.5	160.8	7800	7570	53.6	181.8	235.4
5500	5270	125.1	38.8	163.9	7900	7670	50.5	188.0	238.5
5600	5370	122.0	45.0	167.0	8000	7770	47.4	194.3	241.6
5700	5470	118.9	51.2	170.1	8100	7870	44.3	200.5	244.8
5800	5570	115.8	57.4	173.2	8200	7970	41.2	206.7	247.9
5900	5670	112.7	63.6	176.3	8300	8070	38.0	212.9	251.0
6000	5770	109.6	69.9	179.4	8400	8170	34.9	219.1	254.1
6100	5870	106.5	76.1	182.6	8500	8270	31.8	225.4	257.2
6200	5970	103.4	82.3	185.7	8600	8370	28.7	231.6	260.3
6300	6070	100.3	88.5	188.8	8700	8470	25.6	237.8	263.4
6400	6170	97.1	94.7	191.9	8800	8570	22.5	244.0	266.5
6500	6270	94.0	101.0	195.0	8900	8670	19.4	250.2	269.6
6600	6370	90.9	107.2	198.1	9000	8770	16.3	256.5	272.7
6700	6470	87.8	113.4	201.2	9100	8870	13.2	262.7	275.9
6800	6570	84.7	119.6	204.3	9200	8970	10.1	268.9	279.0
6900	6670	81.6	125.8	207.4	9300	9070	6.9	275.1	282.1
7000	6770	78.5	132.1	210.6	9400	9170	3.8	281.3	285.2
7100	6870	75.4	138.3	213.7	9500	9270	0.7	287.6	288.3
7200	6970	72.3	144.5	216.8					

表 4-15　钢罐侧厚楔形砖等楔差砖环砖量模式表

砖环外直径 D/mm	小直径楔形砖量 K_x/块	大直径楔形砖量 K_d/块
D_1 = 接近并大于 D_x 的 50mm 整倍数	$K_{x1} = TK_h - mD_1$	$K_{d1} = K_h - K_{x1}$
$D_2 = D_1 + 50$	$K_{x2} = K_{x1} - 50m$	$K_{d2} = K_{d1} + 50m$
$D_3 = D_2 + 50$	$K_{x3} = K_{x2} - 50m$	$K_{d3} = K_{d2} + 50m$
$D_4 = D_3 + 50$	$K_{x4} = K_{x3} - 50m$	$K_{d4} = K_{d3} + 50m$
⋮	⋮	⋮
逐行递加 50	逐行递减 50m	逐行递加 50m
D_m = 接近并小于 D_d 的 50mm 整倍数	$K_{xm} = TK_h - mD_m$	$K_{dm} = K_h - K_{xm}$

表 4-15 体现了等楔差双楔形砖砖环的特点和计算规律性：（1）每个相同砖环但直径不同时，其总砖数 K_h 都彼此相等。就是说，对于某个等楔差砖环而言 K_h 为一定值，这可由表 3-55、表 3-57 和表 3-58 查到。（2）利用等楔差砖环 $K'_x = K'_d = K_h$ 的特点，将 $K_x = TK'_x - mD$（式 1-39）和 $K_d = mD - QK'_x$（式 1-40）中的 K'_x 换以 K_h。首行的小直径楔形砖量计

算式为 $K_{x1} = TK_h - mD_1$，末行的小直径楔形砖量计算式为 $K_{xm} = TK_h - mD_m$，式中，T、Q 和 m 可由表 3-55、表 3-57 和表 3-58 查到。（3）当计算出了小直径楔形砖量 K_x 和查表查出砖环总砖数 K_h 之后，大直径楔形砖量 K_d 可按式 $K_d = K_h - K_x$ 很容易算出。首行和末行的大直径楔形砖量 $K_{d1} = K_h - K_{x1}$ 和 $K_{dm} = K_h - K_{xm}$。（4）等楔差砖环内小直径楔形砖量计算式 1-39 和大直径楔形砖量计算式 1-40 中，单位直径对应砖量（也称外直径 D 系数）m 的绝对值相等，但在小直径楔形砖量计算式中 mD 为负数，在大直径楔形砖量计算中 mD 为正数，反映在表 4-15 中，K_x 纵列栏逐行递减 50mm，而在 K_d 纵列栏逐行递加 $50m$。

为了便于编制钢罐侧厚楔形砖等楔差双楔形砖砖环砖量表，根据其模式表 4-15 的需要，准备了编制资料（见表 4-16）。现以新 CH13/10B 与新 CH13/10H 等楔差双楔形砖砖环为例，准备编表资料和编制砖量表 4-17。由表 3-58 序号 1 知，该砖环外半径范围 $D_x \sim D_d$ 为 2296.7 ~ 3445.0mm，首行外直径 D_1 取最接近并大于 D_x（2296.7mm）的 50mm 整倍数 2300mm。由表 3-58 序号 1 同样查到 $T = 3$，$K'_x = K'_d = K_h = 81.682$ 块，$m = 0.07113$。首行小直径楔形砖量 $K_{x1} = 3 \times 81.682 - 0.07113 \times 2300 = 81.447$ 块，首行大直径楔形砖量 $K_{d1} = 81.682 - 81.447 = 0.235$ 块。末行外直径 D_m 取最接近并小于 D_d（3445.0mm）的 50mm 整倍数 3400mm。末行小直径楔形砖量 $K_{xm} = 3 \times 81.682 - 0.07113 \times 3400 = 3.204$ 块，末行大直径楔形砖量 $K_{dm} = 81.682 - 3.204 = 78.478$ 块。K_x 纵列栏逐行递减砖数为 $50m = 50 \times 0.07113 = 3.5565$ 块，K_d 纵列栏逐行递加 $50m = 50 \times 0.07113 = 3.5565$ 块。

按表 4-15 ~ 表 4-17 的方法，编制了表 4-18 ~ 表 4-22。限于篇幅，CH0.1A/10 与新 CH0.1A/10H 等楔差双楔形砖砖环、新 CH0.1A/10B 与 CH0.1A/10 等楔差双楔形砖砖环砖量表，可根据需要由用户自行编制。

4.1.3 钢罐侧厚楔形砖不等端双楔形砖砖环砖量表

我国钢罐侧厚楔形砖 CH0.1A/20 与新 CH0.1A/10H 不等端尺寸双楔形砖砖环或 CH0.1A/20 与新 CH0.1A/10B 不等端尺寸双楔形砖砖环，由于它们都为楔差比 2:1 的规范化不等端尺寸双楔形砖砖环，它们的砖量表都可采用 2.1.5 节中表 2-29 的模式表。现根据表 3-60 和表 2-29 编制砖量表资料（见表 4-23）。例如 CH13/20 与新 CH13/10H 不等端尺寸双楔形砖砖环，外直径范围 $D_x \sim D_d$ 为 1443.0 ~ 3445.0mm。起点首行外直径 D_1 取最接近并大于 D_X（1443.0mm）的 50mm 整倍数 1450mm，$K_{x1} = nD_d - nD_1 = 70.278 - 0.02040 \times 1450 = 40.698$ 块，$K_{d1} = mD_1 - mD_x = 0.04080 \times 1450 - 58.874 = 0.286$ 块，$K_{h1} = (m - n)D_1 + 11.404 = 0.02040 \times 1450 + 11.404 = 40.984$。终点末行的外直径 D_m 取最接近并小于 D_d（3445.0mm）的 50mm 整倍数 3400mm，$K_{xm} = nD_d - nD_m = 70.278 - 0.02040 \times 3400 = 0.918$ 块，$K_{dm} = mD_m - mD_x = 0.04080 \times 3400 - 58.874 = 79.846$ 块，$K_{hm} = 0.02040D_m + 11.404 = 0.02040 \times 3400 + 11.404 = 80.764$ 块。K_x 纵列栏逐行递减 $50n = 50 \times 0.02040 = 1.02$ 块，K_d 纵列栏逐行递加 $50m = 50 \times 0.04080 = 2.04$ 块。K_h 纵列栏逐行递加 $50(m - n) = 50(0.04080 - 0.02040) = 1.02$ 块。将这些数据写进表 4-23 并编表 4-24。按照这样方法计算了 A 为 130 ~ 230mm 的侧厚楔形砖不等端尺寸双楔形砖砖环的编表资料，并编制了砖表 4-25 ~ 表 4-29。至于 CH0.1A/20 与新 CH0.1A/10B 不等端尺寸双楔形砖砖环砖量表，用户可根据需要按表 4-23 的编表资料和表 4-24 的模式自行编制。

表4-16　钢罐侧厚楔形楔差等楔形砖双楔形砖砖环砖量表编制资料.

小直径楔形砖	大直径楔形砖	外直径范围 $D_x \sim D_d$/mm	砖环总砖数/块 $K_h = K'_x = K'_d$	起点首行 外直径 D_1/mm	K_{x1}/块	K_{d1}/块	终点末行 外直径 D_m/mm	K_{xm}/块	K_{dm}/块	K_x 逐行递减 砖数50m/块	K_d 逐行递加 砖数50m/块	m	表号
新CH13/10B	新CH13/10H	2296.7～3445.0	81.682	2300	81.447	0.235	3400	3.204	78.478	3.5565	3.5565	0.07113	表4-17
新CH15/10B	新CH15/10H	2650.0～3975.0	94.248	2650	94.248	0.000	3950	1.780	92.468	3.5565	3.5565	0.07113	表4-18
新CH17/10B	新CH17/10H	3003.3～4505.0	106.814	3050	103.495	3.319	4500	0.357	106.457	3.5565	3.5565	0.07113	表4-19
新CH19/10B	新CH19/10H	3356.6～5035.0	119.381	3400	116.301	3.080	5000	2.493	116.888	3.5565	3.5565	0.07113	表4-20
新CH21/10B	新CH21/10H	3710.0～5565.0	131.947	3750	129.103	2.843	5550	1.069	130.877	3.5565	3.5565	0.07113	表4-21
新CH23/10B	新CH23/10H	4063.3～6095.0	144.514	4100	141.909	2.605	6050	3.205	141.309	3.5565	3.5565	0.07113	表4-22
CH13/10	新CH13/10H	2756.0～3445.0	81.682	2800	76.470	5.212	3400	5.340	76.342	5.9275	5.9275	0.11855	自编
CH15/10	新CH15/10H	3180.0～3975.0	94.248	3200	91.880	2.368	3950	2.967	91.280	5.9275	5.9275	0.11855	自编
CH17/10	新CH17/10H	3604.0～4505.0	106.814	3650	101.362	5.451	4500	0.595	102.219	5.9275	5.9275	0.11855	自编
CH19/10	新CH19/10H	4028.0～5035.0	119.381	4050	116.778	2.603	5000	4.155	115.226	5.9275	5.9275	0.11855	自编
CH21/10	新CH21/10H	4452.0～5565.0	131.947	4500	126.260	5.687	5550	1.782	130.164	5.9275	5.9275	0.11855	自编
CH23/10	新CH23/10H	4876.0～6095.0	144.514	4900	141.675	2.839	6050	5.342	139.172	5.9275	5.9275	0.11855	自编
新CH13/10B	CH13/10	2296.7～2756.0	81.682	2300	81.106	0.576	2750	1.087	80.595	8.891	8.891	0.17782	自编
新CH15/10B	CH15/10	2650.0～3180.0	94.248	2650	94.248	0.000	3150	5.355	88.893	8.891	8.891	0.17782	自编
新CH17/10B	CH17/10	3003.3～3604.0	106.814	3050	98.533	8.281	3600	0.732	106.082	8.891	8.891	0.17782	自编
新CH19/10B	CH19/10	3356.6～4028.0	119.381	3400	111.698	7.683	4000	5.006	114.375	8.891	8.891	0.17782	自编
新CH21/10B	CH21/10	3710.0～4452.0	131.947	3750	124.857	7.090	4450	0.383	131.564	8.891	8.891	0.17782	自编
新CH23/10B	CH23/10	4063.3～4876.0	144.514	4100	138.022	6.492	4850	4.457	139.867	8.891	8.891	0.17782	自编

表 4-17　新 CH13/10B 与新 CH13/10H 等楔差双楔形砖砖环砖量表

砖环外直径 D/mm	每环砖数/块		砖环外直径 D/mm	每环砖数/块		砖环外直径 D/mm	每环砖数/块		砖环外直径 D/mm	每环砖数/块	
	新 CH13/10B	新 CH13/10H		新 CH13/10B	新 CH13/10H		新 CH13/10B	新 CH13/10H		新 CH13/10B	新 CH13/10H
2300	81.447	0.235	2600	60.1	21.6	2900	38.8	42.9	3200	17.4	64.2
2350	77.9	3.8	2650	56.5	25.1	2950	35.2	46.5	3250	13.9	67.8
2400	74.3	7.3	2700	53	28.7	3000	31.7	50	3300	10.3	71.4
2450	70.8	10.9	2750	49.4	32.2	3050	28.1	53.6	3350	6.8	74.9
2500	67.2	14.5	2800	45.9	35.8	3100	24.5	57.1	3400	3.2	78.5
2550	63.7	18	2850	42.3	39.3	3150	21	60.7			

注：每环总砖数 K_h = 81.682 块。

表 4-18　新 CH15/10B 与新 CH15/10H 等楔差双楔形砖砖环砖量表

砖环外直径 D/mm	每环砖数/块		砖环外直径 D/mm	每环砖数/块		砖环外直径 D/mm	每环砖数/块		砖环外直径 D/mm	每环砖数/块	
	新 CH15/10B	新 CH15/10H		新 CH15/10B	新 CH15/10H		新 CH15/10B	新 CH15/10H		新 CH15/10B	新 CH15/10H
2650	94.248	0	3000	69.4	24.9	3350	44.5	49.8	3700	19.6	74.7
2700	90.7	3.6	3050	65.8	28.5	3400	40.9	53.3	3750	16.0	78.2
2750	87.1	7.1	3100	62.2	32.0	3450	37.3	56.9	3800	12.4	81.8
2800	83.6	10.7	3150	58.7	35.6	3500	33.8	60.5	3850	8.9	85.4
2850	80.0	14.2	3200	55.1	39.1	3550	30.2	64.0	3900	5.3	88.9
2900	76.5	17.8	3250	51.6	42.7	3600	26.7	67.6	3950	1.8	92.5
2950	72.9	21.3	3300	48.0	46.2	3650	23.1	71.1			

注：每环总砖数 K_h = 94.248 块。

表 4-19　新 CH17/10B 与新 CH17/10H 等楔差双楔形砖砖环砖量表

砖环外直径 D/mm	每环砖数/块		砖环外直径 D/mm	每环砖数/块		砖环外直径 D/mm	每环砖数/块		砖环外直径 D/mm	每环砖数/块	
	新 CH17/10B	新 CH17/10H		新 CH17/10B	新 CH17/10H		新 CH17/10B	新 CH17/10H		新 CH17/10B	新 CH17/10H
3050	103.495	3.319	3450	75.0	31.8	3850	46.6	60.2	4250	18.1	88.7
3100	99.9	6.9	3500	71.5	35.3	3900	43.0	63.8	4300	14.6	92.2
3150	96.4	10.4	3550	67.9	38.9	3950	39.5	67.3	4350	11.0	95.8
3200	92.8	14.0	3600	64.4	42.4	4000	35.9	70.9	4400	7.5	99.3
3250	89.3	17.5	3650	60.8	46.0	4050	32.4	74.4	4450	3.9	102.9
3300	85.7	21.1	3700	57.3	49.6	4100	28.8	78.0	4500	0.4	106.5
3350	82.2	24.7	3750	53.7	53.1	4150	25.3	81.6			
3400	78.6	28.2	3800	50.1	56.7	4200	21.7	85.1			

注：每环总砖数 K_h = 106.814 块。

表 4-20　新 CH19/10B 与新 CH19/10H 等楔差双楔形砖砖环砖量表

砖环外直径 D/mm	每环砖数/块		砖环外直径 D/mm	每环砖数/块		砖环外直径 D/mm	每环砖数/块		砖环外直径 D/mm	每环砖数/块	
	新 CH19/10B	新 CH19/10H		新 CH19/10B	新 CH19/10H		新 CH19/10B	新 CH19/10H		新 CH19/10B	新 CH19/10H
3400	116.301	3.08	3850	84.3	35.1	4300	52.3	67.1	4750	20.3	99.1
3450	112.7	6.6	3900	80.7	38.6	4350	48.7	70.7	4800	16.7	102.7
3500	109.2	10.2	3950	77.2	42.2	4400	45.2	74.2	4850	13.2	106.2
3550	105.6	13.7	4000	73.6	45.8	4450	41.6	77.8	4900	9.6	109.8
3600	102.1	17.3	4050	70.1	49.3	4500	38.1	81.3	4950	6.0	113.3
3650	98.5	20.9	4100	66.5	52.9	4550	34.5	84.9	5000	2.5	116.9
3700	95.0	24.4	4150	63.0	56.4	4600	30.9	88.4			
3750	91.4	28.0	4200	59.4	60.0	4650	27.4	92.0			
3800	87.8	31.5	4250	55.8	63.5	4700	23.8	95.5			

注：每环总砖数 K_h = 119.381 块。

表 4-21　新 CH21/10B 与新 CH21/10H 等楔差双楔形砖砖环砖量表

砖环外直径 D/mm	每环砖数/块		砖环外直径 D/mm	每环砖数/块		砖环外直径 D/mm	每环砖数/块		砖环外直径 D/mm	每环砖数/块	
	新 CH21/10B	新 CH21/10H		新 CH21/10B	新 CH21/10H		新 CH21/10B	新 CH21/10H		新 CH21/10B	新 CH21/10H
3750	129.103	2.843	4250	93.5	38.4	4750	58.0	74.0	5250	22.4	109.5
3800	125.5	6.4	4300	90.0	42.0	4800	54.4	77.5	5300	18.9	113.1
3850	122.0	10.0	4350	86.4	45.5	4850	50.9	81.1	5350	15.3	116.7
3900	118.4	13.5	4400	82.9	49.1	4900	47.3	84.6	5400	11.7	120.2
3950	114.9	17.1	4450	79.3	52.6	4950	43.7	88.2	5450	8.2	123.8
4000	111.3	20.6	4500	75.8	56.2	5000	40.2	91.8	5500	4.6	127.3
4050	107.8	24.2	4550	72.2	59.7	5050	36.6	95.3	5550	1.1	130.9
4100	104.2	27.7	4600	68.6	63.3	5100	33.1	98.9			
4150	100.7	31.3	4650	65.1	66.9	5150	29.5	102.4			
4200	97.1	34.9	4700	61.5	70.4	5200	26.0	106.0			

注：每环总砖数 K_h = 131.946 块。

表 4-22　新 CH23/10B 与新 CH23/10H 等楔差双楔形砖砖环砖量表

砖环外直径 D/mm	每环砖数/块		砖环外直径 D/mm	每环砖数/块		砖环外直径 D/mm	每环砖数/块		砖环外直径 D/mm	每环砖数/块	
	新 CH23/10B	新 CH23/10H		新 CH23/10B	新 CH23/10H		新 CH23/10B	新 CH23/10H		新 CH23/10B	新 CH23/10H
4100	141.909	2.605	4600	106.3	38.2	5100	70.8	73.7	5600	35.2	109.3
4150	138.4	6.2	4650	102.8	41.7	5150	67.2	77.3	5650	31.7	112.9
4200	134.8	9.7	4700	99.2	45.3	5200	63.7	80.8	5700	28.1	116.4
4250	131.2	13.3	4750	95.7	48.8	5250	60.1	84.4	5750	24.5	120.0
4300	127.7	16.8	4800	92.1	52.4	5300	56.6	88.0	5800	21.0	123.5
4350	124.1	20.4	4850	88.6	56.0	5350	53.0	91.5	5850	17.4	127.1
4400	120.6	23.9	4900	85.0	59.5	5400	49.4	95.1	5900	13.9	130.6
4450	117.0	27.5	4950	81.4	63.1	5450	45.9	98.6	5950	10.3	134.2
4500	113.5	31.1	5000	77.9	66.6	5500	42.3	102.2	6000	6.8	137.8
4550	109.9	34.6	5050	74.3	70.2	5550	38.8	105.7	6050	3.2	141.3

注：每环总砖数 K_h = 144.514 块。

表4-23　钢罐侧厚楔形砖不等端双楔形砖环砖量表编制资料

配砌尺寸砖号		外直径范围 $D_x \sim D_d$/mm	起点首行				竖点末行				$50n$	$50m$	$50(m-n)$	表号
小直径楔形砖	大直径楔形砖		外直径 D_1/mm	一环砖数/块			外直径 D_m/mm	一环砖数/块						
				K_{x1}	K_{d1}	K_{h1}		K_{xm}	K_{dm}	K_{hm}				
CH13/20	新CH13/10H	1443.0～3445.0	1450	40.698	0.286	40.984	3400	0.918	79.846	80.764	1.02	2.04	1.02	表4-24
CH15/20	新CH15/10H	1665.0～3975.0	1700	46.410	1.428	47.838	3950	0.510	93.228	93.738	1.02	2.04	1.02	表4-25
CH17/20	新CH17/10H	1887.0～4505.0	1900	53.142	0.530	53.672	4500	0.102	106.610	106.712	1.02	2.04	1.02	表4-26
CH19/20	新CH19/10H	2109.0～5035.0	2150	58.854	1.673	60.527	5000	0.714	117.953	118.667	1.02	2.04	1.02	表4-27
CH21/20	新CH21/10H	2331.0～5565.0	2350	65.586	0.775	66.361	5550	0.306	131.335	131.641	1.02	2.04	1.02	表4-28
CH23/20	新CH23/10H	2553.0～6095.0	2600	71.298	1.918	73.216	6050	0.918	142.678	143.596	1.02	2.04	1.02	表4-29
CH13/20	新CH13/10B	1443.0～2296.7	1450	40.504	0.670	41.174	2250	2.232	77.214	79.446	2.392	4.784	2.392	自编
CH15/20	新CH15/10B	1665.0～2650.0	1700	45.448	3.349	48.797	2650	0	94.245	94.245	2.392	4.784	2.392	自编
CH17/20	新CH17/10B	1887.0～3003.3	1900	52.782	1.244	54.026	3000	0.158	106.492	106.650	2.392	4.784	2.392	自编
CH19/20	新CH19/10B	2109.0～3356.6	2150	57.724	3.923	61.647	3350	0.316	118.739	119.055	2.392	4.784	2.392	自编
CH21/20	新CH21/10B	2331.0～3710.0	2350	65.062	1.818	66.880	3700	0.478	130.986	131.464	2.392	4.784	2.392	自编
CH23/20	新CH23/10B	2553.0～4063.3	2600	70.004	4.497	74.501	4050	0.636	143.233	143.869	2.392	4.784	2.392	自编

注：1. 本表计算中砌缝厚度取1mm。

2. 本表计算中，CH0.1A/20与新CH0.1A/10H各砖环的 $n=0.02040$，$m=0.04080$；CH0.1A/20与新CH0.1A/10B各砖环的 $n=0.04784$，$m=0.09568$。

表 4-24　CH13/20 与新 CH13/10H 不等端双楔形砖砖环砖量表

砖环外半径	每环砖数/块			砖环外半径	每环砖数/块		
D/mm	CH13/20	新 CH13/10H	K_h	D/mm	CH13/20	新 CH13/10H	K_h
1450	40.698	0.286	40.984	2450	20.3	41.1	61.4
1500	39.7	2.3	42	2500	19.3	43.1	62.4
1550	38.7	4.4	43	2550	18.3	45.2	63.4
1600	37.6	6.4	44	2600	17.2	47.2	64.4
1650	36.6	8.4	45.1	2650	16.2	49.2	65.5
1700	35.6	10.5	46.1	2700	15.2	51.3	66.5
1750	34.6	12.5	47.1	2750	14.2	53.3	67.5
1800	33.6	14.6	48.1	2800	13.2	55.4	68.5
1850	32.5	16.6	49.1	2850	12.1	57.4	69.5
1900	31.5	18.6	50.2	2900	11.1	59.4	70.5
1950	30.5	20.7	51.2	2950	10.1	61.5	71.6
2000	29.5	22.7	52.2	3000	9.1	63.5	72.6
2050	28.5	24.8	53.2	3050	8.1	65.6	73.6
2100	27.4	26.8	54.2	3100	7	67.6	74.6
2150	26.4	28.8	55.3	3150	6	69.6	75.7
2200	25.4	30.9	56.3	3200	5	71.7	76.7
2250	24.4	32.9	57.3	3250	4	73.7	77.7
2300	23.4	35	58.3	3300	3	75.8	78.7
2350	22.3	37	59.3	3350	1.9	77.8	79.7
2400	21.3	39	60.3	3400	0.9	79.8	80.8

表 4-25　CH15/20 与新 CH15/10H 不等端双楔形砖砖环砖量表

砖环外半径	每环砖数/块			砖环外半径	每环砖数/块		
D/mm	CH15/20	新 CH15/10H	K_h	D/mm	CH15/20	新 CH15/10H	K_h
1700	46.410	1.428	47.838	2500	30.1	34.1	64.2
1750	45.4	3.5	48.9	2550	29.1	36.1	65.2
1800	44.4	5.5	49.9	2600	28.1	38.1	66.2
1850	43.4	7.5	50.9	2650	27.0	40.2	67.2
1900	42.3	9.6	51.9	2700	26.0	42.2	68.2
1950	41.3	11.6	52.9	2750	25.0	44.3	69.3
2000	40.3	13.7	54.0	2800	24.0	46.3	70.3
2050	39.3	15.7	55.0	2850	23.0	48.3	71.3
2100	38.3	17.7	56.0	2900	21.9	50.4	72.3
2150	37.2	19.8	57.0	2950	20.9	52.4	73.3
2200	36.2	21.8	58.0	3000	19.9	54.5	74.4
2250	35.2	23.9	59.1	3050	18.9	56.5	75.4
2300	34.2	25.9	60.1	3100	17.9	58.5	76.4
2350	33.2	27.9	61.1	3150	16.8	60.6	77.4
2400	32.1	30.0	62.1	3200	15.8	62.6	78.4
2450	31.1	32.0	63.1	3250	14.8	64.7	79.5

砖环外半径 D/mm	每环砖数/块			砖环外半径 D/mm	每环砖数/块		
	CH15/20	新 CH15/10H	K_h		CH15/20	新 CH15/10H	K_h
3300	13.8	66.7	80.5	3650	6.6	81.0	87.6
3350	12.8	68.7	81.5	3700	5.6	83.0	88.6
3400	11.7	70.8	82.5	3750	4.6	85.1	89.7
3450	10.7	72.8	83.5	3800	3.6	87.1	90.7
3500	9.7	74.9	84.6	3850	2.5	89.1	91.7
3550	8.7	76.9	85.6	3900	1.5	91.2	92.7
3600	7.6	78.9	86.6	3950	0.5	93.2	93.7

表 4-26　CH17/20 与新 CH17/10H 不等端双楔形砖砖环砖量表

砖环外半径 D/mm	每环砖数/块			砖环外半径 D/mm	每环砖数/块		
	CH17/20	新 CH17/10H	K_h		CH17/20	新 CH17/10H	K_h
1900	53.142	0.53	53.672	3300	24.6	57.7	82.2
2000	51.1	4.6	55.7	3400	22.5	61.7	84.3
2100	49.1	8.7	57.8	3500	20.5	65.8	86.3
2200	47.0	12.8	59.8	3600	18.5	69.9	88.4
2300	45.0	16.9	61.8	3700	16.4	74.0	90.4
2400	42.9	20.9	63.9	3800	14.4	78.1	92.4
2500	40.9	25.0	65.9	3900	12.3	82.1	94.5
2600	38.9	29.1	68.0	4000	10.3	86.2	96.5
2700	36.8	33.2	70.0	4100	8.3	90.3	98.6
2800	34.8	37.3	72.0	4200	6.2	94.4	100.6
2900	32.7	41.3	74.1	4300	4.2	98.5	102.6
3000	30.7	45.4	76.1	4400	2.1	102.5	104.7
3100	28.7	49.5	78.2	4500	0.1	106.6	106.7
3200	26.6	53.6	80.2				

表 4-27　CH19/20 与新 CH19/10H 不等端双楔形砖砖环砖量表

砖环外半径 D/mm	每环砖数/块			砖环外半径 D/mm	每环砖数/块		
	CH19/20	新 CH19/10H	K_h		CH19/20	新 CH19/10H	K_h
2150	58.854	1.673	60.527	3250	36.4	46.6	83.0
2250	56.8	5.8	62.6	3350	34.4	50.6	85.0
2350	54.8	9.8	64.6	3450	32.3	54.7	87.0
2450	52.7	13.9	66.6	3550	30.3	58.8	89.1
2550	50.7	18.0	68.7	3650	28.3	62.9	91.1
2650	48.7	22.1	70.7	3750	26.2	67.0	93.2
2750	46.6	26.2	72.8	3850	24.2	71.0	95.2
2850	44.6	30.2	74.8	3950	22.1	75.1	97.2
2950	42.5	34.3	76.8	4050	20.1	79.2	99.3
3050	40.5	38.4	78.9	4150	18.1	83.3	101.3
3150	38.5	42.5	80.9	4250	16.0	87.4	103.4

砖环外半径	每环砖数/块			砖环外半径	每环砖数/块		
D/mm	CH19/20	新 CH19/10H	K_h	D/mm	CH19/20	新 CH19/10H	K_h
4350	14.0	91.4	105.4	4750	5.8	107.8	113.6
4450	11.9	95.5	107.4	4850	3.8	111.8	115.6
4550	9.9	99.6	109.5	4950	1.7	115.9	117.6
4650	7.9	103.7	111.5	5000	0.7	118.0	118.7

表 4-28　CH21/20 与新 CH21/10H 不等端双楔形砖砖环砖量表

砖环外半径	每环砖数/块			砖环外半径	每环砖数/块		
D/mm	CH21/20	新 CH21/10H	K_h	D/mm	CH21/20	新 CH21/10H	K_h
2350	65.586	0.775	66.361	4050	30.9	70.1	101.0
2450	63.5	4.9	68.4	4150	28.9	74.2	103.1
2550	61.5	8.9	70.4	4250	26.8	78.3	105.1
2650	59.5	13.0	72.5	4350	24.8	82.4	107.2
2750	57.4	17.1	74.5	4450	22.7	86.5	109.2
2850	55.4	21.2	76.6	4550	20.7	90.5	111.2
2950	53.3	25.3	78.6	4650	18.7	94.6	113.3
3050	51.3	29.3	80.6	4750	16.6	98.7	115.3
3150	49.3	33.4	82.7	4850	14.6	102.8	117.4
3250	47.2	37.5	84.7	4950	12.5	106.9	119.4
3350	45.2	41.6	86.8	5050	10.5	110.9	121.4
3450	43.1	45.7	88.8	5150	8.5	115.0	123.5
3550	41.1	49.7	90.8	5250	6.4	119.1	125.5
3650	39.1	53.8	92.9	5350	4.4	123.2	127.6
3750	37.0	57.9	94.9	5450	2.3	127.3	129.6
3850	35.0	62.0	97.0	5550	0.3	131.3	131.6
3950	32.9	66.1	99.0				

表 4-29　CH23/20 与新 CH23/10H 不等端双楔形砖砖环砖量表

砖环外半径	每环砖数/块			砖环外半径	每环砖数/块		
D/mm	CH23/20	新 CH23/10H	K_h	D/mm	CH23/20	新 CH23/10H	K_h
2600	71.298	1.918	73.216	3400	55.0	34.6	89.5
2700	69.3	6.0	75.3	3500	52.9	38.6	91.6
2800	67.2	10.1	77.3	3600	50.9	42.7	93.6
2900	65.2	14.2	79.3	3700	48.9	46.8	95.7
3000	63.1	18.2	81.4	3800	46.8	50.9	97.7
3100	61.1	22.3	83.4	3900	44.8	55.0	99.7
3200	59.1	26.4	85.5	4000	42.7	59.0	101.8
3300	57.0	30.5	87.5	4100	40.7	63.1	103.8

续表4-29

砖环外半径	每环砖数/块			砖环外半径	每环砖数/块		
D/mm	CH23/20	新 CH23/10H	K_h	D/mm	CH23/20	新 CH23/10H	K_h
4200	38.7	67.2	105.9	5200	18.3	108.0	126.3
4300	36.6	71.3	107.9	5300	16.2	112.1	128.3
4400	34.6	75.4	109.9	5400	14.2	116.2	130.3
4500	32.5	79.4	112.0	5500	12.1	120.2	132.4
4600	30.5	83.5	114.0	5600	10.1	124.3	134.4
4700	28.5	87.6	116.1	5700	8.1	128.4	136.5
4800	26.4	91.7	118.1	5800	6.0	132.5	138.5
4900	24.4	95.8	120.1	5900	4.0	136.6	140.5
5000	22.3	99.8	122.2	6000	1.9	140.6	142.6
5100	20.3	103.9	124.2	6050	0.9	142.7	143.6

4.2　钢水罐环形砌砖计算线

在节省篇幅的条件下为能较全面、直观反映每组（同 A）配砌方案和较精确查出砖量来，这里选择了钢罐环形砌砖计算线。

4.2.1　等中间尺寸竖宽楔形砖双楔形砖砖环组合计算线

我国钢罐罐壁平砌竖宽楔形砖，采取等中间尺寸 $P=150$mm，每组（同 A）设计有楔差分别为 30mm、20mm 和 10mm 的三种砖。每组可配砌成 SK0.1A/30 与 SK0.1A/20、SK0.1A/20 与 SK0.1A/10 以及 SK0.1A/30 与 SK0.1A/10 三个等中间尺寸双楔形砖砖环。钢罐竖宽楔形砖双楔形砖砖环的组合计算线，其原理和绘制方法参见 2.2.2.4A 节。现以 $A=150$mm 的钢罐竖宽楔形砖双楔形砖砖环的 3 个配砌方案为例，介绍此组合计算线的绘制方法（见图 4-1）。在绘制过程中，参看表 3-61 ~ 表 3-63 和表 4-30。

首先，在能容纳代表 3 个配砌方案的 3 条水平线段的一页画面，上下外框各画出一条水平直线，标以相同的砖环中间直径 D_p（mm）刻度：左端稍小于最小直径竖宽楔形砖（SK0.1A/30）的中间直径 $D_{psk15/30}=1510.0$mm，右端终点等于最大直径竖宽楔形砖（SK0.1A/10）的中间直径 $D_{psk15/10}=4530.0$mm。如果一页长度不够容纳 3 个配砌方案，可

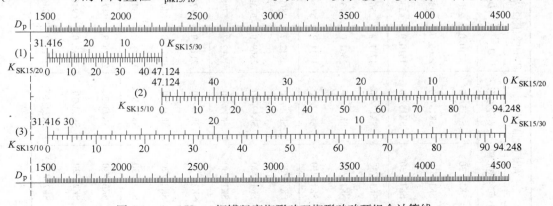

图 4-1　$A=150$mm 钢罐竖宽楔形砖双楔形砖砖环组合计算线

表4-30　钢罐竖宽楔形砖双楔形砖砖环组合计算线绘制资料

| 配砌尺寸砖号 | | 砖环中间直径 D_p/mm | | 每环极限砖数/块 | | 简易式系数 | | 一块楔形砖直径变化量 | | $10(\Delta D_p)'_{lx}$ | $10(\Delta D_p)'_{ld}$ | 图号 |
小直径楔形砖	大直径楔形砖	D_{px}	D_{pd}	K'_x	K'_d	Q	T	$(\Delta D)'_{lx}=48.06468/Q$	$(\Delta D)'_{ld}=48.06468/T$			
SK15/30	SK15/20	1510.0	2265.0	31.416	47.124	2	3	24.03234	16.02156	240.3234	160.2156	图4-1(1)
SK15/20	SK15/10	2265.0	4530.0	47.124	94.248	1	2	48.06468	24.03234	480.6468	240.3234	图4-1(2)
SK15/30	SK15/10	1510.0	4530.0	31.416	94.248	1/2	3/2	96.12936	32.04312	961.2936	320.4312	图4-1(3)
SK17/30	SK17/20	1711.3	2567.0	35.605	53.407	2	3	24.03234	16.02156	240.3234	160.2156	图4-2(1)
SK17/20	SK17/10	2567.0	5134.0	53.407	106.814	1	2	48.06468	24.03234	480.6468	240.3234	图4-2(2)
SK17/30	SK17/10	1711.3	5134.0	35.605	106.814	1/2	3/2	96.12936	32.04312	961.2936	320.4312	图4-2(3)
SK19/30	SK19/20	1912.7	2869.0	39.794	59.690	2	3	24.03234	16.02156	240.3234	160.2156	图4-3(1)
SK19/20	SK19/10	2869.0	5738.0	59.690	119.381	1	2	48.06468	24.03234	480.6468	240.3234	图4-3(2)
SK19/30	SK19/10	1912.7	5738.0	39.794	119.381	1/2	3/2	96.12936	32.04312	961.2936	320.4312	图4-3(3)
SK21/30	SK21/20	2114.0	3171.0	43.982	65.974	2	3	24.03234	16.02156	240.3234	160.2156	图4-4(1)
SK21/20	SK21/10	3171.0	6342.0	65.974	131.947	1	2	48.06468	24.03234	480.6468	240.3234	图4-4(2)
SK21/30	SK21/10	2114.0	6342.0	43.982	131.947	1/2	3/2	96.12936	32.04312	961.2936	320.4312	图4-4(3)
SK23/30	SK23/20	2315.3	3473.0	48.171	72.257	2	3	24.03234	16.02156	240.3234	160.2156	图4-5(1)
SK23/20	SK23/10	3473.0	6946.0	72.257	144.514	1	2	48.06468	24.03234	480.6468	240.3234	图4-5(2)
SK23/30	SK23/10	2315.3	6946.0	48.171	144.514	1/2	3/2	96.12936	32.04312	961.2936	320.4312	图4-5(3)

将一组计算线裁开为两段（但仍在一页内）。

其次，每条水平线段代表一个双楔形砖砖环配砌方案，线段（1）、线段（2）和线段（3）分别代表 SK15/30 与 SK15/20 砖环、SK15/20 与 SK15/10 砖环，以及 SK15/30 与 SK15/10 砖环。每条水平线段必须在画面上精确地找准位置：线段左端起点和右端终点必须分别对准上下框的 D_{px} 和 D_{pd}。例如线段（1）和线段（3）的左端起点必须对准 SK15/30 的中间直径 $D_{psk15/30}=1510.0mm$，线段（2）的左端起点必须对准 SK15/20 的中间直径 $D_{psk15/20}=2265.0mm$，线段（1）的右端终点必须对准 SK15/20 的中间直径 $D_{psk15/20}=2265.0mm$，线段（2）和线段（3）的右端终点必须对准 SK15/10 的中间直径 $D_{psk15/10}=4530.0mm$。

第三，代表每一配砌方案砖环每条水平线段的上方刻度和下方刻度，分别表示小直径楔形砖量 K_x 和大直径楔形砖量 K_d。我国钢罐竖宽楔形砖双楔形砖砖环的总砖数 $K_h=0.02080D_p$，很容易计算，没在组合计算线上反映。表示小直径楔形砖量 K_x 的线段上方刻度：以线段右端终点 $K_x=0$ 块，线段左端起点为其每环极限砖数 $K_x=K'_x$。例如线段（1）上方刻度的右端终点为小直径楔形砖 SK15/30 的 0 块点，线段（2）和线段（3）上方刻度右端终点分别为小直径楔形砖 SK15/20 和 SK15/30 的 0 块点；线段（1）和线段（3）上方刻度左端起点为小直径楔形砖 SK15/30 的每环极限砖数 $K'_{SK15/30}=31.416$ 块，线段（2）上方刻度左端起点为小直径楔形砖 SK15/20 的每环极限砖数 $K'_{SK15/20}=47.124$ 块。表示大直径楔形砖量的线段下方刻度：线段左端起点的大直径楔形砖量 $K_d=0$ 块，而线段（1）右端终点为大直径楔形砖 SK15/20 的每环极限砖数 $K'_{SK15/20}=47.124$ 块；线段（2）和线段（3）右端终点为大直径楔形砖 SK15/10 的每环极限砖数 $K'_{SK15/10}=94.248$ 块。

最后，线段上下方的砖数刻度，可由 0 块到 K'_0 块用电脑均分，也可由一块楔形砖直径变化量 $(\Delta D_p)'_{1x}$ 和 $(\Delta D_p)'_{1d}$ 均分。在表 3-61 ~ 表 3-63 中，可由 $(\Delta D_p)'_{1x}=48.06468/Q$ 和 $(\Delta D)'_{1d}=48.06468/T$ 计算出一块楔形砖直径变化量，并列入表 4-30 中。例如，对于线段（1）而言，$(\Delta D_p)'_{1x}=48.06468/2=24.03234$ 和 $(\Delta D_p)'_{1d}=48.06468/3=16.02156$。这与按一块楔形砖直径变化量定义式计算的结果是一致的：$(\Delta D_p)'_{1x}=(D_{pd}-D_{px})/K'_x=(2262.0-1510.0)/31.416=24.03234$ 和 $(\Delta D_p)'_{1d}=(D_{pd}-D_{px})/K'_d=(2262.0-1510.0)/47.124=16.02156$。对于线段（2）而言，$(\Delta D_p)'_{1x}=48.06468/1=48.06468$［与按 $(4530.0-2265.0)/47.124=48.06468$ 一致］，$(\Delta D_p)'_{1d}=48.06468/2=24.03234$［与按 $(4530.0-2265.0)/94.248=24.03234$ 一致］。对于线段（3）而言 $(\Delta D_p)'_{1x}=48.06468/0.5=96.12936$［与按 $(4530.0-1510.0)/31.416=96.12936$ 一致］，$(\Delta D_p)'_{1d}=48.06468/1.5=32.04312$［与按 $(4530.0-1510.0)/94.248=32.04312$ 一致］。线段（1）、线段（2）和线段（3）上方的 K_x 刻度，从右端 $K_x=0$ 块开始，向左每递增 10 块砖的砖环中间直径 D_p 减小量 10$(\Delta D_p)'_{1x}$ 分别为 $10\times24.03234=240.3234mm$、$10\times48.06468=480.6468mm$ 和 $10\times96.12936=961.2396mm$。线段（1）、线段（2）和线段（3）下方的 D_p 刻度，从左端 $K_d=0$ 块开始，向右每递增 10 块砖的砖环中间直径 K_d 增大量 10$(\Delta D_p)'_{1d}$ 分别为 $10\times16.02156=160.2156mm$、$10\times24.03234=240.3234mm$ 和 $10\times32.04312=320.4312mm$。

按图 4-1 的绘制方法和参考表 4-30 资料，绘制了 A 为 170mm、190mm、210mm 和 230mm 的钢罐竖宽楔形砖双楔形砖砖环组合计算线，见图 4-2 ~ 图 4-5。

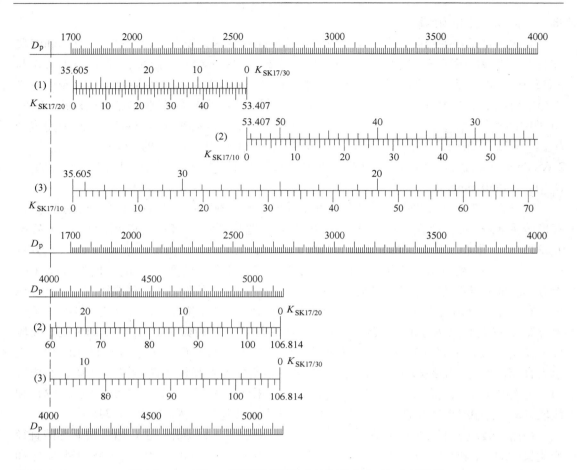

图 4-2　A = 170mm 钢罐竖宽楔形砖双楔形砖砖环组合计算线

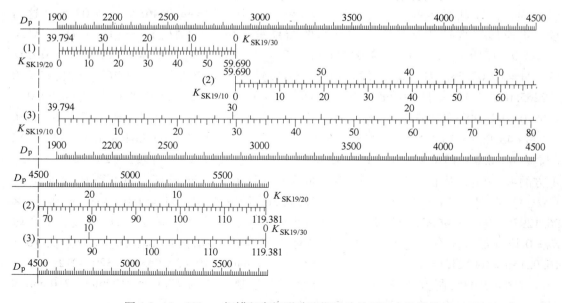

图 4-3　A = 190mm 钢罐竖宽楔形砖双楔形砖砖环组合计算线

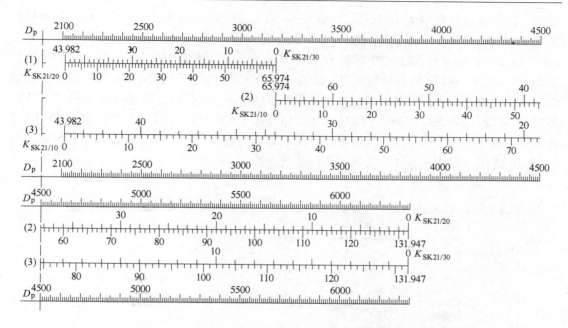

图 4-4 $A = 210mm$ 钢罐竖宽楔形砖双楔形砖砖环组合计算线

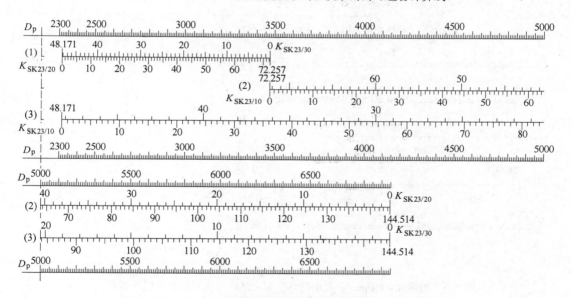

图 4-5 $A = 230mm$ 钢罐竖宽楔形砖双楔形砖砖环组合计算线

4.2.2 钢罐不等端尺寸竖宽楔形砖双楔形砖砖环组合计算线

钢罐罐壁不等端尺寸竖宽楔形砖双楔形砖砖环组合计算线绘制原理和绘制方法，可参看 4.2.1 节。根据表 3-69，钢罐不等端尺寸竖宽楔形砖可配砌成 SK0.1A/30 与新 SK0.1A/20K、新 SK0.1A/20K 与 SK0.1A/10、SK0.1A/30 与新 SK0.1A/20Z，以及新 SK0.1A/20Z 与 SK0.1A/10 四类不等端尺寸双楔形砖砖环。由于钢罐用加宽和减窄竖宽楔形砖设计为楔差 20mm 的新 SK0.1A/20K 和新 SK0.1A/20Z，使得钢罐不等端尺寸竖宽楔形砖砖环具有连续性，例如外直径范围为 1660.0~2760.0mm 的 SK15/30 与新 SK15/20K 砖环和外直径范围为 2760.0~4680.0mm 的新 SK15/20K 与 SK15/10 砖环具有连续性，外直径范围为 1660.0~2070.0mm 的 SK15/30 与新 SK15/20Z 砖环和外直径范围为 2070.0~4680.0mm 的新 SK15/20Z 与 SK15/10 砖环也具有连续性。具有连续性的不等端尺寸竖宽楔形砖双楔形砖砖环适合绘制组合计算线，为此也按 4.2.1 节的绘制方法准备了绘图资料（见表 4-31），并以 SK15/30 与新 SK15/20K 不等端尺寸砖环 [图 4-6（1）]、新 SK15/20K 与 SK15/10 砖环 [图 4-6（2）]、SK15/30 与新 SK15/20Z 砖环 [图 4-6（3）]，以及新 SK15/20Z 与 SK15/10 砖环 [图 4-6（4）] 为例，介绍绘制方法。

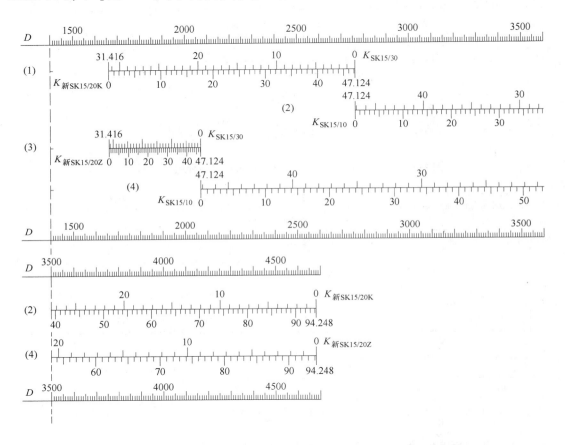

图 4-6　钢罐 $A = 150mm$ 不等端尺寸竖宽楔形砖双楔形砖砖环组合计算线

首先，线段（1）、线段（2）、线段（3）和线段（4）分别代表 SK15/30 与新 SK15/20K 砖环、新 SK15/20K 与 SK15/10 砖环、SK15/30 与新 SK15/20Z 砖环，以及新 SK15/20Z 与 SK15/10 砖环。线段（1）和线段（3）的左端起点对准 1660.0mm（$D_{SK15/30}$），线段（2）和线段（4）的左端起点分别对准 2760.0mm（$D_{新SK15/30}$）和 2070.0mm（$D_{新SK15/20Z}$）。线段（1）和线段（3）的右端终点分别对准 2760.0mm（$D_{新SK15/20K}$）和 2070.0mm（$D_{新SK15/20Z}$），线段（2）和线段（4）的右端终点对准 4680.0mm（$D_{SK15/10}$）。

其次，线段（1）、线段（2）、线段（3）和线段（4）上方刻度：右端终点分别为小直径楔形砖 SK15/30、新 SK15/20K、SK15/30 和新 SK15/20Z 的 0 块点，这些线段左端起点依次为小直径楔形砖 SK15/30、新 SK15/20K、SK15/30 和新 SK15/20Z 的每环极限砖数 31.416 块、47.124 块、31.416 块和 47.124 块。线段（1）、线段（2）、线段（3）和线段（4）下方刻度：左端起点分别为大直径楔形砖新 SK15/20K、SK15/10、新 SK15/20Z 和 SK15/10 的 0 块点，这些线段右端终点分别依次为大直径楔形砖新 SK15/20K、SK15/10、新 SK15/20Z 和 SK15/10 的每环极限砖数 47.124 块、94.248 块、47.124 块和 94.248 块。

最后，各线段上方和下方砖数的刻度可用电脑均分，或由每 10 块砖直径变化量均分。线段（1）、线段（2）、线段（3）和线段（4）上方刻度分别从右端 $K_{\text{SK15/30}}$、$K_{\text{新SK15/20K}}$、$K_{\text{SK15/30}}$ 和 $K_{\text{新SK15/20Z}}$ 的 0 块起，向左每增加 10 块砖时外直径由 D_d（分别为 2760.0mm、4680.0mm、2070.0mm 和 4680.0mm）递减 350.140mm、407.498mm、130.514mm 和 554.0166mm。线段（1）、线段（2）、线段（3）和线段（4）下方刻度分别从左端 $K_{\text{新SK15/20K}}$、$K_{\text{SK15/10}}$、$K_{\text{新SK15/20Z}}$ 和 $K_{\text{SK15/10}}$ 的 0 块起，向右每增加 10 块砖时外直径由 D_x（分别为 1660.0mm、2760.0mm、1660.0mm 和 2070.0mm）递增 233.4267mm、203.749mm、87.009mm 和 277.008mm。

按图 4-6 的绘制方法和根据表 4-31 的绘制资料，绘制了 A 为 170mm、190mm、210mm 和 230mm 的钢罐不等端尺寸竖宽楔形砖双楔形砖砖环组合计算线，见图 4-7 ~ 图 4-10。

4.2.3 等楔差竖宽楔形砖双楔形砖砖环计算线

钢罐罐壁等楔差 20mm 竖宽楔形砖新 SK0.1A/20Z 与新 SK0.1A/20K 双楔形砖砖环计算线的绘制可参看 2.2.2.3 节。在钢罐等楔差竖宽楔形砖双楔形砖砖环简易计算式（见表 3-67）中已准备了绘制计算线的资料（包括砖环配砌尺寸砖号、外直径范围、每环极限砖数和一块楔形砖直径变化量）。钢罐等楔差 20mm 竖宽楔形砖双楔形砖砖环计算线具有等楔差砖环的共同特点：（1）计算线间具有独立性，适宜采用单体计算线。（2）每个砖环总砖数 $K_h = K'_x = K'_d$，不仅没必要画出 K_h 线段，而且只要画出 K_x 或 K_d 一条线段来，便可经已知的 K_h 减去 K_x 或 K_d 求得 K_d 或 K_x 来。此外，钢罐等楔差 20mm 竖宽楔形砖双楔形砖砖环计算线，还由于加宽或减窄竖宽楔形砖的楔差设计为 20mm，外直径范围相对较小，限制了其使用范围，仅配砌成新 SK0.1A/20Z 与新 SK0.1A/20K 等楔差 20mm 砖环，没必要再配砌成新 SK0.1A/20Z 与 SK0.1A/20 砖环和 SK0.1A/20 与新 SK0.1A/20K 砖环。这里，根据表 3-67 的资料，绘制钢罐等楔差 20mm 竖宽楔形砖新 SK0.1A/20Z 与新 SK0.1A/20K 双楔形砖砖环计算线，见图 4-11。

首先，线段（1）、线段（2）、线段（3）、线段（4）和线段（5）分别代表新 SK15/20Z 与新 SK15/20K 砖环、新 SK17/20Z 与新 SK17/20K 砖环、新 SK19/20Z 与新 SK19/20K 砖环、新 SK21/20Z 与新 SK21/20K 以及新 SK23/20Z 与新 SK23/20K 砖环。这些线段下方左端起点分别为小直径楔形砖外直径 D_x（分别为 2070.0mm、2346.0mm、2622.0mm、2898.0mm 和 3174.0mm），这些线段下方右端终点分别为大直径楔形砖外直径 D_d（分别为 2760.0mm、3128.0mm、3496.0mm、3864.0mm 和 4232.0mm）。

表 4-31　钢罐不等端尺寸竖宽楔形砖双楔形砖砖环组合计算线绘制资料

配砌尺寸砖		外直径范围/mm		每环极限砖数/块		外直径系数(由表3-6查得)		一块楔形砖直径变化量				图　号
小直径楔形砖	大直径楔形砖	D_x	D_d	K'_x	K'_d	n	m	$(\Delta D)'_{ix}=1/n$	$(\Delta D)'_{id}=1/m$	$10(\Delta D)'_{ix}$	$10(\Delta D)'_{id}$	
SK15/30	新 SK15/20K	1660.0	2760.0	31.416	47.124	0.02856	0.04284	35.0140	23.34267	350.14	233.4267	图 4-6(1)
SK15/20K	SK15/10	2760.0	4680.0	47.124	94.248	0.02454	0.04909	40.7498	20.3749	407.498	203.749	图 4-6(2)
SK15/30	新 SK15/20Z	1660.0	2070.0	31.416	47.124	0.07662	0.11493	13.0514	8.7009	130.514	87.009	图 4-6(3)
新 SK15/20Z	SK15/10	2070.0	4680.0	47.124	94.248	0.01805	0.03611	55.40166	27.7008	554.0166	277.008	图 4-6(4)
SK17/30	新 SK17/20K	1881.3	3128.0	35.605	53.407	0.02856	0.04284	35.0140	23.34267	350.14	233.4267	图 4-7(1)
新 SK17/20K	SK17/10	3128.0	5304.0	53.407	106.814	0.02454	0.04909	40.7498	20.3749	407.498	203.749	图 4-7(2)
SK17/30	新 SK17/20Z	1881.3	2346.0	35.605	53.407	0.07662	0.11493	13.0514	8.7009	130.514	87.009	图 4-7(3)
新 SK17/20Z	SK17/10	2346.0	5304.0	53.407	106.814	0.01805	0.03611	55.40166	27.7008	554.0166	277.008	图 4-7(4)
SK19/30	新 SK19/20K	2102.7	3496.0	39.794	59.690	0.02856	0.04284	35.0140	23.34267	350.14	233.4267	图 4-8(1)
新 SK19/20K	SK19/10	3496.0	5928.0	59.690	119.381	0.02454	0.04909	40.7498	20.3749	407.498	203.749	图 4-8(2)
SK19/30	新 SK19/20Z	2102.7	2622.0	39.794	59.690	0.07662	0.11493	13.0514	8.7009	130.514	87.009	图 4-8(3)
新 SK19/20Z	SK19/10	2622.0	5928.0	59.690	119.381	0.01805	0.03611	55.40166	27.7008	554.0166	277.008	图 4-8(4)
SK21/30	新 SK21/20K	2324.0	3864.0	43.982	65.974	0.02856	0.04284	35.0140	23.34267	350.14	233.4267	图 4-9(1)
新 SK21/20K	SK21/10	3864.0	6552.0	65.974	131.947	0.02454	0.04909	40.7498	20.3749	407.498	203.749	图 4-9(2)
SK21/30	新 SK21/20Z	2324.0	2898.0	43.982	65.974	0.07662	0.11493	13.0514	8.7009	130.514	87.009	图 4-9(3)
新 SK21/20Z	SK21/10	2898.0	6552.0	65.974	131.947	0.01805	0.03611	55.40166	27.7008	554.0166	277.008	图 4-9(4)
SK23/30	新 SK23/20K	2545.3	4232.0	48.171	72.257	0.02856	0.04284	35.0140	23.34267	350.14	233.4267	图 4-10(1)
新 SK23/20K	SK23/10	4232.0	7176.0	72.257	144.514	0.02454	0.04909	40.7498	20.3749	407.498	203.749	图 4-10(2)
SK23/30	新 SK23/20Z	2545.3	3174.0	48.171	72.257	0.07662	0.11493	13.0514	8.7009	130.514	87.009	图 4-10(3)
新 SK23/20Z	SK23/10	3174.0	7176.0	72.257	144.514	0.01805	0.03611	55.40166	27.7008	554.0166	277.008	图 4-10(4)

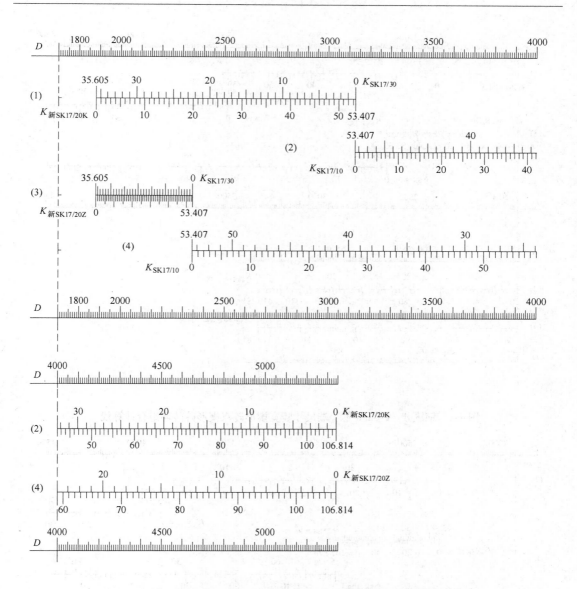

图 4-7　钢罐 $A = 170$ mm 不等端尺寸竖宽楔形砖双楔形砖砖环组合计算线

其次，线段(1)～线段（5）上方刻度代表小直径楔形砖砖数：线段右端为小直径楔形砖的 0 块点，线段左端为小直径楔形砖的每环极限砖数（分别为 47.124 块、53.407 块、59.690 块、65.974 块和 72.257 块）。

最后，线段(1)～线段（5）上方的小直径楔形砖量 K_x 刻度可在 0～K'_x 范围内均分。从每条线段右端的 $K_x = 0$ 块起，向左每 10 块砖的外直径减少量均为 $10(\Delta D)'_{1x} = 10 \times 14.64222 = 146.4222$ mm。

第 3 章中的计算示例，本应该在第 4 章用砖量表或计算线逐个方案复验并将复验方法和结果都列出来，限于篇幅没能如愿完成。但作者确实完成了这些工作，结果证明：查表或查图的结果，与公式法的计算值是一致的，只是精度不同而已。

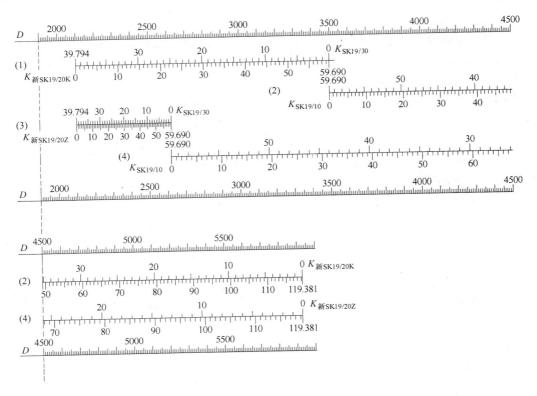

图 4-8　钢罐 $A=190\text{mm}$ 不等端尺寸竖宽楔形砖双楔形砖砖环组合计算线

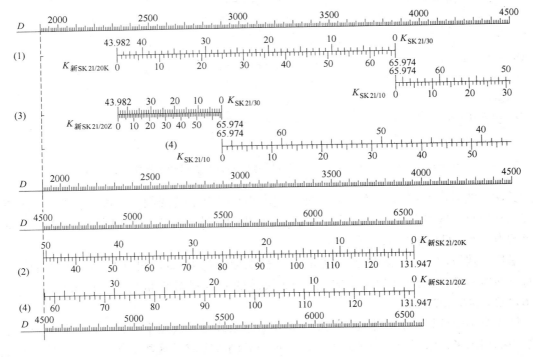

图 4-9　钢罐 $A=210\text{mm}$ 不等端尺寸竖宽楔形砖双楔形砖砖环组合计算线

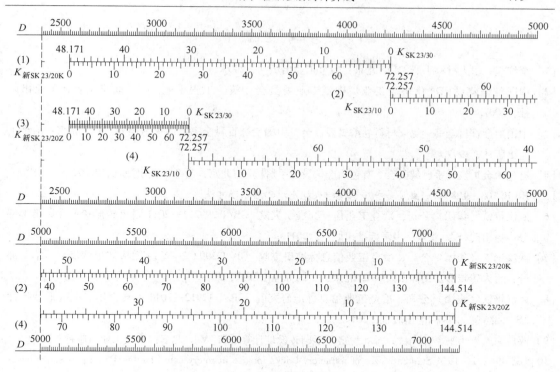

图 4-10　钢罐 $A = 230$mm 不等端尺寸竖宽楔形砖双楔形砖砖环组合计算线

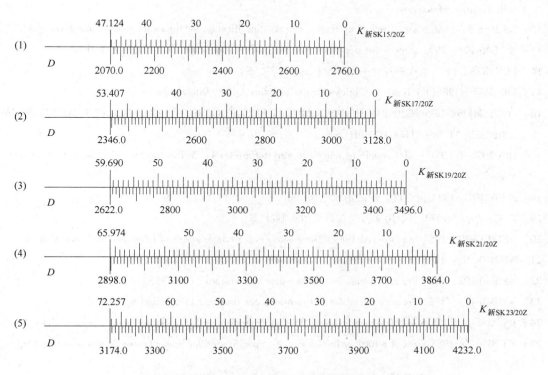

图 4-11　钢罐等楔差 20mm 竖宽楔形砖双楔形砖砖环计算线

参 考 文 献

[1] 李红霞. 耐火材料手册[M]. 北京：冶金工业出版社，2007.

[2] 中国工程建设标准化协会工业炉砌筑专业委员会. 筑炉工程手册[M]. 北京：冶金工业出版社，2007.

[3] 中国冶金百科全书. 耐火材料卷编辑委员会. 中国冶金百科全书. 耐火材料卷[M]. 北京：冶金工业出版社，1997.

[4] 有色冶金炉设计手册编委会. 有色冶金炉设计手册[M]. 北京：冶金工业出版社，2007.

[5] JIS R2103—1983 ロータリーキルソ用耐火れんがの形状ひ寸法.

[6] 武汉钢铁（集团）公司，冶金工业信息标准研究院. GB/T 2992.1—2011 耐火砖形状尺寸. 第1部分：通用砖[S]. 北京：中国标准出版社，2011.

[7] 武汉钢铁（集团）公司、冶金工业信息标准研究院. GB/T 2992.2—2014 耐火砖形状尺寸. 第2部分：耐火砖砖形及砌体术语[S]. 北京：中国标准出版社，2014.

[8] 武汉钢铁（集团）公司，冶金工业信息标准研究院. GB/T 17912—2014 回转窑用耐火砖形状尺寸[S]. 北京：中国标准出版社，2014.

[9] 薛启文，万小平，林先桥，等. 炉窑环形砌砖设计计算手册[M]. 北京：冶金工业出版社，2010.

[10] BS 4982/1—1974 Standard sizes of refractory bricks for use in rotory cement kilns. Part 1：Basic refractories[S].

[11] BS 4982/2—1975 Standard sizes of refractory bricks for use in rotory cement kilns. Part 2：Fireclay and high alumina refractories[S].

[12] BS 3056-3：1986 Sizes of refractory bricks. Part 3：Specification for bricks for rotary cement kilns[S].

[13] NF B40-107：1977 Dimensions des blocs couteaux pour les fours rotatifs a ciment et a chaux[S].

[14] PRE/R38—1977 耐火砖尺寸—回转窑用砖（译名）[S].

[15] ISO 5417—1986（E）Refractory bricks for use in rotary kilns—Dimensions[S].

[16] ГОСТ 24136—1975 ИЗДЕЛИЯ ОГНЕУПОНЫЕ И ВЫСОКООГНЕУПОРНЫЕ ДЛЯ ФУТЕРОВКИ ВРЩА-ЮЩИХСЯ ТРУЬЧАТЫХ ИЕЧЕЙ[S].

[17] DIN 1082-4：2007—01 Keramische feuerfeste werkstoffe—Teil4：Wölbsteine für den Einsatz in Drehröfen—Maβe[S].

[18] JIS R2101—1983 耐火れんがの形状寸法[S].

[19] ГОСТ 8691—1973 一般用途普通和高级耐火制品[S].

[20] ASTM C909—1984（Reapproved 1989）Dimensions of a modular series of refractory brick and shapes.

[21] NF B40-101：1985 Produits refractaires. Dimensions des briques rectangulaires[S].

[22] NF B40-102：1985 Produits refractaires. Dimensions des briques《Coins》[S].

[23] NF B40-103：1985 Produits refractaires. Dimensions des briques《Couteaux》[S].

[24] BS 3056-1：1985 Sizes of refractory bricks. Part 1：Specification for bricks for multi-purpose bricks[S].

[25] BS 3056-2：1985 Sizes of refractory bricks. Part 2：Specification for bricks for use in glass-melting furnaces[S].

[26] BS 3056-7：1992 Sizes of refractory bricks. Part 7：Specification for basic bricks for steel making[S].

［27］ ISO 5019/1—1984（E）Refractory bricks —Dimensions—Part 1：Rectangular bricks［S］.

［28］ ISO 5019/2—1984（E）Refractory bricks —Dimensions—Part 2：Arch bricks［S］.

［29］ ISO 5019/6—1984（E）Refractory bricks —Dimensions—Part 6：Basic bricks for oxygen steel－making converters［S］.

［30］ DIN 1081—1988 Keramische feuerfeste Werkstoffe；feuerfeste Rechtecksteine；Maβe［S］.

［31］ DIN 1082. 1—1988 Keramische feuerfeste Werkstoffe；feuerfeste Wölbsteine；Maβe［S］.

［32］ DIN 1082. 3—1988 Keramische feuerfeste Werkstoffe；basische Wölbsteine und Rechtecks－teine für Konverter und lichtbogenöfen；Maβe［S］.

［33］ PRE/R3—1957（1977）耐火砖尺寸—直形砖、竖厚楔形砖和侧厚楔形砖［S］.

［34］ 日本工業炉協会編，工業炉用語事典．照和 61 年.

［35］ YB/T 060—2007 炼钢转炉用耐火砖形状尺寸［S］.

［36］ YB/T 5012—2009 高炉及热风炉用耐火砖形状尺寸［S］.

［37］ YB/T 4198—2009 钢包用耐火砖形状尺寸［S］.

［38］ ISO/R836—1968 Vocabulary for the refractory industry［S］.

［39］ JIS R2001—1985 耐火物用语［S］.

［40］ BS 3446：Part 1：1990 Terms associated with refractory materials. Part 1 ：General and manufac－turing.

［41］ FD B n°40－015：1959 VOCABULAIRE OE L'INDUSTRIE DES RE FRACTAIRES. Partie V：LES FOURS ET L'UTILISATION DES PRODUITS REFRACTAIRES.

［42］ 中国冶金建设协会. GB 50211—2004 工业炉砌筑工程施工及验收规范［S］.

［43］ 薛启文. 国外回转窑用砖尺寸的研究［J］. 钢铁研究情报，1983(1)：61～65.

［44］ GB/T 17912—1999 回转窑用耐火砖形状尺寸［S］.

［45］ IOS 9205—1988 Refractory bricks for use in rotary kilns-hot-face identification marking［S］.

［46］ Д. И. Гаварцща. Огнеупорное процзвдство. Метаппургиздат. 1965.

［47］ JC 350—93 水泥窑用磷酸盐结合高铝质砖［S］.

［48］ 薛启文，万小平. 炉窑衬砖尺寸设计与辐射形砌砖计算手册［M］. 北京：冶金工业出版社，2005.

［49］ 薛启文. 耐火砖尺寸设计计算手册［M］. 北京：冶金工业出版社，1984.

［50］ 薛启文. 国外回转窑用砖尺寸表及计算图分析［J］. 国外耐火材料，1981(5)：29～32.

［51］ 万小平. 回转窑砌砖设计图［J］. 武钢技术，2002(6)：21～24.

［52］ 薛启文，陈淑秋，编译. 盛钢桶耐火内衬［M］. 北京：冶金工业出版社，1988.

［53］ 王诚训，等. 钢包用耐火材料［M］. 北京：冶金工业出版社，2005.

［54］ 李楠，顾华志，赵惠忠. 耐火材料学［M］. 北京：冶金工业出版社，2010.

［55］ 武汉钢铁集团精鼎工业炉有限责任公司. 钢水罐砌筑工程施工及验收规程（CECS 251：2009）［M］. 北京：中国计划出版社，2009.

［56］ JIS R2402—1975 钢罐用黏土砖［S］.

［57］ JIS R2101—1983 耐火砖形状及尺寸［S］.

［58］ BS 3056-8：1987 Sizes of refractory bricks—Part 8：Specification for bricks for ladles［S］.

［59］ GB/T 2992—1998 通用耐火砖形状尺寸 ［S］.

［60］ NF B40-104：1977 DIMENSIONS DES BRIQUES DE POCHE D'ACIERIE OU DE FONDERIE［S］.

［61］ 武汉钢铁（集团）公司，冶金工业信息标准研究院. YB/T 4918—2009 钢包用耐火砖形状尺寸［S］.
　　　 北京：冶金工业出版社，2010.

［62］ BS 3056—1973 黏土砖、高铝砖和碱性砖标准尺寸［S］.

［63］ ГOCT 5341—1958 盛钢桶用黏土质耐火制品［S］.

［64］ ГOCT 5341—1969 盛钢桶用黏土质耐火制品［S］.

［65］ ГOCT 15635—1970 铁水包衬用黏土质耐火制品［S］.

［66］ ГOCT 3272—1971 化铁炉内衬用黏土质和半硅质耐火制品［S］.

［67］ ГOCT 8691—1973 一般用途普通和高级耐火制品［S］.

［68］ JIS R2104—1983 化铁炉用耐火砖形状和尺寸［S］.